SPEKTROSKOPIE DER RÖNTGENSTRAHLEN

VON

DR. MANNE SIEGBAHN
PROFESSOR AN DER UNIVERSITÄT UPSALA

ZWEITE
UMGEARBEITETE AUFLAGE

MIT 225 ABBILDUNGEN

SPRINGER-VERLAG
BERLIN HEIDELBERG GMBH 1931

ISBN 978-3-642-50474-7 ISBN 978-3-642-50783-0 (eBook)
DOI 10.1007/978-3-642-50783-0

URSPRÜNGLICH ERSCHIENEN BEI JULIUS SPRINGER IN BERLIN 1931
SOFTCOVER REPRINT OF THE HARDCOVER 2ND EDITION 1931

Aus dem Vorwort zur ersten Auflage.

Es ist die Absicht des Verfassers gewesen, die Spektroskopie der Röntgenstrahlen, von den rein technischen Anfängen bis zu den wichtigsten Ergebnissen mit besonderer Berücksichtigung der Atomphysik, darzulegen. Was den erstgenannten Teil der Aufgabe, die Darstellung der technisch-experimentellen Methoden und der Apparate, angeht, so habe ich versucht, sie so ausführlich zu geben, daß der Weg für einen Forscher, der sich diesem Gebiete widmen will, möglichst gebahnt wird. Dabei habe ich daran gedacht, mit den Hinweisen, welche sich hier finden, auch denen zu nützen, die für andere Zwecke mit röntgenographischen Methoden arbeiten. Daß die Beschreibung der Methoden und der Instrumente, welche im Laboratorium des Verfassers ausgearbeitet und probiert worden sind, einen verhältnismäßig großen Raum erhalten hat, dürfte wohl zu keiner irrtümlichen Auffassung Anlaß geben.

Was den letzten Teil des hier behandelten Themas, nämlich die Beziehung der Ergebnisse der Röntgenforschung für die Atomphysik betrifft, so habe ich hauptsächlich die direkten, aus dem empirischen Material zu ziehenden Schlußfolgerungen besprochen. Ein tieferes Eingehen auf die mehr theoretische Seite des Problems habe ich dagegen unterlassen. In dieser Beziehung findet der Leser in dem bebühmten Buch von SOMMERFELD: „Atombau und Spektrallinien" von berufener Seite eine Darstellung, die auch die allerletzten Ergebnisse der experimentellen Forschung berücksichtigt.

Der Begrenzung des Materials stellten sich gewisse Schwierigkeiten n den Weg. So habe ich nach vielem Zögern von einer Behandlung der Absorptionsphänomene in ihrer Abhängigkeit von der Wellenlänge abgesehen, wenn sie auch in mancher Hinsicht mit den hier behandelten Fragen sehr stark zusammenhängen. Ebenso habe ich die Streuung der Röntgenstrahlen beiseite gelassen.

Upsala, September 1923.

MANNE SIEGBAHN.

Vorwort zur zweiten Auflage.

Die rege Entwicklung der Röntgenspektroskopie während der Jahre, welche seit der Fertigstellung des Manuskriptes der ersten Auflage dieses Buches (Anfang 1923) verflossen sind, machte eine sehr tiefgehende und umfassende Neubearbeitung des Stoffes nötig. Trotzdem im wesentlichen dieselbe Begrenzung des Materials wie in der ersten Auflage innegehalten wurde, war es nicht zu umgehen, daß diese Auflage etwa den doppelten Umfang gegenüber der früheren erhielt.

Seit dem Erscheinen der vorigen Auflage dieses Buches ist innerhalb der Strahlungsphysik eine der bedeutsamsten Errungenschaften zu verzeichnen: die Verknüpfung des Wellenlängengebietes der Röntgenstrahlen mit dem der optischen Strahlung mittels Untersuchungsmethoden von großer Zuverlässigkeit und hoher Genauigkeit. Durch die Ausnutzung dieser Methoden, welchen ein neues Kapitel des Buches gewidmet ist, hat die Atomphysik sicherlich wichtige, neue Ergebnisse zu erwarten.

Neu hinzugekommen sind auch die in dem Kapitel: Optik der Röntgenstrahlen besprochenen Untersuchungen über Beugung der Röntgenstrahlung, wo langwellige, monochromatische Strahlen zur Anwendung gekommen sind. Es scheint nicht ausgeschlossen, daß auf diesem Wege — durch Ersatz der größeren Wellenlängen der gewöhnlichen Optik durch die 100- bis 1000fach kleineren Wellenlängen der Röntgenstrahlung — eine dem feineren Maßstab entsprechende Erhöhung der Meßtechnik (z. B. bei Längen- und Abstandmessungen usw.) erzielbar sein wird. In demselben Kapitel sind auch die Arbeiten besprochen, durch die eine Klärung gewonnen wurde in der für die Röntgenspektroskopie grundlegenden Frage betreffend die an der BRAGGschen Gleichung anzubringenden Korrekturen, um mit ihrer Hilfe die richtigen Wellenlängen aus den gemessenen Größen ermitteln zu können.

Als Einheit für die Wellenlängen im Röntgengebiete wurde hier wie in der vorigen Auflage die X-Einheit benutzt. Aus den neuesten, in § 15 behandelten Untersuchungen scheint hervorzugehen, daß diese mit Hilfe von dem Krystallgitterabstand beim Kalkspat definierte Einheit nicht genau mit 10^{-11} cm übereinstimmt, sondern wahrscheinlich um ein paar zehntel Prozent davon abweicht. Diese Frage ist jedoch noch nicht endgültig geklärt.

Da, wie oben angegeben, die Streuung der Röntgenstrahlen nicht in die Darstellung einbezogen wurde, sind auch der Comptoneffekt und die damit zusammenhängenden Phänomene hier nicht behandelt worden.

Bei der Revision des Textes für die Neuauflage konnte die Literatur, wie aus dem Literaturverzeichnis am Anhang ersichtlich, nur bis Anfang dieses Jahres berücksichtigt werden.

Es sei mir endlich gestattet, dem Verlage, der in jeder Beziehung die Arbeit an der Neuauflage, besonders bei der Herstellung des Figurenmaterials, erleichtert hat, meinen herzlichen Dank zu sagen.

Upsala, 18. August 1931.

MANNE SIEGBAHN.

Inhaltsverzeichnis.

I. Kurze Zusammenfassung unserer Kenntnisse von der charakteristischen Röntgenstrahlung bis zu der Entdeckung von Laue.

1. Einleitung.

Röntgen hat schon in seinen ersten Veröffentlichungen über die Entdeckung der nach ihm benannten Strahlen eine Reihe ihrer wichtigsten Eigenschaften angegeben und die weitere Forschung in richtige Bahnen gelenkt. So hat er bereits die drei hauptsächlichsten Wirkungen der Röntgenstrahlen erkannt; nämlich ihre Einwirkung auf die photographische Platte, ihr Vermögen, in geeigneten Substanzen Fluorescenz zu erzeugen, sowie ihre Fähigkeit, die durchstrahlte Luft leitend zu machen.

Ferner hatte Röntgen gefunden, daß die Durchlässigkeit der einzelnen Körper für die Strahlung stark verschieden ist, und es war ihm möglich, in groben Zügen quantitative Zusammenhänge anzugeben. Auch hat er erkannt, daß das Durchdringungsvermögen der Röntgenstrahlen wesentlich von der Verdünnung der Luft in der Röhre abhängt, und die noch heute üblichen Bezeichnungen „harte" und „weiche" Röhren bzw. Strahlen eingeführt.

Daß die Kathodenstrahlen bei ihrer plötzlichen Bremsung an der Glaswand oder „Antikathode" die Röntgenstrahlen erregen, war auch von Anfang an sichergestellt. Ebenso zeigte Röntgen, daß diese neuen Strahlen in einem kräftigen Magnetfelde keine Ablenkungen erfahren. Dagegen blieb es einer viel späteren Zeit vorbehalten, die Interferenzerscheinungen bei diesen Strahlen und damit ihre Wellennatur nachzuweisen. Röntgen hat vergebens danach gesucht.

2. Charakterisierung der Röntgenstrahlen durch ihr Durchdringungsvermögen.

In der nächstfolgenden Zeit wandte sich die Forschung besonders einer auffälligen Erscheinung der Röntgenstrahlen zu, die ihr gegenüber allen früher bekannten Strahlungsgattungen eine Sonderstellung gab, nämlich ihrem starken Durchdringungsvermögen durch verschiedene Substanzen. Da diese Eigenschaft nicht nur von der Art der Substanz abhängt, sondern auch, wie eben erwähnt, von der Art der Strahlung, so hatte man bei gegebener Substanz in der Bestimmung der Durchdringungsfähigkeit die Möglichkeit, die Strahlung zu charakterisieren.

Die weitere Untersuchung lehrte, daß eine „*homogene*" Strahlung absorbiert wird nach dem Gesetz:

$$I = I_0 e^{-\mu d}, \tag{1}$$

wo I_0 die beim Auftreffen und I die nach Durchlaufen der Dicke d einer beliebigen Substanz zu beobachtende Intensität bedeutet. μ ist eine *Konstante*, welche vom absorbierenden Stoff und der Art der Strahlung abhängt, aber unabhängig von I_0 und d ist. Die Bestimmung der Konstanten μ kann also dazu dienen, entweder die Abhängigkeit des Durchdringungsvermögens einer *bestimmten* homogenen Strahlung in verschiedenen Stoffen zu verfolgen oder, bei Benutzung ein und derselben absorbierenden Substanz, verschiedene Arten von Strahlen zu charakterisieren. Schon vor der Entdeckung von LAUE hatten verschiedene Forscher an der Lösung dieser Fragen gearbeitet und waren dabei zu einem verhältnismäßig tiefen Einblick in die Physik der Röntgenstrahlen gelangt.

Die Gültigkeit des oben angeführten Absorptionsgesetzes ist auf *homogene* Röntgenstrahlen beschränkt. Sucht man ohne weitere Vorsichtsmaßregeln diese Gleichung auf die von einem gewöhnlichen Röntgenrohre ausgehende Strahlung anzuwenden, die von einem beliebigen Stoff absorbiert wird, so findet man sofort, daß sich kein konstanter Wert für μ ergibt. Mit zunehmender Schichtdicke der absorbierenden Körper wird μ immer kleiner, bis ein Endwert asymptotisch erreicht ist. Dies besagt, daß die von der Röhre ausgehende Strahlung zunächst „*heterogen*" ist und erst nach „Filterung" durch eine genügend dicke Schicht eine annähernd homogene Reststrahlung aufweist.

Zur Erreichung einer homogenen Strahlung wird oft die Methode der Filterung benutzt, besonders für medizinische Zwecke, wo es ja auf einen höheren Grad von Homogenität nicht ankommt. Auch wurde die Methode früher, da andere Wege nicht offen standen, als Notbehelf für physikalische Meßzwecke verwandt. Dabei muß aber ausdrücklich daran erinnert werden, daß die so erhaltene homogene Strahlung ein Gemisch von verschieden stark durchdringungsfähigen Strahlen ist, die mit zunehmender Eindringungstiefe immer — wenn auch im geringeren Grade — ihre Härte verändern.

3. Sekundärstrahlen und charakteristische Strahlung der Elemente.

Einen tieferen Einblick in den Absorptionsprozeß verdanken wir den wichtigen Untersuchungen von BARKLA und seinen Mitarbeitern. Ohne auf die Methodik der Versuche näher einzugehen, wollen wir kurz eine Übersicht über die bei diesen Untersuchungen erhaltenen Hauptresultate geben. Wir folgen dabei der schematischen Darstellung der Abb. 1. Ein von der Antikathode eines Röntgenrohres kommender primärer Röntgenstrahl trifft eine Platte aus einem beliebigen Grundstoff. Ein Teil der Strahlung geht dann durch die Platte hindurch, während der übrigbleibende Teil in Strahlungen anderer Art oder in Wärme umgesetzt wird. Die von der Platte ausgehenden, von der Primärstrahlung erregten Strahlen nennen wir zusammenfassend die *Sekundärstrahlung*.

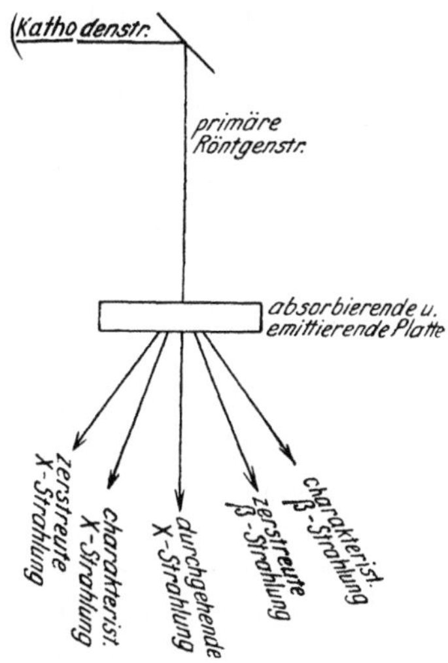

Abb. 1.

In dieser Sekundärstrahlung können wir jetzt verschiedene Haupttypen unterscheiden:

a) zerstreute Röntgenstrahlung;
b) charakteristische Röntgenstrahlung;
c) zerstreute β-Strahlung;
d) charakteristische β-Strahlung.

Die beiden letzten sind also eine Corpuscularstrahlung, während die zwei erstgenannten von derselben Art sind wie die einfallenden Strahlen, d. h. Röntgenstrahlen.

Es seien folgende Hauptmerkmale der verschiedenen Strahlungsgattungen erwähnt: Die zerstreute Röntgenstrahlung weist in ihrer Härtezusammensetzung ganz dieselben Eigenschaften auf wie die einfallende primäre Röntgenstrahlung und ist also in ihrem Charakter von der Natur des Sekundärstrahlers ganz unabhängig. Dagegen hängt die relative Stärke, d. h. der Anteil, welcher als zerstreute Röntgenstrahlung ausgesandt wird, von dem Sekundärstrahler ab. Die zerstreute Strahlung geht von dem Sekundärstrahler in alle räumlichen Richtungen aus, aber im allgemeinen ist die Strahlung in Richtung der Primärstrahlung stärker als in entgegengesetzter Richtung.

Da die einfallende Röntgenstrahlung bei Benutzung einer gewöhnlichen Röntgenröhre eine heterogene Zusammensetzung aufweist, so ist dies auch bei der zerstreuten Sekundärstrahlung der Fall. Neben dieser zerstreuten Strahlung tritt auch, wie A. H. Compton (1923) entdeckt hat, besonders bei leichten Elementen eine Sekundärstrahlung auf, welche von größerer Wellenlänge ist als die einfallende Strahlung. Mit dieser Wellenstrahlung ist auch eine Corpuscularstrahlung verbunden. Da diese Phänomene außerhalb des hier behandelten Gegenstands fallen, gehen wir auf denselben nicht ein.

Die *charakteristische* Röntgenstrahlung, welche von einem gewissen Sekundärstrahler ausgesandt wird, ist homogen und zeigt immer genau dieselbe Härte, unabhängig von der Härte der einfallenden Strahlung. Sie *ist für das betreffende Element charakteristisch.* Voraussetzung dafür, daß diese Strahlung überhaupt auftreten kann, ist aber, daß die einfallende Strahlung eine gewisse Minimalhärte besitzt. Ebenso wie die zerstreute Strahlung wird die charakteristische Strahlung in alle Richtungen des Raums ausgesandt, aber ohne daß eine Richtung bevorzugt wird.

Über die emittierte Corpuscularstrahlung hatte man auch vor der Laueschen Entdeckung einige Aufklärung erhalten, aber in wichtigen Punkten standen die Resultate in Widerspruch miteinander. Diese Widersprüche sind erst in der letzten Zeit beseitigt worden. Wir gehen daher in dieser mehr orientierenden Darstellung der früheren Resultate nicht näher auf diese Frage ein und erwähnen nur, daß die Existenz einer sekundären Corpuscularstrahlung nachgewiesen und daß einige Messungen über die Geschwindigkeit der ausgesandten β-Partikel ausgeführt waren.

4. *K*- und *L*-Strahlung der Grundstoffe.

Barkla hat ausführliche Messungen über die Härte der von verschiedenen Grundstoffen als Sekundärstrahlern ausgesandten charakteristischen Strahlung angestellt. Die Härte wurde dabei mit Hilfe von Aluminiumblättchen bestimmt und zahlenmäßig durch den Wert von μ in Gl. (1) (im allgemeinen durch die Dichte von Al — 2,7 — dividiert) angegeben. Statt die Absorption wie in der Gl. (1) auf die Dicke der Schicht des Aluminiums zu beziehen, können wir sie auch bezogen auf die Masseneinheit berechnen. Bezeichnen wir mit ϱ die Dichte und setzen wir ϱd gleich m, wo also m die durchstrahlte Masse ist, so können wir Gl. (1) in der folgenden Form schreiben:

$$I = I_0 e^{-\frac{\mu}{\varrho} m}. \tag{2}$$

μ/ϱ nennen wir den Massenabsorptionskoeffizienten der betreffenden Strahlung in Aluminium. Er charakterisiert die Strahlung.

Die Untersuchungen von Barkla und seinen Mitarbeitern ergaben jetzt, daß die Grundstoffe im allgemeinen zwei in der Härte stark verschiedene Typen von charakteristischen Strahlen besitzen. Er nannte diese die K- und die L-Strahlung, wobei die erstgenannte die härtere ist.

Eine zusammenfassende Tabelle der Absorptionskoeffizienten der K- und L-Reihen der Elemente nach den Messungen von Barkla ist nachstehend gegeben. In der 2. Spalte sind die Ordnungszahlen der betreffenden Grundstoffe eingetragen. Die 4. und 6. enthalten die sog. Halbwertschicht der Strahlung in Aluminium. Darunter versteht man eine Schicht von Aluminium, die so dick ist, daß durch sie die Strahlungsintensität auf die Hälfte der auffallenden Intensität reduziert

Tabelle 1.

Element	Ordnungszahl	*K*-Strahlung		*L*-Strahlung	
		μ/ϱ in Al	$d_{\frac{1}{2}}$	μ/ϱ in Al	$d_{\frac{1}{2}}$
Ca	20	435	0,00059	—	—
Cr	24	136	0,0019	—	—
Mn	25	100	0,0026	—	—
Fe	26	88,5	0,0029	—	—
Co	27	71,6	0,0036	—	—
Ni	28	59,1	0,0043	—	—
Cu	29	47,7	0,0054	—	—
Zn	30	39,4	0,0065	—	—
As	33	22,5	0,0114	—	—
Se	34	18,5	0,0139	—	—
Br	35	16,3	0,0157	—	—
Rb	37	10,9	0,0235	—	—
Sr	38	9,4	0,027	—	—
Mo	42	4,8	0,053	—	—
Ag	47	2,5	0,103	700	0,00037
Sn	50	1,57	0,164	—	—
Sb	51	1,21	0,213	435	0,00059
I	53	0,92	0,28	300	0,00086
Ba	56	0,8	0,32	224	0,00115
Ce	58	0,6	0,43	—	—
W	74	—	—	30,0	0,0086
Pt	78	—	—	22,2	0,0116
Au	79	—	—	21,6	0,0119
Pb	82	—	—	17,4	0,0148
Bi	83	—	—	16,1	0,016
Th	90	—	—	8,0	0,032
U	92	—	—	7,5	0,034

wird. Rechnerisch wird diese Zahl aus dem Absorptionskoeffizienten gewonnen durch die Formel

$$d_{\frac{1}{2}} = \frac{0,2567}{\mu/\varrho}.$$

Aus dieser Tabelle ist zu ersehen, daß die Härte der verschiedenen Reihen mit zunehmender Ordnungszahl der Grundstoffe durchweg zunimmt. Es ist sehr wichtig, hier zu bemerken, daß dies Gesetz nur unter der Voraussetzung gilt, daß die zur Bestimmung der Härte benutzte Substanz keine eigene charakteristische Strahlung in dem untersuchten Härtegebiet hat. Diese Bedingung erfüllt eben Aluminium. Ein beliebiger Grundstoff mit kleinerem Atomgewicht wäre ebensogut brauchbar.

Im Anhang findet sich eine Zusammenstellung der Absorptionskoeffizienten und Halbwertschichten einer Reihe von Stoffen, die für die praktische Röntgenspektroskopie besonders wichtig sind. Die dort gegebenen Zahlen stützen sich auf neuere Messungen mit monochromatischen Röntgenstrahlen von RICHTMYER, HEWLETT, HULL und RICE, OWEN, DAUVILLIER sowie — im Gebiete der längsten Wellen — auf Messungen und Berechnungen von EDVIN JÖNSSON.

5. Absorption und Emission von der charakteristischen Strahlung.

Für Untersuchungen über die Absorptions- und Emissionseigenschaften der Grundstoffe war in den charakteristischen Strahlen der Elemente ein sehr geeignetes Hilfsmittel gegeben. Wie nämlich Tabelle 1 zeigt, verfügt man hierbei über eine ganze Reihe von wohldefinierten Strahlungen mit verschiedener Härte.

Wir wollen zuerst die bei der Untersuchung der Absorption in einem bestimmten Stoff, z. B. Eisen, gewonnenen Resultate näher betrachten. Als einfallende Strahlung wird die von einem Sekundärstrahler ausgehende charakteristische Strahlung benutzt. Ihre Härte ist in Aluminium als absorbierende Substanz bestimmt (s. Tab. 1). Für die Untersuchung der Absorption im Eisen benutzen wir eine Reihe von Sekundärstrahlern, die nach steigender Härte, d. h. steigendem Atomgewicht, geordnet seien. Stellt man dann den Absorptionskoeffizienten im Eisen als Funktion von μ/ϱ in Al (Tab. 1) graphisch dar, so zeigt die Kurve den in Abb. 2 gezeichneten typischen Verlauf. Die weichste Strahlung entspricht also dem Punkt mit dem größten Abszissenwert. Mit zunehmender Härte sinkt anfangs auch der Wert der Absorption im Eisen. Bei einer gewissen Härte (μ/ϱ etwa 70) steigt aber plötzlich die vom Eisen absorbierte Strahlungsmenge, um bei weiter zunehmender Härte wieder stetig abzunehmen.

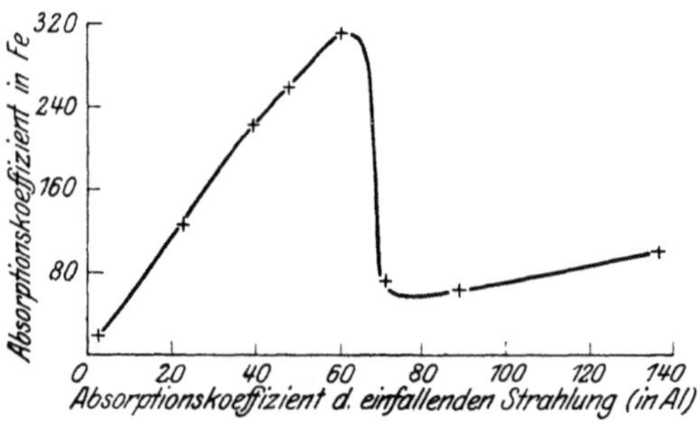

Abb. 2. Abhängigkeit der Absorption von der Härte der Strahlung.

Einen entsprechenden Verlauf zeigt auch die Emission der charakteristischen Eigenstrahlung des Eisens sowie die β-Strahlen-Emission. Die Intensität der charakteristischen Strahlung ist, wie aus Abb. 3 zu ersehen ist, bei Bestrahlung mit weicherer Strahlung, als sie einem Absorptionskoeffizienten μ/ϱ von etwa der Größe 70 entspricht, verschwindend klein. Sobald aber die Härte diesen kritischen Wert übersteigt, setzt plötzlich eine kräftige homogene Eigenstrahlung ein. Es ist dies die charakteristische K-Strahlung des Eisens. Die Härte dieser Strahlung ist aus der Tab. 1 zu ersehen. Sie entspricht einem Wert von $\mu/\varrho = 88{,}5$.

Einen entsprechenden Verlauf zeigt, wie aus der graphischen Darstellung in Abb. 3 zu ersehen ist, auch die β-Strahlen-Emission. Die drei Kurven, welche einerseits die Menge der absorbierten Strahlung, andererseits die als charakteristische Strahlung oder als Corpuscularstrahlung ausgesandten Strahlenmengen als Funktion der Härte der einfallenden Strahlung darstellen, verlaufen also ganz parallel. Die Diskontinuität liegt an derselben Stelle — bei μ/ϱ etwa 70 —, während der Eigenstrahlung vom Eisen etwa 88 entspricht. Wir können daraus den Schluß ziehen, daß die Eigenstrahlung erst durch solche Strahlen erregt wird, deren Härte die der Eigenstrahlung übertrifft. Die Aussendung der Eigenstrahlung ist von einer verstärkten Absorption begleitet.

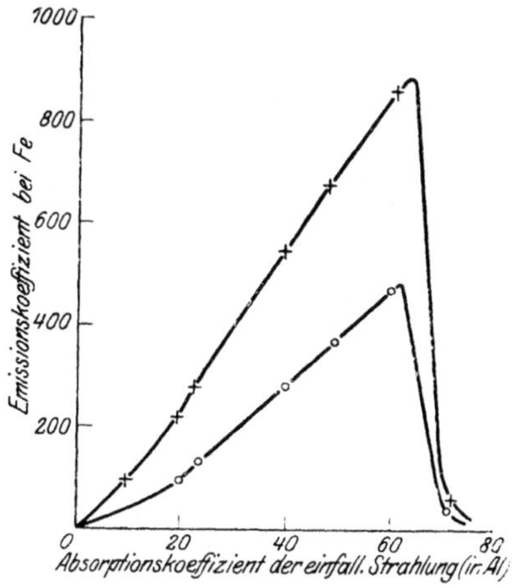

Abb. 3. Ausgesandte sekundäre Strahlung (× × × charakteristische Wellenstrahlung; ○ ○ ○ Corpuscularstrahlung) als Funktion der Härte der einfallenden Strahlung.

Diese verstärkte Absorption wird oft mit einem aus der gewöhnlichen Optik übernommenen Ausdruck als *selektive* Absorption bezeichnet. Diese Benennung ist aber wenig zutreffend und hat mehrmals zu einer irrtümlichen Auffassung dieser Erscheinung Anlaß gegeben. Die gewöhnliche selektive Absorption ist auf einen kleinen Bereich von Wellenlängen beschränkt, in dem eine abnorm starke Absorption vorhanden ist, während zu beiden Seiten des Bereiches die Absorption einen wesentlich kleineren Wert hat. Hier aber tritt bei einem gewissen Punkt eine starke Erhöhung der Absorption ein, die mit der Einsetzung der Eigenstrahlung zusammenhängt. Die Erregung der Eigenstrahlung ist aber nicht auf ein zweiseitig begrenztes Gebiet beschränkt, sondern ist nur von der einen Bedingung abhängig, daß die erregende Strahlung *größere* Härte als die Eigenstrahlung selbst haben muß. Es ist also zutreffender von einer Absorptions*grenze* zu sprechen als von einer selektiven Absorption. Damit ist nicht gesagt, daß eine selektive Absorption nicht auch innerhalb des Röntgengebietes existieren kann und wirklich nachgewiesen worden ist. Auf diese Frage kommen wir später zurück.

II. Optik der Röntgenstrahlen.

6. Interferenz der Röntgenstrahlen in Krystallen.

Zur Erklärung der zerstreuten Strahlung, wie sie von J. J. Thomson gegeben wurde, sowie zur Deutung verschiedener anderer Phänomene bei der Röntgenstrahlung hatte man angenommen, daß diese von elektromagnetischer Wellennatur war. Die Feststellung einer Polarisation bei den Röntgenstrahlen schien diesen Gedanken auch stark zu stützen. Allerdings konnte es sich — entgegen der Annahme von

RÖNTGEN — nicht um longitudinale, sondern nur um transversale Ätherschwingungen handeln. — War diese Annahme richtig, so mußte man erwarten, daß andere physikalische Phänomene, welche für elektromagnetische Wellen charakteristisch sind, auch bei der Röntgenstrahlung sich nachweisen ließen. Man hatte verschiedentlich nach solchen Effekten, wie Brechung, Spiegelung, Interferenz, gesucht; aber nur in einem einzigen Falle zeigten die Resultate ein positives Ergebnis an. Es war dies ein Beugungsphänomen, bei dem ein feines Röntgenstrahlenbündel durch einen engen Spalt hindurch gesandt wurde. Diese Versuche sind von HAGA und WIND im Jahre 1902 mit großem Geschick und viel Sorgfalt ausgeführt und 7 Jahre später noch von WALTER und POHL wiederholt worden, aber die Beweiskraft dieser Untersuchungen war wegen der außerordentlichen Kleinheit des gefundenen Effektes nicht sehr stark.

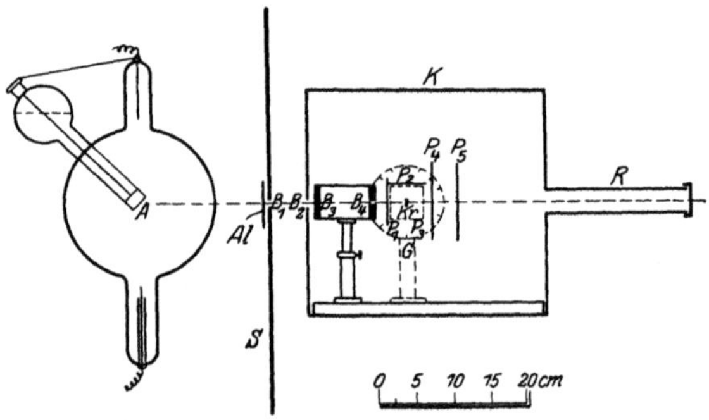

Abb. 4. Schematische Darstellung der Versuchsanordnung von LAUE, FRIEDRICH und KNIPPING zum Nachweis der Interferenzreflexion der Röntgenstrahlung.

Dann ist im Jahre 1912 LAUE auf den glücklichen Gedanken gekommen, die Krystallgebäude als Gitter für die Röntgenstrahlen zu verwenden, weil hier die Größenordnung der Atomabstände in ihnen die richtige sei. In den Jahren vorher war es der Quantentheorie der Strahlung gelungen, die Wellenlänge der Röntgenstrahlen wenigstens der Größenordnung nach zu schätzen, und es hatte sich ergeben, daß man einen Wert von etwa 10^{-9} cm zu erwarten hätte, was mit der Größenordnung der Atomebenenabstände in Krystallen gut übereinstimmt. Daher konnte man nach LAUE voraussehen, daß die streng regelmäßigen Raumgitter der Krystalle eine Interferenzerscheinung für Röntgenstrahlen zeigen würden. Die von FRIEDRICH und KNIPPING in dieser Richtung vorgenommenen Experimente gaben eine schöne Bestätigung der Richtigkeit der genannten Auffassung.

Die Anordnung, welche zum ersten Male die Interferenzerscheinung der Röntgenstrahlen in Krystallen zeigte, ist in Abb. 4 zu sehen. Von verschiedenen Blenden wird ein feines Strahlenbündel aus der Gesamtstrahlung des Röntgenrohres ausgeschnitten. Bei *Kr* trifft dieses auf eine dünne Krystallplatte, deren Dicke einige zehntel bis 2 oder 3 mm beträgt. Der Hauptteil der Strahlung durchquert ohne Richtungsänderung den Krystall und fällt dann auf die photographische

Platte auf. Ein Teil der Strahlung wird selbstverständlich als Sekundärstrahlung in alle räumliche Richtungen zerstreut. Aber außer diesen Strahlungen treten in gewissen, ganz bestimmten Richtungen verhältnismäßig starke Strahlenbündel auf, die auf der photographischen Platte hinter dem Krystall punktförmige Schwärzungen verursachen. Ein solches „Punktdiagramm" zeigt die Abb. 5 nach einer schönen Aufnahme von FRIEDRICH und KNIPPING. Der Krystall war hierbei eine 0,5 mm dicke ZnS-Platte.

Die theoretische Berechnung dieses Interferenzphänomens, welche von LAUE durchgeführt wurde, ließ ein solches Punktdiagramm voraussehen. Denken wir uns mit LAUE, daß der Krystall aus einer Anzahl schwingungsfähiger Punkte besteht, die in einem regelmäßigen Raumgitter geordnet sind, so erzeugt die auffallende Röntgenstrahlung ein Hinundherpendeln der Gitterpunkte in derselben Periode, die auch die auffallende Strahlung besitzt. Da sämtliche schwingende Punkte eine bestimmte Phasenverschiebung gegeneinander haben und alle als sekundäre Schwingungszentren wirken, so werden sich die ausgehenden Strahlen in gewissen Richtungen verstärken, in anderen auslöschen. Es ist sofort ersichtlich, daß eine Symmetrie der Krystallgitter auch in der ausgesandten Strahlung in Erscheinung treten muß. Die mathematische Berechnung zeigt, daß die Verstärkung nur in *sehr engen Strahlenbündeln* eintritt. Die Richtungen, in welchen die verstärkten Strahlen auftreten, werden außer durch die Struktur der Raumgitter auch durch die Wellenlänge der Strahlung bestimmt.

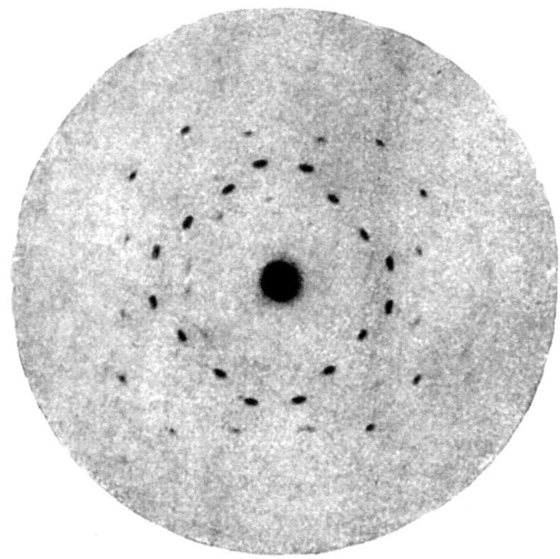

Abb. 5. Röntgenstrahlinterferenzen nach LAUE.

7. Die Braggsche Gleichung.

Nachdem es LAUE, FRIEDRICH und KNIPPING gelungen war, die Krystallinterferenz bei Röntgenstrahlen nachzuweisen, wurde die Untersuchung dieses Phänomens von W. H. und W. L. BRAGG in etwas abgeänderter Form aufgenommen. Die BRAGGschen Experimente zeigten, daß eine *natürliche* Krystallfläche, z. B. eine Spaltebene, die Röntgenstrahlen unter gewissen Bedingungen *spiegeln* kann, und zwar zum Teil nach denselben Gesetzen, welche für die gewöhnliche optische Spiegelung gültig sind. So liegen auffallende und reflektierte Strahlen *in der Ebene der Normalen* durch die Spiegelpunkte, und die Winkel zwischen auffallendem bzw. reflektiertem Strahl und der Normalen sind einander *gleich.*

W. L. Bragg gab auch eine elementare Herleitung der Spiegelungsbedingung, die seiner experimentellen Anordnung angepaßt war. Er kam so zu der überaus wichtigen, sehr einfachen Formel für die Reflexion der Röntgenstrahlung in Krystallebenen, welche wir die **Braggsche Gleichung** nennen.

$$n\lambda = 2d\sin\varphi. \qquad (3)$$

λ bedeutet die Wellenlänge der Röntgenstrahlung, d ist der Abstand (siehe Abb. 6) zwischen zwei Atomebenen, welche der reflektierenden Krystallebene parallel sind, und φ ist der Winkel zwischen Strahl und Atomebene. n ist eine kleine Zahl, die die „Ordnung" des Spektrums bestimmt. Diese Gleichung war, wie eine Prüfung zeigte, mit den allgemeinen Formeln der Interferenzstrahlung, welche von Laue gegeben wurden, identisch. Die einfache Braggsche Herleitung wollen wir hier wiedergeben.

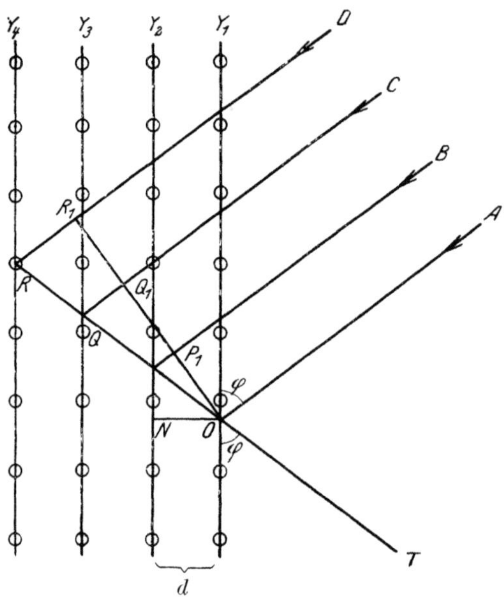

Abb. 6.

Die Ebenen $Y_1\ Y_2\ Y_3\ Y_4$ (Abb. 6) sind durch die Atome des Krystallgitters gelegt, und zwar seien sie der äußeren spiegelnden Ebene parallel. Der Abstand zwischen diesen Ebenen sei d. Mit $ABCD$ bezeichnen wir den einfallenden Strahl, welchen wir monochromatisch von der Wellenlänge λ voraussetzen. Sollen dann in der Richtung T, die mit den Ebenen Y den gleichen Winkel bildet wie der einfallende Strahl, die in den verschiedenen Ebenen Y gespiegelten Strahlen einander verstärken, so ist es nötig, daß der Unterschied im Gangweg der verschiedenen Strahlen gleich einem ganzen Vielfachen von der Wellenlänge der betreffenden Strahlung ist. Aus der Abbildung ist zu entnehmen, daß der Gangunterschied z. B. zwischen AOT und BPT gleich ist

$$OP + PP_1.$$

Dabei ist

$$OP = \frac{ON}{\sin\varphi} = \frac{d}{\sin\varphi}$$

und

$$PP_1 = OP \cdot \cos(180 - 2\varphi) = -OP \cdot \cos 2\varphi = -\frac{d\cos 2\varphi}{\sin\varphi}.$$

Dies gibt also für den Gangunterschied OPP_1

$$OPP_1 = 2d\sin\varphi.$$

Verstärkung tritt dann ein, wenn dieser Gangunterschied gleich einem ganzen Vielfachen n der Wellenlänge ist, womit die Braggsche Gleichung hergeleitet ist. Ist der Gangunterschied gleich *einer* Wellenlänge, so sprechen wir von einer Reflexion oder einem Spektrum der „*ersten Ordnung*". Beträgt der Gangunterschied zwei oder mehrere Wellenlängen, so haben wir es entsprechend mit Reflexionen oder Spektren „zweiter" oder höherer Ordnung zu tun.

Jedes System von Atomebenen, das in einen beliebigen Krystall hineingelegt werden kann, besitzt das Vermögen, die Röntgenstrahlen zu spiegeln. Die beim Versuch von Knipping und Laue gezeigten Reflexionspunkte sind dadurch entstanden, daß innere Atomebenen in der Krystallplatte als Spiegel gedient haben. Wichtig zu bemerken ist, daß jeder gespiegelte Strahl nur *eine einzige genau bestimmte Wellenlänge* enthält nebst evtl. der Hälfte, einem Drittel usw. davon, sofern es sich um eine Reflexion höherer Ordnung handeln sollte.

Die obige Braggsche Gleichung (3), welche die Fundamentalgleichung der Röntgenspektroskopie darstellt, gibt im allgemeinen die experimentellen Ergebnisse innerhalb der Fehlergrenzen richtig wieder. Bei der allmählich höher getriebenen Genauigkeit der röntgenspektroskopischen Messungen wurde aber der Punkt erreicht, wo die Braggsche Gleichung den Meßergebnissen nicht genügte. Daß die Braggsche Gleichung nur eine erste Approximation der Verhältnisse bei der Krystallreflexion darstellt, wurde theoretisch von C. G. Darwin und von Ewald gezeigt. Auf diese Frage kommen wir in § 10 wieder zurück.

8. Die experimentelle Anordnung von Bragg und die Bestimmung der Atomabstände im Steinsalz.

Von größter Wichtigkeit für die Röntgenspektroskopie sind die ersten grundlegenden Untersuchungen von Bragg über die Struktur des Steinsalzes und damit die Ermittlung des Wertes von d in der Gl. (3). Die obige einfache Herleitung setzte voraus, daß nur ein einziges System von äquidistanten Atomebenen zu berücksichtigen war. Dies trifft aber nur in Ausnahmefällen zu. Im allgemeinen greifen mehrere derartige Systeme von Atomebenen ineinander. Bei sämtlichen mit zueinander parallelen Ebenenscharen müssen zwar die einzelnen Ebenen denselben Abstand d voneinander haben, aber die ein-

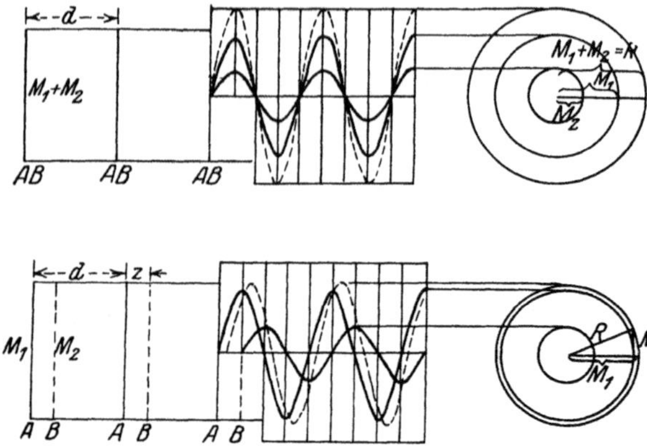

Abb. 7. Graphische Zusammensetzung der an verschiedenen Ebenenscharen reflektierten Strahlen.

zelnen Ebenenscharen können gegeneinander um einen gewissen Bruchteil dieses Wertes verschoben sein. Da für jedes System ein gespiegelter Strahl nach der Gl. (3) berechnet werden kann, so muß man das Zusammenwirken aller dieser Teilstrahlen berücksichtigen, um den zu beobachtenden Strahl zu berechnen. Liegt z. B. mitten zwischen den Ebenen des einen Systems eine Reihe von Ebenen, welche einem anderen System angehören, so werden sich offenbar die zwei Teilstrahlen in der ersten Ordnung vernichten, wenn beide gleich stark sind. Bei verschiedener Stärke der Teilstrahlen wird nur eine unvollkommene Auslöschung eintreten.

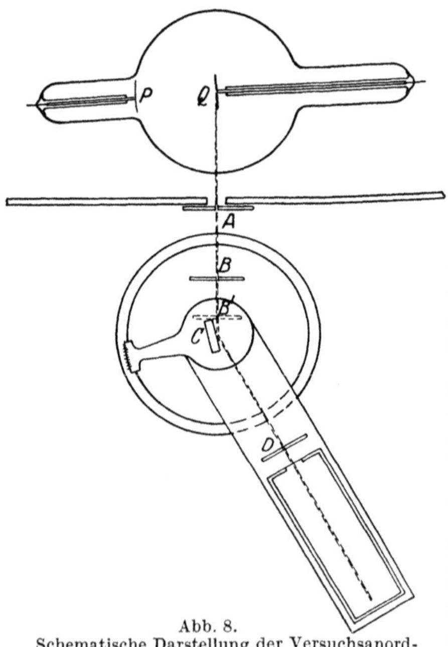

Abb. 8.
Schematische Darstellung der Versuchsanordnung von Bragg zur Untersuchung der Spiegelung der Röntgenstrahlen in Krystallen.

Bei einer beliebigen Verschiebung des ersten Systems gegen das zweite und verschieden starkem Reflexionsvermögen der zwei Ebenenscharen erhält man nach Bragg den resultierenden Strahl z. B. aus einer graphischen Darstellung, wie Abb. 7 zeigt. Bei den Reflexionen höherer Ordnungen sind ja die Wellenlängen, welche in derselben Richtung reflektiert werden, nur halb so groß bzw. gleich einem Drittel usw., während die relative Verschiebung der zwei Wellensysteme (wie in Abb. 7) dieselbe ist. Daher werden die Störungen der zwei zusammenwirkenden Systeme für die verschiedenen Ordnungen sehr verschieden ausfallen. Andererseits ist es unter gewissen Annahmen möglich, aus den relativen Intensitäten der verschiedenen Ordnungen Schlußfolgerungen über die Anordnung der Ebenensysteme zu ziehen.

Die BRAGGschen Versuche fußten auf diesem Gedanken und hatten den Zweck, die Intensität der reflektierten Strahlung verschiedener Ordnung zu ermitteln. Die experimentelle Anordnung ist aus Abb. 8 zu ersehen. Da hier eine monochromatische Strahlung nötig war,

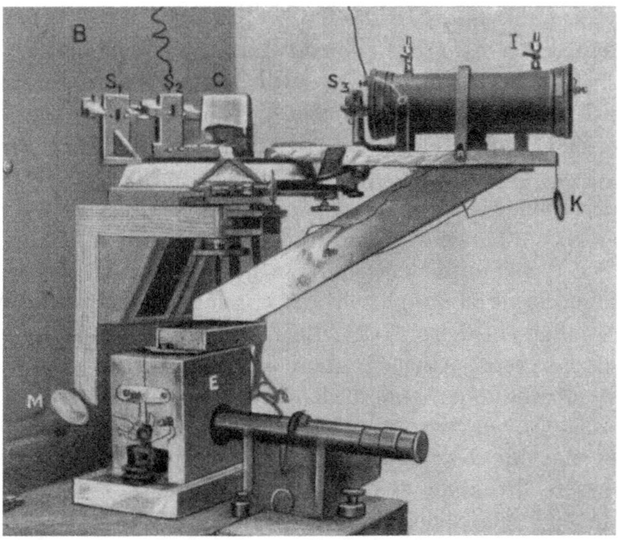

Abb. 9. BRAGGsches Spektrometer.

benutzte BRAGG eine Röntgenröhre mit einer Rhodiumantikathode. Mit dieser Röhre erhält man eine starke einfarbige Strahlung, welche der charakteristischen K-Strahlung des Rhodiums von BARKLA entspricht. Das Rohr wurde, um eine bestmögliche Ausnutzung der Strahlung in der gewünschten Richtung zu ermöglichen, mit seiner Antikathodenfläche so aufgestellt, daß die streifenden Strahlen in die zwei Blenden A und B hineingelangten. Der Krystall ist in C auf einem mit Kreisteilung versehenen drehbaren Tisch aufgestellt. Unabhängig von diesem ist ein Arm angesetzt, der um dieselbe Achse drehbar ist und eine Ionisationskammer trägt. Mit Hilfe dieser Kammer wird die Intensität des gespiegelten Strahls gemessen. Zu dem Zwecke wird immer — den Reflexionsbedingungen folgend — die Kammer um einen Winkel gedreht, der doppelt so groß ist wie der des Krystalls. Die Kammer enthält zwei Elektroden, von welchen die eine auf eine Spannung von 100 bis 200 Volt aufgeladen ist, während die andere in Verbindung mit einem Elektroskop steht.

Ein Bild der Aufstellung zeigt die Abb. 9.

Bezeichnen wir die Wellenlänge des monochromatischen Strahls, den das Röntgenrohr aussendet, mit λ_{Rh}, so erhellt aus der Gl. (3), daß nur die Einstellungen $\varphi_1, \varphi_2, \varphi_3, \ldots$ zu einem reflektierten Strahl Anlaß geben, welche den folgenden Bedingungen genügen:

$$\lambda_{\mathrm{Rh}} = 2d \sin\varphi_1,$$
$$2\lambda_{\mathrm{Rh}} = 2d \sin\varphi_2,$$
$$3\lambda_{\mathrm{Rh}} = 2d \sin\varphi_3.$$

Diese entsprechen also Reflexionen derselben Wellenlänge in erster, zweiter, dritter usw. Ordnung. Nur bei gleichzeitiger Einstellung der Ionisationskammer auf die doppelten Winkel $2\varphi_1$, $2\varphi_2$, $2\varphi_3$ usw. zeigt das Elektroskop einen Ionisationsstrom an. Die Stärke dieses Stromes ist — unveränderte Intensität der einfallenden Strahlung vorausgesetzt — ein relatives Maß für das Reflexionsvermögen der betreffenden Krystallebene in der untersuchten Ordnung.

In dieser Weise untersuchte Bragg u. a. Steinsalz, und zwar hauptsächlich seine krystallographisch ausgezeichneten Flächen. Wir wollen hier nicht näher auf diese Frage eingehen (Bragg hat in seinem Buche „X-rays and Crystal structur" diese Untersuchungsmethode und eine Reihe damit erhaltener außerordentlich wichtiger Resultate ausführlich besprochen), sondern erwähnen nur das Resultat, daß die Na- und Cl-Atome im Raumgitter des Steinsalzes abwechselnd in den Ecken eines rechteckigen Kubus sitzen.

Ihr Abstand d läßt sich dann mit Hilfe der Dichte und des Wertes der Loschmidtschen Zahl leicht berechnen. Durchschnittlich gehört zu jedem Atom ein Volumen d^3, was einem Gewicht von ϱd^3 entspricht, wenn ϱ die Dichte $= 2{,}17$ ist. Da weiter 1 Mol., d. h. $23{,}05 + 35{,}45$ g Steinsalz N (Loschmidtsche Zahl) Molekeln enthält, so wird das Durchschnittsgewicht pro Atom $\frac{58{,}50}{2N}$ g. Durch Gleichsetzen dieser zwei Ausdrücke bekommen wir:

$$\varrho d^3 = \frac{58{,}50}{2N}$$

und hieraus

$$\mathbf{d = 2{,}814 \cdot 10^{-8}\ cm.}$$

Wie ersichtlich, hängt die Genauigkeit dieses Wertes außer von der Dichte der Substanz auch von der Avogadroschen Zahl ab. Da die letztere nur ungenügend bekannt ist, kann man auch den Wert von d nicht so genau, wie es erwünscht wäre, bestimmen. Nun ist die Genauigkeit, mit der wir d bestimmen können, weit geringer als die, die wir heutzutage bei allen röntgenspektroskopischen Messungen zu erreichen pflegen. (Noch auf zwei weitere Dezimalen müßte d bestimmt sein, damit diese Genauigkeit erreicht würde.) Aus diesem Grunde ist es nötig, vorläufig nach Übereinkunft einen Grundwert für d anzunehmen. Bei den früheren Messungen wurde im allgemeinen der oben angegebene Wert bei der Auswertung der Messungen benutzt.

9. Die Fokussierungsbedingung.

Die Grundgleichung für die Reflexion der Röntgenstrahlen an Krystallflächen

$$n\lambda = 2d\sin\varphi \tag{3}$$

lehrt, daß eine einfarbige Strahlung nur dann reflektiert wird, wenn das Bündel auf den Krystall unter einem *genau bestimmten* Winkel auftrifft. Läßt man daher den von dem Spalt bei P (Abb. 10) herkommenden Strahlenkegel auf eine Krystallfläche auftreffen, so wird durch die Reflexion gleichzeitig eine spektrale Zerlegung erzeugt. Von dem kleinsten vorkommenden Reflexionswinkel φ, welcher nach obiger Gleichung auch der kleinsten Wellenlänge entspricht, angefangen, werden außerdem sämtliche Reflexionswinkel bis $\varphi + \Delta\varphi$ auftreten. Auf einer bei R_1R_2 aufgestellten photographischen Platte wird daher ein Wellenlängenbereich erhalten, der sich erstreckt von den kleinsten Wellen bei R_1 bis zu R_2. Durch Änderung der Winkelstellung des Krystalls kann offenbar in dieser Weise das gesamte Spektrum durch Teilaufnahmen aufgenommen werden. Diese Methode wurde auch von MOSELEY in seinen berühmten Spektraluntersuchungen benutzt.

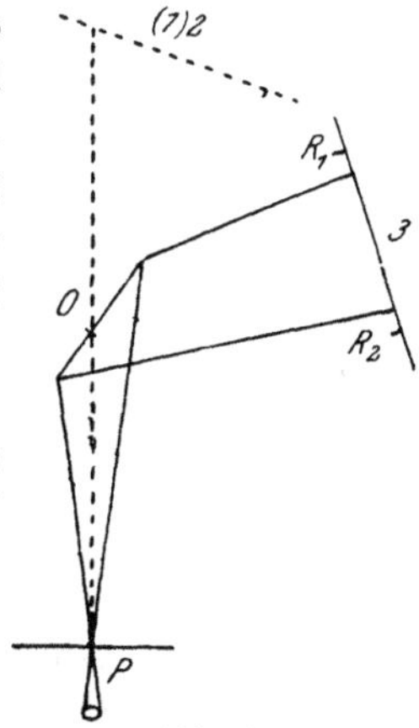

Abb. 10.

Die Methode hat aber gewisse Nachteile, die leicht bei den Spektralaufnahmen zu irrigen Schlüssen führen können. Oft besitzt nämlich die Antikathode einige stark leuchtende Punkte, und zwar besonders dann, wenn die zu untersuchende Substanz in Pulverform an der Antikathodenfläche aufgerieben worden ist. Das von diesen Punkten ausgehende weiße Spektrum wird auf der Spektralplatte scheinbar zu Spektrallinien Anlaß geben. Die andere Schwierigkeit liegt in den Unregelmäßigkeiten des Krystalls. Hier treten oft Streifen mit höherem Reflexionsvermögen auf, die das Auftreten falscher Linien veranlassen können.

Um den genannten Unannehmlichkeiten zu entgehen, hat sich die Verwendung einer von BRAGG angegebenen „Fokussierungsmethode" als sehr nützlich erwiesen. Für röntgenspektroskopische Zwecke wurde ihre Bedeutung zuerst ausdrücklich von DE BROGLIE hervorgehoben, der sie auch bei seinen ersten schönen Spektralarbeiten benutzte. Das Prinzip der „Fokussierung“ ist aus Abb. 11 zu ersehen. O stellt den Spalt dar, AA ist der um die Achse C drehbar aufgestellte Krystall. Legt man dann um C als Mittelpunkt einen Kreis, der durch den Punkt O geht, so sieht man leicht ein, daß ein beliebiger Punkt B an der Peripherie den Sammelpunkt von allen reflektierten Röntgenstrahlen einer *bestimmten* Wellenlänge darstellt, unabhängig von der Winkelstellung des Krystalls.

In der Stellung AA des Krystalls werden nach dem Punkt B nur die Strahlen reflektiert, welche den Krystall im Punkte C treffen. In einer anderen Winkelstellung des Krystalls $A_1 A_1$ gelangen nach B die in dem Punkte P reflektierten Strahlen. Daß die Reflektionswinkel der genannten zwei Strahlen die gleichen sind, erhellt sofort aus geometrischen Gründen. Gleichheit der Winkel aber bedeutet nach dem Reflexionsgesetz Gleichheit der Wellenlängen. Bei Drehung des Krystalls werden also von den verschiedenen Stellen des Krystalls die Strahlen von der bestimmten Wellenlänge im Punkte B sich schneiden, an B „fokussiert“. Es möge bemerkt werden, daß aber diese „Fokussierung“ an sich keinen Intensitätsgewinn bedeutet.

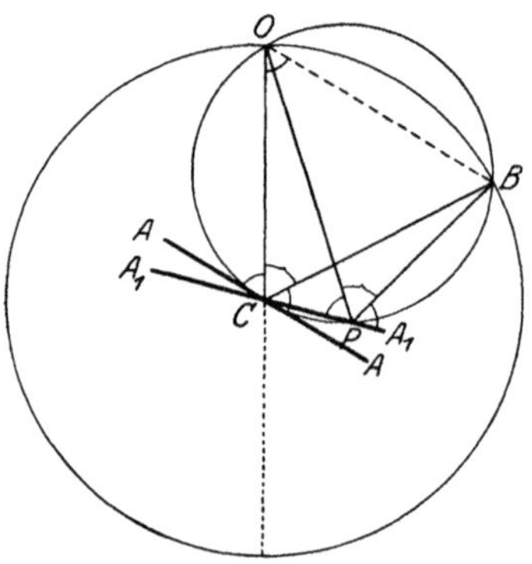

Abb. 11.

Wir haben bei dieser Konstruktion vorausgesetzt, daß die Reflexion an der Oberfläche des Krystalls geschieht. Diese Spiegelung ist zwar ein Raumeffekt, bei dem eine große Zahl von Atomebenen mitspielt, aber es scheint auch für ziemlich harte Strahlen berechtigt zu sein, die Eindringungstiefe der gespiegelten Strahlen (in idealen Krystallgittern) nur nach zehntausendstel oder tausendstel Millimetern zu rechnen. Da die Spaltweiten meistens die Größenordnung von zehntel oder hundertstel Millimetern haben, so ist die durch die „Fokussierung“ bewirkte „Unschärfe“ gegenüber der Spaltbreite oder den Linien im allgemeinen zu vernachlässigen.

Bei der härtesten Strahlung aber ist die Verwendung dieser Fokussierungsmethode beschränkt. Auf die für diese Strahlen nötigen Vorsichtsmaßregeln kommen wir später zurück.

10. Die Abweichungen von der Braggschen Gleichung.

Die im Jahre 1912 von W. L. Bragg aufgestellte Grundgleichung der Krystallreflexion von Röntgenstrahlen:

$$n\lambda = 2d \sin\varphi_n \tag{4}$$

genügte lange Zeit zur Darstellung der Meßergebnisse innerhalb der Versuchsfehler. Seitdem aber die neueren Methoden und entsprechende Apparatur für Präzisionsmessungen ausgearbeitet waren, konnte STENSTRÖM [1919:33] zeigen, daß kleine Abweichungen von der BRAGGschen Gleichung nachweisbar waren. Die Messungen von STENSTRÖM ergaben nämlich, daß bei größeren Wellenlängen die aus verschiedenen Ordnungen nach der BRAGGschen Gleichung berechneten Wellenlängenwerte einen systematischen Gang zeigten. Mit anderen Worten: der Ausdruck

$$\frac{\sin \varphi_n}{n} = \frac{\lambda}{2d} \tag{5}$$

erwies sich nicht als eine für einen bestimmten λ-Wert konstante Größe. Vielmehr gaben die höheren Ordnungen durchweg kleinere Werte von diesem Ausdruck als die erste Ordnung, d. h. *bei Berechnung der Wellenlänge λ wurden aus den höheren Ordnungen immer kleinere Werte erhalten.* Die Abweichungen waren allerdings sehr klein und überragten die noch vorhandenen Versuchsfehler nur unbedeutend. Ihren systematischen Charakter aber stellte ihre Realität außer Zweifel.

STENSTRÖM selbst deutete die Abweichungen als eine Brechung an der Krystallfläche bei der Reflexion der Strahlung in den äußeren Atomschichten.

Daß die BRAGGsche Gleichung nur eine erste Approximation darstellt, war schon in den theoretischen Untersuchungen über die Krystallreflexion der Röntgenstrahlen, wie sie von C. G. DARWIN und P. EWALD entwickelt worden war, hervorgehoben.

Für die praktische Röntgenspektroskopie war die Feststellung von STENSTRÖM von allergrößter Wichtigkeit, zeigte sie doch, daß in der bis dahin als befriedigende Approximation benutzten Fundamentalgleichung zur Berechnung der Wellenlängen ein Fehler steckte, der die Meßgenauigkeit in gewissen Fällen überragte. Die Klarlegung dieser Frage war danach in den Vordergrund getreten.

STENSTRÖM führte seine Untersuchungen bei Zucker- und Gipskrystallen durch und fand dabei Abweichungen für die größeren Wellenlängen: bei Zucker für Mo $L\beta_1$ ($\lambda = 5167$), Al $K\alpha_{1,2}$ ($\lambda = 8323$) und Sn $L\alpha_1$ ($\lambda = 3592$); bei Gips für Ba $L\beta_1$ ($\lambda = 2562$), Ca $K\beta_1$ ($\lambda = 3083$), Ag $L\beta_1$ ($\lambda = 3927$), Mo $L\beta_1$ und Al $K\alpha_{1,2}$. Er berechnete aus seinen Messungen auch die Werte der Brechungsindices in den betreffenden Fällen.

Daß der Effekt auch bei kürzeren Wellenlängen und bei dem für spektroskopische Messungen am meisten benutzten Krystall Kalkspat feststellbar war, wurde von SIEGBAHN [1921:82] gezeigt.

Eine weit größere Abweichung aber in demselben Sinne gaben einige Messungen mit dem Ionisationsspektrometer von BERGEN DAVIS und TERRILL [1922:26].

Sehr umfassende Untersuchungen hat dann HJALMAR [1923: 37] dieser Frage gewidmet. Er dehnte die Messungen unter Benutzung von Gips als Krystall zu viel höheren Ordnungen aus und erhielt dabei einen systematischen Gang von derselben Art wie STENSTRÖM. HJALMAR verglich seine Ergebnisse mit dem aus der DARWIN-EWALDschen Theorie zu erwartenden Effekt. Eine allgemeine Übereinstimmung könnte wohl herausgelesen werden, aber zu einer genaueren Prüfung oder zu quantitativen Aussagen reichte die Genauigkeit der Messungen noch nicht aus.

Einen wesentlichen Schritt weiter wurde diese Frage geführt durch die sehr gründlichen Untersuchungen von LARSSON [1925:93; 1926:122; 1927:92; 1929:94]. Die obenerwähnten Messungen von STENSTRÖM und von HJALMAR waren mit Vakuumspektrographen des in Abb. 106 gezeigten Typus ausgeführt, unter Verwendung der später darzulegenden Umlegemethode (siehe § 19). LARSSON verwandte in seinen Untersuchungen mit Glimmerkrystall auch ein Vakuumspektrometer dieses Typus, verfeinerte aber das Justierverfahren und erreichte es, die Genauigkeit so weit zu treiben, daß zufällige Fehler gegenüber dem gesuchten Effekt genügend zurücktraten.

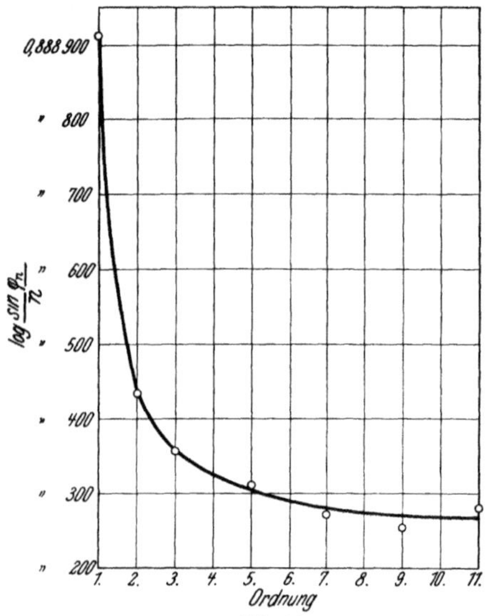

Abb. 12.

Bei allen diesen Untersuchungen wurde, wie schon erwähnt, festgestellt, daß die Größe

$$\frac{\sin \varphi_n}{n} = \frac{\lambda}{2d}$$

nicht — wie die BRAGGsche Gleichung fordert — für ein bestimmtes λ eine konstante Größe ist, sondern mit zunehmender Ordnungszahl abnimmt. Als typisch seien die Messungen von LARSSON bei Glimmerkrystallen angeführt, welche sich auf die Kupfer-$K\alpha_1$-Strahlung ($\lambda = 1537$ X.E.) beziehen:

Tabelle 2.

Ordnung n	φ_n	$\log \frac{\sin \varphi_n}{n}$
1	4° 26′ 27″,2	0,888 9123−2
2	8 53 56 ,1	4373
3	13 24 52 ,7	3601
5	22 44 39 ,2	3120
7	32 46 0 ,0	2751
9	44 5 33 ,5	2547
11	58 16 1 ,9	2868

Graphisch sind diese Abweichungen in Abb. 12 aufgetragen. Während also für $\log \frac{\sin \varphi_n}{n}$ eine horizontale Linie nach der BRAGGschen Gleichung zu erwarten wäre, ergeben die Messungen eine hyperbelähnliche Kurve, die sich asymptotisch einem Grenzwert nähert. Die

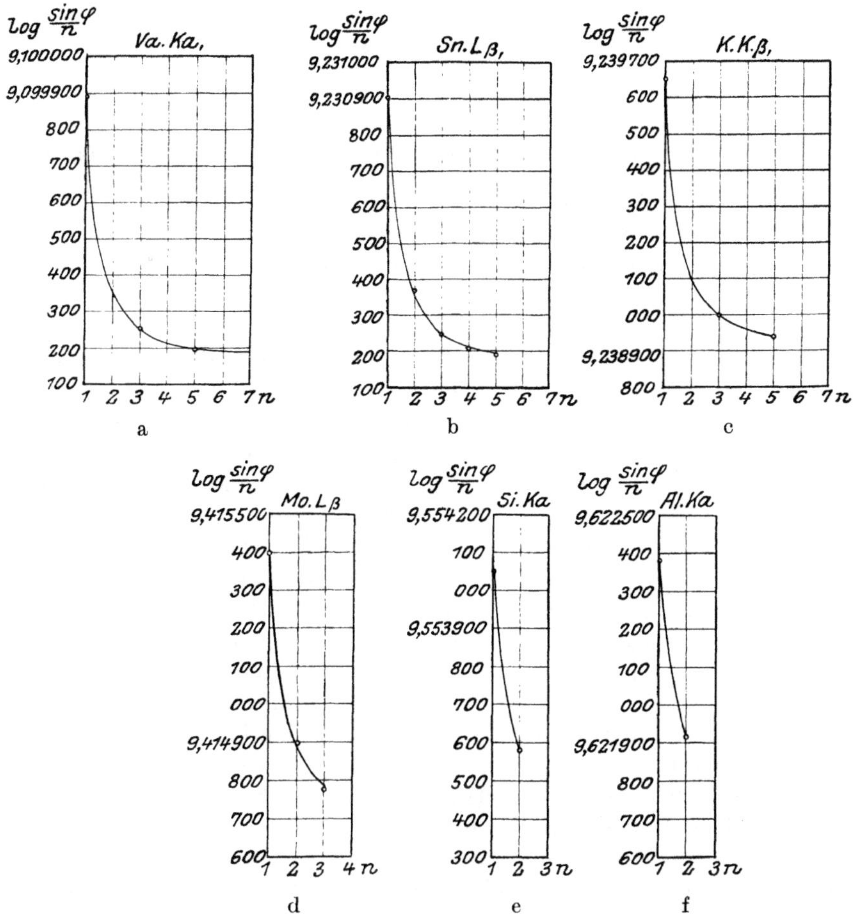

Abb. 13a–f. Graphische Darstellung der Abweichungen vom BRAGGschen Gesetz nach Messungen von LARSSON.

entsprechenden Messungen bei einer Reihe anderer monochromatischer Strahlungen: Va $K\alpha_1$ ($\lambda = 2498$), Sn $L\beta_1$ ($\lambda = 3378$), K $K\beta_1$ ($\lambda = 3447$), Mo $L\beta_1$ ($\lambda = 5167$), Si $K\alpha$ ($\lambda = 7109$), Al $K\alpha_1$ ($\lambda = 8323$) geben, wie Abb. 13a bis f zeigen, ganz analoge Abweichungen.

Nach den von DARWIN und EWALD entwickelten allgemeinen Theorien der Interferenz von Röntgenstrahlen an Krystallen gilt für die Reflexion eine der einfachen BRAGGschen Gleichung ähnliche Beziehung:

$$n\lambda_0 = 2d\sin\overline{\varphi}_n, \qquad (6)$$

wo λ_0 die Wellenlänge der Strahlung im Vakuum darstellt und $\overline{\varphi}_n$ einen Winkel, welcher von dem BRAGGschen Winkel um einen kleinen Betrag abweicht. Der Unterschied $\Delta\varphi$ ist gegeben durch den Ausdruck

$$\Delta\varphi = \frac{2\delta}{\sin 2\varphi_n} \qquad (7)$$

mit

$$\delta = \frac{e^2}{2\pi c^2 m}\sum_i \frac{N_i}{\nu^2 - \nu_i^2}, \qquad (8)$$

wo e und m Ladung und Masse des Elektrons und N_i die Anzahl der Elektronen mit der Eigenfrequenz $\nu_i \left(\nu = \frac{1}{\lambda}\right)$ darstellen.

Nach dieser Theorie tritt bei einem idealen Translationsgitter Totalreflexion innerhalb des Winkelgebietes $2\Delta\varphi$ ein, wie in Abb. 14 gezeichnet. Dieses Totalreflexionsgebiet schließt sich dem nach der BRAGGschen Gleichung bestimmten Winkel unmittelbar an. Bei allgemeineren Gitterstrukturen zieht sich das Gebiet der Totalreflexion zusammen, aber doch so, daß der Abstand der Mitte vom BRAGGschen Winkel beibehalten wird und durch die obige Formel (7) bestimmt ist. Allerdings ist zu erwähnen, daß diese Verhältnisse durch die Mosaikstruktur der Krystalle gewissermaßen gestört werden. Ferner wurde hierbei der Einfluß der Temperaturbewegung sowie der Absorption nicht berücksichtigt. Die Einwirkung der erstgenannten wurde von WALLER [1927: 151, 153], die letztere von PRINS [1930: 128] theoretisch untersucht. Für die Spektroskopie scheinen beiden diese Effekte belanglos zu sein.

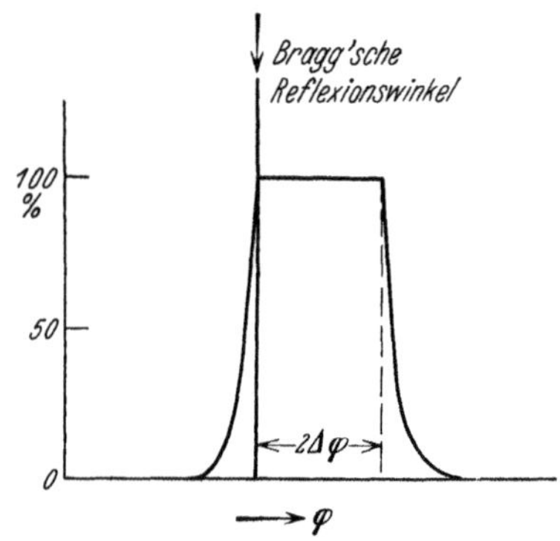

Abb. 14.

Für die praktische Spektroskopie ist eine Umformung der Gl. (6) mit Berücksichtigung von (7) und (8) geboten. Man erhält durch Einsetzen von (7) in (6) und leichte Umrechnungen:

$$n\lambda_0 = 2d\left[1 - \frac{4d^2\delta}{n^2\lambda_0^2}\right]\sin\varphi_n, \qquad (9)$$

wo φ_n die gemessenen Reflexionswinkel in $n$ter Ordnung bedeutet.

Der Unterschied dieser Formel gegenüber der BRAGGschen (3) kann also so ausgedrückt werden, daß man eine korrigierte Gitterkonstante d_n einführt, deren Wert durch die Gleichung

$$d_n = d\left[1 - \frac{4d^2}{n^2}\cdot\frac{\delta}{\lambda^2}\right] \qquad (10)$$

festgelegt ist.

Aus der Gl. (8), welche den Wert von δ angibt, sieht man, daß für Frequenzen, die groß sind gegenüber den vorhandenen Eigenfrequenzen,

$$\frac{\delta}{\lambda^2} = \frac{e^2}{2\pi c^2 m} \sum_i N_i \tag{11}$$

in erster Approximation eine von der Wellenlänge unabhängige Konstante ist. Als approximativer numerischer Wert von δ/λ^2 ergibt sich

$$\frac{\delta}{\lambda^2} = 1{,}36 \cdot \varrho \cdot 10^{10}, \tag{12}$$

wo ϱ die Dichte des Krystalles ist. Wir können dann für die zu benutzende Gitterkonstante d_n schreiben

$$d_n = d\left[1 - \frac{d^2}{n^2} \cdot 5{,}4 \cdot \varrho \cdot 10^{-6}\right], \tag{13}$$

wo d jetzt in Ångströmeinheiten angegeben ist. Die korrigierte BRAGGsche Formel hat dann genau dasselbe Aussehen:

$$n\lambda_0 = 2 d_n \sin\varphi_n \tag{14}$$

wie die ursprüngliche, nur steht hier statt des wahren Atomebenenabstandes d ein von der Ordnung n abhängiger Wert d_n.

Es ist von Interesse, zu sehen, daß die von STENSTRÖM, der die Abweichungen experimentell entdeckt hat, zuerst vorgeschlagene Deutung [1919: 33]: Brechung der Röntgenstrahlen beim Durchtritt durch die Krystallflächen, auch zu genau denselben Formeln führt wie die dynamische Theorie der Krystallinterferenzen.

Wir nehmen dann mit STENSTRÖM an, daß die Wellenlänge innerhalb des Krystalls λ' ist und daß die Reflexion innerhalb des Krystalls das BRAGGsche Gesetz

$$n\lambda' = 2 d \sin\varphi_n' \tag{15}$$

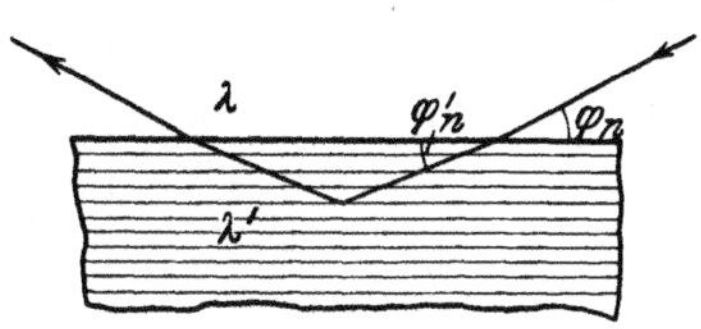

Abb. 15.

befolgt. Beim Durchtritt durch die Krystalloberfläche (siehe Abb. 15) tritt eine Brechung der Strahlung nach den üblichen Gesetzen ein, d. h.

$$\mu = 1 - \delta = \frac{\lambda}{\lambda'} = \frac{\cos\varphi_n}{\cos\varphi_n'}, \tag{16}$$

wo μ der Brechungsindex und δ der kleine Unterschied dieses Wertes von 1 ist. Aus (15) und (16) erhält man nach leichten Umformungen in erster Approximation

$$n\lambda = 2d\left[1 - \frac{\delta}{\sin^2\varphi_n}\right]\sin\varphi_n \tag{17}$$

oder

$$n\lambda = 2d\left[1 - \frac{4d^2}{n^2} \cdot \frac{\delta}{\lambda^2}\right]\sin\varphi_n, \tag{18}$$

also einen mit der obigen Formel (9) identischen Ausdruck. δ ist dann nach der klassischen Theorie aus Formel (8) zu bestimmen.

Tabelle 3.

Linie	Ordnung	φ_n	$\delta \cdot 10^6$	$\frac{\delta}{\lambda^2} \cdot 10^6$
Cu $K\alpha_1$	1	4°26′27″,2	—	—
	2	8 53 56 ,1	8,74	3,70
	3	13 24 52 ,7	9,44	3,99
	5	22 44 39 ,2	8,62	3,65
	7	32 46 0 ,0	8,97	3,80
	9	44 5 33 ,5	9,19	3,89
	11	58 16 1 ,9	8,70	3,68
		Mittelwerte	8,94	3,78
Va $K\alpha_1$	1	7°13′47″,8	—	—
	3	22 9 0 ,3	24,60	3,94
	5	38 55 35 ,3	24,55	3,93
		Mittelwerte	24,6	3,94
Sn $L\beta_1$	1	9°47′49″,8	—	—
	2	19 52 18 ,9	45,74	4,01
	3	30 38 48 ,6	46,48	4,07
	4	42 48 47 ,4	46,89	4,11
	5	58 9 24 ,0	46,45	4,07
		Mittelwerte	46,4	4,06
K $K\beta_1$	1	9°59′55″,7	—	—
	3	31 20 26 ,8	49,20	4,14
	5	60 5 12 ,5	49,04	4,13
		Mittelwerte	49,1	4,14
Mo $L\beta_1$	1	15° 5′ 4″,1	—	—
	2	31 19 25 ,7	103,0	3,86
	3	51 13 43 ,4	102,3	3,83
		Mittelwerte	103	3,85
Si $K\alpha_{1,2}$	1	20°59′ 9″,6	—	—
	2	45 41 8 ,8	182	3,60
Al $K\alpha_{1,2}$	1	24°46′58″,9	—	—
	2	56 52 22 ,4	262	3,79

Wir gehen jetzt an die Prüfung dieser Formel. Aus Gl. (17) ergibt sich für zwei verschiedene Ordnungen n_1 und n_2 ein Wert von δ:

$$\delta = \frac{\frac{\sin\varphi_1}{n_1} - \frac{\sin\varphi_2}{n_2}}{\frac{1}{n_1 \sin\varphi_1} - \frac{1}{n_2 \sin\varphi_2}}. \tag{19}$$

Aus den in zwei Ordnungen gemessenen Reflexionswinkeln läßt sich also mittels dieser Formel der Wert von δ berechnen. Wenn die Formel richtig ist, muß sich aus je zwei verschiedenen Ordnungen derselbe Wert von δ ergeben. Ferner soll für verschiedene Wellenlängen in erster Approximation δ/λ_2 annähernd konstant sein. Inwiefern diese zwei Bedingungen erfüllt sind, zeigt die vorstehende Tabelle, welche Messungen von LARSSON am Glimmerkrystall wiedergibt.

Die in dritter Kolumne angegebenen Werte von δ sind aus der ersten und einer höheren Ordnung berechnet. Die Werte sind innerhalb der Meßfehler unabhängig von der Ordnungszahl und zeigen vor allem keinen systematischen Gang. Was den Wert von δ/λ^2 betrifft, so sind die Schwankungen um den Mittelwert $3{,}9 \cdot 10^{-6}$, sehr klein (s. Abb. 16), wenn man berücksichtigt, daß δ selbst das Intervall von 8,9 bis 262 umfaßt. Der nach der Formel (12) zu erwartende Wert hängt von der Dichte des benutzten Glimmers ab, der leider nicht gemessen wurde.

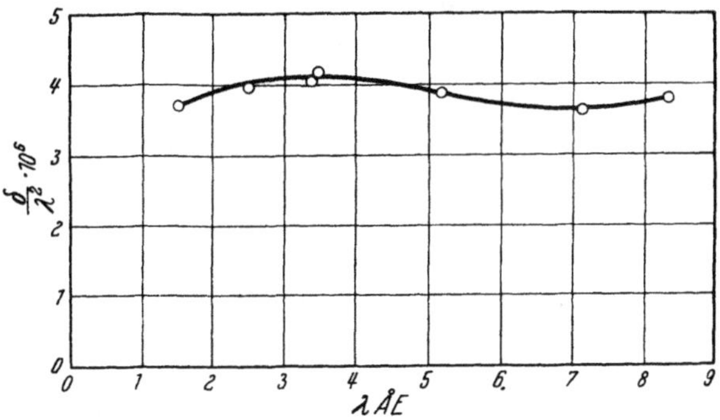

Abb. 16.

In den Tabellen von LANDOLT-BÖRNSTEIN finden sich Angaben zwischen 2,62 und 3,2. Mit diesen Werten gibt Gl. (12)

$$\frac{\delta}{\lambda^2} \backsim 3{,}6 \text{ bis } 4{,}4 \cdot 10^{-6},$$

also sehr befriedigende Übereinstimmung mit dem gefundenen Mittelwert $3{,}9 \cdot 10^{-6}$.

Auch für den am meisten in der Röntgenspektroskopie benutzten Krystall, Kalkspat, liegen eine Anzahl genauer Messungen vor, welche die Verwendbarkeit der Gl. (17) oder (18) zeigen. LARSSON [1927: 92] hat für Mo $K\alpha_1$ ($\lambda = 707{,}83$) und Fe $K\alpha_1$ ($\lambda = 1932$) folgende Ergebnisse erhalten:

Tabelle 4.

	Ordnung	φ	$\delta \cdot 10^6$	$\frac{\delta}{\lambda^2} \cdot 10^6$
Mo $K\alpha_1$	1	6° 42′ 35″,3	—	—
	2	13 30′ 44 ,9	1,91	3,83
	3	20 31 0 ,1	1,81	3,62
Fe $K\alpha_1$	1	18 35 52 ,3		
	2	39 37 34 ,8	14,6	3,92

Die aus den Messungen berechneten Werte von δ/λ^2 stimmen auch sehr befriedigend mit dem aus der Formel (12) sich ergebenden theoretischen Wert 3,69 überein. Zu ähnlichen Resultaten gelangten auch KELLSTRÖM [1927: 78] bei Pd- und Ag-Strahlung und ENGER [1928: 39] bei Rh-Strahlung. Ferner haben LARSSON [1929: 94] und BERGQVIST [1930: 12] die Gültigkeit dieser Gesetze auch bei Gips bzw. Quarz verifizieren können.

Es scheint daher festgestellt zu sein, daß die Gl. (18) eine Verbesserung der BRAGGschen Gleichung darstellt, der die Messungen innerhalb der Meßfehler genügen, wenigstens wenn man den Eigenfrequenzen nicht zu nahe kommt. Die später zu besprechenden Untersuchungen über Brechung und anomale Dispersion werden diese Schlußfolgerung noch weiter stützen. Auf die für die Berechnung der Wellenlängen zu empfehlenden numerischen Werte kommen wir in § 13 zurück.

Bei den hier besprochenen Untersuchungen über die Abweichung vom BRAGGschen Gesetz wurde das Phänomen in der Form studiert, wie es bei den spektroskopischen Messungen im allgemeinen in Erscheinung tritt, d. h. an einer Krystallfläche parallel den Atomebenen.

Wir erwähnten, daß STENSTRÖM die Abweichungen durch eine Brechung der Röntgenstrahlen gedeutet hatte. Es wurde auch gezeigt, daß eine formale Behandlung des Phänomens als einer Brechung zu genau denselben Formeln für die korrigierte BRAGGsche Gleichung führt wie die allgemeine Theorie der Krystallinterferenz.

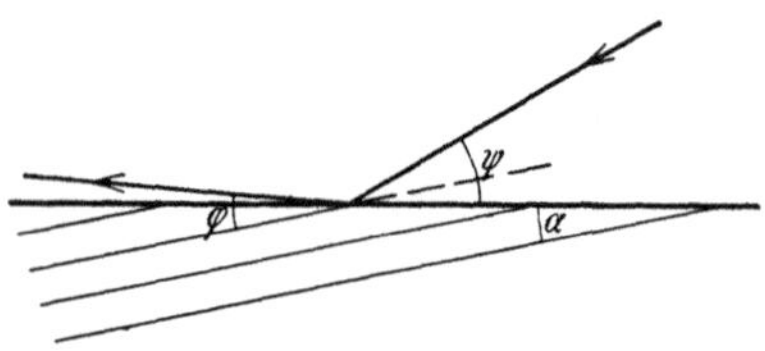

Abb. 17. „Unsymmetrische Reflexion". Methode von BERGEN DAVIS.

In Verfolgung des Gedankens von STENSTRÖM haben BERGEN DAVIS und seine Mitarbeiter [1924: 49, 50, 51, 69, 102] eine Methode angegeben, um die Größe der Brechung wesentlich zu erhöhen und so die Meßgenauigkeit bei Bestimmung von δ zu verbessern. Diese Methode besteht darin, daß die Krystalle so abgeschliffen werden, daß der von den Atomebenen reflektierte Strahl die Krystalloberfläche unter sehr kleinem Winkel trifft oder verläßt. Die Abb. 17 illustriert diesen Fall, den wir als „unsymmetrische Reflexion" bezeichnen wollen zum Unterschied des vorher behandelten symmetrischen Falles. Meßtechnisch bedeutet dieses Verfahren, daß der zu bestimmende Effekt 10- bis 100fach vergrößert wird. Während z. B. die Abweichung im symmetrischen Falle von dem BRAGGschen Winkel (etwa $7^\circ 31'$) für Mo $K\alpha_1$-Strahlung bei Pyrit nur etwa $5'',4$ beträgt, fand NARDROFF bei einer um $6^\circ 32'$ gegen die Atomebene geneigten Fläche eine Deviation von $39''$ und bei einer Neigung von $7^\circ 18'$ etwa $169''$.

Zur Berechnung des Brechungsindex $\delta = 1 - \mu$ ergibt sich die Formel (NARDROFF [1924: 102])

$$\delta = \frac{(\sin\beta - \sin\varphi)(\sin\beta - \sin\alpha)(\sin\beta + \sin\alpha)}{\sin\beta - \sin^3\beta},$$

welche zusammen mit der für symmetrische Reflexion gültigen zu benutzen ist. Die Bedeutung der Winkel ist aus Abb. 18 zu sehen; β ist $\frac{\beta_1 + \beta_2}{2}$.

Die von NARDROFF durchgeführten Messungen von δ beziehen sich auf Eisenpyrit, wo folgende Werte erhalten wurden:

Tabelle 5.

	λ X.U.	$\delta \cdot 10^6$	$\frac{\delta}{\lambda^2} \cdot 10^6$
Mo $K\beta$	631	2,87	77
Mo $K\alpha$	708	3,35	66
Cu $K\beta$	1389	13,2	68
Cu $K\alpha$	1537	17,6	77
		Mittel	71

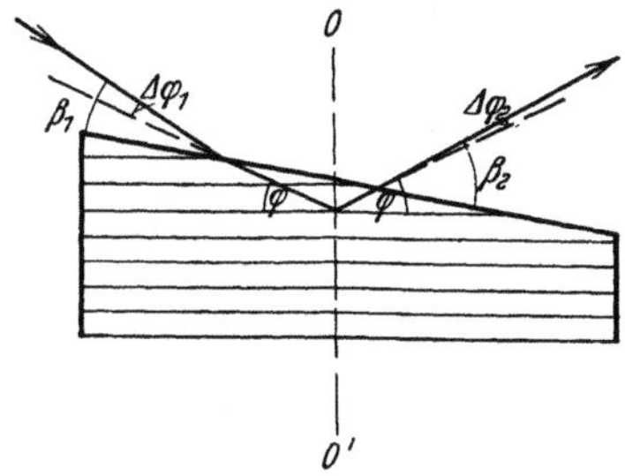

Abb. 18.

Die formale Behandlung des Phänomens als eine Brechung führt auch in diesem Falle zu Werten von δ und δ/λ^2, die mit denen nach der klassischen Formel befriedigend übereinstimmen.

HATLEY hat die Methode bei Kalkspat benutzt, wobei zwei verschiedene Verfahren zur Bestimmung der gesuchten Abweichungen verwendet wurden. Bei der ersten wurde die Richtung der ausgehenden Strahlung vor und nach Umlegung des Krystalles um eine Achse 0 0′ senkrecht zur Atomebene um 180° gemessen. Man bekommt so die Differenz $\Delta\varphi_1 - \Delta\varphi_2$, wo aber $\Delta\varphi_2$ praktisch gegen $\Delta\varphi_1$ zu vernachlässigen ist. Bei der zweiten genaueren Methode werden ein abgeschrägter und ein gewöhnlicher Krystall übereinandergelegt, so daß die Atomebenen parallel sind. Man erhält so einen direkten Vergleich der Abweichung bei symmetrischer und unsymmetrischer Reflexion.

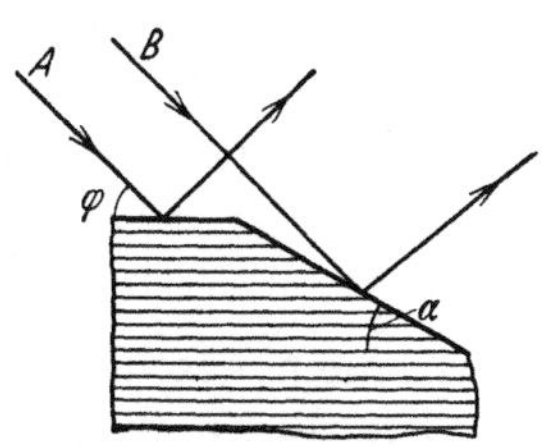

Abb. 19.

Die Ergebnisse von HATLEY [1924: 68] waren für die Mo$K\alpha_1$-Strahlung ($\lambda = 707{,}8$):

$$\text{erste Methode: } \delta = (2{,}21 \pm 0{,}16)10^{-6}; \quad \frac{\delta}{\lambda^2} = 4{,}41 \cdot 10^{-6},$$

$$\text{zweite \quad ,, \quad : } \delta = (1{,}94 \pm 0{,}06)10^{-6}; \quad \frac{\delta}{\lambda^2} = 3{,}87 \cdot 10^{-6},$$

während der theoretische Wert von δ/λ^2 nach Formel (12) etwa $3{,}7 \cdot 10^{-6}$ ist.

Auch LARSSON hat in seiner mehrfach erwähnten umfassenden Untersuchung [1929: 94] diese Methode in etwas abgeänderter Form, mit photographischer Registrierung, benutzt. LARSSON hat die Untersuchung an einer Reihe Kalkspatkrystallen, die in der in Abb. 19 gezeigten Form abgeschrägt waren, unter Verwendung von Wellenlängen von 1537 bis 3734 X.E. ausgeführt. Die Winkel α waren dabei so gewählt, daß für die betreffenden Wellenlängen ein möglichst großer Effekt herauskam. Die folgenden monochromatischen Strahlen wurden benutzt:

Tabelle 6.

Linie	Wellenlänge
Cu $K\alpha_1$	1537,395 X.E.
Fe $K\alpha_1$	1932,066
Va $K\alpha_1$	2498,80
Ti $K\beta_1$	2509,15
Sc $K\beta_1$	2773,94
J $L\beta_1$	2930,93
Sc $K\alpha_1$	3025,25
Te $L\beta_4$	3040,0
(Ca K-Kante	3060,5)
Te $L\beta_1$	3069,97
Ca $K\beta_1$	3083,48
Sb $L\beta_1$	3218,36
Sn $L\beta_1$	3378,58
K $K\alpha_1$	3447,40
K $K\alpha_1$	3733,74

In einem Falle, bei Fe$K\alpha_1$, wurden nach der bei dem Tubusspektrometer (s. § 19) üblichen Umlegemethode die

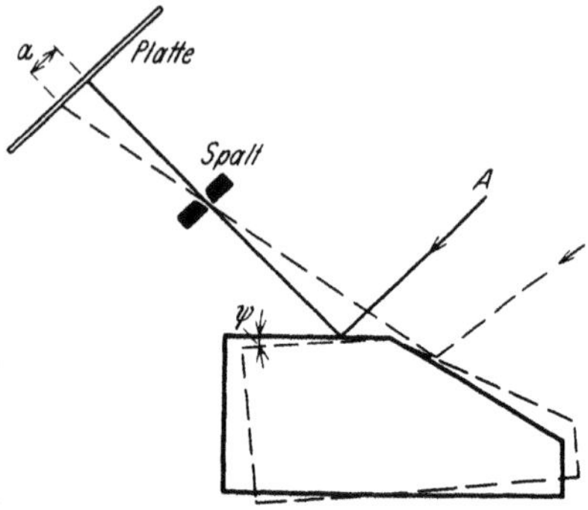

Abb. 20.

Reflexionswinkel einerseits bei symmetrischer Reflexion an dem gespalteten Flächenteil (Strahlung A, Abb. 19), andererseits bei unsymmetrischer Reflexion an der geschliffenen Fläche (Strahlung B) bestimmt. Der Unterschied betrug dabei mehr als $1'$ bei einem Reflexionswinkel φ von etwa $18°$. Als Wert von δ ergab sich

$$\delta = 13{,}98 \cdot 10^{-6}; \quad \frac{\delta}{\lambda^2} = 3{,}75 \cdot 10^{-6}$$

mit einem geschätzten maximalen Fehler in δ von $\pm 0{,}4 \cdot 10^{-6}$.

Bei dieser Wellenlänge ebenso wie bei allen übrigen der oben angegebenen Strahlungen wurde ferner eine Methode benutzt, die aus Abb. 20 hervorgeht. In diesem Falle wird der Krystall zwischen den zwei Aufnahmen um den kleinen, genau gemessenen Winkel ψ gedreht. Aus diesem Winkel und dem gemessenen Abstand a (und dem Abstand Spalt—Platte) läßt sich dann die Abweichung berechnen, wobei Larsson in diesem wie im vorigen Falle von der Auffassung ausgeht, daß das Phänomen nach den Brechungsgesetzen behandelt werden kann. Die Tatsache, daß die in dieser Weise berechneten δ-Werte eindeutig herauskommen, scheint die Berechtigung dieser Behandlung zu bestätigen.

Die Messungen bei der Mehrzahl dieser Wellenlängen mußten im Vakuum ausgeführt werden, warum ein Spektrometer des in Abb. 112 (siehe ferner S. v. Friesen [1929 : 59]) abgebildeten Typus benutzt wurde. Die Ergebnisse sind in der nachstehenden Tabelle zusammengestellt.

Während also hier die δ-Werte von 9 bis 50 steigen, zeigen die Werte von δ/λ^2 nur ganz kleine Schwankungen. Auf den näheren Verlauf der Kurve, welche δ/λ^2 als Funktion von λ darstellt und als anomale Dispersion zu deuten ist, kommen wir später (§ 12) zurück. In erster Approximation kann man offenbar den Wert von δ/λ^2 in Gl. (18) als

Tabelle 7. Messungen von LARSSON bei abgeschrägten Kalkspatkrystallen.

Linie	Wellen-länge	$\delta \cdot 10^{-6}$	$\frac{\delta}{\lambda^2} \cdot 10^{-6}$
Cu $K\alpha_1$	1537	8,94	3,78
Cu $K\alpha_1$	1537	8,65	3,66
Fe $K\alpha_1$	1932	13,96	3,74
Fe $K\alpha_1$	1932	13,89	3,72
Fe $K\alpha_1$	1932	13,81	3,70
Va $K\alpha_1$	2499	22,52	3,62
Va $K\alpha_1$	2499	22,19	3,56
Va $K\alpha_1$	2499	22,45	3,60
Ti $K\beta_1$	2509	23,53	3,74
Ti $K\beta_1$	2509	22,99	3,65
Sc $K\beta_1$	2774	26,92	3,50
Sc $K\beta_1$	2774	27,18	3,52
J $L\beta_1$	2931	28,54	3,32
Sc $K\alpha_1$	3025	29,17	3,19
Sc $K\alpha_1$	3025	29,35	3,21
Sc $K\alpha_1$	3025	29,28	3,20
Sc $K\alpha_1$	3025	29,54	3,23
Te $L\beta_4$	3040	28,67	3,10
Te $L\beta_1$	3070	30,18	3,20
Ca $K\beta_1$	3083	32,52	3,42
Ca $K\beta_1$	3083	31,88	3,35
Ca $K\beta_1$	3083	31,36	3,29
Ca $K\beta_1$	3083	32,31	3,40
Sb $L\beta_1$	3218	35,98	3,47
Sn $L\beta_1$	3379	39,87	3,49
Sn $L\beta_1$	3379	39,26	3,44
K $K\beta_1$	3447	42,00	3,53
K $K\beta_1$	3447	41,74	3,51
K $K\alpha_1$	3734	49,83	3,57
K $K\alpha_1$	3734	48,54	3,48

konstant betrachten, wie wir oben bei den Messungen aus dem symmetrischen Fall gefunden hatten.

Bei der Behandlung des symmetrischen Falles, welcher für die praktische Röntgenspektroskopie beinahe immer verwendet wird, hatten wir oben gezeigt, daß die STENSTRÖMsche Deutung des Phänomens als eine Brechung zu genau denselben Formeln führt wie die dynamische Interferenztheorie. Daß die von DAVIS und seinen Mitarbeitern HATLEY und NARDROFF gewählte Berechnungsmethode, welche, wie schon erwähnt, auf der Vorstellung der Brechung fußt, bei einer Behandlung des experimentellen Materials nach der Interferenztheorie zu im wesentlichen übereinstimmenden Resultaten führt, wurde von EWALD [1924: 61] gezeigt. Eine Prüfung des Messungsverfahrens von LARSSON in dieser Beziehung ist nicht durchgeführt, aber aller Wahrscheinlichkeit nach ist wohl auch in diesen Fällen Übereinstimmung zu erwarten.

In der ganzen Auffassung des Phänomens liegen doch bei diesen zwei Behandlungsweisen wesentliche Unterschiede vor. Im symmetrischen Falle kommt dies nicht so stark zum Vorschein wie im unsymmetrischen Falle. Bei der Behandlung des Phänomens als einen Brechungsvorgang ist es selbstverständlich gleichgültig, ob die Strahlrichtung umgekehrt wird; die Größe der Abweichung ist nur von den Winkeln der Strahlen mit der Oberfläche und mit der Atomfläche abhängig. Bei der Interferenztheorie ist dies aber *nicht* der Fall. Nach EWALD erhält man für die Abweichung $\varDelta\varphi$ nach der dynamischen Theorie den Ausdruck

$$\varDelta\varphi = \delta(\operatorname{cotg}\psi + \operatorname{tg}\varphi), \qquad (20)$$

wo ψ hier den Winkel zwischen der *einfallenden* Strahlung und der Krystalloberfläche darstellt. Im Spezialfall der *streifenden Ausgangs*strahlung erhält man dann mit $\psi = 2\varphi$

$$\Delta\varphi_1 = \delta\frac{1}{\sin 2\varphi}, \tag{21}$$

während im *symmetrischen* Falle die Abweichung $\Delta\varphi_2$ wie früher

$$\Delta\varphi_2 = \delta\frac{2}{\sin 2\varphi} \tag{22}$$

herauskommt, also $\Delta\varphi_2$ doppelt so groß ist. Bei nahe streifendem *Einfalls*winkel dagegen ergibt die Formel (20) eine Abweichung $\Delta\varphi_3$

$$\Delta\varphi_3 \sim \frac{\delta}{\operatorname{tg}\psi}, \tag{23}$$

die bei den kleinen Werten von ψ beträchtliche Werte annehmen kann.

11. Brechung und Spiegelung der Röntgenstrahlen.

Wie im vorigen Paragraphen gezeigt wurde, lassen sich die Abweichungen vom Braggschen Gesetz formal behandeln als ein Brechungsvorgang nach dem Snelliusschen Brechungsgesetz. Aber gerade in diesem Falle, wo aus der Strahlung durch Interferenz im Atomgitter eine reflektierte Strahlung abgespaltet wird, ist die Berechtigung dieser Betrachtungsweise nicht ohne weiteres klar, führt aber, wie oben dargelegt wurde, zu Übereinstimmung mit dem Experiment sowie mit der dynamischen Interferenztheorie.

Eine Brechung der Röntgenstrahlen von ganz derselben Art wie im optischen Fall, d. h. ohne Verknüpfung mit Interferenz im Krystallgitter, wurde von vielen Forschern gesucht, aber ihr Nachweis ist erst in den letzten Jahren gelungen. Der Grund für den Mißerfolg war natürlich die Kleinheit des Effektes. Aus diesem Grunde auch scheint ihre Verwendbarkeit zu einer Prismenspektroskopie der Röntgenstrahlen nicht so aussichtsvoll, wenn auch, wie wir zeigen werden, durch die Versuche von Larsson, Siegbahn und Waller [1924: 88] Prismenspektrogramme von Röntgenspektren erzielt worden sind. Größere Bedeutung kommt dagegen, wie von Larsson [1929: 94] dargetan wurde, dieser Methode zu für Messungen von Brechungsindices und Untersuchungen über normale und anormale Dispersion der Röntgenstrahlen.

Eine reine Brechung, von der wir hier sprechen, hat man nicht nur bei festen amorphen Körpern wie Glas nachgewiesen, sondern auch bei mikrokrystallinen Körpern und Krystallen, nur hat man in letztem Falle die Einfallswinkel so zu wählen, daß die Störung durch Interferenz im Krystallgitter — wie oben erwähnt — ausgeschaltet wird.

Historisch sei bemerkt, daß schon RÖNTGEN Experimente ausführte, um eine Brechung in Prismen nachzuweisen. WINKELMANN und STRAUBEL[1] stellten Versuche mit Prismen von verschiedenen Metallen an, konnten daraus aber nur die Schlußfolgerung ziehen, daß der Brechungs-

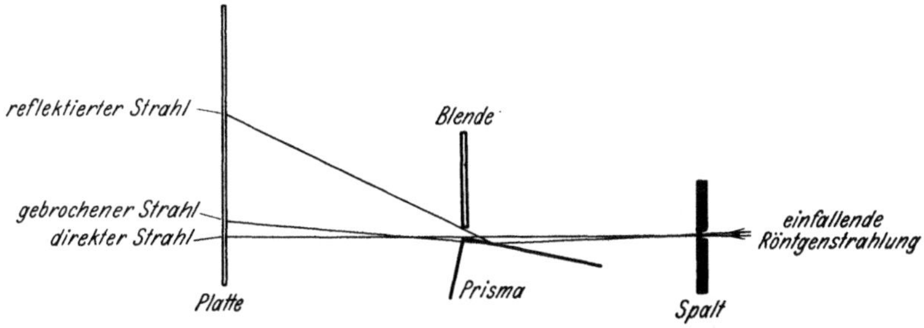

Abb. 21. Anordnung zum Nachweis der Brechung von Röntgenstrahlen. nach LARSSON, SIEGBAHN und WALLER.

index höchstens um 0,0005 von 1 abweichen konnte. WALTER[2] suchte bei einem Diamantprisma nach einem Effekt, aber ohne Erfolg, woraus er schließen konnte, daß die genannte Grenze bei 0,0002 zu setzen war. GOUY[3], der umfassende Untersuchungen dieser Frage anstellte, fand gewisse Effekte, die möglicherweise als eine Brechung zu deuten waren, wobei der Brechungsindex der Größenordnung 10^{-5} bis 10^{-7} angenommen werden mußte: in einigen Fällen größer als 1, in anderen Fällen kleiner. Diese Ergebnisse liegen doch innerhalb der Versuchsfehler. Von späteren erfolglosen Versuchen sind zu erwähnen: BARKLA[4], WEBSTER und CLARK[5], KEENE[6].

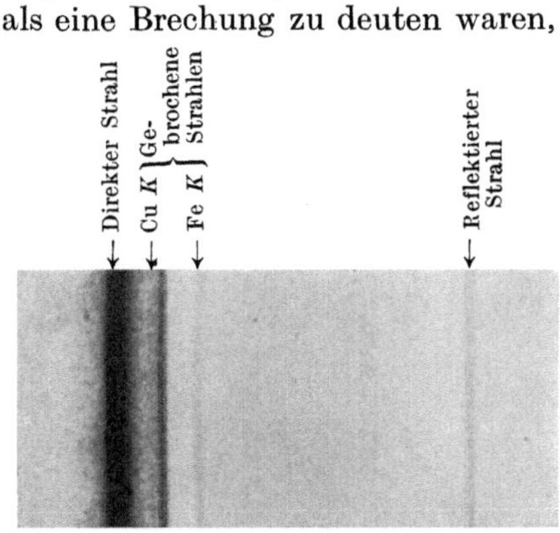

Abb. 22. Prismenspektrogramm von Röntgenstrahlen nach LARSSON, SIEGBAHN und WALLER.

Der experimentelle Nachweis der Brechung von Röntgenstrahlen in einem Prisma wurde von LARSSON, SIEGBAHN und WALLER [1924: 88] erbracht. Bei diesen Versuchen, deren schematische Anordnung aus Abb. 21 zu ersehen ist, wurde zur Vergrößerung des Effektes mit sehr kleinem Incidenzwinkel am Prisma gearbeitet. Eins von den bei diesen Versuchen erhaltenen Prismenspektrogrammen ist in Abb. 22

[1] WINKELMANN, A., u. R. STRAUBEL, Wied. Ann. **59**, 324 (1896).
[2] WALTER, B., Naturwiss. Rdsch. **11**, 322 (1896).
[3] GOUY, C. r. Acad. Sci. Paris **122**, 1197 (1896); **123**, 43 (1896).
[4] BARKLA, C. G., Phil. Mag. (6) **31**, 257 (1916).
[5] WEBSTER, D. L., u. H. CLARK, Phys. Rev. (2) **8**, 528 (1916).
[6] KEENE, H. B., Phil. Mag. (6) **32**, 603 (1916).

reproduziert. Als Antikathode wurde hierbei Kupfer und Eisen benutzt. Das Spektrogramm zeigt daher gebrochene Strahlen von Cu $K\alpha_{12}$, Cu $K\beta_1$, Fe $K\alpha_{12}$ und Fe $K\beta_1$; die $K\alpha$-Dubletts waren, wegen zu kleiner Dispersion, nicht aufgelöst. Als Wert von $\delta = 1 - \mu$ wurde für das dabei benutzte Glasprisma (von der Dichte 2,551) erhalten:

Tabelle 8.

Linie	λ X.E.	$\delta \cdot 10^6$	$\frac{\delta}{\lambda^2} \cdot 10^6$
Fe $K\alpha_{12}$	1933	12,38 ± 0,4	3,31 ± 0,10
Fe $K\beta_1$	1750	10,00 ± 0,4	3,26 ± 0,10
Cu $K\alpha_{12}$	1538	8,125 ± 0,05	3,435 ± 0,02
Cu $K\beta_1$	1389	6,648 ± 0,05	3,443 ± 0,03
Mo $K\alpha_{12}$	708	1,64 ± 0,10	3,3 ± 0,2
Mo $K\beta_1$	630	1,22 ± 0,15	3,1 ± 0,4

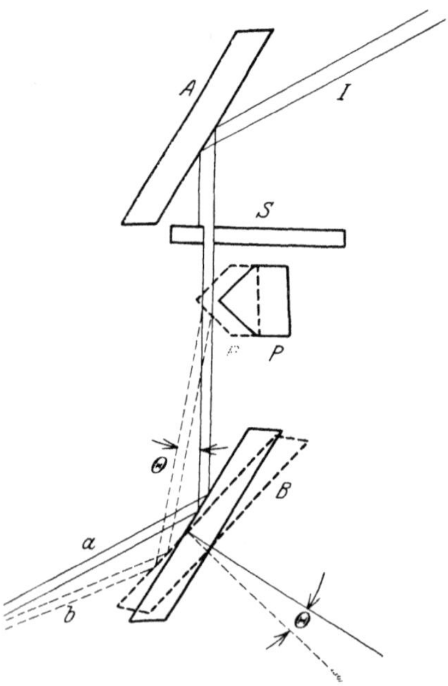

Abb. 23.
(Aus DAVIS and SLACK, Physic. Rev. 27.)

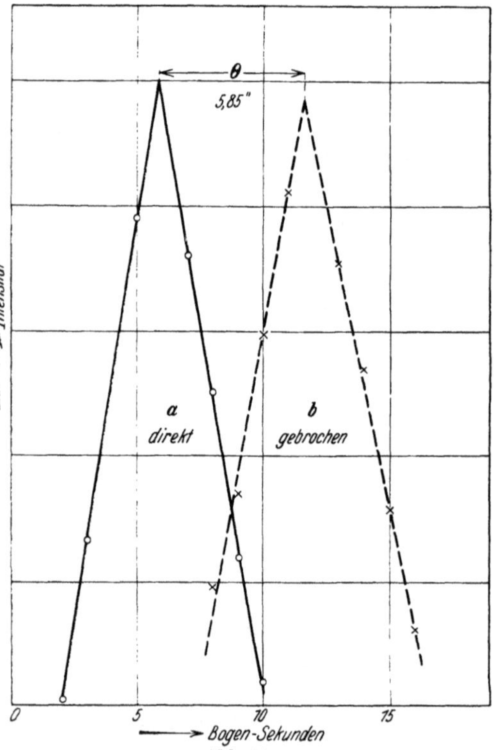

Abb. 24.

Bei dieser Anordnung waren die Deviationswinkel der gebrochenen Strahlen von der Größenordnung einiger Minuten.

DAVIS und SLACK gelang es [1925: 56; 1926: 47, 48, 183], mit Hilfe des später zu besprechenden Doppelkrystallspektrometers mit Ionisationskammer die Brechung in verschiedenen Prismen nachzuweisen. Die Anordnung ist schematisch aus der Abb. 23 zu ersehen. Die ver-

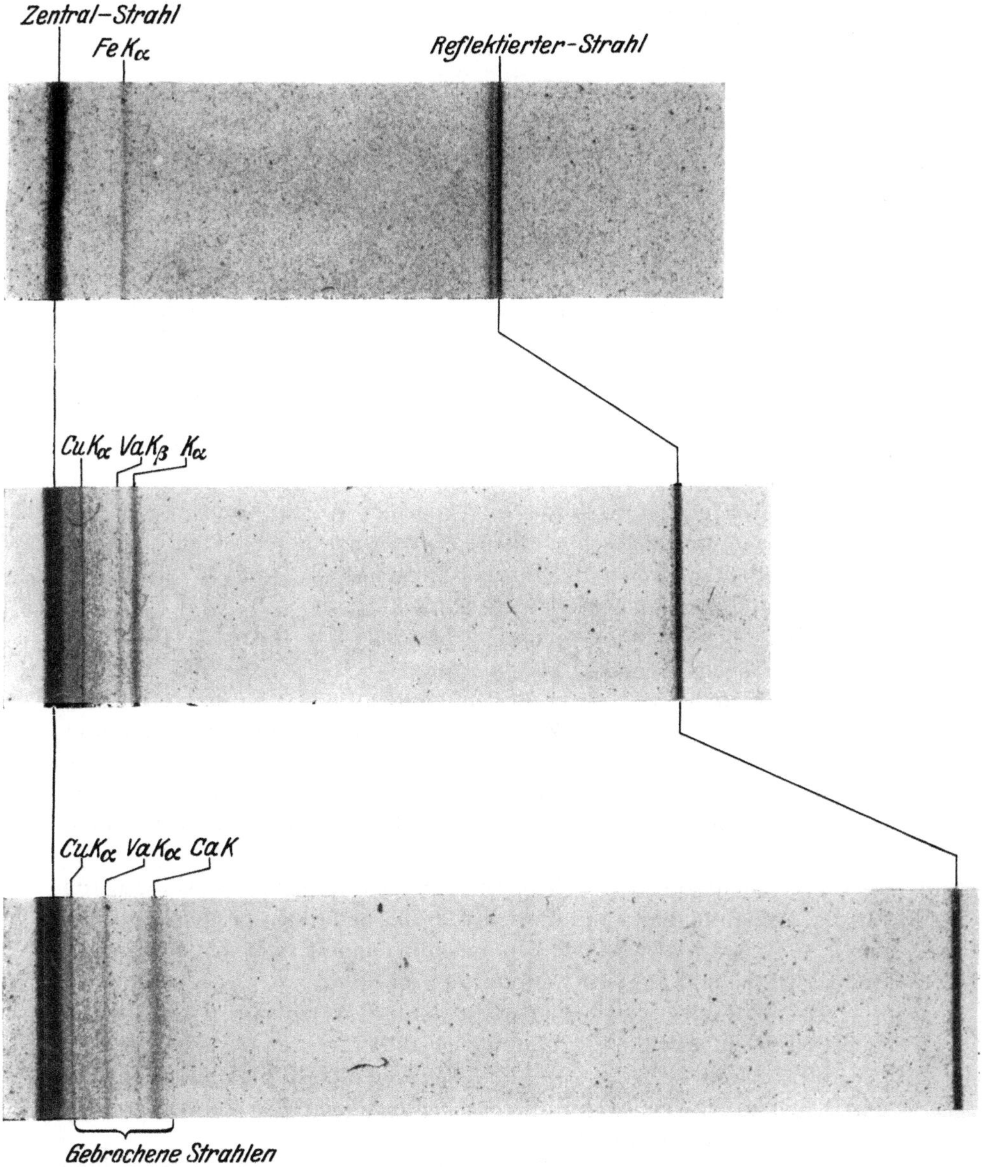

Abb. 25. Spektrogramme mit Quarzprisma nach LARSSON.

wandten Prismen hatten brechende Winkel von 60 bis 173°. Aus Abb. 24 sind die zwei Ionisationskurven zu sehen, welche ohne und mit eingeschobenem Prisma (aus Aluminium) erhalten wurden. Die Verschiebung beträgt nur 5″,85 für die hier verwandte MoK-Strahlung. Die erhaltenen Werte für δ sind aus folgender Tabelle zu sehen:

Tabelle 9.

Prisma aus		Brechende Winkel	Deviation	$\delta \cdot 10^6$
$\lambda = 707{,}8$	Ag	63°,5	2″,42 ± 0,1	5,85 ± 0,3
	Cu	60 ,0	2 ,12 ± 0,2	5,95 ± 0,5
	S	168 ,3	5 ,39 ± 0,2	1,39 ± 0,05
	Al	166 ,0	5 ,62 ± 0,2	1,68 ± 0,07
	C	86 ,4	4 ,02 ± 0,5	1,23 ± 0,15
	Celluloid	171 ,0	5 ,12 ± 0,1	0,980 ± 0,03
	Paraffin	173 ,0	4 ,71 ± 0,15	0,701 ± 0,03
$\lambda = 1537$	Al	116 ,0	5 ,53 ± 0,1	8,40 ± 0,2
	Celluloid	114 ,0	6 ,06 ± 0,1	4,78 ± 0,1
	Paraffin	152 ,0	5 ,40 ± 0,15	3,28 ± 0,15

Die in der letzten Kolumne angegebenen Werte stimmen gut mit der nach der LORENTZschen Dispersionsformel berechneten überein. Die sehr kleinen Ablenkungswinkel zwischen 2″ und 5″ gestatten selbstverständlich keine größere Genauigkeit.

Mit der obigen photographischen Methode hat LARSSON [1929: 94] durch eine hochgetriebene Verfeinerung des Registrier- und Meßverfahrens eine Reihe sehr guter Bestimmungen des Brechungsvermögens von Quarz bei einer großen Zahl von Wellenlängen zwischen 1389 und 9868 X.E. ausgeführt. Als Beispiel der Prismenspektrogramme, aus welchen die Brechungskoeffizienten berechnet wurden, sind in Abb. 25, Aufnahmen bei Eisen-, Kupfer-, Vanadium- und Kaliumstrahlung wiedergegeben.

Da die benutzten langwelligen Strahlen sehr absorbierbar sind, wurde für die Aufnahme ein Vakuumspektrograph benutzt, übrigens derselbe, der von BÄCKLIN bei seinen Untersuchungen mit ebenen Gittern verwandt wurde und in § 40 reproduziert ist.

Die von LARSSON bei Quarz bestimmten Werte von δ sind in der nachstehenden Tabelle 10 zusammengestellt.

Auf die sehr wichtigen Schlußfolgerungen betreffend den Verlauf der Dispersionskurve, die aus diesen Messungen gezogen werden können, kommen wir unten zurück.

Es sei noch erwähnt, daß STAUSS [1930: 160] unter Verwendung dieser Methode mit der Abänderung, daß der ausgehende Strahl — statt wie oben der einfallende — einen kleinen Winkel mit der betreffenden Prismenfläche bildet, das Brechungsvermögen von Quarz für die Mo$K\alpha$-

Tabelle 10.

Linie	λ X.E.	$\delta \cdot 10^6$	$\frac{\delta}{\lambda^2} \cdot 10^6$
Cu $K\beta_1$	1389	7,026	3,640
Cu $K\beta_1$	1389	7,037	3,646
Cu $K\alpha$	1539	8,613	3,638
Cu $K\alpha$	1539	8,587	3,627
Cu $K\alpha$	1539	8,678	3,665
Cu $K\alpha$	1539	8,623	3,640
Cu $K\alpha$	1539	8,674	3,664
Cu $K\alpha$	1539	8,567	3,618
Cu $K\alpha$	1539	8,584	3,626
Fe $K\beta_1$	1753	11,189	3,643
Fe $K\alpha$	1934	13,619	3,643
Fe $K\alpha$	1934	13,651	3,652
Va $K\beta_1$	2280	19,065	3,669
Va $K\alpha$	2500	22,89	3,662
Ca $K\alpha$	3353	41,66	3,706
K $K\alpha$	3735	51,77	3,71
Cl $K\alpha$	4719	81,44	3,65
S $K\alpha$	5362	104,1	3,62
Si $K\alpha$	7111	169,6	3,35
Si $K\alpha$	7111	169,9	3,36
Si $K\alpha$	7111	167,0	3,30
Si $K\alpha$	7111	172,1	3,40
Si $K\alpha$	7111	171,0	3,38
Si $K\alpha$	7111	170,9	3,38
Si $K\alpha$	7111	168,3	3,33
Si $K\alpha$	7111	170,6	3,37
Al $K\alpha$	8323	240,9	3,48
Al $K\alpha$	8323	240,0	3,46
Al $K\alpha$	8323	241,2	3,48
Al $K\alpha$	8323	238,4	3,44
Mg $K\alpha$	9868	346,0	3,55

und $K\beta$-Strahlung gemessen hat. Seine Werte waren:

Tabelle 11.

Linie	λ X.E.	$\delta \cdot 10^6$	$\frac{\delta}{\lambda^2} \cdot 10^6$
Mo $K\alpha_{1,2}$	709	1,804	3,59
Mo $K\beta$	631	1,436	3,60

Wir haben oben bei der Besprechung der Versuche von LARSSON, SIEGBAHN und WALLER erwähnt, daß bei diesen Aufnahmen neben dem gebrochenen Strahl auch ein an der vorderen Prismafläche reflektierter Strahl auftritt. Da der Brechungsquotient μ kleiner als 1 ist, hat man nach der allgemeinen Optik Totalreflexion dann zu erwarten, wenn

$$\cos\psi > \mu$$

oder

$$\sin\psi < \sqrt{2\delta}, \quad (24)$$

wo ψ der Winkel zwischen einfallender Strahlung und spiegelnder Ebene ist. Diese Schlußfolgerung wurde schon aus der STENSTRÖMschen Entdeckung von A. H. COMPTON [1922: 13; 1923: 186] gezogen und experimentell verifiziert. COMPTON ließ bei diesen Versuchen ein feines Strahlenbündel unter sehr kleinem Winkel gegen einen Spiegel aus Glas oder Silber einfallen. Die totalreflektierte Strahlung wurde mit Hilfe eines BRAGGschen Ionisationsspektrometers nachgewiesen und die mit verschiedenen Wellenlängen korrespondierenden Grenzwinkel für Totalreflexion bestimmt. Für die Grenzwinkel ψ_0 wurden die in der folgenden Tabelle gegebenen Werte gefunden und daraus δ und δ/λ^2 berechnet:

Tabelle 12.

	Dichte	λ Å.E.	ψ_0	$\delta \cdot 10^6$	$\frac{\delta}{\lambda^2} \cdot 10^6$
Glas	2,52	1,279	10′	4,2	2,6
Glas	2,52	0,52	4′	0,9	3,3
Silber. . . .	10,5	1,279	22′,5	21,5	13,1

Die nach der approximativen Formel (Gl. 12, S. 21) berechneten Werte von δ/λ^2 sind bei Glas $3{,}4 \cdot 10^{-6}$ und bei Silber $14{,}2 \cdot 10^{-6}$.

Die Methode, durch Bestimmung der Grenzwinkel die Werte der Brechungsindices zu ermitteln, wurde von mehreren Autoren benutzt. Wir erwähnen M. de Broglie und J. Thibaud [1925: 30b], Doan [1926: 58, 59; 1927: 42], Edwards [1927: 5], Linnik und Laschkarew [1926: 129], Laschkarew und Hertzrücken [1928: 67], Forster [1927: 55]. Aus Gründen, die wir noch besprechen werden, ist aber die Genauigkeit dieser Methode ziemlich gering.

Ein scharf definierter Grenzwinkel nach Formel (24) ist nur dann zu erwarten, wenn die *Absorption* der Strahlung vernachlässigt wird. Im allgemeinen ist dies aber gar nicht gestattet. Man muß daher, wie von mehreren Seiten betont wurde, mit einem komplexen Brechungsindex n^* rechnen:

$$n^* = 1 - \delta - \gamma \cdot i, \tag{25}$$

wo $\frac{4\pi \cdot \gamma}{\lambda} = \mu =$ Absorptionskoeffizient.

In dieser Weise wurde das Problem von Forster [1928: 42a], Prins [1928: 85], Schön [1929: 143], Jentzsch [1929: 75, 76], Valouch [1929: 170, 171, 172; 1930: 178], Thibaud [1930: 169] u. a. behandelt. Die aus der Optik der Metalle bekannte Formel für das Reflexionsvermögen R läßt sich in diesem Falle für kleine Winkel unter Vernachlässigung der quadratischen Glieder von δ folgendermaßen schreiben (Jentzsch):

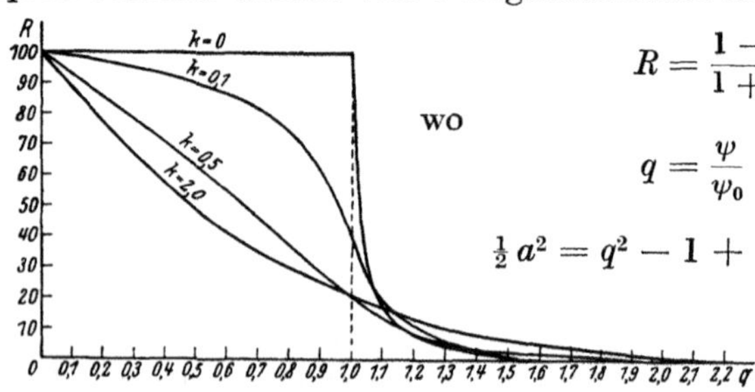

Abb. 26. Reflexionsvermögen als Funktion vom Einfallswinkel $q = \frac{\psi}{\psi_0}$ nach Nähring.

$$R = \frac{1 - aq + \frac{1}{2}a^2}{1 + aq + \frac{1}{2}a^2}, \tag{26}$$

wo

$$q = \frac{\psi}{\psi_0} = \frac{\psi}{\sqrt{2 \cdot \delta}}, \tag{27}$$

$$\tfrac{1}{2}a^2 = q^2 - 1 + \sqrt{(q^2 - 1)^2 + k^2}, \tag{28}$$

$$k = \frac{\gamma}{\delta}. \tag{29}$$

Am besten übersieht man den Verlauf des Reflexionsvermögens bei verschiedenen Einfallswinkeln ψ, wenn man diese in ψ_0 als Einheit aufträgt, also R als Funktion von q zeichnet. Dieser Verlauf ist in Abb. 26 nach Nähring [1930: 126] wiedergegeben. Wenn die Absorption (γ)

vernachlässigt werden kann, tritt für $q = 1$, d. h. $\psi = \psi_0$, ein scharf markierter Grenzwinkel der Totalreflexion auf ($k = 0$). Aber schon bei $k = 0{,}1$ ist von einer Grenzwellenlänge nicht zu reden, noch weniger bei größeren Werten von k.

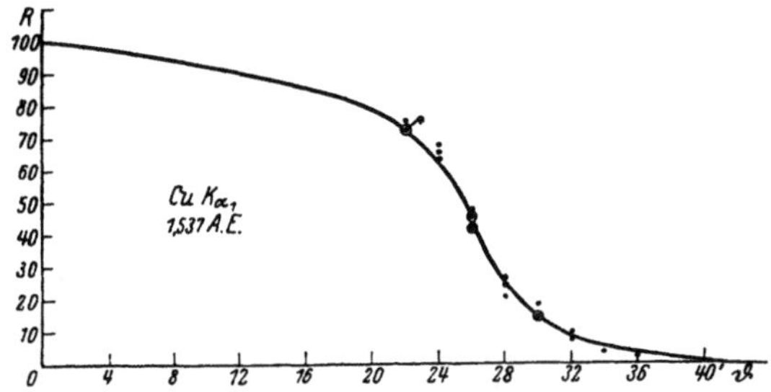

Abb. 27. Reflexionsvermögen des Silbers für die Cu K-Strahlung nach Messungen von NÄHRING. Die Kurve nach Gl. (26).

Daß einer Formel wie (26) die wirklichen Verhältnisse gut entsprechen, wurde in einigen Fällen gezeigt. NÄHRING [1930: 126] hat das Reflexionsvermögen bei einem Silberspiegel gemessen unter Verwendung von der Cu$K\alpha_1$-Strahlung und fand dabei experimentell die in Abb. 27 eingezeichneten Punkte, die an einer nach Formel (26) berechneten Kurve, wie in der Abbildung gezeichnet, gut fallen. VALOUCH [1930: 178] hat mit einer sehr langwelligen Strahlung, die K-Strahlung von Kohle mit $\lambda = 45$ Å.E., das Reflexionsvermögen von Flintglas (Dichte 3,6) gemessen. Die durch die Punkte gehende Kurve (Abb. 28) ist unter der Annahme $\mu = 1{,}4 \cdot 10^5$ und $\psi_0 = 7°45'$ berechnet.

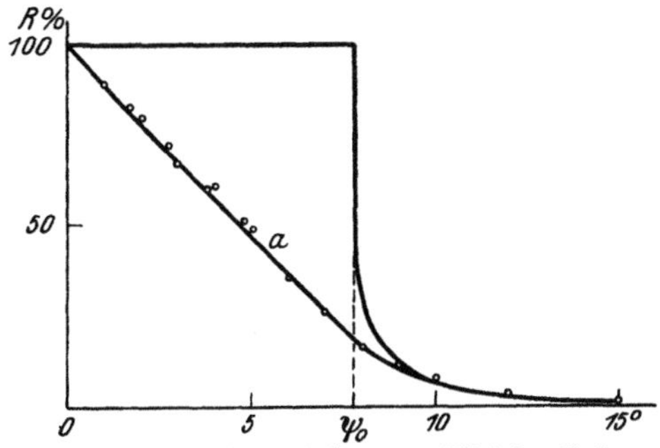

Abb. 28. Reflexionsvermögen von Flintglas für langwellige Strahlung (C K=45 Å.E.) nach VALOUCH.

Wir geben noch in Abb. 29 einige von NÄHRING für die Wellenlängen 1242 (W$L\alpha$), 1537 (Cu$K\alpha$) und 2285 (Cr$K\alpha$) X.E. berechnete Kurven des Reflexionsvermögens von Silber wieder, die auch experimentell geprüft wurden.

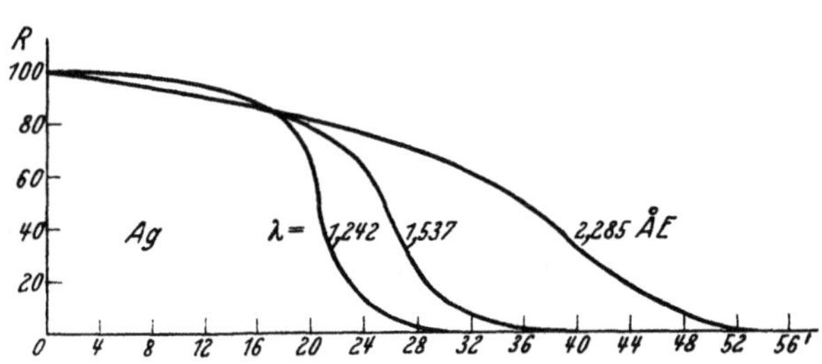

Abb. 29. Reflexionsvermögen von Silber nach NÄHRING.

Es geht hieraus hervor, daß eine Bestimmung von Grenzwinkeln der Totalreflexion im allgemeinen nicht möglich ist. Vielmehr erfordert die Auswertung von δ nach dieser Methode eine Messung des Reflexionsvermögens für verschiedene Winkel und dann eine formelmäßige Darstellung der gemessenen Punkte.

Betreffend das Reflexionsvermögen bei dem Winkel $\psi = \psi_0 = \sqrt{2\delta}$, d. h. bei dem für vernachlässigte Absorption bestimmten Grenzwinkel, ist aus Abb. 30 nach Nähring das Reflexionsvermögen zu sehen. Von dem Reflexionsvermögen 100% bei verschwindender Absorption fällt die Kurve ziemlich rasch zu etwa 20% und behält annähernd diesen Wert bei zunehmender Absorption. Diese Fragen sind von großem Interesse im Zusammenhang mit der Verwendung von ebenen Reflexionsgittern für Spektroskopie der langwelligen Röntgenstrahlung. Für die Bestimmung der Brechungsindices dagegen scheint diese Methode nur eine sehr beschränkte Bedeutung zu haben.

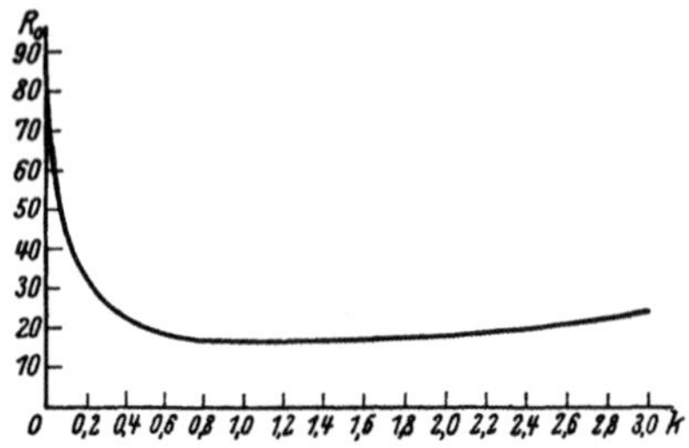

Abb. 30.

12. Dispersion der Röntgenstrahlen.

Bei den oben besprochenen Abweichungen vom Braggschen Gesetz sowie bei den Messungen der Brechungsindices hatte sich gezeigt, daß die Größe δ, bestimmt aus der klassischen Formel

$$\delta = \frac{e^2}{2\pi c^2 m} \sum_i \frac{N_i}{\nu^2 - \nu_i^2}, \tag{30}$$

in erster Annäherung

$$\delta = \frac{e^2 N}{2\pi c^2 m} \lambda^2 \tag{31}$$

die Meßergebnisse sehr gut wiedergeben konnte. Im allgemeinen wurde für δ/λ^2 ein konstanter Wert erhalten, der innerhalb der Versuchsfehler mit der berechneten Größe $\frac{e^2 N}{2\pi c^2 m}$ übereinstimmte.

Das Dispersionsgesetz (31) gibt daher für die meisten Zwecke eine befriedigende Approximation. Eine große Anzahl Forscher haben aber aus ihren Messungen von Brechungsindices geringe Abweichungen von diesem normalen Dispersionsverlauf gefunden, zu deren Deutung die vollständigere Gl. (30) herangezogen worden ist: d. h. die Eigenfrequenzen ν_i der Atomelektronen sind neben der Frequenz der Strahlung ν dann nicht wie in (31) vernachlässigt worden.

Die Gleichung (30) setzt aber eine scharfe Linienabsorption bei der Frequenz ν_i voraus, wie es in dem optischen Gebiete üblich ist. Im Röntgengebiete aber ist der Absorptionsverlauf im allgemeinen ein ganz anderer. Von der Absorptionsgrenze (K, L_I, L_{II}, L_{III} usw.) aus dehnt sich die betreffende Teilabsorption approximativ nach λ^3 gegen kürzere Wellenlängen aus. Um die Gl. (30) an die Verhältnisse im Röntgengebiet anzupassen, ist es, wie KRAMERS bemerkt hat, nötig, dieses Absorptionsgesetz zu berücksichtigen durch Einführung von Ersatzelektronen, deren Frequenzen von ν_i bis ∞ variieren und deren Verteilung proportional $1/\nu^3$ ist.

Man bekommt dann statt (30) die folgende, zuerst von KALLMAN und MARK [1927: 75] hergeleitete Gleichung für δ:

$$\delta = \frac{e^2}{2\pi c^2 m} \sum_i \frac{N_i}{\nu^2} \left\{1 - \left(\frac{\nu_i}{\nu}\right)^2 \ln\left[1 - \left(\frac{\nu}{\nu_i}\right)^2\right]\right\}. \tag{32}$$

In dieser Gleichung ist ebenso wie in (30) die Dämpfung vernachlässigt worden. Dies ist im allgemeinen gestattet, wenn man von der nächsten Nähe der Absorptionskante absieht. Die entsprechenden Formeln unter Berücksichtigung der ersten Glieder der Dämpfung sind von PRINS [1928: 85] gegeben.

Die Gl. (32) können wir für den Fall, der uns hier zunächst interessiert, insofern spezialisieren, als wir für alle Elektronen außer den K-Elektronen ν_i gegen ν vernachlässigen und den vollständigen Ausdruck (32) nur für $\nu_i = \nu_k$ behalten. Für δ erhalten wir dann, wenn wir die Wellenlängen statt der Frequenzen einführen,

$$\frac{\delta}{\lambda^2} = \frac{e^2 N}{2\pi c^2 m} - \frac{e^2 N_k}{2\pi c^2 m}\left(\frac{\lambda}{\lambda_k}\right)^2 \ln\left[1 - \left(\frac{\lambda_k}{\lambda}\right)^2\right]. \tag{33}$$

Das erste Glied rechts ist gerade dieselbe Konstante, mit der in § 10 und 11 gerechnet wurde und die die normale Dispersion bestimmt. Wir bezeichnen jetzt diese als

$$\left(\frac{\delta}{\lambda^2}\right)_o = \frac{e^2 N}{2\pi c^2 m} \backsim \frac{2{,}72 \cdot \varrho \cdot Z}{M} 10^{-6} \tag{34}$$

und führen für das zweite Glied rechts, die anomale Dispersion, die Bezeichnung $(\delta/\lambda^2)_a$ ein, also

$$\left(\frac{\delta}{\lambda^2}\right)_a = -\frac{e^2 N_k}{2\pi c^2 m}\left(\frac{\lambda}{\lambda_k}\right)^2 \ln\left[1 - \left(\frac{\lambda_k}{\lambda}\right)^2\right], \tag{35}$$

wo ϱ Dichte, M Molekulargewicht, Z Totalanzahl der Elektronen pro Molekül und N_k die Anzahl der betreffenden K-Elektronen ist. Wir können die Gl. (33) folgendermaßen schreiben:

$$\frac{\delta}{\lambda^2} \cdot \frac{M}{2{,}72 \cdot \varrho \cdot Z} \cdot 10^6 = 1 - \frac{N_k}{N}\left(\frac{\lambda}{\lambda_k}\right)^2 \ln\left[1 - \left(\frac{\lambda_k}{\lambda}\right)^2\right]. \tag{36}$$

Diese Funktion ist nach LARSSON [1929: 94] in Abb. 31 graphisch für drei Werte von N_k/N, nämlich $\frac{2}{88}$; $\frac{2}{50}$; $\frac{2}{28}$, dargestellt. $\frac{2}{88}$ entspricht den Verhältnissen bei Gips mit den zwei K-Elektronen von Ca zur Totalanzahl 88, $\frac{2}{50}$ und $\frac{2}{28}$ geben die Relationen bzw. bei Kalkspat und Nickel an. Zum Vergleich ist in Abb. 31 der Verlauf der optischen Dispersionskurve nach Gl. (30) eingezeichnet (gestrichene Kurve).

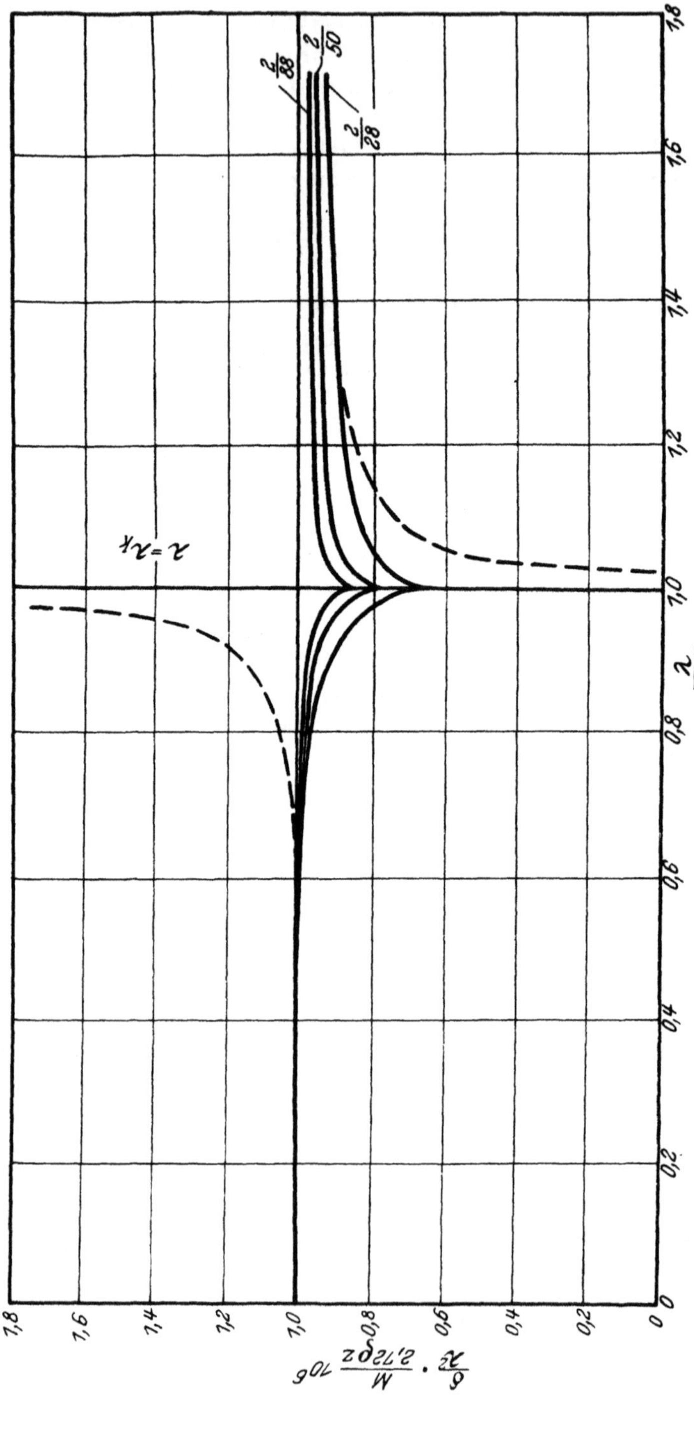

Abb. 31.

Die sehr genauen, nach drei verschiedenen Methoden und bei einer Zahl von Wellenlängen an beiden Seiten der Grenzfrequenz ausgeführten Messungen von LARSSON haben außer Zweifel gestellt, daß empirisch nur die voll ausgezogenen Kurven in Frage kommen können. Mit der erzielten Meßgenauigkeit scheint die in Gl. (33) gemachte Vernachlässigung ohne wesentliche Bedeutung zu sein, wenn auch kleine systematische Unterschiede vorhanden sind. Durch Annahme einer „Resonatorenstärke“ für die K-Elektronen von geeigneter Größe läßt sich eine verbesserte Übereinstimmung erzielen. Für die Frage, die uns hier vorerst interessiert, nämlich den Einfluß der anomalen Dispersion auf die zu modifizierende BRAGGsche Beziehung, ist die Approximation genügend. Für diesen Zweck kommen auch bis jetzt nur die von LARSSON publizierten Messungen in Frage. Daß der in Abb. 31 gezeichnete Verlauf sich den empirischen Verhältnissen an der langwelligen Seite der Absorptionsfrequenz anschließt, wurde qualitativ noch von PRINS [1928: 85] bestätigt. Eine vollständige Zusammenstellung aller Messungen, die sich auf diese Frage beziehen, und der quantitative Vergleich der Meßergebnisse mit den verschiedenen Dispersionskurven findet sich bei LARSSON [1929: 94].

Zur quantitativen Prüfung der Gl. (33) in einem spektroskopisch wichtigen Falle, nämlich bei Kalkspat, ziehen wir die oben (S. 27) angeführten Messungen von LARSSON heran. Die Wellenlängen und die Mittelwerte von δ und δ/λ^2 sind in der nebenstehenden Tabelle zusammengestellt.

Tabelle 13. Messungen bei Kalkspat nach LARSSON.

Linie	$\delta \cdot 10^6$	$\frac{\delta}{\lambda^2} \cdot 10^6$
Cu $K\alpha_1$	8,80	3,72
Fe $K\alpha_1$	13,89	3,72
Va $K\alpha_1$	22,37	3,59
Ti $K\beta_1$	23,26	3,70
Sc $K\beta_1$	27,05	3,51
J $L\beta_1$	28,54	3,32
Sc $K\alpha_1$	29,34	3,21
Te $L\beta_4$	28,67	3,10
Te $L\beta_1$	30,18	3,20
Ca $K\beta_1$	32,02	3,37
Sb $L\beta_1$	35,98	3,47
Sn $L\beta_1$	39,57	3,47
K $K\beta_1$	41,87	3,52
K $K\alpha_1$	49,19	3,53

Die Werte von δ/λ^2 sind in Abb. 32 eingetragen. Die fein gezogene Kurve ist nach Gl. (33) gezeichnet. Die K-Absorptionskante liegt bei 3060,5 X.E. Wie ersichtlich, ist der anomale Beitrag der K-Elektronen von Ca im allgemeinen sehr gering. Nach Gl. (34) ist der Wert von dem normalen Term $\left(\frac{\delta}{\lambda^2}\right)_0 = 3{,}687 \quad 10^{-6}$. Die Abweichungen von diesem Wert bleiben bis etwa 2,5 Å.E unter 1%. Ihr Nachweis innerhalb dieses Gebietes erfordert daher eine große Genauigkeit in der Messung des schon sehr kleinen Brechungsindex. In der unmittelbaren Nähe der Absorptionskante wurden Abweichungen bis etwa 20% gemessen.

In viel größerem Maßstabe sind in Abb. 33 die Messungen bei Quarz nach der Tabelle auf S. 33 dargestellt, zusammen mit der Kurve nach Gl. (33). Die Absorptionskante von Si liegt bei 6731 X.E.; der Betrag von $(\delta/\lambda^2)_0$ ist hier gleich $3{,}640 \cdot 10^{-6}$. Ob die verhältnismäßig

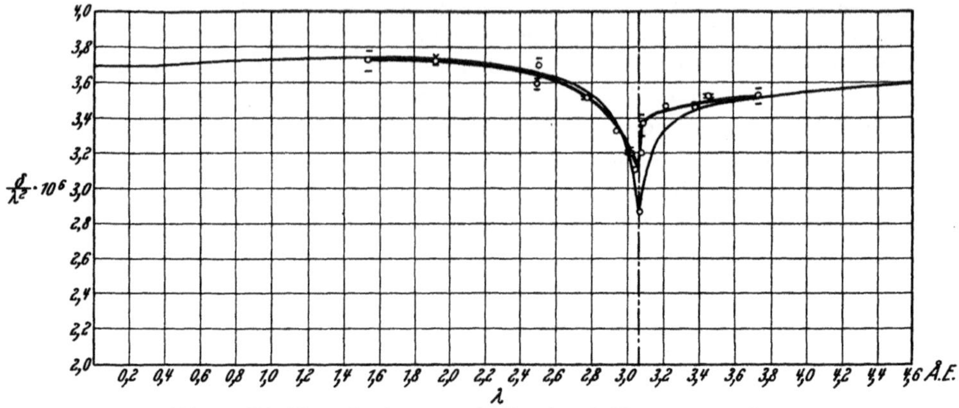

Abb. 32. Die Dispersionskurve von Kalkspat nach Messungen von LARSSON.

kleinen Abweichungen der Meßwerte von der Kurve, welche doch systematisch sind, auf Meßfehlern beruhen oder durch die gemachten Approximationen in Formel (33) zu erklären sind, ist noch nicht klar.

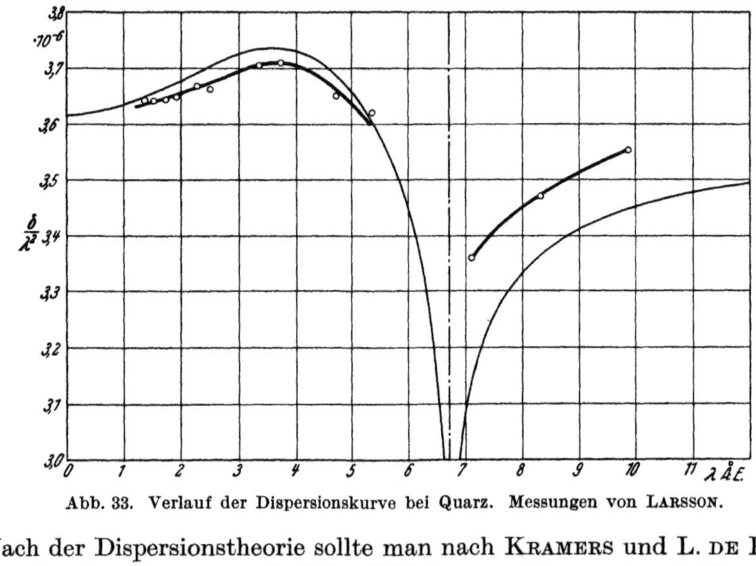

Abb. 33. Verlauf der Dispersionskurve bei Quarz. Messungen von LARSSON.

Nach der Dispersionstheorie sollte man nach KRAMERS und L. DE KRONIG die „Resonatorenstärke" der K-Elektronen hier zu etwa 0,65 setzen, also mit $N_k = 1{,}3$ statt 2 rechnen. Daß die Meßergebnisse bei Kalkspat und bei Quarz miteinander gut übereinstimmen, zeigt Abb. 34, wo die Messungen bei Quarz auf derselben Skala wie die des Kalkspates reduziert eingetragen sind. Da hier Messungen, die bei zwei verschiedenen Substanzen und mit wesentlich verschiedenen Methoden erhalten wurden, miteinander gemischt sind, gibt dieses Diagramm eine gute Vorstellung von der Genauigkeit der Messungen sowie von der Verwendbarkeit der Gl. (33) zur Darstellung der anomalen Dispersion.

Wir haben damit die nötige Grundlage gewonnen für die Frage, welche uns hier interessiert: der Einfluß der anomalen Dispersion auf die korrigierte BRAGGsche Gleichung, bzw. wie diese Gleichung abzuändern ist, um trotz der anomalen Dispersion richtige Wellenlängenwerte zu geben. Die Gl. (33), die wir als eine befriedigende Darstellung des Dis-

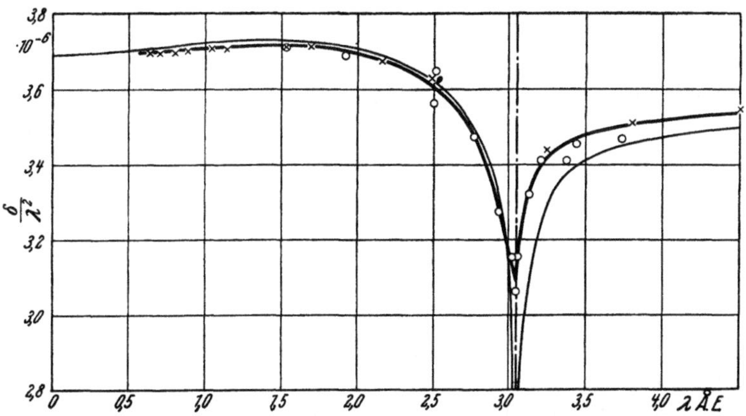

Abb. 34. Messungen bei Kalkspat und Quarz, reduziert zur selben Skala, nach LARSSON.

persionsverlaufes gefunden haben, können wir mit Berücksichtigung von (34) und (35) so schreiben

$$\frac{\delta}{\lambda^2} = \left(\frac{\delta}{\lambda^2}\right)_o + \left(\frac{\delta}{\lambda^2}\right)_a, \tag{37}$$

wo also jetzt der erste Term rechts denselben Wert hat, mit dem oben in § 10 und 11 gerechnet wurde, während der zweite Term den Effekt der zu berücksichtigenden Eigenfrequenzen, in den vorliegenden Fällen zu K-Elektronen gehörend, angibt.

In dem korrigierten BRAGGschen Gesetz

$$n\lambda = 2d\left[1 - \frac{4d^2}{n^2}\cdot\frac{\delta}{\lambda^2}\right]\sin\varphi_n \tag{38}$$

wird dann der Ausdruck (37) für δ/λ^2 eingeführt:

$$\lambda = 2d\left[1 - \frac{4d^2}{n^2}\left(\frac{\delta}{\lambda^2}\right)_0\right]\frac{\sin\varphi_n}{n} - \frac{4d^2}{n^2}\cdot\left(\frac{\delta}{\lambda^2}\right)_a\cdot\lambda\,. \tag{39}$$

Der erste Term rechts ist genau derselbe Ausdruck, mit dem wir in § 10 (18) gerechnet haben. Es kommt dann jetzt ein kleiner Korrektionsterm $\Delta\lambda$ hinzu, der die anomalen Dispersionen berücksichtigt:

$$\Delta\lambda = -\frac{4d^2}{n^2}\left(\frac{\delta}{\lambda^2}\right)_a\cdot\lambda\,. \tag{40}$$

Zur bequemen Auswertung dieses Korrektionsterms hat LARSSON auf Grundlage der oben referierten Meßergebnisse die Funktion

$$n^2 \Delta\lambda = -4d^2\left(\frac{\delta}{\lambda^2}\right)_a \cdot \lambda \tag{41}$$

für die zwei bei spektroskopischen Messungen meistens benutzten Krystalle Kalkspat und Gips in graphischer Form dargestellt. Die entsprechende Kurve für Quarz findet sich bei BERGQVIST [1930: 12]. Wir geben die graphischen Diagramme (s. S. 45—47) im Zusammenhang mit den numerischen Werten der Gitterkonstanten der wichtigsten Krystallgitter wieder.

13. Die korrigierte Braggsche Gleichung; Gitterkonstantwerte der wichtigsten für die Spektroskopie benutzten Krystalle.

Wir kommen jetzt zu der für die Röntgenspektroskopie grundlegenden Frage: wie aus den gemessenen Reflexionswinkeln einer gegebenen monochromatischen Strahlung bei einem Krystallgitter die wahre Wellenlänge (im Vakuum) zu ermitteln ist. Die in § 10, 11 und 12 referierten Ergebnisse geben uns die Möglichkeit, diese Frage zu beantworten. Allerdings ist es noch nicht möglich, die Wellenlängen genau in Zentimetern anzugeben. Die Einheit ist insofern willkürlich gewählt, weicht aber nicht sehr (wahrscheinlich um weniger als etwa 0,3%) von der absoluten Längeneinheit ab.

Wir haben oben (§ 8) die Ermittlung der Gitterkonstanten des Steinsalzes von BRAGG besprochen, die zu dem Wert $d = 2814$ X.E. geführt hatte. Da aber mit der Erhöhung der Meßgenauigkeit bei den Winkelbestimmungen mehr Ziffern in d sich als nötig erwiesen, wurde willkürlich der Wert von Steinsalz zu

$$d = 2814{,}00 \text{ X.E.}$$

bei 18° gesetzt. Es stellte sich aber bald heraus, daß Steinsalz für genaue Messungen nicht besonders geeignet war, da dieser Krystall sehr schwer in genügend guten Exemplaren aufzutreiben ist. In dieser Beziehung ist Kalkspat, dessen Gitterkonstante nicht sehr von der des Steinsalzes abweicht, wesentlich günstiger. Um dann die Messungen, welche mit diesen zwei Krystallen ausgeführt wurden, aufeinander beziehen zu können, machte der Verfasser [1919: 28, 29] eine experimentelle Bestimmung des Verhältnisses dieser zwei Gitterkonstanten unter Verwendung von drei verschiedenen Wellenlängen, nämlich Cu$K\alpha$, Fe$K\alpha$, Sn$L\alpha_1$. Mit der Gitterkonstante von Steinsalz, zu

$$d = 2814{,}00 \text{ X.E.}$$

$$\log 2\,d = 3{,}7503541$$

angenommen, wurden für Kalkspat die in der folgenden Tabelle angegebenen Werte erhalten:

	λ X.E.	log 2d	d X.E.
Cu $K\alpha_1$	1537	3,7823339	3029,03
Fe $K\alpha_1$	1932	86	,07
Sn $L\alpha_1$	3592	27	,02

und als Mittelwerte

$$\boldsymbol{d_{18^\circ} = 3029{,}04,}$$
$$\boldsymbol{\log 2\, d_{18^\circ} = 3{,}7823347.}$$

Die von verschiedenen Forschern aus den Fundamentalkonstanten und gemessenen Dichten usw. berechneten Werte von d für Kalkspat ergaben Werte, die mit diesem in gutem Einklang standen, waren aber selbstverständlich nicht mit genügend vielen zuverlässigen Ziffern zu erhalten. Die genaueste Berechnung von COMPTON, BEETS und DE FOE [1925: 46] wurde mit folgenden Ausgangsgrößen berechnet:

Das elektrochemische Äquivalent von Silber . . . . $E = 0{,}00111827\,\mathrm{g}$
Das Atomgewicht von Silber . . $A = 107{,}88$
Die Ladung des Elektrons . . . $e = 4{,}774 \pm 0{,}005 \cdot 10^{-10}$ E.S.E.
Die Lichtgeschwindigkeit . . . . $c = 2{,}9986 \cdot 10^{10}$ cm/sec

Woraus sich ergibt die LOSCHMIDTsche Zahl

$$L = \frac{A c}{10 e \cdot E} = [60{,}594 \pm 0{,}063]\, 10^{22}, \tag{42}$$

das Molekulargewicht von $CaCO_3$:

$$M = 100{,}075 \pm 0{,}03\,,$$

das Volumen eines Kalkspatrhomboeders mit dem Abstand 1 zwischen den Spaltflächen bei 20°

$$V = 1{,}09630 \pm 0{,}00007\ \mathrm{cm}^3,$$

die Dichte des Kalkspates bei 20°

$$\varrho = 2{,}7102 \pm 0{,}0004\,.$$

Der Wert von d bei 20° ergibt sich dann zu

$$d_{20^\circ} = \sqrt[3]{\frac{M}{2 \varrho L V}} = [3029{,}1 \pm 1{,}0]\ \text{X.E.} \tag{43}$$

oder bei 18° unter Annahme eines Ausdehnungskoeffizienten von Kalkspat senkrecht zu den Spaltflächen im Werte von 0,0000102

$$d_{18^\circ} = [3029{,}04 \pm 1]\ \text{X.E.}$$

Betreffend die angegebene Genauigkeit von etwa 1 X.E., so hängt diese, wie ersichtlich, hauptsächlich von der Genauigkeit des e-Wertes ab. Diese ist aber sicherlich in der obigen Angabe der Fehlergrenzen überschätzt worden.

Die Übereinstimmung der berechneten Gitterkonstante von Kalkspat mit den aus den Vergleichsmessungen mit Steinsalz ermittelten Werten ist zufälligerweise auf die Zehntel-X.E. genau. Allerdings stellt der berechnete Wert von d_{18° den wahren Atomabstand dar, während der gemessene Wert wegen der Abweichungen vom BRAGGschen Gesetz zu korrigieren ist, um diesen Abstand zu geben. Diese Korrektion beträgt aber nur 0,41 X.E., und die zwei Werte stimmen daher immer noch innerhalb der Fehlergrenzen miteinander überein. Da eine große Anzahl Messungen unter Zugrundelegung der experimentell ermittelten Werte berechnet ist und in praktisch allen Fällen, wo größere Genauigkeit erzielt wurde, in der ersten Ordnung ausgeführt sind, nehmen wir diese Gitterkonstantwerte ($d_{18^\circ} = 3029{,}04$) *in erster Ordnung* als Basiswert an.

Die wegen des normalen Dispersionsgliedes korrigierte BRAGGsche Gleichung

$$n\lambda = 2d\left[1 - \frac{4d^2}{n^2}\left(\frac{\delta}{\lambda^2}\right)_0\right]\sin\varphi_n \tag{44}$$

läßt sich unter Einführung des numerischen Wertes von $\left(\frac{\delta}{\lambda^2}\right)_0 = 3{,}69 \cdot 10^{-6}$ schreiben

$$n\lambda = 2d\left[1 - \frac{135}{n^2}10^{-6}\right]\sin\varphi_n\,. \tag{45}$$

Für praktische Zwecke empfiehlt es sich, mit bestimmten Konstanten d_n für die verschiedenen Ordnungen zu rechnen, wo

$$d_n = d\left[1 - \frac{135}{n^2}10^{-6}\right]. \tag{46}$$

Die Wellenlängen sind also dann aus einer BRAGGschen Gleichung

$$n\lambda = 2d_n\sin\varphi_n \tag{47}$$

zu berechnen, wo φ_n den direkt gemessenen Reflexionswinkel bedeutet. Die Werte von d_n bei 18° nach Gl. (46) sind in der folgenden Tabelle zusammengestellt:

Tabelle 14. Gitterkonstantwerte von Kalkspat bei 18°.

$d_1 = 3029{,}04$ X.E.	$\log 2d_1 = 3{,}7823347$
$d_2 = 3029{,}34$	$\log 2d_2 = 3{,}7823784$
$d_3 = 3029{,}40$	$\log 2d_3 = 3{,}7823869$
$d_4 = 3029{,}42$	$\log 2d_4 = 3{,}7823895$
$d_5 = 3029{,}43$	$\log 2d_5 = 3{,}7823910$
....	....
$\lim\limits_{n=\infty} d_n = d = 3029{,}45$	$\log 2d = 3{,}7823934$

Es ist hierbei vorausgesetzt, daß der Reflexionswinkel an einer Krystalloberfläche, die eine Spaltebene ist, gemessen wird. Wird durchgehende Strahlung benutzt wie in den Spektrographen nach Abb. 82 oder 98, so sind die Abweichungen vom einfachen BRAGGschen Gesetz zu vernachlässigen, und man hat also den letzten Wert ($d = 3029{,}45$) zu benutzen.

Da die angegebenen Gitterkonstanten bei 18° gelten, hat man für Messungen bei anderen Temperaturen entweder den Gitterabstand oder den Winkel entsprechend zu korrigieren. Wählt man den letzteren Weg, so erhält man die nötige Formel durch Differentiation der BRAGGschen Gleichung

$$\Delta\varphi = -\alpha \operatorname{tg}\varphi_n \cdot \Delta t\,, \tag{48}$$

wo α der Ausdehnungskoeffizient senkrecht zu den Atomebenen ist, bei Kalkspat $1{,}02 \cdot 10^{-5}$ (nach BENOIT; COOKSEY [1930: 40]). Wird $\Delta\varphi$ in Bogensekunden ausgedrückt, so erhält man dann bei einer Temperatur t, die von der Normaltemperatur 18° abweicht:

Temperaturkorrektion bei Kalkspat

$$\Delta\varphi'' = 2{,}10\,(t - 18°)\operatorname{tg}\varphi\,. \tag{49}$$

Die mit Hilfe der Gl. (45) berechneten Wellenlängen sind noch evtl. wegen der anomalen Dispersion zu korrigieren. Dies geschieht

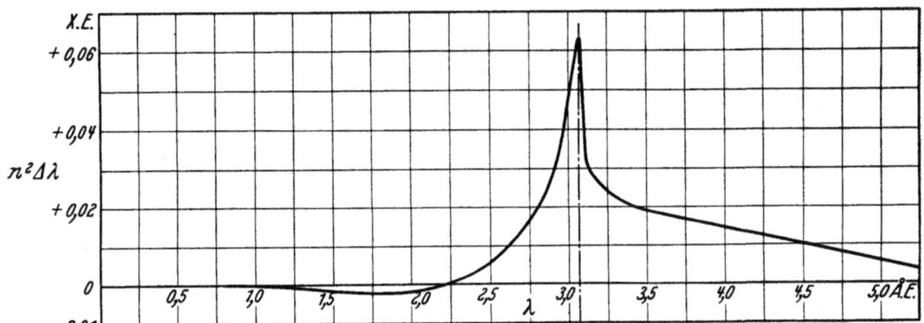

Abb. 35. Korrektion der Wellenlänge für anomale Dispersion in Kalkspat. (Aus LARSSON [1929: 94].)

einfach unter Benutzung des in Abb. 35 wiedergegebenen graphischen Diagramms von LARSSON [1929: 94], aus welchem die anzubringende Korrektion direkt abzulesen ist. Das Diagramm gibt gemäß § 12, Gl. (39, 41) die zu verschiedenen Wellenlängen gehörige Korrektion $\Delta\lambda$ mit n^2 multipliziert: d. h. der abgelesene Korrektionswert ist mit dem Quadrat der Ordnungszahl zu dividieren, um die gesuchte Korrektionsgröße zu erhalten.

Dem hier bei Kalkspat ausführlich besprochenen Verfahren zur Ermittlung der Wellenlängen im Vakuum aus den gemessenen Reflexionswinkeln lassen wir jetzt die entsprechenden Daten für drei andere Krystalle folgen, nämlich für Quarz, Gips und Glimmer, die eine ausgedehntere Verwendung in der Spektroskopie gefunden haben. Die Daten für Quarz sind von BERGQVIST [1930: 12] neu gemessen, die für Gips von S. v. FRIESEN [1929: 59], die anderen von LARSSON [1929: 94]. Korrektionskurven für anomale Dispersion sind nur bei Quarz und Gips gegeben. Betreffend Glimmer, wo die chemische Zusammensetzung stark variiert, ist die Universalität der Tabelle wohl fraglich. Bei den drei anderen Krystallen war es nicht möglich, eine Variation der Gitterkonstantwerte für Krystallexemplare verschiedener Herkunft nachzuweisen (s. z. B. S. v. FRIESEN [1929: 58]).

Quarz: $\varrho = 2{,}65;\quad \left(\frac{\delta}{\lambda^2}\right)_0 = 3{,}60 \cdot 10^{-6},$

$$n\lambda = 2d\left[1 - \frac{259}{n^2} \cdot 10^{-6}\right] \sin\varphi_n.$$

Tabelle 15. Gitterkonstantwerte von Quarz (Prismafläche) bei 18°.

$d_1 = 4244{,}92$	$\log 2d_1 = 3{,}9288995$
$d_2 = 4245{,}74$	$\log 2d_2 = 3{,}9289834$
$d_3 = 4245{,}90$	$\log 2d_3 = 3{,}9289998$
$d_4 = 4245{,}95$	$\log 2d_4 = 3{,}9290049$
$\lim\limits_{n=\infty} d_n = d = 4246{,}02$	$\log 2d = 3{,}9290120$

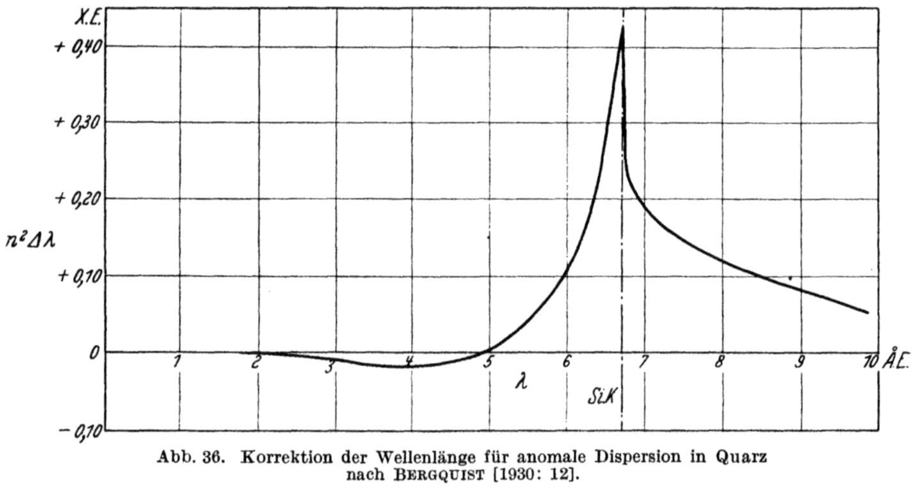

Abb. 36. Korrektion der Wellenlänge für anomale Dispersion in Quarz nach BERGQUIST [1930: 12].

Temperaturkorrektion bei Quarz.

$$\alpha = 1{,}04 \cdot 10^{-5},$$

$$\Delta\varphi'' = 2{,}15 \cdot (t - 18^\circ)\,\mathrm{tg}\,\varphi.$$

(Abb. 36.)

Gips: $\varrho = 2{,}32; \quad \left(\frac{\delta}{\lambda^2}\right)_0 = 3{,}23 \cdot 10^{-6},$

$$n\lambda = 2d\left[1 - \frac{742}{n^2} \cdot 10^{-6}\right] \sin\varphi_n .$$

Tabelle 16. Gitterkonstantwerte von Gips bei 18°.

$d_1 = 7579{,}07$	$\log 2d_1 = 4{,}1806457$
$d_2 = 7583{,}29$	$\log 2d_2 = 4{,}1808880$
$d_3 = 7584{,}15$	$\log 2d_3 = 4{,}1809369$
$d_4 = 7584{,}35$	$\log 2d_4 = 4{,}1809484$
$d_5 = 7584{,}47$	$\log 2d_5 = 4{,}1809553$
$d_6 = 7584{,}54$	$\log 2d_6 = 4{,}1809593$
$d_7 = 7584{,}58$	$\log 2d_7 = 4{,}1809613$
$d_8 = 7584{,}61$	$\log 2d_8 = 4{,}1809633$
$d_9 = 7584{,}63$	$\log 2d_9 = 4{,}1809644$
$d_{10} = 7584{,}65$	$\log 2d_{10} = 4{,}1809656$
....	....
$d = 7584{,}70$	$\log 2d = 4{,}1809684$

Temperaturkorrektion bei Gips.

$$\alpha = 3{,}78 \cdot 10^{-5},$$

$$\Delta\varphi'' = 7{,}79 \cdot (t - 18^\circ)\,\mathrm{tg}\,\varphi .$$

(Abb. 37.)

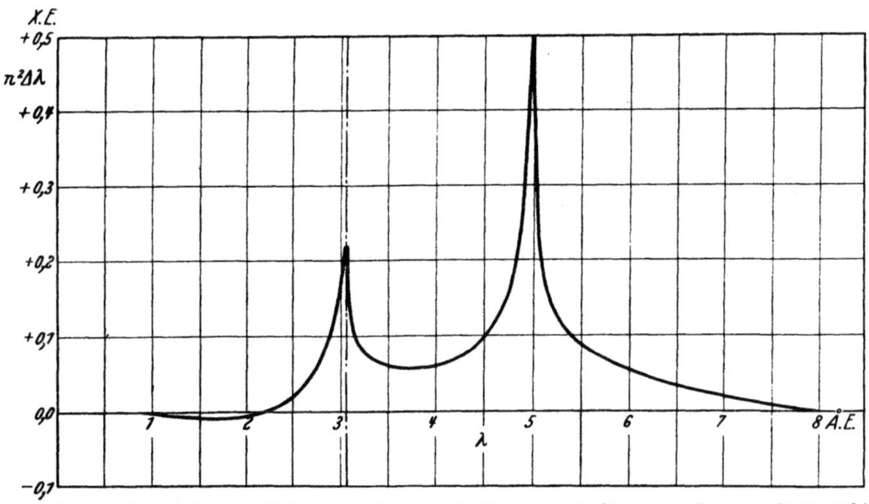

Abb. 37. Korrektion der Wellenlänge für anomale Dispersion in Gips. (Aus LARSSON [1929: 94].)

Glimmer: $\left(\frac{\delta}{\lambda^2}\right)_0 = 3{,}86 \cdot 10^{-6},$

$$n\lambda = 2d\left[1 - \frac{1522}{n^2} 10^{-6}\right] \sin\varphi_n .$$

Tabelle 17. Gitterkonstantwerte von Glimmer bei 18°.

$d_1 = 9927{,}58$ X.E.	$\log 2d_1 = 4{,}2978731$
$d_2 = 9938{,}93$	$\log 2d_2 = 4{,}2983696$
$d_3 = 9941{,}04$	$\log 2d_3 = 4{,}2984618$
$d_4 = 9941{,}77$	$\log 2d_4 = 4{,}2984937$
$d_5 = 9942{,}11$	$\log 2d_5 = 4{,}2985086$
$d_6 = 9942{,}30$	$\log 2d_6 = 4{,}2985169$
$d_7 = 9942{,}41$	$\log 2d_7 = 4{,}2985217$
$d_8 = 9942{,}48$	$\log 2d_8 = 4{,}2985247$
$d_9 = 9942{,}53$	$\log 2d_9 = 4{,}2985269$
$d_{10} = 9942{,}57$	$\log 2d_{10} = 4{,}2985287$
. . . .	. . . .
$\lim_{n=\infty} d_n = d = 9942{,}72$	$\log 2d = 4{,}2985352$

Temperaturkorrektion bei Glimmer.

$$\alpha = 1{,}53 \cdot 10^{-6},$$

$$\Delta\varphi'' = 3{,}16 \cdot (t - 18°)\,\mathrm{tg}\,\varphi.$$

Es seien noch einige approximative Gitterkonstantwerte für organische Krystalle, die für spektroskopische Untersuchungen des langwelligsten Teiles vom Röntgenspektrum verwandt wurden, angeführt [1926: 197, 198; 1930: 100].

	$2d \cdot$ Å.E.
Zucker	21,14
Lauro-Stearinsäure	54,5
Palmitinsäure	71
Stearinsäure	79
Pb-Palmitat	91
Cerotinsäure	145

Wir wollen abschließend eine Reihe genauer ausgemessene Wellenlängenwerte anführen, die mit derselben Apparatur und unter sonst gleichartigen Bedingungen bestimmt worden sind [1929: 149] und daher ein einheitliches System darstellen dürften. Diese Wellenlängenwerte werden für relative Messungen empfohlen.

Am genauesten sind die folgenden Spektrallinien gemessen:

Fe	$K\alpha_1$	1932,076 X.E.
Cu	$K\alpha_1$	1537,396 ,,
Mo	$K\alpha_1$	707,831 ,,

Hierbei ist allerdings zu bemerken, daß die Fe-Linie und in beschränkterem Maße die Cu-Linie eine nicht aufgelöste Feinstruktur besitzt, welche in geringerem Grade die Lage des Schwerpunktes der Linie von der Schwärzung abhängig macht.

Neben diesen drei Linien kommen für relative Messungen folgende Linien in Frage:

Cr	$K\alpha_1$	2285,03	Y	$K\alpha_1$	827,12
Mn	$K\alpha_1$	2097,51	Zr	$K\alpha_1$	784,30
Co	$K\alpha_1$	1785,29	Nb	$K\alpha_1$	744,65
Ni	$K\alpha_1$	1654,50	Ru	$K\alpha_1$	641,74
As	$K\alpha_1$	1173,44	Rh	$K\alpha_1$	612,02
Se	$K\alpha_1$	1102,48	Pd	$K\alpha_1$	584,27
Br	$K\alpha_1$	1037,59	Ag	$K\alpha_1$	558,28
Rb	$K\alpha_1$	923,64	Sn	$K\alpha_1$	489,57
Sr	$K\alpha_1$	873,45			

Im langwelligen Gebiete ist die nicht aufgelöste $K\alpha_1\alpha_2$-Dublette am genauesten ausgemessen mit dem folgendem Wert:

Al $K\alpha_{1,2}$ 8322,48 X.E.

Alle diese Wellenlängen sind (mit Korrektion wegen „Krystallbrechung“) auf den Gitterkonstantwert $d = 3029{,}45$ von Kalkspat bezogen. Will man die Wellenlängen auf den zur Zeit wahrscheinlichsten Wert von d bei Kalkspat, $d = 3029{,}04$, beziehen, so hat man also die Werte um $0{,}136\,^0/_{00}$ zu erniedrigen.

14. Beugung und Interferenz der Röntgenstrahlen.

Versuche, Beugungsphänomene bei den Röntgenstrahlen nachzuweisen, wurden schon bald nach ihrer Entdeckung gemacht. Die Ergebnisse waren alle negativ, bis einige Versuche über Beugung bei Spalten von HAGA und WIND[1], wobei ein sehr feiner keilförmiger Spalt benutzt wurde, eine Andeutung von Verbreiterung des Spaltbildes am schmalen Ende gaben, welche als durch Beugung verursacht gedeutet wurde. Diese Versuche wurden von WALTER und POHL[2] in sorgfältigster Weise wiederholt. Sie zogen daraus den Schluß, daß das Spaltbild genau die Abmessung habe, wie man nach den geometrischen Verhältnissen zu erwarten hatte, unter Voraussetzung streng linearer Ausbreitung der Strahlung. Die spätere photometrische Ausmessung dieser Platten von P. P. KOCH[3] zeigten aber, daß die Schwärzung des Spaltbildes bei härteren Strahlen eine raschere Abnahme von der Mitte nach außen zeigte als bei weicheren Strahlen. Die Verwertung der Photogramme von A. SOMMERFELD[4] führte zu Schätzungen der Wellenlänge oder — wie man zu dieser Zeit annahm — der Impulsbreite von der Größenordnung 0,4 Å.E. Da bei diesen Aufnahmen die Strahlung der üblichen medizinischen Röhren verwandt wurde, stimmt dieser Wert

[1] HAGA, A., u. C. H. WIND, Ann. Physik **38**, 473 (1903).
[2] WALTER, B., u. R. POHL, Ann. Physik **25**, 715 (1908); **29**, 331 (1909).
[3] KOCH, P. P., Ann. Physik **38**, 507 (1912).
[4] SOMMERFELD, A., Ann. Physik **38**, 473 (1912).

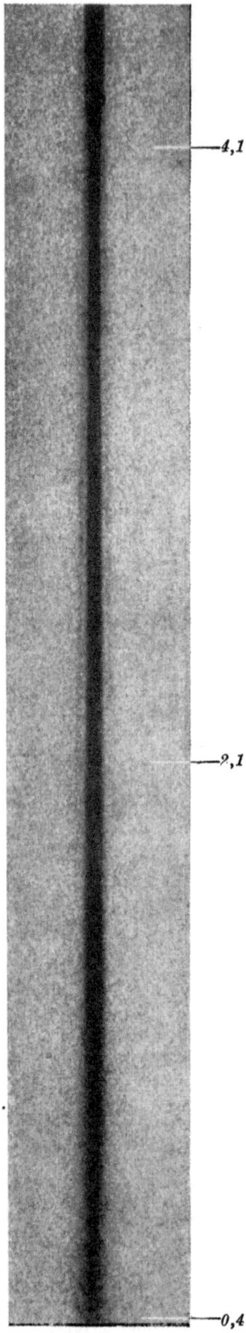

Abb. 38. Spaltbeugung bei monochromatischen Röntgenstrahlen (Cu*K*) nach WALTER. (Aus Ann. Physik **1924**.)

annähernd mit dem Durchschnittswert der verwandten kontinuierlichen Strahlung

Versuche über die Beugung von sehr weichen Röntgenstrahlen wurden später von HOLWECK [1923: 40] ausgeführt. Mit einer Diffraktionsspalte von etwa 6,6 μ Weite und Röntgenstrahlen, welche mit einer Spannung von nur 265 Volt erzeugt waren (effektive Wellenlänge des kontinuierlichen Spektrums etwa 60 Å.E.), wurde in 7 cm Abstand ein Spaltbild von 100 μ zentraler Schwärzungsbreite und abnehmender Schwärzung auf einem Gebiete von noch 300 μ erhalten. Die Vergleichsaufnahme mit härteren Strahlen, Erregungsspannung 1620 Volt, effektive Wellenlänge etwa 10 Å.E., zeigte eine ganz scharfe Linie von der Weite 25 μ, was den geometrischen Verhältnissen entspricht. Da bei diesen Versuchen ein kontinuierliches Spektrum verwandt wurde, ist es natürlich, daß keine Beugungsfransen zu erwarten waren.

Die ersten positiven Versuche mit *monochromatischer* Röntgenstrahlung, und zwar mit Kupfer-*K*-Strahlung, wurden von WALTER [1924: 27, 28] veröffentlicht. Bei diesen Untersuchungen bediente sich WALTER derselben Apparatur, die von POHL und ihm bei den obenerwähnten Versuchen benutzt worden war. Die zwei Spalte hatten einen Abstand von 75 cm, und die Platte wurde auch in einem Abstand von 75 cm vom letzten Spalt aufgestellt. Der erste Spalt hatte eine Weite von etwa 6 μ; der zweite war keilförmig mit einer Länge von 18 mm und verjüngte sich von 14 μ an dem einen Ende, zu Null an dem anderen. Als Lichtquelle diente ein technisches Röntgenrohr mit Kupferantikathode und Lindemannfenster. Die Expositionsdauer betrug 30 Stunden.

An den Aufnahmen, von denen eine Reproduktion in 23facher Vergrößerung in Abb. 38 wiedergegeben ist, waren 1 bis 2 Beugungsfransen bei geeigneter Spaltweite sichtbar. Die Schätzung der Wellenlänge der Kupferstrahlung aus dem Abstand der Beugungsfransen ergab Werte von 1,68 bis 1,38 Å.E., war also in Übereinstimmung mit den Krystallmessungen (1,537 Å.E.).

Sehr schöne Beugungsphänomene mit großer Anzahl Beugungsfransen sind dann von BÄCKLIN [1928: 16] publiziert worden. Bei diesen Aufnahmen, welche als Nebenresultat bei den Untersuchungen von Plangitterspektren erhalten wurden, sind zum ersten Male langwellige monochromatische Röntgenstrahlen zur Darstellung von Beugungsphänomenen benutzt worden. Die Expositionszeiten waren im Vergleich zu den von WALTER benutzten sehr kurz; schon 10 Minuten genügten hier. Mit Al*K*-Strahlung ($\lambda = 8{,}3$ Å.E.) erschienen dabei etwa 40 Beugungsfransen (s. Abb. 39 u. 40). Die bei diesen Aufnahmen angewandte Anordnung ist schematisch in Abb. 41 gezeichnet, wo auch Spaltweiten und Abstände angegeben sind. Der zweite Spalt wird hier aus dem ebenen Glasgitter und einer davorgestellten Schneide gebildet. Steht der Spiegel so, daß die Strahlung von ihm unter sehr kleinem Winkel reflektiert wird, so hat man mit einem zweiten gespiegelten Spalt zu rechnen, wodurch neben der Beugung noch Interferenz auftreten kann. Diese Komplikation macht die nähere Analyse

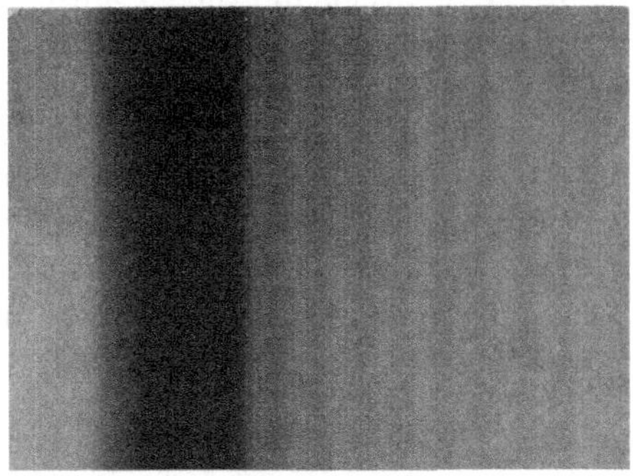

Abb. 39. Beugungsphänomene bei Röntgenstrahlen nach BÄCKLIN.

Abb. 40. Beugungsphänomene mit Röntgenstrahlen nach BÄCKLIN.

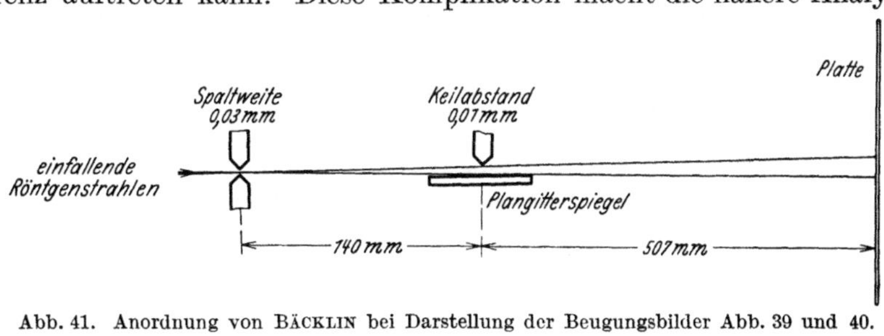

Abb. 41. Anordnung von BÄCKLIN bei Darstellung der Beugungsbilder Abb. 39 und 40.

des registrierten Phänomens schwierig. Um Mißverständnissen vorzubeugen, sei ausdrücklich hervorgehoben, daß die hier besprochenen

Phänomene mit der Gitterinterferenz nichts zu tun haben: die durch die Gitterwirkung entstehenden Linien liegen weit davon entfernt.

Reine Spaltbeugungsbilder mit langwelligen Röntgenstrahlen wurden von LARSSON publiziert [1929: 94]. Auch in diesem Falle diente die AlK-Strahlung zur Erzeugung der Bilder. Der erste Spalt hatte eine Weite von etwa 6 μ. Der zweite Spalt bestand aus zwei Quarzprismen, die zu der oben mitgeteilten Untersuchung der Dispersion verwandt wurden, und die Beugungsaufnahmen wurden gerade zur Messung der Spaltweite aufgenommen. Es dürfte dies das erste Beispiel sein, wo die Röntgenstrahlen zur Abstandsmessung benutzt worden sind. Da die Wellenlängen der Röntgenstrahlen soviel kürzer sind als die optischen,

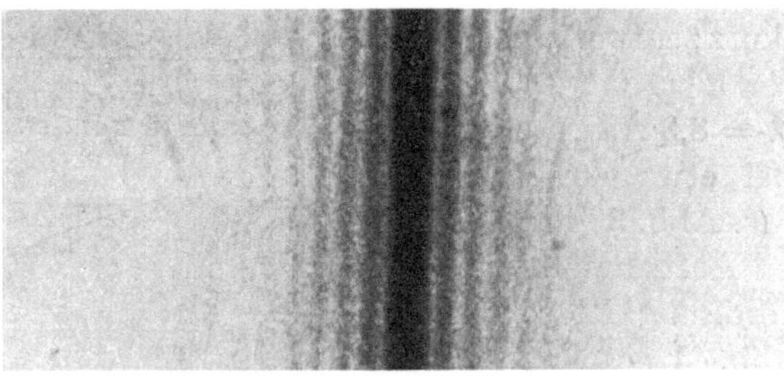

Abb. 42. Spaltbeugung mit AlK-Strahlung nach LARSSON [1929: 94].

gestatten sie auch für solche Zwecke eine Meßgenauigkeit von viel höherer Größenordnung.

Aus dem in Abb. 42 reproduzierten Beugungsbild, das im Abstand (R) von 507 cm vom Spalt aufgenommen wurde, ermittelte LARSSON die Spaltweite aus der Formel

$$s \cdot \frac{a}{R} = k \cdot \lambda \,, \tag{50}$$

wo s die Spaltweite, a den Abstand des Streifens von der Zentrallinie und k die LOMMELschen Zahlen bedeutet. Die Werte gehen aus folgender Tabelle hervor:

Tabelle 18.

Beugungsstreifen	a	k	s	Gewicht des Wertes
1	0,1115 mm ·	1,430	0,005410	1
2	0,1885	2,459	5503	2
3	0,265	3,471	5525	3
4	0,339	4,477	5571	3
5	0,418	5,482	5532	3

Der gewichtete Mittelwert der Spaltweite ergibt sich zu

$$s = 0{,}00553 \pm 0{,}00004 \text{ mm}.$$

Die Genauigkeit, mit welcher die Lage der Beugungsstreifen sich ermitteln lassen, zeigen gleichzeitig, daß dieses Phänomen jetzt auch mit Vorteil zur Wellenlängenbestimmung nach Formel (50) benutzt werden kann, wenn die Spaltweite bekannt ist.

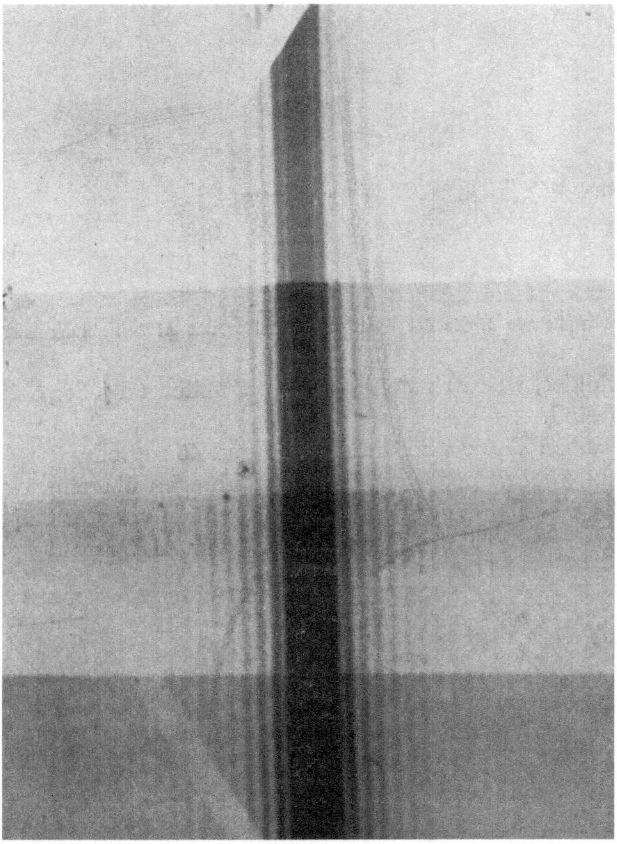

Abb. 43 a. Spaltbeugungsbilder mit Al K-Strahlung nach KELLSTRÖM.

Zur weiteren Illustration der Möglichkeiten, welche sich hier für die Röntgenspektroskopie öffnen, seien noch einige sehr schöne Spaltbeugungsbilder (Abb. 43 bis 45) reproduziert, welche G. KELLSTRÖM mir freundlichst zur Verfügung gestellt hat. (Diese Bilder, welche Anfang 1930 aufgenommen wurden, sind einer demnächst erscheinenden Doktordissertation entnommen.) Die Spaltweite war durchweg 6,5 μ; Abstand Spalt—Platte 416 mm. Abb. 43 a und 43 b sind mit Al K-Strahlung erhalten. Um die inneren bzw. äußeren Streifen hervortreten zu lassen, sind vier verschiedene Expositionsdauern benutzt. Die schwächeren

Linien können leichter sicht- und meßbar erhalten werden, wenn bei der Vergrößerung die Kopie genau in Längsrichtung der Streifen verschoben wird; ein Verfahren, das auch für Spektralplatten gut verwendbar ist. Abb. 43b ist eine solche Kopie des in Abb. 43a reproduzierten

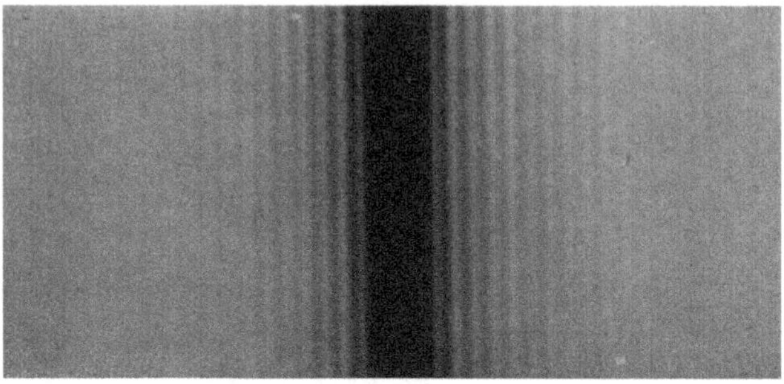

Abb. 43b. Ausgeglichene Kopie der Spaltbeugungsbilder mit Al*K*-Strahlung nach KELLSTRÖM.

Beugungsbildes, wodurch wenigstens 15 Streifen an jeder Seite meßbar geworden sind.

In derselben Weise sind die Abb. 44 und 45 reproduziert. In beiden Fällen sind zwei monochromatische Strahlungen übereinandergelagert. Die größeren Perioden der Schwärzung kommen von der C*K*-Strahlung (44,6 Å.E.), das übrige Streifensystem bzw. von Al*K*-Strahlung (8,3 Å.E.)

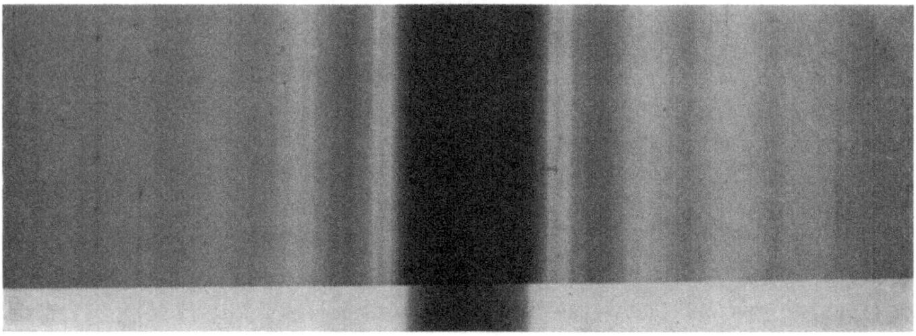

Abb. 44. Beugungsbild bei symmetrischem Spalt $\lambda = 8{,}3$ Å.E. (Al $K\alpha$) und 44.6 Å.E. (C $K\alpha$). Spaltweite 0,0065 mm, Abstand Spalt—Platte 416 mm. Vergrößerung 36fach. (Nach KELLSTRÖM.)

und Cu$L\alpha$-Strahlung (13,3 Å.E.). Alle diese Bilder sind etwa 36fache Vergrößerung der Originalaufnahmen.

Eine geschickte Ausführung des LLOYDschen Interferenzversuchs mittels Röntgenstrahlen ist von LINNIK [1930: 116, 117] veröffentlicht. Als monochromatische Strahlung wurden die verhältnismäßig kurzwelligen Cu$K\alpha$- und Fe$K\alpha$-Strahlen benutzt. Da die im Abstande von 150 mm vom Spiegel aufgenommenen Interferenzstreifen nur eine Breite von 5 μ hatten, war es nötig, spezielle feinkörnige Platten zu benutzen. Aber auch mit diesen Platten zeigte es sich erforderlich, ein besonderes

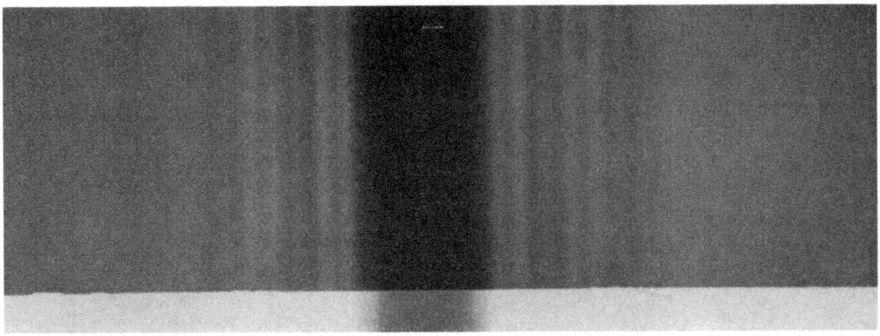

Abb. 45. Beugungsbild bei symmetrischem Spalt λ=13,3 Å.E. (Cu $L\alpha$) und 44,6 (C $K\alpha$). Spaltweite 0,0065 mm, Abstand Spalt—Platte 416 mm. Vergrößerung 36fach. (Nach KELLSTRÖM.)

Verfahren bei der Ausmessung unter dem Mikroskop zu verwenden. Das Objektiv war so angeordnet, daß es in schaukelnder Bewegung parallel den Streifen gehalten wurde. In entsprechender Weise ist die Reproduktion Abb. 46 in etwa 200facher Vergrößerung dargestellt. Die Berechnung der Wellenlängen ergaben die Werte:

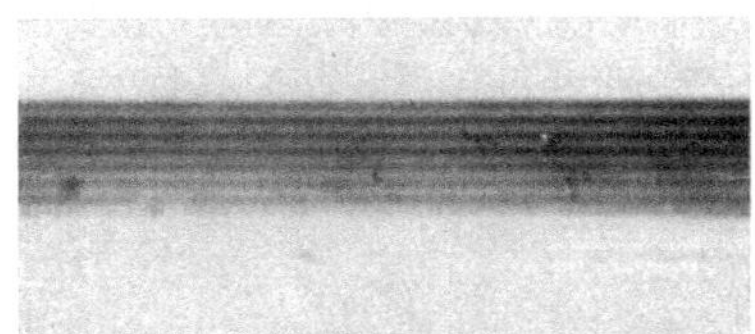

Abb. 46. LLOYDscher Interferenzversuch mittels Röntgenstrahlen (Cu $K\alpha$) nach LINNIK.

Cu$K\alpha$ 1,56$\pm$0,02 Å.E., Fe$K\alpha$ 1,96.

LINNIK konnte auch zeigen, daß in diesem Falle, wo der Brechungsindex des Spiegels (es wurde eine Planglasplatte verwandt) kleiner als 1 ist, *kein* Phasensprung um eine halbe Wellenlänge eintritt wie im optischen Falle.

15. Beugung bei Liniengittern. Absolutwerte der Wellenlängen.

Die Entdeckung der Reflexion von Röntgenstrahlen bei sehr kleinen Einfallswinkeln legte den Gedanken nahe, Spektren mit geritzten Gittern zu erhalten bei Verwendung von nahe streifenden Einfallswinkeln. Die ersten, die diesen Gedanken mit Erfolg realisierten, waren A. H. COMPTON und DOAN [1925: 47]. Die von ihnen benutzte Anordnung ist in Abb. 47 schematisch gezeichnet. Die von der Röntgenröhre kommende Strahlung wurde von einem Kalkspatkrystall spektral zerlegt. Eine ausgesonderte monochromatische Strahlung (Mo$K\alpha$, Cu$K\alpha$) passierte einen Spalt und traf dann das Plangitter (auf Spiegelmetall mit 50 Strichen pro mm) unter sehr kleinem Winkel (φ). Die photographische Platte zeigte das in Abb. 48 reproduzierte Bild. Außer der direkt gespiegelten

Linie O waren 3 positive und 1 negative Ordnung der Spektrallinie zu sehen. Die Auswertung der Wellenlänge aus der Gitterkonstanten und den Winkeln φ und α_n nach der Gittergleichung

$$n\lambda = d[\cos\varphi - \cos(\varphi + \alpha_n)] \tag{51}$$

gab für die Mo$K\alpha$-Linie den Wert (707 ± 3) X.E., was sehr gut mit dem mit Krystallgittern bestimmten Wert übereinstimmt (707,8 X.E.).

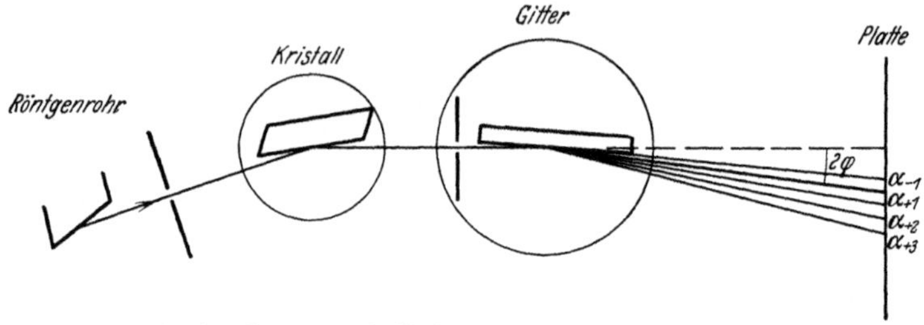

Abb. 47. Schematische Anordnung von A. H. COMPTON und DOAN zum erstmaligen Nachweis von Gitterbeugung bei Röntgenstrahlen.

Durch die Verwendung von geritzten Gittern zur Ermittlung der Röntgenwellenlängen eröffnete sich somit eine lange nachgestrebte Möglichkeit, die Absolutwerte der benutzten Krystallskala zu verifizieren bzw. ihre Abweichung von der absoluten Längeneinheit festzustellen. Bei der Wellenlängenmessung mittels geritzter Gitter geht, wie Formel (51) zeigt, neben den Winkeln nur die in absoluten Einheiten leicht mit großer Genauigkeit zu messende Größe d ein. Gelingt es dann auch, die Winkel mit genügender Genauigkeit zu ermitteln, so kann man die berechneten Wellenlängen auch dazu benutzen, die Atomebenenabstände in absolutem Maße mit Hilfe der BRAGGschen Gleichung zu bestimmen. Aus diesen Abständen läßt sich dann durch den umgekehrten Vorgang, wie er in § 8 verfolgt wurde, z. B. die Elektronenladung errechnen.

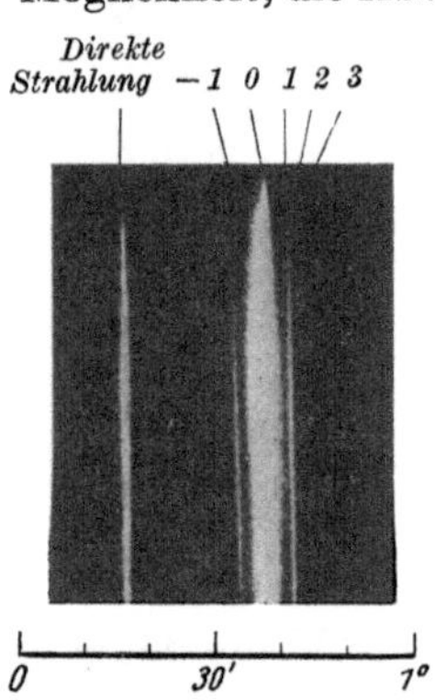

Abb. 48. Röntgenspektrum mit Liniengitter. von A. H. COMPTON und DOAN.

Um diese außerordentlich wichtigen Ergebnisse gewinnen zu können, ist es aber nötig, die Genauigkeit der Gittermethode so weit zu steigern, daß die Fehler wenigstens nicht größer sind als die, welche den berechneten Krystallgitterkonstanten anhaften. Da die letzteren wesentlich von der Genauigkeit der e-Bestimmung abhängt (s. § 13) und ein Drittel von der Unsicherheit in diesem Werte ausmachen, sind hierin die Minimiforderungen der Genauigkeit gestellt.

Neben der Möglichkeit zu Absolutbestimmungen hat das Gitterverfahren noch den besonderen Vorteil, für die größeren Wellenlängen verwendbar zu sein, wo die Krystalle wegen zu kleiner Gitterkonstantwerte nicht länger benutzt werden können. Wo sich die beiden Methoden decken, ist jedenfalls zur Zeit mit Krystallgittern ein größeres Auflösungsvermögen erreichbar.

Die röntgenspektroskopischen Anwendungen von geritzten Gittern im langwelligen („ultraweichen") Gebiete werden wir später besprechen (§ 40). Hier wollen wir nur die Frage der Absolutmessungen ein wenig näher behandeln.

Die obenerwähnte erstmalige Ausmessung einer Röntgenwellenlänge von A. H. COMPTON und DOAN hatte innerhalb der Fehlergrenzen von etwa 0,5% einen Wert ergeben, der sich mit den Krystallmessungen deckte. Eine entsprechende Bestimmung der Wellenlänge von Cu $K\alpha_{1,2}$,

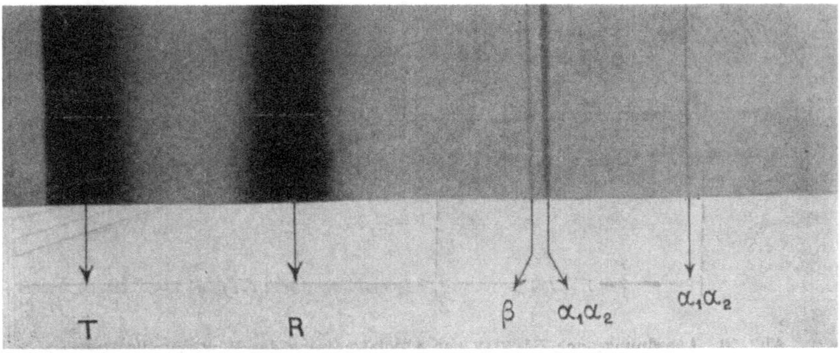

Abb. 49. Kupfer-K-Reihe mit Liniengitter aufgenommen. Abstand Gitter—Platte 1300 mm, Linienzahl 200 pro mm, 5fache Vergrößerung. (Nach THIBAUD, J. Physique et Radium **1927**.)

welche THIBAUD [1927: 143; 1928: 115] unter Verwendung eines Glasgitters mit 200 Strichen pro Millimeter ausführte, ergab den Wert 1540 ± 15 X.E., was auch innerhalb der weiten Fehlergrenzen mit den Krystallgittermessungen (1538 X.E.) übereinstimmt. Gegenüber der Versuchsanordnung von COMPTON und DOAN war der Unterschied der, daß hier keine Vorzerlegung mittels Krystall benutzt wurde, sondern daß die Strahlung von der Röntgenröhre nach Passieren von zwei Spaltblenden direkt auf das Plangitter fiel. Die Platte war in einem Abstand von 1300 mm vom Gitter aufgestellt. Eine 5fache Vergrößerung der Aufnahme ist in Abb. 49 reproduziert.

Für die Beurteilung der Frage über die Absolutwerte der Wellenlängenskala im Röntgengebiete gaben diese Messungen mit ihrer geringen Genauigkeit von 0,5 bzw. 1% keinen Aufschluß. Denn wie oben bemerkt, ist eine wesentlich höhere Genauigkeit im Anschluß der Krystallskala zur absoluten Längeneinheit schon gesichert. Die erste Durchführung einer Absolutmessung, die eine für den genannten Zweck erforderliche Genauigkeit beanspruchen kann, verdanken wir BÄCKLIN [1928: 16].

Wie schon erwähnt, liegt die Schwierigkeit zur Erreichung der erwünschten Genauigkeit in der Messung der kleinen Winkel φ und α_n, hierbei insbesondere in der Ermittlung des Abstands von der Platte zur effektiven Gitterfläche mit erforderlicher Sicherheit und Genauigkeit. Da nämlich das schmale Strahlenbündel unter sehr kleinem Winkel gegen das Plangitter einfällt und nur ein Teil der Gitterfläche beugend wirkt, ist ein genaues Feststellen der Mitte dieses Gebietes sehr schwierig. Bäcklin entging dieser Schwierigkeit durch Benutzung einer vor dem Gitter aufgestellten Schneide, welche dann gleichzeitig als zweite Spaltblende diente (s. Abb. 50). Durch diese Anordnung wurde die effektive Gitterfläche festgelegt und geometrisch bestimmbar. Für die Genauigkeit der Ergebnisse ist auch die Linienschärfe maßgebend, und diese

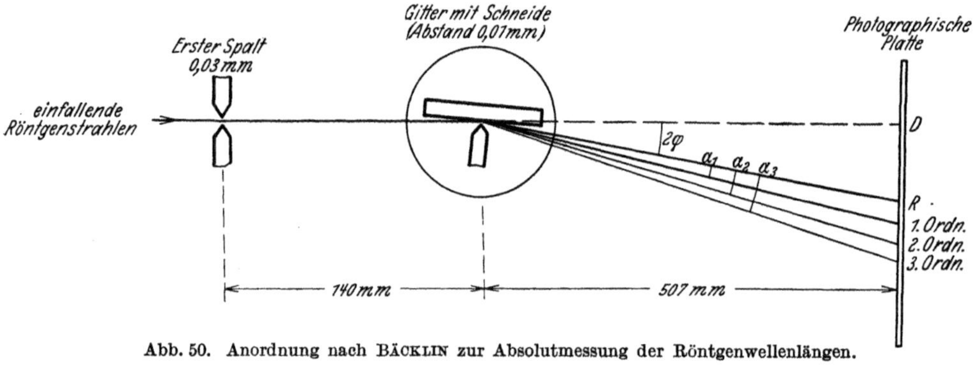

Abb. 50. Anordnung nach Bäcklin zur Absolutmessung der Röntgenwellenlängen.

wird von den Spaltweiten und ihrem Abstand bestimmt. Die von Bäcklin benutzten Spaltweiten waren nur 0,03 mm bzw. $2 \cdot 0{,}01$; Abstand der Spalte 140 mm. Die Genauigkeit in der Justierung der Spalte wird durch die vorher (S. 51) besprochene, hier auftretende Spaltbeugung der Röntgenstrahlen erwiesen.

Ferner wählte Bäcklin für die Messung eine Reihe *langwelliger* Strahlungen

	X.E., korrigierte Werte
Mo $L\alpha_1$	5394,3
Mo $L\beta$	5165,8
Al $K\alpha_{1,2}$	8321,4
Mg $K\alpha_{1,2}$	9867,8

wodurch größere Winkel und damit eine entsprechend höhere Genauigkeit erreichbar sind als mit den früher benutzten kurzwelligen Strahlen. Die Komplikation, daß dann im Vakuum gearbeitet werden muß, fällt weniger ins Gewicht. Die bei dieser Untersuchung verwandten Glasgitter waren dieselben, welche A. J. Ångström seinerzeit bei seinen berühmten Wellenlängenmessungen des Sonnenspektrums im Jahre 1868 benutzt hatte. Die endgültigen Bestimmungen wurden von Bäcklin mit einem Gitter, welches etwa 220 Striche pro Millimeter hatte, ausgeführt. Die genauen Werte der Gitterkonstante wurden mit Hilfe der grünen Cu-Linie ($\lambda = 5218{,}20$ Å.E.) zu

$$d = (4{,}5159 \pm 0{,}0006) \cdot 10^{-3}\ \text{mm} \qquad \text{bestimmt.}$$

Auf die sehr sorgfältig durchgeführten Justierungen und Detailuntersuchungen können wir hier nicht näher eingehen. Um die hohe Linienschärfe zu zeigen, werden in Abb. 51 zwei der Spektrogramme

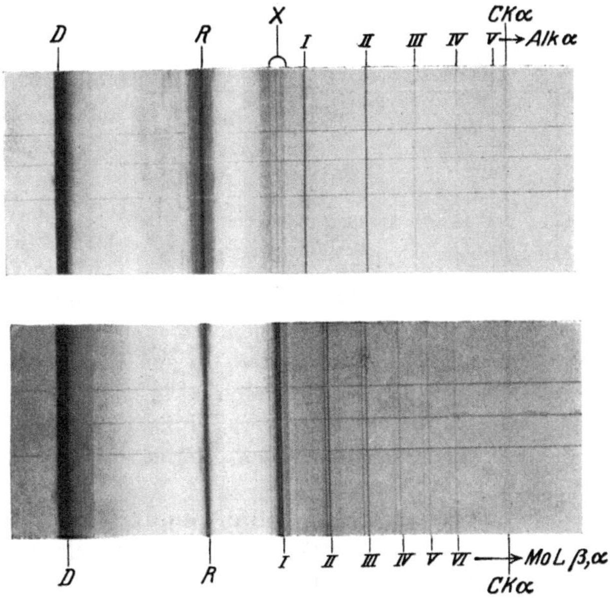

Abb. 51. Beispiel der Aufnahmen von BÄCKLIN zur Ermittlung der Absolutwerte der Röntgenwellenlängen. Vergrößerung 3,5fach.

in etwa 3,5facher Vergrößerung wiedergegeben. Am oberen Spektrogramm konnte die Al$K\alpha$-Linie bis 6. Ordnung ausgemessen werden. Die untere Aufnahme zeigt die Mo$L\alpha$- und $L\beta$-Linien in 6 Ordnungen.

Wie gut die Einzelmessungen unter sich übereinstimmen, ist aus folgender Zusammenstellung der Ergebnisse bei der Al$K\alpha_{12}$-Linie zu sehen:

Tabelle 19.

Platte Nr.	Ordnung: I	II	III	IV	V	VI
133	8,329	8,327	—	8,331	8,334	8,331
134	8,327	8,328	8,331	8,337	8,333	—
143	8,331	8,335	—	8,332	8,331	—
144	8,338	8,339	—	8,334	8,331	—
145	8,337	8,338	—	8,335	8,334	—
156	8,329	8,332	—	—	—	—
157	8,332	8,338	—	—	—	—
158	8,343	8,340	—	—	—	—
159	8,331	8,334	—	—	—	—
Mittelwert	8,333	8,335	—	8,334	8,332	

Die Endergebnisse sind in der folgenden Tabelle in zweiter Kolumne zusammengestellt. In der dritten Kolumne sind die aus Krystallmessungen ermittelten Werte angegeben, wobei folgende Korrektion berücksichtigt wurde: Die in § 13 angegebene Gitterkonstante von Kalkspat $d = \lim_{n=\infty} d_n = 3029{,}45$, auf welche alle Krystallmessungen bezogen sind, ist 0,41 X.E. höher als der aus den zur Zeit wahrscheinlichsten Fundamentalkonstanten berechnete Wert $d = 3029{,}04$ (S. 43).

Tabelle 20.

Spektrallinie	$\lambda \cdot 10^{11}$ cm Liniengitter	λ X.E. Krystallmessungen	Δ ‰
Mo $L\alpha_1$ . . .	5402	5394	1,4
Mo $L\beta_1$ . . .	5174	5166	1,6
Al $K\alpha_{1,2}$ . .	8333	8321	1,4
Mg $K\alpha_{1,2}$ . .	9883	9868	1,5

Will man also die Krystallmessungen auf diesen letzten Wert beziehen, so hat man die in den Wellenlängentabellen angegebenen Werte um 0,136 ‰ zu vermindern. Die in Tabelle 20, Kolumne 3 angeführten Krystallwerte sind in dieser Weise korrigiert. Mit Rücksicht auf die Unsicherheit im Krystallwert (0,3 ‰) sowie auf die noch erreichte Genauigkeit bei den Liniengittermessungen ist diese Korrektion allerdings zu vernachlässigen. Es sei noch bemerkt, daß nur die Al $K\alpha$-Linie neueren Krystallmessungen entnommen ist, während die anderen Krystallwerte älteren und weniger sicheren Messungen entstammen.

Wie die letzte Kolumne zeigt, sind die absolut gemessenen Wellenlängen durchweg etwa 1,5 ‰ *größer* als die Krystallwerte.

Geht man von dem Liniengitterwert bei Al $K\alpha_{12}$ aus und berechnet mit Hilfe der Braggschen Gleichung den Wert der Atomabstände bei Kalkspat, so erhält man einen um 1,5 ‰ größeren Wert als angenommen, d. h. statt $3029 \cdot 10^{-11}$ cm den Wert $3033 \cdot 10^{-11}$ cm. Berechnet man ferner unter Annahme dieser Gitterkonstante den Wert der Elektronenladung nach Formel (43, S. 43), so ergibt sich

$$e = 4{,}793 \cdot 10^{-10} \text{ E.S.E.},$$

wo Bäcklin den Fehler zu höchstens 3 ‰ geschätzt hat. Dieser Wert ist etwa 4 ‰ größer als der von Millikan angegebene ($4{,}774 \cdot 10^{-10}$). Wo der Grund zu dieser Unstimmigkeit, welche die Fehlergrenze zu übersteigen scheint, liegt, ist noch nicht klar. Eine Erklärung wurde von Zwicky vorgeschlagen, wonach die Dichte des Kalkspates wegen der Packung der Mosaikkrystalle zu hoch ausfällt. Bei der mit Kalkspatkrystallen erreichbaren hohen Linienschärfe, welche die theoretisch für einen idealen Bau berechnete sogar übersteigt, scheint aber diese Erklärungsmöglichkeit wenig befriedigend.

Die Korrektion an der Gittergleichung (51) wegen divergenter Strahlung, welche Porter [1928: 84] berechnet hat, ist unter den

Versuchsbedingungen, die BÄCKLIN benutzte, zu vernachlässigen [1930: 27].

Nach dem Erscheinen der von BÄCKLIN durchgeführten Untersuchung über die Absolutwerte der Röntgenwellenlängen und die daraus zu berechnenden e-Werte, welche die oben angegebenen Differenzen gegenüber den früheren Werten zeigten, sind zu dieser Frage einige weitere Arbeiten aus dem Laboratorium von A. H. COMPTON in Chicago erschienen.

In der ersten von diesen wurde von WADLUND [1928: 121] die Wellenlänge von Cu$K\alpha_1$ gemessen unter Verwendung von einem Gitter am Spiegelmetall mit 50 Strichen pro Millimeter. Die $K\alpha_1$-Linie wurde mit einem Kalkspatkrystall wie bei den oben beschriebenen Versuchen von COMPTON und DOAN isoliert. Der Mittelwert der Wellenlänge aus diesen Messungen war $1537{,}2 \cdot 10^{-11}$ cm, also in voller Übereinstimmung mit dem Krystallwert (1537,4 X.E.), was dann auch genau zu dem e-Wert von MILLIKAN führt. Aus den später veröffentlichten Einzelwerten (COMPTON [1929: 28b], S. 610) sieht man aber, daß es nur ein reiner Zufall ist, daß gerade der angegebene Wellenlängenwert herauskam. Die einzelnen 8 Werte aus den zwei Platten schwanken, wie die nebenstehende Zusammenstellung zeigt, zwischen 1531 und 1543:

Platte	Ordn.	Wellenlänge
105	I	1539,4
	II	1536,1
	III	1537,8
106	I	1531,6
	II	1533,0
	III	1542,7
	IV	1542,3
	VI	1535,9

Diese Messungen sind, wie ersichtlich, nicht von der erforderlichen Genauigkeit, um ein Urteil über die von BÄCKLIN gefundenen Abweichungen in der Größenordnung von 1 bis $2^0/_{00}$ zu erlauben.

Wesentlich genauere Messungen wurden dann von BEARDEN veröffentlicht, wobei auch die CuK-Strahlung verwandt wurde. Da aber BEARDEN keine Vorzerlegung benutzte, beziehen sich seine Messungen auf die Dublette $K\alpha_{1,2}$, welche nicht aufgelöst werden konnte. Nach Krystallmessungen berechnet sich der Schwerpunkt[1] dieser Dublette zu etwa 1538,7 X.E. Der Krystallwert von Cu$K\beta_1$ ist 1389,4 X.E. Die von BEARDEN erhaltenen Werte unterscheiden sich untereinander in den verschiedenen Publikationen, wie es scheint, wegen abgeänderter numerischer Behandlung des Versuchsmaterials bzw. durch Auswahl der besten Platten. Die drei Publikationen sind:

I. Gedruckter Auszug aus dem Vortrag bei Sitzung der „American Physical Society“ April 1929.

II. Physic. Rev. **33**, 1088 (1929).

III. Proc. nat. Acad. Sci. U. S. A. Juni 1929 (auch bei A. H. COMPTON [1929: 28b]).

[1] Ob man mit diesem Wert oder mit dem einfachen Mittelwert 1539,3 bzw. einem dazwischenliegenden Wert rechnen soll, hängt von dem Schwärzungsgrad ab.

	$K\alpha_1\alpha_2$	$K\beta_1$
I.	1544,52 ± 0,2	1396,90 ± 0,4
II.	1543,9 ± 0,2	1394,0 ± 0,2
III.	1542,2 ± 0,2	1392,6 ± 0,2

Die Abweichungen von den Krystallwerten in Promille sind also:

	$\Delta K\alpha_1\alpha_2$	$\Delta K\beta_1$
I.	3,8‰	5,4‰
II.	3,4	3,3
III.	2,3	2,3

Die von Bäcklin gefundenen Abweichungen sind also hier im selben Sinne vorhanden. Die der letzten Publikation (III.) entnommenen Werte stimmen größenordnungsmäßig ziemlich gut mit dem Bäcklinschen Wert 1,5‰ überein.

In einer neulich publizierten Untersuchung hat endlich Cork [1930: 42] durch Messungen an einer langwelligen Strahlung (Mo $L\alpha_1$, $L\beta_1$) auch Abweichungen in demselben Sinne wie bei Bäcklin gefunden. Cork hat mit verschiedenen Gittern gearbeitet (30000 und 14400 Striche pro Zoll) und gibt als Endresultat folgende Wellenlängenwerte (zweite Kolumne) an:

	Liniengitter $\lambda \cdot 10^{11}$ cm	Kristallwerte $\lambda \cdot$ X.E.	Δ‰
Mo $L\alpha_1$ . . .	5412	5394	3,3
$L\beta_1$ . . .	5183	5166	3,3

Sämtliche genaueren Messungen haben also den Befund von Bäcklin bestätigt, daß eine kleine Diskrepanz zwischen den mit Liniengittern in absoluten Längeneinheiten gemessenen Wellenlängen und den mit der angenommenen Krystallgitterkonstante ermittelten Werten vorhanden ist. Über den genauen Betrag dieser Abweichung, wonach die X.-Einheiten etwa ein paar Promille niedriger als die entsprechende absolute Einheit, 10^{-11} cm, sein dürfte, gestatten die Messungen noch keine endgültigen Angaben.

III. Technik der Röntgenspektroskopie.

16. Erregung der Röntgenstrahlen.

Röntgen hatte in seiner ersten Arbeit gezeigt, daß die Röntgenstrahlen dort entstehen, wo die Kathodenstrahlen auf die Wand des Versuchsrohres aufprallen. Man entdeckte bald, daß eine kräftigere Röntgenstrahlung dadurch erhalten werden kann, daß man in den Weg der Kathodenstrahlen eine Metallplatte (am besten aus einem schweren Metall) einschaltet, an der dann die Kathodenstrahlen ihre kinetische Energie beim Aufprall verlieren und zum Teil in Röntgenstrahlen umsetzen. Nach den Vorstellungen der klassischen Elektrodynamik ist die plötzliche Hemmung einer schnell bewegten elektrischen Ladung von der Aussendung einer elektromagnetischen Welle begleitet. Diese Impulsstrahlung würde also für den größten Teil der Energie in der ausgesandten Röntgenstrahlung verantwortlich sein. Zum Teil aber gibt die auffallende Kathodenstrahlung zu einem Emissionsvorgang in den Atomen der getroffenen Platte selbst Anlaß. Dies ist die charakteristische Strahlung, welche von BARKLA entdeckt worden ist.

Die Technik der Erregung von Röntgenstrahlen hat also die Aufgabe, elektrische Ladungen oder Elektronen mit genügend großer Energie auf den zu untersuchenden Stoff auffallen zu lassen. In der ersten Zeit der Entwicklung war man an die von RÖNTGEN entdeckte Methode gebunden, bei der die Kathodenstrahlen in einer passend evakuierten Röhre die Röntgenstrahlen an der vorgeschalteten Antikathode erregen. Durch Regulierung des Gasgehaltes und Vakuumgrades ist man dabei imstande, innerhalb gewisser Grenzen die Härte der Strahlung zu verändern. Mit steigender Röhrenspannung werden, wie die Erfahrung lehrt, die Strahlen härter. Nachdem man gelernt hatte, die Wellenlängen zu messen, ist dieser Zusammenhang genauer formuliert worden, und es hat sich dabei gezeigt, daß die von EINSTEIN aufgestellte photoelektrische Grundgleichung für den Zusammenhang zwischen kinetischer Energie des Elektrons und der Wellenlänge oder Frequenz der Strahlung auch hier gültig ist. Diese Gleichung können wir in folgender Form schreiben:

$$\tfrac{1}{2} m v^2 = e V = h \nu . \tag{52}$$

m und e bedeuten hier Ladung bzw. Masse des Elektrons, v ihre translatorische Geschwindigkeit, V die von den Elektronen durchlaufene Spannung, h die Konstante von PLANCK und ν die Frequenz der ausgesandten Strahlung.

Links steht hier die kinetische Energie des Elektrons, die die Ladung beim Durchlaufen der Spannung zwischen Kathode und Antikathode erworben hat. Setzt man voraus, daß das Elektron seine gesamte Energie auf einmal abgibt, so wird die ausgesandte Strahlung die Frequenz ν haben. Lösen wir diese Gleichung nach der Frequenz oder noch besser nach der Wellenlänge (dem reziproken Wert der Frequenz) auf, so bekommen wir nach Einführung der bekannten numerischen Werte von e und h

$$\lambda = \frac{12{,}345}{V} , \tag{53}$$

wenn λ in ÅNGSTRÖMschen Einheiten und die Spannung in Kilovolt gerechnet wird. Nach dieser Gleichung können wir uns also einen Begriff davon machen, welche Spannungen nötig sind, um eine Röntgenstrahlung von bestimmter Wellenlänge zu erzielen. Da aber die meisten Elektronen ihre Geschwindigkeit in mehreren Stufen verlieren, so gibt die Gl. (53) nur die *kleinste* Wellenlänge an, welche bei der Spannung V entsteht, während die Bremsung der Elektronen in mehreren Stufen größeren Wellenlängen entspricht.

Aus der Gl. (53) können wir ferner entnehmen, innerhalb welcher Spannungsgrenzen die Röntgenstrahlung erregt wird, die für die Spektroskopie zunächst von Interesse ist. Die bisherigen Wellenlängenmessungen mit Krystallgittern erstrecken sich von einer kürzesten Wellenlänge von der Größenordnung 0,1 bis zu etwa 20 Å.E. Dies entspricht einem Spannungsgebiet von 130 bis 0,6 kV. In der medizinischen Technik arbeitet man heutzutage aber für therapeutische Zwecke oft mit wesentlich höheren Spannungen bzw. kürzeren Wellenlängen. Mit geritzten Gittern ist man weiter imstande, größere Wellenlängen bis ins Ultraviolett zu messen. Diese erfordern dann nur Spannungen von einigen hundert Volt.

Die althergebrachten Typen von Röntgenröhren, bei denen die Gasreste des Rohres eine wesentliche Bedeutung für die Wirkung der Röhre haben, werden oft *Ionen*röhren genannt. Diese Art von Röhren, welche in der Anfangszeit der Röntgenspektroskopie die einzigen waren, sind in den letzten Jahren von Röhren mit hohem Vakuum verdrängt worden, wenn auch für besondere Fälle Ionenröhren noch Verwendung finden. In den Hochvakuumröhren müssen die Elektronen für das Bombardement der Antikathode besonders erzeugt werden. Wir werden diesen Typus von Röhren Elektronenröhren nennen. Eine übliche Bezeichnung für die letzteren ist auch „gasfreie Röhren“. Zwar enthalten auch diese Röhren nicht unbedeutende Gasmengen, doch spielen diese für die Wirkungsweise der Röhre keine merkbare Rolle.

Ehe wir zur Beschreibung der verschiedenen Röntgenröhrentypen übergehen, wollen wir noch kurz einige Versuche erwähnen, wo positive Strahlen in Entladungsröhren und α-Strahlen zur Erzeugung von Röntgenstrahlen versucht worden sind. Die erstgenannte Methode wurde von J. J. Thomson geprüft, ist aber bisher nicht eingehend untersucht.

Daß die α-Strahlen eine Röntgenstrahlung erzeugen können, ist von Chadwick[1], Rutherford und Richardson[2], Chadwick und Russel[3] nachgewiesen. Mit dieser Methode erregte charakteristische Röntgenstrahlen bei Pt, Au, Pb und Zn wurden von Slater[4] untersucht, der mit Hilfe der Absorptionskurven der Strahlung bei den drei erstgenannten Elementen die K- und L-Strahlung feststellen konnte, bei Zn die

[1] Chadwick, J., Phil. Mag. **24**, 594 (1912); **25**, 193 (1913).

[2] Rutherford, E., u. H. Richardson, Phil. Mag. **25**, 722 (1913).

[3] Chadwick, J., u. A. Russel, Proc. roy. Soc. Lond. **88**, 217 (1913) — Phil. Mag. **27**, 112 (1914).

[4] Slater, F. P., Phil. Mag. **42**, 904 (1921).

K-Strahlung. In allen diesen Fällen wurde die Strahlung mit Ionisationsmethoden nachgewiesen und gemessen. Sehr eingehende Untersuchungen von durch α-Strahlen erzeugten Röntgenstrahlen verdanken wir BOTHE und FRÄNZ[1], die mit Hilfe der Spitzenzähler die Strahlung von einer ganzen Reihe von Elementen untersuchten. Als primäre (α-) Strahlenquelle diente Polonium. Die K-Strahlung wurde durch Aufnahme von Absorptionskurven bei den Elementen S, Mg, Al, Cr, Fe und Zn festgestellt, die L-Reihe bei Mo, Ag, Sb, Ta und Au und endlich bei Bi die M-Reihe.

17. Ionenröhren.

Bei den gewöhnlichen medizinischen Röhren vom Ionentypus werden die Elektronen dadurch von der Kathode ausgelöst, daß positive Ionen, die von den Gasresten stammen, auf die Kathode aufprallen. Das erste Moment in der Entladung ist also hier die Zerspaltung von Gasmolekülen in der Röhre durch die angelegte Spannung. Durch das elektrische Feld werden dann die positiven Ionen gegen die negative Elektrode geschleudert und machen dort die Elektronen frei, welche die eigentlichen Kathodenstrahlen bilden. Um die Kathodenstrahlen in einem kleinen Brennfleck auf der Antikathode sammeln zu können, ist die Kathode konkav gewählt. Da nämlich die Kraftlinien in der Nähe der Kathodenfläche nahezu senkrecht verlaufen, so werden die Elektronen, im ersten Teil ihrer Bahnen diesen Linien folgend, auch beinahe senkrecht austreten. Die Praxis hat gezeigt, daß der Radius der Hohlkathode im allgemeinen kleiner gemacht werden muß als der Abstand Antikathode—Kathode.

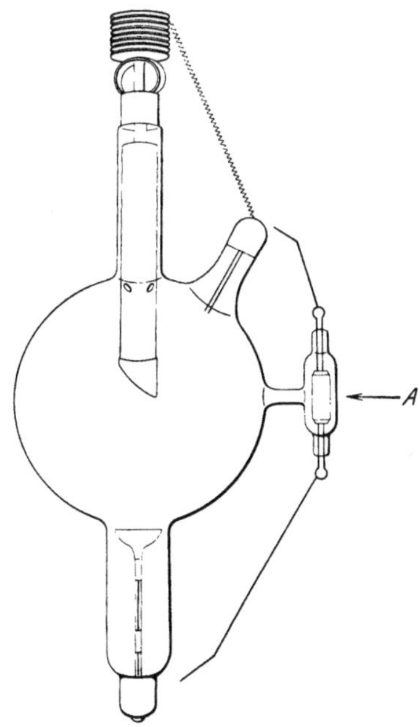

Abb. 52. Typisches Ionenrohr.

Als Kathodenmaterial wählt man meistens Aluminium, um die Zerstäubung, welche die Aussendung von Kathodenstrahlen begleitet, auf das geringste Maß herabzusetzen. Wie aus der Abb. 52, die ein typisches Ionenrohr darstellt, zu ersehen ist, wird die Antikathode in die Mitte des Rohres verlegt, während die Kathode in einem besonderen Ansatzrohr angebracht ist. Diese Lage der Kathode hat für die Wirkungsweise des Rohres eine sehr große Bedeutung. Rings um die Kathode

[1] BOTHE, W., u. H. FRÄNZ, Z. Physik **49**, 1 (1928); **52**, 466 (1928).

setzen sich nämlich an der Glaswand elektrische Ladungen fest, welche für den Betrieb sehr wichtig sind. Dadurch, daß man die Hohlkathode mehr oder weniger tief in das Ansatzrohr verlegt, ist es möglich, die Härte in bequemer Weise zu verändern. Außer der Antikathode selbst, welche, um größere oder dauernde Belastungen zu ertragen, eine Kühlvorrichtung besitzt, ist meistens noch eine besondere Anode vorhanden. Ihre Funktion scheint hauptsächlich die zu sein, die Stärke von Strömen, die in verkehrter Richtung laufen, herabzusetzen. Sie befindet

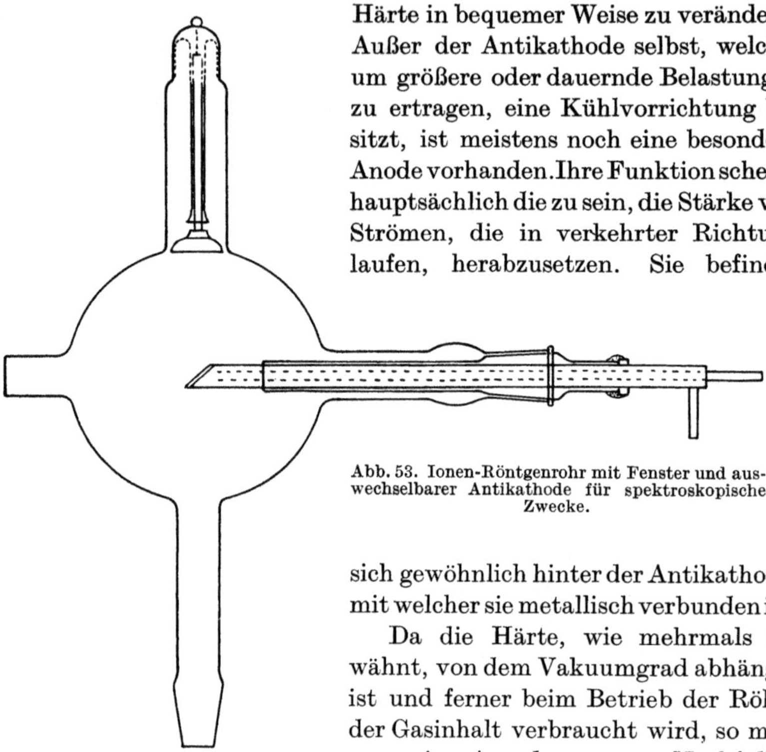

Abb. 53. Ionen-Röntgenrohr mit Fenster und auswechselbarer Antikathode für spektroskopische Zwecke.

sich gewöhnlich hinter der Antikathode, mit welcher sie metallisch verbunden ist.

Da die Härte, wie mehrmals erwähnt, von dem Vakuumgrad abhängig ist und ferner beim Betrieb der Röhre der Gasinhalt verbraucht wird, so muß man eine Anordnung zum Nachfüllen von Gas besitzen. Solche „Regeneriervorrichtungen“ gibt es in mancherlei Ausführungen. Unsere Abb. 52 zeigt eine, bei der der Strom, wenn das Rohr zu hart wird, den Weg durch A nimmt. Die durch Erhitzung oder Funkenbildung in der eingeschlossenen Masse dieses Rohres frei gemachten kleinen Gasmengen genügen, um den richtigen Vakuumgrad wieder herzustellen.

Diese kurzen Andeutungen von der Wirkungsweise eines normalen medizinischen Ionenrohrs mögen genügen, um die weitere Entwicklung der Spezialrohre zu verstehen, welche den besonderen Zwecken der Röntgenspektroskopie angepaßt sind.

Ein Ionenrohr von diesem Typus, welches für spektroskopische Zwecke abgeändert ist und in den früheren Tagen der Röntgenspektroskopie viel verwendet wurde, zeigt Abb. 53. Die Antikathode kann man herausnehmen, um schnell verschiedene zu untersuchende Substanzen an ihr anzubringen. Ferner ist hier, da oft leicht zerstäubende Stoffe untersucht werden, eine wirksame Kühlung nötig. Zu diesem Zwecke wird die Antikathode aus einem Kupferrohr mit schräg angelöteter Platte aus 1—2 mm Kupferblech hergestellt und mit zwei Röhren für die Wasserkühlung versehen. Gegenüber der Antikathode befindet sich ein offenes Ansatzrohr, an dem ein dünnes Aluminiumblech aufgekittet wird, um auch die weichere Strahlung austreten zu lassen. Für die Kittungen eignet sich besonders gut Picein, für die Schliffe Ramsayfett, das nach den Vorschriften in KOHLRAUSCHS Lehrbuch dargestellt wird.

Das Rohr ist während des Betriebes mit einer schnell wirkenden Pumpe zu verbinden und das Vakuum so zu regulieren, daß sich passende Stromverhältnisse einstellen. Dieses erfordert ein wenig Übung, da so viele veränderliche Faktoren vorhanden sind. Außer der Pumpgeschwindigkeit sind auch die äußeren elektrischen Bedingungen veränderlich und beeinflussen den bei konstanter Pumpgeschwindigkeit sich ergebenden Härtegrad. Wir haben bei der Besprechung der medizinischen Röhren erwähnt, daß die Entladung Gas verbraucht. Aber bei neu evakuierten Röhren, bei denen Wasserdämpfe an den Wänden adsorbiert sind, kann, besonders wenn an der Antikathode eine verdampfende Substanz aufgelegt ist, der Stromdurchgang den umgekehrten Effekt haben und sogar gewaltige Gasmengen frei machen. Dies würde anfangs beim Inbetriebsetzen des Rohres das Normale sein und dazu führen, daß man zu Beginn das Rohr nicht kontinuierlich mit Entladung treiben kann. Daher ist es sehr wichtig, beim Betrieb dieser Röhren mit dem Induktor einen zuverlässigen Gleichrichter — Ventilfunkenstrecke oder einen anderen von den technischen Gleichrichtern — in den Hochspannungskreis einzuschalten.

Damit diese Röhren — ebenso wie alle anderen Röhrentypen — gut funktionieren, ist peinliche Sauberkeit unbedingt erforderlich. Eine winzige Fettmenge z. B. an der Antikathode, auf die doch immer, auch außerhalb der Brennflecke, zerstreute Kathodenstrahlen auftreffen, wird das Vakuum zerstören oder wenigstens die Entladung unruhig machen. Auch hat man beim Einsetzen des Antikathodenglasschliffes dafür zu sorgen, daß nur die äußeren zwei Drittel des Schliffes mit Fett geschmiert sind, während der übrigbleibende Teil rein ist und so nur ein langsames Hineindiffundieren der Fettdämpfe gestattet.

Die genannten Röhren sind wegen des großen Luftvolumens sehr stabil in ihrem Betrieb, haben aber den Nachteil, daß der Abstand der Antikathode vom Versuchsapparat ziemlich groß wird. Bei größeren Spektrographen, wo doch die Entfernungen beträchtlich sind, ist dieser Nachteil nicht so schwerwiegend; aber in gewissen Untersuchungen, z. B. bei Krystalluntersuchungen nach der Pulvermethode, wo ein kleiner Versuchsapparat eine intensive Strahlung nötig hat, ist der große

Fokusabstand sehr nachteilig. Um dieser Schwierigkeit zu entgehen, hat RAUSCH V. TRAUBENBERG [1917: 18] ein Röntgenrohr konstruiert, das in Abb. 54 zu sehen ist. Das Antikathodenstück wird hier an ein Ansatzrohr gekittet, ist, wie bei dem früheren Rohr, herausnehmbar und wird mit Wasser gekühlt. Auch ist für gute Kühlung der Kittstelle gesorgt. Die Strahlen treten auch hier durch ein Aluminiumfenster aus.

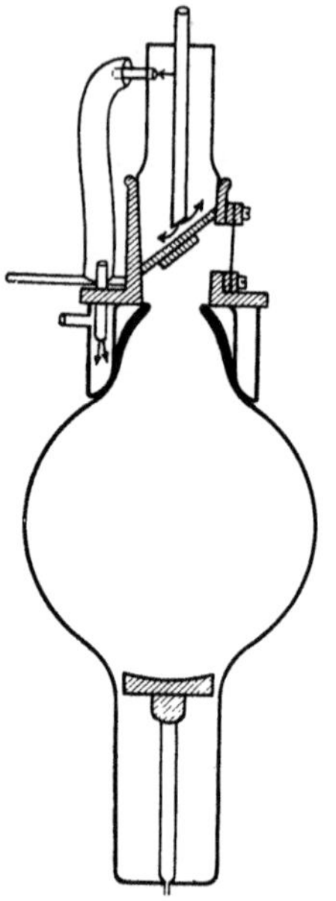

Abb. 54. Glas-Metall-Röntgenrohr von RAUSCH V. TRAUBENBERG, speziell für Krystalluntersuchungen nach der Pulvermethode konstruiert.

Ein Ionenrohr, das die schnelle Auswechslung verschiedener Antikathodenmaterialen gestattet, wurde von KAYE benutzt. Seine Anordnung, die auch die weiche Röntgenstrahlung in Erscheinung treten ließ, ist in Abb. 55 zu sehen. Die Auswechslung der verschiedenen Antikathoden wird mit Hilfe eines Magneten ausgeführt. Das Rohr ist mit Fenstern aus Aluminium versehen. MOSELEY hat bei seinen berühmten Untersuchungen ein solches Rohr benutzt.

Sehr interessant ist eine Röntgenröhrenkonstruktion, die von A. MÜLLER [1921: 69] ausgeführt ist, um das Spektrum des Quecksilberdampfes zu erregen. Die Anordnung ist sehr provisorisch, aber die Ergebnisse zeigen, daß das Rohr sehr

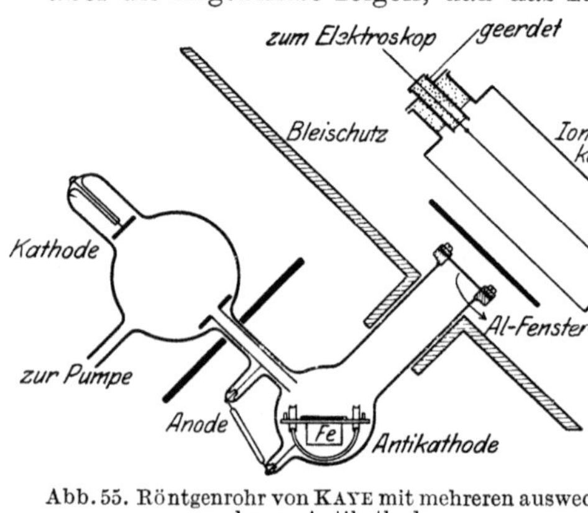

Abb. 55. Röntgenrohr von KAYE mit mehreren auswechselbaren Antikathoden.

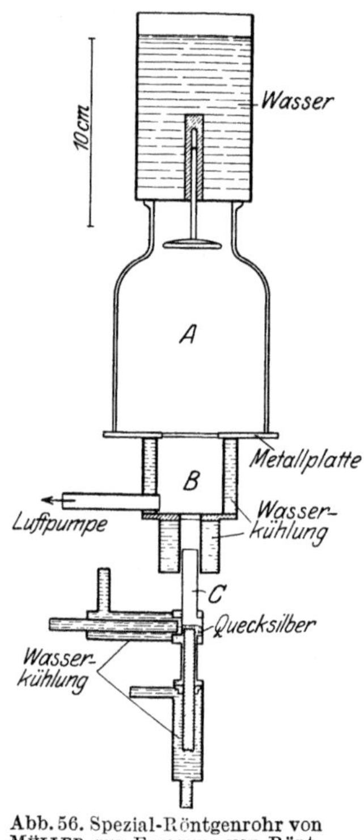

Abb. 56. Spezial-Röntgenrohr von MÜLLER zur Erregung von Röntgenstrahlen an Quecksilber.

gut funktioniert. Die Ausführung dürfte an Hand der Abb. 56 ohne nähere Erklärung zu verstehen sein.

Demselben Zweck wie die oben beschriebene Röhre von TRAUBENBERG dient das von A. HADDING [1920: 31] besonders für krystallographische und mineralogische Untersuchungen ausprobierte Metall-Röntgenrohr (Abb. 57). Gegenüber den Glasrohren hat es den Vorteil, praktisch unverwüstlich zu sein, und es kann ohne jede Gefahr viel stärker belastet werden. Die Kathode sitzt in einem besonders konstruierten Porzellanisolator und ist mit einer Kühlvorrichtung versehen. Die Kühlung der Kathode ist aber im allgemeinen nicht nötig, auch bei ziemlich starker Belastung genügt es, dann und wann einmal mit Wasser durchzuspülen. Das Metallgehäuse ist von einem Kühlmantel umgeben und muß während des Betriebes ebenso wie die Antikathode mit fließendem Wasser gekühlt werden. Die Antikathode paßt in einen konischen Schliff und wird nur mit Ramsayfett gedichtet. Rund um die Antikathode in der Höhe des Brennfleckes ist eine Anzahl von Fenstern (drei haben sich als am besten erwiesen) angebracht, die durch darübergespannte dünne Aluminiumfolien von der Dicke 0,007 bis 0,015 mm zugedeckt und durch ein wenig Ramsayfett gedichtet werden.

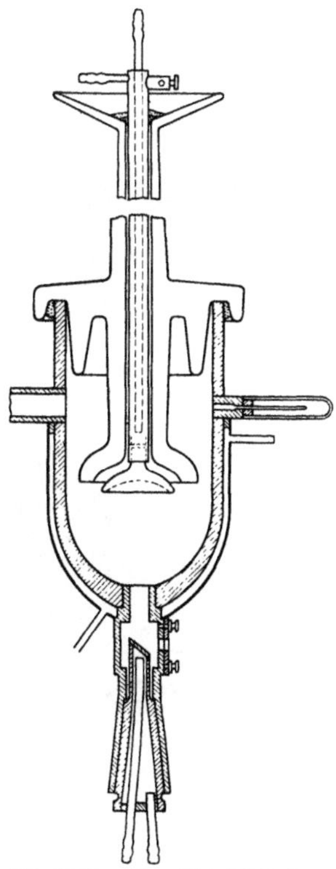

Abb. 57. Porzellan-Metall-Röntgenrohr von HADDING für krystallographische Zwecke.

Das Rohr ist für dauernden Anschluß an eine Vakuumpumpe berechnet. Am bequemsten dient zu dieser Verbindung ein Metallschlauch, wie ihn z. B. die Berlin-Karlsruher Industrie-Werke in Karlsruhe liefern (sog. biegsame Tombakrohre). Dieses Metallrohr wird dann an das Rohr angelötet und, wenn eine Molekularpumpe benutzt wird, mit seinem anderen Ende an einem metallenen Mantelschliff befestigt. Wenn man einen Gasentwickler, der nach demselben Prinzip arbeitet wie der am Rohr Abb. 52, und eine Parallelfunkenstrecke, die auf die gewünschte Röhrenspannung eingestellt ist, einschaltet, kann das Rohr automatisch stundenlang ohne weitere Wartung arbeiten. Bei einiger Übung aber hat man diese Regeneriervorrichtung meistens gar nicht nötig, da man durch Variieren von Stromstärke und Spannung am Rohr die besten Strombedingungen leicht aufrechterhalten kann. Das Arbeiten des Apparats wird dann dauernd mit Hilfe eines fluorescierenden Schirms, der vor dem einen Fenster angebracht ist, überwacht.

Am besten wird dieses Rohr mit einer Spannung von 30 bis 40 kV betrieben. Bei einer Stromstärke von 10 bis 20 mA ist die monochromatische Strahlung einer Kupfer- oder Eisenantikathode genügend kräftig, um schon nach 15 bis 30 Minuten von den meisten Krystallpulvern ein gutes Diagramm nach der Pulvermethode zu geben. Gleichzeitig können dann 2 bis 3 Diagramme aufgenommen werden. Für Aufnahmen nach dieser Methode, bei der eine einfache monochromatische Strahlung gewünscht wird, ist die Verwendung von Ionenröhren gegenüber der von Elektronenröhren zu empfehlen. Bei den Elektronenröhren belegt die Glühkathode sehr schnell (schon nach ein paar Minuten, wie der Verfasser durch spektrographische Untersuchungen gefunden hat) die Antikathode mit einer Oberflächenschicht von Wolfram aus dem Glühdraht; dabei vermischt sich eine ziemlich starke Wolframstrahlung mit der Strahlung des Antikathodenmaterials. Da ferner die in dieses Gebiet fallende Wolframstrahlung ein sehr kompliziertes Spektrum hat — mit mehr als 20 Linien —, so wird die Deutung der Diagramme sehr erschwert.

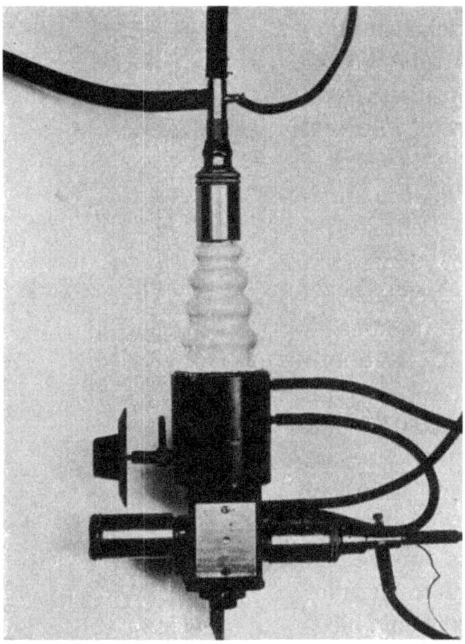

Abb. 58a. Porzellan-Metall-Röntgenrohr mit konischen Schliffen.

Diese Zerstäubung der Wolframkathode ist wesentlich davon abhängig, daß Fettdämpfe und Gasabgabe bei den an die Pumpe angeschlossenen Röhren auf den Wolframdraht einwirken. Bei abgeschmolzenen Röhren mit gutem Vakuum tritt, wie die Erfahrung gezeigt hat, dieser Übelstand nicht auf.

Röhren von dem in Abb. 57 gezeigten Typus haben besonders für krystallographische und metallographische Zwecke große Verwendung gefunden. Ein leicht abgeändertes Modell für größere Leistung wurde von Leiss [1927: 94] beschrieben.

Bei einer neueren Ausführungsform (Sandström [1930: 145]) wird ein Porzellanisolator mit zwei konischen Schliffen benutzt (Abb. 58a, b). Dadurch gewinnt man erstens den Vorteil, den großen Piceinkittungen zu entgehen, und zweitens die Kathode direkt richtig zentriert zu bekommen. (Die zwei Schliffe sind gleichzeitig in der Schleifmaschine und daher mit gleicher Achse hergestellt.) Die Kathode ist zum Austausch von verbrauchten Hohlkathoden bequem abnehmbar. Mit den neueren effektiven Molekularpumpen ist zur Einstellung des Vakuums einfach ein Nadelventil am Rohre selbst genügend. Für spektroskopische Zwecke eignet sich dieses Rohr sehr gut. Mit 50 bis 60 kV effektiver Spannung und 25 bis 30 mA kann es in Dauerbetrieb ohne nennenswerte Aufsicht arbeiten. Wird zum Betriebe des Rohres ein Transformator mit Gleichrichterröhren benutzt, empfiehlt sich in Serie mit der Röhre ein Widerstand (Silitstäbe) von rund 500000 Ω einzuschalten. Die Antikathode mit vier Brennflächen ist geerdet und dann zur effektiven Kühlung direkt mit der Wasserleitung verbunden. Dieses Rohr kann ohne weiteres — durch Austausch der Kathode — auch als Elektronen-Röntgenrohr benutzt werden (s. S. IDEI [1930: 95]).

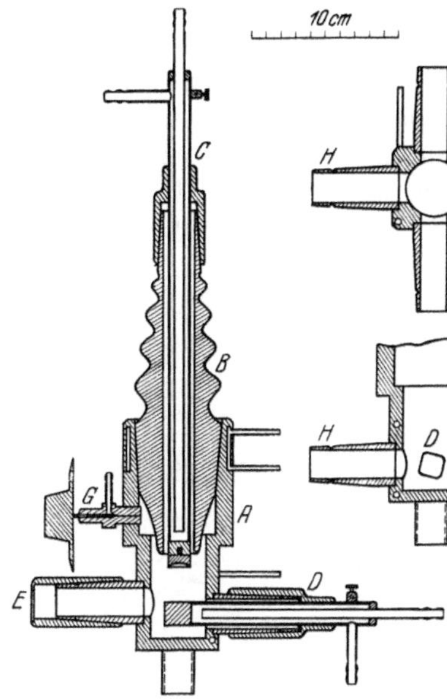

Abb. 58b.

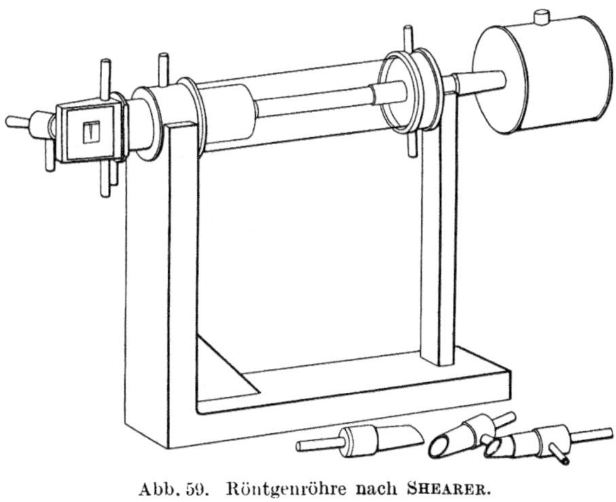
Abb. 59. Röntgenröhre nach SHEARER.

Unter den zahlreichen anderen Ausführungen von Ionenröhren aus Glas-Metall sei die Röhre von SHEARER erwähnt. Bei dieser Röhre

(Abb. 59) ist besonders Wert gelegt auf kurzen Abstand von der Antikathode zur Röhrenwand.

18. Elektronenröhren.

Bei den Elektronen- oder „gasfreien" Röhren ist das Vakuum so hoch, daß beim Anlegen der Hochspannung an die Elektroden kein Strom hindurchgeht. Soll durch die Vakuumstrecke ein hochgespannter Strom fließen, so müssen Elektronen an der Kathode vorhanden sein. Um dies zu erreichen, könnte man an alle bekannten Methoden der Elek-

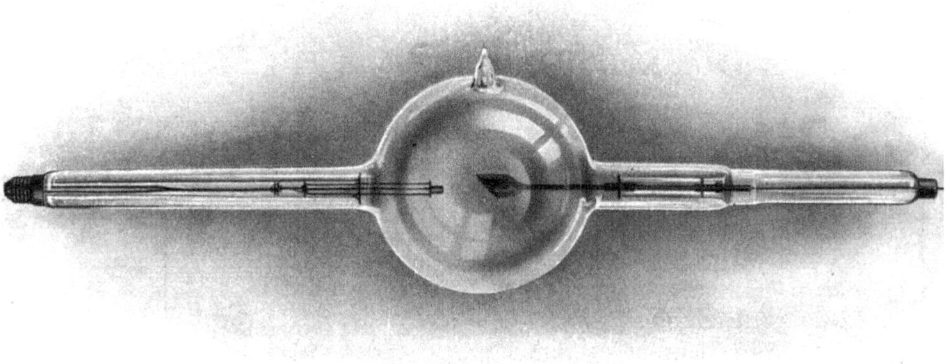

Abb. 60. Technisches Elektronen-Röntgenrohr nach COOLIDGE.

tronenerzeugung denken, praktische Verwendung aber haben bis jetzt nur die folgenden errungen:

1. Erzeugung von Elektronen durch Glühdraht, meistens aus Wolfram, an der Kathode;
2. Erzeugung von Elektronen an der Kathode durch erhitzte Oxyde;
3. Erzeugung von Photoelektronen an der Kathode durch Beleuchtung mit ultraviolettem Licht;
4. Autoelektronenemission nach LILIENFELD.

Die größte, um nicht zu sagen die einzige praktische Bedeutung kommt doch den erstgenannten zwei Methoden zu. Ein nach dieser Methode konstruiertes technisches Rohr von COOLIDGE ist in Abb. 60 zu sehen. Die Kathode hat hier die Gestalt eines kleinen Zylinders erhalten, in dessen Inneres eine flache Spirale aus Wolframdraht hineingebracht ist. An die Enden der Spirale führen von außen zwei Leitungsdrähte, von welchen der eine in metallischer direkter Verbindung mit der Zylinderkathode steht. Die Glühspirale wird durch eine besondere Stromquelle (Akkumulator oder niedriggespannten Transformator) auf eine hohe Temperatur gebracht. Bei Weißglut beginnt der Wolframdraht Elektronen zu emittieren, und wenn dann die Hochspannung an die Elektroden angelegt wird, werden die Elektronen mit großer Geschwindigkeit auf die Antikathode geworfen, wo sie die Röntgenstrahlen erzeugen. Dadurch, daß man die Spirale mehr oder weniger tief in die Zylinderkathode verlegt, hat man die Möglichkeit, die Kathodenstrahlen in einem kleineren oder größeren Brennfleck auf der Antikathode zu sammeln. Oft wird auch zu demselben Zweck eine sphärische Kalotte an der Kathode angebracht.

Für medizinische Zwecke hat man diese Röhren in der letzten Zeit für den Betrieb mit sehr hohen Spannungen konstruiert; das ganze Rohr wird dann vielfach in Öl eingetaucht. Angeblich können derartige Röhren 300 kV und mehr mit mehreren Milliampere Stromstärke vertragen.

Der große Vorteil dieses Röhrentypus liegt darin, daß es möglich ist, die Regulierung zu kontrollieren. Spannung und damit die *Härte* der Röntgenstrahlung läßt sich unabhängig von der Stromstärke im Rohre verändern. Die Zahl der losgelösten Elektronen, welche die Stromstärke im Rohr bestimmt, wird nämlich nur von der Temperatur des Glühdrahtes bestimmt und kann also durch den Glühstrom reguliert werden. Durch Veränderung der Spannung sind Röhren dieser Art imstande, Röntgenstrahlen von jeder beliebigen Härte zu erzeugen, von sehr weichen bei nur einigen hundert Volt bis zu den obenerwähnten bei mehreren hundert Kilovolt.

Die technischen Röhren mit Wolfram- oder Molybdänantikathoden haben für Zwecke der Röntgenspektroskopie ausgedehnte Verwendung gefunden. Erstens um die Linienspektren dieser beiden Stoffe zu studieren, zweitens um bei Wolfram eine starke „weiße" oder bei Molybdän (jetzt auch Rhodium, Palladium, Kupfer, Eisen u. a.) eine gute monochromatische Strahlung zu erzielen. Die weiße Strahlung hat, wie früher erwähnt, die Eigenschaft, charakteristische Sekundärstrahlung zu erregen. Bei genügender Primärintensität lassen sich auch die neuen spektrographischen Methoden bei solchen Sekundärstrahlen verwenden. Dies hat dann den Vorteil, daß der zu untersuchende Stoff nicht in das Rohr eingeführt zu werden braucht und daß man Anordnungen wie Pumpen usw. für das Rohr nicht nötig hat. Besonders de Broglie hat mit dieser Erregungsmethode (wozu selbstverständlich auch die Ionenröhren, genügende Intensität vorausgesetzt, verwandt werden können) eine große Reihe von Emissions- und Absorptionsspektren untersucht.

Ein zweites sehr wichtiges Verwendungsgebiet haben diese Röhren bei der Aufnahme von Krystallgitterstrukturen nach der Methode von Laue gefunden. — Für Aufnahmen von Krystallpulvern wurden Glühkathodenröhren mit Molybdän-, Eisen- oder Kupferantikathoden benutzt.

Für die Zwecke der Röntgenspektroskopie sind die Röhren entsprechend abzuändern. Durch diese Änderungen muß folgendes erreicht werden: Es muß leicht möglich sein, den zu untersuchenden Stoff an der Antikathode anzubringen. Das Rohr muß mit einem durchlässigen Fenster versehen sein und muß sich kühlen lassen, damit auch bei leicht verdampfenden Stoffen ein intensiver Betrieb des Rohres möglich ist; der Glühdraht muß leicht erneuert werden können, weil er durch die Dämpfe, die von der untersuchten Substanz abgegeben werden, oft zerstört wird; schließlich müssen die Dimensionen der Röhren möglichst klein gehalten werden, damit die Antikathode so nahe wie irgend möglich an den Untersuchungsapparat herangebracht werden kann. Als eine Hauptbedingung bei der Durchführung der Konstruktion ist dabei ins Auge zu fassen, daß sowenig Schliffe und Kittungen wie irgend möglich am Rohre angebracht werden. Jede Schliff- oder Kittungsstelle ist ein Unsicherheitsmoment, wenn es gilt, einen für höchstes Vakuum konstruierten Apparat zu benutzen.

Verfasser hat eine Reihe verschiedener Ausführungen in Glas, Quarz und Metall nach diesen Prinzipien ausprobiert. Als Beispiel

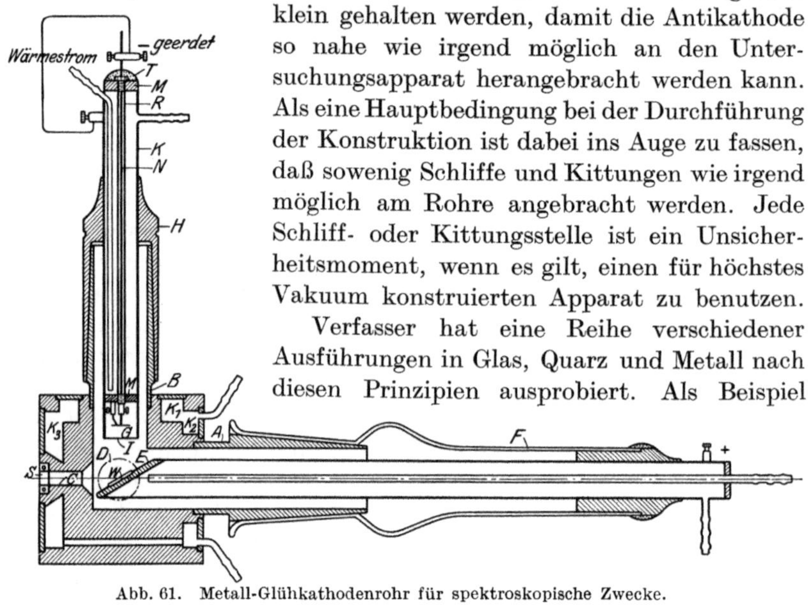

Abb. 61. Metall-Glühkathodenrohr für spektroskopische Zwecke.

dieser Röhrentypen diene die in Abb. 61 wiedergegebene. Das eigentliche Gehäuse ist ein kubisches Schmiedemessingstück, das von drei Seiten angebohrt wird. An diese drei Bohrlöcher werden drei Ansatzrohre angelötet: eins von ihnen ist zylindrisch und führt durch einen Metallschlauch zur Vakuumpumpe, die zwei anderen haben konische Schliffe zum Aufsetzen von Glühkathode resp. Antikathode. Um die Erwärmung dieser zwei letztgenannten Ansatzstücke zu verhüten, sind in dem kubischen Messinggehäuse rings um die Bohrungen Kanäle eingefräst, welche beim Betrieb von Wasser durchgespült werden. An der Seitenfläche des Kubus, welcher gegenüber der Antikathode steht, ist eine 5 mm weite Bohrung in Richtung der Antikathode gemacht. Der äußere Teil dieser Bohrung ist auf 10 mm lichte Weite ausgedreht; hier wird der Spalt hineingekittet, so daß seine äußere Fläche in derselben Höhe liegt wie die betreffende Kubusfläche. Auch rings um die Spaltöffnung ist ein Kühlkanal ausgefräst, welcher in Verbindung mit den anderen steht.

Bei dieser Ausführung ist also erreicht worden, daß der Abstand Antikathodenbrennfleck—Spalt etwa 25 mm ist. (Die Kantenlänge des Kubus beträgt 55 mm.) Wegen der zuverlässigen Kühlungsvorrichtung, welche an allen Stellen angebracht ist, wo Kittungen oder Schliffe sind, arbeitet dieses Rohr auch bei sehr großer Belastung ohne Störung stundenlang.

Die Antikathode ist ganz so ausgeführt wie bei dem früher beschriebenen Ionenrohr mit dem hartgelöteten Kupferblech in der Brennebene. In dem Glasrohr wird die Antikathode mit Picein gekittet, wodurch es möglich wird, das Kupferrohr zentrisch durch den Metallkonus zu bekommen, auch wenn die Achse des Glasschliffes nicht mit der des Glasrohres übereinstimmt. Als Glasisolatoren werden Normalschliffe benutzt, die ein schnelles Umtauschen gestatten, wenn ein Glasschliff gesprungen ist. Für die Haltbarkeit der Glasisolatoren ist es sehr wichtig, daß sie ganz rein gehalten und besonders gegen Fett von der Schliffdichtung geschützt werden. Um dies leichter zu erreichen, ist an dem Metallkonus eine kleine Rinne angebracht, die etwa ein Viertel von dem äußersten Ende des Metallkegels entfernt ist. Es wird beim Einfetten und Betriebe kontrolliert, daß kein Fett an die innere Seite dieser Rille kommt. Auch ist in diesem Zusammenhang auf eine kleine, aber für einen guten Betrieb wichtige Tatsache aufmerksam zu machen: Wenn der metallische Konus kürzer ist als der Glaskonus, so daß an der Stelle, wo der Metallkonus endet, das Glas anliegt und beim Anlegen der Hochspannung ihre gemeinsame Berührungsgrenze in ein starkes elektrisches Feld gelangt, so entstehen sehr leicht Entladungen längs des Glasrohres. Diese erhitzen das Rohr sehr stark und geben dadurch leicht zum Sprung Anlaß. Es ist daher nötig, daß der Metallschliff erst in der Ausblasung des Glasisolators hinter dem Schliff endet, wodurch die Berührungsgrenze feldlos wird. Beim Einkitten der Antikathode hat man aus ähnlichen Gründen zuzusehen, daß das Picein nicht so weit hineinreicht, daß es als Ausgangspunkt für eine Entladung längs der Glaswand dienen könnte.

Der Glühkathodenhalter ist mit dem Kubusrohr metallisch verbunden. Das eine Ende der flachen Wolframspirale steht mit dem Halter direkt in leitender Verbindung, während die Zuführung zum anderen Ende ein etwa 2 mm dicker Eisenstab, der isoliert in der Mitte des Kathodenhalters durchgeführt wird, besorgt. Die Isolierung dieses Stabes wird an jedem Ende durch zwei kleine Quarzrohrstückchen erreicht. Am inneren Ende trägt der Stab einen kleinen Nickelzylinder mit Schraube zum Einschrauben des Wolframdrahtes. Die Vakuumdichtung an der Stelle, an der der Eisenstab eingeführt wird, geschieht mit ein wenig Picein an dem oberen Ende des Kathodenhalters. — Damit die Kathodenstrahlen in einem Punkt vereinigt werden, trägt die Antikathode einen dünnwandigen Eisenzylinder, der je nach Wunsch mehr oder weniger tief eingeschraubt werden kann. Es ist sehr leicht, durch Einschrauben des Zylinders den Brennfleck von einer kreisförmigen Größe von 1 mm Durchmesser bis zu etwa 6 bis 8 mm zu verändern.

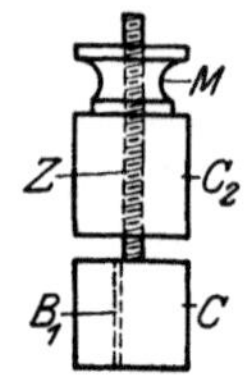

Abb. 62. Einfaches Werkzeug zur Herstellung der Wolframspiralen als Glühdraht.

Die Herstellung der Wolframspiralen aus 0,2 bis 0,3 mm dickem Draht läßt sich leicht mit einer Vorrichtung, wie sie Abb. 62 zeigt, ausführen; 3 bis 5 Windungen genügen. Nachdem diese aufgewickelt und die Schraube angezogen ist, erwärmt man einen Moment den Halter bis zu schwacher Rotglut.

Der Spalt endlich besteht aus zwei Hälften, wie Abb. 63 zeigt. Er ist aus Stahl hergestellt und wird durch zwei kleine Stahlschrauben zusammengehalten. Die Spaltflächen sind mit Hilfe eines Ölsteines genau eben zu polieren. Die gewünschte Spaltweite wird durch dazwischengelegte Aluminium- oder Glimmerblättchen erhalten. An das Rohr wird der Spalt an seiner Vertiefung mit etwas Picein festgekittet. Die eigentliche Vakuumdichtung aber wird durch eine aufgelegte Aluminiumfolie oder Goldschlägerhaut von der Größe 15×15 mm erzielt, die über den Spalt gelegt wird.

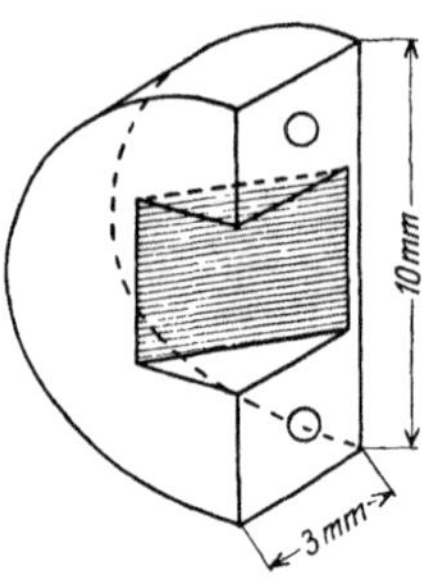

Abb. 63. Spalthälfte.

Dieses Rohr eignet sich gut für Spannungen bis etwa 30 kV. Im allgemeinen dürfte eine Stromstärke von 30 bis 50 mA geeignet sein, wenn eine Substanz untersucht wird, die nicht in Blechform aufgelötet werden kann und feuerfest ist, sondern in der üblichen Weise nur auf der Antikathode als Pulver aufgerieben wird. Bei größerer Belastung wird dann nämlich der Stoff allzu schnell weggeschleudert. Bei Wolframantikathoden, die z. B. bei Aufnahme von Absorptionsspektren benutzt werden, kann die Stromstärke weit höher getrieben werden. Verfasser hat sogar probeweise mit 200 mA bei 20 kV das Rohr betrieben. Aber dies ist auch für Wolframantikathoden eine schwer verträgliche Belastung, und man wird wohl im allgemeinen die Stromstärke nicht über 100 mA steigern. Bei den größeren Stromstärken liegt auch die Gefahr nahe, daß beim Losschlagen eines Gasbläschens oder aus irgendwelcher anderen Ursache, die zu einer plötzlichen Erniedrigung des Vakuums führt, ein allzu gewaltiger Ionenstrom durch das Rohr geht.

Da diese Röhren ja ganz geschlossen sind und keine okulare Besichtigung während des Betriebes gestatten, ist man darauf angewiesen, ihre Arbeitsweise aus den Angaben der eingeschalteten Strommesser im Hochspannungskreis und der evtl. vorhandenen Hochspannungsanzeiger zu beurteilen. Sehr wünschenswert ist es auch, in den *Glühkathodenstromkreis* einen Strommesser einzuschalten, an dem man sich über den Zustand der Glühspirale orientieren kann. Am besten speist man die Glühspirale mit Strom aus einem Akkumulator, der die nötige Konstanz der Temperatur des Glühdrahtes gewährleistet. Im allgemeinen dürfte man zur größeren Bequemlichkeit die Kathode erden, wodurch man eine Hochspannungsisolierung des Regulierwiderstandes des Glühstromes umgeht.

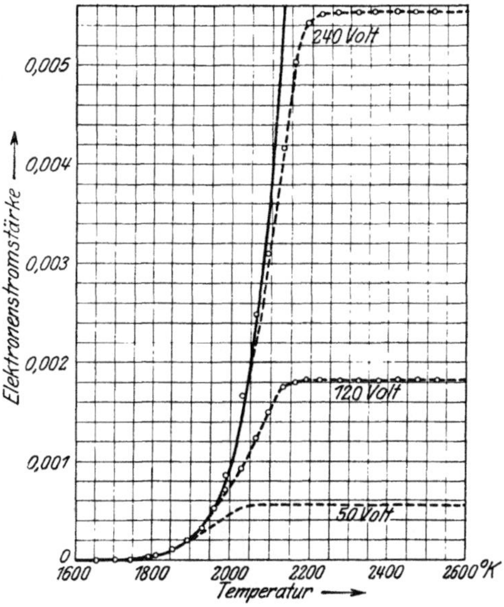

Abb. 64.

Die Prüfung der Versuchsanordnung hat einfach nach folgenden Gesichtspunkten zu erfolgen: Zuerst wird geprüft, ob das Rohr beim Anlegen der Hochspannung, aber ohne Einschalten des Glühstromes, vollkommen durchschlagsicher ist auch für eine Spannung, die höher liegt als die beabsichtigte Betriebsspannung. Es ist ratsam, anfangs mehrmals das Rohr mit Luft von Vorvakuumdruck zu spülen, wodurch adsorbierte Gase an den Wänden schneller verschwinden. Hat man dann ein durchschlagsicheres Vakuum erhalten, so erhöht man die Temperatur des Glühdrahtes durch langsame Steigerung des Stromes, während eine mäßig große Hochspannung an dem Rohr liegt. Ist das Vakuum gut, so steigt die hochgespannte Stromstärke kontinuierlich bei steigendem Glühstrom. Da die Stromstärke im Rohr von der Zahl der an der Kathode frei gemachten Elektronen abhängt, könnte man erwarten, daß die Steigerung der Stromstärke der Elektronenzahl genau proportional wäre. Das ist auch anfangs und wenn höhere Spannungen am Rohr liegen (bei gewöhnlichen medizinischen Röhren im normalen Betriebe), sehr angenähert der Fall, aber bei den in der Röntgenspektroskopie oft verwandten mäßigen Hochspannungen tritt ein diese Proportionalität störender Einfluß in Erscheinung. Erst bei einer Temperatur von etwa 1800° werden bemerkbare Mengen von Elektronen aus dem Glühdraht frei; ihre Zahl steigt dann, wie aus Abb. 64 (ausgezogene Kurve) hervorgeht, sehr rasch an. Die formelmäßige Darstellung der

Abhängigkeit der Zahl der Elektronen von der Temperatur ist nach RICHARDSON

$$N = C T^2 e^{-\frac{d}{T}}. \tag{54}$$

C und d sind Konstanten, welche vom Drahtmaterial abhängen, T ist die absolute Temperatur des Drahtes.

Bei kleinem Spannungsunterschiede zwischen Glühkathode und Anode ist das elektrische Feld aber nicht imstande, die Elektronen von der Kathode so schnell zu entfernen, wie sie erzeugt werden. Bei konstanter Spannung steigt daher die erhaltene Stromstärke langsamer an als die Elektronenzahl und strebt sogar einem Maximalwert zu, bei dem eine Erhöhung der Temperatur des Drahtes und damit eine Vermehrung der Elektronenzahl keine Vergrößerung des Stromes herbeiführt. Dieser Maximalwert hängt von dem Spannungsunterschied zwischen den Elektroden ab und steigt mit diesem, wie aus den drei Kurven der Abb. 64 (gestrichelte Kurven), welche einer Untersuchung von LANGMUIR entnommen sind, zu ersehen ist.

Die nähere Erklärung dieses Phänomens, welches bei dem Betrieb der Röntgenröhren für spektroskopische Zwecke eine wichtige Rolle spielt, ist von LANGMUIR gegeben. Wir wollen seinen Darlegungen in einem einfachen Falle folgen, der denen, die bei den Röntgenröhren praktisch eintreten, sehr nahe kommt. Zwischen den zwei ebenen parallelen Platten A und B bestehe ein Spannungsunterschied von V_0 Volt. Fehlen Ladungen in dem Zwischenraum der Platten, so steigt offenbar die Spannung gleichförmig von A nach B, wie die Kurve PQV_0 angibt (Abb. 65). Werden dann aber von der Platte A Elektronen in einer bestimmten Zahl pro Sekunde losgelöst, so hat dies eine Änderung des Spannungsverlaufes zur Folge. Die Kurve, welche den Verlauf von V wiedergibt, erhält etwa die Gestalt von PSV_0. Je mehr Elektronen von A abgegeben werden, um so mehr sinkt die Spannungskurve, bis sie im Punkte P senkrecht von der Platte ausgeht. Dies bedeutet, daß dV/dx, d. i. die auf die Elektronen wirkende Kraft, dort gleich Null wird, d. h. die frei gemachten Elektronen können nicht weiter weggeführt werden. Es ist ein „Sättigungsstrom" erreicht worden.

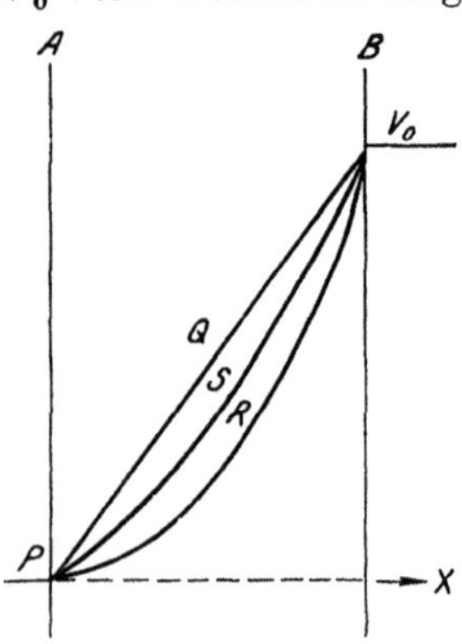

Abb. 65.

Nach der POISSONschen Gleichung ist

$$\frac{d^2 V}{d x^2} = 4\pi\varrho\,, \tag{55}$$

wenn ϱ die Dichte der negativen Elektrizität in der Ebene x ist. Andererseits hat ein Elektron von der Ladung e, welches von der Platte A

nach der Ebene x mit dem Potentiale V gewandert ist, die kinetische Energie

$$\tfrac{1}{2} m v^2 = e V \tag{56}$$

erworben; m ist Masse und v Geschwindigkeit des Elektrons. Die Stromstärke pro Einheitsquerschnitt in der Ebene x ist

$$i = v \varrho\,. \tag{57}$$

Durch Elimination erhalten wir aus diesen drei Gleichungen

$$\frac{d^2 V}{d x^2} = 2 \pi i \sqrt{\frac{2m}{V e}}\,. \tag{58}$$

Wird diese Gleichung unter Berücksichtigung der Grenzbedingungen des Sättigungsstromes integriert, d. h. setzt man

$$x = 0; \qquad V = 0; \qquad \frac{dV}{dx} = 0\,, \tag{59}$$

so ergibt sich

$$i_{\max} = \frac{\sqrt{2}}{9\pi} \sqrt{\frac{e}{m}}\, \frac{V^{\frac{3}{2}}}{x^2}\,. \tag{60}$$

Die größte erreichbare Stromstärke ist also *umgekehrt proportional dem Quadrat des Abstandes* der zwei Platten. Sie wächst mit $V^{\frac{3}{2}}$. LANGMUIR hat durch Dimensionsbetrachtungen zeigen können, daß die Abhängigkeit der Maximalstromstärke von der Spannung immer proportional $V^{\frac{3}{2}}$ ist. Was die Abhängigkeit der erreichbaren Stromstärke von der geometrischen Konfiguration der Elektroden angeht, so gilt wohl allgemein, daß durch Näherung der Elektroden aneinander eine Steigerung erzielt werden kann. Die wirklichen Verhältnisse bei Röntgenrohren der beschriebenen Art kommen ja übrigens dem schon früher behandelten Spezialfall von zwei Ebenen sehr nahe, und die festgestellte Abhängigkeit des Maximalstroms von $1/x^2$ dürfte daher hier eine angenäherte Gültigkeit haben.

Der Verfasser hat bei einem Rohr nach Abb. 61 einige diesbezügliche Messungen gemacht, um eine etwaige Orientierung über die Größenordnungen zu erhalten. Die Messungen sind nur ganz roh und wurden mit *pulsierendem* Gleichstrom ausgeführt.

Die folgende Tabelle gibt die in Milliampere gemessene Maximalstromstärke in Abhängigkeit von der an den Elektroden angelegten Hochspannung an.

Spannung Volt	Maximale Stromstärke mA	Spannung Volt	Maximale Stromstärke mA
7000	14	14000	90
9000	32	16000	130
12500	70	18000	200

Bei Verwendung von *konstanter* Gleichspannung sind die erreichbaren Maximalstromstärken wesentlich größer. Bei kleineren Spannungen wird also die Stärke des Sättigungsstroms schnell erreicht. Hierdurch wird die Belastungsmöglichkeit des Rohres allzu stark begrenzt. Die Hilfsmittel zur Unterdrückung dieses Effektes liegen aber nach dem oben Gesagten auf der Hand. Man hat nur den Abstand Glühkathode—Anode zu verkleinern. Eine für kleinere Spannungen geeignete Umänderung, die von HJALMAR benutzt wurde, ist in Abb. 66 zu sehen, wo die Konstruktion von Kathode und Anode wiedergegeben ist. Hier läßt sich der Abstand beliebig klein machen.

Eine andere Methode, die der Steigerung der Maximalstromstärke dient, besteht darin, daß man den Brennfleck der Kathodenstrahlen vergrößert, denn hierdurch wird eine Vergrößerung der die Elektronen erzeugenden Fläche erzielt. Eine dritte Methode ist darin gegeben, daß man mit Hilfe eines Nadelventils einen sehr schwachen Luftstrom hindurchläßt, wodurch Ionen in größerer Menge gebildet werden können.

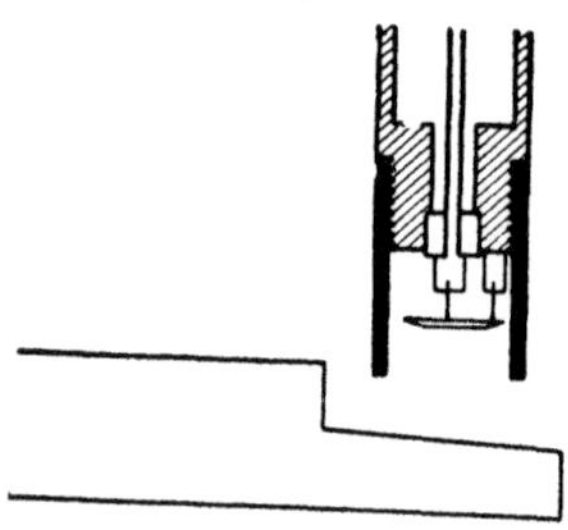
Abb. 66.

Nach diesen Darlegungen kehren wir zur Frage des Betriebes bei nicht zu niedrigen Spannungen der Röhren zurück. Daß das Vakuum eines Rohres genügend hoch ist, so daß das Rohr als Elektronenrohr funktioniert, zeigt sich in folgendem: Der Strom im Hochspannungskreis setzt, wenn eine bestimmte Spannung am Rohr liegt, bei Einschaltung und Steigerung des Glühstromes mit einer gewissen Stärke (6 bis 8 A bei einer Glühdrahtstärke von 0,25 mm) ein und steigt dann schnell entsprechend der Kurve in Abb. 64. Bei mäßigen Hochspannungen wird bald eine Maximalstromstärke erreicht, und eine weitere Steigerung der Stärke des Glühdrahtstromes hat keine weitere Erhöhung der Stärke des hochgespannten Stromes zur Folge (erzielt aber sehr leicht ein Durchbrennen des Glühdrahtes, der schon bei Erreichung des Sättigungsstromes eine sehr hohe Temperatur hat). Eine Erhöhung der angelegten Röhrenspannung ermöglicht sofort eine Vergrößerung der Stromstärke.

Das Einsetzen der Elektronenentladung hat anfangs den Effekt, daß adsorbierte Gase und Dämpfe losgeschlagen werden, wobei eine Verschlechterung des Vakuums eintritt. Der hierbei entstehende Ionenstrom kann leicht den Glasschliff gefährden. Es ist daher unbedingt zu empfehlen, anfangs vorsichtig Strom und Spannung zu erhöhen.

Während des Betriebes muß das Rohr durch fließendes Wasser gekühlt werden. Für diesen Zweck genügt es, die auf Hochspannung stehende Elektrode durch eine einige Meter lange direkte Glas- oder Schlauchleitung mit einem Wasserleitungshahn zu verbinden. Noch bei 30 kV wird der durch das Wasser abfließende Strom, welcher dem Nutzstrom im Rohre parallel liegt, meistens nur einige Milliampere betragen und schadet daher nicht viel. Über seine Größe kann man sich ja leicht durch Ausschalten des Wärmestromes orientieren. Will man z. B. für Meßzwecke den Streustrom durch die Wasserkühlung ausschalten, tauscht man am bequemsten diese gegen eine Ölkühlung aus (s. z. B. MOLIN [1927: 103]).

In den neueren Ausführungsformen der eben beschriebenen Röhren ist die Glasröhre durch einen Porzellanisolator mit zwei konischen Schliffen ersetzt worden (Abb. 67). Die Schliffe werden in einer Schleif-

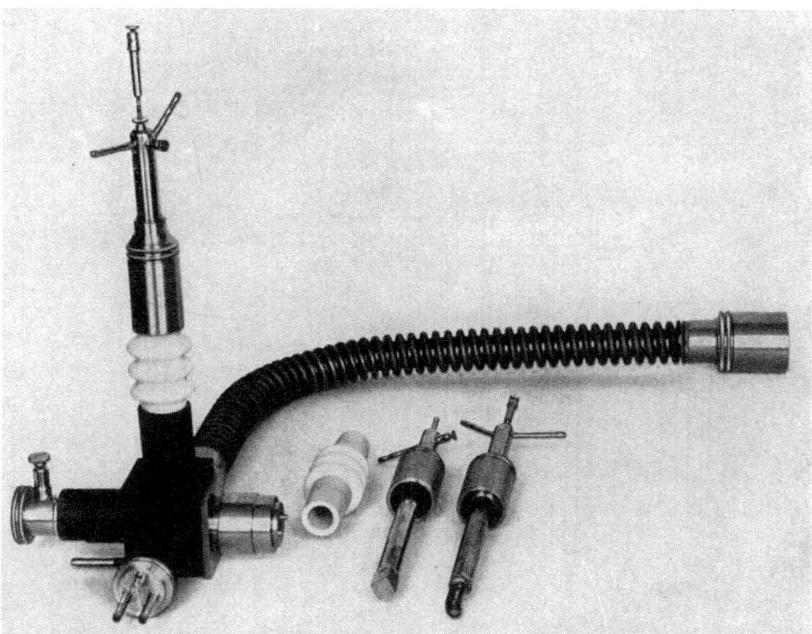

Abb. 67. Porzellan-Metall-Röntgenrohr für spektroskopische Zwecke.

maschine ausgeführt in der Weise, daß sie gemeinsame Achse haben und von Standardgröße sind. Es wird dann erreicht, daß Glühkathode bzw. Antikathode — wenn diese letztere isoliert aufgesetzt wird — richtig zentriert ist. An einen der vier konischen Ansätze des Rohres wird ein kurzer Metallkonus mit Fenster und Nadelventil angesetzt, wodurch bequeme Möglichkeit zur Regulierung des Vakuums beim Benutzen von kalter Kathode gegeben ist. Als Glühkathoden können entweder Flachspiralen verwendet werden oder auch eine zylindrische Spirale (die dann dort eingesetzt wird, wo in Abb. 67 der Fensterkonus zu sehen ist), wenn ein linienförmiger Brennfleck erwünscht ist. An der rechten Seite der Röhre in Abb. 67 ist das konische

Ansatzrohr zu sehen, welches in einen Vakuumspektrograph nach Abb. 67 paßt. Diese Röhren sind für Spannungen bis etwa 40 kV geeignet und können also entweder mit Glühkathode oder kalter Kathode betrieben werden.

Eine Ausführungsform von zerlegbaren Porzellan-Metall-Röntgenröhren ist von H. SEEMANN angegeben. Die verschiedenen Teile werden hier mit Dichtungsringen gegeneinander verschraubt.

A. DAUVILLIER hat bei seinen Untersuchungen der schwächeren Linien in der L-Reihe bei den schwersten Elementen Glühkathoden-

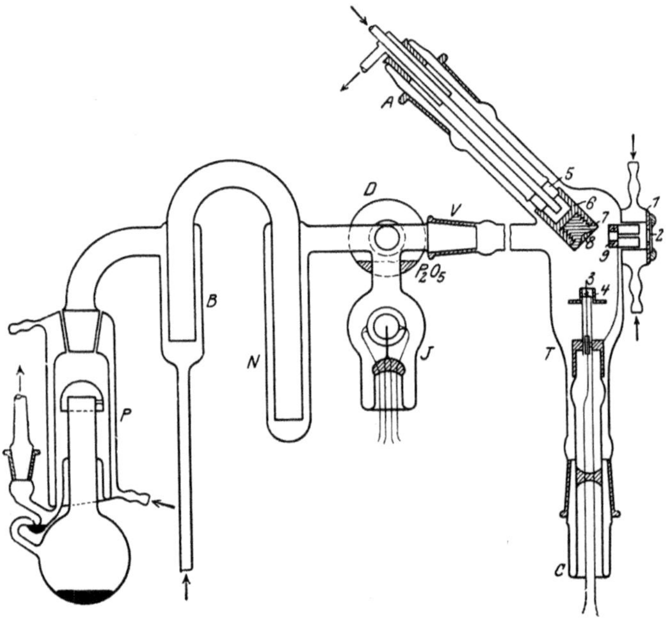

Abb. 68. Glühkathodenrohr aus Quarz mit auswechselbarer Kathode und Antikathode nach DAUVILLIER, Evakuierung durch Langmuirpumpe aus Quarz.

röhren benutzt, die ganz aus Quarz hergestellt sind. Eine solche Röhre ist in Abb. 68 zu sehen.

Es seien noch einige technische Röhren erwähnt, die besonders für krystallographische und metallographische Zwecke bestimmt sind, aber bisweilen auch für spektroskopische Untersuchungen Verwendung finden. Die von der Firma C. H. F. Müller-Hamburg hergestellten sog. Materialuntersuchungsröhren, von denen zwei Ausführungsformen in Abb. 69a, b, c wiedergegeben sind, gestatten wegen ihrer schmalen zylindrischen Form der Antikathode nahe an die Untersuchungskamera heranzukommen. Die Röhren werden mit Strichfokus oder rundem Brennfleck ausgeführt. Als Antikathodenmaterial kommen vor allem

Wolfram, Molybdän und Kupfer in Frage, im letzten Falle mit Lindemannfenster.

Die von BOUWERS angegebenen Röhren mit Glas-Chromstahlteilen werden, wie Abb. 70 zeigt, auch als zerlegbare Röhren mit Dichtungsringen ausgeführt. Sie haben allerdings den Nachteil, zerbrechlich zu sein und im Laboratorium nicht leicht repariert werden zu können.

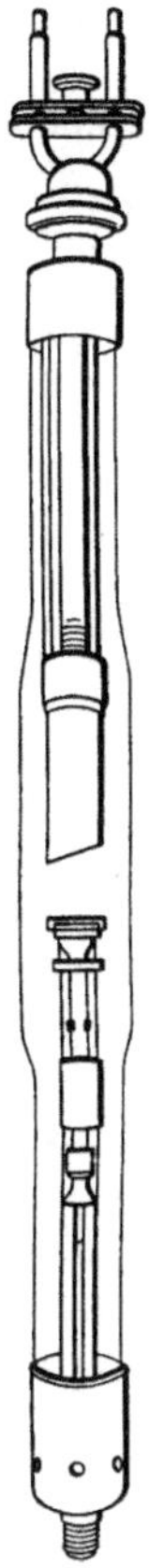
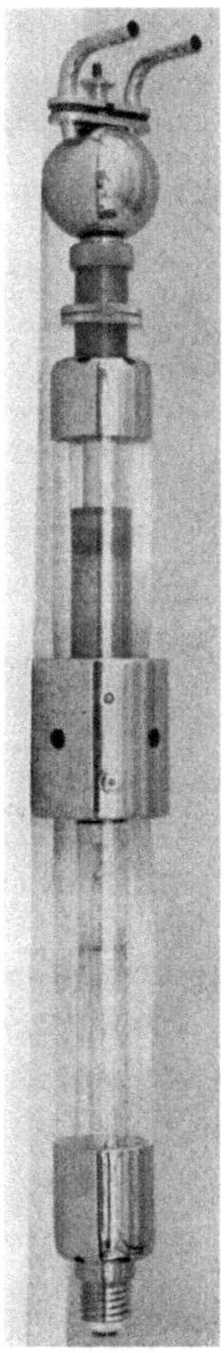

Abb. 69a. Abb. 69b. Abb. 69c.
Technische Elektronenröhrentypen für Materialuntersuchungen von der Firma C. H. F. Müller-Hamburg.

Zerlegbare Röhren für spektroskopische Zwecke sind ferner von OTT [1926: 151], OWEN und PRESTON [1927: 120], DERSHEM [1928: 32], VARIAN [1929: 174], ROBERDS [1930: 140] und GINGRICH [1930: 76] beschrieben.

Zu den hier beschriebenen Typen von Elektronenröhren gehören auch die Dreielektrodenröhren. Die größte praktische Bedeutung unter ihnen hat wohl bis jetzt die Röhre von LILIENFELD. Gegenüber den früher beschriebenen Elektronenröhren weisen die Lilienfeldröhren den wesentlichen Unterschied auf, daß die Kathode *kalt* bleibt, und daß die Elektronen, welche die Röntgenstrahlen auslösen, *nicht* primäre Glühelektronen sind. Vielmehr werden die Elektronen, welche von der Kathode ausgehend gegen die Antikathode geworfen werden, in einer Bohrung in der Mitte der kalten Kathode dadurch ausgelöst, daß primäre Glühelektronen von dem Glühdraht G bei einer beschleunigenden Spannung von einigen hundert Volt in die Kanalbohrung hineingelangen und dort beim Aufprallen auf die Wände neue Elektronen in größeren Mengen frei machen. Zum Betrieb dieses

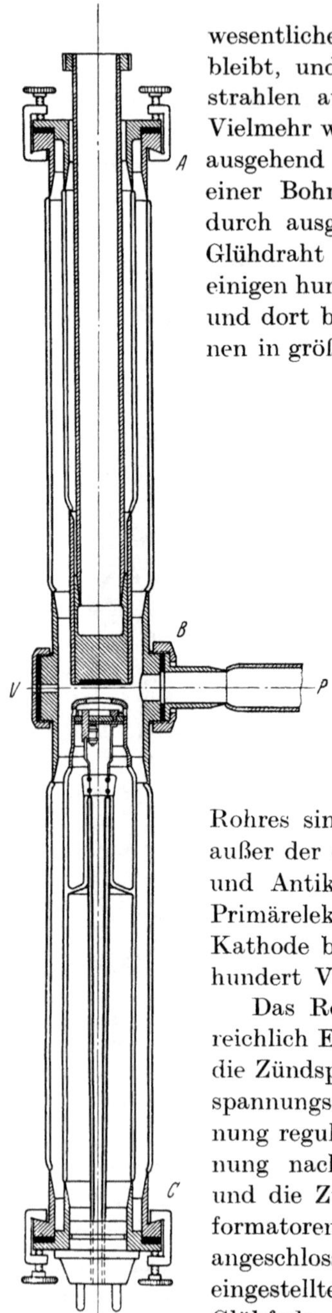

Abb. 70. Zerlegbares Glas-Chromstahlrohr nach BOUWERS.

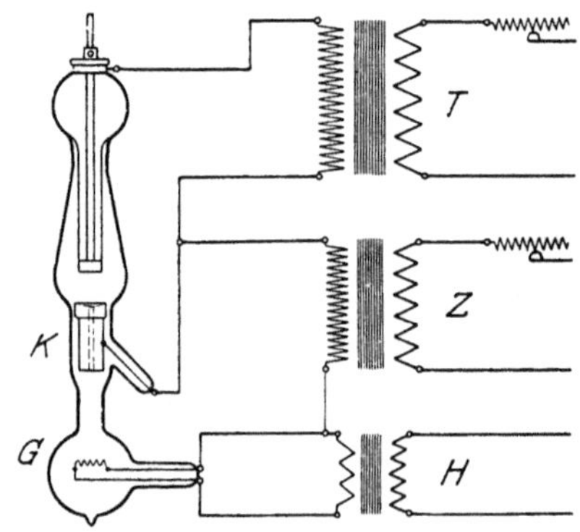

Abb. 71. Lilienfeldrohr mit Transformatorenbetrieb.

Rohres sind also zwei verschiedene Spannungen nötig: außer der eigentlichen Hochspannung zwischen Kathode und Antikathode eine „Zündspannung" Z, welche die Primärelektronen von dem Glühfaden G in Richtung der Kathode beschleunigt. Letztere braucht aber nur einige hundert Volt zu betragen, wie eben erwähnt.

Das Rohr wird, auch wenn der Glühfaden noch so reichlich Elektronen abgibt, erst dann ansprechen, wenn die Zündspannung angelegt wird. Die Stärke des Hochspannungsstroms kann also mit Hilfe dieser Zündspannung reguliert werden. Dazu kann man z. B. die Anordnung nach Abb. 71 benutzen, wo die Hochspannung und die Zündspannung von zwei verschiedenen Transformatoren, die an dieselbe primäre Wechselstromquelle angeschlossen sind, geliefert werden (ein dritter einmal eingestellter Niederspannungstransformator versieht den Glühfaden mit Strom). Jeder der beiden Transformatoren ist für sich besonders regulierbar.

Mit Röhren dieser Bauart wurden Spektren von einigen Grundstoffen erhalten, die sich zur Darstellung von Antikathoden der technischen Röhren eignen. Für allgemeine röntgenspektroskopische Zwecke sind sie, soweit mir bekannt, nicht benutzt worden, da die drei Elektroden und die noch besonders nötige Zündspannung eine unerwünschte Komplikation darstellen.

Wir erwähnten oben die Verwendung der technischen Röntgenröhren zur Erzeugung von Röntgenspektren durch die Sekundärstrahlungsmethode. Diese Methode ist besonders dadurch vorteilhaft, daß die chemische und termische Änderung des zu studierenden Stoffes nicht

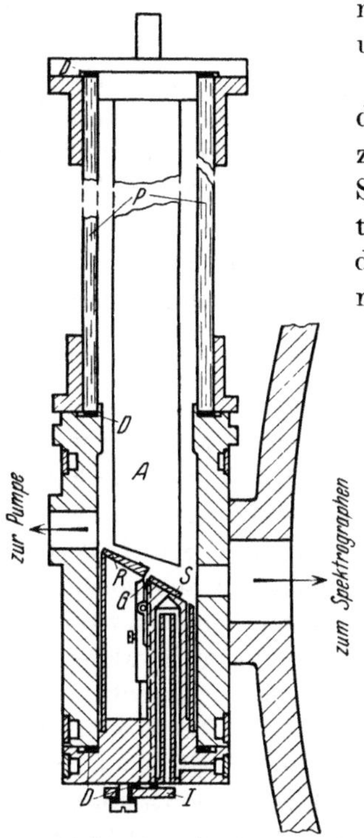

Abb. 71a. Sekundärstrahlröhre mit Strahler im Hochvakuum.

A Antikathode, *G* Glühdraht, *R* Richtzylinder, *S* Strahler, *D* Dichtungsgummi, *I* isolierte Durchführung der Glühdrahtspannung, *P* Porzellanrohr.

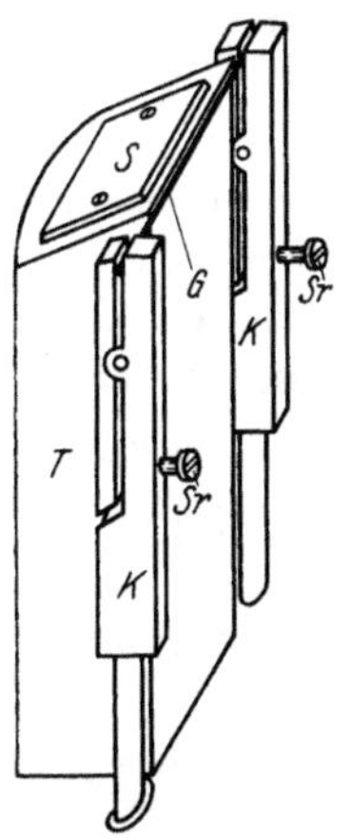

Abb. 71b. Glühkathode nach Entfernung des Richtzylinders.

S Strahler, *G* Glühdraht, *K* Klemmen für Glühdraht, *Sr* Schrauben für Klemmen, *T* Träger des Strahlers.

(Aus Alexander und Faessler, Z. Physik 68.)

durch die Bestrahlung beeinflußt wird oder wenigstens in weit geringerem Maße als bei direkter Kathodenstrahlenerregung. Für die sehr wichtigen Untersuchungen über die Abhängigkeit der Röntgenspektren von der chemischen Bindung, welche von Bergengren, Lindh, Lundquist, Bäcklin, Ray u. a. gefunden worden ist, wäre die Sekundärstrahlmethode sehr wertvoll, könnte man nur die genügende Intensität in dieser Weise erhalten. Die Bestrebungen in dieser Richtung scheinen durch eine Röhrenkonstruktion von Alexander und Faessler [1931: 1] wesentlich gefördert zu sein. Der betreffende Röhrentypus, welcher sich einer früheren Ausführung von Coster und Druyvesteyn [1926: 38] anschließt, ist in Abb. 71a, b gezeigt. Der Sekundärstrahler (S) wird hier an der Kathode dicht neben dem Glühdraht befestigt an einer gut gekühlten Unterlage. Die Brennfläche an der Antikathode befindet sich möglichst nahe dem Sekundärstrahler, wozu die Richtungsanordnung an der Glühkathode so ausgebildet ist, daß der linienförmige Brennfleck gerade gegenüber dem Sekundärstrahler liegt. Die sehr praktische Anordnung zur Befestigung des Glühdrahtes ist in Abb. 71b zu sehen. Durch diese Klemmvorrichtung sind die Schrauben gegen zu hohe Hitze geschützt.

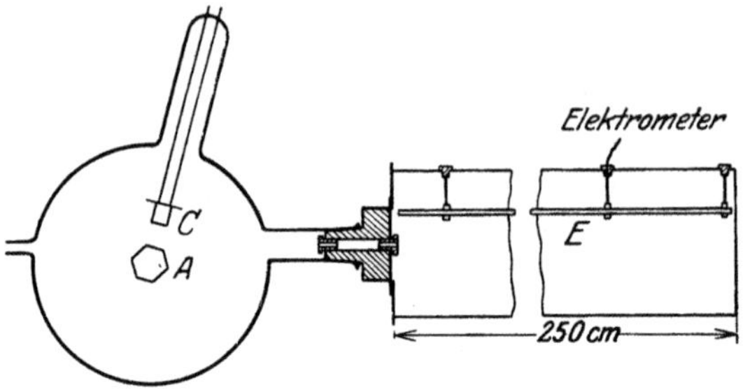

Abb. 72. Anordnung von BRAININ zur Auswechselung des Antikathodenmaterials in einem Coolidgerohre.

Als Beispiel der hohen Effektivität dieser Sekundärstrahlenröhre geben die Verfasser folgende Angaben: mit einer Spannung von 40 kV und Stromstärke von 30 mA wurde mit einem Kupferblech als Sekundärstrahler die Cu$K\alpha$-Linien einer Krystallschwenkung von 1° in einer halben Minute erhalten (Spaltweite und Abstand Spalt—Platte sind leider nicht angegeben).

Wir wollen noch zwei Röhrenanordnungen erwähnen, die für speziellere Zwecke benutzt wurden. BRAININ [1917: 3] hat zur vergleichenden Untersuchung der Gesamtstrahlung einer Reihe von Elementen die betreffenden Grundstoffe in Blechform an einem sechsseitigen Prisma angelötet (s. Abb. 72). Dieses Prisma, welches die Antikathode bildete, ließ sich um die Prismenachse drehen. Als Kathode diente eine gewöhnliche Coolidgeröhrenkathode.

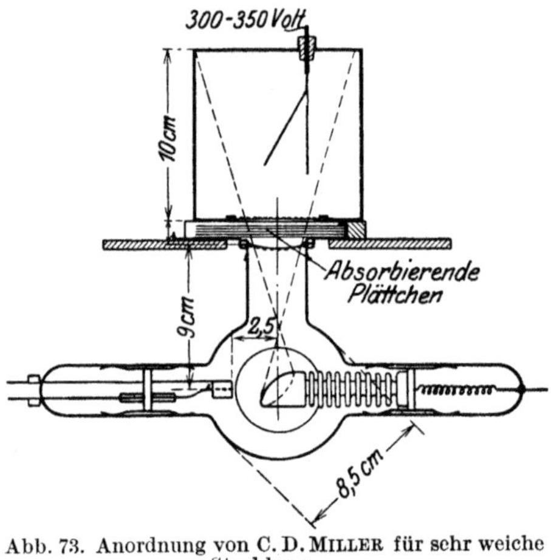

Abb. 73. Anordnung von C. D. MILLER für sehr weiche Strahlung.

C. D. MILLER [1916: 19] hat die langwelligen Reststrahlen von einer mit sehr niedriger Spannung betriebenen Coolidgeröhre auf ihr Absorptionsvermögen in verschiedene Substanzen hin untersucht. Die Versuchsanordnung ist in Abb. 73 zu sehen. Das Rohr ist zu dem Zwecke mit einem besonderen Ansatzstück versehen, das mit einer dünnen Folie überdeckt wird. Unmittelbar vor diesem befindet sich ein Strahlenfilter, welches nur die härtesten Strahlen hindurchläßt. Durch Änderung der

Spannung wird auch die Härte der Reststrahlung verändert. Die Methode gibt selbstverständlich nicht Strahlen von der Homogenität der Spektrallinien, sondern sogar ein ziemlich breites Spektralgebiet, aber wenn es auf die vollkommene Homogenität nicht ankommt, ist die Methode wegen der großen Intensität vorteilhaft.

Hier sind ferner die interessanten Versuche von LAURITZEN und CASSEN [1930: 110, 111] zu erwähnen sowie von TUVE, HAFSTAD und DAHL [1931: 35] zur Konstruktion von Röntgenröhren für außerordentlich hohe Spannungen, Millionen Volt und mehr. Da zur Erregung der kurzwelligsten K-Strahlung etwa 115 kV genügen, sind allerdings diese Röhren für die Linienspektren innerhalb des Röntgengebietes nicht erforderlich. Für die weitere Ausdehnung des kontinuierlichen Spektrums sowie zur künstlichen Erregung der γ-Strahlen-Spektra sind diese Versuche von größtem Interesse.

Von den anfangs erwähnten Methoden der Elektronenerzeugung haben, wie erwähnt, die Glühdrähte aus schwer schmelzbaren Metallen, hauptsächlich Wolfram, die größte Verwendung gefunden. Für spezielle Zwecke, wo die Wolframlinien stören würden, hat man meistens Molybdändrähte benutzt. Bei Röhren für niedrigere Spannungen werden oft Platinspiralen oder Bänder mit Oxydbelag benutzt. Zur Herstellung des Oxydbelages kann man einfach weißen Siegellack unter Erhitzung des Drahtes in dünner Schicht auflegen. Eine geeignete Paste für diese Zwecke ist aus 75 Teilen Calciumoxyd, 15 Teilen Strontiumoxyd, 10 Teilen Bariumoxyd (fein zerrieben und gemischt) in etwa 500 Teilen Paraffin zu bereiten.

Die Benutzung von ultraviolettem Licht zur Auslösung von Elektronen aus der Kathode hat nur vereinzelte Verwendung gefunden, und zwar bei der Erzeugung von sehr weichen Strahlen.

Auch die zuletzt erwähnte Methode der Autoelektronen ist nur in einigen speziellen Fällen verwandt worden, so daß es nicht nötig erscheint, näher auf dieses Verfahren einzugehen. Nur das Prinzipielle möge hier kurz dargelegt werden. Bei einem Vakuum von der Höhe, wie sie in den üblichen Elektronenröhren angestrebt wird, ist es im allgemeinen nicht möglich, auch mit den höchsten angelegten Spannungen an den Elektroden einen Stromdurchgang zu erzielen, ohne daß die Kathode vorher zum Glühen gebracht wird. LILIENFELD hat aber gefunden, daß dies möglich wird, wenn die Kathode als Spitze ausgebildet ist und dicht (einige Millimeter) vor die Antikathode gestellt wird. Die große Feldstärke, die sich an der Spitze einstellt, kann sozusagen die Elektronen aus der Spitze herausziehen. Wie der Vorgang sich im einzelnen abspielt, ist wohl noch nicht ganz klar. Merkwürdig ist, daß nicht nur die Antikathode, sondern auch die Kathodenspitze, wenn auch viel schwächer, Röntgenstrahlen emittiert. Eine spektroskopische Untersuchung der Strahlung liegt noch nicht vor. Noch weniger ist das Rohr bis jetzt auf seine Verwendbarkeit für spektroskopische Zwecke hin untersucht worden.

19. Spektroskopische Apparatur.

A. Spektrographen mit photographischer Registrierung.

Für die Zwecke der Röntgenspektrographie wurde von Anfang an sowohl die photographische wie die ionisierende Wirkung der Strahlen benutzt. In vereinzelten Fällen ist auch die optische Fluorescenzwirkung zur Wiedergabe von besonders intensiven Spektren herangezogen worden. Wegen der Unempfindlichkeit der letzten Methode können wir aber von ihrer Besprechung hier absehen und wollen nur die zwei erstgenannten näher behandeln. Die ausgedehntere Anwendung kommt der photographischen Methode zu, und wir beginnen daher mit ihrer Beschreibung.

Nach der Fundamentalgleichung der Röntgenspektroskopie ist zur Entwerfung eines Spektrums nötig, daß zu jeder vorhandenen Wellenlänge λ der zu untersuchenden Strahlung ein ganz bestimmter Reflexionswinkel φ sich vorfindet. Es ist die Aufgabe der messenden Spektroskopie, die betreffenden Winkel φ experimentell zu bestimmen, um daraus nach der obigen Gleichung die Wellenlänge zu berechnen.

Das Verfahren, welches Moseley [1913: 32; 1914: 33] bei seinen Untersuchungen benutzte, ist aus der schematischen Abb. 10 zu ersehen. In P befindet sich der Spalt und möglichst nahe an diesem der Brennpunkt des Röntgenrohres, so daß ein Strahlenbündel von großem Öffnungswinkel durch den Spalt hindurchgelassen wird. Der Krystall ist in O aufgestellt, während die photographische Platte an einem um O drehbaren Arm befestigt ist. In der Lage *3* wird die Platte von reflektierten Strahlen getroffen, welche von dem Krystall unter verschiedenen Winkeln gespiegelt werden; die kleinsten bei R_1, die größten bei R_2. Den verschiedenen Winkeln entsprechend ist also ein ganzes Wellenlängengebiet aufgenommen worden. Durch mehrmalige Aufnahmen unter veränderter Einstellung von Krystall und Platte kann in dieser Weise das gesamte Spektrum photographiert werden.

Um die Reflexionswinkel, die den auf der Platte aufgezeichneten Spektrallinien entsprechen, bestimmen zu können, nahm Moseley zwei Bezugslinien auf der Platte auf. Dies geschah in der Weise, daß der Krystall mit einem Spalt vertauscht und die Platte um einen gemessenen Winkel nach (*1* oder) *2* gedreht wurde. Durch kurze Exposition wurde dann auf der Platte die Richtung der beiden Spalte durch feine Linien markiert.

Mit Hilfe dieser Methode ist es bei jeder Aufnahme nur möglich, ein verhältnismäßig kleines Wellenlängengebiet aufzunehmen, besonders dann, wenn die Reflexionswinkel klein sind. Wird aber die Platte in solcher Entfernung von der Krystalldrehachse aufgestellt, daß die Abstände Spalt—Krystallachse und Platte—Krystallachse einander gleich sind, so wird, wie früher dargelegt wurde, eine „Fokussierung" erreicht. Dies hat den Vorteil, daß bei *feststehender* Platte (oder richtiger einem kreisförmig gebogenen Film) nach einem bestimmten Punkt der photographischen Platte immer ein und dieselbe Wellenlänge reflektiert wird, unabhängig von der Winkelstellung des Krystalles. Dadurch wird es möglich, durch langsame Drehung des Krystalles das Bild eines größeren Wellenlängengebietes durch eine einzige Aufnahme zu erhalten.

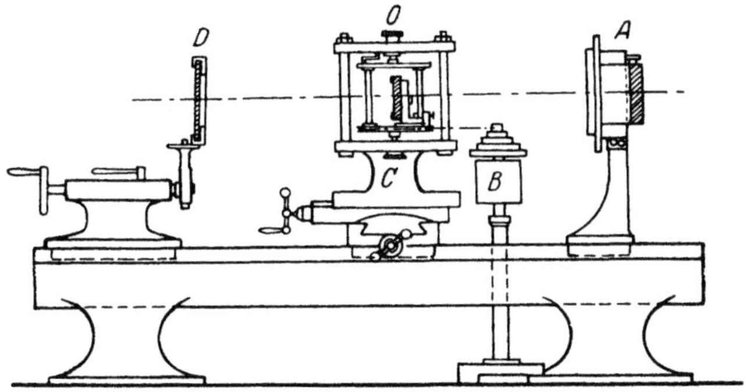

Abb. 74. Anordnung eines Drehkrystall-Spektrographen nach M. DE BROGLIE.

Diese „Drehkrystallmethode" ist zuerst von M. DE BROGLIE in die Röntgenspektroskopie eingeführt worden. Er ließ den Krystall durch ein Uhrwerk sich kontinuierlich drehen und konnte, da das zu untersuchende Gebiet nur Winkel von 0 bis etwa 15° umfaßte, das gesamte Spektrum auf einer ebenen Platte aufnehmen. Eine spätere Ausführung, die auch sehr große Abstände Spalt—Platte gestattet und dadurch eine Steigerung der Dispersion ermöglicht, ist in Abb. 74 wiedergegeben. DE BROGLIE hat hier die gesamte spektrographische Apparatur auf einer abgeänderten Drehbank angebracht; bei *A* befindet sich der Spalt, an den Drehsupport ist der Krystall montiert und in *D* die Platte befestigt. Bei *B* sieht man das Uhrwerk.

Eine der ersten Aufnahmen von DE BROGLIE ist in Abb. 75 wiedergegeben. Sie zeigt das Spektrum des Platins, und zwar die Teile dieses Spektrums, welche die Glaswand des Rohres zu durchdringen vermögen. Außer dem Hauptspektrum, das um den direkten durchgehenden Strahl in der Horizontalebene liegt, sind noch eine Reihe von Nebenspektren zu sehen. Diese entstammen Reflexionen in schiefgestellten Krystallebenen.

Eine nach denselben Prinzipien gebaute spektrographische Anordnung, die E. FRIMAN und dem Verfasser [1916: 28] zur Ausmessung einer

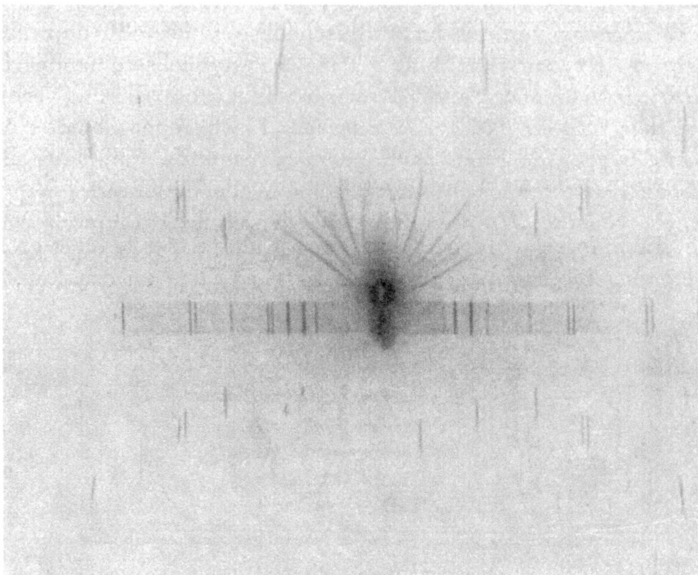

Abb. 75. Drehkrystallaufnahme eines Röntgenspektrums von M. DE BROGLIE.

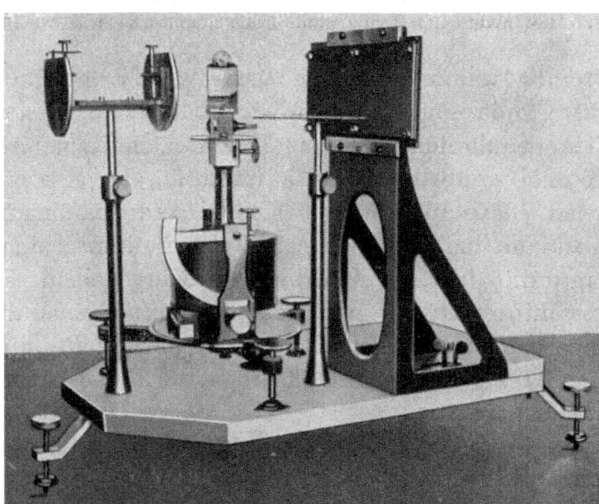

Abb. 76. Anordnung für spektroskopische Aufnahmen nach der Drehkrystallmethode von FRIMAN und Verfasser benutzt.

Reihe von Spektren der K- und L-Reihe diente, ist in Abb. 76 zu sehen. Der Krystall ist an ein Uhrwerk (einen abmontierten Spiegelheliostaten) montiert. Zwischen Röntgenröhre und Krystall ist außer dem verstellbaren Spalt noch ein zweiter Spalt angebracht, und zwar möglichst nahe an dem Krystall. Dieser letztere Spalt dient zur Aufnahme der direkten Strahlen durch die Drehachse des Krystalles. Bei dieser Auf-

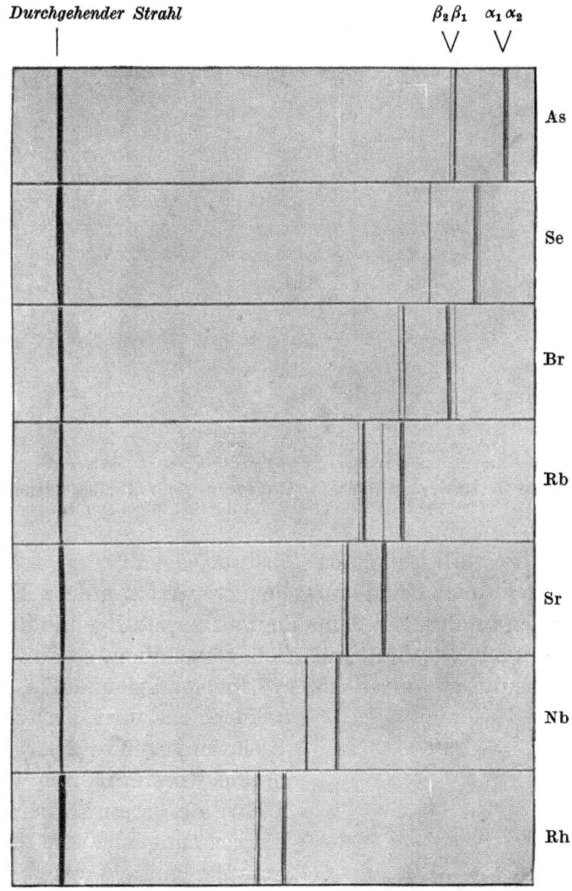

Abb. 77. Die *K*-Reihe einiger Elemente mit dem in Abb. 76 abgebildeten Spektrographen, von Friman und Verfasser [1916:28] aufgenommen.

nahme werden die zwei Spalte möglichst eng gemacht und der Krystalltisch ein wenig seitlich verstellt. Nachdem dies geschehen ist, wird der zweite Spalt auf 2 bis 3 mm Öffnung erweitert und dient als Blende. Das Gebiet auf der Platte, auf dem das direkte Bild entstehen würde, wird durch einen darübergelegten Bleistreifen vor weiterer Bestrahlung geschützt. Eine Reihe von den mit dieser Apparatur gewonnenen Aufnahmen der *K*- resp. *L*-Reihe ist in Abb. 77 und 78 reproduziert.

Ein etwas abgeändertes Verfahren hat SEEMANN [1916:21] angegeben, um ein größeres Wellenlängengebiet mit Hilfe einer Drehmethode aufnehmen zu können. Bei dieser Anordnung wird eine Schneide (Abb. 79)

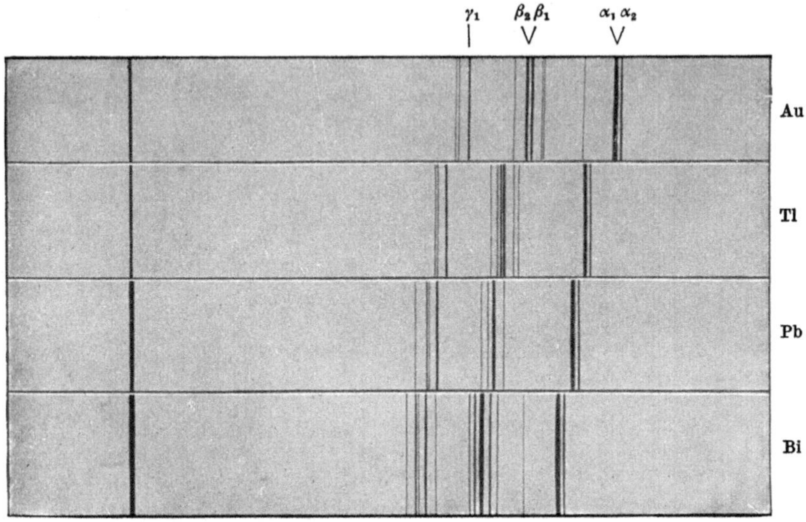

Abb. 78. Die *L*-Reihe einiger Elemente mit dem in Abb. 76 abgebildeten Spektrographen von FRIMAN und Verfasser [1916:27] aufgenommen.

einem guten Krystall in kleinem Abstand gegenübergestellt. Die Strahlen, die von der Antikathode ausgehen, werden von dem Krystall reflektiert und passieren das von Schneide und Krystall gebildete Loch. Wird dann die Röntgenröhre kontinuierlich verschoben, so daß die einfallenden Strahlen unter verschiedenen Spiegelungswinkeln den Krystall treffen, so wird auf dem Film ein Spektrum entworfen. Dasselbe Ergebnis wird erhalten, wenn statt der Röhre die gesamte spektrographische Einrichtung im Verhältnis zum Röntgenrohr gedreht wird. Es ist sofort ersichtlich, daß die Schneide und ihr Spiegelbild in dem Krystall in diesem Falle dem Spalt entsprechen. Der Vorteil dieser Anordnung liegt besonders darin, daß die Montierung und Justierung eines Spektrographen in dieser Weise leicht und bequem ausgeführt werden kann. Für genauere Messungen dagegen läßt sich diese Registriermethode weniger gut verwenden, wie unten (S. 104 und 105) näher gezeigt werden wird. Bei kürzeren Wellenlängen (kleinen Reflexionswinkeln), wo die Anordnung sonst am besten geeignet ist, tritt — bei nicht idealen Krystallen — eine einseitige

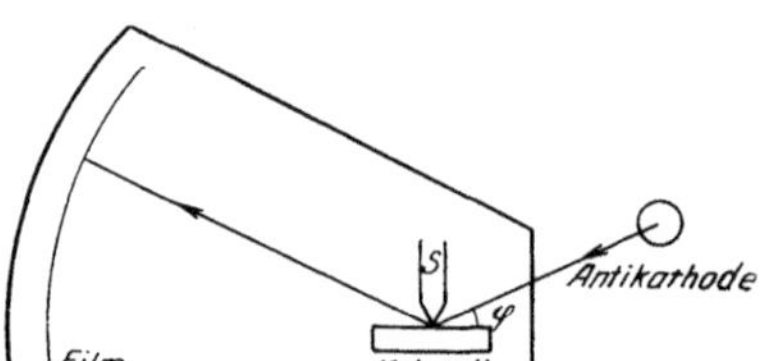

Abb. 79. Schematische Darstellung des „Schneiden“-Spektrographen von SEEMANN.

Verbreiterung der Spektrallinien ein: dies, weil ein Teil der Röntgenstrahlen erst in tiefere Schichten des Krystalles reflektiert wird.

In einer Abänderung seines Schneidenspektrographen hat Seemann den Spalt dicht *hinter* den Krystall gestellt, d. h. die Strahlen treffen erst *nach* der Reflexion den Spalt. Der Vorteil dieser Anordnung wird von Seemann unter Hinweis auf eine Zeichnung, wie Abb. 80 zeigt, begründet. Sei A die Lichtquelle der Röntgenstrahlen und K der Krystall, dann werden die in verschiedener Tiefe des Krystalles reflektierten Strahlen auf der Platte B zu einer breiten Linie — der Eindringungstiefe entsprechend — Anlaß geben. Die Intensität der Linie wird außerdem, wie in der Abbildung angedeutet ist, langsam abnehmen; dies erklärt sich durch den verschieden langen Weg der Strahlen im Krystall und der dadurch bedingten verschieden starken Absorption. Wird aber die Strahlenrichtung umgekehrt, d. h. befindet sich die Strahlungsquelle in B und die Platte in A, so sammeln sich die in verschiedener Tiefe reflektierten Strahlen zu einem einzigen schmalen Bündel.

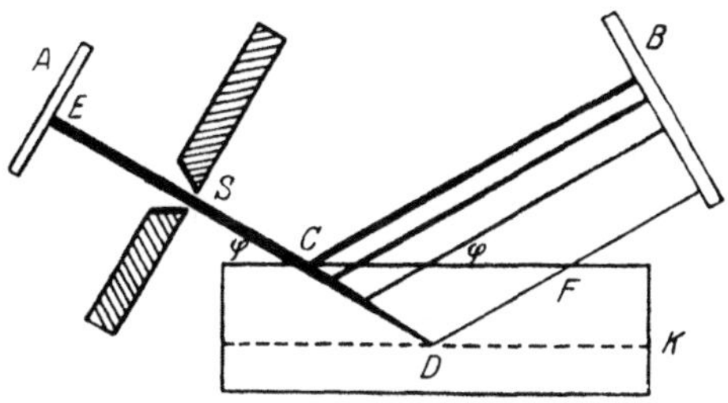

Abb. 80.

Die Berechtigung dieser Schlußweise liegt in der Unvollkommenheit der Krystalle begründet. Denn wäre das Raumgitter einwandfrei, so zeigt die Theorie, daß schon in einer Schicht von einigen tausendstel Millimetern die Reflexion total ist, unabhängig von der Wellenlänge. In Wirklichkeit setzt sich aber der Krystall meistens aus einer Menge kleinerer Mikrokrystalle von beinahe derselben Orientierung zusammen, und dadurch kann es möglich sein, daß bei *harten* Strahlen ein Teil davon erst in tiefer gelegenen Ebenen reflektiert und in den oberen nur ein wenig nach den gewöhnlichen Absorptionsgesetzen geschwächt wird. Der ausgehende Strahl wird selbstverständlich *auch die Verbreiterung aufweisen, welche in der Desorientierung der Mikrokrystalle begründet liegt.* Diese Verbreitung ist davon unabhängig, ob der Spalt vor oder hinter dem Krystall aufgestellt ist.

Seemann hat die nach den obigen Prinzipien gebauten Spektrographen besonders für die kurzwelligeren Strahlen in mehreren, sehr gut durchgearbeiteten Ausführungen hergestellt.

Schon früher hatte Rutherford [1914: 40] bei seinen Untersuchungen der von den radioaktiven Stoffen ausgesandten kurzwelligen Röntgenstrahlen eine Anordnung benutzt, bei der ein Spalt hinter dem Krystall angebracht wurde. Seine Anordnung ist aus Abb. 81 ersichtlich. Bei

L befindet sich die linienförmige Lichtquelle. Die von dem Krystall *S* reflektierten Strahlen sammeln sich alle in dem spiegelbildlich gelegenen Punkt *O*, wo ein Spalt steht. Hinter diesem befindet sich dann die photographische Platte *B*.

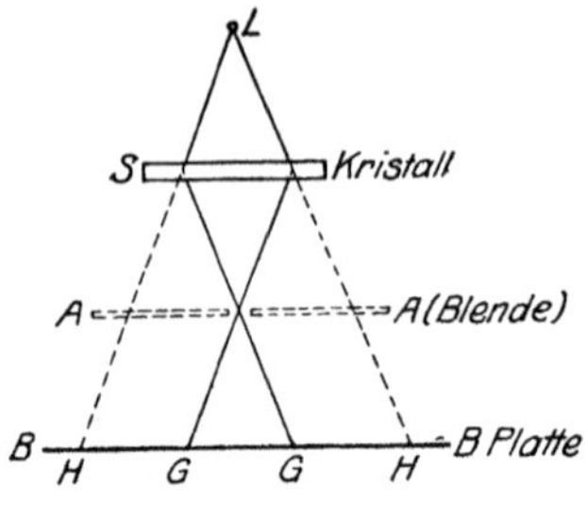

Abb. 81. Schematische Darstellung der Durchstrahlungsmethode von RUTHERFORD.

Zur Erzielung genau meßbarer Spektrogramme hat der Verfasser [1919: 28] für den Wellenlängenbereich, der von den genannten Spektrographen umfaßt wird, d. h. bis hinauf zu etwa 1 bis 2 Å.E., zwei Konstruktionen durchgeführt und bei einer Reihe von Messungen benutzt. Tritt man dieser Frage näher, so findet man leicht,

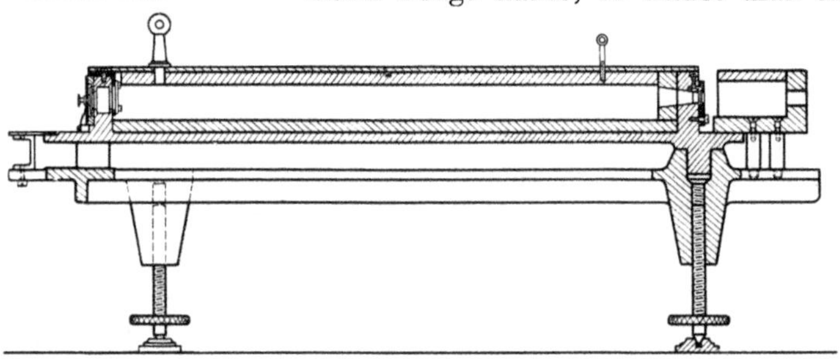

Abb. 82a.

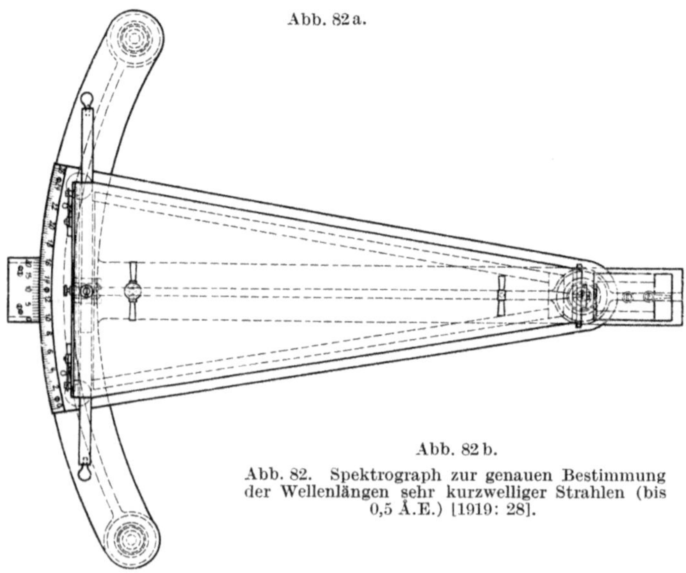

Abb. 82b.

Abb. 82. Spektrograph zur genauen Bestimmung der Wellenlängen sehr kurzwelliger Strahlen (bis 0,5 Å.E.) [1919: 28].

daß ein und dieselbe Apparatur schwerlich das ganze Gebiet umfassen kann, wenn höchste Präzision angestrebt wird. Der in Abb. 82a, b, c in zwei Schnitten wiedergegebene Spektrograph ist für die *kürzesten* Wellenlängen berechnet. Die Meßmethode und Wirkungsweise des Spek-

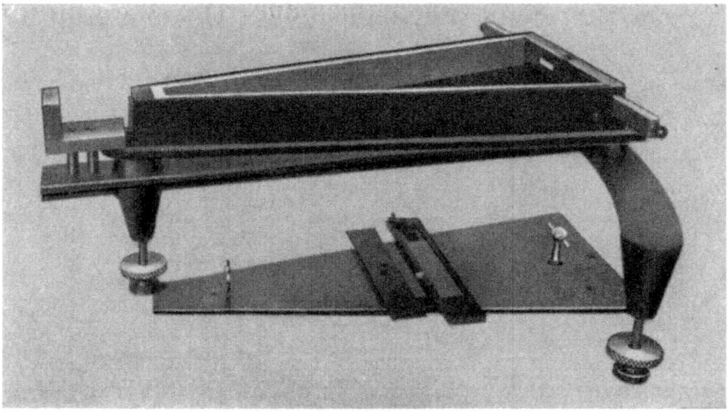

Abb. 82c.

trographen ist am leichtesten aus Abb. 83 zu verstehen. Der zu untersuchende Röntgenstrahl passiert die Blende *Bl* und wird durch ein inneres Atomebenensystem des Krystalles *Kr* um einen Winkel 2φ aus seiner ursprünglichen Richtung abgelenkt. Unmittelbar hinter dem Krystall steht

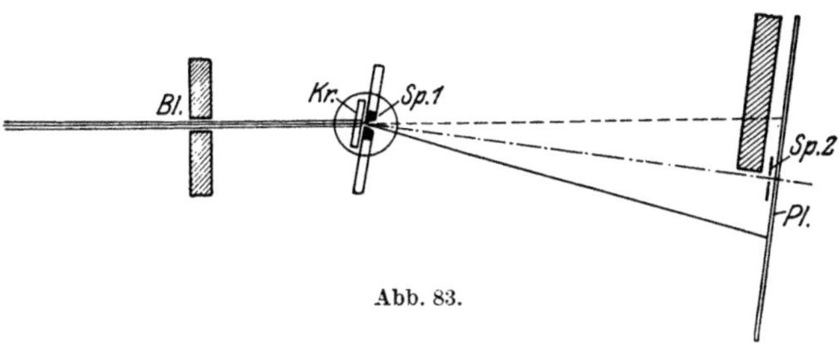

Abb. 83.

der aus Gold gefertigte Spalt, welcher ein feines Bündel des reflektierten Strahles durchläßt. Dieses fällt an der Rückseite des Spektrographen auf die photographische Platte. Spalt, Krystall und Platte sind starr miteinander verbunden und können gemeinsam um eine Achse, die durch den Spalt gelegt ist, gedreht werden. Nachdem dann die Spektrallinie in der gezeichneten Lage photographiert worden ist, wird der Spektrograph um seine Achse so weit gedreht, daß der symmetrisch gelegene Strahl gespiegelt wird. Die in jedem Falle nicht belichteten Teile der Platte werden durch einen verschiebbaren Bleischutz vor Schwärzung geschützt. Außer den zwei symmetrisch um die Mittellage liegenden Spektrallinien wird auch noch die geometrische Mitte der Platte, d. h. die Normale vom Spalt auf die Platte, auf der photographischen Platte dadurch markiert, daß ein dicht vor der Platte an diesen Platz justierter Spalt *Sp. 2* einen Moment mit direktem Röntgenlicht beleuchtet wird.

In der konstruktiven Ausführung dieses Instrumentes ist dafür gesorgt, daß die sehr harte Strahlung nicht in den Spektrographen hineindringen kann. Sehr dicke Bleiblenden und Wandbekleidungen schließen fremde Strahlung vollkommen aus. Um eine bequeme Justie-

Abb. 84a.

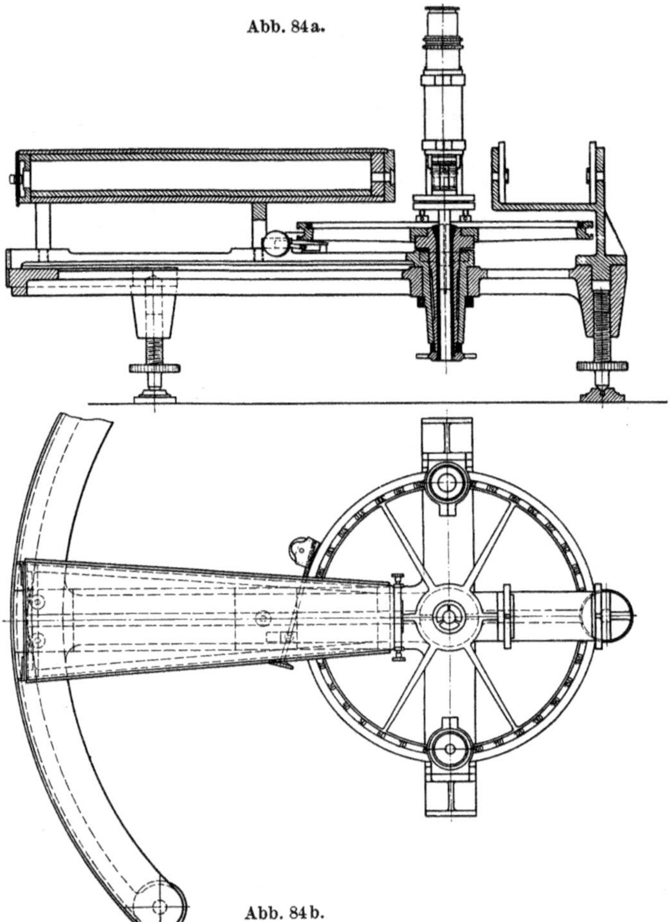

Abb. 84b.

Abb. 84. Spektrograph zur genauen Bestimmung von Wellenlängen des mittleren Gebietes (0,5 bis 2 Å.E.) [1919 : 28]. Älteres Modell.

rung zu erzielen, ist der Kasten, der den eigentlichen Spektrographen enthält, auf einen Dreifuß montiert, und zwar so, daß der Drehzapfen genau unter dem Spalt in eine Vertiefung in den einen Fuß des Untergestelles hereingreift. Die Drehung des dreieckigen Spektrographenkastens läßt sich an einer Kreisteilung an der hinteren Seite ablesen.

Der Krystall besteht aus Kalkspat und ist so geschnitten, daß die Spaltebenen, in welchen die Reflexionen vor sich gehen, parallel der

Richtung der Plattennormale gestellt werden können. Die Dicke des Krystalles wird zu etwa 2 bis 4 mm gewählt, je nach dem Durchdringungsvermögen der zu untersuchenden Strahlung. Bei der Justierung wird zuerst der Spalt *2* mit optischen Hilfsmitteln so eingestellt, daß ein Lichtstrahl, der durch den ersten Spalt geht, von einem Spiegel an der Stelle, wo sich die Platte sonst befindet, durch den zweiten Spalt zurückreflektiert wird. Die richtige Stellung des Krystalls wird durch eine Probeaufnahme — z. B. der Wolfram-*K*-Linien — kontrolliert. Wenn die Einstellung des Krystalles richtig ist, muß der Abstand von den zwei symmetrischen Bildern gleich sein. Dies braucht selbstverständlich nur annäherungsweise zuzutreffen.

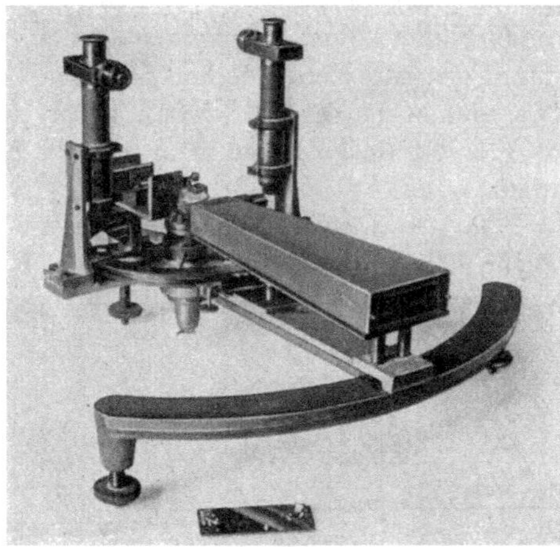

Abb. 84 c.

Der Reflexionswinkel wird dann durch Ausmessen des Abstandes der zwei Linien und des einmal bestimmten Abstandes Spalt—Platte berechnet. Bei einseitiger Aufnahme kann man die Abstände von dem Hilfsspalt *2* messen, vorausgesetzt, daß die kleine Abweichung von der richtigen Mittellage durch eine vorangegangene doppelseitige Aufnahme einmal bestimmt ist.

Diese Methode zur Winkelbestimmung eignet sich gut für sehr kleine Winkel, wo die Abstände der Spektrallinien nicht zu groß sind. Werden aber die Abstände allzu groß, so kann eine Unebenheit der Platte leicht das Resultat fälschen, und es ist dann besser, die Methode so abzuändern, daß die an der Platte auszumessenden Abstände klein werden. Dann ist eine entsprechende Drehung der Plattenhalter nötig, und diese Drehung muß durch eine genaue Kreisteilung kontrolliert werden können. Die Konstruktion kann dann die in Abb. 84 gezeichnete sein. Wie die schematische Abb. 85 zeigt, bilden Spalt und photographische Platte die zwei entgegengesetzten Wände eines Kastens oder Rohres. Der Krystall ist außerhalb des Spaltes an einer Drehvorrichtung mit einer Präzisionsskala befestigt. An der Skala wird immer die Drehung des Krystalles im Verhältnis zu Spalt—Platte abgelesen. Zuerst wird der Krystall in die Lage *1* gebracht, so daß die zu bestimmende Wellenlänge in den Spalt hineinreflektiert wird. Danach wird der Krystall so weit gedreht, bis er in der Lage *2* wieder Strahlen derselben Wellenlänge in den Spalt hineinreflektieren kann. Die Krystalldrehung, die hierzu nötig ist, wird an der Kreisteilung abgelesen. Wäre die Drehung des Krystalles im Verhältnis zu Spalt—Platte genau $2\varphi + 180°$, so würden sich die zwei Linien überdecken. Man wird aber den Winkel ein wenig kleiner oder größer wählen und erhält dann zwei nahe beieinander gelegene Linienbilder, deren Winkelabstand durch Ausmessen des linearen Abstandes unter Kenntnis des Abstandes Spalt—Platte mit genügender Genauigkeit berechnet werden kann. Dieser kleine Winkel $2\Delta\varphi$ tritt als Korrektionsgröße zu dem an der Kreisteilung abgelesenen Winkel hinzu.

Wie die nötigen Einstellungen an dem Spektrographen nach der obigen schematischen Darstellung sich ausführen lassen, geht aus der Abb. 84 hervor. Das Untergestell besteht auch hier aus einem Drei-

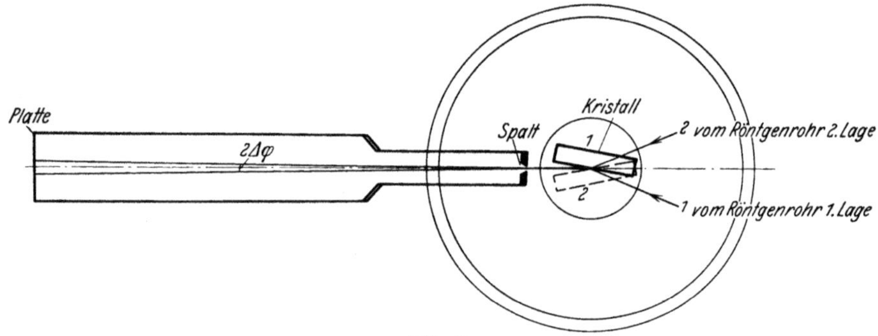

Abb. 85.

fuß, an dem der eigentliche Spektrograph drehbar befestigt ist. An einer Kreuzplatte aus Eisenguß ist der Kasten mit Spalt und Plattenhalter fest angebracht und ebenso zwei Mikroskope, welche ein Ablesen auf der Präzisionsskala ermöglichen. Der Krystallhalter dagegen ist mit der Kreisteilung fest verbunden. Dieser ist seinerseits in einer konischen Ausbohrung in der Kreuzplatte drehbar.

Dieser Spektrograph eignet sich am besten für die Messung von Wellenlängen im Gebiet von etwa 0,5 bis 2 Å.E. Vergleichende Messungen ein und derselben Wellenlänge mit diesem und dem vorigen Spektrographen, wo die gemessenen Wellenlängengebiete aneinanderstießen, haben eine befriedigende Übereinstimmung ergeben.

Der zuletzt beschriebene Spektrometertypus wurde später vom Verfasser in Zusammenarbeit mit A. Larsson in gewisser Beziehung neukonstruiert, wodurch eine Erhöhung der Meßgenauigkeit erzielt werden konnte. Dieses Instrument, welches von A. Larsson [1927: 92] (siehe auch E. Friman [1926: 67]) beschrieben worden ist, wurde bei den im Physikalischen Institut zu Uppsala ausgeführten Neumessungen der

a

b

Abb. 86a und b. „Tubus"-Spektrometer von SIEGBAHN und LARSSON.

Spektren im Gebiete 0,4 bis 2 Å.E. (mit evakuiertem Tubus bis etwa 3,5 Å.E.) benutzt (siehe SIEGBAHN [1929: 149]). Bei der Neukonstruktion wurde besonders Wert darauf gelegt, die verschiedenen Justierungen bequem und sicher durchführbar zu machen. Die Krystalle (gespaltete Kalkspatflächen ohne jede Nachbehandlung) sind in zwei zueinander senkrechten horizontalen Richtungen verschiebbar, um eine horizontale Achse drehbar und auch in der Höhe verstellbar (s. Abb. 86 a, b).

Der ganze Krystallhalter ist im Verhältnis zur Kreisteilung drehbar, um zum Eliminieren von Teilungsfehlern verschiedene Teile des Kreises verwenden zu können. Besondere Vorrichtungen (Mikroskop, Fühlhebel s. Abb. 86a) dienen zur Ausführung der Justierung. Die Kreisteilung wird

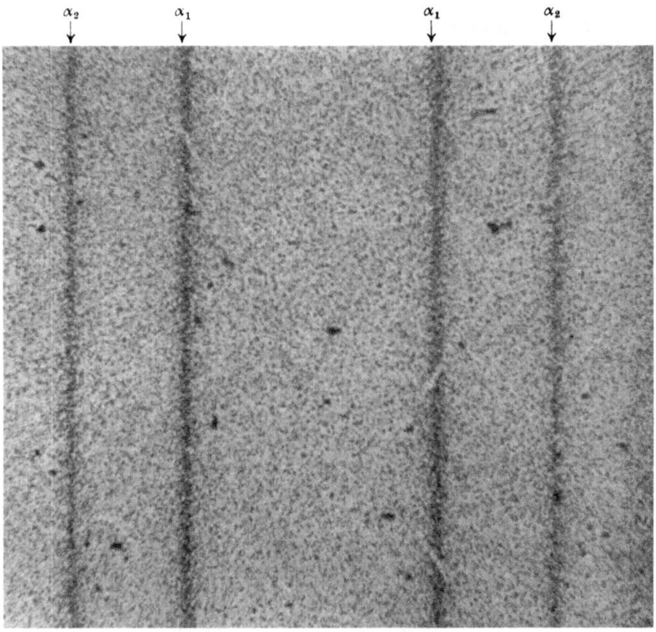

Abb. 87. Doppelaufnahme der Mo *K*-Dublette mittels Spektrometer Abb. 86. Vergrößerung 50fach.

mit Hilfe von zwei Mikroskopen mit Meßmikrometern auf 1″ abgelesen (0″,1 geschätzt). Der Spalt und Plattenhalter (der „Tubus“) ist in eine verstellbare, solide Führung montiert, welche es gestattet, den Tubus so einzujustieren, daß eine Linie durch ein Drahtkreuz am Plattenhalter und die Mitte des Spaltes die Achse des Krystalldrehtisches schneidet. Der Spalt ist um die Tubusachse drehbar, um parallel mit der Instrumentenachse eingestellt zu werden. Die Lage der photographischen Platten wird durch drei Stahlknöpfe festgelegt, gegen welche die Platten von drei gegenüberstehenden federnden Zapfen gedrückt werden. Da die Spektrallinien bei der Doppelaufnahme, wie oben angegeben, sehr nahe aneinander an der Platte zu liegen kommen, spielen die immer vorhandenen kleinen Krümmungen und Unebenheiten der Platten keine

Rolle. Am besten werden sehr feinkörnige Platten (z. B. sog. Kontrastplatten) zu Aufnahmen für höchste Präzision benutzt. Der genaue Abstand vom Spalt zur Vorderfläche der Platte, d. h. die Ebene der drei Stahlknöpfe, wird mit Hilfe eines besonderen Meßhebels (s. Abb. 86a) gemessen. Dem Tubus kann bequem verschiedene Länge gegeben werden durch Zu- oder Abschrauben von Zwischenstücken.

Die Temperatur des Krystalles wird durch ein an die Krystallschutzkappe montiertes Thermometer bestimmt.

Einige mit diesem Instrumente aufgenommenen Spektrogramme sind in Abb. 87 und 88 in starker Vergrößerung wiedergegeben, um die erzielbare Linienschärfe zu zeigen. Abb. 87 gibt eine Doppelaufnahme von Mo $K\alpha_1\alpha_2$ in 50facher Vergrößerung wieder (nach Larsson [1927: 92b]).

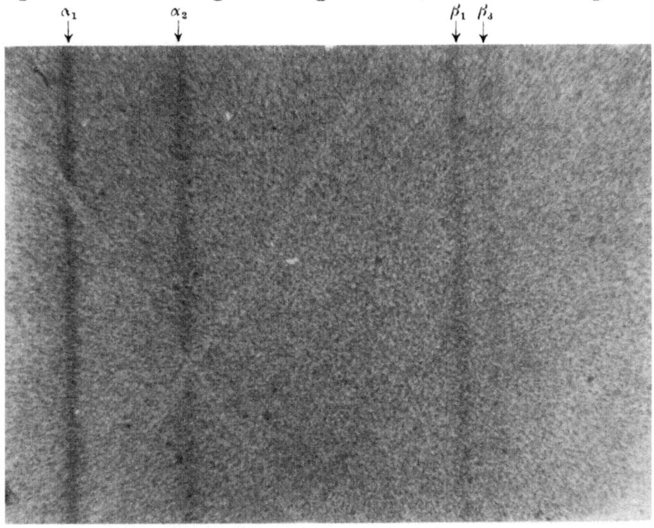

Abb. 88. Aufnahme der Rh $K\alpha_1\alpha_2$ in erster Ordnung, Rh $K\beta_1\beta_3$ in zweiter Ordnung mit Spektrometer Abb. 86. Vergrößerung 32fach.

Die Spaltweite betrug hier 0,02 mm. In der gegebenen Vergrößerung (50mal) würde also eine Linienbreite von 1 mm wegen der Spaltweite zu erwarten sein. Der Überschuß (welcher visuell schwer festzustellen ist) über diese Breite ist durch die natürliche Breite der Spektrallinien und die Reflexionsbreite des Krystalles bedingt. Larsson schätzt diese zu 0,08 X.E. Auch wenn diese Schätzung wahrscheinlich zu niedrig ist (vgl. hierzu § 36 über Linienbreiten) und die bei anderen Messungen gefundenen Linienbreiten unterschreitet, zeigt dieselbe doch, daß die durch Krystallfehler bedingte Unschärfe nicht bemerkbar ist und daß die Registrierung der Linien einwandfrei ist.

Das Auflösungsvermögen ist noch besser aus Abb. 88 zu beurteilen, welche nach einer Aufnahme von Enger [1928: 39] die sehr enge

Dublette $K\beta_1\beta_3$ bei Rhodium in zweiter Ordnung zeigt (neben der $K\alpha_1\alpha_2$-Dublette in erster Ordnung). Diese zwei Linien haben einen Dublettabstand $\Delta\lambda = 0{,}60$ X.E. Aus der Reproduktion (in 32facher Vergrößerung) ist ersichtlich, daß noch bei dem halben Wert dieses Abstandes, d. h. 0,3 X.E., die Linien vollständig getrennt erscheinen würden. Die Spaltweite war in diesem Falle etwas größer als bei der in Abb. 87 gezeigten Aufnahme, nämlich 0,03 mm.

In Abb. 89 ist die photometrisch registrierte Kurve von $K\beta_1\beta_3$ des Spektrogrammes wiedergegeben. Diese Kurve gibt eine gute Vorstellung von der erreichbaren Auflösung und gestattet auch eine approximative Schätzung der Krystallfehler bzw. natürlichen Linienbreite. Die direkt abzulesende Linienbreite (halbe Breite in halber Höhe) 0,15 X.E. wäre noch wegen Spaltweite und Reflexionsdivergenz zu korrigieren, um die natürliche Linienbreite zu erhalten (vgl. § 36).

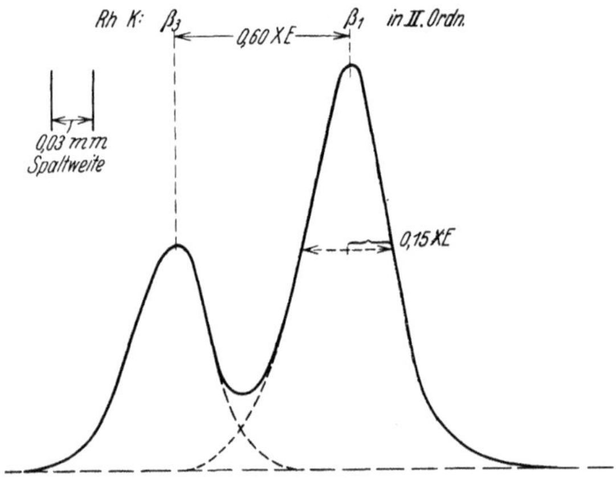

Abb. 89.

Beim Vergleich des Auflösungsvermögens von Spektrometern dieses Typus mit den „Doppelkrystallspektrometern“ ist zu bemerken, daß hier nur ein sehr kleines Gebiet des Krystalles, etwa ein paar zehntel Millimeter in Richtung senkrecht zum Spalt, bei der Reflexion beteiligt ist, während bei den Doppelkrystallspektrometern, die meistens zur Messung von Linien- und Reflexionsbreiten benutzt worden sind, große Flächenstücke von zwei Krystallen in Frage kommen. Die Möglichkeit, bei der letztgenannten Spektrometermethode große Spaltweiten zu benutzen, ist ja eben der Vorteil der betreffenden Methode, aber in der genannten Beziehung hat dieser Vorteil den Nachteil der durch die Vergrößerung der Krystallflächen bedingten Verbreiterung des Reflexionsgebietes zur Folge. Das mit Einkrystallspektrometern praktisch erzielte größere Auflösungsvermögen hat hierin seinen Grund.

Für besondere Zwecke, wo größtes Auflösungsvermögen nachgestrebt wird, ist es vorteilhaft, den Abstand Spalt—Platte wesentlich zu vergrößern. Eine Ausführungsform, die sich dem zuletzt beschriebenen Spektrometertypus eng anschließt und dabei Abstände bis 3 m zwischen Spalt und Platte bei großer Stabilität gestattet, ist in Abb. 90a und b wiedergegeben. Der Krystalltisch mit Präzisionskreis und Ablesemikroskop ist hier am Ende eines soliden I-Balkens befestigt. Ein fest montiertes Mikroskop über dem Zentrum des Krystalltisches dient zur Justierung des Krystalles. An dem Balken selbst sind eine Anzahl fester Tischplatten für den Plattenhalter (in 0,5, 1, 2 und 3 m Abstand vom Spalt) angebracht. Für weichere Strahlung wird zwischen Spalt und Platte ein evakuierter Tubus mit Fenstern aus dünnen Aluminiumfolien

Abb. 90a.

eingelegt. Die Röntgenröhre wird, wie Abb. 90a zeigt, an dem Konus der Pumpe um die Spektrometerachse drehbar angeordnet. Zur Erleichterung der Aufstellung der Pumpe unter dem Zentrum des Krystalltisches ist der Konus des Spektrometers unten verlängert und zugespitzt. Eine einfache Kreisteilung ist an der Pumpe festgeschraubt, um die richtige Winkeleinstellung des Röntgenrohres zu gewährleisten.

Einige von Valasek [1930: 176, 177] aufgenommene Dubletts sind in Abb. 91 reproduziert. Der Abstand Spalt—Platte betrug hierbei 206 cm, Spaltweite 0,03 mm (vgl. ferner § 36, betreffend Linienbreite).

Die von SEEMANN angegebene obenerwähnte Registriermethode, wo eine Schneide dem Krystall gegenübergestellt wird und so als Spalt wirkt, wurde von verschiedenen Autoren zur Ausführung von Spektro-

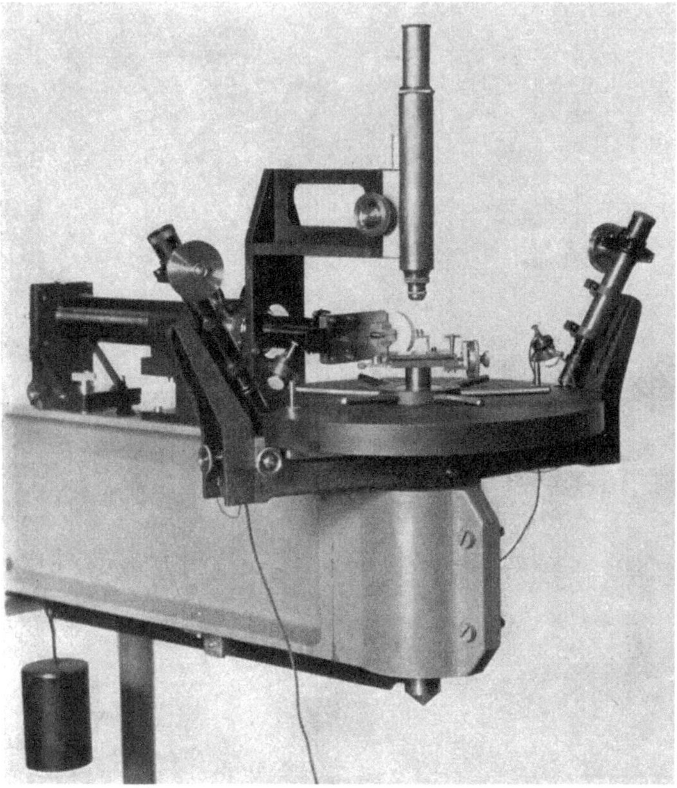

Abb. 90 b. „Balken"spektrometer.

meterkonstruktionen benutzt. Die ersten Vorschläge von VOGEL [1921: 95] und WEBER [1921: 96] wurden besonders von WEBER [1925: 152] weiter ausgeführt und einer Prüfung unterzogen. Eine Schwierigkeit bei dieser Registriermethode ist die durch den unsymmetrischen Spalt hervorgerufene Dissymmetrie der Linien. WEBER sowie LANG [1924: 87], die diese Frage eingehend diskutieren, messen an der „langwelligen Kante des Schwärzungsmaximums". Diese sehr subjektive und von absoluter Linienschwärzung, Entwicklung usw. abhängige Definition wird aber von den späteren Autoren, die diese Methode verwenden, verlassen. SCHRÖR [1926: 174] und IWATA [1928: 53] pointieren „nicht die

Mitte der ganzen Linienbreite, sondern die Mitte des maximalen Schwärzungsgebietes". Aber auch dieser Festlegung scheint eine gewisse Willkür anzuhaften, die wenigstens bei Präzisionsmessungen nicht unbedenklich ist.

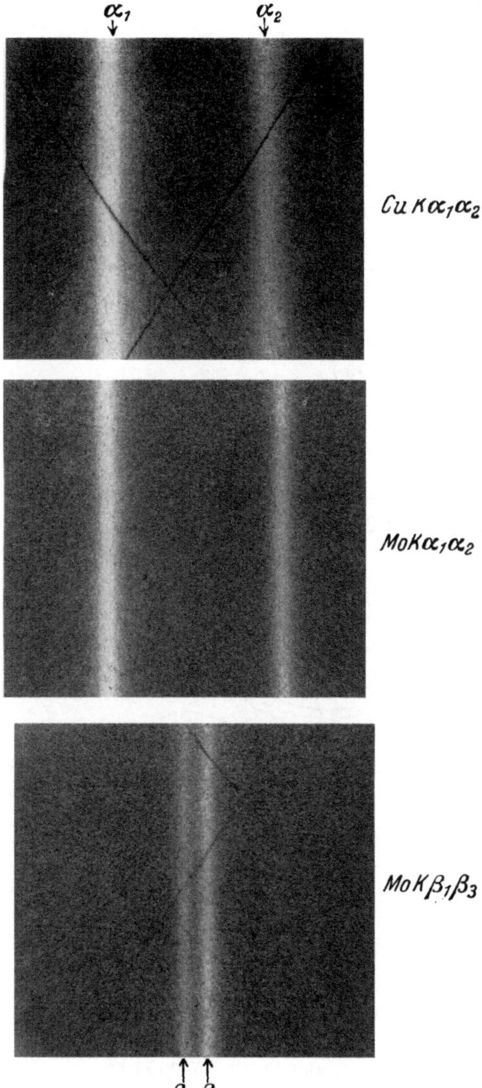

Abb. 91. Aufnahmen mit großer Dispersion. Spektrometer Abb. 90. Abstand Spalt—Platte 296 cm, Spaltweite 0,03 mm. Von J. VALASEK.

Von der bei diesen Messungen verwendeten Auflösung — die selbstverständlich für die erreichbare Genauigkeit bestimmend ist — gibt die Abb. 92 eine Vorstellung. Sie stellt nach WEBER eine Aufnahme der $K\alpha_1\alpha_2$-Dublette von Silber in 24facher Vergrößerung dar. Wie ersichtlich, genügt die hier verwandte, geringe Auflösung nur gerade zur Trennung dieser Dublettlinien ($\Delta\lambda \backsim 4{,}4$ X.E).

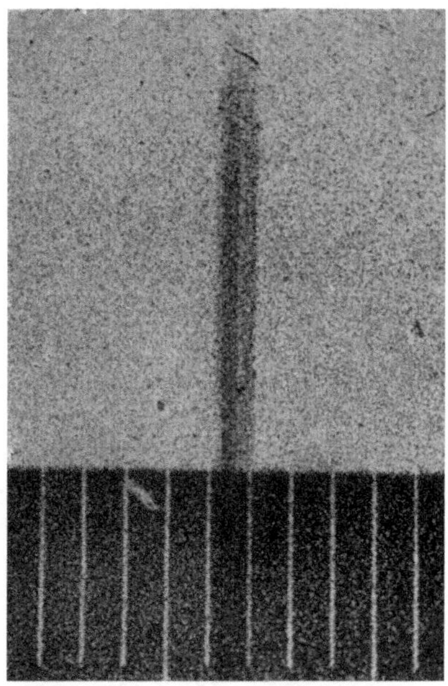

Abb. 92. Ag $K\alpha_1\alpha_2$, aufgenommen mit Spektrometer nach der Schneidenmethode. Vergr. 24fach. (Aus WEBER, Z. Photogr. 23.)

Die Meßmethode geht aus Abb. 93a und b hervor (IWATA [1928: 49]). Es werden im allgemeinen die Wellenlängen relativ zur Normalen gemessen, und zwar mit Doppelaufnahmen nach Umlegung von Krystall und Schneide um 180°. Die zu bestimmenden Ablenkungswinkel werden

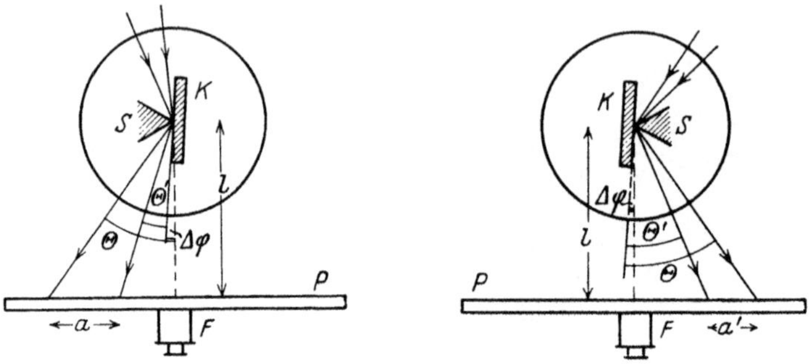

Abb. 93a und b. Meßmethode bei Spektrometer mit Schneide nach Iwata. *K* Krystall, *S* Schneiden, *P* Platte, *F* Fernrohr. (Aus Iwata, Z. Physik **49**.)

durch Ausmessen der Strecken *a*, *l*, *a'*, *l'* ermittelt; der Ablenkungswinkel des einen Strahles wird als bekannt vorausgesetzt.

Ein nach den angegebenen Prinzipien gebautes Spektrometer ist in Abb. 94 reproduziert (nach Lang [1924: 87]). Vorn ist der dreh-

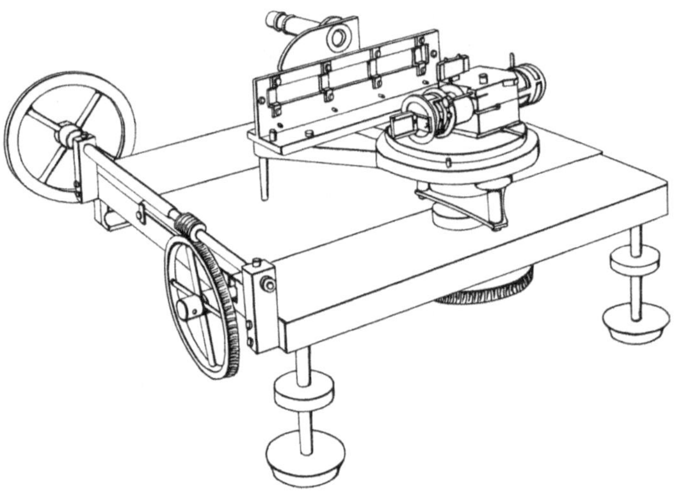

Abb. 94. Spektrometer nach Lang. (Aus K. Lang, Ann. Physik, IV. F. **75**.)

bare Krystalltisch, hinten Plattenhalter und Justierfernrohr zu sehen. Die Umlegung um 180° wird mittels einer Spiegelplatte am Krystallhalter kontrolliert. Das ganze Spektrometer ist an einem Tisch montiert, an dem es während der Aufnahmen langsam geschwenkt werden kann.

Die Schwierigkeit, bei dieser Meßmethode die zur Winkelbestimmung nötigen Daten mit erwünschter Genauigkeit zu ermitteln, hat SEEMANN [1926: 175] veranlaßt, verschiedene Vorschläge zur Ausführung von Schneidenspektrometern zu geben. Da Messungen, durch die eine Beurteilung der Ergebnisse möglich wäre, noch nicht vorliegen, sei hier nur auf die betreffende Arbeit hingewiesen. Von dem zuletzt erwähnten Forscher wurde neulich [1930: 150] ein Spektrometer mit Spalt und Plattenhalter in einem Tubus beschrieben. Nach Angaben ist das Spektrometer auch für Messungen im Vakuum eingerichtet, wobei für Doppelaufnahmen zwei Röntgenröhren anzuschrauben sind. Da bis jetzt keine mit diesem Instrument erzielten Messungsergebnisse oder sonstige röntgenspektroskopische Untersuchungen veröffentlicht worden sind, möge diese kurze Erwähnung genügen.

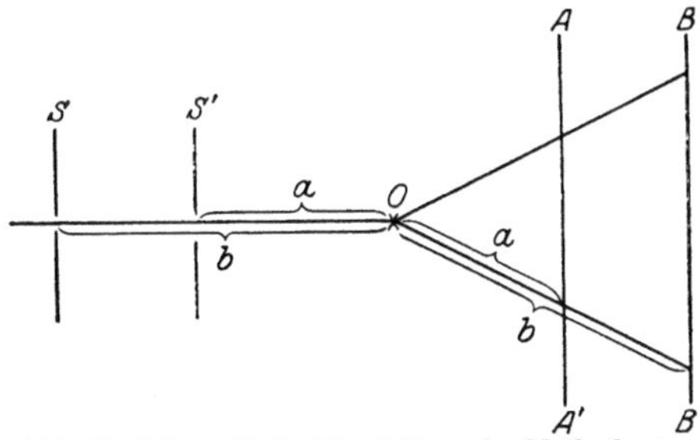

Abb. 95. Schematische Darstellung der Methode von UHLER und COOKSEY.

Nach ganz anderen Prinzipien als die bisher besprochenen haben UHLER und COOKSEY [1917: 26] einen Spektrographen gebaut, der etwa dasselbe Wellenlängengebiet auszumessen gestattet. Schematisch ist die Anordnung in Abb. 95 dargestellt. Zwei hintereinandergestellte Spalte S und S' blenden ein sehr feines Bündel ab, das nach Reflexion durch den Krystall in O die photographische Platte trifft. Diese ist an den Schlitten einer Teilmaschine montiert, so daß sie in genau meßbarer Weise parallel verschoben werden kann. Durch Ausmessung der Abstände der symmetrischen Spektrallinien ist dann der Reflexionswinkel leicht zu berechnen.

Eine detaillierte Beschreibung eines nach diesen Prinzipien sehr schön durchkonstruierten Instruments ist neulich von C. D. und D. COOKSEY [1930: 40] gegeben. Die Zeichnung Abb. 96 stammt aus dieser Arbeit. Man sieht von rechts aus das Röntgenrohr, die zwei hintereinandergestellten Spalte, den drehbaren Krystall mit Justiervorrichtungen und dann den verschiebbaren Plattenhalter. Die Ausmessung der Verschiebung des Plattenhalters erfolgt mit Hilfe eines Maßstabes H, der mit einem festen Mikroskop mit Mikrometer abgelesen wird.

Da die Winkel durch Ausmessung von verhältnismäßig großen Strecken an den Registrierplatten erhalten werden, war dafür zu sorgen, daß die Platten genau eben waren. Um dies zu erzielen, wurde die Platte mit ihrer photographischen Schicht gegen einen genau geebneten Rahmen gepreßt. Die auch wegen der großen Abstände der Linien gut bemerkbaren gegenseitigen Verschiebungen in der Gelatineschicht wurden einer eingehenden Untersuchung unterworfen [1930: 40b], wobei allerdings überraschend große Effekte konstatiert wurden. Dies dürfte von den besonderen Plattensorten abhängen, welche benutzt wurden (vgl. z. B. BÄCKLIN [1928: 16] S. 39).

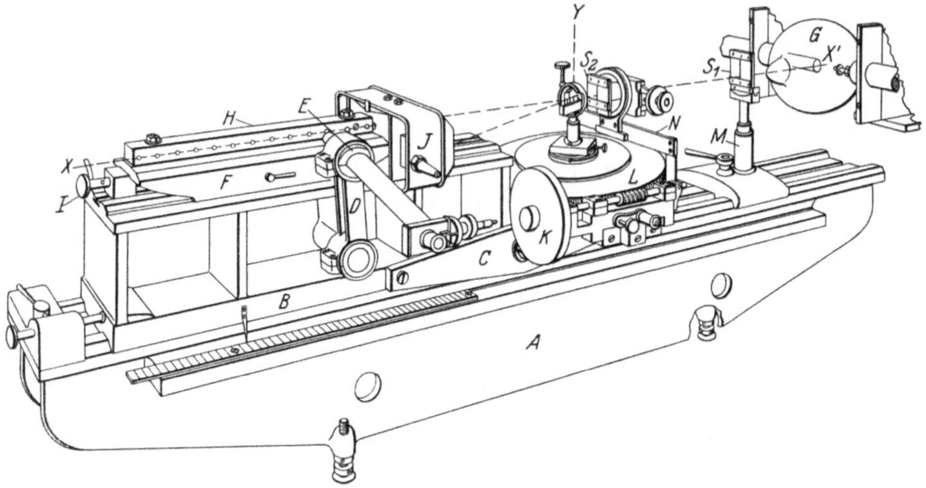

Abb. 96. Spektrometer von C. D. und D. COOKSEY. (Aus Phys. Rev. **1930**.)

Bei der einzigen bisher veröffentlichten Messung — eine Präzisionsbestimmung der Wellenlängen von den Silber-$K\alpha$-Linien — waren die Spalte 0,02 mm weit und in einem Abstand von 4,5 und 35,5 cm vom

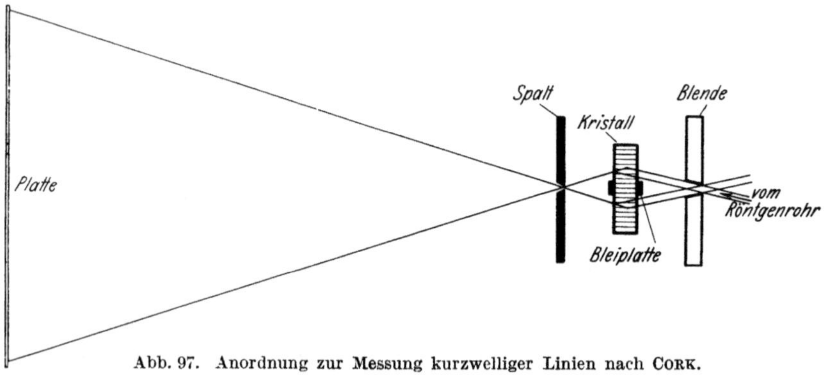

Abb. 97. Anordnung zur Messung kurzwelliger Linien nach CORK.

Krystall aufgestellt. Eine Prüfung des benutzten Kalkspatkrystalles durch Ausmessen der Linienbreiten an verschiedenen Abständen vom Krystall gab als Divergenzwinkel der reflektierten Strahlung (nach Abzug der durch die Spalte erzeugten Divergenz) etwa 21″. Das Krystallexemplar scheint daher nicht besonders gut gewesen zu sein (vgl. § 36). Es sei bemerkt, daß der Unterschied im Meßergebnis von C. D. und D. COOKSEY an Silber und die entsprechende Präzisionsbestimmung von KELLSTRÖM [1927: 78] nur 1'',4 ausmacht.

Eine große Anzahl sehr guter Messungen im kurzwelligen Gebiete wurde von CORK ausgeführt unter Benutzung einer Methode, die in Abb. 97 schematisch angegeben ist. Dieselbe schließt sich eng an die Methode von RUTHERFORD und ANDRADE an, indem hier das durch eine dünne Krystallplatte (1 bis 3 mm Kalkspat), umgeben von zwei symmetrisch gelegenen Spalten, entworfene doppelseitige Spektrum ausgemessen wird. Die direkte Strahlung wird von einer an der Mitte des Krystalles aufgelegten Bleiplatte absorbiert. Das Röntgenrohr wurde dicht vor den ersten Spalt montiert. Es war dabei möglich, in *einer* Aufstellung des Rohres die eine Hälfte des Doppelspektrogrammes aufzunehmen. Abstand Spalt—Platte betrug bei den ersten Messungen 42 cm, bei den späteren (in unseren Tabellen wiedergegeben) 75,6 cm. Die Auflösung genügte, um die Dublette $\beta_1 \beta_3$ im Gebiet 53 J bis 72 Hf zu zerlegen; die Wellenlängendifferenz dieser Dublette ist etwa 0,7 X.E.

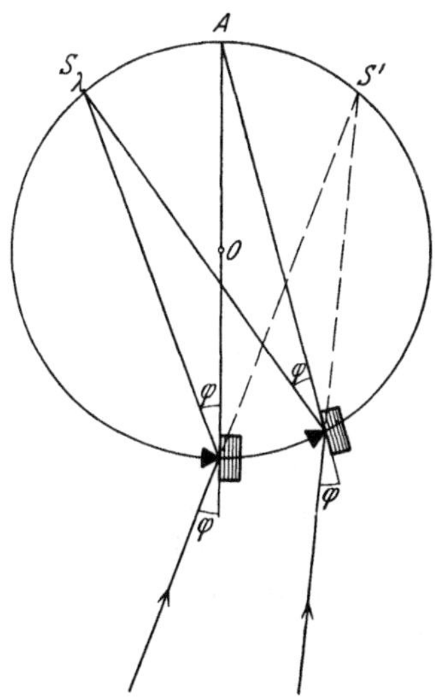

Abb. 98. Anordnung der Krystalle bei dem „Multikrystallspektrometer" von DU MOND und KIRKPATRICK.

Während die Verbesserung der Genauigkeit sowie des Auflösungsvermögens ein Hauptziel bei den eben beschriebenen Spektrometerausführungen war, ist es für viele Untersuchungen besonders bei der zerstreuten Röntgenstrahlung wichtiger, eine Erhöhung der Lichtstärke anzustreben. Zu diesem Ziele wurde verschiedentlich die Benutzung von gebogenen Krystallplatten sowie auch von einer Anzahl zusammenwirkender Krystalle versucht. Eine sehr interessante Durchführung eines Spektrometers mit einer größeren Anzahl (50 Stück) von kleinen Kalkspatkrystallen ist neulich von DU MOND und KIRKPATRICK [1930: 62] beschrieben. Bei diesem „Multikrystallspektrometer" werden die Krystalle, jeder mit einer vorgestellten Schneide, längs eines Kreises (mit einem Durchmesser von 1 m) montiert und so einjustiert, daß die Strahlung jeder Wellenlänge auf den Kreis fokussiert wird. Man ersieht aus Abb. 98 leicht, daß dies möglich ist. In der Figur sind zwei von den Krystallen in der richtigen Orientierung eingezeichnet, nämlich so, daß die spiegelnden Flächen, wenn verlängert, sich in A schneiden. Da eine gewisse Wellenlänge λ in jedem Krystall unter dem gleichen Winkel φ gespiegelt wird, müssen sich dann diese Strahlen in S treffen. Andere Punkte am Kreise entsprechen anderen Wellenlängen.

Bei der praktischen Ausführung wurde jeder Krystall mit der Schneide in einem kleinen zylindrischen Halter nach Abb. 99 montiert und jeder für sich in die richtige Lage justiert. Der Platten- oder Filmhalter wurde an einem um das Zentrum des Kreises drehbaren Arm befestigt. Ein schematisches Bild des Spektrometers ist in Abb. 100 wiedergegeben.

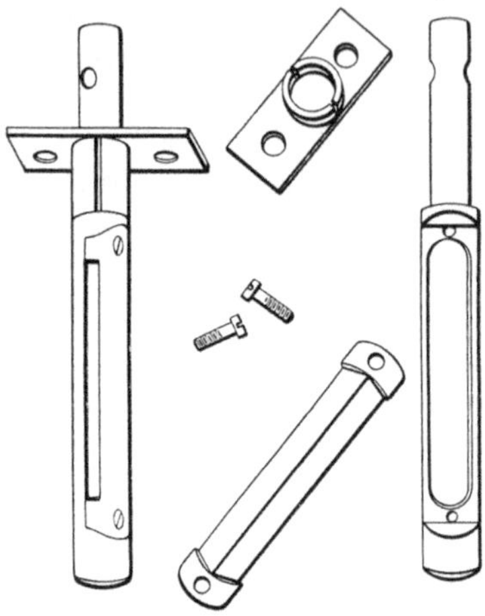

Abb. 99.

Alle bis jetzt beschriebenen Spektrographen waren für verhältnismäßig kleine Wellenlängen berechnet, für welche die Absorption in der Wand des Röntgenrohres und in der Luftschicht keine Bedeutung hat. Es darf aber nicht vergessen werden, daß der allergrößte Teil der Röntgenspektren in ein Gebiet fällt, in dem diese Bedingungen nicht erfüllt sind. Schon bei einer Wellenlänge von etwa 1 Å.E. wird die Absorption der Glaswand einer gewöhnlichen technischen Röhre sehr bedeutend, und bei 2 bis 3 Å.E. macht sich die Absorption in der Luft stark bemerkbar. Wie ein Blick auf die Wellenlängentabellen zeigt, fallen aber ein Teil der K-Reihe, der größte Teil der L-Reihe und die ganze M-Reihe

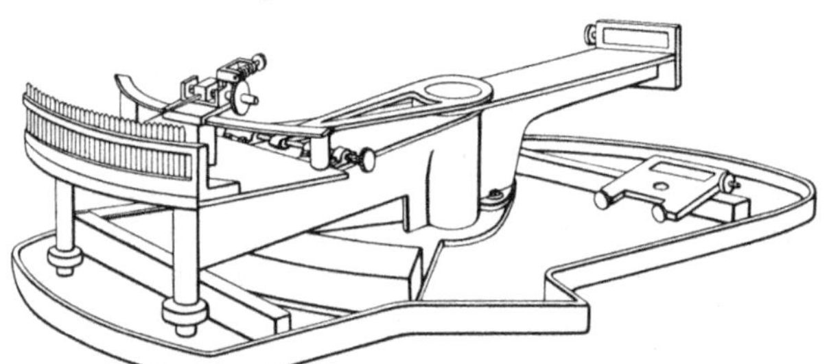

Abb. 100. „Multikrystallspektrometer" nach DU MOND und KIRKPATRICK.

in das Gebiet größerer Wellenlängen. Es erhellt hieraus, daß man für die Röntgenspektroskopie vor allem eine Apparatur nötig hat, bei der die Aufnahmen im *Vakuum* ausgeführt werden können.

Der erste Spektrograph, der die Untersuchungen der langwelligen Gebiete der Röntgenstrahlen gestattet, war der von MOSELEY konstruierte Vakuumspektrograph, dessen Aussehen aus Abb. 101 zu ersehen ist. Wie schon vorher mitgeteilt wurde, arbeitete MOSELEY mit feststehendem Krystall und ohne die „fokussierende" Aufstellung, daher ist der Spalt außerhalb des eigentlichen Spektrographen dicht vor die Antikathode verlegt. Dadurch erzielte MOSELEY die großen Öffnungswinkel, die seine Methode voraussetzte. Der Krystall auf dem Tisch *B* hatte bei jeder Aufnahme eine bestimmte Winkelstellung und bildete so jedesmal ein ganz bestimmtes Wellenlängengebiet auf der Platte *P* ab. Als Strahlenquelle benutzte MOSELEY ein Ionenrohr von KAYE (s. S. 68). Der Spektrograph wurde bis zu einem Druck von einigen Millimetern evakuiert und von dem höheren Vakuum im Rohre durch eine Goldschlägerhaut bei *W* getrennt.

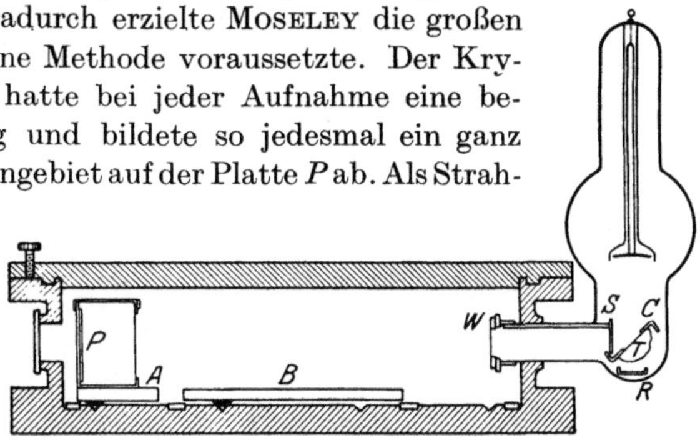

Abb. 101. Vakuumspektrograph von MOSELEY.

Die Methode zur Ausmessung der Spektrallinien, welche MOSELEY verwandte, ist früher angegeben (S. 15). Sie besteht darin, daß man nach Entfernung des Krystalles von dem Tischchen die Plattenhalter aus

Abb. 102. Erster Vakuumspektrograph mit großem Glasröntgenrohr vom Verfasser [1916: 31).

der ursprünglichen Lage um einen bestimmten Winkel dreht und dann zwei Bezugslinien aufnimmt.

Vom Verfasser wurde [1916: 31] ein Vakuumspektrograph nach dem Prinzip der Drehkrystallmethode gebaut, bei dem also Spalt und Platte sich in gleichem Abstande von der Drehachse des Krystalles befanden und wo der Krystall während der Aufnahme gedreht werden konnte. Die erste Ausführung dieses Apparates ist aus Abb. 102 zu ersehen. Im Zentrum des großen Topfes befand sich ein konischer Schliff mit Halter für den Krystall. An der Außenseite konnte der Konus mit Hilfe eines Dreharmes, welcher eine Graduierung zeigte, gedreht werden. Der Plattenhalter dagegen ließ sich in dieser Ausführung nur in einigen ganz bestimmten Lagen aufstellen. Die den möglichen Lagen entsprechenden

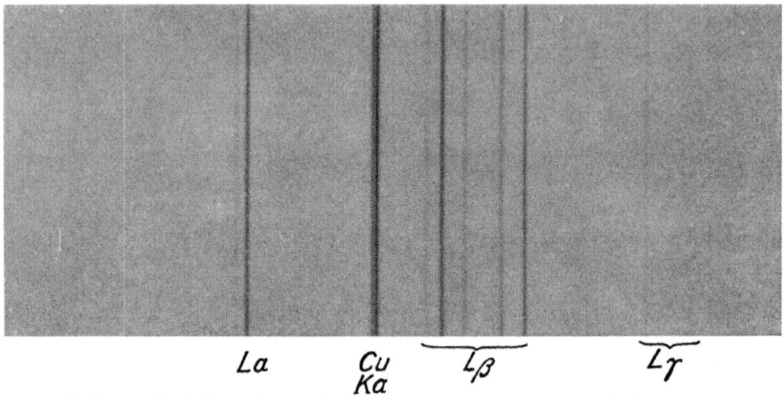

Abb. 103. Spektrum der L-Reihe des Aldebaraniums, aufgenommen mit dem Spektrographen Abb. 102 [1916 : 31].

Winkelwerte waren durch eine vorangegangene Messung bekannt. Als Strahlenquelle diente eine große Ionenröhre mit herausnehmbarer Antikathode, die schon früher beschrieben worden ist. Ein mit dieser Anordnung aufgenommenes Spektrogramm zeigt die Reproduktion Abb. 103, welche die L-Reihe von Aldebaranium darstellt. (Auf der Platte ist noch die Kupferdublette $K\alpha_{1,2}$ zu sehen, weil der Stoff an einer Kupferplatte aufgerieben war.)

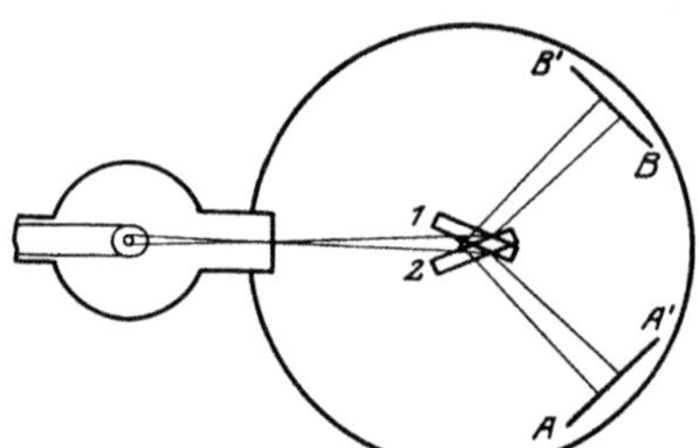

Abb. 104. Die „Umlegemethode".

Von dem Wunsche geleitet, genauere Messungen zu erzielen, als es mit der genannten Anordnung möglich war, und außerdem auch eine größere Intensität der langwelligen Spektralgebiete zu erreichen, hat der Verfasser verschiedene Umänderungen dieses Vakuumspektrographen vorgenommen. Das diesen Änderungen zugrunde liegende Ausmessungsverfahren möge zuerst erläutert werden, da es für die konstruktive Durchbildung bestimmend ist.

Das Verfahren ist in Abb. 104 schematisch dargestellt. Die Aufstellung ist die der Drehkrystallmethode, d. h. Spalt und Platte haben von der Drehachse des Krystalles denselben Abstand. Befindet sich der Krystall bei *1* und die photographische Platte bei AA', so wird ein gewisses Wellenlängengebiet abgebildet. Dreht man nun — bei feststehender

Platte — den Krystall, so wird dadurch die Lage der verschiedenen Spektrallinien auf der Platte nicht geändert, sondern es wird lediglich erreicht, daß sich andere Gebiete von Krystall und Brennfleck an der Reflexion beteiligen. Ist in dieser Lage eine gewisse zu bestimmende Linie photographiert, so wird die Platte in die symmetrische Lage *BB'* gedreht, und diese Winkeldrehung kann an einer Präzisionskreisteilung abgelesen werden. Bringt man den Krystall in die Lage *2*, so wird dasselbe Wellenlängengebiet hier nochmals aufgenommen. Beim Entwickeln der Platte wird sich also das Spektralgebiet in zwei zueinander spiegelbildlich liegenden Bildern zeigen. Die ins Auge gefaßte Spektrallinie kommt also zweimal vor, und der Abstand dieser zwei Linien ist bei richtiger Einstellung sehr klein. Wäre die Drehung genau gleich dem Vierfachen des Reflexionswinkels der betreffenden Wellenlänge, so würden die Bilder sogar aufeinanderfallen. Man wird aber den Plattenhalter etwas mehr oder weniger drehen, so daß die Linien einen kleinen Abstand haben (1 bis 3 mm), der genau ausgemessen wird. Mit Hilfe des bekannten Abstandes des Plattenhalters von der Drehungsachse kann der kleine Winkel berechnet werden, der diesem Abstand entspricht. Den wahren Reflexionswinkel der betreffenden Linie erhält man dann durch Addition bzw. Subtraktion des so berechneten Winkels von dem Drehungswinkel.

Aus diesen Angaben über die Meßmethode erhellt also, daß die Drehung des Plattenhalters genau bestimmbar sein muß, während beim Krystall nur eine rohe Winkeleinstellung nötig ist. Wie diese Anforderungen verwirklicht worden sind, ist aus Abb. 105 zu ersehen. Durch den Boden des Vakuumgefäßes führen zwei konzentrische Schliffe, von denen der innere den Krystalltisch trägt, während der Plattenhalter an dem äußeren befestigt ist. An dem äußeren Ende des *inneren* Konus sitzt ein vierarmiges Kreuz mit ebenso vielen Nonien, die auf eine einfache Graduierung zeigen. Diese Graduierung ist an einem Schutzring angebracht, der als Schutz für den Präzisionskreis dient. Der letztere ist an dem *äußeren* Konus fest montiert, und die Größe der Drehung wird mit Hilfe von zwei Mikroskopen mit Okularskalen abgelesen. An den neuesten Spektrographen ist die Kreisteilung in $^1/_{12}{}^\circ$ ausgeführt, und die Ablesungen sind auf 1 bis 2″ genau. Eine mikrometrische Drehvorrichtung an dem Außenkonus gestattet die Einstellung der Plattenhalter auf vorgeschriebene Winkelwerte.

Der Fokussierungsbedingung entsprechend muß der Krystall so eingestellt werden können, daß die reflektierende Ebene genau parallel der Drehachse steht und außerdem mit dieser zusammenfällt. Um dies zu erreichen, ist der Krystalltisch erstens um eine horizontale Achse drehbar, zweitens in der Horizontalebene und in der Richtung senkrecht zur Horizontalachse mikrometrisch verschiebbar. Weiter läßt sich der Plattenhalter in Richtung der Krystalle verstellen, damit er in einer Entfernung von der Drehachse des Krystalles aufgestellt werden kann, die dem Abstand Achse—Spalt entspricht. Auf eine größere Genauigkeit dieser Einstellung kommt es nicht an, nur muß der Abstand Spalt—Drehachse—Plattenmitte genau (auf 0,01 mm) ausgemessen werden, um die Winkel-

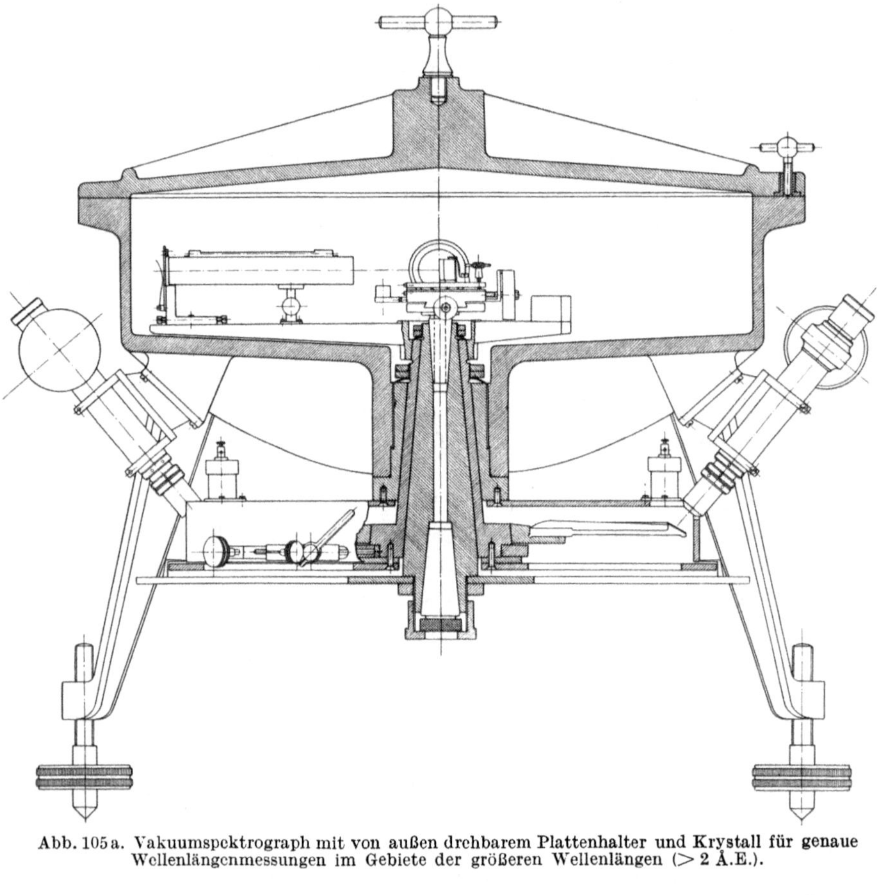

Abb. 105a. Vakuumspektrograph mit von außen drehbarem Plattenhalter und Krystall für genaue Wellenlängenmessungen im Gebiete der größeren Wellenlängen (> 2 Å.E.).

auswertung der linearen Abstände auf der Platte mit der gewünschten Genauigkeit zu ermöglichen.

Eine neuere Ausführung desselben Spektrographen ist in Abb. 105b, c zu sehen. Als Strahlenquelle dient das vorher beschriebene kubische Elektronenrohr, welches an einem Konus in der Spektrographenwand befestigt wird.

Die Vakuumdichtung des Deckels, welche früher mittels Gummifett geschah, wird bei den neueren Instrumenten mittels einer Gummischnur erzielt, die in einer Rinne im Deckel eingelegt ist und dort so weit hineingedrückt wird, daß die ebenen Metallflanschen sich wieder berühren. Dieses Dichtungsverfahren hat sich übrigens auch für Hochvakuuminstrumente als vollkommen ausreichend erwiesen. Die Capillarschicht zwischen den gut passenden Metallflanschen sperrt den Weg für die von der Gummischnur abgegebenen Dämpfe, während anderer-

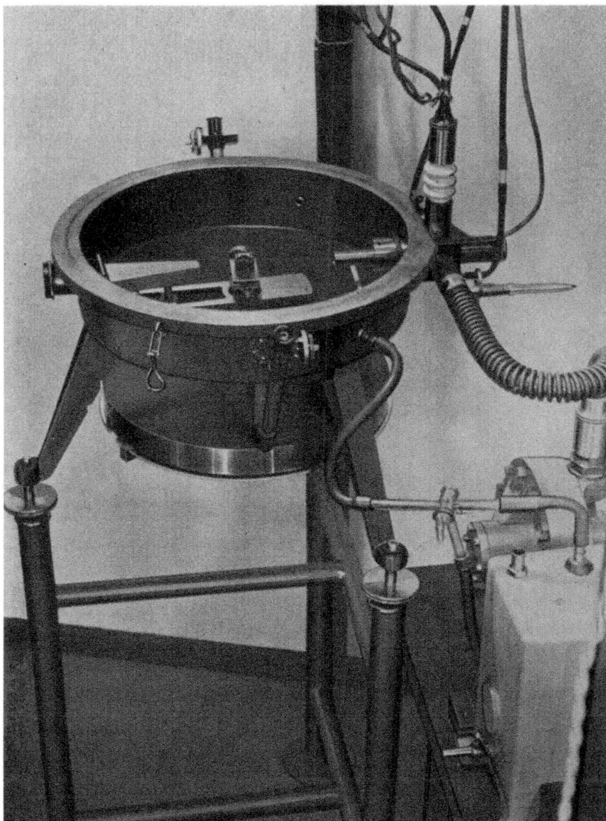

Abb. 105 b. Ansicht eines Vakuumspektrographen in neuerer Ausführung.

seits die Gummischnur sozusagen ein sehr niedriges Vorvakuum aufrecht hält.

Zur Evakuierung des Spektrographen wird eine Kapselpumpe benutzt, die gleichzeitig als Vorpumpe für eine Molekularpumpe dient. An letztere ist das Elektronenrohr durch einen Metallschlauch angeschlossen.

Über die Justierung dieses Spektrographen mögen einige Worte gesagt werden. Die Hauptschwierigkeit bei der Justierung liegt darin, die reflektierende Ebene wirklich mit der Drehachse zusammenfallen zu lassen; dagegen ist es ziemlich leicht, die Krystallebene mit genügender Genauigkeit parallel zur Drehachse einzustellen. Letztere Einstellung

Abb. 105c. Vakuumspektrograph mit aufgesetztem Justiermikroskop.

wird mit Hilfe von Skala und Fernrohr mittels eines planparallelen Glasstreifens ausgeführt, der an die Krystallfläche angedrückt befestigt wird. Da aber der Glasstreifen im allgemeinen nicht ganz eben ist, und die Einstellung auf die obere Hälfte geschehen muß, so wird der richtige Wert als Mittelwert dieser Beobachtung und einer zweiten erzielt, die nach Umlegen der Glasplatte (wie in Abb. 106 angedeutet) gemacht wird.

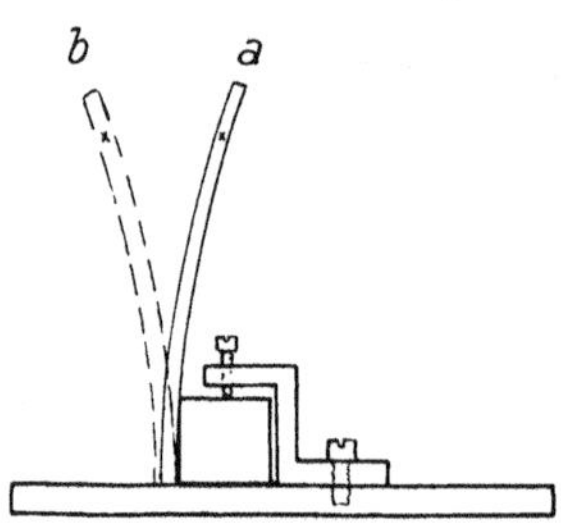

Abb. 106.

Besonders wichtig ist es, die Spiegelungsebene genau so einzustellen, daß sie parallel der Drehachse ist und diese in die Spiegelungsebene fällt. Diese Einstellung erfolgt in der Horizontalebene, in der der Brennfleck liegt und in der die Ausmessung der Platten zu erfolgen hat. Ein kleiner Fehler in der Parallelstellung der Krystallfläche bleibt dann ohne größere Bedeutung. Um diese Einstellung in die Drehachse zu ermöglichen, wird ein kleiner Hilfsapparat an dem Krystalltisch befestigt (s. Abb. 107). Dieser Apparat trägt eine mikrometrisch verstellbare Elfenbeinspitze oder einen Bügel aus dünnem Quarzdraht (SIEGBAHN

[1929: 149]), die mit Hilfe eines Mikroskops (s. Abb. 105c) und unter Umdrehung genau in die Drehachse eingestellt wird. Nachdem dies erreicht ist, wird der zuvor etwas zurückgeschobene Krystall gegen die Spitze oder den Bügel langsam verschoben, bis er mit ihr in Berührung kommt; dieser Moment läßt sich im Mikroskop sehr scharf bestimmen, da hier die Spitze und ihr Spiegelbild zu sehen und ihr Zusammenstoß daher leicht festzustellen ist. Diese Methode gestattet die Krystallfläche mit einer Genauigkeit von etwa 0,001 mm in die Drehachse einzustellen (s. ferner LARSSON [1925: 93]).

Mit einer Spaltweite von 0,025 mm gibt das größere Modell des Spektrographen des Verfassers (Abstand Spalt—Platte etwa 365 mm) in der Gegend der Kupferlinien (Wellenlänge 1537 X.E.; 1 X.E. = 1000 Å.E.) mit Kalkspat als Gitter eine Auflösung von der Größe, daß zwei Linien mit dem Wellenlängenabstand 0,4 X.E. in erster Ordnung gerade getrennt erscheinen.

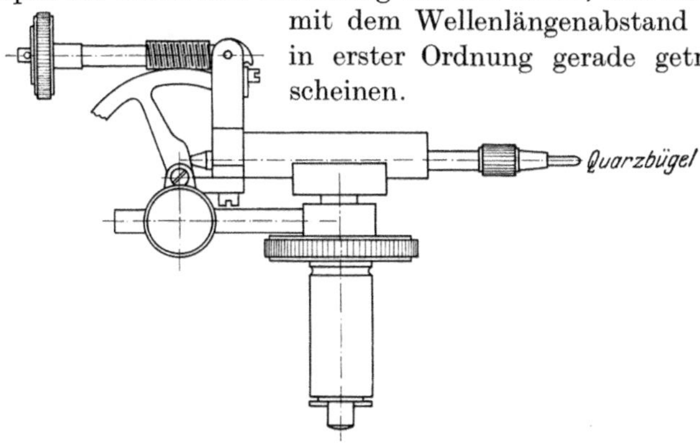

Abb. 107. Vorrichtung zur Einstellung der Krystallfläche in der Drehachse des Spektrometers.

Durch Aufnahmen in höheren Ordnungen ist dann eine wesentlich höhere Dispersion (D) zu erreichen, weil nach der BRAGGschen Gleichung

$$D = \frac{\Delta\varphi}{\Delta\lambda} = \frac{n}{2d\cos\varphi}\,.$$

Bei Reflexion unter nahezu senkrechter Incidenz (Wahl geeigneter Krystalle), wo $\cos\varphi$ sehr kleine Werte annimmt, ergibt sich eine starke Erhöhung der Dispersion (siehe z. B. Abb. 144, 145a).

Bei größeren Reflexionswinkeln erscheinen die Spektrallinien an den Platten gekrümmt. Wie diese Krümmung zustande kommt, kann leicht in folgender Weise erklärt werden. Nach der Reflexionsbedingung gilt für eine bestimmte Wellenlänge, daß sie unter einem bestimmten Einfallswinkel gespiegelt wird. Wir denken uns nun einen gewissen leuchtenden Punkt *in* dem Spalte als Lichtquelle und die reflektierte Krystallebene in alle Richtungen ins Unendliche verlängert. Alle Strahlen, deren Reflexion möglich ist, bilden dann offenbar einen Kegel, dessen Spitze in der Lichtquelle liegt und dessen Achse senkrecht zur

Krystallfläche steht. Auch die gespiegelten Strahlen bilden einen Kegel. Dessen Spitze liegt jedoch im Spiegelpunkt der Lichtquelle, und er schneidet die Krystallfläche in demselben Kreis wie der erste Kegel. Da jetzt die photographische Platte senkrecht zu dem auffallenden Strahl steht, wird die Spektrallinie zur Schnittkurve zwischen einem Kegel und einer zu einer Generatrix

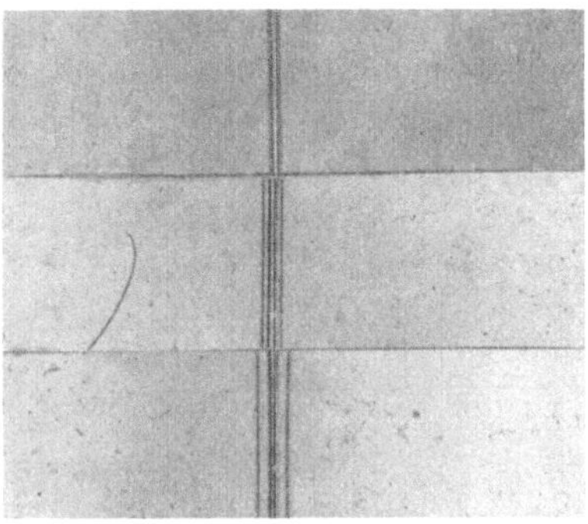

Abb. 108a. Aufnahme der Cu $K\alpha$-Dublette in erster, zweiter und dritter Ordnung mit Spektrometer Abb. 105 und Kalkspat als Gitter.

senkrechten Fläche. Es erhellt hieraus, daß bei Reflexionswinkeln, die kleiner als 45° sind, die Linie ein Teil eines Hyperbelastes ist, der bei 45° in ein Parabelstück übergeht. Bei noch größeren Winkeln geht die Linie in eine ellipsenförmige Kurve über. — Da der Brennfleck aber nicht in dem Spalte liegt, wird die wahre Linie aus einer Anzahl derartiger Kurvenstücke, die sich übereinanderlagern, zusammengesetzt sein.

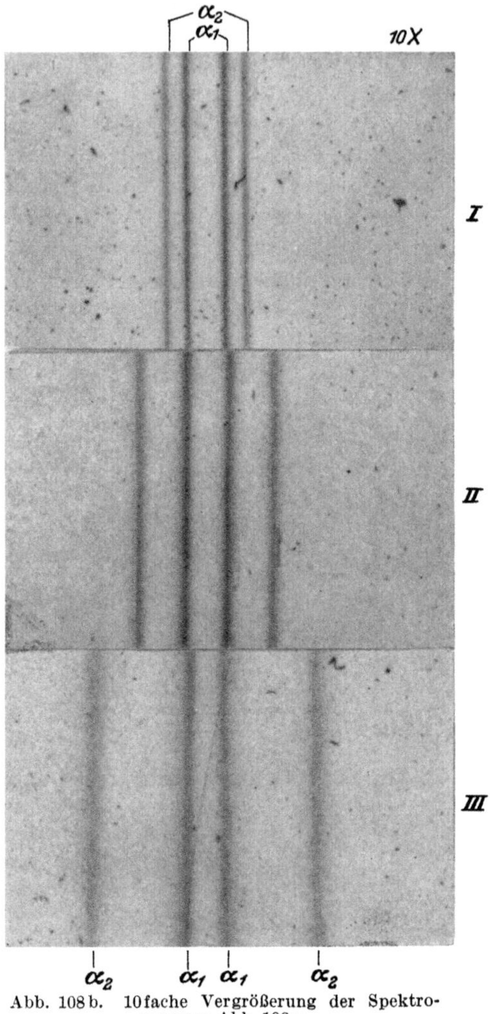

Abb. 108b. 10fache Vergrößerung der Spektrogramme Abb. 108a.

Als Beispiel von Doppelaufnahmen mit dem Vakuumspektrometer (Abb. 105) seien in Abb. 108a und b drei Spektrogramme von Cu $K\alpha_1\alpha_2$ in erster, zweiter und dritter Ordnung wiedergegeben. In Abb. 108b sind die Spektrogramme aus Abb. 108a in 10facher Vergrößerung gezeigt, um eine bessere Vorstellung von relativen Linienbreiten und erzielter Auflösung zu geben. Aus der Vergrößerung der dritten Ordnung ersieht man z. B., daß die totale visuelle Linienbreite etwa $^1/_{12}$ des Linienabstandes 3,8 X.E. beträgt, d. h. von der Größenordnung 0,3 X.E. ist. Dies führt sogar zu weit kleineren Linienbreiten als der mit dem Doppelkrystallverfahren erhaltenen (s. § 36). Es zeigt dies auch, daß ein merkbares Eindringen der Strahlen bei dieser und größeren Wellenlängen nicht vorhanden ist. Daß ein solches Eindringen bei wesentlich härteren Strahlen und besonders bei schlechten Krystallen eintritt, beeinträchtigt selbstverständlich nicht die Verwendbarkeit der hier beschriebenen Meßmethode für längere Wellen. Man setzt daher zweckmäßig die Grenze bei 1,5 bis 2,0 Å.E. und benutzt die zuerst beschriebenen Spektrometertypen (mit Spalt zwischen Krystall und Platte)

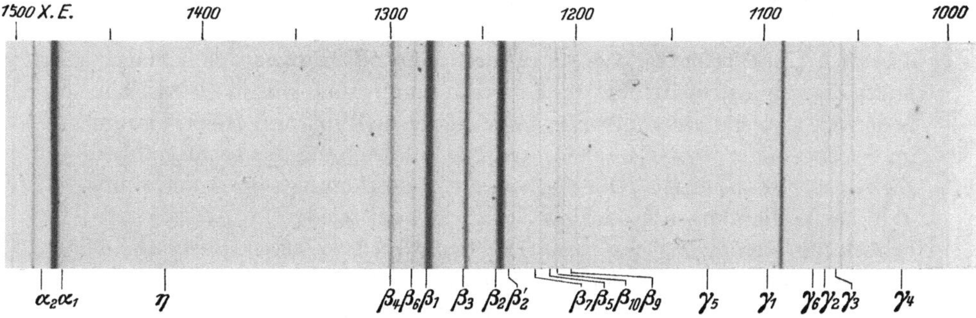

Abb. 109. L-Spektrum von Wolfram, aufgenommen mit einem Spektromer nach Abb. 105. Die Linien α_1, β_1, β_2 sind stark überexponiert, um die schwächeren Linien hervortreten zu lassen.

für kürzere Wellen und letztere Methoden für längere Wellen, wo große Ablenkungswinkel und Evakuierung nötig ist.

Was diese oft diskutierte Frage von dem Eindringen der Strahlung in den Krystall und ihren Einfluß auf die Genauigkeit der Messungen bei Vakuumspektrometern der eben angegebenen Type anbetrifft, so zeigen auch die direkten Wellenlängenmessungen (s. Siegbahn [1929: 149]), daß dieser Einfluß — gute Krystalle vorausgesetzt — zu vernachlässigen ist innerhalb des Wellenlängengebiets, für welches die Vakuumspektrometer vorgesehen sind, d. h. bei Wellenlängen größer als die obenerwähnte Grenze von 1,5 Å.E.

Abschließend geben wir in Abb. 109 noch ein Spektrogramm wieder, nämlich die L-Reihe von 74 W, welche mit Vakuumspektrographen der Type Abb. 105 aufgenommen sind.

Es seien noch einige Bemerkungen hinzugefügt über die Verwendung der Vakuumspektrometer. Zur bequemen Bestimmung der zu einer gesuchten Wellenlänge (in X.E.) gehörigen Reflexionswinkel sind im Anhang eine Anzahl graphischer Darstellungen gegeben. Diese geben für die am meisten vorkommenden Krystallgitter: Steinsalz,

Kalkspat, Quarz, Gips, Glimmer und Zucker die einander entsprechenden Wellenlängen und Reflexionswinkel. Die Skala ist ferner so gewählt, daß sie linear richtig ist für einen Abstand Spalt—Krystalldrehachse—Platte von 365 mm, was die übliche Dimension des größeren Typus der Vakuumspektrometer des Verfassers (Abb. 105) ist. Dies ermöglicht für Spektrogramme, die mit diesem Instrument aufgenommen sind, eine direkte Schätzung der Wellenlängen durch Auflegen der Platte auf den graphischen Maßstab.

Für den langwelligeren Teil des Spektrums, $>$ 2 Å.E., wird die Absorption in der Spaltbedeckung von Bedeutung. Man übersieht diese Verhältnisse mit Hilfe der graphischen Darstellung (Abb. 110), wo die hindurchgelassene Intensität bei verschiedenen Materialien als Spaltbedeckung angegeben ist. Man sieht u. a., daß eine Aluminiumfolie von der Dicke 7 μ schon praktisch vollständig die Strahlung im Gebiete 6 bis 8 Å.E. absorbiert. Hier kann man dann mit dünner Goldschlägerhaut, die zur Ausschaltung der Lichtstrahlung noch mit 0,5 μ Al-Folie bedeckt ist, auskommen. Am besten arbeitet man hier mit Hochvakuum im Spektrometer, wobei nur 0,5 μ Al zur Schwächung des gewöhnlichen Lichtes erforderlich ist. Oberhalb der Eigenstrahlung von Aluminium, d. h. bei Wellenlängen größer als 8 Å.E., genügt wieder 7 μ Al als Spaltbedeckung wenigstens bis etwa 12 oder 13 Å.E. Zur bequemen Anbringung der dünnen Folien an dem Spalt ist dieser bei den neueren Ausführungen der Spektrometer in einer abnehmbaren konischen Fassung montiert, die nach Auflegung der Folie wieder luftdicht an ihrem richtigen Platz angebracht werden kann.

Für den langwelligsten Teil des Spektrums ist es, wie eben erwähnt, vorteilhaft, mit Hochvakuum im Spektrometer zu arbeiten, nicht so sehr, um die Absorption im Luftweg zu erniedrigen — denn diese ist schon beim üblichen Vorvakuum vor 0,01 mm nicht störend —, sondern um die Spaltbedeckung dünner wählen zu können. Die in Abb. 105 gezeigten Spektrometertypen lassen sich bei Benutzung von modernen, leistungsfähigen Molekularpumpen ohne weiteres für Hochvakuum benutzen, wenn nur Gefäß und Deckel aus vakuumdichtem Material ausgeführt werden, d. h. wenn diese z. B. aus Messingblech hergestellt sind (Siegbahn-Thoraeus [1924: 118]). Für die Dichtung zwischen Deckel und Gefäß ist schon oben eine geeignete Anordnung angegeben.

Ein anderer Weg zur Lösung dieses Problems wurde von Siegbahn und Thoraeus angezeigt [1926: 181]. Bei dieser Spektrometerkonstruktion (s. Abb. 111 a, b, c) ist das Volumen des Spektrometerraumes stark verringert. An einen stabilen Stahlkonus passen sich außen und innen zwei andere Konen aus Metall an. Der innere dient als Halter für den Krystall und trägt außen einen Zeiger, der an einer an dem Stahlkonus befestigten Kreisteilung die Winkelstellung des Krystalles abzulesen gestattet. An dem äußeren Konus, dessen Winkelstellung auch an derselben Kreisteilung abgelesen werden kann, ist ein Ansatzrohr

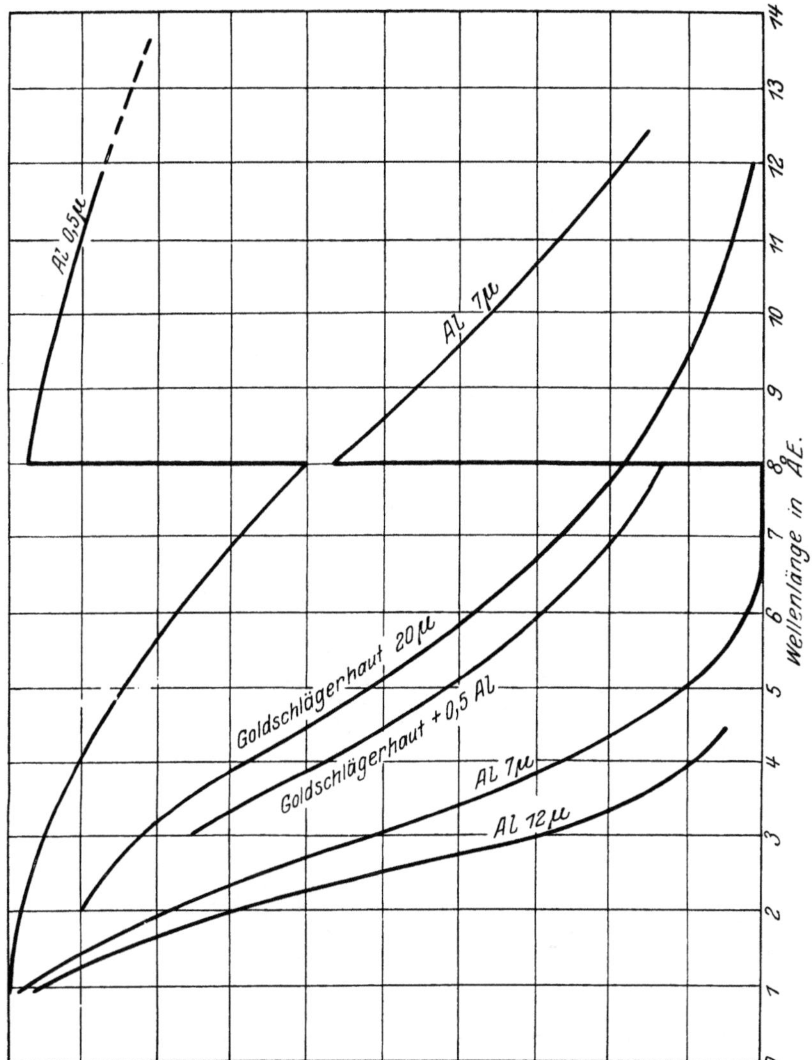

Abb. 110. Durchgehende Strahlungsintensität bei verschiedenen Folien.

mit Plattenhalter befestigt. Ein anderes Ansatzrohr am Stahlkonus selbst trägt den Spalt und das Röntgenrohr. Wenn erwünscht, können diese Ansatzrohre gegeneinander vertauscht werden, so daß entweder mit Spalt zwischen Krystall und Platte oder zwischen Antikathode und

Krystall gearbeitet werden kann. Geeignet angebrachte Ausbohrungen im Stahlkonus und im äußeren Konus geben der Strahlung freien Weg.

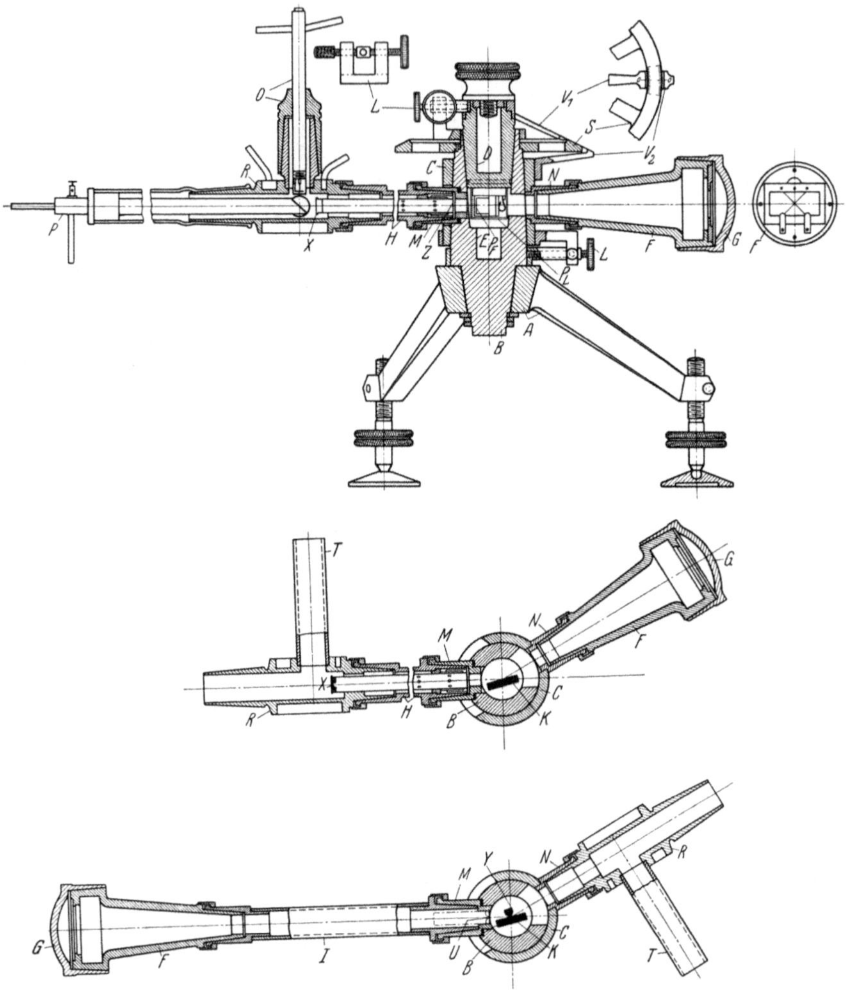

Abb. 111a, b und c. Hochvakuumspektrometer nach SIEGBAHN-THORAEUS.

Der Abstand Spalt—Platte läßt sich leicht durch Einsetzen von Zwischenröhren verändern. Überhaupt ist dieser Spektrometertypus für verschiedene Zwecke bequem abzuändern. Ein Nachteil ist, daß er nur die Ausnutzung eines ziemlich begrenzten Winkelgebietes der Strahlung zuläßt. Diesem Übelstand hat man dann durch geeignete Wahl von Krystallgittern abzuhelfen. Mit diesem Spektrometertypus

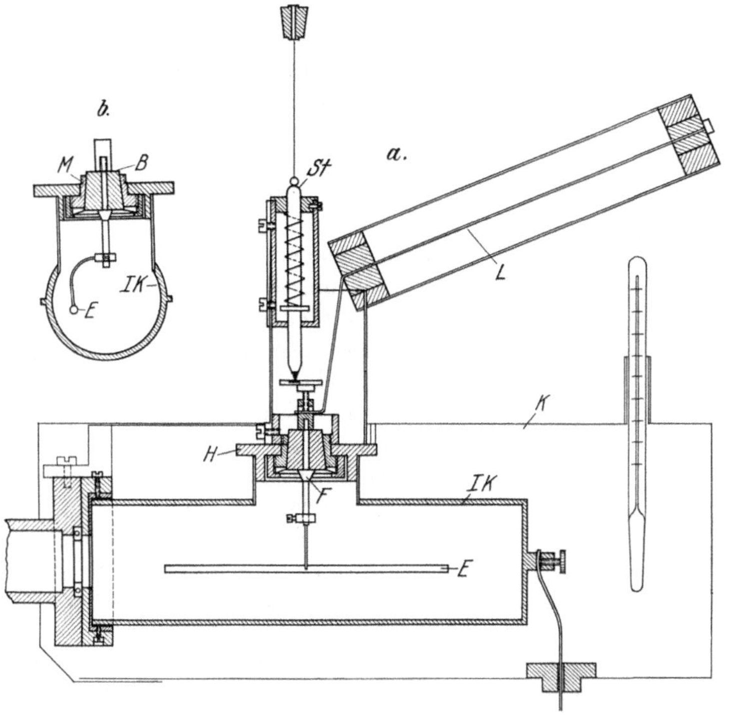

Abb. 112a. Ionisationskammer zum Spektrometer Abb. 111.

hat THORAEUS [1926: 197, 198] die langwelligen *K*-Spektren von O und Fl sowie die *L*-Spektren der niedrigsten Elemente untersucht.

Für Messungen von Linienintensitäten, Linienbreiten u. dgl. im Vakuumgebiet läßt sich dieses Spektrometer leicht mit einem Geigerzähler oder einer Ionisationskammer ausrüsten. Statt des Ansatzrohres für den Plattenhalter wird dann ein Rohr mit angeschlossener Kammer, wie Abb. 112 a, b zeigt, angeschraubt (MOLIN [1927: 102] und JÖNSSON [1927: 72, 73, 74]). Das Ansatzrohr trägt am hinteren Ende einen Spalt, der eine gewisse Wellen-

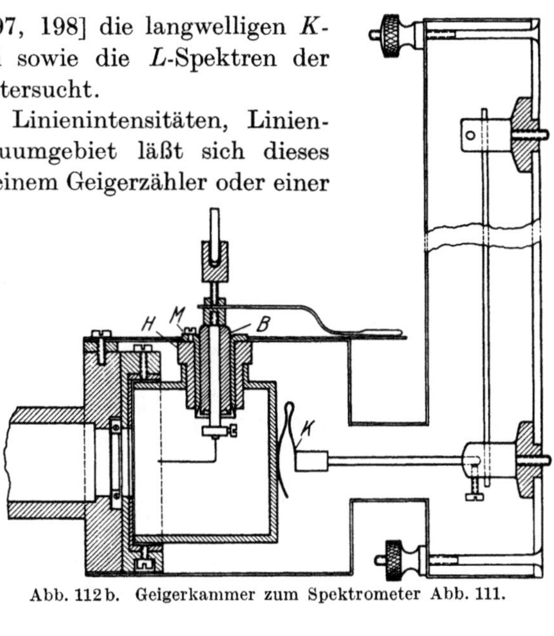

Abb. 112b. Geigerkammer zum Spektrometer Abb. 111.

länge, je nach Winkeleinstellung des Rohrarmes, in die Kammer hineinläßt. Die Kammer ist isoliert mit vakuumdichtem Fenster an dem Arm befestigt. Betreffend Einzelheiten in der weiteren Anordnung und der Meßmethodik sei auf die zitierten Arbeiten hingewiesen.

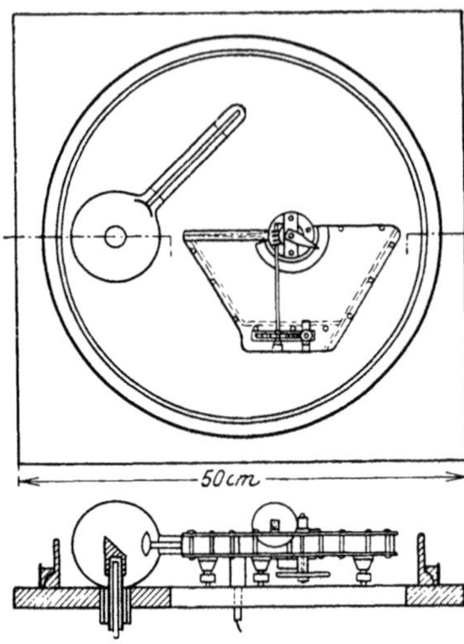

Abb. 113. Spektrograph und Rohr, ganz in ein Hochvakuum eingeschlossen, nach KARCHER.

Die von KARCHER bei seiner Untersuchung der M-Reihe benutzte Spektrometerkonstruktion ist in Abb. 114 zu sehen. Strahlenquelle und Spektrograph befinden sich hier zusammen in demselben Vakuumraum. Der eigentliche Spektrograph ist nach dem Prinzip der Drehkrystalle gebaut. Photographiert wurde das Spektrum mit ebenen Platten, die in gewisse Lagen einstellbar waren. Dies gibt nicht die beste „Fokussierung", woraus die ziemlich großen Fehler in den Wellenlängenmessungen zu erklären sein dürften. Als Strahlenquelle dient ein Ionenrohr, dessen gekühlte Antikathode durch den Boden des Vakuumgefäßes aufragt. Um die photographische Platte gegen gewöhnliches Licht zu schützen, wurde sie in Carbonpapier eingewickelt.

Abb. 114. Spektrometer mit Ionisationskammer. (Aus WARREN W. NICHOLAS, J. opt. Soc. **14**.)

Beschreibungen von Spektrometern mit photographischer Registrierung finden sich u. a. bei SIEGBAHN, LINDH und STENSSON [1921: 84], MÜLLER [1925: 103], NORTON [1926: 147], SEEMANN [1926: 175], DAUVILLIER [1927: 37], SHEARER [1927: 137], WEBSTER [1929: 177].

B. Spektrographen mit Ionisierungskammer.

Die Ausführung eines Spektrometers mit Ionisierungskammer haben wir schon bei der Besprechung der Untersuchungen von BRAGG beschrieben. Nach diesem Muster sind die meisten Spektrometer dieser Art gebaut. Als Beispiel einer neueren Ausführung mit großer Ionisierungskammer und dem Elektrometer über der Drehachse ist in Abb. 114 ein Bild nach NICHOLAS [1927: 116] wiedergegeben.

Ein registrierendes Ionisationsspektrometer, welches von A. H. COMPTON [1916: 8] konstruiert wurde, ist in Abb. 115 abgebildet.

Krystall und Ionisationskammer werden hier automatisch gedreht, und zwar so, daß die Kammer die doppelte Drehgeschwindigkeit des

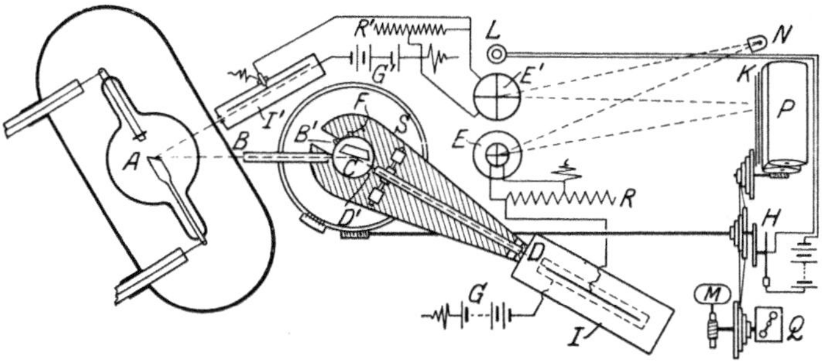

Abb. 115. Registrierendes Ionisationsspektrometer von COMPTON.

Krystalls bekommt. Dieselbe Drehvorrichtung wirkt auch auf eine Trommel mit photographischem Papier, auf dem die Ausschläge des Elektrometers registriert werden. Damit diese Ausschläge immer proportional der Leitfähigkeit der Ionisationskammer sind, ist die freie

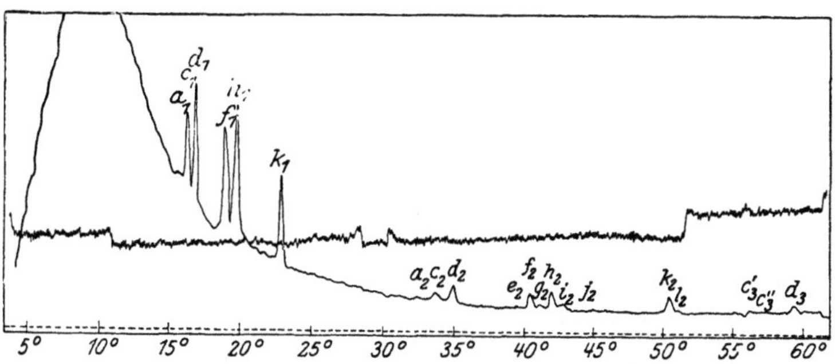

Abb. 116. Spektrum eines Coolidgerohres mit dem Spektrographen Abb. 115 registriert.

Elektrode der Kammer außer mit dem Quadrantenpaar noch durch einen großen Widerstand mit der Erde verbunden. Um ferner eine Verwechslung von Schwankungen in der vom Rohre ausgehenden Strahlung mit Spektrallinien zu vermeiden, wird die Totalintensität der Strahlung gleichzeitig durch eine ähnliche Elektrometeranordnung mitregistriert.

Das von COMPTON verwandte und von ihm konstruierte Elektrometer besaß eine sehr hohe Empfindlichkeit. COMPTON gibt an, daß es bei 25000 mm Ausschlag pro Volt noch gut arbeitet. Wie gut diese Anordnung funktioniert, zeigt die Registrierung in Abb. 116, die das

Spektrum eines technischen Coolidgerohres mit einer Wolframantikathode darstellt.

Das oben angegebene Verfahren, die Strom- und Spannungsschwankungen im Rohre durch gleichzeitige Registrierung der *Totalintensität* auszugleichen, ist in den meisten Fällen nicht befriedigend, weil eine gewisse Änderung der Totalintensität bei den verschiedenen Wellenlängen nicht dieselbe relative Änderung bewirkt. Insbesondere wirkt eine Spannungsänderung sehr ungleichmäßig auf die verschiedenen Wellenlängen. Hat man den Röntgengenerator, wie das oft der Fall ist,

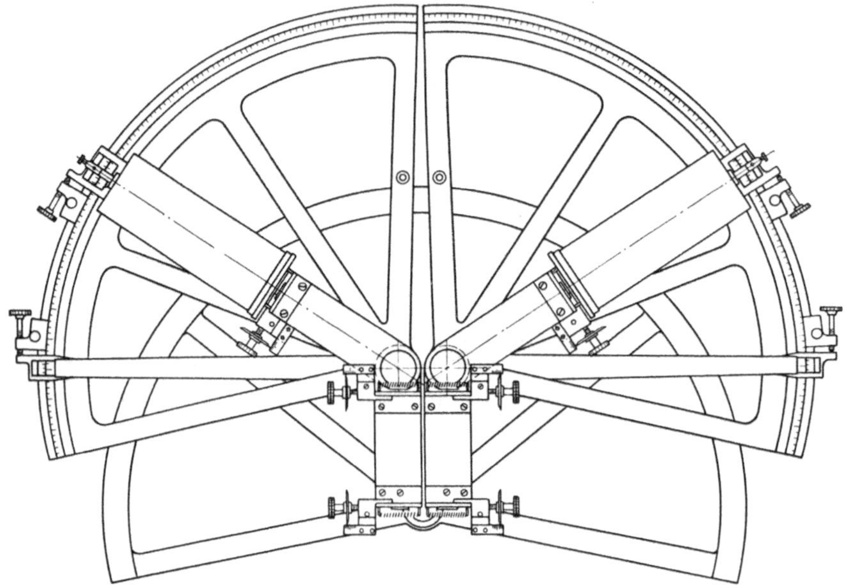

Abb. 117. Doppelspektrograph von WINGÅRDH und dem Verfasser, der für Absorptionsmessungen benutzt wurde.

an die städtische Netzspannung angeschlossen, so wird man an manchen Stellen ganz bedeutende Schwankungen finden, die jede quantitative Messung ausschließen, wenn nicht besondere Vorsichtsmaßregeln ergriffen werden. Eine solche Anordnung ist bei einem Ionisationsspektrometer, das von WINGÅRDH und dem Verfasser [1920: 50; 1922: 83] bei Absorptionsmessungen benutzt wurde, dadurch getroffen, daß die betreffende Wellenlänge aus demselben Bündel in zwei verschiedenen Krystallen reflektiert wurde und jede in ihre Ionisationskammer hineingelangte.

Die Apparatur war sonst (s. Abb. 117) nach dem Prinzip des BRAGGschen Spektrometers gebaut, d. h. sie bestand aus zwei Braggspektrometern, die ganz dicht nebeneinander aufgestellt waren; die Hälfte jeder Kreisteilung war weggeschnitten. Die zwei Halbspektrometer wurden dann so eingestellt, daß die Linie Krystalldrehachse—Spalt für beide Spektrometer an derselben Stelle den Antikathodenbrennfleck zeigte. Die zwei Ionisationskammern waren gegeneinander geschaltet: die eine war auf +200, die andere auf −200 Volt aufgeladen, während die freien Elektroden beider Kammern metallisch miteinander verbunden und an das Elektrometer angeschlossen waren. Bei gleichen Ionisierungsströmen in den zwei Kammern wird also die Elektrometernadel keinen Ausschlag geben. Bei den erwähnten Messungen des Absorptionsvermögens verschiedener Substanzen wurde der zu untersuchende Stoff in den Strahlenweg des einen Strahls gebracht, während der andere Strahl durch eine eingeschaltete Sektorenscheibe in dem bekannten Verhältnis geschwächt wurde, bis die Ionisierungsströme gleich waren.

Eine ähnliche Anordnung wie diese und für entsprechende Zwecke hat auch William benutzt. Bei ihm standen die zwei Kammern übereinander.

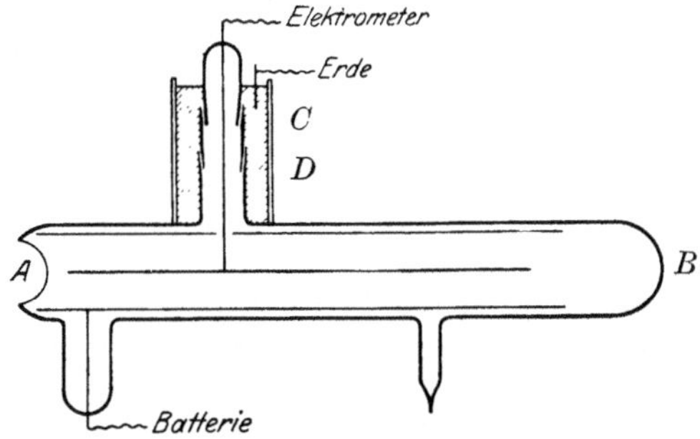

Abb. 118. Gasdichte Ionisationskammer nach Duane und Blake.

Bei allen Spektrometern dieser Art wird im allgemeinen eine besondere Gasfüllung im Ionisierungsgefäß gebraucht, um möglichst starke Ionenströme zu erzielen. Von den am meisten benutzten Stoffen seien erwähnt CH_3J, CH_3Br und SO_2. Bei den erstgenannten wird die Verstärkung besonders groß bei Wellenlängen, welche kürzer als die Eigenstrahlung von J bzw. Br (K-Reihe) sind, weil dann die Absorption plötzlich ansteigt. Die Eigenstrahlungen der anderen einzelnen Bestandteile liegen dagegen weit außerhalb der Untersuchungsgebiete. Einige Schwierigkeit bereitet die Wahl von geeigneten Isolatoren: Hartgummi und Bernstein werden von den Gasen angegriffen und schnell leitend gemacht. Am besten dürfte Quarz sein, wenn auch Schwefel in vielen Fällen verwandt werden kann. Eine sehr schöne Anordnung, die diese Schwierigkeit löst, ist die von Duane und Blake angegebene. Die Kammer besteht hier aus einem zugeschmolzenen Glasgefäß, an dem die isolierte Elektrode in einem Schliff aus Quarz befestigt ist (s. Abb. 118). C ist ein metallisches Zwischenstück, das geerdet ist und daher verhindert, daß Elektrizität an die isolierte Elektrode gelangt. Wegen der guten Dichtung der Kammer hält sich hier die Gasfüllung längere Zeit ganz konstant, so daß Meßergebnisse, die zu verschiedenen Zeitpunkten erhalten wurden, miteinander vergleichbar sind.

Eine Anordnung zur Erhöhung der Empfindlichkeit wurde von Soller [1924: 119a] angegeben: Statt Spalte werden eine Anzahl parallelgestellte dünne Platten benutzt, wie in Abb. 119 gezeigt.

Von größerer Wichtigkeit sind in der letzten Zeit die „Doppelkrystall"spektrometer geworden. Die zu untersuchende Strahlung wird hier von zwei hintereinander drehbar aufgestellten Krystallen reflektiert

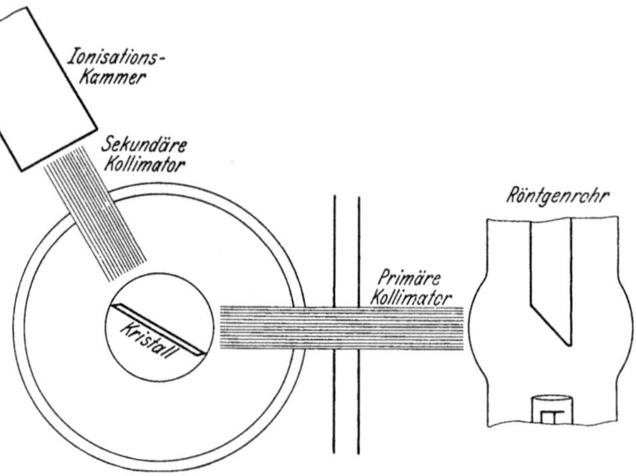

Abb. 119. Ionisationsspektrometer mit Sollerspalte.

und trifft danach die Ionisationskammer. Diese Anordnung wurde zuerst verwandt, um das Reflexionsvermögen von Krystallen für Röntgenstrahlen zu messen [1917: 6; 1921: 2; 1921: 27; 1922: 79]. In diesem

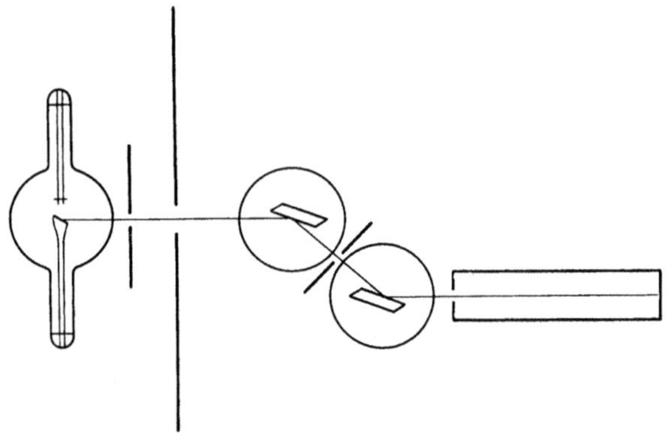

Abb. 120. Schematische Anordnung des Doppelkrystallspektrometers.

Falle sind die zwei Krystalle mit ihren spiegelnden Flächen parallel aufgestellt, wie die schematische Zeichnung (Abb. 120) zeigt. Zur Messung des Reflexionsvermögens wird dann zuerst der zweite Krystall aus dem Strahlengang entfernt und die vom ersten Krystall reflektierte Strahlung gemessen; nachher wird so der zweite Krystall in seiner Stellung für Reflexion aufgestellt und die reflektierte Strahlung gemessen.

EHRENBERG und MARK [1927: 54] sowie EHRENBERG und SUSICH [1927: 53] haben zuerst diese Doppelkrystallmethode für eine sehr wichtige Frage der Röntgenspektroskopie, nämlich die der natürlichen Breite der Spektrallinien, zu Hilfe genommen. Bei diesem Verfahren werden die zwei Krystalle in zwei Reflexionsstellungen benutzt: die parallele und die „antiparallele", wie in Abb. 121 gezeigt. In jedem Falle wird die Strahlung nach der doppelten Reflexion mit Hilfe der Ionisationskammer gemessen als Funktion der Winkeleinstellung des zweiten Krystalls. Selbstverständlich kommt es hier nur auf einen sehr kleinen Winkelbereich um die exakt parallele oder antiparallele Lage herum an. Befinden sich die Krystalle in der *parallelen* Stellung und denken wir uns, daß eine rein monochromatische Strahlung gegen den ersten Krystall einfällt, so wird diese Strahlung nach dem BRAGGschen Gesetz

$$n\lambda = 2d\sin\varphi$$

in eine Richtung mit dem Winkel φ gegen die Krystallfläche abgelenkt. Wie aber DARWIN und EWALD theoretisch gezeigt haben (siehe oben S. 20), tritt Totalreflexion auch bei einem idealen Krystall innerhalb eines kleinen Winkelbereiches $\Delta\varphi$ ein, der geschrieben werden kann

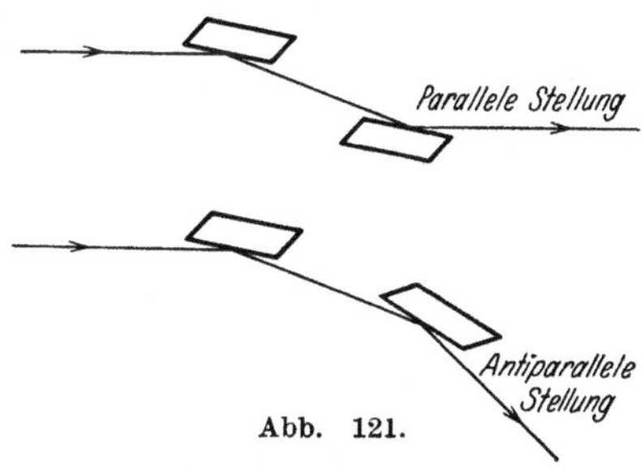

Abb. 121.

$$\Delta\varphi = 4\delta\,\mathrm{cosec}\,2\varphi$$

oder

$$\Delta\varphi = 4\delta\cot 2\varphi,$$

je nachdem der elektrische Vektor der Strahlung senkrecht oder parallel zur Einfallsebene liegt. Außerhalb dieses Gebietes $\Delta\varphi$ der totalen Reflexion fällt das Reflexionsvermögen schnell ab, etwa wie die Abb. 14 angibt. Schon aus diesem Grunde hat also das monochromatische Strahlenbündel, welches den zweiten Krystall trifft, einen gewissen Öffnungswinkel. Da Entsprechendes bei der Reflexion an dem zweiten Krystall gilt, wird man also bei Drehung dieses letzten Krystalles über einen Winkelbereich, der durch Zusammensetzung der zwei Reflexionsbereiche bestimmt ist, in der Ionisationskammer eine gewisse Strahlenintensität bekommen. Dazu kommt jetzt, daß die Krystalle im allgemeinen nicht ideal aufgebaut sind, sondern mosaikförmig aus kleineren Krystallstücken zusammengesetzt sind, welche ein wenig gegeneinander verstellt sind. Dies gibt dann eine weitere Verbreiterung des Reflexionsgebietes.

Die Größe dieses Reflexionsgebietes (im Winkelmaß) läßt sich also in der parallelen Stellung der Krystalle dadurch feststellen, daß man die Intensität als Funktion der Winkelstellung des zweiten Krystalles bestimmt. Ob die Strahlung streng monochromatisch ist oder nicht, spielt dabei keine Rolle. Um einen Begriff von der Größe des bei den wirklichen Krystallen vorkommenden Reflexionsgebietes hauptsächlich wegen der kleinen Desorientierung der Mosaikkrystalle zu geben, seien hier einige Beispiele von gemessenen Werten herangezogen: EHRENBERG und MARK erhielten bei Diamant eine Kurve, deren Halbweite[1] etwa 2″,3 (pro Krystall) war. (Es ist dabei angenommen, daß die Reflexionskurve die Form einer GAUSSschen Fehlerkurve hat und ferner für die zwei Krystalle identisch ist.) Bei Kalkspat fanden EHRENBERG und SUSICH Werte von etwa 6″. DAVIS und STEMPEL [1921: 27] haben gespaltete Kalkspatflächen ohne und nach Polierung untersucht. Sie fanden bei ihren Krystallen im ersten Falle Halbweiten von etwa 6″, im zweiten Falle etwa 16″. Bei einer späteren Gelegenheit haben DAVIS und PURKS [1929: 35] sehr gute Kalkspatexemplare benutzt, bei denen die Halbweiten (pro Krystall) 1″,6 in erster Ordnung und 0″,45 bei Reflexion in zweiter Ordnung aufzeigten. ALLISON und WILLIAMS [1930: 4] fanden bei ihren Kalkspatkrystallen die Halbweite der verschiedenen Ordnungen wie nebenstehend.

Ordnung	Halbweite Exper.	Halbweite Berechnet
1	2″,1	1″,5
2	0 ,64	0 ,28
3	0 ,67	0 ,22
4	0 ,78	0 ,16
5	0 ,88	0 ,08

Die berechneten Werte sind nach der Theorie von DARWIN erhalten.

In allen diesen Fällen wurden die Messungen mit Mo $K\alpha$-Strahlung (λ = 708 X.E.) ausgeführt. Bei der obenerwähnten Untersuchung von DAVIS und PURKS wurde auch mit W $K\alpha_1$ und Cu $K\alpha_1$ gemessen und dabei die folgenden Halbweiten erhalten:

W $K\alpha_1$ 209 X.E.	erster	Ordnung	0″,88
	zweiter	„	0 ,45
Cu $K\alpha_1$ 1537 X.E.	erster	„	2 ,7
	zweiter	„	0 ,86

Diese Werte sind von großem Interesse, weil man daraus auch die mit Krystallgittern überhaupt erzielbare Meßgenauigkeit beurteilen kann.

Bei der *parallelen* Stellung der Krystalle in einem Doppelkrystallspektrometer erhalten wir also eine gute quantitative Vorstellung von der Güte der verwendeten Krystalle. Über die Strahlung selbst besagen aber diese Messungen nichts. In der antiparallelen Stellung dagegen ist diese Spektrometeranordnung sehr geeignet zur Analyse der Strahlung und ganz besonders zu Untersuchungen über Feinstruktur und Linienbreite. Für den letzterwähnten Zweck wurde die Anordnung zuerst

[1] Mit Halbweite wird hier durchweg die halbe Breite in halber Höhe der Intensitätskurve gemeint.

von EHRENBERG und MARK verwendet, und zwar benutzten sie in paralleler und antiparalleler Stellung Reflexion in erster Ordnung. Die

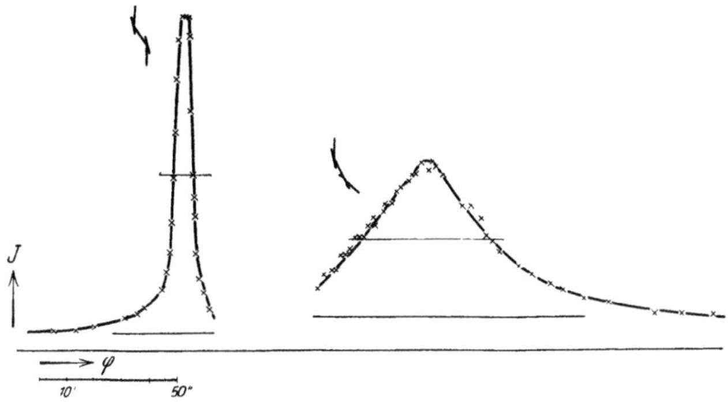

Abb. 122. An Diamant mit Mo K-Strahlung in paralleler und antiparalleler Stellung aufgenommene Kurven. (Aus EHRENBERG und MARK, Z. Physik 42.)

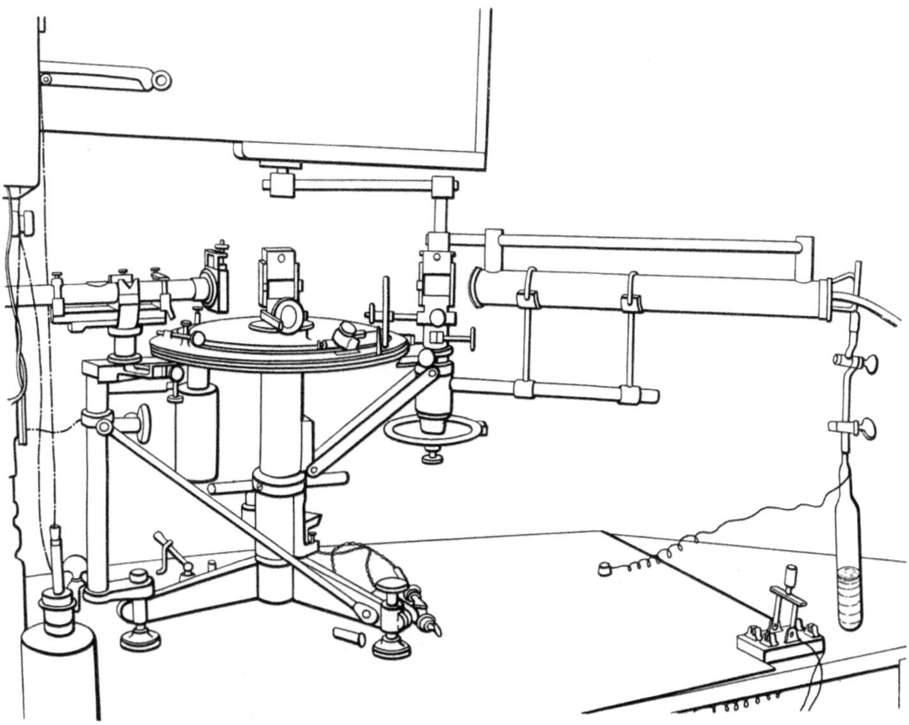

Abb. 123a. Doppelkrystallspektrometer. (Aus WILLIAMS und ALLISON, J. opt. Soc. of Amer.)

Abb. 122 zeigt die zwei so erhaltenen Intensitätskurven, wobei die linke Kurve nur die Reflexionsgebiete der Krystalle registriert, während in die rechte Kurve noch die Intensitätsverteilung ($\Delta\lambda$) in der verwandten

Strahlung eingeht. Die Ergebnisse dieser Untersuchung betreffend die natürliche Linienbreite werden wir später besprechen (§ 36).

Ganz allgemein kann man selbstverständlich die zwei Krystalle in beliebigen Ordnungen reflektieren lassen. Theoretisch ist diese Frage von SCHWARZSCHILD [1928: 103] sowie von ALLISON und WILLIAMS [1930: 4] behandelt. Bezeichnen n_A und n_B die Ordnung der Reflexion beim ersten bzw. zweiten Krystall, wo n_A immer positiv gewählt wird und n_B dann positiv, wenn einfallende und ausgehende Strahlen an der-

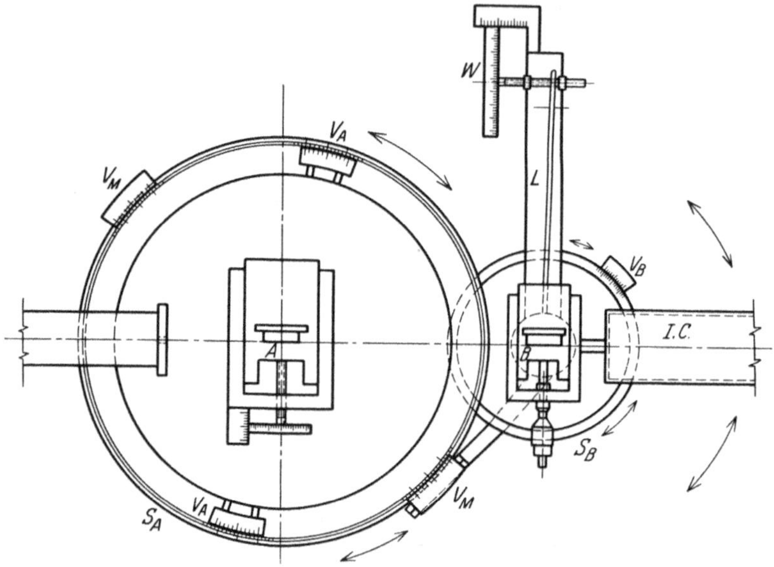

Abb. 123 b. Doppelkrystallspektrometer. (Aus WILLIAMS und ALLISON.)

selben Seite der Strahlenrichtung zwischen den zwei Krystallen liegen, sonst n_B negativ, so ergibt sich nach der BRAGGschen Beziehung

$$D \equiv \frac{d\varphi_B}{d\lambda} = \frac{n_A}{2d\cos\varphi_A} + \frac{n_B}{2d\cos\varphi_B}, \qquad (61)$$

wo D die *Dispersion* darstellt.

Bei dem zuerst behandelten Fall: die parallele Stellung, wo $n_A = -n_B$, wird $D = 0$ in Übereinstimmung mit den obigen Darlegungen.

Setzen wir jetzt voraus, daß die Reflexionskurve die Form einer GAUSSschen Fehlerverteilung hat, und ebenso, daß die Energieverteilung der zu untersuchenden Spektrallinie einem solchen Ausdruck gehorcht, dann läßt sich zeigen, daß

$$D^2 W_\lambda^2 = W^2 - W_A^2 - W_B^2, \qquad (62)$$

wo W_A und W_B die Halbweiten der Reflexionskurven bei den Krystallen A bzw. B und W die Halbweite der beobachteten Intensitätskurve, alles im Winkelmaß dargestellt. Mit D, ausgedrückt in Winkelmaß/X.E., ergibt sich dann die Halbweite W_λ der Spektrallinie in X.E.

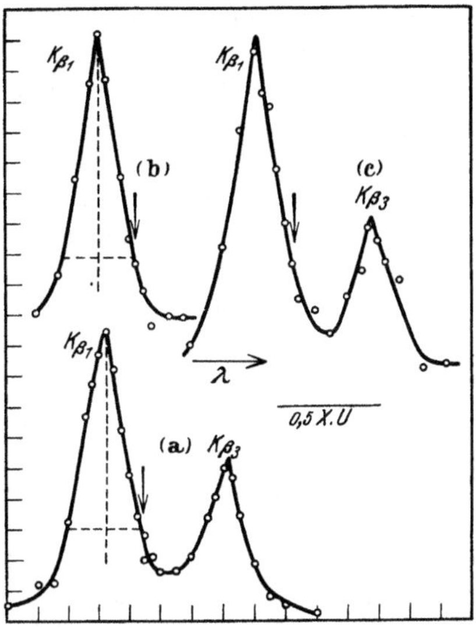

Abb. 124. Registrierung der Mo $K\beta_1\beta_3$-Dublette mittels Doppelkrystallspektrometers von ALLISON und WILLIAMS.

Das Verfahren zur Linienbreitenbestimmung, wie es zuerst in der genannten Arbeit von EHRENBERG und MARK durchgeführt wurde, ist also dieses: Mit zwei

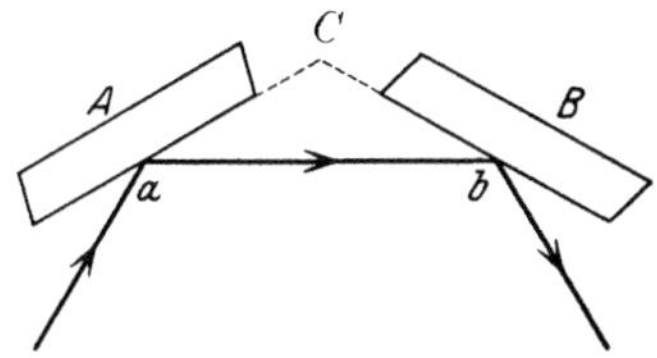

Abb. 125. Symmetrisch gespiegelte Strahlung in Spektrometeranordnung nach DU MOND und HOYT (aus Physic. Rev. **36**).

Krystallen in paralleler Stellung ($D = 0$) werden W_A und W_B (gleiche Werte vorausgesetzt) gemessen; eine zweite Messung in einer nichtparallelen Stellung gibt dann — mit den bekannten Werten von W_A und W_B — den Wert von W_λ. Über verschiedene Meßergebnisse werden wir später berichten (§ 36).

Über die konstruktive Durchführung von Zweikrystallspektrometern findet man besonders in den schon erwähnten Arbeiten von

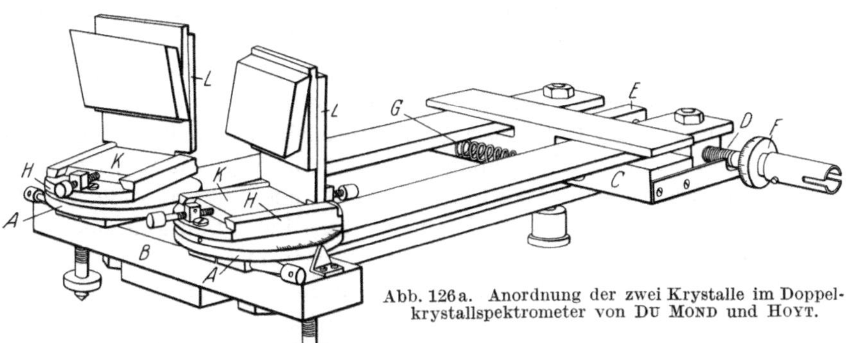

Abb. 126a. Anordnung der zwei Krystalle im Doppelkrystallspektrometer von DU MOND und HOYT.

DAVIS und STEMPEL und von ALLISON und WILLIAMS nähere Angaben. Es kommt sehr darauf an, Möglichkeiten zur genauen Einjustierung der zwei Krystalle zu haben. Ferner muß eine Vorrichtung zur genau ablesbaren und sehr feinen Winkelverstellung (in Bruchteilen von Bogensekunden) der zweiten Krystalle vorhanden sein. Einen großen Vorteil dieses Spektrometertypus ist die relativ große „Lichtstärke", da man ohne Beeinträchtigung der Leistung mit relativ großer Spaltweite arbeiten kann. Die Spalthöhe darf allerdings nicht zu groß gewählt werden.

Zwei schematische Zeichnungen der von WILLIAMS und ALLISON gebauten Doppelkrystallspektrometer sind in Abb. 123a und b wiedergegeben.

Als Beispiel einer Registrierung bei einer engen Dublette ist in Abb. 124 die von ALLISON und WILLIAMS [1930: 3] für Mo $K\beta_1\beta_3$ bei Reflexion in zweiter Ordnung erhaltene Kurve wiedergegeben. Es ist von Interesse, diese Registrierung mit den Abb. 88 und 89 zu vergleichen. In beiden Fällen sind die Aufnahmen in zweiter Ordnung gemacht: im ersten Falle mit Einkrystallspektrometer und photographisch-photometrischer Registrierung, im zweiten Falle mit Doppelkrystallspektrometer und Ionisierungskammer.

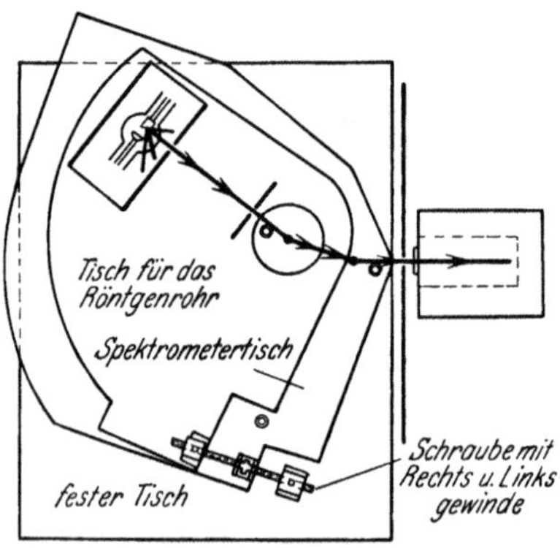

Abb. 126b. (Aus J. W. M. DU MOND und ARCHER HOYT, Physic. Rev. 36.)

Ein vereinfachtes Modell des Doppelkrystallspektrometers wurde neulich von DU MOND und HOYT [1930: 67] beschrieben. Bei diesem Typus wurde nur beabsichtigt, die antiparallele Stellung der Krystalle zu verwenden. Wenn man vom Reflexionsgebiet der Krystalle absieht und nur die genau nach der BRAGGschen Beziehung reflektierte Strahlung betrachtet, liegt die von den zwei Krystallen gespiegelte Strahlung symmetrisch zum Winkel C (Abb. 125), und der Reflexionswinkel φ ist offenbar gerade durch diesen Winkel festgelegt ($2\varphi = 180° - C$). Durch sukzessive Änderung des Winkels C erhält man also in der Ionisationskammer eine Registrierung der Intensitätsverteilung der Strahlung als Funktion der Wellenlänge. Abb. 126a zeigt die von DU MOND und HOYT angegebene Anordnung zur mikrometrischen Änderung der Winkeleinstellung der zwei Krystalle. Die Ionisationskammer — in direkter Verbindung mit einem Hoffmanelektrometer — hat eine feste Aufstellung, während also dem Röntgenrohr eine geeignete Lage gegeben wird, um bei jeder Winkeleinstellung der Krystalle die Strahlung in gewünschter Richtung gegen die Krystalle zu senden. Die Abb. 126b gibt eine Andeutung, wie die verschiedenen Teile des Spektrometers angeordnet sind.

20. Hochspannungsquellen für den Röhrenbetrieb.

Für den Betrieb der Röntgenröhren kommen hauptsächlich folgende Hochspannungsquellen zur Verwendung:

1. Induktoren;
2. Wechselstrom-Hochspannungstransformatoren;
3. Hochspannungsbatterien;
4. Hochspannungs-Gleichstrommaschinen;
5. Influenzmaschinen.

Die beiden ersten besitzen die größte praktische Bedeutung, während die drei letzten nur in Ausnahmefällen Verwendung finden dürften. Eine Hochspannungsbatterie ist ja zwar eine ideale Spannungsquelle, wenn ein konstanter Gleichstrom für quantitative Messungen erwünscht ist. Aber erstens sind diese Batterien wegen der hier nötigen hohen Spannungen sehr kostspielig, und zweitens erfordern sie eine umständliche und zeitraubende Bedienung, so daß man wohl jetzt, wo es möglich ist, auf anderem Wege dasselbe Ziel zu erreichen, meist von der Benutzung einer Hochspannungsbatterie als Spannungsquelle absieht. Von einigen amerikanischen Experimentatoren sind solche Anlagen benutzt worden, um die Gültigkeit der EINSTEINschen Beziehung im Gebiet der Röntgenwellen zu untersuchen. Ebenso hat E. WAGNER bei seinen diesbezüglichen Untersuchungen sowie bei seinen Messungen im Gebiet des kontinuierlichen Röntgenspektrums eine derartige Spannungsquelle verwandt.

Hochspannungs-Gleichstrommaschinen haben nur für die niedrigeren Spannungsgebiete bis etwa 10 kV Bedeutung und kommen teils als einfache Maschinen, teils als reihenweise zusammengeschaltete Generatoren von 1 bis 5 kV vor. Die Influenzmaschinen haben den Nachteil, daß sie nur für sehr bescheidene Leistungen gebaut werden, die für die meisten Zwecke der Röntgenspektroskopie ganz ungenügend sind.

Die älteste Hochspannungsquelle für Röntgenröhren stellen die Induktoren dar. Im allgemeinen werden sie mit Gleichstrom betrieben, der durch einen besonderen Unterbrecher die nötigen schnellen Stromschwankungen erhält. Um mit einem bestimmten Unterbrecher die Spannung des Induktors variieren zu können, ist meistens die primäre Wicklung unterteilt und mit einer Umschaltvorrichtung versehen. Der schwache Punkt der Induktoren liegt in den Unterbrechern, die meistens einem intensiveren Betrieb nicht gewachsen sind. Doch muß zugegeben werden, daß die neueren gasgefüllten, rotierenden Unterbrecher, welche jetzt von mehreren Firmen gebaut werden, ziemlich hohen Anforderungen genügen. Aber auch mit den elektrolytischen Unterbrechern nach WEHNELT und SIMON kommt man für viele Zwecke sehr gut aus.

Ihre größte Verwendung finden die Induktoren bei mittleren und hohen Spannungen und besonders bei den Ionenröhren. Es ist dann aber sehr wichtig, im Hochspannungskreis ein wirksames Ventil zu haben, das die verkehrt gerichteten Stromstöße vom Rohr absperrt. Die einfachste derartige Anordnung besteht in einer unsymmetrischen Funkenstrecke, die in der einen Richtung eine viel höhere Durchschlagsspannung hat als in der anderen. Gute Dienste leistet in dieser Beziehung eine Spitz-Platten-Funkenstrecke, bei der der Abstand regulierbar ist und die Platte mit dem negativen Pole des Induktors in Verbindung steht. Der Abstand der Elektroden wird dann beim Betrieb mit der Hand reguliert und dem Vakuum so angepaßt, daß das Rohr so gut wie möglich arbeitet. Solche Funkenstrecken in gasgefüllten, geschlossenen Glaskugeln werden von verschiedenen Röntgenfirmen in den Handel gebracht. Sehr gute Funkenstrecken kann man sich selbst aus einer Reihe von etwa zehn hintereinander geschalteten einfachen Spitz-Platten-Funkenstrecken bauen; beim Betrieb wird dann die geeignete Zahl kurzgeschlossen. Eine noch bessere Wirkung erreicht man, wenn man bei der Funkenstrecke die Spitze durch einen kurzen abgeschrägten Zylinder ersetzt (Abb. 127).

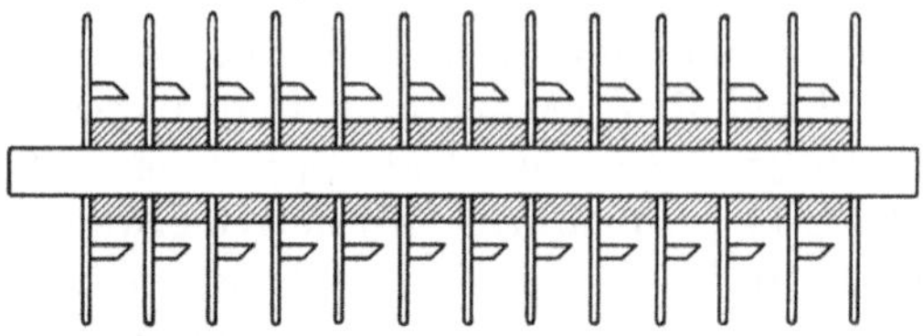

Abb. 127. In Serien geschaltete Ventilfunkenstrecken.

Andere Hochspannungsgleichrichter, die viel Verwendung gefunden haben, sind aus evakuierten Glaskugeln gebaut, bei denen die eine Elektrode zusammengedrängt und die Ausbildung des für den Stromdurchgang nötigen Kathodenraumes gesperrt ist. Die andere freie Elektrode wird aber, als Kathode geschaltet, dem Strom einen sehr kleinen Widerstand entgegenstellen (Abb. 128). Bei neuzeitlichen Anlagen werden meistens Glühkathoden-Gleichrichterröhren benutzt.

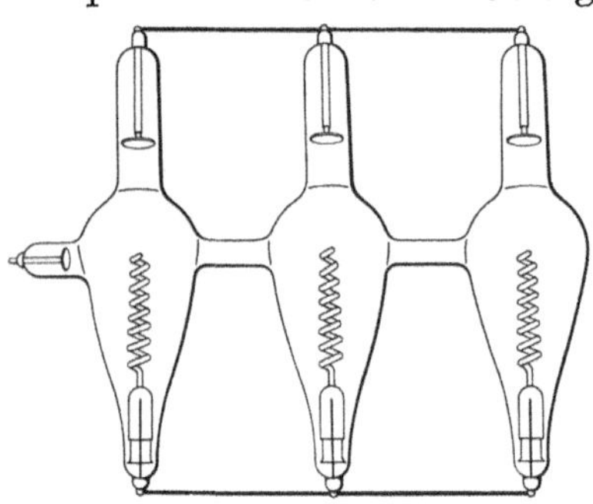

Abb. 128. Ventilrohrgleichrichter.

Für Dauerbetrieb verwendet man am liebsten die Hochspannungstransformatoren, bei denen ein mechanischer Gleichrichter dafür sorgt, daß jeder zweite Stromimpuls — der die verkehrte Richtung hat — entweder ausgeschaltet oder seine Richtung umgeschaltet wird. Eine derartige Ausführung zeigt die Abb. 129, und zwar werden hier beide Phasen des hochgespannten Wechselstromes ausgenutzt. Die Maschine wird mit Gleichstrom betrieben. An der anderen Seite des Motorankers sind zwei Bürsten, aus denen der niedriggespannte Wechselstrom entnommen und durch einen regulierbaren Widerstand in die Primärwicklung des Transformators übergeführt wird. Die Primärwicklung besitzt meistens mehrere Anschlußstellen zur Regulierung des Übersetzungsverhältnisses des Transformators. Der mechanische Gleichrichter kommt in mehreren

Ausführungen vor, teils nach Art der Abb. 129, teils mit kreuzförmig angebrachten Armen aus nichtleitendem Material. Um Energie zu sparen, hat man bei den neuen Ausführungen der Hochspannungsgleichrichter systematisch in den beweglichen und festen Teilen die spitzen und scharfen Ecken zu vermeiden gesucht. Dies hat besonders dann eine große Bedeutung, wenn mit den höchsten Spannungen gearbeitet wird.

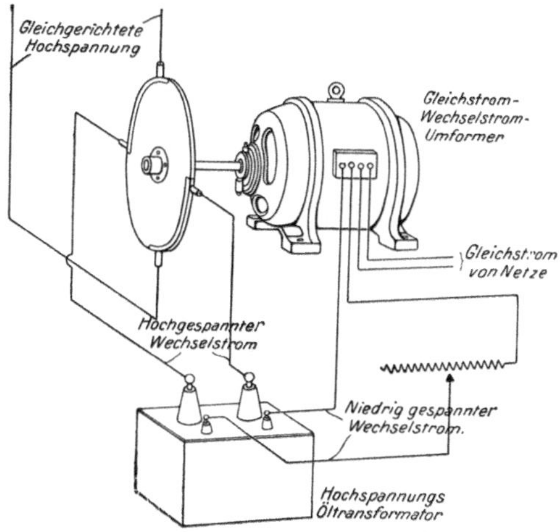

Abb. 129. Mechanische Gleichrichter an der Achse der Einankerumformer angebracht.

Die neuere Entwicklung der Gleichrichterröhren, welche parallel dem Fortschritt von technisch-medizinischen Glühkathoden-Röntgenröhren für immer höhere Spannungen gegangen ist, hat zu einer ausgedehnten Verwendung von diesen Ventilröhren für Hochspannungsanlagen geführt. Die wichtigsten Schaltungen von Transformator mit Ventilröhren sind in Abb. 130a, b, c und d gezeigt. Für mäßigere Ansprüche kann man, wie Abb. 130a angibt, mit einer Röhre auskommen, wobei jede zweite Halbperiode einfach unterdrückt wird. Mit einem Kondensator parallel zur Röntgenröhre läßt sich ein pulsierender Gleichstrom erzielen. Mehr geeignet besonders für höhere Spannungen ist die Verwendung von zwei Ventilröhren, wobei jede zweite Halbwelle umgekehrt wird. Eine viel benutzte Anordnung ist die in Abb. 130d gezeichnete, die sog. Graetzschaltung von vier Röhren, wo man selbstverständlich auch noch Kondensatoren zum Ausgleich einschalten kann.

Für den Betrieb von Röhren für spektroskopische Zwecke, die an die Pumpe angeschlossen sind und bei denen immer mit Gasabgabe gerechnet werden muß, ist es erforderlich, einen großen Widerstand (Silitstäbe od. dgl.) in Reihe mit der Röhre einzuschalten, um plötzliche Überströme zu verhindern. Dies ist besonders bei Verwendung von Kondensatoren sehr wichtig, wo sonst sehr starke Ströme entstehen können. Zur Regulierung des Primärstromes ist es zu empfehlen, sowohl eine Spannungsregulierung (Autotransformator) wie einen Regulierwiderstand vorgesehen zu haben. Bei Benutzung von Ionenröhren eignet sich die Schaltung (Abb. 130d) sehr gut, wenn nur ein genügend hoher Widerstand (100000 bis 500000 Ohm; s. SANDSTRÖM [1930: 145]) in Reihe mit der Röhre geschaltet wird.

In Abb. 131 ist eine Anlage für maximal 40 kV nach dem Schaltungsschema Abb. 130c wiedergegeben. Hochspannungstransformator und die

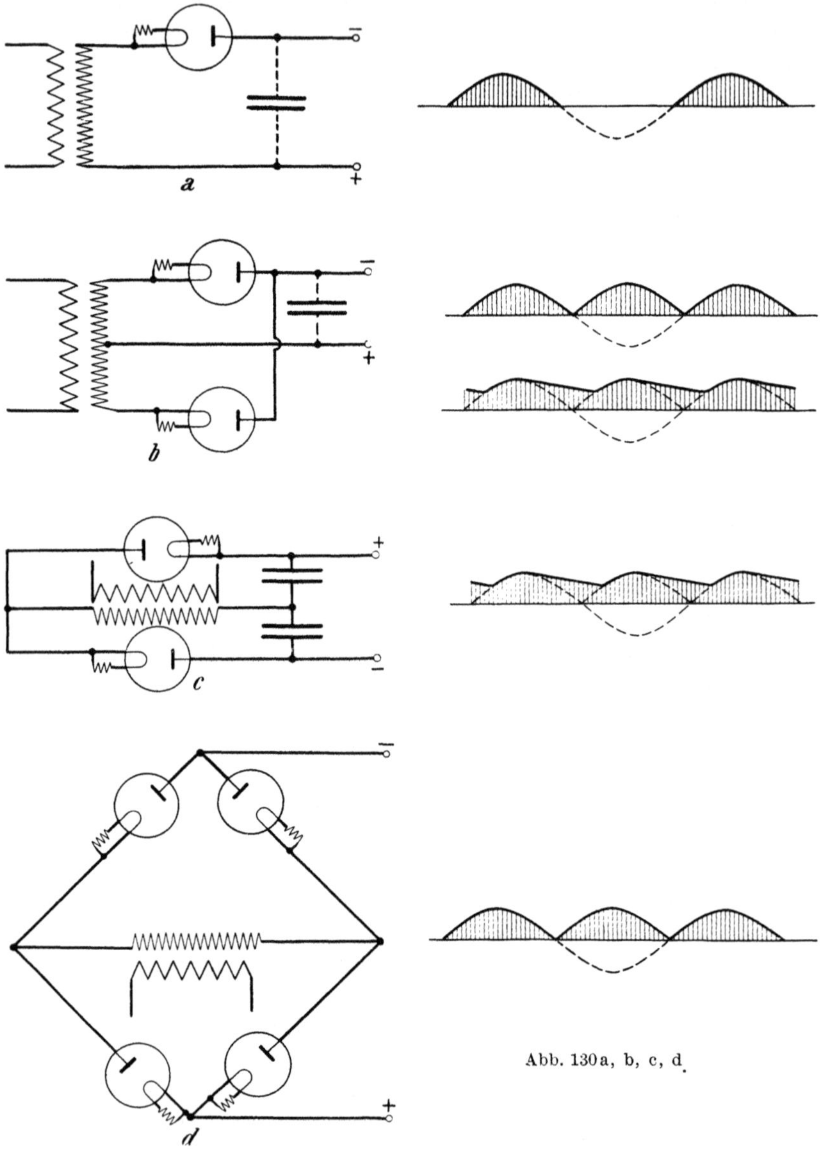

Abb. 130a, b, c, d.

zwei Glühkathodentransformatoren sind im selben Kasten montiert und als Öltransformatoren gebaut. Die Ventilröhren[1] haben metallischen

[1] Vierkötter, P., E.T.Z. **51**, 1584 (1930).

Entladeraum mit Luftkühlung, was sich im praktischen Betriebe gut bewährt hat und den älteren Ausführungen vorzuziehen ist.

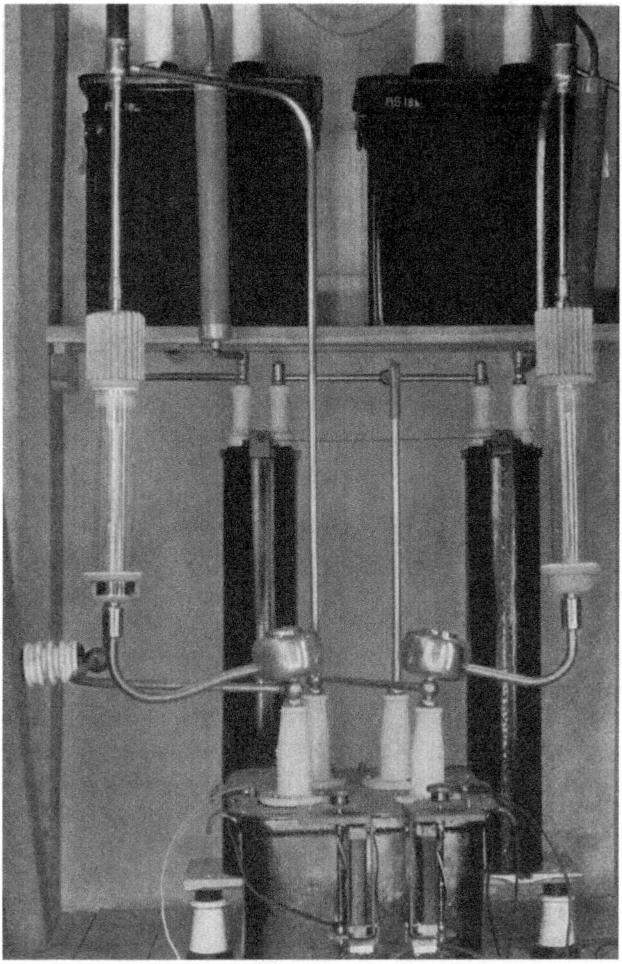

Abb. 131. Hochspannungsanlage mit zwei Röhrengleichrichtern und zwei Ausgleichskondensatoren.

Bei Anlagen, wo die Anforderungen an die Konstanz der Spannung höher sind, wie z. B. für Intensitätsmessungen u. dgl., werden auch noch Drosselspulen eingeschaltet.

Es sei noch bemerkt, daß man für allgemeine röntgenspektroskopische Zwecke mit einer maximalen Spannung von 30 kV auskommt, die einer kürzesten Wellenlänge von etwa 0,5 Å.E. entspricht. Dies genügt für die *L*- und *M*-Reihen sämtlicher Elemente und für die *K*-Reihe wenigstens bis 42 Mo.

Zur Messung der Hochspannungen schaltet man zumeist an der Primärseite des Transformators ein Voltmeter ein, aus dessen Angaben dann die Sekundärspannung errechnet werden kann, wenn das Übersetzungsverhältnis bekannt ist. Allerdings erhält man mit dieser Methode nur einen annähernd richtigen Wert. Vom röntgenspektroskopischen Gesichtspunkt aus ist es im allgemeinen wichtiger, den Scheitelwert kennenzulernen als den Effektivwert. Zur Messung dieser Scheitelspannung schaltet man vorteilhaft eine Parallelfunkenstrecke ein. Im Anhang sind graphische Tabellen gegeben, aus denen die Schlagweiten in Kilovolt verwertet werden können.

Benutzt man eine Hochspannungsquelle mit annähernd konstanter Spannung, so können die gewöhnlichen Drehspulinstrumente zur Verwendung kommen, allerdings erfordern sie ja bei den höheren Spannungen gewaltige Vorschaltwiderstände. Die Verwendung dieser letzteren kann man dadurch vermeiden, daß man elektrostatische Hochspannungsmesser benutzt, die von mehreren Firmen, z. B. Hartmann & Braun, Siemens & Halske, Abraham-Villard, Schroeter usw., in den Handel gebracht sind.

21. Hochvakuumtechnik.

Ein besonders wichtiger Teil der technischen Ausrüstung einer röntgenspektroskopischen Apparatur ist, wenn man nicht gerade mit technischen Röhren arbeitet, die Vakuumanlage. Was die Methoden, hohe Vakua zu erzielen, angeht, so sind wir ja in der letzten Zeit dank der hervorragenden Leistungen von Gaede und Langmuir gewaltig vorwärtsgekommen. Welche der beiden Typen von Hochvakuumpumpen, die rotierende Molekularpumpe oder die Kondensationspumpe, man wählen wird, hängt wohl mehr von den speziellen Umständen ab. Die Molekularpumpen haben den Vorteil, daß sie sehr sauber arbeiten und eine Kühlung nicht nötig haben.

Die neueren Modelle von Molekularpumpen nach Holweck und Gaede-Siegbahn sind auch in Dauerbetrieb und Leistung den Anforderungen der Röntgenspektroskopie gewachsen. Die Erzielung des nötigen Hochvakuums in einer Glühkathodenröhre nimmt nur ein paar Minuten in Anspruch, und auch die Evakuierung eines großen Hochvakuumspektrometers ist in wenigen Minuten erreicht (s. z. B. Bäcklin [1918: 16]).

Für den Anschluß von Glasröhren an die Molekularpumpen hat man Normalglasschliffe, welche zum Metallkonus der Pumpe passen, zu benutzen. Es möge nochmals als besonders wichtig darauf hingewiesen werden, daß beim Einfetten des Schliffes nur die äußeren zwei Drittel mit Fett eingerieben werden und daß alles überflüssige Fett immer entfernt werden muß. Beim ersten Evakuieren ist es ratsam, zur schnelleren Entfernung von anhaftenden Gasen und Dämpfen mehrmals Luft von Vorvakuumdruck in das Röntgenrohr hineinzubringen und starke Entladungen hindurchgehen zu lassen.

Welche Drucke die Ionenröhren bei verschiedenem Gasinhalt nötig haben, zeigt folgende Tabelle für drei verschiedene Härtegrade:

Tabelle 21.

Härte	Luft	Wasserstoff	Helium	Sauerstoff	Kohlensäure	Argon
Weich	11,6	20,7	38,0	6,6	7,4	11,6
Mittel	6,2	11,2	22,5	4,8	5,0	6,6
Hart	4,2	6,8	11,0	3,4	3,6	4,0

Die Drucke sind dabei in 0,001 mm Hg als Einheit ausgedrückt. Die Tabelle zeigt, daß der Druck nur innerhalb ziemlich enger Grenzen variieren darf, wenn das Rohr gut funktionieren soll. Das erreicht man z. B. mit Hilfe einer an das Röntgenrohr angesetzten Capillaren, wenn man die Rotationsgeschwindigkeit der Pumpen so lange reguliert, bis ein stationärer Durchströmungszustand erreicht ist. Bei den neueren sehr leistungsfähigen Quecksilber- oder Molekularpumpen läßt sich das Vakuum sehr bequem und sicher einfach mit einem Nadelventile am Röntgenrohr regulieren (s. z. B. SANDSTRÖM [1930: 145]). Eine sehr bequeme automatische Einstellung auf einen ganz bestimmten Härtegrad läßt sich auch nach der bei technischen Röhren oft verwandten Methode dadurch erreichen, daß man in einem mit einer Hilfselektrode versehenen Seitenrohr einen gasabgebenden Stoff anbringt und dieser Elektrode eine Funkenstrecke vorschaltet. In dem Moment, wo die Härte zu hoch wird, schlägt die Parallelfunkenstrecke durch, und es werden genügend Gase abgegeben, um diese Funkenstrecke wieder auszuschalten. Da diese schon durch eine stille Entladung immer mehr oder weniger stark in Tätigkeit ist, bemerkt man von dem ganzen Prozeß sehr wenig.

Bei den Elektronenröhren muß zwar das Vakuum viel höher sein, aber man hat andererseits den Vorteil, daß die Pumpen hier voll leistungsfähig sind, und je höher das Vakuum wird, um so besser funktioniert das Rohr. Zum Anschluß der Metallröhren an die Pumpe dient am besten ein Metallschlauch (sog. biegsame Tombakröhren der Firma Berlin-Karlsruher Industriewerke in Karlsruhe sind nach Erfahrungen des Verfassers sehr zuverlässig), der an einen Metallmantelschliff angelötet wird. Bevor man das Rohr in Betrieb nimmt, hat man es sorgfältig von Lötmitteln usw. zu reinigen. Vorteilhaft hat sich für diese Zwecke ein Durchspülen mit Wasserdampf und nachheriges sorgfältiges Austrocknen erwiesen. Durch Erwärmung des Metallschlauches beim erstmaligen Evakuieren wird man den Prozeß erheblich erleichtern. Wesentlich ist, daß alle Lötungen wirklich dicht sind und daß die Metallteile keine Poren haben. Von der Verwendung von Gußteilen für Hochvakuumapparate ist abzuraten. Auch die vollständige Verzinnung solcher Teile ist nicht immer sicher. Am besten ist die Apparatur aus gezogenem, gewalztem oder geschmiedetem (gehämmertem) Messing zusammenzulöten, wenn möglich hartlöten. Durch vorherige Prüfung aller Teile mit Druckluft und durch Eintauchen in Wasser kann man sich viel vergebliche Mühe sparen. Bei einer solchen Probe müssen aber die zu prüfenden Teile längere Zeit, wenigstens eine halbe Stunde, im Wasser liegen, damit die Luft durch kleinere Undichtigkeiten auch zu entweichen vermag.

Bei Kittungen gelten die alten Regeln, daß die zusammenzufügenden Teile — besonders die Metallteile — so heiß sind, daß der Kitt an ihnen schmilzt. Am besten erwärmt man zuerst die Teile und „bemalt" sie mit dem Kitt. Nachher wird die Kittung mit Hilfe einer Mikroflamme ausgebessert.

Die Kondensationspumpen von Gaede und Langmuir sind schon in sehr vielen Modifikationen aus Metall, Quarz und Glas am Markt. Die Anschaffungskosten sind ja wesentlich geringer als die der Molekularpumpen, aber wenn Kühlmittel ständig benutzt werden müssen, so sind wohl im allgemeinen die Betriebskosten erheblich höher. In vielen Fällen ist selbstverständlich die Kühlung nicht nötig, wenn die Röhren entsprechend gebaut sind und die Quecksilberdämpfe auch die spektroskopische Untersuchung nicht stören.

In Abb. 68 ist schon eine Röhrenanlage gezeigt, bei der eine Quarzkondensationspumpe ein aus demselben Material gebautes Rohr evakuiert.

IV. Emissionsspektren.

22. Übersicht über die Emissionsspektren.

Wir haben schon oben die Entdeckungen von Barkla besprochen und gesagt, daß ihm der Nachweis gelungen ist, daß die Stoffe bei Bestrahlung mit Röntgenstrahlen eine Sekundärstrahlung aussenden, die für den betreffenden Stoff charakteristisch ist. Barkla hatte zwei Arten solcher Strahlungen gefunden, die er K- bzw. L-Reihe nannte, und die sich bei gegebenem Element in ihrer Härte sehr stark unterschieden. Die härtere ist die K-Reihe. Jede von diesen Reihen schien nach der damals verwandten Meßmethode — Bestimmung ihres Absorptionskoeffizienten — homogen zu sein.

Kaye hat gezeigt, daß die charakteristische Strahlung auch dann erhalten wird, wenn man das betreffende Element als Antikathode benutzte. Bei den neueren Meßmethoden wird sogar die letztere beinahe ausschließlich zur Erzeugung der Eigenstrahlung verwandt, weil es dadurch gelingt, eine viel größere Intensität zu erzielen. Die

BARKLAsche Methode, die Sekundärstrahlungsmethode, kann aber auch spektrographisch ausgenutzt werden, wie dies besonders durch die schönen Untersuchungen von DE BROGLIE [1914: 11] zuerst gezeigt wurde.

Nachdem sich die Krystallmethode bei der Analyse und Wellenlängenbestimmung als brauchbar erwiesen hatte, hat man sich sofort dem näheren Studium dieser Eigenstrahlungen der Elemente zugewandt. So untersuchte BRAGG [1913: 7] mit seinem Ionisationsspektrometer die charakteristischen Strahlungen von Pt, Os, Ir, Pd und Rh und fand, daß sie nicht so einfach aufgebaut sind, wie man möglicherweise nach den BARKLAschen Absorptionsmessungen glauben könnte, sondern daß sie in eine Anzahl scharfer Spektrallinien zerfallen. MOSELEY [1913: 32; 1914: 33] untersuchte zuerst systematisch eine Reihe im periodischen System aufeinanderfolgender Elemente, und zwar die Reihe von Ca bis Zn. Er bediente sich der photographischen Methode und benutzte Ferrocyankalium als Gitter. Photographiert wurde das Spektrum in zweiter und dritter Ordnung. Für jedes Element fand MOSELEY zwei Spektrallinien, die er α und β nannte und welche zusammen der K-Reihe von BARKLA entsprechen. Die von MOSELEY gefundenen Wellenlängen, berechnet unter Zugrundelegung des Wertes $2d = 8{,}454 \cdot 10^{-8}$ cm für die Gitterkonstante, sind in der nachstehenden Tabelle wiedergegeben.

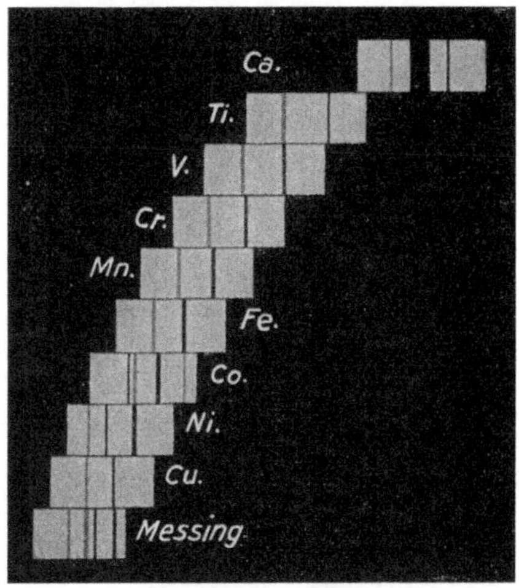

→ Zunehmende Wellenlänge.

Abb. 132. K-Reihe einer Folge von Elementen nach den ersten Aufnahmen von MOSELEY.

Die Spektralaufnahmen von MOSELEY sind in Abb. 132 zu sehen. Das wichtigste Ergebnis dieser Untersuchung ist die bemerkenswerte Feststellung, daß sich die Spektren nach einem sehr einfachen Gesetz regelmäßig verschieben, wenn man im periodischen System von einem Elemente zum nächstfolgenden geht. Dies ersieht man aus der Kolonne 4, wo die Wurzel aus der Frequenz dividiert durch eine Konstante eingetragen ist. In der letzten Kolonne finden sich die Ordnungszahlen der betreffenden Elemente in dem MENDELEJEFFschen Schema, wenn H = 1, He = 2, Li = 3 usw. gesetzt wird. Mit überraschend großer Genauigkeit gilt, daß die aus den Frequenzen sich ergebenden Zahlen um eine Einheit niedriger sind als die entsprechende Ordnungszahl.

Tabelle 22.

Element	Linie	$\lambda \cdot 10^8$ cm aus zweiter Ordnung	$\lambda \cdot 10^8$ cm aus dritter Ordnung	$\sqrt{\frac{\nu}{\frac{3}{4}\nu_0}}$	N
Ca	α	3,357	3,368	19,00	20
	β	3,085	3,094		
Sc	—	—	—	—	21
Ti	α	2,766	2,758	20,99	22
	β	2,528	2,524		
Va	α	2,521	2,519	21,96	23
	β	2,302	2,297		
Cr	α	2,295	2,301	22,98	24
	β	2,088	2,093		
Mn	α	2,117	2,111	23,99	25
	β	1,923	1,918		
Fe	α	1,945	1,946	24,99	26
	β	1,765	1,765		
Co	α	1,794	1,798	26,00	27
	β	1,635	1,629		
Ni	α	1,664	1,662	27,04	28
	β	1,504	1,506		
Cu	α	1,548	1,549	28,01	29
	β	1,403	1,402		
Zn	α	1,446	1,445	29,01	30
	β	—	1,306		

Aus demselben Jahre (1913) stammen auch die Untersuchungen nach der Drehkrystallmethode und photographischen Registrierung von DE BROGLIE an Pt, W, Cu usw.

Die Entwicklung auf diesem Gebiet ist dann schnell fortgeschritten: MOSELEY dehnte seine früheren systematischen Untersuchungen der K-Reihe auf die L-Reihe aus und fand auch dort in der ganzen Reihe der Elemente von Al bis Au ähnliche Gesetzmäßigkeiten wie in der K-Reihe. Auf diese Gesetzmäßigkeiten werden wir unten zurückkommen. MALMER [1914: 30; 1915: 31] untersuchte die K-Reihe bei den schwereren Elementen von Zr bis Nd und zeigte, daß sie aus vier Linienkomponenten besteht. Verfasser und FRIMAN [1915: 45, 46; 1916: 29] analysierten die Spektren der L-Reihe der schwersten Elemente von Gold bis Uran und wiesen nach, daß die L-Reihe bei diesen Elementen eine sehr komplizierte Linienstruktur besitzt. Entsprechende Resultate fand auch E. WAGNER [1915: 49; 1916: 36] bei Pt, W, Ta. Bei den leichtesten Elementen treten neue Linienkomponenten auch in der K-Reihe auf, wie der Verfasser zusammen mit STENSTRÖM zeigen konnte.

Im Jahre 1916 hat der Verfasser [1916: 25, 26] bei den schwersten Elementen eine noch weichere Liniengruppe als die L-Reihe nachgewiesen, die nach der Bezeichnungsweise von BARKLA M-Reihe genannt wurde. Sie zeigt denselben allgemeinen Charakter wie die früher bekannten.

Andeutungen von einer noch weicheren Liniengruppe, N-Reihe, wurden angegeben in Untersuchungen von DOLEJSEK [1922: 29] und HJALMAR [1923: 37] bei den schwersten Elementen, und zwar unter Benutzung von Krystallgittern. DAUVILLIER [1926: 55] hat dann mit Hilfe von organischen Krystallen mit sehr großen Gitterkonstanten eine Anzahl langwelliger Linien als zu der N- und O-Reihe gehörig angegeben. Unter Verwendung von geritzten, ebenen Gittern hat ferner THIBAUD [1926: 195] mehrere Linien sichergestellt, die höheren Reihen angehören müssen. Mit Konkavgittern hat endlich OSGOOD [1927: 119] einige langwellige Linien ausgemessen, die der N-Reihe zugeschrieben werden.

Durch einige Absorptionsmessungen und Messungen an Sekundärstrahlen glaubte BARKLA [1916: 1] eine *härtere* Linienreihe als die K-Reihe gefunden zu haben. Er nannte sie in Analogie zu den früheren J-Reihe. Diese Reihe, welche sich schon theoretisch schwierig einordnen läßt, hat sich aber nicht bestätigen lassen, trotzdem sehr viel empfindlichere Methoden als die von BARKLA benutzte zur Nachprüfung herangezogen worden sind. Weder bei der Emission noch Absorption ist es gelungen, eine Reihe in diesem Härtegebiet wiederzufinden. Von veröffentlichten negativen Versuchsergebnissen beim Suchen nach der J-Reihe seien erwähnt die von DUANE und SHIMIZU [1919: 12, 13], welche ihr vergebens bei Al nachspürten. HEWLETT [1921: 43] und RICHTMYER [1921: 76] haben nach einem Absorptionssprung in diesem Wellenlängengebiet bei spektraler Zerlegung der Strahlung ohne irgendwelches positive Ergebnis gesucht. Verfasser und WINGÅRDH haben bei Magnesium auch keine Andeutungen von einem Absorptionssprung in dieser Gegend gefunden. Ebensowenig ist es Verfasser gelungen, irgendeine Spur von einer Emissionsstrahlung bei Wellenlängen zu finden, wo nach BARKLA die J-Strahlung vorhanden sein sollte. Die von vereinzelten Beobachtern — meistens mit ziemlich großem Unterschiede in den Wellenlängenangaben — gefundenen Diskontinuitäten des Absorptionsverlaufes bei einigen Elementen dürfte daher andere Ursachen als die hypothetische J-Reihe gehabt haben. Besonders weil die J-Reihe meistens bei sehr leichten Elementen vermutet wurde, liegt der Gedanke nahe, daß sie durch eine kleine Verunreinigung des Stoffes durch ein schweres Element mit verhältnismäßig starker Absorption hervorgerufen wurde.

Zusammenfassend können wir daher sagen, daß die Röntgenspektren der Elemente im Wellenlängengebiet von etwa 0,1 bis 25 Å.E. nach den bisherigen Messungen sich in drei Gruppen teilen lassen, die wir

K-, *L*- und *M*-Reihen nennen. Jede dieser Gruppen zerfällt in eine Anzahl mehr oder weniger scharfer Spektrallinien. Zwischen diesen Gruppen findet sich aber für jedes Element ein Wellenlängengebiet, das, soweit die bisherigen Untersuchungen zeigen, ganz linienfrei ist. Ferner zeigen die Aufnahmen voneinander naheliegenden Elementen (s. die Abb. 77 u. 78), daß jede Gruppe sich von Element zu Ele-

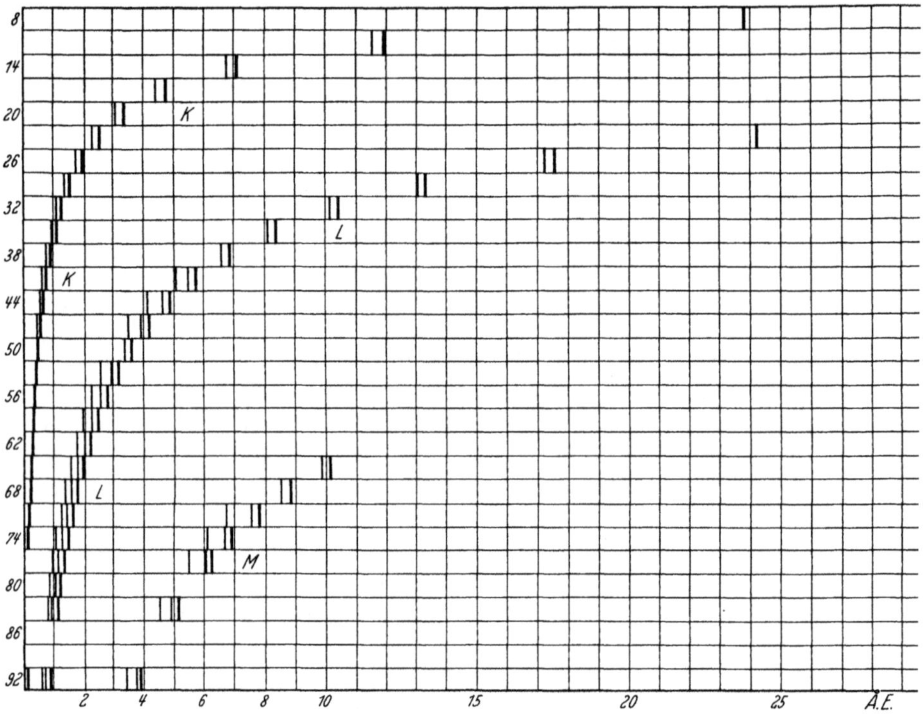

Abb. 133.
Die stärksten Linien der verschiedenen Röntgenreihen jedes dritten Elementes von 8 O bis 92 U.

ment ohne große Änderungen in der Struktur wiederholt. Es verschieben sich nur sämtliche Linien nach kürzeren Wellenlängen, wenn man von einem leichteren zu einem schwereren Element übergeht.

Eine übersichtliche Darstellung der stärksten Linien der verschiedenen Reihen bei einer Anzahl von Elementen zeigt die Abb. 133. Zahlenmäßig sei folgendes erwähnt: Bei Wolfram, wo drei Reihen ausgemessen sind, nämlich die *K*-, *L*- und *M*-Reihe, liegen die Wellenlängen in der *K*-Reihe innerhalb der Grenzen 178 und 213 X.E., dann finden sich bis 1025 X.E. keine Linien. Dort fängt die *L*-Reihe an und dehnt sich bis 1675 X.E. aus, wo wieder ein linienfreies Gebiet beginnt. Erst bei 5162 X.E. liegt die erste bekannte *M*-Linie. Die langwelligste *M*-Linie hat die Wellenlänge 8975.

Außer den hier betrachteten Linienspektren sendet jeder Stoff, gleichgültig, ob er mit Kathodenstrahlen zur Aussendung von Röntgenstrahlen erregt wird oder ob er durch Bestrahlung mit primären Röntgenstrahlen nach der Methode von Barkla zur Aussendung seiner charakteristischen Strahlung als Sekundärstrahlung veranlaßt wird, eine *kontinuierliche* Strahlung — eine „weiße“ Strahlung — aus. Wie sich diese zwei Strahlungen zueinander verhalten, zeigt die schon früher reproduzierte Aufnahme von Compton in Abb. 116, die mit Hilfe eines Braggschen Ionisationsspektrometers erhalten worden ist. Es ist sofort ersichtlich, daß der Hauptteil der Energie der Strahlung dem weißen Spektrum angehört und daß sich das Linienspektrum diesem überlagert. Wenn auch die Intensität bei einigen der zum Linienspektrum gehörigen Wellenlängen sehr groß ist, so ist doch die Gesamtintensität dieser stark lokalisierten Energiemengen im Verhältnis zur Totalenergie sehr klein, ein Umstand, der oft bei der Benutzung von Sekundärstrahlern als monochromatische Strahlengeber übersehen wird. Auf eine nähere Beschreibung der Gesetzmäßigkeiten bei der weißen Strahlung kommen wir weiter unten zurück.

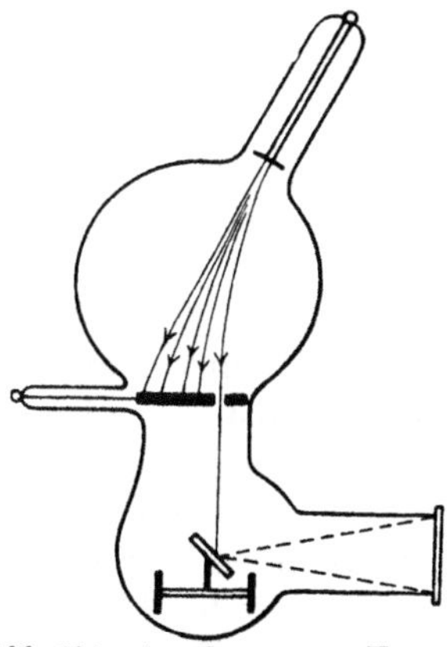
Abb. 134. Anordnung von Kaye, um die Antikathode mit Kathodenstrahlen bestimmter Geschwindigkeiten zu bombardieren.

23. Erregungsgesetze der Röntgenspektren.

Schon Barkla hatte den Nachweis erbracht, daß zur Erregung der charakteristischen Strahlung eines Elementes nach der Sekundärstrahlungsmethode die primäre Strahlung *von größerer Härte* sein muß als die zu erregende Eigenstrahlung. Entsprechend diesem Resultate hat Kaye (1909) mit der in Abb. 134 dargestellten Anordnung einen ersten Versuch gemacht, die Abhängigkeit der Erregung von der Geschwindigkeit der auffallenden Kathodenstrahlen zu untersuchen. Durch ein Magnetfeld wurden die Kathodenstrahlen je nach ihrer Geschwindigkeit mehr oder weniger abgelenkt. Durch richtige Wahl der Stärke des Magnetfeldes konnte dann erzielt werden, daß nur Elektronen von einer ganz bestimmten Geschwindigkeit die Antikathode trafen. Die erregten Röntgenstrahlen wurden hinter dem mit dünnem Aluminium bedeckten Fenster in einer Ionisationskammer gemessen.

In vollkommener Weise hat Whiddington nach demselben Grundgedanken mit großem Geschick diese Frage experimentell mit der in Abb. 135 dargestellten Anordnung erledigt. Er konnte mit dieser Apparatur zeigen, daß dann erst die an der Antikathode ausgelösten Röntgenstrahlen eine Eigenstrahlung des Sekundärstrahlers erregen, wenn die

Geschwindigkeit der Elektronen einen gewissen Mindestwert erreicht hat. Ferner wurde von BEATTY der Beweis erbracht, daß auch für die direkte Erregung der Eigenstrahlung mit primären Kathodenstrahlen dieselben Gesetze gelten. Die quantitativen Zusammenhänge werden aber im Lichte der neueren Forschungsergebnisse sich viel genauer formulieren lassen, so daß wir auf ihre Besprechung hier verzichten können.

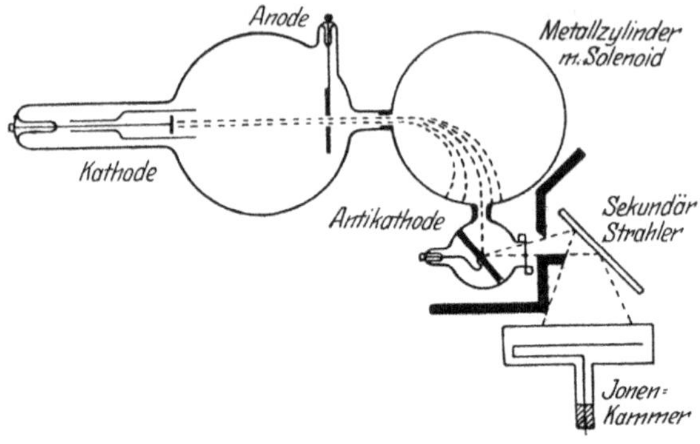

Abb. 135. Anordnung von WHIDDINGTON, um Röntgenstrahlen mit Hilfe homogener Kathodenstrahlen bekannter Geschwindigkeit auszulösen.

In der Spektrographie der Röntgenstrahlung und den neueren Röntgenröhren mit Glühkathoden waren die Voraussetzungen für eine genauere Beantwortung dieser Fragen gegeben. Eine mit diesen Hilfsmitteln von WEBSTER [1917 : 28] ausgeführte Untersuchung hat die volle Klärung des Problems gebracht. Zur Erregung der Eigenstrahlung wurde Rhodium als Antikathode in einem Coolidgerohre eingesetzt und an den Elektroden eine konstante Spannung von einer aus 20160 Zellen bestehenden Hochspannungsbatterie angelegt. Durch Einschaltung einer größeren oder kleineren Zahl der Zellen konnte den Elektronen eine beliebige Beschleunigung erteilt werden, die durch die bekannte Gleichung

$$\tfrac{1}{2}\, m v^2 = e V$$

bestimmt wird (e und m sind Ladung und Masse des Elektrons, v die Geschwindigkeit nach Durchlaufen der Spannung V).

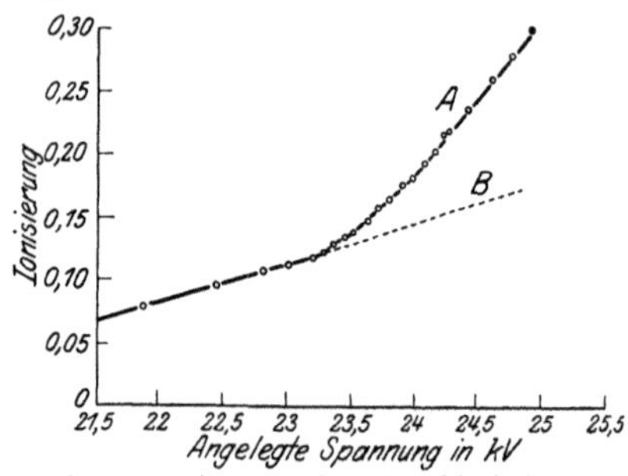

Abb. 136. A = von der charakteristischen nebst der „weißen" Strahlung, B = von der weißen Strahlung allein herrührend.

Als spektrographische Apparatur benutzte WEBSTER ein Ionisationsspektrometer nach BRAGG. Die Kammer stellte er dann auf die Wellenlänge ein, der die stärkste Linie der K-Reihe des Rhodiums (die $K\alpha_1$-Linie) entspricht, und betrieb das Rohr mit konstanter Spannung. Er bestimmte bei verschiedener Röhrenspannung die Ionisationsströme und erhielt so einen Zusammenhang zwischen Strahlungsintensität bei der genannten Wellenlänge und der angelegten Spannung, der aus Abb. 136 zu ersehen ist. Die Deutung dieser Kurve ergibt sich von selbst: Bei den niedrigeren Spannungen (bis etwa 23,2 kV) wird die

Ionisationskammer nur von dem Teil der *weißen* Strahlung getroffen, der in der Umgebung dieser Wellenlänge liegt. Bei dem Spannungswert 23,2 setzt plötzlich die Eigenstrahlung von Rhodium ein und überlagert sich der weißen Strahlung. Durch Verlängerung des geraden Teils der Kurve, welcher der weißen Strahlung entspricht, kann man leicht die Eigenstrahlung von dieser isolieren. Dies ist in der Abb. 137 gemacht, und zwar für die zwei Linien der K-Reihe α und β. Aus dieser Abbildung ist das sehr wichtige Ergebnis zu entnehmen, daß die *α- und β-Linien der K-Reihe erst bei einem gewissen Schwellenwert der Spannung erscheinen*, und daß *dieser Schwellenwert für beide Linien derselbe ist.* Die nähere Verfolgung dieses Versuches läßt die etwas allgemeinere Schlußfolgerung zu:

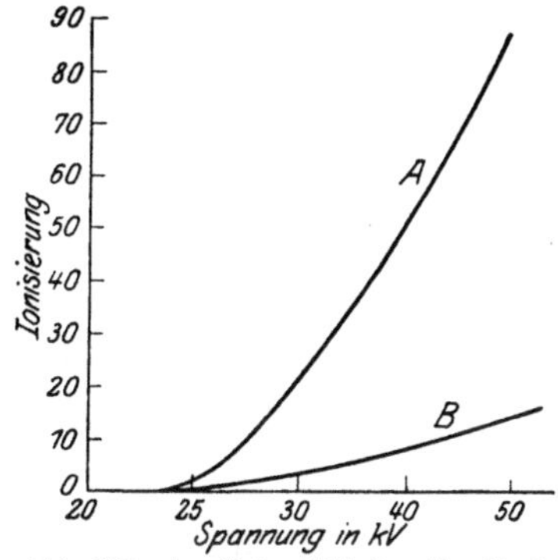

Abb. 137. A = Intensität der $K\alpha$-Strahlung. B = Intensität der $K\beta$-Strahlung.

Die K-Gruppe wird als Ganzes bei Überschreiten eines gewissen Schwellenwertes der Spannung erregt.

Als zweite Folgerung aus diesen Experimenten ergibt sich, daß dieser Schwellenwert *der Spannung V* nach der EINSTEINschen Beziehung

$$eV = h\nu$$

einer Frequenz entspricht, die innerhalb der Fehlergrenzen *mit der kurzwelligsten Linie der K-Gruppe übereinstimmt.*

Zur besseren Übersicht über die Verhältnisse sei noch in Abb. 138 die ganze Intensitätskurve für verschiedene Wellenlängen gegeben. Die Kurven entsprechen drei konstanten Spannungswerten, nämlich 23,2, 31,8 und 40,0 kV. Bei der ersten Spannung ist nur das allgemeine weiße Spektrum zu sehen ohne eine

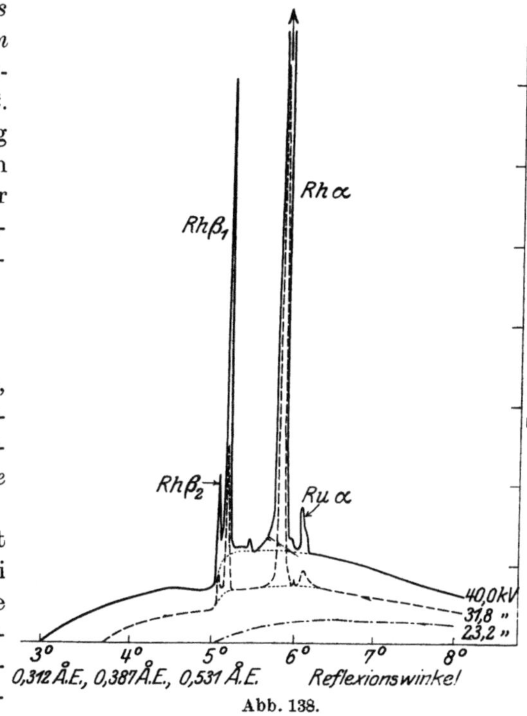

Abb. 138.

Andeutung von dem überlagerten Linienspektrum. Bei den zwei höheren Spannungen aber erscheinen sämtliche Linien der K-Gruppe von Rhodium (und auch als Verunreinigung der Antikathode Ruthenium).

Als drittes Resultat aus den Messungen ergibt sich weiter nach WEBSTER, daß das *Intensitätsverhältnis der zwei Linien* α *und* β *konstant*, d. h. unabhängig von der Spannung *ist.* In der Messung von α sind dann beide Komponenten α_1 und α_2 berücksichtigt, und ebenso ist in β sowohl β_1 wie β_2 einbegriffen.

Schließlich haben WEBSTER und CLARK — das ist das vierte Ergebnis der Messungen — die Intensität J der Linien als Funktion der Spannung V in folgender Weise dargestellt

$$J = \text{const} \cdot (V - V_{\text{min}})^{\frac{3}{2}},$$

wo V_{min} die Spannung ist, die dem obigen Schwellenwert entspricht. *Die Intensität des Linienspektrums ist also abhängig von der Größe der Differenz zwischen der benutzten Spannung und der Erregungsspannung.*

Ähnliche Ergebnisse wie diese fand WOOTEN [1919: 36] bei Mo und Pd als Antikathoden. Als Schwellenwerte der Spannungen gibt WOOTEN an für Mo 19,2 kV und für Pd 24,0 kV. Zum Vergleich seien die Spannungswerte angegeben, die aus der obigen EINSTEINschen Beziehung

$$eV = h\nu$$

nach Einsetzen der bekannten Werte von e und h

$$V = \frac{12{,}345}{\lambda_{\text{Å.E.}}}\,\text{kV}$$

erhalten werden und die der kürzesten Wellenlänge jeder K-Reihe entsprechen. Bei Mo und Pd sind diese gleich 619,4 bzw. 510,2 Å.E. und also die berechneten Spannungen 19,5 und 23,7, diese stimmen mit den obenerwähnten experimentell ermittelten gut überein.

WOOTEN hat auch die Abhängigkeit der Strahlungsintensität von der angelegten Spannung genauer studiert. Werden in einem Diagramm die gemessenen Intensitäten als Funktion der *Quadrate* der Spannungswerte eingetragen, dann findet WOOTEN sowohl für die α-Linie wie für die β-Linie *gerade Linien*, abgesehen von der nächsten Nähe der Schwellenspannung, wo die Kurven leicht gekrümmt sind. Die Intensität wurde im Intervall vom Schwellenwert (19,2 kV für Mo und 24,0 kV für Pd) bis etwa 50 kV gemessen. Innerhalb dieses Gebietes gilt dann nach WOOTEN mit Ausnahme eines kleinen Stückes nahe der Schwellenwerte ein Zusammenhang nach der Gleichung:

$$I = c\,[V^2 - V_0^2],$$

wo V_0 einen ein wenig höheren Spannungswert darstellt als der Schwellenwert, der aber für die α- und β-Linien denselben Wert hat.

Bei späteren Untersuchungen von KETTMANN [1923: 43] über diese Frage wurde der Zusammenhang zwischen Intensität und Spannung über ein weit größeres Spannungsgebiet verfolgt: in einigen Fällen bis 6- oder 7mal des Schwellenwertes. KETTMANN benutzte eine photographisch-photometrische Methode. Untersucht wurden die K-Reihe der Elemente Cr, Cu und Ag sowie einige Linien der L-Reihe von La und Pb. Im Gebiete vom Schwellenwerte V_0 bis etwa $2V_0$ findet KETTMANN einen Verlauf der Intensitätsspannungskurve, welcher mit den von WEBSTER und WOOTEN registrierten gut übereinstimmt. Bei weiterer Erhöhung der Spannung nimmt die Intensität langsamer zu, um bei den höchsten untersuchten Spannungen (etwa $7V_0$) sich scheinbar einem Grenzwert asymptotisch zu nähern. Dieser Verlauf der Kurve oberhalb etwa $2V_0$ ist durch die Eigenabsorption in der Antikathode zu erklären. (Die Strahlung verließ die Antikathode unter nahe streifendem Winkel.)

Sowohl WOOTEN wie KETTMANN vergleichen ihre Ergebnisse mit der Theorie von BERGEN-DAVIS [1918: 2] und können dabei eine gewisse Übereinstimmung mit der betreffenden Formel bestätigen, welche folgendermaßen geschrieben werden kann:

$$I = C\left[\frac{1}{K^2}\{1 - e^{-K^2(V^2 - V_0^2)}\}\left(2\frac{V_0}{K}\right)e^{-K^2V^2}\int\limits_{KV_0}^{KV} e^{x^2}dx\right], \tag{63}$$

wo

$$C = \frac{1}{b}E_\alpha h\nu_\alpha \cdot B \cdot N,$$

$$K^2 = \frac{\mu \cdot c}{b}.$$

E_α = der Bruchteil von Atomen, welche die α-Linie emittieren.

B = Anzahl der Kollisionen zwischen Elektronen und Atomen pro Weglänge 1 der Bahn des Elektrons.

N = Anzahl der Elektronen, welche pro Zeiteinheit die Antikathode treffen.

b = die Konstante des THOMSON-WHIDDINGTONschen Gesetzes $V_x^2 = V^2 - bx$.

μ = Absorptionskoeffizient der betreffenden Strahlung.

c = Quotient zwischen dem Wege der Strahlung und dem der Elektronen in der Antikathode.

Bei verschwindender Absorption in der Antikathode approximiert KETTMANN die Formel von BERGEN-DAVIS zu

$$I = C(V^2 - V_0^2), \tag{64}$$

was in Übereinstimmung mit seinen Meßergebnissen steht. Allerdings führt die obige Gleichung, wie AXEL JÖNSSON [1927: 74] bemerkte. nicht zu dieser Formel, sondern zu der folgenden:

$$I = C(V - V_0)^2. \tag{65}$$

Eine mehr eingehende Prüfung betreffend der Gültigkeit der Formel von BERGEN-DAVIS wurde dann von UNNEWEHR [1923: 80] ausgeführt. Bei dieser Untersuchung wurde die $K\alpha$-Strahlung der Elemente Cu, Cr, Rh und Ag mittels der Ionisationsmethode gemessen in ihrer Abhängigkeit von der Spannung an der Antikathode. Im Diagramm Abb. 139 ist die Intensität der Strahlung als Funktion der Quadrate der Spannung eingetragen und gleichzeitig die aus der Formel von BERGEN-DAVIS sich ergebenden Kurven eingezeichnet. Wie ersichtlich, stimmen die Messungen bei Rh und Ag sehr gut mit den berechneten Kurven, während bei Cu und Cr Abweichungen vorliegen. UNNEWEHR schreibt diese Unstimmigkeit dem Umstand zu, daß bei der Theorie die teilweise Reemission der absorbierten („weißen") Strahlung als charakteristische Strahlung vernachlässigt worden ist.

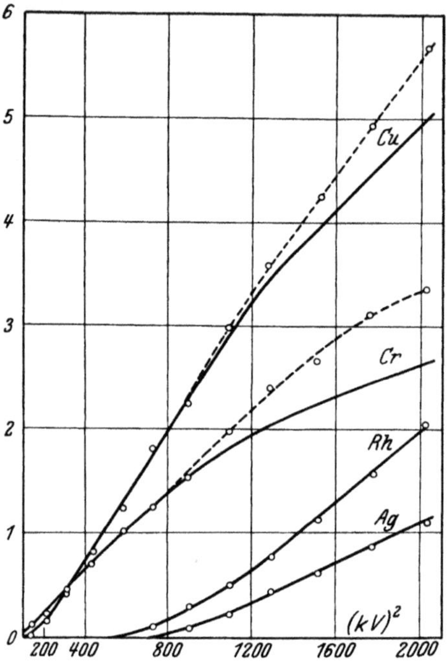

Abb. 139. Die Intensität der $K\alpha$-Strahlung einiger Elemente als Funktion der Spannung nach UNNEWEHR.

Der lineare Anstieg der Intensitätsspannungskurve mit dem Quadrat der Spannung wurde auch von STUMPEN [1926: 189] bestätigt, und zwar bis zum $4^1/_2$fachen Betrage der Schwellenwerte. Bei weiterer Erhöhung findet auch STUMPEN in Übereinstimmung mit den obenerwähnten Forschern einen langsameren Anstieg der Intensität. Diese Messungen wurden mit Mo$K\alpha$ bzw. Cu$K\alpha$ und $K\beta$ ausgeführt.

Von besonderem Interesse sind die Ergebnisse von STUMPEN bei einigen Linien der L-Reihe von Wolfram. Hier wird ein Anstieg der Intensitätskurve beim Überschreiten der Anregungsspannung der K-Reihe nachgewiesen. Aus den allgemeinen Vorstellungen über den Strahlungsvorgang ist ein solcher Anstieg zu erwarten.

Sehr eingehende Untersuchungen über die Abhängigkeit der Intensität verschiedener Röntgenlinien von der angelegten Spannung verdanken wir AXEL JÖNSSON [1926: 109; 1927: 74], der eine Reihe Messungen bei langwelligen Linien zur Prüfung der Formel von BERGEN-DAVIS sowie einer von ihm selbst aufgestellten Gleichung herangezogen hat. Auch die Methode zur Messung der Intensität weicht von den früheren Untersuchungen ab, indem hier die Strahlungsintensität mit Hilfe einer GEIGERschen Kammer bestimmt wurde. Diese war an ein Hochvakuumspektrometer direkt angeschlossen (s. S. 122, 123).

Untersucht wurden die Linien der K-Reihe von Al: $K\alpha_{1,2}$ ($\lambda = 8322$), $K\alpha_{3,4}$ ($\lambda = 8260$), $K\beta_1$ ($\lambda = 7965$); ferner aus der L-Reihe Mo $L\alpha_1$ ($\lambda = 5395$), Mo $L\beta_1$ ($\lambda = 5167$), Rh $L\alpha_1$ ($\lambda = 4589$), Rh $L\beta_1$ ($\lambda = 4364$), Rh $L\beta_2$ ($\lambda = 4122$), Rh $L\gamma_1$ ($\lambda = 3936$), Ag $L\alpha_1$ ($\lambda = 4146$) und aus der M-Reihe W $M\alpha$ ($\lambda = 6967$); W $M\beta$ ($\lambda = 6741$), Th $M\alpha$ ($\lambda = 5452$), Tl $M\beta$ ($\lambda = 5238$).

Die Intensitätsspannungskurve wurde bis 20 kV (gut konstanter Gleichspannung) verfolgt, was bei den betreffenden Linien etwa der 10fachen Anregungsspannung entspricht.

Um zu einer Formel für den Zusammenhang zwischen Intensität und Spannung zu kommen, welche der Erfahrung besser entspricht als die obige von BERGEN-DAVIS, geht AXEL JÖNSSON von der ROSSELANDschen Gleichung [Phil. Mag. 45, 65 (1923)]

$$I = C \cdot E_\nu h\nu \left(\frac{V - V_0}{V_0} - \log \frac{V}{V_0} \right) \tag{66}$$

aus[1]. Da diese Gleichung die Eigenabsorption in der Antikathode nicht berücksichtigt, ist eine dementsprechende Erweiterung nötig. Die von AXEL JÖNSSON hergeleitete Formel ist

$$I = C E_\nu \cdot h \cdot \nu \cdot e^{-K^2 V^2} \left[\frac{1}{V_0} \int_{V_0}^{V} e^{K^2 z^2} dz - \int_{V_0}^{V} \frac{1}{z} e^{K^2 z^2} dz \right], \tag{67}$$

wo E_ν und K dieselbe Bedeutung haben wie in der Formel von BERGEN-DAVIS. Zur numerischen Auswertung dieser Formel benutzt AXEL JÖNSSON die folgende Reihenentwicklung derselben:

$$I = C \cdot E_\nu h\nu e^{-K^2 V^2} \left[\frac{V - V_0}{V_0} - \log \frac{V}{V_0} + \frac{K^2}{6 V_0} (2V^3 - 3V^2 V_0 + V_0^3) \right.$$
$$\left. + \frac{K^4}{40 V_0} (4V^5 - 5V^4 V_0 + V_0^5) + \frac{K^6}{252 V_0} (6V^7 - 7V^6 V_0 + V_0^7) \ldots \right]. \tag{68}$$

Zum Vergleich wird eine entsprechende Reihenentwicklung der Formel von BERGEN-DAVIS gegeben:

$$I = C E_\nu h\nu \left[(V - V_0)^2 - \frac{K^2}{6} (3V^4 - 8V^3 V_0 + 6V^2 V_0^2 - V_0^4) \right.$$
$$+ \frac{K^4}{30} (5V^6 - 16V^5 V_0 + 15V^4 V_0^2 - 5V^2 V_0^4 + V_0^6)$$
$$\left. - \frac{K^6}{840} (35V^8 - 128V^7 V_0 + 140V^6 V_0^2 - 70V^4 V_0^4 + 28V^2 V_0^6 - 5V_0^8) \ldots \right]. \tag{69}$$

[1] Eine Verbesserung der ROSSELANDschen Formel unter Berücksichtigung der Bahngeschwindigkeit des Atomelektrons wurde von THOMAS [1927: 147] gegeben.

In Abb. 140 sind die mit diesen Formeln berechneten Kurven nebst den gemessenen Werten bei Al $K\alpha$ eingetragen. Bei niedrigen Spannungen ist die Übereinstimmung der Formel von AXEL JÖNSSON mit den Meßergebnissen sehr gut. Bei höheren Spannungen ist auch noch die Übereinstimmung gut, wenn als Wert von μ/ϱ 855 angenommen wird. Dieser extrapolierte Wert weicht allerdings von neueren direkten Messungen stark ab. Nach zuverlässigen Bestimmungen von EDVIN JÖNSSON [1928: 61] ist der Absorptionskoeffizient für Al $K\alpha$ in Aluminium

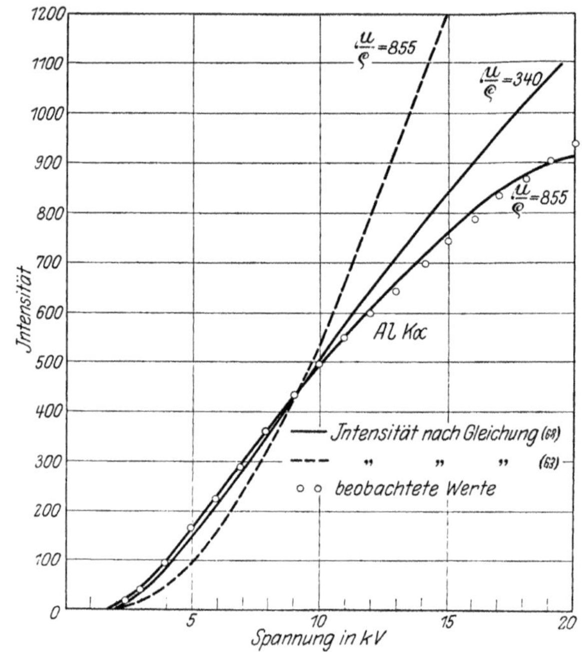

Abb. 140. Vergleich der Formel von A. JÖNSSON bzw. BERGEN-DAVIS mit experimentellen Daten.

$\frac{\mu}{\varrho} = 344$. Die zu diesem Wert gehörige Intensitätskurve weicht aber, wie aus der Abbildung ersichtlich, bei höheren Spannungswerten von den Messungen ziemlich stark ab. Doch ist der Anschluß an die Messungen auch in diesem Falle weit besser als der durch BERGEN-DAVIS' Formel erzielte. Wahrscheinlich liegt der Grund für die Abweichung bei gerade dieser Linie, die nicht zerlegte Al $K\alpha$-Dublette, in einer Superposition von Funkenlinien, die bei den höheren Spannungen stärker hervortreten.

In den anderen untersuchten Fällen, wo eine Berechnung nach der Formel von AXEL JÖNSSON durchführbar war, ist die Übereinstimmung sehr befriedigend, wie aus den Abb. 141a, b, c, d zu ersehen ist.

Auch die Ergebnisse der Messungen von E. LORENZ [1928: 70] lassen sich befriedigend mit Hilfe der Formel von AXEL JÖNSSON[1] darstellen, wenigstens bis etwa zur 10fachen Anregungsspannung. Die Messungen von LORENZ beziehen sich auf die K-Strahlung von Aluminium und wurden von der Anregungsspannung bei 1550 V bis etwa 50000 V ausgedehnt. Zur Intensitätsregistrierung diente eine photographisch-photometrische Methode. Die Intensitäts-Spannungskurve folgt anfangs

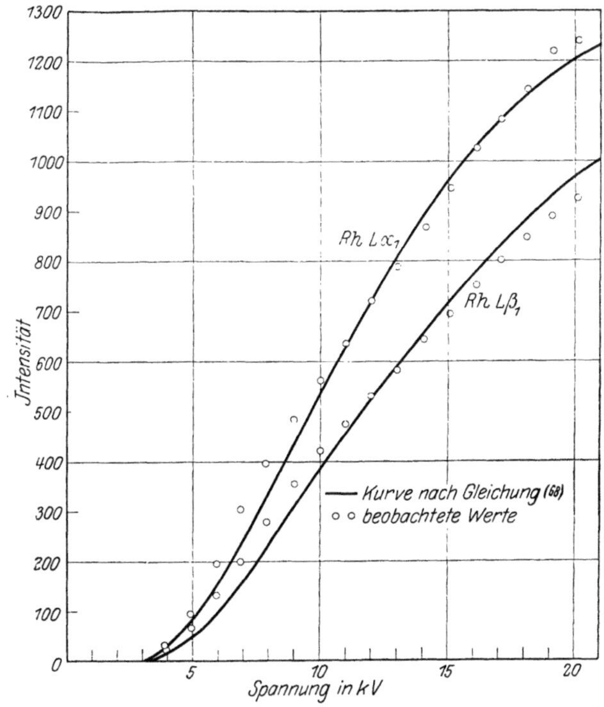

Abb. 141a.

bis etwa zur doppelten Anregungsspannung dem Gesetz $J = (V - V_0)^2$. Dann wird der Anstieg langsamer, um etwa bei der 11fachen Anregungsspannung sein Maximum zu erreichen und nachher wieder abzunehmen. Der Verlauf der Kurve ist aus Abb. 142 zu sehen (voll ausgezogene Linie). Die nach der Formel von AXEL JÖNSSON berechnete Intensitätskurve (mit $\frac{\mu}{\varrho} = 340$; $\frac{b}{\varrho} = 0{,}40 \cdot 10^6$; Austrittswinkel $= 9^{\circ}$) ist gestrichelt gezeichnet. Wie ersichtlich, ist die Übereinstimmung bis über die 10fache Anregungsspannung hinaus befriedigend, und die Lage des Maximums wird von der Formel richtig wiedergegeben.

[1] Nach brieflicher Mitteilung von Dr. AXEL JÖNSSON.

Wie oben angegeben, hatte schon WEBSTER gezeigt, daß sämtliche Linien der K-Reihe (abgesehen von den später zu besprechenden „Fun-

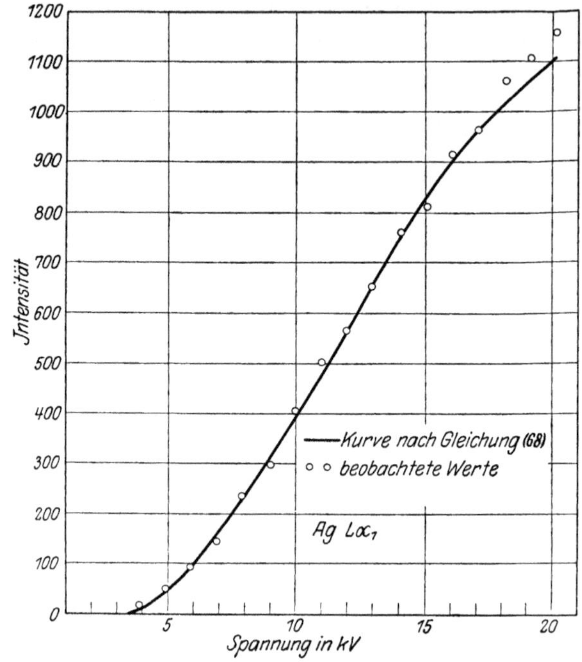

Abb. 141 b.

ken"linien) eines und desselben Elementes gleichzeitig auftreten, wenn die angelegte Spannung eine bestimmte Minimalspannung überschreitet.

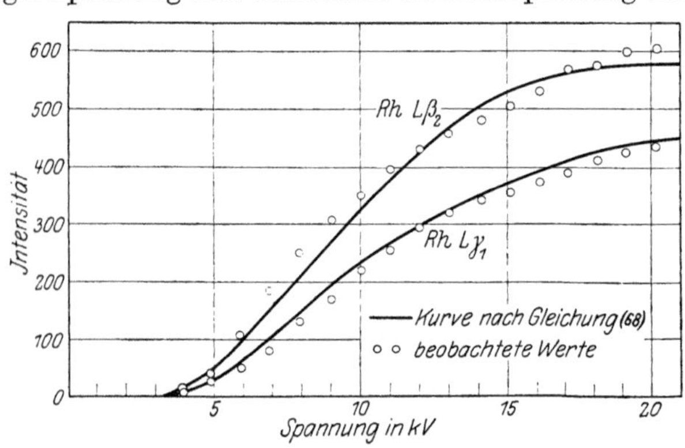

Abb. 141 c.

Weitere Untersuchungen im Gebiete der L-Reihe von WEBSTER und CLARK [1917: 29] und von HOYT [1920: 37] ergaben, daß die Linien sich hier in *drei* Gruppen zusammenfassen lassen, wo jede Gruppe eine bestimmte Anregungsspannung hat. Für jede dieser Gruppen gelten auch die oben gefundenen vier Gesetze, die für die K-Reihe angegeben wurden.

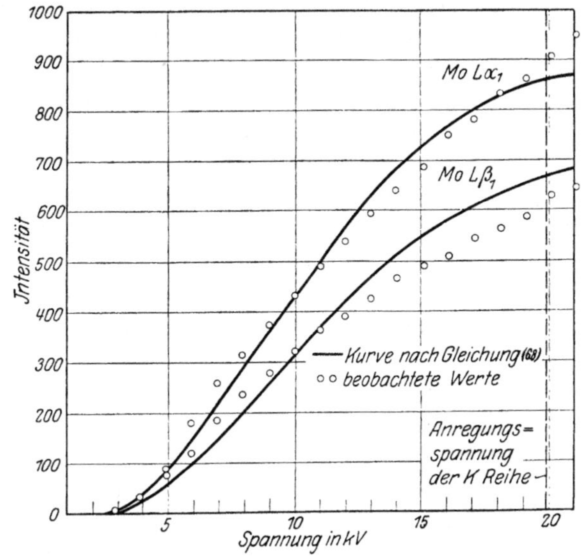

Abb. 141 d.

Aus Analogieschlüssen, deren Grundlage in der Systematik erörtert werden soll, läßt sich schließen, daß in der *M-Reihe* die Zahl der *Unter-*

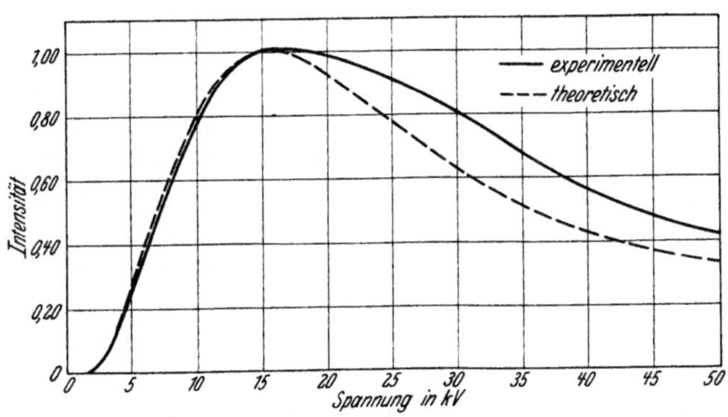

Abb. 142. Intensität der $K\alpha$-Strahlung von Aluminium als Funktion der Spannung nach E. LORENZ; theoretische Kurve nach AXEL JÖNSSON.

gruppen gleich fünf ist und in der *N-Reihe* aller Wahrscheinlichkeit nach *sieben*.

Für die praktische Röntgenspektroskopie ist es von Interesse, bei jedem Element und jeder Spektralreihe die Erregungsgrenze in Volt zu kennen. Auch wenn nur einige wenige Werte der Erregungsspannung experimentell ermittelt worden sind, ist es doch möglich, aus dem obigen Zusammenhang zwischen den Spannungen und dem Linienspektrum die betreffenden Spannungen aus den Ergebnissen der Messungen im Linienspektrum voraus zu berechnen. Eine Tabelle, aus der die Minimalspannungen für die kurzwelligste Untergruppe in jeder Reihe zu entnehmen sind — in dieser Weise aus den Linienspektren erschlossen —, findet sich im Anhang.

24. Die *K*-Reihe.

In den Abb. 77 und 132 auf S. 91 bzw. 143 waren schon eine Reihe von Spektrogrammen von benachbarten Elementen reproduziert, aus denen der allgemeine Charakter dieser Spektralreihe zu ersehen ist. Die *K*-Reihe besteht beinahe durchweg aus vier Komponenten, die wir

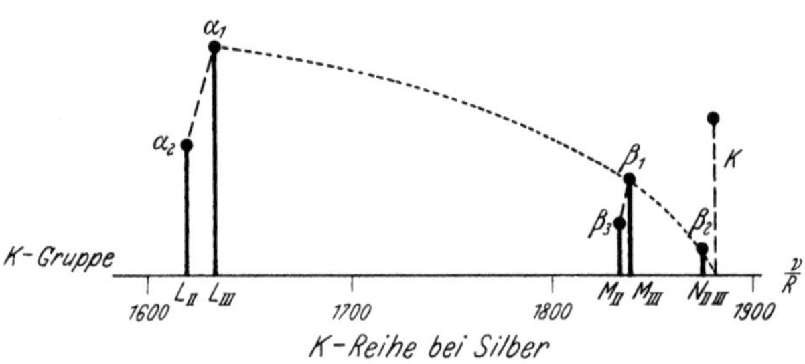

Abb. 143.

α_1, α_2, β_1 und β_2 (die letztere von MOSELEY, SOMMERFELD u. a. mit γ bezeichnet) nennen wollen, wobei die Linien nach abnehmender Intensität geordnet sind. Der Wellenlängenabstand der zwei α-Komponenten ist für sämtliche Elemente beinahe konstant und etwa gleich 4 X.E.

In neueren Untersuchungen von M. DE BROGLIE [1920: 10, 13], DUANE und PATTERSON [1922: 33], ALLISON und ARMSTRONG [1925: 3], LEIDE [1925: 94] und anderen ist es gelungen, auch die β_1-Linie in zwei Komponenten mit einem ungefähren Abstand von 0,6 X.E. zu zerlegen, die dann als β_1 und β_3 bezeichnet werden.

Die in Abb. 87 und 88 reproduzierten Spektrogramme von einigen *K*-Spektren (Mo und Rh) zeigen die erwähnten $\alpha_{1,2}$- und $\beta_{1,3}$-Dubletts nach vergrößerten Aufnahmen von A. LARSSON bzw. ENGER.

Der allgemeine Bau der *K*-Reihe geht dann aus der schematischen Darstellung in Abb. 143 hervor, welche im Frequenzmaß (ν/R) die *K*-Reihe von Silber darstellt. Die Höhe der Striche soll die relativen Intensitäten andeuten. *K* gibt die Frequenz an, welche der Anregungsspannung der Gruppe entspricht (oder auch, wie später besprochen werden wird, die Absorptionsgrenze).

Diese einfache Struktur der K-Reihe wird bei den leichteren Elementen etwa von Zn aus durch das sukzessive Hinzukommen von neuen Komponenten verändert, wie von Siegbahn und Stenström [1916: 32,

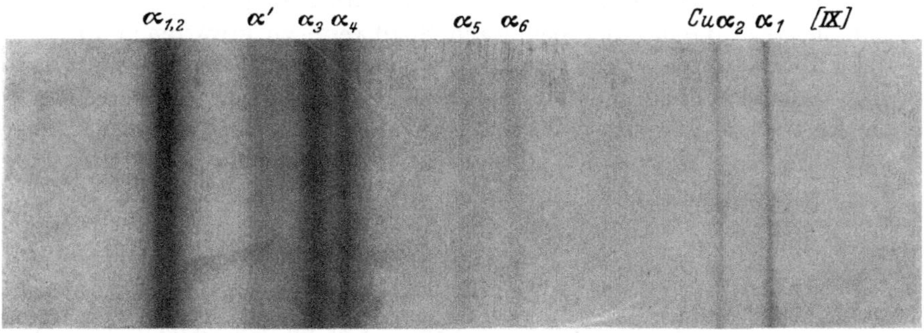

Abb. 144. Die $K\alpha$-Gruppe bei Silicium. 3x

34] zuerst gefunden wurde. Umfangreiche Untersuchungen über diese komplizierten Liniengruppen bei den leichtesten Elementen verdanken wir vor allem Hjalmar [1920: 36]. Der sehr komplizierte Aufbau der K-Reihe bei diesen Elementen ist aus den Spektrogrammen in Abb. 144

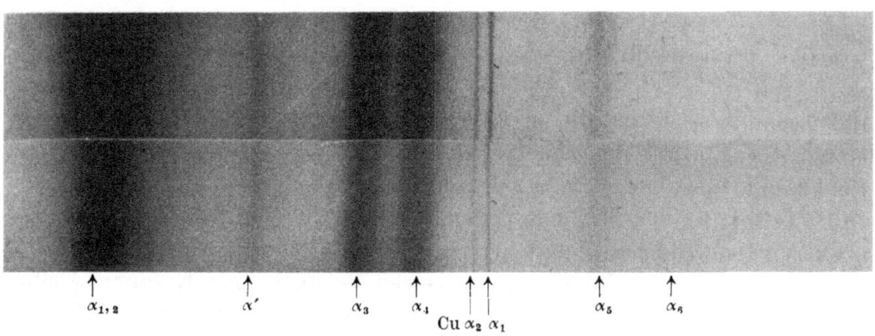

Abb. 145a. Die $K\alpha$-Gruppe bei Aluminium; aufgenommen mit Quarz in zweiter Ordnung.

und 145 zu sehen, wo die α-Gruppen mit hoher Auflösung registriert worden sind.

Auch für eine Anzahl Elemente oberhalb Zn sind schwächere Linienreihen gefunden und ausgemessen worden, wie aus den Tabellen zu ersehen ist.

Es wurde zuerst von Wentzel [1921: 101] hervorgehoben, daß diese neu hinzukommenden Linien eine mehrfache Ionisation des Atoms voraussetzen und also zu den üblichen Linien sich verhalten wie die Funkenlinien der optischen Spektren zu den Bogenlinien. Bisweilen bezeichnet man diese Linien daher auch als „Funkenlinien". Entsprechende Linien sind dann später auch in den anderen Reihen gefunden. Wir kommen in § 37 zu den Erklärungsversuchen dieser Linien zurück.

Was das Aussehen der Spektrallinien angeht, so ist zu erwähnen, daß die Linien bei den schwereren Elementen durchweg sehr scharf sind und meistens die bei der benutzten Spaltweite zu erwartende Breite nicht überschreiten. Geht man aber zu leichteren Elementen über, so zeigt sich allmählich eine Verbreiterung der Linien, die eine Struktur der Linien zu erkennen gestattet. Einen Begriff von dieser Struktur geben die von Hjalmar veröffentlichten photometrisch registrierten Kurven bei einer Anzahl von Linien der leichtesten Elemente.

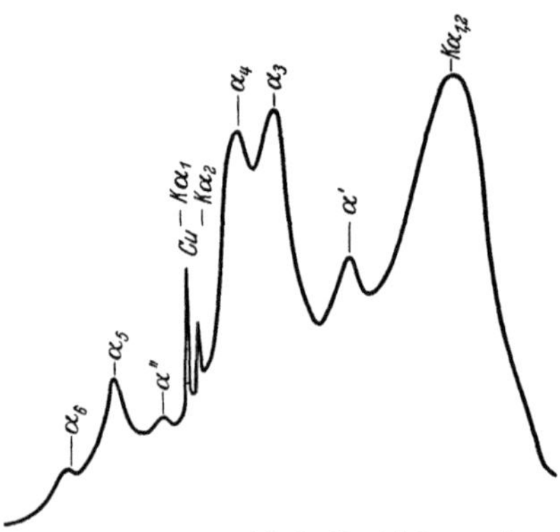

Abb. 145b. Photometrische Registrierung des Spektrogrammes Abb. 145a.

Als ein sehr charakteristisches Merkmal für die Röntgenspektren — im Gegensatz zu den optischen Spektren — gilt im allgemeinen, daß der Einfluß der chemischen Bindung auf das Aussehen dieser Spektren nicht bemerkbar ist. Der physikalische Grund für diese Tatsache ist selbstverständlich der, daß die Röntgenspektren von Umlagerungen in den inneren Elektronengruppen herrühren, während bei den optischen Spektren die Valenzelektronen tätig sind. Allerdings war zu erwarten, daß besonders bei den niedrigen Elementen bzw. den höheren Röntgenserien der Einfluß der Nachbaratome sich bei genauerer Analyse der Spektren bemerkbar machen würden. Es gelang zuerst Lindh und Lundquist [1924: 91, 92, 93], einen solchen Effekt bei den Röntgenemissionsspektren nachzuweisen, und zwar in der K-Reihe der Elemente Phosphor, Schwefel und Chlor. Als typisches Beispiel ihrer Ergebnisse sind in Abb. 146 einige photometrische Registrierungen der $K\beta$-Linie bei Schwefel wiedergegeben. Diese Spektrogramme wurden mit Ag_2S an verschiedenen Antikathoden (bzw. Kupfer, Eisen und Aluminium) erhalten. Wie aus der Abbildung ersichtlich, ändern sich sowohl die relative Lage wie auch die relativen Intensitäten sehr stark. Nähere Angaben über die Wellenlängen der verschiedenen Linien finden sich in den folgenden Tabellen. Von besonderem Interesse zur Deutung dieser Anomalien sind einige Angaben von Wetterblad [1927: 164, 165], der die $K\beta$-Gruppe bei Na, Mg und Al untersuchte. Auch bei diesen Elementen findet Wetterblad die zwei Linien β_1 und β_x wieder, und zwar bei reinem Element die kurzwelligere (β_x), bei den Oxyden dagegen die langwelligere (β_1). Bei Na hat Wetterblad noch langwelligere Komponenten gefunden.

Andere Beispiele des Einflusses der chemischen Bindung auf die relative Lage und Intensität der Komponenten innerhalb der $K\beta$-Gruppe bei den niedrigen Elementen finden sich in den Tabellen. Die

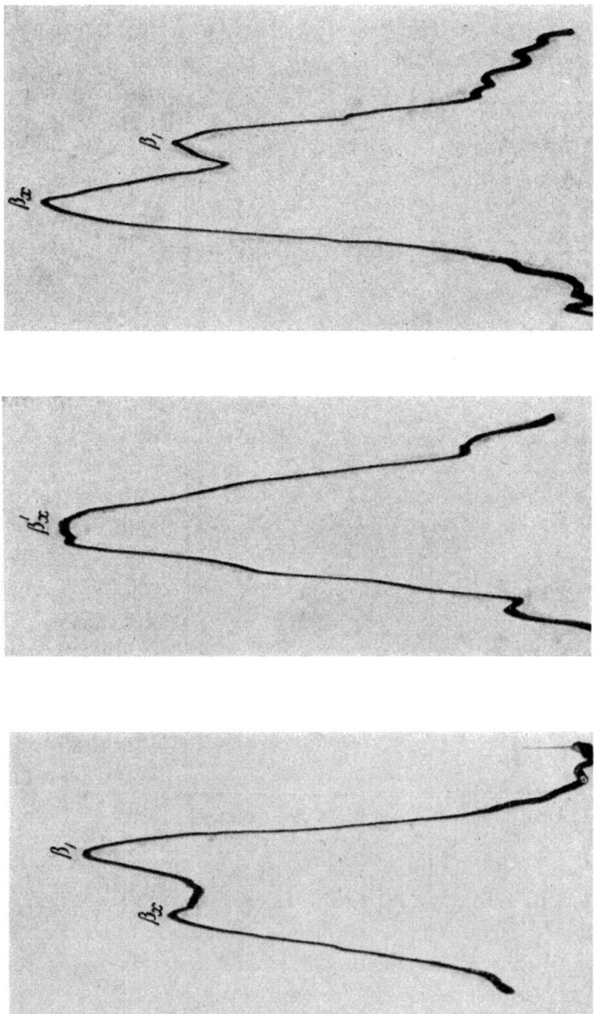

Ag_2S auf Aluminiumantikathode.

Ag_2S auf Eisenantikathode.

Ag_2S auf Kupferantikathode.

Abb. 146. (Aus LINDH und LUNDQUIST, Ark. f. Mat., Astr. o. Fysik 18.)

Schwierigkeiten, welche einer Analyse und Deutung dieser Linien entgegenstehen, liegen vor allem darin, daß die an der Antikathode angebrachten Substanzen beim Bombardieren mit den Kathodenstrahlen chemischen Veränderungen unterworfen sind, so daß ein sicheres Feststellen, welche Stoffe die betreffenden Linien emittieren, nicht möglich ist. Deswegen sind die Angaben in dieser Beziehung auch mit Vorsicht aufzunehmen.

Der hier besprochene Einfluß der chemischen Bindung bei der $K\beta$-Gruppe ist sehr gut verständlich, da bei den entsprechenden Elektronenübergängen zum Teil dieselben Elektronenschalen sich beteiligen, die auch bei der Molekelbindung in Frage kommen. Daß aber auch ein tiefgreifenderer Einfluß — nämlich an den $K\alpha$-Linien — in gewissen Fällen sich nachweisen läßt, wurde von B. B. Ray [1925: 110, 111] und Bäcklin [1925: 36; 1926: 30] etwa gleichzeitig entdeckt. Diese beiden Forscher fanden bei $K\alpha$-Dubletts von Schwefel in gewissen Verbindungen eine Verschiebung von der Größenordnung des Dublettabstandes, d. h. etwa 3 X.E. gegenüber der Lage bei dem reinen Elemente. Meistens wird deswegen ein Triplett erhalten, die durch Überlagerung von zwei Dubletts zustande kommt. Sehr schön ist dies auf Abb. 147 zu sehen, welche der betreffenden Arbeit von Bäcklin [1928: 36] entnommen ist. Ähnliche Verschiebungen konnte Bäcklin dann auch für die $K\alpha$-Dublette der Elemente Al, Si und P nachweisen. Ebenso konnte Bäcklin für die „Funkenlinien" $K\alpha_3\alpha_4$ einen solchen Effekt feststellen, der, wie Abb. 148 zeigt, mehr wie eine einseitige Verbreiterung aussieht.

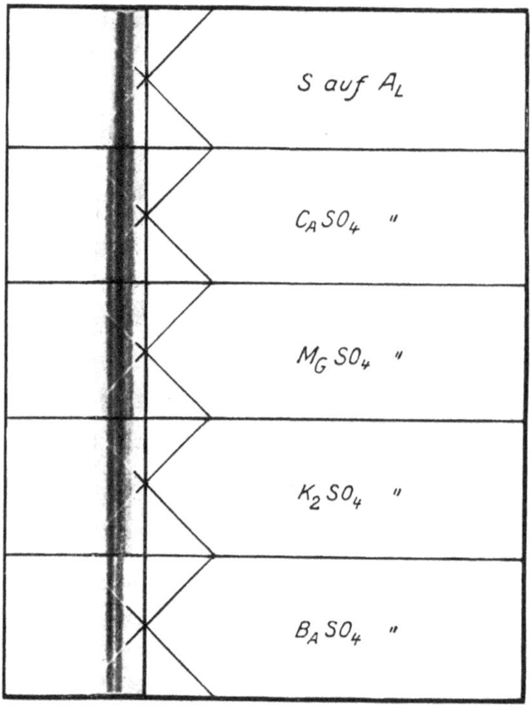

Abb. 147. Verschiebung der $K\alpha$-Dublette bei S nach Bäcklin.

In dem schon oben besprochenen Moseleyschen Gesetz haben wir ein sicheres Mittel, die Zusammengehörigkeit der bei verschiedenen Elementen gefundenen Linien festzustellen. Für die vier Hauptlinien der K-Reihe ist zwar die Analogie so ausgesprochen, daß kein Zweifel entstehen kann, aber bei den Nebenlinien ist das Gesetz schon nützlich, und bei den anderen, mehr komplizierten Reihen wird seine Anwendung ganz unumgänglich nötig. Der Kern des MOSELEYschen Gesetzes ist, daß — nach den jetzigen Vorstellungen von dem Bau der Atome — die Ordnungszahl eines Elementes nichts anderes als die positive Kernladungszahl des Atomes ist und als solche das erste Bestimmungsstück für die Frequenzen der Röntgenspektren darstellt.

In der vorher auf S. 144 wiedergegebenen Tabelle der ersten MOSELEYschen Messungen der *K*-Reihe bei einer Folge von Elementen war gezeigt worden, daß der Ausdruck $\sqrt{\nu/\frac{3}{4}\nu_0}$, wo ν die experimentell ermittelten Frequenzen bedeutet und ν_0 eine Konstante ist, einen Wert darstellt, der mit überraschender Genauigkeit mit der um 1 verminderten Ordnungszahl übereinstimmt. Eine Ausdehnung dieses Gesetzes auf andere zusammengehörende Linien besagt, daß die *Wurzel aus der Frequenz* mit großer Annäherung *eine lineare Funktion der Ordnungszahl ist.* Wie gut diese Gesetzmäßigkeit erfüllt ist, zeigt die graphische Darstellung der Abb. 149. Die Kurven sind nur ganz unbedeutend nach unten gekrümmt. Mit Hilfe dieser allgemeingültigen Gesetzmäßigkeit haben wir dann die Möglichkeit, sämtliche Linien in Reihen zu ordnen, wie dies in den folgenden Tabellen geschehen ist.

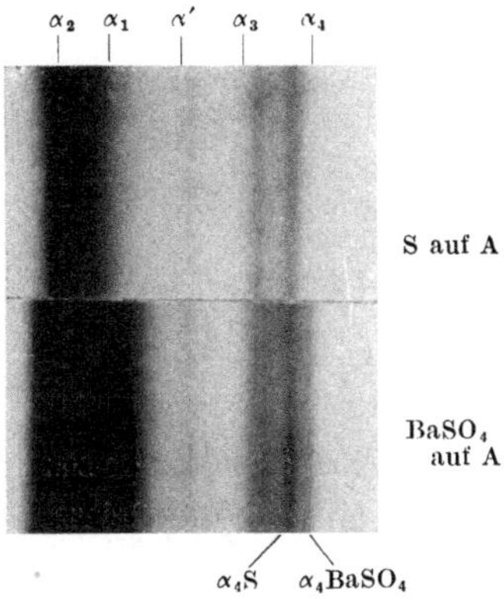

Abb. 148. Verschiebung der $K\alpha_3\alpha_4$ bei S nach BÄCKLIN.

Tabelle 23.
Messungen der Wellenlängen der *K*-Reihe in X.E. von MOSELEY (1913)

	$K\alpha$	$K\beta$		$K\alpha$	$K\beta$
13 Al	8364	7912	28 Ni	1662	1506
14 Si	7241	6729	29 Cu	1549	1402
17 Cl	4750	—	30 Zn	1445	1306
19 K	3759	3463	39 Y	838	—
20 Ca	3368	3094	40 Zr	794	—
22 Ti	2758	2524	41 Nb	750	—
23 Va	2519	2297	42 Mo	721	—
24 Cr	2301	2093	44 Ru	638	—
25 Mn	2111	1918	36 Pd	584	—
26 Fe	1946	1765	47 Ag	560	—
27 Co	1798	1629			

Ihres großen historischen Interesses wegen sei zuerst eine zusammenfassende Tabelle der von MOSELEY ausgeführten Wellenlängenbestimmungen in der *K*-Reihe wiedergegeben. Zu ihrer richtigen Beurteilung muß erwähnt werden, daß MOSELEY bei Berechnung der Wellenlängen

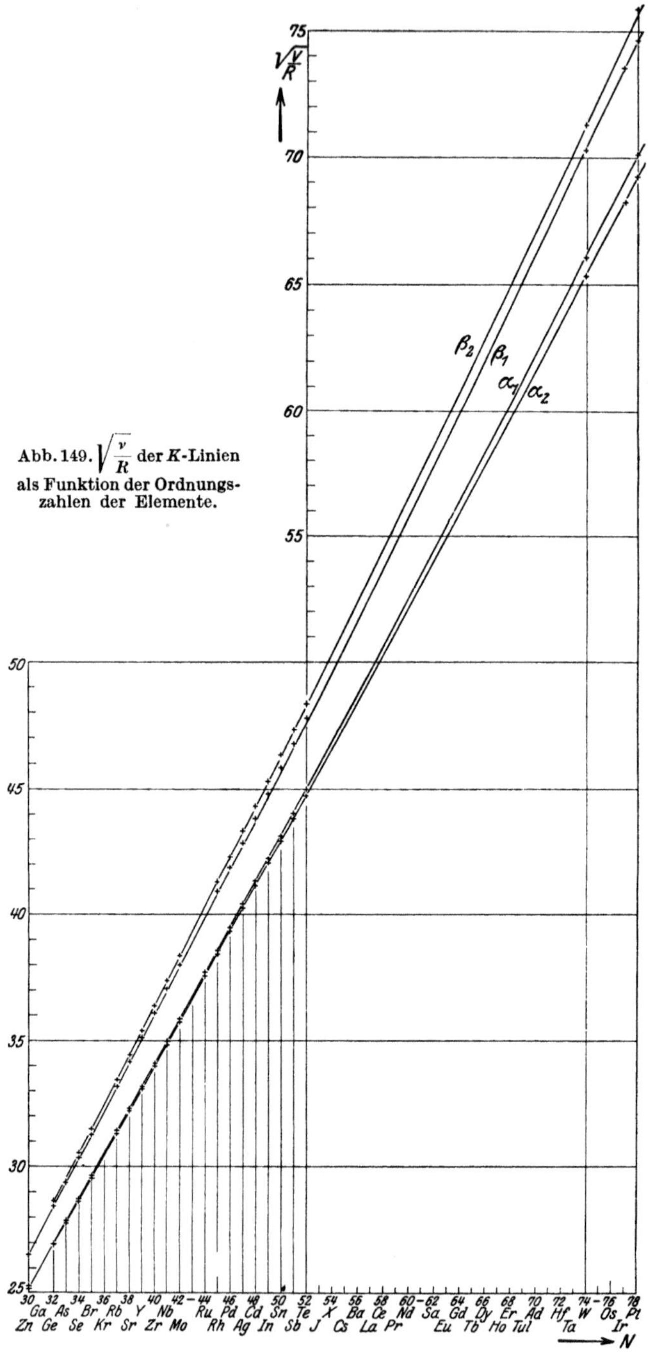

Abb. 149. $\sqrt{\frac{\nu}{R}}$ der K-Linien als Funktion der Ordnungszahlen der Elemente.

aus den Winkelwerten einen Wert der Gitterkonstanten der benutzten Ferrocyankaliumkrystalle zugrunde gelegt hat, der nicht in guter Übereinstimmung mit dem hier benutzten Wert der Gitterkonstanten des Steinsalzes steht, sondern etwa um 0,54% zu groß sein dürfte. Ferner gestatteten die Spektrogramme nicht die Auflösung der zwei α-Komponenten, so daß die angegebenen Werte einen Mittelwert dieser Linien darstellen. Dagegen ist zu vermuten, daß die β-Werte nicht durch die schwache und nicht so nahe liegende β_2-Komponente gestört worden sind.

Im folgenden wird hier eine möglichst vollständige Zusammenstellung von älteren und neueren Messungen in der K-Reihe gegeben. Betreffend die bei der Berechnung der Wellenlängen aus den gemessenen Reflexionswinkeln benutzten Gitterkonstanten sei auf § 13 hingewiesen. Wo verschiedene Forscher andere Gitterkonstantwerte bei der Berechnung benutzt haben, wurden die betreffenden Wellenlängenwerte umgerechnet, um die Angaben miteinander vergleichbar zu machen. Die Werte von MOSELEY sind nach dem Original aufgeführt, da eine Neumessung der Gitterkonstante von Ferrocyankalium nicht vorliegt. Wellenlängenwerte die in eckigen Klammern [ ] eingetragen sind, entstammen früheren Messungen und haben als Ausgangswert für die Messungen der betreffenden Meßreihe gedient.

Nach den Wellenlängentabellen der einzelnen Elemente folgen dann drei Tabellen von λ, ν/R und $\sqrt{\nu/R}$, wo ein möglichst homogenes Material angestrebt wurde. Der Zweck dieser ist, eine Unterlage für die Systematik und für das Studium der verschiedenen Gesetzmäßigkeiten der Röntgenspektren zu geben.

Tabelle 24. 11 Natrium K-Reihe.

	I	II	III	IV
α_2 α_1	11885	11886	[11885]	—
α'	—	11837	11838	—
α_3	—	11804	11805	—
α_4	—	11783	11787	—
α_5	—	—	11719	—
α_6	—	—	11689	—
β'	—	—	11704	—
β_1	—	11593	11594	—
β_x	—	—	11552	—

I SIEGBAHN u. STENSTRÖM [1916: 32].
II HJALMAR [1920: 36].
III WETTERBLAD [1927: 164, 165].

β_x erscheint bei reinem Element, β_1 bei Oxyd. Nach vorläufigen Messungen verschiebt sich die β_1-Linie wie folgt:

NaF = 11637; NaCl = 11633; NaBr = 11621; NaJ = 11614.

Tabelle 25. 12 Magnesium *K*-Reihe.

I Siegbahn u. Stenström [1916: 32].
II Hjalmar [1920: 36].
III Wetterblad [1927: 164, 165].
β_x wurde bei reinem Element erhalten, β_1 dagegen beim Oxyd.

	I	II	III
α_2 α_1	9860	9869,0	[9869,0]
α'	—	9828	9826,6
α_3	9802	9801	9801,3
α_4	9791	9788	9785,5
α_5	—	9732	9730,7
α_6	—	9713	9705,7
β'	—	9648	—
β_1	—	9535,7	9539
β_x	9425	—	9500

Tabelle 26. 13 Aluminium *K*-Reihe.

	I	II	III	IV	V	VI	VII
α_2 α_1	8364	8314	8320,5	$\Delta\lambda = 2{,}44$	[8320,5]	—	8322,48
α'	—	—	8286,7	—	8286,3	—	—
α_3	—	8264	8265,7	—	8266,9	—	—
α_4	—	8254	8254,1	—	8251,2	—	—
α_5	—	—	8206,9	—	8209,9	—	—
α_6	—	—	8190,3	—	8189,7	—	—
β'	—	—	8026	—	8043	—	—
β_1	—	—	—	—	7965	—	—
β_x	7912	7942	7941,5	—	7944	—	—
β'''	—	—	—	—	—	7819 7789	—

I Moseley [1914: 33]. II Siegbahn u. Stenström [1916: 32].
III Hjalmar [1920: 36].
IV Bäcklin [1925: 36; 1926: 30].
Die $\alpha_1\alpha_2$-Linien sind bei Al_2O_3 um etwa 1,72 X.E. gegenüber Al verschoben.
V Wetterblad [1927: 164, 165].
β_1 und β_x sind mit Glimmer in 2. Ordnung relativ Ag$L\beta_1$ in 4. Ordnung gemessen. β_x wurde mit metallischem Al erhalten, β_1 dagegen bei Al_2O_3.
VI Druyvesteyn [1928: 32b]. VII Larsson [1929: 94].

Tabelle 27. 14 Silicium *K*-Reihe.

	I	II	III	IV	V	VI	VII Si	VII SiO_2
α_2 α_1	7142	7092	7110,1	$\Delta\lambda = 2{,}61$	—	7111,06	—	—
α'	—	—	7084	—	—	—	7080 7086	7082
α_3	—	7049	7064,7	7064,9	—	—	7067	7064,5
α_4	—	7041	7054,6	7055,2	—	—	7058 7053	7055,5
α_5	—	—	7015	—	—	—	7021	—
α_6	—	—	7004	—	—	—	7011 7003	—

Tabelle 27 (Fortsetzung).

	I	II	III	IV	V	VI	VII Si	VII SiO_2
β'	—	—	6794,2	—	—	—	6824 6802	6823 6804
β_1	—	—	6745,1	6754,5	—	—	6753	6753
β_x	6729	6722	6740,2	6739,3	—	—	6739	—
β'''	—	—	—	—	6638 6606	—	—	—

I Moseley [1914: 33].
II Siegbahn u. Stenström [1916: 32].
III Hjalmar [1920: 36].
IV Bäcklin [1926: 30].

Bei Si treten β_1 und β_x beide auf, wobei β_x eine wesentlich größere Intensität hat als β_1; bei SiO_2 tritt nur β_1 auf. α_3 wurde in zwei Komponenten zerlegt, α_3 und α_3' mit der Wellenlänge $\alpha_3' = 7062{,}7$.

Bei SiO_2 verschiebt sich die $\alpha_2\alpha_1$-Dublette um 2,34 X.E. gegen kürzere Wellen, α_3 um etwa 3,3 X.E. und α_4 um etwa 4,0 X.E.

V Druyvesteyn [1828: 32b].
VI Larsson [1929: 94].
VII Deodhar [1930: 56].

Tabelle 28. 15 Phosphor *K*-Reihe.

	I	II	III	IV	V	VI
α_2 α_1	6134	6142,5	—	—	$\Delta\lambda = 2{,}72$	—
α'	—	—	—	—	—	6116,7
α_3	6095	6103,0	—	—	—	—
α_4	6088	6095,8	—	—	—	—
$\alpha_{5,6}$	—	—	—	—	—	6058,2
β'	—	5821,2	5820,2	—	—	—
β_1	—	—	—	5792,1	—	—
β_{1x}	—	5785,9	5786,2	5788,2	—	—
β_x	5776	—	—	5779,6	—	—
β'''	—	—	—	—	—	5700 5679

I Siegbahn u. Stenström [1916: 32].

Umgerechnet zur Gitterkonstante $d = 7579$ des Gipses.

II Hjalmar [1920: 36].
III Siegbahn u. Doleŝjek [1922: 73].
IV Lind u. Lundquist [1924: 93]; Lundquist [1925: 97].

In [1924: 93] wurde Glimmer 3. Ordnung benutzt, in [1925: 97] Quarz als Gitter. Schwarzer und roter Phosphor sowie Na- und K-Phosphat, Na-Phosphit, Na- und K-Hypophosphit und Cu-Phosphid gaben β_1 und β_x, während β_{1x} allein bei Al- und Ca-Phosphid, Al-, Ca-, Co-, Cu-, Sr-, Sn-, Zn-, Ba-, Bi-Phosphat, Ca-, Cu-, Ba-, Zn-Phosphit, Ca-, Ba-Hyposphosphit auftrat, alles mit Cu-Antikathode. Roter Phosphor auf Al-Antikathode gab eine Linie $\beta_{1x}\lambda = 5785{,}4$. Schwarzer Phosphor auf Al-Antikathode β_{1x} mit $\lambda = 5784{,}5$.

V Bäcklin [1925: 36]. VI Druyvesteyn [1928 35b].

Tabelle 29. 16 Schwefel K-Reihe.

	I	II	III	IV	V	VI	VII
α_2	5360	5361,8	5363,7	—	—	$\Delta\lambda = 2{,}88$	—
α_1			5360,9	5361,3			
α'	—	—	5340,6	—	—	—	—
α_3	5317	5329,0	5329,4	—	—	—	—
α_4	5314	5322,4	5323,3	—	—	—	—
$\alpha_{5,6}$	—	—	—	—	—	—	5281,8
β'	—	5048	5045,0	5044,7	—	—	—
β_1	—	—	5021,2	5021,3	5021,1	—	—
β_{1x}	5018	5019,8	—	—	5017,8	—	—
β_x	—	—	5012,9	5013,0	5012,8	—	—
β'''	—	—	—	—	—	—	4940,4

$\beta_1 \beta_x$-Linien nach Lindh u. Lundquist [1924: 91, 93].

Stoff	Linie	Antikathode		
		Cu	Fe	Al
Ag_2S	β_1	5021,0	—	5023,6
	β_{1x}	—	5017,8	—
	β_x	5013,4	—	5015,0
Ag_2SO_4	β_1	5020,9	—	—
	β_{1x}	—	5018,1	5015,1
	β_x	5012,7	—	—

I Siegbahn u. Stenström [1916: 32].

II Hjalmar [1920: 36].

Auch die Linie $\alpha_{5,6}$ wurde gefunden und ihre Wellenlänge zu 5278 geschätzt.

III Hjalmar [1921: 46].

Erhalten mit $CuSO_4$ und $Cu_2S + Na_2S + S$ an der Antikathode.

IV Siegbahn u. Dolejšek [1922: 73].

V Lindh u. Lundquist [1924: 91, 93].

β_{1x} allein wurde erhalten bei Cr_2S_3, ZnS, PbS, CdS, FeS, $CdSO_4$ an Cu-Antikathode, bei S, ZnS, FeS, SnS_2, CdS, Al_2S_3, $ZnSO_4$, $Fe_2(SO_4)_3$, $SnSO_4$ und $CdSO_4$ an Al- oder Fe-Antikathode; die zwei Linien β_1 und β_x dagegen bei S, CuS, SnS_2, $CuSO_4$, $ZnSO_4$, $SnSO_4$, $Fe_2(SO_4)_3$, $PbSO_4$, Ag_2SO_4 an Cu-Antikathode, bei CuS und $CuSO_4$ an Al- oder Fe-Antikathode. Mit Ag_2S an Cu war β_1 stärker als β_x, an Al dagegen β_x stärker als β_1, an Fe trat dagegen β_{1x} hervor.

VI Bäcklin [1925: 36].

VII Druyvesteyn [1928: 32b].

Tabelle 30. 17 Chlor *K*-Reihe.

	I	II	III	IV	V	VI	VII	VIII
α_2	4750	4712	—	—	—	—	$\Delta\lambda = 2{,}97$	—
α_1			4718,7	—	4718,2	—		
α'	—	—	—	—	4702,5	—	—	—
α_3	—	4692	—	—	4688	—	—	—
α_4	—		—	—	4684	—	—	—
β'	—	—	—	—	4406	—	—	—
β_1	—	4394	—	4394,5	4394,6	4394,2	—	—
β_{1x}	—	—	—	—	—	4393,3	—	—
β_x	—	—	—	4390,0	—	4390,6	—	—
β'''	—	—	—	—	—	—	—	4326,4

I Moseley [1914: 33]. II Siegbahn u. Stenström [1916: 32].
III Siegbahn [1919: 29]. IV Hjalmar [1920: 36; 1921: 46].
Mit KCl an Cu-Antikathode.
V Siegbahn u. Dolejšek [1922: 73]; Dolejšek [1922: 28].
VI Lindh u. Lundquist [1924: 92].
Bei den Substanzen LiCl, $FeCl_3$, $ZnCl_2$, $CdCl_2$, $SnCl_2$ und $PbCl_2$ (auf Cu-Antikathode) wurde die Linie β_{1x} gefunden, bei NaCl, $NaClO_3$, KCl, $CaCl_2$, $BaCl_2$, $Ba(ClO_3)_2$, $SrCl_2$ dagegen die zwei anderen Linien β_1 und β_x; bei $CuCl_2$ wurde gemessen: $\beta_1 = 4394{,}75$ und $\beta_x = 4388{,}4$.
VII Bäcklin [1925: 36]. VIII Druyvesteyn [1928: 32b].

Tabelle 31. 19 Kalium *K*-Reihe.

	I	II	III	IV	V	VI	VII	VIII	IX
α_2	3759	3738	—	3737,5	3737,07	—	$\Delta\lambda = 3{,}21$	—	—
α_1		3735	3733,9	[3733,9]	3733,68	[3733,68]		—	—
α'	—	—	—	3718,7	—	3718,7	—	—	—
α_3	—	3724	—	3708,8	—	3711,0	—	—	—
α_4	—		—		—	3708,8	—	—	—
β_1	3463	3449	3447,4	3446,4	3446,80	—	[3446,8]	[3446,8]	[3446,8]
β''	—	—	—	3442,5	—	—	3443,0	3442,9	—
β_5	—	—	—	3434,6	3434,1	—	[3434,1]	3434,9	3434,5
β'''	—	—	—	—	—	—	3400,7	—	3404,5
β''''	—	—	—	—	—	—		—	3396,3

I Moseley [1914: 33]. II Siegbahn u. Stenström [1916: 34].
III Siegbahn [1919: 29].
IV Hjalmar [1920: 36; 1921: 45, 46].
V Siegbahn u. Dolejšek [1922: 73].
VI Dolejšek [1922: 28].
Dolejšek gibt noch einen Satellit bei $\alpha : \lambda = 3730$ an.
VII Bäcklin [1925: 36] für $\Delta\lambda$ und Druyvesteyn [1927: 46] für die β-Linien.
VIII Ortner [1927: 117].
Ortner findet noch eine schwache Linie bei 3438,5, dessen Ursprung unbekannt ist.
IX Wetterblad [1928: 129a].
Lundquist [1925: 97] sucht bei β_1 und β'' nach einer Abhängigkeit von der chemischen Bindung, aber ohne positives Ergebnis; seine Mittelwerte sind $\beta_1 = 3446{,}99$, $\beta'' = 3443{,}09$.

Tabelle 32. 20 Calcium K-Reihe.

	I	II	III	IV	V	VI	VII	VIII	IX
α_2	3368	3359	—	—	3354,95	—	$\Delta\lambda=3,28$	—	—
α_1		3355	3351,9	—	3351,69	[3351,69]		—	—
α'	—	—	—	—	—	3339,87	—	—	—
α_3	—	3328	—	—	—	3332,3	—	—	—
α_4	—		—	—	—	3330,0	—	—	—
β'	—	—	—	—	3091,1	—	—	—	—
β_1	3094	3086	3084,9	3082,97	3083,43	—	[3083,4]	[3083,4]	[3083,4]
β''	—	—	—	3079,57	—	—	3079,7	3079,7	—
β_5	—	3074	—	3067,40	3069,1	—	[3069,1]	3068,1	3068,0
β'''	—	—	—	—	—	—	3044,3	—	3047,6
β''''	—	—	—	—	—	—		—	3040,1

I Moseley [1913: 32; 1914: 33].
Moseley gibt [1913: 32] die Werte $\alpha = 3357$, $\beta = 3085$.
II Siegbahn u. Stenström [1916: 34].
III Siegbahn [1919: 29].
IV Hjalmar [1920: 36].
V Siegbahn u. Dolejšek [1922: 73].
VI Dolejšek [1922: 28].
Dolejšek gibt noch einen Satellit bei $\alpha : \lambda = 3349$ an.
VII Bäcklin [1925: 36] für $\Delta\lambda$ und Druyvesteyn [1927: 46] für die β-Linien.
VIII Ortner [1927: 117].
Ortner untersucht Ca, CaO_3, CaCl und CaH_2, findet aber keinen Unterschied in der Lage der β-Linien.
IX Wetterblad [1928: 129a].

Tabelle 33. 21 Scandium K-Reihe.

	I	II	III	IV	V	VI	VII
α_2	3032	—	—	3028,40	—	—	—
α_1	3028	3025,3	—	3025,03	—	—	—
α_3	3011	—	—	—	3006	—	—
α_4		—	—	—		—	—
β'	—	—	—	2799,2 ?	—	—	—
β_1	2778	2774,6	2773,66	2773,94	—	[2773,9]	[2773,9]
β''	—	—	—	—	—	2767,5	—
β_5	—	—	2755,(5)	2758,2	—	2758,0	2757,9
β'''	—	—	—	—	—	2742,5	—

I Siegbahn u. Stenström [1916: 34].
II Siegbahn [1919: 29].
III Hjalmar [1920: 36].
IV Siegbahn u. Dolejšek [1922: 73].
V Dolejšek [1922: 28].
Dolejšek gibt noch einen Satellit bei α mit $\lambda = 3023$ an.
VI Druyvesteyn [1927: 46].
VII Wetterblad [1928: 129a].

Tabelle 34. 22 Titan K-Reihe.

	I	II	III	IV	V	VI	VII	VIII	IX
α_2	2758	2746	—	2746,81	—	—	—	—	2746,65
α_1		2742	—	2743,17	—	—	—	—	2743,11
α_3	—	2729	—	—	2726,9	—	—	—	—
α_4	—		—	—		—	—	—	—
β'	—	—	2515,06	—	—	—	2517,0	—	—
β_1	2524	2509	2508,74	2508,98	—	[2509,0]	[2509,0]	[2509,0]	2508,90
β''	—	—	—	—	—	2500,7	2501,5	—	2501,3
β_5	—	2492	2493,67	—	—	[2493,7]	2493,8	2493,6	2493,49
β'''	—	—	—	—	—	2483,6	—	—	2483,4

I Moseley [1914: 33].
Moseley gibt [1913: 32] die Werte: $\alpha = 2766$, $\beta = 2528$ an.
II Siegbahn u. Stenström [1916: 34].
III Hjalmar [1920: 36]. IV Siegbahn u. Dolejšek [1922: 73].
V Dolejšek [1922: 28]. VI Druyvesteyn [1927: 46].
VII Ortner [1927: 117].
Ortner untersucht die β-Gruppe bei Ti, TiO_2, $Ti[SO_4]_2$, $3H_2O$, TiF_6K_2 findet aber keine Unterschiede zwischen Element und Verbindungen.
β' ist eine Verbreiterung von β_1, die bei der angegebenen Wellenlänge endet.
VIII Wetterblad [1928: 129a].
IX v. Friesen [1929: 59]. (Metallisches Ti.) $\Delta\lambda$ für $K\alpha_1 - K\alpha_2$: 3,535 X.E.

Tabelle 35. 23 Vanadium K-Reihe.

	I	II	III	IV	V	VI	VII	VIII	IX	X
α_2	2519	2502	—	2502,13	—	—	—	—	2502,21	—
α_1		2498	—	2498,35	—	—	—	—	2498,42	—
α_3	—	—	—	—	2484,6	—	—	—	—	—
α_4	—	—	—	—		—	—	—	—	η 2312,7
β'	—	—	2285,26	—	—	—	2287,8	—	—	
β_1	2297	2281	2279,68	2279,74	—	[2279,7]	[2279,7]	[2279,7]	2279,79	—
β''	—	—	—	—	—	2272,6	2272,4	—	2273,4	—
β_5	—	—	2265,37	2264,6	—	[2264,6]	2265,8	2265,5	2265,86	[2264,6]
β'''	—	—	—	—	—	2257,7	—	—	2257,4	2256,8

I Moseley [1914: 33].
Moseley gibt [1913: 32] die Werte: $\alpha = 2521$, $\beta = 2302$.
II Siegbahn u. Stenström [1916: 34].
III Hjalmar [1920: 36]. IV Siegbahn u. Dolejšek [1922: 73].
V Dolejšek [1922: 28]. VI Druyvesteyn [1927: 46].
VII Ortner [1927: 117].
Ortner untersucht Va und Va_2O_5, ohne Unterschied zu finden zwischen Element und Verbindung.
β' ist wie bei Ti eine Verbreiterung von β_1, die bei der angegebenen Wellenlänge endet.
VIII Wetterblad [1928: 129a].
IX v. Friesen [1929: 57]. (Metallisches Va.) $\Delta\lambda$ für $K\alpha_1 - K\alpha_2$: 3,791 X.E.
X Beuthe [1930: 13]. Für V_2O_4 gibt B. zwei Komponenten an: 2259,3 und 2255,9.

Tabelle 36. 24 Chrom *K*-Reihe.

	I	II	III	IV	V	VI	VII	VIII	IX	X
α_2	2301	2288	—	2288,95	—	2288,91	—	2288,91	—	—
α_1		2284	2285,2	2284,84	—	2284,84	—	2285,03	—	—
α_3	—	—	—	2273,3	—	—	—	—	—	—
α_4	—	—	—		—	—	—	—	—	η 2111,6
β'	—	—	2086,3	2085,7	2085,01	—	—	—	—	
β_1	2093	2079	2081,4	2080,45	[2080,45]	2080,43	—	2080,59	[2080,6]	—
β''	—	—	—	—	—	—	—	—	2073,0	—
β_5	—	2069	—	2067,0	—	—	[2067,0]	2066,71	2067,7	—
β'''	—	—	—	—	—	—	2061,7	—	—	2061,6

I Moseley [1914: 33].
Moseley gibt [1913: 32] die Werte $\alpha = 2295$, $\beta = 2088$ an.
II Siegbahn u. Stenström [1916: 32]. III Siegbahn [1919: 29].
IV Siegbahn u. Dolejšek [1922: 73].
Der Wert von $\alpha_{3,4}$ stammt aus Dolejšek [1922: 28]. Der Wert bei β' bezieht sich (wie bei Ti-Ca) auf die langwellige Kante der an β_1 anschließenden Schwärzung.
V Seljakow u. Krasnikow [1925: 128].
β' ist hier von β_1 separiert und die Linienmitte ausgemessen.
VI Schrör [1926: 174]. VII Druyvesteyn [1927: 46].
VIII Eriksson [1928: 40]. IX Wetterblad [1928: 129a].
X Beuthe [1930: 13]. Für Cr_2O_3 gibt B. zwei Komponenten an: 2063,0 und 2061,1.

Tabelle 37. 25 Mangan *K*-Reihe.

	I	II	III	IV	V	VI	VII	VIII	IX	X
α_2	2111	2097	—	—	2101,26	—	—	2101,49	—	—
α_1		2093	2097,3	—	2097,30	—	—	2097,51	—	—
$\alpha_{3,4}$	—	—	2087,9	—	—	—	—	—	—	—
β'	—	—	1910,5	1910,24	—	—	1910,5	1910,50	—	—
β_1	(1818)	1902	1905,9	—	1905,87	—	[1905,9]	1906,20	[1906,2]	—
β_5	—	1892	1893,2	—	—	[1893,2]	1893,3	1893,27	1893,8	1890,4 1885,8
β'''	—	·	—	—	—	1888,8	—	—	—	—

I Moseley [1914: 33].
Moseley gibt [1913: 32] die Werte $\alpha = 2117$, $\beta = 1923$.
II Siegbahn u. Stenström [1916: 32].
III Siegbahn u. Dolejšek [1922: 73].
Der Wert von $\alpha_{3,4}$ stammt aus Dolejšek [1922: 28].
IV Seljakow u. Krasnikow [1925: 128].
V Schrör [1926: 174].
VI Druyvesteyn [1927: 46].
VII Ortner [1927: 117].
VIII Eriksson [1928: 40].
IX Wetterblad [1928: 129a].
X Beuthe [1930: 13] gibt noch für MnO: $\beta''' = 1885{,}7$ und für MnS: $\beta''' = 1886{,}8$.

Tabelle 38. 26 Eisen *K*-Reihe.

	I	II	III	IV	V	VI	VII	VIII	IX	X	XI	XII
α_2	1946	1932	—	—	1936,51	1936,51	—	—	1935,987	1936,012	—	—
α_1		1928	1932,4	—	1932,30	1932,38	—	—	1932,066	1932,076	—	—
$\alpha_{3,4}$	—	—	—	—	1923,30	—	—	—	—	—		—
β'	—	—	1757,6	1756,60	1756,0	—	—	1757,3	—	1756,46	η 1779,7	—
β_1	1765	1748	1754,0	1752,72	1753,04	1752,85	—	[1753,0]	—	1753,013	—	—
β''	—	—	—	—	—	—	—	—	—	—	—	1744,99
β_5	—	1736	—	1740,76	1740,6	—	[1740,6]	1740,7	—	1740,80	—	—
β'''	—	—	—	—	—	—	1737,1	—	—	—	1737,7	1737,97

I Moseley [1914: 33].

Moseley gibt [1913: 32] den Wert $\alpha = 1945$ an.

II Siegbahn u. Stenström [1916: 32].

III Siegbahn [1919: 29].

IV Hjalmar [1921: 46].

Fe_2O_3 als Antikathodenbelag.

V Siegbahn u. Dolejšek [1922: 73].

Der Wert von $\alpha_{3,4}$ stammt aus Dolejšek [1922: 28].

VI Lang [1924: 87].

Messungen relativ der Cu $K\alpha_1 = 1537,30$.

VII Druyvesteyn [1927: 46].

VIII Ortner [1926: 149].

Die Wellenlänge (1757,3) der β'-Linie bezieht sich auf das Element, wo die Linie von β_1 nicht separiert werden konnte; den Wert gibt die Kante der Schwärzung an.

IX Larsson [1927: 92].

X Eriksson [1928: 40].

XI Beuthe [1930: 13].

XII Kawata [1930: 101 b].

Tabelle 39. 27 Kobalt *K*-Reihe.

	I	II	III	IV	V	VI	VII	VIII	IX	X
α_2	1798	1785	—	—	1789,56	1789,48	—	1789,19	—	—
α_1		1781	1785,2	—	1785,28	1785,28	—	1785,29	—	—
$\alpha_{3,4}$	—	—	—	—	1777,4	—	—	—	η 1641,7	—
β'	—	—	—	—	1619,7	—	1620,3	1620,11		—
β_1	1629	1613	1617,6	1617,15	1617,13	1617,13	[1617,13]	1717,44	—	—
β''	—	—	—	—	—	—	—	—	—	1610,45
β_5	—	1602	—	1606	1605,4	—	—	1605,62	β'''1603,4	1602,90

I Moseley [1914: 33].
Moseley gibt [1913: 32] die Werte $\alpha = 1794$, $\beta = 1635$ an.
II Siegbahn u. Stenström [1916: 32].
III Siegbahn [1919: 29].
IV Hjalmar [1920: 36].
V Siegbahn u. Dolejšek [1922: 73].
Der Wert von $\alpha_{3,4}$ stammt aus Dolejšek [1922: 28].
VI Lang [1924: 87].
VII Ortner [1927: 149].
Bei β', die bei reinem Elemente von β_1 nicht separiert werden konnte. bezieht sich der Wert auf die Kante der Schwärzung.
VIII Eriksson [1928: 40].
IX Beuthe [1930: 13].
X Kawata [1930: 101b].

Tabelle 40. 28 Nickel *K*-Reihe.

	I	II	III	IV	V	VI	VII	VIII	IX	X
α_2	1662	1657	—	—	1658,54	1658,48	—	1658,35	—	—
α_1		1653	1654,7	—	1654,61	1654,60	—	1654,50	—	—
$\alpha_{3,4}$	—	—	—	—	1647,6	—	—	—	η1519,2	—
β'	—	—	—	1498,11	1499,0	—	1499,6	1499,10		—
β_1	1506	1497	—	1496.69	1497,03	1496,80	[1497,0]	1497,05	—	—
β''	—	—	—	—	—	—	—	—	—	1491,00
β_5	—	1488	—	1484,03	1485,4	—	—	1485.61	—	—
β'''	—	—	—	—	—	—	—	—	—	1483.25

I Moseley [1914: 33].
Moseley gibt [1913: 32] die Werte $\alpha = 1664$, $\beta = 1504$ an.
II Siegbahn u. Stenström [1916: 32].
III Siegbahn [1919: 29].
IV Hjalmar [1920: 36].
V Siegbahn u. Dolejšek [1922: 73].
Der Wert von $\alpha_{3,4}$ stammt aus Dolejšek [1922: 28].
VI Lang [1924: 87].
VII Ortner [1927: 149].
Bei reinem Elemente konnte β' von β_1 nicht separiert werden. Der angegebene Wert bezieht sich auf die Kante der Schwärzung.
VIII Eriksson [1928: 40].
IX Beuthe [1930: 13].
X Kawata [1930: 101b].

Tabelle 41. 29 Kupfer *K*-Reihe.

	I	II	III	IV	V	VI	VII	VIII	IX	X	XI	XII	XIII
α_2	1549	1543	1541,15	—	—	1541,2	1541,19	1541,02	1541,15	1541,243	1541,232	—	—
α_1		1539	1537,36	—	1537,30	1537,35	1537,32	1537,29	[1537,30]	1537,396	1537,395	—	—
$\alpha_{3,4}$	—	—	—	—	1530,75	1531,3 1530,1	—	—	—	—	1530,91	η 1407,3	—
β_1	1402	1391	1389,53	1388,87	1389,33	1388,9	1389,41	1389,29	1389,35	—	1389,35	—	—
β''	—	—	—	—	—	—	—	—	—	—	—	—	1382,19
β_5	—	1379	—	1382	1378,0	1377,7	—	1377,98	—	—	1378,24	—	—

I Moseley [1914: 33].

Moseley gibt [1913: 32] die Werte $\alpha = 1548$, $\beta = 1403$ an.

II Siegbahn u. Stenström [1916: 32].

III Siegbahn [1919: 29].

Siegbahn u. Leide [1919: 28] fanden mit einem Spektrometer von anderem Typus $\alpha_1 = 1537{,}44$.

IV Hjalmar [1920: 36].

V Siegbahn [1922: 72]; Siegbahn u. Dolejšek [1922: 73]; Dolejšek [1922: 28].

VI Dauvillier [1922: 24].

Dauvillier [1922: 24] findet noch zwei schwache Linien bei 1392,8 und 1376,0 sowie einen Satellit an β_1, der die Wellenlänge 1389,8 zugeschrieben wird.

VII Lang [1924: 87].

VIII Leide [1925: 94].

IX Schrör [1926: 174].

Messungen relativ zur α_1-Linie.

X Siegbahn [1929: 149]. α_2 nach nicht publizierten Messungen von Erikson.

XI Wennerlöf [1930: 180].

XII Beuthe [1930: 13].

XIII Kawata [1930: 101b].

Tabelle 42. 30 Zink K-Reihe.

	I	II	III	IV	V	VI	VII	VIII	IX	X	XI
α_2	1445	1437	—	—	1435,88	1435,87	1435,87	1436,03	—	—	—
α_1		1433	—	1432,06	1431,98	1432,06	1432,07	1432,17	1432,09	—	—
$\alpha_{3,4}$	—	1426	—	1428,8	—	—	—	—	—	η 1308,7	—
β_1	1306	1294	1292,50	1292,71	1292,70	1292,60	1292,75	1292,55	—		—
β''	—	—	—	—	—	—	—	—	—	—	1284,59
β_5	—	—	—	—	—	—	—	—	—	1281,9	—
β_2	—	1281	1279,15	1281,11	—	1280,97	—	1281,07	—	—	—

I MOSELEY [1914: 33].

MOSELEY gibt [1913: 32] den Wert $\alpha = 1446$ an.

II SIEGBAHN u. STENSTRÖM [1916: 32].

III HJALMAR [1921: 46].

IV SIEGBAHN u. DOLEJŠEK [1922: 72].

Der Wert von $\alpha_{3,4}$ stammt aus DOLEJŠEK [1922: 28].

V LANG [1924: 87].

Relative Messungen, bezogen auf Cu $K\alpha_1 = 1537,30$.

VI LEIDE [1925: 94].

VII SCHRÖR [1926: 174].

VIII EDLÉN [1928: 36].

IX BRAUNS [1928: 12d].

Relative Messungen, bezogen auf Cu $K\beta_1 = 1389,33$.

X BEUTHE [1930: 13].

XI KAWATA [1930: 101b].

Tabelle 43. 31 Gallium K-Reihe.

	I	II	III
α_2	1349	1340,87	—
α_1		1337,15	—
			η 1221,3
β_1	—	1205,20	1205,4
β_5	—	—	1195,9
β_2	—	—	1193,8

I de Broglie [1916: 6].

Mit Sekundärstrahlungsmethode erhalten.

II Uhler u. Cooksey [1917: 26].

Aus den Messungen mit Kalkspat, berechnet mit dem üblichen Gitterwerte $d = 3029{,}04 \cdot M$ Steinsalz, finden die Verfasser die Werte:

$$\alpha_2 = 1341{,}62; \quad \alpha_1 = 1337{,}80; \quad \beta_1 = 1206{,}19.$$

III Beuthe [1930: 13].

Tabelle 44. 32 Germanium K-Reihe.

	I	II	III	IV
α_2	1255	1261	1255,21	—
α_1		1257	1251,30	η 1133,7
β_1	—	1131	1126,71	
β_2	—	1121	1114,59	—
β_5	—	—	—	1117,4

I de Broglie [1916: 6].

Mit Sekundärstrahlungsmethode erhalten.

II Siegbahn u. Stenström [1916: 32].

III Leide [1925: 94].

IV Beuthe [1930: 13].

Tabelle 45.

K-Reihe	α_2	α_1	β_1	β_2	β_5	
33 As	1174	1170	1052	1038	—	I
33 As	1177,40	1173,43	1055,18	1042,93	—	II
33 As	1177,43	1173,44	1055,10	1042,81	—	III
33 As	—	—	—	—	1046,6	XXXV

I Siegbahn u. Friman [1916: 28].

II Leide [1925: 94].

III Edlén [1928: 36].

Tabelle 45.

K-Reihe	α_2	α_1	β_1	β_2	β_5	
34 Se	1135	1125	—	—	—	IV
34 Se	1103		987	—	—	V
34 Se	1109	1104	993	—	—	I
34 Se	1106,41	1102,43	990,25	977,90	—	II
34 Se	1106,38	1102,44	990,11	—	—	VI
34 Se	1106,52	1102,48	990,13	977,91	—	III
34 Se	—	—	—	—	982,3	XXXV
35 Br	1053	1042	—	—	—	IV
35 Br	1040	1035	929	914	—	I
35 Br	1041,60	1037,56	930,84	918,26	—	II
35 Br	1041,66	1037,59	930,87	918,53	—	III
35 Br	—	—	—	—	923,6	XXXV
36 Kr	978		875	—	—	XXXVI

IV Malmer [1915: 31].
V de Broglie [1916: 6].
Mit Sekundärstrahlungsmethode aufgenommen.
VI Schrör [1926: 174].

K-Reihe	α_2	α_1	β_3	β_1	β_2	β_5	
37 Rb	926	922	825	—	813	—	I
37 Rb	926		825	—	—	—	V
37 Rb	927,72	923,60	827,03		814,84	—	II
37 Rb	927,76	923,64	827,49	826,96	814,76	—	III
37 Rb	—	—	—	—	—	820,4	XXXV
38 Sr	876	871	779	—	767	—	I
38 Sr	874		772	—	—	—	V
38 Sr	877,54	873,37	781,53		769,19	—	II
38 Sr	877,61	873,45	781,83	781,30	769,21	—	III
38 Sr	—	—	—	—	—	775,3	XXXV
39 Y	838		—	—	—	—	VII
39 Y	840	835	746	—	733	—	IV
39 Y	831,19	827,01	739,31		726,92	—	II
39 Y	831,22	827,03	729,01		—	—	VI
39 Y	831,32	827,12	739,72	739,19	727,13	—	III
39 Y	—	—	—	—	—	733,2	XXXV
40 Zr	794		—	—	—	—	VII
40 Zr	793	788	705	—	—	—	IV
40 Zr	788,49	784,28	700,47		688,34	—	II
40 Zr	788,51	784,30	700,83	700,28	688,50	—	III
41 Nb	750		—	—	—	—	VII
41 Nb	754	749	669	—	657	—	I
41 Nb	748,82	744,57	664,49		652,55	—	II
41 Nb	748,78	744,53	663,95		—	—	VI
41 Nb	748,89	744,65	664,96	664,38	652,80	—	III

VII Moseley [1914: 33].

Tabelle 45. 42 Molybdän *K*-Reihe.

	I′	II′	III′	IV′a	IV′b	V′	VI′	VII′	VIII′	IX′	X′	XI′
α_2	721	714	713,1	712,38	712,2	—	712,175	712,08	711,94	712,105	—	—
α_1		709	708,7	708,08	707,6	708,057	707,865	707,80	707,60	707,831	708,05	—
β_3	—	633	632,4	632,23	—	—	631,657	631,63	630,83	631,543	—	$\Delta\lambda=0{,}572$
β_1	—			631,37	631,6	631,323	631,094	631,24		630,978	—	—
β_2	—	—	621,4	620,0	619,6	—	619,823	619,69	—	619,698	—	—

I′ Moseley [1914: 33].

II′ Malmer [1915: 31].

III′ Overn [1921: 70].

Aufgenommen mit Steinsalz ($d = 2814$) und gemessen relativ eine „Aufhellungslinie“ bei 795,9.

IV′a Duane u. Patterson [1922: 33].

Fehlergrenzen angegeben zu $\pm 0{,}08$, $\pm 0{,}07$, $\pm 0{,}02$, $\pm 0{,}07$, $\pm 0{,}02$ bzw.

IV′b Tanaka u. Tsutsumi [1923: 79b].

V′ Hatley [1924: 68]; v. Nardroff [1924: 102].

VI′ Allison u. Armstrong [1925: 3].

Umgerechnet zum Gitterkonstantwert $d = 3029{,}04$ in erster Ordnung.

VII′ Leide [1925: 94] gibt noch eine Linie $\beta_4 = 618{,}8$ an.

VIII′ Schrör [1926: 174].

Relative Messungen, bezogen auf Cu $K\alpha = 1537{,}30$.

IX′ Larsson [1927: 92].

X′ Iwata [1928: 53].

Vgl. Siegbahn [1928: 104].

XI′ Allison u. Williams [1930: 3].

Tabelle 45.

K-Reihe	α_2	α_1	β_3	β_1	β_2	
43 Ma	675	672	601		—	VII''
44 Ru	638		—	—	—	VII
44 Ru	—	645	574		—	IV
44 Ru	646,15	641,81	571,43		560,48	II
44 Ru	645,78	641,54	—	—	—	VI[1]
44 Ru	646,06	641,74	571,93	571,31	560,51	III
44 Ru	645,4	641,0	—	570,5	559,3	XXXIV
45 Rh	619	615	547		537	I
45 Rh	616,6	612,4	545,3		534,4	VIII
45 Rh	616,41	612,05	544,70		534,13	II
45 Rh	616,36	612,99[2]	—	—	—	VI[1]
45 Rh	616,37	612,02	545,09	544,49	533,96	IX
46 Pd	584		—	—	—	VII
46 Pd	590	584	521		—	IV
46 Pd	586		523		—	X
46 Pd	587,2	582,8	—	—	—	XI[3]
46 Pd	588,53	584,22	519,62		—	XII[1]
46 Pd	588,58	584,19	520,40	519,74	509,38	II[4]
46 Pd	588,63	584,27	520,09	519,47	509,18	XIII
47 Ag	560		—	—	—	VII
47 Ag	561		497		—	XIV
47 Ag	567	562	501		491	IV
47 Ag	562,52	558,18	496,07		—	XII[1]
47 Ag	562,64	558,21	496,98	496,33	486,10	II
47 Ag	562,67	558,28	496,65	496,01	486,03	XIII
48 Cd	543	538	476		—	IV
48 Cd	535		468		—	V
48 Cd	538,37	533,95	474,14		464,7	XV
48 Cd	538,27	533,94	474,13		—	XII[5]
48 Cd	538,29	533,86	474,97	474,29	464,39	II
48 Cd	538,32	533,90	474,71	474,08	464,20	XXXIII

VII'' Berg u. Tacke [1925: 16].
VIII Duane u. Kang-Fuh Hu [1918: 4].
IX Enger [1927: 39].
X Wagner [1915: 49].
XI Wagner [1916: 37].
XII Lang [1924: 87].
XIII Kellström [1927: 78].
XIV Siegbahn [1914: 45].
XV Leide [1921] siehe Siegbahn [1921: 83].

[1] Relative Messungen, bezogen auf Cu $K\alpha = 1537{,}30$.
[2] Soll wahrscheinlich heißen 611,99.
[3] Aufgenommen mit Sylvin, $d = 3136$ angesetzt.
[4] Leide gibt noch eine Linie $\beta_4 = 508{,}4$ an.
[5] Relativ Cu $K\alpha = 1537{,}30$ gemessen.

Tabelle 45.

K-Reihe	α_2	α_1	β_3	β_1	β_2	
49 In	515	506	453		440	IV
49 In	515,46	511,03	454,42	453,72	444,08	II
49 In	515,48	511,06	454,23	453,58	444,08	XXXIII
50 Sn	490	486	432		—	IV
50 Sn	484		429		—	V
50 Sn	493,85	489,47	—	—	—	XV
50 Sn	493,84	489,51	434,90		—	XII[1]
50 Sn	493,95	489,48	435,06	434,40	424,86	II
50 Sn	494,06	489,66	434,68		425,13	XVI
50 Sn	494,02	489,57	434,95	434,30	424,99	XVII
51 Sb	472	468	416		398	IV
51 Sb	468		—	—	—	V
51 Sb	473,87	469,31	416,23		407,10	II
51 Sb	474,00	469,54	416,42		407,20	XVI
52 Te	456		404		—	XVIII
52 Te	448		—	—	—	V
52 Te	454,91	450,37	399,26		390,37	II
52 Te	455,04	450,51	399,29		390,49	XVI
53 J	437		388		—	XVIII
53 J	433		—	—	—	V
53 J	437,03	432,49	383,29		374,71	II
53 J	436,94	432,43	383,92	383,15	374,61	XVI
54 X	417		—	360	—	XXXVI
55 Cs	404,11	399,59	—	—	—	II
55 Cs	403,98	399,48	354,36	353,62	345,16	XVI
56 Ba	393	388	343		—	IV
56 Ba	388,99	384,43	—	—	—	II
56 Ba	388,91	384,31	340,89	340,22	332,22	XVI
57 La	376	372	329		—	IV
57 La	374,66	370,04	—	—	—	II
57 La	374,60	369,96	328,09	327,26	319,66	XVI
58 Ce	360	355	314		—	IV
58 Ce	361,10	356,47	—	—	—	II
58 Ce	360,97	356,37	315,72	315,01	307,70	XVI
59 Pr	347	342	301		—	IV
59 Pr	348,05	343,40	304,39	303,60	296,25	XVI

XVI Cork u. Stephenson [1926: 36, 37]. Die Aufnahmen sind mit Kalkspat bei durchgehender Strahlung gemacht. Bei der Berechnung der Wellenlängen ist die Gitterkonstante $d = 3029{,}04$ benutzt. Richtiger wäre wohl in diesem Falle mit 3029,45 zu rechnen, um mit den übrigen vergleichbare Werte zu bekommen. Siehe Stenman [1928: 110].

XVII Stenman [1928: 110].

XVIII Siegbahn [1915: 46b].

[1] Relativ Cu $K\alpha = 1537{,}30$ gemessen.

Tabelle 45.

K-Reihe	α_2	α_1	β_3	β_1	β_2	
60 Nd	335	330	292		—	IV
60 Nd	335,95	331,25	—	—	—	II
60 Nd	335,96	331,31	293,51	292,75	285,73	XVI
62 Sa	313,02	308,33	—	—	—	II
62 Sa	313,20	308,54	273,25	272,50	265,75	XVI
63 Eu	302,65	297,90	—	—	—	II
63 Eu	302,69	297,99	263,86	263,07	256,45	XVI
64 Gd	292,61	287,82	—	—	—	II
64 Gd	292,41	287,73	254,71	253,94	247,62	XVI
65 Tb	282,86	278,20	—	—	—	II
65 Tb	282,94	278,19	246,29	245,51	239,12	XVI
66 Dy	273,75	269,03	—	—	—	II
66 Dy	273,64	268,87	237,87	237,10	231,28	XVI
67 Ho	264,99	260,30	—	—	—	II
68 Er	256,64	251,97	—	—	—	II
68 Er	256,72	251,99	223,00	222,15	216,71	XVI
69 Tm	248,61	243,87	215,58	214,87	—	XVI
70 Ad	240,98	236,28	—	—	—	II
70 Ad	240,99	236,22	209,16	208,34	203,22	XVI
71 Lu	233,58	228,82	202,52	201,71	196,49	XVI
72 Hf	226,53	221,73	195,83	195,15	190,42	XVI
73 Ta	219,30	214,31	189,61		184,16	XIX
73 Ta	219,73	214,88	189,91		184,52	XVI
74 W	203		177		—	V[1]
74 W	218	214	192		—	XX
74 W	212,8	205,3	182,6		176,8	XXI
74 W	212,4	207,6	183,4		178,4	XXII
74 W	213,52	208,85	184,36		179,40	XXIII
74 W	213,48	208,67	184,26		179,07	XXIV
74 W	213,6	208,3	—	—	—	XXV
74 W	—	[208,85]	185,25	—	—	XXVI
74 W	213,41	208,50	184,16		179,00	XIX
74 W	—	208,71	—	—	—	II
74 W	213,45	208,62	184,22		178,98	XVI

XIX Réchou [1925: 112]. XX Hull u. Rice [1916: 16].
XXI Ledoux-Lebard u. Dauvillier [1916: 18].
XXII Dershem [1918: 3]. XXIII Siegbahn [1919: 27].
XXIV Duane u. Stenström [1920: 25].
Noch ein Satellit $\alpha_3 = 215$ ist angegeben, dessen Zugehörigkeit zum Wolframspektrum zweifelhaft erscheint. Siehe auch Mazumder [1928: 75].
XXV Overn [1921: 70]. XXVI Crofutt [1924: 43].
XXVII Lilienfeld u. Seemann [1918: 8].

[1] de Broglie [1920: 13] bestimmt die Wellenlängendifferenz $\beta_1 \beta_3$ zu $\Delta\lambda = 0{,}7$ X.E.

Tabelle 45.

K-Reihe	α_2	α_1	$\beta_{1,3}$	β_2	
76 Os	202,14	197,51	174,75	169,45	XIX
76 Os	201,31	196,45	173,61	168,75	XVI
77 Ir	195,8	—	168,4	—	XXVII
77 If	195,32	190,70	168,18	163,45	XIX
77 Ir	195,50	190,65	168,50	163,76	XVI
78 Pt	186	180	158	154	XXI
78 Pt	—	185,3	—	159,3	XXVII
78 Pt	189,8	185,0	163,4	157,4	XXVIII
78 Pt	190,10	185,28	163,4	158,2	XXIX
78 Pt	189,5	185,1	164,4	159,6	XXX
78 Pt	189,60	185,07	164,00	159,37	XIX
78 Pt	190,04	185,23	163,70	158,87	XVI
79 Au	184,34	179,26	158,90	153,83	XIX
79 Au	184,83	179,96	169,02	154,26	XVI
81 Tl	175,44	169,81	151,10	148,02	XIX
81 Tl	174,66	169,80	150,11	145,39	XVI
82 Pb	170,18	165,27	146,93	142,57	XIX
82 Pb	170,04	165,16	146,06	141,25	XVI
83 Bi	165,73	160,91	142,20	136,21	XIX
83 Bi	165,25	160,41	142,05	—	XVI
90 Th	136,8	132,3	116,9	113,4	XXXI
92 U	154		104	—	XXXII
92 U	130,95	126,40	111,87	108,42	XIX

XXVIII de Broglie [1919: 3].
XXIX Tandberg siehe Siegbahn, Spektr. d. R., vorige Auflage.
XXX Rogers [1922: 68]. Messungen relativ $W\alpha_2 = 213{,}47$, $W\alpha_1 = 208{,}73$, $W\beta_1 = 184{,}28$.
XXXI Ross [1923: 72].
XXXII Dessauer u. Back [1919: 7].
XXXIII Valasek [1929: 167].
XXXIV Auger u. Dauvillier [1923: 1].
XXXV Beuthe [1930: 13].
XXXVI Dauvillier [1930: 50].

Tabelle 46. Zusammenstellung der λ-Werte der *K*-Reihe.

λ	11 Na	12 Mg	13 Al	14 Si	15 P	16 S	17 Cl
α_2	11885	9869,0	8320,5	7111,06	6142,5	5363,7	4721,2
α_1				[$\Delta\lambda = 2{,}61$]		5361,3	4718,2
α'	11838	9826,6	8286,3	7084	6116,7	5340,6	4702,5
α_3	11805	9801,3	8266,9	7064,9	6103,0	5329,4	4688
α_4	11787	9785,5	8251,2	7055,2	6095,8	5323,3	4684
α_5	11719	9730,7	8209,9	7015	6058,2	5281,8	—
α_6	11689	9705,7	8189,7	7004			—
β'	11704	9648	8043	6794,2	5820,2	5044,7	4406
β_1	11594	9539	7965	6754,5	5792,1	5021,1	4394,2
β_{1x}	—	—	—	—	5788,2	5017,8	4393,3
β_x	11552	9500	7944	6739,3	5779,6	5012,8	4390,6
β'''	—	—	7819	6638	5700	4940,4	4326,4
			7789	6606	5679		

Tabelle 46.

λ	19 K	20 Ca	21 Sc	22 Ti	23 Va	24 Cr	25 Mn	26 Fe	27 Co
α_2	3737,07	3354,95	3028,40	2746,81	2502,13	2288,91	2101,49	1936,012	1789,19
α_1	3733,68	3351,69	3025,03	2743,17	2498,35	2285,03	2097,51	1932,076	1785,29
α'	3718,7	3339,87	—	—	—	—	—	—	—
α_3	3711,0	3332,3	3006	2726,9	2484,6	2273,3	2087,9	1923,30	1777,4
α_4	3708,8	3330,0							
η	—	—	—	—	2312,7	2111,6	—	1779,7	1641,7
β'	—	3091,1	2799,2 ?	2517,0	2287,8	2085,7	1910,50	1756,46	1620,11
β_1	3446,8	3083,4	2773,9	2509,0	2279,7	2080,6	1906,20	1753,013	1617,44
β''	3443,0	3079,7	2767,5	2500,7	2272,6	2073,0	—	1744,99	1610,45
β_5	3434,5	3068,0	2758,0	2493,7	2265,5	2066,7	1893,27	1740,80	1605,72
β'''	3404,5	3047,6	2742,5	2483,6	2257,7	2061,7	1888,8	1737,97	1602,90
β''''	3396,3	3040,1	—	—	—	—	—	—	—

λ	28 Ni	29 Cu	30 Zn	31 Ga	32 Ge	33 As	34 Se	35 Br	36 Kr	37 Rb
α_2	1658,35	1541,232	1436,03	1340,87	1255,21	1177,43	1106,52	1041,66	978	927,76
α_1	1654,50	1537,395	1432,17	1337,15	1251,30	1173,44	1102,48	1037,59		923,64
$\alpha_{3,4}$	1647,6	1530,91	1428,8	—	—	—	—	—	—	—
η	1519,2	1407,3	1308,7	1221,3	1133,7	—	—	—	—	—
β'	1499,10	—	—	—	—	—	—	—	—	—
β_3	—	—	—	—	—	—	—	—	—	827,49
β_1	1497,05	1389,35	1292,55	1205,20	1126,71	1055,10	990,13	930,87	875	826,96
β''	1491,00	1382,19	1284,59	—	—	—	—	—	—	—
β_5	—	—	1281,9	1195,9	1117,4	1046,6	982,3	923,6	—	820,4
β_2	1485,61	1378,24	1281,07	1193,8	1114,59	1042,81	977,91	918,53	—	814,76
β'''	1483,25	—	—	—	—	—	—	—	—	—

Tabelle 46.

λ	38 Sr	39 Y	40 Zr	41 Nb	42 Mo	44 Ru	45 Rh	46 Pd	47 Ag
α_2	877,61	831,32	788,51	748,89	712,805	646,06	616,37	588,63	562,67
α_1	873,45	827,12	784,30	744,65	707,831	641,74	612,02	584,27	558,28
β_3	781,83	739,72	700,83	664,96	631,543	571,93	545,09	520,09	496,65
β_1	781,30	739,19	700,28	664,38	630,978	571,31	544,49	519,47	496,01
β_5	775,3	733,2	—	—	—	—	—	—	—
β_2	769,21	727,13	688,50	652,80	619,698	560,51	533,96	509,18	486,03

λ	48 Cd	49 In	50 Sn	51 Sb	52 Te	53 J	54 X	55 Cs	56 Ba	57 La
α_2	538,32	515,48	494,02	473,87	454,91	437,03	417	404,11	388,99	374,66
α_1	533,90	511,06	489,57	469,31	450,37	432,49		399,59	384,43	370,04
β_3	474,71	454,23	434,95	416,23	399,26	383,92	—	354,36	340,89	328,09
β_1	474,08	453,58	434,30			383,15	360	353,62	340,22	327,26
β_2	464,20	444,08	424,99	407,10	390,37	374,71	—	345,16	332,22	319,66

λ	58 Ce	59 Pr	60 Nd	62 Sa	63 Eu	64 Gd	65 Tb	66 Dy	67 Ho
α_2	361,10	348,05	335,95	313,02	302,65	292,61	282,86	273,75	264,99
α_1	356,47	343,40	331,25	308,33	297,90	287,82	278,20	269,03	260,30
β_3	315,72	304,39	293,51	273,25	263,86	254,71	246,29	237,87	—
β_1	315,01	303,60	292,75	272,50	263,07	253,94	245,51	237,10	—
β_2	307,70	296,25	285,73	265,75	256,45	247,62	239,12	231,28	—

Tabelle 46.

λ	68 Er	69 Tm	70 Ad	71 Lu	72 Hf
α_2	256,64	248,61	240,98	233,58	226,53
α_1	251,97	243,87	236,28	228,82	221,73
β_3	223,00	215,58	209,16	202,52	195,83
β_1	222,15	214,87	208,34	201,71	195,15
β_2	216,71	—	203,22	196,49	190,42

λ	73 Ta	74 W	76 Os	77 Ir
α_2	219,73	213,45	201,31	195,50
α_1	214,88	208,62	196,45	190,65
β_3 β_1	189,91	184,22	173,61	168,50
β_2	184,52	178,98	168,75	163.76

λ	78 Pt	79 Au	81 Tl	82 Pb	83 Bi	90 Th	92 U
α_2	190,04	184,83	174,66	170,04	165,25	136,8	130,95
α_1	182,23	179,96	169,80	165,16	160,41	132,3	126,40
$\beta_{1,3}$	163,70	159,02	150,11	146,06	142,05	116,9	111,87
β_2	158,87	154,26	145,39	141,25	136,21	113,4	108,42

Tabelle 47. Zusammenstellung der $\frac{\nu}{R}$-Werte der K-Reihe.

$\frac{\nu}{R}$	11 Na	12 Mg	13 Al	14 Si	15 P	16 S	17 Cl
α_2 α_1	76,67	92,34	109,52	128,15	148,35	169,90 169,97	193,02 193,14
α'	76,98	92,74	109,97	128,64	148,98	170,63	193,78
α_3	77,19	92,97	110,23	128,99	149,32	170,99	194,38
α_4	77,31	93,12	110,44	129,16	149,49	171,19	194,55
α_5 α_6	77,76 77,96	93,65 93,89	111,00 111,27	129,90 130,11	150,40	172,53	— —
β'	77,86	94,45	113,30	134,12	156,57	180,64	206,83
β_1	78,60	95,53	114,41	134,91	157,33	181,49	207,38
β_{1x}	—	—	—	—	157,44	181,61	207,42
β_x	78,88	95,92	114,71	135,22	157,67	181,79	207,55
β'''	—	—	116,55 116,99	137,28 137,95	159,87 160,46	184,45	210,63

Tabelle 47.

$\frac{\nu}{R}$	19 K	20 Ca	21 Sc	22 Ti	23 Va	24 Cr	25 Mn	26 Fe	27 Co
α_2	243,85	271,62	300,91	331,76	364,20	398,12	433,63	470,694	509,32
α_1	244,07	271,88	301,24	332,20	364,75	398,80	434,45	471,653	510,43
α'	245,05	272,85	—	—	—	—	—	—	—
α_3	245,56	273,47	303,15	334,18	366,77	400,86	436,45	473,81	512,70
α_4	245,70	273,65							
η	—	—	—	—	394,03	431,55	—	512,04	555,08
β'	—	294,80	325,55 ?	362,05	398,32	436,91	476,98	518,81	562,47
β_1	264,38	295,54	328,52	363,20	399,73	437,98	478,06	519,831	563,40
β''	264,67	295,90	329,28	364,41	400,98	439,59	—	522,22	565,85
β_5	265,33	297,02	330,41	365,43	402,24	440,93	481,32	523,48	567,55
β'''	267,67	299,01	332,28	366,91	403,63	442,00	482,46	524,33	568,51
β''''	268,31	299,75	—	—	—	—	—	—	—

$\frac{\nu}{R}$	28 Ni	29 Cu	30 Zn	31 Ga	32 Ge	33 As	34 Se	35 Br	36 Kr	37 Rb
α_2	549,50	591,261	634,58	679,61	725,99	773,95	823,55	874,82	931,77	982,23
α_1	550,78	592,736	636,29	681,50	728,26	776,58	826,57	878,25		986,61
$\alpha_{3,4}$	553,09	595,247	637,79	—	—	—	—	—	—	—
η	599,84	647,53	696,32	746,15	803,80	—	—	—	—	—
β'	607,88	—	—	—	—	—	—	—	—	—
β_3	—	—	—	—	—	—	—	—	—	1101,24
β_1	608,71	655,896	705,02	756,12	808,79	863,68	920,35	978,95	1041,45	1101,96
β''	611,18	659,29	709,39	—	—	—	—	—	—	—
β_5	—	—	710,87	761,99	815,53	870,70	927,69	986,65	—	1110,76
β_2	613,40	661,184	711,34	763,34	817,58	873,86	931,85	992,10	—	1118,45
β'''	614,37	—	—	—	—	—	—	—	—	—

Tabelle 47.

$\frac{\nu}{R}$	38 Sr	39 Y	40 Zr	41 Nb	42 Mo	44 Ru	45 Rh	46 Pd	47 Ag
α_2	1038,35	1096,18	1155,68	1216,83	1279,692	1410,51	1478,44	1548,12	1619,55
α_1	1043,30	1101,74	1161,89	1223,76	1287,420	1420,01	1488,95	1559,68	1632,29
β_3	1165,56	1231,91	1300,28	1370,42	1442,935	1593,32	1671,77	1752,13	1834,84
β_1	1166,35	1232,80	1301,29	1371,62	1444,227	1595,04	1673,63	1754,22	1837,20
β_5	1175,38	1242,87	—	—	—	—	—	—	—
β_2	1184,69	1253,24	1323,56	1395,95	1470,515	1625,78	1706,64	1789,64	1874,96

$\frac{\nu}{R}$	48 Cd	49 In	50 Sn	51 Sb	52 Te	53 J	54 X	55 Cs	56 Ba	57 La
α_2	1692,81	1767,79	1844,62	1923,0	2003,2	2085,2	2185,30	2255,0	2342,6	2432,3
α_1	1706,80	1783,08	1861,36	1941,7	2023,4	2107,0		2280,5	2370,5	2462,6
β_3	1919,63	2006,17	2095,13	2189,3	2282,4	2373,6	—	2571,5	2673,2	2777,4
β_1	1922,19	2009,07	2098,27			2378,4	2531,31	2576,9	2678,5	2784,5
β_2	1963,09	2051,68	2144,21	2238,4	2334,4	2431,9	—	2640,5	2742,9	2850,7

$\frac{\nu}{R}$	58 Ce	59 Pr	60 Nd	62 Sa	63 Eu	64 Gd	65 Tb	66 Dy	67 Ho
α_2	2523,6	2618,2	2712,5	2911,2	3011,0	3114,3	3221,7	3328,8	3438,9
α_1	2556,4	2653,7	2751,0	2955,5	3059,0	3166,1	3275,6	3387,2	3500,8
β_3	2886,2	2993,7	3104,7	3334,9	3453,6	3577,7	3699,9	3830,9	—
β_1	2892,8	3001,5	3112,7	3344,1	3463,9	3584,4	3711,7	3843,3	—
β_2	2961,5	3076,0	3189,3	3427,5	3553,4	3680,1	3810,9	3940,1	—

Tabelle 47.

$\frac{\nu}{R}$	68 Er	69 Tm	70 Ad	71 Lu	72 Hf
α_2	3550,8	3665,4	3781,6	3901,4	4022,7
α_1	3616,6	3736,6	3856,7	3982,5	4109,8
β_3	4086,4	4227,0	4356,8	4499,6	4653,3
β_1	4102,0	4241,0	4373,9	4517,7	4669,5
β_2	4205,1	—	4484,1	4637,7	4785,5

$\frac{\nu}{R}$	73 Ta	74 W	76 Os	77 Ir
α_2	4147,1	4269,3	4527	4661
α_1	4240,9	4368,2	4639	4780
β_3 β_1	4798,5	4946,6	5249	5408
β_2	4938,5	5091,4	5400	5565

$\frac{\nu}{R}$	78 Pt	79 Au	81 Tl	82 Pb	83 Bi	90 Th	92 U
α_2	4795	4930	5217	5359	5515	6661	6959
α_1	4920	5064	5367	5518	5681	6888	7209
$\beta_{1,3}$	5567	5731	6071	6239	6415	7795	8146
β_2	5736	5907	6268	6452	6690,17	8036	8405

Tabelle 48. Zusammenstellung der $\sqrt{\frac{\nu}{R}}$-Werte der K-Reihe.

$\sqrt{\frac{\nu}{R}}$	11 Na	12 Mg	13 Al	14 Si	15 P	16 S	17 Cl
α_2 α_1	8,756	9,609	10,465	11,320	12,180	13,035 13,037	13,893 13,897
α'	8,774	9,630	10,487	11,342	12,206	13,063	13,921
α_3	8,786	9,642	10,499	11,357	12,220	13,076	13,942
α_4	8,793	9,650	10,509	11,365	12,227	13,084	13,948
α_5	8,818	9,677	10,536	11,397	12,264	13,135	—
α_6	8,829	9,690	10,549	11,407			—
β'	8,824	9,719	10,644	11,581	12,513	13,440	14,382
β_1	8,866	9,774	10,696	11,615	12,543	13,472	14,401
β_{1x}	—	—	—	—	12,548	13,476	14,402
β_x	8,881	9,794	10,710	11,628	12,557	13,483	14,407
β'''	—	—	10,796 10,816	11,717 11,745	12,644 12,667	13,581	14,513

Tabelle 49.

$\sqrt{\frac{\nu}{R}}$	19 K	20 Ca	21 Sc	22 Ti	23 Va	24 Cr	25 Mn	26 Fe	27 Co
α_2	15,616	16,481	17,347	18,214	19,084	19,953	20,824	21,6955	22,568
α_1	15,623	16,489	17,356	18,226	19,099	19,970	20,844	21,7176	22,593
α'	15,654	16,518	—	—	—	—	—	—	—
α_3	15,670	16,537	17,411	18,281	19,151	20,022	20,891	21,767	22,643
α_4	15,675	16,542							
η	—	—	—	—	19,850	20,774	—	22,628	23,560
β'	—	17,170	18,043 ?	19,028	19,958	20,902	21,840	22,777	23,717
β_1	16,260	17,191	18,125	19,058	19,993	20,928	21,865	22,7998	23,736
β''	16,269	17,202	18,146	19,090	20,025	20,966	—	22,852	23,788
β_5	16,289	17,234	18,177	19,116	20,056	20,998	21,939	22,880	23,823
β'''	16,361	17,292	18,229	19,155	20,091	21,024	21,965	22,898	23,843
β''''	16,380	17,313	—	—	—	—	—	—	—

$\sqrt{\frac{\nu}{R}}$	28 Ni	29 Cu	30 Zn	31 Ga	32 Ge	33 As	34 Se	35 Br	36 Kr	37 Rb
α_2	23,442	24,3158	25,191	26,069	26,944	27,820	28,698	29,577	30,525	31,341
α_1	23,469	24,3462	25,225	26,106	26,986	27,867	28,750	29,635		31,410
$\alpha_{3,4}$	23,518	24,3977	25,255	—	—	—	—	—	—	—
η	24,492	25,447	26,388	27,316	28,351	—	—	—	—	—
β'	24,655	—	—	—	—	—	—	—	—	—
β_3	—	—	—	—	—	—	—	—	—	33,185
β_1	24,672	25,6105	26,552	27,498	28,439	29,389	30,337	31,288	32,272	33,196
β''	24,722	25,677	26,634	—	—	—	—	—	—	—
β_5	—	—	26,662	27,604	28,557	29,508	30,458	31,411	—	33,328
β_2	24,767	25,7135	26,671	27,629	28,593	29,561	30,526	31,498	—	33,443
β'''	24,786	—	—	—	—	—	—	—	—	—

Tabelle 49.

$\sqrt{\frac{\nu}{R}}$	38 Sr	39 Y	40 Zr	41 Nb	42 Mo	44 Ru	45 Rh	46 Pd	47 Ag
α_2	32,223	33,109	33,995	34,883	35,7728	37,557	38,451	39,346	40,244
α_1	32,300	33,192	34,087	34,982	35,8807	37,683	38,587	39,493	40,402
β_3	34,140	35,099	36,059	37,019	37,9860	39,917	40,887	41,858	42,835
β_1	34,152	35,111	36,073	37,035	38,0030	39,938	40,910	41,883	42,863
β_5	34,284	35,254	—	—	—	—	—	—	—
β_2	34,419	35,401	36,381	37,362	38,3473	40,321	41,311	42,305	43,300

Tabelle 50.

$\sqrt{\frac{\nu}{R}}$	48 Cd	49 In	50 Sn	51 Sb	52 Te	53 J	54 X	55 Cs	56 Ba	57 La
α_2	41,144	42,045	42,949	43,853	44,757	45,664	46,747	47,487	48,401	49,318
α_1	41,314	42,227	43,144	44,065	44,982	45,903		47,755	48,687	49,625
β_3	43,814	44,790	45,772	46,790	47,774	48,720	—	50,710	51,700	52,701
β_1	43,843	44,823	45,807			48,769	50,312	50,763	51,752	52,769
β_2	44,307	45,296	46,306	47,312	48,315	49,314	—	51,386	52,370	53,392

$\sqrt{\frac{\nu}{R}}$	58 Ce	59 Pr	60 Nd	62 Sa	63 Eu	64 Gd	65 Tb	66 Dy	67 Ho
α_2	50,235	51,169	52,082	53,956	54,872	55,806	56,760	57,696	58,642
α_1	50,561	51,514	52,450	54,365	55,308	56,268	57,233	58,200	59,167
β_3	53,725	54,715	55,720	57,749	58,767	59,814	60,827	61,895	—
β_1	53,787	54,786	55,791	57,828	58,855	59,904	60,924	61,995	—
β_2	54,419	55,462	56,474	58,545	59,611	60,664	61,733	62,770	—

$\sqrt{\frac{\nu}{R}}$	68 Er	69 Tm	70 Ad	71 Lu	72 Hf	73 Ta	74 W	76 Os	77 Ir
α_2	59,588	60,543	61,495	62,461	63,425	64,398	65,340	67,281	68,273
α_1	60,139	61,128	62,102	63,107	64,108	65,122	66,092	68,108	69,137
β_3	63,925	65,015	66,006	67,079	68,216	69,271	70,332	72,451	73,539
β_1	65,047	65,123	66,136	67,214	68,334				
β_2	64,847	—	66,963	68,100	69,178	70,275	71,354	73,486	74,596

Tabelle 50.

$\sqrt{\frac{\nu}{R}}$	78 Pt	79 Au	81 Tl	82 Pb	83 Bi	90 Th	92 U
α_2	69,248	70,216	72,231	73,206	74,260	81,617	83,420
α_1	70,140	71,160	73,259	74,280	75,371	82,994	84,908
$\beta_{1,3}$	74,610	75,701	77,914	78,988	80,095	88,292	90,255
β_2	75,736	76,859	79,168	80,322	81,793	89,644	91,678

In den Tabellen 46—50 sind folgende Quellen verwendet worden:

Elementnummer	Messungen von
11—12	Hjalmar u. Wetterblad.
13	Hjalmar, Wetterblad, Druyvesteyn.
14	Hjalmar, Bäcklin, Larsson, Druyvesteyn.
15—16	Hjalmar, Siegbahn u. Dolejšek, Lindh u. Lundquist, Druyvesteyn.
17	Siegbahn u. Dolejšek, Lindh u. Lundquist, Druyvesteyn.
19—20	Siegbahn u. Dolejšek, Druyvesteyn, Wetterblad.
21	Siegbahn u. Dolejšek, Druyvesteyn.
22	Siegbahn u. Dolejšek, Druyvesteyn, Ortner.
23	Siegbahn u. Dolejšek, Druyvesteyn, Ortner, Wetterblad, Beuthe.
24	Siegbahn u. Dolejšek, Druyvesteyn, Eriksson, Beuthe.
25	Siegbahn u. Dolejšek, Druyvesteyn, Eriksson.
26	Siegbahn u. Dolejšek, Druyvesteyn, Eriksson, Beuthe, Kawata.
27	Siegbahn u. Dolejšek, Eriksson, Beuthe, Kawata.
28	Siegbahn u. Dolejšek, Eriksson, Beuthe, Kawata.
29	Wennerlöf, Beuthe, Kawata.
30	Siegbahn u. Dolejšek, Edlén, Beuthe, Kawata.
31	Uhler u. Cooksey, Beuthe.
32	Leide, Beuthe.
33—35	Edlén, Beuthe.
36	Dauvillier.
37—39	Edlén, Beuthe.
40—41	Edlén.
42	Larsson.
44	Edlén.
45	Enger.
46—47	Kellström.
48—49	Valasek.
50	Stenman.
51—52	Leide.
53	Leide, Cork u. Stephenson.
54	Dauvillier.
55—58	Leide, Cork u. Stephenson.
59	Cork u. Stephenson.
60—66	Leide, Cork u. Stephenson.
67	Leide.
68	Leide, Cork u. Stephenson.
69	Cork u. Stephenson.
70	Leide, Cork u. Stephenson.
71—82	Cork u. Stephenson.
83	Cork u. Stephenson, Réchou.
90	Ross.
92	Réchou.

25. Die L-Reihe.

Die allgemeine Struktur der L-Reihe ist aus der Abb. 78 auf S. 92 zu ersehen. Bei den schwereren Elementen kann man drei Liniengruppen unterscheiden, und der Verfasser hat daher die Bezeichnungen so gewählt, daß die Linien dieser Gruppen mit α, β und γ bezeichnet sind; dabei bedeutet α eine Linie der weichsten, β eine der mittleren und γ eine der härtesten Gruppe. Innerhalb jeder Gruppe wurden die Linien nach der Intensität geordnet mit dem Index 1, 2, 3 usw. bezeichnet. Später wurde dann außerhalb dieser Gruppen eine bedeutend weichere Linie gefunden, welche die Bezeichnung l erhielt. Es sei hier erwähnt, daß diese Bezeichnungsweise nichts mit der der früher erwähnten drei Untergruppen der L-Reihe, die durch die verschiedenen Erregungsspannungen eine innere Zusammengehörigkeit zeigen, gemeinsam hat. Die drei Gruppen α, β und γ sind einer reinen Zufälligkeit in der Linienanordnung zuzuschreiben. Aber bei der Ordnung des Versuchsmaterials hat diese Bezeichnungsweise den Vorteil, daß sie gestattet, neue Linien, welche wohl meistens auch schwächer als die früher bekannten sind, in die Indexreihe einzuordnen, und daß sie Anhaltspunkte für die Größe der Intensität der einzelnen Linien gibt. Ehe eine sichere, theoretisch begründete Bezeichnungsweise eingeführt werden konnte, war sie meiner Auffassung nach die vorteilhafteste. Außer diesem wird noch ein von MOSELEY vorgeschlagenes System von Bezeichnungen verwandt, das von SOMMERFELD mit Hilfe theoretischer Begründungen der Zusammengehörigkeit der Linien weiter ausgebaut wurde. Ein rationelles Bezeichnungssystem werden wir weiter unten besprechen. Die Korrespondenz zwischen den MOSELEY-SOMMERFELDschen Bezeichnungen und den unsrigen ist aus der folgenden Zusammenstellung zu ersehen. MOSELEY hatte die Linien α, β, γ, φ gefunden und bezeichnet, während SOMMERFELD die anderen Linienbezeichnungen eingeführt hat:

Hier	α_2	α_1	β_1	β_2	β_3	β_4	β_5	β_6	γ_1	γ_2	γ_3	γ_4	γ_4	l	η
MOSELEY-SOMMERFELD	α'	α	β	γ	φ	φ'	ζ	ι	δ	ϑ	χ	ψ	$\varkappa$	ε	η

Ein noch besseres und mehr detailliertes Bild der Struktur der L-Reihe als die Spektrogramme in Abb. 78 gibt die schematische Darstellung in Abb. 150. Die Linien sind hier in einer Wellenlängenskala eingetragen und so gegeneinander verschoben, daß die stärkste Linie an denselben Stellen liegt. Die nach dem MOSELEYschen Gesetz zusammengehörigen Linien sind durch gestrichelte Linien miteinander verbunden.

Ein entsprechendes Bild der L-Reihe bei den niedrigsten Elementen, 35 Br bis 23 Va, wo diese Reihe mit Krystallgittern untersucht worden ist, gibt Abb. 151. Eine Reproduktion der Originalspektrogramme der Elemente Ni, Cu und Zn ist in Abb. 152 nach Aufnahmen von THORAEUS

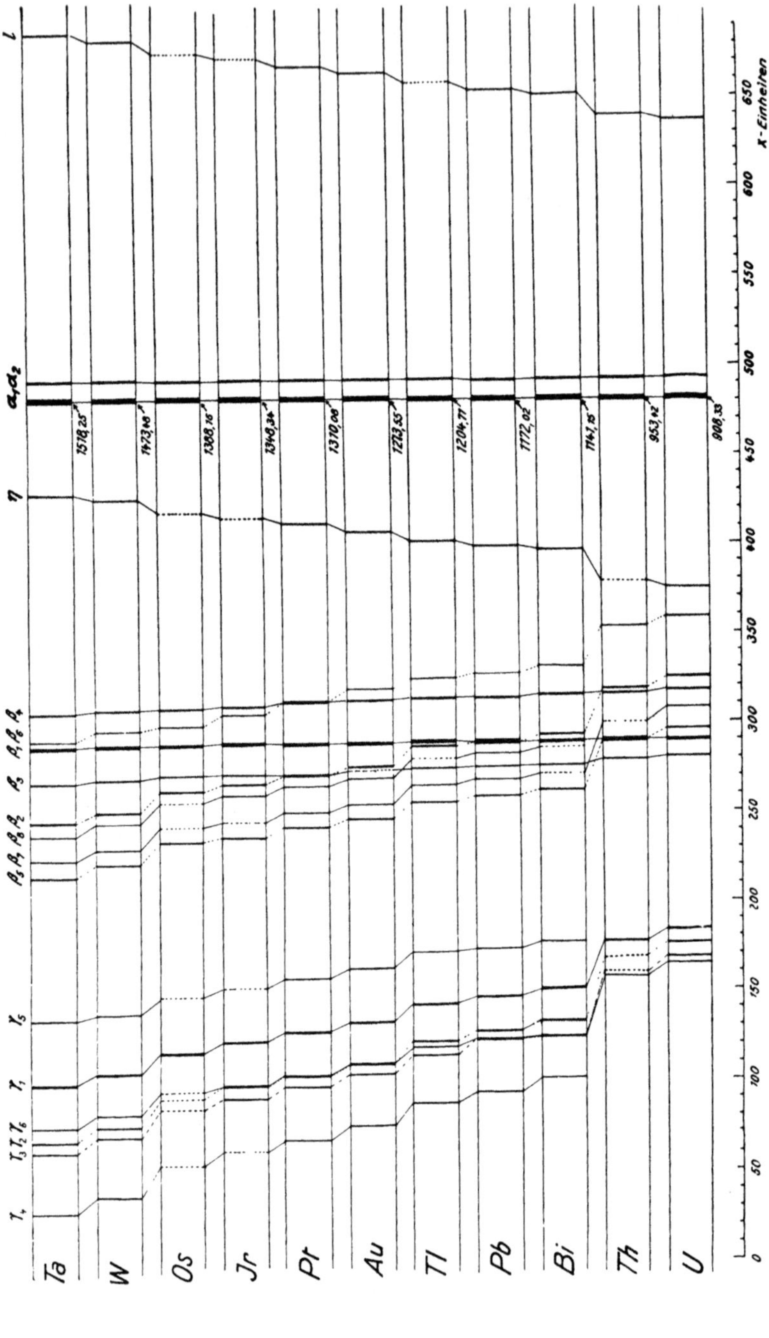
Ta
W
Os
Jr
Pt
Au
Tl
Pb
Bi
Th
U
l
η
1518,25
1473,10
1388,16
1348,34
1310,06
1273,55
1204,77
1172,02
1141,15
953,42
908,33
0
50
100
150
200
250
300
350
400
450
500
550
600
650
x-Einheiten

Abb. 150.

wiedergegeben. Diese Spektrogramme geben gleichzeitig eine Vorstellung von der Linienstruktur und von der Linienbreite in diesem Gebiete.

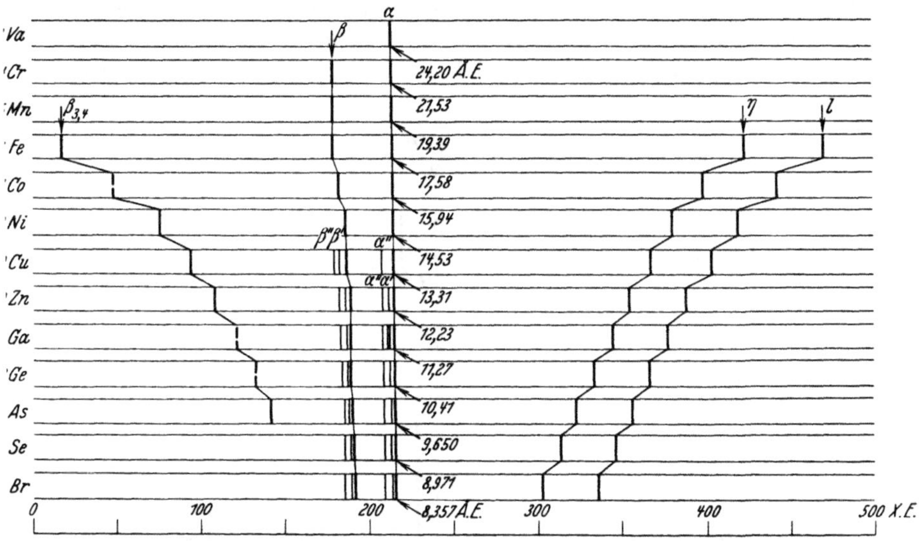

Abb. 151. Schematische Darstellung der L-Reihe bei den niedrigen Elementen.

Wir hatten schon früher erwähnt, daß die L-Reihe sich in drei Untergruppen teilen läßt, von denen jede dieselbe Eigenschaft wie die K-Gruppe hat, d. h. sämtliche Linien einer solchen Untergruppe treten beim Überschreiten einer gewissen Minimalspannung gleichzeitig auf, und ihre Intensitäten nehmen bei weiterer Erhöhung der Spannung in gleichem Maße zu. WEBSTER und CLARK sowie HOYT haben bei Platin zeigen können, daß zu diesen drei Gruppen gehören:

erste Untergruppe l α_2 α_1 β_2 β_5 β_7
zweite Untergruppe η β_1 γ_1
dritte Untergruppe β_3 β_4 γ_4

Bei Platin gibt HOYT für die Erregungsspannungen dieser drei Gruppen die Werte 10,2, 11,6 und 12,0 kV an.

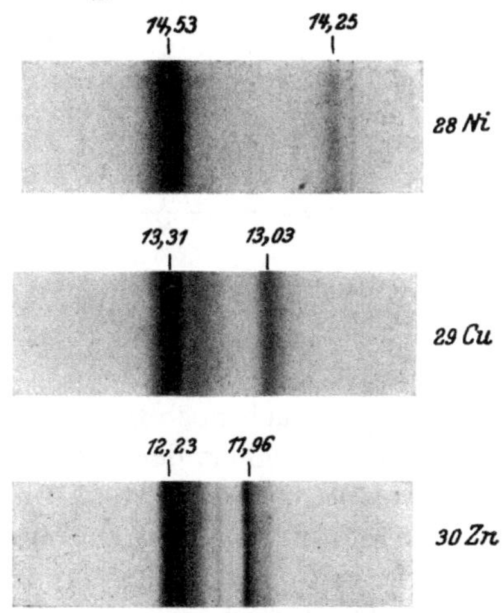

Abb. 152. Die stärksten Linien der L-Reihe bei 28 Ni bis 30 Zn, nach THORAEUS.

In Abb. 153 sind die Linien, welche zusammen die L-Reihe von Wolfram bilden, in den drei Gruppen mit ihren zugehörigen Anregungsfrequenzen dargestellt, ähnlich wie es früher für die K-Reihe gemacht wurde. Wird also eine Wolframantikathode mit homogenen Kathodenstrahlen bombardiert von solcher Geschwindigkeit, die eben der mit L_{III} bezeichneten Frequenz entspricht, so erscheinen nur die Linien, welche der L_{III}-Gruppe angehören. Eine Erhöhung der Geschwindigkeit, bis dieselbe der Frequenz L_{II} entspricht, hat zur Folge, daß neben der L_{III}-

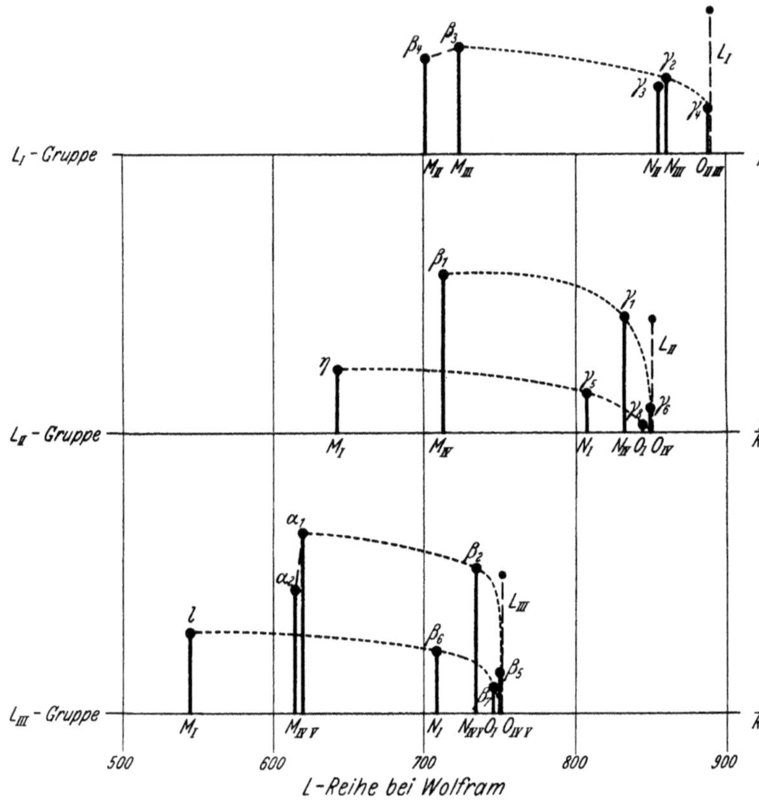

Abb. 153.

Gruppe auch noch die L_{II}-Gruppe auftritt. Erst wenn die Elektronengeschwindigkeit der Frequenz L_I entspricht oder sie überschreitet, erscheint die komplette L-Reihe des Elementes. In Volt entsprechen in diesem Falle die drei Anregungsfrequenzen: 10,2, 11,5 und 12,1 kV, wie von Axel Jönsson [1926: 109] experimentell festgestellt wurde.

Die L-Reihe weist bei den schwersten Elementen den größten Linienreichtum auf. Bei Uran hat man nicht weniger als etwa 30 Linien nachweisen können. Geht man zu leichteren Elementen über, so brechen die verschiedenen Reihen ab, da die äußeren Elektronenschalen, in denen im Atom die betreffenden Linien nach den Kosselschen Vorstellungen ihren Ursprung nehmen, nicht mehr vorhanden sind. Bei den niedrigsten Elementen konnten nur einige wenige Linien gemessen werden.

Ebenso wie in der K-Reihe werden die Linien der L-Reihe in vielen Fällen mit abnehmendem Atomgewicht, d. h. bei größeren Wellen-

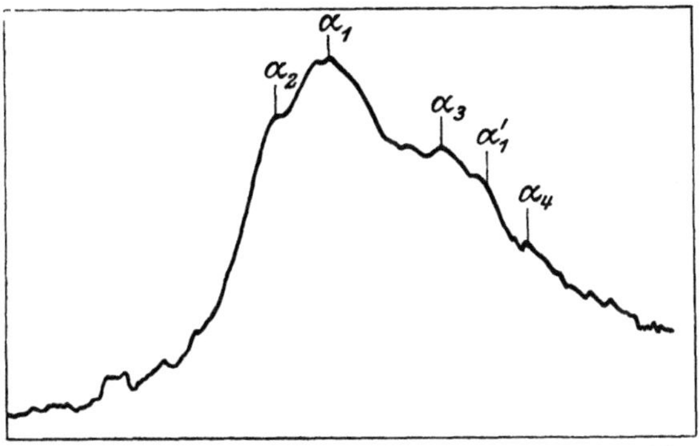

Abb. 154. Photometrisch registrierte Intensitätsverteilung der Linie $L\alpha_1$ und der Satelliten bei Rh (Kalkspatkrystall als Gitter benutzt).

längen, breiter. Eine solche Ausbreitung der stärksten Linie ist besonders an der kurzwelligen Seite zu sehen. Auch ist eine deutliche Struktur innerhalb der Linie oft zu beobachten. Einzelheiten in dieser Hinsicht finden sich in der Doktorarbeit von Coster [1922: 18], wo photometrische Intensitätskurven der Linien reproduziert sind. Hier seien als sehr

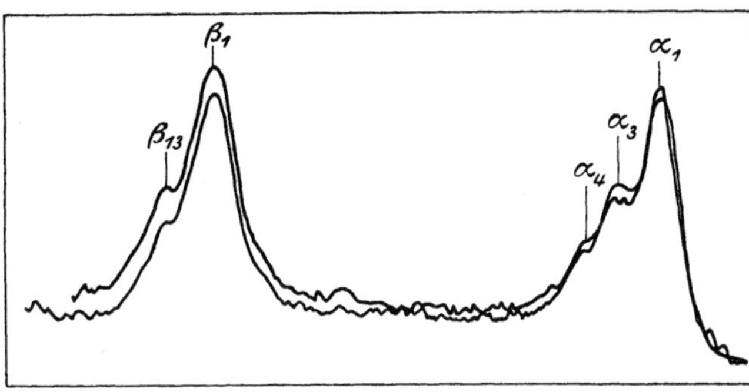

Abb. 155. Intensitätsverteilung der Linien $L\alpha_1$ bzw. $L\beta_1$ und der Satelliten bei Zr (Gipskrystall als Gitter benutzt).

typisch zwei solcher Diagramme wiedergegeben (Abb. 154 u. 155). Das eine stellt eine photometrische Registrierung der stärksten Linie des Rhodiums dar nach einer Aufnahme mit Kalkspat als Gitter. In der diffusen Verbreiterung nach kleineren Wellenlängen hin ist eine Zahl von Linien α_3, α_1', α_4 (in unserer Bezeichnungsweise entsprechen diese Linien bzw. α_4, α_5 und α_6) zu sehen. Das andere Photogramm entstammt einem Spektrogramm, aufgenommen mit kleinerer Dispersion

(Gipskrystall als Gitter) von $L\alpha$ und $L\beta$ des Zirkons. Beide Linien sind von kurzwelligen Satelliten begleitet α_3, α_4 bzw. β_{13}.

Eine detaillierte Untersuchung der Satelliten in der langwelligen L-Reihe (Molybdän $L\alpha$) wurde von

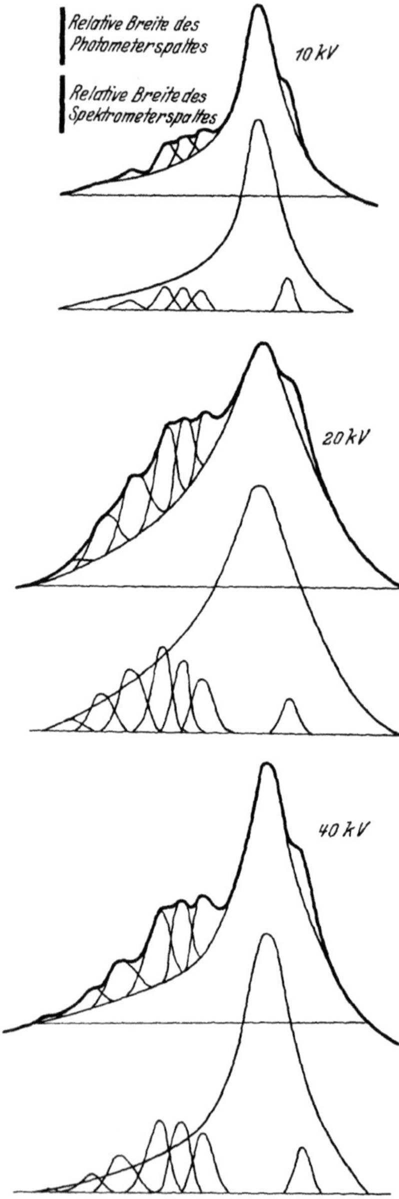

Abb. 156a, b, c. Funkenlinien bei Mo $L\alpha$ nach SIEGBAHN und LARSSON [1924: 116].

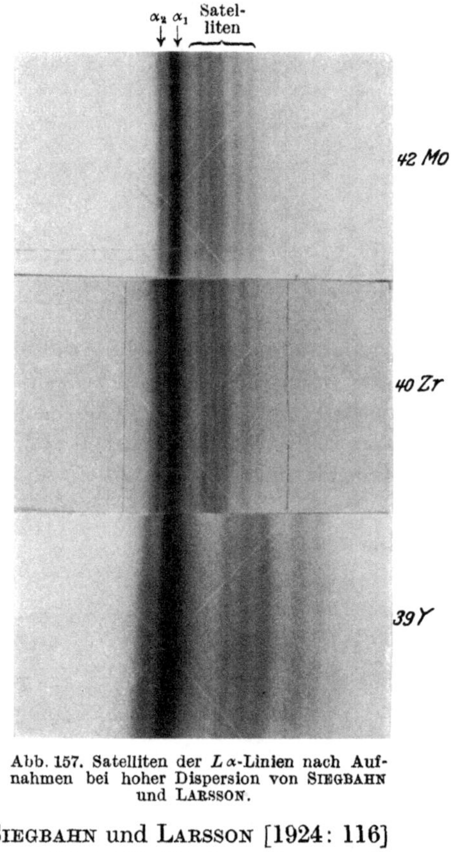

Abb. 157. Satelliten der $L\alpha$-Linien nach Aufnahmen bei hoher Dispersion von SIEGBAHN und LARSSON.

SIEGBAHN und LARSSON [1924: 116] ausgeführt. Die Röntgenröhre wurde dabei mit konstanter Gleichspannung betrieben. Die Abb. 156a, b, c zeigen, wie die photographisch-photometrisch registrierten Intensitätskurven sich in eine Anzahl von Satelliten auflösen lassen, und zwar sind die bei drei verschiedenen Spannungen, 10, 20 und 40 kV, erhaltenen Kurven wiedergegeben. Als

Beispiel der komplizierten Struktur der L-Funkenlinien sind ferner in Abb. 157 einige bei der letzterwähnten Untersuchung gemachten Aufnahmen reproduziert. Umfassende experimentelle Untersuchungen über die Satelliten, welche, wie schon erwähnt, mehrfach ionisierten Atomen zuzuschreiben sind, verdanken wir besonders DRUYVESTEYN [1928: 35b]

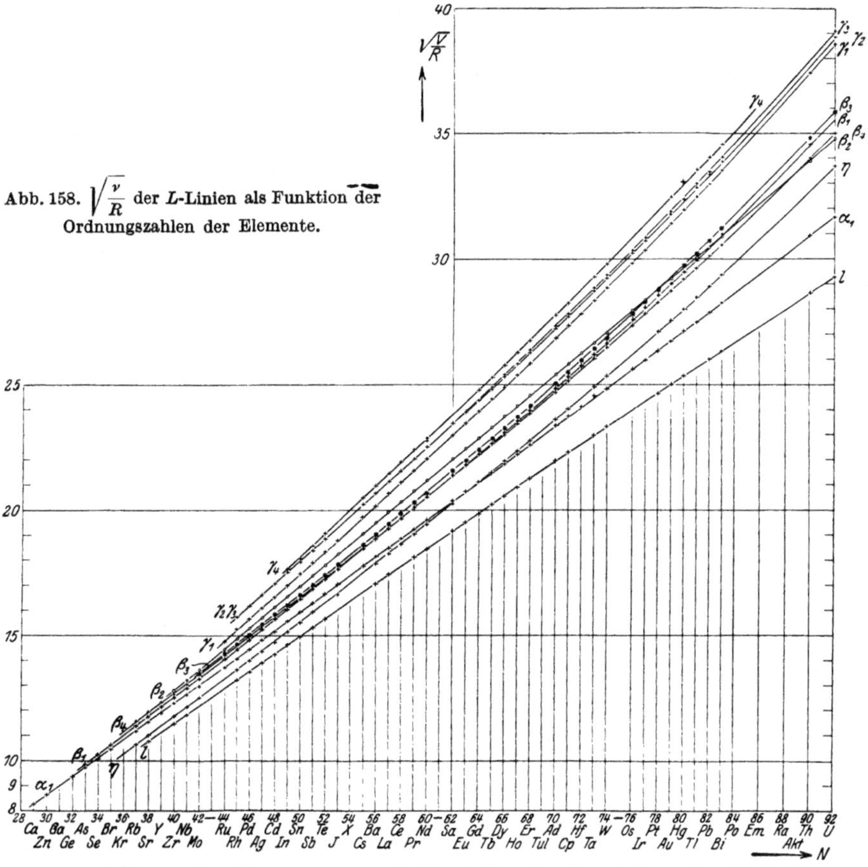

Abb. 158. $\sqrt{\frac{\nu}{R}}$ der L-Linien als Funktion der Ordnungszahlen der Elemente.

sowie in letzter Zeit RICHTMYER [1929: 136]. In den folgenden Tabellen sind diese Linien nach den sog. „Diagrammlinien" aufgeführt. Auf die Diskussion der vorgeschlagenen Erklärungsmöglichkeiten dieser Linien kommen wir weiter unten zurück (§ 37).

Ein Einfluß der chemischen Bindung, wie er in der K-Reihe der niedrigen Elemente in mehreren Fällen gefunden wurde, konnte in der L-Reihe bis jetzt nur vereinzelt nachgewiesen werden. Soweit bekannt, ist auch in dieser Reihe nach solchen Effekten nicht viel gesucht. THORAEUS [1926: 197, 198] gibt an, daß bei Kupfer die $L\alpha$ von Cu (met) und Cu_2O eine breite Linie mit unscharfen Kanten ist, während mit

CuO und CuS an der Antikathode *zwei* gut separierte Linien erhalten werden. Von Ni wurde auch mit Metall oder zweiwertigen Verbindungen eine einfache $L\alpha$-Linie erhalten, mit dreiwertigem Ni (Ni_2O_3) aber eine zerlegte Linie.

Die Darstellung der Linien der L-Reihe in einem Diagramm nach MOSELEY zeigt die Abb. 158. Ebenso wie in der K-Reihe liegen die Punkte, welche zusammengehörenden Linien entsprechen, auf Kurven, die ungefähr Gerade sind, aber man sieht hier zum Unterschied von der K-Reihe, daß einige Kurven sich überschneiden. Es liegt dies in dem obenerwähnten Umstand, daß die Reihe aus drei Untergruppen besteht und daß eine Linienkurve der einen Gruppe eine solche der anderen Gruppen kreuzen kann.

Tabelle 51.
Messungen von Wellenlängen der L-Reihe von MOSELEY (1914).

Element	$\alpha(\alpha_1)$	$\beta(\beta_1)$	$\varphi(\beta_3)$	$\gamma(\beta_2)$
40 Zr	6091	—	—	—
41 Nb	5749	5507	—	—
42 Mo	5423	5187	—	—
44 Ru	4861	4660	—	—
45 Rh	4622	—	—	—
46 Pd	4385	4168	—	3928
47 Ag	4170	—	—	—
50 Sn	3619	—	—	—
51 Sb	3458	3245	—	—
57 La	2676	2471	2424	2313
58 Ce	2567	2360	2315	2209
59 Pr	2471	2265	—	—
60 Nd	2382	2175	—	—
62 Sm	2208	2008	1972	1893
63 Eu	2130	1925	1888	1814
64 Gd	2057	1853	1818	—
66 Ho	1914	1711	—	—
68 Er	1790	1591	1563	—
73 Ta	1525	1330	—	1287
74 W	1486	—	—	—
76 Os	1397	1201	—	1172
77 Ir	1354	1155	—	1138
78 Pt	1316	1121	—	1104
79 Au	1287	1092	—	1078

Von den Wellenlängenmessungen in der L-Reihe sind zuerst die MOSELEYschen angeführt, bei welchen eine größere Anzahl im periodischen System aufeinanderfolgender Elemente untersucht wurde. Vereinzelte Spektren waren, wie schon erwähnt, von BRAGG und DE BROGLIE, wenn auch sehr unvollständig, früher ausgemessen.

Ein oft untersuchtes L-Spektrum ist das des Wolframs, was selbstverständlich darin seinen Grund hat, daß dieses Element als Antikathodenmaterial am meisten verwandt wird. Wegen der Weichheit der charakteristischen Strahlung von W hat aber die Eigenstrahlung im Vergleich zum weißen Spektrum bei den in der Technik verwandten Röhren nur wenig Bedeutung.

Es folgen dann hier die Tabellen der verschiedenen Messungen der L-Reihe. Zur Anordnung der Tabellen ist zu erwähnen, daß zuerst die zu den drei Gruppen ($L_I - L_{II} - L_{III}$) gehörenden normalen Linien — die ,,Diagramm''linien — aufgeführt sind. Dann folgen einige Linien, die sich zwar in das Niveaudiagramm (s. weiter unten § 34) einordnen lassen, aber nach den Auswahlregeln verboten sind. Zuletzt sind die ,,Funken''linien (,,Satelliten'', ,,Nichtdiagramm''linien) angegeben.

In diesen Tabellen sind nur die mit Krystallmessungen bestimmten Linien aufgeführt. Die Bedeutung der eckigen Klammern [ ] in den Tabellen wurde oben S. 165 angegeben. Ein Stern * bei einer Wellenlängenangabe bedeutet, daß zwei Linien sich hier überdecken oder mit der verwandten Dispersion nicht getrennt werden können.

Ebenso wie bei der K-Reihe folgt ferner eine Zusammenstellung von λ, ν/R und $\sqrt{\nu/R}$ der L-Reihe, wo ein möglichst homogenes Material angestrebt wurde.

Tabelle 52. 92 Uran L-Reihe.

λ		I	II	III	IV	V
$L_I M_{II}$	β_4	748	745,4	745,9	—	746,4
M_{III}	β_3	710	708,4	708,6	—	708,79
N_{II}	γ_2	607	604,4	603,8	—	603,86
N_{III}	γ_3	596	597,0	596,8	—	597,11
O_{II}	γ_4'	—	—	573,8	—	575,3
O_{III}	γ_4	—	—		—	573,6
$P_{II,III}$	γ_{13}	—	—	—	—	568,9
$L_{II} M_I$	η	—	802,9	802,8	—	803,5
N_I	γ_5	—	—	634,4	—	634,2
O_I	γ_8	—	—	603,8	—	600,0
M_{IV}	β_1	720	718,1	718,1	718,51	[718,51]
N_{IV}	γ_1	615	612,8	612,8	613,59	[613,59]
O_{IV}	γ_6	—	592,6	593,3	—	593,4
$L_{III} M_I$	l	1066	1064,8	—	—	1064,9
N_I	β_6	786	786,6	785,9	—	786,79
O_I	β_7	—	736	736,4	—	734,6
M_{IV}	α_2	922	920,1	—	—	920,62
M_V	α_1	911	908,3	—	908,74	[908,74]
N_{IV}	β_{15}	—	—	—	—	755,14
N_V	β_2	756	752,7	752,7	753,07	[753,07]
$O_{IV,V}$	β_5	724	724,1	724,2	—	724,85
$L_I M_{IV}$	β_{10}	—	—	685,3	—	686,4
M_V	β_9	—	—	679,7	—	679,5

Tabelle 52 (Fortsetzung).

λ		I	II	III	IV	V
$L_{III}M_{II}$	t	—	—	—	—	**1032,9**
M_{III}	s	—	—	961,7	—	**961,42**
$N_{VI,VII}$	β_7'	—	—	—	—	**739,3**
Funkenl. α	α_3	—	—	—	—	**905,5**
„ β_2	β_2'	—	—	—	—	**750,0**
	β_2''	—	—	—	—	**748,9**

I Siegbahn [1916: 24]; Siegbahn u. Friman [1916: 27, 30].
II Coster [1921: 17, 18].
III Dauvillier [1922: 25a]. Gibt noch $\lambda = 734{,}0$; 754,7; 608; 745,9 an.
IV Friman [1926: 67].
$L_{III}M_{III}$ von Auger u. Dauvillier [1923: 1].
V Idei [1930: 95]. Gibt noch $\lambda = 601{,}5$ an.

Schrör [1926: 174] hat die stärksten Linien relativ Cu $K\alpha$ 1537,30 gemessen:

$\alpha_2 = 920{,}65$, $\alpha_1 = 908{,}91$, $\beta_1 = 718{,}55$, $\beta_2 = 753{,}23$, $\gamma_1 = 613{,}32$.

Brauns [1928: 12b] ebenso $\alpha_1 = 908{,}96$.

Tabelle 53. 91 Protactinium L-Reihe.

λ		I	λ		I
L_IM_{II}	β_4	768,3	$L_{III}M_I$	l	1088,5
M_{III}	β_3	730,7	N_I	β_6	806,2
N_{II}	γ_2	622,6	O_I	β_7	753,0
N_{III}	γ_3	615,6	M_{IV}	α_2	942,7
O_{III}	γ_4	592,5	M_V	α_1	930,9
$L_{II}M_I$	η	827,8	N_V	β_2	772,1
N_I	γ_5	653,6	$O_{IV,V}$	β_5	743,7
M_{IV}	β_1	740,7	L_IM_{IV}	β_{10}	707,3
N_{IV}	γ_2	632,5	M_V	β_9	700,3
O_{IV}	γ_6	612,0			

I Beuthe u. v. Grosse [1930: 14] geben noch $\lambda = 586{,}6$ und 755,3.

Tabelle 54. 90 Thorium L-Reihe.

λ		I	II	III	IV
L_IM_{II}	β_4	—	789	—	*791,92
M_{III}	β_3	758	752,1	—	753,24
N_{II}	γ_2	—	—	—	640,79
N_{III}	γ_3	—	—	—	634,13
O_{II}	γ_4'	—	—	—	611,2
O_{III}	γ_4	—	—	—	609,5
$P_{II,III}$	γ_{13}	—	—	—	604,6

Tabelle 54 (Fortsetzung).

λ		I	II	III	IV
$L_{II}M_I$	η	—	—	—	852,8
N_I	γ_5	—	—	—	673,4
O_I	γ_8	—	—	—	637,4
M_{IV}	β_1	766	*762,6	763,56	[763,56]
N_{IV}	γ_1	654	651,0	651,76	[651,76]
O_{IV}	γ_6	635	630,1	—	631,13
$L_{III}M_I$	l	1117	1112,4	—	1112,8
N_I	β_6	830	826,2	—	826,46
O_I	β_7	—	736	—	772,8
M_{IV}	α_2	969	965,2	—	965,85
M_V	α_1	957	953,4	954,05	[954,05]
N_{IV}	β_{15}	—	—	—	793,94
N_V	β_2	797	791,1	791,92	*[791,92]
$O_{IV,V}$	β_5	—	*762,6	—	—
L_IM_{IV}	β_{10}	—	—	—	728,6
M_V	β_9	—	—	—	721,8
$L_{III}M_{II}$	t	—	—	—	1078,5
M_{III}	s	—	—	—	1009
$N_{VI,VII}$	β_7'	—	—	—	775,2
Funkenl. α	α_3	—	—	—	950,9
,, β_2	β_2'	—	—	—	788,6
	β_2''	—	—	—	787,5

I SIEGBAHN [1916: 24]; SIEGBAHN u. FRIMAN [1916: 27, 30].
II COSTER [1921: 17, 18]. III FRIMAN 1926: [67].
IV IDEI [1930: 95]. Gibt noch $\lambda = 624{,}8$ an.

SCHRÖR [1926: 174] hat die stärksten Linien relativ Cu $K\alpha$ 1537,30 gemessen:

$\alpha_2 = 965{,}64$, $\alpha_1 = 953{,}93$, $\beta_1 = 763{,}16$, $\beta_2 = 791{,}56$, $\gamma_1 = 651{,}51$.

Tabelle 55. 83 Bismut L-Reihe.

λ		I	II	III	IV	V	VI
L_IM_{II}	β_4	977	975,4	—	—	973,50	975,01
M_{III}	β_3	937	935,7	—	—	935,88	936,66
N_{II}	γ_2	794	792,9	—	—	793,47	794,00
N_{III}	γ_3	790	*787,4	—	—	*787,59	789,46
O_{II}	γ_4'	—	761	—	—	760,0	760,5
O_{III}	γ_4	—		—	—		759,3
$P_{II,III}$	γ_{13}	—	—	—	—	791,3	755,3
$L_{II}M_I$	η	1059	1057	—	—	1055,40	1056,5
N_I	γ_5	—	837,8	—	—	837,8	837,7
O_I	γ_8	—	—	—	—	756,2	—
M_{IV}	β_1	950	949,3	949,61	950,02	948,70	[950,02]
N_{IV}	γ_1	810	810,7	811,38	811,43	810,91	[811,43]
O_{VI}	γ_6	—	*787,4	—	—	*787,59	788,74

Tabelle 55 (Fortsetzung).

λ		I	II	III	IV	V	VI
$L_{III}M_I$	l	1317	1313,0	—	—	1312,98	1313,7
N_I	β_6	—	991,6	—	—	990,54	991,31
O_I	β_7	—	—	—	—	931,9	933,0
M_{IV}	α_1	1153	1153,3	1153,62	—	1152,22	1153,01
M_V	α_2	1144	1141,2	1141,60	1141,50	1140,45	1141,50
N_{IV}	β_{15}	—	—	—	—	—	955,08
N_V	β_2	954	952,9	953,56	953,24	952,16	[953,24]
$O_{VI,V}$	β_5	923	922,3	—	—	922,47	923,65
L_IM_{IV}	β_{10}	—	—	—	—	913,4	903,5
M_V	β_9	—	—	—	—	—	896,00
N_I	—	—	—	—	—	802,0	—
P?	—	—	—	—	—	777,1	—
$L_{II}N_{III}$	—	—	—	—	—	821,7	—
N_V	—	—	—	—	—	806,2	—
$L_{III}M_{II}$	t	—	—	—	—	1269,3	—
M_{III}	s	—	—	—	—	—	1209,1
$N_{VI,VII}$	β_7'	—	—	—	—	—	933,0
Funkenl. α	α_3	—	—	—	—	—	1138,1
,, β_2	β_2'	—	—	—	—	—	Bi $L\beta_1$
	β_2''	—	—	—	—	—	947,6

I Siegbahn [1916: 24]; Siegbahn u. Friman [1916: 27, 30].
II Coster [1921: 17, 18].
III Lang [1924: 87]. Messungen relativ Cu $K\alpha$ (= 1537,30).
IV Friman [1926: 67].
V Eddy u. Turner [1927: 50]. Die Zahlen sind wie im Original mit zwei Dezimalen angegeben, doch dürften die Fehler in gewissen Fällen mehr als 1 X.E. betragen.
VI Idei [1930: 95].
Brauns [1928: 12b] gibt aus relativen Messungen $\alpha_1 = 1141{,}55$.

Tabelle 56. 82 Blei L-Reihe.

λ		I	II	III	IV	V	VI	VII
L_IM_{II}	β_4	1008	1004,7	—	—	—	1005,76	1005,63
M_{III}	β_3	968	966,0	—	—	—	966,13	967,21
N_{II}	γ_2	820	818,2	—	—	—	818,56	819,17
N_{III}	γ_3	816	*813,7	—	—	—	812,92	812,93
$O_{II,III}$	γ_4	—	783,6	—	—	—	—	784,3
$L_{II}M_I$	η	1091	1090,2	—	—	—	1089,38	1090,0
N_I	γ_5	—	863,9	—	—	—	865,7	864,7
O_I	γ_8	—	—	—	—	—	—	822,0
M_{IV}	β_1	*983	*979,9	*980,58	—	*980,83	979,80	*[980,83]
N_{IV}	γ_1	842	837,1	837,76	837,85	838,01	837,71	[838,01]
O_{IV}	γ_6	—	*813,7	—	—	—	—	815,14

Tabelle 56 (Fortsetzung).

λ		I	II	III	IV	V	VI	VII
$L_{III}M_I$	l	1348	1346,6	—	—	—	1346,46	1347,4
N_I	β_6	—	1018,8	—	—	—	1019,6	1019,06
O_I	β_7	—	959,0	—	—	—	958,0	960,3
M_{IV}	α_2	1186	1183,5	1184,26	1184,12	—	1183,66	1184,08
M_V	α_1	1175	1172,0	1172,68	1172,51	1172,58	1171,85	[1172,58]
N_{IV}	β_{15}	—	—	—	—	—	—	$>$ * —
N_V	β_2	*983	*979,9	*980,58	980,77	*980,83	981,9	$<$ * —
$O_{IV,V}$	β_5	—	949,5	—	—	—	948,76	950,77
L_IM_{IV}	β_{10}	—	—	—	—	—	936,3	932,3
M_V	β_9	—	—	—	—	—	922,2	925,1
$L_{III}M_{II}$	t	—	—	—	—	—	1328,8	1305,0
M_{III}	s	—	—	—	—	—	—	W β_2
$N_{VI,VII}$	β_7'	—	—	—	—	—	958,8	959,5
Funkenl. α	α_3	—	—	—	—	—	—	1169,0
,, β_2	β_2'	—	973,5	—	—	—	977,9	975,7
	β_2''	—		—	—	—	974,5	974,4

I Siegbahn [1916: 24]; Siegbahn u. Friman [1916: 27, 30].
II Coster [1921: 17, 18].
III Lang [1924: 87]. Messungen relativ Cu $K\alpha$ (= 1537,30).
IV A. P. Weber [1925: 152].
V Friman [1926: 67].
VI Eddy u. Turner [1927: 50] geben noch λ = 849,1; 833,2; 825,2; 816,8; 801,2; 784,0; 779,3 an.
VII Idei [1930: 95] gibt noch λ = 800,9 an.

Schrör [1926: 174] gibt als Ergebnisse von Messungen relativ Cu $K\alpha$ (1537,30) α_2 = 1184,13; α_1 = 1172,63; $\beta_{1,2}$ = 980,54; γ_1 = 837,71.

Iwata [1928: 53], ebenso α_1 = 1172,79.

Brauns [1928: 12b], α_1 = 1172,55.

Tabelle 57. 81 Thallium L-Reihe.

λ		I	II	III	IV
L_IM_{II}	β_4	1036	1037,1	—	1036,99
M_{III}	β_3	998	997,8	—	998,50
N_{II}	γ_2	844	844,7	—	845,71
N_{III}	γ_3	840	837,9	—	839,34
$O_{II,III}$	γ_4	—	810,0	—	810,1
$L_{II}M_I$	η	1124	1125	—	1125,4
N_I	γ_5	—	894,2	—	892,9
O_I	γ_8	—	—	—	849,0
M_{IV}	β_1	1012	1012,7	1012,99	[1012,99]
N_{IV}	γ_1	864	865,3	865,71	[865,71]
O_{IV}	γ_6	—	841,7	—	842,28

Tabelle 57 (Fortsetzung).

λ		I	II	III	IV
$L_{III}M_I$	l	1385	—	—	1381,9
N_I	β_6	—	1048,0	—	1047,48
O_I	β_7	—	988	—	988,0
M_{IV}	α_2	1215	1216,0	—	1216,26
M_V	α_1	1205	1204,7	1204,93	[1204,93]
N_{IV}	β_{15}	—	—	—	1010,0
N_V	β_2	1006	1007,9	1008,22	[1008,22]
$O_{IV,V}$	β_5	977	978,3	—	978,49
L_IM_{IV}	β_{10}	—	—	—	961,6
M_V	β_9	—	—	—	954,5
$L_{III}N_{IV,VII}$	β_7'	—	—	—	987,0
Funkenl. α	α_3	—	—	—	1200,0
„ β_2	β_2'	—	—	—	1003,5
	β_2''	—	—	—	1002,1

I Siegbahn [1916: 24]; Siegbahn u. Friman [1916: 27, 30].
II Coster [1921: 17, 18]. III Friman [1926: 67].
IV Idei [1930: 95] gibt noch $\lambda = 1054,0$ an.

Schrör gibt aus Messungen relativ Cu $K\alpha$ (1537,30) die Werte $\alpha_2 = 1216,5$; $\alpha_1 = 1205,16$; $\beta_1 = 1013,17$; $\beta_2 = 1008,27$; $\gamma_1 = 865,80$.

Tabelle 58. 80 Quecksilber L-Reihe.

λ		I	II	III	IV
L_IM_{II}	β_4	—	1068,6	1069,2	—
M_{III}	β_3	—	1030,1	1030,46	—
N_{II}	γ_2	—	869,5	*872,4	—
N_{III}	γ_3	—	—	866,2	—
$O_{II,III}$	γ_4	—	834,8	836,1	—
$L_{II}M_I$	η	—	1161,9	1161,6	—
N_I	γ_5	—	914,4	922,9	—
M_{IV}	β_1	1049	1045,8	1045,49	1046,52
N_{IV}	γ_1	896	893,5	893,53	894,6
O_{IV}	γ_6	—	—	*872,4	—
$L_{III}M_I$	l	—	1418,3	1418,41	—
N_I	β_6	—	1077,4	1076,8	—
O_I	β_7	—	—	1015,5	—
M_{IV}	α_2	1251	1249,7	1249,51	—
M_V	α_1	1240	1238,5	1238,48	1238,63
N_V	β_2	1042	1037,5	1036,55	1037,70
$O_{IV,V}$	β_5	—	1007,8	1006,7	—
L_IM_{IV}	β_{10}	—	—	993,6	—
M_V	β_9	—	—	984,2	—

I Siegbahn u. Friman [1916: 27, 30]. II A. Müller [1921: 69].
III Eddy u. Turner [1926: 63] geben noch $\lambda = 1380,6$; 907,6; 882,9; 856,4 an.
IV Friman [1926: 67].

Tabelle 59. 79 Gold L-Reihe.

λ		I	II	III	IV	V	VI	VII
$L_I M_{II}$	β_4	—	1102	1104,4	1104,1	—	—	1104,22
M_{III}	β_3	—	*1065	—	1065,2	—	—	1065,50
N_{II}	γ_2	—	898	*901,3	902,5	—	—	902,48
N_{III}	γ_3	—	894	895,7	896,1	—	—	895,81
$O_{II,III}$	γ_4	—	—	866,3	865,8	—	—	865,5
$L_{II} M_I$	η	—	1197	1199,5	—	—	—	1200,3
N_I	γ_5	—	—	954,2	953,3	—	—	953,6
O_I	γ_8	—	—	—	907,5	—	—	907,9
M_{IV}	β_1	1092	1080	1080,9	1080,9	1081,38	1081,28	[1081,28]
N_{IV}	γ_1	—	922	924,4	924,4	924,97	924,61	[924,61]
O_{IV}	γ_6	—	—	*901,3	901,2	—	—	901,0
$L_{III} M_I$	l	—	1457	1456,5	—	—	—	1456,9
N_I	β_6	—	—	1110,6	1108,7	—	—	1108,63
O_I	β_7	—	—	1046,5	1047,2	—	—	1049,8
M_{IV}	α_2	—	1283	1284,9	—	1285,29	1285,02	[1285,02]
M_V	α_1	1287	1271	1273,6	1272,8	1274,04	1273,77	[1273,77]
N_{IV}	β_{15}	—	—	—	—	—	—	1069,9
N_V	β_2	1078	*1065	1067,8	1067,5	1068,17	1068,01	[1068,01]
$O_{IV,V}$	β_5	—	1035	1038,2	1038,0	—	—	1038,0
$L_I M_{IV}$	β_{10}	—	—	—	1025,4	—	—	1026,0
M_V	β_9	—	—	—	1018,2	—	—	1018,8
$L_{III} M_{II}$	t	—	—	—	1410,0	—	—	—
M_{III}	s	—	—	—	1348,1	—	—	—
$N_{VI,VII}$	β_7'	—	—	—	—	—	—	1045,2
Funkenl. α	α_3	—	—	—	1268,9	—	—	1268,6
	β_2'	—	—	—	1062,3	—	—	1062,8
„ β_2	β_2''	—	—	1060,9	1061,0	—	—	1061,2

I Moseley [1914: 33].

II Siegbahn u. Friman [1916: 27, 30]; Siegbahn [1916: 24].

III Coster [1921: 17, 18].

IV Dauvillier [1922: 25a] gibt noch $\lambda =$ 1069,5; 1045,3; 1041,2; 1036,0; 1031,6; 1029,6; 899,0; 883,0 an.

V Lang [1924: 87]. Messungen relativ Cu $K\alpha$ (1537,30).

VI Friman [1926: 67].

VII Idei [1930: 95] gibt noch $\lambda =$ 882,8 an.

Tabelle 60. 78 Platin L-Reihe.

λ		I	II	III	IV	V	VI	VII	VIII	IX
$L_I M_{II}$	β_4	—	1142	*1139,8	1140,0	*1139,9	—	—	—	1139,86
M_{III}	β_3	—	1098	*1099,5	1099,6	1099,8	*1099,99	—	—	1101,65
N_{II}	γ_2	—	933	*931,7	931,6	931,8	—	—	—	932,33
N_{III}	γ_3	—	929	925,6	925,8	925,2	—	—	—	925,99
$O_{II,III}$	γ_4	—	—	895,0	894,0	—	—	—	—	895,2
$L_{II} M_I$	η	—	1242	1240,1	—	1240,3	—	—	—	1240,3
N_I	γ_5	—	—	985,5	985,1	[985,5]	—	—	—	985,7
O_I	γ_8	—	—	—	937,9	—	—	—	—	938,6
M_{IV}	β_1	1121	1120	1117,2	1117,2	[1117,2]	1117,43	1117,42	1117,58	[1117,58]
N_{IV}	γ_1	—	958	955,4	955,4	955,2	956,05	956,10	955,99	[955,99]
O_{IV}	γ_6	—	—	*931,7	931,6	938,3	—	—	—	932,3
$L_{III} M_I$	l	—	1499	1497,2	—	—	—	—	—	1496,4
N_I	β_6	—	—	*1139,8	1140,0	*1139,9	—	—	—	1141,00
O_I	β_7	—	—	1078,5	1079,0	1077,2	—	—	—	1079,4
M_{IV}	α_2	—	1323	1321,2	1321,0	1321,3	1321,68	1321,61	1321,55	[1321,55]
M_V	α_1	1316	1313	1310,1	1310,0	[1310,0]	1310,46	1310,30	1310,33	[1310,33]
N_{IV}	β_{15}	—	—	—	—	—	—	—	—	Pt $L\ \beta_3$
N_V	β_2	1104	1101	*1099,5	1099,6	1106,0	*1099,99	1099,98	1099,74	[1099,74]
$O_{IV,V}$	β_5	—	1072	1070,1	1070,0	1069,7	—	—	—	1070,21
$L_I M_{IV}$	β_{10}	—	—	—	1059,3	1066,0	—	—	—	—
M_V	β_9	—	—	—	1052,4	1059,9	—	—	—	1052,4
$L_{III} M_{II}$	t	—	—	—	1449,0	—	—	—	—	—
$N_{VI,VII}$	β_7'	—	—	—	—	—	—	—	—	1076,9
Funkenl. α	α_3	—	—	1303,8	1304,9	—	—	—	—	1305,1
	β_2'	—	—	1092,8	1094,1	1093,6	—	—	—	1094,4
,, β_2	β_2''	—	—	—	—	1080,3	—	—	—	—

I Moseley [1914: 33].
II Siegbahn u. Friman [1916: 27, 30]; Siegbahn [1916: 24].
III Coster [1921: 17, 18].
IV Dauvillier [1922: 25a] gibt noch λ=1163,4; 1101; 1076,2; 1063,1; 950,3; 912,0.
V Rogers [1923: 68] gibt noch =λ1165,8; 1075,2; 1052,0; 944,6.
VIII Friman [1926: 67].
IX Idei [1930: 95].

Hoyt [1921: 50] gibt folgende interpolierte Wellenlängen: 1077, 1070, 1059, 1053.

Schrör [1926: 174] findet aus Messungen relativ Cu Kα (1537,30); α_2=1321,72; α_1=1310,58; β_1=1117,71; β_2=1100,02;

Tabelle 61. 77 Iridium L-Reihe.

λ		I	II	III	IV	V	VI	VII
$L_I M_{II}$	β_4	—	1176	1176,4	1177,3	—	—	1177,15
M_{III}	β_3	—	1138	1137,9	1138,4	—	—	1138,47
N_{II}	γ_2	—	962	*963,6	962,3	—	—	963,32
N_{III}	γ_3	—	956	956,6	956,8	—	—	957,13
$O_{II,III}$	γ_4	—	—	—	924,5	—	—	925,7
$L_{II} M_I$	η	—	—	—	1283,6	—	—	1281,7
N_I	γ_5	—	—	—	1019,7	—	—	1019,5
O_I	γ_8	—	—	—	971,4	—	—	971,9
M_{IV}	β_1	1155	1154	1155,0	1154,9	1155,23	1155,40	[1155,40]
N_{IV}	γ_1	—	989	988,4	988,4	988,82	988,76	[988,76]
O_{IV}	γ_6	—	—	*963,6	963,7	—	—	964,9
$L_{III} M_I$	l	—	1840	—	—	—	—	Cu $K\alpha_{3,4}$
N_I	β_6	—	—	1171,7	1177,3	—	—	1175,45
O_I	β_7	—	—	—	1111,6	—	—	1112,6
M_{IV}	α_2	—	1360	1359,4	1359,5	1359,83	1359,8	[1359,8]
M_V	α_1	1354	1350	1348,3	1348,5	1348,69	1348,47	[1348,47]
N_{IV}	β_{15}	—	—	—	—	—	—	1134,8
N_V	β_2	1138	1133	1132,9	1132,9	1133,32	1132,97	[1132,97]
$O_{IV,V}$	β_5	—	1101	1103,0	1103,0	—	—	1103,57
$L_I M_{IV}$	β_{10}	—	—	—	1094,7	—	—	1094,8
M_V	β_9	—	—	—	1087,4	—	—	1087,4
$L_{III} M_{II}$	t	—	—	—	1490,0	—	—	—
M_{III}	s	—	—	—	1429,5	—	—	—
$N_{VI,VII}$	β_7'	—	—	—	—	—	—	1109,1
Funkenl.	α_3	—	—	—	1343,3	—	—	1343,3
„	β_2'	—	—	1126,7	1127,3	—	—	1127,5

I Moseley [1914: 33].

II Siegbahn u. Friman [1916: 27, 30]; Siegbahn [1916: 24].

III Coster [1921: 17, 18].

IV Dauvillier [1922: 25a] gibt noch $\lambda = 1204{,}4;\ 1108{,}2;\ 982{,}2;\ 942{,}6$.

V Lang [1924: 87]. Messungen relativ Cu $K\alpha$ (1537,30).

VI Friman [1926: 67].

VII Idei [1930: 95] gibt noch $\lambda = 969{,}6;\ 943{,}1$.

Tabelle 64. 74 Wolf-

		I	II	III	IV	V	VI	VII	VIII	IX
$L_I M_{II}$	β_4	1296	1300	1298,6	1296	1292	1297,7	1298,7	1298	1298,9
M_{III}	β_3	1258	1260	1260,2	1258	1256	1258,6	1260,0	1259	1260,5
N_{II}	γ_2	—	1065	1065,3	1064	—	1064,8	1065,8	1065	1065,9
N_{III}	γ_3	—	—	1058,4	1058	1057	1058,7	1059,7	1059	1059,9
$O_{II,III}$	γ_4	—	1033	1025,1	—	1025	1025,3	1026,5	1026	1026,4
$L_{II} M_I$	η	—	—	—	—	—	1416,3	1417,7	—	1418,1
N_I	γ_5	—	—	—	—	—	1129,2	1128,4	1130	—
O_I		—	—	—	—	—	—	—	1079	—
M_{IV}	β_1	1277	1280	1279,2	1278	1275	1278,4	1279,2	1279	1273,34
N_{IV}	γ_1	1082	1100	1096,5	1095	1094	1095,3	1095,5	1096	1096,44
O_{IV}	γ_6	—	1073	—	—	—	—	—	1072	—
$L_{III} M_I$	l	—	—	—	1672	—	—	1675,1	—	1676,2
N_I	β_6	—	—	—	—	1283	1286,8	1287,1	1287	—
O_I	β_7	—	—	1218,7	—	—	1220,2	1220,5	1221	—
M_{IV}	α_2	—	1480	1484,6	1481	1476	1482,8	1484,5	1483	1484,4
M_V	α_1	1477	1468	1473,6	1471	1466	1472,2	1473,5	1473	1473,55
N_{IV}	β_{15}	—	—	—	—	—	—	—	—	—
N_V	β_2	—	1242	1242	1241	1237	1241,6	1241,9	1243	1242,34
$O_{IV,V}$	β_5	—	—	—	—	—	—	—	1213	—
$L_I M_{IV}$	β_{10}	—	—	—	—	—	1209,8	—	1209	—
M_V	β_9	—	—	—	—	—	—	1203,1	1202	1204,4
$L_{III} N_{VI,VII}$	β_7'	—	—	—	—	—	—	—	—	—
$L_{III} M_{II}$	t	—	—	—	—	—	—	—	—	—
M_{III}	s	—	—	—	—	—	—	—	—	—
Funkenl.	β_2'	—	—	—	—	—	—	—	1235	—
,,	α_3	—	—	—	—	—	—	—	—	—

I J. Barnes [1915: 3], gibt noch $\lambda = 1312$ und 1113.

II Hull u. Rice [1916: 16].

III Compton [1916: 8, 9] gibt noch $\lambda = 1336{,}6$.

IV Siegbahn [1916: 24]; Siegbahn u. Friman [1916: 27, 30].

V Gorton [1916: 14].

VI Dershem [1918: 3] gibt noch $\lambda = 1177{,}3$; 1070,5; 1042,7; 915,9; 706,8; 483,3.

VII Siegbahn [1919: 27] gibt noch $\lambda = 1239{,}5$; 1211,8.

VIII Overn [1919: 22] gibt noch $\lambda = 1044$.

IX Duane u. Patterson [1920: 22].

X Coster [1921: 17].

XI Hoyt [1921: 50].

XII Yoshida [1921: 104]; Yoshida u. Tanaka [1921: 105].

XIII Dauvillier [1922: 25a] gibt noch $\lambda = 1224{,}4$; 1088,7; 1334,4; 1043,9.

$L_{III} M_{II}$ und $L_{III} M_{III}$ von Auger u. Dauvillier [1923: 1].

ram L-Reihe.

X	XI	XII	XIII	XIV	XV	XVI	XVII
—	—	1297,7	1298,5	1298,7	1298,8	1298,79	[1298,79]
—	—	1259,5	1259,8	1260,1	1260,2	1259,92	[1259,92]
[1065,8]	—	1064,8	1065,6	1065,0	1065,9	1065,88	[1065,88]
—	—	1058,5	1059,2	1059,0	1059,9	1059,87	[1059,87]
—	—	1025,1	1026,2	1025,6	1026,6	1025,8	[1025,8]
—	—	1414,3	—	1417,3	1418	1418,1	[1418,1]
—	—	1128,8	1128,8	1129,2	1129,9	—	[1129,8]
—	—	—	1078,5	1078,0	1078,6	—	1079,1
—	—	1279,2	1278,8	[1279,05]	1279,3	1279,17	[1279,17]
—	—	1096,2	1095,5	[1095,53]	1096,4	1096,30	[1096,30]
1072,0	—	1071,1	1072,1	1071,5	1072,3	—	1072,1
—	—	—	—	—	—	1675,0	[1675,0]
—	—	1287,6	1288,3	1287,6	1287,5	1287,0	[1287,0]
1220,8	1221	1221,3	—	1220,6	1221,7	—	1221,7
—	—	1484,5	—	1484,3	1484,4	1484,38	[1484,38]
—	—	1474,0	—	[1473,27]	1473,3	1473,36	[1473,36]
—	—	—	—	—	—	—	1243,9
[1241,2]	—	1242,3	1242,4	[1241,92]	1242,1	1242,03	[1242,03]
—	1213	1211,6	1214,6	1212,6	1213,3	—	1212,9
—	1209	—	1210,5	—	1209,9	—	1209,6
—	1201	1201,0	1203,4	1202,1	1202,7	1202,5	1202,3
—	—	—	1218,0	—	1216,6	—	1216,1
—	—	—	1621,6	—	—	—	—
—	—	—	1561,0	—	—	—	—
1235,4	1236	1235,8	1236,0	1235,5	1236,4	—	1235,8
—	—	—	—	1450,3	—	—	—

XIV Rogers [1923: 68] gibt noch $\lambda = 1086,2$; 1113,8; 1230,0; 1248,7; 1321,2; 1373,5; 1043,3.

XV Crofutt [1924: 16] gibt noch $\lambda = 1243,2$; 1074,8; 1069,9; 1044,4.

XVI Friman [1926: 67].

XVII Idei [1929: 95] gibt noch $\lambda = 1075,2$ ($L_{II}N_{VI,VII}$?); 1043,7 (L_IN_V?).

Außerdem folgende vereinzelte Messungen:

Moseley [1914: 33] $\alpha = 1486$.

de Broglie [1919: 1] findet neben den von Overn gemessenen Linien noch $\lambda = 1080$; 1095; 1213; 1221; 1235; 1254; 1389.

Schrör [1926: 174] hat einige der stärksten Linien relativ zu Cu $K\alpha$ (1537,30) gemessen: $\alpha_2 = 1485,13$; $\alpha_1 = 1473,99$; $\beta_1 = 1269,63$; $\beta_2 = 1242,30$; $\gamma_1 = 1095,96$.

Iwata findet in derselben Weise die folgenden Werte: $\alpha_1 = 1473,35$; $\beta_1 = 1279,29$; $\beta_2 = 1242,15$.

Brauns [1928: 126] gibt $\alpha_1 = 1473,37$.

Tabelle 62. 76 Osmium L-Reihe.

λ		I	II	III	IV
$L_I M_{II}$	β_4	—	1214	1215,0	—
M_{III}	β_3	—	1176	1177,2	—
$L_{II} M_{IV}$	β_1	1201	1194	1194,6	1194,90
N_{IV}	γ_1	—	1021	1022,4	1022,96
$L_{III} N_I$	β_6	—	—	1204,8	—
M_{IV}	α_2	—	1398	1398,2	1398,66
M_V	α_1	1397	1388	1388,2	1388,59
N_{IV}	β_{15}	—	—	—	—
N_V	β_2	1172	1167	1168,4	1168,84
$O_{IV,V}$	β_5	—	—	1140	—

I Moseley [1914: 33].
II Siegbahn u. Friman [1916: 29].
III Coster [1921: 15].
IV Lang [1924: 87]. Messungen relativ Cu $K\alpha$ (1537,30).

Tabelle 63. 75 Rhenium L-Reihe.

λ		I	II	III
$L_I M_{II}$	β_4	—	1256,3	—
M_{III}	β_3	1216	1217,6	—
N_{II}	γ_2	—	1029,9	—
N_{III}	γ_3	—	1023,6	—
$O_{II,III}$	γ_4	—	991,0	—
$L_{II} M_I$	η	—	1370,6	—
N_I	γ_5	—	1091,2	—
M_{IV}	β_1	1235,2	1235,9	1236,03
N_{IV}	γ_1	—	1058,7	—
O_{IV}	γ_6	—	1034,4	—
$L_{III} M_I$	l	—	1627,3	—
N_I	β_6	—	1248,1	—
O_I	β_7	—	1183,3	—
M_{IV}	α_2	1440,7	1440,7	1441,0
M_V	α_1	1429,9	1429,8	1429,97
N_{IV}	β_{15}	—	1205,7	—
N_V	β_2	1204,8	1203,8	1204,1
$O_{IV,V}$	β_5	—	1174,7	—
$L_I M_{IV}$	β_{10}	—	1169,8	—
M_V	β_9	—	1162,4	—
Funkenl.	α_3	—	1424,0	—
,,	β_2'	—	1197,9	—

I Berg u. Tacke [1925: 16].
II Beuthe [1928: 9] gibt noch $\lambda = 1290$; 1178,7; 1008,5.
III Wennerlöf [1930: 180].

Tabelle 65. 73 Tantal L-Reihe.

λ		I	II	III	IV	V	VI	VII
$L_I M_{II}$	β_4	—	1343	1341	1342,2	1342,3	1343,07	[1343,1]
M_{III}	β_3	—	1303	1303	1303,3	1303,0	1304,09	[1304,1]
N_{II}	γ_2	—	1101	1101	1102,0	1110,7	1103,0	[1102,9]
N_{III}	γ_3	—	1097	1094	1096,2	1097,0	1097,08	[1097,1]
$O_{II,III}$	γ_4	—	—	—	1062,4	—	1062,7	1062,4
$L_{II} M_I$	η	—	—	—	1465,5	1467,5	1467,9	1468,0
N_I	γ_5	—	—	—	1170,0	1170,0	1170,8	1170,4
O_I	γ_8	—	—	—	1117	—	—	1118,5
M_{IV}	β_1	1330	1323	1323,5	[1323,5]	1323,1	1324,23	[1324,23]
N_{IV}	γ_1	—	1135	1134,7	[1134,7]	1135,5	1135,58	[1135,58]
O_{IV}	γ_6	—	—	—	1110,0	1117,6	1111,5	1111,5
$L_{III} M_I$	l	—	—	—	1724,2	1723,5	—	1724,9
N_I	β_6	—	—	—	1326,7	1328,0	1328,4	1328,17
O_I	β_7	—	—	—	1260,0	1261,3	1261,3	1261,2
M_{IV}	α_2	—	1528	1529,3	[1529,4]	1528,9	1529,78	[1529,8]
M_V	α_1	1525	1518	1518,2	[1518,2]	1517,7	1518,85	[1518,85]
N_{IV}	β_{15}	—	—	—	—	—	—	1283,8
N_V	β_2	1287	1280	1280,7	1281,0	1280,3	1281,90	[1281,90]
$O_{IV,V}$	β_5	—	—	—	1250,6	1251,8	1253,2	1253,1
$L_I M_{IV}$	β_{10}	—	—	—	1250,6	1251,8	1251,4	1250,6
M_V	β_9	—	—	—	1242,9	1243,0	1244,4	1243,9
$L_{III} M_{II}$	t	—	—	—	—	1671,7	—	—
M_{III}	s	—	—	—	—	1608,6	—	—
Funkenl.	α_3	—	—	—	—	1513,7	1513,2	—
,,	β_2'	—	—	—	1273,8	—	1275,5	—

I Moseley [1914: 33]. II Siegbahn u. Friman [1916: 29].
III Hjalmar [1921: 46]. IV Coster [1921: 15].
V Auger u. Dauvillier [1923: 1] gibt noch 1102,4; 1129,0; 1261,3; 1383,2.
VI Wennerlöf [1927: 161; 1930: 180] gibt noch $\beta_8 = 1275{,}5$.
VII Idei [1930: 95] gibt noch $L_{III}N_{VI,VII} = 1256{,}2$.

Schrör [1926: 174] gibt folgende relativ Cu $K\alpha$ (1537,30) gemessene Werte an $\alpha_2 = 1529{,}94$; $\alpha_1 = 1518{,}77$; $\beta_1 = 1324{,}18$; $\beta_2 = 1281{,}53$; $\gamma_1 = 1135{,}27$.

Brauns [1928: 12b] ebenso $\alpha_1 = 1518{,}79$.

Tabelle 66. 72 Hafnium L-Reihe.

λ		I	II	III	IV
$L_I M_{II}$	β_4	—	—	—	—
M_{III}	β_3	1350,2	1349,1	1349,7	—
N_{II}	γ_2	—	—	1141,3	—
N_{III}	γ_3	—	—	1135,6	—
$O_{II,III}$	γ_4	—	—	1100,1	—
$L_{II} M_I$	η	—	—	1519,7	—
N_I	γ_5	—	—	1212,1	—
M_{IV}	β_1	1371,4	1370,17	*1371,1	—
N_{IV}	γ_1	1177	—	1176,5	—

Tabelle 66 (Fortsetzung).

λ		I	II	III	IV
$L_{III}M_I$	l	—	—	1777,4	—
N_I	β_6	—	—	*1371,1	—
O_I	β_7	—	—	1303,5	1302,5
M_{IV}	α_2	1576	1576,70	[1577,04]	—
M_V	α_1	1565,5	1566,14	[1566,07]	—
N_V	β_2	1323,7	1323,6	1323,5	—
$O_{IV,V}$	β_5	—	—	—	*1296,7
L_IM_{IV}	β_{10}	—	—	—	*1296,7
M_V	β_9	—	—	—	1287,0

I Coster u. Hevesy [1923: 24a]. II Žáček [1923: 88].

III Coster [1923: 24b]. Die Messungen sind relative $L\alpha_1$ und $L\alpha_2$ sowie Cu K- und W L-Linien ausgeführt. Die verwendeten Wellenlängenwerte von $L\alpha_1$ und $L\alpha_2$ wurden von Hjalmar gemessen.

IV Nishina [1925: 105].

Tabelle 67. 71 Cassiopeium L-Reihe.

λ		I	II	III	IV	V
L_IM_{II}	β_4	1437	1434	1437,2	1437,2	1437,7
M_{III}	β_3	1399	1395	1398,2	1398,4	1398,50
N_{II}	γ_2	1188	1184	1183,2	1182,6	1183,01
N_{III}	γ_3	1183	1180	1177,5	1176,5	1177,05
$O_{II,III}$	γ_4	—	—	1141,1	1141,4	1141,1
$L_{II}M_I$	η	—	—	1573,8	1575,4	1574,7
N_I	γ_5	—	—	1256	1256,8	1257,0
O_I	γ_8	—	—	1202	1201,6	—
M_{IV}	β_1	1421	1417	1420,7	1420,5	1420,67
N_{IV}	γ_1	1224	1220	1220,3	1219,3	1219,74
O_{IV}	γ_6	—	—	—	1196,9	1196,4
$L_{III}M_I$	l	1834	—	1831,8	—	—
N_I	β_6	—	—	1414,3	—	1416,1
O_I	β_7	—	—	1345,9	1346,6	1346,7
M_{IV}	α_2	1629	1626,36	[1626,36]	—	1627,0
M_V	α_1	1619	1615,51	[1615,51]	—	1616,17
N_V	β_2	1368	1366	1367,2	1366,8	1367,31
$O_{IV,V}$	β_5	—	—	—	1339,8	—
L_IM_{IV}	β_{10}	—	—	1339,8	1339,8	1339,9
M_V	β_9	—	—	1333,0	1333,0	1333,2
Funkenl.	α_3	—	—	—	1612,2	—
,,	β_2'	—	—	1359	1357,9	1356,8
,,	γ_1'	—	—	1211	1211,9	—

I Siegbahn u. Friman [1916: 31]; Friman [1916: 10].

II Hjalmar [1921: 46]. III Coster [1922: 16].

IV Dauvillier [1922: 25b] gibt noch 1368,5; 1160,5.

Schrör [1926: 174] gibt folgende relativ Cu $K\alpha$ (1537,30) gemessene Werte an: $\alpha_2 = 1627{,}06$; $\alpha_1 = 1616{,}10$; $\beta_1 = 1421{,}29$; $\beta_2 = 1367{,}68$.

Druyvesteyn [1928: 35b] gibt für β_2' 1359.

V Wennerlöf [1930: 180] gibt noch $\lambda = 1249{,}9$; 1360,2; 1335,3; 1315,2; 1306,5; 1150,7.

Tabelle 68. 70 Aldebaranium L-Reihe.

λ		I	II	III	IV	V
$L_I M_{II}$	β_4	1490	1488	1488,2	1488,6	1488,30
M_{III}	β_3	1451	1448	1449,4	1448,8	1449,26
N_{II}	γ_2	1228	1225	1225,6	1226,2	1226,4
N_{III}	γ_3	1223	1221	1219,8	1219,4	1219,80
$O_{II,III}$	γ_4	—	—	1182,0	1182,6	1182,8
$L_{II} M_I$	η	1618	—	1631	—	—
N_I	γ_5	—	—	1303,0	1303,8	—
O_I	γ_8	—	—	—	1248,3	—
M_{IV}	β_1	1474	1472	1472,5	1472,6	—
N_{IV}	γ_1	1267	1265	1264,8	1265,0	1265,12
O_{IV}	γ_6	—	—	—	1240,5	—
$L_{III} M_I$	l	1892	—	1890	—	—
N_I	β_6	—	—	1462,7	1462,4	—
M_{IV}	α_2	1681	1678,9	1678,9	—	1679,42
M_V	α_1	1670	1667,8	1667,8	—	1668,44
N_{IV}	β_{15}	—	—	—	—	—
N_V	β_2	1414	1412	1412,8	1412,4	1412,61
Funkenl.	β_2'	—	—	—	1405,9	—

I Siegbahn u. Friman [1916: 31]; Friman [1916: 10].

II Hjalmar [1921: 46].

III Coster [1922: 16].

IV Dauvillier [1922: 25b] gibt noch $\lambda = 1256{,}8$; $1201{,}6$.

V Wennerlöf [1930: 180].

Schrör [1926: 174] gibt folgende relativ Cu $K\alpha$ (1537,30) gemessene Werte an: $\alpha_2 = 1679{,}26$; $\alpha_1 = 1668{,}30$; $\beta_1 = 1473{,}16$; $\beta_2 = 1413{,}34$.

Tabelle 69. 69 Thulium L-Reihe.

λ		I	λ		I
$L_I M_{II}$	β_4	1541,2	$L_{III} M_I$	l	1951,1
M_{III}	β_3	1502,3	N_I	β_6	1511,5
N_{II}	γ_2	1271,2	M_{IV}	α_2	1733,9
N_{III}	γ_3	1265,3	M_V	α_1	1722,8
$O_{II,III}$	γ_4	1226,4	N_V	β_2	1460,2
$L_{II} M_I$	η	1692,3			
N_I	γ_5	1352,3			
M_{IV}	β_1	1526,8			
N_{IV}	γ_1	1312,7			

I Coster [1923: 24b]. β_4 fällt mit Cu $K\alpha_2$ zusammen, γ_3 mit Yb $L\gamma_1$, und γ_4 mit Yb $L\gamma_3$.

Tabelle 70. 68 Erbium L-Reihe.

λ		I	II	III	IV	V
$L_I M_{II}$	β_4	—	1599	1596	1596,4	1597,5
M_{III}	β_3	1563	1560	1556	1557,9	1558,35
N_{II}	γ_2	—	1323	1320	1318,4	—
N_{III}	γ_3	—	1316	1313	1311,8	1311,9
$O_{II,III}$	γ_4	—	—	—	1273,2	—
$L_{II} M_I$	η	—	1725	—	1754,8	1752,9
N_I	γ_5	—	—	—	1403	—
M_{IV}	β_1	1591	1586	1583,4	[1583,4]	1584,09
N_{IV}	γ_1	—	1367	1363	1362,3	1361,1
$L_{III} M_I$	l	—	—	—	2015,1	—
N_I	β_6	—	—	—	1563,6	—
O_I	β_7	—	—	—	1489,2	1491,4
M_{IV}	α_2	—	1794	1791,4	[1791,4]	1792,02
M_V	α_1	1790	1783	1780,4	[1780,4]	1780,68
N_V	β_2	—	1514	1511,2	1510,6	1510,94
$L_I M_{IV}$	β_{10}	—	—	—	—	1491,4
M_V	β_9	—	—	—	1482,3	—
Funkenl.	β_1'	—	—	—	1575,6	—
,,	β_2'	—	—	—	1501,4	—
,,	β_{14}	—	—	—	1512	—
,,	γ_9	—	—	—	—	1362,8

I Moseley [1914: 33].
II Siegbahn u. Friman [1916: 31]; Friman [1916: 10].
III Hjalmar [1921: 46].
IV Coster [1922: 16].
V Wennerlöf [1930: 180].

Schrör [1926: 174] gibt folgende relativ Cu $K\alpha$ (1537,30) gemessene Werte an: $\alpha_2 = 1791{,}97$; $\alpha_1 = 1780{,}95$; $\beta_1 = 1583{,}89$; $\beta_2 = 1511{,}16$.

Druyvesteyn [1928: 32b] gibt für β_2' 1501,4.

Tabelle 71. 67 Holmium L-Reihe.

λ		I	II	III
$L_I M_{II}$	β_4	1657	1653	1655,3
M_{III}	β_3	1620	1616,8	1616,0
N_{II}	γ_2	1369	1366	1367,7
N_{III}	γ_3	1365	1361	1361,3
$O_{II,III}$	γ_4	—	—	1319,7
$L_{II} M_I$	η	—	—	1822,0
N_I	γ_5	—	—	1459
M_{IV}	β_1	1646	1643,5	[1643,5]
N_{IV}	γ_1	1415	1412	1414,2

Tabelle 71 (Fortsetzung).

λ		I	II	III
$L_{III}M_I$	l	—	—	2082,1
N_I	β_6	—	—	1618,8
M_{IV}	α_2	1854	1852,1	[1852,1]
M_V	α_1	1843	1841,0	[1841,0]
N_V	β_2	1568	1563,7	[1563,7]
Funkenl.	β_1'	—	—	1635,5
„	β_{14}	—	—	1567
„	γ_9	—	—	1416

I Siegbahn u. Friman [1916: 31]; Friman [1916: 10].
II Hjalmar [1921: 46].
III Coster [1922: 16].

Schrör [1926: 174] gibt folgende relativ Cu $K\alpha$ (1537,30) gemessene Werte an: $\alpha_2 = 1852{,}65$; $\alpha_1 = 1841{,}51$; $\beta_1 = 1644{,}06$; $\beta_2 = 1564{,}30$.

Tabelle 72. 66 Dysprosium *L*-Reihe.

λ		I	II	III	IV
L_IM_{II}	β_4	—	1721	1718	1716,7
M_{III}	β_3	—	1683	1680	*1677,7
N_{II}	γ_2	—	1422	1419	1420,3
N_{III}	γ_3	—	1418	1415	1413,9
$O_{II,III}$	γ_4	—	—	—	1371,4
$L_{II}M_I$	η	—	—	—	1892,2
N_I	γ_5	—	—	—	1515,2
M_{IV}	β_1	1711	1709	1706,6	[1706,6]
N_{IV}	γ_1	—	1470	1467	1469,7
$L_{III}M_I$	l	—	—	—	2154,0
N_I	β_6	—	—	—	*1677,7
O_I	β_7	—	—	—	1595,7
M_{IV}	α_2	—	1916	1915,6	[1915,6]
M_V	α_1	1914	1907	1904,6	[1904,6]
N_{IV}	β_{15}	—	—	—	—
N_V	β_2	—	1622	1619,8	[1619,8]
Funkenl.	β_1'	—	—	—	1699,2
„	β_{14}	—	—	—	1625,1

I Moseley [1914: 33].
II Siegbahn u. Friman [1916: 31]; Friman [1916: 10].
III Hjalmar [1921: 46].
IV Coster [1922: 16].

Schrör [1926: 174] gibt folgende relativ Cu $K\alpha$ (1537,30) gemessene Werte an: $\alpha_2 = 1916{,}15$; $\alpha_1 = 1905{,}15$; $\beta_1 = 1707{,}10$; $\beta_2 = 1620{,}37$.

Tabelle 73. 65 Terbium L-Reihe.

λ		I	II	III
$L_I M_{II}$	β_4	1784	1781	1781,4
M_{III}	β_3	1745	1742,6	1742,5
N_{II}	γ_2	1477	1474	1473,8
N_{III}	γ_3	1470	1468	1468,3
$O_{II,III}$	γ_4	1437	1434	1423,9
$L_{II} M_I$	η	1935	—	—
N_I	γ_5	—	—	1574,2
M_{IV}	β_1	1775	1772,7	[1772,7]
N_{IV}	γ_1	1531	1529	1526,6
$L_{III} M_I$	l	—	—	2229,0
N_I	β_6	—	—	1737,5
O_I	β_7	—	—	1655,8
M_{IV}	α_2	1983	1982,3	[1982,3]
M_V	α_1	1973	1971,5	[1971,5]
N_V	β_2	1682	1679,3	1679,0
$O_{IV,V}$	β_5	1659	1656	—
$L_I M_{IV}$	β_{10}	—	—	1664
Funkenl.	β_1'	—	—	1765,5
,,	β_{14}	—	—	1685,1
,,	γ_9	—	—	1531,4

I Siegbahn u. Friman [1916: 31]; Friman [1916: 10].
II Hjalmar [1921: 46].
III Coster [1922: 16].

Schrör [1926: 174] gibt folgende relativ Cu $K\alpha$ (1537,30) gemessene Werte an: $\alpha_2 = 1982,84$; $\alpha_1 = 1971,83$; $\beta_1 = 1773,23$; $\beta_2 = 1679,59$.

Tabelle 74. 64 Gadolinium L-Reihe.

λ		I	II	III	IV	V
$L_I M_{II}$	β_4	—	1851	1848	1849,3	1850,1
M_{III}	β_3	1818	1811	1809	1810,9	1811,3
N_{II}	γ_2	—	—	—	1531,0	1533,6
N_{III}	γ_3	—	—	—	1525,9	1526,9
$O_{II,III}$	γ_4	—	—	—	1481,8	1481,5
$L_{II} N_I$	γ_5	—	—	—	1637,6	1637,5
M_{IV}	β_1	1853	1844	1842,5	[1842,5]	1842,5
N_{IV}	γ_1	—	1597	1588,6	[1588,6]	1588,6
$L_{III} M_I$	l	—	—	—	2307,1	—
N_I	β_6	—	—	—	1803,1	1802,0
O_I	β_7	—	—	—	1719,6	1720,0
M_{IV}	α_2	—	2054	2052,6	[2052,6]	—
M_V	α_1	2057	2043	2041,9	[2041,9]	—
N_V	β_2	—	1744	1741	1741,9	1742,0

Tabelle 74 (Fortsetzung).

λ		I	II	III	IV	V
$L_I M_{IV}$	β_{10}	—	—	—	1728,1	1729,3
Funkenl.	β_1'	—	—	—	1835,5	1835,1
„	β_{14}	—	—	—	1748,1	1748,7
„	γ_9	—	—	—	1593,6	1594,6

I MOSELEY [1914: 33].
II SIEGBAHN u. FRIMAN [1916: 31]; FRIMAN [1916: 10].
III HJALMAR [1921: 46].
IV COSTER [1922: 16].
V DAUVILLIER [1923: 25a] gibt noch folgende Linien: 1538,3; 1561,5; 1578,9; 1703,3; 1709,3.

SCHRÖR [1926: 174] gibt folgende relativ Cu $K\alpha$ gemessene Werte an: $\alpha_2 = 2053{,}19$; $\alpha_1 = 2042{,}55$; $\beta_1 = 1843{,}09$; $\beta_2 = 1742{,}35$; $\gamma_1 = 1589{,}00$.

Tabelle 75. 63 Europium L-Reihe.

λ		I	II	III	IV	V
$L_I M_{II}$	β_4	—	1923	1921	1922,1	—
M_{III}	β_3	1888	1888	1886	1882,7	1881,5
N_{II}	γ_2	—	1599	1598	1593,9	1591,9
N_{III}	γ_3	—	1590	1588	1587,7	1587,5
$O_{II,III}$	γ_4	—	—	—	—	1541,0
$L_{II} N_I$	γ_5	—	—	—	1705	1704,6
O_I	γ_8	—	—	—	1629	1633,4?
M_{IV}	β_1	1925	1918	1916,3	[1916,3]	1915,4
N_{IV}	γ_1	—	1662	1659	1654,3	1653,5
$L_{III} M_I$	l	—	—	—	2390,3	—
N_I	β_6	—	—	—	1870,5	1868,9
O_I	β_7	—	—	—	1784	—
M_{IV}	α_2	—	2131	2127,3	[2127,3]	—
M_V	α_1	2130	2121	2116,3	[2116,3]	—
N_V	β_2	1814	1810	1807	1808,2	1807,2
$L_I M_{IV}$	β_{10}	—	—	—	1796	1789,4
M_V	β_9	—	—	—	1788	1786,0
Funkenl.	β_1'	—	—	—	1909,2	1908,1
„	γ_1'	—	—	—	1644	1642,2
„	β_{14}	—	—	—	1781,4	1781,7
„	γ_9	—	—	—	1659,3	1658,9

I MOSELEY [1914: 33].
I SIEGBAHN u. FRIMAN [1916: 31]; FRIMAN [1916: 10].
III HJALMAR [1921: 46].
IV COSTER [1922: 16].
V DAUVILLIER [1923: 25a] gibt noch 1561,9; 1595,3; 1598,6; 1624,1; 1764,7; 1773,4; 1813,9.

NISHINA [1925: 105] gibt $\gamma_4 = 1540{,}7$.

Tabelle 76. 62 Samarium *L*-Reihe.

λ		I	II	III	IV	V	VI
$L_I M_{II}$	β_4	—	—	—	1996,4	*1994,8	—
M_{III}	β_3	1972	1965	1958	1958,0	1958,8	1961,0
N_{II}	γ_2	—	1659	1657	1655,9	1656,0	1647,5
N_{III}	γ_3	—	—	—	1651,7	1651,7	—
$O_{II,III}$	γ_4	—	—	—	1603,3	1603,2	1597,0
$L_{II} M_I$	η	—	—	—	2214	2214,5	—
N_I	γ_5	—	—	—	1775,1	1776,3	—
O_I	γ_6	—	—	—	—	1701,9	—
M_{IV}	β_1	2008	2000	1993,6	[1993,6]	*1994,8	2001,4
N_{IV}	γ_1	—	1725	1723,1	[1723,1]	1722,7	1719,5
$L_{III} M_I$	l	—	—	—	2477	—	—
N_I	β_6	—	—	—	1942,2	1943,0	—
O_I	β_7	—	—	—	1852,3	1853,6	—
M_{IV}	α_2	—	2210	2205,7	[2205,7]	2205,4	—
M_V	α_1	2208	2200	2195,0	[2195,0]	2195,0	2205,9
N_{IV}	β_{15}	—	—	—	—	—	—
N_V	β_2	1893	1884	1877	1878,1	1878,8	1870,8
$L_I M_{IV}$	β_{10}	—	—	—	1865,7	1866,2	—
M_V	β_9	—	—	—	1858,1	1858,9	—
Funkenl.	β_1'	—	—	—	1987,1	1987,6	—
,,	γ_1'	—	—	—	—	1711,3	—
,,	β_{14}	—	—	—	1885,1	1886,0	—
,,	γ_9	—	—	—	1728,5	1728,7	—
,,	γ_{10}	—	—	—	1659,3	1660,4	—

I MOSELEY [1914: 33].

II SIEGBAHN u. FRIMAN [1916: 31]; FRIMAN [1916: 10].

III HJALMAR [1921: 46].

IV COSTER [1922: 16].

V DAUVILLIER [1923: 25a] gibt noch 1626,1; 1664,4; 1692,6; 1834,0; 1843,7; 2184,6.

VI GLEDITSCH u. BOTOLFSEN [1925: 68]. Die Fehler dieser Meßreihe sind offenbar, verglichen mit anderen neueren Messungen, sehr groß.

SCHRÖR [1926: 174] gibt folgende relativ Cu $K\alpha$ (1537,30) gemessene Werte an: $\alpha_2 = 2206{,}22$; $\alpha_1 = 2195{,}67$; $\beta_1 = 1994{,}05$; $\beta_2 = 1878{,}54$; $\gamma_1 = 1723{,}57$.

Tabelle 77. 60 Neodym *L*-Reihe.

λ		I	II	III	IV	V	VI
$L_I M_{II}$	β_4	—	*2167	2162,2	*[2162,2]	*2162,2	—
M_{III}	β_3	—	2128	2122,3	2122,2	2122,4	2130,3
N_{II}	γ_2	—	—	—	1797,4	—	1793,7
N_{III}	γ_3	—	—	—	1792,5	—	—
$O_{II,III}$	γ_4	—	—	—	1740,8	—	1739,0

Tabelle 77 (Fortsetzung).

λ		I	II	III	IV	V	VI
$L_{II}M_I$	η	—	—	—	2404,2	—	—
N_I	γ_5	—	—	—	1931,3	—	—
O_I	γ_8	—	—	—	—	1851,4 ?	—
M_{IV}	β_1	2175	*2167	—	*[2162,2]	*2162,2	2170,7
N_{IV}	γ_1	—	1875	1873,8	[1873,8]	1874,0	1870,8
$L_{III}M_I$	l	—	—	—	2670,3	—	—
N_I	β_6	—	—	—	2099,3	2099,7	—
O_I	β_7	—	—	—	2004,3	—	—
M_{IV}	α_2	—	2379	2375,6	[2375,6]	—	—
M_V	α_1	2382	2369	2365,3	[2365,3]	—	2372,5
N_V	β_2	—	2036	2031	2031,4	2032,2	2028,2
L_IM_{IV}	β_{10}	—	—	—	2019,3	2013,8	—
M_V	β_9	—	—	—	2011,7	2006,6	—
Funkenl.	β_1'	—	—	—	—	2154,8	—
,,	γ_1'	—	—	—	1859	1860,0	—
,,	β_{14}	—	—	—	2038,8	2039,5	—
,,	γ_9	—	—	—	1880,4	1879,3	—
,,	γ_{10}	—	—	—	1802,2	—	—

I Moseley [1914: 33].
II Siegbahn u. Friman [1916: 31]; Friman [1916: 10].
III Hjalmar [1921: 46]. IV Coster [1922: 16].
V Dauvillier [1923: 25a] gibt noch 1842,6.
VI Gleditsch u. Botolfsen [1925: 68]. Die Fehler bei dieser Meßreihe sind offenbar im Vergleich mit den anderen, neueren Messungen sehr groß.

Tabelle 78. 59 Praseodym L-Reihe.

λ		I	II	III	IV	V
L_IM_{II}	β_4	—	—	2254	2250,1	—
M_{III}	β_3	—	2217	2212,4	2212,4	2221,8
N_{II}	γ_2	—	—	—	1875,0	1884,4
N_{III}	γ_3	—	—	—	1869,9	—
$O_{II,III}$	γ_4	—	—	—	1815,3	1825,5
$L_{II}M_I$	η	—	—	—	2507	—
N_I	γ_5	—	—	—	2016,1	—
O_I	γ_8	—	—	—	1932,2	—
M_{IV}	β_1	2265	2259	2253,9	[2253,9]	2263,2
N_{IV}	γ_1	—	1958	1956,8	[1956,8]	1979,4
$L_{III}M_I$	l	—	—	—	2778,1	—
N_I	β_6	—	—	—	2185,9	—
O_I	β_7	—	—	—	2087,4	—
M_{IV}	α_2	—	2472	2467,6	[2467,6]	—
M_V	α_1	2471	2462	2457,7	[2457,7]	2463,5
N_{IV}	β_{15}	—	—	—	—	—
N_V	β_2	—	2120	2114,7	2114,8	2126,8

Tabelle 78 (Fortsetzung).

λ		I	II	III	IV	V
$L_I M_{IV}$	β_{10}	—	—	—	2102,5	—
M_V	β_9	—	—	—	2095,8	—
Funkenl.	γ_1'	—	—	—	1942,2	—
„	β_{14}	—	—	—	2122,0	—
„	γ_9	—	—	—	1962,2	—
„	γ_{10}	—	—	—	1881,1	—

I Moseley [1914: 33].
II Siegbahn u. Friman [1916: 31]; Friman [1916: 10].
III Hjalmar [1921: 46].
IV Coster [1922: 16].
V Gleditsch u. Botolfsen [1925: 68]. Die Fehler bei dieser Meßreihe sind offenbar im Vergleich mit anderen, neueren Messungen sehr groß.

Tabelle 79. 58 Cer *L*-Reihe.

λ		I	II	III	IV	V
$L_I M_{II}$	β_4	—	2357	2344,8	2344,2	2345,2
M_{III}	β_3	2315	2315	2305,9	2305,9	2306,1
N_{II}	γ_2	—	—	—	1955,9	1956,1
N_{III}	γ_3	—	—	—	1950,9	1951,5
$O_{II,\,III}$	γ_4	—	—	—	1895,2	1894,8
$L_{II} M_I$	η	—	—	—	2614,7	—
N_I	γ_5	—	—	—	2105,6	2106,0
O_I	γ_8	—	—	—	2019	2019,6
M_{IV}	β_1	2360	2359	2351,0	[2351,0]	2352,3
N_{IV}	γ_1	—	2052	2044,3	[2044,3]	2045,5
$L_{III} M_I$	l	—	—	—	2885,7	—
N_I	β_6	—	—	—	2276,9	2277,2
O_I	β_7	—	—	—	2176,3	2177,0
M_{IV}	α_2	—	2573	2565,1	[2565,1]	—
M_V	α_1	2567	2563	2556,0	[2556,0]	—
N_V	β_2	2209	2212	2203,8	2204,1	2204,0
$L_I M_{IV}$	β_{10}	—	—	—	2191,6	—
M_V	β_9	—	—	—	2184,0	2184,4
Funkenl.	γ_1'	—	—	—	2029	2028,8
„	β_{14}	—	—	—	2212,1	2212,4
„	γ_9	—	—	—	2051	2051,1
„	γ_{10}	—	—	—	1962,3	1963,4

I Moseley [1914: 33].
II Friman [1916: 10].
III Hjalmar [1921: 46] gibt noch 2196,0; 1991.
IV Coster [1922: 16]. Der Wert für l = 2885,7 stammt von Nishina [1925: 105].
V Dauvillier [1923: 25a] gibt noch 1922,5; 2009,1; 2153,1; 2164,0.

Tabelle 80. 57 Lanthan L-Reihe.

λ		I	II	III	IV
$L_I M_{II}$	β_4	—	2453	2444,3	2443,8
M_{III}	β_3	2424	2414	2405,3	2405,3
N_{II}	γ_2	—	—	—	2041,6
N_{III}	γ_3	—	—	—	2036,6
$O_{II,III}$	γ_4	—	—	—	1978,7
$L_{II} M_I$	η	—	—	—	2734
N_I	γ_5	—	—	—	2200,8
M_{IV}	β_1	2471	2461	2453,3	[2453,3]
N_{IV}	γ_1	—	2146	2137,2	[2137,2]
$L_{III} M_I$	l	—	—	—	3000
N_I	β_6	—	—	—	2373,9
O_I	β_7	—	—	—	2270
M_{IV}	α_2	—	2674	2668,9	[2668,9]
M_V	α_1	2676	2665	2659,7	[2659,7]
N_V	β_2	2313	2307	2298	2298,0
$L_I M_{IV}$	β_{10}	—	—	—	2285
M_V	β_9	—	—	—	2277
Funkenl.	γ_{10}	—	—	—	2048,1

I Moseley [1914: 33].
I Friman [1916: 10].
III Hjalmar [1921: 46].
IV Coster [1922: 16].

Tabelle 81. 56 Barium L-Reihe.

λ		I	II	III	IV
$L_I M_{II}$	β_4	2558	2549,8	[2549,8]	—
M_{III}	β_3	2520	2511,0	[2511,0]	—
N_{II}	γ_2	—	—	2134,0	—
N_{III}	γ_3	—	—	2129,5	—
$O_{II,III}$	γ_4	—	—	2071,5	—
$L_{II} M_I$	η	—	—	2857,1	2841,3 ?
N_I	γ_5	—	—	2302,3	2303,6
O_I	γ_8	—	—	2218	2211,2
M_{IV}	β_1	2569	2562,2	[2562,2]	—
N_{IV}	γ_1	2245	2236,6	[2236,6]	—
$L_{III} M_I$	l	—	—	3128,7	—
N_I	β_6	—	—	2477,2	2477,6
O_I	β_7	—	—	2375,6	—
M_{IV}	α_2	2786	2779,0	[2779,0]	—
M_V	α_1	2776	2769,6	[2769,6]	2768,5
N_{IV}	β_{15}	—	—	—	—
N_V	β_2	2407	2399,3	2399,3	—

Tabelle 81 (Fortsetzung).

λ		I	II	III	IV
$L_I M_{IV}$	β_{10}	—	—	—	2381,3
M_V	β_9	—	—	2371,2 ?	2371,7 ?
Funkenl.	α_3	—	—	2755,1	2755,4
„	β_2'	—	—	2381,7	—
„	β_2''	—	—		—
„	γ_{10}	—	—	2140,2	2143,8

I Friman [1916: 10]. II Hjalmar [1921: 46]. III Coster [1922: 16, 18].
IV Dauvillier [1922: 25b; 1923: 25a] gibt noch 2201,6; 2283,4; 2288,2; 2344,7; 2351,1; 2359,5; 2375,5; 2631,5; 2732,7.

Tabelle 82. 55 Caesium *L*-Reihe.

λ		I	II	III
$L_I M_{II}$	β_4	2668	2660,5	[2660,5]
M_{III}	β_3	2629	2622,9	[2622,9]
N_{II}	γ_2	2234	2244	2232,2
N_{III}	γ_3			2227,0
$O_{II,III}$	γ_4	—	—	2169,1
$L_{II} M_I$	η	—	—	2983,3
N_I	γ_5	—	—	2411,1
M_{IV}	β_1	2684	2677,8	[2677,8]
N_{IV}	γ_1	2350	2342,5	[2342,5]
$L_{III} M_I$	l	—	—	3259,6
N_I	β_6	—	—	2587,5
O_I	β_7	—	—	2480
M_{IV}	α_2	2899	2895,6	[2895,6]
M_V	α_1	2891	2886,1	[2886,1]
N_V	β_2	2514	2507	2506,4
$L_I M_V$	β_9	—	—	2473
Funkenl.	α_3	—	—	2870,8
„	β_2'	—	—	2483
„	β_2''	—	—	
„	γ_{10}	—	—	2236,9

I Friman [1916: 10]. II Hjalmar [1921: 46].
III Coster [1922: 16, 18].
Die *l*-Linie 3259,6 von Nishina [1925: 105].

Tabelle 83. 53 Jod *L*-Reihe.

λ		I	II	III
$L_I M_{II}$	β_4	2911	2906	2905,9
M_{III}	β_3	2873	2867	2868,2
N_{II}	γ_2	—	—	2442,1
N_{III}	γ_3	—	—	
$O_{II,III}$	γ_4	—	—	2386,2

Tabelle 83 (Fortsetzung).

λ		I	II	III
$L_{II}M_{IV}$	β_1	2934	2930,9	—
N_{IV}	γ_1	2583	2577,5	—
$L_{III}M_I$	l	—	—	3549,7
N_I	β_6	—	—	2830,5
M_{IV}	α_2	3155	3150,9	—
M_V	α_1	3146	3141,7	—
N_V	β_2	2750	2746,1	—

I FRIMAN [1916: 10]. II HJALMAR [1921: 46]. III NISHINA [1925: 105].

Tabelle 84. 52 Tellur L-Reihe.

λ		I	II	III
$L_I M_{II}$	β_4	3044	3040,0	[3040,0]
M_{III}	β_3	3007	3001,3	[3001,3]
N_{II}	γ_2	—	—	2564,9
N_{III}	γ_3	—	—	
$O_{II,III}$	γ_4	—	—	2505,7
$L_{II}N_I$	γ_5	—	—	2783,1
M_{IV}	β_1	3074	3070,0	[3070,0]
N_{IV}	γ_1	2712	2706,5	[2706,5]
$L_{III}M_I$	l	—	—	3710,1
N_I	β_6	—	—	2964,4
M_{IV}	α_2	3299	3291,0	[3291,0]
M_V	α_1	3290	3282,0	[3282,0]
N_V	β_2	2881	2877	2876,1

I FRIMAN [1916: 10]. II HJALMAR [1921: 46]. III COSTER [1922: 16, 18].

Tabelle 85. 51 Antimon L-Reihe.

λ		I	II	III	IV	V
$L_I M_{II}$	β_4	—	3184	3181	3184,3	3185,3
M_{III}	β_3	—	3149.	3145,1	[3145,1]	3146,3
N_{II}	γ_2	—	—	—	2695,3	2694,6
N_{III}	γ_3	—	—	—		2687,8
$O_{II,III}$	γ_4	—	—	—	2633,6	2633,2
$L_{II}M_I$	η	—	—	—	3599,6	3507,0?
N_I	γ_5	—	—	—	2925,6	—
M_{IV}	β_1	3245	3222	3218,4	[3218,4]	3221,6
N_{IV}	γ_1	—	2849	2845,1	[2845,1]	2845,1
$L_{III}M_I$	l	—	—	—	3880,3	—
N_I	β_6	—	—	—	3107,8	—
M_{IV}	α_2	—	3443	3440,8	[3440,8]	—
M_V	α_1	3458	3434	3431,8	[3431,8]	—
N_V	β_2	—	3021	3017	3016,6	3016,4

Tabelle 85 (Fortsetzung).

λ		I	II	III	IV	V
$L_I M_{IV}$	β_{10}	—	—	—	2972,5	2989
M_V	β_9	—	—	—	2965,8	2985,5
Funkenl.	α_3	—	—	—	3413,8	3417,7
,,	β_2'	—	—	—	2993,4	3011,7
,,	β_2''	—	—	—	2985,8	—
,,	γ_1'	—	—	—	—	2840

I Moseley [1914: 33]. II Friman [1916: 10]. III Hjalmar [1921: 46].
IV Coster [1922: 16, 18]. Der Wert von $\gamma_{2,3} = 2695{,}3$ aus Coster u. Mulder [1926: 39].
V Dauvillier [1922: 25b].

Tabelle 86. 50 Zinn L-Reihe.

λ		I	II	III	IV	V	VI
$L_I M_{II}$	β_4	—	3337	3333	3336,3	—	3336,4
M_{III}	β_3	—	3300	3297,7	3298,9	—	3299,02
N_{II}	γ_2	—	2831	2827	2830,1	—	—
N_{III}	γ_3	—				—	—
$O_{II,III}$	γ_4	—	—	—	2771,3	—	—
$L_{II} M_I$	η	—	—	—	3781,8	—	—
N_I	γ_5	—	—	—	3077,4	—	—
M_{IV}	β_1	—	3381	3377,9	[3377,9]	[3377,9]	3377,87
N_{IV}	γ_1	—	2999	2994,9	[2994,9]	—	2994,94
$L_{III} M_I$	l	—	—	—	4063,3	—	—
N_I	β_6	—	—	—	3262,2	—	—
O_I	β_7	—	—	—	3149	—	—
M_{IV}	α_2	—	3604	3601,1	[3601,1]	—	3601,51
M_V	α_1	3619	3594	3592,2	[3592,2]	—	3592,57
$N_{IV,V}$	β_2	—	3172	3168,8	3167,9	[3167,9]	3168,61
$L_I M_{IV}$	β_{10}	—	—	—	3114,4	—	—
M_V	β_9	—	—	—	3108,1	—	—
Funkenl.	α_3	—	—	—	3574	—	—
,,	β_1'	—	—	—	3367	3369,7	—
,,	β_1''	—	—	—	3360,7	3361,5	—
,,	β_2'	—	—	—	3142,6	3142,3	—
,,	β_2''	—	—	—	3134,7	3134,4	—
,,	γ_1'	—	—	—	2968,5	—	—

I Moseley [1914: 33]. II Friman [1916: 10]. III Hjalmar [1921: 46].
IV Coster [1922: 16, 18]. Der Wert für $\gamma_{2,3} = 2830{,}1$ aus Coster u. Mulder [1926: 39]; β_2'' aus Druyvesteyn [1928: 32b].
V F. K. Richtmyer u. R. D. Richtmyer [1929: 136] geben noch folgende Satelliten an: $\beta_1''' = 3352{,}6$; $\beta_2(a) = 3162{,}1$; $\beta_2(b) = 3138{,}8$; $\beta_2(c) = 3130{,}1$.
VI Wennerlöf [1930: 180].

Tabelle 87. 49 Indium L-Reihe.

λ		I	II	III	IV
$L_I M_{II}$	β_4	—	—	3499,0	—
M_{III}	β_3	—	—	3461,9	—
N_{II}	γ_2	—	—	2973,6	—
N_{III}	γ_3	—	—		
$O_{II,III}$	γ_4	—	—	2919,1	—
$L_{II} M_I$	η	—	—	3976,1	—
N_I	γ_5	—	—	3241,8	—
M_{IV}	β_1	3550	3547,8	[3547,8]	[3547,8]
N_{IV}	γ_1	3160	3155,3	[3155,3]	—
$L_{III} M_I$	l	—	—	4259,3	—
N_I	β_6	—	—	3428,0	—
$L_I M_{IV}$	α_2	3774	3772,4	[3772,4]	—
M_V	α_1	3766	3763,7	[3763,7]	[3763,7]
$N_{IV,V}$	β_2	3335	3332	3331,2	[3331,2]
M_{IV}	β_{10}	—	—	3265,8	—
M_V	β_9	—	—	3259,8	—
Funkenl.	α_3	—	3749,9	3744,7	3754,5
,,	β_1'	—	—	3539	3539,5
,,	β_1''	—	—	3530,4	3531,6
,,	β_2'	—	—	3304,0	3304,1
,,	β_2''	—	—	3295,9	3296,0
,,	γ_1'	—	—	3125	—

I FRIMAN [1916: 10].

II HJALMAR [1921: 46].

III COSTER [1922: 16, 18].

IV F. K. RICHTMYER u. R. D. RICHTMYER [1929: 136] geben noch folgende Satelliten an: $\alpha_4 = 3750{,}9$; $\alpha_5 = 3746{,}2$; $\alpha_6 = 3740{,}0$; $\alpha_7 = 3733{,}2$; $\alpha_8 = 3730{,}1$: $\beta_1''' = 3523{,}5$; $\beta_2(a) = 3325{,}7$; $\beta_2(b) = 3299{,}7$; $\beta_2(c) = 3290{,}5$.

Tabelle 88. 48 Cadmium L-Reihe.

λ		I	II	III	IV	V	VI
$L_I M_{II}$	β_4	3676	3674,3	[3674,3]	—	—	—
M_{III}	β_3	3639	3636,4	[3636,4]	—	—	—
N_{II}	γ_2	—	—	3131,6	—	—	—
N_{III}	γ_3	—	—		—	—	—
$L_{II} M_I$	η	—	—	4187,5	—	—	—
N_I	γ_5	—	—	3418,1	—	—	—
M_{IV}	β_1	3733	3730,1	[3730,1]	—	—	[3730,1]
N_{IV}	γ_1	3331	3328,0	[3328,0]	—	—	—

Tabelle 88 (Fortsetzung).

λ		I	II	III	IV	V	VI
$L_{III}M_I$	l	—	—	4471,3	—	—	—
N_I	β_6	—	—	3607,3	—	—	—
M_{IV}	α_2	3959	3956,4	3956,4	—	—	—
M_V	α_1	3949	3947,8	3947,8	—	[3947,8]	[3947,8]
$N_{IV,V}$	β_2	3514	3507	3506,4	—	—	[3506,4]
Funkenl.	α_3	—	3933	3928,8	—	3937,5	3938,0
,,	α_4	—	—		—	3934,3	3934,0
,,	α_5	—	—		—	3928,9	3929,0
,,	α_6	—	—		—	3922,4	3922,2
,,	β_1'	—	—	3719	—	—	3720,4
,,	β_1''	—	—	3711,6	—	—	3712,5
,,	β_2'	—	—	3477,5	3478,7	—	3477,3
,,	β_2''	—	—	3468,4	3470,7	—	3468,2
,,	γ_1'	—	—	3302	3296	—	—

I Friman [1916: 10]. II Hjalmar [1921: 46]. III Coster [1922: 16, 18]. IV Druyvesteyn [1928: 32b]. V Siegbahn [1929]. Bisher nicht publiziert. VI F. K. Richtmyer u. R. D. Richtmyer [1929: 136] geben noch folgende Satelliten an: $\alpha_7 = 3915{,}8$; $\beta_1''' = 3703{,}9$; $\beta_1^{IV} = 3696{,}4$; $\beta_2(a) = 3501{,}0$; $\beta_2(b) = 3472{,}6$; $\beta_2(c) = 3462{,}2$.

Tabelle 89. 47 Silber L-Reihe.

λ		I	II	III	IV	V	VI	VII
L_IM_{II}	β_4	—	3862	3861,1	[3861,1]	—	—	—
M_{III}	β_3	—	3825	3824,5	[3824,5]	—	—	—
N_{II}	γ_2	—	—	—	3299,8	—	—	—
N_{III}	γ_3	—	—	—		—	—	—
$L_{II}M_I$	η	—	—	—	4410,1	—	—	—
N_I	γ_5	—	—	—	3607,3	—	—	—
M_{IV}	β_1	—	3929	3926,6	[3926,6]	—	—	[3926,6]
N_{IV}	γ_1	—	3515	3514,9	[3514,9]	—	—	—
$L_{III}M_I$	l	—	—	—	4697,6	—	—	—
N_I	β_6	—	—	—	3798,6	—	—	—
M_{IV}	α_2	—	4156	4153,8	[4153,8]	—	[4153,82]	—
M_V	α_1	4170	4146	4145,6	[4145,6]	—	—	[4145,6]
$N_{IV,V}$	β_2	—	3698	3693,8	[3693,8]	—	—	[3693,8]
L_IM_{IV}	β_{10}	—	—	—	3630	—	—	—
M_V	β_9	—	—	—	3620	—	—	—
Funkenl.	α_3	—	4133	4131,7	—	4135,5	4134,7	4131,9
,,	α_4	—	—	—	4131,0	4131,5	4130,5	4130,6
,,	α_5	—	—	—	4125,4	4126,1	4125,6	4125,6
,,	α_6	—	—	—	4119,4	4119,4	4119,0	4117,3
,,	α_7	—	—	—	—	4113,4	—	4112,5

Tabelle 89 (Fortsetzung).

λ		I	II	III	IV	V	VI	VII
Funkenl.	β_1'	—	—	—	3914	—	—	3915,0
,,	β_1''	—	—	—	3906,9	—	—	3907,1
,,	β_2'	—	—	—	3663,3	3663,5	—	3663,7
,,	β_2''	—	—	—	3653,7	3653,6	—	3653,9
,,	γ_1'	—	—	—	3479,5	3480	—	—
,,	$\gamma_{2,3}'$	—	—	—	—	3270	—	—

I Moseley [1914: 33]. II Friman [1916: 10]. III Hjalmar [1921: 46].
IV Coster [1922: 16, 18]; $\gamma_{2,3}$ und β_4 aus Coster u. Mulder [1926: 39].
V Druyvesteyn [1928: 32b].
VI Webster [1929: 178].
VII F. K. Richtmyer u. R. D. Richtmyer [1929: 136] geben noch folgende Satelliten an: $\beta_1''' = 3899{,}6$; $\beta_1^{IV} = 3893{,}5$; $\beta_2(a) = 3689{,}3$; $\beta_2(b) = 3658{,}7$; $\beta_2(c) = 3646{,}5$.

Tabelle 90. 46 Palladium L-Reihe.

λ		I	II	III	IV	V	VI
$L_I M_{II}$	β_4	—	4071	4065	4062,3	—	—
M_{III}	β_3	—	4030	4025	4025,7	—	—
N_{II}	γ_2	—	—	—	3480,9	—	—
N_{III}	γ_3	—	—	—		—	—
$L_{II} M_I$	η	—	—	—	4650,2	—	—
N_I	γ_5	—	—	—	3811,6	—	—
M_{IV}	β_1	4168	4142	4137,3	[4137,3]	—	[4137,3]
N_{IV}	γ_1	—	3720	3716,4	[3716,4]	—	—
$L_{III} M_I$	l	—	—	—	4939,6	—	—
N_I	β_6	—	—	—	4007,0	—	—
M_{IV}	α_2	—	4374	4366,6	[4366,6]	—	—
M_V	α_1	4385	4363	4358,5	[4358,5]	—	[4356,5]
$N_{IV,V}$	β_2	3928	3903	3899	3900,7	—	[3900,7]
Funkenl.	α_3	—	4352	4344	—	4347,4	4345,3
,,	α_4	—	—	—	4342,7	4343,2	4341,2
,,	α_5	—	—	—	4336,2	4338,2	4335,9
,,	α_6	—	—	—	4330,9	4331,3	4329,1
,,	α_7	—	—	—	—	4324,4	4322,1
,,	β_1'	—	—	—	4125	—	4126,8
,,	β_1''	—	—	—	4117,1	—	4116,9
,,	β_2'	—	—	—	3867,6	3868,8	3869,0
,,	β_2''	—	—	—	3856,7	3857,4	3857,8
,,	γ_1'	—	—	—	3676	3678	—

I Moseley [1914: 33]. II Friman [1916: 10]. III Hjalmar [1921: 46].
IV Coster [1922: 16, 18].
V Druyvesteyn [1928: 32b].
VI F. K. Richtmyer u. R. D. Richtmyer [1929: 136] geben noch folgende Satelliten an: $\alpha_8 = 4314{,}2$; $\beta_1''' = 4109{,}5$; $\beta_1^{IV} = 4103{,}0$; $\beta_2(a) = 3895{,}3$; $\beta_2(b) = 3863{,}2$; $\beta_2(c) = 3850{,}2$.

Tabelle 91. 45 Rhodium L-Reihe.

λ		I	II	III	IV	V	VI
$L_I M_{II}$	β_4	—	—	—	4280,2	—	—
M_{III}	β_3	—	—	—	4244,7	—	—
N_{II}	γ_2	—	—	—	3681,5	—	—
N_{III}	γ_3	—	—	—		—	—
$L_{II} M_I$	η	—	—	—	4911,2	—	—
N_I	γ_5	—	—	—	4035,2	—	—
M_{IV}	β_1	—	4372	4364,0	[4364,0]	—	[4364,0]
N_{IV}	γ_1	—	—	3935,7	[3935,7]	—	—
$L_{III} M_I$	l	—	—	—	5207,0	—	—
N_I	β_6	—	—	—	4232,8	—	—
M_{IV}	α_2	—	—	4595,6	[4595,6]	—	—
M_V	α_1	4622	4596	4587,8	[4587,8]	—	[4587,8]
$N_{IV,V}$	β_2	—	—	—	4122,1	—	[4122,1]
Funkenl.	α_3	—	4577	4572	—	4576,2	4576,2
,,	α_4	—	—	—	4571,3	4571,2	4571,3
,,	α_5	—	—	—	4564,9	4567,8	4566,5
,,	α_6	—	—	—	4558,8	4558,6	4559,3
,,	α_7	—	—	—	—	4551,1	4551,9
,,	β_1'	—	—	—	4351	—	4353,0
,,	β_1''	—	—	—	4342,5	—	4343,1
,,	β_2'	—	—	—	4084,8	4087,8	4088,0
,,	β_2''	—	—	—	4072,5	4076,6	4075,6
,,	γ_1'	—	—	—	3896,8	3894	—
,,	$\gamma_{2,3}'$	—	—	—	—	3647	—

I MOSELEY [1914: 33]. II FRIMAN [1916: 10]: d für Gips = 7,621.
III HJALMAR [1921: 46]. IV COSTER [1922: 16, 18]; COSTER u. MULDER [1926: 39].
V DRUYVESTEYN [1928: 32b].
VI F. K. RICHTMYER u. R. D. RICHTMYER [1929: 136] geben noch folgende Satelliten an: $\beta_1''' = 4335{,}5$; $\beta_1^{IV} = 4327{,}4$; $\beta_2(a) = 4116{,}5$; $\beta_2(b) = 4082{,}4$; $\beta_2(c) = 4067{,}9$.

Tabelle 92. 44 Ruthenium L-Reihe.

λ		I	II	III	IV	V	VI
$L_I M_{II}$	β_4	—	—	—	4512,6	—	—
M_{III}	β_3	—	—	—	*4476,4	—	—
N_{II}	γ_2	—	—	—	3887,9	—	—
N_{III}	γ_3	—	—	—		—	—
$L_{II} N_I$	γ_5	—	—	—	4276,6	—	—
M_{IV}	β_1	4660	4630	4611,0	[4611,0]	—	[4611,0]
N_{IV}	γ_1	—	—	4172,8	[4172,8]	—	—
$L_{III} M_I$	l	—	—	—	5486,4	—	—
N_I	β_6	—	—	—	*4476,4	—	—
M_{IV}	α_2	—	4853	4843,7	[4843,7]	—	—
M_V	α_1	4861	4845	4835,7	[4835,7]	—	[4835,7]
$N_{IV,V}$	β_2	—	—	—	4361,9	—	[4361,9]

Tabelle 92 (Fortsetzung).

λ		I	II	III	IV	V	VI
Funkenl.	α_3	—	4823	4818	—	4823	4823,2
,,	α_4	—	—	—	—	4818	4818,1
,,	α_5	—	—	—	—	4812,6	4812,9
,,	α_6	—	—	—	—	4803,6	4804,5
,,	β_2'	—	—	—	—	4323,4	4325,9
,,	β_2''	—	—	—	—	4309,0	4311,4
,,	γ_1'	—	—	—	—	4128	—

I Moseley [1914: 33].
II Friman [1916: 10]: *d* für Gips = 7,621. III Hjalmar [1921: 46].
IV Coster [1922: 16, 18]; Coster u. Mulder [1926: 39].
V Druyvesteyn [1928: 32b].
VI F. K. Richtmyer u. R. D. Richtmyer [1929: 136] geben noch folgende Satelliten an: α_7=4797,2; α_8=4788,7; β_1'=4600,4; β_1''=4588,5; β_1'''=4581,6; β_1^{IV} = 4572,2; $\beta_2(a)$ = 4355,9; $\beta_2(b)$ = 4318,1; $\beta_2(c)$ = 4304,3.

Tabelle 93. 42 Molybdän *L*-Reihe.

λ		I	II	III	IV	V	VI	VII	VIII
$L_I M_{II}$	β_4	—	—	—	5041,0	—	—	—	—
M_{III}	β_3	—	—	—	5004,7	—	—	—	—
N_{II}	γ_2	—	—	—	4369,5	—	—	—	—
N_{III}	γ_3	—	—	—		—	—	—	—
$L_{II} M_I$	η	—	—	—	5836	—	—	—	—
N_I	γ_5	—	—	—	4830,6	—	—	—	—
M_{IV}	β_1	5187	5175	5166,5	[5166,5]	—	—	[5165,8]	5166,5
N_{IV}	γ_1	—	—	4711,7	—	—	—	—	—
$L_{III} M_{IV}$	α_2	—	5410	5401	[5401]	5403,2	—	—	—
M_V	α_1	5423	5403	5395,0	[5395,0]	[5395,0]	—	[5394,3]	5395,4
$N_{IV,V}$	β_2	—	—	—	4910,0	—	—	[4909,2]	—
Funkenl.	α_3	—	5381	5372,8	—	5379,9	—	5380,0	—
,,	α_4	—	—	—	5371,0	5375,0	—	5374,0	—
,,	α_5	—	—	—	—	5369,8	—	5368,9	—
,,	α_6	—	—	—	5357,1	5360,7	—	5359,8	—
,,	α_7	—	—	—	—	5351,8	—	5351,4	—
,,	β_1'	—	—	—	5151	—	—	5153,5	—
,,	β_1''	—	—	—	5139,1	—	—	5139,9	—
,,	β_2'	—	—	—	4860,4	—	4863,3	4864,9	—
,,	β_2''	—	—	—	4842,4	—	4848,4	4850,8	—
,,	γ_1'	—	—	—	—	—	4663	—	—
,,	$\gamma_{2,3}'$	—	—	—	—	—	4324	—	—

I Moseley [1914: 33].
II Friman [1916: 10]: *d* für Gips = 7,621. III Hjalmar [1921: 46].
IV Coster [1922: 16, 18]; Coster u. Mulder [1926: 39].
V Siegbahn u. Larsson [1924: 116]. VI Druyvesteyn [1928: 32b].
VII F. K. Richtmyer u. R. D. Richtmyer [1929: 136] geben noch folgende Satelliten an: α_8 = 5343,6; α_9 = 5336,6; α_{10} = 5324,0; β_1''' = 5132,5; β_1^{IV} = 5125,2; $\beta_2(b)$ = 4856,1; $\beta_2(c)$ = 4843,0.
VIII A. Larsson [1930]. Bisher nicht publiziert.

Tabelle 94. 41 Niob *L*-Reihe.

λ		I	II	III	IV	V	VI
$L_I M_{II}$	β_4	—	—	—	5330,6	—	—
M_{III}	β_3	—	—	—	5297,1	—	—
N_{II}	γ_2	—	—	—	4646,7	—	—
N_{III}	γ_3	—	—	—		—	—
$L_{II} M_I$	η	—	—	—	6196	—	—
M_{IV}	β_1	5507	5493	5480,3	[5480,3]	—	[5479,6]
N_{IV}	γ_1	—	—	—	5024,8	—	—
$L_{III} M_I$	l	—	—	—	6510	—	—
N_I	β_6	—	—	—	5347,1	—	—
M_{IV}	α_2	—	5731	5718	[5718]	—	—
M_V	α_1	5749	5724	5712,0	[5712,0]	—	[5711,3]
$N_{IV,V}$	β_2	—	5317	5295,8	5226,0	—	—
Funkenl.	α_3	—	5709	5689,3	—	5696	5695,4
,,	α_4	—	—	—	5685,6	5689	5689,6
,,	α_5	—	—	—	—	5685	5684,6
,,	α_6	—	—	—	5671,8	5674	5672,1
,,	α_7	—	—	—	—	5666	5667,0
,,	β_1'	—	—	—	5466	—	5465,7
,,	β_1''	—	—	—	5450,4	—	5451,5
,,	β_2'	—	—	—	5162	5161	—
,,	γ_1'	—	—	—	—	4968	—
,,	$\gamma_{2,3}'$	—	—	—	—	4598	—

I Moseley [1914: 33]. II Friman [1916: 10]: d für Gips = 7,621.
III Hjalmar [1921: 46]. IV Coster [1922: 16, 18]; Coster u. Mulder [1926: 39].
V Druyvesteyn [1928: 32b].
VI F. K. Richtmyer u. R. D. Richtmyer [1929: 136] geben noch folgenden Satellit an: $\alpha_8 = 5661,0$.

Tabelle 95. 40 Zirkon *L*-Reihe.

λ		I	II	III	IV	V	VI
$L_I M_{II}$	β_4	—	—	—	—	5651,7	—
M_{III}	β_3	—	—	—	—	5618,6	—
N_{II}	γ_2	—	—	—	—	4940,8	—
N_{III}	γ_3	—	—	—	—		
$L_{II} M_I$	η	—	—	—	—	6593,9	—
N_I	γ_5	—	—	—	—	5481,8	—
M_{IV}	β_1	—	5819	5823,6	—	[5823,6]	—
N_{IV}	γ_1	—	5356	—	—	5373,8	—
$L_{III} M_I$	l	—	—	—	—	6899	—
N_I	β_6	—	—	—	—	5692,7	—
M_{IV}	α_2	6091	6050	6056,7	[6056,7]	[6056,7]	[6055,9]
M_V	α_1						
$N_{IV,V}$	β_2	—	—	—	—	5574,2	[5573,4]

Tabelle 95 (Fortsetzung).

λ		I	II	III	IV	V	VI
Funkenl.	α_3	—	6024	6028,0	6039,7	—	6038,5
„	α_4	—	—	—	6034,6	6029,9	6032,5
„	α_5	—	—	—	6027,8	—	6026,5
„	α_6	—	—	—	6017,6	6014,0	6015,9
„	α_7	—	—	—	6008,2	—	6008,4
„	β_1'	—	—	—	—	5808	—
„	β_1''	—	—	—	—	5794,1	—
„	$\gamma_{2,3}'$	—	—	—	—	4896	—

I Moseley [1914: 33]. II Friman [1916: 10].
III Hjalmar [1921: 46]. IV Siegbahn [1923]. Bisher nicht publiziert.
V Coster [1922: 16, 18].
Coster u. Mulder [1926: 39] $\gamma_{2,3}'$ aus Druyvesteyn [1928: 32b].
VI F. K. Richtmyer u. R. D. Richtmyer [1929: 136] geben noch folgende Satelliten an: $\beta_2' = 5520{,}2$; $\beta_2(b) = 5514{,}2$; $\beta_2'' = 5504{,}8$.

Tabelle 96. 39 Yttrium L-Reihe.

λ		I	II	III	IV
$L_I M_{II}$	β_4	—	—	6007,7	—
M_{III}	β_3	—	—	5974,1	—
N_{II}	γ_2	—	—	5270,3	—
N_{III}	γ_3	—	—		—
$L_{II} M_I$	η	—	—	7031,0	—
M_{IV}	β_1	6193	6199,2	6203,9	—
$L_{III} N_I$	β_6	—	—	6085,7	—
M_{IV}	α_2	6428	6435,7	6435,7	[6435,7]
M_V	α_1				
Funkenl.	α_3	6405	6407,3	—	6416,2
„	α_4	—	—	—	6410,8
„	α_5	—	—	—	6405,4
„	α_6	—	—	—	6394,2
„	α_7	—	—	—	6386,4

I Friman [1916: 10]. II Hjalmar [1921: 46].
III Coster [1922: 16, 18]; Coster u. Mulder [1926: 39].
IV Siegbahn [1923]. Bisher nicht publiziert.

Tabelle 97. 38 Strontium L-Reihe.

λ		I	II	III	IV
$L_I M_{II}$	β_4	—	—	6391,8	—
M_{III}	β_3	—	—	6358,2	—
N_{II}	γ_2	—	—	5637,4	—
N_{III}	γ_3	—	—		—
$L_{II} M_I$	η	—	—	7506	—
N_I	γ_5	—	—	6279,6	—
M_{IV}	β_1	6602	6610,0	6610,0	—

Tabelle 97 (Fortsetzung).

λ		I	II	III	IV
$L_{III}M_I$	l	—	—	7822	—
N_I	β_6	—	—	6508,1	—
M_{IV}	α_2	6841	6848,6	6848,6	[6847,8]
M_V	α_1				
Funkenl.	α_3	—	6819,1	—	6827,3
,,	α_4	—	—	—	6821,4
,,	α_6	—	—	6798,1	6800,7
,,	β_1'	—	—	6591	—
,,	β_1''	—	—	6574,2	—

I Friman [1916: 10]. II Hjalmar [1921: 46].
III Coster [1922: 16, 18]; Coster u. Mulder [1926: 39].
IV F. K. Richtmyer u. R. D. Richtmyer [1929: 36] geben noch folgende Satelliten an: $\alpha_5 = 6814{,}3$; $\alpha_7 = 6793{,}1$.

Tabelle 98. 37 Rubidium *L*-Reihe.

λ		I	II	III	IV
L_IM_{II}	β_4	—	—	6800,9	—
M_{III}	β_3	—	—	6769,4	—
N_{II}	γ_2	—	—	6036,0	—
N_{III}	γ_3	—	—		
$L_{II}M_{IV}$	β_2	7052	7061,3	—	—
$L_{III}N_I$	β_6	—	—	6968,1	—
M_{IV}	α_2	7295	7303,6	—	[7302,7]
M_V	α_1			—	
Funkenl.	α_3	7265	7273,6	—	7280,8

I Friman [1916: 10]. II Hjalmar [1921: 46].
III Coster [1922: 16, 18]; Coster u. Mulder [1926: 39].
IV F. K. Richtmyer u. R. D. Richtmyer [1929: 136] geben noch folgende Satelliten an: $\alpha_4 = 7274{,}1$; $\alpha_5 = 7263{,}0$; $\alpha_6 = 7752{,}0$; $\alpha_7 = 7241{,}4$.

Tabelle 99. *L*-Reihe.

λ		35 Brom			34 Selen	
		I	II	III	II	III
$L_{II}M_I$	η	—	—	9235	—	9939
M_{IV}	β_1	8096	8109	[8109]	8718	[8718]
$L_{III}M_I$	l	—	—	9564	—	10272
$M_{IV,V}$	$\alpha_{1,2}$	8345	8358	[8358]	8972	[8972]
Funkenl.	α'	8314	8327	[8327]	8940	[8940]
,,	α''	—	—	8298	—	8904
,,	β'	—	—	8087	—	8699
,,	β''	—	—	8066	—	8672

I Friman [1916: 10]. II Hjalmar [1921: 46]. III Thoraeus [1926: 198].

Tabelle 100. L-Reihe.

λ		33 Arsen			32 Germanium	
		I	II	III	II	III
$L_I M_{II,III}$	$\beta_{3,4}$	—	—	8912	—	—
$L_{II} M_I$	η	—	—	10711	—	11587
M_{IV}	β_1	9397	9395	[9395]	—	10153
$L_{III} M_I$	l	—	—	11048	—	11922
$M_{IV,V}$	$\alpha_{1,2}$	9648	9652	[9652]	10415	[10415]
Funkenl.	α'	—	9619	9617	—	10379
„	α''	—	—	9582	—	10342
„	β'	—	—	9373	—	10132
„	β''	—	—	9347	—	10103

I Friman [1916: 10].
II Hjalmar [1921: 46].
III Thoraeus [1926: 198].

Tabelle 101. L-Reihe in Å.E.

λ		31 Gallium	30 Zink				29 Kupfer		
		IV	I	II	III	V	II	III[1]	V[1]
$L_I M_{II,III}$	$\beta_{3,4}$	—	—	—	11,16	11,163	—	12,10	12,07
$L_{II} M_I$	η	12,56	—	—	13,61	13,61	—	14,83	14,87
M_{IV}	β_1	11,01	—	11,95	11,96	11,960	—	13,03	13,027
$L_{III} M_I$	l	12,89	—	—	13,95	13,97	—	15,19	15,26
$M_{IV,V}$	$\alpha_{1,2}$	11,27	12,28	12,22	12,23	12,229	13,31	[13,31]	13,306
Funkenl.	α'	11,24 11,22	— —	— —	12,19	12,190	—	13,24	13,23
„	α''	11,20	—	—	12,15	12,148	—	13,17	13,19
„	β'	10,99	—	—	11,94	11,936	—	12,99	12,96
„	β''	10,95	—	—	11,90	11,880	—	12,96	12,90

I Friman [1916: 10].
II Hjalmar [1921: 46].
III Siegbahn u. Thoraeus [1924: 118]; Thoraeus [1926: 198].
IV van der Tuuk [1927: 149].
V Karlsson [1930: 100].

[1] Die Linie $\lambda = 13{,}24$; $13{,}23$ ist wahrscheinlich α''; die Linie 13,17; 13,19 vermutlich eine fremde Linie, siehe van der Tuuk [1927: 149].

Tabelle 102. *L*-

λ		28 Nickel			27 Kobalt	
		I	II	III	I	III
$L_I M_{II,III}$	$\beta_{3,4}$	13,14	—	13,12	—	14,24
$L_{II} M_I$	η	16,17	—	16,28	17,77	17,86
M_{IV}	β_1	14,24	—	14,25	15,62	15,63
$L_{III} M_I$	l	16,55	—	16,66	18,20	18,25
$M_{IV,V}$	$\alpha_{1,2}$	14,53	14,572	14,53	15,94	15,93
Funkenl.	α'	—	—	14,45	—	—
,,	α''	—	—	14,42	—	—
,,	β'	—	—	14,17	—	—
,,	β''	—	—	14,14	—	—

I Siegbahn u. Thoraeus [1924: 118]; Thoraeus [1926: 198].
II Shearer [1927: 137] mit Zuckerkrystall als Gitter.
III Karlsson [1930: 100].

Tabelle 103.
Zusammenstellung der Diagrammlinien der *L*-Reihe. λ-Werte.

λ		92 U	91 Pa	90 Th	83 Bi	82 Pb	81 Tl	80 Hg	79 Au
$L_I M_{II}$	β_4	746,4	768,3	*791,92	975,01	1005,63	1036,99	1069,2	1104,22
M_{III}	β_3	708,79	730,7	753,24	936,66	967,21	998,50	1030,46	1065,50
N_{II}	γ_2	603,86	622,6	640,79	794,00	819,17	845,71	*872,4	902,48
N_{III}	γ_3	597,11	615,6	634,13	789,46	812,93	839,34	866,2	895,81
O_{II}	γ_4'	575,3	592,5	611,2	760,5	784,3	810,1	836,1	865,5
O_{III}	γ_4	573,6		609,5	759,3				
$P_{II,III}$	γ_{13}	568,9	—	604,6	755,3	—	—	—	—
$L_{II} M_I$	η	803,5	827,8	852,8	1056,5	1090,0	1125,4	1161,6	1200,3
N_I	γ_5	634,2	653,6	673,4	837,7	864,7	892,9	922,9	953,6
O_I	γ_8	600,0	—	637,4	—	822,0	849,0	—	907,9
M_{IV}	β_1	718,51	740,7	763,56	950,02	*980,83	1012,99	1046,52	1081,28
N_{IV}	γ_1	613,59	632,5	651,76	811,43	838,01	865,71	894,6	924,61
O_{IV}	γ_6	593,4	612,0	631,13	788,74	815,14	842,28	*872,4	901,0
$L_{III} M_I$	l	1064,9	1088,5	1112,8	1313,7	1347,4	1381,9	1418,41	1456,9
N_I	β_6	786,79	806,2	826,46	991,31	1019,06	1047,48	1076,8	1108,63
O_I	β_7	734,6	753,0	772,8	933,0	960,3	988,0	1015,5	1049,8
M_{IV}	α_2	920,62	942,7	965,85	1153,01	1184,08	1216,26	1249,51	1285,02
M_V	α_1	908,74	930,9	954,05	1141,50	1172,58	1204,93	1238,63	1273,77
N_{IV}	β_{15}	755,14	—	793,94	955,08	*980,83	1010,0	—	1069,9
N_V	β_2	753,07	772,1	*791,92	953,24	*980,83	1008,22	1037,70	1068,01
$O_{IV,V}$	β_5	724,85	743,7	Th $L\beta_1$	923,65	950,77	978,49	1006,7	1038,0
$L_I M_{IV}$	β_{10}	686,4	707,3	728,6	903,5	932,3	961,6	993,6	1026,0
M_V	β_9	679,5	700,3	721,8	896,00	925,1	954,5	984,2	1018,8
$L_{III} M_{II}$	t	1032,9	—	1078,5	—	1305,0	—	—	—
M_{III}	s	961,42	—	1009	1209,1	W β_2	—	—	—
$N_{VI,VII}$	β_7'	739,3	—	775,2	933,0	959,5	987,0	—	1045,2

Reihe in Å.E.

26 Eisen		25 Mangan		24 Chrom		23 Vanadium	
I	III	I	III	I	III	I	III
15,61	15,71	—	17,54	—	19,39	—	—
19,65	19,76	—	—	—	23,28	—	—
17,22	17,23	19,04	19,04	21,19	21,19	—	—
20,12	20,09	—	—	—	23,84	—	—
17,58	17,57	19,39	19,40	21,53	21,53	24,2	24,2
—	—	—	—	—	—	—	—
—	—	—	—	—	—	—	—
—	—	—	—	—	—	—	—
—	—	—	—	—	—	—	—

Tabelle 103.
Zusammenstellung der Diagrammlinien der L-Reihe. λ-Werte.

λ		78 Pt	77 Ir	76 Os	75 Re	74 W	73 Ta	72 Hf
$L_I M_{II}$	β_4	1139,86	1177,15	—	1256,3	1298,79	1343,07	1389,3
M_{III}	β_3	1101,65	1138,47	—	1217,6	1259,92	1304,09	1349,7
N_{II}	γ_2	932,33	963,32	—	1029,9	1065,88	1103,0	1141,3
N_{III}	γ_3	925,99	957,13	—	1023,6	1059,87	1097,08	1135,6
O_{II} O_{III}	γ_4' γ_4	895,2	925,7	—	991,0	1025,8	1062,7	1100,1
$L_{II} M_I$	η	1240,3	1281,7	—	1370,6	1418,1	1467,9	1519,7
N_I	γ_5	985,7	1019,5	—	1091,2	1129,8	1170,8	1212,1
O_I	γ_8	938,6	971,9	—	—	1079,1	—	—
M_{IV}	β_1	1117,58	1155,40	1194,90	1236,03	1279,17	1324,23	*1371,1
N_{IV}	γ_1	955,99	988,76	1022,96	1058,7	1096,30	1135,58	1176,5
O_{IV}	γ_6	932,3	964,9	—	1034,4	1072,1	1111,5	—
$L_{III} M_I$	l	1496,4	Cu $K\alpha_{3,4}$	—	1627,3	1675,0	1724,9	1777,4
N_I	β_6	1141,00	1175,45	—	1248,1	1287,0	1328,4	*1371,1
O_I	β_7	1079,4	1112,6	—	1183,3	1221,7	1261,3	1303,5
M_{IV}	α_2	1321,55	1359,8	1398,66	1441,0	1484,38	1529,78	1577,04
M_V	α_1	1310,33	1348,47	1388,59	1429,97	1473,36	1518,85	1566,07
N_{IV}	β_{15}	Pt $L\beta_3$	1134,8	—	1205,7	1243,9	—	—
N_V	β_2	1099,74	1132,97	1168,84	1204,1	1242,03	1281,90	1323,5
$O_{IV,V}$	β_5	1070,21	1103,57	—	1174,7	1212,9	1253,2	*1296,7
$L_I M_{IV}$	β_{10}	—	1094,8	—	1169,8	1209,6	1251,4	*1296,7
M_V	β_9	1052,4	1087,4	—	1162,4	1202,3	1244,4	1287,0
$L_{III} N_{VI,VII}$	β_7'	1076,9	1109,1	—	—	1216,1	—	—

Tabelle 103.
Zusammenstellung der Diagrammlinien der L-Reihe. λ-Werte.

λ		71 Cp	70 Ad	69 Tm	68 Er	67 Ho	66 Dy	65 Tb
$L_I M_{II}$	β_4	1437,2	1488,2	1541,2	1596,4	1655,3	1716,7	1781,4
M_{III}	β_3	1398,2	1449,4	1502,3	1557,9	1616,0	*1677,7	1742,5
N_{II}	γ_2	1183,2	1225,6	1271,2	1318,4	1367,7	1420,3	1473,8
N_{III}	γ_3	1177,5	1219,8	1265,3	1311,8	1361,3	1413,9	1468,3
O_{II} O_{III}	γ_4' γ_4	1141,1	1182,0	1226,4	1273,2	1319,7	1371,4	1423,9
$L_{II} M_I$	η	1573,8	1631	1692,3	1754,8	1822,0	1892,2	—
N_I	γ_5	1256	1303,0	1352,3	1403	1459	1515,2	1574,2
O_I	γ_8	1202	1248,3	—	—	—	—	—
M_{IV}	β_1	1420,7	1472,5	1526,8	1583,4	1643,5	1706,6	1772,7
N_{IV}	γ_1	1220,3	1264,8	1312,7	1362,3	1414,2	1469,7	1526,6
O_{IV}	γ_6	1196,9	1240,5	—	—	—	—	—
$L_{III} M_I$	l	1831,8	1890	1951,1	2015,1	2082,1	2154,0	2229,0
N_I	β_6	1414,3	1462,7	1511,5	1563,6	1618,8	*1677,7	1737,5
O_I	β_7	1345,9	—	—	1489,2	—	1595,7	1655,8
M_{IV}	α_2	1626,36	1678,9	1733,9	1791,4	1852,1	1915,6	1982,3
M_V	α_1	1615,51	1667,8	1722,8	1780,4	1841,0	1904,6	1971,5
N_V	β_2	1367,2	1412,8	1460,2	1510,6	1563,7	1619,8	1679,0
$O_{IV,V}$	β_5	1339,8	—	—	—	—	—	—
$L_I M_{IV}$	β_{10}	1339,8	—	—	—	—	—	1664
M_V	β_9	1333,0	—	—	1482,3	—	—	—

Tabelle 103.
Zusammenstellung der Diagrammlinien der L-Reihe. λ-Werte.

λ		64 Gd	63 Eu	62 Sa	60 Nd	59 Pr	58 Ce	57 La
$L_I M_{II}$	β_4	1849,3	1922,1	1996,4	*2162,2	2250,1	2344,2	2443,8
M_{III}	β_3	1810,9	1882,7	1958,0	2122,2	2212,4	2305,9	2405,3
N_{II}	γ_2	1531,0	1593,9	1655,9	1797,4	1875,0	1955,9	2041,6
N_{III}	γ_3	1525,9	1587,7	1651,7	1792,5	1869,9	1950,9	2036,6
$O_{II,III}$	γ_4	1481,8	1540,7	1603,3	1740,8	1815,3	1895,2	1978,7
$L_{II} M_I$	η	—	—	2214	2404,2	2507	2614,7	2734
N_I	γ_5	1637,6	1705	1775,1	1931,3	2016,1	2105,6	2200,8
O_I	γ_8	—	1629	—	—	1932,2	2019	—
M_{IV}	β_1	1842,5	1916,3	1993,6	*2162,2	2253,9	2351,0	2453,3
N_{IV}	γ_1	1588,6	1654,3	1723,1	1873,8	1956,8	2044,3	2137,2
$L_{III} M_I$	l	2307,1	2390,3	2477	2670,3	2778,1	2885,7	3000
N_I	β_6	1803,1	1870,5	1942,2	2099,3	2185,9	2276,9	2373,9
O_I	β_7	1719,6	1784	1852,3	2004,3	2087,4	2176,3	2270
M_{IV}	α_2	2052,6	2127,3	2205,7	2375,6	2467,6	2565,1	2668,9
M_V	α_1	2041,9	2116,3	2195,0	2365,3	2457,7	2556,0	2659,7
N_{IV}	β_{15}	—	—	—	—	—	—	—
N_V	β_2	1741,9	1808,2	1878,1	2031,4	2114,8	2204,1	2298,0
$L_I M_{IV}$	β_{10}	1728,1	1796	1865,7	2019,3	2102,5	2191,6	2285
M_V	β_9	—	1788	1858,1	2011,7	2095,8	2184,0	2277

Tabelle 103.
Zusammenstellung der Diagrammlinien der L-Reihe. λ-Werte.

λ		56 Ba	55 Cs	53 J	52 Te	51 Sb	50 Sn	49 In
$L_I M_{II}$	β_4	2549,8	2660,5	2905,9	3040,0	3184,3	3336,3	3499,0
M_{III}	β_3	2511,0	2622,9	2868,2	3001,3	3145,1	3298,9	3461,9
N_{II}	γ_2	2134,0	2232,2	2442,1	2564,9	2695,3	2830,1	2973,6
N_{III}	γ_3	2129,5	2227,0					
$O_{II,III}$	γ_4	2071,5	2169,1	2386,2	2505,7	2633,6	2771,3	2919,1
$L_{II} M_I$	η	2857,1	2983,3	—	—	3599,6	3781,8	3976,1
N_I	γ_5	2302,3	2411,1	—	2783,1	2925,6	3077,4	3241,8
O_I	γ_8	2218	—	—	—	—	—	—
M_{IV}	β_1	2562,2	2677,8	2930,9	3070,0	3218,4	3377,9	3547,8
N_{IV}	γ_1	2236,6	2342,5	2577,5	2706,5	2845,1	2994,9	3155,3
$L_{III} M_I$	l	3128,7	3259,6	3549,7	3710,1	3880,3	4063,3	4259,3
N_I	β_6	2477,2	2587,5	2830,5	2964,4	3107,8	3262,2	3428,0
O_I	β_7	2375,6	2480	—	—	—	3149	—
M_{IV}	α_2	2779,0	2895,6	3150,9	3291,0	3440,8	3601,1	3772,4
M_V	α_1	2769,6	2886,1	3141,7	3282,0	3431,8	3592,2	3763,7
N_V	β_2	2399,3	2506,4	2746,1	2876,1	3016,6	3167,9	3331,2
$L_I M_{IV}$	β_{10}	—	—	—	—	2972,5	3114,4	3265,8
M_V	β_9	2371,2*	2473	—	—	2965,8	3108,1	3259,8

Tabelle 103.
Zusammenstellung der Diagrammlinien der L-Reihe. λ-Werte.

λ		48 Cd	47 Ag	46 Pd	45 Rh	44 Ru	42 Mo	41 Nb	40 Zr	39 Y
$L_I M_{II}$	β_4	3674,3	3861,1	4062,3	4280,2	4512,6	5041,0	5330,6	5651,7	6007,7
M_{III}	β_3	3636,4	3824,5	4025,7	4244,7	*4476,4	5004,7	5297,1	5618,6	5974,1
N_{II}	γ_2	3131,6	3299,8	3480,9	3681,5	3887,9	4369,5	4646,7	4940,8	5270,3
N_{III}	γ_3									
$L_{II} M_I$	η	4187,5	4410,1	4650,2	4911,2	—	5836	6196	6593,9	7031,0
N_I	γ_5	3418,1	3607,3	3811,6	4035,2	4276,6	4831,2	—	5481,8	—
M_{IV}	β_1	3730,1	3926,6	4137,3	4364,0	4611,0	5166,5	5480,3	5823,6	6203,9
N_{IV}	γ_1	3328,0	3514,9	3716,4	3935,7	4172,8	—	5024,8	5373,8	—
$L_{III} M_I$	l	4471,3	4697,6	4939,6	5207,0	5486,4	—	6510	6899	—
N_I	β_6	3607,3	3798,6	4007,0	4232,8	*4476,4	—	5347,1	5692,7	6085,7
M_{IV}	α_2	3956,4	4153,8	4366,6	4595,6	4843,7	5401	5718	6056,7	6435,7
M_V	α_1	3947,8	4145,6	4358,5	4587,8	4835,7	5395,0	5712,0		
$N_{IV,V}$	β_2	3506,4	3693,8	3900,7	4122,1	4361,9	4910,0	5226,0	5574,2	—
$L_I M_{IV}$	β_{10}	—	3630	—	—	—	—	—	—	—
M_V	β_9	—	3620	—	—	—	—	—	—	—

Tabelle 103.
Zusammenstellung der Diagrammlinien der L-Reihe. λ-Werte.

λ		38 Sr	37 Rb	35 Br	34 Se	33 As	32 Ge	31 Ga
$L_I M_{II}$	β_4	6391,8	6800,9	—	—	8912	—	—
M_{III}	β_3	6358,2	6769,4	—	—		—	—
N_{II}	γ_2	5637,4	6036,0	—	—	—	—	—
N_{III}	γ_3			—	—	—	—	—
$L_{II} M_I$	η	7506	—	9235	9939	10711	11587	12,56
N_I	γ_5	6279,6	—	—	—	—	—	—
M_{IV}	β_1	6610,0	—	8109	8718	9395	10153	11,01
$L_{III} M_I$	l	7822	—	9564	10272	11048	11922	12,89
N_I	β_6	6508,1	6968,1	—	—	—	—	—
M_{IV}	α_2	6848,6	—	8358	8972	9652	10415	11,27
M_V	α_1							

Tabelle 103.
Zusammenstellung der Diagrammlinien der L-Reihe. λ-Werte in Å.E.

λ		30 Zn	29 Cu	28 Ni	27 Co	26 Fe	25 Mn	24 Cr	23 V
$L_I M_{II,III}$	$\beta_{3,4}$	11,16	12,10	13,14	—	15,61	—	—	—
$L_{II} M_I$	η	13,61	14,83	16,17	17,77	19,65	—	—	—
M_{IV}	β_1	11,96	13,03	14,24	15,62	17,22	19,04	21,19	—
$L_{III} M_I$	l	13,95	15,19	16,55	18,20	20,12	—	—	—
$M_{IV,V}$	$\alpha_{1,2}$	12,23	13,306	14,53	15,94	17,58	19,39	21,53	24,2

Für die Tabellen 103 bis 105 wurden folgende Messungen benutzt:

92 Friman u. Idei.
91 Beuthe u. v. Grosse.
90—81 Friman u. Idei.
80 Friman, Eddy u. Turner.
79—77 Friman u. Idei.
76 Lang.
75 Wennerlöf u. Beuthe.
74 Friman u. Idei.
73 Wennerlöf u. Idei.
72 Hjalmar, Coster u. Nishina.
71—70 Hjalmar, Coster u. Dauvillier.
69 Coster.
68—56 Hjalmar u. Coster.
55 Hjalmar, Coster u. Nishina.
53 Hjalmar u. Nishina.
52—47 Hjalmar u. Coster.
46 Coster.
45—42 Hjalmar u. Coster.
41—37 Hjalmar, Coster u. Mulder.
35—32 Hjalmar u. Thoraeus.
31 van der Tuuk.
30—23 Siegbahn u. Thoraeus.

Tabelle 104.
Zusammenstellung der Diagrammlinien der L-Reihe. ν/R-Werte.

ν/R		92 U	91 Pa	90 Th	83 Bi	82 Pb	81 Tl	80 Hg	79 Au
$L_I M_{II}$	β_4	1220,85	1186,1	*1150,71	934,63	906,17	878,77	852,29	825,26
M_{III}	β_3	1285,70	1247,0	1209,80	972,89	942,16	912,63	884,33	855,25
N_{II}	γ_2	1509,07	1463,7	1422,11	1147,70	1112,42	1077,52	*1044,55	1009,74
N_{III}	γ_3	1526,15	1480,3	1437,05	1157,22	1120,97	1085,70	1052,03	1017,26
$O_{II,III}$	γ_4	1584,28 1588,67	1538,0	1490,93 1495,03	1198,20 1200,20	1161,92	1124,94	1089,91	1052,95
$P_{II,III}$	γ_{13}	1601,78	—	1507,15	1206,52	—	—	—	—

[1] In Å.E.

Tabelle 104 (Fortsetzung).

ν/R		92 U	91 Pa	90 Th	83 Bi	82 Pb	81 Tl	80 Hg	79 Au
$L_{II}M_I$	η	1134,19	1100,8	1068,59	862,56	836,03	809,76	784,50	759,20
N_I	γ_5	1436,84	1394,3	1353,18	1087,84	1053,92	1020,55	987,40	955,58
O_I	γ_8	1519,54	—	1429,67	—	1108,63	1073,41	—	1003,74
M_{IV}	β_1	1268,28	1230,2	1193,45	959,22	*929,08	899,59	870,76	842,77
N_{IV}	γ_1	1485,15	1440,8	1398,16	1123,04	1087,42	1052,62	1018,63	985,57
O_{IV}	γ_6	1535,64	1489,0	1443,86	1155,34	1117,94	1081,91	*1044,55	1011,41
$L_{III}M_I$	l	855,72	837,20	818,93	693,67	676,31	659,41	642,46	625,50
N_I	β_6	1158,21	1130,4	1102,62	919,26	894,22	869,97	846,27	821,98
O_I	β_7	1240,51	1210,2	1179,22	976,70	948,99	922,39	897,36	869,69
M_{IV}	α_2	989,85	966,60	943,49	790,34	769,60	749,24	729,30	709,15
M_V	α_1	1002,78	978,90	955,16	798,31	777,15	756,29	735,71	715,41
N_{IV}	β_{15}	1206,76	—	1147,78	954,13	*929,08	902,26	—	851,87
N_V	β_2	1210,07	1180,3	*1150,71	955,97	*929,08	903,84	878,16	853,24
$O_{IV,V}$	β_5	1257,18	1225,3	Th $L\beta_1$	986,59	958,45	931,30	905,21	877,65
L_IM_{IV}	β_{10}	1327,69	1288,4	1250,72	1008,62	977,51	947,66	917,14	888,22
M_V	β_9	1341,13	1301,3	1262,46	1017,04	985,01	954,71	925,90	894,44
$L_{III}M_{II}$	t	882,29	—	844,92	—	698,32	—	—	—
M_{III}	s	947,84	—	903,11	753,70	W β_2	—	—	—
$N_{VI,VII}$	β_7'	1235,94	—	1175,47	976,70	949,76	923,30	—	871,89

Tabelle 104.

Zusammenstellung der Diagrammlinien der L-Reihe. ν/R-Werte.

ν/R		78 Pt	77 Ir	76 Os	75 Re	74 W	73 Ta	72 Hf
L_IM_{II}	β_4	799,46	774,13	—	725,36	701,63	678,498	655,91
M_{III}	β_3	827,19	800,44	—	748,41	723,27	698,778	675,20
N_{II}	γ_2	977,42	945,97	—	884,82	854,94	626,17	798,46
N_{III}	γ_3	984,10	952,09	—	890,26	859,80	830,632	802,48
$O_{II,III}$	γ_4	1017,97	984,47	—	919,55	888,35	857,50	827,68
$L_{II}M_I$	η	734,71	711,00	—	664,87	642,60	620,80	599,66
N_I	γ_5	924,51	893,88	—	835,11	806,57	778,33	751,80
O_I	γ_8	970,92	937,60	—	—	844,45	—	—
M_{IV}	β_1	815,40	788,70	762,63	737,255	712,39	688,151	*664,60
N_{IV}	γ_1	953,22	921,63	890,81	860,74	831,22	802,471	774,55
O_{IV}	γ_6	977,42	944,42	—	880,96	849,98	819,86	—
$L_{III}M_I$	l	608,97	Cu $K\alpha_{3,4}$	—	559,99	544,05	—	512,70
N_I	β_6	798,66	775,25	—	730,12	708,06	685,99	*664,60
O_I	β_7	844,23	819,08	—	770,11	745,93	722,48	699,08
M_{IV}	α_2	689,55	670,17	651,53	632,39	613,90	595,687	577,84
M_V	α_1	695,45	675,78	656,25	637,265	618,50	599,97	581,89
N_{IV}	β_{15}	Pt $L\beta_3$	803,03	—	755,80	732,61	—	—
N_V	β_2	828,63	804,32	779,64	756,81	733,70	710,874	688,51
$O_{IV,V}$	β_5	851,48	825,75	—	775,75	751,32	727,15	*702,76
L_IM_{IV}	β_{10}	—	832,38	—	779,00	753,38	728,20	*702,76
M_V	β_9	865,87	838,00	—	783,96	757,96	732,30	708,05
$L_{III}N_{VI,VII}$	β_7'	846,22	821,60	—	—	749,34	—	—

Tabelle 104.

Zusammenstellung der Diagrammlinien der L-Reihe. ν/R-Werte.

ν/R		71 Cp	70 Ad	69 Tu	68 Er	67 Ho	66 Dy	65 Tb
$L_I M_{II}$	β_4	634,06	612,33	591,26	570,83	550,52	530,83	511,55
M_{III}	β_3	651,75	628,72	606,60	584,93	563,90	543,17	522,97
N_{II}	γ_2	770,17	743,53	716,83	691,19	666,28	641,60	618,31
N_{III}	γ_3	773,90	747,07	720,22	694,67	669,41	644,51	620,63
$O_{II,III}$	γ_4	798,59	770,96	743,03	715,73	690,5	664,48	639,98
$L_{II} M_I$	η	579,01	558,72	538,49	519,30	500,15	481,59	—
N_I	γ_5	725,5	699,3	673,88	649,52	624,59	601,42	578,88
O_I	γ_8	758,13	730,01	—	—	—	—	—
M_{IV}	β_1	641,42	618,86	596,84	575,50	554,46	533,94	514,06
N_{IV}	γ_1	746,76	720,49	694,23	668,92	644,37	620,04	596,93
O_{IV}	γ_6	761,36	734,60	—	—	—	—	—
$L_{III} M_I$	l	497,47	482,15	467,05	452,22	437,67	423,06	408,82
N_I	β_6	644,33	623,01	602,90	582,80	562,93	543,17	524,47
O_I	β_7	677,07	—	—	611,92	—	571,08	550,35
M_{IV}	α_2	560,31	542,78	525,57	508,69	492,03	475,70	459,70
M_V	α_1	564,08	546,39	528,93	511,83	494,99	478,46	462,22
$N_{IV,V}$	β_2	666,52	645,01	624,10	603,25	582,77	562,58	542,75
$O_{IV,V}$	β_5	680,15	—	—	—	—	—	—
$L_I M_{IV}$	β_{10}	680,15	—	—	—	—	—	547,6
M_V	β_9	683,62	—	—	614,77	—	—	—

Tabelle 104.

Zusammenstellung der Diagrammlinien der L-Reihe. ν/R-Werte.

ν/R		64 Gd	63 Eu	62 Sm	60 Nd	59 Pr	58 Ce	57 La
$L_I M_{II}$	β_4	492,76	474,10	456,46	421,44	404,99	388,73	372,89
M_{III}	β_3	503,21	484,02	465,41	429,40	411,89	395,19	378,86
N_{II}	γ_2	595,21	571,72	550,32	506,99	486,01	465,91	446,35
N_{III}	γ_3	597,20	573,96	551,72	508,38	487,34	467,10	447,45
$O_{II,III}$	γ_4	614,98	591,5	568,37	523,48	501,99	480,83	460,54
$L_{II} M_I$	η	—	—	411,59	379,03	363,49	348,52	333,3
N_I	γ_5	556,47	534,4	513,36	471,84	452,00	432,78	414,06
O_I	γ_8	—	559,4	—	—	471,62	451,3	—
M_{IV}	β_1	494,59	475,53	457,10	421,45	404,31	387,61	371,45
N_{IV}	γ_1	573,62	550,85	528,86	486,31	465,69	445,75	426,38
$L_{III} M_I$	l	394,99	381,24	367,89	341,26	328,02	315,79	303,77
N_I	β_6	505,39	487,18	469,19	434,08	416,89	400,22	383,87
O_I	β_7	529,93	510,8	491,97	454,66	436,56	418,72	401,4
M_{IV}	α_2	443,95	428,36	413,15	383,59	369,29	355,26	341,44
M_V	α_1	446,28	430,59	415,16	385,26	370,78	356,52	342,62
$N_{IV,V}$	β_2	523,15	503,97	485,21	448,59	430,90	413,44	396,55
$L_I M_{IV}$	β_{10}	527,32	507,3	488,43	451,28	433,42	415,80	398,8
M_V	β_9	—	509,6	490,43	452,99	434,81	417,25	400,21

Tabelle 104.

Zusammenstellung der Diagrammlinien der L-Reihe. ν/R-Werte.

ν/R		56 Ba	55 Cs	53 J	52 Te	51 Sb	50 Sn	49 In
$L_I M_{II}$	β_4	357,39	342,52	313,59	299,76	286,18	273,14	260,44
M_{III}	β_3	362,91	347,42	317,71	303,63	289,74	276,23	263,22
N_{II}	γ_2	427,02	408,24	373,14	355,26	338,10	321,99	306,45
N_{III}	γ_3	427,93	409,19					
$O_{II,III}$	γ_4	439,91	420,11	381,89	363,68	346,02	328,82	312,17
$L_{II} M_I$	η	318,95	305,46	—	—	253,16	240,96	229,19
N_I	γ_5	395,81	377,95	—	327,43	311,48	296,12	281,10
O_I	γ_8	410,8	—	—	—	—	—	—
M_{IV}	β_1	355,65	340,30	310,91	296,83	283,15	269,77	256,85
N_{IV}	γ_1	407,44	389,01	353,55	336,70	320,30	304,27	288,81
$L_{III} M_I$	l	291,26	279,56	256,72	245,62	234,85	224,27	213,95
N_I	β_6	367,86	352,18	321,95	307,40	293,22	279,34	265,83
O_I	β_7	383,60	367,4	—	—	—	289,3	—
M_{IV}	α_2	327,91	314,71	289,21	276,83	264,85	253,05	241,56
M_V	α_1	329,02	315,74	290,05	277,66	265,54	253,68	242,12
N_V	β_2	379,81	363,58	331,87	316,84	302,09	287,66	273,56
$L_I M_{IV}$	β_{10}	—	—	—	—	306,57	292,60	279,03
M_V	β_9	384,31	368,4	—	—	307,26	293,19	279,55

Tabelle 104.

Zusammenstellung der Diagrammlinien der L-Reihe. ν/R-Werte.

ν/R		48 Cd	47 Ag	46 Pd	45 Rh	44 Ru	42 Mo	41 Nb	40 Zr
$L_I M_{II}$	β_4	248,02	236,01	224,32	212,90	201,94	180,77	170,95	161,24
M_{III}	β_3	250,59	238,27	226,36	214,68	203,57	182,08	172,03	162,19
N_{II}	γ_2	290,99	276,16	261,80	247,53	234,39	208,55	196,11	184,44
N_{III}	γ_3								
$L_{II} M_I$	η	217,62	206,63	195,96	185,55	—	156,15	147,07	138,20
N_I	γ_5	266,60	252,62	239,08	225,83	213,08	188,62	—	166,24
M_{IV}	β_1	244,30	232,07	220,25	208,82	197,63	176,38	166,28	156,48
N_{IV}	γ_1	273,81	259,15	245,19	231,53	218,38	—	181,35	169,58
$L_{III} M_I$	l	203,80	193,99	184,48	175,01	166,10	—	139,98	132,09
N_I	β_6	252,62	239,90	227,42	215,29	203,57	—	170,42	160,08
M_{IV}	α_2	230,32	219,37	208,69	198,29	188,13	168,72	159,37	150,46
M_V	α_1	230,82	219,80	209,07	198,62	188,44	168,91	159,54	
N_V	β_2	259,89	246,69	233,62	221,07	208,92	185,59	174,37	163,48
$L_I M_{IV}$	β_{10}	—	251,05	—	—	—	—	—	—
M_V	β_9	—	251,67	—	—	—	—	—	—

Tabelle 104.

Zusammenstellung der Diagrammlinien der L-Reihe. ν/R-Werte.

ν/R		39 Y	38 Sr	37 Rb	35 Br	34 Se	33 As	32 Ge
$L_I M_{II}$	β_4	151,68	142,57	133,99	—	—	102,25	—
M_{III}	β_3	152,54	143,32	134,62	—	—		—
N_{II}	γ_2	172,91	161,65	150,97	—	—	—	—
N_{III}	γ_3				—	—	—	—
$L_{II} M_I$	η	129,61	121,41	—	98,68	91,69	85,08	78,65
N_I	γ_5	—	145,12	—	—	—	—	—
M_{IV}	β_1	146,89	137,86	—	112,38	104,53	97,00	89,75
$L_{III} M_I$	l	—	116,50	—	95,28	88,71	82,48	76,44
N_I	β_6	149,74	140,02	130,78	—	—	—	—
M_{IV}	α_2	141,60	133,06	—	109,03	101,57	94,41	87,50
M_V	α_1			—				

Tabelle 104.

Zusammenstellung der Diagrammlinien der L-Reihe. ν/R-Werte.

ν/R		31 Ga	30 Zn	29 Cu	28 Ni	27 Co	26 Fe
$L_I M_{II,III}$	$\beta_{3,4}$	—	81,7	75,3	69,36	—	58,4
$L_{II} M_I$	η	72,55	67,0	61,5	56,4	51,3	46,4
M_{IV}	β_1	82,77	76,2	69,94	64,0	58,3	52,9
$L_{III} M_I$	l	70,70	65,3	60,0	55,1	50,1	45,3
$M_{IV,V}$	$\alpha_{1,2}$	80,86	74,51	68,5	62,7	57,2	51,8

Tabelle 104.

Zusammenstellung der Diagrammlinien der L-Reihe. ν/R-Werte.

ν/R		25 Mn	24 Cr	23 V
$L_{II} M_{IV}$	β_1	48,0	43,0	—
$L_{III} M_{IV}$	$\alpha_{1,2}$	47,0	42,3	37,7

Tabelle 105.

Zusammenstellung der Diagrammlinien der L-Reihe. $\sqrt{\nu/R}$-Werte.

$\sqrt{\nu/R}$		92 U	91 Pa	90 Th	83 Bi	82 Pb	81 Tl	80 Hg	79 Au
$L_I M_{II}$	β_4	34,941	34,440	*33,922	30,572	30,103	29,644	*29,194	28,727
M_{III}	β_3	35,857	35,313	34,782	31,191	30,695	30,210	29,738	29,245
N_{II}	γ_2	38,847	38,258	37,711	33,878	33,353	32,826	*32,320	31,776
N_{III}	γ_3	39,066	38,475	37,908	34,018	33,481	32,950	32,435	31,895
$O_{II,III}$	γ_4	39,803	—	38,613	34,615	34,087	33,540	33,014	32,449
		39,858	39,217	38,666	34,644				
$P_{II,III}$	γ_{13}	40,022	—	38,822	34,735	—	—	—	—
$L_{II} M_I$	η	33,678	33,179	32,689	29,369	28,914	28,456	28,090	27,554
N_I	γ_5	37,906	37,340	36,786	32,982	32,464	31,946	31,423	30,913
O_I	γ_8	38,981	—	38,811	—	33,296	—	—	31,682
M_{IV}	β_1	35,613	35,074	34,546	30,971	*30,481	29,993	29,510	29,030
N_{IV}	γ_1	38,538	37,958	37,392	33,512	32,976	32,444	31,916	31,394
O_{IV}	γ_6	39,187	38,588	37,998	33,990	33,436	32,892	*32,320	31,803

Tabelle 105 (Fortsetzung).

$\sqrt{\nu/R}$		92 U	91 Pa	90 Th	83 Bi	82 Pb	81 Tl	80 Hg	79 Au
$L_{III}M_I$	l	29,253	28,935	28,617	26,338	26,006	25,679	25,347	25,010
N_I	β_6	34,033	33,622	33,206	30,319	29,904	29,495	29,091	28,670
O_I	β_7	35,221	34,718	34,340	31,252	30,806	30,371	29,956	29,491
M_{IV}	α_2	31,462	31,091	30,716	28,113	27,742	27,372	27,006	26,630
M_V	α_1	31,667	31,287	30,906	28,254	27,877	27,501	27,124	26,747
N_{IV}	β_{15}	34,738	—	33,879	30,889	*30,481	30,038	—	29,187
N_V	β_2	34,786	34,356	*33,922	30,919	*30,481	30,064	29,634	29,210
$O_{IV,V}$	β_5	35,457	35,004	Th $L\beta_1$	31,410	30,959	30,517	30,087	29,625
L_IM_{IV}	β_{10}	36,438	35,894	35,366	31,759	31,265	30,784	30,284	29,803
M_V	β_9	36,621	36,074	35,531	31,891	31,385	30,898	30,429	29,907
$L_{III}M_{II}$	t	29,703	—	29,067	—	26,426	—	—	—
M_{III}	s	30,787	—	30,052	27,454	W β_2	—	—	—
$N_{VI,VII}$	β_7'	35,156	—	34,285	31,252	30,818	30,386	—	29,528

Tabelle 105.

Zusammenstellung der Diagrammlinien der L-Reihe. $\sqrt{\nu/R}$-Werte.

$\sqrt{\nu/R}$		78 Pt	77 Ir	76 Os	75 Re	74 W	73 Ta	72 Hf
L_IM_{II}	β_4	28,275	27,823	—	26,933	26,488	26,0480	25,611
M_{III}	β_3	28,761	28,292	—	27,357	26,894	26,4344	25,985
N_{II}	γ_2	31,264	30,757	—	29,746	29,239	28,743	28,257
N_{III}	γ_3	31,370	30,856	—	29,837	29,322	28,8207	28,328
$O_{II,III}$	γ_4	31,906	31,376	—	30,324	29,805	29,283	28,769
$L_{II}M_I$	η	27,106	26,665	—	25,785	25,350	24,916	24,488
N_I	γ_5	30,406	29,898	—	28,898	28,400	27,899	27,419
O_I	γ_8	31,160	30,620	—	—	29,060	—	—
M_{IV}	β_1	28,555	28,084	27,616	27,1524	26,691	26,2326	*25,780
N_{IV}	γ_1	30,874	30,358	29,846	29,338	28,831	28,3279	27,831
O_{IV}	γ_6	31,264	30,731	—	29,681	29,154	28,633	—
$L_{III}M_I$	l	24,677	Cu $K\alpha_{3,4}$	—	23,664	23,325	22,985	22,643
N_I	β_6	28,261	27,843	—	27,021	26,609	26,191	*25,780
O_I	β_7	29,056	28,620	—	27,751	27,312	26,879	26,440
M_{IV}	α_2	26,259	25,888	25,525	25,147	24,777	24,4067	24,038
M_V	α_1	26,371	25,996	25,617	25,2441	24,870	24,4944	24,125
N_{IV}	β_{15}	Pt $L\beta_3$	28,338	—	27,492	27,067	—	—
N_V	β_2	28,786	28,360	27,922	27,510	27,087	26,6622	26,238
$O_{IV,V}$	β_5	29,180	28,736	—	27,852	27,410	26,966	*26,510
L_IM_{IV}	β_{10}	—	28,851	—	27,911	27,448	26,985	*26,510
M_V	β_9	29,426	28,948	—	27,999	27,531	27,061	26,609
$L_{III}M_{II}$	t	—	—	—	—	—	—	—
M_{III}	s	—	—	—	—	—	—	—
$N_{VI,VII}$	β_7'	29,090	28,664	—	—	27,374	—	—

Tabelle 105.
Zusammenstellung der Diagrammlinien der L-Reihe. $\sqrt{\nu/R}$-Werte.

$\sqrt{\nu/R}$		71 Cp	70 Ad	69 Tm	68 Er	67 Ho	66 Dy	65 Tb
$L_I M_{II}$	β_4	25,180	24,746	24,316	23,892	23,463	23,039	22,617
M_{III}	β_3	25,529	25,074	24,629	24,186	23,747	23,306	22,868
N_{II}	γ_2	27,752	27,268	26,291	26,291	25,812	25,330	24,866
N_{III}	γ_3	27,819	27,332	26,837	26,357	25,873	25,387	24,913
$O_{II,III}$	γ_4	28,260	27,766	27,259	26,753	26,278	25,778	25,298
$L_{II} M_I$	η	24,062	23,637	23,212	22,789	22,364	21,945	—
N_I	γ_5	26,93	26,446	25,959	25,486	24,992	24,524	24,060
O_I	γ_8	27,534	27,019	—	—	—	—	—
M_{IV}	β_1	25,326	24,877	24,431	23,990	23,547	23,107	22,673
N_{IV}	γ_1	27,327	26,842	26,348	25,863	25,384	24,901	24,433
O_{IV}	γ_6	27,592	27,104	—	—	—	—	—
$L_{III} M_I$	l	22,304	21,957	21,611	21,265	20,921	20,568	20,219
N_I	β_6	25,384	24,960	24,554	24,141	23,727	23,306	22,901
O_I	β_7	26,020	—	—	24,737	—	23,898	23,459
M_{IV}	α_2	23,671	23,297	22,926	22,554	22,182	21,810	21,441
M_V	α_1	23,751	23,375	22,998	22,623	22,249	21,874	21,499
$N_{IV,V}$	β_2	25,817	25,397	24,982	24,561	24,140	23,719	23,297
O_{IV}	β_5	26,080	—	—	—	—	—	—
$L_I M_{IV}$	β_{10}	26,080	—	—	—	—	—	23,40
M_V	β_9	26,146	—	—	24,794	—	—	—

Tabelle 105.
Zusammenstellung der Diagrammlinien der L-Reihe. $\sqrt{\nu/R}$-Werte.

$\sqrt{\nu/R}$		64 Gd	63 Eu	62 Sm	60 Nd	59 Pr	58 Ce	57 La
$L_I M_{II}$	β_4	22,198	21,774	21,365	20,528	20,125	19,716	19,310
M_{III}	β_3	22,433	22,001	21,573	20,698	20,295	19,880	19,464
N_{II}	γ_2	24,397	23,911	23,459	22,516	22,045	21,585	21,127
N_{III}	γ_3	24,438	23,957	23,419	22,547	22,076	21,612	21,152
$O_{II,III}$	γ_4	24,799	24,320	23,841	22,880	22,405	21,928	21,460
$L_{II} M_I$	η	—	—	20,288	19,469	19,065	18,669	18,25
N_I	γ_5	23,590	23,11	22,658	21,722	21,260	20,804	20,349
M_{IV}	β_1	22,238	21,806	21,380	20,529	20,108	19,688	19,273
N_{IV}	γ_1	23,950	23,470	22,997	22,052	21,580	21,113	20,649
$L_{III} M_I$	l	19,878	19,525	19,180	18,473	18,112	17,771	17,429
N_I	β_6	22,481	22,072	21,660	20,835	20,418	20,006	19,593
O_I	β_7	23,021	22,60	22,180	21,323	20,894	20,462	20,03
M_{IV}	α_2	21,070	20,697	20,326	19,586	19,217	18,848	18,478
M_V	α_1	21,125	20,751	20,376	19,628	19,255	18,882	18,510
N_{IV}	β_2	22,872	22,449	22,028	21,180	20,759	20,333	19,914
$L_I M_{IV}$	β_{10}	22,963	22,52	22,101	21,243	20,819	20,391	19,97
M_V	β_9	—	22,57	22,146	21,284	20,852	20,427	20,005

Tabelle 105.
Zusammenstellung der Diagrammlinien der L-Reihe. $\sqrt{\nu/R}$-Werte.

$\sqrt{\nu/R}$		56 Ba	55 Cs	53 J	52 Te	51 Sb	50 Sn	49 In
$L_I M_{II}$	β_4	18,905	18,507	17,708	17,314	16,917	16,527	16,138
M_{III}	β_3	19,051	18,639	17,825	17,425	17,021	16,620	16,224
N_{II}	γ_2	20,665	20,11	19,317	18,848	18,388	17,944	17,506
N_{III}	γ_3	20,686	20,229					
$O_{II,III}$	γ_4	20,974	20,496	19,542	19,071	18,602	18,133	17,669
$L_{II} M_I$	η	17,860	17,477	—	—	15,911	15,523	15,139
N_I	γ_5	19,895	19,441	—	18,095	17,649	17,209	16,766
O_I	γ_8	20,268	—	—	—	—	—	—
M_{IV}	β_1	18,859	18,447	17,633	17,229	16,827	16,425	16,026
N_{IV}	γ_1	20,185	19,723	18,803	18,350	17,897	17,444	16,995
$L_{III} M_I$	l	17,067	16,720	16,225	15,672	15,325	14,976	14,627
N_I	β_6	19,179	18,767	17,943	17,533	17,123	16,713	16,305
O_I	β_7	19,586	19,16	—	—	—	17,01	—
M_{IV}	α_2	18,108	17,740	17,006	16,638	16,274	15,939	15,542
M_V	α_1	18,139	17,769	17,030	16,663	16,296	15,927	15,560
N_V	β_2	18,489	19,068	18,217	17,800	17,381	16,961	16,540
$L_I M_{IV}$	β_{10}	—	—	—	—	17,509	17,105	16,704
M_V	β_9	19,604	19,194	—	—	17,529	17,123	16,720

Tabelle 105.
Zusammenstellung der Diagrammlinien der L-Reihe. $\sqrt{\nu/R}$-Werte.

$\sqrt{\nu/R}$		48 Cd	47 Ag	46 Pd	45 Rh	44 Ru	42 Mo	41 Nb	40 Zr
$L_I M_{II}$	β_4	15,749	15,362	14,978	14,591	14,211	13,445	13,075	12,698
M_{III}	β_3	15,830	15,436	15,045	14,652	14,268	13,494	13,116	12,735
$N_{II,III}$	$\gamma_{2,3}$	17,059	16,618	16,180	15,733	15,310	14,441	14,004	13,581
$L_{II} M_I$	η	14,752	14,375	13,999	13,621	—	12,496	12,127	11,756
N_I	γ_5	16,328	15,894	15,462	15,027	14,598	13,734	—	12,893
M_{IV}	β_1	15,630	15,234	14,841	14,441	14,058	13,281	12,895	12,509
N_{IV}	γ_1	16,548	16,101	15,658	15,217	14,778	13,908	13,467	13,022
$L_{III} M_I$	l	14,276	13,928	13,582	13,229	12,888	—	11,831	11,493
N_I	β_6	15,894	15,489	15,080	14,673	14,268	—	13,055	12,652
M_{IV}	α_2	15,177	14,812	14,446	14,082	13,716	12,989	12,624	12,266
M_V	α_1	15,193	14,826	14,459	14,094	13,728	12,997	12,631	
N_V	β_2	16,121	15,707	15,285	14,868	14,454	13,623	13,205	12,786
$L_I M_{IV}$	β_{10}	—	15,845	—	—	—	—	—	—
M_V	β_9	—	15,864	—	—	—	—	—	—

Tabelle 105.
Zusammenstellung der Diagrammlinien der L-Reihe. $\sqrt{\nu/R}$-Werte.

$\sqrt{\nu/R}$		39 Y	38 Sr	37 Rb	35 Br	34 Se	33 As	32 Ge
$L_I M_{II}$	β_4	12,316	11,940	11,575	—	—	10,112	—
M_{III}	β_3	12,351	11,972	11,603	—	—		—
$N_{II,III}$	$\gamma_{2,3}$	13,150	12,714	12,287	—	—	—	—
$L_{II} M_I$	η	11,385	11,019	—	9,934	9,575	9,224	8,868
N_I	γ_5	—	12,047	—	—	—	—	—
M_{IV}	β_1	12,120	11,741	—	10,602	10,224	9,849	9,474
$L_{III} M_I$	l	—	10,794	—	9,761	9,419	9,082	8,743
N_I	β_6	12,237	11,833	11,436	—	—	—	—
M_{IV} M_V	α_2 α_1	11,900	11,535	—	10,442	10,078	9,716	9,354

Tabelle 105.
Zusammenstellung der Diagrammlinien der L-Reihe. $\sqrt{\nu/R}$-Werte.

$\sqrt{\nu/R}$		31 Ga	30 Zn	29 Cu	28 Ni	27 Co	26 Fe
$L_I M_{II,III}$	$\beta_{3,4}$	—	9,04	8,68	8,33	—	7,64
$L_{II} M_I$	η	8,518	8,183	7,839	7,507	7,161	6,81
M_{IV}	β_2	9,098	8,730	8,365	8,001	7,637	7,275
$L_{III} M_I$	l	8,408	8,082	7,746	7,421	7,076	6,730
$M_{IV,V}$	$\alpha_{1,2}$	8,992	8,632	8,275	7,920	7,561	7,200

Tabelle 105.
Zusammenstellung der Diagrammlinien der L-Reihe. $\sqrt{\nu/R}$-Werte.

$\sqrt{\nu/R}$		25 Mn	24 Cr	23 V
$L_{II} M_{IV}$	β_1	6,923	6,558	—
$L_{III} M_{IV}$	$\alpha_{1,2}$	6,855	6,506	6,13

26. Die M-Reihe.

Außer den seit den Untersuchungen von Barkla bekannten Reihen sind die noch weicheren Eigenstrahlungen mit Hilfe der Röntgenspektroskopie im Vakuum nachgewiesen und als M-, N- und O-Reihen bezeichnet worden. Die erstgenannte wurde im Jahre 1916 vom Verfasser bei Uran bis Gold gefunden und dann von Stenström genauer ausgemessen und bis Dysprosium verfolgt. Die Hauptlinien sind schon bei den schwersten Elementen nicht ganz scharf und verbreitern sich mit abnehmender Ordnungszahl sehr. In der Doktorarbeit von Stenström finden sich eine Zahl von photometrischen Registrierungen der Linien, welche die Struktur in Erscheinung treten lassen. Die Messungen von Stenström wurden mit Hilfe von Kalkspat, Gips und Zucker als Gitter ausgeführt. Dabei konnte er drei Linien α, β und γ bei einer Anzahl von Elementen nachweisen und ausmessen, bei U und Th außerdem noch zwei schwächere Linien δ und ε. Die Ergebnisse der Messungen von Stenström sind in der Tabelle 106 zusammengestellt.

Tabelle 106. Messungen der M-Reihe bei Verwendung verschiedener Krystalle von W. Stenström [1919: 33].

Element	α			β			γ		
	Gips	Kalkspat	Zucker	Gips	Kalkspat	Zucker	Gips	Kalkspat	Zucker
92 U	3901	**3901,4**	3906,6	3703	**3708,3**	3712,8	3470	**3471,4**	—
90 Th	4119	**4129,15**	—	3920	**3933,3**	—	3654	**3656,5**	—
83 Bi	5100	**5107,2**	—	4893	**4899,3**	—	4515	4523,8	—
82 Pb	5276	**5275,1**	—	5063,5	**5064,8**	—	4653	4663,7	—
81 Tl	5445	**5449,9**	—	5223	**5238,4**	—	4802	—	—
79 Au	5819	—	—	5601	—	—	5115	—	—
78 Pt	6028		6043,0	1812		5824,5	5311	—	5279,9
77 Ir	6245	Zucker zweiter Ordnung	—	6029	Zucker α_1 Ref.	—	—	—	—
76 Os	6477		—	6250		—	—	—	—
74 W	6973	6974,6	6979,5	6745	6752,7	6750,6	—	—	60,905
73 Ta	7237	—	—	7011,5	—	—	—	—	—
71 Cp	7818	—	7835,5	7587	7598,2	—	—	—	—
70 Ad	8123	—	8136	7895	7902	—	—	—	—
68 Er	8770	—	—	8561	—	—	—	—	—
67 Ho	9123	—	—	8930	—	—	—	—	—
66 Dy	9509	—	—	9313	—	—	—	—	—

Tabelle 107. Messungen der M-Reihe von Karcher [1930: 39].

Element	α_1	β_1	β_3	γ_1	γ_2	γ_3
78 Pt	6049	5831	5649	5329	4733	4623
79 Au	5848	5632	5446	5154	4530	4439
80 Hg	5649	5439	—	—	—	—
81 Tl	5468	5254	—	—	—	—
82 Pb	5290	5078	—	4675	4073	—
83 Bi	5124	4915	4604	4534	3932	3840

Später hat Karcher (Tabelle 107), diese Reihe bei den Elementen Pt bis Bi einer Untersuchung unterworfen und meinte, bei einigen von ihnen noch drei Linienkomponenten gefunden zu haben, die er β_3, γ_2, γ_3 nannte. Seine Messungen sind mit denen von Stenström und den nachfolgenden von Hjalmar schwer zu vergleichen.

Nachdem durch Konstruktion von intensiver arbeitenden Röntgenröhren für niedrige Spannungen und von lichtstarken Vakuumspektrographen die Technik der Vakuumspektroskopie wesentlich vervollkommnet war, wurde die Untersuchung der M-Reihe nochmals aufgenommen. Diese Arbeit, welche von Hjalmar ausgeführt wurde, erweiterte wesentlich unsere Kenntnisse von dieser Reihe, wie aus den nachfolgenden Tabellen (S. 251) zu ersehen ist. Bei Uran z. B. wurden nicht weniger als 23 Linienkomponenten gefunden. Hjalmar bemerkt, daß die starken Linien nur an der kurzwelligen Seite von einem Emissionsband begleitet werden (den Verbreiterungen von Stenström entsprechend), in dem Schwärzungsmaxima vorhanden sind und die er als α, β und γ mit Strichen bezeichnet. Wie bei den früheren Serien sind auch diese Satelliten als „Funken"-Linien zu klassifizieren. Im übrigen lassen sich die Linien der M-Reihe in 5 Gruppen zerlegen, wobei jede dieser Gruppe ihre besondere Anregungsspannung besitzt. Die Gruppenzerlegung bei Uran ist in Abb. 159 zu sehen.

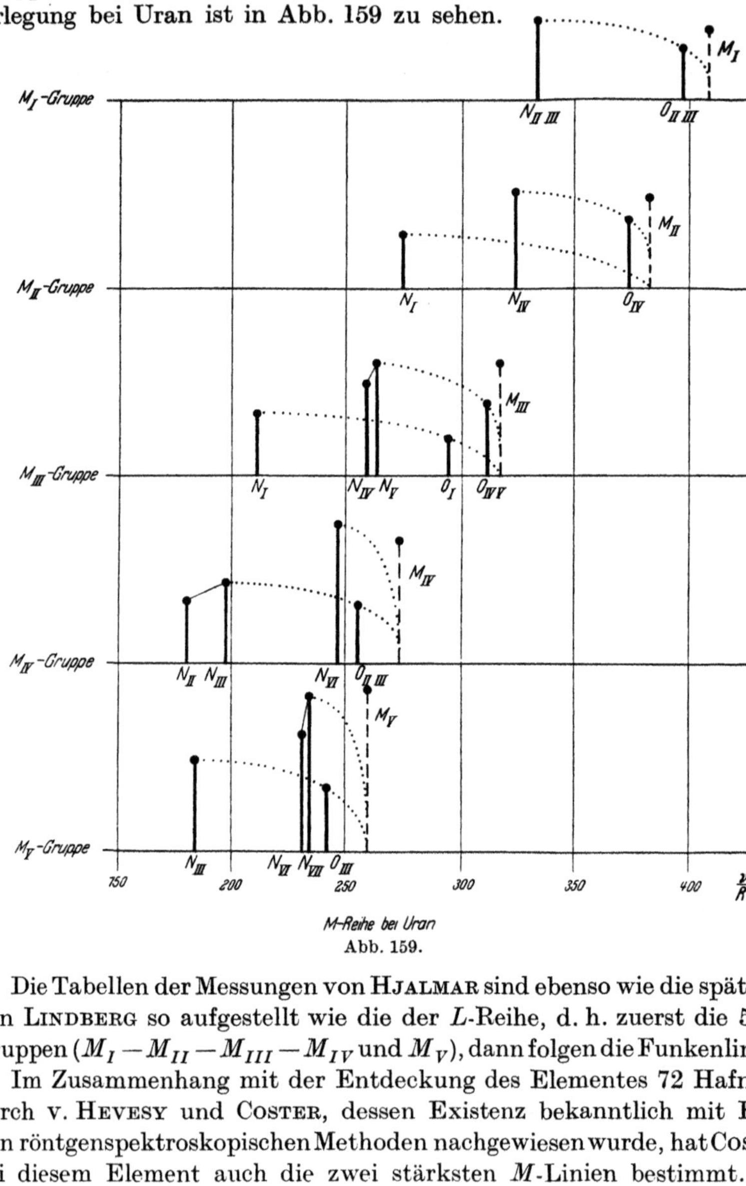

Abb. 159.

Die Tabellen der Messungen von Hjalmar sind ebenso wie die späteren von Lindberg so aufgestellt wie die der L-Reihe, d. h. zuerst die 5 M-Gruppen ($M_I - M_{II} - M_{III} - M_{IV}$ und M_V), dann folgen die Funkenlinien.

Im Zusammenhang mit der Entdeckung des Elementes 72 Hafnium durch v. Hevesy und Coster, dessen Existenz bekanntlich mit Hilfe von röntgenspektroskopischen Methoden nachgewiesen wurde, hat Coster bei diesem Element auch die zwei stärksten M-Linien bestimmt.

Tabelle 108. *M*-Reihe. Nach HJALMAR [1923: 37].

λ		92 U	90 Th	83 Bi	82 Pb	81 Tl	79 Au	78 Pt
$M_I N_{III}$	—	2750	2917	3672	3789	3932	4230	4407
N_{II}	—	2909	3127	3884	—	—	—	—
O_{III}	—	2299	2437	—	—	—	—	—
$M_{II} N_I$	—	3321	3530	*	4646	—	—	—
N_{IV}	—	2815	2999	3816	3945	4095	*	*
O_{IV}	—	2439	2612	—	—	—	—	—
$M_{III} N_I$	—	4326	4569	5525	5687	5879	6264	—
O_I	—	3107	3276	—	—	—	—	—
N_{IV}	—	3514	3753	—	—	—	—	—
N_V	γ	3472	3657	4513	4666	4806	5131	5303
O_V	—	2927	3109	—	—	—	—	—
$M_{IV} O_{II}$	—	3570	3792	4815	4994	5185	—	—
N_{VI}	β	3709	3931	4824	5065	5233	5619	5820
$M_V N_{III}$	—	4929	5245	6498	6727	—	*	—
N_{VI}	α_2	3913	4138	5117	—	—	—	—
N_{VII}	α_1	3901	4129	5107	5273	5443	5831	6041
α''	—	—	4097	5078	5242	—	—	—
α'	—	3885	4097	5078	5250	5427	5812	6026
β'	—	3696 3700	3925	4875	5042	5210	—	5797
γ'	—	3459 3466	3645	4497	—	4798	—	—

Bei 92 U und 90 Th wird noch ein β-Satellit angegeben mit den Wellenlängen 3684 bzw. 3921.

Die Linienreihen $M_I N_{III}$, $M_I N_{II}$ und $M_I O_{III}$ sind offenbar nicht richtig identifiziert (siehe die Tabellen von LINDBERG).

Tabelle 108. *M*-Reihe. Nach HJALMAR.

λ		77 Ir	76 Os	74 W	73 Ta	71 Lu	70 Yb
$M_I N_{III}$	—	4548	4779	—	—	—	—
$M_{II} N_I$	—	—	5802	—	—	—	—
N_{IV}	—	4768	4949	—	—	—	—
$M_{III} N_I$	—	6663	6882	*	—	—	—
N_V	γ	5484	5672	6085	6301	6780	—
$M_{IV} N_{VI}$	β	6030	6256	6745	7001	7582	7891
$M_V N_{III}$	—	8012	—	—	—	—	—
N_{VII}	α_1	6250	6481	6973	7258	7820	8125
α''	—	—	—	—	—	7787	8090
α'	—	6223	6459	6952	—	7803	8111
β'	—	6011	6233	6726	—	7560	7870
γ'	—	—	5652	6066	—	—	—

Tabelle 108. *M*-Reihe. Nach HJALMAR (Fortsetzung).

λ		68 Er	67 Ho	66 Dy
$M_{IV}N_{IV}$	—	8573	8943	9323
$M_{V}N_{VII}$	—	8783	9150	—
β'	—	—	8919	—

Tabelle 109. 72 Hafnium *M*-Reihe. Nach COSTER [1923: 24b].

	λ	ν/R	$\sqrt{\nu/R}$
α	7521	121,15	11,008
β	7286	125,06	11,183

Eine wichtige Untersuchung der zusammengesetzten Dublette $\alpha_1\beta$, welcher Übergänge von den Niveaus $N_{VI}N_{VII}$ zu $M_{VI}M_{V}$ entsprechen, wurde von J. H. VAN DER TUUK [1927: 150] durchgeführt. Diese Messungen, die sich mit der vom Gesichtspunkte des Atomaufbaus interessanten Gruppe der seltenen Erden befassen, zeigen die sehr komplizierte Struktur dieser Linien. Eben hier beginnen auch die Linien so diffus und wenig definiert zu werden, daß ihre weitere Registrierung und Verfolgung schwierig wird. Auf die theoretische Diskussion der Meßergebnisse von VAN DER TUUK kommen wir später zurück.

Tabelle 110. $M_{IV}M_{V}$-$N_{VI}N_{VII}$-Linien. Nach J. H. VAN DER TUUK [1927: 150].

Element	$M_{V}N_{VI,\,VII}$ (α)				α'		$M_{IV}N_{VI,\,VII}$ (β)	β'
W (74)	—	—	—	6968	6947		6739	6720
Ta (73)	—	—	—	— 7238	7215		7007	6987
Hf (72)	—	—	—	7523	7501		7289	7268
Cp (71)	—	—	—	7825	7815,	7795	7587	7561
Yb (70)	—	—	8154,	8129	8115,	8094	7891	7871, 7865
Tu (69)	—	8484,	8474,	8443	8417		8229	8203
Er (68)	—	8835,	8817,	8781	8751		8571	8541
Ho (67)	—	9211,	9195,	9147	9114		8945	8912
Dy (66)	9600,	9569,	9538,	9508	?		9326	9287
Tb (65)	10042,	10005,	9956,	9913	?		9773	9728
Gd (64)	10500,	10435,	10410 bis	10365	?		10232	—
Eu (63)	11001,	10962,	10910 bis	10860	?		10737	—
Sm (62)	11523 bis	11456,	11421 bis	11362	?		11245	—

Die genaueste und ausführlichste Untersuchung der *M*-Reihe wurde in den letzten Jahren von E. LINDBERG [1928: 68; 1929: 97a, b; 1931: Dr.-Diss. Upsala] durchgeführt. In der zuletzt zitierten Arbeit finden sich detaillierte Angaben betreffend Aussehen, Intensität, Linienbreite usw. der verschiedenen M-Linien und ihre Veränderungen von Element zu Element. Die Wellenlängenmessungen sind in der folgenden

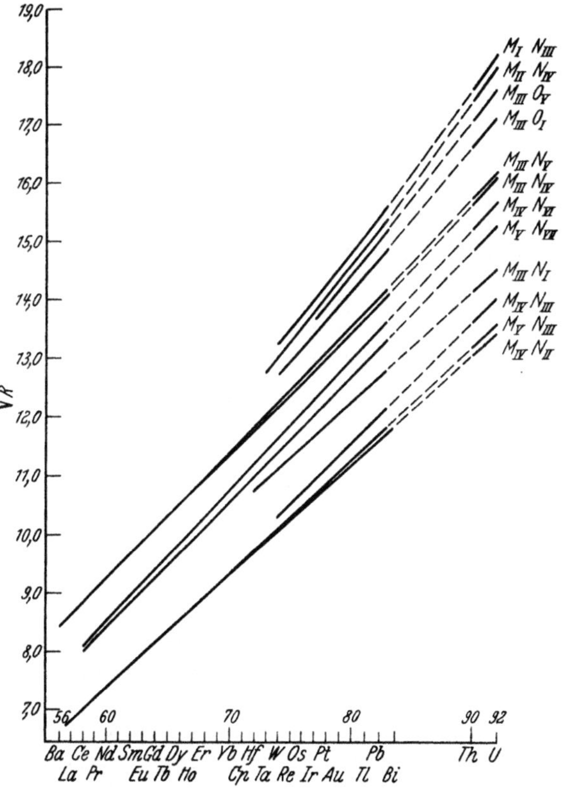

Abb. 160. Moseleydiagramm der M-Linien.

Tabelle 111—113 zusammengestellt. Ferner ist in Abb. 160 ein Moseleydiagramm der Linien der M-Gruppe nach LINDBERG gegeben.

Tabelle 111a. M-Reihe. Zusammenstellung der λ-Werte der Elemente U (92) bis Au (79). Nach LINDBERG [1931: 47].

λ		U 92	Th 90	Bi 83	Pb 82	Tl 81	Au 79
$M_I N_{II,III}$	—	2745	2938	3732	3864	4005	4291
$M_{II} N_I$	—	3322	—	—	—	—	—
N_{IV}	—	2813	3006	3829	3964	4110	4424
O_{IV}	—	2440	2613	—	—	—	—
$M_{III} N_I$	—	4322	4554	5526	5694	5870	6241
O_I	—	3114	—	4096	4235	—	4693
N_{IV}	—	3514	3710	4560	4705	4855	5175
N_V	γ	3473	3672	4522	4665	4815	5135
$O_{IV,V}$	—	2941	3124	3926	4063	4207	4514

Tabelle 111a (Fortsetzung).

λ		U 92	Th 90	Bi 83	Pb 82	Tl 81	Au 79
$M_{IV}N_{II}$	—	5040	5329	6571	6788	7017	7507
N_{III}	—	4615	4901	6149	6371	—	7086
$O_{II,III}$	—	3570	3804	4813	—	—	—
$N_{VI,VII}$	β	3708	3934	4899	5065	5239	5612
$M_{V}N_{III}$	—	4937	5229	6508	6726	6960	7451
O_{III}	—	—	—	—	5157	—	5755
N_{VI}	α_2	3916	4143	5119	5288	5461	5842
N_{VII}	α_1	3902	4130	5108	5274	5450	5828
α''	—	—	—	—	5239	5416	5794
α'	—	3886	4112	5087	5256	5433	5810
β'	—	3698	3924	4881	5045	5220	5595
γ'	—	3463	3661	4506	4650	4800	—

Tabelle 111b. M-Reihe. Zusammenstellung der λ-Werte der Elemente Pt (78) bis Hf (72). Nach LINDBERG [1931: 47].

λ		Pt 78	Ir 77	Os 76	Re 75	W 74	Ta 73	Hf 72
$M_{I}N_{II,III}$	—	4451	—	—	—	5163	—	—
$M_{II}N_{IV}$	—	4590	4770	4944	—	5342	5558	—
$M_{III}N_{I}$	—	6442	6653	—	—	7346	7596	7871
O_{I}	—	4866	—	—	—	5620	—	—
N_{IV}	—	5346	5529	5712	5919	6121	6340	—
N_{V}	γ	5309	5490	5670	5875	6076	6299	6530
$O_{IV,V}$	—	4682	4859	—	—	—	—	—
$M_{IV}N_{II}$	—	7774	8048	8342	8646	8977	9311	9666
N_{III}	—	7356	7629	—	8222	8559	—	—
$O_{II,III}$	—	—	—	—	—	6794	7083	—
$N_{VI,VII}$	β	5816	6025	6254	6491	6743	7008	7289
$M_{V}N_{III}$	—	7722	8002	8293	8611	8943	9297	9666
O_{III}	—	5975	—	—	—	—	—	—
N_{VI}	α_2	6045	6262	—	—	—	—	—
N_{VII}	α_1	6034	6249	6477	6715	6969	7237	7524
α''	—	5997	6215	6440	—	6932	7201	7486
α'	—	6011	6231	6459	—	6948	7219	7504
β'	—	5796	6009	6233	—	6718	6984	7262

Tabelle 111c. M-Reihe. Zusammenstellung der λ-Werte der Elemente Cp (71) bis Gd (64). Nach LINDBERG [1931: 47].

λ		Cp 71	Yb 70	Er 68	Ho 67	Dy 66	Tb 65	Gd 64
$M_{III}N_{V}$	γ	6748	7009	7530	7849	8127	8468	8826
$M_{IV}N_{VI,VII}$	β	7585	7893	8576	8947	9345	9772	10233
$M_{V}N_{III}$	—	10047	10458	11348	11839	12401	12949	13541

Tabelle 111c (Fortsetzung).

λ		Cp 71	Yb 70	Er 68	Ho 67	Dy 66	Tb 65	Gd 64
$M_V N_{VI,VII}$	α_I	7824	8122	8783	9143	9524	9917	10394
	α_{II}	—	8138	8794	9165	9555	9946	10428
	α_{III}	—	—	8810	9195	9574	9989	10508
	α_{IV}	—	—	8832	9210	9587	10003	—
	α_V	—	—	—	—	9608	—	—
	α_{VI}	—	—	—	—	9620	—	—
α''	—	7787	8092	—	—	—	—	—
α'	—	7808	8106	8763	—	—	—	—
β'	—	7562	7863	8540	8907	9310	—	10152

Tabelle 111d. M-Reihe. Zusammenstellung der λ-Werte der Elemente Eu (63) bis Ce (58). Nach LINDBERG [1931: 47].

λ		Eu 63	Sm 62	Nd 60	Pr 59	Ce 58
$M_{III} N_V$	γ	9192	9580	10483	10975	11511
$M_{IV} N_{VI,VII}$	β	10723	11238	12375	—	13755
	β_{II}	—	11254	12441	—	—
	β_{III}	—	11271	—	—	—
$M_V N_{III}$	—	14191	—	—	—	—
$M_V N_{VI,VII}$	α_I	10932	11406	12650	—	14030
	α_{II}	11003	11475	—	—	—
	α_{III}	—	11532	—	—	—
β'	—	10652	11147	—	—	—

Tabelle 112a. M-Reihe. Zusammenstellung der ν/R-Werte der Elemente U (92) bis Pt (78). Nach LINDBERG [1931: 47].

ν/R		U 92	Th 90	Bi 83	Pb 82	Tl 81	Au 79	Pt 78
$M_I N_{II,III}$	—	331,97	310,17	244,18	235,84	227,53	212,37	204,73
$M_{II} N_I$	—	274,31	—	—	—	—	—	—
N_{IV}	—	323,95	303,15	237,99	229,89	221,72	205,98	198,53
O_{IV}	—	373,47	348,74	—	—	—	—	—
$M_{III} N_I$	—	210,84	200,10	164,91	160,04	155,24	146,01	141,46
O_I	—	292,64	—	222,48	215,18	—	194,18	187,27
N_{IV}	—	259,33	245,63	199,84	193,68	187,70	176,09	170,46
N_V	γ	262,39	248,17	201,52	195,34	189,26	177,46	171,65
$O_{IV,V}$	—	309,85	291,70	232,11	224,28	216,61	201,88	194,63
$M_{IV} N_{II}$	—	180,81	171,00	138,68	134,25	129,87	121,39	117,22
N_{III}	—	197,46	185,94	148,20	143,03	—	128,60	123,88
$O_{II,III}$	—	255,26	239,56	189,34	—	—	—	—
$N_{VI,VII}$	β	245,76	231,64	186,01	179,92	173,94	162,38	156,68
$M_V N_{III}$	—	184,58	174,27	140,02	135,48	130,93	122,30	118,01
O_{III}	—	—	—	—	176,71	—	158,34	152,51
N_{VI}	α_2	232,70	219,95	178,02	172,33	166,87	155,99	150,75
N_{VII}	α_1	233,54	220,65	178,40	172,79	167,21	156,36	151,02
α''	—	—	—	—	173,94	168,26	157,28	151,95
α'	—	234,50	221,61	179,14	173,38	167,73	156,85	151,60
β'	—	246,42	232,23	186,70	180,63	174,57	162,87	157,22
γ'	—	263,15	248,91	202,23	195,97	189,85	—	—

Tabelle 112b. M-Reihe. Zusammenstellung der ν/R-Werte der Elemente Ir (77) bis Cp (71). Nach LINDBERG [1931: 47].

ν/R		Ir 77	Os 76	Re 75	W 74	Ta 73	Hf 72
$M_I N_{II,III}$	—	—	—	—	176,50	—	—
$M_{II} N_{IV}$	—	191,04	184,32	—	170,59	163,96	—
$M_{III} N_I$	—	137,97	—	—	124,05	119,97	115,78
O_I	—	—	—	—	162,15	—	—
N_{IV}	—	164,81	159,54	153,96	148,88	143,73	—
N_V	γ	165,99	160,72	155,11	149,98	144,67	139,55
$O_{IV,V}$	—	187,54	—	—	—	—	—
$M_{IV} N_{II}$	—	113,23	109,24	105,40	101,51	97,87	94,28
N_{III}	—	119,45	—	110,83	106,47	—	—
$O_{II,III}$	—	—	—	—	134,13	128,66	—
$N_{VI,VII}$	β	151,25	145,71	140,39	135,14	130,03	125,02
$M_V N_{III}$	—	113,88	109,88	105,83	101,90	98,02	94,28
N_{VI}	α_2	145,52	—	—	—	—	—
N_{VII}	α_1	145,83	140,69	135,71	130,76	125,92	121,12
α''	—	146,62	141,50	—	131,46	126,55	121,73
α'	—	146,25	141,09	—	131,16	126,23	121,44
β'	—	151,65	146,20	—	135,65	130,48	125,48

Tabelle 112c. M-Reihe. Zusammenstellung der ν/R-Werte der Elemente Yb (70) bis Gd (64). Nach LINDBERG [1931: 47].

ν/R		Cp 71	Yb 70	Er 68	Ho 67	Dy 66	Tb 65	Gd 64
$M_{III} N_V$	γ	135,04	130,01	121,02	116,10	112,13	107,61	103,25
$M_{IV} N_{VI,VII}$	β	120,14	115,45	106,26	101,85	97,51	93,25	89,05
$M_V N_{III}$	—	90,70	87,14	80,30	76,97	73,48	70,37	67,30
$M_V N_{VI,VII}$	α_I	116,47	112,20	103,75	99,67	95,68	91,89	87,67
	α_{II}	—	111,98	103,62	99,43	95,37	91,62	87,39
	α_{III}	—	—	103,44	99,10	95,18	91,23	86,72
	α_{IV}	—	—	103,18	98,94	95,05	91,10	—
	α_V	—	—	—	—	94,84	—	—
	α_{VI}	—	—	—	—	94,73	—	—
	α''	117,02	112,61	—	—	—	—	—
	α'	116,71	112,42	103,99	—	—	—	—
	β'	120,51	115,89	106,71	102,31	97,88	—	89,76

Tabelle 112d. M-Reihe. Zusammenstellung der ν/R-Werte der Elemente Eu (63) bis Ce (58). Nach LINDBERG [1931: 47].

ν/R		Eu 63	Sm 52	Nd 60	Pr 59	Ce 58
$M_{III}\,N_V$	γ	99,14	95,12	86,93	83,03	79,17
$M_{IV}\,N_{VI,\,VII}$	β	84,98	81,09	73,64	—	66,25
	β_{II}	—	80,97	73,25	—	—
	β_{III}	—	80,85	—	—	—
$M_V\,N_{III}$	—	64,21	—	—	—	—
$M_V\,N_{VI,\,VII}$	α_I	83,36	79,89	72,04	—	64,95
	α_{II}	82,82	79,41	—	—	—
	α_{III}	—	79,02	—	—	—
β'	—	85,55	81,75	—	—	—

Tabelle 113a. M-Reihe. Zusammenstellung der $\sqrt{\nu/R}$-Werte der Elemente U (92) bis Pt (78). Nach LINDBERG [1931: 47].

$\sqrt{\nu/R}$		U 92	Th 90	Bi 83	Pb 82	Tl 81	Au 79	Pt 78
$M_I\,N_{II,\,III}$	—	18,220	17,613	15,626	15,357	15,084	14,573	14,309
$M_{II}\,N_I$	—	16,563	—	—	—	—	—	—
N_{IV}	—	17,998	17,412	15,427	15,163	14,889	14,352	14,091
O_{IV}	—	19,327	18,676	—	—	—	—	—
$M_{III}\,N_I$	—	14,520	14,147	12,841	12,651	12,459	14,084	11,894
O_I	—	17,107	—	14,916	14,669	—	13,934	13,685
N_{IV}	—	16,103	15,672	14,137	13,917	13,700	13,270	13,056
N_V	γ	16,199	15,753	14,196	13,977	13,757	13,322	13,101
$O_{IV,\,V}$	—	17,601	17,078	15,236	14,976	14,718	14,208	13,951
$M_{IV}\,N_{II}$	—	13,447	13,077	11,776	11,586	11,396	11,018	10,827
N_{III}	—	14,520	14,147	12,841	12,651	12,459	12,084	11,894
$O_{II,\,III}$	—	15,977	15,477	13,759	—	—	—	—
$N_{VI,\,VII}$	β	15,676	15,221	13,638	13,413	13,189	12,743	12,518
$M_V\,N_{III}$	—	13,586	13,201	11,833	11,640	11,442	11,059	10,863
O_{III}	—	—	—	—	13,294	—	12,583	12,350
N_{VI}	α_2	15,256	14,835	13,343	13,128	12,918	12,489	12,278
N_{VII}	α_1	15,283	14,854	13,357	13,145	12,931	12,504	12,289
α''	—	—	—	—	13,188	12,971	12,541	12,327
α'	—	15,313	14,887	13,384	13,167	12,951	12,522	12,312
β'	—	15,697	15,238	13,664	13,439	13,213	12,763	12,539
γ'	—	16,221	15,778	14,219	13,988	13,778	—	—

Tabelle 113b. M-Reihe. Zusammenstellung der $\sqrt{\nu/R}$-Werte der Elemente Ir (77) bis Hf (72). Nach LINDBERG [1931: 47].

$\sqrt{\nu/R}$		Ir 77	Os 76	Re 75	W 74	Ta 73	Hf 72
$M_I N_{II,III}$	—	—	—	—	13,285	—	—
$M_{II} N_{IV}$	—	13,822	13,577	—	13,060	12,804	—
$M_{III} N_I$	—	11,703	—	—	11,138	10,953	10,760
O_I	—	—	—	—	12,734	—	—
N_{IV}	—	12,838	12,631	12,408	12,202	11,989	—
N_V	γ	12,884	12,678	12,454	12,246	12,028	11,814
$O_{IV,V}$	—	13,694	—	—	—	—	—
$M_{IV} N_{II}$	—	10,641	10,451	10,266	10,075	9,893	9,710
N_{III}	—	10,930	—	10,528	10,318	—	—
$O_{II,III}$	—	—	—	—	11,581	11,343	—
$N_{VI,VII}$	β	12,298	12,071	11,849	11,625	11,403	11,181
$M_V N_{III}$	—	10,672	10,483	10,288	10,095	9,901	9,710
N_{VI}	α_2	12,064	—	—	—	—	—
N_{VII}	α_1	12,076	11,861	11,649	11,435	11,222	11,006
α''	—	12,109	11,896	—	11,465	11,250	11,033
α'	—	12,093	11,878	—	11,452	11,235	11,019
β'	—	12,315	12,091	—	11,647	11,423	11,202

Tabelle 113c. M-Reihe. Zusammenstellung der $\sqrt{\nu/R}$-Werte der Elemente Cp (71) bis Gd (64). Nach LINDBERG [1931: 47].

$\sqrt{\nu/R}$		Cp 71	Yb 70	Er 68	Ho 67	Dy 66	Tb 65	Gd 64
$M_{III} N_V$	γ	11,621	11,402	11,003	10,775	10,589	10,374	10,161
$M_{IV} N_{VI,VII}$	β	10,961	10,745	10,308	10,092	9,875	9,657	9,437
$M_V N_{III}$	—	9,524	9,335	8,961	8,773	8,572	8,389	8,204
$M_V N_{VI,VII}$	α_I	10,792	10,592	10,186	9,983	9,782	9,586	9,363
	α_{II}	—	10,582	10,180	9,971	9,765	9,572	9,348
	α_{III}	—	—	10,170	9,955	9,756	9,551	9,313
	α_{IV}	—	—	10,158	9,947	9,749	9,545	—
	α_V	—	—	—	—	9,739	—	—
	α_{VI}	—	—	—	—	9,733	—	—
α''	—	10,818	10,612	—	—	—	—	—
α'	—	10,803	10,603	10,198	—	—	—	—
β'	—	10,978	10,765	10,330	10,115	9,893	—	9,474

Tabelle 113d. *M*-Reihe. Zusammenstellung der $\sqrt{\nu/R}$-Werte der Elemente Eu (63) bis Ce (58). Nach LINDBERG [1931: 47].

$\sqrt{\nu/R}$		Eu 63	Sm 62	Nd 60	Pr 59	Ce 58
$M_{III}N_{V}$	γ	9,957	9,753	9,325	9,114	8,898
$M_{IV}N_{VI,VII}$	β	9,219	9,008	8,581	—	8,141
	β_{II}	—	8,998	8,559	—	—
	β_{III}	—	8,992	—	—	—
$M_{V}N_{III}$	—	8,013	—	—	—	—
$M_{V}N_{VI,VII}$	α_{I}	9,130	8,938	8,488	—	8,059
	α_{II}	9,102	8,911	—	—	—
	α_{III}	—	8,889	—	—	—
β'	—	9,249	9,042	—	—	—

V. Absorptionsspektren.

27. Allgemeine Übersicht über die Absorptionsspektren.

Schon in seinen ersten Aufnahmen von Röntgenspektren nach der Drehkrystallmethode bemerkte DE BROGLIE die — übrigens sehr auf-

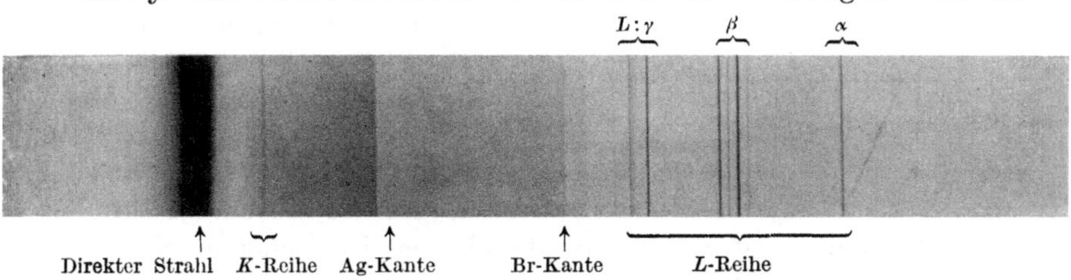

Abb. 161. Spektrum eines Coolidgerohres mit Wolframantikathode.

fallende — plötzliche Änderung in der Schwärzung der Platte an zwei Stellen. Die Abb. 161 gibt eine solche Aufnahme von DE BROGLIE wieder, auf der diese Schwärzungsänderung an den Stellen Ag und Br sehr deutlich hervortritt. DE BROGLIE glaubte zuerst in dieser Erscheinung ein Bandenspektrum innerhalb der Röntgenspektren gefunden zu haben. Aber eine weitere Verfolgung des Phänomens hat die von BRAGG und dem Verfasser vorgeschlagene Deutung als die richtige erwiesen; nach dieser wird die plötzliche Schwärzungsänderung durch die diskontinuierliche, starke Zunahme des Absorptionsvermögens des Silbers und des Broms in der photographischen Schicht hervorgerufen, wenn die auffallende Wellenlänge gerade klein genug ist, um die Eigenstrahlung der betreffenden Elemente zu erregen. Diese Deutung war nichts anderes als eine einfache Übertragung der Deutung, die den von BARKLA bei der Untersuchung des allgemeinen Absorptionsverlaufs von Röntgenstrahlen verschiedener Härte in einem bestimmten Element entdeckten

Tatsachen gegeben wurde. Überraschend war nur die außerordentliche Schärfe der Erregungsgrenze.

Daß die gegebene Erklärung des Phänomens richtig ist, zeigt sich darin, daß diese Schwärzungsdiskontinuität immer auftritt, unabhängig von dem Antikathodenmaterial, und ferner darin, daß die Wellenlängen, bei denen die zwei Grenzen liegen, gerade mit der kürzesten K-Linie von Ag bzw. Br zusammenfallen. Auch ist es oft möglich, sogar die Grenzen in zweiter Ordnung nachzuweisen. Wegen der außerordentlichen Schärfe lassen sich die betreffenden Wellenlängen sehr genau bestimmen. So fand DE BROGLIE für die Wellenlängen der Diskontinuitäten 0,482 und 0,916 Å.E. Zum Vergleich seien die Wellenlängen angeführt, die der kürzesten K-Linie, der β_2-Linie der Elemente Ag und Br, zukommen, nämlich 0,485 und 0,918 Å.E. Der Zusammenhang zwischen dem Linienspektrum und dem Verlauf der Absorption ist also der in Abb. 162 dargestellte. Wenn wir uns von der langwelligen Seite der K-Strahlung nähern, wird mit abnehmender Wellenlänge die Absorption in der Bromsilberschicht immer kleiner, bis eben die kurzwelligste Linie erreicht ist. Dann steigt plötzlich die Absorption stark in die Höhe, und gleichzeitig wird auch die K-Reihe erregt. Mit dieser Erregung geht eine verstärkte Plattenschwärzung parallel.

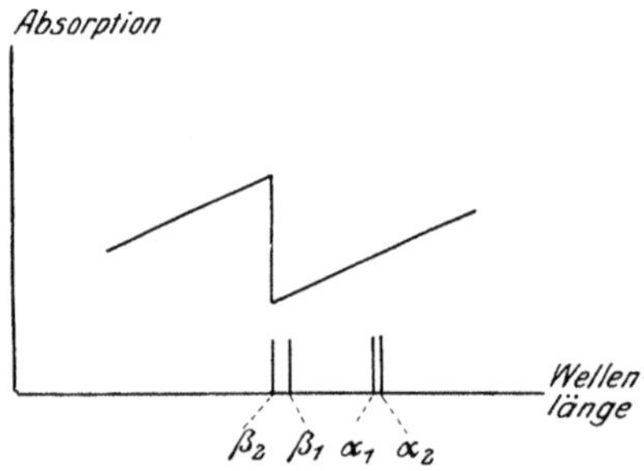

Abb. 162. Der Zusammenhang zwischen Absorptionsverlauf und Lage der K-Linien, graphisch dargestellt.

Wie DE BROGLIE in Fortführung dieser Untersuchungen, welche gleichzeitig auch von E. WAGNER [1915: 49] aufgenommen wurden, zeigen konnte, ist es zur Erzielung einer solchen Schwärzungsdiskontinuität gar nicht nötig, die absorbierende Substanz gerade mit der photographischen Schicht zusammenfallen zu lassen. Schaltet man in den Strahlengang irgendwo zwischen Antikathode und Platte (aber selbstverständlich nicht so nahe der Platte, daß die erregte Eigenstrahlung die Platte stark schwärzt) eine absorbierende Schicht ein, so erhält man auf der Platte eine Schwärzungsdiskontinuität bei der Wellenlänge, die der kurzwelligsten Linie der betreffenden Eigenstrahlung der absorbierenden Substanz entspricht. Die *größere* Schwärzung liegt aber dann, wie sofort verständlich, an der *langwelligeren* Seite des Diskontinuitätspunktes, da die kurzwelligere Strahlung der absorbierenden Substanz stärker stecken bleibt als die langwellige.

Eine sehr interessante Aufnahme zur Erläuterung des Phänomens wurde von WAGNER gemacht und ist in Abb. 163 zu sehen. Es sind bei dieser Aufnahme gleichzeitig drei absorbierende Schichten in den

Strahlenweg eingeschaltet. Zwischen diesen drei Schichten passieren noch Streifen von direkter Strahlung. In dem untersten von diesen letzten ist die Silberkante — hervorgerufen durch die verstärkte Absorption in der photographischen Schicht — zu sehen. Wollte man auf der Platte die durch die absorbierenden Schichten gehende Strahlung in genügender Intensität erhalten, so ließ sich eine Überexposition bei ungeschwächter Strahlung nicht umgehen. Hierdurch wurde allerdings der Unterschied in der Schwärzung, die von der direkten, und der, die von der absorbierten Strahlung herrührt, stark vermindert. Hinter dem mittleren Streifen, der aus Silber bestand, kann man außer einer allgemeinen Schwächung der Schwärzung noch sehen, daß die Diskontinuität an derselben Stelle wie bei dem untersten Spektrum liegt, daß aber die Reihenfolge der größeren und kleineren Schwärzungen jetzt vertauscht ist. Die Eigenabsorption in der photographischen Schicht wird dadurch überkompensiert, daß die kurzwelligere Strahlung in der vorgeschalteten Schicht absorbiert wird. Der obere, helle Streifen ist durch Absorption in einer Schicht aus Cd zustande gekommen. Außer der allgemeinen Verminderung der Schwärzung beobachten wir auch hier eine plötzliche starke Intensitätsänderung etwa 1 mm links von der Silberkante, die von der stärkeren Absorption von Wellenlängen, die länger sind als die K-Eigenstrahlung des Cd, herrührt. Entsprechendes gilt für die Absorption in der Pd-Schicht; doch ist hier die Grenze nach größeren Wellenlängen als die des Silbers verschoben.

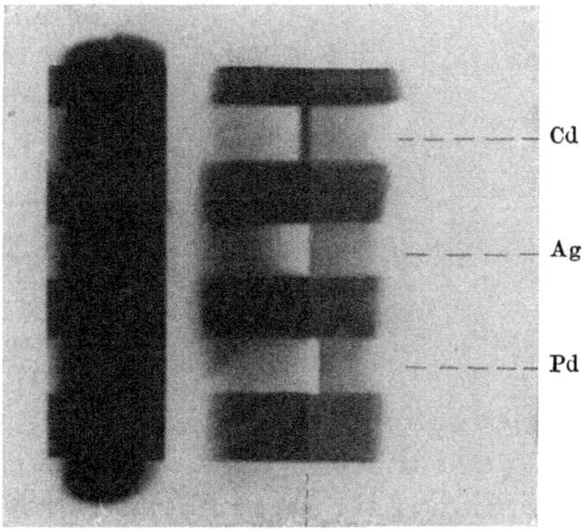

Abb. 163. Vergleichende Aufnahme der Absorptionskanten der Elemente Cd, Ag, Pd. Von E. WAGNER.

Wir haben bisher nur von solchen Diskontinuitäten gesprochen, welche mit der K-Eigenstrahlung der absorbierenden Substanz verbunden sind. Untersucht man nach derselben Methode das Wellenlängengebiet der L-Strahlung, so findet man, wie zuerst von DE BROGLIE und WAGNER gezeigt wurde, *drei* Intensitätsstufen in der Schwärzung. Es hängt dies damit zusammen, daß sich die Linien der L-Reihe, wie schon erwähnt, in *drei* Erregungsgruppen zerlegen lassen. Ein schematisches Bild des Zusammenhangs zwischen dem Emissionsspektrum der L-Reihe und dem Absorptionsverlauf zeigt die Abb. 164, die auch eine Zeichnung des Absorptionsspektrums gibt. Die drei L-Grenzen, welche meistens linienscharf definiert sind, werden mit L_I, L_{II} und L_{III} (früher bzw. L_3, L_2 und L_1) bezeichnet.

Auch innerhalb des M-Gebietes sind von Stenström und von Coster Absorptionsgrenzen festgestellt, die nach Intensität und abnehmenden Wellen-

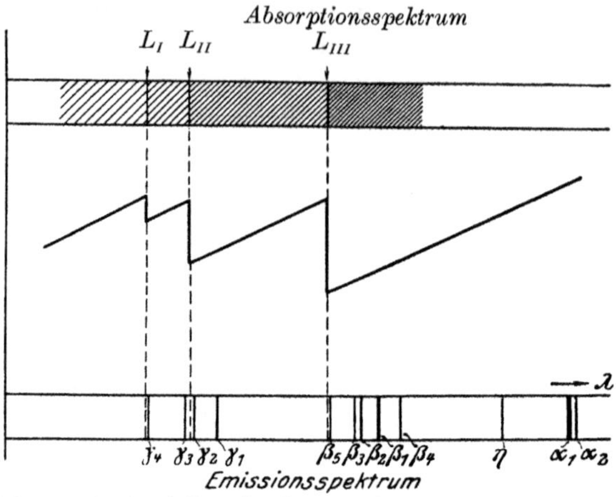

Abb. 164. Schematische Darstellung des Zusammenhangs zwischen Absorptionsspektrum, Absorptionsverlauf und Lage der Linien der L-Reihe.

längen geordnet mit M_I, M_{II}, M_{III}, M_{IV} und M_V (früher bzw. M_5, M_4, M_3, M_2 und M_1) bezeichnet sind. Die drei letzteren wurden von Stenström bei U, Th und Bi, die zwei ersteren von Coster bei U und Th nachgewiesen.

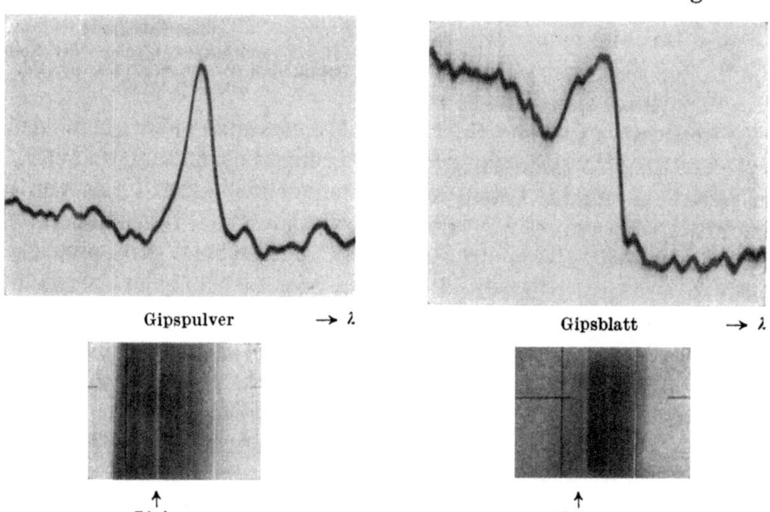

Abb. 165a u. b. Vergleichende Aufnahmen von Absorptionsspektren von S in Gipsblatt und in Gipspulver. Nach Aufnahmen von E. A. Lindh.

Den typischen Verlauf eines Absorptionsspektrums, wie es in den schematischen Abb. 162 und 164 dargestellt ist, mit einer scharfen Grenze zwischen zwei ausgedehnten Gebieten von einigermaßen homogener

Schwärzung findet man im allgemeinen in der K-Reihe und bei den schwereren Elementen auch in der L-Reihe. Bei den allerleichtesten Elementen in der K-Reihe sowie oft in der L- und M-Reihe treten in der Grenze kompliziertere Verhältnisse ein. Aber auch eine *reine Linienabsorption* läßt sich oft nachweisen. Sehr schön zeigt dies die Aufnahme Abb. 165a, welche ich Herrn LINDH verdanke. Diese Platte, welche die K-Absorption des Schwefels darstellt, zeigt an Stelle der Absorptionsgrenze eine helle Linie auf dunklem Hintergrund. Der Schwärzungsverlauf ist aus der photometrischen Registrierung noch besser zu schätzen. Von einer verschiedenen Schwärzung an den beiden Seiten der Grenze ist sehr wenig zu sehen. Dies bedeutet also, daß gerade die Wellenlänge, welche eben genügt, um die charakteristische Strahlung des Schwefels zu erregen, außerordentlich stark absorbiert wird. Wir haben es hier mit einer ausgeprägten selektiven Absorption zu tun, wie sie aus der gewöhnlichen Optik bekannt ist. Zum Vergleich ist eine dem normalen Verlauf entsprechende Aufnahme in Abb. 165b wiedergegeben, die mit derselben absorbierenden Substanz erhalten wurde. Nur ist im letzteren Falle eine viel dickere und homogenere Schicht benutzt worden. Sehr typische Absorptionslinien dieser Art hat zuerst STENSTRÖM in der M-Reihe gefunden und in seiner Doktorarbeit [1919: 33] einige davon wiedergegeben. Besonders erweist sich die M_{III}-Kante als eine ziemlich scharfe Linie, während die M_V- und die M_{IV}-Kanten breiter sind. Die Schärfe der Absorptionslinien scheint übrigens in nahem Zusammenhang mit der Schärfe der bei demselben Element und in derselben Reihe auftretenden Emissionslinien zu stehen. So wird es verständlich, daß dieses Phänomen in den kurzwelligeren Teilen der K- und der L-Reihen, wo die Breite der Emissionslinien viel kleiner ist als die Spaltweite, nicht beobachtet worden ist, sondern nur in den langwelligeren Teilen, wo die breiteren Linien zu finden sind.

In der K-Reihe fand FRICKE [1920: 30] bei Untersuchung der leichtesten Elemente nicht nur feine Absorptionslinien von dieser Art, sondern wies auch eine komplizierte Struktur in der nächsten Umgebung der Grenze nach. Ähnliche Feinstrukturen wurden auch in der L- und M-Reihe nachgewiesen. G. HERTZ [1920: 33] fand dieses Phänomen in den L-Absorptionsspektren von 55 Cs bis 60 Nd und STENSTRÖM [1919: 33] und COSTER [1922: 16, 18] in der M-Reihe von 90 Th und 92 U. Man muß diese Phänomene im Lichte der interessanten Entdeckung von LINDH [1921: 61, 62; 1922: 60; 1923: 52] betrachten, nach der die Art der chemischen Bindung des Atoms einen merkbaren Einfluß auf die Lage und das Aussehen der Absorptionsgrenze hat. Schon etwas früher hatte übrigens BERGENGREN [1920: 4, 5] bei einer Untersuchung des K-Absorptionsspektrums verschiedener Modifikationen des Phosphors zum ersten Male innerhalb der Röntgenspektroskopie eine Ausnahme von der Regel gefunden, daß die Röntgenspektren eine *rein atomistische Eigenschaft* sind. BERGENGREN vermutete, daß die Unterschiede, welche er in der Lage der Absorptionsgrenze fand, in unmittelbarer Verbindung mit der *Modifikation* des Phosphors standen, was nach seinen Ergebnissen, die nur wenig umfassend waren, zu verstehen ist. Die weitere Untersuchung hat aber gezeigt, daß der Haupteinfluß, wie LINDH bei Chlor und Schwefel nachwies, von der chemischen Valenz herrührt. Auf diese sehr wichtigen Untersuchungen von LINDH kommen wir weiter unten zurück.

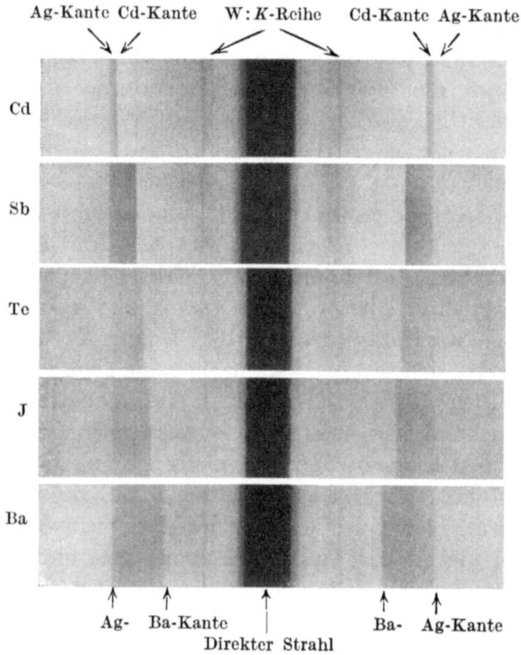

Abb. 166. Absorptionsspektren der *K*-Reihe einiger Elemente. Aufnahmen von M. DE BROGLIE.

Einige neue sehr wichtige Entdeckungen von LINDSAY und verschiedenen Mitarbeitern, welche in der *K*-Absorption einiger Elemente eine sehr ausgedehnte Komplexstruktur gefunden haben, werden wir im nächsten Paragraphen besprechen.

28. Die *K*-Absorption.

Die ersten Untersuchungen der *K*-Reihe verdanken wir DE BROGLIE und E. WAGNER, die beide nach der Drehkrystallmethode mit photographischer Registrierung arbeiteten. Ihre Messungsergebnisse finden sich mit den neueren von einer Reihe anderer Autoren zusammen in der untenstehenden Tabelle. Um zu zeigen, wie gut die Definition der Absorptionsgrenzen ist, wurde in Abb. 166 eine Reihe von Absorptionsspektren reproduziert, welche mir M. DE BROGLIE gütigst zur Verfügung gestellt hat. Alle diese Aufnahmen zeigen in der Mitte eine starke Schwärzung infolge der Einwirkung des direkten Strahls. Auf beiden Seiten ist dann zunächst die *K*-Reihe des Wolframs, die von der Antikathode des Coolidgerohres herrührt, zu sehen. Die kurzwellige Begrenzung des außenliegenden schwarzen Streifens ist die Absorptionsgrenze des untersuchten Stoffes, und die langwellige Seite gibt die Lage der Absorptionsgrenze des Silbers in der photographischen Schicht wieder (Tabellen 114 bis 115).

Tabelle 114a. λ-Werte der *K*-Absorptionsgrenzen der Elemente.

	de Broglie [1916: 5]	Fricke [1920: 30]	Blake, Duane, Hu [1920: 20b]	Lindh [1924: 90]; [1925: 95]	Chamberlain [1925: 38]	Dolejšek, Pestrecov [1929: 45]	Åse 1929 (bisher nicht veröffentlicht)	Kievit u. Lindsay [1930: 105]	Lindh [1930: 114]
2 Mg	—	9511,2	—	—	—	—	9496,2	—	—
3 Al	—	7947,0	—	—	—	—	7935,6	—	—
4 Si	—	—	—	6731,0	—	—	—	—	—
5 P	—	5758,0	—	5774,9	—	—	—	—	—
6 S	—	5012,3	—	5008,8	—	—	—	—	—
7 Cl	—	4384,4	—	4383,8	—	—	—	—	—
8 A	—	3865,7	—	—	—	—	—	—	—
9 K	—	3434,5	—	3431,0	—	—	—	—	—
0 Ca	—	3063,3	—	3064,3	—	—	—	3063,9	—
1 Sc	—	2751,7	—	—	—	—	—	—	—
2 Ti	—	2493,7	—	2491,2	2489,5	—	—	—	—
3 Va	—	2265,3	—	2263,0	2261,9	—	—	—	—
4 Cr	—	2062,3	2062,3	2066,3	2064,9	—	2065,9	2066,1	—
5 Mn	—	1889,3	1889,3	1892,1	1891,4	—	1891,6	1891,3	—
		Wagner [1916: 36]						Lindsay u. Voorhees [1928: 69]	
6 Fe	—	1740	1737,7	1740,5	—	1739,5	1739,4	1739,3	—
								Kievit u. Lindsay	
7 Co	—	—	1601,8	—	—	1604,4	1604,0	1604,3	—
				Walter					
8 Ni	—	1485	1489,0	1484,5	—	1484,7	1483,9	1484,6	1485,0
					Lundquist[1]				
9 Cu	1388	1375	1378,5	—	1377,65	1377,5	1377,4	1377,8	1378,1
0 Zn	—	—	1296,3	1280	—	1280,5	1280,5	1280,8	1280,6

Tabelle 114b. λ-Werte der *K*-Absorptionsgrenzen der Elemente.

	de Broglie [1916: 5]	Wagner [1916: 36]	Siegbahn, Jönsson [1919: 30]	Duane, Blake, Hu, Stenström, Fricke u. Shimizu [1920: 20b]	Kievit u. Lindsay [1930: 105]	Leide [1925: 94b]
31 Ga	—	—	—	1190,2	1192,9	—
32 Ge	—	—	—	1114,6	—	—
					Hanawalt [1931: 42]	
33 As	—	—	—	1043,5	1042,49	1042,63
					Kievit u. Lindsay	
34 Se	1003	—	—	979,0	977,8	977,73
35 Br	916	917	—	917,9	—	918,09
					Hanawalt	
36 Kr	—	—	—	—	863,72	—
37 Rb	812	—	—	814,3	—	814,10
38 Sr	767	—	—	769,6	—	768,37
39 Y	—	—	—	725,5	—	—
40 Zr	684	—	—	687,2	—	687,38
41 Nb	648	—	—	650,3	—	651,58

[1] Siehe Leide [1925: 94b] S. 55.

Tabelle 114 b (Fortsetzung).

	DE BROGLIE [1916: 5]	Wagner [1916: 36]	SIEGBAHN, JÖNSSON [1919: 30]	DUANE, BLAKE, HU, STENSTRÖM, FRICKE u. SHIMIZU [1920: 20 b]	ALLISON u. ARMSTRONG [1925: 3]	LEIDE [1925: 94 b]
42 Mo	614	—	—	618,4	618,51	618,48
44 Ru	—	—	—	558,4 ?	—	—
45 Rh	—	—	—	533,0	—	533,03
					ENGER [1928: 39]	
46 Pd	505	513	—	507,5	—	507,95
47 Ag	482	484	—	485,0	484,48	484,80
48 Cd	460	462	462,9	463,2	—	463,13
49 In	—	—	—	443,4	—	442,98
50 Sn	421	422	423,1	424,2	—	423,94
51 Sb	401	405	—	406,5	—	406,09
52 Te	385	383	387,7	389,6	—	389,26
53 J	369	369	371,5	373,7	—	373,44
55 Cs	340	—	343,6	344,4	—	344,04
56 Ba	327	331	330,6	330,7	—	330,70
					CABRERA [1923: 10]	
57 La	313	—	318,6	318,8	318,6	318,14
58 Ce	300	298	306,4	306,8	306,5	306,26
59 Pr	—	—	294,6	—	295,1	—
60 Nd	—	282	283,5	286,1	284,6	284,58
62 Sa	—	—	263,6	—	264,4	—
63 Eu	—	—	254,3	—	254,8	—
64 Gd	—	—	245,6	—	246,2	—
65 Tb	—	—	—	239,8	237,6	—
66 Dy	—	—	229,4	230,8	230,1	—
67 Ho	—	—	221,4	—	221,8	222,64
69 Tu	208	—	—	—	208,5	—
70 Yb	201,5	—	—	—	201,6	—
71 Lu	195	—	—	—	195,1	—
72 Hf	—	—	—	—	190,1	—
73 Ta	—	—	—	—	183,6	—
					CROFUTT [1924: 43]	MACK u. CORK [1928: 71]
74 W	—	—	—	178,06	178,02	178,22
					POLLAND [1926: 154]	
75 Re	—	—	—	—	173,5	—
76 Os	—	—	—	168,3	—	167,55
77 Ir	—	—	—	—	—	162,09
78 Pt	152	—	157,8	158,1	—	157,70
79 Au	149	—	152,4	153,4	—	153,20
80 Hg	146	—	147,9	149,0	—	148,93
81 Tl	142	—	142,7	144,9	—	144,41
82 Pb	138	—	138,5	141,0	—	140,49
83 Bi	133	—	134,6	137,1	—	136,78
90 Th	—	—	112,7	112,9	—	112,70
92 U	—	—	—	107,5	—	106,58

Tabelle 115. Zusammenstellung der λ, ν/R und $\sqrt{\nu/R}$-Werte der K-Absorptionsgrenzen der Elemente.

	λ	ν/R	$\sqrt{\nu/R}$		λ	ν/R	$\sqrt{\nu/R}$
12 Mg	9496,2	95,96	9,796	49 In	442,98	2057,2	45,356
13 Al	7935,6	114,84	10,715	50 Sn	423,94	2149,5	46,363
14 Si	6731,0	135,38	11,635	51 Sb	406,09	2244,0	47,371
15 P	5774,9	157,80	12,562	52 Te	389,26	2341,0	48,384
16 S	5008,8	181,93	13,488	53 J	373,44	2440,2	49,398
17 Cl	4383,8	207,87	14,418	55 Cs	344,04	2648,7	51,465
18 A	3865,7	235,73	15,354	56 Ba	330,70	2755,4	52,492
19 K	3431,0	265,60	16,297	57 La	318,14	2864,3	53,519
20 Ca	3064,3	297,38	17,245	58 Ce	306,26	2975,5	54,548
21 Sc	2751,7	331,17	18,198	59 Pr	295,1	3088,0	55,570
22 Ti	2491,2	365,80	19,126	60 Nd	284.58	3202,1	56,587
23 Va	2263,0	402,68	20,067	62 Sa	264,4	3446,6	58,708
24 Cr	2065,9	441,12	21,003	63 Eu	254,8	3576,4	59,803
25 Mn	1891,6	481,86	21,951	64 Gd	246,2	3701,4	60,839
26 Fe	1739,4	523,90	22,889	65 Tb	237,6	3835,2	61,929
27 Co	1604,0	568,13	23,838	66 Dy	230,1	3960,4	62,932
28 Ni	1483,9	614,13	24,782	67 Ho	222,64	4093,1	63,977
29 Cu	1377,4	661,59	25,722	69 Tu	208,5	4370,6	66,111
30 Zn	1280,5	711,67	26,677	70 Yb	201,6	4520,2	67,232
31 Ga	1190,2	765,64	27,670	71 Lu	195,1	4670,7	68,343
32 Ge	1114,6	817,57	28,593	72 Hf	190,1	4793,6	69,236
33 As	1042,63	874,01	29,564	73 Ta	183,6	4963	70,45
34 Se	977,73	932,02	30,529	74 W	178,22	5113	71,51
35 Br	918,09	992,57	31,505	75 Re	173,5	5252	72,47
37 Rb	814,10	1119,4	33,457	76 Os	167,55	5439	73,75
38 Sr	768,37	1186,0	34,439	77 Ir	162,09	5622	74,98
39 Y	725,5	1256,1	35,441	78 Pt	157,70	5778	76,02
40 Zr	687,38	1325,7	36,410	79 Au	153,20	5948	77,12
41 Nb	651,58	1398,5	37,397	80 Hg	148,93	6119	78,22
42 Mo	618,48	1473,4	38,385	81 Tl	144,41	6310	79,44
44 Ru	558,4	1631,9	40,397	82 Pb	140,49	6486	80,54
45 Rh	533,03	1709,6	41,348	83 Bi	136,78	6678	81,62
46 Pd	507,95	1794,0	42,356	90 Th	112,70	8085	89,92
47 Ag	484,48	1880,9	43,669	92 U	106,58(?)	8550(?)	92,46(?)
48 Cd	463,13	1967,6	44,358				

12—13 ÅSE.
14—17 LINDH.
18 FRICKE.
19—20 LINDH.
21 FRICKE.
22—23 LINDH.
24—30 ÅSE.
31—32 DUANE, BLAKE u. HU.
33—38 LEIDE.
39 DUANE, BLAKE u. HU.
40—42 LEIDE.
44 DUANE, BLAKE u. HU.
45—46 LEIDE.
47 ENGER.
48—58 LEIDE.
59 CABRERA.
60 LEIDE.
62—66 CABRERA.
67 LEIDE.
69—73 CABRERA.
74 MARK u. CORK.
75 POLLAND.
76—92 MACK u. CORK.

Nach der photographischen Methode, aber mit Hilfe eines anderen spektrographischen Verfahrens, welches schon oben auf S. 95 beschrieben ist, hat Verfasser zusammen mit JÖNSSON [1919: 30] die kurzwelligen Absorptionsspektren bis hinauf zu Uran untersucht. DUANE und seine Mitarbeiter [1919: 10; 1920: 21, 26] haben das ganze Gebiet von Mangan aufwärts nach der Ionisationsmethode ausgemessen. Die K-Absorptionsspektren der seltenen Erden und der nächstliegenden Elemente wurden im Laboratorium von DE BROGLIE von CABRERA [1923: 10] ausgemessen. Ferner finden sich in der Tabelle die Messungen im langwelligen Gebiete von Mg bis Cr, welche FRICKE [1920: 30] im Laboratorium des Verfassers mit dem Vakuumspektrographen S. 114ff. ausgeführt hat. Wie schon erwähnt, zeigte sich bei dieser Untersuchung, daß die Absorptionskanten in diesem Gebiete nicht mehr so einfach sind wie im allgemeinen in dem kurzwelligen Gebiete. Die angegebenen Zahlen sind die Hauptkanten. Einzelheiten findet man in der Mitteilung von FRICKE.

Neuere umfangreiche Messungen liegen in den Untersuchungen von LEIDE [1925: 94b] und von CORK und MACK [1927: 98] vor. Der erstere hat die Elemente von 29 Cu bis 67 Ho neu gemessen; die zwei letztgenannten die schwersten Elemente von 74 W bis 92 U.

Nach der obenerwähnten Entdeckung von LINDH [1921: 61, 62; 1922: 60; 1923: 52] über die Abhängigkeit der Absorptionsspektren von der chemischen Bindung sind eine große Anzahl von Untersuchungen dieser Frage gewidmet worden, welche wir später besprechen werden (§ 30).

Die von verschiedenen früheren Autoren gefundene Feinstruktur der K-Absorptionsgrenzen, die sich als eine Reihe mehr oder weniger ausgeprägter weißer Linien in der Nähe der Kante kundgab, bezog sich auf einen ziemlich engen Energiebereich (10 bis 20 V). Einige sehr bemerkenswerte Resultate sind in den letzten Jahren von LINDSAY und VAN DYKE [1926: 127], LINDSAY und VOORHEES [1928: 69], NUTTALL [1928: 81] und KIEVIT und LINDSAY [1930: 104] gefunden. In dieser Reihe von Untersuchungen wurde eine umfassende Komplexstruktur der K-Absorption bei einigen Elementen (19 K bis 34 Se) entdeckt, welche Struktur sich über mehr als 200 V im Energiemaß ausdehnt. Auch bei 35 Brom hat HEINZ-THEODOR MEYER [1929: 103] bei Verbindungen, in gelöstem oder festem Zustand, derartige Komplexstrukturen (über 240 V) gefunden. Diese Größe des Gebietes gestattet kaum eine andere Erklärung des Phänomens als durch eine Mehrfachionisation. Wir haben es also hier bei der Absorption mit Erscheinungen zu tun, die den sogenannten Funkenlinien bei der Emission entsprechen. Wir werden diese Phänomene später näher besprechen.

Es sei hier eine kleine Bemerkung gemacht, welche sich auf die

Bedeutung des Antikathodenmaterials selbst bei der K-Absorption bezieht. Wenn man, wie es oft geschieht, die von der Antikathode ausgehende Strahlung streifend von der Brennfläche in das Spektrometer einfallen läßt, so ist in der Ionisationskurve ein Absorptionssprung zu erwarten, der durch Absorption in der Antikathode selbst eingetreten ist. (Ob die absorbierende Schicht in oder außerhalb der Antikathode liegt, ist selbstverständlich ohne Bedeutung.) Werden Rh, Pd, Mo oder Ag als Antikathoden benutzt, so fällt dieser Absorptionssprung gerade in die Mitte des gewöhnlichen Spektralgebietes, 618 bis 485 X.E., und zeigt sich eben an der kurzwelligen Seite der charakteristischen Eigenstrahlung. In der auf S. 149 wiedergegebenen Intensitätskurve des Rh ist diese Einsenkung infolge der Eigenabsorption sehr deutlich zu sehen. Dieselbe Tatsache hat auch OWEN bei Benutzung einer Pd-Antikathode gefunden [s. Proc. roy. Soc. Lond. A **94**, 341 (1918)].

29. Die L- und M-Absorption.

Auch die L-Reihen-Absorptionen sind bei den schwersten Elementen von DE BROGLIE [1916: 6] und WAGNER [1915: 49] nach der Drehkrystallmethode untersucht worden. Während WAGNER die dritte sehr schwache Absorptionskante nicht ganz sicher nachweisen konnte, gelang es DE BROGLIE, alle drei Kanten bei U, Th, Au und Bi auszumessen. Sehr genaue Bestimmungen der Absorptionskanten der Elemente von *Wolfram* an aufwärts verdanken wir DUANE und PATTERSON [1920: 20b], welche nach der Ionisationsmethode arbeiteten.

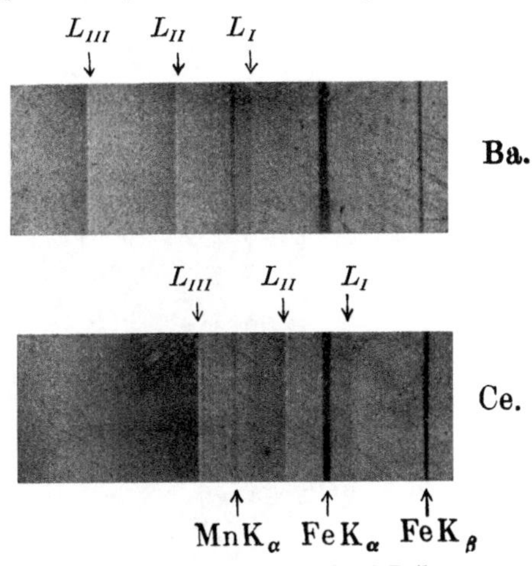

Abb. 167. Absorptionsspektren der L-Reihe. Von G. HERTZ.

Eine sehr wichtige und grundlegende Untersuchung der L-Absorptionsspektren ist die von G. HERTZ [1920: 34], welcher sich mit den Elementen von Cs bis Nd beschäftigt. Hier gelangen wir eben in eine Region der Wellenlängen, in der die Absorptionskanten eine Struktur zu zeigen beginnen. Auch die reine *Linien*absorption, die wir schon bei der K-Reihe der leichtesten Elemente besprochen haben, konnte HERTZ bei diesen Elementen in dem L-Gebiet nachweisen. Über eine wichtige Entdeckung der Dubletteigenschaft in den L-Absorptionen, die HERTZ bei seinen Messungen machen konnte, werden wir später berichten.

Zwei von den HERTZschen Spektrogrammen sind in der Abb. 167 zu sehen.

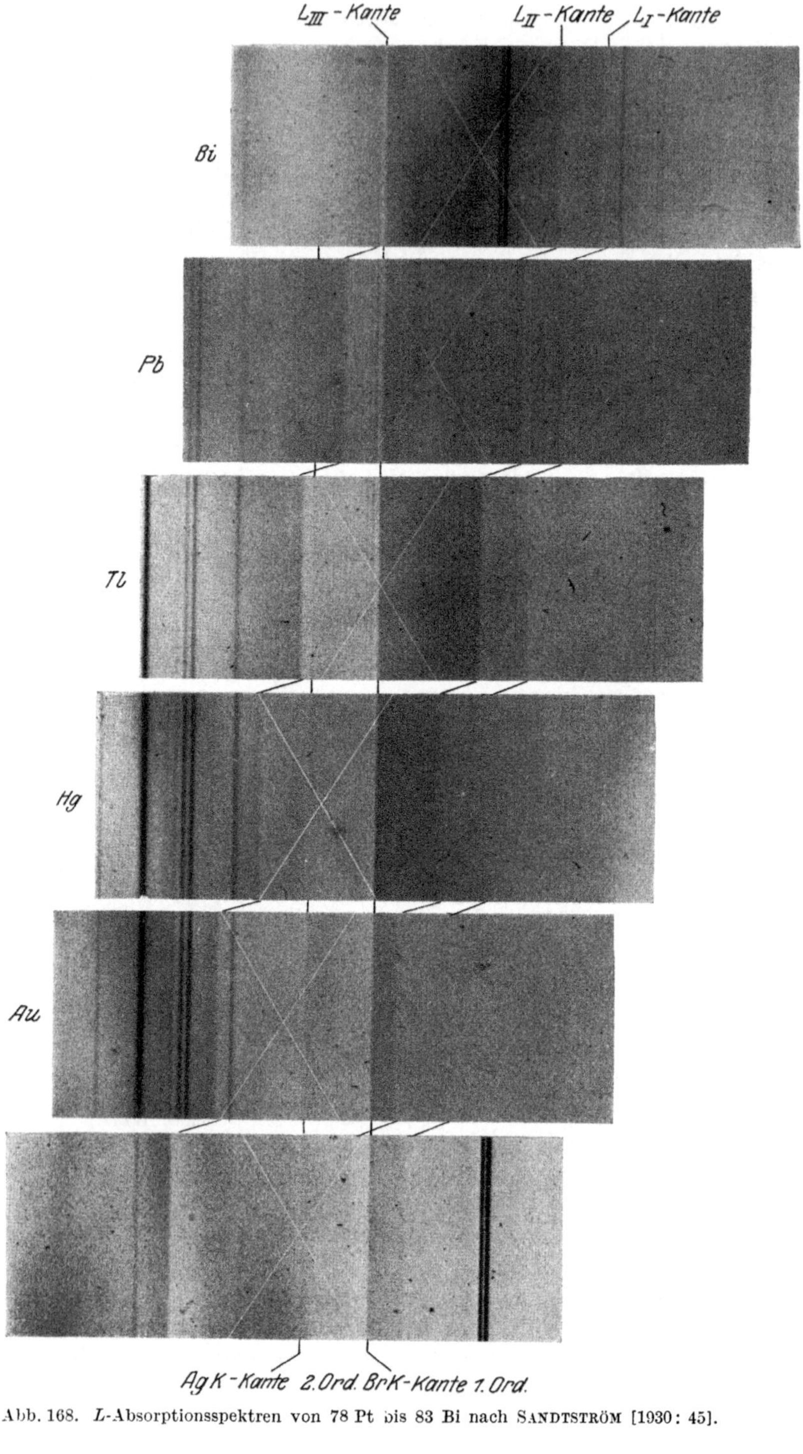

Abb. 168. *L*-Absorptionsspektren von 78 Pt bis 83 Bi nach SANDTSTRÖM [1930: 45].

Einen Schritt weiter in bezug auf die längeren Wellen in der L-Reihe ist LINDSAY [1922: 59] gegangen, der die Elemente 56 Ba bis 51 Sb untersuchte und für sie alle drei Kanten bestimmte.

In Fortsetzung dieser Untersuchungen haben LINDSAY und VAN DYKE [1927: 49] die nächstfolgenden Elemente bis 44 Ru ausgemessen. Die niedrigsten Elemente bis herunter zu 37 Rb wurden von COSTER und MULDER [1926: 39] auf ihre L-Absorptionsgrenzen untersucht. Weiter sind auch hier die umfangreichen Neumessungen von COSTER, NISHINA und WERNER [1923: 21] sowie von NISHINA [1925: 105] zu nennen, welche die Elemente 74 W bis 50 Sn umfassen. Eine Reihe dieser Elemente wurde auch von CORK [1923: 20] gemessen. Aus der letzten Zeit stammen Neumessungen der schwersten Elcmente 74 W bis 92 U von SANDSTRÖM [1930: 145]. Aus der letzterwähnten Arbeit sei die Abb. 168 reproduziert, welche die Folge der drei Absorptionsgrenzen bei den Elementen 83 Bi bis 78 Pt zeigt. In allen Spektrogrammen ist auch die Brom-K-Grenze zu sehen, in zweien sogar mit Feinstruktur. SANDSTRÖM gibt an, daß die Fehler in den Messungen von L_{II} und L_{III} etwa 0,1 X.E. und für L_I etwa 0,2 X.E. betragen. Gemessen wurde in diesem Falle an der „Kantenmitte", was bei einer mittels Ionisationsmethode aufgenommenen Intensitätskurve den Inflexionspunkten entsprechen würde.

Tabelle 116. λ-Werte der L-Absorptionsgrenzen der Elemente.

W. = WAGNER [1915: 49]; BR. = DE BROGLIE [1919: 2]; C. SH. = DUANE u. SHIMIZU [1919: 11]; H. = HERTZ [1920: 34]; D. = DAUVILLIER [1920: 18; 1921: 23]; D. u. P. = DUANE u. PATTERSSON [1920: 20b; 1922: 32]; C. = COSTER [1922: 15, 17]; L. = LINDSAY [1922: 59]; CK. = CORK [1923: 20]; C. N. W. = COSTER, NISHINA u. WERNER [1923: 21]; L. D. = LEPAPE u. DAUVILLIER [1923: 48]; CR. = CROFUTT [1924: 43; 1926: 42, 43]; E. = EDDY [1925: 65]; N. = NISHINA [1925: 105]; CH. = CHAMBERLAIN [1925: 38]; C. M. = COSTER u. MULDER [1926: 39]; CH. L. = CHAMBERLAIN u. LINDSAY [1927: 31]; v. D. L. = VAN DYKE u. LINDSAY [1927: 49]; B. = BEUTHE [1928: 9]; HA. = HANAWALT [1928: 49b; 1931: 42]; S. = SANDSTRÖM [1930: 145].

λ	L_I	L_{II}	L_{III}	
37 Rb	5985,4	—	6841,3	C. M.
38 Sr	5571,3	6162,1	6362,0	C. M.
39 Y	5221,6	5737,3	5944,4	C. M.
40 Zr	4857,4	5365,9	5561,0	C. M.
41 Nb	4571,7	—	5212,1	C. M.
42 Mo	4289,7	4712,0	4904,2	C. M.
44 Ru	—	4164,8	4357,7	C. M.
44 Ru	—	4169,3	4360,4	v. D. L.
45 Rh	3620,8	3931,5	4118,4	C. M.
45 Rh	3618,60	3934,0	4121,2	v. D. L.
46 Pd	3420,6	3715,2	3900,5	v. D. L.
46 Pd	—	—	3903,9	HA.
47 Ag	3260,5	3504,7	3684,4	C.

Tabelle 116 (Fortsetzung).

λ	L_I	L_{II}	L_{III}	
47 Ag	3244,8	3506,2	3693,0	C. M.
47 Ag	3247,4	3506,7	3690,8	v. D. L.
48 Cd	3070,9	3321,8	3495,3	C. M.
48 Cd	3077,3	3319,2	3496,3	v. D. L.
49 In	2919,4	3139,5	3315,5	v. D. L.
50 Sn	—	—	3146,9	Ch.
50 Sn	2766,7	—	3147,3	N.
50 Sn	2769,6	2972,3	3149,3	v. D. L.
51 Sb	2632,7	2831,0	2994,5	L.
51 Sb	—	—	2991,5	Ch.
51 Sb	2631,7	2821,9	2990,7	Ch. L.
52 Te	2502,6	2683,7	2847,0	L.
52 Te	2503,9	2679,3	2845,7	Ch. L.
53 J	2381,9	2548,3	2712,4	L.
53 J	2383,9	2547,5	2713,9	Ch. L.
54 Xe	2272,4	2425,3	2587,5	L. D.
54 Xe	2269,1	2424,1	2587,2	Ha.
55 Cs	2157	2299	2459	H.
55 Cs	—	—	2466	C.
55 Cs	2160,5	2307,3	2467,8	L.
55 Cs	—	2307,5	2467,4	N.
56 Ba	2063	2194	2348	H.
56 Ba	—	2198	2356,7	C.
56 Ba	2060,2	2199,5	2357,7	L.
56 Ba	2062,0	2199,3	2356,8	N.
57 La	1971	2098	2250	H.
57 La	1968,9	2098,9	2253,7	C. N. W.
58 Ce	1887	2007	2158	H.
58 Ce	1885,6	2006,7	2159,7	C. N. W.
58 Ce	—	—	2159,5	D.
59 Pr	1808	1922	2071	H.
59 Pr	—	1919,7	2072,7	C.
59 Pr	1807,1	1920,1	2072,8	N.
60 Nd	1736	1842	1922	H.
60 Nd	—	1837,6	1990,3	C.
60 Nd	—	1839,2	1891,2	D.
60 Nd	1731,7	1839,1	1990,7	N.
62 Sm	—	—	1840,9	C.
62 Sm	1608	1701	—	Ck.
62 Sm	—	1690,5	1841,0	D.
62 Sm	1595,4	1699,1	1840,8	N.
63 Eu	—	—	1773	C.
63 Eu	1533,3	1622,8	1771,7	N.
64 Gd	—	1558,7	1706,2	C. N. W.
64 Gd	1470	1550	1699	Ck.
64 Gd	—	1558,1	1706,0	D.
64 Gd	1474,0	—	—	N.
65 Tb	1417,0	1499,4	1644,2	E.

Tabelle 116 (Fortsetzung).

λ	L_I	L_{II}	L_{III}	
65 Tb	1418,1	1498,1	1645,3	N.
66 Dy	1364,8	1441,4	1587,0	C. N. W.
66 Dy	1362	1435	1576	Ck.
67 Ho	1314,6	1386,9	1532,2	N.
68 Er	1266,0	1334,9	1479,6	C. N. W.
68 Er	1265	1336	1478	Ck.
68 Er	1265,5	1335,60	1479,19	E.
69 Tm	1219,6	1284,9	1429,9	C. N. W.
70 Vb	1176,5	—	1382,4	C. N. W.
70 Vb	1171	1242	1386	Ck.
70 Vb	1176,4	1238,14	1382,64	E.
70 Vb	—	1239,2	—	N.
71 Lu	1136,2	1194,5	1337,7	C. N. W.
71 Lu	1136,21	1194,0	1337,5	E.
72 Hf	1097	1151,5	1293,0	C.
72 Hf	1095,3	—	—	N.
73 Ta	1058	1111,8	1253	Ck.
73 Ta	1057	1110,2	1251,7	N.
74 W	—	1083	1215	Br.
74 W	1024,3	1072,9	1213,9	D. u. P.
74 W	1023	1071,8	1211,2	Ck.
74 W	1021,7	1071,6	1212,2	Cr.
74 W	1020,5	1071,3	1211,6	N.
74 W	—	1070,8	1211,7	Cr.
74 W	1023,5	1071,7	1212,9	S.
75 Re	987,1	1034,0	1173,8	B.
75 Re	987,3	1035,4	1175,5	S.
76 Os	951,5	998,5	1138	Ck.
76 Os	955,8	999,8	1139,0	S.
77 Ir	919,5	965	1103,6	Ck.
77 Ir	922,3	965,4	1103,8	S.
78 Pt	—	934	1072	W.
78 Pt	—	930	1069	Br.
78 Pt	888,8	932,4	1070,7	D. u. P.
78 Pt	892,1	932,1	—	D. u. P.
78 Pt	891,4	932,1	1071,0	S.
79 Au	—	914	1042	W.
79 Au	858	898	1038	Br.
79 Au	860,9	899,6	1038,6	D. u. P.
79 Au	861,3	901,1	—	D. u. P.
79 Au	862,2	900,9	1038,2	S.
80 Hg	—	—	1006	Br.
80 Hg	833,8	870,3	1007,0	D. u. P.
80 Hg	834,2	870,8	1007,5	S.
81 Tl	—	840	974	Br.
81 Tl	805,8	841,8	977,9	D. u. P.
81 Tl	807,2	841,9	977,8	S.
82 Pb	—	811	945	Br.

Tabelle 116 (Fortsetzung).

λ	L_I	L_{II}	L_{III}	
82 Pb[1]	780,6	812,8	948,5	D. Sн.
82 Pb[2]	781,0	812,9	948,9	D. Sн.
82 Pb	780,5	813,6	950,0	D. u. P.
82 Pb	781,2	814,3	949,2	S.
83 Bi	753	786	921	Bʀ.
83 Bi	753,4	787,4	921,9	D. u. P.
83 Bi	756,4	787,3	—	D. u. P.
83 Bi	755,9	787,8	922,1	S.
88 Ra	—	670	802	Bʀ.
90 Th	604	624	757	Bʀ.
90 Th	604,6	628,8	759,8	D. u. P.
90 Th	603,9	629,3	760,0	S.
92 U	564	588	718	Bʀ.
92 U	568,7	592,0	721,6	D. u. P.
92 U	—	—	721,5	D.
92 U	568,0	591,3	720,8	S.

Tabelle 117. Zusammenstellung der ν/R-Werte der L-Absorptionsgrenzen der Elemente.

ν/R	L_I	L_{II}	L_{III}
37 Rb	152,25	—	133,20
38 Sr	163,57	147,88	143,24
39 Y	174,52	158,84	153,30
40 Zr	187,60	169,83	163,87
41 Nb	199,33	—	174,84
42 Mo	212,43	193,39	185,81
44 Ru	—	218,80	209,12
45 Rh	251,68	231,79	221,27
46 Pd	266,41	245,28	233,63
47 Ag	280,85	259,91	246,76
48 Cd	296,75	274,33	260,71
49 In	312,14	290,26	274,85
50 Sn	329,03	306,59	289,36
51 Sb	346,27	322,93	304,70
52 Te	363,94	340,12	320,23
53 J	382,26	357,71	335,78
54 Xe	401,02	375,74	352,18
55 Cs	421,79	394,95	369,26
56 Ba	441,9	414,3	386,66
57 La	462,85	434,16	404,35
58 Ce	483,28	454,12	421,94
59 Pr	504,3	474,6	439,63
60 Nd	526,2	495,5	457,76
62 Sm	571,2	538,9	495,0

[1] Blei, Atomgewicht 207,20.

[2] Blei, Atomgewicht 206,08. Die bezüglichen Werte sind innerhalb der Fehlergrenzen identisch.

Tabelle 117 (Fortsetzung).

ν/R	L_I	L_{II}	L_{III}
63 Eu	594,3	561,5	514,4
64 Gd	618,2	584,66	534,10
65 Tb	642,6	608,3	553,9
66 Dy	667,68	632,22	574,21
67 Ho	693,2	657,1	594,7
68 Er	719,78	682,62	615,85
69 Tm	747,19	709,23	637,31
70 Yb	774,55	735,4	659,20
71 Lu	802,05	762,87	681,24
72 Hf	832,0	791,37	704,77
73 Ta	862	820,8	728,0
74 W	890,37	850,28	751,30
75 Re	922,99	880,12	775,21
76 Os	953,39	911,47	800,04
77 Ir	988,04	943,92	825,60
78 Pt	1022,34	977,64	850,89
79 Au	1056,92	1011,49	877,70
80 Hg	1092,40	1046,44	904,53
81 Tl	1128,89	1082,44	931,98
82 Pb	1166,47	1119,05	960,03
83 Bi	1205,5	1156,79	988,29
88 Ra	—	1360,10	1136,25
90 Th	1508,9	1448,1	1199,0
92 U	1604,3	1541,0	1264,2

Tabelle 118. Zusammenstellung der $\sqrt{\nu/R}$-Werte der L-Absorptionsgrenzen der Elemente.

$\sqrt{\nu/R}$	L_I	L_{II}	L_{III}	$\Delta\sqrt{\nu/R}\ L_I - L_{II}$
37 Rb	12,34	—	11,54	—
38 Sr	12,79	12,16	11,97	0,63
39 Y	13,21	12,60	12,38	0,61
40 Zr	13,70	13,03	12,80	0,67
41 Nb	14,12	—	13,22	—
42 Mo	14,58	13,91	13,63	0,67
44 Ru	—	14,79	14,46	—
45 Rh	15,86	15,23	14,88	0,63
46 Pd	16,322	15,661	15,285	0,661
47 Ag	16,76	16,12	15,71	0,64
48 Cd	17,23	16,56	16,15	0,67
49 In	17,668	17,038	16,579	0,630
50 Sn	18,139	17,510	17,011	0,629
51 Sb	18,608	17,970	17,456	0,638
52 Te	19,077	18,442	17,895	0,635
53 J	19,552	18,913	18,324	0,639
54 Xe	20,03	19,38	18,77	0,65
55 Cs	20,538	19,873	19,216	0,665
56 Ba	21,022	20,355	19,664	0,667
57 La	21,514	20,837	20,109	0,677
58 Ce	21,984	21,310	20,541	0,674

Tabelle 118 (Fortsetzung).

$\sqrt{\nu/R}$	L_I	L_{II}	L_{III}	$\Delta\sqrt{\nu/R}\ L_I - L_{II}$
59 Pr	22,456	21,785	20,967	0,671
60 Nd	22,939	22,260	21,395	0,679
62 Sm	23,899	23,214	22,249	0,685
63 Eu	24,379	23,697	22,679	0,682
64 Gd	24,864	24,180	23,111	0,684
65 Tb	25,349	24,664	23,534	0,685
66 Dy	25,84	25,14	23,96	0,70
67 Ho	26,328	25,634	24,387	0,694
68 Er	26,83	26,13	24,82	0,70
69 Tm	27,33	26,63	25,24	0,70
70 Yb	27,83	27,12	25,67	0,71
71 Lu	28,32	27,62	26,10	0,70
72 Hf	28,84	28,13	26,55	0,71
73 Ta	29,360	28,650	26,982	0,710
74 W	29,839	29,160	27,410	0,679
75 Re	30,381	29,667	27,843	0,714
76 Os	30,877	30,190	28,285	0,687
77 Ir	31,433	30,723	28,733	0,710
78 Pt	31,974	31,267	29,170	0,707
79 Au	32,510	31,804	29,626	0,706
80 Hg	33,051	32,349	30,075	0,702
81 Tl	33,599	32,900	30,528	0,699
82 Pb	34,154	33,452	30,984	0,702
83 Bi	34,721	34,012	31,437	0,709
88 Ra	—	36,88	33,71	—
90 Th	38,844	38,055	34,628	0,789
92 U	40,053	39,256	35,555	0,797

37—45 Coster u. Mulder.
46 van Dyke u. Lindsay.
47—48 Coster u. Mulder.
49—50 van Dyke u. Lindsay.
51—53 Chamberlain u. Lindsay.
54 Lepape u. Dauvillier.
55 Lindsay.
56 Nishina.
57—58 Coster, Nishina u. Werner.
59—63 Nishina.
64 Coster, Nishina u. Werner.
65 Nishina.
66 Coster, Nishina u. Werner.
67 Nishina.
68—71 Coster, Nishina u. Werner.
72 Coster u. Nishina.
73 Nishina.
74—83 Sandström.
88 de Broglie.
90—92 Sandström.

Die Untersuchung der Absorptionsspektren der M-Reihe bietet große experimentelle Schwierigkeiten, weswegen sie erst in den letzten Jahren ausgemessen worden sind. Nur die M-Absorptionsspektren der drei höchsten Elemente U, Th und Bi wurden bei den älteren Untersuchungen von STENSTRÖM [1919: 33] und COSTER [1922: 17] gefunden. Alle fünf Absorptionskanten bei Wolfram wurden zuerst von ZUMSTEIN [1925: 161] registriert und gemessen. ROGERS [1927: 131] gelang es, diese Reihe in Absorption bei den Elementen 76 Os, 77 Ir und 78 Pt zu erhalten, vollständig bei Os, bei Ir und Pt die vier stärksten Absorptionsgrenzen. Am ausführlichsten sind die neuen Messungen von LINDBERG [1929: 97; 1931: Diss. Upsala], die die Elemente von 92 U bis 74 W umfassen.

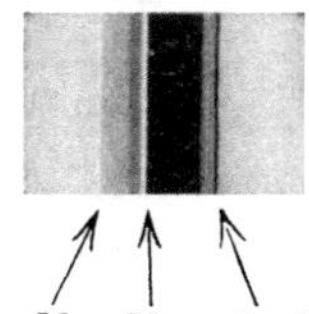

Abb. 169. Absorptionsgrenzen der M-Reihe bei Uran. Nach einer Aufnahme von COSTER.

Die ausgeprägte Absorptionslinienstruktur, die innerhalb der M-Reihe erhalten werden kann, zeigt die Abb. 169, welche eine Aufnahme von COSTER wiedergibt.

Tabelle 119. λ-Werte der M-Absorptionsgrenzen der Elemente.

λ	M_I	M_{II}	M_{III}	M_{IV}	M_V	
74 W	4365	4800	5416	6475	6708	ZUMSTEIN [1925: 161].
74 W	—	—	5427	6487	6702	LINDBERG [1929: 96].
76 Os	4037	4412	5027	5975	6194	ROGERS [1927: 131].
77 Ir	—	4270	4851	5754	5961	ROGERS [1927: 131].
78 Pt	—	3738	4674	5541	5736	ROGERS [1927: 131].
78 Pt	3603	—	4501	5315	5506	JOHNSON [1929: 77, 78].
78 Pt	—	—	4676	5544	5746	LINDBERG [1929: 96].
79 Au	3742	4085	4677	5506	5711	JOHNSON [1929: 77, 78].
79 Au	—	—	4508	5330	5529	LINDBERG [1929: 96].
80 Hg	—	—	4340	5139	5331	LINDBERG [1929: 96].
81 Tl	—	—	4184	4936	5136	LINDBERG [1929: 96].
82 Pb	—	—	4034	4747	4945	LINDBERG [1929: 96].
83 Bi	—	—	3894	4569	4762	COSTER [1922: 17].
83 Bi	—	—	3893	4568	4762	LINDBERG [1929: 96].
90 Th	—	—	3058	3552	3721	STENSTRÖM [1919: 33].
90 Th	2388	2571	—	—	—	COSTER [1922: 17].
90 Th	—	—	3062	3550	3722	LINDBERG [1929: 96].
92 U	—	—	2873	3326	3491	STENSTRÖM [1919: 33].
92 U	2228	2385	—	—	—	COSTER [1922: 17].
92 U	—	—	2877	3327	3491	LINDBERG [1929: 96].

Tabelle 120. Zusammenstellung der ν/R- und $\sqrt{\nu/R}$-Werte der M-Absorptionsgrenzen der Elemente.

ν/R	M_I	M_{II}	M_{III}	M_{IV}	M_V
74 W	208,77	189,85	167,9	140,5	136,0
76 Os	225,73	206,54	181,28	152,51	147,12
77 Ir	—	213,41	187,85	158,37	152,87
78 Pt	252,92	243,79	194,9	164,4	158,6
79 Au	243,52	223,08	202,2	171,0	164,8
80 Hg	—	—	210,0	177,3	170,9
81 Tl	—	—	217,8	184,6	177,4
82 Pb	—	—	225,9	192,0	184,3
83 Bi	—	—	234,1	199,5	191,4
90 Th	381,6	354,4	297,7	256,7	244,8
92 U	408,9	382,1	316,7	273,9	261,0

$\sqrt{\nu/R}$	M_I	M_{II}	M_{III}	M_{IV}	M_V	$M_I—M_{II}$	$M_{III}—M_{IV}$
74 W	14,45	13,78	12,96	11,85	11,66	0,67	1,11
76 Os	15,02	14,37	13,46	12,35	12,13	0,65	1,11
77 Ir	—	14,61	13,71	12,58	12,36	—	1,13
78 Pt	15,90	15,61	13,96	12,82	12,59	0,29	1,14
79 Au	15,61	14,94	14,22	13,08	12,84	0,67	1,14
80 Hg	—	—	14,49	13,32	13,07	—	1,17
81 Tl	—	—	14,76	13,59	13,32	—	1,17
82 Pb	—	—	15,03	13,86	13,58	—	1,17
83 Bi	—	—	15,30	14,12	13,83	—	1,18
90 Th	19,53	18,83	17,25	16,02	15,65	0,70	1,23
92 U	20,22	19,54	17,80	16,55	16,16	0,68	1,25

74 Lindberg u. Zumstein.
76—77 Rogers.
78 Lindberg, Johnson u. Rogers.
79 Lindberg u. Johnson.
80—83 Lindberg.
90—92 Lindberg u. Coster.

Über die Methoden zur Herstellung der bei diesen Untersuchungen nötigen sehr dünnen Folien der betreffenden Stoffe finden sich in der Doktorarbeit von Lindberg [1931: Diss. Upsala] nähere Angaben.

30. Abhängigkeit der Absorption von der chemischen Bindung des Stoffes. Sekundärabsorption.

Einer der am meisten auffallenden Unterschiede zwischen den gewöhnlichen optischen Spektren und den Röntgenspektren ist die Unabhängigkeit der letzteren von dem chemischen Charakter sowie von der chemischen Bindung des emittierenden Elementes. Während die optischen Spektren chemisch verwandter Elemente, die in derselben Vertikalreihe des periodischen Systems stehen, eine bemerkbare Analogie in ihrem Bau zeigen, ist dies bei den Röntgenspektren gar nicht der Fall. Im Gegenteil ändert sich die Struktur der Röntgenspektren langsam und regelmäßig, wenn man von einem Element zum nächsten im periodischen System geht.

Daß es aber möglich ist, aus den genaueren Messungen der Wellenlängen kleinere Diskontinuitäten in dem regelmäßigen Verlauf dort nachzuweisen, wo neue Elektronengruppen im Atombau hinzukommen, werden wir später (§ 39) zeigen.

Betreffend die Absorptions-Röntgenspektren wurde lange Zeit vergeblich nach einem Einfluß der chemischen Bindung gesucht. Die ersten Andeutungen eines solchen Einflusses fand aber, wie oben gesagt, BERGENGREN [1920: 4, 5] bei einer Untersuchung des Absorptionsspektrums verschiedener Phosphormodifikationen. Allerdings steht es nicht so, wie BERGENGREN aus seinen wenig umfassenden Untersuchungen zu schließen glaubte, nämlich, daß der Hauptgrund für diese Unterschiede in der Modifikation des Elementes liegt. LINDH [1921: 61, 62], der dieses Phänomen weiterverfolgte, machte die sehr wichtige Entdeckung, daß die Röntgenabsorptionsspektren der Elemente von der Valenz, die das Element in der untersuchten Verbindung hat, oft stark abhängig ist. Die Elemente, welche in diese erste Untersuchung einbezogen wurden, waren Chlor, Schwefel und Phosphor, die alle diese Eigenschaft zeigten. Bei Untersuchungen der Absorptionsspektren innerhalb des Gebietes der längeren Wellen muß man also unbedingt daran denken, daß diese Röntgenspektren keine rein atomistische Eigenschaft darstellen, sondern daß sie von der zufälligen chemischen Bindung des Stoffes abhängen.

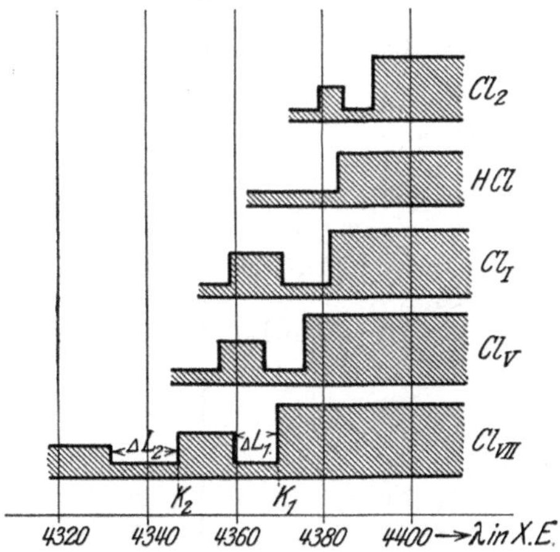

Abb. 170. Schematische Darstellung der relativen Lage und Struktur der Absorptionsspektren des Chlors bei verschiedenen Cl-Verbindungen.

Die Ergebnisse, zu welchen LINDH [1923: 52] bei seinen interessanten Untersuchungen gelangte, können wir folgendermaßen zusammenfassen, wenn wir anfangs die Resultate bei Cl besprechen: Meistens zeigen die bei einer homogenen chemischen Verbindung des betreffenden Elementes erhaltenen Absorptionsspektren außer der Kantendiskontinuität an der kurzwelligen Seite hellere und dunklere Linien. In verschiedenen Fällen ist diese „Feinstruktur" mehr oder weniger stark ausgebildet. Bei Chlor wurde die komplizierteste Struktur bei den 7wertigen Verbindungen gefunden. Eine übersichtliche graphische Darstellung dieser Verhältnisse findet sich in Abb. 170. Gegenstand der Wellenlängenmessung waren dabei die zwei Diskontinuitätspunkte K_1 und K_2, von welchen also der erste die Lage der „Hauptkante" darstellt.

während der zweite eine „Nebenkante“ ist. Ferner hat LINDH auch noch, um die Feinstruktur einigermaßen quantitativ zum Ausdruck kommen zu lassen, die Breite ΔL_1 und ΔL_2 ausgemessen. Ihre Bedeutung ist der Abbildung zu entnehmen. In groben Zügen zeigen die nachstehenden Tabellen der Meßergebnisse, daß die Absorptionsspektren

Tabelle 121. 17 Chlor. K-Absorptionsgrenzen nach LINDH.

		$K_1 : \lambda$	$K_2 : \lambda$	$L_1 : \Delta\lambda$	$L_2 : \Delta\lambda$
Cl		4393,8	4381,6	7,5	—
HCl		4385,3	—	—	—
1wertige Cl-Verbindungen	H_4NCl	4382,1	4360,1	10,8	—
	LiCl	4382,9	4359,6	12,4	—
	NaCl	4383,3	4359,2	10,8	—
	KCl	4382,9	—	10,8	—
	$CaCl_2$	4382,1	—	11,3	—
	$CuCl_2$ (+2 H_2O)	4383,3	—	11,3	—
	$SrCl_2$ (+6 H_2O)	4383,3	—	11,3	—
	$CdCl_2$ (+2 H_2O)	4383,7	4360,9	—	—
	CsCl	4382,9	—	—	—
	$BaCl_2$ (+2 H_2O)	4382,9	—	10,8	—
	$ThCl_4$	4382,9	—	12,4	—
5wert. Cl-Verb.	$NaClO_3$	4376,5	—	9,6	—
	Mg $(ClO_3)_2$	4376,9	4358,4	10,2	—
	$KClO_3$	4376,1	4356,3	9,1	—
	Cu $(ClO_3)_2$	4377,8	—	—	—
	Sr $(ClO_3)_2$	4377,8	—	—	—
	Ba $(ClO_3)_2$	4376,1	—	—	—
7wert.	$NaClO_4$	4369,4	4347,8	9,1	15,3
	$KClO_4$	4370,2	4347,8	10,2	16,4

Tabelle 122. Zusammenfassung mit Mittelwertsbildung der Absorptionsmessungen bei Cl nach LINDH.

	K_1	K_2	$L_1 : \Delta\lambda$	$L_2 : \Delta\lambda$	ΔV in Volt gegen entsprechende Kante bei Cl_2 K_1	ΔV in Volt gegen entsprechende Kante bei Cl_2 K_2	Diff. K_1-K_2 in Volt umgerechnet
Cl_2	4393,8	4381,6	7,5	—	0	0	7,8
HCL	4385,3	—	—	—	5,4	—	—
Cl: 1 wert.	4382,9	4360,0	11,3	—	7,0	13,8	14,6
Cl: 5 wert.	4376,9	4357,4	9,6	—	10,8	15,5	12,5
Cl: 7 wert.	4369,8	4347,8	9,7	15,9	15,3	21,6	14,1

bei sämtlichen Verbindungen des Chlors, welche demselben Valenzwert entsprechen, innerhalb der Meßfehler identisch sind. Eine Ausnahme bildet HCl, dem, wie es scheint, eine unbedeutend größere Wellenlänge zukommt. Freies Chlor hat eine ausgeprägte Ausnahmestellung mit wesentlich kürzerer Wellenlänge der Absorptionskante. Sonst scheint es berechtigt zu sein, aus den Messungen bei 1-, 5- und 7wertigen Chlorverbindungen innerhalb jeder Gruppe einen Mittelwert zu bilden, da die kleinen Abweichungen von dem Mittelwert den Meßfehler nicht überschreiten dürften. Die so erhaltenen Werte sind in Tabelle 122 eingetragen. Aus den Mittelwerten sind dann die Kurven in Abb. 170 gezeichnet.

In der vorstehenden tabellarischen Zusammenfassung sind auch die entsprechenden Energiedifferenzen, im Voltmaß ausgerechnet, zu finden.

Diese Untersuchungen von LINDH zeigen, daß das Studium der Röntgenabsorptionsspektren auch vom chemischen Standpunkt von Bedeutung sein könnte. Von diesem Gesichtspunkte aus griff STELLING [1927: 139, 140; 1928: 109; 1929: 155] das Problem an. Betreffend die Verbindungen von *Chlor* gelang es STELLING durch Verwendung von größerer Dispersion, als bei LINDH benutzt wurde, festzustellen, daß die Lage der Absorptionskanten für einwertiges Chlor auch in gewissem Maße von den an das Chloratom gebundenen Atomen abhängig ist. Diese Tatsache stimmt überein mit den früheren Untersuchungen beim Schwefel, wo LINDH, wie unten näher besprochen wird, ein analoges Verhältnis gefunden hatte.

Von großem Interesse ist ferner die Entdeckung von STELLING, daß die krystallwasserhaltigen Chloride eine andere Wellenlänge der Kante aufweisen als die entsprechenden wasserfreien Verbindungen. Im allgemeinen geben jedoch die wasserhaltigen Verbindungen zwei Kanten wegen teilweiser Entwässerung während der Bestrahlung. Die langwelligere Kante gehört den wasserhaltigen Krystallen an.

Unter den Chloriden nehmen die von Chrom, Nickel und Kupfer eine Ausnahmestellung ein, indem sie zwei getrennte Absorptionssprünge aufweisen, zwischen welchen die Intensität der Schwärzung etwa ebenso groß ist wie auf der langwelligen Seite. Eine solche Kantenstruktur wurde auch bei den organischen Chlorverbindungen festgestellt. Ferner fand STELLING, daß von diesen zwei Kanten nur die Lage der kurzwelligeren von der Konstitution der Verbindung abhängig war.

Wie aus der tabellarischen Zusammenstellung der Meßergebnisse bei den komplexen Chlorverbindungen zu ersehen ist, geben solche Verbindungen, wo Chlor nur ionogen gebunden ist, einfache Kanten, während in den anderen Fällen zwei Kanten erscheinen.

Bei Chloraten und Perchloraten konnte STELLING keine Abhängigkeit der Kantenlage von dem Metallion des Salzes finden. Bei der Ausmessung der Absorptionsspektren herrscht eine gewisse Willkür, was beim Vergleich der Ergebnisse von verschiedenen Forschern zu berücksichtigen ist. Schon die Einstellung auf die Hauptkante im Meßkomparator kann individuelle Unterschiede bedingen und hängt noch von dem Grade der Schwärzung ab. Durch Photometrieren und Messung an der registrierten Kurve sind eindeutigere Ergebnisse zu erzielen. Die Messung ist dann an dem Inflexionspunkte der Schwärzungskurve auszuführen. Die individuelle Einstellung bei der Messung direkt an der Platte kann so ermittelt werden. Für die Ausmessung innerhalb der Kantenfeinstruktur ist STELLING der Regel gefolgt, auf die am besten definierte *langwellige Kante* der Linien einzustellen. In den unten angegebenen Messungen bei Cl von AOYAMA, KIMURA und NISHINA wurde dagegen an der Mitte der Linien gemessen.

Tabelle 123. 17 Chlor. *K*-Absorptionsgrenzen nach STELLING.

Substanz	Wellenlängen der Absorptionskanten in X.E.		
$LiCl \cdot 2\,H_2O$	4385,4	—	—
$LiCl$	4383,8	—	—
$NaCl$	4383,9	—	—
KCl	4385,1	—	—
$RbCl$	4385,2	—	—
$CsCl$	4384,9	—	—
$CuCl$	4384,1	—	—
$AgCl$	4386,4	—	—
NH_4Cl	4385,6	—	—
$MgCl_2 \cdot 6\,H_2O$	4382,6	4385,2	—
$CaCl_2 \cdot 6\,H_2O$	4384,0	4386,4	—
$CaCl_2$	4384,4	—	—
$SrCl_2 \cdot 6\,H_2O$	4383,9	4386,6	—
$BaCl_2 \cdot 2\,H_2O$	4383,9	4387,3	—
$MnCl_2 \cdot 4\,H_2O$	4385,4	4388,1	—
$FeCl_2 \cdot 4\,H_2O$	4382,8	4387,0	—
$NiCl_2 \cdot 6\,H_2O$	4383,8	4386,3	—
$CeCl_3$	4386,1	—	4391,4
$CrCl_3$ (subl.)	4380,2	—	4390,7
$NiCl_2$ (subl.)	4383,8	—	4391,7
$CuCl_2$	4384,2	—	—
$[Co(NH_3)_6]Cl_3$	4385,6	—	—
$[Co(NH_3)_5Cl]Cl_2$	4384,6	4391,8	—
$[Co(NH_3)_5Cl](NO_3)_2$	4384,0	4391,7	—
$[Co(NH_3)_4Cl_2]Cl$ 1:6	4384,0	4392,3	—
$[Co(NH_3)_3(H_2O)Cl_2]Cl$ 1:6	4383,9	4392,4	—
$[Co(NH_3)_4Cl_2]NO_3$ 1:6	4382,6	4391,8	—
$[Co(NH_3)_4Cl_2]_2S_2O_6$ 1:6	4382,8	4392,0	—
$[Co(NH_3)_4Cl_2]_2S_2O_6$ 1:2	4382,8	4390,2	—
$[Co(NH_3)_4(NO_2)_2]Cl$ 1:6	4384,8	—	—
$[Cr(NH_3)_6]Cl_3$	4386,3	—	—
$[Cr(H_2O)_6]Cl_3$	4384,4	—	—
$[Cr(H_2O)_4Cl_2]Cl$ 1:6	4384,0	4391,5	—
$[Cr(NH_3)_3Cl_3]$	4382,9	4390,7	—
$[Cr(Pyr)_3Cl_3]$	4382,9	4390,7	—

Tabelle 124. 17 Chlor. *K*-Absorptionsgrenzen nach Aoyama, Kimura und Nishina.

Substanz	K_1 in X.E.	W in mm	K_2 in X.E.
$[Co(NH_3)_6]Cl_3$	—	—	4382,8
$[Co(NH_3)_5Cl]Cl_2$	4390,5	0,10	4382,3
$[Co(NH_3)_4Cl_2]Cl$	4390,9	0,10	4382,0
$[Co(NH_3)_5NO_2]Cl_2$	—	—	4382,8
K_2PtCl_6	4388,2	0,10	4378
K_2PtCl_4	4387,6	0,10	4376
Cl  $NH \cdot CO \cdot CH_3$	4384,7	0,13	4376,3
$Oi_3CCO_2NH_2$	4384,9	0,19	4373
$C_7H_7SO_2Cl$	4387,7	0,13	4377,8

Die letzterwähnten Forscher meinen, daß es durch geeignete Wahl der Schichtdicke der absorbierenden Substanz immer möglich ist, die Absorption als Linien zu erhalten, was von Stelling bestritten wird.

Sehr ausgedehnte Untersuchungen hat Lindh [1922: 60; 1923: 52] auch bei Schwefel vorgenommen. Außer krystallisiertem Schwefel in monokliner und rhombischer Form wurde eine ganze Reihe von 2-, 4- und 6wertigen Verbindungen untersucht, und zwar sowohl anorganische wie organische. Die zwei allotropen Modifikationen zeigen keine merkbaren Unterschiede in ihren Absorptionsspektren. Die Sulfide aber weisen Differenzen in der Lage der Hauptkante auf, die sicherlich außerhalb der Fehlergrenzen liegen. Die kürzeste Wellenlänge besitzt ZnS mit 5005,3 X.E., die längste gibt Cr_2S_3 mit 5011,7 X.E. Noch größer sind die Unterschiede der Wellenlängen, welche der Nebenkante entsprechen. Die Werte schwanken hier zwischen 4999,4 und 4987,2 X.E. bei H_2S bzw. CuS. Da die meisten dieser Werte gerade mit den für Sulfate gefundenen Kantenwerten übereinstimmen, liegt es nahe anzunehmen, daß sie durch Verunreinigungen der verwendeten Sulfide von Sulfaten entstanden sind. Chamberlain [1925: 38] hat gezeigt, daß die Röntgenstrahlung selbst eine solche Umsetzung zur Folge hat. Innerhalb der Gruppe der 4wertigen Verbindungen stimmen dagegen die Werte sehr gut miteinander überein. Dasselbe gilt für die Nebenkanten. Übrigens ist zu bemerken, daß die Lage dieser Nebenkanten (ebenso wie im allgemeinen bei den Sulfiden) sehr angenähert mit der Hauptkante der 6wertigen Verbindungen übereinstimmt. Die Mittelwerte sind bzw. 4988,1 und 4987,9. Lindh stellt in Anbetracht der leichten Oxydierbarkeit der 4wertigen Verbindungen die reale Existenz der Nebenkante bei diesen in Frage.

Bei den 6wertigen Schwefelverbindungen untersuchte Lindh eine ganze Reihe von Sulfaten mit verschiedenen Metallatomen von Li bis U.

In der Hauptkante fand er dabei keinen Unterschied. Nebenkanten wurden nur bei Li, Na und K gemessen, und es zeigt sich in diesen Fällen eine ausgesprochene und ziemlich regelmäßige Änderung der Wellenlängen der Nebenkanten mit der Ordnungszahl des Metallatoms.

Auch wurden zwei solcher Schwefelverbindungen untersucht, bei denen nach den üblichen Vorstellungen zwei Schwefelatome verschiedener Valenz vorhanden sind entsprechend der Formel:

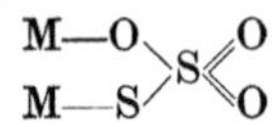

In diesen Fällen findet LINDH drei Kanten sowie drei hellere Linien, die nach abnehmender Wellenlänge in folgender Tabelle wiedergegeben sind:

Tabelle 125. Absorptionsspektren bei Thiosulfaten nach LINDH.

	Kanten			Linienbreiten		
$Na_2S_2O_3$ (+5 H_2O) . . .	5009,7	5000,8	4992,1	3,8	3,2	6,0
BaS_2O_3 (+H_2O)	5008,0	5000,1	4991,6	2,6	3,4	6,0

Wie ersichtlich, stimmt die erste dieser Kanten sehr gut mit der entsprechenden Hauptkante des 2wertigen Schwefelatoms überein (siehe die tabellarische Zusammenstellung unten), während die letzte Kante um etwa 4 X.E. größer ausfällt als die 6wertige Schwefelhauptkante. Wie ein Vergleich der zusammenfassenden Tabellen der anorganischen bzw. der organischen Verbindungen zeigt, liegen die Kanten bei den letzteren für 4- und 6wertigen Schwefel etwa um 6 X.E. gegen größere Wellenlängen verschoben.

Für die Deutung des ganzen Absorptionsprozesses und seiner Abhängigkeit von der chemischen Bindung des Stoffes ist die Angabe LINDHs sehr wichtig, daß die 2wertigen Absorptonsspektren im allgemeinen von reinem Kantentyp sind, während bei den 4- und 6wertigen deutliche Absorptionslinien hervortreten.

Tabelle 126. Absorption bei S. Anorganische Verbindungen.

		$K_1 : \lambda$	$K_2 : \lambda$	$K_3 : \lambda$	$L_1 : \Delta\lambda$	$L_2 : \Delta\lambda$	$L_3 : \Delta\lambda$
	S Monokl.	5009,0	4994,6	—	8,5	8	—
	S Rhomb.	5008,6	4993,8	—	7,7	7,7	—
2wertige S-Verbindungen	H_2S	5007,1	4999,4	—	5,1	—	—
	CS_2	5011,4	—	—	—	—	—
	Na_2S	5009,6	—	—	—	—	—
	MgS	5005,6	—	—	—	—	—
	CaS	5006,6	4996	—	—	—	—
	Cr_2S_3	5011,7	4996,9	—	—	—	—
	FeS	5011,4	4988,8	—	—	—	—
	CoS	5010,9	4988,3	—	—	—	—
	CuS	5011,3	4987,2	—	—	—	—
	ZnS	5005,3	4987,8	—	—	—	—
	MoS_2	5009,9	4988,4	—	—	—	—

Tabelle 126 (Fortsetzung).

		$K_1:\lambda$	$K_2:\lambda$	$K_3:\lambda$	$L_1:\Delta\lambda$	$L_2:\Delta\lambda$	$L_3:\Delta\lambda$
2wert. S-Verb.	Ag_2S	5010,1	—	—	—	—	—
	CdS	5007,5	4987,7	—	—	—	—
	SnS_2	5011,3	4987,9	—	—	—	—
	Sb_2S_3	5009,9	—	—	—	—	—
	Sb_2S_4	5010,8	—	—	—	—	—
	BaS	5007,5	4987,7	—	—	—	—
	Bi_2S_3	5010,3	—	—	—	—	—
4wert. S-Verbind.	$Na_2SO_3(+7\,H_2O)$	4995,6	4987,7	—	4,6	4,2	—
	$CaSO_3\ (+2\,H_2O)$	4995,8	—	—	4,0	—	—
	$CuSO_3$	4995,6	4988,4	—	4,4	4,0	—
	$ZnSO_3$	4996,3	4987,7	—	4,0	4,2	—
	Ag_2SO_3	4995,8	—	—	—	—	—
	$CdSO_3$	4996,4	4988,4	—	4,4	4,4	—
	$BaSO_3$	4996,4	4988,8	—	4,2	4,4	—
	$PbSO_3$	4996,3	4987,8	—	4,2	4,0	—
6wertige S-Verbindungen	$(H_4N)_2SO_4$	4987,9	—	—	5,4	—	—
	$Li_2SO_4\ (+H_2O)$	4987,8	4962	4937	5,8	16	10
	$Na_2SO_4\ (+10\,H_2O)$	4987,8	4972	4960	5,6	—	—
	$MgSO_4\ (+7\,H_2O)$	4987,3	—	—	4,8	—	—
	$Al_2(SO_4)_3(+18\,H_2O)$	4988,3	—	—	5,0	—	—
	K_2SO_4	4988,4	4978,3	4965,9	5,4	6,8	—
	$CaSO_4\ (+2\,H_2O)$	4987,7	—	—	5,2	—	—
	$Fe_2\ (SO_4)_3$	4987,7	—	—	5,0	—	—
	$FeSO_4\ (+7\,H_2O)$	4988,3	—	—	5,2	—	—
	$CoSO_4\ (+7\,H_2O)$	4987,9	—	—	5,6	—	—
	$NiSO_4\ (+7\,H_2O)$	4987,7	—	—	5,4	—	—
	$CuSO_4\ (+5\,H_2O)$	4988,3	—	—	5,2	—	—
	$ZnSO_4\ (+7\,H_2O)$	4987,8	—	—	5,0	—	—
	Rb_2SO_4	4987,8	—	—	4,8	—	—
	$SrSO_4$	4987,3	—	—	5,6	—	—
	Ag_2SO_4	4988,3	—	—	4,8	—	—
	$3\ CdSO_4\ (+8\,H_2O)$	4988,3	—	—	5,2	—	—
	$SnSO_4$	4987,9	—	—	5,0	—	—
	Cs_2SO_4	4988,3	—	—	4,8	—	—
	$BaSO_4$	4987,9	—	—	5,0	—	—
	Hg_2SO_4	4987,7	—	—	6,0	—	—
	$Bi_2\ (SO_4)_3$	4987,8	—	—	5,4	—	—
	$Th\ (SO_4)_2\ (+9\,H_2O)$	4987,8	—	—	5,0	—	—
	$(UO_2)SO_4(+3\,H_2O)$	4987,8	—	—	5,6	—	—

Tabelle 127. Zusammenfassung der Messungen an anorganischen Schwefelverbindungen von LINDH unter Mittelwertbildung.

	K_1	K_2	$L_1:\Delta\lambda$	$L_2:\Delta\lambda$	ΔV der Kante K_1 gegen diese Kante des $S_{kryst.}$ Volt
S (kryst.)	5008,8	4994,1	8,1	7,9	—
S_{II}	(5009,3)	—	—	—	—
S_{IV}	4996,0	4988,1	4,3	4,2	6,3
S_{VI}	4987,9	—	5,2	—	10,3

Tabelle 128. Schwefel. *K*-Absorptionsgrenzen bei organischen Verbindungen nach LINDH.

		$K_1 : \lambda$	$K_2 : \lambda$	$L_1 : \Delta\lambda$	$L_2 : \Delta\lambda$
2wertige Verbindungen	Phenylthioglykolsäure	5005,8	—	5,2	—
	Thiodiglykolsäure	5006,4	—	—	—
	Ammoniumrhodanid	5007,5	—	—	—
	Natriumrhodanid	5008,0	—	—	—
	Calciumrhodanid	5007,4	—	—	—
	Kupferrhodanür	5005,8	—	—	—
	Silberrhodanid	5005,0	4988,3[1]	—	4,8
	Bariumrhodanid	5007,6	—	—	—
	Quecksilberrhodanid	5007,6	4987,9[1]	—	—
	Bleirhodanid	5007,0	4988,3[1]	—	—
6wertige	Phenylsulfonessigsäureäthylester	4994,1	—	6,0	—
	Sulfondiessigsäure	4994,2	—	5,8	—
	Diphenylsulfon	4993,4	—	5,4	—

Tabelle 129. Zusammenfassung der Messungen an organischen Schwefelverbindungen unter Mittelwertbildung.

	K_1	$L_1 : \Delta\lambda$	ΔV in Volt der Kante *K* gegen diese Kante bei $S_{kryst.}$
S_{II}	(5006,8)	—	—
S_{IV}	5001,9	5,5	3,4
S_{VI}	4993,9	5,7	7,3

Die späteren Untersuchungen aus Schwefel von STELLING [1927: 139, 140; 1928: 109b] haben die Ergebnisse von LINDH bestätigt und erweitert. Bei den 2wertigen Verbindungen findet auch STELLING eine Abhängigkeit der Kantenlage vom Metallatom. Einige Sulfide haben eine langwelligere Kante als die des reinen Elementes.

Wenn Schwefel in organischen Verbindungen untersucht wird, bekommt man bei derselben Valenz immer dann unveränderte Kantenlage, wenn der Schwefel einfach gebunden ist. Ist das Schwefelatom dagegen mit einem Kohlenatom doppelt gebunden, so erhält man eine langwelligere Kantenlage.

Die Unabhängigkeit der Kantenlage bei den Sulfaten von dem Kation wurde von STELLING bestätigt.

[1] Rühren wahrscheinlich von Verunreinigungen von Sulfaten her.

Tabelle 130. 16 Schwefel. *K*-Absorptionsgrenzen nach STELLING.

	Substanz	$K:\lambda$ in X.E.
	S (rhomb.)	5008,7
2wertige Verbindungen	BeS	5002,2
	MgS	5005,3
	MnS	5005,5
	NiS	5011,3
	CdS	5007,8
	Kaliumrhodanid	5007,0
	Cadmiumrhodanid	5005,1
	Guanidinrhodanid	5006,2
	Cuproäthylmercaptid	5005,8
	Cadmiumäthylmercaptid	5005,8
	Benzylrhodanid	5005,8
	β-Naphthyksenföl	5007,8
	Thioäpfelsäure	5007,0
4wertige Verbindung.	Na_2SO_3	}
	K_2SO_3	} 4995,7
	$(NH_4)_2SO_3$	}
	1, 1-Dinaphthylsulfit	4997,7
6wertige Verbindungen	Na_2SO_4	}
	$NaHSO_4$	}
	K_2SO_4	} 4988,1
	$KHSO_4$	}
	NH_4HSO_4	}
	$(NH_4)_2SO_4$	}
	Diphenylsulfon	4993,4
	Diäthylsulfon	4993,6
	Methylendiäthylsulfon	4993,8
	Methylsulfonsaures Kali	4992,0
	Phenylsulfons ures Natron	4992,3
	β-Naphthylsulfonsaures Natron	4992,2

Tabelle 131. 16 Schwefel. *K*-Absorptionsgrenzen nach AOYAMA, KIMURA und NISHINA.

Substanz	Wellenlängen in X.E.		
	K_1	K_2	K_3
$(C_7H_7)_2S_2O_4$	—	4995,4	4988,2
$(C_7H_7)_2S_3O_4$	5005,6	4996,0	4988,3
$(C_7H_7)_2S_4O_4$	5004,7	4995,9	4989,3
$(C_7H_7)_2S_4O_4$	5004,3	4995,5	4988,4
$(C_7H_7)_2S_4O_4$	5003,3	4994,9	4985,2
$C_7H_7SO_2Cl$	—	4995,4	4987,4
$C_7H_7SO_2H$	—	4995,4	4986,5
$C_7H_7S_2O_2Na \cdot 2\,H_2O$	5006,3	4996,8	4991,3

AOYAMA, KIMURA und NISHINA haben bei ihren Untersuchungen von einigen Schwefelverbindungen kompliziertere Strukturen erhalten. Wie oben bei Cl erwähnt, messen diese Forscher an der Mitte der Linien, so daß ihre Wellenlängenwerte nicht ohne weiteres mit denen von LINDH und STELLING vergleichbar sind.

Wie erwähnt, hat LINDH auch Phosphor untersucht und einige Ergebnisse erzielt, die die früheren Untersuchungen von BERGENGREN bei diesem Stoffe klarlegen.

Die starke Variation in der Lage und Struktur der Absorptionskanten bei Chlor und Schwefel findet man auch bei Phosphor. Gerade bei diesem Element hatte ja BERGENGREN zuerst die Veränderlichkeit des Absorptionsspektrums entdeckt. Daß in diesem Falle nicht nur die verschiedenen Modifikationen des Elementes die Unterschiede bedingen, wurde, wie schon erwähnt, von LINDH nachgewiesen.

Eine ausgedehntere und tiefgehendere Untersuchung der Abhängigkeit der Absorptionsgrenzen bei Phosphor von der chemischen Bindung wurde von STELLING durchgeführt. Wie aus der folgenden Zusammenstellung seiner Meßergebnisse hervorgeht, gibt der elementare Phosphor die langwelligste Kante, die Phosphate die kurzwelligsten. Weiter ist zu sehen, daß Verbindungen, welche das Phosphoratom in demselben Radikal enthalten, gleiche Wellenlänge der Kantenlage zeigen. Es hängt also die Kantenlage nur von den Atomen ab, die direkt an das absorbierende Atom gebunden sind. Werden diese Nachbaratome gegen andere vertauscht, tritt eine Verschiebung ein, die beim Austausch

$$O \rightarrow N \rightarrow H \rightarrow C\,(\rightarrow Cl\,?)$$

in der langwelligen Richtung geht.

Tabelle 132. 15 Phosphor. K-Absorptionsgrenzen nach STELLING.

Substanz	λ	$\Delta\lambda$	ΔV
Phosphor (gelb)	5776,9	—	—
Phosphor (violett und schwarz) . . .	5771,5	5,4	2,0
Hypophosphit	5757,5	19,4	7,2
Phosphit	5754,1	22,8	8,4
Phosphat	5750,7	26,2	9,7

Tabelle 133. 15 Phosphor. K-Absorptionsgrenzen nach STELLING.

Verbindungstypus	λ in X.E.	$\Delta\lambda$	Verbindungstypus	λ in X.E.	$\Delta\lambda$
$(RO)_3PO$	5750,7	—	$(RN)_3PO$	5756,5	5,8
$(RO)_2HPO$	5754,1	3,4	$(RC)_3PS$	5763,2	12,5
$(RO)H_2PO$	5757,5	6,8	$RO(RC)(H)PO$ . . .	5758,1	7,4
$(RO)_2(RC)PO$	5755,1	4,4	$(RO)_3P$	5759,9	9,2
$(RO)(RC)_2PO$	5759,1	8,4	$(RC)_3P$	5767,6	16,9
$(RC)_3PO$	5760,4	9,7	$(RO)Cl_2P$	5760,2	9,5
$(RC)_4POR$	5763,0	12,3	$(RC)_3P$, CuCl	5764,5	13,8
$(RN)(Cl)_2PO$	5758,8	8,1	$(RO)_3P$, CuCl	5758,9	8,2
$(RN)(RO)(Cl)PO$ . .	5755,9	5,2	P (violett)	5771,4	20,7
$(RN)(RO)_2PO$ . . .	5751,2	0,5	P (schwarz)	5771,5	20,8
$(RN)_2(RO)PO$ . . .	5754,1	3,4	P (weiß)	5776,9	26,2

Auch für das nächste niedrige Element *14 Silicium*, hat LINDH [1925: 95] neben dem reinen Element noch einige Verbindungen untersucht und eine Abhängigkeit von der Bindung gefunden. Seine Ergebnisse sind in der folgenden Tabelle wiedergegeben:

Tabelle 134. 14 Silicium. *K*-Absorptionsgrenzen nach LINDH.

Substanz	$K:\lambda$ in X.E.	$\Delta\lambda$ in X.E.	ΔV in Volt
14 Si	6731,0	0	0
SiO_2	6707,5	23,5	6,4
Na_2SiO_3.	6707,3	23,7	6,5
K_2SiO_3	6707,7	23,3	6,3

Daß diese Phänomene nicht nur bei diesen niedrigsten Elementen (14 Si, 15 P, 16 S und 17 Cl) vorkommen, hat LINDH [1925: 95] nachgewiesen, indem er noch bei den Grundstoffen 19 K bis 26 Fe entsprechende Abhängigkeit der *K*-Absorptionsspektren von der chemischen Bindung gefunden hat. Mehrere dieser Elemente sind auch von anderen Forschern untersucht worden. Bei 19 Kalium hat STELLING [1927: 139, 140] eine ganze Reihe von Verbindungen ausgemessen, die in Tabelle 136 zusammengestellt sind. Das Absorptionsspektrum von 20 Calcium erhält man bei Benutzung von Kalkspatkrystallen als Gitter ohne weiteres wegen der Eigenabsorption im Krystall. Dieses Verfahren zur Registrierung von Absorptionsspektren wurde von LINDSAY und VAN DYKE auch mit anderen Krystallgittern mit sehr interessanten Ergebnissen verwandt. Mit Kalkspat, Gips und Fluorit als Gitter gelang es diesen Forschern, nicht weniger als vier schöne Absorptionslinien von Ca zu erhalten. Bei einer Anzahl Verbindungen von Ca wurde ferner von AOYAMA, KIMURA und NISHINA die erste Absorptionslinie ausgemessen.

Bei den Elementen 22 Ti bis 26 Fe sind Messungen ausgeführt außer von LINDH noch von COSTER [1924: 47] bei 22 Ti, 23 Va, 24 Cr, 25 Me und von HENDRICKS und WYCKOFF [1927: 65a] bei 23 Va. COSTER erhält in seinen Spektrogrammen in einigen Fällen eine „weiße" Linie (*Ka*) an der langwelligen Seite der Absorptionskante, die er als eine anomale Absorptionslinie deutet. Wie von CHAMBERLAIN [1925: 38] dargetan wurde, handelt es sich hier aber wahrscheinlich um eine chemische Veränderung des absorbierenden Stoffes während der Bestrahlung. Unter anderem zeigt CHAMBERLAIN, daß bei Bestrahlung die Metalloxyde zu freien Elementen reduziert werden. Bei Sulfiden und Sulfiten führt diese Einwirkung zur Bildung von Sulfaten, was bei den Registrierungen der Absorptionskanten bei Schwefel zu berücksichtigen ist.

Tabelle 135. 19 Kalium. *K*-Absorptionsgrenzen nach LINDH.

Substanz	$K:\lambda$ in X.E.	$\Delta\lambda$ in X.E.	ΔV in Volt	Substanz	$K:\lambda$ in X.E.	$\Delta\lambda$ in X.E.	ΔV in Volt
K . . .	3431,0	0	0	KCl .	3428,0	3,0	3,1
KCN . .	3429,3	1,7	1,8	$K_2S_2O_4$	3427,3	3,7	3,9
KSCN .	3428,7	2,3	2,4	K_2SO_4	3426,7	4,3	4,5
KJ . . .	3428,3	2,7	2,8	$KClO_4$	3426,3	4,7	4,9

Tabelle 136. 19 Kalium. *K*-Absorptionsgrenzen nach STELLING.

Substanz	$K:\lambda$ in X.E.	Substanz	$K:\lambda$ in X.E.
KF	3427,7	$KHCO_3$	3426,3
KHF_2	3425,7	K_3PO_4	3427,2
KCl	3427,9	K_2HPO_4	3427,7
KBr	3427,9	KH_2PO_4	3427,9
KJ	3427,7	K_2CrO_4	3427,7
$KClO_3$	3427,2	$K_2Cr_2O_7$	3427,5
$KBrO_3$	3427,5	$K_3Fe(CN)_6$	3427,0
KJO_3	3427,2	$K_4Fe(CN)_6$	3427,0
$KClO_4$	3426,8	$K_4[Mo(CN)_8]$	3427,7
KJO_4	3426,8	$K_4[W(CN)_8]$	3427,7
KNO_3	3427,7	KOCO · CH(OH)	3427,5
K_2SO_4	3426,3	KOCO · CH(OH)	
$KHSO_4$	3426,6	KOCO · CH(OH)	3425,5
$KCr(SO_4)_2$	3426,6	HOCO · CH(OH)	
K_2CO_3	3427,5		

Tabelle 137. 20 Calcium. *K*-Absorptionsgrenzen nach LINDH.

Substanz	λ in X.E.	$\Delta\lambda$ in X.E.	ΔV in Volt
Ca	3064,3	0	0
$CaCO_3$	3060,5	3,8	5,0

Tabelle 138. 20 Calcium. *K*-Absorptionsgrenzen nach LINDSAY und VAN DYKE.

Absorptionslinie	$CaCO_3$		$CaSO_4 \cdot 2\,H_2O$		CaF_2	
	λ in X.E.	$K_n - K_1$ in Volt	λ in X.E.	$K_n - K_1$ in Volt	λ in X.E.	$K_n - K_1$ in Volt
K_1	3060,3	—	3059,1	—	3059,9	—
K_2	3050,2	13,3	3047,5	15,3	3047,8	16,0
K_3	3037,9	29,5	3035,3	31,6	3034,6	33,7
K_4	3023,3	49,1	—	—	3025,3	46,2

Tabelle 139. 20 Calcium. *K*-Absorptionsgrenzen nach AOYAMA, KIMURA und NISHINA.

Substanz	$K:\lambda$ in X.E.
$CaCO_3$ Kalkspat	3057,7
$CaCO_3$ synthetisch	3057,7
$CaCO_3$ Aragonit	3057,4
$CaCO_3$ Muschelschale	3057,2
$(CaMg)CO_3$ Dolomit	3056,5
$CaSO_4 \cdot 2\,H_2O$ Gips	3055,9
$CaSO_4 \cdot 2\,H_2O$ synthetisch	3056,0
$CaSO_4$ Anhydrid	3056,5
CaO	3057,3
CaF_2	3056,3
$CaCl_2 \cdot 6\,H_2O$	3057,6
CaS	3057,9
$Ca(COO)_2 \cdot H_2O$	3057,1
$Ca(H_2PO_4) \cdot H_2O$	3055,4
$CaHPO_4 \cdot 2\,H_2O$	3055,6

Tabelle 140. 22 Titan. *K*-Absorptionsgrenzen nach LINDH.

Substanz	Wellenlänge in X.E.		$\Delta\lambda$ in X.E.	ΔV in Volt
	K_1	K_2		
Ti	2491,2	—	0	0
TiO_2	2482,6	2490,7	8,6	17,0

Tabelle 141. 22 Titan. *K*-Absorptionsgrenzen nach COSTER.

Substanz	Wellenlänge in X.E.	
	K_1	$K a$
TiO_2	2482,9	2489,5

Tabelle 142. 23 Vanadium. *K*-Absorptionsgrenzen nach COSTER.

Substanz	Wellenlänge in X.E.	
	K_1	$K a$
$V_2(SO_4)_3$	2256,7	—
V_2O_5	2256,4	2262,8

Tabelle 143. 23 Vanadium. *K*-Absorptionsgrenzen nach LINDH.

Substanz	Wellenlänge in X.E.		$\Delta\lambda$ in X.E.	ΔV in Volt
	K_1	K_2		
V	2263,0	—	0	0
V_2O_5	2257,2	2263,5	5,8	14,0
NH_4VO_3	2257,1	2263,1	5,9	14,2

Tabelle 144. 23 Vanadium. *K*-Absorptionsgrenzen nach HENDRICKS und WYCKOFF.

Substanz	Wellenlänge in X.E.		$\Delta\lambda$ in X.E.	ΔV in Volt
	K_1	K_2		
V	2263,2	—	0	0
VO	2260,1	—	3,1	7,5
V_2O_3	2259,2	—	4,0	9,7
V_2S_3	2260,0	—	3,2	7,7
VOCl	2259,4	—	3,8	9,2
VCl_3	2260,9	—	2,3	5,5
V_2O_4	2259,0	—	4,2	10,1
VCl_4	2259,9	—	3,3	8,0
V_2O_5	2256,8	2262,9	6,4	15,5
V_2S_5	2256,4	—	6,8	16,4
$VOCl_3$	2258,4	—	4,8	11,6
NH_4VO_3	2256,9	2262,6	6,3	15,2
Na_3VO_4	2257,4	2263,1	5,8	14,0
Na_3VS_3O	2258,0	—	5,2	12,6
K_3VO_4	2258,2	2263,2	5,0	12,1
$K_4V_2O_7$	2258,2	2263,3	5,0	12,1

Tabelle 145. 24 Chrom. K-Absorptionsgrenzen nach COSTER.

Substanz	Wellenlänge in X.E.	
	K_1	$K\alpha$
$Na_2Cr_2O_7$	2059,5	2065,0
K_2CrO_4	2059,1	2065,2
Cr_2O_3	2060,6	—
$[Cr(NH_3)_6](NO_3)_3$	2063,8	—
$CrCl_3$	2063,0	—

Tabelle 146. 24 Chrom. K-Absorptionsgrenzen nach LINDH.

Substanz	Wellenlänge in X.E.		$\Delta\lambda$ in X.E.	ΔV in Volt
	K_1	K_2		
Cr	2066,3	—	0	0
Cr_2S_3	2063,9	—	2,4	6,9
$Cr(OH)_3$	2061,9	—	4,4	12,7
$Cr_2(SO_4)_3$	2062,2	—	4,1	11,9
K_2CrO_4	2060,0	2066,0	6,3	18,2
$Bi(CrO_4)_3$	2059,7	2065,7	6,0	19,1
$K_2Cr_2O_7$	2059,5	2066,0	6,8	19,7

Tabelle 147. 25 Mangan. K-Absorptionsgrenzen nach COSTER.

Substanz	Wellenlänge in X.E.	
	K_1	$K\alpha$
$KMnO_4$	1886,0	1891,3
$KMnO_4$ red.	1887,5	—
Mn_3O_4	1888,9	—
Manganiacetat	1887,8	—
$MnSO_4$	1889,2	—

Tabelle 148. 25 Mangan. K-Absorptionsgrenzen nach LINDH.

Substanz	Wellenlänge in X.E.		$\Delta\lambda$ in X.E.	ΔV in Volt
	K_1	K_2		
Mn	1892,1	—	0	0
$MnSO_4$	1889,3	—	2,8	9,7
$MnCl_2$	1889,3	—	2,8	9,7
$MnCO_3$	1889,4	—	2,7	9,3
MnC_2O_4	1889,4	—	2,7	9,3
Mn_3PO_4	1889,1	—	3,0	10,3
MnO_2	1887,7	—	4,4	15,2
$KMnO_4$	1886,3	1892,3	5,8	20,0

Tabelle 149. 26 Eisen. K-Absorptionsgrenzen nach LINDH.

Substanz	K	$\Delta\lambda$ in X.E.	ΔV in Volt
Fe	1740,5	0	0
FeS	1738,9	1,6	6,5
$FeSO_4$	1738,3	2,2	9,0
$FeCl_3$	1737,2	3,3	13,4
Fe_2O_3.	1737,3	3,2	13,0
$Fe(OH)_3$	1737,1	3,4	13,9
$NH_4Fe(SO_4)_2$	1737,3	3,2	13,0
$Fe(SO_4)_3$	1737,1	3,4	13,9
$FePO_4$	1737,1	3,4	13,9

Einige Angaben der Wellenlängenbreite des Absorptionssprunges und ihre Beeinflussung durch chemische Bindung findet sich bei DAVIS und PURKS [1928: 25, 26]. Diese Registrierungen sind zwar nicht für Krystallunregelmäßigkeiten korrigiert — daß solche bei den eben verwendeten Krystallen vorhanden waren, zeigten andere Untersuchungen —, aber für die Größenordnung und relative Strukturbreiten dürften doch die Ergebnisse richtig sein. Für die reinen Elemente 29 Cu, 42 Mo und 47 Ag ist die volle Breite des K-Absorptionssprunges in der folgenden Tabelle zusammengestellt. In der dritten Kolumne sind einige Messungen von Linienbreiten derselben Elemente und Reihe angegeben. Wie ersichtlich, stimmen die Weiten der Linien und der Absorptionssprünge gut miteinander überein.

Tabelle 150.

	Weite des K-Absorptionssprunges in X.E.	$2\times$ Halbweite der $K\alpha_1$-Linie	
Cu	0,70	0,70 [1]	
Mo	0,48	0,30 [2]	0,40 [1]
Ag	0,38	0,24 [3]	0,48 [2]

Die Registrierungen, welche DAVIS und PURK mit absorbierenden Schichten aus MoO_3, MoS_2, Mo_2O_3, Ag_2S, Ag_2O erhielten, zeigten durchweg größere Weiten als die für die freien Elemente erhaltenen und auch noch eine gewisse Struktur.

Auch in der L-Reihe wurde in einigen wenigen Fällen eine Abhängigkeit der Kantenlagen von der chemischen Bindung nachgewiesen. So gelang es TANDBERG [1924: 21], bei Jod in reinem Zustand und in Verbindungen Verschiebungen der drei L-Kanten zu konstatieren, wie aus folgender Tabelle zu ersehen ist.

[1] EHRENBERG u. MARK Cu$K\alpha_1$; Mo$K\alpha_1$; Ag$K\alpha_1$.
[2] ALLISON u. WILLIAMS Mo$K\alpha_1$; Ag$K\alpha_1$.
[3] VALASEK Ag$K\alpha_1$.

Tabelle 151. 53 Jod. L-Absorptionsgrenzen nach TANDBERG.

	Substanz	λ in X.E.	$\Delta\lambda$ in X.E.	ΔV in Volt
L_I	J	2402	0	0
	NaJ . . .	2397	5	11
	$NaJO_3$ . .	2398	4	9
	$NaJO_4$ . .	2397	5	11
L_{II}	J	2548	0	0
	NaJ . . .	2542	6	12
	$NaJO_3$ . .	2544	5	9
	$NaJO_4$ . .	2541	7	14
L_{III}	J	2711	0	0
	NaJ . . .	2708	3	5
	$NaJO_3$ . .	2709	2	4
	$NaJO_4$ . .	2703	8	13

Ferner hat COSTER [1924: 47] die Lage der stärksten Absorptionskante (L_{III}) bei einigen Verbindungen der Elemente 50 Sn, 51 Sb, 52 Te und 53 J ausgemessen. Die „weiße" Linie, welche COSTER bei den K-Kanten gefunden hatte und deren Deutung oben besprochen ist, wurde auch hier gefunden, L_{IIIa} (s. CHAMBERLAIN [1925: 38] und LINDH [1925: 95]).

Tabelle 152. 50 Sn, 51 Sb, 52 Te und 53 J. L-Absorptionsgrenzen nach COSTER.

Substanz	Wellenlänge in X.E.		$\Delta\lambda$ in X.E. (L_{III})	ΔV in Volt
	L_{III}	L_{IIIa}		
SnO_2	3140,6	3147,5	—	—
Sb_2O_3	2985,1	2991,1	—	—
$KSbO_3$.	2984,1	2990,8	—	—
Te	2847,1	—	0	0
H_2TeO_3	2842,2	2846,9	4,9	7,5
H_2TeO_4	2840,6	2846,6	6,5	9,9
J	2712	—	0	0
KJ	2712,2	—	—	—
HJO_3	2707,1	2711,5	4,9	8,3
HJO_4	2705,8	2711,3	6,2	10,5

Endlich ist zu erwähnen, daß AXEL JÖNSSON [1926: 109] die Lage der Absorptionsgrenze L_{III} bei 51 Sb und eine Reihe ihrer Verbindungen ausgemessen hat.

Tabelle 153. 51 Antimon. L-Absorptionsgrenzen nach JÖNSSON.

Substanz	L_{IIIa}: λ in X.E.	$\Delta\lambda$ in X.E.	ΔV in Volt	Substanz	L_{IIIa}: λ in X.E.	$\Delta\lambda$ in X.E.	ΔV in Volt
Sb	2993,0	0	0	$KSbO(OCOHCOH)_2$	2988,5	4,5	6,2
Sb_2O_3	2987,4	5,6	7,7	$Sb_2O_5 \cdot nH_2O$ . . .	2986,7	6,3	8,7
Sb_2S_3	2987,9	5,1	7,0	Sb_2S_5	2991,0	2,0	2,8
SbJ_3.	2988,7	4,3	5,9	$Cu(SbO_3)_2 \cdot nH_2O$.	2987,4	5,6	7,7
SbOCl. . . .	2989,4	3,6	5,0	$K_2H_2Sb_2O_7$	2986,2	6,8	9,4
$KSbOC_2O_4$ . .	2987,9	5,1	7,0				

Bei der hier besprochenen Abhängigkeit der Absorptionsspektren von der chemischen Bindung handelte es sich teils um Verschiebungen der Hauptkante, teils um Änderungen in der der Hauptkante angeschlossenen „*Feinstruktur*". Die Verschiebungen sind von der Größenordnung einiger Volt und entsprechen also den Energieunterschieden, welche man bei den Übergängen innerhalb der optischen Bahnen der neutralen oder einfach geladenen (freien) Atome findet. Bei der Feinstruktur war die Ausdehnung derselben bei den oben besprochenen Messungen auch im allgemeinen von dieser Größenordnung.

Die Untersuchungen von Lindsay und van Dyke [1926: 127] über die Struktur der K-Absorptionsgrenzen von Calcium bei einigen Krystallen (Tab. 138) hatten aber gezeigt, daß in gewissen Fällen die Ausdehnung der Absorptionsstruktur, von der Hauptkante gerechnet, die angegebenen Größenordnungen wesentlich überschreiten kann. In weiterer Verfolgung dieser Untersuchungen fand Nuttall [1928: 81] bei Kalium und Chlor bis 6 Absorptionslinien, die bei den ersterwähnten Elementen sich über einen Voltbereich von nahe 70 V erstreckten.

Tabelle 154. 19 Kalium. Wellenlängen und Voltunterschiede der K-Absorptionsgrenzen in verschiedenen Krystallen nach Nuttall.

	Sylvin	Lepidomelan	Phlogopit	Orthoclas
K_1	3429,0	3426,6	3426,8	3427,5
K_2	3424,5	3423,6	3424,1	—
K_3	3414,1	3415,9	3414,6	3414,0
K_4	—	3408,8	3408,4	—
K_5	3402,7	3401,7	3401,9	3401,3
K_6 (schwach)	3366,0	3363,0	3365,0	3372,0?
K_1—K_2	4,9	3,2	2,8	—
K_1—K_3	15,6	11,3	12,8	14,2
K_1—K_4	—	18,9	19,5	—
K_1—K_5	27,8	26,4	26,4	27,7
K_1—K_6	67,4	67,7	65,7	59,2

Tabelle 155. 17 Chlor. Wellenlängen und Voltunterschiede der K-Absorptionsgrenzen in Sylvin nach Nuttall.

K_1	K_2	K_3	K_3	K_5	K_6
4383,2	4377,0	4366,3	4359,3	4353,5	4341,4
	K_1-K_2	K_1-K_3	K_1-K_4	K_1-K_5	K_1-K_6
	4,0	10,9	15,5	19,2	27,3

Noch ausgedehntere Absorptionsstrukturen wurden dann von Lindsay und Voorhees [1928: 69] bei Eisen gefunden. Bei dieser Eigenabsorption in geeigneten Krystallen wurde teils mit gewöhnlichen Absorptionsschichten gearbeitet. Wie die folgende Tabelle zeigt, erstreckt sich die Absorption über ein Gebiet von mehr als 300 V.

Tabelle 156. Sekundärabsorption bei 26 Fe in verschiedenen Krystallen nach LINDSAY und VOORHEES. λ = Wellenlänge in X.E. ΔV = Energieunterschied in Volt.

Krystall		Kante K	Breite der weißen Linie	K'_1	K_1	K'_2	K_2	K'_3	K_3	K'_4
Pyrit, FeS_2	λ	1738,7	7,1 (4,4)	(1733,2)	1724,4	(1718,2)	1710,9	—	1698,5	1687,5
	$\Delta\nu/R$	—	2,15 (1,33)	(1,67)	4,34	(6,25)	8,52	—	(12,4)	15,9
	ΔV	—	29,2 (18,0)	(22,6)	58,9	(84,7)	(15)	—	(168)	215,0
Arsenopyrit, $AsFeS_2$	λ	1738,7	6,7 (4,0)	(1732,8)	1723,9	—	1712,4	1707,9	—	1687,1
	$\Delta\nu/R$	—	2,03 (1,21)	(1,79)	4,50	—	8,05	9,45	—	16,0
	ΔV	—	27,5 (16,4)	(24,2)	61,0	—	109,0	128,0	—	217,0
Hematit, Fe_2O_3	λ	1737,2	4,3	—	1725,8	—	1711,5	(1707,0)	—	(1686,6)
	$\Delta\nu/R$	—	1,30	—	3,47	—	7,88	(11,2)	—	(15,7)
	ΔV	—	17,6	—	46,9	—	107,0	(151)	—	(213)
Epidot	λ	1737,2	4,6	—	1726,1	—	1713,3	—	1696,2	—
	$\Delta\nu/R$	—	1,39	—	3,38	—	7,32	—	12,7	—
	ΔV	—	18,8	—	45,7	—	99,0	—	172	—
Lepidomelan	λ	1737,5	4,6	—	1723,5	—	1714,1	1709,4	1695,9	1689,7
	$\Delta\nu/R$	—	1,39	—	4,26	—	7,16	8,62	129	14,8
	ΔV	—	18,8	—	57,8	—	97,0	117,0	174	201,0
Magnetit	λ	1737,6	—	—	—	—	—	—	—	—

Tabelle 157. Sekundärabsorption bei 26 Fe nach LINDSAY und VOORHEES. λ = Wellenlänge in KCl. ΔV = Energieunterschied in Volt.

		Kante K	Breite der weißen Linie	K'_1	K_1	K'_2	K_2	K'_3	K_3	K'_4	K_4	K_5	K_6
Ferrooxyd, Fe_2O_3 . . .	λ	1736,8	3,9	1731,7	1725,6	—	1713,3	—	1704,5	1686,5	—	—	—
	$\Delta \nu/R$	—	1,18	1,85	3,41	—	7,20	—	9,9	15,6	—	—	—
	ΔV	—	16,0	25,0	46,1	—	97,5	—	135,0	212,0	—	—	—
Ferrochlorid, $FeCl_3 \cdot 6\,H_2O$	λ	1736,8	3,5	1731,1	1725,5	—	1714,9	—	1707,1	1692,0	(1682,0)	(1665,7)	—
	$\Delta \nu/R$	—	1,06	1,73	3,44	—	6,71	—	9,1	13,9	(17,4)	(22,4)	—
	ΔV	—	14,4	23,4	46,6	—	90,8	—	124,0	18,8	(232)	(304)	—
Ferrocarbonat, $FeCO_3$.	λ	1737,9	9,7	(1734,2)	1728,4	—	(1716,0)	—	1709,5	1689,5	—	—	—
	$\Delta \nu/R$	—	0,82	(1,12)	2,89	—	(6,69)	—	8,7	15,0	—	—	—
	ΔV	—	11,1	(16,2)	39,1	—	(90,7	—	118,0	203,0	—	—	—
Ferroammoniumsulfat, $FeSO_4(NH_4)_2SO_4 \cdot 6H_2$	λ	1737,4	2,7	1733,2	1728,0	—	1716,8	—	1706,2	1695,9	(1682,1)	(1662,4)	—
	$\Delta \nu/R$	—	0,82	1,27	2,86	—	6,30	—	9,6	12,8	(17,3)	(23,7)	—
	ΔV	—	11,1	17,1	38,7	—	85,3	—	130,0	174,0	(234)	(321)	—
Gemisch von $FeCl \cdot 6\,H_2O$ und $FeSO_4(NH_4)_2SO_4 \cdot 6\,H_2O$	λ	1737,5	3,6	—	1726,8	—	1716,5	—	1707,2	1695,2	(1683,2)	(1665,7)	—
	$\Delta \nu/R$	—	1,09	—	3,25	—	6,42	—	9,3	13,1	(16,9)	(22,6)	—
	ΔV	—	14,8	—	44,0	—	87,0	—	126,0	177,0	(229)	(306)	—
Lepidomelan	λ	1737,3	2,9	1732,1	1727,6	—	1713,8	1709,8	1699,3	1689,8	(1683,1)	—	—
	$\Delta \nu/R$	—	0,88	1,58	2,95	—	7,19	8,44	11,7	14,7	(16,9)	—	—
	ΔV	—	11,9	21,4	39,9	—	97,4	114	159,0	200,0	(229)	—	—
Ferro-ferrioxyd, F_3O_4 .	λ	1737,4	3,3	(1731,9)	1726,3	—	1715,2	—	1704,7	1688,1	—	—	—
	$\Delta \nu/R$	—	1,00	(1,67)	3,38	—	6,79	—	10,1	15,3	—	—	—
	ΔV	—	13,5	(22,5)	45,6	—	92	—	136,0	208,0	—	—	—
Fe, metallisch	λ	1739,3	—	1731,4	1726,7	1721,1	1715,2	1706,9	1701,3	1690,9	1683,4	1663,0	(1614,0)
	$\Delta \nu_1 R$	—	—	2,39	3,82	5,64	7,36	9,9	11,7	14,9	17,4	24,0	(40,7)
	ΔV	—	—	32,4	51,8	75,0	100,0	135,0	158,0	202,0	236,0	(326,0	(551)

Die Bedeutung der Bezeichnungen K_1', K_1, K_2' ... ist dem Photogramm der Absorptionsstruktur bei metallischem Eisen (Abb. 171) zu entnehmen. In Fällen wie den zuletzt besprochenen kann man schwerlich eine andere Erklärung als eine Mehrfachionisation des absorbierenden Elementes heranziehen. Wir

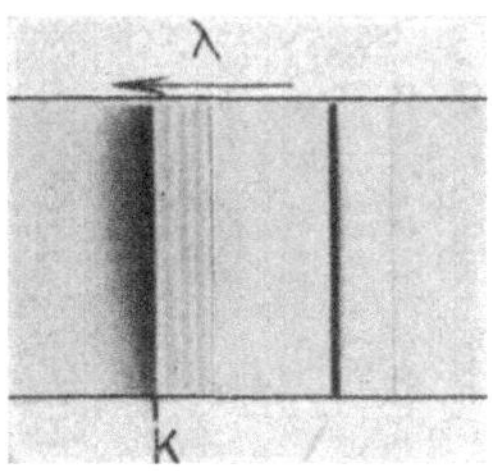

Abb. 171a. Absorptionsstruktur bei Fe nach LINDSAY und VOORHEES.

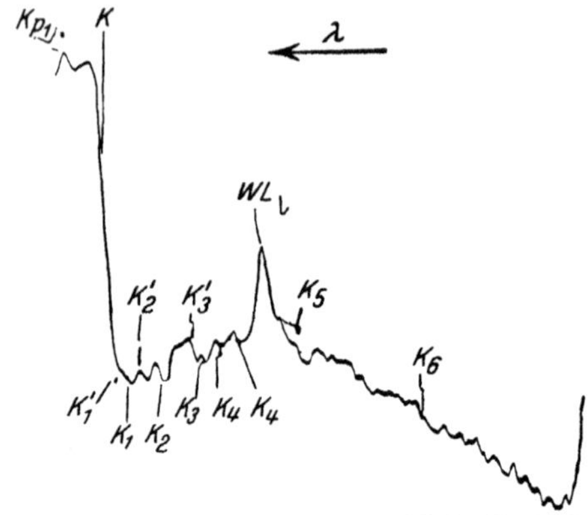

Abb. 171b. Photographisch-photometrische Registrierung der Absorptionsstruktur bei Fe nach LINDSAY und VOORHEES.

werden diese Phänomene als *Multipelabsorption* oder „*Sekundärabsorption*“ bezeichnen.

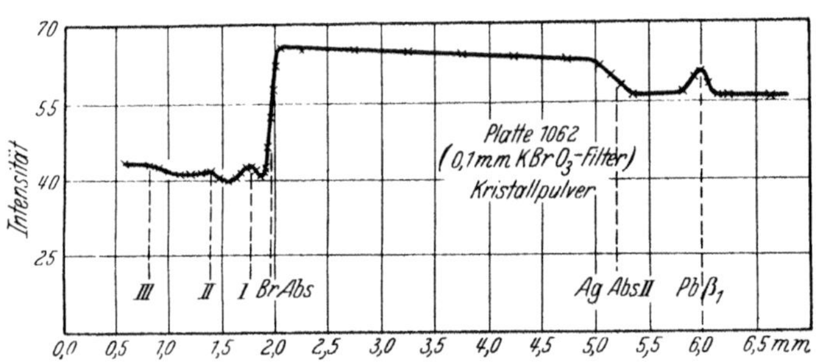

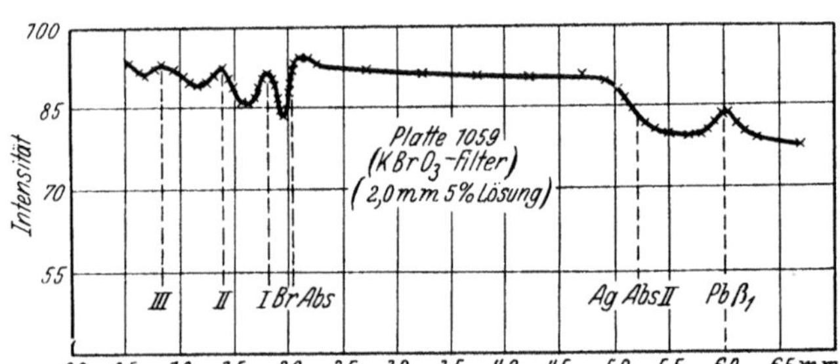

Abb. 172a u. b. Photographisch-photometrische Registrierung der Absorptionsstruktur bei $KBrO_3$ in krystallinischem und gelöstem Zustand nach MEYER.

Das Vorkommen von Absorptionsphänomenen dieser Art wurde auch bei der K-Reihe schwererer Elemente gefunden, und zwar von

Meyer [1929: 103] bei Brom und von Idei [1930: 98] bei Selen. Brom hat insofern eine Sonderstellung bei der photographischen Registrierung, als die lichtempfindliche Schicht von selbst die Absorptionskante von Brom registriert, wobei die Kante umgekehrt erscheint (s. Abb. 161). Bei Einschaltung eines absorbierenden Schirmes mit Brom läßt sich aber dies überkompensieren, so daß die registrierte Kante dasselbe Aus-

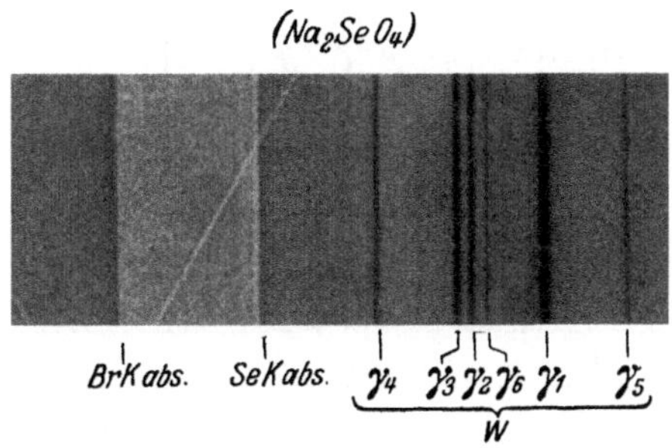

Abb. 173. Sekundärabsorption bei Se nach Aufnahme von Idei.

sehen zeigt wie bei anderen Stoffen. Meyer fand jetzt, daß NaBr und KBr einen scharfen Absorptionssprung ergaben ohne Struktur. Mit $NaBrO_3$ und $KBrO_3$ in Lösung oder im festen Zustand zeigten sich aber neben der Hauptkante an der kurzwelligen Seite drei dunkle Linien. Die Abb. 172a und b sind photometrische Registrierungen des Schwärzungsverlaufes bei $KBrO_3$ in krystallinischem und gelöstem Zustand, zwischen denen, wie ersichtlich, keine ausgeprägten Unterschiede vorhanden sind. Die Voltunterschiede zwischen den dunklen Linien nach Tabelle 158 zeigen, daß es sich nicht um Feinstruktur in der Nähe der Kante, sondern um Sekundärabsorption handelt.

Tabelle 158.

Abstand von der Hauptkante zu	In X.E.	In Volt
I dunkle Linie . . .	2,7	40
II „ „ . . .	9,1	120
III „ „ . . .	17,2	241

Ähnliche Verhältnisse fand Idei bei einigen Selenverbindungen, wobei zum Vergleich auch $KBrO_3$ aufgenommen wurde. Eine Reproduktion des Spektrogrammes mit Na_2SeO_4 als absorbierende Schicht ist in Abb. 173 wiedergegeben. Die Messungen der verschiedenen Stellen an der Absorptionsstruktur bei Idei bzw. Meyer ist in Abb. 174 erläutert. (Beim Vergleich der Meßergebnisse von verschiedenen Forschern sowie bei der theoretischen Deutung der

Strukturlinien sind Unterschiede in den Angaben von der hier illustrierten Art nicht zu vergessen.)

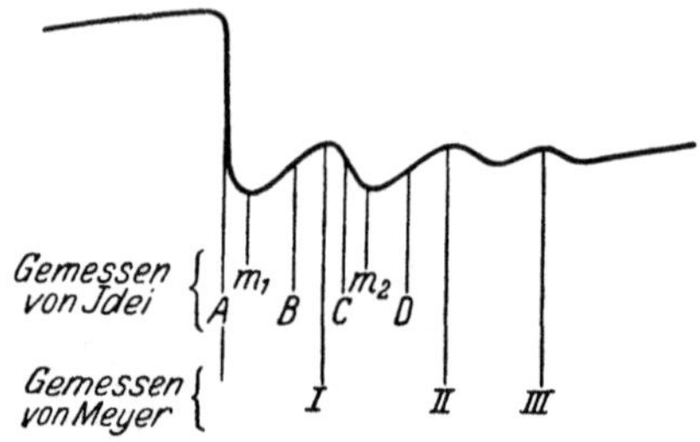

Abb. 174.

Tabelle 159. 34 Se und 35 Br. Wellenlängen der K-Absorptionsgrenzen nach IDEI.

	A	m_1	B	C	m_2	D
Na_2SeO_4	977,6	976,3	975,1	973,0	971,3	969,5
$BaSeO_4$	977,5	976,4	975,3	973,1	971,5	969,8
H_2SeO_3	977,6	976,6	975,6	972,9	971,4	969,9
Se.	977,9	—	—	—	—	970,1
$KBrO_3$.	918,1	917,0	916,2	914,3	912,6	911,1

Tabelle 160. 34 Se und 35 Br. Voltunterschiede bei den K-Absorptionsgrenzen nach IDEI.

	m_1-A	$B-A$	$C-A$	m_2-A	$D-A$
Na_2SeO_4 . . .	16	31	58	81	104
$BaSeO_4$ . . .	14	28	56	77	100
H_2SeO_3 . . .	14	27	62	81	100
Se.	—	—	—	—	102
$KBrO_3$. . . .	14	28	56	81	103

In Fortsetzung der obenerwähnten Untersuchungen bei Eisen von LINDSAY und VOORHEES haben KIEVIT und LINDSAY [1930: 105] die Elementenreihe 20 Ca und 24 Cr bis 30 Zn auf ihre Multipelabsorption untersucht. Die Messungen beziehen sich dabei alle auf die reinen Elemente. Die in der folgenden Tabelle gegebenen Wellenlängenwerte beziehen sich auf die langwellige Kante der weißen Linien im Spektrogramm. Diese sekundären Absorptionskanten sind für jedes Element von der Hauptkante aus gerechnet in der Tabelle aufgeführt. Da eine Regelmäßigkeit von Element zu Element, wie man sie sonst durchweg in den Röntgenspektren antrifft, hier nicht zu sehen ist, sind die in den verschiedenen Kolumnen aufgeführten Werte nicht als analoge Kanten anzusehen. Ein Versuch, die Wellenlängen oder Frequenzen der sekundären Absorptionskanten in einem Moseleydiagramm zusammen zu ordnen, gibt keinen sicheren Aufschluß.

Tabelle 161. Wellenlängen der Sekundärabsorption bei 20 Ca und 24 Cr bis 30 Zn nach Kievit und Lindsay. λ_K = Wellenlänge in X.E. $\Delta(\nu/R)\Delta V$ (Volt) = Unterschied der Hauptkante.

20 Ca . .	λ	3063,9	3059,0	3048,5	3041,8	3034,7	3014,2	2987,3	2959,9	—	—	—	—	—
	$\Delta(\nu/R)$	—	,48	1,50	2,16	2,87	4,90	6,93	10,45	—	—	—	—	—
	ΔV	—	6,5	20,2	29,3	38,9	66,4	94,0	142	—	—	—	—	—
24 Cr . .	λ	2066,1	2060,5	2049,1	2040,0	2030,5	2019,9	2009,3	1984,9	1958,6	—	—	—	—
	$\Delta(\nu/R)$	—	1,19	3,67	5,66	7,73	10,1	12,48	18,08	24,23	—	—	—	—
	ΔV	—	16,2	49,8	76,7	105	137	169	245	329	—	—	—	—
25 Mn . .	λ	1891,3	1886,8	1880,6	1876,6	1870,4	1867,6	1857,6	1850,7	1842,3	1838,1	1827,4	1811,2	1787,0
	$\Delta(\nu/R)$	—	1,13	2,73	3,77	5,38	6,10	8,74	10,23	12,81	13,95	16,85	21,3	28,1
	ΔV	—	15,4	37,1	51	73	83	118	139	174	189	228	289	381
26[1] Fe . .	λ	1739,3	1737,1	1731,4	1726,7	1721,1	1715,2	1706,9	1701,3	1690,9	1683,4	1663,0	—	—
	$\Delta(\nu/R)$	—	,67	2,39	3,82	5,54	7,36	9,90	11,7	14,9	17,4	24,0	—	—
	ΔV	—	9,1	32,4	51,8	75	100	134	159	202	236	325	—	—
27 Co . .	λ	1604,3	1601,9	1595,4	1586,6	1573,3	1557,0	—	—	—	—	—	—	—
	$\Delta(\nu/R)$	—	,86	3,17	6,32	11,2	17,25	—	—	—	—	—	—	—
	ΔV	—	11,6	43	86	152	234	—	—	—	—	—	—	—
28 Ni . .	λ	1484,6	1483,0	1478,3	1471,0	1458,2	1449,4	1442,7	1431,3	1413,0	—	—	—	—
	$\Delta(\nu/R)$	—	,69	2,61	5,65	11,14	14,97	17,86	22,95	31,2	—	—	—	—
	ΔV	—	9,3	35,3	77	151	203	242	311	423	—	—	—	—
29 Cu . .	λ	1377,8	1375,8	1374,2	1372,4	1365,3	1363,2	1357,0	1354,1	1349,5	1348,0	1342,2	1337,0	1329,1
	$\Delta(\nu/R)$	—	,96	1,74	2,64	6,06	7,09	10,11	11,56	13,9	14,6	17,5	20,2	24,3
	ΔV	—	13,0	23,6	36	82	96	137	157	188	191	238	273	330
30 Zn . .	λ	1280,8	1278,7	1277,2	1275,6	1273,7	1270,6	1265,6	1261,5	1258,4	1253,5	1249,5	1238,9	—
	$\Delta(\nu/R)$	—	1,15	2,0	2,88	3,95	5,71	8,46	10,85	12,63	15,48	17,75	24,0	—
	ΔV	—	15,6	27	39	54	77	115	147	171	209	241	326	—

[1] Nach Lindsay und Voorhees.

Über einige Versuche zur Deutung der sekundären Absorptionskanten werden wir unten (§ 38) berichten.

An den Elementen dieser Gruppe wurden Untersuchungen noch von anderer Seite ausgeführt, nämlich über 29 Cu von COSTER und WOLF [1929: 31] und über 28 Ni und 29 Cu von LINDH [1930: 114]. Die von diesen Autoren publizierten Registrierkurven bei 29 Cu, die wir in Abb. 175 nach COSTER und WOLF reproduzieren, sind praktisch identisch.

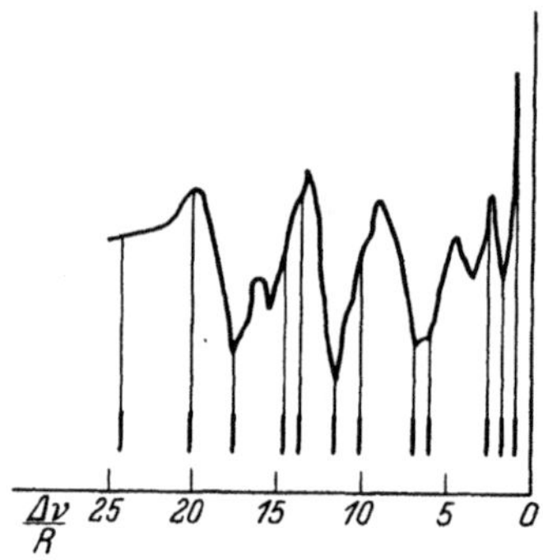

Abb. 175. Messungen von KIEVIT und LINDSAY (vertikale Striche) verglichen mit Registrierkurve nach COSTER und WOLF.

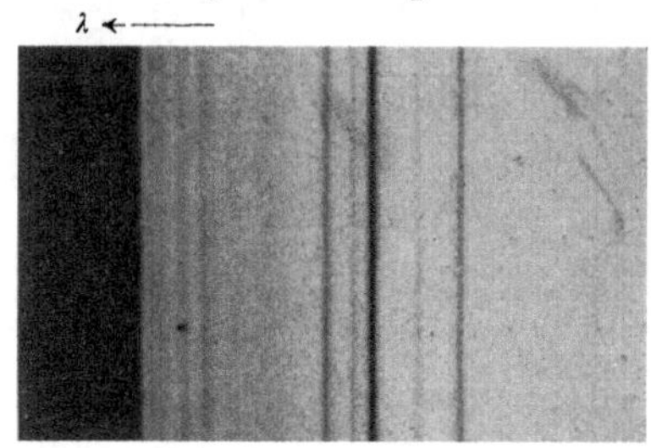

K-Hauptkante

Abb. 176. Sekundärabsorption bei Cu nach LINDH.

COSTER und WOLF messen den Abstand der Mitte der hellen (A, B, C, D, E, F) und dunklen (α, β, γ, δ, ε, ζ) Linien. LINDH findet eine Nebenkante (K_2) und mißt die Abstände zu den dunklen Linien. Ein Vergleich der Messungen von KIEVIT und LINDSAY bei 29 Cu und der unter sich übereinstimmenden Ergebnisse von COSTER und WOLF und LINDH ist in Abb. 175 so ausgeführt, daß die Registrierkurve der letzterwähnten Autoren im selben Maßstab eingezeichnet ist wie die Meßwerte von KIEVIT und LINDSAY (vertikale Striche). Hier tritt wieder die Unsicherheit zutage, welche Wellenlängenwerte bzw. Voltdifferenzen aus den Registrierungen zu entnehmen sind und als charakteristisch anzusehen sind.

Tabelle 162. Frequenzen und Voltdifferenzen der Sekundärabsorption bei 29 Cu nach COSTER und WOLF.

	A	α	B	β	C	γ	D	δ	E	ε	F	ζ
$\Delta\nu/R$ . .	1,7	2,5	3,6	4,7	6,9	8,9	12,4	13,1	15,5	16,3	17,9	20,0
ΔV . . .	23	34	49	64	93	121	168	177	210	221	242	271

Tabelle 163. Wellenlängen der Sekundärabsorption bei 29 Cu nach LINDH.

	λ in X.E.	$\Delta\lambda$ in X.E.	$\Delta\nu/R$	ΔV in Volt
Cu				
K_1	1378,08	—	—	—
K_2	1377,0	1,1	0,5	7,2

Tabelle 163 (Fortsetzung).

	λ in X.E.	$\Delta\lambda$ in X.E.	$\Delta\nu/R$	ΔV in Volt
α	1373,3	4,8	2,3	31,2
β	1368,7	9,4	4,5	61,1
γ	1360,1	18,0	8,7	117,0
δ	1350,8	27,3	13,3	177,5
ε	1345,3	32,8	16,1	213,2
η	1339,4	38,7	19,1	251,6
$CuCl_2$				
K_1	1377,00	1,08	0,52	7,0
α_1	1371,9	6,2	3,0	40,3
β	1362,2	15,9	7,7	103,4
$CuSO_4$				
K_1	1376,58	1,50	0,72	9,8
α	1372,0	6,1	2,9	39,7

Tabelle 164. Wellenlängen der Sekundärabsorption bei 28 Ni nach LINDH.

	λ in X.E.	$\Delta\lambda$ in X.E.	$\Delta\nu/R$	ΔV in Volt
K_1	1485,01	—	—	—
K_2	1483,3	1,7	0,8	9,5
α	1479,7	5,3	2,3	29,8
β	1472,8	12,2	5,1	68,9
γ	1461,8	23,2	9,8	131,9
δ	1451,6	33,4	14,2	191,3
ε	1436,3	48,7	20,9	281,9
η	1421,6	63,4	27,4	370,8
$NiSO_4$	1483,00	2,01	0,9	11,3
$NiCl_2$	1483,28	1,73	0,8	9,7
NiS	1483,10	1,91	0,8	10,7

Bei den Untersuchungen von LINDH wurde außer den Absorptionsspektren der reinen Elemente noch die einiger Verbindungen registriert. Wie ersichtlich, stimmt die Hauptkante bei den Verbindungen sehr gut mit der Nebenkante (K_2) für das reine Element überein. Die geringe Andeutung einer Sekundärabsorption bei den Kupferverbindungen ergaben andere Frequenzdifferenzen als das reine Element. Als geeignete Dicke der absorbierenden Schicht, um die Sekundärabsorption bei den reinen Elementen (29 Cu und 28 Ni) zu erhalten, fand LINDH 6 bis 8 μ.

Eine umfassende Untersuchung in diesem Gebiete ist von HANAWALT [1931: 42] durchgeführt worden. Es wurden dabei Substanzen in gasförmigem und krystallinem Zustand sowie auch in Lösungen untersucht. HANAWALT arbeitete ferner mit verhältnismäßig großem Abstand Spalt—Platte (etwa 1 m) und kleiner Spaltweite (0,1 bis 0,025 mm). In dem untersuchten Wellenlängengebiet entspricht dies einer Dispersion von etwa 5 X.E. pro Millimeter und einer Linienbreite (bei einer absolut monochromatischen Strahlung) in Volt gerechnet von 6 bis 1,5 V. Gegenstand der Untersuchung war die K-Absorption bei 30 Zn, 33 As, 34 Se, 35 Br, 36 Kr und die L-Absorption bei 54 Xe und 80 Hg.

Bei den Messungen der Sekundärabsorption bestimmte HANAWALT die Lage der kurzwelligen und langwelligen Kanten der Absorptionslinien. Bei den von der Hauptkante weit entfernten Absorptionslinien waren die Grenzen ziemlich unscharf, weswegen die Genauigkeit hier nur zu etwa 10 V geschätzt wird.

Wie die folgende tabellarische Zusammenstellung der Meßergebnisse zeigt, wurde auch eine Abhängigkeit der Lage der Hauptkante von der chemischen Bindung nachgewiesen, die von derselben Größenordnung — einige wenige Volt — wie bei den leichten Elementen gefunden wurde.

Tabelle 165. Messungen der Sekundärabsorption nach HANAWALT.

	Substanz	Temperatur °C	Hauptkante X.E.	ΔV in Volt	Abstände der beiden Seiten oder der Mitte der Absorptionslinien von der Hauptkante in Volt
30 Zn	Gasförmig				
	Zn	950	1280,7	−1,5	0—4; 5,8—9
		750	—	—	—
	Fest				
	Zn	—	1280,5	0,0	0—5,8; 9,7—16; 23; 28 bis 43; 72—87; 113 bis 145; 175—214; 252 bis 280; 310— ?
33 As	Gasförmig				
		350	—	—	—
	As	270	1042,31	2,0	0—4,4; 57—102; 135—?
		95	—	—	—
	$AsCl_3$ . . .	35	1042,31	2,0	0—3,8; 57—82; 125—?
	As_2O_3 . . .	320	1042,34	1,7	0—5,2; 55—93; 160—?
		260	—	—	—
	AsH_3 . . .	20	1042,43	0,7	0—3,0
	Fest				
	As	—	1042,49	0	0—3,6; 10—12; 40—58; 75—92; 130—152; 168—?
	$AsCl_3$ . .	—	1042,41	0,9	0—7,6; 14—22; 33—38; 48—92; 145—?
	As_2O_3 . . .	—	1042,22	3,1	0—5,1; 12—18; 55—97; 140—?
	As_2O_5 . . .	—	1042,03	5,2	0—5,4 (54—30); 60 bis 118; 150—?

Tabelle 165 (Fortsetzung).

	Substanz	Temperatur °C	Hauptkante X.E.	ΔV in Volt	Abstände der beiden Seiten oder der Mitte der Absorptionslinien von der Hauptkante in Volt
34 Se	Gasförmig			—	
	Se_8 . . .	510	—	—	0—5,5; 10—12
		470	—	—	—
	SeO_2 . . .	330	—	—	0—32; 72—108; 159—?
		280	—	—	—
	Fest				
	Se	—	—	—	0—4
	SeO_2 . . .	—	—	—	0—5,4; 12—18; 53—108; 159—?
35 Br	Gasförmig	20			
	Br_2 . . .	—20	918,51	0	0—6
	HBr . . .	20	918,41	1,5	
		170			
	$AsBr_3$ . . .	120	918,44	1,0	0—6
	Lösung				
	$NaBrO_3$ . .	—	918,09	6,1	0—23; 55—110; 170—216
35 Br	Fest				
	AgBr . .	—	918,23	4,1	0—6; 23,5; 52; 93; 129
	NaBr . . .	—	918,04	6,9	0—9; 27,7; 60—?
	$NaBrO_3$.	—	918,09	6,1	0—7; 15—23; 35; 52 bis 110; 180—?
36 Kr	Gasförmig				
	Kr	20	863,72	—	—
54 Xe	Gasförmig				
	Xe	20	L_{III} 2587,2	—	0—3,9
		—	L_{II} 2424,1	—	0—3,9
		—	L_I 2269,1	—	—
80 Hg	Gasförmig				
	Hg	250	1006,5	0,0	—
		200	—	—	—
	$HgCl_2$ . .	330	1006,9	—4,9	0—6; 18; 50: 115
		230	—	—	—
	Flüssig		L_{III}-Kanten		
	Hg . . .	—	1006,7	—2,5	—
	Fest				
	$HgCl_2$ . .	—	1006,4	+1,2	0—6; 18; 50; 115
	HgO . . .	—	1007,1	—7,4	0—8; 16—66; 80—?

Zur besseren Übersicht ist die Sekundärabsorption bei 33 As in Abb. 177 graphisch dargestellt. Die Absorptionsgebiete sind hier schraffiert.

Einige Hauptpunkte der Ergebnisse der Untersuchung seien hier zusammengestellt:

1. Mehratomige Verbindungen geben im festen und gasförmigen Zustand im allgemeinen dieselbe Sekundärabsorption, wobei doch im letzteren Falle eine mehr komplexe Struktur nahe an der Hauptkante

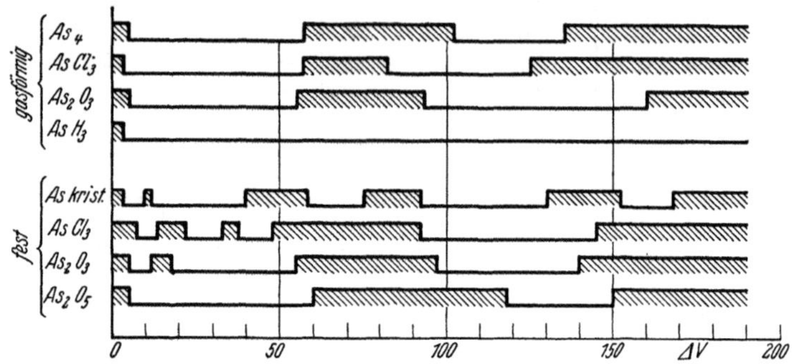

Abb. 177. Schematische Darstellung der Sekundärabsorption bei As nach Messungen von HANAWALT.

auftritt. Es gibt aber auch Fälle, wo mehratomige Verbindungen vollkommen verschiedene Sekundärabsorption im festen und gasförmigen Zustand aufzeigen.

2. Bei einatomigen Gasen wurde keine Sekundärabsorption erhalten, wie auch früher von COSTER und VAN DER TUUK [1926: 40] bei Argon gefunden war. In diesen Fällen tritt aber eine Feinstruktur sehr nahe der Hauptkante auf. Auch bei einigen mehratomigen Gasen wurde keine Sekundärabsorption gefunden.

VI. Systematik und Theorie der Röntgenspektren.

31. Allgemeine Vorstellungen über das Zustandekommen von Röntgenspektren. Niveauschema.

Wenn wir auch noch sehr weit von einer exakten Durchführung der Theorie der Röntgenspektren entfernt sind, so ist es doch möglich gewesen, das gesamte empirische Material nach einem einheitlichen Gesichtspunkt zu ordnen und auch über die Vorgänge in den Atomen, die zur Entstehung der Röntgenspektren Anlaß geben, Klarheit zu schaffen. Auch wurden aus den Röntgenspektren der Atome wichtige Schlußfolgerungen über den Bau der Elektronenhülle des Atoms gezogen. In dieser Richtung sind offenbar an Hand des jetzigen Materials noch viele wichtige Hinweise zu gewinnen.

Einer der Hauptsätze der BOHRschen Theorie ist bekanntlich der folgende: Bei einer Umlagerung im Elektronensystem eines Atoms, die eine Änderung der gesamten Atomenergie von W_1 in W_2 zur Folge hat, senden die Atome die frei gemachte Energie $W_1 - W_2$ als eine monochromatische elektromagnetische Strahlung von der Frequenz ν aus, die bestimmt wird aus der Gleichung

$$\nu = \frac{W_1 - W_2}{h},$$

wo h die PLANCKsche Konstante darstellt.

Aus vielen Gründen, von denen wir hier zwei erwähnen wollen, müssen wir annehmen, daß die Umlagerungen, welche den Röntgenspektren entsprechen, in dem *inneren* Teil der Elektronenhülle stattfinden. Diese zwei Gründe sind: Die Röntgenspektren zeigen sich als eine Atomeigenschaft, die mit dem chemischen Charakter des Atoms im allgemeinen nichts zu tun hat; die bei den Röntgenspektren vorkommenden Frequenzen sind im Verhältnis zu denen der optischen Spektren sehr groß und erfordern daher nach der obigen Gleichung auch verhältnismäßig große Energieumsetzungen, die erst bei energiereicheren inneren Elektronenbahnen zu erwarten sind.

Aus der Haupteigenschaft der Röntgenspektren, daß *ihr Aussehen von Element zu Element in dem ganzen Atomsystem sich nur ganz unbedeutend ändert*, läßt sich sofort folgern, daß auch die Atome in ihren inneren Teilen ganz analog aufgebaut sein müssen. Die regelmäßige Zunahme aller Frequenzen mit zunehmender Kernladungszahl ist eine selbstverständliche Folge aus der Vergrößerung des Feldes im Atom.

Die zweite Haupteigenschaft der Röntgenspektren: die *scharfe Trennung der verschiedenen Liniengruppen* voneinander, weist auf entsprechend große Energieunterschiede der inneren und innersten Elektronengruppen der Atome hin.

Erwähnen wir schließlich, daß mit der Erregung der charakteristischen Strahlung immer eine Auswerfung von Elektronen aus dem Atom parallel geht, so sind die Grundlagen gegeben, welche zu den KOSSELschen Vorstellungen über den Emissionsmechanismus der Röntgenstrahlung führen. Den ersten Schritt haben wir uns mit KOSSEL so zu denken, daß *ein Elektron aus einer inneren Elektronengruppe im Atom* durch Kathodenstrahlenstoß oder durch Energieabsorption einer primären Röntgenstrahlung *entfernt wird.* Je nachdem dieses Elektron von der innersten, der zweitinnersten usw. der Elektronengruppen geholt wird, sprechen wir von einer K-Erregung, einer L-Erregung usw. Entsprechend nennen wir die Elektronengruppen in den Atomen die K-Gruppe, die L-Gruppe usw.

Der zweite Schritt in diesem Emissionsvorgang besteht in der Ausfüllung der Elektronenlücke, und dies kann dann in verschiedener Weise vor sich gehen: fehlt ein Elektron der K-Gruppe, so ist sein Ersatz durch ein Elektron aus der nächstliegenden Gruppe, der L-Gruppe, das

Wahrscheinlichste. Die damit verbundene Energieänderung des Atoms wird als eine K-Strahlung kenntlich, und zwar entspricht eben dieser wahrscheinlichste Übergang der stärksten Linie des K-Spektrums: der $K\alpha$-Linie. Wird dagegen das Elektron nicht aus der L-, sondern aus der M-Gruppe genommen, so entspricht dies der Aussendung der nächsten Linie des K-Spektrums: der $K\beta_1$-Linie. So erhalten wir durch Zurückfallen von Elektronen aus den äußeren Gruppen in die innersten hinein eine Reihe von Spektrallinien, die zusammen die K-Reihe bilden.

Entsprechend haben wir uns das Zustandekommen der L-Reihe so zu denken, daß primär ein Elektron aus der L-Gruppe entfernt worden ist und daß diese Lücke mit Elektronen aus den M-, N-, O-Gruppen ausgefüllt wird.

Daß in diesen Vorstellungen über den Strahlungsmechanismus eine gewisse Berechtigung liegt, konnte Kossel durch folgende Überlegung stützen. Die Ausfüllung des freien Elektronenplatzes in der K-Gruppe läßt sich beispielsweise auf zwei Wegen erreichen: entweder ein Elektron fällt aus der M-Gruppe direkt in die K-Gruppe, dann entsteht die $K\beta$-Linie, oder ein Elektron fällt aus der L-Gruppe in die K-Gruppe unter Aussendung der $K\alpha$-Linie, und der frei gewordene Platz in der L-Gruppe wird von einem Elektron der M-Gruppe ausgefüllt, wobei gleichzeitig die $L\alpha$-Linie emittiert wird. Da nach der Bohrschen Frequenzgleichung die drei Frequenzen durch Differenzbildung aus den drei Atomenergiewerten sich ergeben müssen, so ist:

$$K_\beta = L_\alpha + K_\alpha \,, \tag{70}$$

wo K_α, K_β, L_α die *Frequenzen* der betreffenden Linien bedeuten. Oder wenn wir für die Atomenergiewerte die Bezeichnungen einführen: W_K Energie des Atoms, bei dem ein Elektron in der K-Gruppe fehlt, W_L Energie des Atoms, bei dem ein Elektron in der L-Gruppe fehlt, W_M Energie des Atoms, bei dem ein Elektron in der M-Gruppe fehlt, so hat beim Aussenden der K-Linie das Atom vor der Emission den Energieinhalt W_K und nach der Emission den Energieinhalt W_L, wonach sich für die Frequenz nach der Bohrschen Frequenzgleichung ergibt:

$$h K_\alpha = W_K - W_L \,. \tag{71}$$

Entsprechend erhalten wir für die anderen beiden Frequenzen

$$h K_\beta = W_K - W_M \,, \tag{72}$$

$$h L_\alpha = W_L - W_M \,. \tag{73}$$

Durch Addition von (71) und (73) und Gleichsetzen mit (72) ergibt sich dann die obige Gl. (70).

Die ersten damals vorliegenden Messungen bestätigten in sehr schöner Weise diese Schlußfolgerung Kossels, die übrigens nichts anderes ist als eine Verwendung des Ritzschen Kombinationsprinzips im Gebiete der Röntgenspektren.

Wir wollen sofort diese Beziehungen in graphischer Form wiedergeben, die sich in diesem Gebiete als sehr praktisch und übersichtlich erwiesen hat. Auf einer vertikalen Achse zeichnen wir durch horizontale Striche, wie in Abb. 178 gezeigt, die Energiewerte des Atoms ein, und zwar ziehen wir es vor, statt der Werte W_K, W_L, W_M usw. die durch h dividierten Werte, die wir mit

$$K = \frac{1}{h} W_K, \qquad (74)$$

$$L = \frac{1}{h} W_L, \qquad (75)$$

$$M = \frac{1}{h} W_M \qquad (76)$$

usw. bezeichnen, aufzutragen. Dadurch erreichen wir, daß die Linienfrequenzen nach der Bohrschen Frequenzgleichung direkt graphisch aus diesen „*Energieniveaus*" abzulesen sind, weil ja

$$K_\alpha = \frac{1}{h} W_K - \frac{1}{h} W_L \qquad (77)$$

usw. ist.

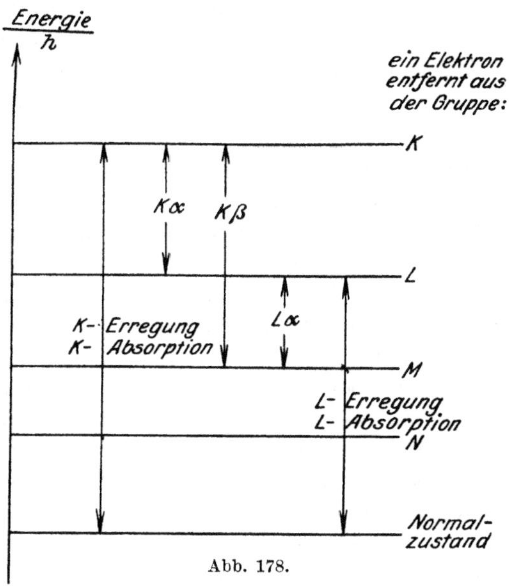

Abb. 178.

Wir erinnern also nochmals daran, daß das K-Niveau in der graphischen Darstellung den durch h dividierten Energieinhalt des Atoms bedeutet, wenn aus der *K-Gruppe ein Elektron entfernt* worden ist, das L-Niveau den durch h dividierten Energieinhalt des Atoms, wenn ein Elektron aus der *L-Gruppe* entfernt ist usw. Die mit „Normalzustand" bezeichnete Niveaulinie endlich stellt den durch h dividierten Energieinhalt des Atoms dar, wenn sämtliche normal vorhandenen Elektronengruppen voll besetzt sind.

Die K-Erregung besteht in der Entfernung eines Elektrons aus der K-Gruppe: graphisch bedeutet dies den Übergang vom Niveau „Normalzustand" zum K-Niveau, wie durch den ersten vertikalen Strich angedeutet ist. Dem Zurückfallen des Atoms vom K-Niveau zum nächsten entspricht das Aussenden der weichsten und stärksten K-Reihenlinie α. Ein Herabfallen direkt bis zum M-Niveau ist von der Emission der $K\beta$-Linie begleitet. Der weitere Ausbau dieses Schemas, das uns das Zustandekommen der verschiedenen charakteristischen Serienlinien aus den Niveaus veranschaulichen soll, ergibt sich von selbst. Da die

Abstände auf der von uns benutzten Energieachse so gewählt sind, daß die Frequenzen der betreffenden Linien sich direkt ablesen lassen, so erkennt man sofort die Gültigkeit der Gl. (70).

Experimentell haben wir zwei Methoden, um die Energiedifferenz zwischen dem Normalzustand-Niveau und dem K-Niveau zu bestimmen: die eine besteht in der Bestimmung der *Erregungsspannung* V_0 der K-Reihe, wodurch die kleinste kinetische Energie des stoßenden Elektrons, die nötig ist, um ein Elektron aus der K-Gruppe zu entfernen, erhalten wird; die andere läuft auf die Bestimmung der Frequenz des K-Absorptionssprunges hinaus, welche nach der EINSTEINschen Beziehung

$$e V_0 = h\nu$$

gerade genügt, um bei Absorption dem Atom dieselbe Energiemenge zuzuführen, die ein Elektron von der Voltgeschwindigkeit V_0 besitzt.

Die Bestimmung der Erregungsspannungen bereitet bei diesen hohen Elektronengeschwindigkeiten ziemlich große Schwierigkeiten; sie sind daher nur in einigen wenigen Fällen experimentell durchgeführt worden. Die zweite Methode dagegen ist, wie wir im Kapitel V gezeigt haben, leicht durchführbar, und die betreffenden Absorptionsspektren sind auch in ausgedehntem Maße jetzt bekannt. Als allgemeines Resultat hatten wir angegeben, daß es *einen* K-Absorptionssprung gab, aber *drei* L-Sprünge und *fünf* M-Sprünge. Entsprechend haben wir unser Niveauschema auszubauen, um auch den feineren Einzelheiten der experimentellen Ergebnisse gerecht zu werden. Statt *eines* L-Niveaus müssen wir *drei* einzeichnen und statt *eines* M-Niveaus *fünf*.

Dadurch gewinnen wir auch die Möglichkeit, sämtliche normalen Linien der verschiedenen Reihen dem Diagramm einzupassen. Statt einer einfachen Linie $K\alpha$, wie unsere Abb. 178 mit einem K-Niveau und einem L-Niveau erwarten läßt, würde man mit einem 3fachen L-Niveau eine Triplette voraussehen. Ebenso wie bei den optischen Spektren kommen aber hier gewisse Auswahlregeln hinzu, die in diesem Falle nur zwei von den drei möglichen Übergängen gestatten. Wir sind dadurch zur Dublettstruktur der $K\alpha$ ($K\alpha_1$ und $K\alpha_2$) gelangt.

Entsprechendes gilt bei den Übergängen von den 5 M-Niveaus zu den 3 L-Niveaus, wo von 15 möglichen Übergängen nur 7 im allgemeinen wirklich durch Emissionslinien vertreten sind.

Auf die Frage der Formulierung der Auswahlregeln, welche zuerst rein empirisch aufgestellt wurden, kommen wir bei der quantentheoretischen Deutung der Röntgenspektren zurück. Hier sei nur vorweggenommen, daß als Hauptquantenzahl der K-Gruppe der Wert 1 zukommt, die L-Gruppe 2, die M-Gruppe 3 usw. Wir werden hier nur durch einige Beispiele zeigen, wie man empirisch durch numerischen Vergleich der Meßergebnisse aus den Emissions- bzw. Absorptionsspektren zu der Aufstellung des Niveauschemas gelangte.

Aus den Tabellen für die Absorptionsspektren bekommen wir für das K-Niveau und die L-Niveaus L_I, L_{II} und L_{III} bei Wolfram

		ν/R
Wolfram	K	5113
	L_I	890,4
	L_{II}	850,3
	L_{III}	751,3

wobei als Maß der Energie ν/R, wo $R = 109737$ die Rydbergsche Konstante bedeutet, gewählt ist. Nach unserem Niveauschema erhalten wir dann für die 2 K-Linien

$$K_{\alpha 1} = K - L_{III},$$
$$K_{\alpha 2} = K - L_{II}.$$

Die experimentell bestimmten Linienfrequenzen dividiert durch die Rydbergsche Konstante sind in der folgenden Tabelle mit den nach diesem Schema aus den Absorptionsfrequenzen berechneten Werten zusammengestellt:

$\nu/R: K_\alpha$	$K-L$
4368,2	4362
4269,3	4263

Die Abweichungen zwischen den entsprechenden Werten liegen hier innerhalb der Fehlergrenzen.

Wie sich die Verhältnisse bei den Übergängen von einem der 5 M-Niveaus zu den 3 L-Niveaus gestalten, wollen wir an Hand der graphischen Darstellung Abb. 179 zeigen. Es sind hier in richtigem Maßstabe sämtliche L- und M-Niveaus des Urans eingetragen. Die numerischen Werte der Energiestufen (in ν/R als proportionalem Maß ausgedrückt) sind:

	ν/R		ν/R
L_I	1604	M_I	409
L_{II}	1541	M_{II}	382
L_{III}	1264	M_{III}	317
		M_{IV}	274
		M_V	261

Die beobachteten Linien entsprechen in der graphischen Darstellung (wo auch die Wellenlängen und die Benennung der betreffenden Linien angegeben sind) den durch vertikale Pfeile bezeichneten Übergängen. Die aus den Energieniveaus berechneten Frequenzwerte (durch R dividiert) sind in nachstehender Tabelle zusammen mit den beobachteten Werten eingetragen.

Tabelle 166.

Übergang	ν/R berechnet	ν/R beobachtet	Linien-bezeichnung
$L_I - M_{II}$	1222	1221	β_4
$L_I - M_{III}$	1287	1286	β_3
$L_{II} - M_I$	1132	1134	η
$L_{II} - M_{IV}$	1267	1268	β_1
$L_{III} - M_I$	855	856	l
$L_{III} - M_{IV}$	990	990	α_2
$L_{III} - M_V$	1003	1003	α_1

Die Übereinstimmung ist also auch hier so gut, wie es nur gewünscht werden kann. Es erhellt ferner hieraus, daß man, wenn man zu dem

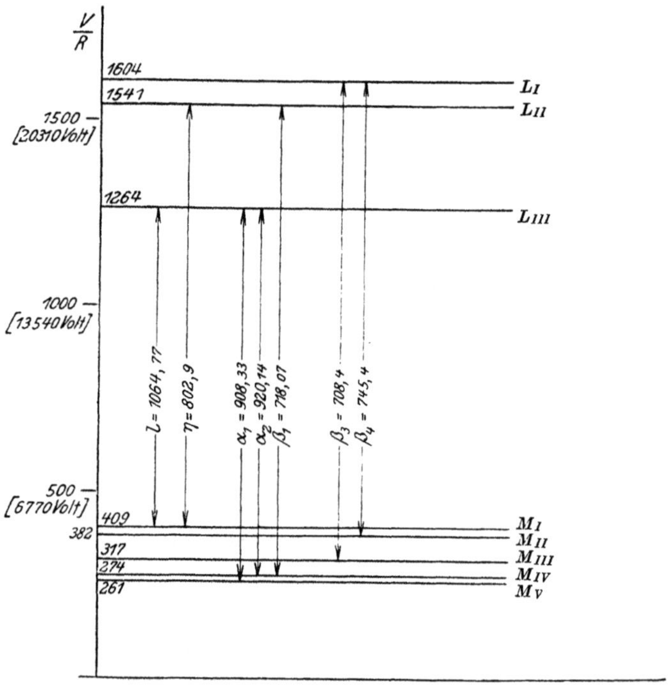

Abb. 179. Niveauschema bei Uran, L- und M-Niveaus nebst beobachteten Übergängen.

Niveauschema volles Zutrauen hat, statt die Energieniveaus aus den Absorptionsmessungen zu entnehmen, sie mit Hilfe der Linien und einer geeigneten Anzahl Absorptionsfrequenzen berechnen kann. Da die Linien durchweg mit größerer Genauigkeit bestimmt werden können als die Absorptionssprünge, so wird man in vielen Fällen diese berechneten Niveaus vorziehen.

Es ist also ganz sichergestellt, daß wir, statt mit dem einfachen Niveauschema der Abb. 178 zu arbeiten, alle Niveaustufen außer der

K-Stufe in mehrere Unterstufen zerlegen müssen. Wir haben für diese Energiestufen die Deutung gegeben, daß das K-Niveau durch das Entfernen *eines* Elektrons aus der innersten Elektronengruppe, *der K-Gruppe*, entstanden war. Entsprechend hatten wir das L-Niveau als den Energieinhalt des Atoms gedacht, wenn ein Elektron aus der L-Gruppe herausgehoben worden war usw. Es entsteht dann die Frage: Wie ist die *Mehrfachheit* der L-, M-, N-Niveaus zu verstehen? Hierfür sind zwei Erklärungen möglich; erstens werden sich bei Entfernung eines Elektrons aus dem inneren Elektronensystem des Atoms die übrigbleibenden Elektronen in eine etwas abgeänderte Konfiguration einstellen, was dann auf verschiedene Weise geschehen kann; zweitens liegt die Möglichkeit vor, daß die Elektronen derselben Gruppe (d. h. der L-Gruppe, der M-Gruppe usw.) einander *energetisch nicht gleichwertig* sind, und daß also die Entfernungsarbeit für verschiedene Elektronen derselben Hauptgruppe nicht genau dieselbe ist. Wie diese Frage durch die neue Quantentheorie gelöst worden ist, werden wir in § 33 zeigen.

32. Dubletts in den Röntgenspektren.

SOMMERFELD, der sich mit so großem Erfolg der theoretischen Erforschung und Deutung der Röntgenspektren gewidmet hat, machte schon frühzeitig darauf aufmerksam, daß in den Emissionsröntgenspektren charakteristische Liniendubletts vorkommen. Wir werden weiter unten die Deutung, die SOMMERFELD im Anschluß an die BOHRsche Theorie für diese Dubletts vorschlug, sowie die neuere quantentheoretische Behandlung besprechen. Hier wollen wir aber auf die numerischen Tatsachen eingehen, die sich aus den vorliegenden Wellenlängenmessungen ergeben.

Der obere Teil der Abb. 180 zeigt uns das L-Spektrum des Wolframs; auf einer horizontalen Geraden sind zum leichteren Vergleich die Fre-

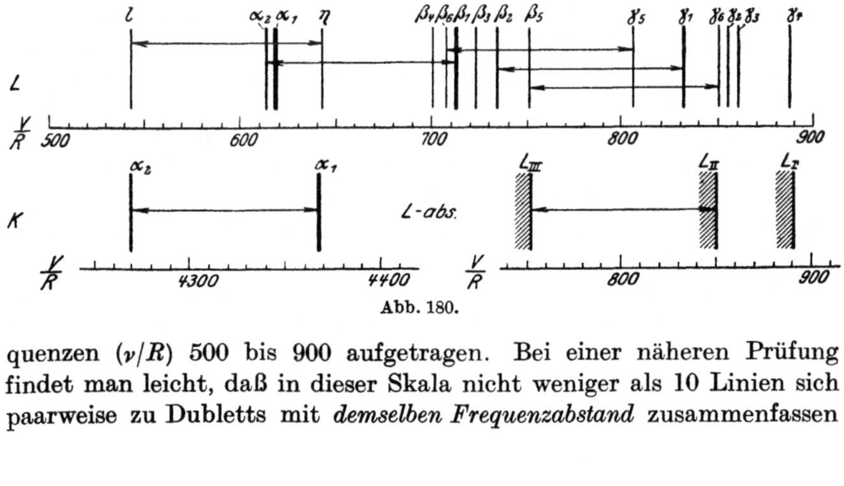

Abb. 180.

quenzen (ν/R) 500 bis 900 aufgetragen. Bei einer näheren Prüfung findet man leicht, daß in dieser Skala nicht weniger als 10 Linien sich paarweise zu Dubletts mit *demselben Frequenzabstand* zusammenfassen lassen. Ferner sind in derselben Abbildung die zwei $K\alpha$-Linien sowie das L-Absorptionsspektrum auch in Frequenzskalen dargestellt, und wir sehen, daß derselbe Frequenzabstand auch hier in Erscheinung tritt. Numerisch ergeben sich die folgenden Werte:

L-Reihe:	η 642,60	β_1 712,39	γ_5 806,57	γ_1 831,22	γ_6 849,98
	l 544,05	α_2 613,90	β_6 708,06	β_{15} 732,61	β_5 751,32
	98,55	98,49	98,51	98,61	98,66

K-Reihe:	α_1 4368,2	*L-Grenzen:*	L_{II} 850,28
	α_2 4269,3		L_{III} 751,30
	98,9		98,98

Innerhalb der Fehlergrenzen sind also alle diese Dublettabstände aus der K- und L-Reihe in den Emissions- und Absorptionsspektren einander gleich. Eine entsprechende Prüfung, Tabelle 167, bei anderen Elementen zeigt, daß diese Gesetzmäßigkeit für analoge Linien allgemein gültig ist, nur verändert sich selbstverständlich die Größe des Frequenzabstandes von Element zu Element.

An Hand des Niveauschemas bekommen wir sofort die formale Erklärung für diese Dubletts. Es ist eben nur der Unterschied der zwei Energieniveaus L_{III} und L_{II}, die wir hier in verschiedener Weise berechnet haben. Die letzte Differenz ist ja direkt aus diesen Niveaus erhalten worden. Die zwei K-Linien verdanken ihre Entstehung Übergängen von dem L_{III}- bzw. L_{II}-Niveau zu dem gemeinsamen K-Niveau, während die angeführten Linien der L-Reihe paarweise durch Übergang von einem gemeinsamen Anfangsniveau zum L_{III}- bzw. L_{II}-Niveau als Endstufe entstehen. Damit ist uns ein gutes Mittel gegeben, um rechnerisch festzustellen, zu welchen Niveaus die Linien gehören.

Ein zweites Charakteristikum dieser Dubletts läßt die Abb. 150 (S. 194) hervortreten. Die L-Spektren einer Reihe von Elementen sind hier — statt wie in Abb. 180 in einer *Frequenz*skala — in einer *Wellenlängen*skala dargestellt, und man sieht dann sofort, daß der *Wellenlängenabstand* z. B. der Dubletts $l\eta$, $\alpha_2\beta_1$ usw. sich *von Element zu Element* merklich konstant hält. Eine Zusammenstellung der Wellenlängenabstände dieser Dubletts bei sämtlichen Elementen gibt die folgende Tabelle 168.

Diese Dubletts, welche dem Niveauschema nach der Duplizität L_{III}, L_{II} der L-Energiestufe zuzuschreiben sind, wurden von Sommerfeld durch die relativistisch veränderliche Masse des Elektrons erklärt. Sie werden daher oft *Relativitätsdubletts* genannt. Sommerfeld und Wentzel haben für Dubletts dieser Art auch den Namen „*reguläre*" Dubletts in Vorschlag gebracht. In der neueren Literatur werden diese Dubletts im Anschluß an die jetzige quantentheoretische Deutung als „Spin"-dubletts bezeichnet. Ziffernmäßig ist also das Charakteristische für diese Dubletts, *daß sie bei einem und demselben Elemente konstante Frequenzdifferenzen besitzen,* und daß *eine bestimmte Dublette von Element zu Element wenigstens angenähert ein und dieselbe Wellenlängendifferenz zeigt.*

Spindubletts finden wir mehrmals unter den Linien der verschiedenen Reihen. Ihren niveaumäßigen Ursprung haben wir darin zu suchen, daß das $L_{II}L_{III}$-Niveau — wie schon besprochen — eine charakteristische Aufspaltung zeigt, der sich dann in allen Übergängen, an denen diese zwei Unterniveaus teilhaben, widerspiegelt. Auch in den anderen Niveaugruppen gibt es mehrere solcher Dublettniveaus. Eine tabellarische Zusammenstellung einiger solcher Dublettlinien gibt die folgende Tabelle 169, in der auch die entsprechenden Energieniveaus, von welchen die Duplizität der Linien herstammt, angegeben sind.

Tabelle 167. Frequenzabstände der Dubletts L_{II}—L_{III}.

Element	$K(\alpha_1-\alpha_2)$	$L(\beta_1-\alpha_2)$	$L(\eta-l)$	$L(\gamma_5-\beta_6)$	$L(\gamma_6-\beta_5)$	$L(\gamma_1-\beta_{15})$	$L_{II}-L_{III}$	Durchschnittswert
13 Al	0,04	—	—	—	—	—	—	0,04
14 Si	0,05	—	—	—	—	—	—	0,05
15 P	0,06	—	—	—	—	—	—	0,06
16 S	0,09	—	—	—	—	—	—	0,09
17 Cl	0,12	—	—	—	—	—	—	0,12
19 K	0,21	—	—	—	—	—	—	0,21
20 Ca	0,26	—	—	—	—	—	—	0,26
21 Sc	0,33	—	—	—	—	—	—	0,33
22 Ti	0,44	—	—	—	—	—	—	0,44
23 Va	0,55	—	—	—	—	—	—	0,55
24 Cr	0,68	0,7	—	—	—	—	—	0,68
25 Mn	0,82	1,0	—	—	—	—	—	0,82
26 Fe	0,96	1,1	1,1	—	—	—	—	0,96
27 Co	1,11	1,1	1,2	—	—	—	—	1,11
28 Ni	1,28	1,3	1,3	—	—	—	—	1,28
29 Cu	1,47	1,44	1,50	—	—	—	—	1,47
30 Zn	1,71	1,69	1,70	—	—	—	—	1,70
31 Ga	1,89	1,91	1,85	—	—	—	—	1,88
32 Ge	2,27	2,25	2,21	—	—	—	—	2,24
33 As	2,63	2,59	2,60	—	—	—	—	2,61
34 Se	3,02	2,96	2,98	—	—	—	—	2,99
35 Br	3,43	3,35	3,40	—	—	—	—	3,39
37 Rb	4,38	—	—	—	—	—	—	4,38
38 Sr	4,95	4,80	4,91	5,10	—	—	4,64	4,94
39 Y	5,56	5,29	—	—	—	—	5,54	5,46
40 Zr	6,21	—	6,11	6,16	—	—	5,96	6,11
41 Nb	6,93	6,91	7,09	—	—	—	—	6,98
42 Mo	7,73	7,66	—	—	—	—	7,58	7,66
44 Ru	9,50	9,50	—	9,51	—	—	9,68	9,55
45 Rh	10,51	10,53	10,54	10,54	—	—	10,52	10,53
46 Pd	11,56	11,56	11,48	11,66	—	—	11,65	11,58

Tabelle 167 (Fortsetzung).

Element	$K(\alpha_1-\alpha_2)$	$L(\beta_1-\alpha_2)$	$L(\eta-l)$	$L(\gamma_5-\beta_6)$	$L(\gamma_6-\beta_5)$	$L(\gamma_1-\beta_{15})$	$L_{II}-L_{III}$	Durchschnittswert
47 Ag	12,74	12,70	12,64	12,72	—	—	13,15	12,79
48 Cd	13,99	13,98	13,82	13,98	—	—	13,62	13,88
49 In	15,29	15,29	15,24	15,27	—	—	15,41	15,30
50 Sn	16,74	16,72	16,69	16,78	—	—	17,23	16,83
51 Sb	18,67	18,30	18,31	18,26	—	—	18,23	18,35
52 Te	20,18	20,00	—	20,03	—	—	19,89	20,03
53 J	21,88	21,70	—	—	—	—	21,93	21,84
55 Cs	25,50	25,59	25,90	32,77	—	—	25,69	25,69
56 Ba	27,83	27,74	27,69	27,95	—	—	27,64	27,77
57 La	30,37	30,01	29,53	30,19	—	—	29,81	29,98
58 Ce	32,77	32,35	32,73	32,56	—	—	32,18	32,52
59 Pr	35,44	35,02	35,52	35,11	—	—	34,97	35,21
60 Nd	38,50	37,86	37,77	37,76	—	—	37,74	37,93
62 Sm	44,31	43,95	43,70	44,17	—	—	43,90	44,01
63 Eu	47,99	47,17	—	47,22	—	—	47,1	47,37
64 Gd	51,76	50,64	—	51,08	—	—	50,56	51,01
65 Tb	53,92	54,96	—	54,41	—	—	54,4	54,27
66 Dy	58,41	58,24	58,53	58,25	—	—	58,01	58,29
67 Ho	61,88	62,43	62,48	61,66	—	—	62,4	62,17
68 Er	65,88	66,81	67,08	66,72	—	—	66,77	66,65
69 Tu	71,22	71,27	71,44	70,98	—	—	71,92	71,37
70 Ad	75,11	76,08	76,57	76,29	—	—	76,20	76,07
71 Cp	81,11	81,11	81,54	81,17	81,21	—	81,63	81,30
72 Hf	87,12	86,76	86,96	87,20	—	—	86,60	86,93
73 Ta	93,74	92,46	92,43	92,52	92,62	92,63	92,8	92,74
74 W	98,84	98,49	98,55	98,51	98,66	98,61	98,98	98,66
75 Re	—	104,87	104,88	104,99	105,21	104,94	104,91	104,97
76 Os	111,92	111,10	—	—	—	—	111,43	111,48
77 Ir	118,75	118,53	—	118,63	118,67	118,60	118,32	118,58
78 Pt	124,33	125,85	125,76	125,85	125,94	—	126,75	125,75
79 Au	133,56	133,62	133,71	133,60	133,76	133,70	133,79	133,68
80 Hg	—	141,46	142,04	141,13	139,34	—	141,91	141,18
81 Tl	[149,52]	150,35	150,35	150,58	150,61	150,36	150,46	150,45
82 Pb	[158,49]	159,48	159,72	159,70	159,49	—	159,02	159,48
83 Bi	[166,35]	168,88	168,89	168,58	168,75	168,91	168,50	168,75
90 Th	[226,66]	249,96	249,66	250,56	—	250,38	249,1	249,93
91 Pa	—	263,60	263,60	263,9	263,7	—	—	263,70
92 U	[250,35]	278,43	278,47	278,63	278,46	278,39	[276,8]	278,50

Wir ersehen aus dieser Tabelle, daß die Wellenlängendifferenzen der zusammengehörigen Dublettlinien für die verschiedenen Elemente wirklich sehr gut konstant sind. Allerdings darf nicht unerwähnt bleiben, daß es noch eine Anzahl von Linienpaaren gibt, die zwar dieser Forderung genügen, aber trotzdem keine eigentlichen Relativitätsdubletts sind.

Ein zweiter Typ von sehr charakteristischen Dubletts in den Röntgenspektren ist von HERTZ [1920: 34] gefunden. Auch diesem entspricht eine Duplizität der Energieniveaus innerhalb derselben Gruppe (**L**-, **M**-, N-Gruppe). In den Emissionsspektren zeigt sich aber diese Duplizität niemals in Form von einfachen Dublettlinien, weil, wie wir unten sehen werden, solche Übergänge von den Auswahlregeln verboten sind. In den Absorptionsspektren aber, wo wir die Energieniveaus direkt erhalten, konnte HERTZ diese Dubletteigenschaft nachweisen. In der Abb. 181 sind die L-Grenzen in einem MOSELEYschen Diagramm dargestellt, d. h. die Werte von $\sqrt{\nu/R}$ sind als Funktion der Ordnungszahl des betreffenden Elements eingetragen. Die Messungen von HERTZ sind hier durch neuere Messungen von LINDSAY [1922: 61] sowie von DUANE und PATTERSON [1922: 33] vervollständigt. Aus dem Diagramm erhellt, daß in dieser Darstellung die beinahe geraden Linien, welche die L_I- und L_{II}-Grenzen repräsentieren, *parallel verlaufen* und daß daher die *Differenz* $\Delta\sqrt{\nu/R}$ *zwischen diesen beiden Energieniveaus konstant ist.*

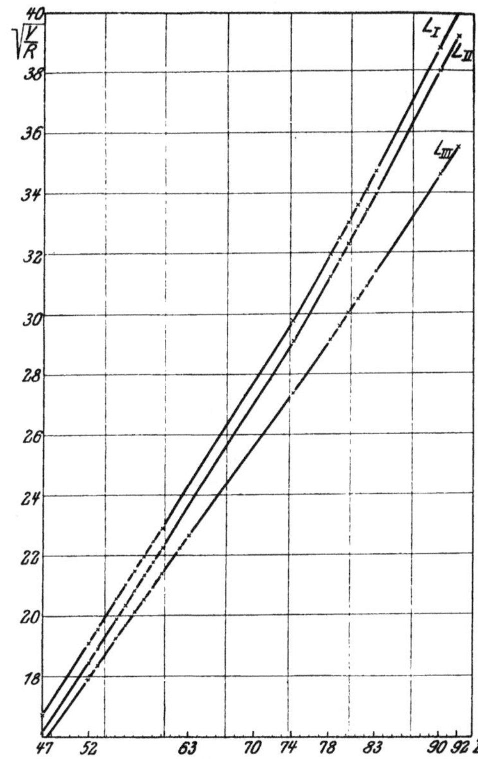

Abb. 181. MOSELEYsches Diagramm der L-Grenzen.

Wie sich die numerische Übereinstimmung gestaltet, zeigt für die L-Niveaus die Tabelle 118 und für die wenigen vorliegenden Messungen der M-Grenze die Tabelle 120. In der letzterwähnten Gruppe finden sich zwei Paare von Energieniveaus, die Dubletts nach HERTZ bilden: $M_I M_{II}$ und $M_{III} M_{IV}$. Diese Dubletts, welche also von Element zu Element einen nahezu konstanten Wert des Ausdrucks $\Delta\sqrt{\nu/R}$ aufzeigen, wurden von SOMMERFELD und WENTZEL zum Unterschied von den früheren *irreguläre* Dubletts genannt. Eine andere gebräuchliche Benennung dieser Dubletts, die ihren physikalischen Charakter besser zum Ausdruck bringt, ist „*Abschirmungsdubletts*". Auf die theoretische Deutung dieser Dubletts kommen wir unten zurück.

Tabelle 168. Wellenlängenabstände der L_{III}—L_{II}-Dubletts.

Element	$K(\alpha_2-\alpha_1)$	$L(\alpha_2-\beta_1)$	$L(l-\eta)$	$L(\beta_6-\gamma_5)$	$L(\beta_5-\gamma_6)$	$L(\beta_{15}-\gamma_1)$	$L_{III}-L_{II}$
13 Al	2,44	—	—	—	—	—	—
14 Si	2,61	—	—	—	—	—	—
15 P	2,72	—	—	—	—	—	—
16 S	2,88	—	—	—	—	—	—
17 Cl	2,97	—	—	—	—	—	—
19 K	3,21	—	—	—	—	—	—
20 Ca	3,28	—	—	—	—	—	—
21 Sc	3,37	—	—	—	—	—	—
22 Ti	3,64	—	—	—	—	—	—
		in Å.E.	in Å.E.				
23 Va	3,78	—	—	—	—	—	—
24 Cr	3,88	0,34	—	—	—	—	—
25 Mn	3,98	0,35	—	—	—	—	—
26 Fe	3,94	0,36	0,47	—	—	—	—
27 Co	3,90	0,32	0,43	—	—	—	—
28 Ni	3,85	0,29	0,38	—	—	—	—
29 Cu	3,837	0,28	0,36	—	—	—	—
30 Zn	3,86	0,27	0,34	—	—	—	—
31 Ga	3,72	0,26	0,33	—	—	—	—
32 Ge	3,91	262	335	—	—	—	—
33 As	3,99	257	337	—	—	—	—
34 Se	4,04	254	333	—	—	—	—
35 Br	4,07	249	329	—	—	—	—
37 Rb	4,12	—	—	—	—	—	—
38 Sr	4,16	238,6	316	228,5	—	—	199,9
39 Y	4,20	231,8	—	—	—	—	207,1
40 Zr	4,21	—	305,1	210,9	—	—	195,1
41 Nb	4,24	237,7	314	—	—	—	—
42 Mo	4,27	234,5	—	—	—	—	192,2
44 Ru	4,32	232,7	—	199,8	—	—	192,9
45 Rh	4,35	231,6	295,8	197,6	—	—	186,9
46 Pd	4,36	229,3	289,4	195,4	—	—	185,3
47 Ag	4,39	227,2	287,5	191,3	—	—	186,8
48 Cd	4,42	226,3	283,8	189,2	—	—	173,5
49 In	4,42	224,6	283,2	186,2	—	—	176,0
50 Sn	4,45	223,2	281,5	184,8	—	—	177,0
51 Sb	4,56	222,4	280,7	182,2	—	—	168,8
52 Te	4,54	221,0	—	181,3	—	—	166,4
53 J	4,54	220,0	—	—	—	—	166,4
55 Cs	4,52	217,8	276,3	176,4	—	—	160,5
56 Ba	4,56	216,8	271,6	174,9	—	—	157,5
57 La	4,62	215,6	266	173,1	—	—	154,8
58 Ce	4,63	214,1	271,0	171,3	—	—	153,0
59 Pr	4,65	213,7	271,1	169,8	—	—	152,7
60 Nd	4,70	213,4	266,1	168,0	—	—	151,6
62 Sm	4,69	212,1	263	167,1	—	—	141,7
63 Eu	4,75	211,0	—	165,5	—	—	148,9

Tabelle 168 (Fortsetzung).

Element	$K(\alpha_2-\alpha_1)$	$L(\alpha_2-\beta_1)$	$L(l-\eta)$	$L(\beta_6-\gamma_5)$	$L(\beta_5-\gamma_6)$	$L(\beta_{15}-\gamma_1)$	$L_{III}-L_{II}$
64 Gd	4,97	210,1	—	165,5	—	—	147,5
65 Tb	4,66	209,6	—	163,3	—	—	147,2
66 Dy	4,72	209,0	261,8	162,5	—	—	145,6
67 Ho	4,69	208,6	260,1	159,8	—	—	145,3
68 Er	4,67	208,0	260,3	160,6	—	—	144,7
69 Tu	4,74	207,1	258,8	159,2	—	—	145,0
70 Ad	4,70	206,4	259	159,7	—	—	144,50
71 Cp	4,76	205,66	258,0	158,3	142,9	—	143,2
72 Hf	4,80	205,94	257,7	159,0	—	—	141,5
73 Eu	4,85	205,57	256,9	157,77	141,6	148,22	141,5
74 W	4,83	205,21	256,9	157,2	140,8	147,60	141,2
75 Re	—	204,8	256,7	156,9	140,3	147,0	140,1
76 Os	4,86	203,76	—	—	—	—	139,2
77 Ir	4,85	204,40	—	155,95	138,67	146,04	138,4
78 Pt	4,81	203,97	256,1	155,30	137,91	—	138,9
79 Au	4,87	203,74	256,6	155,03	137,0	145,29	137,3
80 Hg	—	202,99	256,8	153,9	134,3	—	136,7
81 Tl	4,86	203,27	256,5	154,58	136,21	144,29	135,9
82 Pb	4,88	203,25	257,4	154,36	135,63	—	134,9
83 Bi	4,84	202,99	257,2	153,61	134,91	143,65	134,3
90 Th	4,5	202,29	260,0	153,06	—	142,18	130,7
91 Pa	—	202,0	260,7	152,6	131,7	—	—
92 U	4,55	202,11	261,4	152,59	131,45	141,55	129,5

Tabelle 169. Wellenlängendifferenzen einiger Relativitätsdubletts aus *M*- und *N*-Niveaus.

Element	$L(\alpha_2-\alpha_1)$	$M(\alpha_2-\beta) = (M_V N_{VI}) - (M_{IV} N_{VI})$	$(M_V N_{III}) - (M_{IV} N_{III})$	$M(\alpha_2-\alpha_1)$	$L(\beta_4-\beta_3)$	$L(\gamma_2-\gamma_3)$
92 U	11,88	208	322	14	37,61	6,8
91 Pa	11,8	—	—	—	37,6	7,0
90 Th	11,80	209	328	13	38,68	6,7
83 Bi	11,51	220	359	11	38,34	6,5
82 Pb	11,50	223	355	14	38,39	6,3
81 Tl	11,33	222	—	11	38,49	6,4
80 Hg	10,88	—	—	—	38,74	6,2
79 Au	11,25	230	365	14	38,70	6,7
78 Pt	11,22	229	366	11	38,25	6,3
77 Ir	11,33	237	373	13	38,73	6,2
76 Os	10,07	—	—	—	37,8	—
75 Re	11,03	—	389	—	38,7	6,3
74 W	11,02	—	384	—	38,87	6,01
73 Ta	10,95	—	—	—	39,0	5,8
72 Hf	10,97	—	—	—	—	5,7
71 Cp	10,85	—	—	—	39,0	5,7
70 Ad	11,1	—	—	—	38,8	5,8
69 Tu	11,1	—	—	—	38,9	5,9
68 Er	11,0	—	—	—	38,5	6,6

Tabelle 169 (Fortsetzung).

Element	$L(\alpha_2-\alpha_1)$	$M(\alpha_2-\beta)$ $=(M_V N_{VI})$ $-(M_{IV} N_{VI})$	$(M_V N_{III})$ $-(M_{IV} N_{III})$	$M(\alpha_2-\alpha_1)$	$L(\beta_4-\beta_3)$	$L(\gamma_2-\gamma_3)$
67 Ho	11,1	—	—	—	39,3	6,4
66 Dy	11,0	—	—	—	39,0	6,4
65 Tb	10,8	—	—	—	38,9	5,5
64 Gd	10,7	—	—	—	38,4	5,1
63 Eu	11,0	—	—	—	39,4	6,2
62 Sm	10,7	—	—	—	38,4	4,2
60 Nd	10,3	—	—	—	40,0	4,9
59 Pr	9,9	—	—	—	37,7	5,1
58 Ce	9,1	—	—	—	38,3	5,0
57 La	9,2	—	—	—	38,5	5,0
56 Ba	9,4	—	—	—	38,8	4,5
55 Cs	9,5	—	—	—	37,6	5,2
53 J	9,2	—	—	—	37,7	—
52 Te	9,0	—	—	—	38,7	—
51 Sb	9,0	—	—	—	39,2	—
50 Sn	8,9	—	—	—	37,4	—
49 In	8,7	—	—	—	37,1	—
48 Cd	8,6	—	—	—	37,9	—
47 Ag	8,2	—	—	—	36,6	—
45 Rh	7,8	—	—	—	35,5	—
44 Ru	8,0	—	—	—	36,2	—
42 Mo	6,0	—	—	—	36,3	—
41 Nb	6,0	—	—	—	33,5	—
40 Zr	—	—	—	—	33,1	—
39 Y	—	—	—	—	33,6	—
38 Sr	—	—	—	—	33,6	—
37 Rb	—	—	—	—	31,5	—

33. Quantentheoretische Deutung der Gesetzmäßigkeiten.

A. Ältere Theorie von Sommerfeld.

Es ist das Verdienst von Sommerfeld, zuerst die Aufmerksamkeit darauf gelenkt zu haben, daß einige charakteristische Züge der Röntgenspektren mit Hilfe sehr einfacher Modellvorstellungen, die einen gewissen quantitativen Vergleich mit der Erfahrung gestatten, gedeutet werden können. Mit seiner Theorie hat Sommerfeld auch eine direkte Brücke zwischen den optischen Spektren und den Röntgenspektren, deren allgemeine Struktur doch so stark verschieden ist, geschlagen.

Wir haben schon mehrfach auf die Entdeckung von Moseley hingewiesen, nach der für sämtliche Röntgenlinien das sehr einfache Gesetz gilt, daß $\sqrt{\nu/R}$ eine annähernd lineare Funktion der Ordnungszahl des Elementes ist. Für die stärkste Linie der K-Reihe nimmt diese Beziehung, in numerischer Form geschrieben, folgende Gestalt an:

$$\sqrt{\frac{\nu}{R}} = \sqrt{\frac{3}{4}}\,(Z-1) \qquad (78)$$

oder

$$\frac{\nu}{R} = (Z-1)^2\left(\frac{1}{1^2} - \frac{1}{2^2}\right). \tag{79}$$

Andererseits hatte BOHR in den von ihm geschaffenen allgemeinen Grundlagen für die Behandlung der Strahlung der Atome gezeigt, daß das Linienspektrum, das von einem aus einem Zfach positiv geladenen Kern und einem einzigen Elektron bestehenden Atomgebilde ausgesandt wird, dem Gesetz gehorcht:

$$\frac{\nu}{R} = Z^2\left(\frac{1}{1^2} - \frac{1}{n^2}\right) \tag{80}$$

mit

$$R = \frac{2\pi^2 m e^4}{c h^3} = 109{,}737;$$

wenn wir nur die Übergänge betrachten, die von der $n$ten Bahn zur innersten vor sich gehen. Für die erste Linie dieser Frequenzreihe ergibt sich also

$$\frac{\nu}{R} = Z^2\left(\frac{1}{1^2} - \frac{1}{2^2}\right) \tag{81}$$

in sehr guter formaler Übereinstimmung mit dem für die $K\alpha$-Linie gültigen MOSELEYschen Gesetz. Die letzte BOHRsche Formel gibt als Spezialfall für $Z = 1$ die erste Linie des ultravioletten Wasserstoffspektrums, als anderen Spezialfall für $Z = 2$ die entsprechende Linie des ionisierten Heliums. Für $Z = 3$ und $Z = 4$ ergeben sich die Linie des 2fach ionisierten Lithiums bzw. des 3fach ionisierten Berylliums, die neulich von ERICSSON und EDLÉN gefunden worden sind.

Allerdings zeigen die Experimente, daß die betreffenden Linien des Wasserstoffs und des Heliums sowie auch die $K\alpha$-Linie der Röntgenspektren nicht einfache Linien, sondern Doppellinien sind. Als dann SOMMERFELD durch Erweiterung der BOHRschen Wasserstofformel die Duplizität der optischen Linien erklären konnte, stellte er sich die Frage, ob nicht in derselben Weise auch die Duplizität der $K\alpha$-Linie zu deuten wäre.

Für das verallgemeinerte Wasserstoffmodell, d. h. einen Zfach positiv geladenen Kern, der von einem einzigen Elektron umkreist wird, ergibt sich für die (durch c dividierte) Energie W, wenn das Elektron eine Keplerellipse mit der Quantenzahl n beschreibt,

$$\frac{W}{Rh} = \frac{Z^2}{n^2}, \tag{82}$$

was unter Benutzung der BOHRschen Frequenzbedingung

$$\nu = \frac{W_1}{h} - \frac{W_2}{h} \tag{83}$$

sofort die obige Formel (80) für die Übergänge von der Quantenbahn n zur Quantenbahn 1 ergibt.

Bei Aufstellung des Energieausdrucks (82) ist aber auf die von der Relativitätstheorie geforderte Veränderlichkeit der Elektronenmasse keine Rücksicht genommen. SOMMERFELD führte dann die Berechnung der Energie des allgemeinen Wasserstoffatoms unter Berücksichtigung der relativistischen Masse des Elektrons durch. Der so erhaltene Ausdruck war, wenn wir nur die ersten beiden Glieder der Reihenentwicklung berücksichtigen:

$$\frac{W}{hR} = \frac{Z^2}{n^2} + \alpha^2 \frac{Z^4}{n^4}\left(\frac{n}{k} - \frac{3}{4}\right), \tag{84}$$

wo α eine kleine Konstante ist:

$$\alpha^2 = \left(\frac{2\pi e^2}{hc}\right)^2 = 5{,}315 \cdot 10^{-5}, \tag{85}$$

n die „Hauptquantenzahl" und k die „Nebenquantenzahl" bedeutet; letztere berücksichtigt die Abweichung der Keplerbewegung von der einfach periodischen Bahn. Die Nebenquantenzahl kann höchstens so groß sein wie die Hauptquantenzahl.

Für die einquantige Bahn, wo $n = k = 1$ ist, wird der Energieausdruck (84) eindeutig bestimmt: von *einquantigen Bahnen* gibt es nur *einen* Typus — den der kreisförmigen Bahn — *mit eindeutig bestimmtem Energieinhalt.* Ist dagegen die *Hauptquantenzahl gleich 2*, so kann die Nebenquantenzahl entweder 1 oder 2 sein, entsprechend einer elliptischen bzw. einer kreisförmigen Bahn. Der Hauptterm Z^2/n^2 in dem Energieausdruck hat zwar, unabhängig davon, welchen Wert wir der Nebenquantenzahl geben, immer denselben Wert, der mit dem in (82) übereinstimmt, aber der kleinere zweite Term nimmt *zwei verschiedene Werte* an, so daß bei den zweiquantigen Energieniveaus der Relativitätseinfluß sich in zweifacher Weise zeigt. Ebenso sehen wir, daß die Hauptquantenzahl 3 wegen der in diesem Falle möglichen drei Nebenquantenzahlen zu einem 3fachen Energieniveau Anlaß gibt usw.

Wir können die so bei dem allgemeinen Wasserstoffmodell berechneten Energieniveaus der Reihe nach mit dem K-, dem L-, dem M-Niveau usw. der Röntgenspektren vergleichen. Allerdings liegen die Verhältnisse im Falle der Röntgenspektren wesentlich komplizierter, weil der Kern nicht nur von einem *einzigen* Elektron umkreist wird. Außer dem Elektron, das bei seinen Übergängen zwischen den verschiedenen Quantenbahnen im Atom die Strahlung verursacht, haben wir ja immer die ganze übrige Elektronenhülle, die von den stattfindenden Änderungen nicht ganz unberührt bleibt, zu berücksichtigen. Noch wichtiger ist aber, daß das Kraftfeld, welches den Energieinhalt des strahlenden Elektrons bestimmt, auch durch die anderen Elektronen in sehr starker Weise beeinflußt wird. Wir können diesen Einwirkungen der Elektronenhülle dadurch Rechnung tragen, daß wir statt der Kernladungszahl Z eine korrigierte Kernladungszahl — die wirksame Kernladungszahl — einführen. Ferner halten wir dabei die Möglichkeit offen, daß die Korrektion der Kernladungszahl in den beiden Termen unseres Energieausdrucks (84) nicht genau dieselbe zu sein braucht. Für den ersten Term, der den Hauptanteil der Energie darstellt, wird der ganze Bahnverlauf in den inneren und äußeren Teilen der Elektronenhülle mit ihren stark verschiedenen „Abschirmungen" der Kernladung von Bedeutung sein. Auf den zweiten Term, in dem die veränderliche Masse des Elektrons der wesentliche Faktor ist, wird der innere Teil der Bahn, in dem die größte Geschwindigkeitsänderung stattfindet, den Haupteinfluß ausüben.

Wir setzen daher in dem Energieausdruck (84) statt Z in dem ersten Term $Z - s_n$ und in dem zweiten Term $Z - d$ und bekommen so für die *Energie, welche zur Entfernung eines Elektrons aus einer n_k-Bahn nötig ist, den Ausdruck*:

$$\frac{W}{Rh} = \frac{(Z - s_n)^2}{n^2} + \alpha^2 \frac{(Z - d)^4}{n^4} \left(\frac{n}{k} - \frac{3}{4}\right). \tag{86}$$

Für den Übergang von der 2quantigen zur 1quantigen Bahn erhalten wir dann in erster Annäherung, unter Vernachlässigung des zweiten Gliedes nach der BOHRschen Frequenzgleichung

$$\nu = \frac{W_1}{h} - \frac{W_2}{h},$$

$$\frac{\nu}{R} = \frac{(Z - s_1)^2}{1^2} - \frac{(Z - s_2)^2}{2^2}. \tag{87}$$

Die Abschirmungszahlen haben wir mit s_1 und s_2 bezeichnet, da sie im allgemeinen von der Quantenzahl und der dadurch bedingten Größe und Form der Bahn abhängig sein müssen. Übrigens müssen wir erwarten, daß diese Korrektionszahlen der Kernladungszahl nicht nur von der Hauptquantenzahl, sondern auch von der Nebenquantenzahl sowie von der Gesamtzahl der Elektronen im Atome abhängig sind. Nach den Vorstellungen von BOHR gelangen ja die Elektronen besonders bei höheren Quantenzahlen von sehr tief liegenden Teilen des Atoms bis zur Oberfläche. Form und Größe der Bahn wird von den drei genannten Faktoren bestimmt, so daß sie auch bei der Abschirmung von Einfluß sein müssen.

Der Vergleich der Gl. (87) mit der empirischen MOSELEYschen Gl. (79) zeigt aber, daß für die zwei ersten Quantenbahnen in erster Annäherung mit $s_1 = s_2 = 1$ gerechnet werden kann, wobei die zwei Gl. (87) und (79) identisch werden. Wir wissen aber, daß die $K\alpha$-Linie nicht, wie in der MOSELEYschen Formel angenommen wurde, *einfach* ist, sondern aus einer *Dublette* besteht. SOMMERFELD hat gezeigt, daß die Feinstruktur der *Wasserstofflinien* sich durch den von ihm in Formel (84) berücksichtigten Relativitätseinfluß erklären läßt. Besonders konnte SOMMERFELD zeigen, daß die erste Linie der ultravioletten Reihe, welche den Übergang von der 2quantigen zur 1quantigen Bahn darstellt, wegen der dann möglichen *zwei* k-Werte doppelt ist. Trotzdem die Verhältnisse hier wegen des störenden Einflusses der reichlich besetzten Elektronenhülle viel verwickelter sind, kann man versuchen, die Duplizität der $K\alpha$-Linie in entsprechender Weise zu erklären.

Wir greifen also nochmals auf die allgemeine SOMMERFELDsche Formel (86) zurück und sehen nach, was wir unter Berücksichtigung des Relativitätsgliedes — des zweiten Terms — für den Übergang von der 2quantigen zur 1quantigen Bahn erhalten. Für die 1quantige Bahn bekommen wir immer noch einen eindeutig bestimmten Energieausdruck, weil hier $n = 1$ und $k = 1$ ist. Die *2quantige* Bahn aber gibt zu *zwei Energieausdrücken, die sich ein wenig voneinander unterscheiden,* Anlaß. Sie entsprechen den zwei Möglichkeiten

1. $n = 2, \quad k = 1$

und

2. $n = 2, \quad k = 2.$

Die Zweifachheit des 1quantigen Energieniveaus bedeutet aber, daß auch die betreffenden Linien doppelt sein müssen. Den Frequenzunterschied erhalten wir ja einfach als Differenz der beiden Energieausdrücke, die der 2quantigen Bahn entsprechen, d. h.

$$\Delta \frac{\nu}{R} = \alpha^2 \frac{(Z - d_1)^4}{2^4} \frac{5}{4} - \alpha^2 \frac{(Z - d_2)^4}{2^4} \frac{1}{4}. \tag{88}$$

Dabei haben wir die Abschirmungszahlen der Kernladung bei der Nebenquantenzahl 1 mit d_1 und bei der Nebenquantenzahl 2 mit d_2 bezeichnet, weil sie im allgemeinen von der Bahnform abhängen (und eigentlich auch noch von der Zahl der Elektronen im Atom). Nehmen wir vorläufig mit SOMMERFELD an, daß wir $d_1 = d_2 = d$ setzen können, so ergibt sich als Frequenzdifferenz der einfache Ausdruck:

$$\Delta \frac{\nu}{R} = \alpha^2 \frac{(Z - d)^4}{2^4}. \tag{89a}$$

Eine ganz analoge Rechnung bei dem einfachen Wasserstoffatom führt zu dem Ausdruck

$$\Delta \frac{\nu_H}{R} = \frac{\alpha^2}{2^4} = 0{,}332 \cdot 10^{-5}, \tag{90}$$

was sich ja auch als Spezialfall von (89) ergibt, da hier die Kernladung $Z = 1$ und eine Abschirmung nicht vorhanden, also $d = 0$ ist.

Allgemein gibt die Gl. (86) für die Frequenzdifferenz zwischen zwei Niveaus mit derselben Hauptquantenzahl n, aber verschiedenen Nebenquantenzahlen $k + 1$ und k:

$$\Delta \frac{\nu}{R} = \alpha^2 \frac{(Z - d)^4}{n^3} \frac{1}{k(k + 1)}. \tag{89b}$$

Die Formel (89) hat ihre Verwendbarkeit nicht nur für die Röntgenspektren, sondern auch für die optischen Spektren gezeigt. Hier interessiert uns zunächst, zu sehen, wie gut die Meßergebnisse in den Röntgenspektren wiedergegeben werden. Bezeichnet $\Delta\nu_L$ die Frequenzdifferenz zwischen L_{II} und L_{III}, die experimentell z. B. als die Dublettdifferenz der $K\alpha_1\alpha_2$-Linien erscheint, so hat man nach Gl. (89) und (90)

$$\Delta\frac{\nu_L}{R} = \Delta\frac{\nu_H}{R}\cdot[Z-d]^4. \tag{91}$$

Mit einem Wert der „Abschirmungskonstante" d von 3,5 ergibt sich aus den experimentell gefundenen Werten der $\Delta\frac{\nu_L}{R}$ mit $[Z-3{,}5]^4$ dividiert, wie aus Tabelle 70 ersichtlich, ein Wert der Konstanten $\Delta\frac{\nu_H}{R}$,

Tabelle 170.

Element	$\Delta\frac{\nu_L}{R}$	$\Delta\frac{\nu_L}{R}\cdot\frac{1}{(Z-3{,}5)^4}\cdot 10^5$
20 Ca	0,26	0,35
25 Mn	0,82	0,38
30 Zn	1,70	0,345
35 Br	3,39	0,344
40 Zr	6,11	0,344
45 Rh	10,53	0,355
50 Sn	16,83	0,360
55 Cs	25,69	0,365
60 Nd	37,93	0,372
65 Tb	54,27	0,379
70 Ad	76,07	0,389
75 Re	104,97	0,402
80 Hg	141,18	0,412
90 Th	249,93	0,446

welcher eine mäßige Änderung von 0,35 bis 0,45 zeigt, während $\Delta\frac{\nu_L}{R}$ selbst zwischen 0,29 und 250 schwankt. Aber noch wesentlich verbessert wird diese Übereinstimmung, wie SOMMERFELD zeigte, wenn die höheren Glieder der Reihenentwicklung (84) berücksichtigt werden. Die Formel lautet dann:

$$\Delta\frac{\nu}{R} = \frac{\alpha^2}{2^4}[Z-d]^4\left\{1+\frac{5}{2}\,\frac{\alpha^2}{2^2}(Z-d)^2+\frac{53}{8}\,\frac{\alpha^4}{2^4}(Z-d)^4+\cdots\right\}. \tag{92}$$

SOMMERFELD prüfte diese Gleichung, indem er aus den experimentell gegebenen Werten von $\Delta\frac{\nu_L}{R}$ die Abschirmungskonstante d berechnet. Die Ergebnisse sind in Tabelle 171 wiedergegeben. Wie daraus ersichtlich, ergibt sich unabhängig von Z ein gut konstanter Wert von d von rund 3,49. Dies zeigt gleichzeitig überzeugend in quantitativer Weise, daß der innere Aufbau der Elektronenatmosphäre der verschiedenen Atome einander gleich sind.

Tabelle 171.

Z	$\Delta \frac{\nu_L}{R}$	$Z-d$	d	Z	$\Delta \frac{\nu_L}{R}$	$Z-d$	d
41 Nb	6,89	37,50	3,50	63 Eu	47,19	59,48	3,52
42 Mo	7,70	38,53	3,47	64 Gd	50,66	60,48	3,52
44 Ru	9,49	40,54	3,46	65 Tb	54,38	61,49	3,51
45 Rh	10,48	41,53	3,47	66 Ds	58,30	62,49	3,51
46 Pd	11,56	42,52	3,48	67 Ho	62,46	63,50	3,50
47 Ag	12,69	43,59	3,51	68 Er	66,85	64,50	3,50
48 Cd	13,97	44,52	3,48	70 Yb	76,1	66,5	3,5
49 In	15,29	45,50	3,50	71 Cp	82,5	67,6	3,3
50 Sn	16,73	46,50	3,50	73 Ta	92,70	69,52	3,48
51 Sb	18,29	47,50	3,50	74 W	98,54	70,49	3,51
52 Te	19,94	48,50	3,50	76 Os	111,08	72,51	3,49
53 J	21,71	49,49	3,51	77 Ir	118,64	73,50	3,50
55 Cs	25,60	51,48	3,52	78 Pt	125,92	74,49	3,51
56 Ba	27,70	52,46	3,54	79 Au	133,80	75,51	3,49
57 La	30,01	53,46	3,54	81 Tl	150,49	77,50	3,50
58 Ce	32,38	54,44	3,56	82 Pb	160,02	78,56	3,44
59 Pr	35,03	55,46	3,54	83 Bi	169,73	79,58	3,42
60 Nd	37,86	56,59	3,51	90 Th	250,86	86,57	3,43
62 Sm	43,95	58,50	3,50	92 U	278,71	88,51	3,49

Mittel: $d = 3{,}492$.

Sommerfeld und Wentzel haben ferner gezeigt, daß auch bei den anderen analogen Dubletts, die höheren Quantenbahnen entsprechen, eine sehr gute numerische Übereinstimmung mit dem experimentellen Zahlenmaterial zu erzielen ist. Trotzdem werden wir unten zeigen, daß die Grundannahmen dieser Theorie nicht aufrechtzuhalten sind, sondern modifiziert werden müssen. Als formelmäßige Darstellung der empirischen Daten hat die Gl. (89) sowie die entsprechenden Formeln bei den höheren Dubletts eine große Bedeutung für die Systematik der Spektren gehabt.

Abschließend geben wir hier nach Sommerfeld und Wentzel eine Zusammenstellung der für die verschiedenen Dubletts aus den empirischen Daten berechneten Abschirmungskonstanten d:

$L_{II,III}$	$M_{II,III}$	$M_{IV}M_V$	$N_{II,III}$	$N_{IV,V}$	$N_{VI,VIII}$
3,50	8,5	13,0	17,0	24	34

Die erste Annäherung der Dublettdifferenzen, Gl. (89), zeigt, daß die Frequenzabstände $\Delta \frac{\nu}{R}$ etwa Z^4 proportional sind (wenn wir von der Abschirmung absehen). Nach dem Moseleyschen Gesetz war für sämtliche Linien ν/R annähernd proportional Z^2, wenn man auch hier die Abschirmung unberücksichtigt läßt. Da ferner

$$\nu = \frac{1}{\lambda}$$

und also

$$\Delta\lambda = -\frac{\Delta\nu}{\nu^2}$$

ist, so erhellt sofort, daß $\Delta\lambda$ von Element zu Element nahezu konstant sein muß. Dies war ja das zweite Charakteristikum, das wir aus dem empirischen Material für die Relativitätsdubletts herausgelesen hatten. Diese Aussage ist also nur das Resultat einer gleichzeitigen Interpretation der MOSELEYschen Formel und der SOMMERFELDschen Gl. (89).

Die experimentelle Erfahrung hatte aber gezeigt, daß z. B. das L-Niveau nicht 2fach, sondern 3fach ist, und zwar hatte HERTZ nachgewiesen, daß außer der eben behandelten Relativitätsdublette nach SOMMERFELD noch ein drittes Energieniveau hinzukommt, das mit dem einen der erstgenannten Niveaus eine Dublette von besonderem Charakter bildet. HERTZ hatte auch die modellmäßige Erklärung dieser neuen Dubletts angedeutet. Das Merkmal der HERTZschen Dubletts war ja, daß $\Delta\sqrt{\nu/R}$ von Element zu Element nahezu konstant war. In der MOSELEYschen Diagrammdarstellung der Energieniveaus L_{II} und L_I, wo $\sqrt{\nu/R}$ als Funktion der Ordnungszahl des Elementes dargestellt ist, verlaufen die zwei Kurven für L_{II} und L_I fast geradlinig und parallel. Ausgehend von dem Ausdruck (89) für die Entfernungsarbeit eines Elektrons aus der $n$quantigen Bahn, der unter Vernachlässigung des Relativitätsgliedes zu

$$\frac{W}{Rh} = \frac{(Z-s)^2}{n^2} \tag{93}$$

wird, erhalten wir für die Niveaufrequenzen, wenn wir $h\nu = W$ setzen,

$$\frac{\nu}{R} = \frac{(Z-s)^2}{n^2} \tag{94}$$

oder in Übereinstimmung mit dem MOSELEYschen Diagramm

$$\sqrt{\frac{\nu}{R}} = \frac{Z-s}{n}. \tag{95}$$

Für die Abschirmungskonstante s gilt aber, daß sie im allgemeinen von den Quantenzahlen n und k abhängig ist. Nehmen wir bei ein und demselben n im Nenner zwei verschiedene Abschirmungswerte s_1 und s_2 an, so bekommen wir offensichtlich eine Dublette, bei der

$$\Delta\sqrt{\frac{\nu}{R}} = \frac{s_1 - s_2}{n} \tag{96}$$

ist, d. h. also: der Ausdruck $\Delta\sqrt{\nu/R}$ ist konstant, unabhängig von der Ordnungszahl.

Von den drei empirisch gefundenen L-Niveaus L_I, L_{II}, L_{III} bilden L_{II} und L_{III} zusammen eine Dublette des ersten Typus, eine *Relativitätsdublette*, während L_I und L_{II} zusammen eine Dublette des zweiten Typus, eine *Abschirmungsdublette*, darstellen. Allgemein kann man das Niveauschema so aufbauen, daß — wie besonders von WENTZEL gezeigt wurde — Relativitätsdubletts mit Abschirmungsdubletts abwechseln.

An der im Anschluß an die SOMMERFELDsche Theorie aufgebauten formalen Systematik der Röntgenspektren hat die neuere Theorie nichts geändert. Das Zustandekommen der zwei Dublettypen erklärt aber die jetzt zu entwickelnde Theorie in etwas anderer Weise, die in logischer Beziehung mehr befriedigend ist.

B. Neuere Theorie.

Den ersten Anstoß zur Abänderung der SOMMERFELDschen Dubletttheorie gab die Hypothese von UHLENBECK und GOUDSMIT über die Eigenrotation des Elektrons. Auf die Wandlungen der Theorien der optischen Spektren gehen wir hier nicht ein, sondern geben nur die Hauptzüge der Systematik wieder in ihrer Anwendung auf die Röntgenspektren. In Übereinstimmung mit den genannten Theorien führen wir vier Quantenzahlen ein, welche die Energie des strahlenden Atoms festlegen, nämlich neben der Hauptquantenzahl n die Quantenzahlen l, j und s. Der zweiten von diesen entspricht in ihrer modellmäßigen Deutung die Quantenzahl k der SOMMERFELDschen Theorie; es ist

$$l = k - 1.$$

$s_i \cdot \frac{h}{2\pi}$ stellt die gequantelte Eigenrotation oder den „Spin" des Elektrons dar; es wird vorausgesetzt, daß nur

$$s_i = \tfrac{1}{2}$$

möglich ist.

Die „innere" Quantenzahl j endlich stellt modellmäßig den Gesamtdrehimpuls des Atoms dar, welcher als Resultante der Bahndrehvektoren l_i und der Spinvektoren s_i erhalten wird. Diese Vektoren orientieren sich bei der sogenannten RUSSEL-SAUNDERSsche Kupplung, so daß

$$j = \sum l_i + \sum s_i = l + s$$

halbe oder ganze Werte annimmt: Ist s halbzahlig wie beim Einelektronfall, wird auch j halbzahlig, bei mehreren Elektronen mit gekoppelten Spinvektoren können aber auch ganzzahlige Werte vorkommen.

Die quantenmechanische Berechnung[1] gibt dann für die Energie des wasserstoffähnlichen Atomes mit Zfach geladenem Kern:

$$\left.\begin{aligned}\frac{W}{Rh} &= \frac{(Z - s_{n,l})^2}{n^2} + \alpha^2 \frac{(Z - d_{n,l,j})^4}{n^3} \cdot \left(\frac{1}{l + \frac{1}{2}} - \frac{3}{4n}\right)\\ &\quad - \alpha^2 \frac{(Z - d'_{n,l,j})^4}{n^3} \cdot \frac{j(j+1) - l(l+1) - s(s+1)}{2l(l + \frac{1}{2})(l+1)},\end{aligned}\right\} \tag{97}$$

[1] HEISENBERG-JORDAN, Z. Physik 37, 226 (1926).

wo

$$\alpha = \frac{2\pi e^2}{h \cdot c}$$

und $s_{n,l}$ bzw. $d_{n,l,j}$ wie früher „Abschirmungskonstanten“ darstellen, welche die Einwirkung der Elektronen auf das Feld berücksichtigen. In der Formel (97) gibt der erste Term den altbekannten Balmerterm

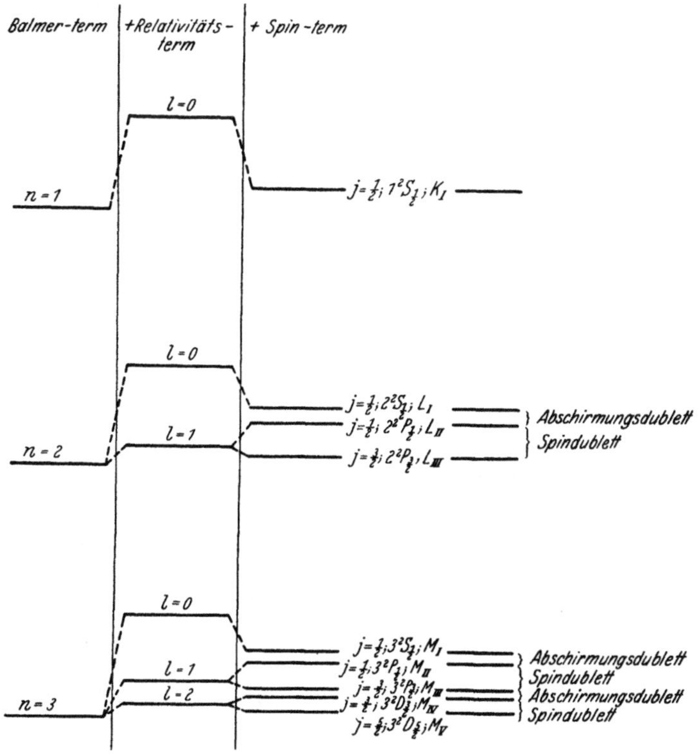

Abb. 182. Schematische Darstellung der Niveauaufspaltung wegen Relativität und Elektronenrotation.

als erste Approximation. Der zweite Term enthält die Relativitätskorrektion, während der dritte den Einfluß der Elektronenrotation berücksichtigt.

Wir wollen jetzt zuerst nachsehen, in welcher Weise die Elektronenrotation die zu den verschiedenen Hauptquantenzahlen gehörigen Energieniveaus beeinflussen. Zur leichteren Übersicht sind die Verhältnisse in Abb. 182 graphisch zusammengestellt. Links sind hier die Balmerterme, d. h. der erste Term der Gl. (97), eingezeichnet. Dann folgt die Modifikation bzw. Aufspaltung durch den zweiten Term der Gl. (97). Die Abänderung durch Berücksichtigung der Elektronenrotation ist rechts zu sehen. Der zur Hauptquantenzahl $n = 1$ und $l = 0$ gehörige

Energiewert erleidet durch die Spinkorrektion keine Zerlegung, nur eine kleine Änderung der Größe. Dieser Niveauwert entspricht bei den optischen Dublettspektren den mit $1^2 S_{\frac{1}{2}}$ bezeichneten Termwert; in den Röntgenspektren wird dieser Termwert als K_I bezeichnet.

Bei der Hauptquantenzahl $n = 2$ zerlegt sich das zu $l = 1$ gehörige Niveau in zwei, während die andere mit $l = 0$ nur eine kleine Größenänderung erfährt. Die erstgenannte Zerlegung rührt daher, daß bei der vektoriellen Zusammensetzung

$$j = l + s$$

mit $l = 1$ und $s = \frac{1}{2}$ die zwei Werte

$$\begin{cases} j = \frac{1}{2}, \\ j = \frac{3}{2} \end{cases}$$

erhalten werden. Wie in der graphischen Darstellung angegeben, entsprechen die drei zu $n = 2$ gehörigen Niveauwerte in den optischen Dublettspektren den Termwerten $2^2 S_{\frac{1}{2}}$, $2^2 P_{\frac{1}{2}}$ und $2^2 P_{\frac{3}{2}}$, die wir in Röntgenspektren bzw. mit L_I, L_{II} und L_{III} bezeichnet haben (SOMMERFELD benutzt die Bezeichnungen L_{11}, L_{21} und L_{22}; in der früheren Auflage dieses Buches wurden die Bezeichnungen L_3, L_2, L_1 bzw. verwendet). Die Aufspaltung des Terms mit $l = 1$ gibt die früher als Relativitätsdubletts bezeichneten zwei Niveaus. Die zwei Niveaus mit $j = \frac{1}{2}$, aber verschiedenen l-Werten ($l = 0$ und $l = 1$), fallen beim Wasserstoffatom gerade zusammen, weil dort die Abschirmungskonstanten d Null sind und dann die Summen der zwei letzten Terme der Gl. (97) einander gleich werden. Im Falle der Röntgenspektren, ebenso wie bei den Alkalispektren, hat man es aber mit verschiedenen Werten der Abschirmungskonstanten zu tun, wodurch ein Unterschied in den Niveauwerten auftritt, die dann zu den „Abschirmungsdubletts" Anlaß geben.

Betreffend die Spindubletts findet man, daß die sich aus der Gl. (97) ergebende Aufspaltung ganz genau mit der aus der früheren SOMMERFELDschen Formel berechneten übereinstimmt. Allgemein ist eine Spindublette charakterisiert durch gleiche Werte von n und l, aber durch die zwei Werte von j:

$$\begin{aligned} j_1 &= l + \tfrac{1}{2}, \\ j_2 &= l - \tfrac{1}{2}. \end{aligned}$$

Wenn wir in diesem Falle $d = d'$ setzen, ergibt sich als Differenz der zwei betreffenden Termen aus Gl. (97)

$$\begin{aligned} \Delta \frac{\nu}{R} &= \alpha^2 \frac{(Z-d)^4}{n^3} \cdot \frac{(l+\frac{1}{2})(l+\frac{3}{2}) - (l-\frac{1}{2})(l+\frac{1}{2})}{2l(l+\frac{1}{2})(l+1)} \\ &= \alpha^2 \frac{(Z-d)^4}{n^3} \cdot \frac{1}{l(l+1)}. \end{aligned} \tag{98}$$

Wie sofort ersichtlich, stimmt diese Formel genau mit der entsprechenden Differenz (89b) aus der SOMMERFELDschen Gl. (86) überein, nur daß hier l, dort k steht. Die schöne numerische Verifikation der alten SOMMERFELDschen Formel durch die Röntgendubletts bleibt also bestehen bei der neuen Theorie.

Der Vorzug der neuen Theorie, abgesehen von ihren anderweitigen Bestätigungen und ihrer besseren Fundierung, ist in diesem Falle u. a. darin zu sehen, daß sie gerade die richtige Anzahl von Energieniveaus gibt; also eine K, drei L, fünf M usw., während bei der älteren Theorie diese Zerlegungen willkürlich erschienen.

Wir hatten oben gesehen, daß die Berücksichtigung der höheren Glieder in der SOMMERFELDschen Gl. (92) eine wesentliche Verbesserung in der numerischen Übereinstimmung mit den empirischen Daten herbeiführte. Es ist dann von Interesse, zu finden, daß die neue wellenmechanische Theorie des Elektrons von DIRAC zu einer Gleichung führt[1], die auch betreffs der höheren Glieder mit den Ergebnissen von SOMMERFELD übereinstimmt.

34. Das normale Niveauschema.

Das ganze empirische Material der Röntgenspektren läßt sich jetzt in einem regelmäßig aufgebauten Niveauschema darstellen, auf das wir bei dem Element Uran näher eingehen wollen. Hat man einmal bei einem Element sämtliche Linien und Absorptionsgrenzen geordnet, so folgt aus dem MOSELEYschen Gesetz, das Linien und Grenzen von Element zu Element verknüpft, daß dasselbe Schema auch für andere Elemente gültig sein muß.

Mit dem Problem der Aufstellung eines Niveauschemas haben sich verschiedene Forscher auf Grund des jeweils vorliegenden Beobachtungsmaterials beschäftigt. Besonders seien hier die Untersuchungen von VEGARD, SMEKAL, SOMMERFELD und WENTZEL sowie DAUVILLIER erwähnt. Die tiefgehendste Untersuchung rührt von COSTER her, der selbst auch viel neues empirisches Material gebracht und immer in den Fällen, wo das Zahlenmaterial noch nicht ganz befriedigend war, neue Spektralaufnahmen und Messungen gemacht hat.

Da das Röntgenspektrum des Urans am vollständigsten ausgebildet ist und auch gut ausgemessen worden ist, werden wir das Niveauschema dieses Elementes in den Vordergrund unserer Betrachtungen stellen. Es wurden im Absorptionsspektrum empirisch eine K-, drei L- und fünf M-Grenzen gefunden und ausgemessen. Aus den letztgenannten acht Grenzfrequenzen lassen sich, wie schon auf S. 312 gezeigt wurde,

[1] GORDON, W., Z. Physik **48**, 11 (1928). — DARWIN, C. G., Proc. roy. Soc. Lond. A **118**, 654 (1928).

mit sehr großer numerischer Genauigkeit durch Differenzbildung sieben von den L-Linien berechnen. Die Hauptstützpunkte für den weiteren Ausbau des Niveauschemas bilden die Spin- oder Relativitätsdubletts, welche sich unter den Linien nachweisen lassen, wie wir oben gezeigt haben (§ 32). Von Liniendubletts, welche gerade den Frequenzabstand $L_{II}L_{III}$ aufweisen, muß selbstverständlich die eine Linie von L_{II}, die

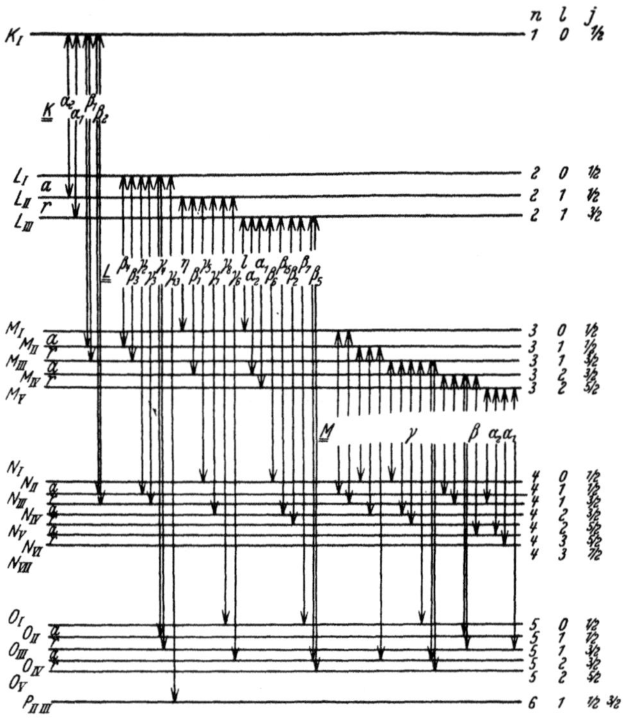

Abb. 183. Niveauschema von Uran, Auswahlregeln.

Erlaubte Übergänge $l \begin{matrix} \nearrow l+1, \\ \searrow l-1, \end{matrix} \quad j \begin{matrix} \nearrow j+1, \\ \rightarrow j, \\ \searrow j-1. \end{matrix}$

andere von L_{III} ihren Ursprung nehmen. Durch Differenzbildung bekommen wir dann Frequenzwerte des höher liegenden Niveaus. Unter den L-Linien finden wir auch Dublettpaare, die zwar den Charakter der Relativitätsdubletts haben, dabei aber einen ganz anderen Frequenzabstand als den der $L_{II}L_{III}$ aufweisen. Von diesen müssen wir dann annehmen, daß sie in der L-Gruppe einem gemeinsamen Niveau entsprechen, daß sie aber ihre Dubletteigenschaft zwei höherquantigen Energieniveaus zu verdanken haben, welche zusammen eine Spindublette bilden. In dieser Weise kann man leicht durch Ausprobieren ein System von Niveaus berechnen, welche zusammen mit den experimentell bekannten K-, L- und M-Niveaus gestattet, sämtliche bekannten Linien durch Differenzbildung aus den Niveaufrequenzen zu berechnen.

Die Abb. 183 zeigt das so erhaltene Niveauschema von Uran. Sämtliche Linien der K-, L- und M-Reihen lassen sich, wie aus dem Schema zu ersehen ist, aus einem K-, drei L-, fünf M-Niveaus, die experimentell gefunden wurden, und sieben N-, fünf O- und einem P-Niveau, die hypothetischen Charakter tragen, berechnen. Von diesen können wir in vielen Fällen sicher zeigen, in anderen wahrscheinlich machen, daß sie sich paarweise und abwechselnd zu Spindubletts und Abschirmungsdubletts zusammenfassen lassen, wie zuerst von WENTZEL bemerkt wurde. So bilden, wie links in der Abbildung angedeutet ist, L_I mit L_{II} eine Abschirmungsdublette (a), L_{II} mit L_{III} eine Relativitätsdublette (r), M_I gibt mit M_{II} eine Abschirmungsdublette, M_{II} mit M_{III} eine Relativitätsdublette usw. durch das ganze Schema. Rechts stehen dann die Quantenzahlen, die wir in Anlehnung an die obige Theorie den verschiedenen Niveaus zuzuordnen haben. Hier steigt die Hauptquantenzahl n bei jeder Gruppe um eine Einheit, von K mit n gleich 1 anfangend bis P mit n gleich 6. Für die anderen Quantenzahlen gilt, wie oben gezeigt wurde, daß zwei Niveaus, die zusammen eine Spindublette bilden, dieselbe l-Quantenzahl haben, aber um eins verschiedene Werte von j; bei den Abschirmungsdubletts dagegen sind die Werte von j gleich, während die l-Werte um eins verschieden sind.

Aus dem Schema ist sofort zu ersehen, daß eine große Anzahl von Übergängen zwischen den Niveaus nicht durch Linien repräsentiert wird. Erstens bemerken wir, daß Übergänge zwischen Niveaus, welche derselben Gruppe angehören, nicht vorkommen. Eine erste, empirisch gefundene Auswahlregel wird also die sein, daß sich die *Hauptquantenzahl ändern muß*.

Eine Ausnahme von dieser Regel scheint nur im ultraweichen Röntgenstrahlengebiet vorhanden zu sein (IDEI [1929: 71], THIBAUD [1929: 160]), die also einen Übergang zu den in den optischen Spektren gültigen Regeln darstellt.

Eine zweite Auswahlregel, die sich aus den empirischen Tatsachen ergibt und die mit der im optischen Gebiet gültigen übereinstimmt, ist die, daß sich der Wert der Quantenzahl l um *eins* ändert. Einige vereinzelte Ausnahmen von dieser Regel finden sich z. B. in der L-Reihe, wo einige schwache Linien vorhanden sind, bei denen l sich um 2 erniedrigt. Die betreffenden Linien sind mit β_9, β_{10} und β_7' bezeichnet. Auch in der K-Reihe liegt nach IDEI [1930: 96] ein solcher Fall vor, nämlich für die Linie $K\beta_2$ im Gebiete Cu bis V.

Aber auch mit diesen beiden Auswahlregeln ist es nicht genug; man würde viel mehr Linien erwarten, als tatsächlich gefunden sind. Es ist daher noch eine Einschränkung der Bahnübergänge nötig.

In der hier gegebenen Systematik und Zuordnung von Quantenzahlen nach dem Schema (Abb. 182) wird diese Auswahlregel so formuliert, daß der Wert von j entweder ungeändert bleibt oder höchstens um eine Einheit springt.

Diese Auswahlregeln können, wie wir später zeigen werden, noch weiter ausgebaut werden in der Weise, daß gewisse Intensitätsrelationen aus den zu den Übergängen gehörigen Quantenzahlen herausgelesen werden können.

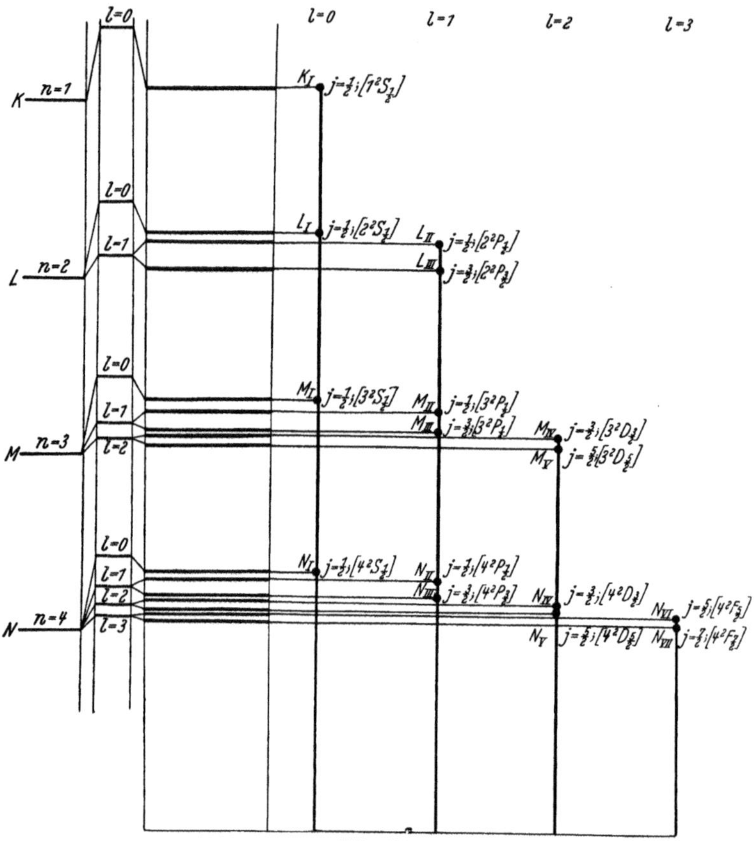

Abb. 184.

Die hier besprochenen Auswahlregeln, die zunächst für das Emissionsspektrum aufgestellt wurden, haben, wie von Siegbahn [1931: 32] dargelegt wurde, eine gewisse Gültigkeit auch bei den Absorptionsspektren.

Neben der Darstellung der Niveauschemata in der in Abb. 183 gegebenen Art wird noch ein anderer Typus von Diagrammen benutzt, die auch in der optischen Spektroskopie üblich sind. Dieses Niveaudiagramm ist rechts in Abb. 184 wiedergegeben. Links in derselben Abbildung sind die entsprechenden Energieniveaus, wie man sie aus der quantentheoretischen Formel (97) erklärt, eingezeichnet im Anschluß an die schon früher (Abb. 182) gegebene Darstellung. Die verschiedenen Niveaubezeichnungen und die zugehörigen Quantenzahlen sind in der

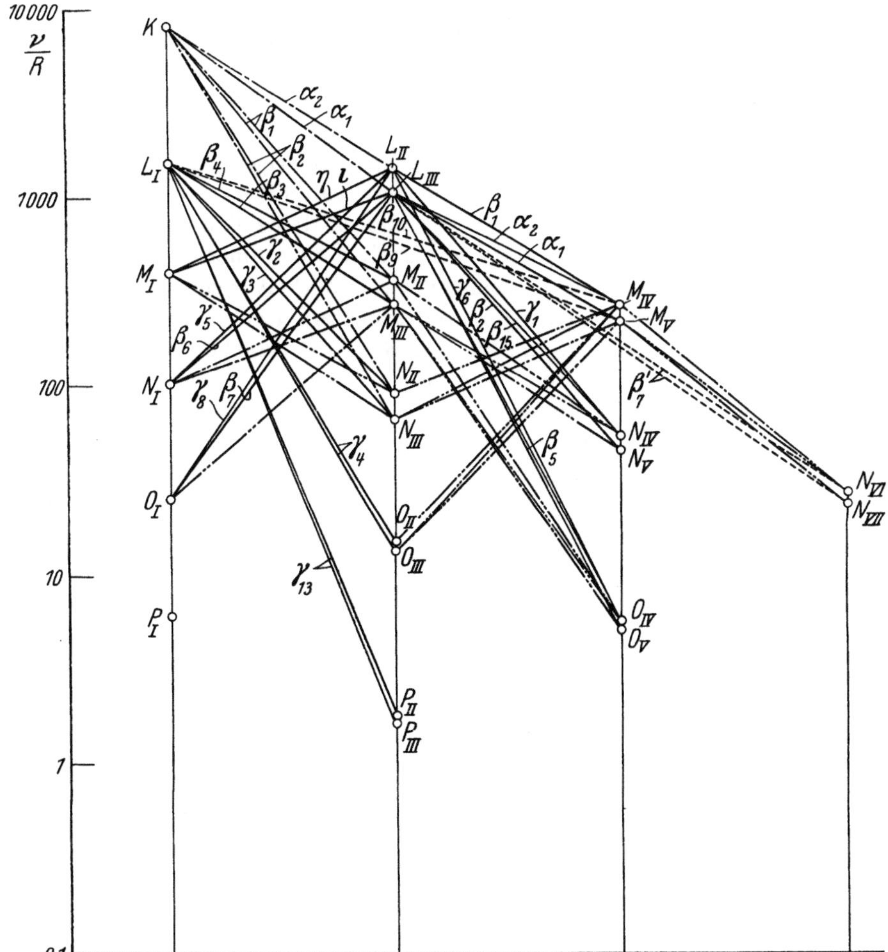

Abb. 185. Niveauschema von 92 Uran.

Abb. 184 eingetragen. In eckigen Klammern sind auch die entsprechenden Termbezeichnungen der optischen Dublettspektren nach Russel-Saunders eingeschrieben.

In dieser Darstellung der Energieniveaus sind dann die Termreihen so angeordnet, daß keine Übergänge innerhalb einer Vertikalreihe gestattet sind, weil solche Terme ein und denselben Wert von l haben. Gestattet sind nur Übergänge zwischen zwei benachbarten Vertikalreihen. Von den so möglichen Übergängen werden dann nur solche vorkommen, bei denen j entweder ungeändert bleibt oder höchstens um eine Einheit springt. (Es scheinen hier im Gegensatz zu den optischen Spektren auch solche Übergänge, wo die Hauptquantenzahl ungeändert bleibt, verboten zu sein oder jedenfalls eine im Vergleich zu den anderen Linien vernachlässigbare Intensität zu haben. Über einige Ausnahmen bei den äußersten Niveaus ist schon oben gesprochen.)

Der schematischen Darstellung des Niveauschemas von Uran in Abb. 183 lassen wir jetzt in Abb. 185 ein in richtiger (logarithmischer) Skala gezeichnetes Niveaudiagramm von Uran folgen, wo die experimentell gefundenen Linien der K-, L- und M-Reihe eingezeichnet sind.

Dieses Niveauschema wollen wir auch einer numerischen Prüfung unterziehen, die am besten seine Verwendbarkeit zeigen wird. Wir könnten dabei von den experimentell ermittelten acht Energieniveaus (nämlich einem K-, drei L- und fünf M-Niveaus) ausgehen und zunächst aus einigen Linien, die an den N-, O- und P-Niveaus endigen, die letzteren berechnen und nachher diese Niveaus zusammen mit den empirischen als Ausgangsniveaus zur Berechnung sämtlicher Linien benutzen. Aber da die empirische Bestimmung der Niveaus nicht nur nicht fehlerfrei ist, sondern sogar mit größeren Fehlern behaftet ist als die Linienmessungen, so werden wir aus Linien und einigen Grenzen zusammen unter Berücksichtigung der Meßgenauigkeit in jedem einzelnen Fall ein System von Niveaus berechnen, bei dem die Zahl der Fehler möglichst vermindert ist. Von dem experimentell gut ermittelten Wert der Grenze L_{III} ausgehend, zeigt die folgende Tabelle, wie die Auswertung der übrigen Energieniveaus erfolgt ist (vgl. Abb. 185). Selbstverständlich kann man hier auf verschiedene Weise vorgehen, und die Tabelle dient nur dazu, einen von den Wegen zu zeigen.

Als Endresultat ergibt sich für die Energieniveaus des Uranspektrums

L_{III}	=	1264,2	Exper. bestimmte Absorptionsgrenze
$L_{II} - L_{III}$	=	278,5	Nach Tabelle 167
$L_{II} = L_{III} + L_{II} - L_{III}$	=	1542,7	
$L_{I} - L_{III}$	=	338,4	Siehe Tabelle 178
$L_{I} = L_{III} + L_{I} - L_{III}$	=	1602,6	
$M_{I} = L_{II} - \eta$	=	408,5	
$\quad\; L_{III} - l$	=	408,5	
	Mittel	408,5	
$M_{II} = L_{I} - \beta_4$	=	381,8	
$\quad\; L_{II} - \gamma_1 + (M_{II}\,N_{IV})$		381,5	
$\quad\; L_{III} - \beta_{15} + (M_{II}\,N_{IV})$		381,3	
	Mittel	381,5	

M_{III} =	$L_I - \beta_3$	= 316,9
	$L_{II} - \gamma_5 + (M_{III}N_I)$	316,7
	$L_{III} - \beta_6 + (M_{III}N_I)$	316,8
	$L_{II} - \gamma_1 + (M_{III}N_{IV})$	316,9
	$L_{III} - \beta_{15} + (M_{III}N_{IV})$	316,7
	$L_{III} - \beta_2 + (M_{III}N_V)$	316,5
	Mittel	316,8
M_{IV} =	$L_{II} - \beta_1$	= 274,4
	$L_I - \gamma_2 + (M_{IV}N_{II})$	274,3
	$L_{III} - \alpha_2$	274,3
	$L_I - \gamma_3 + (M_{IV}N_{III})$	273,9
	Mittel	274,2
M_V =	$L_{III} - \alpha_1$	= 261,4
	$L_I - \gamma_3 + (M_V N_{III})$	261,0
	Mittel	261,2
N_I =	$L_{II} - \gamma_5$	= 105,9
	$L_{III} - \beta_6$	106,0
	$M_{III} - (M_{III}N_I)$	106,0
	Mittel	106,0
N_{II} =	$L_I - \gamma_2$	= 93,5
	$M_{IV} - (M_{IV}N_{II})$	93,4
	Mittel	93,5
N_{III} =	$L_I - \gamma_3$	= 76,4
	$M_{IV} - (M_{IV}N_{III})$	76,7
	$M_V - (M_V N_{III})$	76,6
	Mittel	76,6

N_{IV} =	$L_{II} - \gamma_1$	= 57,5
	$L_{III} - \beta_{15}$	57,4
	$M_{II} - (M_{II}N_{IV})$	57,6
	$M_{III} - (M_{III}N_{IV})$	57,5
	Mittel	57,5
N_V =	$L_{III} - \beta_2$	= 54,1
	$M_{III} - (M_{III}N_V)$	54,4
	Mittel	54,3
N_{VI} =	$M_V - (M_V N_{VI})$	= 28,5
N_{VII} =	$M_V - (M_V N_{VII})$	= 27,6
O_I =	$L_{II} - \gamma_8$	= 23,2
	$L_{III} - \beta_7$	23,7
	$M_{III} - (M_{III}O_I)$	24,1
	Mittel	23,7
O_{II} =	$L_I - \gamma_{13}$	= 18,3
O_{III} =	$L_I - \gamma_4$	= 13,9
$O_{IV,V}$ =	$L_{II} - \gamma_6$	= 7,1
	$L_{III} - \beta_5$	7,0
	$M_{III} - (M_{III}O_{IV,V})$	7,0
	Mittel	7,0
$P_{II,III}$ =	$L_I - \gamma_{14}$	= 0,8

Wie weit die numerische Übereinstimmung mit den oben angegebenen Niveauwerten sich erstreckt, geht aus der Tabelle 172 hervor, die außerdem die Gültigkeit der Auswahlregeln illustriert; hier sind nämlich die nach den Auswahlregeln ausfallenden Linien mit einem v (verboten) bezeichnet und die empirisch nicht gefundenen Linien durch einen Strich markiert. In der L-Reihe ist die Übereinstimmung beinahe vollkommen, in einigen Fällen liegen schwache Linien, die man erwarten könnte, anderen Linien so nahe, daß über ihre Existenz nichts ausgesagt werden kann, aber sonst wurden alle mit den Auswahlregeln verträglichen Linien auch gefunden. Bei diesem Element sind in der L-Reihe keine Linien mit Sicherheit nachgewiesen, die nicht in das Schema hineingebracht werden können.

In der M-Reihe fehlen einige Linien, die nach den Auswahlregeln zu erwarten wären. Es sind aber durchweg Linien, die nach den Intensitätsregeln (s. § 35) schwach sein müssen. Einige sehr schwache Linien der L-Gruppe entsprechen Übergängen, die nach den Auswahlregeln

Tabelle 172. **Numerische Darstellung des Niveauschemas bei Uran mit wartender Übergänge und der entsprechenden, experimen-**

			Absorptionsfrequenzen	$P_{II,III}$ 0,8	$O_{IV,V}$ 7,0	O_{III} 13,9	O_{II} 18,3	O_{I} 23,7	N_{VII} 27,6	N_{VI} 28,5
L-Reihe	L_I	ber.	1602,6	1601,8	v	1588,7	1584,3	v	v	v
		exp.	1604,3	1601,78	—	1588,67	1584,28	—	—	—
	L_{II}	ber.	1542,7	v	1535,7	v	v	1519,0	v	v
		exp.	1541,0	—	1535,64	—	—	1519,54	—	—
	L_{III}	ber.	[1264,2]	v	1257,2	v	v	1240,5	v [1236,6]	v [1235,7]
		exp.	1264,2	—	1257,18	—	—	1240,51	1235,94	
M-Reihe	M_I	ber.	408,5	407,5	v	394,6	390,2	v	v	v
		exp.	408,9	—	—	—	—	—	—	—
	M_{II}	ber.	381,5	v	374,5	v	v	357,8	v	v
		exp.	382,1	—	373,5	—	—	—	—	—
	M_{III}	ber.	316,8	v	309,8	v	v	293,1	v	v
		exp.	316,7	—	309,8	—	—	292,7	—	—
	M_{IV}	ber.	274,2	273,2	v	260,3	255,9	v	v	245,7
		exp.	273,9	—	—	255,3		—	—	245,7
	M_V	ber.	261,2	260,2	v	247,3	v	v	233,6	232,7
		exp.	261,0	—	—	—	—	—	233,6	232,7

als verboten bezeichnet sind. Einige analoge Fälle sind vereinzelt gefunden.

Im großen und ganzen sehen wir also, daß das Niveauschema mit seinen Auswahlregeln eine sehr vollständige Zusammenfassung des gesamten empirischen Materials sowohl der Emissions- wie der Absorptionsspektren gibt. Die Energieniveaus, welche wir aus beiden Arten von Spektren ermitteln können, stellen ja für das betreffende Atom fundamentale Eigenschaften dar und sind in dieser Beziehung wertvoller als die direkt meßbaren *Übergänge* zwischen diesen Niveaus. Es besteht wohl kein Zweifel darüber, daß die Kenntnis der Energieniveaus, welche ein Atom charakterisieren, ein sehr wertvolles Material zur Erforschung des Atoms bietet. Leider ist gerade an den Stellen des periodischen Systems, wo sie von dem größten Interesse sind, nämlich wo Umlagerungen in der äußeren Hülle stattfinden, das empirische Material zur Zeit noch nicht so befriedigend, wie man es wünschen möchte. Die Röntgenspektroskopie hat hier noch eine wichtige Lücke auszufüllen.

Vom Niveauschema des Urans ausgehend könnte man jetzt die entsprechenden Linien und Grenzen aller anderen Elemente, die nach dem Moseleyschen Gesetz zusammengehören, in Schemata unterbringen. Ein Blick auf die Wellenlängentabellen zeigt aber sofort, daß der Linienreichtum, den wir bei U hatten, sich nicht besonders lange in dem peri-

eingetragenen Werten der ν/R aller nach den Auswahlregeln zu ertell gefundenen Absorptions- und Emissionsfrequenzen.

N_V 54,3	N_{IV} 57,5	N_{III} 76.6	N_{II} 93,5	N_I 106,0	M_V 261,2	M_{IV} 274,2	M_{III} 316,8	M_{II} 381,5	M_I 408,5
v —	v —	1526,0 1526,15	1509,1 1509,07	v —	v [1341,4] 1341,13	v [1328,4] 1327,69	1285,8 1285,70	1221,1 1220,85	v —
v —	1485,2 1485,15	v —	v —	1436,7 1436,84	v —	1268,5 1268,28	v —	v —	1134,2 1134,19
1209,9 1210,07	1206,7 1206,76	v —	v —	1158,2 1158,21	1003,0 1002,78	990,0 989,85	v 947,84	v 882,29	855,7 855,72
v —	v —	331,9 332,0	315,0	v —					
v —	324,0 323,9	v —	v —	275,5 274,4					
262,5 262,4	259,3 259,3	v —	v —	210,8 210,8					
v —	v —	197,6 197,5	180,7 180,8	v —					
v —	v —	184,6 184,6	v —	v —					

Bedeutung der Bezeichnungen:

v = verboten nach den Auswahlregeln;
— = experimentell nicht gefunden.

odischen System der Elemente verfolgen läßt. Mehrere Linienreihen hören schon bei den allernächsten Elementen auf, und nur ganz wenige gestatten eine Verfolgung bis zu den ersten Elementen des Systems. Diese Verminderung der Linien hat eine entsprechende Vereinfachung des Niveauschemas zur Folge. Zwar stößt man hier auf die große Schwierigkeit, experimentell nicht sicher sagen zu können, wann eine gewisse Linie, die man von Element zu Element verfolgt, wirklich aufhört. Meistens nimmt die Intensität langsam ab, bis man nicht mehr mit Sicherheit sagen kann, ob die Linie wegen der diffusen Schwärzung sich nicht vom Hintergrund abhebt oder ob sie wirklich nicht vorhanden ist. Daß wir uns aber bei den leichteren Elementen mit viel einfacher gebauten Niveauschemata begnügen können, ist doch offenbar. In der folgenden Tabelle ist zur Beurteilung dieser Frage die Ordnungszahl des Elementes eingetragen, bei dem zuletzt eine Linie, die dem betreffenden Niveau angehört, nachgewiesen ist.

Tabelle 173. Das letzte Element, bei dem eine Linie, die dem betreffenden Niveau angehört, sicher nachgewiesen wurde.

Niveau	P	O_V	O_{IV}	O_{III}	O_{II}	O_I	N_{VII}	N_{VI}	N_V	N_{IV}	N_{III}	N_{II}	N_I
Linie von L-Reihe . .	83	70		49		56	—		40		37		38
Linie von M-Reihe . .	—	77		73		74	62		64		64	72	72

Es erhellt hieraus, daß die P-Niveaus nur bei den Elementen 92 bis 83 nötig sind, die O_V und O_{IV} nur bis 70 und die N_{VII} und N_{VI} nur bis 62. $O_{I\ \ III}$ brauchen wir nicht weiter als bis 49 usw. Es verschwinden also die Niveaus mit abnehmender Ordnungszahl der Elemente in folgender Reihenfolge:

O_V
O_{IV}
N_{VII}
N_{VI}
O_{III}
O_{II}
O_I
N_V
N_{IV}
usw.

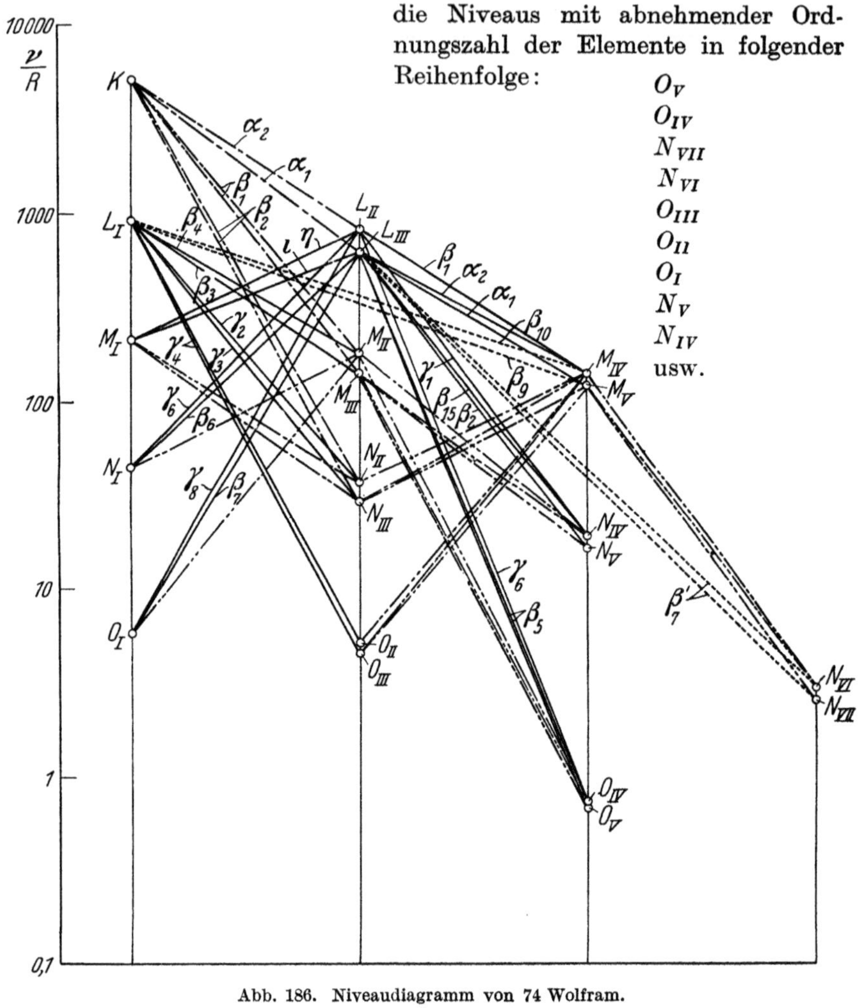

Abb. 186. Niveaudiagramm von 74 Wolfram.

Eine übersichtliche Vorstellung vom sukzessiven Abbau der Energieniveaus gibt die in Abb. 185, 186, 187, 188, 189, 190 und 191 dargestellte Reihe von Niveaudiagrammen der Elemente 92 U, 74 W, 47 Ag, 37 Rb, 35 Br, 29 Cu und 16 S.

In den Niveaudiagrammen finden sich neben den durch die Auswahlregeln gestatteten Übergängen noch einige Linien eingezeichnet, die gegen die genannten Regeln verstoßen. Es gelten hier einige sehr schwache Linien, deren Zugehörigkeit zu den betreffenden Niveaus durch die numerische Übereinstimmung der Niveaudifferenz mit den Linien als einigermaßen sichergestellt erscheint. Wir haben in der Zusammenstellung des Uranspektrums (S. 338, 339) Beispiele von solchen Linien gesehen: Die als $L\beta_9$ und $L\beta_{10}$ bezeichneten Linien stimmen sehr gut mit den durch die Auswahlregeln verbotenen Übergänge $L_I M_V$ und $L_I M_{IV}$ überein; in diesem Falle ändert sich die Quantenzahl l um zwei Einheiten. Das ist auch bei den Übergängen $L_{III} N_{VI}$, $L_{III} N_{VII}$, $L_{II} N_{VI}$ der Fall, wo schwache Linienkomponenten gefunden wurden.

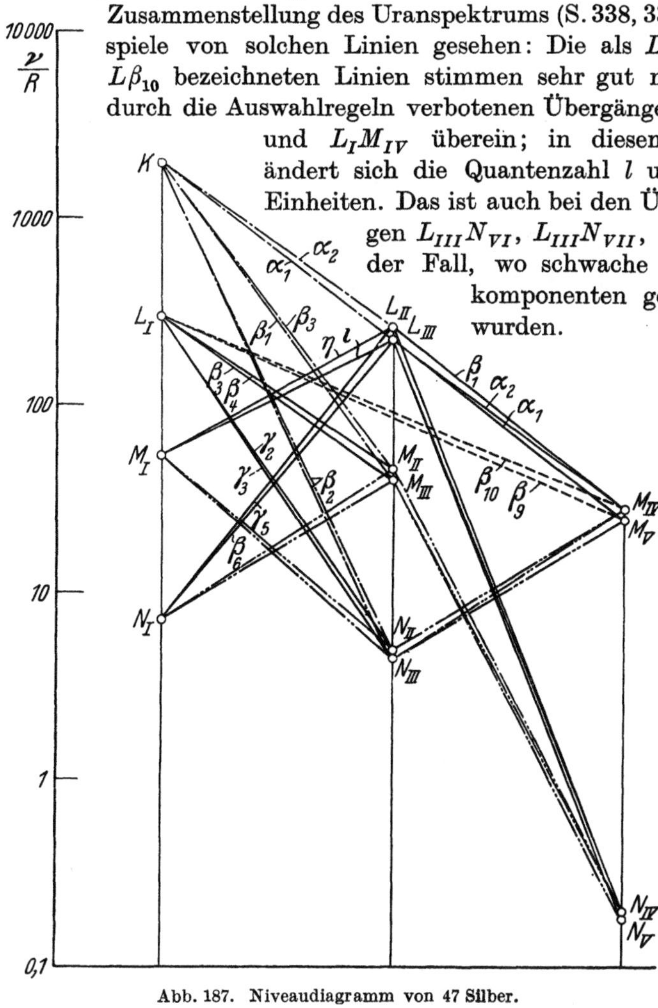

Abb. 187. Niveaudiagramm von 47 Silber.

Es ist von Interesse, zu erwähnen, daß in den optischen Dublettspektren entsprechende verbotene Linien vorhanden sind. Bei Na- und K-Spektren wurden nämlich Linien der Reihen $1^2S - m^2D$ nachgewiesen. Es scheint daher sehr wahrscheinlich, daß eine von Idei [1930: 96] gegebene Deutung der $K\beta_2$-Linie bei den niedrigen Elementen richtiger ist als die frühere, welche zwar in Übereinstimmung mit den Auswahlregeln ist, aber dem Atombau weniger gut anzupassen ist. Bei den

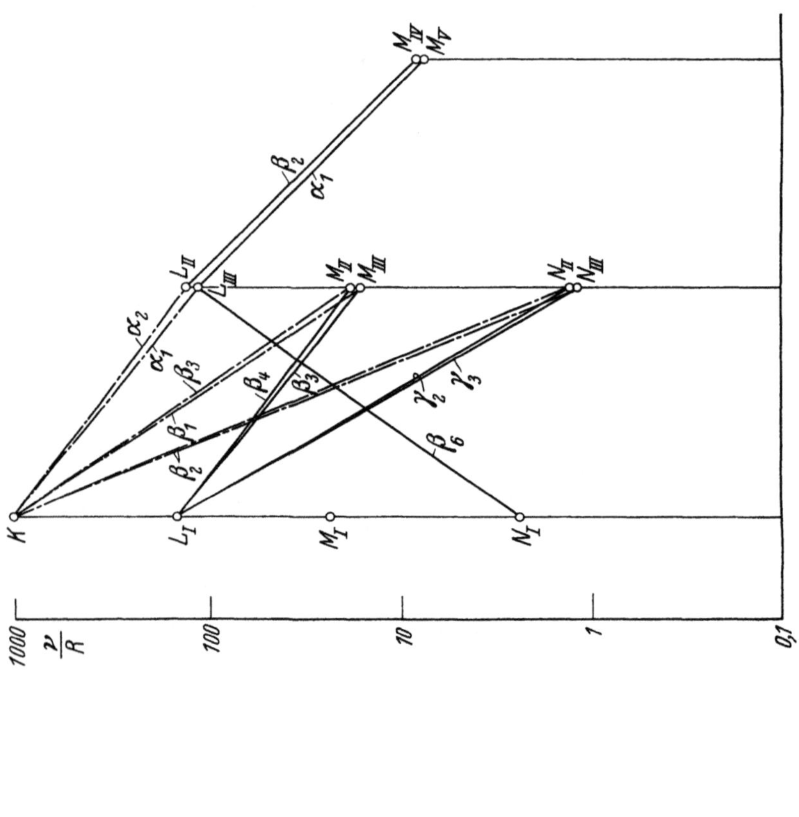

Abb. 188. Niveaudiagramm von 37 Rubidium.

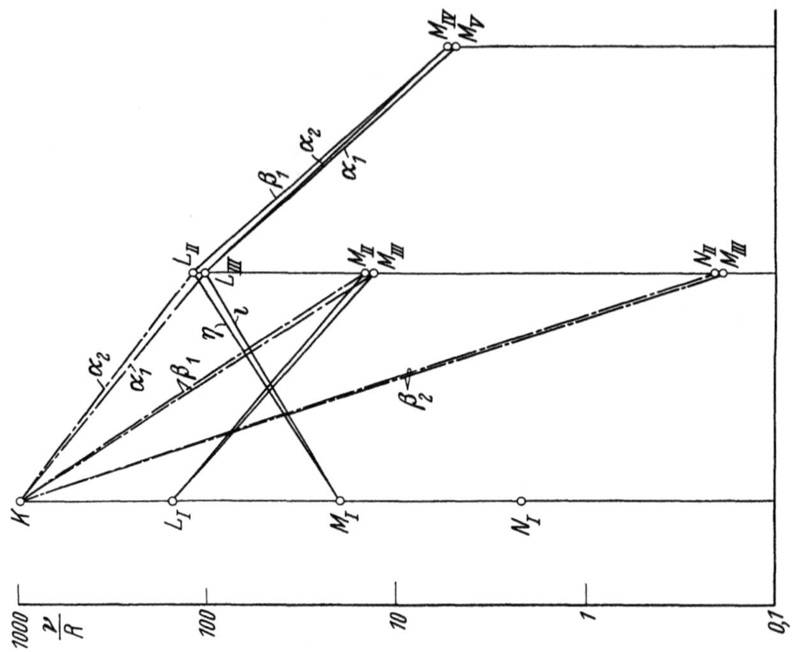

Abb. 189. Niveaudiagramm von 35 Brom.

schweren Elementen entsteht $K\beta_2$ durch den Übergang $K_I - N_{II,III}$. Trotzdem aber $N_{II,III}$ schon bei 30 Zn keine Elektronen zukommen, ist es möglich, diese Linie zu weit niedrigeren Elementen zu ver-

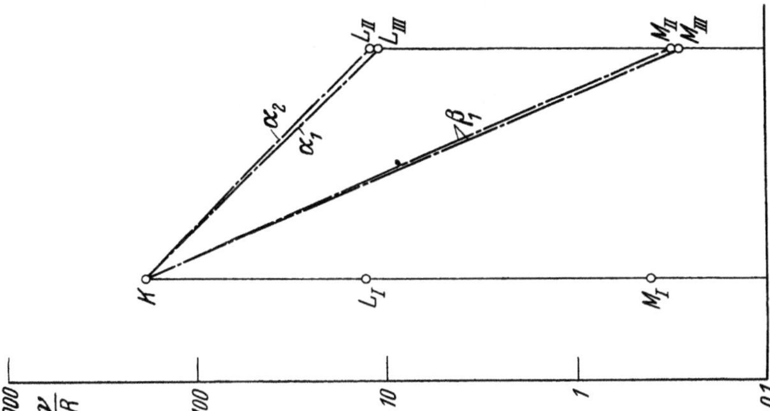

Abb. 191. Niveaudiagramm von 16 Schwefel.

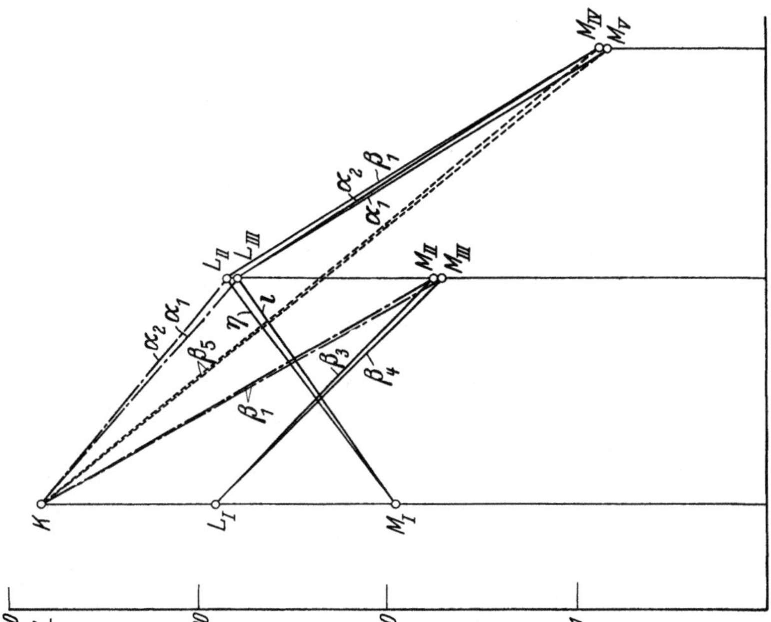

Abb. 190. Niveaudiagramm von 29 Kupfer. (Eine Deutung der β_2-Linie als Übergang $K - M_{IV,V}$ scheint hier mehr wahrscheinlich.)

folgen, und sie wurde daher auch bei diesen niedrigeren Elementen dem Übergang $K_I - N_{II,III}$ zugeschrieben. Idei hat aber gezeigt, daß der verbotene Übergang $K_I - M_{IV,V}$ bei den niedrigen Elementen gerade die Frequenzdifferenz hat, welche dieser Linie zukommt. Es ist daher anzunehmen, daß für die niedrigen Elemente bis 30 Zn die in den Tabellen jetzt mit $K\beta_5$, statt früher $K\beta_2$ bezeichnete Linie dem verbotenen Übergang $K_I - M_{IV,V}$ entspricht. Für die Elemente oberhalb 30 Zn ist die Zuordnung von $K\beta_2$ und $K_I - N_{II,III}$ als die richtige anzunehmen. Hier ist aber noch eine Linie von BEUTHE [1930: 13] ausgemessen (von ihm mit $K\beta_y$ bezeichnet), welche als eine Fortsetzung der $K\beta_5$ betrachtet werden kann. Die numerische Verifikation dieser Zuordnungen ist in der folgenden Tabelle gegeben.

Tabelle 174.

	$(K-M_{VI,V})=$ $K\alpha_1+L\alpha_{1,2}$	$K\alpha_2+L\beta_1$	$K\beta_5$ (früher $K\beta_2$)	$K-N_{II,III}$ $K\beta_2$
23 V	402,45	—	402,40	—
24 Cr	441,10	441,12	440,92	—
25 Mn	481,45	481,63	481,32	—
26 Fe	523,45	523,59	523,48	—
27 Co	567,63	567,62	567,55	—
28 Ni	613,48	613,50	613,40	—
29 Cu	661,26	661,21	661,30	—
			$[K\beta_y:]$	
30 Zn	710,84	710,78	710,87	711,34
32 Ge	815,74	816,35	815,54	819,58
33 As	871,08	870,95	870,70	873,86
34 Se	928,17	928,05	927,70	931,85
35 Br	987,35	987,22	986,66	992,10
37 Rb	1111,30	1111,30	1110,8	1118,45
38 Sr	1176,37	1176,23	1175,4	1184,69
39 Y	1243,35	1243,20	1242,9	1253,24

Eine ähnliche Ausnahme von den Auswahlregeln, d. h. wo l sich um 2 ändert, muß man nach IDEI für die zwei sehr schwachen Linien der L-Reihe, bezeichnet mit u und v, annehmen. Diese Linien passen nämlich mit den Übergängen $L_{III}N_{VI,VII}$ und $L_{II}N_{VI,VII}$ zusammen. Auch in diesem Falle kann man in den optischen Dublettspektren (bei Li und Na) analoge Übergänge finden, also von der P-Termreihe zur F-Termreihe.

Eine andere Ausnahme von den Auswahlregeln ist bei einigen sehr schwachen Linien der L-Reihe, welche von AUGER und DAUVILLIER und von IDEI gefunden sind, anzunehmen. Diesen Linien (s und t) würden die Übergänge $L_{III}M_{III}$ und $L_{III}M_{II}$ entsprechen, wobei also die Quantenzahl l unverändert bleibt. Aber auch hier kann man optische Analogiefälle in den Dublettspektren heranziehen, nämlich Übergänge $2P - mP$ in den Spektren von Li und Na.

Die hier nach BOHR und COSTER gewählten Bezeichnungen der Niveaus weichen von den in der früheren Auflage dieses Buches sowie an anderen Stellen in der älteren Literatur ab. Wir geben hier eine Zusammenstellung der einander entsprechenden Bezeichnungen nebst den für die optischen Dublettspektren üblichen Symbolen:

Tabelle 175.

Hier	Früher	Sommerfeld	Quantenbezeichnung ältere (n_k)	jetzt: n, l, j	Optische Symbole
K	K	K	1_1	1, 0, 1/2	$1\ {}^2S_{1/2}$
L_I	L_3	L_{11}	2_1	2, 0, 1/2	$2\ {}^2S_{1/2}$
L_{II}	L_2	L_{21}	2_1	2, 1, 1/2	$2\ {}^2P_{1/2}$
L_{III}	L_1	L_{22}	2_2	2, 1, 3/2	$2\ {}^2P_{3/2}$
M_I	M_5	M_{11}	3_1	3, 0, 1/2	$3\ {}^2S_{1/2}$
M_{II}	M_4	M_{21}	3_1	3, 1, 1/2	$3\ {}^2P_{1/2}$
M_{III}	M_3	M_{22}	3_2	3, 1, 3/2	$3\ {}^2P_{3/2}$
M_{IV}	M_2	M_{32}	3_2	3, 2, 3/2	$3\ {}^2D_{3/2}$
M_V	M_1	M_{33}	3_3	3, 2, 5/2	$3\ {}^2D_{5/2}$
N_I	N_7	N_{11}	4_1	4, 0, 1/2	$4\ {}^2S_{1/2}$
N_{II}	N_6	N_{21}	4_1	4, 1, 1/2	$4\ {}^2P_{1/2}$
N_{III}	N_5	N_{22}	4_2	4, 1, 3/2	$4\ {}^2P_{3/2}$
N_{IV}	N_4	N_{32}	4_2	4, 2, 3/2	$4\ {}^2D_{3/2}$
N_V	N_3	N_{33}	4_3	4, 2, 5/2	$4\ {}^2D_{5/2}$
N_{VI}	N_2	N_{43}	4_3	4, 3, 5/2	$4\ {}^2F_{5/2}$
N_{VII}	N_1	N_{44}	4_4	4, 3, 7/2	$4\ {}^2F_{7/2}$
O_I	O_5	O_{11}	5_1	5, 0, 1/2	$5\ {}^2S_{1/2}$
O_{II}	O_4	O_{21}	5_1	5, 1, 1/2	$5\ {}^2P_{1/2}$
O_{III}	O_3	O_{22}	5_2	5, 1, 3/2	$5\ {}^2P_{3/2}$
O_{IV}	O_2	O_{32}	5_2	5, 2, 3/2	$5\ {}^2D_{3/2}$
O_V	O_1	O_{33}	5_3	5, 2, 5/2	$5\ {}^2D_{5/2}$
P_I	P_3	P_{11}	6_1	6, 0, 1/2	$6\ {}^2S_{1/2}$
P_{II}	P_2	P_{21}	6_1	6, 1, 1/2	$6\ {}^2P_{1/2}$
P_{III}	P_1	P_{22}	6_2	6, 1, 3/2	$6\ {}^2P_{3/2}$

Das Hauptresultat der röntgenspektroskopischen Messungen geben wir dann in einer Aufstellung der Energieniveauwerte der verschiedenen Elemente in den Tabellen 176, 177 wieder. Als proportionales Maß der Energie sind die Werte von ν/R angegeben.

Bei der Berechnung wurde einem Schema gefolgt, wie wir es oben bei U angegeben haben (S. 336). Für die Elemente 92 U bis 51 Sb wurde von der experimentell bestimmten Absorptionsgrenzfrequenz von L_{III} ausgegangen und alle anderen Niveaus mit Hilfe von Emissionslinien berechnet. Von 50 Sn bis 12 Mg wurde statt L_{III} die hier genauer gemessene K-Absorptionsfrequenz als Ausgangswert benutzt. Die evtl. vorhandenen Meßfehler in L_{III} bzw. K sind also in sämtlichen Niveauwerten desselben Elementes vorhanden, was bei den kleinen Niveauwerten verhältnismäßig stark bemerkbar werden kann.

Für viele Zwecke ist es daher zu empfehlen, wie von Idei hervorgehoben wurde, nicht mit den absoluten Niveauwerten, sondern nur mit den Energiedifferenzen eines relativ willkürlich gewählten Niveaus zu rechnen. Unten ist eine von Idei [1930: 95] so aufgestellte Tabelle wiedergegeben.

Tabelle

ν/R	K	L_I	L_{II}	L_{III}	M_I	M_{II}	M_{III}	M_{IV}	M_V	N_I
92 U	8474	1602,6	1542,7	1264,2	408,5	381,5	316,8	274,2	261,2	106,0
90 Th	8087	1506,5	1449,1	1199,0	380,3	354,3	296,5	255,5	243,8	96,2
83 Bi	6669	1207,0	1157,1	988,3	294,6	272,2	234,0	198,0	189,9	69,1
82 Pb	6478	1168,3	1119,6	960,0	283,7	262,1	225,9	190,3	182,8	65,8
81 Tl	6299	1130,2	1082,4	932,0	272,6	251,4	217,4	182,7	175,6	62,0
79 Au	5942	1057,1	1011,4	877,7	252,2	231,8	201,9	168,6	162,2	55,8
78 Pt	5771	1021,3	976,7	850,9	242,0	221,9	193,9	161,2	155,3	52,3
77 Ir	5606	987,9	944,2	825,6	233,2	213,7	187,4	155,3	149,8	50,3
74 W	5120	890,8	849,9	751,3	207,3	189,3	167,5	137,5	132,9	43,3
73 Ta	4969	860,7	820,6	728,0	199,8	182,1	162,0	132,4	128,1	42,1
72 Hf	4815	831,1	791,8	704,7	192,1	175,2	155,8	127,0	122,9	40,1
71 Cp	4664	800,9	762,5	681,2	183,6	166,8	149,4	121,0	117,4	37,0
70 Ad	4516	772,9	735,5	659,2	176,9	160,6	144,2	116,5	112,9	36,2
68 Er	4233	718,5	682,8	615,9	163,6	147,7	133,6	107,3	104,1	33,2
67 Ho	4096	692,0	656,9	594,7	156,9	141,5	128,1	102,6	99,7	32,1
66 Dy	3961	666,8	632,5	574,2	150,0	136,0	123,7	98,6	95,8	31,1
65 Tb	3830	641,8	608,3	553,9	145,1	130,2	118,8	94,2	91,7	29,4
64 Gd	3700	617,5	585,0	534,1	139,1	124,7	114,2	90,3	87,7	28,6
63 Eu	3573	593,6	561,6	514,4	133,2	119,5	109,6	86,1	83,8	27,2
62 Sm	3451	570,3	538,9	495,0	127,2	113,8	104,9	81,8	79,8	25,7
60 Nd	3209	525,5	495,6	457,8	116,6	104,1	96,1	74,2	72,5	23,8
59 Pr	3093	503,6	474,8	439,6	111,5	98,6	91,7	70,4	68,8	22,8
58 Ce	2978	482,9	454,4	421,9	106,0	94,2	87,7	66,7	65,4	21,7

Tabelle

ν/R	K	L_I	L_{II}	L_{III}	M_I	M_{II}	M_{III}	M_{IV}	M_V
57 La	2867,0	461,4	434,7	404,4	101,0	88,5	82,5	63,1	61,8
56 Ba	2757,2	441,6	414,6	386,7	95,5	84,2	78,7	58,9	57,7
55 Cs	2649,8	420,3	394,8	369,3	89,5	77,8	72,9	54,6	53,6
53 J	2442,8	382,1	357,6	335,8	79,1	68,5	64,4	46,7	45,7
52 Te	2343,6	364,8	340,4	320,2	74,6	65,0	61,2	43,5	42,5
51 Sb	2246,4	346,8	323,4	304,7	70,0	60,6	57,1	40,0	39,2
50 Sn	2149,5	327,4	304,9	288,1	63,9	54,4	51,2	35,1	34,4
49 In	2057,2	311,3	289,4	274,9	60,6	50,9	48,1	32,9	32,8
48 Cd	1967,6	296,0	274,8	260,8	57,1	48,0	45,4	30,5	30,0
47 Ag	1880,9	282,0	261,3	248,6	54,7	46,1	43,7	29,2	28,8
46 Pd	1794,0	266,2	245,9	234,3	49,9	41,9	39,8	25,6	25,2
45 Rh	1709,6	250,7	231,2	220,6	45,6	37,8	36,0	22,4	22,0
44 Ru	[1629,1]	237,7	218,6	209,1	43,0	35,7	34,1	21,0	20,7
42 Mo	1473,4	211,3	193,7	186,0	37,5	30,5	29,2	17,3	17,1
41 Nb	1398,5	198,9	181,7	174,7	34,7	28,1	26,9	15,4	15,2
40 Zr	1325,7	186,6	170,0	163,8	31,8	25,4	24,4	13,5	13,3
39 Y	1256,1	175,8	159,9	154,4	30,3	24,2	23,3	13,0	
38 Sr	1186,0	162,9	147,6	142,7	26,2	20,4	19,6	9,7	
37 Rb	1119,4	152,0	137,2	132,8	—	18,2	17,4	—	
35 Br	992,6	—	117,8	114,3	19,1	13,6		5,4	
34 Se	932,0	—	108,4	105,4	16,7	11,6		3,9	

176a.

N_{II}	N_{III}	N_{IV}	N_{V}	N_{VI}	N_{VII}	O_{I}	O_{II}	O_{III}	$O_{IV,V}$	$P_{II,III}$	
93,5	76,6	57,5	54,3	28,5	27,6	23,7	18,3	13,9	7,0	0,8	92 U
84,5	69,5	51,0	48,3	23,7	23,2	19,6	15,6	11,5	5,1	—	90 Th
59,3	49,8	34,2	32,4	11,9	11,5	11,6	8,8	6,8	1,8	Un-	83 Bi
56,0	47,3	32,2	30,5	10,5	10,0	10,9	6,4		1,6	voll-	82 Pb
52,8	44,6	29,7	28,1	8,7	8,4	9,3	5,3		0,7	stän-	81 Tl
47,3	39,9	25,8	24,5	6,2	5,8	7,8	4,1		0	dig be-	79 Au
44,0	37,3	23,4	22,3	4,5	4,3	6,4	3,3		Un-	legt	78 Pt
42,0	35,8	22,6	21,4	4,3	3,9	6,6	3,4		voll-	—	77 Ir
36,0	31,0	18,7	17,6	2,3	2,0	5,4	2,9		stän-	—	74 W
34,5	30,1	18,2	17,2	2,3	2,1	5,5	3,2		dig be-	—	73 Ta
32,7	28,6	17,2	16,3	2,0	1,8	5,6	3,4		legt	—	72 Hf
30,7	26,9	15,7	14,6	Unvoll-		4,3	2,3		—	—	71 Cp
29,4	25,8	15,0	14,2	ständig		5,5 ?	1,9		—	—	70 Ad
27,3	23,8	13,9	12,6	belegt		4,0	2,8		—	—	68 Er
25,7	22,7	12,5	12,0	—		—	1,5		—	—	67 Ho
25,2	22,3	12,5	11,6	—		3,1	2,3		—	—	66 Dy
23,5	21,3	11,4	11,2	—		3,5	1,8		—	—	65 Tb
22,3	20,4	11,4	11,0	—		4,2	2,5		—	—	64 Gd
21,9	19,6	10,7	10,5	—		2,9	—		—	—	63 Eu
20,0	18,6	10,0	9,8	—		3,0	1,9		—	—	62 Sm
18,5	17,1	9,3	9,2	—		3,1	2,0		—	—	60 Nd
17,6	16,3	9,1	8,7	—		3,1	1,6		—	—	59 Pr
17,0	15,8	8,6	8,5	—		3,2	2,1		—	—	58 Ce

176b.

N_{I}	N_{II}	N_{III}	N_{IV}	N_{V}	O_{I}	$O_{II,III}$	
20,6	15,0	13,9	8,3	7,8	3,0	0,9	57 La
18,8	14,6	13,7	7,2	6,9	3,5	0,7	56 Ba
17,0	12,1	11,1	5,8	5,7	1,9	0,2	55 Cs
13,8	10,9		4,0	3,9	—	0,2	53 J
12,9	9,2		3,7	3,4	—	1,1	52 Te
11,7	8,0		3,1	2,6	—	0,8	51 Sb
8,8	5,3		0,6	0,4	(−1,2)	—	50 Sn
8,7	5,5		0,6	1,3	—	—	49 In
8,2	4,5		1,0	0,9	—	—	48 Cd
8,7	5,9		2,1	1,9	—	—	47 Ag
6,9	4,4		0,7	0,7	—	—	46 Pd
5,4	3,0		(−0,3)	(−0,5)	—	—	45 Rh
5,5	3,3		0,2	0,2	—	—	44 Ru
5,1	2,9		—	0,4	—	—	42 Mo
4,3	2,5		0,3	0,3	—	—	41 Nb
3,8	2,1		0,4	0,3	—	—	40 Zr
4,7	2,9		—	—	—	—	39 Y
2,5	1,3		—	—	—	—	38 Sr
—	0,9		—	—	—	—	37 Rb
—	0,5		—	—	—	—	35 Br
—	0,1		—	—	—	—	34 Se

Tabelle

ν/R	K	L_I	L_{II}	L_{III}	M_I	M_{II}	M_{III}	M_{IV}	M_V
33 As	874,0	112,6	100,0	97,4	14,9	10,3		3,0	
32 Ge	817,6	—	91,6	89,3	12,9	8,8		1,8	
31 Ga	765,6	—	86,0	84,1	13,4	9,5		3,2	
30 Zn	711,7	88,4	77,1	75,4	10,1	6,7		0,9	
29 Cu	661,6	81,0	70,3	68,9	8,9	5,7		0,4	
28 Ni	614,1	74,8	64,6	63,2	8,2	5,4		0,7	
27 Co	568,1	—	58,8	57,7	7,6	4,7		0,5	
26 Fe	523,9	62,5	53,2	52,2	6,9	4,1		0,4	
25 Mn	481,9	—	48,3	47,4	—	3,8		0,6	
24 Cr	441,1	—	43,0	42,3	—	3,1		0,2	
23 Va	402,7	—	38,5	37,9	—	3,0		0,5	
22 Ti	365,8	—	34,0	33,6	—	2,6		0,4	
21 Sc	331,2	—	30,3	30,0	—	2,7		0,8	
20 Ca	297,4	—	25,8	25,5	—	1,9		0,4	
19 K	265,6	—	21,7	21,5	—	1,2		0,3	
18 A	235,7	—	—	—	—	—		—	
17 Cl	207,9	—	14,9	14,8	—	0,5		—	
16 S	181,9	—	12,0	11,9	—	0,4		—	
15 P	157,8	—	9,4		—	0,5		—	
14 Si	135,4	—	7,2		—	0,5		—	
13 Al	114,8	—	5,3		—	0,4		—	
12 Mg	96,0	—	3,7		—	0,5		—	

Tabelle

$\sqrt{\nu/R}$	K	L_I	L_{II}	L_{III}	M_I	M_{II}	M_{III}	M_{IV}	M_V	N_I
92 U	92,05	40,03	39,28	35,56	20,21	19,53	17,80	16,56	16,16	10,30
90 Th	89,93	38,81	38,07	34,63	19,50	18,82	17,22	15,98	15,61	9,81
83 Bi	81,66	34,74	34,02	31,44	17,16	16,50	15,30	14,07	13,74	8,31
82 Pb	80,49	34,18	33,46	30,98	16,84	16,19	15,03	13,79	13,52	8,11
81 Tl	79,37	33,62	32,90	30,53	16,51	15,86	14,74	13,52	13,25	7,87
79 Au	77,08	32,51	31,80	29,63	15,88	15,22	14,21	12,98	12,74	7,47
78 Pt	75,97	31,96	31,25	29,17	15,56	14,90	13,92	12,70	12,46	7,23
77 Ir	74,87	31,43	30,73	28,73	15,27	14,62	13,69	12,46	12,24	7,09
74 W	71,55	29,85	29,15	27,41	14,40	13,76	12,94	11,73	11,53	6,58
73 Ta	70,49	29,34	28,65	26,98	14,14	13,49	12,73	11,51	11,32	6,49
72 Hf	69,39	28,83	28,14	26,55	13,86	13,24	12,48	11,27	11,09	6,33
71 Cp	69,29	28,30	27,61	26,10	13,55	12,92	12,22	11,00	10,84	6,08
70 Ad	67,20	27,80	27,12	25,67	13,30	12,67	12,01	10,79	10,63	6,02
68 Er	65,06	26,80	26,13	24,82	12,79	12,15	11,56	10,36	10,20	5,76
67 Ho	64,00	26,31	25,63	24,39	12,53	11,90	11,32	10,13	9,98	5,67
66 Dy	62,94	25,82	25,15	23,96	12,25	11,66	11,12	9,93	9,79	5,58
65 Tb	61,89	25,33	24,66	23,53	12,05	11,41	10,90	9,71	9,58	5,42
64 Gd	60,83	24,84	24,19	23,11	11,79	11,17	10,69	9,50	9,36	5,35
63 Eu	59,77	24,36	23,70	22,68	11,54	10,93	10,47	9,28	9,15	5,22
62 Sm	58,75	23,88	23,21	22,25	11,28	10,67	10,24	9,04	8,93	5,07
60 Nd	56,65	22,92	22,26	21,40	10,80	10,20	9,80	8,61	8,51	4,88
59 Pr	55,61	22,44	21,79	20,98	10,56	9,93	9,58	8,39	8,29	4,77
58 Ce	54,57	21,98	21,32	20,54	10,30	9,71	9,36	8,17	8,09	4,66

176b (Fortsetzung).

N_I	N_{II}	N_{III}	N_{IV}	N_V	O_I	$O_{II,III}$	
—	0,1		—	—	—	—	33 As
—	0		—	—	—	—	32 Ge
—	—		—	—	—	—	31 Ga
—	0,4		—	—	—	—	30 Zn
—	—		—	—	—	—	29 Cu
—	—		—	—	—	—	28 Ni
—	—		—	—	—	—	27 Co
—	—		—	—	—	—	26 Fe
—	—		—	—	—	—	25 Mn
—	—		—	—	—	—	24 Cr
—	—		—	—	—	—	23 Va
—	—		—	—	—	—	22 Ti
—	—		—	—	—	—	21 Sc
—	—		—	—	—	—	20 Ca
—	—		—	—	—	—	19 K
—	—		—	—	—	—	18 A
—	—		—	—	—	—	17 Cl
—	—		—	—	—	—	16 S
—	—		—	—	—	—	15 P
—	—		—	—	—	—	14 Si
—	—		—	—	—	—	13 Al
—	—		—	—	—	—	12 Mg

177a.

N_{II}	N_{III}	N_{IV}	N_V	N_{VI}	N_{VII}	O_I	O_{II}	O_{III}	$O_{IV,V}$	$P_{II,III}$	
9,67	8,75	7,58	7,37	5,34	5,25	4,87	4,28	3,73	2,65	0,89	92 U
9,19	8,34	7,14	6,95	4,87	4,82	4,43	3,95	3,39	2,26	—	90 Th
7,70	7,06	5,85	5,69	3,45	3,39	3,41	2,97	2,61	1,34	—	83 Bi
7,48	6,88	5,67	5,52	3,24	3,16	3,30	2,53		1,26	—	82 Pb
7,27	6,68	5,45	5,30	2,95	2,90	3,05	2,30		0,84	—	81 Tl
6,88	6,32	5,08	4,95	2,49	2,41	2,79	2,02		0	—	79 Au
6,63	6,11	4,84	4,72	2,12	2,07	2,53	1,81		—	—	78 Pt
6,48	5,98	4,75	4,63	2,07	1,97	2,57	1,84		—	—	77 Ir
6,00	5,57	4,32	4,19	1,51	1,41	2,32	1,70		—	—	74 W
5,87	5,49	4,27	4,15	1,51	1,45	2,34	1,79		—	—	73 Ta
5,72	5,35	4,15	4,04	1,41	1,33	2,36	1,84		—	—	72 Hf
5,54	5,19	3,96	3,82	—	—	2,07	1,51		—	—	71 Cp
5,42	5,08	3,87	3,77	—	—	2,34 ?	1,37		—	—	70 Ad
5,22	4,88	3,73	3,55	—	—	2,00	1,67		—	—	68 Er
5,07	4,76	3,53	3,46	—	—	—	1,21		—	—	67 Ho
5,02	4,72	3,53	3,41	—	—	1,76	1,51		—	—	66 Dy
4,85	4,61	3,38	3,35	—	—	1,87	1,33		—	—	65 Tb
4,72	4,52	3,38	3,32	—	—	2,05	1,57		—	—	64 Gd
4,68	4,43	3,27	3,24	—	—	1,70	—		—	—	63 Eu
4,47	4,31	3,16	3,14	—	—	1,73	1,37		—	—	62 Sm
4,30	4,14	3,05	3,03	—	—	1,76	1,41		—	—	60 Nd
4,19	4,04	3,02	2,96	—	—	1,76	1,25		—	—	50 Pr
4,12	3,98	2,93	2,92	—	—	1,79	1,45		—	—	58 Ce

Tabelle

$\sqrt{\nu/R}$	K	L_I	L_{II}	L_{III}	M_I	M_{II}	M_{III}	M_{IV}	M_V
57 La	53,54	21,48	20,85	20,11	10,05	9,41	9,08	7,94	7,86
56 Ba	52,51	21,01	20,36	19,66	9,77	9,18	8,87	7,67	7,60
55 Cs	51,48	20,50	19,87	19,22	9,46	8,82	8,54	7,39	7,32
53 J	49,42	19,55	18,91	18,32	8,89	8,28	8,02	6,83	6,76
52 Te	48,41	19,10	18,45	17,89	8,64	8,06	7,82	6,60	6,52
51 Sb	47,41	18,62	17,98	17,45	8,37	7,78	7,47	6,32	6,26
50 Sn	46,36	18,09	17,46	16,97	7,99	7,38	7,16	5,92	5,87
49 In	45,36	17,64	17,01	16,58	7,78	7,13	6,94	5,74	5,73
48 Cd	44,36	17,20	16,58	16,15	7,56	6,93	6,74	5,52	5,48
47 Ag	43,67	16,79	16,16	15,77	7,40	6,79	6,61	5,40	5,37
46 Pd	42,36	16,32	15,68	15,31	7,06	6,47	6,31	5,06	5,02
45 Rh	41,35	15,83	15,21	14,85	6,76	6,15	6,00	4,73	4,69
44 Ru	40,36	15,42	14,79	14,46	6,56	5,97	5,84	4,58	4,55
42 Mo	38,38	14,54	13,92	13,64	6,12	5,52	5,40	4,16	4,14
41 Nb	37,40	14,10	13,48	13,22	5,89	5,30	5,19	3,92	3,90
40 Zr	36,41	13,66	13,04	12,80	5,64	5,04	4,94	3,67	3,65
39 V	35,44	13,26	12,65	12,43	5,50	4,92	4,83	3,61	
38 Sr	34,44	12,76	12,15	11,95	5,12	4,52	4,43	3,11	
37 Rb	33,46	12,33	11,71	11,52	—	4,29	4,17	—	
35 Br	31,51	—	10,85	10,69	4,37	3,69		2,32	
34 Se	30,53	—	10,41	10,27	4,09	3,41		1,97	
33 As	29,56	10,61	10,00	9,87	3,86	3,20		1,73	
32 Ge	28,59	—	9,57	9,45	3,59	2,97		1,34	
31 Ga	27,67	—	9,27	9,17	3,66	3,08		1,79	
30 Zn	26,68	9,40	8,78	8,68	3,18	2,59		0,95	
29 Cu	25,72	9,00	8,38	8,30	2,98	2,39		0,63	
28 Ni	24,78	8,65	8,04	7,95	2,86	2,32		0,84	
27 Co	23,83	—	7,66	7,60	2,76	2,17		0,71	
26 Fe	22,89	7,91	7,29	7,22	2,63	2,02		0,63	
25 Mn	21,95	—	6,95	6,88	—	1,95		0,39	
24 Cr	21,00	—	6,56	6,50	—	1,76		0,45	
23 Va	20,07	—	6,20	6,16	—	1,73		0,71	
22 Ti	19,13	—	5,83	5,80	—	1,61		0,63	
21 Sc	18,20	—	5,50	5,48	—	1,64		0,89	
20 Ca	17,25	—	5,08	5,05	—	1,38		0,63	
19 K	16,30	—	4,66	4,64	—	1,10		0,55	
18 A	15,35	—	—	—	—	—		—	
17 Cl	14,42	—	3,86	3,85	—	0,71		—	
16 S	13,49	—	3,46	3,45	—	0,63		—	
15 P	12,56	—	3,07		—	0,71		—	
14 Si	11,64	—	2,68		—	0,71		—	
13 Al	10,71	—	2,30		—	0,63		—	
12 Mg	9,80	—	1,92		—	0,71		—	

177 b.

N_I	N_{II}	N_{III}	N_{IV}	N_V	O_I	$O_{II,III}$	
4,54	3,87	3,73	2,88	2,79	1,73	0,95	57 La
4,34	3,82	3,70	2,68	2,63	1,87	0,84	56 Ba
4,12	3,48	3,33	2,41	2,39	1,38	0,45	55 Cs
3,71	3,30		2,00	1,97	—	0,45	53 J
3,59	3,03		1,92	1,84	—	1,05	52 Te
3,42	2,83		1,76	1,61	—	0,89	51 Sb
2,97	2,30		0,77	0,63	(—1,10)	—	50 Sn
2,95	2,35		0,77	1,14	—	—	49 In
2,86	2,12		1,00	0,95	—	—	48 Cd
2,95	2,43		1,45	1,38	—	—	47 Ag
2,63	2,10		0,84	0,84	—	—	46 Pd
2,32	1,73		(—0,55)	(—0,71)	—	—	45 Rh
2,35	1,82		0,45	0,45	—	—	44 Ru
2,26	1,70		—	0,63	—	—	42 Mo
2,07	1,58		0,55	0,55	—	—	41 Nb
1,95	1,45		0,63	0,55	—	—	40 Zr
2,17	1,70		—	—	—	—	39 V
1,58	1,14		—	—	—	—	38 Sr
—	0,95		—	—	—	—	37 Rb
—	0,71		—	—	—	—	35 Br
—	0,32		—	—	—	—	34 Se
—	0,32		—	—	—	—	33 As
—	0		—	—	—	—	32 Ge
—	—		—	—	—	—	31 Ga
—	0,63		—	—	—	—	30 Zn
—	—		—	—	—	—	29 Cu
—	—		—	—	—	—	28 Ni
—	—		—	—	—	—	27 Co
—	—		—	—	—	—	26 Fe
—	—		—	—	—	—	25 Mn
—	—		—	—	—	—	24 Cr
—	—		—	—	—	—	23 Va
—	—		—	—	—	—	22 Ti
—	—		—	—	—	—	21 Sc
—	—		—	—	—	—	20 Ca
—	—		—	—	—	—	19 K
—	—		—	—	—	—	18 A
—	—		—	—	—	—	17 Cl
—	—		—	—	—	—	16 S
—	—		—	—	—	—	15 P
—	—		—	—	—	—	14 Si
—	—		—	—	—	—	13 Al
—	—		—	—	—	—	12 Mg

Tabelle 178. Energiedifferenzen $\Delta \frac{\nu}{R}$.

	Ta (73)	W (74)	Ir (77)	Pt (78)	Au (79)	Tl (81)	Pb (82)	Bi (83)	Th (90)	U (92)
$[L_I L_{II}]$	40,15	40,91	43,73	44,57	45,73	47,82	48,74	49,89	57,42	59,91
$[L_I L_{III}]$	132,67	139,47	162,31	170,37	179,42	198,23	208,30	218,69	307,48	338,36
$[L_I M_I]$	660,94	683,44	754,73	779,30	804,90	857,77	884,82	921,61	1126,36	1194,08
$[L_I M_{II}]$	678,50	701,55	774,19	799,23	825,30	878,73	906,13	934,79	1152,25	1221,03
$[L_I M_{III}]$	698,79	723,26	800,53	827,36	855,19	912,81	942,32	972,94	1209,92	1285,75
$[L_I M_{IV}]$	728,33	753,34	832,46	859,95	888,53	947,44	977,86	1009,07	1250,92	1328,20
$[L_I M_V]$	732,61	757,94	838,10	865,84	894,85	954,52	985,41	1017,06	1262,58	1341,11
$[L_I N_I]$	818,78	847,46	937,57	968,99	1001,30	1068,23	1102,53	1137,84	1410,27	1496,66
$[L_I N_{II}]$	826,24	854,90	945,81	977,29	1009,84	1077,40	1112,21	1147,69	1422,03	1509,04
$[L_I N_{III}]$	830,63	859,86	952,02	984,00	1017,21	1085,53	1120,89	1157,12	1436,89	1525,94
$[L_I N_{IV}]$	842,57	872,13	965,33	997,83	1031,30	1100,47	1136,17	1172,85	1455,48	1545,09
$[L_I N_V]$	843,52	873,22	966,58	999,03	1032,68	1102,09	1137,62	1174,60	1458,16	1548,34
$[L_I N_{VI}]$	858,43	888,54	983,73	1016,65	1050,89	1121,43	1157,79	1195,12	1482,65	1574,01
$[L_I N_{VII}]$	858,51	888,74	984,00	1016,94	1051,26	1121,72	1158,21	1195,56	1483,28	1574,71
$[L_I O_I]$	855,20	885,43	981,30	1014,63	1049,45	1120,62	1157,41	1195,42	1486,70	1578,66
$[L_I O_{II}]$	} 857,56	888,13	984,47	1018,07	1053,03	1124,94	1162,00	{ 1198,34	1490,73	1583,89
$[L_I O_{III}]$								{ 1200,20	1495,03	1588,67
$[L_I O_{IV,V}]$	859,97	890,86	988,13	1021,97	1057,11	1129,63	1166,69	1205,22	1501,54	1595,35
$[L_I P_{II,III}]$	—	—	—	—	—	—	—	1206,68	1507,20	1601,62

35. Intensitätsregeln.

A. *K-Reihe.* Die relativen Intensitäten der Linien der K-Reihe zeigen durch das ganze System der Elemente ein sehr konstantes Verhältnis, wenn man nur von den niedrigsten Elementen absieht. Bei Wolfram wurden die Intensitätsverhältnisse von DUANE und STENSTRÖM [1920: 25] mit Ionisationsmethode gemessen mit den folgenden Ergebnissen

Linie	$K\alpha_2$	α_1	β_1	β_2
Relative Intensität	50	100	35	15

Bei Mo fanden DUANE und PATTERSON [1922: 33] die folgenden Relationen:

$$\frac{\alpha_1}{\alpha_2} = 1{,}93 \text{ in 2. Ordnung gemessen}$$

$$\frac{\beta_1}{\beta_2} = 6{,}3 \quad \text{,, 1. \quad ,, \quad ,,}$$

$$\frac{\beta_1}{\beta_2} = 5{,}5 \quad \text{,, 2. \quad ,, \quad ,,}$$

Ähnliche Resultate haben ŽÁČEK und SIEGBAHN [1923: 79a] nach einer photographisch-photometrischen Methode bei Untersuchung der verhältnismäßig langwelligen K-Reihen von Zn, Cu und Fe gefunden. Die Ergebnisse waren:

	α_2	α_1	β_1
30 Zn	50,0	100	29
29 Cu	51,2	100	25
26 Fe	49,9	100	

Die β_2-Linie zeigt bei diesem Elemente andere Intensitätsverhältnisse auf als bei den höheren Elementen, was wahrscheinlich dadurch zu erklären ist, daß diese Linie hier einem anderen Übergang entspricht als dort. Bei einer Messung dieses Intensitätsverhältnisses bei Cu von ALLISON und ARMSTRONG [1925: 4] wurde erhalten

$$\frac{\beta_1}{\beta_2} \backsim 40,$$

während bei Mo

$$\frac{\beta_1}{\beta_2} \backsim 7{,}7$$

gefunden wurde. Den zuletzt genannten Autoren gelang es auch, die enge Dublette $\beta_1\beta_3$ bei Mo in höheren Ordnungen genügend aufzulösen, um das Intensitätsverhältnis zu messen. Sie fanden

$$\frac{\beta_1}{\beta_3} \cong 2{,}0\,.$$

Das von den obengenannten Autoren gefundene Intensitätsverhältnis von $\frac{\alpha_1}{\alpha_2} = 2{,}0$ wurde von Woo [1926: 210] bei einer Mehrzahl anderer Elemente bestätigt, nämlich bei Zn, As, Sr, Zr, Mo, Ag, Sn und J.

Eine sehr umfassende Ausmessung der relativen Intensitäten der K-Linien wurde neulich von H. Th. Meyer [1929: 104] veröffentlicht. Bei dieser Untersuchung wurde eine photographisch-photometrische Methode verwandt. Die in der folgenden Tabelle zusammengestellten Meßergebnisse sind wegen der Abhängigkeit der Empfindlichkeit der photographischen Platte von der Wellenlänge berichtigt. Ebenso ist wegen Absorption im Strahlengange korrigiert worden.

Tabelle 179a. Zusammenstellung der Intensitätsverhältnisse der K-Linien.

Element	α_1	α_2	β_1	β_2
49 In	100	51,8	21,7	3,65
48 Cd	100	53,8	26,1	4,18
47 Ag	100	51,7	24,0	4,22
46 Pd	100	52,3	24,8	4,14
45 Rh	100	51,2	25,3	3,97
44 Ru	100	51,1	23,3	3,96
42 Mo	100	50,6	23,3	3,48
41 Nb	100	49,7	21,4	3,32
40 Zr	100	49,1	21,9	3,28
39 Y	100	50,0	23,3	3,19
38 Sr	100	48,6	21,8	2,72
37 Rb	100	49,3	23,0	2,62
35 Br	100	50,9	22,2	1,73
34 Se	100	50,3	21,0	1,07
33 As	100	49,2	21,7	0,69
32 Ge	100	50,7	22,8	0,46
31 Ga	100	50,6	21,6	—
30 Zn	100	48,9	18,5	0,19
29 Cu	100	46,0	15,8	0,15
28 Ni	100	47,6	17,1	0,20
27 Co	100	53,2	19,1	0,23
26 Fe	100	49,1	18,2	0,26
25 Mn	100	54,9	22,4	0,34
24 Cr	100	50,6	21,0	0,66
23 Va	100	52,1	20,5	0,48

Wie ersichtlich, geben auch diese Messungen für das Intensitätsverhältnis α_1/α_2 mit sehr kleinen Schwankungen den Wert 2/1. Die Abweichungen von diesem Werte stellt Meyer in Beziehung zum Verhältnis A/Z (A = Atomgewicht, Z = Ordnungszahl), welch letztere Funktion einen ähnlichen Gang zeigt wie die Werte von α_2/α_1.

Der Intensitätsverlauf von β_2 ist von besonderem Interesse. Wie aus der graphischen Darstellung Abb. 192 von β_2/α_1 ersichtlich, fällt die Intensität von β_2 regelmäßig bis 31 Ga ab. Für die niedrigeren Elemente, von 30 Zn ab, hat eine andere Linie, nach Idei mit β_5 bezeichnet, den Platz von β_2 eingenommen. Betreffend dieser Identifikation s. § 34, S. 344.

Ferner hat Meyer noch bei 25 Mn das Verhältnis der Linien β'/β_1 geschätzt und gibt dafür den Wert 26/100. Für $\alpha_{3,4}/\alpha_1$ findet Meyer bei 25 Mn, 24 Cr und 23 Va bzw. die Werte 1,12/100, 1,09/100 und 3,16/100.

Die experimentell gefundenen Intensitätsrelationen der zwei Dubletts α_1/α_2 bzw. β_1/β_3 steht im vollen Einklang mit den von Ornstein-Burger-Dorgelo aufgestellten Intensitätsregeln bei den optischen Spektren, und zwar die bei den Dublett- oder Alkalispektren gültigen.

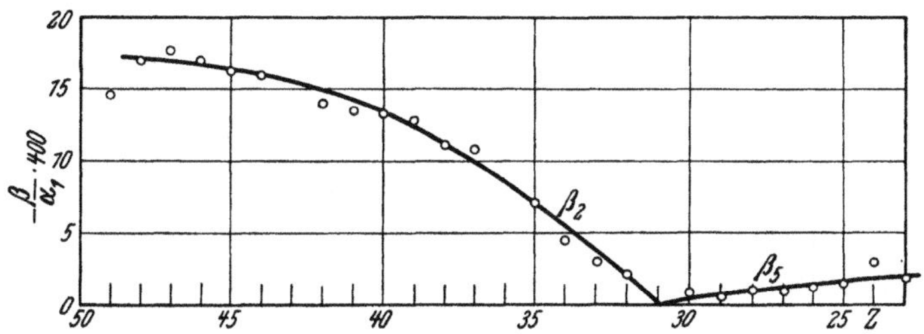

Abb. 192.

Dies ist eine zu erwartende Folge der Übereinstimmung zwischen den normalen Röntgenspektren und den optischen Dublettspektren. Diese Intensitätsregeln lassen sich bekanntlich mit Hilfe der Quantenzahlen j so formulieren, daß innerhalb eines Multipletts die Intensität proportional dem Quantengewicht $2j + 1$ der Anfangs- bzw. Endniveaus der betreffenden Linien ist. Bei den Dubletts wie α_1/α_2 und β_1/β_3 besagt diese Regel einfach (vgl. die Niveauschemata Abb. 184), da hier $j = \frac{3}{2}$ und $j = \frac{1}{2}$ sind, daß sich die Intensitäten wie

$$\frac{2\cdot\frac{3}{2}+1}{2\cdot\frac{1}{2}+1} = 2$$

verhalten sollen, wie die Messungen auch zeigen.

Zusammenfassend können wir also sagen, daß die Dubletts (α_1/α_2 und β_1/β_3) der K-Reihe den optischen Intensitätsregeln gehorchen. Betreffend den relativen Intensitäten der verschiedenen Glieder der K-Reihe (s. Abb. 143) gibt die folgende Tabelle eine übersichtliche Darstellung.

Tabelle 179b. Relative Intensitäten der Glieder der K-Reihe.

	74 W [1]	47 Ag	40 Zr	35 Br	30 Zn	23 Va
$\alpha_1 + \alpha_2$	100	100	100	100	100	100
$\beta_1 + \beta_3$	23	16	15	15	12	13
$\beta_2 (\beta_5)$	10	2,8	2,2	1,1	0,13	0,33

[1] 74 W nach Duane und Stenström, übrige Werte nach Meyer.

B. *L-Reihe.* Die ersten Messungen von Intensitätsverhältnissen in der L-Reihe wurden von DUANE und PATTERSON [1920: 22] bei 74 W ausgeführt. Wegen der großen Ausdehnung der L-Reihe — bei Wolfram z. B. von 1675 bis 1026 X.E. — sind die Schwierigkeiten hier wesentlich größer als bei der K-Reihe. DUANE und PATTERSON haben sich daher damit begnügt, die einander naheliegenden Linien verschiedener Gruppen zu untersuchen. Sie fanden bei einer Röhrenspannung von etwa 25 kV folgende Relationen:

$$\alpha_1 : \alpha_2 = 10 : 1\,,$$
$$\beta_2 : \beta_5 = 116 : 1\,,$$
$$\beta_1 : \beta_2 : \beta_3 : \beta_4 = 100 : 55 : 15 : 9\,,$$
$$\gamma_1 : \gamma_2 : \gamma_3 : \gamma_4 = 100 : 14 : 18 : 6\,.$$

Nachdem die obigen Intensitätsregeln von ORNSTEIN-BURGER-DORGELO aufgestellt wurden, haben sich die Untersuchungen hier wesentlich auf eine Prüfung der Gültigkeit dieser Regeln gerichtet. Dubletts desselben Typus wie bei der K-Reihe haben wir gemäß diesen Regeln zu erwarten bei (s. Abb. 185) β_3/β_4, γ_3/γ_2 und bei l/η, β_6/γ_6, β_7/γ_8: die erstgenannten zwei Dubletts haben Anfangsniveaus mit $j = \frac{3}{2}$ und $j = \frac{1}{2}$; die drei letzterwähnten Dubletts aber Endniveaus (L_{II}, L_{III}) mit diesen Quantenzahlen. Ferner ist zu bemerken, daß bei den zwei ersten Dubletts (β_3/β_4 und γ_2/γ_3) die zugehörigen Linien ein und dieselbe Anregungsspannung haben, während bei den letzteren jeder Dublettkomponente verschiedene Anregungsspannungen zukommen, nämlich L_{II} bzw. L_{III}. Bei diesen Dubletts wäre es also möglich, nur die eine Linie anzuregen und also eine Intensitätsrelation ∞ zu bekommen. Wenn man aber eine Anregungsspannung benutzt, die groß ist, verglichen mit dem Unterschied $L_{II} - L_{III}$, würde man doch eine normale Intensitätsrelation (2/1) erwarten können.

Betreffend diese Dubletts der L-Reihe hatten die obenerwähnten Messungen von DUANE und PATTERSON für β_3/β_4 das Verhältnis $\frac{15}{9} = 1{,}7$ ergeben, für γ_3/γ_2 den Wert 1,3, ALLISON und ARMSTRONG [1925: 4] fanden bei demselben Elemente (74 W) $\frac{\beta_3}{\beta_4} = 1{,}9$ und $\frac{\gamma_3}{\gamma_2} = 1{,}6$, also wenigstens für β_3/β_4 eine gute Annäherung an den durch die obigen Regeln vorgeschriebenen Wert 2,0. Dieselben Dubletts sind auch in den Untersuchungen von AXEL JÖNSSON mittels der Geigermethode gemessen. Bei den schweren Elementen 74 W und 78 Pt fand AXEL JÖNSSON [1926: 109] für β_3/β_4 den Wert 1,6 und für γ_3/γ_2 bei W den Wert 1,3, also wesentlich niedrigere Werte. AXEL JÖNSSON hat seine Messungen wegen der verschiedenen Absorption der Dublettkomponenten korrigiert, was nach seiner Meinung den Unterschied zwischen seinen Meßergebnissen und denen von ALLISON und ARMSTRONG erklären dürfte. In späteren Mitteilungen hat ALLISON [1928: 2; 1929: 7] für die schwereren Elemente folgende für die Absorption korrigierten Werte der Intensitätsrelationen angegeben:

	β_3/β_4	γ_3/γ_2
76 Os	1,6	
82 Pb	1,4	
83 Bi.	1,5	
92 U	1,0	0,99

Ob die Intensitätsregeln in diesem Falle streng gültig sind, scheint daher fraglich. Übrigens bemerkt AXEL JÖNSSON [1927: 73], daß seine Messungen bei 47 Ag, 45 Rh und 42 Mo eher für β_3/β_4 das Intensitätsverhältnis 3/2 als 2/1 gibt, während γ_3/γ_2 nahe gleich 4/3 ist.

Bei den bis jetzt besprochenen Dubletts β_3/β_4 und γ_3/γ_2 handelte es sich um gleiche Anregungsspannung (L_I). Etwas anders liegen die Verhältnisse bei den Dubletts l/η, β_6/γ_5 und β_7/γ_8, wo die Komponenten verschiedene Anregungsspannung haben. In diesem Falle hat man, um zu den durch die Intensitätsregeln vorausgesehenen Gesetzmäßigkeiten zu kommen, die experimentell ermittelten Intensitäten für die Anregungsspannung zu korrigieren, d. h. auf eine im Vergleich zum Unterschied der Anregungsspannung genügend hohe Spannung umzurechnen. Das setzt wieder voraus, daß der Zusammenhang zwischen Intensität und Spannung für die betreffenden Linien bekannt ist. Über Untersuchungen zu dieser Frage wurde früher (§ 23) berichtet. Mehrere Autoren haben einfach das Gesetz

$$J = C(V - V_0)^n,$$

mit n empirisch gemessen, zu 1,7 oder 1,8 benutzt (V_0 = Anregungsspannung).

Neben der Spannungskorrektion und der obenerwähnten Korrektion wegen Absorption kommt hier auch noch wesentlich in Betracht, daß der Wellenlängenunterschied bei diesen Dubletts bedeutend größer ist als bei den vorher behandelten. Dies hat erstens zur Folge, daß das Reflexionsvermögen des Krystalles, die Wirkung am Meßgeräte usw. größere Korrektionen hineinbringen, zweitens, daß das ν^4-Gesetz der Strahlungsintensität zu berücksichtigen ist, wie im entsprechenden optischen Falle von ORNSTEIN, EYMERS und COELINGH[1] bemerkt wurde. Die Größe dieser letzterwähnten Korrektion geht aus folgendem Beispiel nach HICKS [1931: 45] hervor:

		Exp. rel. Intensitäten	Korr. wegen ν^4
$\frac{l}{\eta}$:	73 Ta	1,1	2,0
	92 U	2,2	6,7

[1] ORNSTEIN, EYMERS u. COELINGH, Z. Physik **44**, 653 (1927).

Bei Ta bringt also diese Korrektion den empirischen Wert zur Übereinstimmung mit dem von den Intensitätsregeln geforderten Wert 2,0, während bei U ein damit ganz unverträglicher Wert herauskommt. Der Grund hierfür ist nicht leicht anzugeben, da so viele Möglichkeiten vorliegen.

Entsprechenden Schwierigkeiten begegnen wir auch bei den höheren Multipletts, die wir jetzt behandeln werden. Die Liniengruppe $\alpha_1\alpha_2\beta_1$ entsteht bekanntlich durch Übergänge von $M_{IV}M_V$ zu $L_{II}L_{III}$, wo die j-Werte bzw. 3/2, 5/2, 1/2, 3/2 sind. Nach den Intensitätsregeln hat man zu erwarten, daß einerseits

$$\frac{\alpha_1 + \alpha_2}{\beta_1} = \frac{2}{1}$$

und anderseits

$$\frac{\alpha_1}{\alpha_2 + \beta_1} = \frac{2 \cdot \frac{5}{2} + 1}{2 \cdot \frac{3}{2} + 1} = \frac{3}{2},$$

woraus folgt

$$\alpha_1 : \alpha_2 : \beta_1 = 9 : 1 : 5 .$$

Dieses Intensitätsverhältnis wurde von Axel Jönsson [1926: 109] in der L-Reihe der Elemente 74 W und 89 Pt als zutreffend gefunden. Er fand nämlich bei seinen Messungen

$$74\ \mathrm{W} \quad \alpha_1 : \alpha_2 : \beta_1 = 9 : 1{,}0 : 4{,}7 ,$$

$$78\ \mathrm{Pt} \quad \alpha_1 : \alpha_2 : \beta_1 = 9 : 1{,}0 : 4{,}6 .$$

Zu demselben Ergebnis gelangten auch Nishina und Ray [1926: 145], welche mittels einer photographisch-photometrischen Methode das Intensitätsverhältnis dieser Liniengruppe bei 74 W bestimmten. Ihre Werte sind

$$74\ \mathrm{W} \quad \alpha_1 : \alpha_2 : \beta_1 = 10 : 1 : 4{,}3 .$$

Bei 90 Th und 92 U fand Allison

$$90\ \mathrm{Th} \quad \alpha_1 : \alpha_2 : \beta_1 = 9 : 1{,}1 : 5{,}6 ,$$

$$29\ \mathrm{U} \quad \alpha_1 : \alpha_2 : \beta_1 = 9 : 1{,}0 : 4{,}4 .$$

In allen diesen Fällen sind die Werte *nicht* auf Grund des ν^4-Gesetzes korrigiert. Im letzten Falle würde dies die Werte folgendermaßen ändern:

$$92\ \mathrm{U} \quad \alpha_1 : \alpha_2 : \beta_1 = 9 : 1{,}0 : 2{,}2$$

und also die Übereinstimmung zerstören. Bei 73 Ta dagegen fand Hicks die Werte

$$73\ \mathrm{Ta} \quad \alpha_1 : \alpha_2 : \beta_1 = 9 : 0{,}9 : 9{,}3$$

und *nach* Korrektion auf Grund des ν^4-Gesetzes

$$73\ \mathrm{Ta} \quad \alpha_1 : \alpha_2 : \beta_1 = 9 : 0{,}9 : 6{,}1 ,$$

was wieder besser mit den Regeln stimmt.

Auch bei den Elementen 47 Ag bis 42 Mo findet AXEL JÖNSSON ziemlich gute Übereinstimmung mit den Intensitätsregeln ohne Korrektion auf Grund des ν^4-Gesetzes. Seine Ergebnisse sind

	47 Ag	46 Pd	45 Rh	42 Mo
$\alpha_1 : \alpha_2 : \beta_1$	9:1:5,3	9:1:5,3	9:1:2,8	9:1:2,8

Neben dieser Prüfung der Gültigkeit der optisch-spektroskopischen Intensitätsregeln bei einigen ausgewählten Multipletts der Röntgenspektren geben wir dann eine übersichtliche Darstellung der experimentell bestimmten Intensitäten innerhalb der verschiedenen Untergruppen der L-Reihe (vgl. Abb. 153). Innerhalb jeder dieser fünf Gruppen zeigt sich eine ähnliche Intensitätsabnahme, wie sie in der K-Reihe (s. Tabelle 179b) gefunden worden ist.

Tabelle 180.

L-Gruppen	92 U	90 Th	78 Pt	74 W	73 Ta	47 Ag	46 Pd	45 Rh	42 Mo
β_4	4,1	—	5,2	5,2	11	5,8	6,4	7,9	9,9
β_3	4,2	3,3	8,2	8,2	16	9,4	10,0	12,1	14,2
γ_3	1,4	—	—	2,0	8,5	—	—	—	—
γ_2	1,5	1,5	—	1,5	5,9	—	—	—	—
γ_4	0	—	—	0,6	2,6	—	—	—	—
β_1	49	62	51	52	103	59	59	61	62
γ_1	12	14	11	9	32	12	8,5	7,7	6,8
γ_6	2,2	3,9	—	0,3	0,7	—	—	—	—
η	1,0	1,8	1,5	1,3	1,4	2,2	2,0	—	—
γ_5	0	0	—	0,4	1,4	—	—	—	—
γ_8	—	—	—	—	—	—	—	—	—
α_2	11	12	11,4	11,5	10	12	12	13	13
α_1	100	100	100	100	100	100	100	100	100
β_2	28	26	23	20	40	21	13	13	8
β_5	6,4	—	—	0,2	$<1,1$	—	—	—	—
l	2,4	3,6	3,4	3,2	1,5	4,1	3,4	—	—
β_6	1,6	1,4	1,5	1,0	—	—	—	—	—
β_7	—	0,5	—	—	—	—	—	—	—

Intensitäten in Proz. von α_1.
92 U und 90 Th nach ALLISON.
78 Pt, 74 W, 47 Ag, 46 Pd, 45 Rh, 42 Mo nach AXEL JÖNSSON.
73 Ta nach HICKS. (Diese Messungen scheinen mit den übrigen schwer verträglich zu sein.) *Anm. bei der Korrektur:* Nach einer eben erschienenen Mitteilung von HICKS (Physic. Rev. Aug. 1931) sind seine Messungsergebnisse durch einen Konstruktionsfehler bei der verwendeten Ionisationskammer stark gefälscht.

Die Wellenmechanik gestattet bekanntlich eine Berechnung der zu verschiedenen Übergängen gehörigen Linienintensitäten, wie zuerst SCHRÖDINGER beim Wasserstoffproblem zeigte. WENTZEL hat diesen Gedankengang weiter verfolgt und auch die Gültigkeit der Ergebnisse für die Röntgenspektren geprüft. Wir geben hier eine Tabelle nach AXEL JÖNSSON [1928: 60] wieder, wo die von diesem Verfasser bei 47 Ag bis 42 Mo nebst 74 W und die von ALLISON bei 90 Th ausgeführten Messungen zur Prüfung herangezogen sind.

Übergang	Linie	Berechnete Intensität	Beobachtete Intensität					
			Ag	Pd	Rh	Mo	W	Th
$M_{IV,V} \rightarrow L_{II,III}$	$\alpha_1 + \alpha_2 + \beta_1$	100	100	100	100	100	100	100
$M_I \rightarrow L_{II,III}$	$l + \eta$	2	4	3	—	—	3	3
$M_{II,III} \rightarrow L_I$	$\beta_3 + \beta_4$	21	9	10	12	14	8	3
$N_{IV,V} \rightarrow L_{II,III}$	$\beta_2 + \gamma_1$	43	19	13	12	9	18	23

Die Übereinstimmung ist, wie ersichtlich, nicht sehr befriedigend. WENTZEL meint, daß die in der Theorie nicht berücksichtigten „strahlungslosen" Übergänge zum Teil zur Erklärung der Diskrepanz herangezogen werden können. Ein anderer Grund liegt in der unvollständigen Elektronenbesetzung der äußeren hier beteiligten Niveaus.

Wie zu erwarten, treten Änderungen in den Intensitätsverhältnissen dann auf, wenn die sich an der Emission beteiligenden Niveaus unvoll-

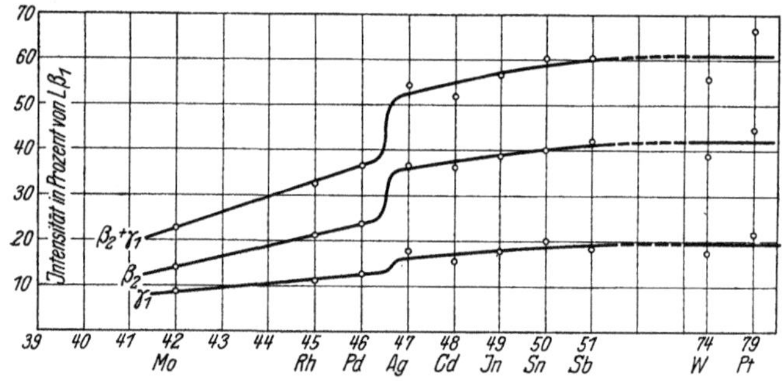

Abb. 193. Relative Linienintensitäten. Nach JÖNSSON, Z. Physik 41, 221 (1927).

ständig mit Elektronen belegt sind. Dies wurde sehr schön von AXEL JÖNSSON [1927: 72] dargelegt, und zwar bei den Elementen 51 Sb bis 42 Mo. In dieser Elementengruppe werden sukzessiv den O- und $N_{IV,V}$-Niveaus Elektronen entzogen, während die K bis $N_{II,III}$-Gruppen unverändert belegt sind. Es ist die Elektronenbesetzung wie folgt:

	$N_{IV,V}$	O_I	$O_{II,III}$
51 Sb	10	2	3
50 Sn	10	2	2
49 In.	10	2	1
48 Cd	10	2	
47 Ag	10	1	
46 Pd	10		
45 Rh	8	1	
42 Mo	5	1	

Die Linien $\beta_2 \gamma_1$ haben als Anfangsniveau $N_{IV,V}$. AXEL JÖNSSON verglich die Intensitäten dieser Linien mit der Linie β_1, welche als Übergang zwischen M_{IV} und L_{II} von den äußeren Abänderungen der Elektronenhülle ziemlich unberührt sein muß. Wie die graphische Darstellung Abb. 193 zeigt, tritt bei 46 bis 47 eine diskontinuierliche Intensitätsänderung ein, wie nach dem Elektronenaufbau zu erwarten ist. (Es darf nicht vergessen werden, daß das Schema der Elektronenhüllen sich auf freie Atome bezieht, während die Röntgenemissionslinien Übergänge bei Atomen im Krystallverband sind.)

Ähnliche Resultate fand ALLISON [1928: 2; 1929: 4] bei den schwersten Elementen (74 W bis 83 Bi), indem er die Intensität der Linie β_5 im Vergleich mit β_1 untersuchte. Die β_5-Linie entsteht durch den Übergang (s. Abb. 194) von $O_{IV,V}$ zu L_{III}, und dem ersten dieser Niveaus werden eben bei diesem Elemente seine Elektronen teilweise entzogen. Die Elektronenbesetzung ist:

	$O_{IV,V}$	P_I	$P_{II,III}$
83 Bi	10	2	3
82 Pb	10	2	2
81 Tl	10	2	1
80 Hg	10	2	
79 Au	10	1	
78 Pt	10		
	9	1	
77 Ir	8	1	
	7	2	
76 Os	7	1	
	6	2	
75 Re	6	1	
	5	2	
74 W	4	2	

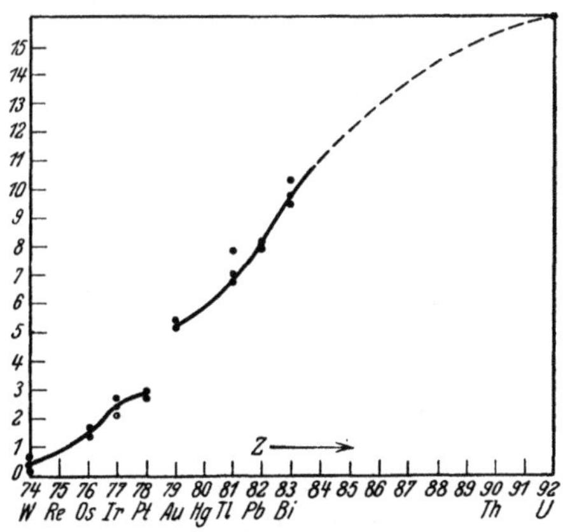

Abb. 194. Relative Linienintensität β_5/β_1 nach ALLISON.

Wie aus der graphischen Wiedergabe des Intensitätsverhältnisses β_5/β_1 ersichtlich, tritt zwischen 78 Pt und 79 Au eine scharfe Diskontinuität ein, die also ganz mit der Lage der entsprechenden Diskontinuität bei der Silbergruppe übereinstimmt.

C. *M-Reihe.* Einige Angaben über die relativen Intensitäten innerhalb der *M-Reihe* finden sich in der Untersuchung von MOLIN [1927: 102; 1929: 108a]. Die Intensitätsverteilung bei einer Anzahl Linien der *M*-Reihe wurde hier mit Spitzenzähler und mit Ionisationskammer aufgenommen. Da die Linien in dieser Reihe wegen ihrer leichten Absorbierbarkeit schwierig zu messen sind und außerdem leicht Störungen durch Mehrfachionisation eintritt, können nur sehr approximative Ergebnisse erwartet werden.

Für die $M\alpha_1, \alpha_2, \beta_1$-Tripletts, welche wegen des kleinen Wellenlängenabstands zwischen α_1 und α_2 als Dublette erscheint, ergeben die

Intensitätsregeln ein Verhältnis zwischen α und β von $\frac{3}{2}$. Die Messungen von MOLIN führen, mit Ausnahme von dem niedrigsten untersuchten Element 73 Ta, zu etwas niedrigeren Werten, wie folgende Tabelle zeigt:

Tabelle 181.

Element	Intensitätsverhältnis	
	mit Ionis.	mit Geiger-Z.
79 Au	1,3	1,3
78 Pt	1,3	1,3
77 Ir	1,2	1,3
74 W.	1,4	1,4
73 Ta	1,7	1,7

Eine genaue Gültigkeit der Intensitätsregeln ist in diesem Falle, wie schon erwähnt, nicht zu erwarten.

36. Natürliche Linienbreite.

Es wurde schon bei der Besprechung des allgemeinen Charakters der verschiedenen Röntgenserien hervorgehoben, daß die Linien in jeder Reihe mit abnehmender Atomnummer sich verbreitern. Daß einige Linien derselben Reihe diffuser oder breiter als andere sind, ist oft bemerkt worden und ist bei der Systematik mehrmals herangezogen worden. In den veröffentlichten Intensitätskurven hat man ferner einige Anhaltspunkte, um sich von der Linienbreite eine Vorstellung zu machen. Da aber im allgemeinen die durch die Krystalle selbst verursachte Verbreiterung nicht untersucht oder angegeben ist, kann man daraus nur grobe und relative Schätzungen machen. Da ferner die meisten Linien, welche mit Ionisationsmethoden registriert worden sind, dem kurzwelligen Gebiet angehören, wo die Linienschärfe sehr hoch ist und wohl im allgemeinen von der benutzten Spaltweite überdeckt wird, sind wenige sichere Schlußfolgerungen daraus zu ziehen.

Im langwelligen Gebiete der L-Reihe hat AXEL JÖNSSON [1927: 72] mit Hilfe der Geigerkammer die relative Breite einiger Linien gemessen. Es wurden die $L\beta_{2,15}$ und $L\gamma_1$, also die Übergänge von $N_{IV}N_V$ zur $L_{II}L_{III}$, verglichen mit den $L\beta_1$, welche den Übergang von M_{IV} zur L_{II} darstellen. Die Ergebnisse sind in folgender Tabelle wiedergegeben.

Tabelle 182. Relative Linienbreiten.

Element	$L\beta_1$	$L\beta_{2,15}$	$L\gamma_1$
42 Mo	1,00	1,49	1,34
45 Rh	1,00	1,22	1,10
46 Pd	1,00	1,20	1,13
47 Ag	1,00	1,18	1,12
48 Cd	1,00	1,05	0,85
49 In.	1,00	0,97	0,84
50 Sn	1,00	0,95	0,85
51 Sb	1,00	0,97	0,98

Die Linienbreite der $L\beta_1$ ist zu 1,00 gesetzt. Wie die Tabelle zeigt, sind die $\beta_{2,15}$ und γ_1 wesentlich breiter als β_1 bei den niedrigeren Elementen 42 bis 47, wo das sich beteiligende $N_{IV,V}$-Niveau einige seiner Elek-

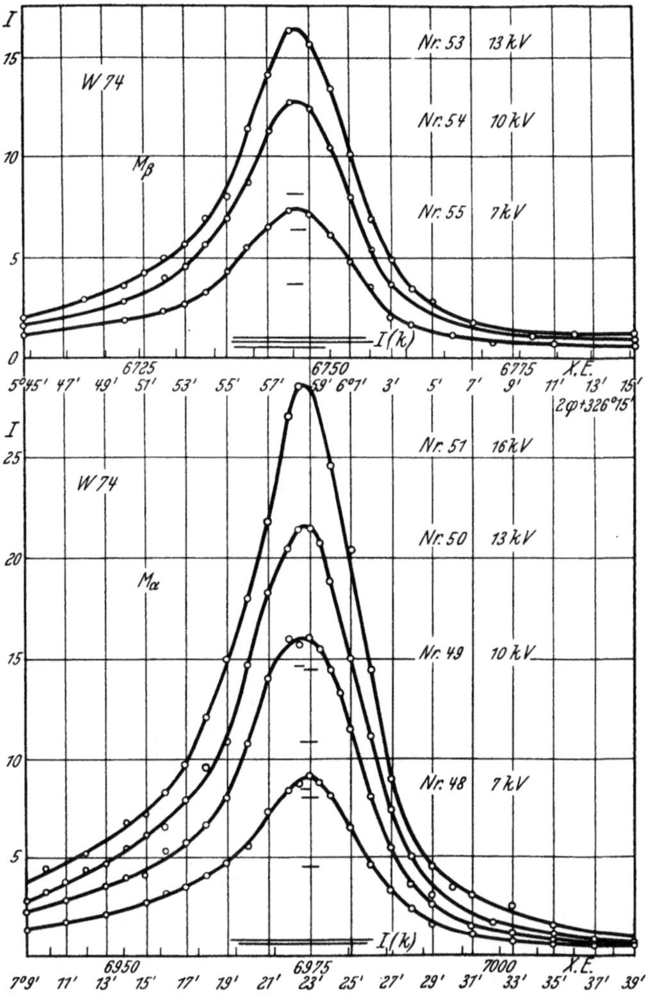

Abb. 195a.

Intensitätsverteilung bei $M\alpha$ und $M\beta$ von 74 W mit Ionisationsmethode registriert nach MOLIN.

tronen verloren hat. Ähnliche Messungen hat AXEL JÖNSSON [1927: 73] auch für die Linien β_3, β_4 und l, η bei dieser Elementengruppe ausgeführt. Für $\beta_3\beta_4$ wurden Halbweiten relativ β_1 zu 1,5, 1,5, 1,6 und 1,8 bei Ag, Pd, Rh und Mo resp. gefunden, während die Linien l, η etwa 2,8mal der Weite von β_1 waren. Dies bestätigt eine Regel, die wohl zuerst von COSTER formuliert worden ist, daß den mehr exzentrischen

Bahnen nach der Bohrschen Atomtheorie weniger gut definierte Energiewerte zukommen und sie daher breitere Linien geben.

In diesen letzten Fällen betreffen die Messungen Linien, die wahrscheinlich nicht durch „Funken"linien oder Multiplettstruktur gestört sind. (Bei den β_2, γ_1 ist eine unaufgelöste Multiplettstruktur nicht ausgeschlossen.)

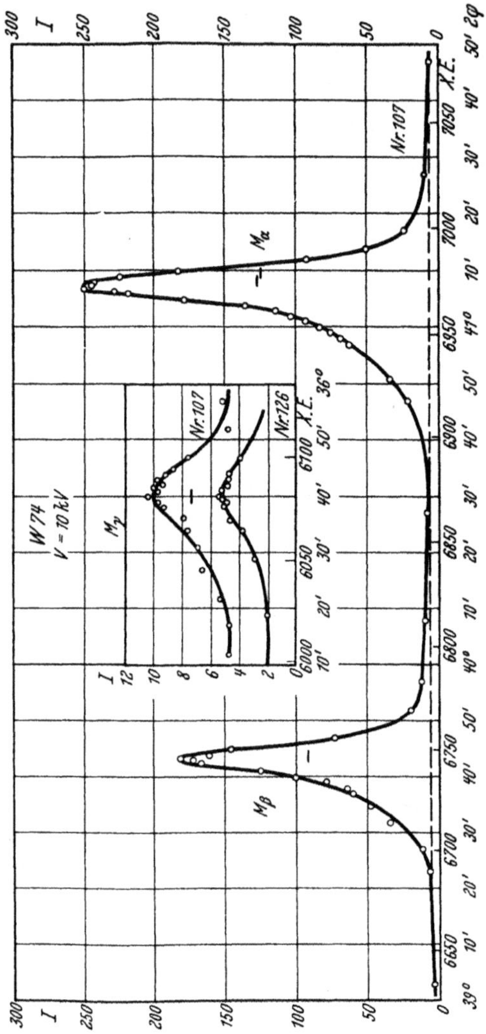

Abb. 195 b. Intensitätsverteilung bei $M\alpha$, $M\beta$ und $M\gamma$ von 74 W mit Geigerzähler registriert nach Molin.

In einer späteren Mitteilung gibt Axel Jönsson [1928: 60] die folgende Zusammenstellung von gemessenen Linienbreiten bei Linien der L-Reihe:

Tabelle 183. Relative Halbweiten.

	l	η	α_1	β_1	β_3 u. β_4	β_2	γ_1
Ag	2,95	2,87	1,00	0,96	1,45	1,13	1,08
Pd	2,80	2,72	1,00	0,93	1,46	1,12	1,05
Rh	—	—	1,00	1,03	1,67	1,26	1,13
Mo	—	—	1,00	1,00	1,85	1,49	1,34

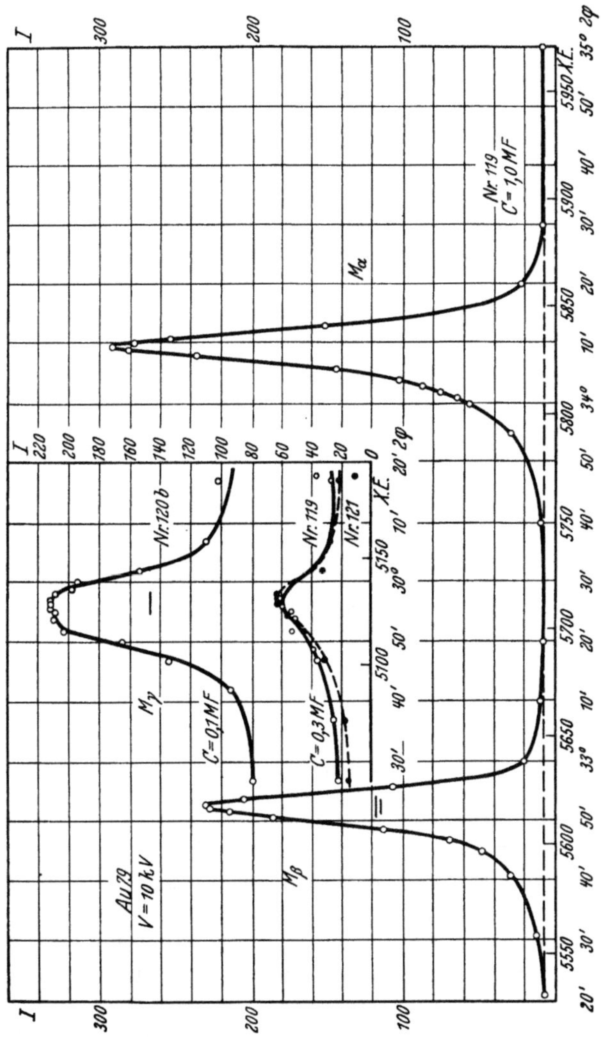

Abb. 195c. Intensitätsverteilung bei $M\alpha$, $M\beta$ und $M\gamma$ von 79 Au mit Geigerzähler registriert nach Molin.

Eine Vorstellung von den in der M-Reihe vorkommenden Linienbreiten erhält man aus den Untersuchungen von Molin [1927: 102], wo eine Anzahl dieser Linien mit Hochvakuumspektrometer und Geigerzähler bzw. Ionisationskammer registriert wurden. Als Beispiele sind in Abb. 195 einige der Aufnahmen reproduziert. Es ist dabei zu berücksichtigen, daß die α- und β-Linien an der kurzwelligen Seite von Funkenlinien begleitet sind, wodurch die Kurven stark unsymmetrisch erscheinen. Ferner ist an der langwelligen Seite der α_1-Linie noch die schwache α_2-Linie $\left(\text{Intensitätsverhältnis } \frac{\alpha_2}{\alpha_1} \sim \frac{1}{20}\right)$ mit einbezogen.

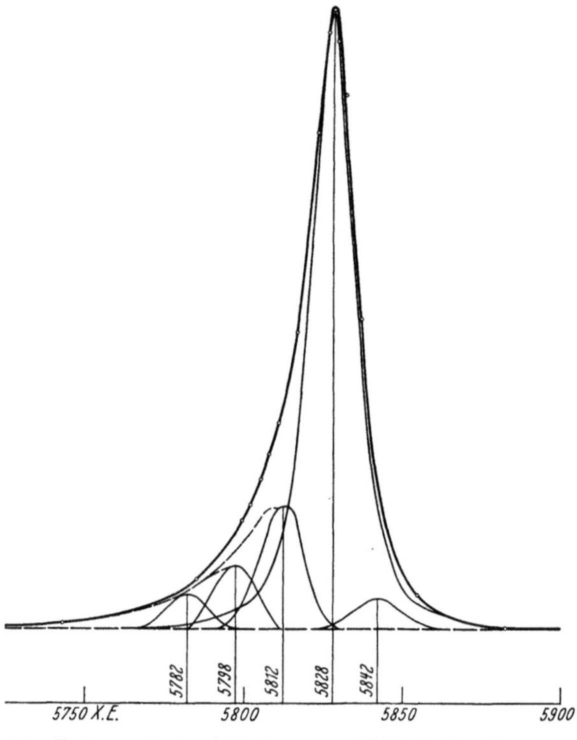

Abb. 196. Zerlegung der Registrierkurve von Pt $M\alpha$ in ihre Komponenten.

Aus dem von LINDBERG gemessenen Abstand $\alpha_2 - \alpha_1$ ist es möglich, die α_2-Linie (unter Annahme der obigen Intensitätsrelation) einzuzeichnen, wie es in Abb. 196 für Pt gemacht worden ist. Die Linienweite wurde dabei für α_2 approximativ gleich α_1 vorausgesetzt. Die Abweichung von der vollen Symmetrie der Verteilungskurve gibt dann an der kurzwelligen Seite als Differenz die Gesamtintensität der Funkenlinien.

Auf die in halber Höhe ermittelte Halbweite haben aber diese Komponenten relativ kleinen Einfluß. Die für die verschiedenen Linien geschätzten maximalen Halbweiten sind in der folgenden Tabelle zusammengestellt.

Tabelle 184.

Element	Linie	λ X.E.	Halbweite	
			in X.E.	in Volt
79 Au	$M\alpha_1$	5838	6,8	2,5
	$M\alpha_2$	5842	6,4	2,5
	$M\beta$	5612	—	—
	$M\gamma$	5135	18	8,5
	$M_{III}N_I$	6241	32	10
78 Pt	$M\alpha_1$	6034	5,9	2,0
		—	5,9	2,0
		—	5,7	1,9
		—	5,8	2,0
	$M\beta$	5816	5,4	2,0
		—	5,3	1,9
		—	5,3	1,9
		—	5,3	1,9
77 Ir	$M\alpha_1$	6249	7,2	2,3
		—	8,2	2,6
		—	7,7	2,5
	$M\beta$	6025	6,2	2,1
		—	6,8	2,3
		—	6,5	2,2
	$M\gamma$	5490	24	10
		—	22	9
		—	23	9,5
74 W	$M\alpha_1$	6969	7,3	1,9
		—	7,2	1,8
		—	6,9	1,8
		—	7,1	1,8
		—	6,8	1,7
		—	7,1	1,8
	$M\beta$	6743	6,7	1,8
		—	6,7	1,8
		—	6,5	1,8
		—	6,3	1,7
		—	6,6	1,8
	$M\gamma$	6076	18	6

Die wesentliche Vergrößerung der Linienweiten für γ und $M_{III}N_I$, die durch Multiplizität nicht verursacht sein dürfte, bestätigt die oft verifizierte Regel, daß (nach den BOHRschen Vorstellungen) die Bahnen mit größerer Exzentrizität breitere Linien geben.

Zu einer quantitativen Messung der Linienbreite bei den *kurzwelligen* Linien ist eine gleichzeitige Schätzung der durch den Krystall selbst herbeigeführten Linienverbreiterung nötig. Wie dies möglich ist, wurde bei der Besprechung des Doppelkrystallspektrometers (S. 130ff.) gezeigt. Diese Methode, wo die zu untersuchenden Spektrallinien von zwei Krystallen in parallele bzw. antiparallele Stellung reflektiert werden, wurde gerade zuerst zur Bestimmung von Linienbreiten ausgearbeitet. Bei den ersten diesbezüglichen Messungen erhielten EHRENBERG und MARK [1927: 54] als Wert der Halbweite von Mo- und Rh-Linien folgende Werte:

Tabelle 185.

	Halbweite	
	in X.E.	in Volt
Mo $K\alpha_1$	0,204	5,0
$K\alpha_2$	0,199	4,85
Rh $K\alpha_1$	0,175	5,8

Als Krystalle wurden in diesem Falle zwei Diamanten benutzt. In Fortsetzung dieser Untersuchung von EHRENBERG und SUSICH [1927: 53] wurde wegen der damit erzielbaren größeren Intensität zwei Kalkspatkrystalle verwendet. Die folgenden Halbweiten wurden erhalten:

Tabelle 186.

	λ X.E.	Halbweite		Bemerkungen
		in X.E.	in Volt	
Cu $K\alpha_1$	1537	0,35	1,8	—
Cu $K\beta_1$	1389	0,58	3,7	—
Mo $K\alpha_1$	708	0,19	4,8	—
Mo $K\beta_1$	631	0,21	6,4	$\pm$15%
Mo $K\beta_3$	632	0,25	7,8	$\pm$30%
Rh $K\alpha_1$	612	0,19	6,3	—
Rh $K\beta_1$	544	0,25	10,4	$\pm$15%
Rh $K\beta_3$	545	0,30	12,4	$\pm$30%
Ag $K\alpha_1$	558	0,24	9,4	—
W $L\alpha_1$	1473	0,78	4,4	—
W $L\beta_1$	1279	0,73	5,5	bei 16 mA
W $L\beta_1$	1279	0,71	5,3	„ 8 „
W $L\beta_1$	1279	0,69	5,2	„ 4 „
W $L\gamma_1$	1096	0,67	6,9	„ 12 „
W $L\gamma_1$	1096	0,64	6,5	„ 8 „
W $L\gamma_1$	1096	0,53	5,4	„ 4 „

Die Verfasser bemerken, daß die gemessenen Linienbreiten durchweg wesentlich größer sind als die in klassischer Weise durch Strahlungsdämpfung berechneten. Diese ist bekanntlich unabhängig von Wellenlänge $\frac{2\pi e^2}{3mc^2}$ etwa 0,05 X.E. Ebensowenig können andere im optischen Gebiete wirksame Ursachen zu Linienverbreiterung, wie Dopplereffekt, Zusammenstöße und äußere Felder, hier zur Erklärung herangezogen werden. Inwieweit die Ursache in einer unaufgelösten Multiplettstruktur oder Störung durch Funkenlinien liegt, läßt sich nicht sagen. Es darf auch nicht vergessen werden, daß man es hier nicht mit Strahlung von freien Atomen oder Molekülen zu tun hat, sondern mit Strahlung von Atomen im Krystallverband.

Die Linienbreite von Mo $K\alpha$ ist später auch von ALLISON und WILLIAMS [1930: 4] in derselben Weise ausgemessen mit Ergebnissen, die ziemlich gut mit den oben gegebenen Werten übereinstimmen. ALLISON und WILLIAMS benutzten bei ihren Bestimmungen bei beiden Krystallen Reflexionen in mehreren Ordnungen (s. S. 132). Ihre Resultate waren:

Mo $K\alpha_1$ Ordnung n_A	n_B		Halbweite in X.E.
1	—2		0,154
2	—1		0,168
1	1		0,155
1	—3		0,148
1	2		0,139
2	1		0,138
2	2		0,136
1	3		0,135
		Mittel	0,147 X.E. = 3,63 V
Mo $K\alpha_2$			
1	1		0,169
1	2		0,151
		Mittel	0,161 X.E. = 3,92 V

Die zwei Werte stimmen innerhalb der Meßfehler miteinander überein. Es wurde auch festgestellt, daß diese Linienbreite unabhängig von der Erregungsspannung (zwischen 25 und 50 kV) war. Dies deutet darauf hin, daß eine Störung durch Funkenlinien hier nicht vorhanden ist. ALLISON und WILLIAMS bemerken, daß die gefundene Linienbreite eine Lebensdauer des Molybdänatoms in erregtem K-Zustand von $1,8 \cdot 10^{-16}$ Sekunden ergibt.

Einige frühere Messungen von ALLISON [1929: 5] betreffend die Linienbreite einiger Linien der L-Reihe, wo allerdings nicht besonders gute Krystallexemplare im Spektrometer verwandt wurden, seien hier wiedergegeben.

Tabelle 187.

	Halbweite in X.U.	Halbweite in Volt
Tl $L\alpha_1$	0,58	4,9
$L\beta_4$	0,93	10,6
$L\beta_1$	0,43	5,2
$L\gamma_1$	0,40	6,6
Pb $L\alpha_1$	0,58	5,2
$L\gamma_1$	0,42	7,4

Unter Verwendung eines Ein-Krystall-Spektrometers (s. S. 103) mit großem Abstand zwischen Spalt und Platte hat VALASEK [1930: 177] mittels einer photographisch-photometrischen Methode einige Messungen von Linienbreiten durchgeführt. Seine Ergebnisse sind in der untenstehenden Tabelle zusammengestellt.

Tabelle 188.

Linie	Wellenlänge	Halbweite	
		in X.U.	in Volt
Fe $K\alpha_1$	1932	0,19	0,63
Co $K\alpha_1$	1785	0,29	1,12
Ni $K\alpha_1$	1655	0,18	0,81
Cu $K\alpha_1$	1537	0,19	0,99
Mo $K\alpha_1$	708	0,13	3,20
Mo $K\beta_1$	631	0,09	2,79
Ag $K\alpha_1$	558	0,12	4,76

Wesentlich größere Linienbreiten wurden bei diesen Elementen von PURKS [1928: 87] mit Doppelkrystallspektrometer registriert. Wie aber die Kurven zeigen, ist bei diesen Registrierungen irgendwo eine Störungsquelle vorhanden gewesen. Nachprüfung der Existenz von einer Anzahl Feinstrukturkomponenten haben ihre Nichtrealität gezeigt, deswegen werden sie hier nicht wiedergegeben.

37. Röntgenspektren von mehrfach ionisierten Atomen. Nichtdiagrammlinien.

Wenn auch die überwiegende Mehrzahl der bekannten Spektrallinien sich in das allgemeine Niveauschema einordnen läßt, so treten daneben doch Reihen von Linien auf, die offenbar ganz außerhalb dieses Systems fallen. Von der K-Reihe sind z. B. in den obigen Niveaudiagrammen nur die Linien $\alpha_1\alpha_2\ \beta_1\beta_3\beta_2$ einbegriffen, welchen bei den höheren Elementen die gesamte Reihe entspricht. Bei den niedrigen Elementen dagegen kommen neben diesen Linien, wie aus den Tabellen und den Spektrogrammen (Abb. 144, 145, S. 159) zu sehen ist, eine Mehrzahl anderer Linien vor, für die also in den Niveaudiagrammen kein Platz ist. Ebenso liegen die Verhältnisse bei den L- und M-Reihen (s. z. B. Abb. 156, 157, S. 198). Wir nennen diese Linien zusammenfassend „Nichtdiagrammlinien“.

Im allgemeinen liegen diese Linien sehr nahe an der stärkeren Diagrammlinie und werden deswegen oft „Satelliten“ dieser Linie genannt. Um für diese Linien eine Erklärung zu finden, hat man versucht, die aus den optischen Emissionsspektren bekannten Linientypen heranzuziehen. Die obigen Niveaudiagramme der Röntgenspektren haben, wie mehrfach betont wurde, genau denselben Charakter wie die optischen Dublettspektren, z. B. die Alkalispektren. Das liegt ja daran, daß im vorigen Falle *ein* Elektron in der Vollbelegung der Elektronenschale fehlt, während im optischen Falle nur *ein* Leuchtelektron vorhanden ist.

In den optischen Spektren kennen wir aber außer den Dublettspektren noch folgende Typen:

A. Spektren mit Singulett-, Triplett-, Quartett- und höheren Multiplettermen. Für die Erdalkalien z. B., wo zwei Valenzelektronen für die Spektraltermen maßgebend sind, bekommt man bekanntlich bei einfacher Erregung eine Reihe von Singulett- und Triplettermen. Für Ca, das wir als typisch wählen, sind einige der möglichen Elektronenkonfigurationen nebst den betreffenden optischen Termen in dem folgenden Schema zusammengestellt. Die vollbelegten inneren Elektronengruppen mit zwei K-Elektronen ($1s^2$), acht L-Elektronen ($2s^2$ und $2p^6$), acht M-Elektronen ($3s^2$ und $3p^6$) bilden eine Argonkonfiguration. Im Normalzustand befinden sich die zwei Valenzelektronen im Quantenzustand $4s$ mit dem Term $^1S_0$. Die niedrigsten Zustände bei einfacher Erregung sind in dem Schema angegeben.

Niveaudiagramme und Spektren von diesem Typus bzw. mit höheren Multiplizitäten hat man in den Röntgenspektren dort zu erwarten, wo nicht vollbelegte Elektronenschalen mitspielen.

B. Neben den Spektren von einfach erregten Atomen kennt man bei den optischen Spektren noch solche von ionisierten Atomen. Das Charakteristische für diese Arten von Spektren ist u. a., daß in den Seriendarstellungen die RYDBERGsche Konstante (R) in zweiter oder höherer Potenz auftritt: in zweiter, wenn die Atome einfach ionisiert sind, in dritter bei zweifacher Ionisierung usw. Die bei Ca vorkommenden niedrigsten Elektronenkonfigurationen bei einfacher Ionisierung (Ca II) sind in dem Schema nebst den Termtypen angegeben.

C. Außer diesen zwei Spektraltypen, welche den neutralen (Ca I), einfach erregten Atomen und den einfach ionisierten (Ca II), einfach erregten Atomen angehören, hat man in den späteren Jahren in den optischen Spektren Linientypen identifizieren können, welche eine Zwischenstellung einnehmen. Um wieder die Verhältnisse bei Ca als typisch zu betrachten, kommen diese Spektralreihen der zweifach erregten Atome (Ca I′) vor, wo beide Valenzelektronen sich in äußeren Elektronenbahnen bewegen. Eine Anzahl der möglichen Kombinationen nebst dazugehörigen Termen sind in dem Schema angegeben. Es kommt hier also auch vor, daß zwei Elektronen sich gleichzeitig an der Lichtemission beteiligen, sog. Zwei-Elektronen-Sprünge.

Tabelle 189.

Ca.

Innere Elektronen (Argonkonfiguration)	$1s^2$	—	—	—	—
	$2s^2$	$2p^6$	—	—	—
	$3s^2$	$3p^6$	—	—	Terme
Normalzustand	$4s^2$	—	—	—	$^1S_0$
Ca I Einfach erregtes Ca-Atom	$4s_1$ $5s$	—	—	—	$^1S_0$, $^3S_1$
	$4s_1$ $6s$	—	—	—	—
	$4s_1$ $7s$	—	—	—	—
	$4s$	$4p$	—	—	$^1P_1$, $^3P_{0,1,2}$
	$4s$	$5p$	—	—	—
	$4s$	$6p$	—	—	—
	$4s$	—	$3d$	—	$^1D_2$, $^3D_{1,2,3}$
	$4s$	—	$4d$	—	—
	$4s$	—	—	$4f$	$^1F_3$, $^3F_{2,3,4}$
	$4s$	—	—	$5f$	—
Einfach ionisiertes Ca	$4s$	—	—	—	$^2S_{1/2}$
Ca I′ Zweifach erregtes Ca-Atom „Verschobene“ Terme	—	$4p$	$3d$	—	^1P, ^1D, ^1F,
	—	$5p$	$3d$	—	^3P, ^3D, ^3F
	—	—	$3d$, $3d$	—	^1S, ^1D, ^1G,
	—	—	$4d$, $4d$	—	^3P, ^3F
	—	$4p$, $4p$	—	—	^1S, ^1D, ^3P
	—	$4p$, $5p$	—	—	—
Ca II Einfach ionisiertes und einfach erregtes Ca-Atom	$5s$	—	—	—	$^2S_{1/2}$
	$6s$	—	—	—	—
	—	$4p$	—	—	$^2P_{1/2,\,3/2}$
	—	$5p$	—	—	—
	—	—	$3d$	—	$^2D_{3/2,\,5/2}$
	—	—	$4d$	—	—
	—	—	—	$4f$	$^2F_{5/2,\,7/2}$
	—	—	—	$5f$	—
Doppelt ionisiertes Ca-Atom	—	—	—	—	$^1S_0$

Im Anschluß an diese kurze Übersicht der verschiedenen optischen Spektraltypen werden wir jetzt die verschiedenen Versuche besprechen, die zur Klassifizierung der Nichtdiagrammlinien vorgeschlagen sind. Es sei vorweggenommen, daß keiner dieser Ansätze bis jetzt weder befriedigend gestützt werden konnte, noch zu einer einheitlichen Zusammenfassung des empirischen Materials geführt hat.

Den ersten Versuch zur Deutung der Nichtdiagrammlinien wurde von Wentzel [1921: 101] gemacht. Er nahm dabei an, daß bei der Erregung dieser Linien zwei oder mehrere Elektronen aus den (inneren) Elektronenschalen entfernt worden sind und daß die Linien beim

Zurückfallen eines Elektrons an einen der freien Plätze entstehen. Für die Nichtdiagrammlinien der K-Reihe nahm WENTZEL folgende Entstehungsweise an: Wenn $\overline{KK}$ die Energie des Atomes nach Entfernung von den zwei K-Elektronen, $\overline{KL}$ die Energie nach Entfernen eines K- und eines L-Elektrons bedeutet usw., entsteht nach WENTZEL

$$\begin{array}{llll} \alpha_4 & \text{beim Übergang} & \overline{KK} - \overline{KL}, \\ \alpha_3 & \text{,,} \quad \text{,,} & \overline{KL} - \overline{LL}, \\ \alpha_6 & \text{,,} \quad \text{,,} & \overline{KKL} - \overline{KLL}, \\ \alpha_5 & \text{,,} \quad \text{,,} & \overline{KLL} - \overline{LLL}. \end{array}$$

Die Linien α_4, α_3 würden also einer zweifachen Erregung, die $\alpha_5\alpha_6$ einer dreifachen Erregung der zwei innersten Elektronengruppen entsprechen. Von dieser Annahme ausgehend, schloß WENTZEL, daß für die *Frequenzen* der Linien folgende Beziehungen gelten müssen:

$$\alpha_3 - \alpha_1 = \alpha_5 - \alpha_3 \text{ und annähernd } = \alpha_6 - \alpha_4,$$

ferner, daß $\alpha_6 - \alpha_4$ für ein Element gleich $\alpha_3 - \alpha_1$ des nächsthöheren Elementes sein muß. Wie diese Relationen erfüllt sind, geht aus der folgenden Tabelle hervor.

Frequenzdifferenzen $\Delta\nu/R$.

	11 Ca	12 Mg	13 Al	14 Si	15 P
$\alpha_3 - \alpha_1$	0,52	0,64	0,71	0,83	0,96
$\alpha_5 - \alpha_3$	0,57	0,67	0,76	0,91	
$\alpha_6 - \alpha_4$	0,65	0,76	0,83	0,94	

Trotz dieser ziemlich befriedigenden numerischen Übereinstimmung mit den theoretischen Voraussagen ist es aber kaum möglich, diese Deutung der Linien aufrecht zu halten, und zwar aus folgenden Gründen. Eine Mehrfachionisation, wie hier angenommen ($\overline{KK}$, $\overline{KL}$ usw.), müssen wir als einen Einzelprozeß ansehen, da die kurze Lebensdauer nach einer Einfachionisation der inneren Elektronenhülle eine nochmalige (zweite oder dritte) Ionisation des Atomes durch einen zweiten Stoß sehr unwahrscheinlich macht und sicherlich nicht zur Erklärung der Intensität der Linien ausreicht. Die Erregung z. B. des Zustandes $\overline{KK}$ in *einem* Stoß würde eine Röhrenspannung von etwa dem doppelten Betrag der zur Erregung der Diagrammlinien der K-Gruppe nötigen erfordern. Dieser Punkt ist von BÄCKLIN [1924: 29] durch eine Untersuchung bei Aluminium endgültig klargelegt und zeigt, daß die obigen Annahmen für das Entstehen der Nichtdiagrammlinien nicht haltbar sind. Nach dem Erregungsschema oben würde man bei α_4 mit einer Erregungsspannung von etwa 3,1 kV rechnen, was dem doppelten Betrag der einfachen K-Erregung entspricht; für α_3 dagegen nur mit etwa 1,6 kV. Bei der Aufnahme des Al-Spektrums bei konstanter Röhrenspannung von 2,90 $\pm$ 0,05 kV wurden aber sowohl α_3 wie α_4 erhalten, und zwar in etwa demselben Intensitätsverhältnis wie bei hohen Spannungen.

Zu demselben Ergebnis führte eine Untersuchung von DRUYVESTEYN [1928: 35b] betreffend die Erregungsspannung für die $K\alpha_3\alpha_4$-Linien von 63 Va. Die einfache K-Erregungsspannung ist hier 5,45, und schon bei 2,45 $\pm$ 0,1 kV wurden die zwei Linien $\alpha_3\alpha_4$ erhalten.

Auch für die $K\alpha_3\alpha_4$-Linien bei 29 Cu wurde von DU MOND und HOYT [1930: 64] dieser geringe Unterschied in der Erregungsspannung, verglichen mit denen der $K\alpha_1$-Linie, bestätigt. Die Messungen ergaben hier, daß die Erregungsspannungen sich höchstens um 200 V unterschieden, was nur etwa 2% der einfachen K-Erregungsspannung entspricht. Das Intensitätsverhältnis wurde als Funktion der Spannung gemessen und unabhängig von dieser gefunden, $\frac{\alpha_1}{\alpha_{3,4}} \backsim 120$.

Es steht daher außer Zweifel, daß das obige Schema für die $K\alpha$-Satelliten nicht aufrechtzuerhalten ist.

In einer späteren Arbeit [1925: 156] kommt WENTZEL zur Frage der Deutung der Nichtdiagrammlinien zurück. Die in der Zwischenzeit klargelegte Analogie der Röntgenniveaudiagramme mit den optischen Dublettspektren veranlaßt WENTZEL zur Vermutung, daß in weiterer Analogie für die Linien, welche in die Dublettdiagramme nicht hineinpassen, Triplettypen bzw. höhere Multiplettypen zu erwarten sind wie die unter A. oben besprochenen optischen Spektraltypen. Eine nähere Ausführung oder Prüfung dieses Gedankens an dem empirischen Material wird nicht gegeben.

Daß man es bei den Satelliten, besonders den an der kurzwelligen Seite der vermuteten Hauptlinien, mit einer Doppelerregung zu tun hat, scheint sehr wahrscheinlich. Einen Versuch, in dieser Weise einen der $K\beta$-Satelliten, nämlich $K\beta'''$, zu erklären, ist von DRUYVESTEYN gemacht. Er nimmt dabei an, daß diese Linie folgendem Übergang entspricht:

$$\overline{KL} - \overline{LM}\,.$$

Diese zwei Energiewerte lassen sich leicht schätzen. Das Entfernen eines K- und eines L-Elektrons — was $\overline{KL}$ entspricht — können wir uns in zwei Schritten ausgeführt denken: Nach dem Entfernen des K-Elektrons ist die Abschirmung des Kernes um eins vermindert und die Wirkung der Kernladung auf die L-Elektronen daher um eins größer geworden. Die zur Entfernung des L-Elektrons nötige Arbeit ist daher approximativ gleich der L-Erregungsspannung des nächsthöheren Elementes. Wenn wir die Ordnungszahl der Elemente mit Z bezeichnen, ergibt sich daher

$$(\overline{KL})_Z = (K)_Z + (L)_{Z+1} \tag{99}$$

und ebenso

$$(\overline{LM})_Z = (L)_Z + (M)_{Z+1}\,. \tag{100}$$

Wir haben also für die Frequenz ($\nu_{K\beta_1}$ und $\nu_{K\beta'''}$) der $K\beta_1$-Linie und der $K\beta'''$ die Beziehungen:

$$\nu_{K\beta_1} = K_Z - M_Z\,, \tag{101}$$

$$\nu_{K\beta'''} = K_Z - L_Z + L_{Z+1} - M_{Z+1}\,, \tag{102}$$

$$\begin{aligned} \Delta\nu &= L_{Z+1} - M_{Z+1} + M_Z - L_Z \\ &= (L - M)_{Z+1} - (L - M)_Z\,. \end{aligned} \tag{103}$$

Die letzte Gleichung ist insofern noch unbestimmt, als es drei L-Terme und fünf M-Terme gibt. Druyvesteyn setzt für M den unaufgelösten $M_{II,III}$-Term ein und für L bzw. L_I und $L_{II,III}$. Leider sind diese Niveauwerte bei den in Frage kommenden niedrigen Elementen nicht gut bestimmbar, so daß in den berechneten Werten des rechten Gliedes von (103) eine gewisse Willkür steckt. Die von Druyvesteyn [1928: 35b] gegebenen Werte, welche zum Teil nicht unwesentlich von den früher von ihm berechneten [1927: 46] abweichen, sind in folgender Tabelle zusammengestellt:

Tabelle 190. Frequenzdifferenzen $\Delta\nu/R$ zwischen $K\beta_1$ und $K\beta'''$.

Element	Beobachtet		Berechnet mit $L_{II,III}$	Berechnet mit L_I
13 Al	1,79	2,23	1,82	2,34
14 Si	2,07	2,74	2,11	2,63
15 P	2,38	2,97	2,40	2,92
16 S	2,97		2,70	3,22
17 Cl	3,27		2,97	3,49
19 K	3,59		3,55	4,07
20 Ca	3,83		3,84	4,36
21 Sc	3,77		3,53	4,05
22 Ti	3,72		3,73	4,25
23 V	3,92		3,95	4,47
24 Cr	4,00		4,16	4,68
25 Mn	4,34		4,38	4,90
26 Fe	4,69		4,58	5,10

Die numerische Übereinstimmung ist sehr gut. Als ein endgültiger Beweis der Richtigkeit dieser Zuordnung kann sie aber aus oben angegebenen Gründen nicht angesehen werden. Gerade diese Linie kann übrigens auch als ein Übergang im normalen Niveaudiagramm gedeutet werden. Für die anderen, stärkeren und sicherer ausgemessenen Satelliten der K-Reihe hat Druyvesteyn einige ähnliche Deutungsvorschläge gemacht, aber ohne numerische Begründung.

Von den vielen Satelliten der L-Reihe hat Druyvesteyn versucht, einige bestimmte doppelt erregte Zustände zuzuordnen, nämlich

$$\begin{array}{ll} L\beta_2' \text{ und } L\beta_2'' & \overline{L_{III}M} - \overline{MN_V}\,, \\ L\gamma_1' & \overline{L_{II}M} - \overline{MN_{IV}}\,, \\ L\gamma_{23}' & \overline{L_I M} - \overline{MN_{II,III}}\,. \end{array}$$

Ein anderer interessanter Vorschlag zur Deutung der Nichtdiagrammlinien stammt von F. K. RICHTMYER [1929: 134, 137]. Auch dabei wird von Doppelerregung des Atomes ausgegangen, wobei neben der Erregung des inneren Niveaus an eines der äußersten Niveaus gedacht wird. Bei der Emission sollte es sich nach RICHTMYER um Zwei-Elektronen-Sprünge handeln. Zur Begründung dieser Hypothese führt RICHTMYER an, daß für die Frequenz des Satelliten (ν_s) dann gelten muß

$$\nu_s = \nu_i + \nu_a ,$$

wo ν_i die Frequenz des inneren Überganges bedeutet, welcher der Hauptlinie des Satelliten entspricht, und ν_a die Frequenz des äußeren Überganges darstellt. Diese Gleichung gibt

$$\sqrt{\nu_s - \nu_i} = \sqrt{\nu_a} .$$

Da $\sqrt{\nu_a}$ nach dem MOSELEYschen Gesetz annähernd eine lineare Funktion der Ordnungszahl ist, muß dies auch für $\sqrt{\nu_s - \nu_i}$ gelten. Durch graphische Darstellungen von $\sqrt{\Delta\nu/R}$, wo $\Delta\nu/R$ die Frequenzdifferenzen zwischen den Satelliten und ihren Hauptlinien ist, zeigt RICHTMYER, daß diese Folgerung von dem empirischen Material gestützt wird. Allerdings ist zu bemerken, daß, wegen der geringen Genauigkeit, mit der es möglich ist, diese Satelliten auszumessen, $\Delta\nu/R$ ebensogut als $\sqrt{\Delta\nu/R}$ den linearen Verlauf mit Z zeigt (s. Abb. 197). Eine nähere quan-

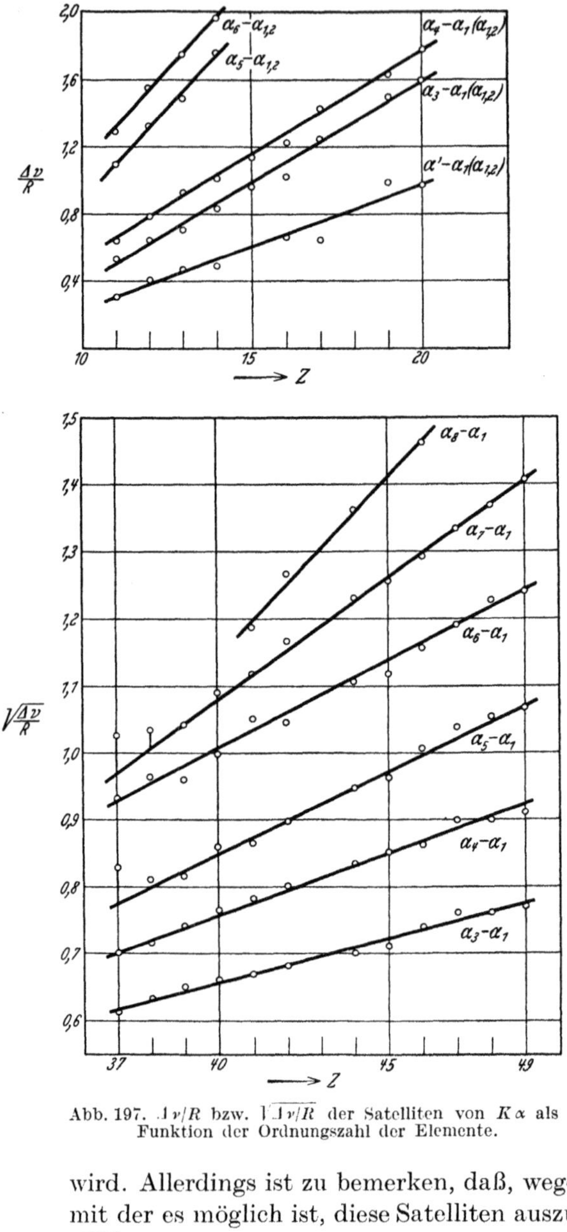

Abb. 197. $\Delta\nu/R$ bzw. $\sqrt{\Delta\nu/R}$ der Satelliten von $K\alpha$ als Funktion der Ordnungszahl der Elemente.

titative Prüfung der Hypothese von RICHTMYER steht noch aus. In ihrer jetzigen allgemeinen Formulierung gibt die Hypothese keinen Bescheid über die Anzahl der Satelliten, ihre relativen Abstände oder ihre relativen Intensitäten.

In einer kürzlich erschienenen vorläufigen Mitteilung hat LANGER [1931: 21] über einen neuen Deutungsversuch der Nichtdiagrammlinien berichtet, der sich der Theorie der optischen Spektren näher anschließt (s. auch B. B. RAY [1929: 130]). Wenn wir nur die inneren Elektronenniveaus betrachten — und das genügt für die niedrigsten Elemente, wo die K-Satelliten beobachtet sind —, so können wir dafür folgendes Schema der Elektronenbesetzung und entsprechende Bezeichnung der erregten Zustände geben:

Tabelle 191.

	Zahl der Elektronen vom Typ				Optische Termbezeichnung, Linie bei Übergang
	1 *s*	2 *s*	2 *p*	3 *s*	
Normalzustand	2	2	6	2	$^1S_0$
Einfach erregte:					
K_I	1	2	6	2	$1\,^2S$
$(K\alpha_1\alpha_2)$					$\alpha_{1,2}$ ↓
$L_{II,III}$	2	2	5	2	$2\,^2P$
Doppelt erregte:					
$\overline{K_I L_I}$	1	1	6	2	^1S, ^3S
$(K\alpha', \alpha_4)$					α' ↓, α_4 ↓
$\overline{L_I L_{II,III}}$	2	1	5	2	^1P, ^3P
$\overline{K_I L_{II,III}}$	1	2	5	2	^1P, ^3P
$(K\alpha_3\alpha_5\alpha_6)$					α_5 ↓, α_6 ↓, α_3 ↓
$\overline{L_{II,III} L_{II,III}}$	2	2	4	2	^1S, ^1D, ^3P

Die Zuordnung der Satelliten zu den verschiedenen Termzuständen ist von LANGER so gemacht, wie rechts in dem Schema zu sehen ist. Die Anzahl der bei Übergängen zwischen den niedrigsten doppelt erregten Zuständen zu erwartenden Linien stimmt, wie ersichtlich, mit der Erfahrung überein. Nach Angabe in der obenerwähnten kurzen Mitteilung von LANGER führt diese Hypothese auch zu richtigen Frequenzabständen und Intensitätsrelationen. Es ist zu bemerken, daß α_3 und α_4 nach diesem Schema Multipletts sein sollten. Bei größerer Auflösung ist eine Struktur dieser Linien auch wirklich zu sehen (Abb. 144, 145, S. 159 und BÄCKLIN [1926: 30; Abb. 4]).

Neben den Satelliten an der kurzwelligen Seite der stärkeren Linien, welche nur bei den niedrigsten Elementen in jeder Reihe vorkommen oder separiert sind: in der K-Reihe von etwa 29 Cu, in der L-Reihe von etwa 50 Sn, erscheinen noch in gewissen Elementbereichen Linienstrukturen, die in das einfache Dublettschema der normalen Röntgenlinien nicht hineinpassen. In Analogie mit den Verhältnissen bei den optischen Spektren ist zu erwarten, daß reine Dublettspektren nur dann vorkommen, wenn alle Elektronengruppen vollbelegt sind mit Ausnahme der Gruppe, welche *ein* Elektron verloren hat. Kommen aber nicht vollbelegte Elektronengruppen bei der Lichtemission ins Spiel, so hat man im allgemeinen Multipletts vorauszusehen statt der einfachen Dubletts. Besonders liegt es nahe, zu erwarten, daß diese Komplikation dort in Erscheinung treten wird, wo unvollständig belegte *innere* Elektronengruppen vorhanden sind, wie bei den seltenen Erden und bei der Eisengruppe. COSTER und DRUYVESTEYN sowie VAN DER TUUK haben, diesem Gedanken folgend, das Vorhandensein von Multipletts bei den Röntgenspektren untersucht. Auch wenn es nicht gelungen ist, mehr definitive Aufspaltungsbilder auszusondern, ist es doch offenbar, daß Strukturen von Linien vorhanden sind, die in der genannten Weise zu erklären sind. Besonders auffallend ist dies, wie VAN DER TUUK [1927: 150] gezeigt hat, in der M-Reihe der seltenen Erden, wo von Element 70 Yb ab die $M\alpha$-Linie (s. Tabelle 110, S 252) ihre Struktur stark ändert, verglichen mit der entsprechenden Linie bei den schwereren Elementen. Das übliche Dublettniveaudiagramm ist also für diese Niveaus bei den betreffenden Elementen nicht gültig.

38. Feinstruktur bei den Absorptionsspektren. Sekundärabsorption.

Als Vorbedingung für die Emission der Röntgenstrahlung aus den Atomen hatten wir oben im Anschluß an die zuerst von KOSSEL entwickelten Vorstellungen das Entfernen eines Elektrons aus der inneren Hülle angenommen. Durch die allgemeine Entwicklung in der Auffassung über den Bau der Atome wurde man weiter zu der Annahme geführt, daß die zu den verschiedenen Hauptquantenzahlen gehörigen Elektronengruppen nur ganz bestimmte Maximalzahlen von Elektronen aufnehmen können. Die Vollbelegung der Elektronengruppen finden wir bei den Edelgasatomen (s. Tabelle 196, S. 385). Bei den dazwischenliegenden Elementen erfolgt dann der sukzessive Aufbau der äußersten Elektronenschalen.

Aus diesen Vorstellungen ist unmittelbar einleuchtend, warum die Emissionslinien innerhalb der Röntgenspektren im allgemeinen nicht in Absorption auftreten. Bei dem Absorptionsakt kann ein Elektron aus einer inneren Gruppe nur zur Oberfläche oder möglicherweise zu einer der äußersten nicht vollbelegten Gruppen überführt werden: die anderen Gruppen sind schon vollbelegt. Bei der Emission dagegen ist ein Ausfüllen der frei gewordenen Plätze mit einem Elektron aus der inneren Elektronengruppe viel wahrscheinlicher als das direkte Zurückfallen eines der äußersten Elektronen.

Wir erwähnten, daß bei dem Absorptionsakt ein Elektron nicht nur zur Oberfläche des Atoms übergeführt werden kann (bzw. dabei noch mit einem Überschuß an Energie), sondern auch zu nicht vollbelegten äußeren Elektronenschalen gehoben werden kann. Eine gute Bestätigung dieser letzten Aussage ist von SANDSTRÖM [1930: 146] gegeben. Nach dem oben gegebenen Niveauschema entstehen die Linien $L\beta_5$ und $L\gamma_6$ beim Übergange $L_{III} - O_{IV,V}$ und $L_{II} - O_{IV}$. Die genauen Messungen von SANDSTRÖM über die L-Absorptionsgrenzen bei den schwersten Elementen zeigen jetzt, daß für die Elemente niedriger als 79 Au die Frequenzen für die Grenzen L_{III} und L_{II} gerade mit den Frequenzen der Linien $L\beta_5$ und $L\gamma_6$ übereinstimmen, bei den Elementen oberhalb 80 Hg dagegen sind die Frequenzen der Grenzen größer als die der Linien. Entsprechendes gilt auch für die M_{III}-Grenze und die Linie $M_{III} - O_{IV,V}$, wie aus der graphischen Darstellung zu sehen ist (siehe Abb. 198a, b).

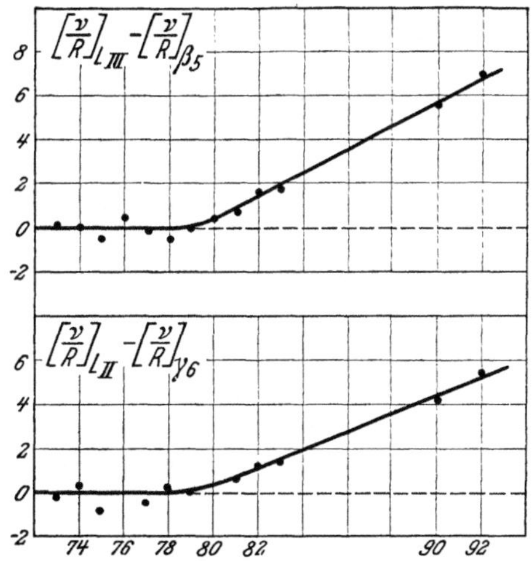

Abb. 198a. Energiedifferenzen zwischen L_{III} und β_5 und zwischen L_{II} und γ_6 als Funktion der Atomnummern. (Aus SANDSTRÖM, Z. Physik **66**).

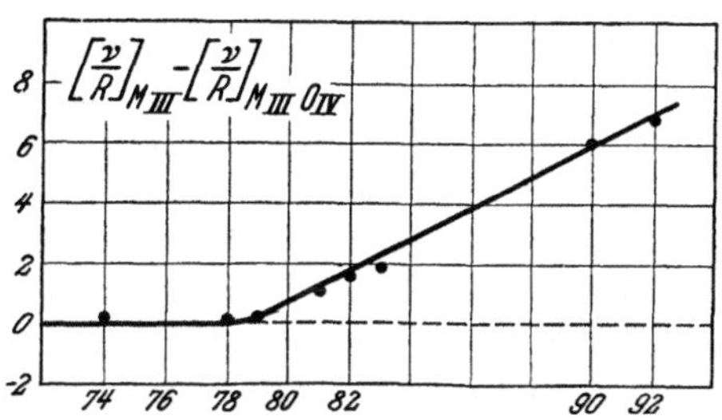

Abb. 198b. Energiedifferenzen zwischen M_{III} und $(M_{III}O_{IV})$ als Funktion der Atomnummern. (Aus SANDSTRÖM, Z. Physik **66**).

Nach dem Schema des sukzessiven Ausbaus der Elektronenhülle (s. S. 387) ist jetzt anzunehmen, daß die Elektronenschale $O_{IV}O_V$ gerade bei 79 Au vollbelegt wird. Für die niedrigeren Elemente kann daher bei dem Absorptionsakt ein Elektron von einer inneren $(L_{II}L_{III}M_{III})$ Schale auf dem Niveau $O_{IV}O_V$ noch einen Platz frei finden. Bei den höheren Elementen dagegen muß das Elektron auf ein mehr nach außen gelegenes Niveau geführt werden, welches also einer größeren

Energie bzw. größeren Frequenzdifferenz als die Linien $L\beta_5 L\gamma_6$ entspricht.

Man muß also damit rechnen, daß bei der Absorption die Elektronen an äußeren mit Elektronen nicht vollbelegten Niveaus steckenbleiben. In solchen Fällen sind auch aller Wahrscheinlichkeit nach die bei den Emissionsspektren gefundenen Auswahlregeln für die Übergänge gültig, wofür SIEGBAHN [1931: 32] einige empirische Begründungen gegeben hat.

Unter den möglichen äußeren nicht vollbelegten Niveaus finden sich selbstverständlich die „optischen" Niveaus, welche ganz leer sind. Daß diese Niveaus bei der Erklärung der Feinstruktur der Absorptionskanten heranzuziehen sind, wurde schon frühzeitig von KOSSEL bemerkt [1920: 41].

Wenn wir uns zuerst der K-Absorption zuwenden, so entsteht diese beim Herausheben eines Elektrons aus der K-Gruppe. Nach den Auswahlregeln hat man als Endniveau — wenn dies nicht vollbelegt ist — nur an die Reihe $L_{II,III}$, $M_{II,III}$, $N_{II,III}$ usw. zu denken, also ein Niveau, bei dem die Quantenzahl $l = 1$ ist. Diese Niveaus sind im Aufbau bei folgenden Elementengruppen:

$$L_{II,III}: \quad 5\,\mathrm{B} - 9\,\mathrm{F},$$
$$M_{II,III}: \quad 13\,\mathrm{Al} - 17\,\mathrm{Cl},$$
$$N_{II,III}: \quad 31\,\mathrm{Ga} - 35\,\mathrm{Br},$$
$$O_{II,III}: \quad 49\,\mathrm{In} - 53\,\mathrm{J}.$$

Die erste dieser Gruppen scheidet von der Diskussion aus, weil die Absorptionsspektren hier noch nicht bekannt sind. Die zweite Gruppe enthält gerade die drei Elemente 15 P, 16 S, 17 Cl, bei denen die Abhängigkeit der Absorptionsspektren von chemischer Bindung und die damit zusammenhängende Struktur der Absorptionskante entdeckt wurde, und bei denen diese Phänomene überhaupt am besten entwickelt sind. Auch in der zweiten Gruppe sind diese Effekte experimentell gefunden. In diesen Fällen hat man daher damit zu rechnen, daß das Elektron beim Entfernen aus der inneren Gruppe (K_I) in ein schon zum Teil belegtes äußeres Niveau geführt werden kann. Wird das Elektron dagegen zu einer der leeren, optischen Bahnen gehoben, so liegt eine ganze Reihe von möglichen Bahnen vor, so daß man dann eine sehr reiche Linienstruktur erwarten könnte. Wie eine Schätzung der Ausdehnung dieser Struktur zeigt, ist aber die Auflösung allzu klein, um evtl. eine solche Struktur auseinanderzulegen. Wir wählen als Beispiel die Alkalien, wo die Verhältnisse am leichtesten zu übersehen sind. Die äußersten mit Elektronen belegten Niveaus sind in diesen Fällen in folgender Tabelle zusammengestellt.

Tabelle 192.

	Röntgenterm	Opt. Term-bezeichnung	Energiewert in Volt
11 Na	M_I	$3S$	5,1
19 K	N_I	$4S$	4,3
37 Rb	O_I	$5S$	4,2
55 Cs	P_I	$6S$	3,9

Die in der letzten Kolumne angegebenen Voltwerte bedeuten die Energien, welche erforderlich sind, um ein Elektron aus der äußersten belegten Schale (M_I, N_I ...) zur Oberfläche (oder außerhalb der Wirkungssphäre) des Atomes zu heben. Die Werte sind den optischen Daten entnommen und beziehen sich somit auf freie Atome. Die Feinstruktur, welche dadurch entsteht, daß das Elektron an einer der optischen Bahnen steckenbleibt, würde sich also in diesen Fällen in einem Wellenlängengebiete, das höchstens 4 bis 5 V entspricht, zusammendrängen. In Wellenlängenmaß bedeutet dies z. B. bei 1000 X.E. eine Ausdehnung von etwa 0,3 bis 0,4 X.E. Wie aus den früher gegebenen Daten für die mit Röntgenspektrometern bis jetzt erreichte Auflösung ersichtlich ist, ist es klar, daß man eine so gedrängte Struktur nicht auflösen kann. Was hier im Falle der Alkaliatome in gasförmigem Zustand gesagt worden ist, gilt, was die Größenordnung dieser Feinstruktur betrifft, gewiß auch in anderen Fällen. Man kann also hier nicht hoffen, die Struktur in ihre Einzelheiten aufzulösen; vielmehr bedeuten die helleren und dunkleren Teile in der Schwärzung in dem Spektrogramm nur eine stärkere oder schwächere Anhäufung der nicht aufgelösten Linien, was eine direkte Deutung erschwert oder unmöglich macht. Ganz besonders wird diese Deutung noch dadurch kompliziert, daß die Röntgenabsorptionsspektren im allgemeinen für feste Körper aufgenommen wurden, wo also die zu den Atomen evtl. gehörigen optischen Niveaus nicht den spektroskopischen, für freie Atome geltenden Messungen entnommen werden können.

Wie groß die Energieänderungen der inneren Niveaus bei Atomen im Krystallverband sind, zeigen beispielsweise die von RAY und BÄCKLIN gefundenen Verschiebungen der $K\alpha$-Linien bei den leichten Elementen. Die Änderung ist in diesem Falle hauptsächlich den $L_{II,III}$-Niveaus zuzuschreiben. Sie beträgt relativ zu dem reinen Element:

Tabelle 193.

	λ in X.E.	ΔV in Volt
Bei 13 Al und Al_2O_3	1,72	0,31
„ 14 Si „ SiO_2	2,34	0,57
„ 15 P „ P_2O_5	2,72	0,89
„ 16 S „ $BaSO_4$	3,05	1,31

In den äußeren Niveaus hat man selbstverständlich noch wesentlich größere Energieabhängigkeit zu erwarten.

Von verschiedenen Forschern wurden Versuche zu einer approximativen Schätzung des Einflusses der chemischen Bindung auf die Lage der Absorptionsgrenzen in empirisch untersuchten Fällen gemacht. So hat STELLING [1928: 109a] im Anschluß an die von FAJANS entwickelten Vorstellungen über die Deformation der Elektronenhülle das empirische Material diskutiert. Ein Beitrag dazu ist auch von FAJANS [1928: 41] gegeben. Ein anderer Versuch ist von AOYAMA, KIMURA und NISHINA [1927: 5, 6] gemacht worden, wobei die Energieänderung aus den elektrostatischen Wirkungen von den Nachbaratomen berechnet wurde. Eine Kritik der Schlußfolgerungen in dieser Arbeit wurde von STELLING und FAJANS in den obenerwähnten Abhandlungen geübt. Ferner ist hier noch eine theoretische Behandlung von PAULING [1929: 118] zu erwähnen, wo die relativen Energiewerte im Falle einiger einfach gebauten Krystalle berechnet und mit den gefundenen Verschiebungen verglichen sind.

Diese ganze Frage ist aber noch so wenig geklärt, daß wir hier von einer näheren Besprechung dieser Deutungsversuche absehen müssen.

Nicht wesentlich günstiger steht es mit der Deutung der Sekundärabsorption. Gegenüber dem bisher besprochenen Effekt bei den Absorptionsspektren, wo es sich um Unterschiede von wenigen Volt handelte, hat man es bei der Sekundärabsorption mit Effekten zu tun, die mehrere hundert Volt höheren Spannungen entsprechen als die, welche die normale Absorptionsgrenze gibt. Aus diesem Grunde ist es auch klar, daß die oben besprochenen Umstände: Verschiedenheit in den äußeren Niveaus, Einwirkung des Feldes der Nachbaratome, hier nicht genügen. Es ist hier kaum ein anderer Grund zu sehen als eine Mehrfachionisation, wie wir schon bei der Zusammenstellung der Meßergebnisse (§ 30) bemerkt haben. Bei dieser Mehrfachionisation, oder vielleicht richtiger Mehrfacherregung der Atome, spielen aber wieder die zwei obenerwähnten Faktoren als Überlagerungseffekte mit. In Wirklichkeit hat man es also hier mit einem sehr komplizierten Vorgang zu tun, wie dies ja auch aus den stark variierenden experimentellen Ergebnissen hervorgeht. Es zeigt sich überdies schon darin, daß man nicht richtig wissen kann, was man in der komplexen Struktur messen soll. Weder ausgeprägte Linien noch gut definierte Schwärzungsdiskontinuitäten sind hier vorhanden. Bei der Ausnutzung des nackten Ziffernmateriales ist daher größte Vorsicht geboten.

Ein interessanter Versuch, die Details der Sekundärabsorption bei den Elementen 20 Ca bis 30 Zn zu deuten, wurde von KIEVIT und LINDSAY [1930: 105] gemacht. Da diese Diskussion von prinzipiellem Interesse ist, werden wir als Beispiel die von den genannten Verfassern für Zn vorgeschlagene Deutung wiedergeben.

Tabelle 194. Sekundärabsorption bei 30 Zn.

		$\Delta\nu/R$	
		berechnet	experimentell
K	$(K \to N_{II})$	0,00	0,00
1	$(K \to \infty) + (N_I \to N_{II})$	1,11	1,15
2	$(K \to \infty) + (N_I \to \infty)$	1,95	2,00
3	$(K \to \infty) + (M_{IV} \to \infty)$	2,88	2,88
4	$(K \to N_{II}) + (M_{IV} \to \infty) + (N_{IV} \to N_{II})$	3,95	3,95
5	$(K \to \infty) + (N_I \to \infty) + (M_{IV} \to \infty)$	5,75	5,71
6	$(K \to N_{II}) + (M_{II} \to \infty)$	8,24	8,46
7	$(K \to N_{II}) + (M_{II} \to \infty)$	11,0	10,85
8	$(K \to \infty) + (M_I \to \infty)$	12,88	12,63
9	$(K \to \infty) + (N_I \to \infty) + (M_I \to \infty)$	15,35	15,48
10	$(K \to N_{II}) + (M_{II} \to \infty) + (M_{II} \to \infty)$	17,3	17,75
11	$(K \to N_{II}) + (M_I \to \infty) + (M_I \to N_{II})$	24,14	24,00

Die Elektronenbelegung des freien Zinkatoms ist die folgende:

	K	L_I	$L_{II,III}$	M_I	$M_{II,III}$	$M_{IV,V}$	N_I
30 Zn	2	2	6	2	6	10	2

Im Anschluß an die oben dargelegten Regeln für das Entstehen der K-Absorptionsgrenze kommt hier der Übergang $K - N_{II,III}$ in Frage. Die ersten gemessenen Strukturkomponenten in der Sekundärabsorption, deren Abstand von der Hauptgrenze in ν/R-Einheiten gleich 1,15 ist, deuten KIEVIT und LINDSAY als Doppelionisation $(K - \infty) + (N_I - N_{II,III})$. Es wird also vorausgesetzt, daß das K-Elektron außerhalb der Wirkungssphäre des Atoms geführt wird und gleichzeitig ein Elektron aus der N_I-Schale zum $N_{II,III}$-Niveau gehoben wird. Den ersten dieser zwei Prozesse können wir folgendermaßen schreiben:

$$(K - \infty) = (K - N_{II,III}) + (N_{II,III} - \infty),$$

$(K - N_{II,III})$ ist die Energie, welche zur Erzeugung der Hauptkante nötig war. Die Zusatzenergie $(N_{II,III} - \infty)$ erhalten wir aus den spektroskopischen Daten für Ga I. Für Ga I hat man nämlich die folgende Elektronenbelegung

	K	L_I	$L_{II,III}$	M_I	$M_{II,III}$	$M_{IV,V}$	N_I	$N_{II,III}$
31 Ga I	2	2	6	2	6	10	2	1

Ferner ist die Erhöhung der positiven Kernladung bei Ga um eins durch die Abnahme eines K-Elektrons im Falle von Zn kompensiert, wodurch das äußere Feld in beiden Fällen dasselbe ist. Das Entfernen des äußeren Elektrons $(N_{II,III} - \infty)$ entspricht also dem Ionisationspotential vor Ga I, was in ν/R-Einheiten gleich 0,44 ist.

Die Energie des zweiten der obigen Prozesse $(N_I - N_{II,III})$ ist auch aus dem Ga-Spektrum leicht zu finden. Da das Elektron im Niveau

$N_{II,III}$ schon entfernt ist, hat man mit Ga II zu tun. Das Überführen eines Elektrons aus N_I zum leeren Platz in $N_{II,III}$ würde bei Ga II dem Übergang von $^1S_0 - {}^3P_1$ entsprechen (s. die Übersicht der Termzustände von Ca auf S. 372, Ca I hat dasselbe optische Termsystem wie Ga II). Dies erfordert in ν/R-Einheiten der Energie 0,67. Wir bekommen daher:

$$(K - \infty) + (N_I - N_{II,III}) = (K - N_{II,III}) + 0{,}44 + 0{,}67$$
$$= (K - N_{II,III}) + 1{,}11\,.$$

Der gemessene Unterschied der fraglichen Sekundärlinie gegenüber der Hauptkante $(K - N_{II,III})$ war, wie schon erwähnt, 1,15. Die Übereinstimmung ist mehr als befriedigend. Unter Heranziehung verschiedener Kombinationen von Zwei- und Dreifacherregung bzw. Ionisation berechnen KIEVIT und LINDSAY in analoger Weise Energiedifferenzen, die mit den gemessenen Werten, wie die obige Tabelle zeigt, sehr gut übereinstimmen. Die Berechnungen gelten für freie Zn-Atome und werden dann als gültig für Zn-Atome in festem Zustand (also in einem Krystallgitter) angenommen.

39. Röntgenspektren und periodisches System der Elemente.

Da die Röntgenspektren bei Elektronenübergängen in der inneren Elektronenhülle der Atome entstehen, geben sie uns eine sehr direkte Auskunft über die Energieverhältnisse in diesem Teil der Atome. Bei dem Aufbau des jetzigen Schemas der Elektronenanordnung in den Atomen hat man sich auch wesentlich auf die aus den Röntgenspektren gewonnenen Erfahrungen gestützt. Die in Tabelle 176 zusammengestellten Niveauwerte geben ja direkte Angaben über die Energie, die zur Entfernung eines Elektrons aus den verschiedenen Elektronengruppen erforderlich ist.

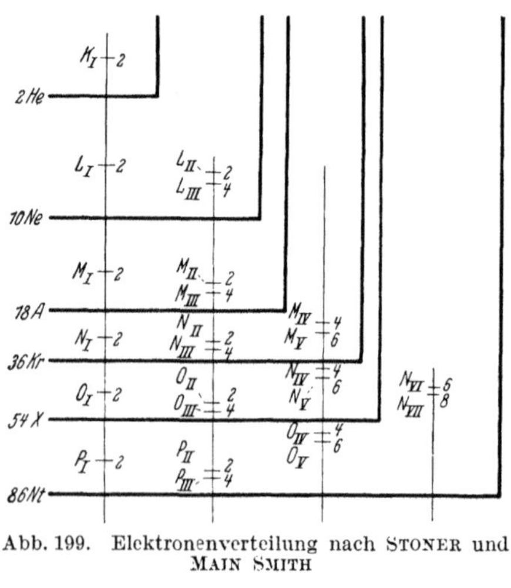

Abb. 199. Elektronenverteilung nach STONER und MAIN SMITH

Man wünscht dann zunächst zu wissen, wie viele Elektronen zu jeder Gruppe gehören. Betreffend die Hauptgruppen *K*, *L*, *M* usw. begegnet dies keinen Schwierigkeiten. Aus den Perioden in dem System der Elemente läßt sich schließen, daß die Elektronenzahlen 2, 8, 18, 32 ... sein müssen. Die nächste Frage ist dann, wie sich diese Elektronen auf die verschiedenen Untergruppen

$L_I L_{II} L_{III}$; $M_I M_{II}$ . . . verteilen. STONER und MAIN SMITH haben unabhängig voneinander (1924) die Besetzungszahlen angegeben, welche in dem Niveauschema Abb. 199 eingetragen sind. Für die Edelgase hat man die volle Belegung der Niveaus, wie die Einrahmungen andeuten. Diese Elektronenverteilung hat dann seinen Ausdruck in dem PAULIschen Prinzip (1925) erhalten, nach dem für jede Kombination der vier Quantenzahlen (n, l, j, m) nicht mehr als ein Elektron vorhanden sein kann. Wir erhalten so gerade die Belegungszahlen von STONER, wie folgendes Schema zeigt:

Tabelle 195.

Niveau	n	l	j	m	Anzahl Komb. bzw. Elektronen
K	1	0	$\frac{1}{2}$	$\pm\frac{1}{2}$	2
L_I	2	0	$\frac{1}{2}$	$\pm\frac{1}{2}$	2
L_{II}	2	1	$\frac{1}{2}$	$\pm\frac{1}{2}$	2
L_{III}	2	1	$\frac{3}{2}$	$\pm\frac{1}{2}$; $\pm\frac{3}{2}$	4
M_I	3	0	$\frac{1}{2}$	$\pm\frac{1}{2}$	2
:	:	:	:	:	:
M_V	3	2	$\frac{5}{2}$	$\pm\frac{1}{2}$; $\pm\frac{3}{2}$; $\pm\frac{5}{2}$	6

usw.

In den äußeren Niveaus, wo eine Kuppelung nach RUSSEL-SAUNDERS anzunehmen ist, kann man zwar nicht den einzelnen Elektronen von demselben l-Wert individuelle j-Werte zuerteilen, sondern hat z. B. die zu $L_{II} L_{III}$-Niveaus gehörigen sechs Elektronen als eine Gruppe zu rechnen. In der Tabelle 196 der Elektronenbelegung für sämtliche Elemente sind diese Gruppen auch nicht zerlegt. Die in dieser Tabelle gegebene Elektronenverteilung bei den einzelnen Elementen ist aufgestellt im Anschluß an den grundlegenden Gedanken über den sukzessiven Aufbau der Atome, welcher von BOHR stammt.

Tabelle 196. Übersicht über die Elektronengruppen im Normalzustand der Atome der Elemente. Nach PAULING und GOUDSMIT: The structure of line Spectra.

Röntgenniveau:	K_I	L_I	$L_{II,III}$	M_I	$M_{II,III}$	$M_{IV,V}$	N_I	$N_{II,III}$	$N_{IV,V}$	$N_{VI,VII}$	O_I	$O_{II,III}$	$O_{IV,V}$	P_I	$P_{II,III}$	$P_{IV,V}$	Q_I	Optische Terme
Bahntypen:	1s	2s	2p	3s	3p	3d	4s	4p	4d	4f	5s	5p	5d	6s	6p	6d	7s	
1 H	1	—	—	—	—	—	—	—	—	—	—	—	—	—	—	—	—	$^2S_{1/2}$
2 He	2	—	—	—	—	—	—	—	—	—	—	—	—	—	—	—	—	$^1S_0$
3 Li	2	1	—	—	—	—	—	—	—	—	—	—	—	—	—	—	—	$^2S_{1/2}$
4 Be	2	2	—	—	—	—	—	—	—	—	—	—	—	—	—	—	—	$^1S_0$
5 B	2	2	1	—	—	—	—	—	—	—	—	—	—	—	—	—	—	$^2P_{1/2}$
6 C	2	2	2	—	—	—	—	—	—	—	—	—	—	—	—	—	—	$^3P_0$
7 N	2	2	3	—	—	—	—	—	—	—	—	—	—	—	—	—	—	$^4S_{3/2}$
8 O	2	2	4	—	—	—	—	—	—	—	—	—	—	—	—	—	—	$^3P_2$
9 F	2	2	5	—	—	—	—	—	—	—	—	—	—	—	—	—	—	$^2P_{3/2}$
10 Ne	2	2	6	—	—	—	—	—	—	—	—	—	—	—	—	—	—	$^1S_0$

Tabelle 196 (Fortsetzung).

Röntgenniveau:	K_I	L_I	$L_{II,III}$	M_I	$M_{II,III}$	$M_{IV,V}$	N_I	$N_{II,III}$	$N_{IV,V}$	$N_{VI,VII}$	O_I	$O_{II,III}$	$O_{IV,V}$	P_I	$P_{II,III}$	$P_{IV,V}$	Q_I	Optische Terme
Bahntypen:	1s	2s	2p	3s	3p	3d	4s	4p	4d	4f	5s	5p	5d	6s	6p	6d	7s	
11 Na	2	2	6	1	—	—	—	—	—	—	—	—	—	—	—	—	—	$^2S_{1/2}$
12 Mg	2	2	6	2	—	—	—	—	—	—	—	—	—	—	—	—	—	$^1S_0$
13 Al	2	2	6	2	1	—	—	—	—	—	—	—	—	—	—	—	—	$^2P_{1/2}$
14 Si	2	2	6	2	2	—	—	—	—	—	—	—	—	—	—	—	—	$^3P_0$
15 P	2	2	6	2	3	—	—	—	—	—	—	—	—	—	—	—	—	$^4S_{3/2}$
16 S	2	2	6	2	4	—	—	—	—	—	—	—	—	—	—	—	—	$^3P_2$
17 Cl	2	2	6	2	5	—	—	—	—	—	—	—	—	—	—	—	—	$^2P_{3/2}$
18 A	2	2	6	2	6	—	—	—	—	—	—	—	—	—	—	—	—	$^1S_0$
19 K	2	2	6	2	6	—	1	—	—	—	—	—	—	—	—	—	—	$^2S_{1/2}$
20 Ca	2	2	6	2	6	—	2	—	—	—	—	—	—	—	—	—	—	$^1S_0$
21 Sc	2	2	6	2	6	1	2	—	—	—	—	—	—	—	—	—	—	$^2D_{3/2}$
22 Ti	2	2	6	2	2	2	2	—	—	—	—	—	—	—	—	—	—	$^3F_2$
23 V	2	2	6	2	6	3	2	—	—	—	—	—	—	—	—	—	—	$^4F_{3/2}$
24 Cr	2	2	6	2	6	5	1	—	—	—	—	—	—	—	—	—	—	$^7S_3$
25 Mn	2	2	6	2	6	5	2	—	—	—	—	—	—	—	—	—	—	$^6S_{5/2}$
26 Fe	2	2	6	2	6	6	2	—	—	—	—	—	—	—	—	—	—	$^5D_4$
27 Co	2	2	6	2	6	7	2	—	—	—	—	—	—	—	—	—	—	$^4F_{9/2}$
28 Ni	2	2	6	2	6	8	2	—	—	—	—	—	—	—	—	—	—	$^3F_4$
29 Cu	2	2	6	2	6	10	1	—	—	—	—	—	—	—	—	—	—	$^2S_{1/2}$
30 Zn	2	2	6	2	6	10	2	—	—	—	—	—	—	—	—	—	—	$^1S_0$
31 Ga	2	2	6	2	6	10	2	1	—	—	—	—	—	—	—	—	—	$^2P_{1/2}$
32 Ge	2	2	6	2	6	10	2	2	—	—	—	—	—	—	—	—	—	$^3P_0$
33 As	2	2	6	2	6	10	2	3	—	—	—	—	—	—	—	—	—	$^4S_{3/2}$
34 Se	2	2	6	2	6	10	2	4	—	—	—	—	—	—	—	—	—	$^3P_2$
35 Br	2	2	6	2	6	10	2	5	—	—	—	—	—	—	—	—	—	$^2P_{3/2}$
36 Kr	2	2	6	2	6	10	2	6	—	—	—	—	—	—	—	—	—	$^1S_0$
37 Rb	2	2	6	2	6	10	2	6	—	—	1	—	—	—	—	—	—	$^2S_{1/2}$
38 Sr	2	2	6	2	6	10	2	6	—	—	2	—	—	—	—	—	—	$^1S_0$
39 Y	2	2	6	2	6	10	2	6	1	—	2	—	—	—	—	—	—	$^2D_{3/2}$
40 Zr	2	2	6	2	6	10	2	6	2	—	2	—	—	—	—	—	—	$^3F_2$
41 Nb	2	2	6	2	6	10	2	6	4	—	1	—	—	—	—	—	—	$^6D_{1/2}$
42 Mo	2	2	6	2	6	10	2	6	5	—	1	—	—	—	—	—	—	$^7S_3$
43 Ma	2	2	6	2	6	10	2	6	6	—	1	—	—	—	—	—	—	$^6D_{9/2}$
44 Ru	2	2	6	2	6	10	2	6	7	—	1	—	—	—	—	—	—	$^5F_5$
45 Rh	2	2	6	2	6	10	2	6	8	—	1	—	—	—	—	—	—	$^4F_{9/2}$
46 Pd	2	2	6	2	6	10	2	6	10	—	—	—	—	—	—	—	—	$^1S_0$
47 Ag	2	2	6	2	6	10	2	6	10	—	1	—	—	—	—	—	—	$^2S_{1/2}$
48 Cd	2	2	6	2	6	10	2	6	10	—	2	—	—	—	—	—	—	$^1S_0$
49 In	2	2	6	2	6	10	2	6	10	—	2	1	—	—	—	—	—	$^2P_{1/2}$
50 Sn	2	2	6	2	6	10	2	6	10	—	2	2	—	—	—	—	—	$^3P_0$
51 Sb	2	2	6	2	6	10	2	6	10	—	2	3	—	—	—	—	—	$^4S_{3/2}$
52 Te	2	2	6	2	6	10	2	6	10	—	2	4	—	—	—	—	—	$^3P_2$
53 I	2	2	6	2	6	10	2	6	10	—	2	5	—	—	—	—	—	$^2P_{3/2}$
54 Xe	2	2	6	2	6	10	2	6	10	—	2	6	—	—	—	—	—	$^1S_0$

Tabelle 196 (Fortsetzung).

Röntgenniveau:	K_I	L_I	$L_{II,III}$	M_I	$M_{II,III}$	$M_{IV,V}$	N_I	$N_{II,III}$	$N_{IV,V}$	$N_{VI,VII}$	O_I	$O_{II,III}$	$O_{IV,V}$	P_I	$P_{II,III}$	$P_{IV,V}$	Q_I	Optische Terme
Bahntypen:	1s	2s	2p	3s	3p	3d	4s	4p	4d	4f	5s	5p	5d	6s	6p	6d	7s	
55 Cs	2	2	6	2	6	10	2	6	10	—	2	6	—	1	—	—	—	$^2S_{1/2}$
56 Ba	2	2	6	2	6	10	2	6	10	—	2	6	—	2	—	—	—	$^1S_0$
57 La	2	2	6	2	6	10	2	6	10	—	2	6	1	2	—	—	—	$^2D_{3/2}$
58 Ce	2	2	6	2	6	10	2	6	10	1	2	6	1	2	—	—	—	$^3H_4$
59 Pr	2	2	6	2	6	10	2	6	10	2	2	6	1	2	—	—	—	$^4K_{11/2}$
60 Nd	2	2	6	2	6	10	2	6	10	3	2	6	1	2	—	—	—	$^5L_6$
61 —	2	2	6	2	6	10	2	6	10	4	2	6	1	2	—	—	—	$^6L_{9/2}$
62 Sa	2	2	6	2	6	10	2	6	10	5	2	6	1	2	—	—	—	$^7K_4$
63 Eu	2	2	6	2	6	10	2	6	10	6	2	6	1	2	—	—	—	$^8H_{3/2}$
64 Gd	2	2	6	2	6	10	2	6	10	7	2	6	1	2	—	—	—	$^9D_2$
65 Tb	2	2	6	2	6	10	2	6	10	8	2	6	1	2	—	—	—	$^8H_{17/2}$
66 Ds	2	2	6	2	6	10	2	6	10	9	2	6	1	2	—	—	—	$^7K_{10}$
67 Ho	2	2	6	2	6	10	2	6	10	10	2	6	1	2	—	—	—	$^6L_{19/2}$
68 Er	2	2	6	2	6	10	2	6	10	11	2	6	1	2	—	—	—	$^5L_{10}$
69 Tu	2	2	6	2	6	10	2	6	10	12	2	6	1	2	—	—	—	$^4K_{17/2}$
70 Yb	2	2	6	2	6	10	2	6	10	13	2	6	1	2	—	—	—	$^3H_6$
71 Lu	2	2	6	2	6	10	2	6	10	14	2	6	1	2	—	—	—	$^2D_{3/2}$
72 Hf	2	2	6	2	6	10	2	6	10	14	2	6	2	2	—	—	—	$^3F_2$
73 Ta	2	2	6	2	6	10	2	6	10	14	2	6	3	2	—	—	—	$^4F_{3/2}$
74 W	2	2	6	2	6	10	2	6	10	14	2	6	4	2	—	—	—	$^5D_0$
75 Re	2	2	6	2	6	10	2	6	10	14	2	6	5	2	—	—	—	$^5S_{5/2}$
	2	2	6	2	6	10	2	6	10	14	2	6	6	1	—	—	—	$^6D_{9/2}$
76 Os	2	2	6	2	6	10	2	6	10	14	2	6	6	2	—	—	—	$^5D_4$
	2	2	6	2	6	10	2	6	10	14	2	6	7	1	—	—	—	$^5F_5$
77 Ir	2	2	6	2	6	10	2	6	10	14	2	6	7	2	—	—	—	$^4F_{9/2}$
	2	2	6	2	6	10	2	6	10	14	2	6	8	1	—	—	—	$^4F_{9/2}$
78 Pt	2	2	6	2	6	10	2	6	10	14	2	6	9	1	—	—	—	$^3D_3$
	2	2	6	2	6	10	2	6	10	14	2	6	10	—	—	—	—	$^1S_0$
79 Au	2	2	6	2	6	10	2	6	10	14	2	6	10	1	—	—	—	$^2S_{1/2}$
80 Hg	2	2	6	2	6	10	2	6	10	14	2	6	10	2	—	—	—	$^1S_0$
81 Tl	2	2	6	2	6	10	2	6	10	14	2	6	10	2	1	—	—	$^2P_{1/2}$
82 Pb	2	2	6	2	6	10	2	6	10	14	2	6	10	2	2	—	—	$^3P_0$
83 Bi	2	2	6	2	6	10	2	6	10	14	2	6	10	2	3	—	—	$^4S_{3/2}$
84 Po	2	2	6	2	6	10	2	6	10	14	2	6	10	2	4	—	—	$^3P_2$
85 —	2	2	6	2	6	10	2	6	10	14	2	6	10	2	5	—	—	$^2P_{3/2}$
86 Nt	2	2	6	2	6	10	2	6	10	14	2	6	10	2	6	—	—	$^1S_0$
87 —	2	2	6	2	6	10	2	6	10	14	2	6	10	2	6	—	1	$^2S_{1/2}$
88 Ra	2	2	6	2	6	10	2	6	10	14	2	6	10	2	6	—	2	$^1S_0$
89 Ac	2	2	6	2	6	10	2	6	10	14	2	6	10	2	6	1	2	$^2D_{3/2}$
90 Th	2	2	6	2	6	10	2	6	10	14	2	6	10	2	6	2	2	$^3F_2$
91 Pa	2	2	6	2	6	10	2	6	10	14	2	6	10	2	6	3	2	$^4F_{3/2}$
92 U	2	2	6	2	6	10	2	6	10	14	2	6	10	2	6	4	2	$^5D_0$

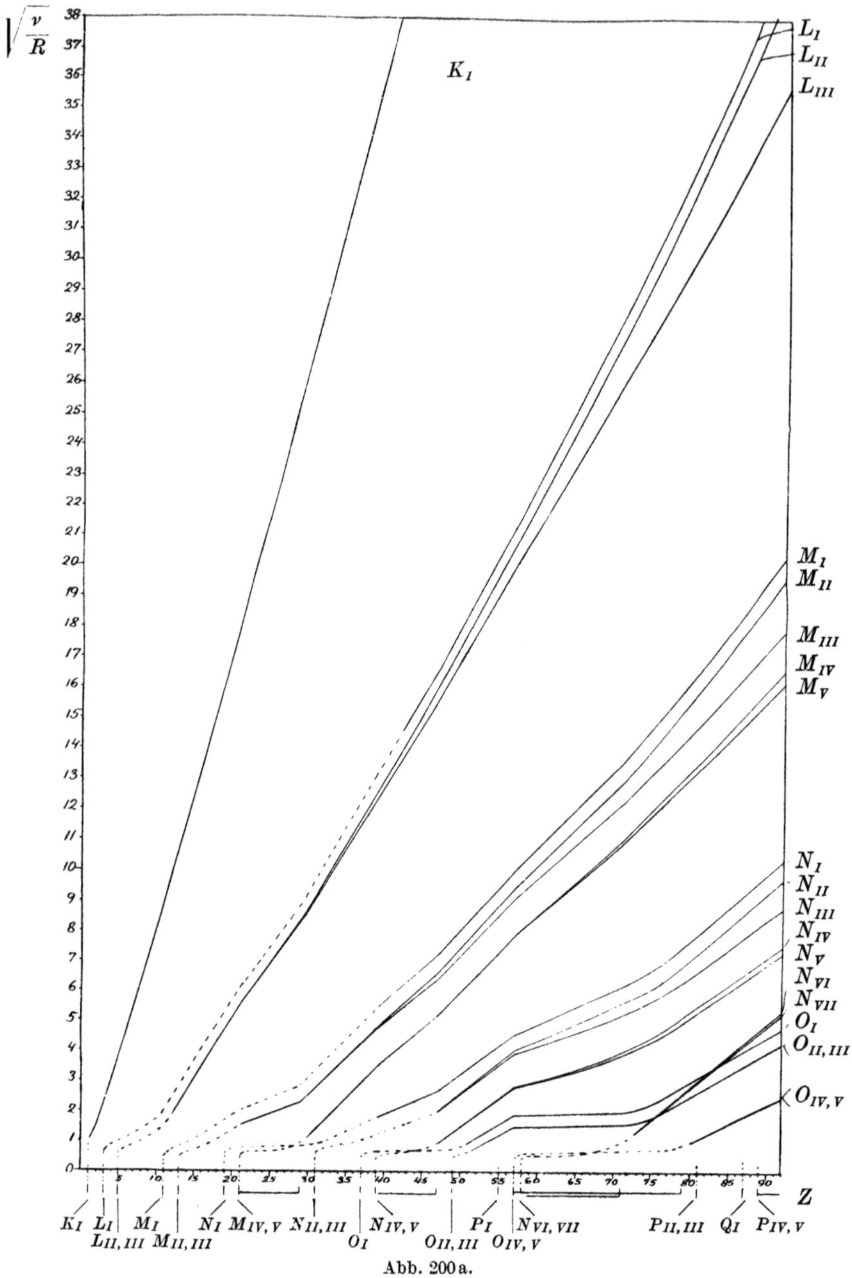

Abb. 200a.

Daß sich der sukzessive Aufbau der Atome in den Röntgenspektren abspiegelt, wurde zuerst von Bohr und Coster [1923: 4] nachgewiesen.

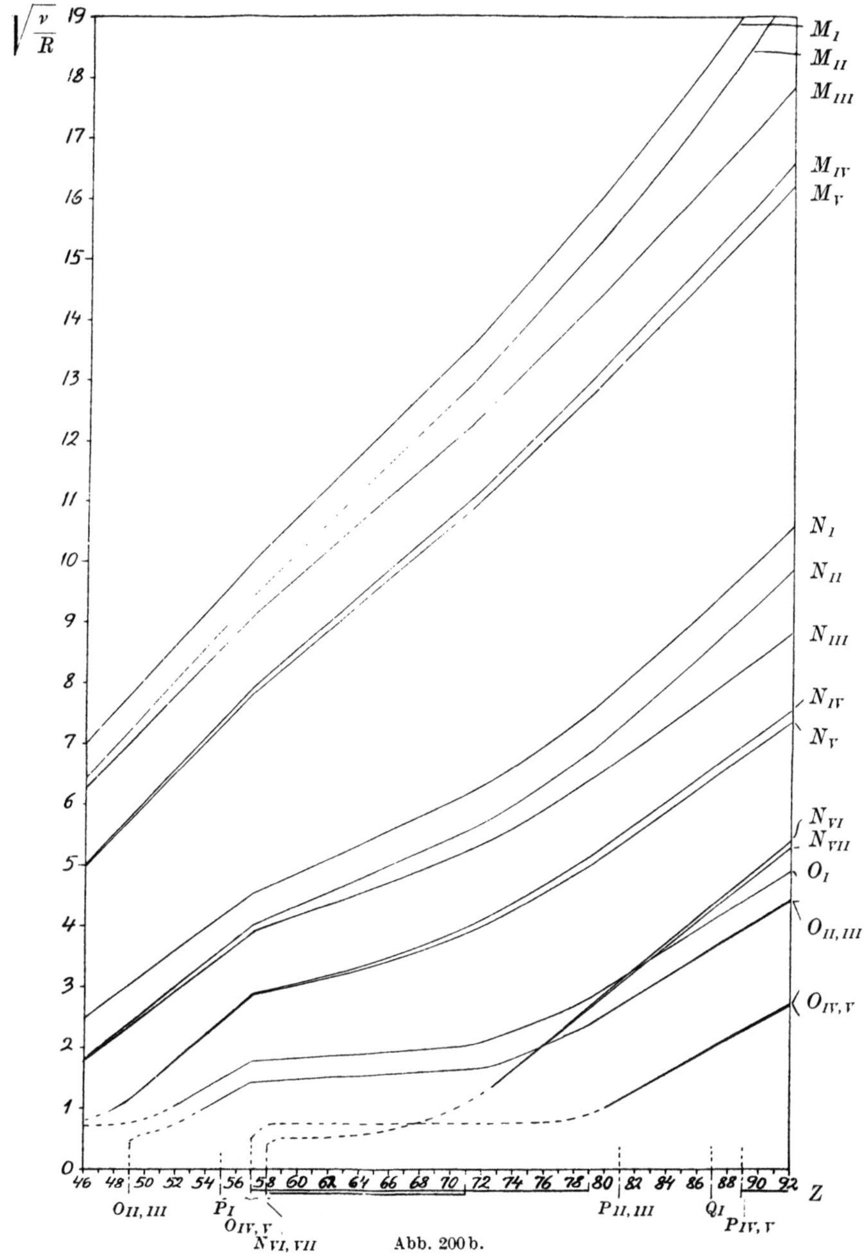

Abb. 200 b.

Wie früher erwähnt, hatte MOSELEY gefunden, daß die Werte von $\sqrt{\nu/R}$ der analogen Linien bei verschiedenen Elementen eine annähernd lineare Funktion der Ordnungszahlen der Elemente war. Noch bessere Linearität gaben die Werte $(\sqrt{\nu/R})$ der Absorptionsfrequenzen oder

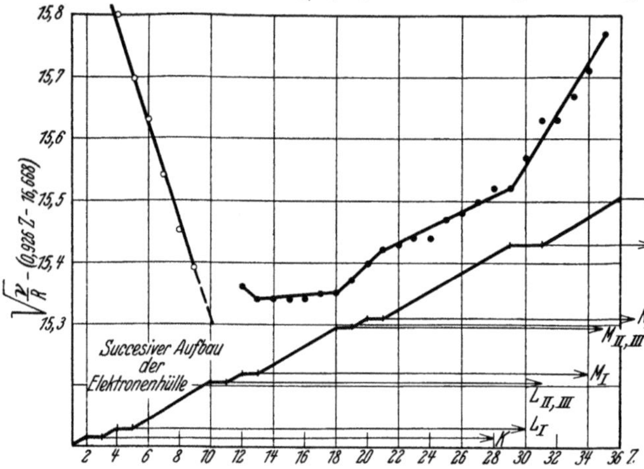

Abb. 201a. „Modifizierte" Moseleykurven der K-Niveaus nach IDEI.

Energieniveaus, was im Lichte des oben Angeführten unmittelbar einleuchtend ist. Trägt man diese Werte in ein Diagramm ein — wie in Abb. 200a, b nach BOHR und COSTER —, findet man, daß einige Diskontinuitäten in dem Verlauf der „Moseley"kurven mit dem beginnenden Aufbau der Elektronenniveaus übereinstimmen.

Noch deutlicher tritt dieser Zusammenhang der Röntgentermen mit dem sukzessiven Atomaufbau zutage, wenn man eine von IDEI [1930: 95—97] angegebene Darstellungsweise benutzt. Statt die Werte von $\sqrt{\nu/R}$ selbst im Diagramme aufzutragen, nimmt IDEI die Differenz zwischen diesen Werten und einer linearen Funktion der Ordnungszahl $aZ + b$, welche so gewählt ist, daß diese Differenzen klein werden. Wir illustrieren dieses Verfahren bei den K-

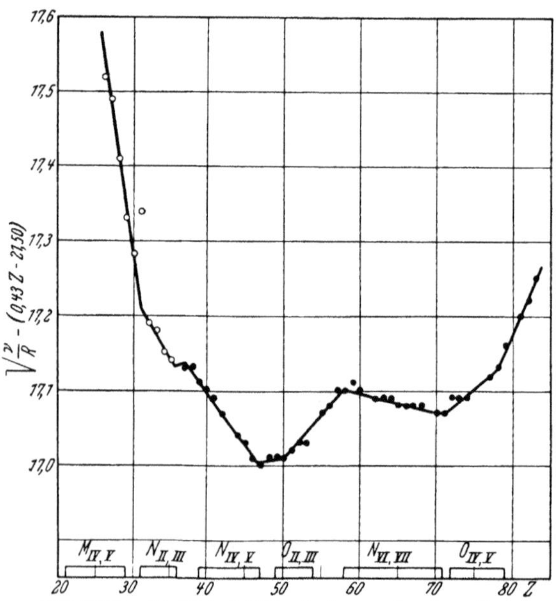

Abb. 201b. „Modifizierte" Moseleykurven der L_{III}-Niveaus nach IDEI.

Niveauwerten, die in der Bohr-Costerschen Darstellung keine Diskontinuitäten erscheinen ließen. In Abb. 201a sind die Werte von

$$\sqrt{\frac{\nu}{R}} - (0{,}926\,Z - 16{,}668)$$

als Funktion von Z gezeichnet (obere Kurve). Die Punkte lassen sich annähernd durch gerade Linienstücke zusammenfassen. Diese Kurventeile korrespondieren sehr gut mit den Elementengruppen, wo neue

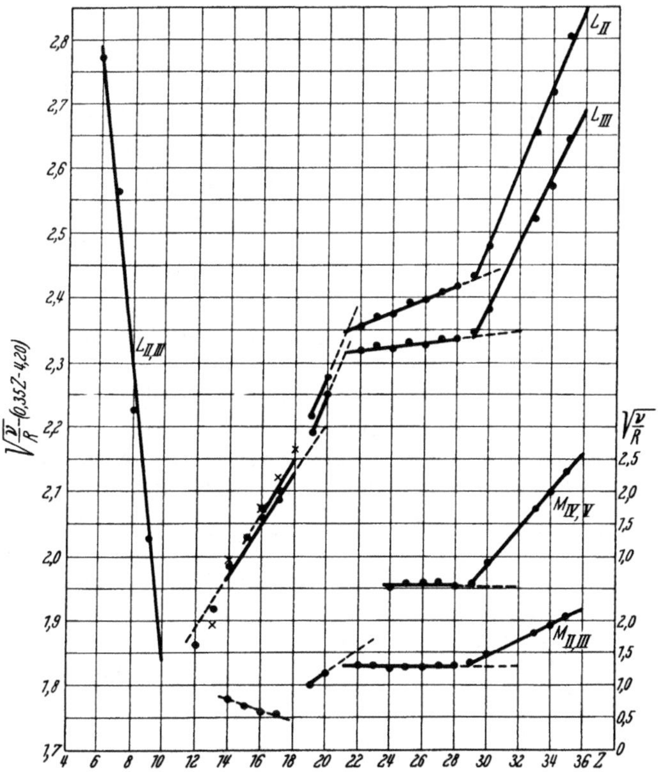

Abb. 201c. „Modifizierte“ Moseleydiagramme nach Idei.

Schalen im Aufbau begriffen sind, wie dies schematisch durch die untere Kurve angedeutet ist.

Eine entsprechende Darstellung der L_{III}-Absorptionsfrequenzen ist nach Idei in Abb. 201b gegeben. Ein Vergleich mit Abb. 200 zeigt auch in diesem Falle, wieviel man in dieser Darstellungsweise aus dem Material herausgewinnen kann.

Wir reproduzieren noch in Abb. 201c eine Anzahl solcher „modifizierter“ Moseleydiagramme — für L_{II}, L_{III}, $M_{II,III}$ und $M_{IV,V}$ — nach Idei [1930: 96].

Die sukzessive Entleerung eines Niveaus von Elektronen läßt sich auch sehr schön in einer Weise demonstrieren, die von BÄCKLIN, SIEGBAHN und THORAEUS [1925: 37] angegeben wurde. Die Linie $K\beta_1$ repräsentiert den Übergang $K - M_{II,III}$. Das letztere Niveau ist nur bis 18 A vollbelegt; die Linie ist aber bis 11 Na ausgemessen. Nimmt man jetzt die *Wellenlängendifferenz* zwischen der $K\alpha_1$ und $K\beta_1$ und stellt diese Differenz als Funktion der Ordnungszahlen der Elemente dar, so bekommt man eine Kurve (Abb. 202), die dort, wo $M_{II,III}$ vollbelegt ist, linear verläuft, bei den niedrigeren Elementen aber stark abbiegt. Da nicht freie Atome studiert wurden, sondern chemisch gebundene Atome, ist es verständlich, daß die Linearität nicht nur für die Elemente gilt, die im Normalzustande vollbelegte $M_{II,III}$-Niveaus haben; der lineare Verlauf streckt sich auch zu den Elementen 17 Cl und 16 S. Besonders große Abweichungen von der extrapolierten Kurve zeigen sich bei 12 Mg und 11 Na, wo dieses Niveau ($M_{II,III}$) jedenfalls leer sein muß. Für solche Linien wurde die Bezeichnung „semioptisch" vorgeschlagen.

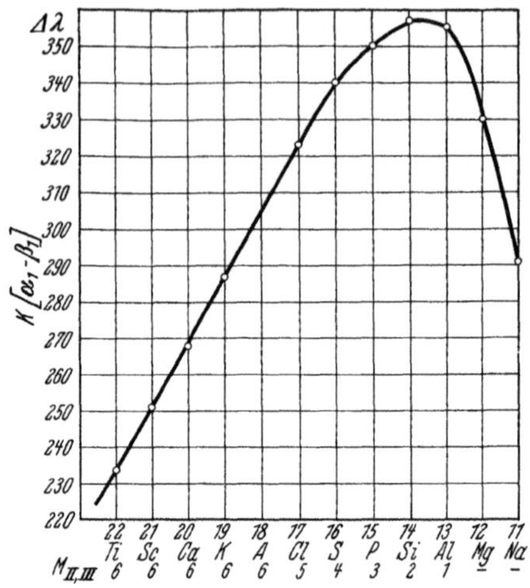

Abb. 202. Differenzkurve, die die Entleerung der $M_{II,III}$-Niveaus zeigt. Nach BÄCKLIN, SIEGBAHN und THORAEUS.

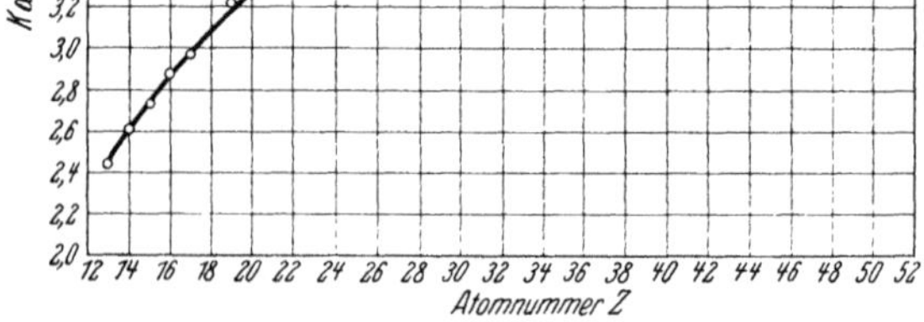

Abb 203.

Eine merkwürdige Abweichung von der normalen Regelmäßigkeit im Verlauf der Röntgenemissionslinien als Funktion der Ordnungszahlen wurde bei der Eisengruppe von RAY und SIEGBAHN [1924: 117] gefunden. Es gilt in diesem Falle der Dublettabstand $K\alpha_2 - K\alpha_1$ oder $L_{II} - L_{III}$. Dies ist, wie oben gezeigt, ein Spindublett, für das die SOMMERFELDsche Formel sehr gut stimmt. Diese Übereinstimmung ist aber im Gebiete der Eisengruppe nicht vorhanden. In Abb. 203 ist nach neuesten Messungen die Wellenlängendifferenz dieser Dublettlinien als Funktion der Ordnungszahl eingetragen, wodurch diese Anormalität deutlich zum Vorschein kommt. Der Grund hierfür ist noch nicht sichergestellt. Vielleicht liegt es in der Abweichung der Röntgenspektren dieser Elemente von der einfachen Dublettstruktur, wie oben in § 37 erwähnt wurde.

Ähnliche Anormalitäten hat RAY [1924: 103] auch bei $L\alpha_2 - L\alpha_1$ oder $M_{IV} - M_V$ im Elementenintervall 40 bis 72 festgestellt.

VII. Erweiterung der Röntgenspektren gegen größere Wellenlängen.

40. Die Liniengittermethode.

Die Verwendung der Krystallgitter, mit deren Hilfe die Röntgenspektroskopie zu einem wichtigen Gebiet der Atomphysik entwickelt werden konnte, hat ihre Grenze bei größeren Wellenlängen. Die BRAGGsche Gleichung zeigt sofort, daß die größte Wellenlänge, die vom Krystall reflektiert werden kann, gleich $2d$ ist. Bei gut ausgebildeten Krystallen kommt man nicht weiter als etwa 15 bis 20 Å.E. Größere Gitterkonstanten findet man bei gewissen organischen Krystallen, die z. B. durch Schmelzen an einer ebenen Fläche sich ausbilden können. Einige Gitterkonstantwerte, die in dieser Weise erreicht werden konnten, sind in § 13, S. 48 angegeben. Versuche, die Röntgenspektren mit Hilfe dieser Krystalle gegen größere Wellenlängen zu erweitern, wurde von THORAEUS und SIEGBAHN [1924: 118; 1925: 147; 1926: 182], THORAEUS [1926: 197, 198], DAUVILLIER [1926: 49, 50, 51, 55], KARLSSON [1930: 100] gemacht. Durch systematische Weiterverfolgung der K- und L-Reihen gelang es THORAEUS, mit dieser Methode die zwei Serien bis bzw. 8 O (23,7 Å.E.) und 23 Va (24,2 Å.E.) zu registrieren. DAUVILLIER hat dann nach diesem Verfahren unter Benutzung von einer sehr dünnen Mg-Folie als Fenster die $K\alpha$-Linie von Kohlenstoff bei etwa 45 Å.E. aufgenommen. Es wurden noch eine Anzahl langwelligere Linien ausgemessen, die den N- und O-Reihen vom Thorium zugeschrieben wurden. Ihre Existenz und Identifizierung scheint jedoch unsicher zu sein. Seitdem die Liniengittermethoden jetzt ausgearbeitet worden sind, haben die Krystallmessungen für das langwelligste Gebiet ihre Bedeutung verloren, und wir werden daher diese Arbeiten nicht mehr eingehend behandeln.

Wir haben oben (§ 15) die Beugung der Röntgenstrahlen bei geritzten Gittern besprochen. Dabei wurden wesentlich die Ergebnisse von Arbeiten behandelt, welche eine Absolutmessung einiger kurzwelliger Strahlungen bezweckte. Durch den Vergleich dieser Werte mit den bei

Krystallmessungen erhaltenen war die Möglichkeit gegeben, die Krystallskala in absoluten Einheiten zu verwerten. Wir werden hier die Untersuchungen besprechen, wo die Gittermethode zur Weiterverfolgung der Spektralserien im langwelligen Röntgengebiete ausgenutzt wurde.

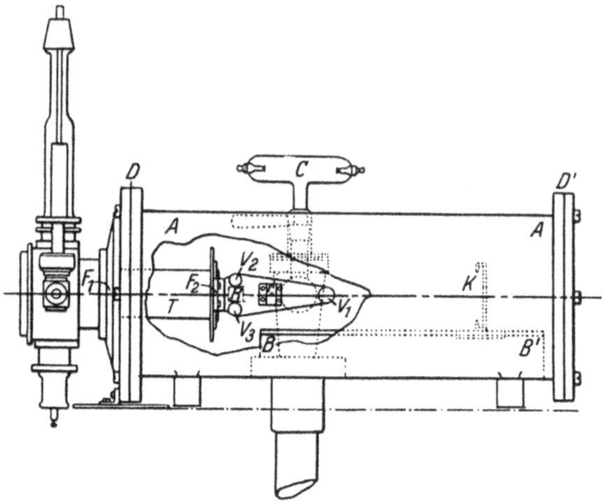

Abb. 204a. Vakuumspektrometer mit Gitter nach THIBAUD.

Da, wie schon erwähnt, die Krystallmethode in betreff des Auflösungsvermögens der Liniengittermethode wesentlich überlegen ist, wird man die letztere für die hier in Frage kommenden Zwecke nur im Gebiete der langen Wellen benutzen, wo die Krystalle nicht verwendbar sind. Es ist also zunächst für das Wellenlängengebiet oberhalb etwa 10 Å.E., das wir der Kürze halber als das „ultraweiche" bezeichnen wollen, wo die Liniengittermethode für spektroskopische Zwecke ihre hauptsächliche Verwendung hat.

Abb. 204b. Gitterhalter und zweiter verschiebbarer Spalt im Spektrometer nach THIBAUD (Abb. 204a).

A. *Die Plangittermethode.* Die schematische Anordnung von Gitter und Platte ist schon in Abb. 47 und 50 auf S. 56, 58 gegeben. Da in diesem Falle keine Fokussierung der Strahlung vorkommt, muß man, um scharfe Linien zu bekommen, das einfallende Strahlenbündel durch zwei schmale Blenden oder Spalte begrenzen. Dies wurde auf drei verschiedene Weisen ausgeführt: mit zwei zwischen Lichtquelle und Gitter hintereinandergestellten Spalten, mit einem

Spalt nahe der Lichtquelle und einer Schneide gegenüber dem Gitter und schließlich durch einen Spalt und Abgrenzung der Gitterfläche.

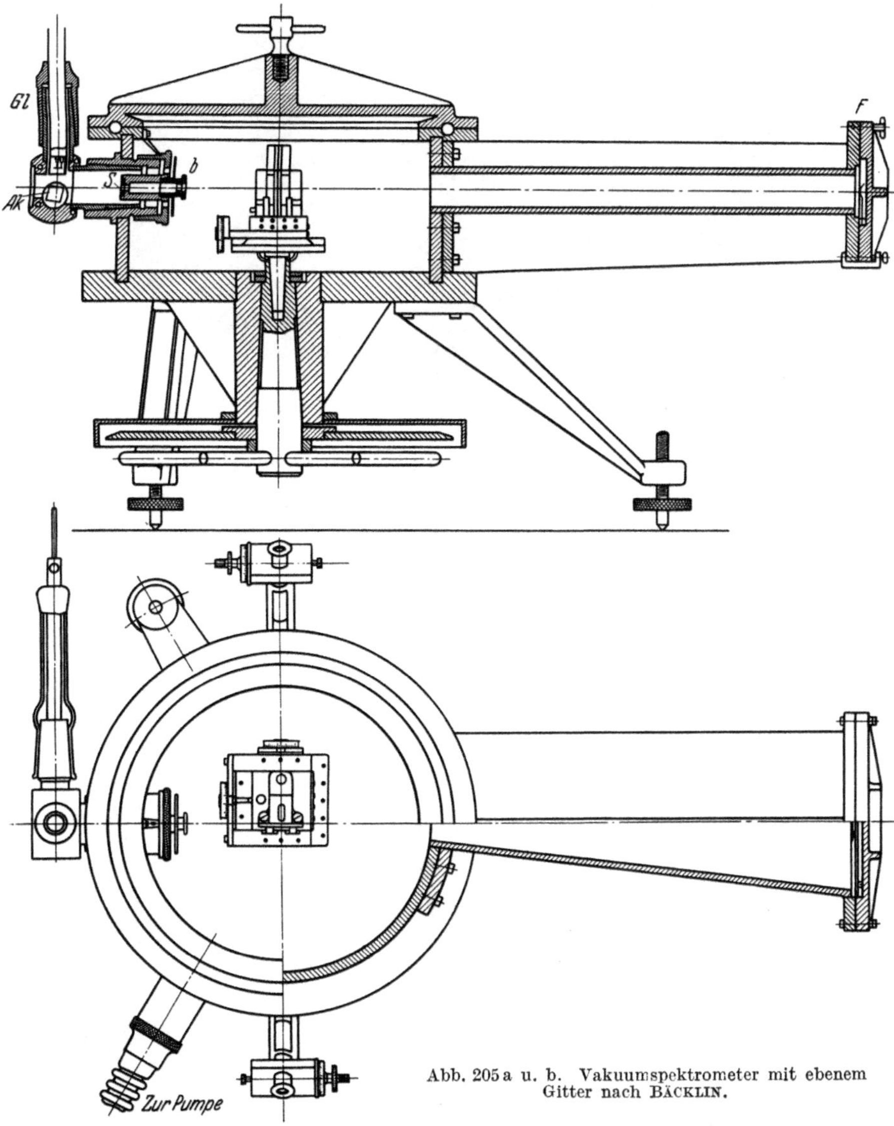

Abb. 205 a u. b. Vakuumspektrometer mit ebenem Gitter nach BÄCKLIN.

Die ersterwähnte dieser drei Anordnungen wurde in dem Spektrometer von THIBAUD [1927: 143] benutzt, dessen Ausführung aus Abb. 204 a, b zu ersehen ist. In der Wand zwischen dem Röntgenrohr und dem zylindrischen Spektrometergehäuse ist der erste Spalt F_1 an-

Abb. 205 c. Plangitter und Schneide im Spektrometer nach BÄCKLIN.

gebracht; am Ende des Rohransatzes T sitzt der zweite Spalt. Dieser Rohransatz trägt dann ferner das ebene Gitter, welches durch drei

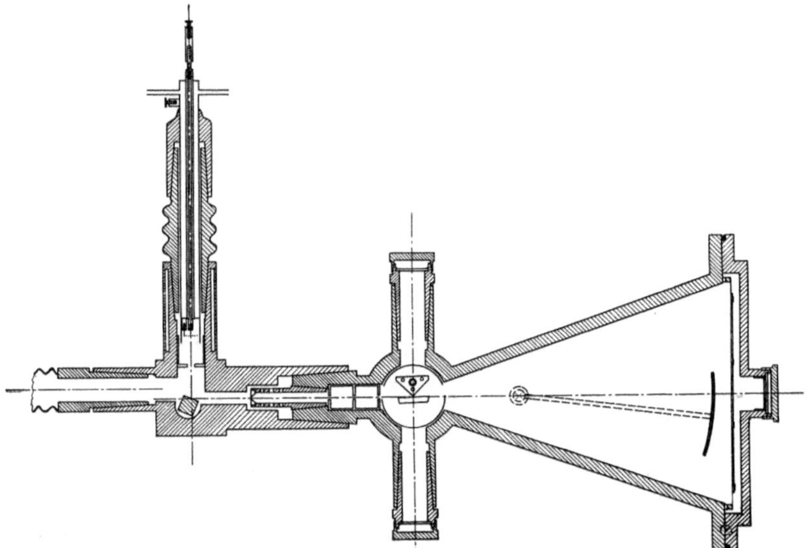

Abb. 206 a. Vakuum-Plangitterspektrometer nach SIEGBAHN und MAGNUSSON.

Schrauben gegen die Strahlrichtung eingestellt werden kann. Der Plattenhalter K, senkrecht zur BB'-Strahlenrichtung, ist an der Schiene verschiebbar aufgestellt.

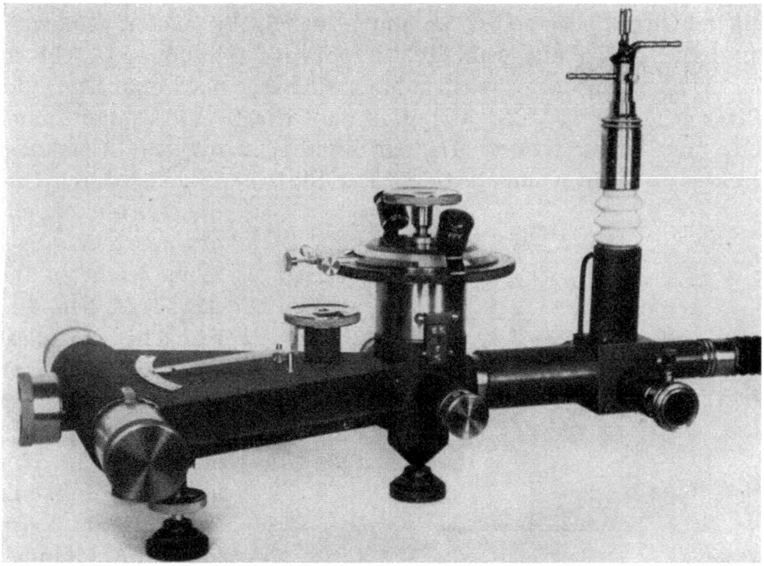

Abb. 206 b. Vakuum-Plangitterspektrometer mit Röntgenrohr nach SIEGBAHN und MAGNUSSON.

Die zweite Methode der Strahlenabgrenzung wurde in dem Spektrometer von BÄCKLIN [1928: 16] angewandt. Die Ausführung dieses Instrumentes ist aus Abb. 205a, b, c zu sehen. Bei der Durchführung dieser Konstruktion wurde besonders daran gedacht, daß die Größen, welche für eine Absolutmessung der Wellenlängen ermittelt werden mußten, mit der erforderlichen Genauigkeit bestimmbar sein sollten. Die Schneide wird genau parallel der Drehachse des Konus eingestellt, welche die Kreisteilung trägt. Der Gitterhalter gestattet die exakte Einjustierung des Gitters, so daß die Fläche und die Striche parallel zu derselben Achse sind. Der erste Spalt S ist in einer konischen Hülse drehbar angeordnet.

Abb. 206 c. Gitterhalter des Spektrometers nach SIEGBAHN und MAGNUSSON.

Die dritte Methode zur Definition des Strahlenbündels, abgrenzend mit der Gitterfläche selbst, kommt in der Spektrometerausführung von SIEGBAHN und MAGNUSSON [1930: 155] zur Verwendung (s. Abb. 206a). Zur Abblendung der *Streu*strahlung wird hier noch eine Schneide dem Gitter gegenübergestellt. Die effektive Gitterfläche ist aber immer dieselbe und genau fixiert. Der Gitterhalter wird nach Abnehmen des Deckels mit dem Konus justiert. Der Einfallswinkel ist durch Drehung des Gitters auch mit evakuiertem Spektrometer leicht zu ändern; bzw. läßt sich die Gitterfläche parallel der Strahlrichtung stellen zur Aufnahme der direkten Strahlung. Der erste Spalt ist in einer konischen Fassung mikrometrisch drehbar (aus der Abbildung nicht ersichtlich). Mehrere Blenden dienen zur Ausschaltung der Fremdstrahlung.

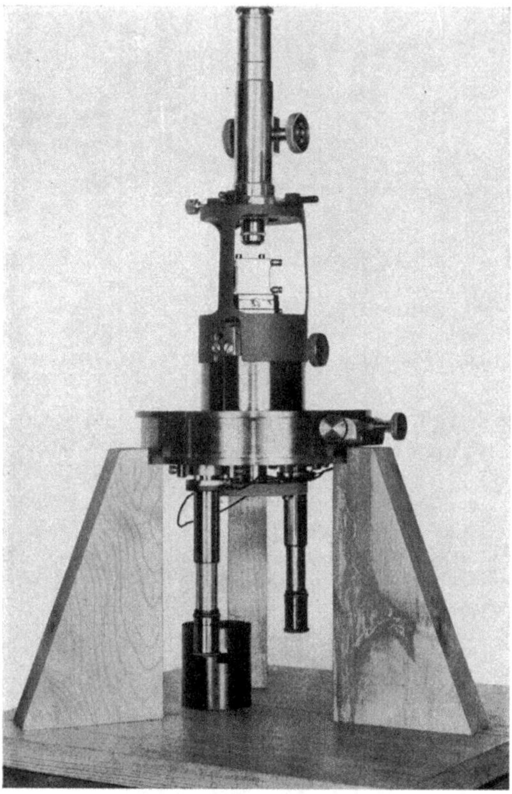

Abb. 206d. Justierungsvorrichtung am Gitterhalter. (Aus SIEGBAHN und MAGNUSSON, Z. Physik 62.)

Bei doppelseitigen Aufnahmen lassen sich die zwei Hälften mit einem drehbaren Schirm abwechselnd gegen Streustrahlung schützen. Dieser Schirm dient auch zum Abblenden der direkt gespiegelten Strahlung, um dort eine allzu starke Schwärzung und Verschleierung zu verhindern.

In der neueren etwas abgeänderten Ausführung Abb. 206b wird die photographische Platte, getragen von einem Halter mit Konus, von der Seite eingeführt. Von der anderen Seite ist eine zylindrisch drehbare Blende über den Plattenhalter geschoben. Es ist so möglich, mehrere Spektrogramme an derselben Platte übereinander aufzunehmen.

Einige Spektrogramme, die mit den oben beschriebenen Instrumenten von THIBAUD und von BÄCKLIN aufgenommen sind, wurden früher (S. 157 und 159) reproduziert. In Abb. 207a—e und 208 sind einige mit dem

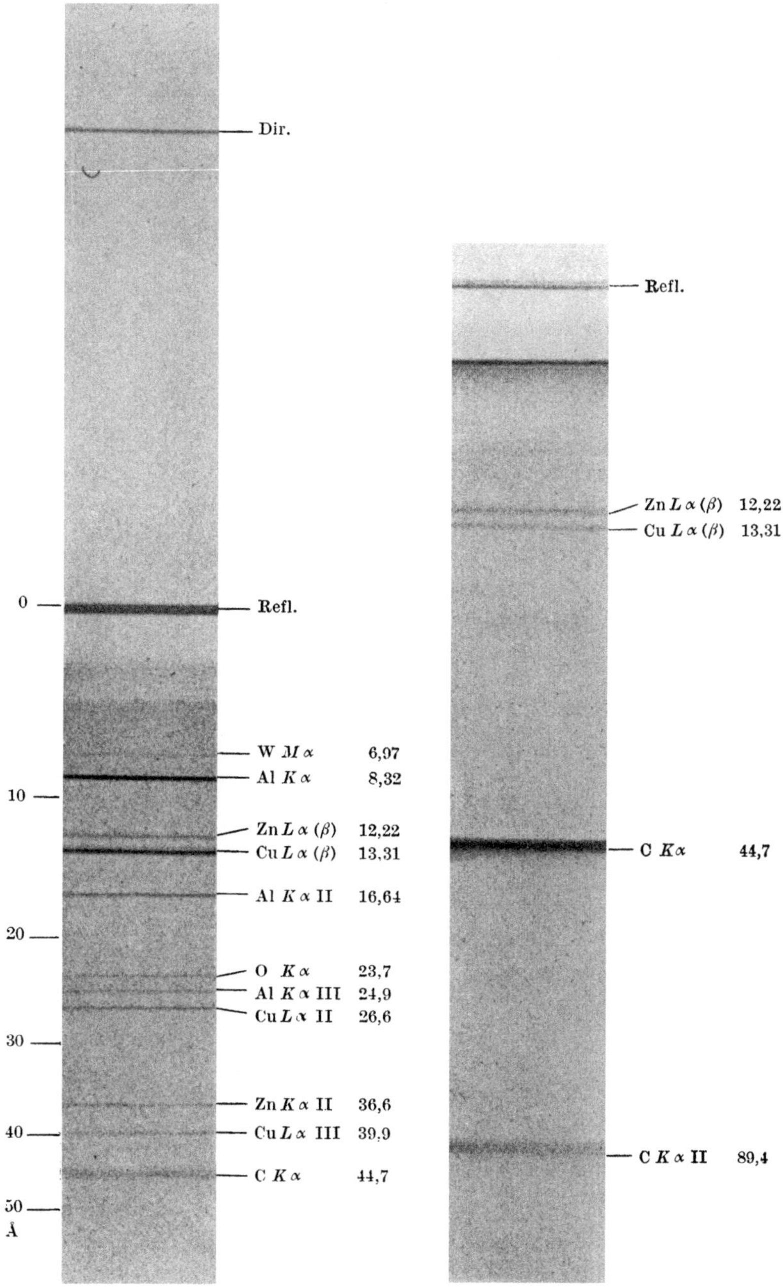

Abb. 207a u. b. Vergr. 8mal. Gitter Nr. 21. 600/2. $\varphi = 1°$. Wellenlängenangaben in Å.E. (Aus SIEGBAHN und MAGNUSSON, Z. Physik **62**.)

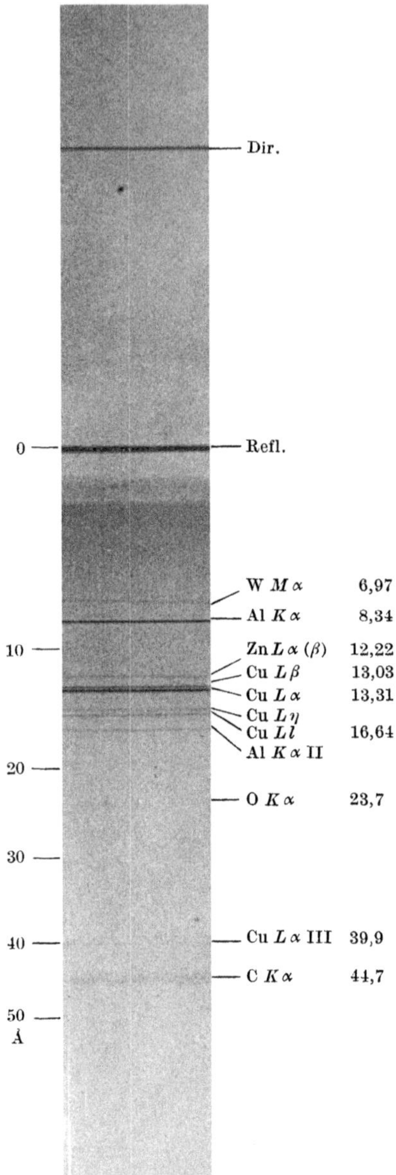

Abb. 207 c. Vergr. 5 mal. Gitter Nr. 40. 600/1. $\varphi = 1°$.

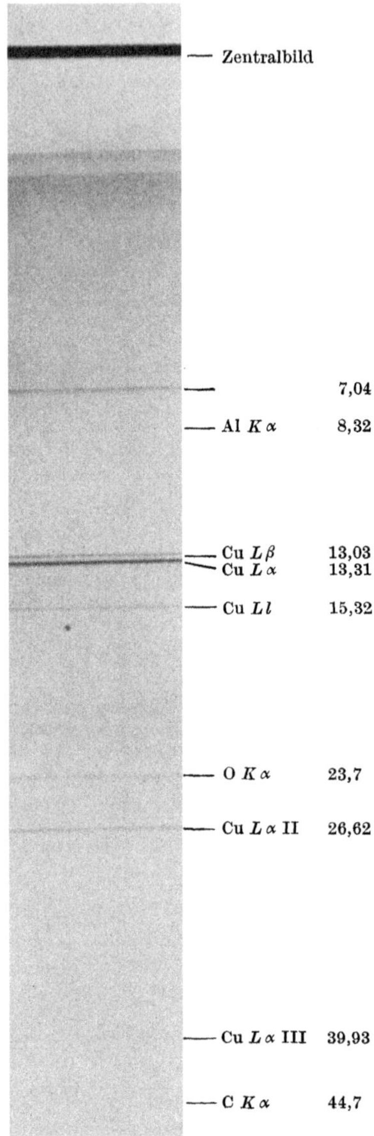

Abb. 207 d. Vergr. 5 mal. Gitter Nr. 29. 1800/1. $\varphi = 1°$.

(Aus SIEGBAHN und MAGNUSSON, Z. Physik **62**.)

zuletzt beschriebenen Spektrometer von SIEGBAHN und MAGNUSSON aufgenommene wiedergegeben. Diese Aufnahmen sind alle mit Glasgittern erhalten. Die gesamte Linienzahl und Breite in Millimetern ist neben den Spektrogrammen angegeben. Von besonderem Interesse dürften die Spektrogramme (Abb. 207 d, e) sein, welche mit einem Gitter mit 1800 Strichen pro Millimeter erhalten worden sind. Ein Vergleich der Cu $L\alpha\beta$-Dublette des Spektrogramms (Abb. 207 d) mit der Krystallaufnahme dieser Dublette unter Verwendung von Gips (Abb. 152, S. 195) zeigt doch, daß die Auflösung bei den niedrigeren Wellenlängen mit Krystallen als Gitter wesentlich höher ist.

Betreffend die Frage, ob Glas- oder Metallgitter für dieses Gebiet am meisten geeignet ist, sind noch keine sicheren Aufschlüsse erhalten. COMPTON und seine Mitarbeiter haben auf Spiegelmetall geritzte Gitter benutzt. THIBAUD hat mit von ihm probierten Metallgittern weniger gute Erfahrung gemacht. Im allgemeinen wurden Glasgitter benutzt.

Im Anfang der Gitterspektroskopie der Röntgenstrahlen wurden Schumannplatten und ölsensibilisierte Platten versucht und empfohlen. Dies ist allerdings im allgemeinen nicht nötig; bei Wellenlängen von etwa 50 Å.E. scheint die Empfindlichkeit von gewöhnlichen Platten und Schumannplatten dieselbe zu sein. Beim Fortschreiten gegen noch größere Wellenlängen sind die Schumannplatten vorzuziehen (siehe SÖDERMAN [1931: 33]). Eine Aufnahme des Vakuumfunkenspektrums von Aluminium (Abb. 209) mit dem Spektrometer (Abb. 206) zeigt jedoch, daß mit gewöhnlichen photographischen Platten noch Wellenlängen von mehr als 250 Å.E. (eine Linie bei 278 Å.E. in erster Ordnung ist im Spektrogramm zu sehen) registriert werden können.

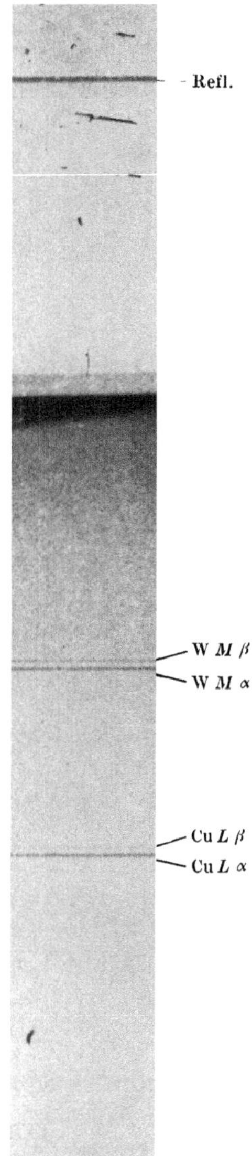

Abb. 207 e. Vergr. 5 mal. Gitter Nr. 29. 1800/1. $\varphi = 0{,}5°$. (Aus SIEGBAHN und MAGNUSSON. Z. Physik 62.)

Die Möglichkeit, die Gittermethode für Röntgenstrahlen zu verwenden, ist in der Tatsache begründet, daß diese Strahlen bei sehr kleinen Einfallswinkeln reflektiert werden können. Wir haben diese Phänomene in § 11 näher behandelt und gezeigt, daß nur bei sehr kurzwelliger Strahlung eine Totalreflexion innerhalb eines kleinen Gebietes von Einfallswinkeln eintritt. Für den Grenzwinkel φ_m gilt dann

$$\sin\varphi_m = \sqrt{2\delta}, \tag{104}$$

wo $\delta = 1 - \mu$ den Brechungskoeffizient darstellt. Annähernd ist ferner

$$\delta = 1{,}35\varrho \cdot \lambda^2\, 10^{10} \tag{105}$$

und daher

$$\sin \varphi_m = \lambda \sqrt{2{,}7\,\varrho}\, 10^5. \tag{106}$$

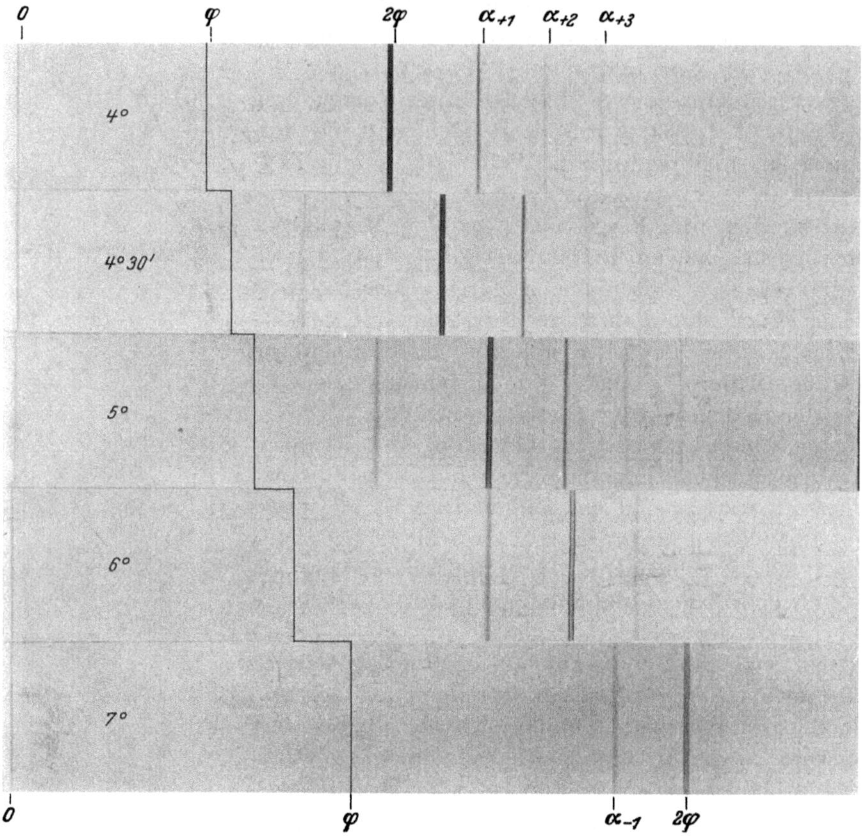

Abb. 208. Positive und negative Ordnungen von C *K*-Strahlung unter verschiedenen Einfallswinkeln.

Für Glas ist ϱ etwa 2,5, und wir erhalten so für den Grenzwinkel nach dieser Formel:

λ in Å.E.	φ_m
0,5	4′,3
1	9′
2	18′
[5	45′]
[10	1° 30′]

Für größere Wellen, wo die Absorption nicht vernachlässigt werden kann, gibt es allerdings, wie oben ausführlich dargelegt wurde, keine scharfe Grenze für die Totalreflexion. Die angegebenen Winkelwerte geben uns indessen einen Anhalt zur Schätzung der bei verschiedenen Wellenlängen zu wählenden maximalen Einfallswinkel. Es handelt sich also bei den kürzeren Wellenlängen der technischen Röntgenröhren — also unterhalb etwa 1 Å.E. — um Winkel kleiner als 10′, und es erhellt schon aus dieser Angabe, daß mit diesen kurzen Wellenlängen die Gittermethode keine höhere Meßgenauigkeit gestatten kann. Wesentlich günstiger liegen die Verhältnisse bei den größeren Wellenlängen. Was die Grenzwinkel anbetrifft, so ist aus den Spektrogrammen (Abb. 207a) zu sehen, daß bei den dabei benutzten Einfallswinkeln von 1° Wellenlänge von etwa 7 Å.E. aufwärts registriert worden sind, was gut mit der obigen Tabelle zusammenpaßt.

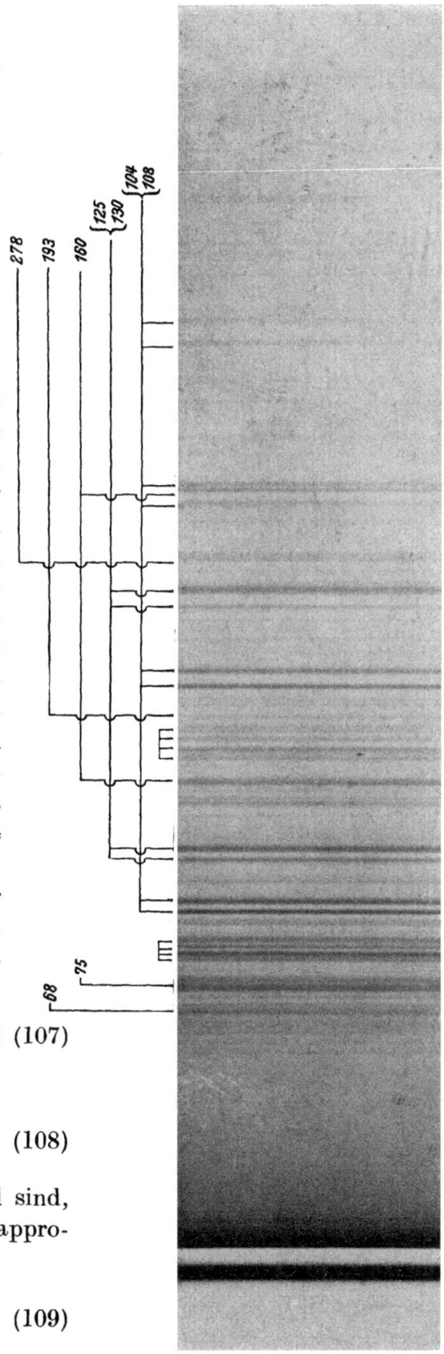

Abb. 209. Kurzwelligste Gebiete des Funkenspektrums von Aluminium mit gewöhnlichen photographischen Platten (Imperial-Ellipse) registriert. Exp. 3 Stunden. Vergr. 3 mal. (Aus SÖDERMAN, Z. Physik **67**.)

Als Grundgleichung für die Berechnung der Wellenlängen gilt die übliche Gittergleichung (s. S. 56)

$$n\lambda = d[\cos\varphi - \cos(\varphi + \alpha)] \quad (107)$$

oder anders geschrieben

$$n\lambda = 2d \sin\frac{2\varphi + \alpha}{2} \sin\frac{\alpha}{2}. \quad (108)$$

Da φ und α kleine Winkel sind, genügt für viele Zwecke die approximative Gleichung

$$n\lambda = \frac{d}{2}\alpha(2\varphi + \alpha). \quad (109)$$

Eine Übersicht über den Zusammenhang von λ und α gibt die graphische Darstellung Abb. 210, welche für ein Gitter mit 600 Strichen pro Millimeter und einem Einfallswinkel von 30′ bzw. 1° gilt. Die Wellenlängen, kürzer als etwa 3 bzw. 7 Å.E., werden bei diesen Winkeln nicht oder nur schwach registriert. Die negativen λ-Werte bedeuten, daß diese Spektrallinien zwischen dem gespiegelten (nicht gebeugten) Strahl und der Schnittlinie der Gitterebene mit der photographischen Platte liegt. Wie man sofort aus dieser Darstellung sieht, ist die Dispersion, d. h. die Änderung des Beugungswinkels ($\Delta\alpha$), für eine be-

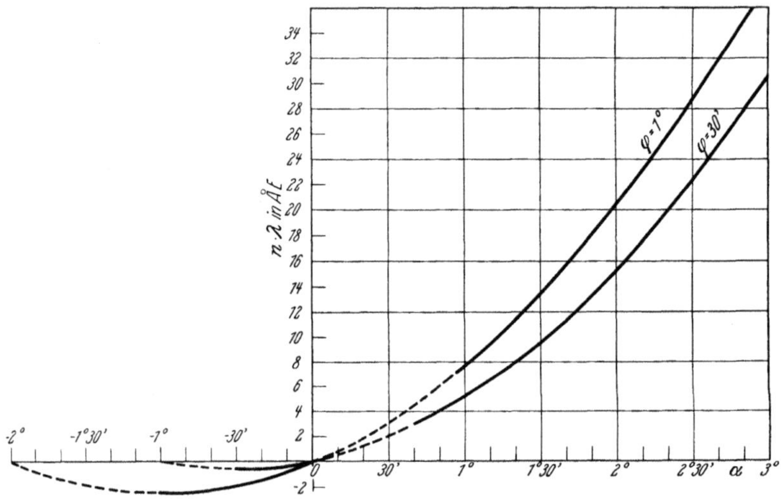

Abb. 210. Zusammenhang zwischen Wellenlänge (λ) und Beugungswinkel (α) bei einem Gitter mit 600 Str./mm und einem Einfallswinkel (φ) von 30′ bzw. 1°

stimmte kleine Änderung in der Wellenlänge ($\Delta\lambda$) für die negativen Ordnungen am größten. Allerdings wird dieser Vorteil durch *eine Verminderung des Auflösungsvermögens* bei diesen Winkeln verringert.

Der Ausdruck für die Dispersion ist durch Differentiation der Gl. (109) zu erhalten:

$$\frac{\Delta\alpha}{\Delta\lambda} = \frac{n}{d(\varphi + \alpha)}. \tag{110}$$

Andererseits ergibt sich aus Gl. (109) für den Divergenzwinkel $\Delta(\varphi + \alpha)$ eines *monochromatischen* Strahlenbündels, das beim Einfallen gegen das Gitter den Divergenzwinkel $\Delta\varphi$ hat,

$$\Delta(\varphi + \alpha) = \frac{\varphi}{\varphi + \alpha}\Delta\varphi. \tag{111}$$

Für negative Ordnungen, wo α Werte zwischen 0 und $-\varphi$ annimmt, wächst der Divergenzwinkel von $\Delta(\varphi + \alpha)$ sehr stark. Eine Spektrallinie von einer als monochromatisch vorausgesetzten Strahlung breitet sich also hier stark aus und kompensiert die nach Gl. (110) sich ergebende Vergrößerung in der Dispersion.

Die Verbreiterung der Spektrallinien in den negativen Ordnungen, verglichen mit den positiven Ordnungen, und die Zunahme der Linienbreite bei Annäherung an φ, ist aus Abb. 208 zu sehen. Die $K\alpha$ von Kohlenstoff ist hier bei verschiedenen Einfallswinkeln in mehreren positiven und einer negativen Ordnung aufgenommen.

Für die positiven Ordnungen, wo man meistens mit den Grenzen für α:

$$\varphi < \alpha < 5\varphi$$

rechnen kann, ist der Divergenzwinkel des vom Gitter ausgehenden Strahlenbündels $\Delta(\varphi + \alpha)$:

$$\tfrac{1}{2}\Delta\varphi < \Delta(\varphi + \alpha) < \tfrac{1}{6}\Delta\varphi\,, \qquad (112)$$

also kleiner als der Divergenzwinkel der einfallenden Strahlung.

B. *Konkavgittermethode.* Die eben besprochene Plangittermethode hat den Nachteil, daß zur Erzielung gut definierter Spektrallinien eine starke Abblendung des Strahlenbündels nötig ist. Durch Verwendung von Konkavgittern — selbstverständlich auch dann mit sehr kleinen Einfallswinkeln der Strahlung — ist eine Fokussierung zu erreichen, wo-

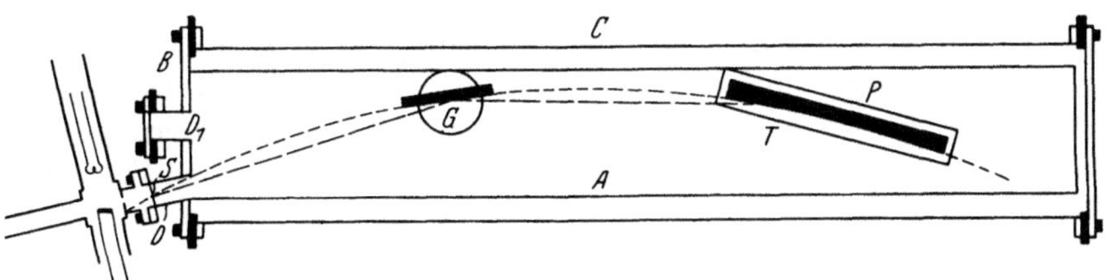

Abb. 211. Schematische Zeichnung des Konkavgitter-Spektrometers von OSGOOD.

durch mit Strahlenbündeln von größeren Öffnungswinkeln und damit größerer Lichtstärke gearbeitet werden kann. Aus der Theorie des Konkavgitters ist bekannt, daß, wenn der Spalt an dem Kreis mit dem Durchmesser gleich dem Krümmungsradius des Gitters liegt, auch die Spektrallinien auf diesen Kreis (den „Rowland"kreis) zu liegen kommen.

Der erste Versuch zur Durchführung dieses Spektroskopieverfahrens für die Röntgenspektren wurde von OSGOOD [1927: 119] gemacht. Ein schematisches Bild seiner Anordnung ist in Abb. 211 reproduziert. Die Einfallswinkel waren kleiner als 10°.

Zwei Konkavgitter wurden benutzt: eines aus Spiegelmetall mit 580 Strichen pro Millimeter, Radius 2 m, geritzte Fläche 5 × 8,4 cm; das zweite aus Glas mit 800 Strichen pro Millimeter, etwa von derselben Größe und Radius. Die meisten Versuche wurden mit dem letzteren ausgeführt.

Als photographische Platten, welche zu dem Rowlandkreis von etwa 1 m Radius gebogen werden mußten, wurden dicke Celluloidplatten mit Schumannbelegung benutzt. Ein Spektrogramm mit Al- bzw. C-Antikathode ist in Abb. 212 reproduziert. Es wurden eine Anzahl Spektrallinien im Gebiete 40 bis 215 Å.E. registriert und ausgemessen (s. unten). Betreffend die Meßgenauigkeit gibt OSGOOD an, daß verschiedene Messungen Unterschiede von etwa 3% ergaben. OSGOOD empfiehlt daher die Konkavgittermethode nur für relative Messungen zu benutzen mit Hilfe von Standardlinien, die mittels der Plangittermethode genauer auszumessen sind.

Die große Schwierigkeit der Konkavgittermethode liegt vor allem darin, daß die Strahlung nicht nur das Gitter, sondern auch die photo-

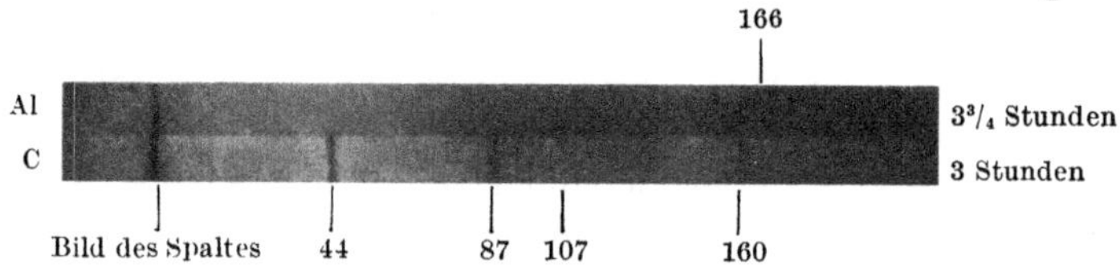

Abb. 212. Röntgenspektren von Al und C mit Konkavgitter aufgenommen nach OSGOOD.

graphische Platte unter sehr kleinem Winkel trifft. Ein kleiner Fehler in der Justierung macht sich daher sehr stark geltend: die Linien werden nicht nur verschoben, sondern auch verbreitert. Die Konstruktion des Spektrometers muß daher eine sehr genaue Einjustierung und große Stabilität besitzen. Im Laboratorium des Verfassers sind Vakuumspektrometer für die Konkavgittermethode gebaut worden mit dem Ziel, genaue Messungen von Wellenlängen in dem Gebiete oberhalb 50 Å.E. zu ermöglichen. Es hat sich dabei herausgestellt, daß bei geeigneter Konstruktion des Spektrometers eine sehr hohe Meßgenauigkeit erreicht werden kann, die die Genauigkeit der Plangittermethode um ein Vielfaches übertrifft. Der Grund dazu liegt unter anderem darin, daß wegen der Fokussierung des Konkavgitters bei exakter Justierung sehr scharfe Linien erhalten werden können, vorausgesetzt, daß die natürliche Linienbreite klein ist. Ferner wird das Spektrum wegen der schiefgestellten Platte stark herausgezogen.

Ein Bild des Spektrometers mit zurückgezogenem Vakuumzylinder ist in Abb. 213 reproduziert. Dieses Spektrometer ist mit einem Glasgitter von 1 m Radius und etwa 1170 Strichen pro Millimeter versehen. Der Plattenhalter besteht aus zwei zusammengeschraubten Hälften aus Aluminium. Die rückseitige Fläche ist genau zylindrisch geschliffen mit dem Radius gleich dem halben Krümmungsradius des Gitters. Gegen die zylindrische Fläche werden die Platten gedrückt mit der lichtempfindlichen Schicht an die Zylinderfläche. Die photographischen Platten aus dünnem Glas (0,5 mm) werden bei Präzisionsmessungen an einer Fläche genau eben geschliffen und poliert und dann mit Schumannbelegung versehen.

Der Plattenhalter ist mikrometrisch verstellbar. Eine zylindrisch gebogene Blende kann von außen gehoben oder gesenkt werden und gestattet so, an derselben Platte mehrere Aufnahmen zu machen.

Das Gitter und der Spalthalter sind mit den nötigen mikrometrischen Justiervorrichtungen versehen. Da alle optischen Teile des Spektrometers am Deckel befestigt sind, können die Justierungen bei abgenommenem Vakuumzylinder ausgeführt werden, wobei alles leicht zugänglich ist. Beim Evakuieren wird der Stahlzylinder übergeschoben und

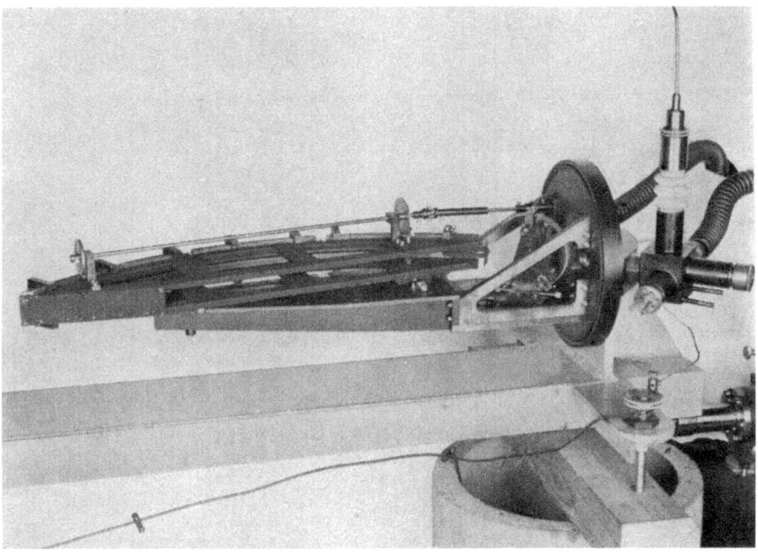

Abb. 213. Spektrometer mit Konkavgitter nach SIEGBAHN.

einfach gegen den Deckel gedrückt. Zur Dichtung dient nur eine in eine Rille im Deckel eingelegte Gummischnur, wie früher erwähnt ist (S. 114).

Zur Evakuierung dienen zwei Molekularluftpumpen: eine für das Spektrometer und die andere für das Röntgenrohr. Diese zwei Räume kommunizieren nur durch den sehr feinen Spalt (einige μ breit, 5 mm hoch).

Als Beispiel der Aufnahmen sind in Abb. 214a und b zwei Spektrogramme des Gebietes 75 bis 350 Å.E. bzw. 50 bis 85 Å.E. in 9facher Vergrößerung nach Aufnahmen von B. EDLÉN wiedergegeben. Sie zeigen das Vakuumfunkenspektrum von Al, welches als Vergleichsspektrum für die Röntgenmessungen sehr geeignet erscheint. Für diese Aufnahmen empfiehlt es sich daher, das Röntgenrohr abwechselnd als Funkenkammer und als Röntgenrohr zu verwenden, was bei der hier gewählten Konstruktion ohne weiteres möglich ist.

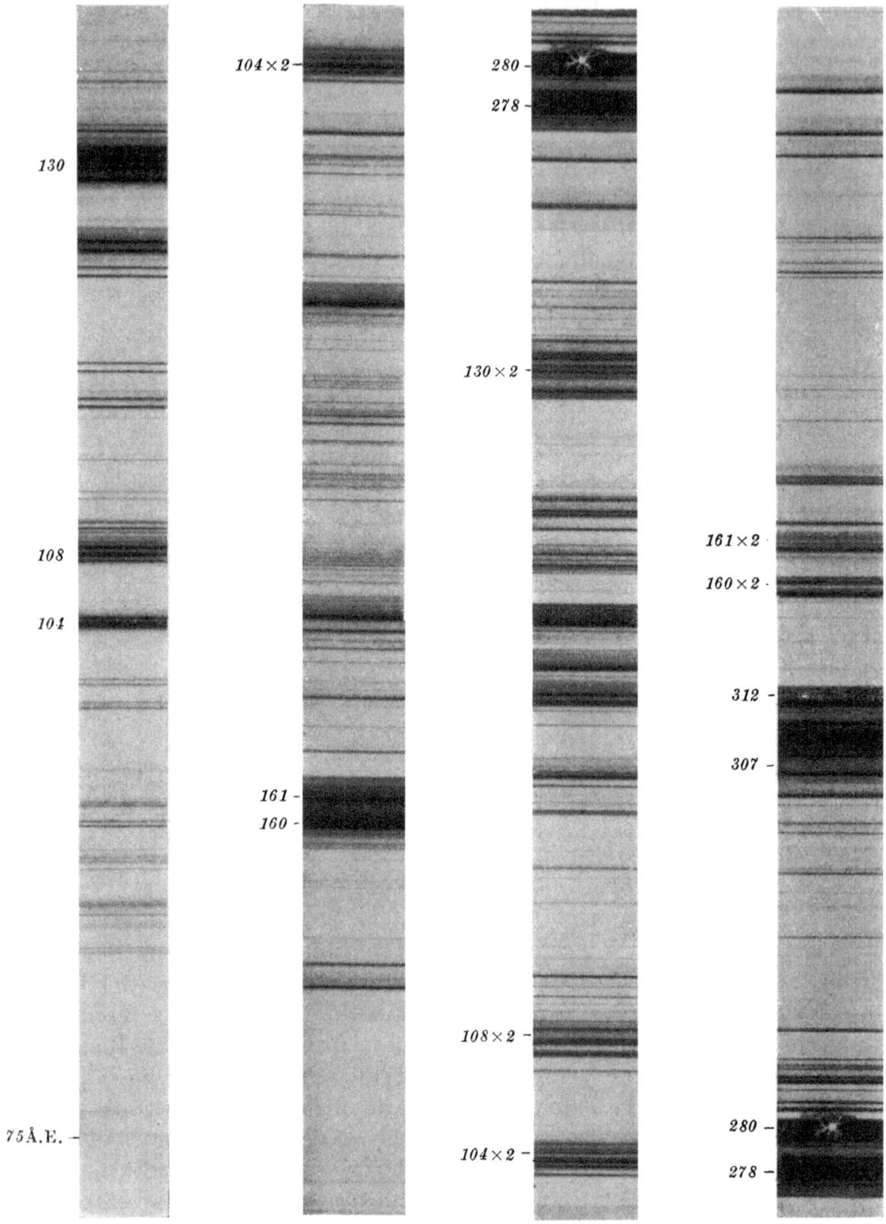

Abb. 214a. Vakuumfunkenspektrum von Al im Gebiete 75 bis 350 Å.E.; $\varphi = 10°$. Vergr. 9fach.

Es sei noch erwähnt, daß Gitter aus Glas nicht erforderlich sind. Die in Abb. 214 reproduzierten Aufnahmen sind mit einem Gitter aus Spiegelmetall erhalten (Radius 1 m, 570 Striche pro Millimeter).

Durch Ausmessung einer Anzahl enger Dubletts hat EDLÉN mit dem zuletzt erwähnten Gitter die folgenden bei kürzeren Wellenlängen erzielten Auflösungsvermögen ($\lambda/\Delta\lambda$) bestimmt (das also nur eine obere Grenze angibt):

λ	$\lambda/\Delta\lambda$
150	4400
270	5500
360	6700

Tabelle 197. Wellenlängennormalen im Gebiete 70 bis 300 Å.E. aus dem Vakuumfunkenspektrum von Al nach Messungen von SÖDERQVIST und EDLÉN.

J	λ	J	λ
3	312,241	2	108,708
3	310,908	4	108,463
2	309,852	4	108,391
4	309,596	4	108,114
3	308,560	3	108,059
3	307,248	3	108,004
7	281,397	5	107,948
8	278,699	3	107,714
5	243,760	4	107,625
7	161,686	3	104,498
8	160,073	3	104,456
2	131,445	4	104,361
3	130,999	3	104,185
4	130,845	3	104,123
3	130,402	4	104,075
5	129,729	4	104,052
3	126,063	4	103,887
4	125,527	4	103,805
2	118,987	3	99,286
2	118,500	3	92,624
2	116,920	2	90,195
2	116,458	2	85,514
		2	76,570
		1	75,463
		1	75,360
		1	68,376

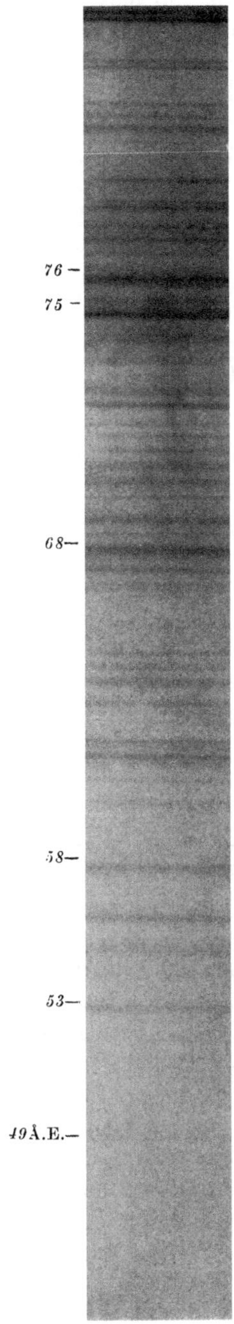

Abb. 214b. Vakuumfunkenspektrum von Al im Gebiete 50 bis 85 Å.E.; $\varphi = 5{,}7°$. Vergr. 9fach.

Nach Messungen von SÖDERQVIST und EDLÉN [1931: 46] geben wir hier eine Zusammenstellung von den Wellenlängen der stärksten Linien im kurzwelligen Funkenspektrum von Aluminium, welche Linien als Standard- und Vergleichslinien bei Messungen in den Röntgenspektren zunächst in Frage kommen. Die Wellenlängen dieser Linien sind in höheren Ordnungen und im Anschluß an Eisennormale gemessen. Die Genauigkeit der Wellenlängenwerte wird auch für die schwächsten Linien zu wenigstens $\pm 0{,}01$ Å.E. geschätzt. Die Messungen aus verschiedenen Ordnungen bei den stärkeren Linien unterscheiden sich nur um wenige tausendstel Å.E.

41. Ergebnisse der Liniengittermessungen.

Die bisherigen Arbeiten mit Hilfe der Gittermethode im Gebiete der Röntgenspektren waren hauptsächlich von orientierendem Charakter und bezweckten mehr die Verfeinerung der Methoden als Erweiterung unserer Kenntnisse der Spektren. Die Ergebnisse in dieser letzterwähnten Beziehung sind daher noch spärlich.

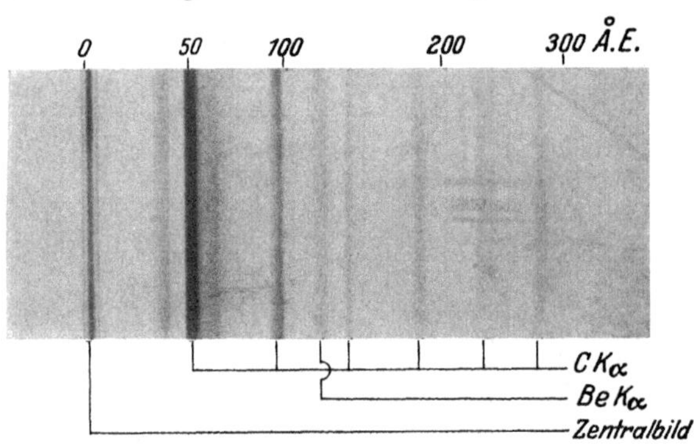

Abb. 215. Spektrogramm von SÖDERMAN, welches die K-Linie von 4 Be zeigt.

In der K-Reihe wurde die $K\alpha$-Linie von THIBAUD [1927: 142] bis 5 B verfolgt und von SÖDERMAN [1929: 158; 1930: 166, 167, 168a] noch ein Element weiter, bis 4 Be, gemessen. Die erhaltenen Wellenlängen sind in der folgenden Tabelle zusammengestellt. SÖDERMAN hat noch einige Angaben über die etwaigen Linienweiten in diesem Gebiete gegeben, die betreffend der Größenordnung im Energiemaß (s. letzte Kolumne) mit den im Röntgenspektrum im allgemeinen gefundenen übereinstimmen. Ein Spektrogramm, welches die längste bis jetzt bekannte Linie der K-Reihe zeigt, ist in Abb. 215 nach einer Aufnahme von SÖDERMAN reproduziert.

Die $K\alpha$-Linie von Kohlenstoff, welche meistens in den Spektrogrammen erhalten wird, da die aus den Dichtungen stammenden Fettdämpfe in genügender Menge an der Antikathode niederschlagen, wurde von mehreren Forschern ausgemessen. Eine Zerlegung der Kohlenstofflinie in mehrere getrennte Komponenten, wie von BAZZONI, FAUST und WEATHERBY [1929:17] und FAUST [1930:73] gefunden wurde, ist von SÖDERMAN [1931:33] als nicht reell erwiesen.

Von den K-Linien im ultraweichen Gebiete waren früher durch Messungen mit organischen Krystallen folgende Wellenlängenwerte ermittelt:

	λ in Å.E.	
9 Fl	18,37	SIEGBAHN u. THORAEUS [1924: 118]
8 O	23,73	THORAEUS [1926: 197, 198]
6 C	45,5	DAUVILLIER [1927: 37]

Tabelle 198. Liniengittermessungen in der K-Reihe.

	THIBAUD [1927: 142]	SÖDERMAN [1929: 158; 1930: 166]		
			Geschätzte maximale Halbweiten	
	λ Å.E.	λ Å.E.	in Å.E.	in Volt
11 Na$K\alpha$	—	11,88	—	—
9 F$K\alpha$	—	18,275	—	—
8 OK abs..	23,5	—	—	—
8 O$K\alpha$	23,8	23,567	0,1	2,2
7 NK abs.	31,1	—	—	—
7 N$K\alpha$	31,8	31,557	—	—
6 CK abs..	43,5	—	—	—
6 C$K\alpha$	44,9	44,54	0,3	1,9
5 B$K\alpha$	68,0	67,71	1	2,7
4 Be$K\alpha$	—	115,7	5	4,6

Tabelle 199. Verschiedene Messungen der $K\alpha$-Linie von Kohlenstoff.

6 C$K\alpha$.	44,9	THIBAUD [1927: 142]
	45,8	HUNT [1927: 67]
	43,96	OSGOOD [1927: 119]
	45,4	WEATHERBY [1928: 126]
	44,54	SÖDERMAN [1930: 166]

Die Meßergebnisse im ultraweichen Gebiete der L-Reihe sind in Tabelle 200 gegeben. Mit Hilfe von Krystallgittern war diese Reihe bis 24 Cr ($L\beta_{3,4}$, $L\eta$, $L\beta$, Ll und $L\alpha$) verfolgt ($L\alpha$ noch bis 23 Va). Wegen der geringeren Auflösung bei der Plangittermethode sind die Linien hier nicht alle getrennt. Dagegen sind die Linien $L\alpha$ und Ll weiter verfolgt bis 20 Ca.

Aus der M-Reihe im ultraweichen Gebiete sind bis jetzt nur zwei Mo-Linien mit der Gittermethode gefunden und gemessen. Von besonderem Interesse ist eine Dublettreihe, welche THIBAUD bei den Elementen 73 Ta, 74 W, 78 Pt und 79 Au gefunden hat und die als Übergang innerhalb des N-Niveaus gedeutet werden kann. Solche Übergänge

Tabelle 200. Liniengittermessungen in der L-Reihe. Wellenlängen in Å.E.

	Ll	$L\eta$	$L\alpha$	$L\beta$	
30 Zn	14,02	—	12,25	11,96	Ho
29 Cu	—	—	13,6	—	Hu
„	15,26	—	13,32	—	K
„	15,33	14,95	13,37	—	Ho
28 Ni	—	—	14,51	—	K
„	16,73	16,36	14,62	14,28	Ho
27 Co	18,28	—	15,94	—	K
„	18,34	—	15,99	15,64	Ho
26 Fe	20,1	19,6	17,7	—	Th
„	—	—	18,0	—	Hu
„	—	—	17,61	—	B
„	20,15	—	17,54	—	K
„	20,25	—	17,66	17,29	Ho
25 Mn	22,34	—	19,55	19,17	Ho
24 Cr	24,73	—	21,74	—	K
„	—	—	21,73	—	Ho
23 Va	27,70	—	24,31	—	Ho
22 Ti	31,33	—	27,37	—	K
„	—	—	27,48	—	Ho
21 Sc	35,71	—	31,37	—	K
20 Ca	40,90	—	36,27	—	K
„	39,63	—	—	—	Ho

Th = Thibaud [1927: 142]; Hu = Hunt [1927: 67]; B = Bäcklin [1928: 16]; K = Kellström [1929: 82]; Ho = Howe [1930: 91].

sind, wie wir oben gesehen haben, innerhalb der gewöhnlichen Röntgenspektren niemals beobachtet worden, sind aber im optischen Gebiete vorhanden.

Die einzigen Messungen im ultraweichen Gebiete mit Hilfe der Konkavgittermethode sind die von Osgood, die unten zusammengestellt sind. Die Deutung der Linien ist leider durchweg unsicher, wie von Osgood bemerkt wird. Sogar die Zugehörigkeit zu den angegebenen Elementen sind fraglich. Die am besten identifizierten drei Linien bei 30 Zn, 29 Cu und 26 Fe passen auch nicht gut zu den vermuteten Übergängen.

Tabelle 201. Liniengittermessungen in den M- und N-Reihen.

THIBAUD [1927: 142]:

	λ in Å.E.	Angenommener Übergang
42 Mo	54,9	$M_{IV,V}\,N_{IV,V}$
„	65,0	$M_V\,N_{II,III}$
73 Ta.	58,3	a)
„	61,4	b)
74 W	56,0	a)
„	59,1	b)
78 Pt.	48,0	a)
„	51,0	b)
79 Au	46,8	a)
„	49,4	b)
OSGOOD [1927: 126]:		
30 Zn.	133,5	?
„	150,5	$M_{II,III}\,N_I$?
29 Cu.	164	„
26 Fe.	215	„
38 Sr.	86,9	$M_{IV,V}\,N_{II,III}$?
„	101,5	„
„	107,0	„
56 Ba.	75,7	$N_{II}\,O_I$?
„	154	$N_{IV,V}\,O_{II,III}$?
„	159,0	„
„	160,1	„

a) Übergang $N_{IV}\,N_{VI}$.
b) Übergang $N_V\,N_{VI,VII}$; siehe IDEI [1929: 71; 1930: 95] und THIBAUD [1929: 160].

42. Ermittlung der inneren Energieniveaus mittels magnetischer Spektren der Sekundärelektronen.

Schon in der ersten Zeit der röntgenspektroskopischen Forschung wurde von SAGNAC und DORN nachgewiesen, daß die Körper bei Bestrahlung mit Röntgenstrahlen außer zu der sekundären Röntgenstrahlung auch noch zur Emission von Elektronen großer Geschwindigkeit Anlaß geben. Man versuchte zu dieser Zeit auch, die Geschwindigkeit der ausgesandten Elektronen zu bestimmen, und zwar nach den folgenden drei Methoden:

1. durch Bestimmung der Krümmung der Elektronenbahnen in einem bekannten Magnetfeld;

2. durch Bestimmung des elektrischen Gegenfeldes, das gerade genügt, um die Elektronen zum emittierenden Körper zurückzuwerfen;

3. durch Bestimmung der Absorptionskoeffizienten der Elektronen in einer absorbierenden Gasschicht.

Von diesen drei Methoden ist die letzte für quantitative Messungen sehr wenig geeignet, weil erstens die Absorption kein so einfacher Vorgang ist und zweitens weil die Genauigkeit von Absorptionsmessungen bei schnelleren Elektronenstrahlen nur sehr gering ist. Auch die Ausführung der zweiten Methode ist in diesem Gebiete mit großen Schwierigkeiten verbunden, da die nötigen Feldstärken allzu hohe Voltzahlen beanspruchen, wenn die Spannungsmessungen noch mit der gewünschten Genauigkeit ausgeführt werden sollen.

Es kommt also hier im wesentlichen nur die magnetische Ablenkungsmethode in Frage. Sie wurde zuerst von DORN für Elektronenstrahlen benutzt. Abb. 216 gibt schematisch die Versuchsanordnung wieder. Der Körper, der die Elektronenstrahlen aussendet, befindet sich bei P, während an der Stelle A eine photographische Platte eingelegt ist. Durch zwei spaltförmige Blenden gelangen dann die sekundär in P erregten Strahlen, Röntgenstrahlen und Elektronenstrahlen, auf die Platte. Beim Einschalten eines Magnetfeldes, dessen Kraftlinien senkrecht zur Papierebene stehen, tritt eine Krümmung der Elektronenstrahlen ein, die an der Platte registriert wird und ausgemessen werden kann. Um zu verhindern, daß die Geschwindigkeit der Elektronen beim Durchlaufen der Strecke PA sich stark verringert, ist die ganze Apparatur evakuiert.

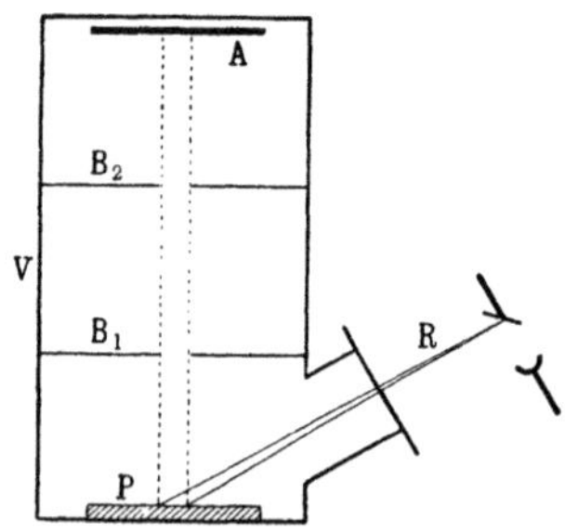

Abb. 216.

Die photographischen Aufnahmen zeigten eine ausgedehnte bandförmige Schwärzung, die auf eine entsprechende Geschwindigkeitsverteilung der Elektronenstrahlen hinwies. Jede Stelle der Schwärzung deutet ja auf eine ganz bestimmte Krümmung der betreffenden Elektronenbahn hin, und da alle Elektronen derselben magnetischen Feldstärke unterworfen sind, so entspricht jede Stelle auch einer bestimmten Geschwindigkeit der emittierten Sekundärstrahlen.

Durch Bestimmung des Krümmungsradius r und der magnetischen Feldstärke H ergibt sich als Wert der Geschwindigkeit v

$$v = \frac{e}{m} H \cdot r,$$

wo e die elektrische Elementarladung und m die Masse ist. Da hier verhältnismäßig große Geschwindigkeiten vorkommen, ist es nötig, die Relativitätskorrektion der Masse zu berücksichtigen und also für sie den Ausdruck

$$m = \frac{m_0}{\sqrt{1 - \beta^2}},$$

$$\beta = \frac{v}{c}$$

zu verwenden.

Die älteren Untersuchungen nach der photographischen Methode von Dorn, Bestelmeyer, Innes usw, nach der Absorptionsmethode von Becker, Whiddington und nach der elektrischen Methode der Gegenspannungen von Laub haben gezeigt, daß die Geschwindigkeit der emittierten Elektronenstrahlen von der Intensität der primären Röntgenstrahlung unabhängig ist, wie man in Analogie zu dem gewöhnlichen photoelektrischen Effekte erwarten konnte. Ferner haben diese Versuche die Größenordnung der Geschwindigkeiten gegeben, insbesondere hat Whiddington gezeigt, daß eine einfache Beziehung zwischen der Geschwindigkeit der Kathodenstrahlen des Röntgenrohres und der Elektronen der sekundär erregten Strahlung besteht. In den späteren Jahren hat man aber interessante und wichtige Einzelheiten bei der Emission der sekundären Elektronenstrahlen gefunden, ebenso wie der enge Zusammenhang zwischen den Geschwindigkeiten und dem Röntgenabsorptionsspektrum der sekundär strahlenden Atome festgestellt wurde.

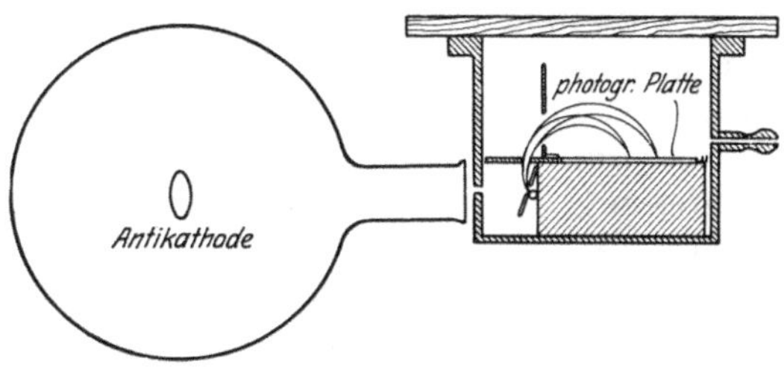

Abb. 217. Versuchsanordnung von Rutherford, Rawlinson und Robinson, um die Elektronenstrahlenspektren aufzunehmen.

Der von Duane und Hunt erbrachte experimentelle Beweis für die Gültigkeit des Einsteinschen photoelektrischen Gesetzes bei dem *Emissionsvorgang* der Röntgenstrahlen schien in sich auch ein Beweis dafür zu sein, daß die Frequenz der Elektronen, welche von einem mit Röntgenstrahlen bestrahlten Körper ausgesendet werden, demselben Gesetze gehorcht. Bei Bestrahlung einer Platte mit monochromatischem Röntgenlicht wäre daher zu erwarten, daß Elektronen von scharf bestimmter Geschwindigkeit (wenn man von ihrem Geschwindigkeitsverlust in dem emittierenden Körper selbst absieht) ausgesandt werden würden. Versuchsergebnisse, die in dieser Richtung gedeutet wurden, finden sich in Arbeiten von Rawlinson und Robinson sowie von Kang-Fuh-Hu. Die ersten beiden Verfasser [1914:37b], welche im Rutherfordschen Laboratorium arbeiteten, benutzten zum ersten Male für sekundäre, von Röntgenstrahlen erregte Elektronenstrahlen die von Rutherford angegebene magnetische Ablenkungsmethode, die wegen ihrer fokussierenden Eigenschaft für lichtschwache Phänomene sehr geeignet ist. Die Versuchsanordnung ist aus der Zeichnung Abb. 217 zu ersehen. Von der Antikathode A eines kräftigen Röntgenrohres ausgehend, fallen die primären Röntgenstrahlen durch einen Spalt S auf den Sekundärstrahler, der in einem evakuierten Gefäß aufgestellt ist. Dicht oberhalb des Sekundärradiators liegt ein zweiter Spalt parallel zu dem früheren und in derselben Ebene wie die photographische Platte P.

Elektronen derselben Geschwindigkeit werden von einem Magnetfeld senkrecht zur Papierebene in gleich großen Kreisen abgelenkt. Wie sofort zu ersehen ist, treffen sich auch bei verhältnismäßig großer Spaltöffnung sämtliche Elektronenbahnen derselben Kreisgröße annähernd an derselben Stelle der Platte. Wenn also unter den ausgesandten Elektronen Gruppen von bestimmter Geschwindigkeit sich vorfinden, so wird man auf der Platte „Linien" erhalten, die allerdings wegen der Eigenabsorption in dem Sekundärstrahler — auch wenn er sehr dünn genommen wird — in Richtung der kleineren Geschwindigkeit abgeschwächt sind. Es gelang RAWLINSON und ROBINSON, auch bei Bestrahlung mit einer Nickelantikathode und Sekundärstrahlern aus Eisen bzw. Bleiblech Linien zu erhalten. Trotz der Fokussierung war bei diesen ersten Versuchen bei höchstmöglicher Leistung des Rohres eine ganz beträchtliche Expositionsdauer von 12 Stunden nötig. Es war jedoch nicht möglich, diese Linien in befriedigender Weise als Linien der Nickel-, Eisen- und Bleistrahlung zu deuten.

DE BROGLIE [1921:5, 6, 9, 10] gelang es, mit Hilfe der eben besprochenen Methode Ergebnisse zu gewinnen, die Klarheit brachten. Die Deutung, welche DE BROGLIE seinen Versuchsresultaten geben konnte, steht in vollem Einklang mit den allgemeinen Vorstellungen über den Strahlungsmechanismus, die oben gegeben sind. Trifft eine monochromatische Röntgenstrahlung von der Frequenz ν auf eine sekundär strahlende Platte, so werden erstens Elektronen nach denselben Gesetzen wie bei den photoelektrischen Phänomenen[1] ausgesandt, d. h. die ausgesandten Elektronen haben eine Geschwindigkeit, die sich aus der Gleichung

$$\frac{1}{2} m v^2 = h\nu$$

bestimmt. Es handelt sich in diesem Falle um Elektronen, bei denen eine Losreißungsarbeit nicht in Betracht zu ziehen ist. Zweitens werden aber aus dem Inneren des Atoms Elektronen herausgeholt; und es muß eine nicht unbeträchtliche Arbeit geleistet werden, bis sie außerhalb der Wirkungssphäre des Atoms angelangt sind. Bezeichnen wir diese Arbeit mit W, so erhellt, daß die kinetische Energie, welche die Elektronen beim Freiwerden haben, bestimmt wird durch die Gleichung:

$$\frac{1}{2} m v^2 = h\nu - W.$$

[1] Es kommt noch, wie COMPTON [1923: 19, 20] gezeigt hat, eine andere Art von Sekundärelektronen vor, die bei dem Streuprozeß entstehen und wesentlich kleinere Geschwindigkeit haben als die Photoelektronen. Diese Phänomene fallen aber außerhalb des Rahmens dieses Buches.

Über die Arbeit W, welche zur Heraushebung eines Elektrons aus den inneren Elektronengruppen des Atoms nötig ist, wissen wir aber nach dem Vorangegangenen gut Bescheid. Es ist ja dies nichts anderes als die Energiemenge, welche in dem Energieniveauschema der Atome ihren Ausdruck gefunden hat. Wir haben diese mit K, L_I, L_{II}, L_{III}, M_I usw. bezeichnet. Ist die erregende Strahlung von so hoher Frequenz, daß noch K-Elektronen herausgehoben werden können, so sind daher die folgenden Elektronengeschwindigkeiten zu erwarten, je nachdem das Elektron von dem K-, dem L-, dem M-Niveau oder von der Oberfläche des Atoms kommt:

$$\tfrac{1}{2} m v_1^2 = h\nu - K,$$
$$\tfrac{1}{2} m v_2^2 = h\nu - L,$$
$$\tfrac{1}{2} m v_3^2 = h\nu - M,$$
$$\cdots\cdots\cdots$$
$$\tfrac{1}{2} m v_0^2 = h\nu.$$

1 2 3 4 5 6

Abb. 218. Elektronenstrahlenspektrum bei Bestrahlung von Silber mit Wolframstrahlung, von DE BROGLIE.

1 $K\alpha_{1,2}$ von $Ag-L_{Ag}$;
2 $\begin{cases} K\alpha_{1,2} & ,, \; Ag-M_{Ag}; \\ K\beta & ,, \; Ag-L_{Ag}; \end{cases}$
3 $K\beta$,, $Ag-M_{Ag}$;
4 $K\alpha_2$,, $W-K_{Ag}$;
5 $K\alpha_1$,, $W-K_{Ag}$;
6 $K\beta$,, $W-K_{Ag}$.

Daß dies wirklich zutrifft, hat DE BROGLIE in überzeugender Weise dargelegt, und wir wollen an einer von DE BROGLIE gemachten Aufnahme das Ergebnis näher erläutern. Das „Elektronenstrahlenspektrum", Abb. 218, wurde bei Bestrahlung einer dünnen Silberplatte mit der K-Strahlung von Wolfram erhalten. Es sind deutlich fünf verschiedene Linien (mit Abschattierungen nach kleineren Geschwindigkeiten wegen der Eigenabsorption in der Silberplatte) auf der Aufnahme zu unterscheiden. Die mit *4* und *5* bezeichneten Linien entsprechen der Heraushebung eines K-Elektrons durch die monochromatische Wolfram-K-Strahlung α_2 bzw. α_1. Ihre kinetischen Energien sind durch die Beziehungen:

$$h\nu_{\mathrm{W}K\alpha_2} - K_{\mathrm{Ag}},$$
$$h\nu_{\mathrm{W}K\alpha_1} - K_{\mathrm{Ag}}$$

bestimmt. Die drei anderen starken Linien verdanken ihren Ursprung der Silber-K-Strahlung, die sekundär erregt wird und dann ihrerseits zur Emission von Elektronen Anlaß gibt. Die Linien *1*, *2*, *3* haben kinetische Energien, deren Größe aus den folgenden Gleichungen zu entnehmen ist:

$$1.\quad h\nu_{\mathrm{Ag}K\alpha} - L_{\mathrm{Ag}},$$
$$2.\quad \begin{cases} h\nu_{\mathrm{Ag}K\beta} - L_{\mathrm{Ag}}, \\ h\nu_{\mathrm{Ag}K\alpha} - M_{\mathrm{Ag}}, \end{cases}$$
$$3.\quad h\nu_{\mathrm{Ag}K\beta} - M_{\mathrm{Ag}}.$$

De Broglie hat durch derartige Aufnahmen die Richtigkeit des oben Gesagten sorgfältig geprüft. In gewissen Fällen geben die Elektronenstrahlenspektren eine sehr gute Auflösung, die sogar der gewöhnlichen röntgenspektrographischen überlegen sein kann. Man bemerke z. B. die große Entfernung der zwei $K\alpha$-Linien des Wolframs in dem Spektrogramm Abb. 218, die bei einem gewöhnlichen Röntgenogramm schwierig zu erhalten wäre. Nachteilig ist die Lichtschwäche der Methode und die verhältnismäßig kleine bis jetzt erreichbare Meßgenauigkeit. Um die letztere zu erhöhen, hat de Broglie die Dimensionen der Apparatur stark vergrößert und mit Krümmungsradien der abgelenkten Strahlen von etwa 12 cm gearbeitet. Das Magnetfeld wurde dabei von einer großen eisenfreien Spule geliefert.

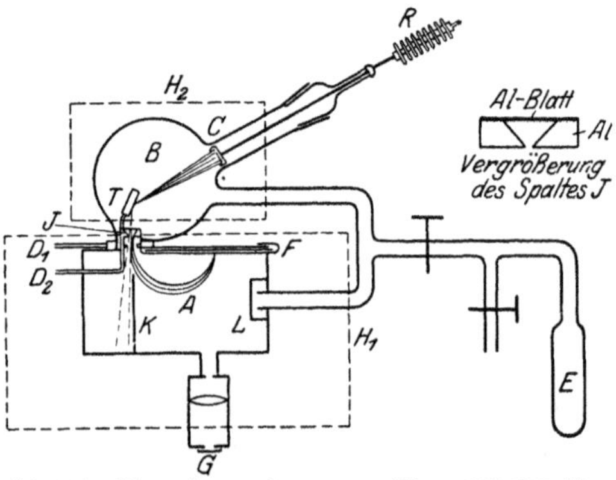

Abb. 219. Versuchsanordnung von Whiddington für die Aufnahme von sekundären Elektronenspektren.

Die Verringerung der Expositionsdauer ist Whiddington [1922: 82] gut gelungen, indem er die Antikathode ganz dicht an den Sekundärstrahler heranbrachte, wie aus Abb. 219 zu sehen ist. Das Röntgenrohr wird mit dem Elektronenstrahlenspektrograph direkt verkittet und ist mit einer wassergekühlten Antikathode aus Rhodium versehen. Die sekundär strahlende Substanz wird an die Wände einer kleinen dreieckigen Kammer gestrichen Das Magnetfeld wird auch hier durch eisenfreie Spulen erzeugt. Um zu verhindern, daß zerstreute Kraftlinien die Kathodenstrahlen des Röntgenrohres von der Antikathode ablenken, wird das Feld hier durch eine besondere Spule kompensiert. Mit dieser Apparatur konnte Whiddington schon in 5 Minuten Spektrogramme bekommen. Sehr gut durchexponierte Platten wurden in 30 Minuten erhalten.

In den folgenden zwei Tabellen geben wir einige der von Whiddington erzielten Resultate wieder. Zu den Tabellen ist zu bemerken, daß in der ersten Kolonne die aus der Gleichung

$$h\nu = \tfrac{1}{2} m v^2$$

bei gegebenen Geschwindigkeiten berechneten Frequenzwerte eingetragen sind. In der zweiten ist die Elektronengruppe des Sekundärstrahlers angegeben, von welcher das betreffende Elektron herstammt; in der dritten endlich die monochromatische Primär- oder Sekundär-

Tabelle 202. Antikathode: Rhodium; Sekundärstrahler: Arsen.

ν gemessen	Elektron aus dem Arsenniveau (Frequenz)	Erregende Strahlung (Frequenz)	ν berechnet
222	L (35)	As $K\alpha$ (252)	217
251 st.	L (35)	As $K\beta$ (285)	250
	Oberfläche (0)	As $K\alpha$ (252)	252
270 schw.	Oberfläche (0)	As $K\beta$ (285)	285
442 st.	L (35)	Rh $K\alpha$ (490)	455
507 schw.	L (35)	Rh $K\beta$ (551)	516
	Oberfläche	Rh $K\alpha$ (490)	490
563 sehr schw.	Oberfläche	Rh $K\beta$ (551)	551

Tabelle 203. Antikathode: Rhodium; Sekundärstrahler: Kupfer.

ν gemessen	Elektron aus dem Kupferniveau (Frequenz)	Erregende Strahlung (Frequenz)	ν berechnet
172 st.	L (22)	Cu $K\alpha$ (195)	173
193 st.	L (22)	Cu $K\beta$ (216)	194
	Oberfläche (0)	Cu $K\alpha$ (195)	195
217 schw.	Oberfläche (0)	Cu $K\beta$ (216)	216
270 st.	K (217)	Rh $K\alpha$ (490)	273
287 schw.	?	?	
313 st.	K ? (217)	Rh $K\beta$ (551)	334
461 st.	L (22)	Rh $K\alpha$ (490)	468
502 schw.	L (22)	Rh $K\beta$ (551)	529
	Oberfläche (0)	Rh $K\alpha$ (490)	490
552 sehr schw.	Oberfläche (0)	Rh $K\beta$ (551)	551

strahlung, die zur Emission des betreffenden Elektronenstrahls Anlaß gegeben hat. Es ist dies entweder die Rhodium-K-Strahlung oder eine charakteristische Eigenstrahlung des Sekundärstrahlers selbst, d. h. Cu bzw. As. Die letzte Kolumne schließlich gibt die aus den bekannten Daten der Kolumnen 2 und 3 berechneten Frequenzwerte.

Zur ersten Tabelle bemerkt WHIDDINGTON, daß die Deutung der Linien mit den Frequenzwerten 287 und 313 nicht klar ist.

Einen bedeutenden Fortschritt der Untersuchungen mittels dieser Methode verdanken wir ROBINSON, der, zum Teil mit verschiedenen Mitarbeitern, eine Anzahl schöner Arbeiten auf diesem Gebiete publiziert hat. Die methodischen Verbesserungen sind wesentlich in der Arbeit [1923: 67b] von ROBINSON enthalten. Um ein gut homogenes Magnetfeld zu erhalten, wurden große eisenfreie Spulen nach HELMHOLTZ-GAUGAIN benutzt. Eine Stromstärke von 1 Amp. durch die Spulen ergab eine Feldstärke von etwa 24 Gauß im Zentrum. Die Abweichung vom Feldwerte im Zentrum beträgt in einer Entfernung von 5 cm nur etwa 0,1%. Die Ablenkungskammer ist hier so abgeändert, daß ein breiter Sekundärstrahler benutzt wird, wobei ein oberhalb gelegener Spalt zur Abblendung dient (Abb. 220).

Robinson hat die magnetischen Elektronenspektren einer großen Anzahl von Elementen aufgenommen, wobei als Primärstrahlenquelle einige monochromatische Strahlen benutzt wurden. In der ersten Arbeit [1923:67b] diente als Primärstrahlquelle eine Röhre mit Kupferantikathode. Durch Einschalten eines Foliums aus Nickel wurde die $K\beta$-Strahlung unterdrückt, wodurch die Deutung der Sekundärstrahlenlinien erleichtert wurde. Als Beispiel der Messungsergebnisse und ihre Deutung in einem speziellen Falle geben wir die Resultate bei Wismut (Bi_2O_3) als Sekundärstrahler wieder.

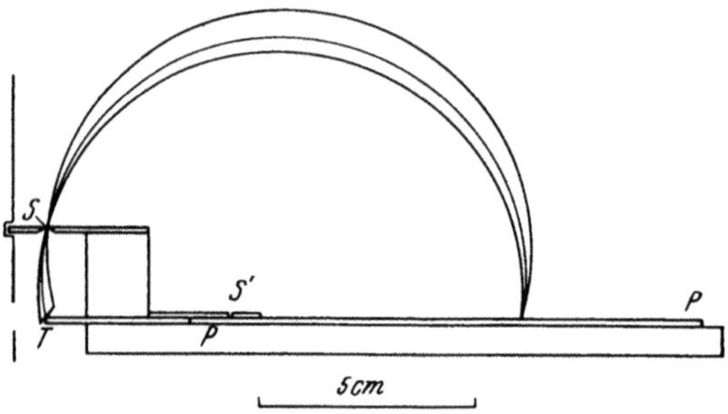

Abb. 220. Anordnung zur Aufnahme der magnetischen Spektren nach Robinson.

Tabelle 204. 83 Wismut (Bi_2O_3).

rH	ν/R	Intensität	$592{,}8 - \nu/R$	Niveau	Nach Tabelle 176
213,4	296,3	1	296,5	M_I	$M_I = 294{,}6$
221,9	320,3	2	272,5	M_{II}	$M_{II} = 272{,}2$
234,6	357,6	5	235,2	M_{III}	$M_{III} = 234{,}0$
245,8	392,5	6	200,3	M_{IV}	$M_{IV} = 198{,}0$
248,5	401,2	6	191,6	M_V	$M_V = 189{,}9$
283,6	521,5	2	71,3	N_I	$N_I = 69{,}1$
286,4	531,8	3	61,0	N_{II}	$N_{II} = 59{,}3$
289,1	541,8	4	51,0	N_{III}	$N_{III} = 49{,}8$
292,5	554,6	4	38,2	N_{IV}	$N_{IV} = 34{,}2$
293,8	559,5	5	33,3	N_V	$N_V = 32{,}4$
					$N_{VI} = 11{,}9$
300,2 [1]	584,0	3—4	8,8	N_{VI}, N_{VII}	$N_{VII} = 11{,}5$
				O	$O = 11{,}6 - 1{,}8$

Aus den Werten von ν/R der verschiedenen Linien (oder richtiger Schwärzungsgrenzen) ergaben sich durch Subtraktion von ν/R der Primärstrahlung (in diesem Falle Cu $K\alpha$; $\frac{\nu}{R} = 592{,}8$) die Energietiefe des betreffenden Niveaus. Ein Vergleich mit dem aus den röntgenspektroskopischen Messungen berechneten Werte gestattet die Identifizierung der Niveaus, wie in der Tabelle angegeben. Es gibt dies andererseits ein neues und von der Krystallgittermethode unabhängiges

[1] Breites Band, diffus.

Verfahren zur Messung der Energieniveaus. Im besonderen ist es in dieser Weise möglich, die langwelligen Absorptionsgrenzen auszumessen, welche mit der Krystallgittermethode nicht zugänglich sind. Von den Absorptionsgrenzen bei 83 Bi waren ja nur die M-Grenzen direkt gemessen, die N-Grenzen dagegen sind aus den Linienspektren berechnet. Im Gebiet, wo die Krystallgittermessungen verwendbar sind, wird man diese ihrer größeren Genauigkeit wegen vorziehen.

In weiterer Fortsetzung dieser Untersuchungen haben ROBINSON und CASSIE [1927: 130b] mit Mo K-Strahlen und ROBINSSON und YOUNG [1930: 138, 139] mit Ag K-Strahlen als Primärstrahlung der magnetischen Spektren eine große Anzahl von Elementen untersucht.

Von besonderem Interesse in den neueren Arbeiten sind die Messungen von Energieniveaus von mehrfach ionisierten Atomen. Wie aus den oben besprochenen Untersuchungen von M. DE BROGLIE hervorging, ergaben die magnetischen Spektren nicht nur Energiewerte von Sekundärelektronen, welche durch die einfallende Röntgenstrahlung aus den inneren Niveaus losgerissen sind; die im Sekundärstrahler erzeugten (sekundären) charakteristischen Röntgenstrahlen wirken in derselben Weise wie die primären Röntgenstrahlen als Agens für Elektronenstrahlen. AUGER hat durch Aufnahme mit der Wilsonmethode zeigen können, daß ein Röntgenstrahl aus einem Atom gleichzeitig nicht weniger als 4 Elektronen von verschiedener Geschwindigkeit herauszuschleudern vermag. Man muß sich diesen Prozeß folgendermaßen denken: Nach Entfernung z. B. eines K-Elektrons durch den primären Röntgenstrahl fällt beispielsweise ein L-Elektron in den freien Platz hinein. Dabei würde normalerweise eine $K\alpha$-Strahlung emittiert werden. Die frei gewordene Energie kann aber in dem Atom selbst in andere Energieformen als ein Strahlungsquant umgesetzt werden; es liegt die Möglichkeit vor, daß damit ein Elektron aus einem äußeren Niveau herausgeschleudert wird. Der Übergang des Elektrons:

$$L \rightarrow K$$

wird z. B. von der Entfernung eines M-Elektrons aus dem Atom begleitet, wobei dieses letztere Elektron noch eine kinetische Energie erhält, die der Überschußenergie der ersten Energie gegenüber der Loslösungsarbeit des Elektrons entspricht. Da aber bei der Entfernung des M-Elektrons aus dem Atom schon ein Elektron aus den inneren Schalen fehlt, ist diese Arbeit größer als die normale Energie, welcher das M-Niveau entspricht. Die verminderte Abschirmung des positiven Kernes bedeutet, daß die Arbeit zur Loslösung eines äußeren Elektrons der des nächsthöheren Elementes gleich ist.

Als Beispiel der Meßergebnisse und ihrer Deutung geben wir in Tabelle 205 die Resultate bei 82 Pb aus ROBINSON und YOUNG [1930: 138]

Tabelle 205.

Anmerkungen	Intensität	rH	ν/R	Niveauwerte
Zweifelhaft; nur eine Platte	2	242,4	381,8	
Zweifelhaft; nur eine Platte	3	280,8	509,1	L_{II}: Ag $K\alpha_1$ — 1123,2; $F: L\alpha_1$ — 268,4 (M'_{II})
Nicht vollständig aufgelöst	4	289,7	544,2	$F: L\alpha_1$ — 233,3 (M'_{III})
	5	300,4	584,8	$F: L\alpha_1$ — 192,7 (M'_{IV})
	3	301,9	590,6	$F: L\alpha_1$ — 186,9 (M'_{V})
	2	310,0	622,5	$F: Ll$ — 54,2 (N')
Nicht vollständig aufgelöst (a)	4	319,0	658,8	L_{III}: Ag $K\alpha_2$ — 960,8
Kante eines schmalen Bandes (a)	5—6	322,2	672,0	L_{III}: Ag $K\alpha_1$ — 960,3
Zweifelhaft	0—1	323,3	676,6	$F: Ll$ — O'
Schmal	3	329,3	701,6	$F: L\beta_1$ — 228,4 (M'_{III})
	2	333,3	718,7	L_{II}: Ag $K\beta_1$ — 118,5; $F: L\alpha_1$ — 58,8 (N')
	5—6	338,8	742,3	$F: L\beta_1$ — 35,2 (N'); $L\beta_1$ — 187,7 ($M'_{IV,V}$)
Zweifelhaft	1	339,2	744,1	$F: L\alpha_1$ — 33,4 (N'); $L\beta_1$ — 185,9 (M'_{V})
	3	345,7	772,6	$F: L\alpha_1$ — 4,9 (O')
Schmal	3	368,6	877,1	L_{III}: Ag $K\beta_1$ — 960,1; $F: L\beta_1$ — N; $L\gamma_1$—M'_{III}
	2—3	372,8	897,0	$F: L\gamma_1$ — 191,4 ($M'_{IV,V}$); $L\beta_{1,2}$ — N'
Zweifelhaft	1	384,4	952,9	
Zweifelhaft	0—1	397,5	1018,1	
Zweifelhaft	0—1	439,0	1238,2	
Breit	4+	458,9	1351,1	M_I: Ag $K\alpha_1$ — 281,2
Scharf	4	462,0	1369,1	M_{II}: Ag $K\alpha_1$ — 263,2
Nicht vollständig aufgelöst	4—5	465,9	1391,8	M_{III}: Ag $K\alpha_2$ — 227,8
	6	468,0	1404,2	M_{III}: Ag $K\alpha_1$ — 228,1
Breit	4+	475,1	1446,3	$M_{IV,V}$: Ag $K\alpha_1$ — 186,0
	2	481,6	1485,4	
	2	486,9	1517,6	
Nicht vollständig aufgelöst	4—5	492,6	1552,6	M_I: Ag $K\beta_1$ — 284,6; N: Ag $K\alpha_2$ — 67,0
Kante eines schmalen Bandes	4	496,7	1578,1	M_{II}: Ag $K\beta_1$ — 259,1; N: Ag $K\alpha_1$ — 54,2

(a) Dieses Band enthält auch $F: L\beta_1$ — M'_I, M'_{II}.

Tabelle 205 (Fortsetzung).

Anmerkungen	Intensität	rH	ν/R	Niveauwerte
Kante eines schmalen Bandes	3	503,6	1621,4	N: Ag $K\alpha_1$ — 10,9; Ag $K\beta_1$ — M_{III} unaufgelöst
	1—2	508,1	1649,9	$M_{IV,V}$: Ag $K\beta_1$ — 187,3
	2	512,5	1677,9	
	1—2	520,3	1728,2	
Schmal; komplexe Struktur	2	527,6	1776,0	N: Ag $K\beta_1$ — 61,2
	1	540,7	1863,2	N: Ag $K\beta_2$ — 11,8 (?)
	0—1	552,3	1942,0	(?)

wieder. Die Primärstrahlung war in diesem Falle die Silber-K-Reihe. Die Sekundärelektronen, welche durch die erregte charakteristische Röntgenstrahlung aus dem erregten Atom selbst herausgeschleudert sind, werden in der letzten Kolumne der Tabelle mit F bezeichnet. Die berechneten Niveaus sind durch einen Strich (M'_I, M''_{II} usw.) bezeichnet, um den Unterschied gegenüber den normalen Niveaus hervorzuheben. Wie ersichtlich sind diese Niveaus durchweg höher als die normalen, wie nach Obigem zu erwarten war.

In den Tabellen 206—214 geben wir eine Zusammenstellung der von Robinson [1923: 67b], Robinson und Cassie [1927: 130b] und Robinson und Young [1930: 138] bestimmten Niveauwerte wieder. Die Tabelle von 92 U, wo die verschiedenen Meßreihen mit Cu K, Mo K

Tabelle 206.

	92 U						Mittelwert	Nach Absorptionsmessungen
	Cu $K\alpha$	Mo $K\alpha_1$	Mo $K\beta_1$	Ag $K\alpha_2$	Ag $K\alpha_1$	Ag $K\beta_1$		
M_I	—	408,8	—	411,1	408,5	406,4	408,7	408,9
M_{II}	—	378,9	378,5	381,9	381,3	380,1	380,1	382,1
M_{III}	315,9	314,7	313,5	319,0	316,9	—	316,0	316,7
M_{IV}	274,0	260,5	259,2	274,8	—	—	274,4	273,9
M_V	260,4			—	260,9	—	260,7	261,0
N_I	106,0	102,3		—	—	110,9	106,4	—
N_{II}	92,5	—	75	—	88,9	81,5	92,5	—
N_{III}	75,5	74,4		—			75,0	—
$N_{IV, V}$	52,4	54,0	—	—	—	—	53,2	—
$N_{VI, VII}$	26,0		—	—	—	—	26,0	—
O_I						—		—
$O_{II, III}$	15,7	10,4	—	—	10,9	—	15,7	—
$O_{IV, V}$	2,9		—	—		—	2,9	—
P		—	—	—	—	—		—

und Ag K als Primärstrahlen einzeln angegeben sind, gibt eine Vorstellung von der Genauigkeit dieser Messungen. Bei den übrigen Elementen sind nur die Mittelwerte angegeben. In der letzten Kolumne sind ferner die mittels Aufnahme von Absorptionsspektren spektroskopisch ermittelten Niveaus angegeben.

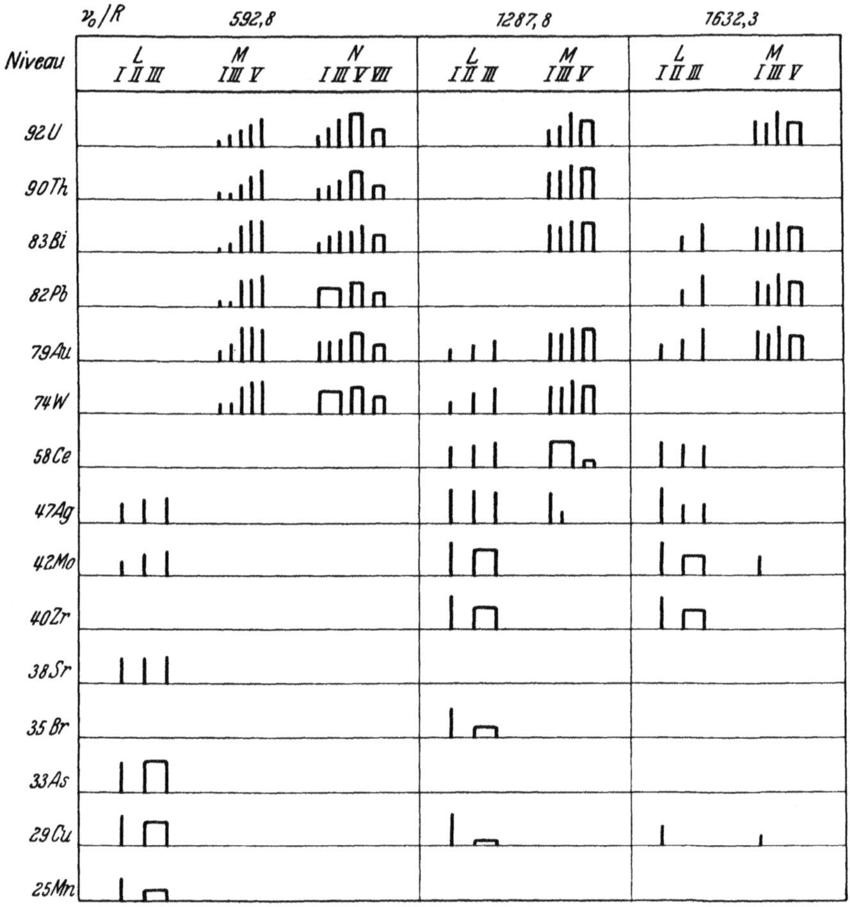

Abb. 221. Relative Intensitäten bei den magnetischen Spektren nach ROBINSON und YOUNG.

Von besonderem Interesse sind die Angaben über die relativen Intensitäten bei den magnetischen Spektren. Während, wie oben angegeben, bei den Absorptionsspektren z. B. in der L-Gruppe die L_{III} den stärksten Sprung zeigen, findet ROBINSON bei den magnetischen Spektren in vielen Fällen die Intensitätsfolge L_I, L_{II}, L_{III}. Nur wenn die Energiedifferenz zwischen erregendem Primärstrahlungsquant und dem betreffenden Energieniveau klein ist, ergibt sich L_{III} als die stärkste. Eine Übersicht der relativen Intensitäten nach ROBINSON und YOUNG gibt die graphische Darstellung (Abb. 221). Die erregende Primärstrahlung (ν/R) ist oben angegeben.

Tabelle 207.

	90 Th		83 Bi		82 Pb	
	Mittelwert	Nach Absorptionsmessungen	Mittelwert	Nach Absorptionsmessungen	Mittelwert	Nach Absorptionsmessungen
L_{II}	—	—	1154,0	1156,79	—	—
L_{III}	—	—	985,9	988,29	960,6	960,03
M_I	379,8	381,6	292,8	—	282,8	—
M_{II}	354,6	354,4	270,4	—	263,1	—
M_{III}	296,5	297,7	231,8	234,1	227,7	225,9
M_{IV}	258,3	256,7	200,3	199,5	191,1	192,0
M_V	244,5	244,8	191,6	191,4	182,6	184,3
N_I	98,2	—		—		—
N_{II}	86,9	—	50,7	—	49,0	—
N_{III}	75,6	—		—		—
N_{IV}	51,6	—	37,9	—	31,4	—
N_V		—		—		—
$N_{VI, VII}$	24,4	—	8,5	—	8,2	—
O	15,1	—		—		—
P	2,7	—	—	—	—	—

Tabelle 208.

	79 Au		74 W		58 Ce	
	Mittelwert	Nach Absorptionsmessungen	Mittelwert	Nach Absorptionsmessungen	Mittelwert	Nach Absorptionsmessungen
L_I	1056,7	1056,92	891,3	890,37	481,2	483,28
L_{II}	1010,9	1011,49	850,2	850,28	453,1	454,12
L_{III}	877,2	877,70	750,8	751,30	418,0	421,94
M_I	248,9	243,52	208,1	208,77		—
M_{II}	230,0	223,08	189,1	189,85		—
M_{III}	199,1	202,2	165,9	167,9	90,2	—
M_{IV}	167,7	171,0	139,0	140,5		—
M_V	159,8	164,8	133,2	136,0		—
N_I	56,1	—		—		—
N_{II}	47,1	—	33,0	—		—
N_{III}	38,9	—		—	20,2	—
$N_{IV, V}$	24,2	—	17,2	—		—
$N_{VI, VII}$	3,3	—	—0,5	—		—
O		—		—	1,4	—

Tabelle 209.

	56 Ba		53 J		50 Sn	
	Mittelwert	Nach Absorptionsmessungen	Mittelwert	Nach Absorptionsmessungen	Mittelwert	Nach Absorptionsmessungen
L_I	441,7	441,9	383,1	382,26	329,8	329,03
L_{II}	415,2	414,3	356,6	357,71	307,8	306,59
L_{III}	385,7	386,66	337,2	335,78	290,7	289,36
M_I	95,8	—	80,0	—	65,3	—
M_{II}	84,9	—	66,5	—	52,7	—
M_{III}	79,0	—		—		—
$M_{IV,V}$	58,4	—	46,6	—	35,5	—
$N_I - N_{III}$	13,9	—	9,2	—	7,6	—
$N_{IV} - N_{VII}$	—0,4	—		—		—
O		—	—	—	—	—

Tabelle 210.

	47 Ag		42 Mo		40 Zr	
	Mittelwert	Nach Absorptionsmessungen	Mittelwert	Nach Absorptionsmessungen	Mittelwert	Nach Absorptionsmessungen
K	—	—	—	—	1325,9	1325,7
L_I	279,4	280,85	211,6	212,43	187,2	187,60
L_{II}	258,7	259,91	193,4	193,39	168,7	169,83
L_{III}	245,8	246,76	186,1	185,81	160,0	163,87
$M_{I,II}$	47,1	—		—		—
M_{III}	39,3	—	36,7	—	30,7	—
$M_{IV,V}$	23,8	—		—		—
N	4,3	—	—	—	3,3	—

Tabelle 211.

	38 Sr		35 Br		33 As	
	Mittelwert	Nach Absorptionsmessungen	Mittelwert	Nach Absorptionsmessungen	Mittelwert	Nach Absorptionsmessungen
K	1185,9	1186,0	992,5	992,57	873,4	874,01
L_I	165,2	163,57	129,9	—	112,0	—
L_{II}	149,8	147,88	114,1	—	101,4	—
L_{III}	145,8	143,24		—	96,8	—
M	—	—	18,0	—	10,3	—

Tabelle 212.

	29 Cu		25 Mn		22 Ti	
	Mittelwert	Nach Absorptionsmessungen	Mittelwert	Nach Absorptionsmessungen	Mittelwert	Nach Absorptionsmessungen
K	660,1	661,59	480,1	481,86	364,5	365,80
L_I	79,9	—	55,3	—	37,0	—
$L_{II,III}$	68,3	—	47,9	—		—
M	5,8	—	3,3	—	—	—

Tabelle 213.

	20 Ca		19 K		16 S	
	Mittelwert	Nach Absorptionsmessungen	Mittelwert	Nach Absorptionsmessungen	Mittelwert	Nach Absorptionsmessungen
K	297,1	297,38	266,2	265,60	182,1	181,93

Tabelle 214.

	12 Mg		11 Na	8 O
	Mittelwert	Nach Absorptionsmessungen	Mittelwert	Mittelwert
K	99,6	95,96	81,3	38,3

Tabelle 215.

Element Nr.	Auslösende Strahlung	L'_I	L'_{II}	L'_{III}	M'_I	M'_{II}	M'_{III}	M'_{IV}	M'_V
92 U	U $L\alpha_1$	—	—	—	—	—	322,1	279,8	265,2
90 Th	Th $L\alpha_1$	—	—	—	—	365,5	318,7	262,7	247,8
83 Bi	Bi $L\alpha_1$	—	—	—	295,1	279,4	242,4	200,9	
		—	—	—	—	—	237,8	202,1	193,4
	Bi $L\beta_1$	—	—	—	311,7	275,1	241,2	—	196,6
		—	—	—	—	—	—	194,0	
	Bi $L\gamma_1$	—	—	—	301,7	271,7	239,0	196,0	
	Bi $L\gamma_4$	—	—	—	—	—	—	—	191,8
82 Pb	Pb $L\alpha_1$	—	—	—	—	268,4	233,3	192,7	186,9
	Pb $L\beta_1$	—	—	—	—	—	228,4	187,7	
		—	—	—	—	—	—	—	185,9
	Pb $L\gamma_1$	—	—	—	—	—	—	191,4	
79 Au	Au $L\alpha_1$	—	—	—	—	245,5	209,5	172,1	
		—	—	—	—	—	205,5	—	—
	Au $L\beta_1$	—	—	—	258,6	—	—	—	168,1
74 W	W $L\alpha_1$	—	—	—	193,5		175,8	141,1	136,5
	W $L\beta_1$	—	—	—	—	—	—	146,0	139,2
	W $L\beta_2$	—	—	—	—	—	—	—	134,6
	W $L\gamma_1$	—	—	—	207,3	186,4	177,1	137,7	—
42 Mo	Mo $K\alpha_2$	210,9	—	—	—	—	—	—	—
	Mo $K\alpha_1$	—	200,5	192,7	—	—	—	—	—
		—	—	185,9	—	—	—	—	—
	Mo $K\beta_1$	212,5	—	186,4	—	—	—	—	—
40 Zr	Zr $K\alpha_2$	196,9	172,2	—	—	—	—	—	—
		189,0	164,7?		—	—	—	—	—
	Zr $K\alpha_1$	194,4	173,5		—	—	—	—	—
		—	—	162,4	—	—	—	—	—
	Zr $K\beta_1$	193,5	—	167,6	—	—	—	—	—

Tabelle 215 (Fortsetzung).

Element Nr.	Auslösende Strahlung	L'_I	L'_{II}	L'_{III}	M'_I	M'_{II}	M'_{III}	M'_{IV}	M'_V
38 Sr	Sr $K\alpha_2$	168,4	149,5		—	—	—	—	—
		—	144,8?		—	—	—	—	—
	Sr $K\beta_1$	—	—	147,3	—	—	—	—	—
35 Br	Br $K\alpha_1$	136,4	—	122,2	—	—	—	—	—
	Br $K\beta_1$	137,0	—	116,2	—	—	—	—	—
33 As	As $K\alpha_2$	116,8	101,2		—	—	—	—	—
	As $K\alpha_1$	118,4	102,4		—	—	—	—	—
		—	100,0		—	—	—	—	—
	As $K\beta_1$	118,2	103,0		—	—	—	—	—
		—	—	97,2	—	—	—	—	—
29 Cu		85,9	73,5		—	—	—	—	—
	Cu $K\alpha_1$	84,9	74,1		—	—	—	—	—
		—	—	68,6	—	—	—	—	—
	Cu $K\beta_1$	83,5	69,3		—	—	—	—	—
		81,9	70,0		—	—	—	—	—

43. Bestimmung von Absorptionsdiskontinuitäten im ultraweichen Gebiete.

Die Grenze der kontinuierlichen Röntgenstrahlung gegen kürzere Wellenlängen ist, wie im nächsten Kapitel gezeigt werden wird, durch das EINSTEINsche photoelektrische Gesetz festgelegt, d. h.

$$eV = h\nu$$

oder

$$\lambda_{\text{Å.E.}} = \frac{12\,345}{V_{\text{Volt}}}. \tag{113}$$

Schaltet man im Strahlenwege ein absorbierendes Filter von geeigneter Dicke ein, so läßt sich der langwellige Teil der Strahlung stark unterdrücken, so daß nur eine ziemlich monochromatische Strahlung von der durch Gl. (113) bestimmten Wellenlänge übrigbleibt. Durch Änderung der erregenden Spannung hat man es ferner in seiner Hand, die gewünschte Wellenlänge zu erzielen. Mit Hilfe so erhaltener relativ monochromatischer Strahlen hat HOLWECK im ultraweichen Gebiete die Absorption bei einer Anzahl von Elementen als Funktion der Wellenlänge untersucht und dabei feststellen können, daß scharfe Diskontinuitäten im Absorptionsverlauf bei gewissen Wellenlängen vorhanden sind. Es sind diese plötzlichen Änderungen offenbar mit den Absorptionsgrenzen identisch, und man hat daher hierin ein von der Gittermethode unabhängiges Verfahren zur Ermittlung der Niveauwerte, welches sich auch im langwelligen Gebiete verwenden läßt.

Eine von HOLWECK [1927: 65b] verwendete Anordnung für diese Untersuchungen zeigt Abb. 222a, b. Der untere Teil ist das Röntgenrohr; das obere (auch vakuumdichte) Gehäuse, welches als Ionisationskammer dient, ist als Elektroskop ausgebildet, zwischen diesen zwei Teilen befinden sich entweder absorbierende Folien oder ein Absorptionsgefäß (s. Abb. 222b) für Gase.

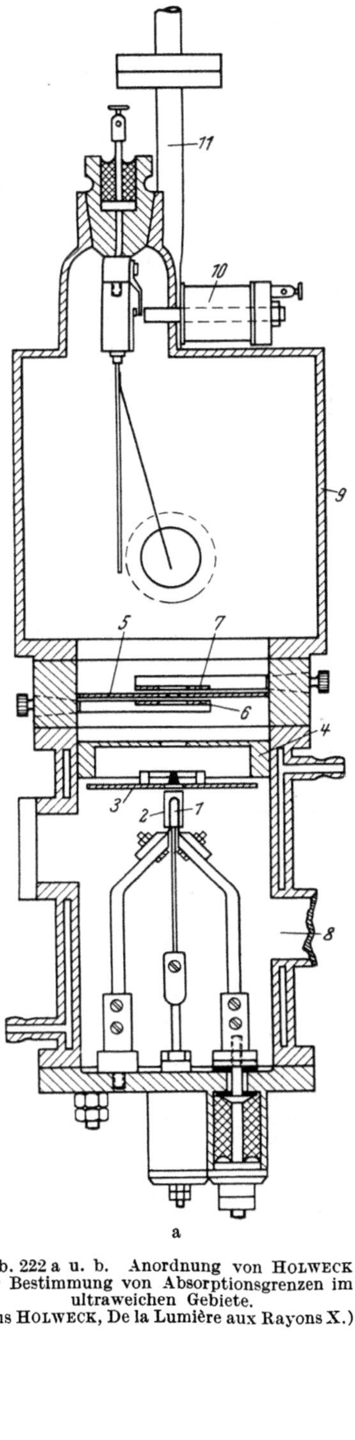

a

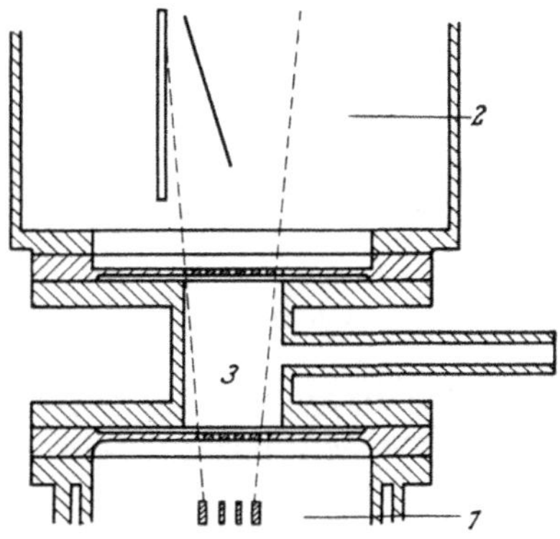

b

Abb. 222a u. b. Anordnung von HOLWECK zur Bestimmung von Absorptionsgrenzen im ultraweichen Gebiete. (Aus HOLWECK, De la Lumière aux Rayons X.)

Die Kathode (*1*) des Röntgenrohres besteht aus einem kurzen U-förmigen Wolframdraht. Die Anode ist ein kleiner Zylinder (*2*) aus Molybdän, der den Glühdraht umgibt. Die Röntgenstrahlung passiert zuerst eine Blende und dann die Folien bzw. das Absorptionsgefäß, wonach sie in das Elektroskop hineinfällt. In einer neueren Ausführung hat HOLWECK eine automatische Registrierung der Strahlungsintensität vorgesehen.

Wir wollen zuerst über die sehr interessanten Untersuchungen über die Absorption in Celluloidfolien kurz berichten. Diese Frage ist

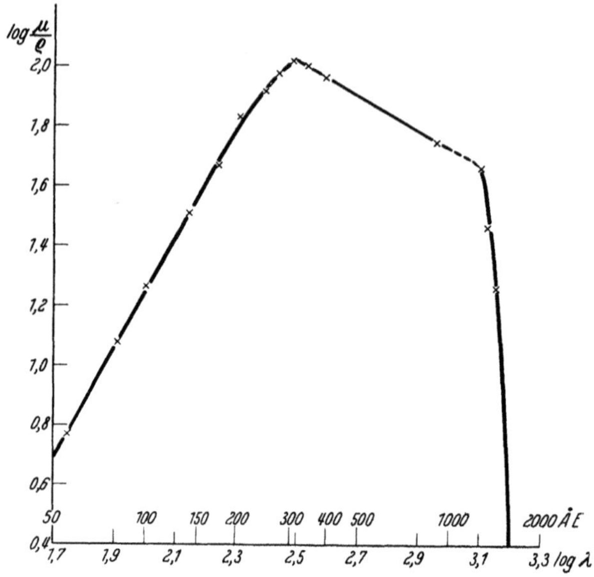

Abb. 223. Absorption in Celluloid.

schon deswegen von Wichtigkeit, weil solche Folien oft und so auch hier zur Abschließung von Absorptionsgefäßen verwendet werden. Die Messungen von HOLWECK erstrecken sich von 13,5 bis 1230 V, was in Wellenlängen also 915 bis 10 Å.E. bedeutet. Die in Prozent durchgelassene Strahlung ist in der dritten Kolumne der folgenden Tabelle angegeben. Aus der Foliendicke 0,27 berechnet man dann die in der letzten Kolumne aufgeführten Absorptionskoeffizienten. Im Gebiete 1657 bis 1262 Å.E. sind die Werte optischen Messungen entnommen.

Tabelle 216.

Volt	λ in Å.E.	Durchgehende Intensität in Proz.	μ/ϱ
—	1657	95	$2,6 \cdot 10^3$
—	1561	95	2,6
—	1464	50	18
—	1335	30	29
—	1262	20	47
13,5	915	16,2	55
31	400	4,1	92
35	350	3,0	101
40	308	2,7	104
45	274	3,9	94
50	246	5,6	83
60	205	9,2	68
70	176	19,5	47
90	137	33,4	32
123	100	52,4	18,6
150	82	64,0	12,0
220	56	81,0	5,96
300	41	92,0	2,52
600	20	92,0	2,52
1230	10	92,0	2,52

Die graphische Darstellung von $\log \mu/\varrho$ als Funktion von $\log \lambda$ (Abbild. 223) zeigt im Gebiete 50 bis 200 Å.E. einen nahezu geradlinigen Verlauf, wie es im allgemeinen für den Absorptionskoeffizienten der Röntgenstrahlen der Fall ist. Bei etwa 320 Å.E. tritt eine Diskontinuität in dem Verlauf der Kurve ein.

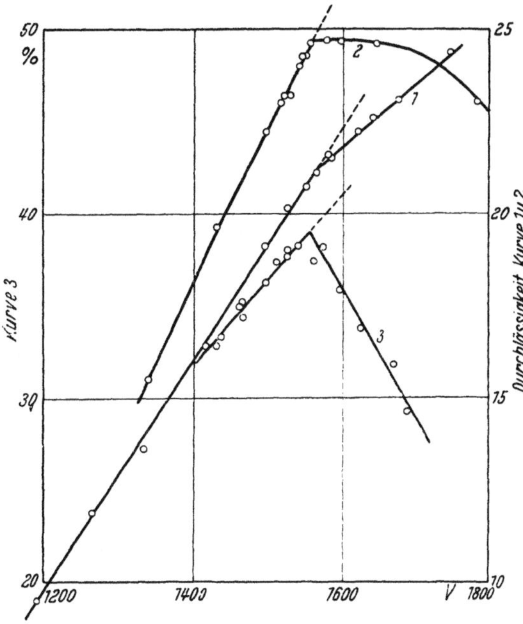

Abb. 224. K-Absorptionsdiskontinuität bei Al nach HOLWECK. (Aus HOLWECK, De la Lumière aux Rayons X.)

Die Messungen der Absorption bei den niedrigen Elementen und die Ermittlung der Absorptionsgrenzen wurden teils mit dünnen Folien (Al, B), teils mit Gasen (A, Cl, S, P, Si, Ne, O, N, C) durchgeführt. Bei den Gasen wurden dabei drei verschiedene Methoden verwandt.

1. Gase im Ionisationsgefäß:

a) Variation des Drukkes;

b) konstanter Druck; Variation der Weglänge im Gas.

2. Gase in einer Kammer zwischen Röntgenquelle und Ionisationsgefäß.

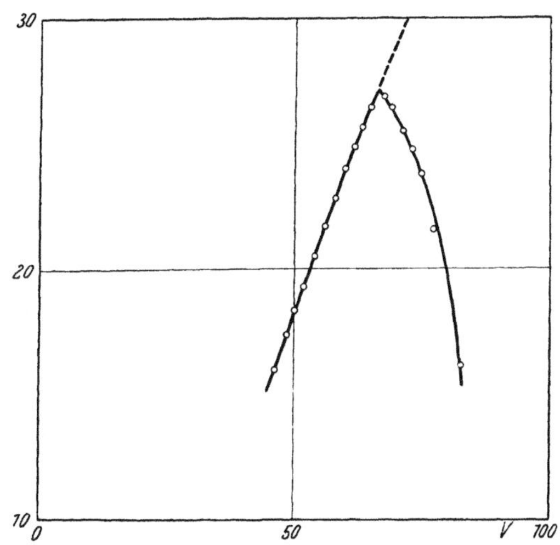

Abb. 225. $L_{II, III}$-Absorptionsdiskontinuität bei Al nach HOLWECK. (Aus HOLWECK, De la Lumière aux Rayons X.)

Die Messungen bei Al wurden mit Folien von der Dicke 9 μ für den K-Absorptionssprung und 0,63 μ für den L-Absorptionssprung ausgeführt. Im ersten Falle wurden die drei Kurven Abb. 224 erhalten, wobei immer stärkere Filtrierung (höhere Monochromatisierung) verwandt wurde. Die drei Werte des Absorptionssprunges waren

$$1575 \pm 20\ \text{V}$$
$$1560 \pm 10\ \text{,,}$$
$$1555 \pm 10\ \text{,,}$$

Der spektroskopisch von ÅSE ermittelte Wert für die Hauptkante ist 1556 V.

Mit der dünneren Folie wurde (Abb. 225) bei 68 ± 2 V eine sehr ausgeprägte Diskontinuität erhalten.

Auch Bor wurde in festem Zustande als Folium aus Boranhydrid verwandt.

Von den bei Gasen erhaltenen Kurven sind einige typische in Abb. 226—228 wiedergegeben. Mit Argon tritt bei 246,5 V eine deutliche Diskontinuität auf, die zu der Lage von $L_{II,III}$ gut paßt.

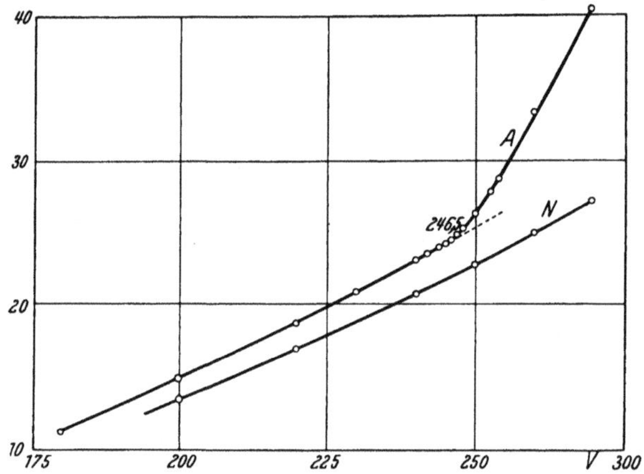

Abb. 226. $L_{II,III}$-Absorptionsdiskontinuität bei 18 A nach HOLWECK. (Aus HOLWECK, De la Lumière aux Rayons X.)

S, P und Si wurden in den gasförmigen Verbindungen H_2S, H_3P und H_4Si untersucht. Die verschiedenen Meßreihen gaben folgende Werte der $L_{II,III}$-Grenze in Volt:

S $=163 \pm 1$ (9 Messungen: 164, 163, 162, 162, 162, 162, 163, 164, 164),
P $=128 \pm 2$ (7 Messungen: 128, 128, 128, 128, 127, 128, 129),
Si $=\ 98 \pm 2$ (8 Messungen: 97, 98, 98, 99, 98, 97, 98, 98).

Von besonderem Interesse sind die Kurven von O_2, N_2 und N_2O. Im ersten Falle ist im Gebiete 528—535 V eine Feinstruktur zu sehen, etwa wie sie bei den gewöhnlichen röntgenspektroskopischen Absorptionsspektren bei einer Anzahl von Elementen bekannt ist. Im Falle von N_2 tritt eine Absorptionslinie auf, während die Registrierung bei N_2O nur eine einfache Diskontinuität gibt.

Zusammenfassend geben wir in Tab. 217 die Meßergebnisse von HOLWECK wieder. Neben den K-Grenzen sind zum Vergleich die Mes-

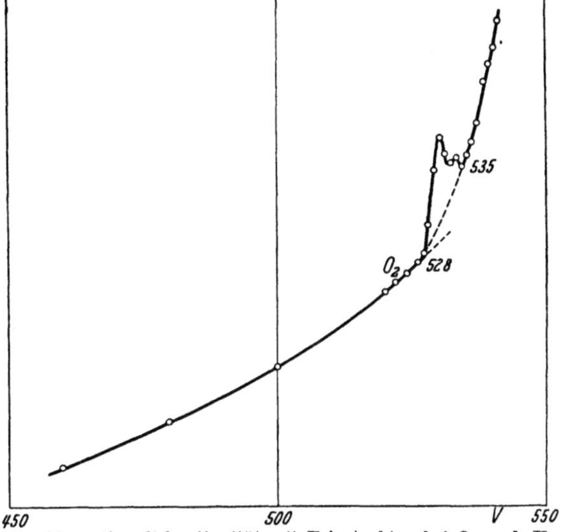

Abb. 227. K-Absorptionsdiskontinuität mit Feinstruktur bei O_2 nach HOLWECK. (Aus HOLWECK, De la Lumière aux Rayons X.)

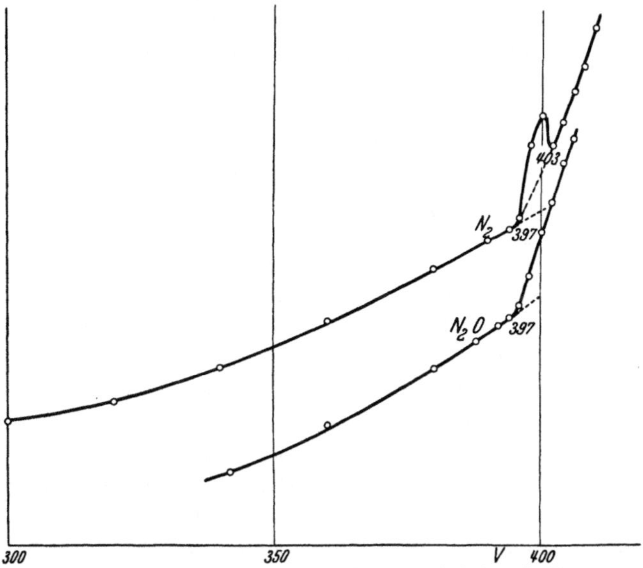

Abb. 228. K-Absorptionsdiskontinuität bei N_2 und N_2O nach HOLWECK. (Aus HOLWECK, De la Lumière aux Rayons X.)

sungen mit Liniengittern von THIBAUD angegeben sowie auch die Werte der $K\alpha$-Linien nach SÖDERMAN. In der letzten Kolumne der

Tabelle 217.

	K-Absorptionsgrenzen				*Kα* nach Södermann
	nach Holweck			nach Thibaud	
	Volt	λ in Å.E.	ν/R	λ in Å.E.	λ in Å.E.
5 B	192	64,3	14,2	—	67,71
6 C	281	43,9	20,8	43,5	44,54
7 N	397	31,1	29,3	31,1	31,56
8 O	528	23,3	39,0	23,5	23,57
9 F	684	18,0	50,5	—	18,28

	$L_{II,\,III}$-Absorptionsgrenzen				
	nach Holweck			nach Tabelle 176b	
	Volt	λ in Å.E.	ν/R	ν/R	
13 Al	68	181	5,0	5,3	
14 Si	98	126	7,2	7,2	
15 P	128	96,4	9,45	9,4	
16 S	163	75,7	12,0	12,0	11,9
17 Cl	203	60,9	15,0	14,9	14,8
18 A	246,5	50,1	18,21	—	—

Tabelle über die $L_{II,III}$ Grenzen sind die aus den spektroskopisch bestimmten K-Grenzen und den $K\alpha$-Linien berechneten Werte (s. Tabelle 176b) eingetragen. Die Übereinstimmung ist in beiden Reihen, wie ersichtlich, sehr gut und zeigt, daß diese Methode sehr zuverlässige Ergebnisse liefern kann.

44. Messung von kritischen Potentialen.

Wir wollen schließlich kurz über eine Methode zur Untersuchung des Gebietes zwischen Röntgenstrahlen und optischen Spektren berichten, an die große Hoffnungen geknüpft wurden, nämlich die Bestimmung der kritischen Potentiale. Leider muß gesagt werden, daß diese Erwartungen, trotz der in gewissen Fällen mit großem Geschick und Sorgfältigkeit durchgeführten Experimentaluntersuchungen, nicht erfüllt worden sind. Die Methode hat sogar für die am meisten ausgeprägten kritischen Potentiale, die mit neueren Verfahren leicht und sicher festzustellen sind, nicht zu einwandfreien Ergebnissen geführt. Um so mehr gilt dies bei der großen Anzahl schwächerer Diskontinuitäten, die von verschiedenen Forschern in den erhaltenen Registrierkurven angenommen wurden. Wir kommen auf diese Frage weiter unten zurück. Seitdem jetzt die zuverlässige und genaue Liniengittermethode für die Untersuchungen in diesem Wellenlängengebiete ausgearbeitet worden ist, haben diese indirekten Methoden ihre Bedeutung für spektroskopische Zwecke zum größten Teil verloren. Wir sehen daher hier von einer eingehenden Besprechung der damit gewonnenen, noch wenig klargelegten Ergebnisse ab und werden nur einige Hauptpunkte des Verfahrens angeben.

Die Methode ist prinzipiell sehr einfach und besteht z. B. darin, daß man die von der Antikathode eines hochevakuierten Röntgenrohres ausgehende Strahlung ohne Zwischenschaltung irgendwelcher absorbierenden Substanz auf eine Platte fallen läßt. Dabei werden Elektronen von dieser Platte frei gemacht und mit einer gewissen Geschwindigkeit, deren Maximalwert sich aus der EINSTEINschen photoelektrischen Beziehung bestimmt, ausgesandt. Durch Verbindung der Platte mit einem Elektrometer wird die Größe der Elektronenemission gemessen und in Beziehung zur Erregungsspannung im Röntgenrohr gebracht. Man hält also die Kathodenstrahlstromstärke konstant und ändert in kleinen Schritten die Röhrenspannung, indem man jedesmal die photoelektrische Elektronenstromstärke bestimmt. Es ist zu erwarten, daß das Einsetzen der charakteristischen Eigenstrahlung, wenn die betreffende Erregungsspannung erreicht ist, sich als eine Diskontinuität bemerkbar machen wird. Tatsächlich findet man auch bei Aufnahmen solcher Kurven in ihrem Verlauf mehr oder weniger ausgeprägte Richtungsänderungen. Bei der experimentellen Ausführung dieser Versuche begegnet man aber einer Reihe von Schwierigkeiten, die durch besondere Vorsichtsmaßregeln beseitigt werden müssen. Erstens ist es unbedingt nötig, ein sehr gutes Hochvakuum im Versuchsgefäß zu haben, um Störungen zu entgehen, die durch Ionisation der Gasfüllung sowie Abgabe von Gas von den Wänden entstehen können. Zweitens hat man dafür zu sorgen, daß schnell bewegte Ladungen aus dem Röntgenrohre selbst von dem photoelektrischen Versuchsraum ferngehalten werden. Zu letzterem Zwecke schalten RICHARDSON und BAZZONI [1921: 74b] sowie HOLTSMARK [1922: 42; 1923: 38] ein starkes elektrisches Querfeld ein, das die Ladungen zur Seite zieht. Die Abb. 229 gibt als Beispiel dieser Anordnung den Versuchsapparat von HOLTSMARK wieder. Die ganze Apparatur besteht aus einem Quarzgefäß, bei dem das eigentliche Röntgenrohr Kugelgestalt hat (K-Glühkathode und A-Antikathode). Das obere Ansatzrohr enthält die photoelektrische Platte S, umgeben von einem Schutznetz N_3, das auf $+1$ V gehalten wird. Um

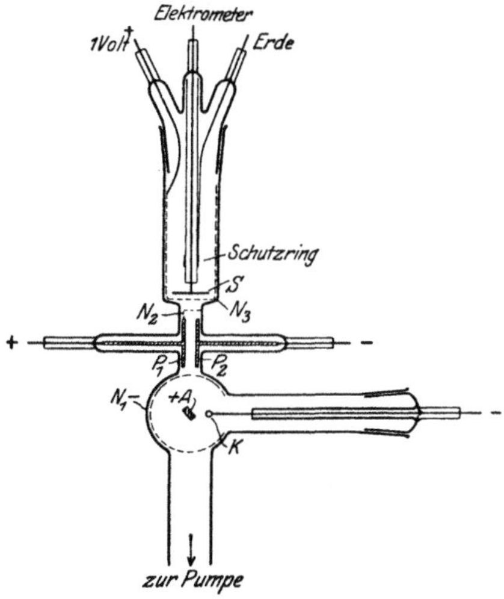

Abb. 229. Versuchsanordnung von HOLTSMARK.

zu verhindern, daß Ladungen zur Platte gelangen, ist auch noch an dem isolierten Halter ein geerdeter Schutzring S vorgesehen. Zwischen diesen beiden Gefäßen liegt das Querfeld $P_1 P_2$.

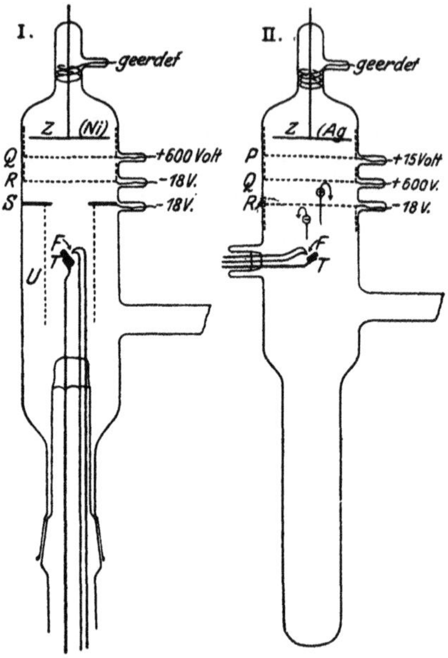

Abb. 230 a u. b. Versuchsanordnung von HUGHES.

Derselbe Zweck wird auch dadurch erreicht, daß die photoelektrische Platte von elektrischen Feldern in Richtung der Strahlen geschützt wird; diese sind so angelegt, daß Ladungen, welche vom Rohre kommen, gebremst oder zurückgeworfen werden. Als Beispiel einer solchen Anordnung sei der Versuchsapparat von HUGHES [1922: 45] wiedergegeben, Abb. 230a, b, und zwar in zwei ein wenig voneinander verschiedenen Ausführungen. Ganz ähnliche Anordnungen haben auch McLENNAN und CLARK [1923: 55] bei ihren Versuchen benutzt.

Gewissermaßen eine Kombination dieser zwei Haupttypen ist die von KURTH [1921: 56, 57, 58] verwandte Versuchsanordnung, die in Abb. 231 wiedergegeben ist.

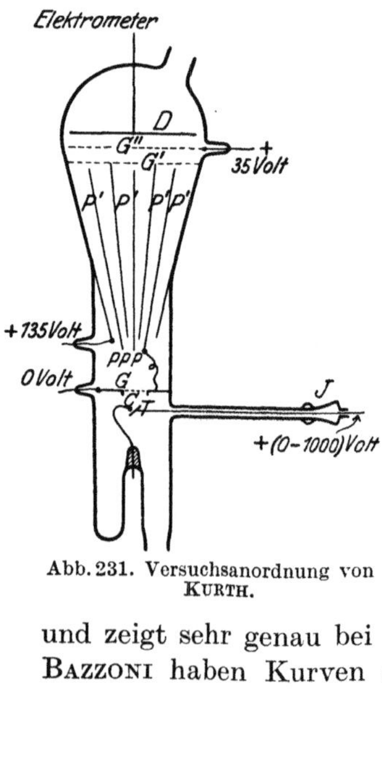

Abb. 231. Versuchsanordnung von KURTH.

Das Aussehen der Kurven, welche den erregten photoelektrischen Strom als Funktion der Spannung am Röntgenrohr darstellen, wechselt oft sehr stark, und Zufälligkeiten spielen auch bei ein und derselben Apparatur eine große Rolle. Mehrere Autoren erhalten unter günstigen Bedingungen aus beinahe geradlinigen Stücken bestehende Kurven, die an bestimmten Stellen „Knicke“ aufzeigen. Typische Beispiele von Kurven dieser Art zeigt die Abb. 232, die Aufnahmen von HUGHES bei Bor wiedergibt. Von den unteren Kurven wurden zwei bei zunehmender, zwei bei abnehmender Spannung am Röntgenrohr erhalten. Die obere Kurve gibt die Mittelwerte wieder und zeigt sehr genau bei 150 V einen Knick. Auch RICHARDSSON und BAZZONI haben Kurven dieses Typus publiziert. HOLTSMARK findet bei Bor auch geradlinige Linienstücke. Im allgemeinen erhielt HUGHES aber Kurven, die wesentlich anders aussehen und nur eine ganz geringe Andeutung einer Diskontinuität zeigen. Eine solche Kurve, die auch mit Bor erhalten wurde, ist in Abb. 233 reproduziert.

Einen ganz anderen und viel unregelmäßigeren Verlauf, zudem stärker ausgeprägte Diskontinuitäten zeigen die Kurven, welche McLENNAN und CLARK aus ihren Messungen erhielten.

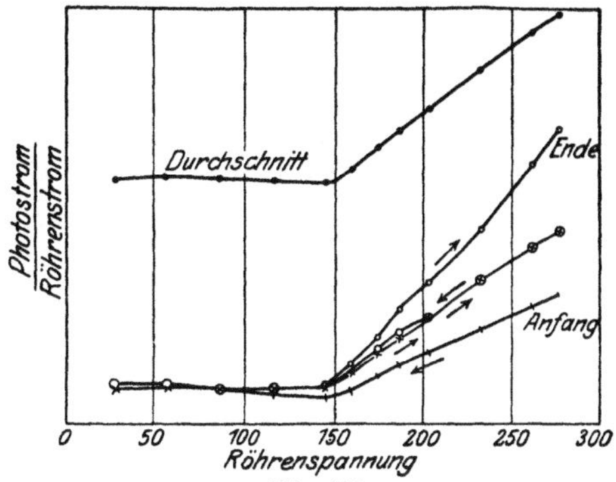

Abb. 232.

Diese Untersuchungen beschäftigten sich zunächst mit den leichteren Elementen. In einigen Fällen gelang es hierbei, einige der zu erwartenden kritischen Potentiale als „Knicke" in den Registrierkurven zu erhalten, wenn auch offenbar Störungen und Sekundäreffekte die Registrierung stark beeinflußten. Eine Untersuchung bei den schwereren Elementen wurde von BOYCE [1924: 27] durchgeführt, wobei eine Anzahl kritischer Potentiale herauskamen, die den äußeren Niveaus zugeschrieben wurden. Als Beispiel nehmen wir die Meßergebnisse bei 79 Au. Die aus den spektroskopischen Messungen berechneten Werte von ν/R für die äußeren Niveaus M_I bis $O_{II,III}$ sind in Kolumne 2 gegeben; die von BOYCE gefundenen kritischen Potentiale (umgerechnet in ν/R) sind in der dritten Kolumne eingetragen. Der Wert 40,4 stimmt gut mit dem Wert von N_{III} überein; dies scheint aber mehr zufällig zu sein, da

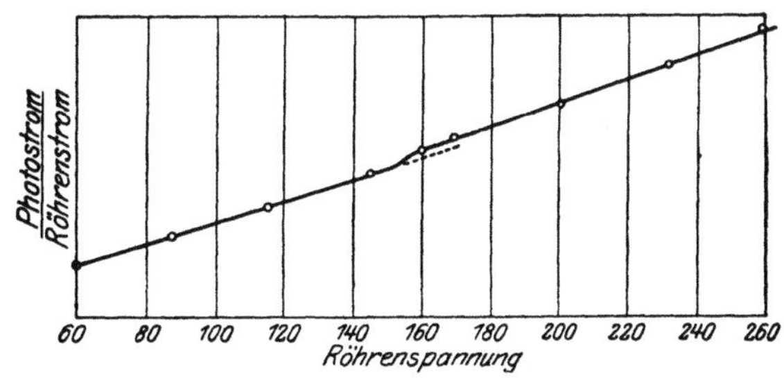

Abb. 233.

Tabelle 218.

Au	Aus spektroskopischen Messungen ν/R	Kritische Potentiale nach BOYCE ν/R
M_I	252,8	
M_{II}	231,8	
M_{III}	201,9	98,4
M_{IV}	168,6	
M_V	162,2	
N_I	55,8	65,6
N_{II}	47,3	—
N_{III}	39,9	40,4
N_{IV}	25,8	32,8
N_V	24,5	18,9
N_{VI}	6,2	6,68
N_{VII}	5,8	
O_I	7,8	4,56
$O_{II,III}$	4,1	

die anderen kritischen Potentiale mit den spektroskopischen Daten schwierig zu identifizieren sind.

Auch bei den anderen Elementen 73 Ta bis 78 Pt liegt es ähnlich: vereinzelte Werte stimmen, die meisten aber gar nicht.

Während die bis jetzt erwähnten Untersuchungen im allgemeinen eine geringe Anzahl Diskontinuitäten bei jedem Element in Erscheinung brachten, die zum Teil einigermaßen mit den aus den spektroskopischen Daten vorausberechneten Voltwerten stimmten, zum Teil aber mit

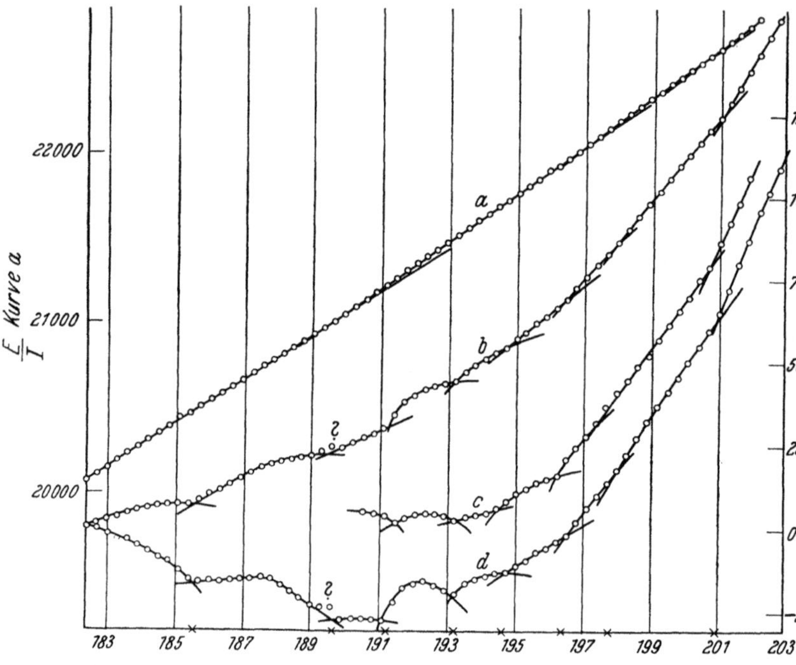

Abb. 234. Kurven zur Bestimmung von kritischen Potentialen bei 74 W nach K. T. COMPTON und THOMAS.

diesen Daten nicht zu deuten waren, führten die weiteren Arbeiten mit diesen Methoden zu Registrierkurven, aus denen die verschiedenen Autoren eine große Menge von kritischen Potentialen ermittelten. Von diesen neueren, mit einer hochentwickelten Technik und zum Teil mit modifizierten Methoden ausgeführten Untersuchungen über kritische Potentiale erwähnen wir besonders die folgenden: RICHARDSON und seine Mitarbeiter CHALKLIN, ROBERTSON, RUDBERG, RAO, ANDREWES [1926: 164; 1927: 135; 1928: 90a; 1929: 139; 1929: 125; 1929: 132; 1929: 133; 1930: 29, 131, 132, 133, 134], ANDREWES, DAVIES und HORTON [1926: 4; 1928: 23; 1930: 51], LEWI [1924: 89], K. T. COMPTON und

THOMAS [1925: 145; 1926: 34], ROLLEFSON [1924: 109], BAZZONI und CHU [1924: 15; 1925: 40], HAMER und SINGH [1927: 62, 63], PETRY [1926: 153].

Ein typisches Beispiel der Registrierungen dieser Art ist nach K. T. COMPTON und THOMAS [1926:34] in Abb. 234 wiedergegeben. Die obere Kurve (*a*) gibt die photoelektrische Stromintensität als Funktion der angelegten Röhrenspannung an. Aus dieser Kurve ist dann durch Differenzbildung die Abweichung von dem kontinuierlichen Verlauf leichter sichtbar gemacht (Kurven *b*, *c*, *d*). Es zeigt sich jetzt, daß in dieser Weise eine sehr große Anzahl von Diskontinuitäten aus den Kurven bestimmt werden kann: in den reproduzierten Kurven, welche mit W als Antikathode erhalten wurden, ergeben sich beispielsweise nicht weniger als 8 kritische Potentiale im Gebiete 185 bis 200 V.

Eine genauere Durchsicht der von den verschiedenen Autoren publizierten Meßergebnisse, wobei man sich nicht durch die schon hineingelegten Kurven leiten lassen darf, sondern einfach die Punkte direkt auf ein Papier übertragen muß, zeigt dann, daß die Mehrzahl der „Knicke" willkürlich sind. Beim Hineinlegen einer diskontinuierlichen Kurve hat man unter einer Anzahl von Möglichkeiten zu wählen, was den Wert der ermittelten kritischen Potentiale in vielen Fällen fraglich macht. Es entsteht dann ferner die Frage, inwieweit die Unregelmäßigkeiten wirklich durch die für die betreffenden Atome charakteristischen Niveauwerte verursacht sind oder ganz anderen, mehr zufälligen Ursprungs sind (vgl. auch die Untersuchungen von RICHARDSON [1930: 131, 132, 133]). Die Kritik dieser Untersuchungsmethode, welche von HOLWECK, **De la Lumière aux Rayons X**, gegeben ist, scheint sehr gut begründet zu sein. Wie schwierig es ist, aus den Ergebnissen der verschiedenen Forscher auf diesem Gebiete einige einwandfreie Schlußfolgerungen zu ziehen, dürfte am besten aus der graphischen Zusammenstellung in der Abb. 235 hervorgehen, wo Messungen bei Fe im Gebiete 40 bis 200 V eingetragen sind. Die aus den sämtlichen 7 Meßreihen sich ergebenden kritischen Potentiale sind unten eingetragen. Wie ersichtlich, bekommt man eine rein statistische und zufällige Verteilung im ganzen Spannungsgebiet ohne jede ausgeprägte Häufung um bestimmte Spannungswerte. Als Unterlage für eine Diskussion und Deutung der einzelnen kritischen Potentiale scheinen daher die Ergebnisse nicht verwendbar zu sein. Da ferner die jetzt ausgearbeitete, viel empfindlichere Gittermethode diese große Anzahl Linien oder Absorptionsgrenzen nicht bestätigt hat, werden die umfassenden Messungsergebnisse von kritischen Potentialen hier nicht wiedergegeben.

Einigermaßen befriedigende Ergebnisse mit Messungen nach diesen Methoden wurden nur in einzelnen Fällen bei den *K*- und *L*-Grenzen der niedrigen Elemente erzielt, wo aber die mit anderen Registrier-

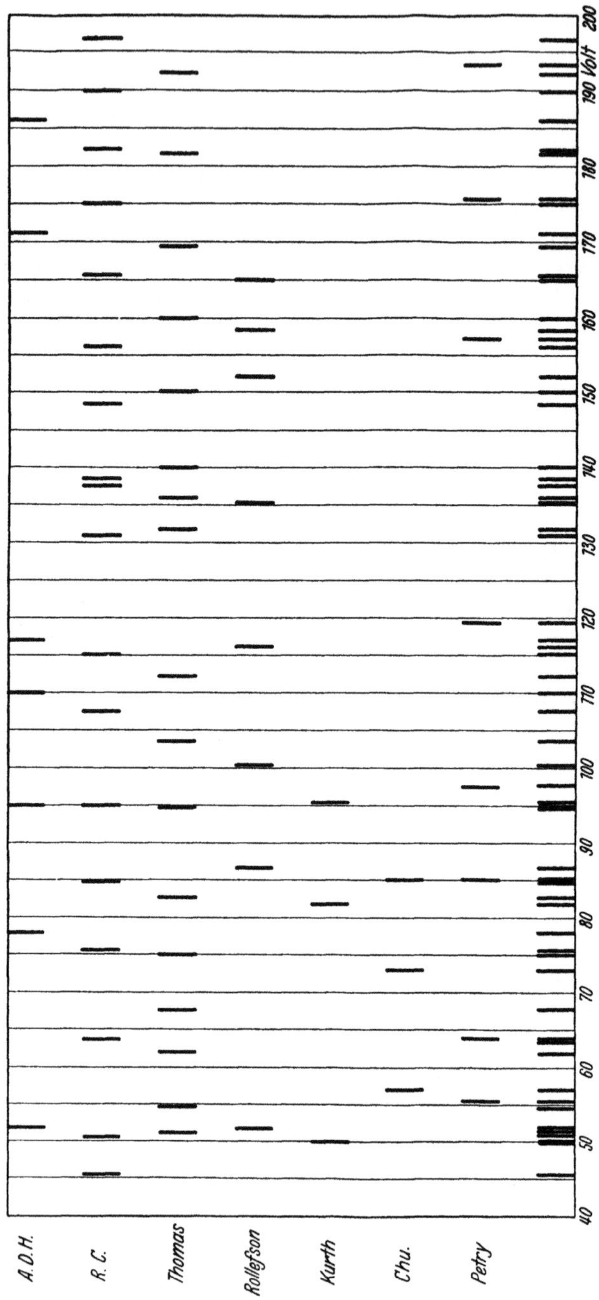

Abb. 235. Kritische Potentialen bei Fe im Gebiete 40—200 Volt nach verschiedenen Autoren.

methoden erzielten Messungen sowohl sicherer als genauer sind. Auch von einer Wiedergabe dieser Untersuchungen wird daher hier abgesehen.

Die bis jetzt besprochenen Arbeiten beziehen sich auf Untersuchungen von weichen Röntgenstrahlen, die in festen Körpern erregt worden sind. Unter Benutzung der Methode von FRANCK und HERTZ oder einer Modifikation derselben sind auch Untersuchungen bei Gasen in diesem Spannungsgebiet ausgeführt. Die Ergebnisse dieser Untersuchungen fallen aber mehr in das Gebiet der Molekülspektren als der Röntgenspektren.

VIII. Das kontinuierliche Röntgenspektrum.

45. Der allgemeine Charakter des kontinuierlichen Spektrums.

So wie wir es in dem gewöhnlichen optischen Gebiete mit Linienspektren und einem über ein größeres Wellenlängengebiet ausgedehnten kontinuierlichen Spektrum zu tun haben, so findet man auch in dem Gebiet der Röntgenstrahlen diese zwei verschiedenen Arten von Strahlungen. Oft wird das kontinuierliche Spektrum auch hier in Analogie mit der gewöhnlichen Optik das „weiße" Spektrum genannt. Bei der Verwendung des Röntgenrohres in der Medizin spielt die weiße Strahlung sogar die Hauptrolle, weil meistens in dieser der weit überwiegende Teil der Strahlungsintensität gesammelt ist. In vielen Fällen kommt überhaupt das Linienspektrum nicht aus der Röhre heraus, wie z. B. bei Wolfram als Antikathode, wenn die Röhre mit maximal 70 kV betrieben wird. Bei dieser Spannung wird die K-Strahlung noch nicht erregt, und von den weicheren Linienstrahlungen der L-, M- usw. Gruppen, die zwar erregt werden, kommen die M- und die höheren Gruppen gar nicht durch die Glaswand hindurch; und auch die L-Gruppe wird von der Glaswand so stark absorbiert, daß ihre noch übrigbleibende Intensität gegenüber der der kontinuierlichen Strahlung nicht in Betracht kommt.

Etwas anders liegen die Verhältnisse bei Röhren mit Antikathoden aus Stoffen wie Ag, Pd, Rh und Mo, die auch für technische Röntgenröhren in Frage kommen. Die Eigenstrahlung in der K-Reihe dieser Elemente liegt, wie wir schon gezeigt haben und was auch den Tabellen entnommen werden kann, gerade in der Mitte des Strahlengebietes, das technisch meistens benutzt wird, nämlich von λ etwa 100 bis 800 X.E. In diesen Fällen genügt auch im allgemeinen die Spannung zur Erregung der betreffenden Eigenstrahlungen. Bei diesen Röhren haben wir es daher mit einer zusammengesetzten Strahlung zu tun, die zum Teil aus weißer Strahlung, zum Teil aus charakteristischer Eigenstrahlung besteht. Da aber die Eigenstrahlung auf ein sehr schmales Wellenlängengebiet, nämlich vier K-Strahlen α_2, α_1, β_1, β_2, zusammengedrängt ist, so dürfte auch in diesem Falle der weißen Strahlung und nicht der charakteristischen der Hauptanteil an der Gesamtstrahlung zukommen. Es ist dies ein Umstand, den man oft übersieht, wohl weil die in üblicher Weise mit dem BRAGGschen Spektrometer gemessenen Ionisationsströme bei Einstellung auf die Linien sehr große Ausschläge am Elektrometer geben, verglichen mit denen, die man bei Einstellung auf die weiße Strahlung erhält. Die größere Wellenlängenausdehnung der letzteren fällt aber bei der Gesamtstrahlung mehr ins Gewicht als die stark zusammengedrängten homogenen Strahlungen.

Den typischen Charakter der kontinuierlichen Strahlung einer Röntgenröhre, bei der die Linienstrahlung gar nicht in Erscheinung tritt, zeigt die Abb. 236. Diese Kurve wurde nach der BRAGGschen Spektrometermethode erhalten, die darin besteht, daß Krystall und Ionisationskammer auf alle verschiedenen vorkommenden Wellenlängen eingestellt und für jede Wellenlänge der betreffende Ionisationsstrom gemessen wird. Diese Kurve gibt zwar nicht den richtigen *Intensitätsverlauf* wieder, und zwar aus mehreren Gründen, die wir später ausführlich besprechen werden (s. § 47).

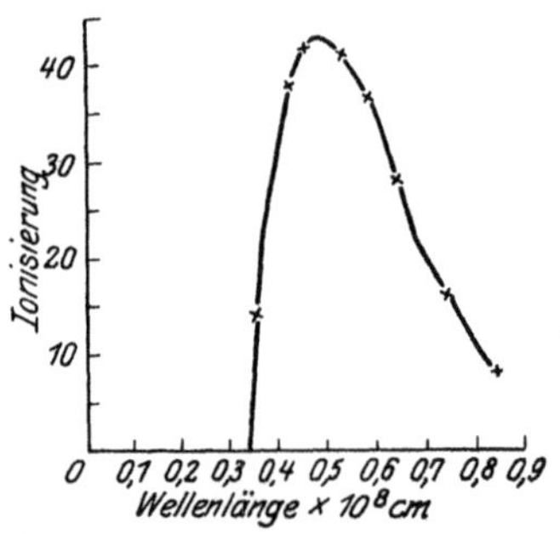

Abb. 236. Die kontinuierliche Strahlung einer Röntgenröhre nach der BRAGGschen Ionisationsmethode registriert.

Trotz der vielen entstellenden Einflüsse zeigt doch diese Kurve einige allgemeine Züge der kontinuierlichen Strahlung. Von diesen heben wir als wichtigsten hervor, daß die Kurve an der *kurzwelligen Seite plötzlich ansteigt.* In dieser Beziehung besteht gegenüber der kontinuierlichen Strahlung eines „schwarzen" Körpers — mit deren graphischem Bild diese Kurve sonst eine äußerliche Ähnlichkeit besitzt — ein wesentlicher Unterschied.

Die Tatsache des plötzlichen Anstiegs der Ionisationskurve wurde von einer großen Anzahl von Forschern eindeutig festgestellt und damit die Gültigkeit des EINSTEINschen photoelektrischen Grundgesetzes in diesem Wellenlängengebiet bewiesen. Dieses Gesetz gibt ja einen allgemeinen quantenmäßigen Zusammenhang zwischen einer Strahlungsemission oder Absorption und der Energie der auffallenden oder ausgesandten Elektronen und hat folgende Gestalt:

$$eV = h\nu .$$

Nach der Bremstheorie der Röntgenstrahlung wird eine Maximalfrequenz erzeugt, die der Bremsung der Elektronen entspricht, welche die Maximalgeschwindigkeit besitzen und bei denen die vollständige Abbremsung in einem einzigen Zusammenstoß stattfindet. Diese

Maximalfrequenz finden wir in der Kurve Abb. 236 als plötzlichen Anstieg an der kurzwelligen Seite.

Die experimentelle Untersuchung der Lage dieser Grenzfrequenz hat auch in Übereinstimmung mit diesen Vorstellungen gezeigt, daß sie unabhängig von dem Antikathodenmaterial ist. Ferner hat WAGNER [1918: 12a; 1920: 62] in einer mit großer Genauigkeit durchgeführten Untersuchung nachgewiesen, daß diese Grenzfrequenz auch ganz unabhängig ist von der Richtung, in welcher die Röntgenstrahlung ausgesandt wird, verglichen mit der Richtung der Kathodenstrahlen. Es war dies besonders deswegen von Interesse, weil die Ätherimpulstheorie in Richtung der Kathodenstrahlen eine kleinere Impulsbreite forderte als in anderen Richtungen. Diese Messungen von WAGNER erstreckten sich bis zu einer Röhrenspannung von etwa 10 kV. WEBSTER hat später [1921: 97] bis 67 kV die Unabhängigkeit der Grenzfrequenz vom Azimut nachgewiesen.

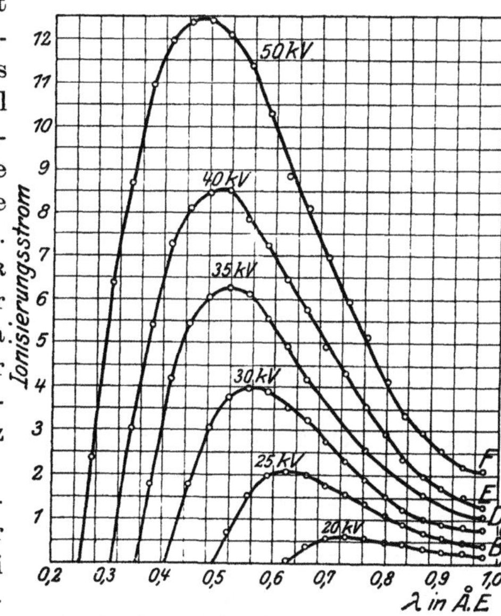

Abb. 237. Intensitätsverteilung (unkorr.) der kontinuierlichen Strahlung bei einer Wolframantikathode und verschiedenen Röhrenspannungen nach ULREY.

Ferner liegen Untersuchungen über die Gültigkeit der EINSTEINschen Beziehung bei sehr verschiedenen Spannungen V vor. Es hat sich dabei herausgestellt, daß sie tatsächlich auch bei den allerhöchsten erreichbaren Elektronengeschwindigkeiten gültig ist. WAGNER hat z. B. seine sehr genauen Messungen in dem Spannungsintervall von 4500 bis 10500 V ausgeführt, MÜLLER [1918: 8b] hat nach einer photographischen Methode mit Spannungen zwischen 18000 und 28000 V gearbeitet, DUANE und HUNT [1915: 20b], die die ersten genaueren Messungen zur Lösung dieser Frage durchführten, benutzten Spannungen von 25000 bis 39000 V. In etwa demselben Spannungsbereich oder in dem Gebiet von 20000 bis 40000 V hat WEBSTER seine Untersuchungen gemacht, während HULL und RICE [1916: 15b] bis 100000 V und vereinzelt sogar bis 150000 V die Gültigkeit der Beziehung verifizieren konnten. Zusammenfassend können wir also sagen, daß die Gültigkeit dieser Gleichung in dem Spannungsbereich, der sich von einigen Volt in den photoelektrischen

Phänomenen bis zu den höchsten erreich- und meßbaren Spannungen der Röntgentechnik erstreckt, bewiesen ist.

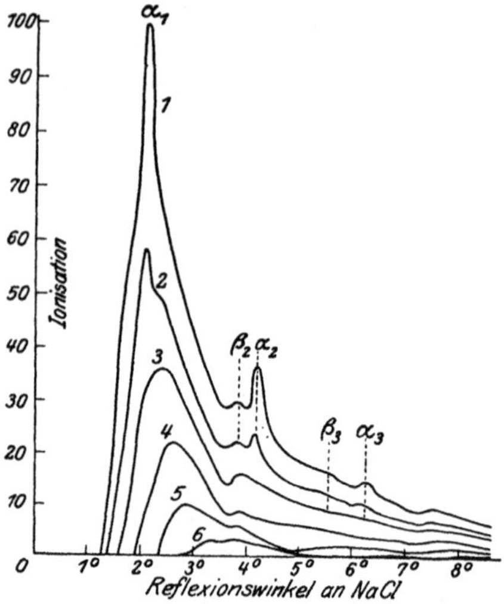

Abb. 238. Intensitätsverteilung (unkorr.) der kontinuierlichen und der Linienstrahlung bei einer Wolframantikathode nach HULL und RICE.

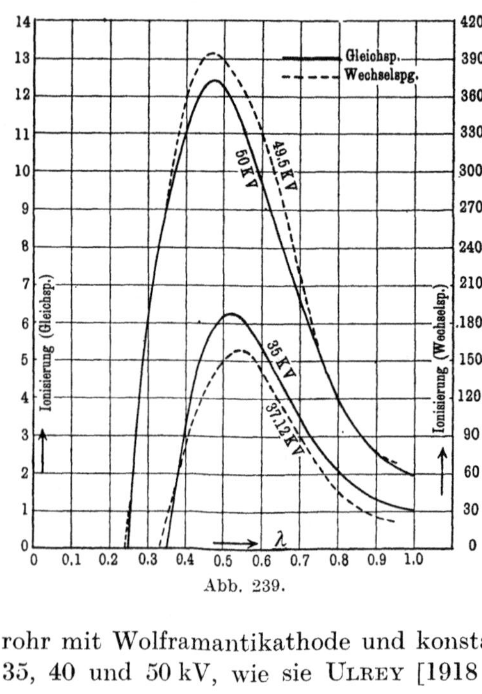

Abb. 239.

Das erste Merkmal der kontinuierlichen Röntgenstrahlung, nämlich ihre kurzwellige Grenze, ist also jetzt gut bekannt und durch ein sehr einfaches Gesetz geregelt. Als zweite und auch für den praktischen Betrieb sehr wichtige Grundeigenschaft der weißen Strahlung wollen wir ihre Gesamtintensität nennen. Als dritte sei die Verteilung der Strahlungsintensität auf die verschiedenen Wellenlängen betrachtet. Zwischen den zwei letzten besteht ja der einfache Zusammenhang, daß die erste durch eine Integration aus der zweiten erhalten werden kann. Meßtechnisch läßt sich die Gesamtintensität direkt bestimmen, unter Umgehung einiger Fehlerquellen, die die spektrale Zerlegung bedingt. In beiden Fällen wird, wie wir später zeigen werden, nicht der Energieinhalt der Strahlung selbst, sondern meistens ihre Ionisationswirkung als Maß desselben bestimmt. Wie sich diese zwei Größen zueinander bei verschiedenen Wellenlängen verhalten, wird unten besprochen.

Zur Orientierung geben wir in Abb. 237 ein Bild der Intensitätsverteilung nach der Ionisationsmethode gemessen bei einem Röntgenrohr mit Wolframantikathode und konstanten Spannungen 20, 25, 30, 35, 40 und 50 kV, wie sie ULREY [1918:11] ohne Korrektur der verschiedenen Fehlerquellen gefunden hat. Außer der Verschiebung nach kürzeren Wellenlängen bei steigender Spannung, wie sie die EINSTEINsche Beziehung erfordert, finden wir eine beträchtliche Erhöhung der Intensität bei sämtlichen Wellenlängen. In diesem Falle ist die Spannung genügend niedrig gehalten, damit die Eigenstrahlung der K-Reihe nicht erregt werden kann. Bei Erhöhung der Spannung zeigen die erhaltenen Kurven wegen der Überlagerung der Eigenstrahlung eine kompliziertere Struktur, wie sie Abb. 238 wiedergibt, die von HULL und RICE stammt und unter denselben Bedingungen erhalten wurde, aber bei Spannungen von 40 bis 90 kV. Besonders bei der höchsten Spannung ist die Eigenstrahlung sehr stark hervorgetreten und in den ersten drei Ordnungen zu sehen. Wir kommen in einem folgenden Paragraphen auf diese Untersuchungen und die Verwertung der Kurven zurück.

Abschließend seien noch einige ähnliche spektrometrische Messungen von BEHNKEN [1920:3] in Abb. 239 reproduziert, die vom praktischen Gesichtspunkte aus Interesse beanspruchen können, weil sie nicht — wie die früheren — bei Gleichspannung, sondern bei der technisch am meisten vorkommenden Wechselspannung aufgenommen sind. Zum direkten Vergleich sind als gestrichelte Kurven die entsprechenden Verteilungskurven von ULREY eingetragen. Da die bei Wechselstrom erhaltenen Kurven ja aus einer Reihe von Gleichspannungskurven mit sehr verschiedenen Grenzfrequenzen zusammengesetzt sind, so ist es überraschend, wie ähnlich die beiden Kurven verlaufen. Ganz zuverlässig ist dieser Vergleich, wie BEHNKEN hervorhebt, auch nicht, weil die Aufnahmen unter stark verschiedenen Bedingungen erhalten wurden. Unter anderem sind die zwei Kurven mit verschiedenen Krystallgittern aufgenommen, da ULREY Kalkspat und BEHNKEN Steinsalz benutzte.

46. Bestimmungen der Grenzwellenlängen des kontinuierlichen Spektrums und die Ermittlung der Planckschen Konstante *h*.

Die experimentelle Bestimmung der zu einer bestimmten Röhrenspannung gehörigen Grenzwellenlänge hat nicht nur für die Röntgenspektroskopie eine sehr große Bedeutung, sondern gibt auch eine vorzügliche Methode zur Bestimmung der für die ganze Strahlungslehre so wichtigen Konstante h. Es ist daher nicht verwunderlich, daß diese Frage von einer ganzen Reihe von Forschern in Angriff genommen und mit immer steigender Genauigkeit bearbeitet worden ist, nachdem DUANE und HUNT als erste die Gültigkeit des EINSTEINschen Gesetzes in diesem Wellenlängengebiete nachgewiesen hatten.

Prinzipiell kann man auf zwei verschiedenen Wegen ihre Bestimmung ausführen: Bei der ersten Methode läßt man die Spannung an der Röhre konstant und dreht den Krystall und die Ionisationskammer über dem Gebiet, in dem sich die Grenzwellenlänge befindet, d. h. man nimmt den Teil der Verteilungskurve auf, welcher für die Bestimmung der Grenzwellenlänge nötig ist. Bei der zweiten Methode stellt man Krystall und Ionisationskammer fest auf eine gewisse Wellenlänge ein und erhöht die Spannung, bis die erregten Wellen so kurz werden, daß sie der jeweiligen Krystalleinstellung entsprechen. Dann läßt man die Spannung noch ein wenig steigen und mißt die Ionisationsströme. Durch nachträgliche Extrapolation auf die Ionisationsstromstärke Null erhält man hieraus die Spannung, welche der betreffenden Wellenlänge als Grenzwellenlänge entspricht. Außer diesen zwei Methoden, die die Verwendung eines Ionisationsspektrometers voraussetzen, ist auch die photographische Spektralmethode benutzt worden. Hier wird selbstverständlich bei konstanter Spannung an der Röhre das Spektrum photographiert, und zwar nur der Teil, in dem die Grenzwellenlänge erwartet wird.

Als Beispiel für die erstgenannte Methode brauchen wir nur auf die schon in § 23 besprochenen Untersuchungen von WEBSTER und besonders auf die Abb. 138 (S. 149) zu verweisen. Wie aus der Abbildung abzulesen ist, sind die Spektralverteilungen bei den Spannungen 40,0, 31,8 und 23,2 kV aufgenommen, und die kurzwelligen Grenzen sind in diesen Fällen bzw. 0,312, 0,387 und 0,531 Å.E. Aus diesen Werten erhalten wir nach der EINSTEINschen Beziehung

$$eV = h\nu$$

oder

$$h = \frac{eV\lambda}{300 \cdot c},$$

wenn V in Volt ausgedrückt ist und als Wert von e nach MILLIKAN $4{,}774 \cdot 10^{-10}$ ESE. angenommen wird bzw.

$$\left.\begin{aligned} h &= 6{,}60 \\ h &= 6{,}53 \\ h &= 6{,}53 \end{aligned}\right\} \cdot 10^{-27}.$$

Als zweites Beispiel geben wir die numerischen Werte von zusammengehörigen Spannungen und Grenzfrequenzen der schon reproduzierten Verteilungskurven Abb. 237 von ULREY bei Wolfram sowie die aus ihnen berechneten Zahlenwerte der PLANCKschen Konstanten.

Spannung kV	Grenzwellenlänge Å.E.	Berechnung h	
20	0,615	6,53	$\cdot 10^{-27}$
25	0,490	6,50	
30	0,405	6,45	
35	0,355	6,59	
40	0,310	6,58	
50	0,250	6,63	
		im Mittel $6{,}54 \cdot 10^{-27}$	

Eine etwas genauere Methode ist die zweite der oben angegebenen, bei der die Intensität einer bestimmten Wellenlänge als Funktion der Röhrenspannung untersucht wird. Von den nach diesem Verfahren gemachten Bestimmungen der Konstanten h wollen wir hier die sehr sorgfältigen Untersuchungen von Blake und Duane [1917: 2b] einerseits und von Wagner [1920: 62] andererseits besprechen.

In beiden Fällen wurde ein Ionisationsspektrometer benutzt. Während aber Blake und Duane eine Glühkathodenröhre und verhältnismäßig hohe Spannungen, 36 bis 42 kV, verwandten und daher bei einer Wellenlänge von der Größenordnung 0,3 Å.E. arbeiteten, benutzte Wagner eine gasgefüllte Röhre und weit niedrigere Spannungen, 4,5 bis 10,5 kV, entsprechend Wellenlängen von 2,0 bis 1,1 Å.E.

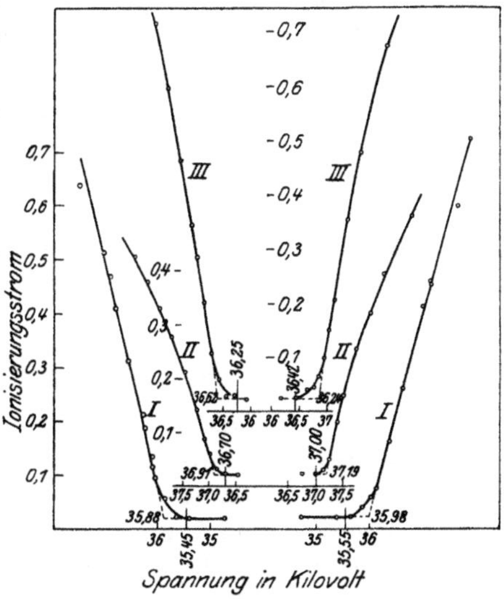

Abb. 240.

Durch diese verschiedenen Arbeitsweisen sind auch Unterschiede in den Fehlerquellen und den Methoden zu ihrer Verminderung bedingt.

Um elektrostatischen Störungen bei den relativ hohen Spannungen zu entgehen, stellten Blake und Duane ihr Ionisationsspektrometer in einem großen Metallkasten auf. Das Röntgenrohr, welches durch eine Batterie von Hochspannungsakkumulatoren betrieben wurde, ist in einem besonderen Zimmer zusammen mit den Vorrichtungen zur Messung der angelegten Röhrenspannung aufgestellt. Die besondere Form der Ionisationskammer — eine zugeschmolzene Glaskammer — wurde schon früher besprochen. Eine der schwierigsten Aufgaben ist hier die genaue Ermittlung der angelegten Röhrenspannung. Zu diesem Zwecke benutzten Blake und Duane ein elektrostatisches Voltmeter, bestehend aus vier großen Metallkugeln, von denen zwei fest aufgestellt, während die anderen beiden bifilar aufgehängt waren. Die Drehung des beweglichen Kugelsystems bei den verwandten Spannungen betrug auf der Skala etwa 800 mm, wobei noch Zehntelmillimeter geschätzt werden können. Geeicht wurde dieses Voltmeter durch direkte Spannungsmessung mit einem Milliamperemeter und vorgeschaltetem großen Widerstand, 894700 Ohm.

Als Krystallgitter diente Kalkspat, bei dem aber bei diesen kleinen

Wellenlängen wegen der Eindringungstiefe der Strahlung im Krystall eine Korrektion nötig war. Auch bedingt die endliche Strahlenkegelbreite, die aus der Spaltweite zu berechnen ist, eine kleine Korrektion. Das letztere hat zur Folge, daß die Kurven nicht streng geradlinig von der Nullachse aufsteigen, sondern dort einen kleinen gekrümmten Ast haben, wie die reproduzierten Kurven in Abb. 240 zeigen. Diese Kurven sind symmetrisch um die direkte Strahlrichtung aufgenommen, um dadurch die Wellenlängenbestimmungen unabhängig von der Kenntnis dieser Richtung zu machen.

Als Mittelwert aus diesen Messungen sowie einigen Aufnahmen nach der ersten Methode (mit konstanter Spannung und gedrehter Ionisationskammer) geben Blake und Duane den Wert mit dem hier angenommenen Wert der Gitterkonstanten von Kalkspat an:

$$h = 6{,}557 \cdot 10^{-27}.$$

Diese Messung ist später von Duane zusammen mit H. H. Palmer und Chi-Sun Yeh [1921: 35] wiederholt worden, und zwar mit einer Spannungsmessung nach der Potentiometermethode und einem Widerstand von 10000000 Ohm. Das Ergebnis stimmt sehr gut mit den früheren überein. Als Wert für h erhielt man

$$h = [6{,}558 \pm 0{,}009]\, 10^{-27}.$$

Bei der sehr sorgfältigen Durchführung der Bestimmung von h, die wir E. Wagner verdanken, wurde, wie schon erwähnt, ein Ionenrohr, das mit Gleichspannung von einer Akkumulatorenbatterie betrieben wurde, benutzt. Daß aber weder Gasdruck noch Gasart einen Einfluß auf das Ergebnis der Messungen hatten, wurde durch besondere Prüfung nachgewiesen. Auch sorgte Wagner dafür, daß die Resultate unabhängig von dem Krystall, welcher als Gitter diente, waren, indem er die Messungen sowohl mit NaCl wie mit KCl durchführte. Endlich benutzte Wagner als Antikathodenmaterial Cu und Pt, um sich zu überzeugen, daß der erzielte Wert der Konstanten auch vom Stoffe unabhängig war.

Als Spannungsmesser bediente sich Wagner elektrostatischer Zeigerinstrumente der Firma Hartmann & Braun in Frankfurt. Die Eichung geschah durch Zusammensetzung von Teilspannungen, die von ihm mit Hilfe von 51 Westonnormalelementen bestimmt wurden.

Der typische Verlauf einer Intensitätskurve („Isochromatenkurve") als Funktion der Röhrenspannung ist nach Wagner in Abb. 241 wiedergegeben. Durch die registrierten Punkte lassen sich scheinbar zwei gerade Linien legen mit einem kleinen Unterschied in der Neigung. Wesentlich für die hier vorliegende Frage ist der Punkt der Kurve, wo der Anstieg von der horizontalen Linie aus beginnt. (Die Abweichung von dem sonst geradlinigen Verlauf der Isochromatenkurven in dem ersten Teil der Kurve ist von WEBSTER, HENNINGS und NICHOLAS [1923:82; 1927:114] in ihren umfassenden Untersuchungen zu dieser Frage bestätigt worden. Die Anfangskrümmung hängt, wie dabei herauskam, von dem Winkel zwischen Kathodenstrahlrichtung und Röntgenstrahlenrichtung ab.)

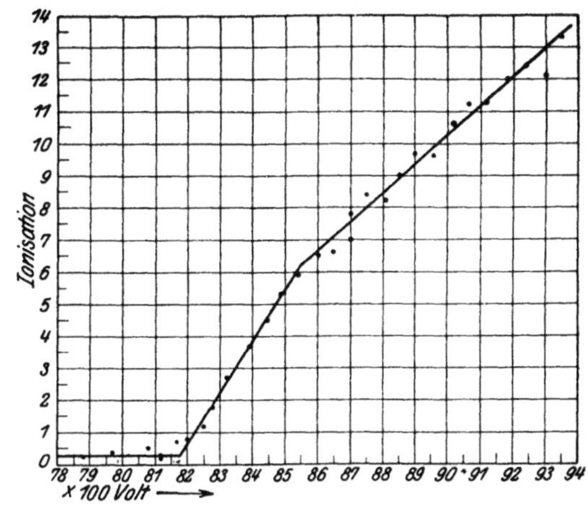

Abb. 241.

Als Endresultat einer ersten Untersuchung fand WAGNER

$$h = 6{,}49 \cdot 10^{-27}$$

und bei einer zweiten Durchführung derselben Untersuchung mit verbesserten technischen Hilfsmitteln

$$h = 6{,}53 \cdot 10^{-27}.$$

Endlich sind die von MÜLLER [1919: 26] bei einer ganzen Reihe von Antikathodenstoffen nach der photographischen Methode ausgeführten Bestimmungen zu erwähnen; als Spannungsquelle benutzte er eine Influenzmaschine und ein Ionenrohr als Strahlengeber. Diese Methode gestattet gewiß bei guter technischer Ausführung eine hohe Genauigkeit, aber die Untersuchung von MÜLLER bezweckte nicht die Ermittlung von h mit größtmöglicher Präzision, sondern beabsichtigte, eine damals strittige Frage zu entscheiden. Durch einige, wie es sich gezeigt hat, nicht ganz einwandfreie Untersuchungen war in Frage gestellt worden, ob das Einsetzen der charakteristischen Eigenstrahlung einen Einfluß auf die Grenzfrequenz ausüben könnte. Daß eine solche Einwirkung gar nicht vorliegt, suchte MÜLLER dadurch zu beweisen, daß er verschiedene Antikathodenstoffe, und zwar Cu, Ag, Pb und Pt, benutzte und die Grenzfrequenzen in Beziehung zur Eigenstrahlung untersuchte. Seine Messungen gaben das erwartete Resultat, daß die Grenzfrequenz ganz unabhängig von der Eigenstrahlung der Antikathode ist, was ja auch durch eine Reihe anderer Untersuchungen sichergestellt wurde. Als Mittelwert der Messungen von MÜLLER ergab sich der Wert:

$$h = 6{,}57 \cdot 10^{-27}.$$

Zusammenfassend geben wir die folgende Tabelle der von verschiedenen Autoren ermittelten Werte von h:

Tabelle 219.

Verfasser	Spannung kV	Krystall	Antikathode	$h \cdot 10^{27}$
DUANE u. HUNT	25—39	Kalkspat	W	6,50
WEBSTER . . .	23—40	„	Rh	6,55
ULREY	20—50	„	W	6,54
MÜLLER . . .	15—28	Steinsalz	CuAgPbPt	6,57
BLAKE-DUANE .	40	Kalkspat	W	6,558
WAGNER . . .	4,5—10,5	KCl u. NaCl	CuPt	6,53

Zum Vergleich mit Messungsergebnissen aus anderen Gebieten wird hier eine Tabelle wiedergegeben, die dem Bericht über h-Messungen von LADENBURG im Handb. d. Physik Bd. **23** entnommen ist:

Tabelle 220. Zusammenstellung der zuverlässigsten h-Werte nach LADENBURG.

Methode	$h \cdot 10^{27}$
1. Lichtelektrischer Effekt (nach MILLIKAN)	6,58
2. Elektronenstoß: Mittelwert	6,55
an Hg	6,57 ± 0,03
an He (nach FRANCK u. KNIPPING)	6,54 ± 0,03
3. Grenzfrequenz des kontinuierlichen Röntgenspektrums:	
nach WAGNER	6,53 ± 0,01
nach DUANE u. Mitarbeiter	6,558 ± 0,009
4. BOHRS Formel der Rydbergkonstante	6,549 ± 0,011
5. Strahlungsmessungen:	
Isochromaten ($c_2 = 1{,}432$)	6,55 ± 0,03
Gesamtstrahlung ($\sigma = 5{,}77 \cdot 10^{-5}$)	6,53 ± 0,03

47. Gesamtintensität und spektrale Intensitätsverteilung im kontinuierlichen Spektrum.

Aus älteren Untersuchungen von SEITZ, CARTER, WHIDDINGTON, BEATTY u. a. geht übereinstimmend hervor, daß die Gesamtenergie der Röntgenstrahlung, als Funktion der Röhrenspannung betrachtet, annähernd dem einfachen Gesetz gehorcht: *Die Gesamtenergie wächst proportional dem Quadrat der Spannung.* Voraussetzung ist hierbei, daß eine Eigenstrahlung nicht erregt wird oder daß sie in Abzug gebracht wird. Da die Geschwindigkeit der Kathodenstrahlen der Gleichung genügt:

$$\tfrac{1}{2} m v^2 = e V,$$

so kann man das Gesetz auch so formulieren: Die *Gesamtenergie steigt proportional der vierten Potenz der Geschwindigkeit der Kathodenstrahlen.* Resultate, die mit diesem Gesetz übereinstimmen, erhält man auch aus den schon besprochenen Ionisationskurven von ULREY (Abb. 237) durch Auswertung der Fläche der Ionisationskurve. Die Größe dieser Flächen bis zur Wellenlänge 0,975 Å.E. ist in der untenstehenden

Tabelle zusammen mit der dazugehörigen Spannung angegeben. Daß Gesamtenergie und Quadrat der Röhrenspannung einander annähernd proportional sind, ist aus der graphischen Darstellung dieser Werte in Abb. 242 zu ersehen.

Röhrenspannung kV	Integrierte Fläche
20	0,46
25	1,85
30	3,96
35	6,78
40	10,06
50	16,34

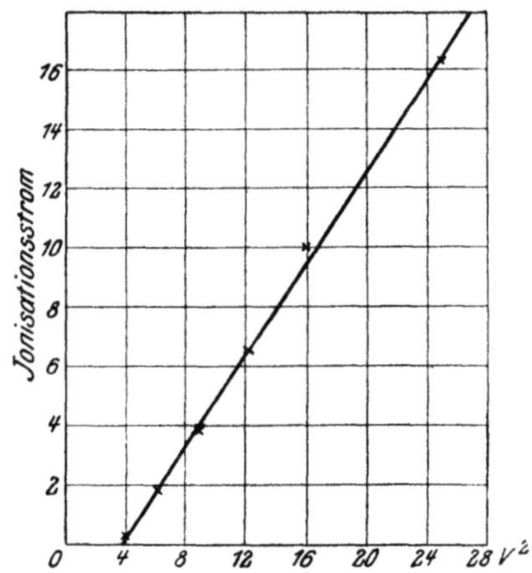

Abb. 242.

Sehr überzeugend ist zwar dieses Resultat nicht, weil doch hier wesentliche Fehlerquellen nicht korrigiert worden sind. Will man nur die Gesamtstrahlung bestimmen, so ist ja auch dieser Umweg über die Verteilungskurve nicht zu empfehlen.

Eine direkte Messung wurde von Duane und Shimizu [1918:6; 1919:15] ausgeführt, deren nächste Absicht es war, die Abhängigkeit der Gesamtstrahlung von der Ordnungszahl des Elementes zu untersuchen; doch kann diese Messung auch zur Betrachtung der Abhängigkeit der Gesamtstrahlung von der Spannung herangezogen werden. Die obigen Messungen von Ulrey bezogen sich auf Wolfram als Antikathode; bei den Messungen von Duane und Shimizu dagegen wurden sehr leichte Elemente als Antikathoden verwandt, und zwar Cu, Ni, Co und Fe. Das Spannungsgebiet war 20 bis 40 kV. Benutzt wurde zur Erzeugung der Ionisationsströme der spektral nicht zerlegten Spannung, die nahezu streifend austritt, ein Coolidgerohr mit drehbarer kreisförmiger Platte, die aus 4 Sektoren der obengenannten Metalle bestand, Abb. 243. Die Meßergebnisse sind in der folgenden Tabelle zusammengestellt:

Tabelle 221.

Röhrenspannung kV	Ionisierungsstrom (Volt/sec)			
	29 Cu	28 Ni	27 Co	26 Fe
19,14	0,0248	0,0240	0,0227	0,0220
21,43	0,0386	0,0375	0,0344	0,0336
24,12	0,0544	0,0532	0,0502	0,0492
27,30	0,0812	0,0790	0,0792	0,0732
30,11	0,1088	0,1061	0,1021	0,0981
32,40	0,1327	0,1295	0,1251	0,1210
40,87	0,238	0,231	0,223	0,214

Die graphische Darstellung Abb. 244 gibt die als Ionisationsstrom gemessenen Intensitäten als Funktion des Quadrats der Röhrenspannung (im Falle des Cu) wieder. Wie die Kurve zeigt, herrscht gute Proportionalität zwischen der Intensität der Ionisierung und dem Quadrat

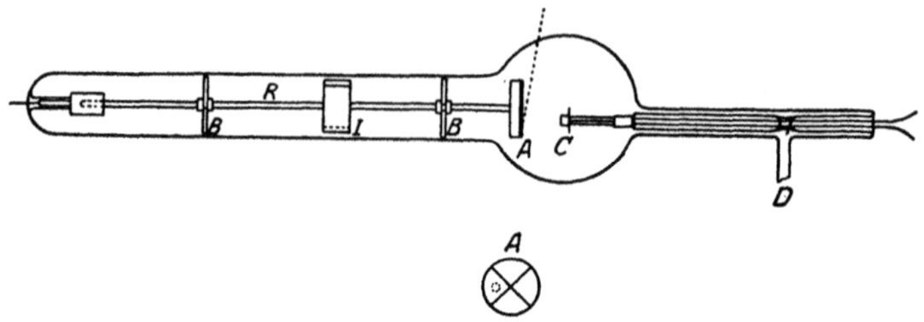

Abb. 243.

der Röhrenspannung. Es ist zu bemerken, daß die weichen Eigenstrahlungen schon vor der Ionisationskammer absorbiert wurden und daher nicht in die Meßwerte einbezogen sind.

Stehen also die Ergebnisse einer Reihe von Forschern bei ihren Untersuchungen der *Gesamtstrahlung als Funktion der Spannung* in gutem Einklang miteinander insofern, als hier immer unabhängig von der Absolutspannung und dem Antikathodenmaterial eine Proportionalität mit dem Quadrat der Spannung gefunden wurde, so ist die Übereinstimmung nicht ebenso gut, wenn man zu der zweiten Hauptfrage dieses Problems übergeht. Es ist dies die Abhängigkeit der Gesamtstrahlung von der Ordnungszahl der Elemente. Daß die Röntgenstrahlung von der Art des Antikathodenstoffes stark abhängig ist, weiß man schon seit den ersten Untersuchungen von RÖNTGEN. Qualitativ ist auch die Tatsache allgemein bekannt, daß die schwereren Elemente als Antikathoden eine intensivere Strahlung geben als die leichteren Elemente, was ja u. a. in der Wahl des Materials für Anti-

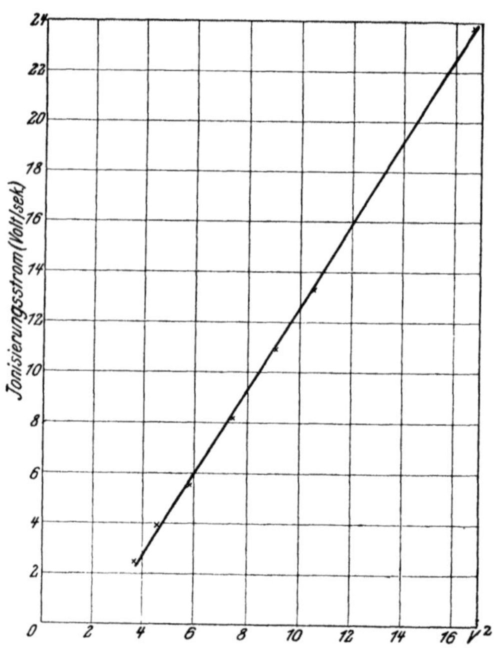

Abb. 244. Totalintensität der Gesamtstrahlung (bei Cu) als Funktion der Röhrenspannung im Quadrat nach DUANE und SHIMIZU.

kathoden bei den technischen Röhren — Platin, Wolfram — Berücksichtigung findet.

Weniger klar war aber der genauere quantitative Zusammenhang. Von den älteren Untersuchungen, die sich mit dieser Frage beschäftigen, wollen wir die ausführlicheren und mit großem Geschick durchgeführten Messungen von KAYE besprechen. Die von ihm benutzte Apparatur ist schon auf S. 68, Abb. 55 wiedergegeben. Das Röntgenrohr mit auswechselbarer Antikathode wurde mit einem Induktor, der möglichst auf konstanter Spannung gehalten wurde, betrieben. Durch Vorschalten von geeigneten absorbierenden Filtern, meistens 2 mm Al, wurde dafür gesorgt, daß eine charakteristische Eigenstrahlung nicht in die Ionisationskammer hineingelangte. Als Maß der relativen Gesamtintensität der Röntgenstrahlung sind in der folgenden Tabelle 222 die so erhaltenen Ionisationsströme eingetragen. Außerdem finden sich

Tabelle 222.

Element	Gesamtstrahlung (Ionisationsstrom) Pt = 100	Dichte	Schmelzpunkt
Au 79 . . .	101	19,3	1066
Pt 78 . . .	100	21,5	1750
Ir 77 . . .	98	22,4	2290
Os 76 . . .	97	22,5	2700
W 74 . . .	91	19,3	3200
Ta 73 . . .	90	16,6	2900
Pd 46 . . .	55	11,4	1550
Rh 45 . . .	54	12,4	1900
Ru 44 . . .	53	12,3	1950?
Mo 42 . . .	50	8,6	2500
Nb 41 . . .	49	12,7	2200?
Zr 40 . . .	47	4,1	1300
Y 39 . . .	46	3,8	—
Cu 29 . . .	33	8,9	1084
Ni 28 . . .	30	8,8	1470
Co 27 . . .	30	8,6	1480
Fe 26 . . .	27	7,9	1530
Mn 25 . . .	26	7,4	1260
Cr 24 . . .	25	6,5	1520
Va 23 . . .	24	5,5	1720
Ti 22 . . .	22	3,5	1800

in der Tabelle die Ordnungszahl des Elements sowie Dichte und Schmelzpunkt. KAYE brachte selbst die durch Messungen erhaltenen Werte der Gesamtstrahlung in Beziehung zu den Atomgewichten, aber seitdem wir jetzt durch die Erfahrungen der letzten Jahre wissen, daß die Ordnungszahl für die Röntgenstrahlung eher eine fundamentale Variable ist als das Atomgewicht, scheint es angemessener, die Gesamtstrahlung als Funktion dieser Größe darzustellen. Dies ist in der graphischen

Darstellung der Abb. 245 geschehen. Wie ersichtlich, ergibt sich eine schöne lineare Beziehung zwischen den zwei genannten Größen. Das Ergebnis der Untersuchung von KAYE können wir also so zusammenfassen: *Bei derselben Röhrenspannung ist die Gesamtstrahlung proportional der Ordnungszahl des Antikathodenstoffes.*

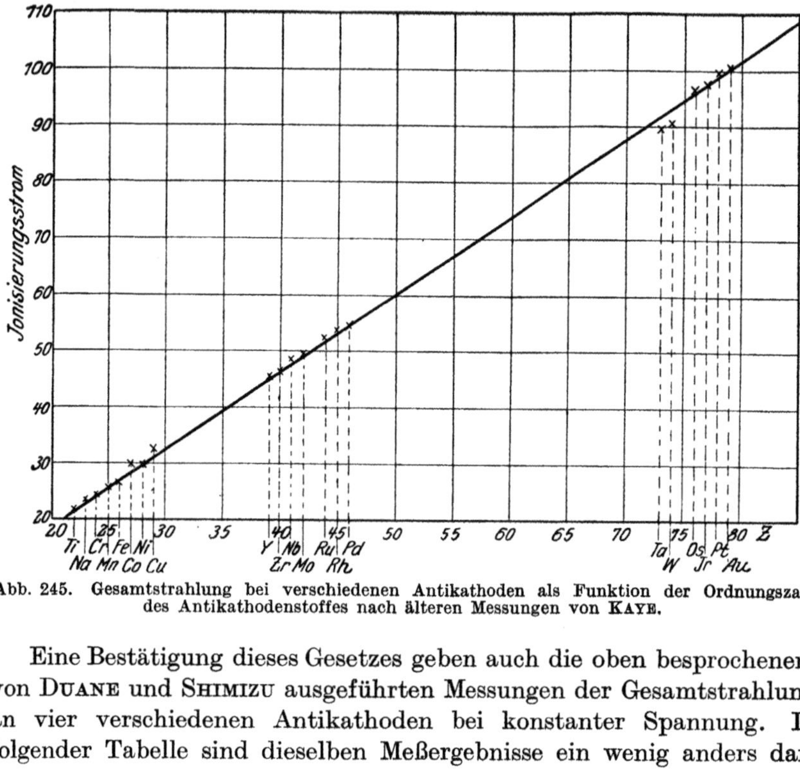

Abb. 245. Gesamtstrahlung bei verschiedenen Antikathoden als Funktion der Ordnungszahl des Antikathodenstoffes nach älteren Messungen von KAYE.

Eine Bestätigung dieses Gesetzes geben auch die oben besprochenen, von DUANE und SHIMIZU ausgeführten Messungen der Gesamtstrahlung an vier verschiedenen Antikathoden bei konstanter Spannung. In folgender Tabelle sind dieselben Meßergebnisse ein wenig anders dar-

Tabelle 223.

Röhrenspannung kV	Ionisierungsstrom (Fe = 1,00)			
	Cu 29	Ni 28	Co 27	Fe 26
19,14	1,127	1,091	1,032	1,00
21,43	1,149	1,116	1,024	1,00
24,12	1,106	1,081	1,020	1,00
27,30	1,109	1,079	1,041	1,00
30,11	1,109	1,082	1,041	1,00
32,40	1,097	1,070	1,034	1,00
40,87	1,110	1,079	1,042	1,00
Mittel	1,115	1,085	1,033	1,00
Relative Ordnungszahl	1,115	1,077	1,038	1,00
Relatives Atomgewicht	1,138	1,051	1,056	1,00

gestellt, insofern als nämlich die bei Fe erhaltene Stromstärke als Einheit der Ionisationsströme zugrunde gelegt wurde. Diese Tabelle zeigt also die Gesamtstrahlung der Elemente Cu, Ni und Co, bezogen auf die von Fe als Einheit bei einer Reihe von Spannungen zwischen 20 und 40 kV.

Erstens geht aus dieser Tabelle hervor, daß die relative Gesamtstrahlung von der Röhrenspannung unabhängig ist. Zweitens zeigen die Mittelwerte, daß eine direkte Proportionalität mit der Ordnungszahl der Elemente besteht. Dagegen stimmt nicht die Beziehung zwischen der Gesamtstrahlung und den Atomgewichten, wie die unterste Zahlenreihe zeigt. (In dieser Beziehung ist ja gerade die Untersuchung von Ni und Co sehr lehrreich. Vgl. die Zahlen von KAYE.)

Die Frage betreffend die Gesamtintensität als Funktion der Ordnungszahl des Antikathodenmaterials sowie auch die Verteilung der kontinuierlichen Strahlung auf die verschiedenen Wellenlängen wurde im wesentlichen klargelegt durch die vorzüglichen Untersuchungen von E. WAGNER und KULENKAMPFF [1922:19, 56]. Bei diesen Untersuchungen wurde eine ganze Reihe von Elementen als Antikathoden benutzt: Al, Fe, Co, Ni, Cu, Ag, Sn, Pt, die alle bei der konstanten Röhrenspannung 10470 V untersucht wurden. Zweitens wurde bei Ag und Pt die Intensitätsverteilung als Funktion der Röhrenspannung zwischen 7 und 12 kV studiert. Sehr ausgedehnte Vorarbeiten waren dazu nötig, um alle die Fehlerquellen, welche die spektralen Verteilungskurven entstellen können, zu untersuchen und abzuschätzen.

Die Hauptfaktoren, welche zu berücksichtigen sind, wenn man aus der Ionisationskurve — d. i. die Kurve, die die in der Ionisationskammer direkt gemessenen Ströme als Funktion der Reflexionswinkel darstellt — die wahre von der Antikathode ausgehende Strahlungsintensität als Funktion der Wellenlänge oder noch besser der Frequenz ermitteln will, sind die folgenden:

1. Reflexionsvermögen des Krystallgitters und seine Abhängigkeit von der Wellenlänge;

2. Absorption der Strahlung auf dem Wege von der Antikathode bis zur Meßkammer; hier sind zu berücksichtigen: Absorption im Al-Fenster des Rohres, in der Luftstrecke von Al-Fenster bis zum Kammerfenster und endlich im Kammerfenster selbst;

3. Absorption in der Antikathode selbst;

4. die endliche Länge der Ionisationskammer;

5. der Zusammenhang zwischen Ionisationswirkung und Strahlungsintensität in seiner Abhängigkeit von der Wellenlänge.

Auf den letzten Faktor sind WAGNER und KULENKAMPFF nicht näher eingegangen, sondern sie nehmen als Maß der Intensität ihre Ionisationswirkung in der luftgefüllten Ionisationskammer an. Daß diese Annahme unter den vorliegenden Bedingungen berechtigt ist, scheint durch die neueren Untersuchungen von KULENKAMPFF [1926:119] und von RUMP [1927: 132, 133] sichergestellt zu sein.

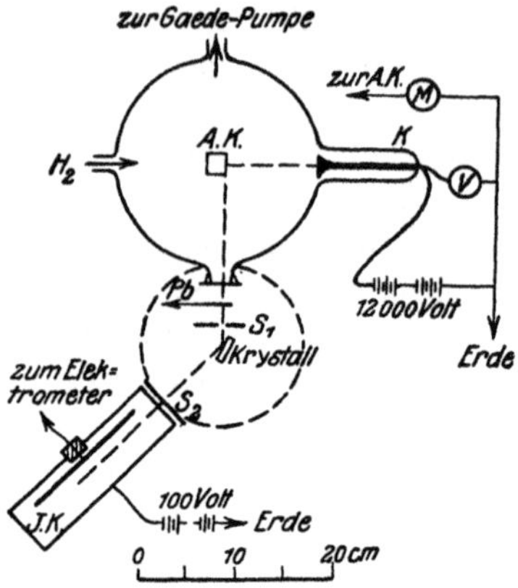

Abb. 246. Versuchsanordnung von WAGNER und KULENKAMPFF.

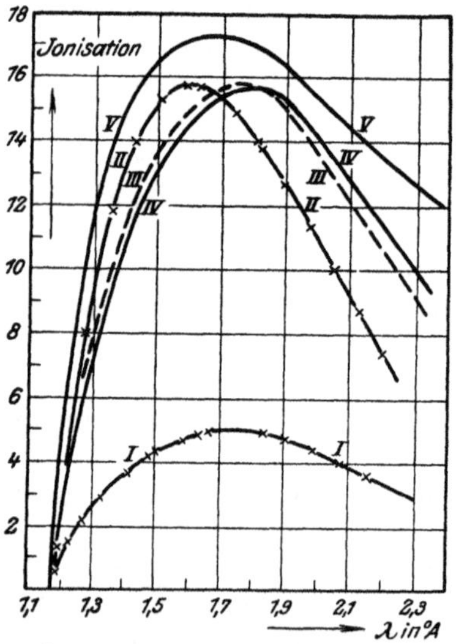

Abb. 247. Intensitätsverteilung bei einer Silberantikathode und einer Röhrenspannung von 10500 Volt.
I = Kalkspat als Gitter (unkorr. Aufnahme);
II = Steinsalz als Gitter (unkorr. Aufnahme);
III = I proportional vergrößert;
IV = I und II korrigiert für Krystalleinfluß;
V = wahre Intensitätsverteilung.

Die Korrektionen 2 und 4 lassen sich ja mit Hilfe unserer jetzigen Kenntnisse ohne größere Schwierigkeiten ermitteln. Anders stand es aber mit 1 und 3. Zur Bestimmung des Reflexionsvermögens waren ausführliche Voruntersuchungen nötig, da dieses zum Teil auch von dem jeweils benutzten Krystall abhängig ist. Der Reflexionskoeffizient wurde durch doppelte Spiegelung bei den Wellenlängen 1,39, 1,54, 1,75 und 1,93 Å.E. gemessen (Cu- bzw. Fe-K-Strahlung) für Kalkspat und Steinsalz als Gitter. Dabei zeigte sich, daß der Koeffizient bei Kalkspat nahezu unabhängig von der Wellenlänge war. Die von WAGNER und KULENKAMPFF erhaltenen Ergebnisse stehen auch in guter Übereinstimmung mit den Resultaten von W. L. BRAGG, JAMES und BOSANQUET [1921: 2] und von BERGEN-DAVIS und STEMPEL [1921: 6], welche bei wesentlich kürzeren Wellenlängen erzielt wurden.

Der Korrektionsfaktor 3 endlich wurde in folgender Weise abgeschätzt: Wie aus der Abb. 246 zu ersehen ist, bestand die Antikathode aus einem viereckigen Parallelepipedon, an dessen vier Seiten verschiedene Antikathodenstoffe angebracht waren. Durch Drehung um eine Achse senkrecht zur Papierebene konnte jeder von diesen vier Stoffen als Strahlengeber eingestellt werden. Die Röntgenstrahlen, welche in das Spektrometer gelangten, traten immer senkrecht zu den Kathodenstrahlen aus. Aber es war durch die getroffene Vorrichtung möglich, den Winkel ψ zwischen Röntgenstrahl und Antikathodenfläche zu verändern. Im allgemeinen wurden die Messungen bei sehr kleinen Werten dieses Winkels ausgeführt. Wegen der Eigenabsorption der Antikathode wird nun die Röntgenstrahlung geschwächt, und zwar ändert sich diese Schwächung mit dem Winkel ψ. Für diese Schwächung ließ sich aber empirisch eine einfache Abhängigkeit von dem Winkel ψ feststellen, mit deren Hilfe die Korrektion dann ausgeführt wurde.

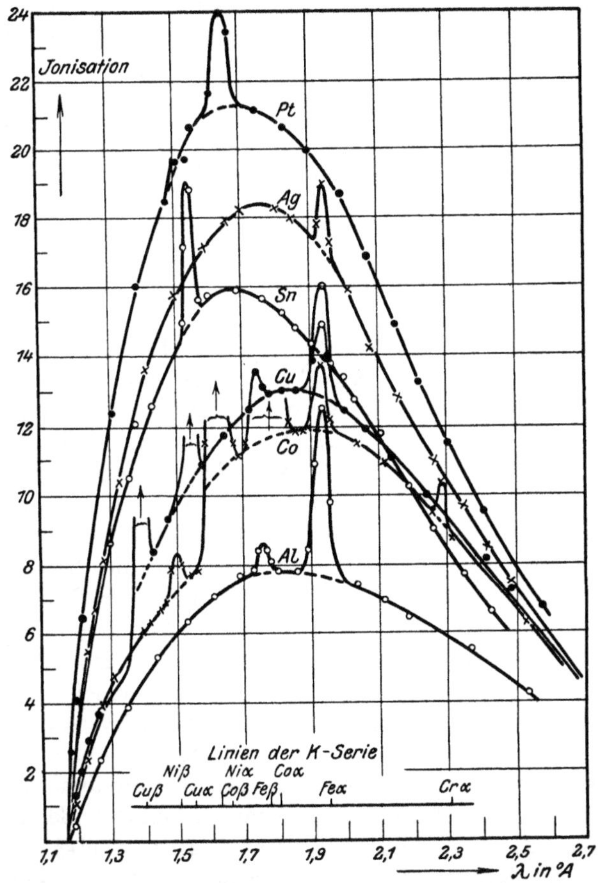

Abb. 248. Verteilungskurven (unkorrigierte) bei verschiedenen Antikathodenstoffen; Röhrenspannung 10470 Volt. Die überlagerten Linien rühren meistens von Verunreinigungen her.

Wie sich die experimentell direkt gefundenen Kurven bei Berücksichtigung der genannten Korrektionen verändern, ist in Abb. 247 für einen einzelnen Fall gezeigt. Sie stellt die Verteilungskurve bei Ag als Antikathode und der Röhrenspannung 10,5 kV dar; als Gitter wurde Steinsalz bzw. Kalkspat verwandt.

Aus den direkt ausgemessenen Verteilungskurven, die z. B. für Pt, Ag, Sn, Cu, Co, Al bei der Röhrenspannung 10,47 kV in Abb. 248 zu sehen sind, wurden nach Korrektion wegen der Eigenabsorption der Antikathoden die Kurven Abb. 249 gewonnen. Nach Anbringung der Korrektion für Absorption und Reflexion entsprechend den zu berücksichtigenden Faktoren 1, 2 und 4 und nach Umrechnung in das *Frequenzmaß* ergeben sich die Kurven der Abb. 250.

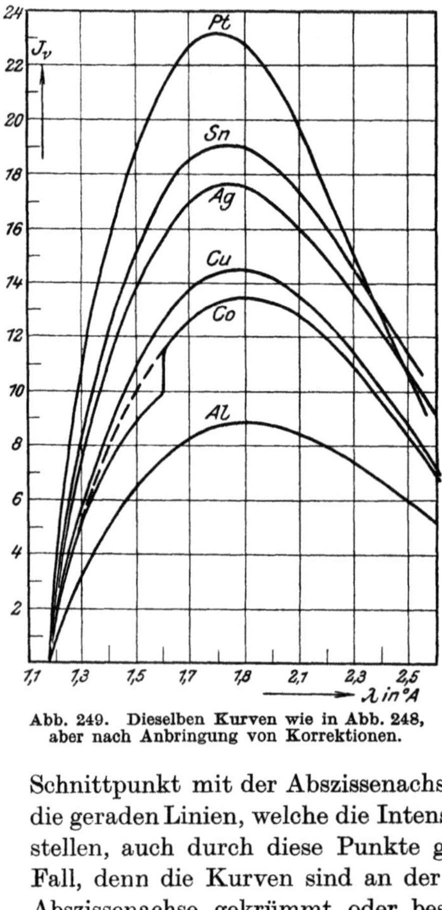

Abb. 249. Dieselben Kurven wie in Abb. 248, aber nach Anbringung von Korrektionen.

Die letztere Berechnung gestaltet sich folgendermaßen: es ist $\nu = \frac{c}{\lambda}$ und also

$$d\nu = \frac{1}{c}\nu^2 d\lambda.$$

Aus

$$J_\nu\, d\nu = J_\lambda\, d\lambda$$

erhält man daher

$$J_\nu = \frac{c}{\nu^2} J_\lambda.$$

Als Endergebnis ergibt sich also das überaus wichtige Resultat: *Die durch Ionisation gemessenen Intensitätskurven, die die Intensität als Funktion der Frequenz darstellen, sind gerade Linien.*

Ein Punkt dieser Kurven wird ja durch die Einsteinsche Beziehung $h \cdot \nu = eV$ festgelegt, nämlich der Schnittpunkt mit der Frequenzachse. Da alle Kurven der Abb. 248 derselben Röhrenspannung 10,47 kV entsprechen, so haben sie auch einen gemeinsamen Schnittpunkt mit der Abszissenachse. Man könnte daher erwarten, daß die geraden Linien, welche die Intensität als Funktion der Frequenz darstellen, auch durch diese Punkte gehen. Das ist aber nicht ganz der Fall, denn die Kurven sind an der tiefsten Stelle ein wenig gegen die Abszissenachse gekrümmt oder besitzen dort einen Knickpunkt, dem eine kleine Richtungsänderung an dem untersten Teil folgt.

Noch deutlicher geht diese kleine Anomalie aus den Kurven Abb. 251 und 252 hervor, die die Intensitätsverteilung bei verschiedenen Spannungen und ein und derselben Antikathode, Pt bzw. Ag, darstellen. Nach der Einsteinschen Beziehung verschieben sich dabei die Schnittpunkte bei erhöhter Spannung nach größeren Frequenzen. Die Kurven zeigen, daß dabei *eine Parallelverschiebung der geraden Linien eintritt.* Wie auch aus diesen Abbildungen zu ersehen ist, sind die Abbiegungen am unteren Teile unabhängig von der Röhrenspannung. Im besonderen ist der Frequenzunterschied zwischen der Grenzfrequenz und dem

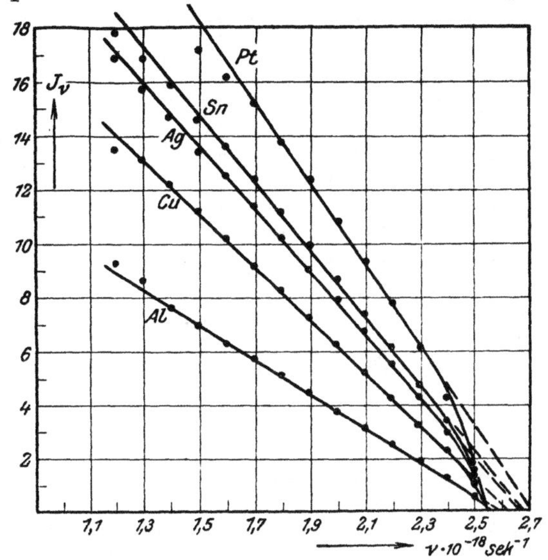

Abb. 250. Die in Abb. 248 und 249 gewonnenen Verteilungskurven im *Frequenz*maßstab dargestellt.

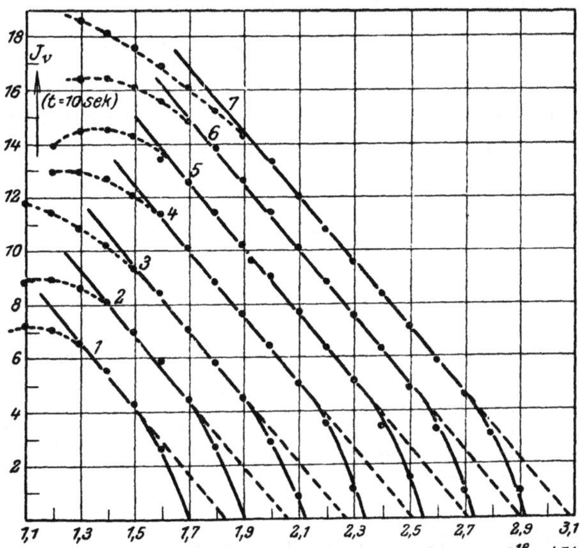

Abb. 251. Die Verteilungskurven im Frequenzmaßstab bei Platin und verschiedenen Röhrenspannungen.
1 = 7000 V; *2* = 7850 V; *3* = 8750 V; *4* = 9600 V; *5* = 10470 V; *6* = 11200 V; *7* = 11980 V.

Schnittpunkt des verlängerten geradlinigen Teils der Kurve konstant. Die für diesen Frequenzabstand $\Delta\nu$ ermittelten Werte sind in nachstehender Tabelle zusammengestellt. $\Delta\nu$ ist bei verschiedenen Elementen annähernd proportional der *Ordnungszahl*.

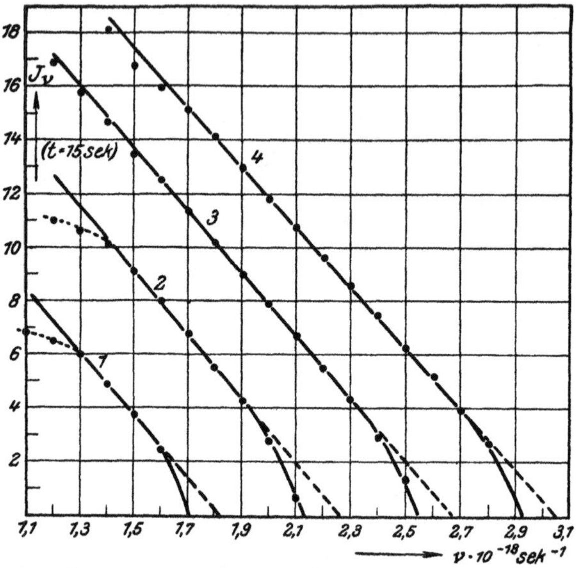

Abb. 252. Die Verteilungskurven im Frequenzmaßstab bei Silber und verschiedenen Röhrenspannungen.
1 = 7000 V; *2* = 8750 V; *3* = 10470 V; *4* = 11980 V.

Man kann dieser kleinen Abweichung dadurch Rechnung tragen, daß man formal die Verteilungskurven aus zwei Teilen nach Abb. 253 zusammensetzt. Für den Hauptteil A der Verteilungskurve gilt dann:

$$J_\nu = \text{const} \cdot \nu \, (\nu_{\max} - \nu), \tag{114}$$

Tabelle 224.

Spannung kV	$\Delta\nu$ Pt	$\Delta\nu$ Ag
11,98	0,15	0,12
11,20	0,17	—
10,47	0,16	0,12
9,60	0,17	—
8,75	0,14	0,13
7,85	0,15	—
7,00	0,14	0,11
Mittel	$0{,}15_5$	0,12

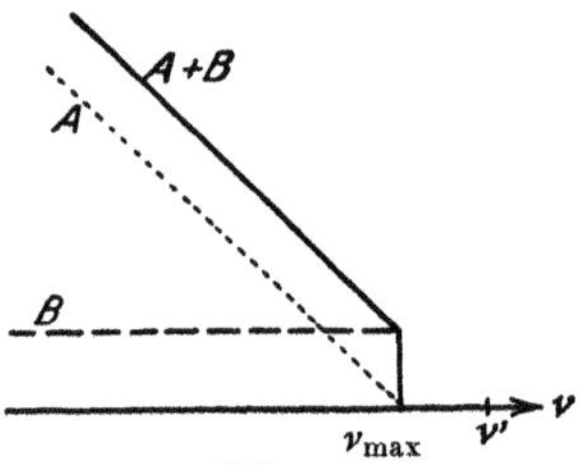

Abb. 253.

wo $\nu_{\max}$ die nach der Einsteinschen Beziehung berechnete Maximalfrequenz ist.

Für diesen Teil erhalten wir als *Gesamtstrahlung*

$$J_A = \int_0^{\max} J_\nu \, d\nu = \text{const} \cdot \nu_{\max}^2 = \text{const} \cdot V^2 \tag{115}$$

in voller Übereinstimmung mit den oben dargelegten älteren Resultaten. Der Proportionalitätsfaktor der Gl. (114) ist unabhängig von der Spannung, ändert sich aber mit der Ordnungszahl des Antikathodenmaterials. Er läßt sich aus der Neigung der Kurven Abb. 250 bestimmen. So ergibt sich eine *direkte Proportionalität mit der Ordnungszahl*, also eine Gesetzmäßigkeit, die wir schon oben aus früheren Messungen als wahrscheinlich hergeleitet hatten. *Für den Teil A* setzen wir daher

$$J_\nu = C \cdot Z(\nu_{\max} - \nu)\,, \tag{116}$$

wo C jetzt eine Konstante darstellt, die *unabhängig von Spannung und Ordnungszahl* ist.

Für den Teil B wäre anzusetzen

$$J_\nu = \text{const}\,,$$

d. h. er ist unabhängig von der Spannung, woraus sich für die Gesamtspannung dieses Teiles eine direkte Proportionalität mit der Röhrenspannung ergibt. Für verschiedene Elemente wächst der Teil B annähernd quadratisch mit der Ordnungszahl, so daß wir zusammenfassend für A und B schreiben können:

$$J_\nu = C[Z(\nu_{\max} - \nu) + bZ^2]\,, \tag{117}$$

wo auch b eine von Spannung und Ordnungszahl unabhängige Konstante ist. Der nicht genau geradlinige Verlauf für kleine J_ν-Werte (s. Abb. 251) läßt sich leicht durch Ansetzen einer e-Funktion statt bZ^2 in Gl. (117) berücksichtigen (NICHOLAS [1927: 114]).

Diese wichtige Gleichung gibt also die gesamten Versuchsresultate wieder und ist von WAGNER und KULENKAMPFF im Spannungsintervall von 7000 bis 12000 V und in dem Wellenlängenbereich von 1,0 bis 2,8 Å.E. geprüft worden. Sie enthält als Spezialfälle die Gesetze, die oben aus älteren Untersuchungen erhalten wurden, nämlich daß die Gesamtenergie mit dem Quadrat der Röhrenspannung und der ersten Potenz der Ordnungszahl wächst. Es erscheint sehr wahrscheinlich, daß dieses Verteilungsgesetz der durch die Ionisationswirkung bestimmten Intensität auch für die Spannungen und Wellenlängen gültig ist, die für die technischen Röntgenzwecke benutzt werden.

Noch eine kleine Einzelfrage wollen wir hier mit KULENKAMPFF erörtern. Einige Verfasser haben sich mit der Frage beschäftigt, ob für die Wellenlänge $\lambda_{\max}$, welche der Maximalintensität im kontinuierlichen Röntgenspektrum bei Darstellung im Wellenlängenmaß entspricht, ein einfaches Gesetz gilt. Man hat dabei an den analogen Fall der „schwarzen" Strahlung im optischen Gebiete gedacht, obwohl hier nur eine rein äußerliche Ähnlichkeit besteht. Aus dem allgemeinen Verteilungsgesetz 2 ist der funktionale Zusammenhang der λ_{max} leicht zu ersehen. Wir brauchen nur von J_ν zu J_λ nach der Formel

$$J_\lambda = \frac{c}{\lambda^2} J_\nu$$

überzugehen und die so erhaltene Gleichung nach der Wellenlänge zu differenzieren und gleich Null zu setzen. Bezeichnen wir mit λ_{min} die Wellenlänge, welche der Grenzfrequenz ν_{max} entspricht, so bekommen wir

$$\lambda_{max} = \frac{3c}{2} \frac{\lambda_{min}}{c + bZ\lambda_{min}}. \tag{118}$$

Können wir von Teil B der Verteilungskurve absehen (d. h. $b = 0$ setzen), so wird das Verhältnis $\lambda_{max}/\lambda_{min}$ einfach 3/2.

Die hier gezogenen Schlußfolgerungen aus den Messungen von Kulenkampff und Wagner gelten, wie schon erwähnt, zunächst für die durch die Ionisationswirkung bestimmten Strahlungsintensitäten. Eine große Anzahl Untersuchungen über den Zusammenhang zwischen Ionisationswirkung und absorbierter Strahlenenergie sind nach verschiedenen Methoden ausgeführt. Die Strahlenenergie wurde dabei mit Bolometer, Thermosäule, Luftthermometer oder nach einem Calorimeterverfahren gemessen. Aus der so bestimmten Energiemenge läßt sich durch Messung der von derselben Strahlung erzeugten Ionen die durchschnittliche Energie pro Ionenpaar berechnen. Diese Bestimmung ist allerdings sehr schwierig mit höherer Genauigkeit auszuführen, und die Ergebnisse waren auch einander widersprechend. Nach der sehr sorgfältigen Untersuchung von Kulenkampff [1926: 119] mit Strahlen im Wellenlängengebiete 0,56 bis 2 Å.E. ist die zur Erzeugung eines Ionenpaares unabhängig von der Wellenlänge der Strahlung notwendige Energiemenge durchschnittlich 35 ± 5 V (d. h. die Energie, welche ein Elektron beim Durchlaufen eines Feldes von 35 V aufnimmt). Bei dieser Messung wurde die Strahlenenergie mit Hilfe einer Thermosäule gemessen. Zu Resultaten, die mit diesem gut übereinstimmen, gelangte Rump [1927: 132, 133] in einer sehr geschickt ausgeführten Untersuchung, wo eine Calorimeteranordnung zur Messung der Strahlungsenergie diente. Um die einfallende Strahlung vollständig zu absorbieren und einen Verlust durch Rückstrahlung möglichst zu verhindern, diente ein Hohlkörper (Abb. 254) als Absorbator. Dieser (aus Hg oder Br) bildete gleichzeitig einen Teil der Calorimeterflüssigkeit in einer Anordnung wie bei dem Eiscalorimeter nach Bunsen.

Rump untersuchte Strahlen im Wellenlängengebiete 0,43 bis 0,12 Å.E. und fand auch hier die zur Erzeugung eines Ionenpaares nötige Energie unabhängig von der Wellenlänge und gleich 33 V [1927: 132], was mit dem obigen für wesentlich größere Wellenlängen von Kulenkampff gefundenen Wert innerhalb der Fehlergrenzen übereinstimmt.

Es ist also, nach diesen Untersuchungen zu beurteilen, gestattet, die mittels Ionisationsmessungen gewonnenen Ergebnisse als wahre Ausdrücke für die Strahlenenergien anzusetzen. Die Umrechnung in absolutes Energiemaß läßt sich mit dem oben angegebenen Zahlenwert für Energie pro Ionenpaar ausführen.

Eine theoretische Herleitung der spektralen Intensitätsverteilung in der kontinuierlichen Röntgenstrahlung wurde zuerst — von der

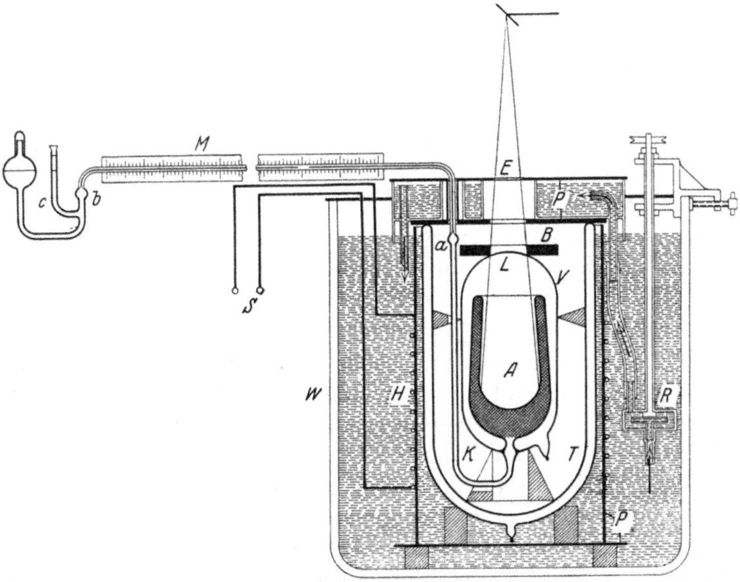

Abb. 254. Röntgencalorimeter nach RUMP [1927: 133]. *A* Gefäß, dessen doppelte Wandung mit absorbierender Substanz und Ausdehnungsflüssigkeit gefüllt ist; *K* Meßcapillare; *a* und *b* Erweiterungen in der Capillare, die zusammen mit dem Ansatzröhrchen *c* eine beliebige Einstellung des Luftindex in der Capillare erlauben; *M* Skala; *E* Strahlen-Einfallsöffnung; *B* Blende; *L* Lindemannfenster; *V* Vakuummantel; *T* Thermosgefäß; *W* Thermostat mit Rührer *R* und elektrischer Heizung *S—H*; *PP* Bleischutzhüllen.

älteren Impulstheorie von SOMMERFELD abgesehen — von KRAMERS [1923:48] gegeben. Diese Theorie stützt sich auf die ältere Quantentheorie und das BOHRsche Korrespondenzprinzip und nimmt an, daß die kontinuierliche Strahlung bei Übergängen des strahlenden Elektrons zwischen Hyperbelbahnen entsteht. Die Aussagen dieser Theorie stehen in sehr gutem Einklang mit den experimentellen Ergebnissen. Nicht nur führen die theoretischen Ansätze von KRAMERS zu einer Formel wie Gl. (114), auch die numerische Konstante kommt richtig heraus. Das Zusatzglied in Gl. (117) erklärt sich dadurch, daß eine Anzahl der an die Antikathode anprallenden Elektronen dieselbe nach starker Bahnkrümmung wieder verläßt (Rückdiffusion).

Vom selben Ausgangspunkt, aber in etwas veränderter Form, hat WENTZEL [1924: 132] nach der älteren Quantentheorie die spektrale

Verteilungsfunktion berechnet und ist zu einem Ausdruck gelangt, der sich den experimentellen Kurven gut anschließt.

Eine Durchführung der Theorie des kontinuierlichen Röntgenspektrums nach der neueren Quantenmechanik liegt noch nicht vor. Einen ersten Ansatz, welcher einige interessante Teilergebnisse liefert und den Weg zur weiteren Behandlung angibt, ist von SOMMERFELD publiziert [1929:151] (vgl. auch SOMMERFELD und SCHUR [1930:158] und BETHE [1930:12b]).

48. Räumliche Intensitätsverteilung der kontinuierlichen Strahlung.

Nach den älteren Vorstellungen war die Entstehung der Röntgenstrahlung dadurch zu erklären, daß die Kathodenstrahlelektronen bei ihrer plötzlichen Bremsung an der Antikathode eine Impulsstrahlung aussandte. Nach der klassischen Theorie, wie sie für diesen Vorgang von SOMMERFELD näher entwickelt wurde, hatte man eine räumliche Verteilung der Strahlung mit Minima in der Kathodenstrahlrichtung zu erwarten. Da aber die Elektronen im allgemeinen erst nach einer Mehrzahl Stöße und nach entsprechenden Richtungsänderungen ihre Geschwindigkeit verlieren, ist die ursprüngliche Kathodenstrahlrichtung als Vorzugsrichtung nicht sehr ausgeprägt, und so hat man auch bei den üblichen Röntgenröhren mit massiven Antikathoden eine räumlich nahe homogene Strahlung.

Will man die räumliche Verteilung studieren, so muß man die Strahlung von einem sehr dünnen Folium oder einer Gasschicht studieren, wo die genannte Störung durch Richtungsänderung der Elektronen unterdrückt ist. Die experimentelle Untersuchung der Röntgenstrahlung von einem kleinen Gasvolumen, welche in dieser Beziehung logischerweise die beste wäre, stößt leider auf große experimentelle Schwierigkeiten wegen der allzu geringen Strahlenintensität. Versuche mit Quecksilberstrahlen als Antikathoden sind zwar von DUANE [1927:48; 1928:33] in sehr geschickter Weise ausgeführt, lassen aber sichere Schlußfolgerungen nicht zu; es kommen daher hier wesentlich die Untersuchungen mit dünnen Folien als Antikathoden in Frage. Sehr klarlegende Ergebnisse sind nach dieser Methode von KULENKAMPFF [1928:24a] gewonnen. Bei dieser Untersuchung wurde die räumliche Verteilung der kontinuierlichen Strahlung bei 4 verschiedenen Röhrenspannungen: 16,4, 24,0, 31,0 und 37,8 kV und bei der Röhrenspannung 31 kV für drei Wellenlängenbereiche: 0,43, 0,53 und 0,73 Å.E. studiert. Da die Intensität nicht zur spektrometrischen Zerlegung ausreichte, wurden die genannten drei Wellenlängen durch geeignete Filter ausgesondert, nämlich durch Al-, Ag- und Zr-Filter.

Die erhaltenen Ergebnisse sind aus den graphischen Darstellungen Abb. 255a, b, c zu sehen. Der Pfeil zeigt die Richtung der Kathodenstrahlen.

Der Radiusvektor zu den Kurven in Abbild. 255a gibt für die drei Wellenlängen 0,43 (1), 0,53 (2) und 0,73 (3) die in einem Raumwinkel konstanter Größe gefundene Strahlungsintensität an. Die Strahlung hat selbstverständlich um die Kathodenstrahlrichtung eine zylindersymmetrische Verteilung. Berechnet man die Intensität der Strahlung in einer Richtung, die mit der Kathodenstrahlrichtung einen Winkel zwischen φ und $\varphi + d\varphi$ einschließt (also zwischen zwei Konen liegt), findet man das wichtige Resultat (siehe Abbild. 255b), daß die Maximumrichtung unabhängig von der Wellenlänge bei etwa 67° liegt.

Schließlich zeigt Abb. 255c in derselben Weise die räumliche Intensitätsverteilung für verschiedene Röhrenspannungen: 16,4 (IV), 24,0 (III), 31,0 (II) und 37,8 (I). Die Richtungen der Maxima φ_m sind für die verschiedenen Spannungen und entsprechenden Elektronengeschwindigkeiten (v/c) in Bruchteilen der Lichtgeschwindigkeit in der folgenden Tabelle zusammengestellt

In nahem Zusammenhang mit der räumlichen Verteilung

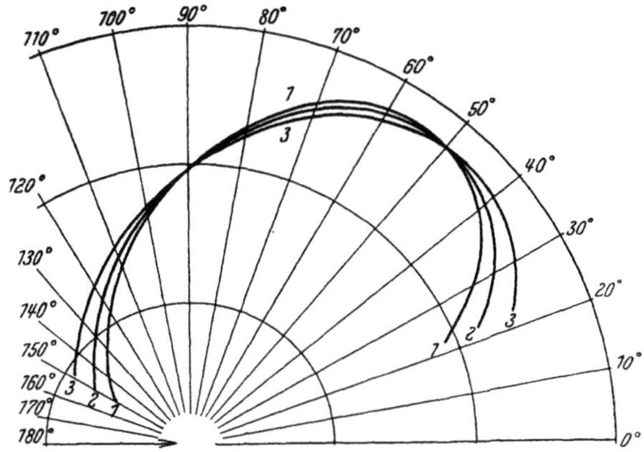

a

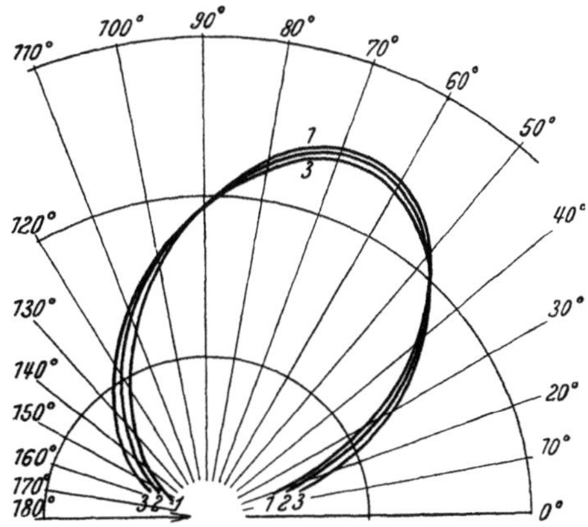

b

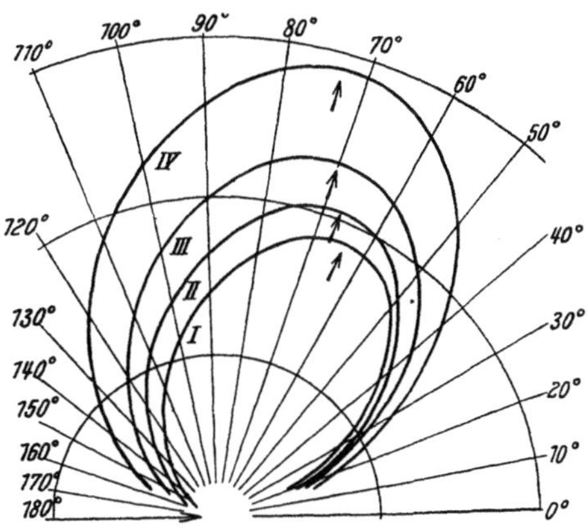

c

Abb. 255a bis c. Räumliche Intensitätsverteilung bei dünner Antikathode nach KULENKAMPFF.

der kontinuierlichen Röntgenstrahlung stehen die Polarisationsverhältnisse. Auch hier muß man die Phänomene da studieren, wo wirklich eine Vorzugsrichtung von den strahlenerregenden Elektronen vorhanden ist. Bei der Gesamtstrahlung ist dies kaum der Fall wegen der Richtungsänderungen der Elektronen bei den Stößen (nach den klassischen Vorstellungen). Ross [1928: 96] hat aber die kurzwellige Grenzstrahlung untersucht, wo also die Strahlung bei einem einzigen Stoß in Strahlenenergie umgesetzt wird. Er findet dann eine vollständige Polarisation. Daß die charakteristische Strahlung keine Polarisation aufzeigt, ist früher erwähnt.

Geschwindigkeit		φ_m
kV	v/c	
16,4	0,248	73°
24,0	0,296	70°
31,0	0,333	67°
37,8	0,364	64°

Anhang.

Tabelle 225. Anregungsspannungen in Kilovolt der härtesten Liniengruppen der verschiedenen Röntgenserien.

	K	*L*	*M*	*N*		*K*	*L*	*M*	*N*
92 U	115	21,7	5,54	1,44	47 Ag	25,5	3,79	0,72	0,10
90 Th	109	20,5	5,17	1,33	46 Pd	24,4	3,64	0,67	0,08
83 Bi	90,1	16,4	4,01	0,96	45 Rh	23,2	3,43	0,62	0,07
82 Pb	87,6	15,8	3,85	0,89	44 Ru	22,1	3,24	0,59	0,06
81 Tl	85,2	15,3	3,71	0,86	42 Mo	20,0	2,87	0,51	0,06
80 Hg	82,9	14,8	3,57	0,82	41 Nb	19,0	2,68	0,48	0,05
79 Au	80,5	14,4	3,43	0,79	40 Zr	18,0	2,51	0,43	0,05
78 Pt	78,1	13,9	3,30	0,71	39 Y	17,0	2,36	—	—
77 Ir	76,0	13,4	3,17	0,67	38 Sr	16,1	2,19	—	—
76 Os	73,8	13,0	3,05	0,64	37 Rb	15,2	2,05	—	—
74 W	69,3	12,1	2,81	0,59	35 Br	13,5	1,77	—	—
73 Ta	67,4	11,7	2,71	0,57	34 Se	12,7	1,64	—	—
72 Hf	65,4	11,3	2,60	0,54	33 As	11,9	1,52	—	—
71 Cp	63,4	10,9	2,50	0,51	32 Ge	11,1	1,41	—	—
70 Ad	61,4	10,5	2,41	0,50	31 Ga	10,4	1,31	—	—
69 Tu	59,5	10,1	2,31	0,47	30 Zn	9,65	1,20	—	—
68 Er	57,5	9,73	2,22	0,45	29 Cu	8,86	—	—	—
67 Ho	55,8	9,38	2,13	0,43	28 Ni	8,29	—	—	—
66 Dy	53,8	9,03	2,04	0,42	27 Co	7,71	—	—	—
65 Tb	52,0	8,70	1,96	0,40	26 Fe	7,10	—	—	—
64 Gd	50,3	8,37	1,88	0,38	25 Mn	6,54	—	—	—
63 Eu	48,6	8,04	1,80	0,36	24 Cr	5,98	—	—	—
62 Sm	46,8	7,73	1,72	0,35	23 Va	5,45	—	—	—
60 Nd	43,6	7,12	1,58	0,32	22 Ti	4,95	—	—	—
59 Pr	41,9	6,83	1,51	0,30	21 Sc	4,49	—	—	—
58 Ce	40,3	6,54	1,43	0,29	20 Ca	4,03	—	—	—
57 La	38,7	6,26	1,36	0,27	19 K	3,59	—	—	—
56 Ba	37,4	5,99	1,29	0,25	17 Cl	2,82	—	—	—
55 Cs	35,9	5,71	1,21	0,23	16 S	2,46	—	—	—
53 J	33,2	5,18	1,08	0,19	15 P	2,14	—	—	—
52 Te	31,8	4,93	1,01	0,17	14 Si	1,83	—	—	—
51 Sb	30,4	4,69	0,94	0,15	13 Al	1,55	—	—	—
50 Sn	29,1	4,49	0,88	0,13	12 Mg	1,30	—	—	—
49 In	27,9	4,28	0,83	0,12	11 Na	1,07	—	—	—
48 Cd	26,7	4,07	0,77	0,11					

Tabelle 226. Periodisches System der Elemente.

	0	I	II	III	IV	V	VI	VII	VIII
1		1 H 1,008							
2	2 He 4,00	3 Li 6,94	4 Be 9,02	5 B 10,82	6 C 12,00	7 N 14,008	8 O 16,000	9 Fl 19,00	
3	10 Ne 20,2	11 Na 23,00	12 Mg 24,32	13 Al 26,97	14 Si 28,06	15 P 31,04	16 S 32,07	17 Cl 35,46	
4	18 A 39,94	19 K 39,10	20 Ca 40,07	21 Sc 45,10	22 Ti 47,90	23 Va 51,0	24 Cr 52,01	25 Mn 54,93	26 Fe, 27 Co, 28 Ni 55,84 58,97 58,68
5		29 Cu 63,57	30 Zn 65,37	31 Ga 69,72	32 Ge 72,60	33 As 74,96	34 Se 79,2	35 Br 79,92	
6	36 Kr 82,92	37 Rb 85,5	38 Sr 87,6	39 Y 89,0	40 Zr 91,2	41 Nb 93,5	42 Mo 96,0	43 Ma	44 Ru, 45 Rh, 46 Pd 101,7 102,9 106,7
7		47 Ag 107,88	48 Cd 112,4	49 In 114,8	50 Sn 118,70	51 Sb 121,8	52 Te 127,5	53 I 126,92	
8	54 X 130,2	55 Cs 132,8	56 Ba 137,4	57 La 138,9	58 Ce 140,25	59 Pr 140,9	60 Nd 144,3	61 —	
9		62 Sm 150,4	63 Eu 152,0	64 Gd 157,3	65 Tb 159,2	66 Dy 162,5	67 Ho 163,5	68 Er 167,7	
10		69 Tu 169,4	70 Yb 173,5	71 Lu 175,0	72 Hf 178,6	73 Ta 181,5	74 W 184,0	75 Re	76 Os, 77 Ir, 78 Pt 190,9 193,1 195,2
11		79 Au 197,2	80 Hg 200,6	81 Tl 204,4	82 Pb 207,2	83 Bi 209,0	84 Po 210	85 —	
12	86 Em 222	87 —	88 Ra 226,0	89 Ac	90 Th 232,1	91 Pa	92 U 238,2	93 —	

Tabelle 227. Absorptionskoeffizienten und Halbwertschichten bei einer Reihe von Stoffen für verschiedene Wellenlängen ($d_{1/2}$ entspricht der Dicke der Substanz in Zentimetern, welche die einfallende Intensität der betreffenden Wellenlänge auf die Hälfte herabsetzt).

λ in Å.E.	Luft bei 0°C, 760 mm		H_2O		C		Al		Cu		Ag		Pb	
	μ/ϱ	$d_{1/2}$	μ/ϱ	$d_{1/2}$	μ/ϱ	$d_{1/2}$	μ/ϱ	$d_{1/2}$	μ/ϱ	$d_{1/2}$	μ/ϱ	$d_{1/2}$	μ/ϱ	$d_{1/2}$
0,1	—	—	0,16	4,3	0,15	1,9	0,16	1,6	0,36	0,21	1,4	0,047	3,8	0,016
0,2	—	—	0,18	3,9	0,16	6,8	0,28	0,92	1,5	0,051	5,6	0,012	4,9	0,013
0,3	—	—	0,29	2,4	0,19	1,5	0,47	0,55	4,3	0,018	17	0,0039	14	0,0044
0,4	—	—	0,44	1,6	0,25	1,1	1,1	0,23	9,8	0,0078	38	0,0017	31	0,0020
0,5	0,48	1120	0,66	1,1	0,35	0,81	2,0	0,13	19	0,0040	11	0,0060	54	0,0011
0,6	0,75	720	1,0	0,69	0,48	0,59	3,4	0,076	32	0,0024	19	0,0035	90	0,00068
0,7	1,3	410	1,5	0,46	0,69	0,41	5,1	0,050	48	0,0016	28	0,0024	139	0,00044
0,8	1,6	340	2,1	0,33	0,96	0,30	7,4	0,035	70	0,0011	39	0,0017	—	—
0,9	2,1	260	2,8	0,25	1,2	0,24	11	0,023	98	0,00078	54	0,0012	—	—
1,0	2,6	210	3,8	0,18	1,6	0,18	15	0,017	131	0,00059	73	0,00090	—	—
1,5	8,7	62	12	0,058	5,1	0,056	46	0,0056	49	0,0016	211	0,00032	—	—
2,0	21	26	28	0,025	12	0,024	102	0,0025	108	0,00071	436	0,00015	—	—
2,5	39	14	51	0,014	23	0,012	194	0,0013	193	0,00040	—	—	—	—
3,0	63	8,5	85	0,0082	38	0,0075	312	0,00082	311	0,00025	—	—	—	—
3,5	96	5,6	129	0,0054	58	0,0050	482	0,00053	439	0,00017	—	—	—	—
4,0	140	3,8	194	0,0036	85	0,0033	700	0,00034	612	0,00013	—	—	—	—
4,5	200	2,7	261	0,0027	117	0,0024	960	0,00027	837	0,000092	—	—	—	—
5,0	270	2,0	347	0,0020	159	0,0018	1270	0,00020	1120	0,000069	—	—	—	—
6,0	430	1,2	590	0,0012	261	0,0011	2050	0,00013	—	—	—	—	—	—
7,0	670	0,80	883	0,00080	398	0,00071	2990	0,000086	—	—	—	—	—	—
8,0	960	0,56	1270	0,00055	590	0,00048	301	0,00085	—	—	—	—	—	—
9,0	1310	0,41	1700	0,00041	805	0,00035	406	0,00063	—	—	—	—	—	—
10,0	1720	0,31	2290	0,00030	1060	0,00027	540	0,00048	—	—	—	—	—	—

Tabelle 228.

Aus den folgenden Tabellen 228a, b, c nach EDVIN JÖNSSON [1928: 61] über „Elektronenabsorptionskoeffizienten“ μ_e (mal LOSCHMIDTsche Zahl L) als Funktion des Produktes $N \cdot \lambda_{\text{Å.E.}}$ berechnet sich mit guter Annäherung der Absorptionskoeffizient μ/ϱ für die Wellenlänge λ bei einem beliebigen Element mit der Ordnungszahl N und dem Atomgewicht A in folgender Weise:

Für Wellenlängen kürzer als die Wellenlänge des K-Absorptionssprunges λ_K bei dem betreffenden Element ergibt sich μ/ϱ nach Multiplikation des in der Tabelle gegebenen Wertes von $(\mu_e L)_K$ mit N/A. Also

$$\text{für } \lambda < \lambda_K: \quad \frac{\mu}{\varrho} = \frac{N}{A} \cdot (\mu_e L)_K .$$

Liegt die Wellenlänge im Intervall zwischen dem K- und dem (ersten) L-Absorptionssprung, so hat man diesen Wert noch mit L_I/K zu multiplizieren, wo K und L_I die Niveauwerte nach Tabelle 176, S. 346 bis 349 bedeuten. Also

$$\text{für } \lambda_K < \lambda < \lambda_{L_I}: \quad \frac{\mu}{\varrho} = \frac{N}{A} (\mu_e L)_K \frac{L_I}{K} .$$

Entsprechend gilt:

$$\text{für } \lambda_{L_{III}} < \lambda < \lambda_{M_I}: \quad \frac{\mu}{\varrho} = \frac{N}{A} (\mu_e L)_K \frac{M_I}{K}$$

usw.

Im Gebiete der L-Absorptionssprünge, d. h. für Wellenlängen zwischen dem ersten und letzten L-Absorptionssprung scheint auch mit ziemlich guter Annäherung zu gelten:

$$\lambda_{L_I} < \lambda < \lambda_{L_{II}}: \quad \frac{\mu}{\varrho} = \frac{N}{A} (\mu_e L)_K \frac{L_{II}}{K}$$

und

$$\lambda_{II} < \lambda < \lambda_{III}: \quad \frac{\mu}{\varrho} = \frac{N}{A} (\mu_e L)_K \frac{L_{III}}{K} .$$

Entsprechendes gilt im Gebiet der M-Absorptionssprünge.

Tabelle 228a. $(\mu_e \cdot L)_K$ für $N\lambda$ von 8,0 bis 29,9.

$N\lambda_{\text{Å.E.}}$	0	1	2	3	4	5	6	7	8	9
8	7,20	7,46	7,73	8,00	8,27	8,54	8,81	9,09	9,39	9,70
9	10,0	10,3	10,6	11,0	11,3	11,7	12,1	12,4	12,8	13,1
10	13,4	13,8	14,2	14,6	15,0	15,4	15,9	16,4	16,9	17,4
11	17,9	18,4	18,9	19,4	19,9	20,5	21,1	21,7	22,3	22,9
12	23,5	24,1	24,7	25,3	25,9	26,5	27,2	27,9	28,6	29,3
13	30,1	30,9	31,6	32,4	33,2	34,0	34,7	35,4	36,1	36,9
14	37,7	38,5	39,3	40,1	40,9	41,7	42,5	43,3	44,1	44,9
15	45,9	46,8	47,7	48,6	49,5	50,4	51,3	52,2	53,1	54,0
16	55,0	56,0	57,0	58,0	59,0	60,0	61,0	62,0	63,0	64,0
17	65,0	66,1	67,2	68,3	69,4	70,5	71,7	72,8	73,9	75,0
18	76,2	77,4	78,6	79,9	81,2	82,4	83,6	84,8	86,0	87,2

Tabelle 228 a (Fortsetzung).

$N\lambda$ Å.E.	0	1	2	3	4	5	6	7	8	9
19	88,4	89,6	90,8	92,0	93,2	94,4	95,6	96,8	98,0	99,3
20	101	102	103	104	105	107	109	110	112	113
21	115	116	118	119	120	121	122	123	125	127
22	129	131	133	135	137	139	141	143	145	147
23	149	151	153	155	157	159	161	163	165	167
24	169	171	173	175	177	179	182	184	186	188
25	190	192	194	196	199	201	203	205	207	210
26	212	214	216	219	221	223	225	227	229	231
27	233	235	238	240	242	245	247	250	252	255
28	258	260	263	266	269	272	275	278	281	284
29	287	290	293	296	299	302	305	308	311	314

Tabelle 228 b. $(\mu_e \cdot L)_K$ für $N\lambda$ von 30 bis 149.

$N\lambda$ Å.E.	0	1	2	3	4	5	6	7	8	9
3	318	352	387	417	450	488	522	564	605	647
4	694	744	795	848	906	968	1 030	1 110	1 180	1 230
5	1 290	1 370	1 450	1 530	1 610	1 690	1 770	1 850	1 940	2 030
6	2 120	2 220	2 320	2 430	2 530	2 630	2 740	2 840	2 940	3 050
7	3 160	3 270	3 380	3 500	3 650	3 800	3 950	4 100	4 250	4 400
8	4 550	4 700	4 850	5 000	5 150	5 300	5 450	5 600	5 750	5 900
9	6 050	6 200	6 350	6 500	6 650	6 800	6 950	7 100	7 250	7 400
10	7 600	7 800	8 000	8 100	8 300	8 500	8 700	8 900	9 100	9 300
11	9 500	9 700	10 000	10 200	10 400	10 700	11 000	11 200	11 500	11 700
12	12 000	12 300	12 500	12 800	13 100	13 400	13 700	14 000	14 300	14 600
13	14 900	15 200	15 500	15 900	16 300	16 600	16 900	17 300	17 600	17 900
14	18 300	18 700	19 100	19 500	19 800	20 200	20 600	21 000	21 300	21 700

Tabelle 228 c. $(\mu_e \cdot L)_K$ 10^{-3} für $N\lambda$ von 150 bis 790.

$N\lambda$ Å.E.	00	10	20	30	40	50	60	70	80	90
1	—	—	—	—	—	22,0	25,0	28,0	31,0	34,5
2	38,5	43,0	48,0	53,5	59,0	64,5	70,0	76,0	82,0	89,0
3	95,0	101	107	113	119	125	132	138	145	153
4	161	168	176	183	191	199	207	216	224	233
5	242	251	260	270	280	290	300	315	330	345
6	360	375	390	405	420	435	450	460	480	500
7	520	530	550	570	590	600	620	640	660	680

Tabelle 229. Zusammenstellung der stärksten Linien nach Wellenlänge geordnet.

$\lambda \cdot$ X.E.	Element	Reihe	Linie	$\lambda \cdot$ X.E.	Element	Reihe	Linie	$\lambda \cdot$ X.E.	Element	Reihe	Linie
112	92 U	K	β_1	185	78 Pt	K	α_1	315	58 Ce	K	β_1
126	92 U	K	α_1	190	78 Pt	K	α_2	327	57 La	K	β_1
159	78 Pt	K	β_2	196	77 Ir	K	α_2	331	60 Nd	K	α_1
164	78 Pt	K	β_1	209	74 W	K	α_1	336	60 Nd	K	α_2
169	77 Ir	K	β_1	213	74 W	K	α_2	340	56 Ba	K	α_1
179	74 W	K	β_2	293	60 Nd	K	β_1	343	59 Pr	K	β_1
184	74 W	K	β_1	304	59 Pr	K	β_1	348	59 Pr	K	α_2

Tabelle 229 (Fortsetzung).

λ · X.E.	Element	Reihe	Linie	λ · X.E.	Element	Reihe	Linie	λ · X.E.	Element	Reihe	Linie
354	55 Cs	*K*	β_1	616	45 Rh	*K*	α_2	839	81 Tl	*L*	γ_3
356	58 Ce	*K*	α_1	620	42 Mo	*K*	β_2	842	81 Tl	*L*	γ_6
361	58 Ce	*K*	α_2	631	90 Th	*L*	γ_6	846	81 Tl	*L*	γ_2
370	57 La	*K*	α_1	631	42 Mo	*K*	β_1	865	82 Pb	*L*	γ_5
374	53 J	*K*	β_2	642	44 Ru	*K*	α_1	866	81 Tl	*L*	γ_1
375	57 La	*K*	α_2	646	44 Ru	*K*	α_2	866	79 Au	*L*	γ_4
383	53 J	*K*	β_1	652	90 Th	*L*	γ_1	872	80 Hg	*L*	γ_2
384	56 Ba	*K*	α_1	653	41 Nb	*K*	β_2	873	38 Sr	*K*	α_1
389	56 Ba	*K*	α_2	664	41 Nb	*K*	β_1	878	38 Sr	*K*	α_2
390	52 Te	*K*	β_2	689	40 Zr	*K*	β_2	893	81 Tl	*L*	γ_5
399	52 Te	*K*	β_1	700	40 Zr	*K*	β_1	895	80 Hg	*L*	γ_1
400	55 Cs	*K*	α_1	708	42 Mo	*K*	α_1	895	78 Pt	*L*	γ_4
404	55 Cs	*K*	α_2	709	92 U	*L*	β_3	896	83 Bi	*L*	β_9
407	51 Sb	*K*	β_2	712	42 Mo	*K*	α_2	896	79 Au	*L*	γ_3
416	51 Sb	*K*	β_1	719	92 U	*L*	β_1	902	79 Au	*L*	γ_2
425	50 Sn	*K*	β_2	725	92 U	*L*	β_5	909	92 U	*L*	α_1
434	50 Sn	*K*	β_1	727	39 Y	*K*	β_2	919	35 Br	*K*	β_2
437	53 J	*K*	α_2	735	92 U	*L*	β_7	921	92 U	*L*	α_2
444	49 In	*K*	β_2	739	39 Y	*K*	β_1	923	80 Hg	*L*	γ_5
450	52 Te	*K*	α_1	745	41 Nb	*K*	α_1	924	83 Bi	*L*	β_5
454	49 In	*K*	β_1	746	92 U	*L*	β_4	924	37 Rb	*K*	α_1
455	52 Te	*K*	α_2	749	41 Nb	*K*	α_2	925	82 Pb	*L*	β_9
464	48 Cd	*K*	β_2	753	90 Th	*L*	β_3	925	79 Au	*L*	γ_1
469	51 Sb	*K*	α_1	753	92 U	*L*	β_2	926	78 Pt	*L*	γ_3
474	51 Sb	*K*	α_2	761	83 Bi	*L*	γ_4	928	37 Rb	*K*	α_2
474	48 Cd	*K*	β_1	764	90 Th	*L*	β_1	931	35 Br	*K*	β_1
486	47 Ag	*K*	β_2	769	38 Sr	*K*	β_2	932	78 Pt	*L*	γ_2
490	50 Sn	*K*	α_1	781	38 Sr	*K*	β_1	937	83 Bi	*L*	β_3
494	50 Sn	*K*	α_2	784	82 Pb	*L*	γ_4	950	83 Bi	*L*	β_1
496	47 Ag	*K*	β_1	784	40 Zr	*K*	α_1	951	82 Pb	*L*	β_5
509	46 Pd	*K*	β_2	787	92 U	*L*	β_6	953	83 Bi	*L*	β_2
511	49 In	*K*	α_1	789	83 Bi	*L*	γ_3	954	90 Th	*L*	α_1
515	49 In	*K*	α_2	789	40 Zr	*K*	α_2	954	79 Au	*L*	γ_5
519	46 Pd	*K*	β_1	792	90 Th	*L*	β_4	956	78 Pt	*L*	γ_1
534	48 Cd	*K*	α_1	792	90 Th	*L*	β_2	957	77 Ir	*L*	γ_3
534	45 Rh	*K*	β_2	794	83 Bi	*L*	γ_2	960	82 Pb	*L*	β_7
538	48 Cd	*K*	α_2	804	92 U	*L*	η	963	77 Ir	*L*	γ_2
544	45 Rh	*K*	β_1	810	81 Tl	*L*	γ_4	966	90 Th	*L*	α_2
558	47 Ag	*K*	α_1	811	83 Bi	*L*	γ_1	967	82 Pb	*L*	β_3
561	44 Ru	*K*	β_2	813	82 Pb	*L*	γ_3	975	83 Bi	*L*	β_4
563	47 Ag	*K*	α_2	815	37 Rb	*K*	β_2	978	34 Se	*K*	β_2
571	44 Ru	*K*	β_1	819	82 Pb	*L*	γ_2	978	81 Tl	*L*	β_5
584	46 Pd	*K*	α_1	826	90 Th	*L*	β_6	981	82 Pb	*L*	β_1
589	46 Pd	*K*	α_2	827	37 Rb	*K*	β_1	986	78 Pt	*L*	γ_5
593	92 U	*L*	γ_6	827	39 Y	*K*	α_1	988	81 Tl	*L*	β_7
597	92 U	*L*	γ_3	831	39 Y	*K*	α_2	989	77 Ir	*L*	γ_1
604	92 U	*L*	γ_2	836	80 Hg	*L*	γ_4	990	34 Se	*K*	β_1
612	45 Rh	*K*	α_1	838	82 Pb	*L*	γ_1	991	83 Bi	*L*	β_6
614	92 U	*L*	γ_1	838	83 Bi	*L*	γ_5	999	81 Tl	*L*	β_3

Tabelle 229 (Fortsetzung).

$\lambda \cdot$ X.E.	Element	Reihe	Linie	$\lambda \cdot$ X.E.	Element	Reihe	Linie	$\lambda \cdot$ X.E.	Element	Reihe	Linie
1006	82 Pb	L	β_4	1130	74 W	L	γ_5	1281	30 Zn	K	β_2
1007	80 Hg	L	β_5	1133	77 Ir	L	β_2	1282	73 Ta	L	β_2
1008	81 Tl	L	β_2	1136	73 Ta	L	γ_1	1285	79 Au	L	α_2
1013	81 Tl	L	β_1	1138	77 Ir	L	β_3	1287	74 W	L	β_6
1019	82 Pb	L	β_6	1140	78 Pt	L	β_4	1293	30 Zn	K	β_1
1019	79 Au	L	β_9	1141	71 Lu	L	γ_4	1299	74 W	L	β_4
1023	76 Os	L	γ_1	1142	83 Bi	L	α_1	1303	70 Yb	L	γ_5
1026	79 Au	L	β_{10}	1153	83 Bi	L	α_2	1304	73 Ta	L	β_3
1026	74 W	L	γ_4	1155	77 Ir	L	β_1	1310	78 Pt	L	α_1
1030	80 Hg	L	β_3	1162	80 Hg	L	η	1312	68 Er	L	γ_3
1037	81 Tl	L	β_4	1169	76 Os	L	β_2	1314	83 Bi	L	l
1038	80 Hg	L	β_2	1171	73 Ta	L	γ_5	1318	68 Er	L	γ_2
1038	35 Br	K	α_1	1173	82 Pb	L	α_1	1320	67 Ho	L	γ_4
1038	79 Au	L	β_5	1173	33 As	K	α_1	1322	78 Pt	L	α_2
1042	35 Br	K	α_2	1175	77 Ir	L	β_6	1324	73 Ta	L	β_1
1043	33 As	K	β_2	1177	77 Ir	L	β_4	1324	72 Hf	L	β_2
1047	80 Hg	L	β_1	1177	72 Hf	L	γ_1	1328	73 Ta	L	β_6
1047	81 Tl	L	β_6	1177	33 As	K	α_2	1333	71 Lu	L	β_9
1050	79 Au	L	β_7	1178	71 Lu	L	γ_3	1337	31 Ga	K	α_1
1052	78 Pt	L	β_9	1182	70 Yb	L	γ_4	1340	71 Lu	L	β_{10}
1055	33 As	K	β_1	1183	71 Lu	L	γ_2	1341	31 Ga	K	α_2
1057	83 Bi	L	η	1184	82 Pb	L	α_2	1343	73 Ta	L	β_4
1060	74 W	L	γ_3	1195	76 Os	L	β_1	1346	71 Lu	L	β_7
1063	73 Ta	L	γ_4	1200	79 Au	L	η	1347	82 Pb	L	l
1065	92 U	L	l	1202	74 W	L	β_9	1348	77 Ir	L	α_1
1066	74 W	L	γ_2	1205	81 Tl	L	α_1	1350	72 Hf	L	β_3
1068	79 Au	L	β_2	1205	31 Ga	K	β_1	1360	77 Ir	L	α_2
1069	80 Hg	L	β_4	1210	74 W	L	β_{10}	1361	67 Ho	L	γ_3
1070	78 Pt	L	β_5	1213	74 W	L	β_5	1362	68 Er	L	γ_1
1072	74 W	L	γ_6	1216	81 Tl	L	α_2	1367	71 Lu	L	β_2
1077	80 Hg	L	β_6	1220	70 Vb	L	γ_3	1368	67 Ho	L	γ_2
1079	78 Pt	L	β_7	1220	71 Lu	L	γ_1	1371	72 Hf	L	β_1
1081	79 Au	L	β_1	1222	74 W	L	β_7	1371	66 Dy	L	γ_4
1090	82 Pb	L	η	1226	70 Vb	L	γ_2	1378	29 Cu	K	β_2
1096	74 W	L	γ_1	1239	80 Hg	L	α_1	1389	76 Os	L	α_1
1097	73 Ta	L	γ_3	1240	78 Pt	L	η	1389	29 Cu	K	β_1
1100	78 Pt	L	β_2	1242	74 W	L	β_2	1398	71 Lu	L	β_3
1103	73 Ta	L	γ_2	1244	73 Ta	L	β_9	1399	76 Os	L	α_2
1103	34 Se	K	α_1	1250	80 Hg	L	α_2	1403	68 Er	L	γ_5
1104	77 Ir	L	β_5	1251	32 Ge	K	α_1	1413	70 Yb	L	β_2
1104	79 Au	L	β_4	1253	73 Ta	L	β_5	1414	66 Dy	L	γ_3
1107	34 Se	K	α_2	1255	32 Ge	K	α_2	1414	67 Ho	L	γ_1
1109	79 Au	L	β_6	1256	71 Lu	L	γ_5	1414	71 Lu	L	β_6
1112	73 Ta	L	γ_6	1260	74 W	L	β_3	1418	74 W	L	η
1113	90 Th	L	l	1261	73 Ta	L	β_7	1418	80 Hg	L	l
1115	32 Ge	K	β_2	1265	70 Vb	L	γ_1	1420	66 Dy	L	γ_2
1118	78 Pt	L	β_1	1273	68 Er	L	γ_4	1421	71 Lu	L	β_1
1125	81 Tl	L	η	1274	79 Au	L	α_1	1424	65 Tb	L	γ_4
1127	32 Ge	K	β_1	1279	74 W	L	β_1	1429	30 Zn	K	α_3

Tabelle 229 (Fortsetzung).

$\lambda \cdot$ X.E.	Element	Reihe	Linie	$\lambda \cdot$ X.E.	Element	Reihe	Linie	$\lambda \cdot$ X.E.	Element	Reihe	Linie
1432	30 Zn	K	α_1	1617	27 Co	K	β_1	1796	63 Eu	L	β_{10}
1436	30 Zn	K	α_2	1619	67 Ho	L	β_6	1797	60 Nd	L	γ_2
1437	71 Lu	L	β_4	1620	27 Co	K	β'	1803	64 Gd	L	β_6
1449	70 Yb	L	β_3	1620	66 Dy	L	β_2	1808	63 Eu	L	β_2
1457	79 Au	L	l	1626	71 Lu	L	α_2	1811	64 Gd	L	β_3
1459	67 Ho	L	γ_5	1629	63 Eu	L	γ_8	1815	59 Pr	L	γ_4
1463	70 Yb	L	β_6	1631	70 Yb	L	η	1822	67 Ho	L	η
1468	73 Ta	L	η	1638	64 Gd	L	γ_5	1832	71 Lu	L	l
1468	65 Tb	L	γ_3	1644	67 Ho	L	β_1	1841	67 Ho	L	α_1
1470	66 Dy	L	γ_1	1648	28 Ni	K	α_3	1843	64 Gd	L	β_1
1473	70 Yb	L	β_1	1652	62 Sm	L	γ_3	1849	64 Gd	L	β_4
1473	74 W	L	α_1	1654	63 Eu	L	γ_1	1852	67 Ho	L	α_2
1474	65 Tb	L	γ_2	1655	28 Ni	K	α_1	1852	62 Sm	L	β_7
1482	64 Gd	L	γ_4	1655	67 Ho	L	β_4	1866	62 Sm	L	β_{10}
1482	68 Er	L	β_9	1656	65 Tb	L	β_7	1870	59 Pr	L	γ_3
1484	74 W	L	α_2	1656	62 Sm	L	γ_2	1871	63 Eu	L	β_6
1486	28 Ni	K	β_2	1658	28 Ni	K	α_2	1874	60 Nd	L	γ_1
1488	70 Vb	L	β_4	1664	65 Tb	L	β_{10}	1875	59 Pr	L	γ_2
1489	68 Er	L	β_7	1668	70 Yb	L	α_1	1878	62 Sm	L	β_2
1496	78 Pt	L	l	1675	74 W	L	l	1883	63 Eu	L	β_3
1497	28 Ni	K	β_1	1678	66 Dy	L	β_3	1890	70 Yb	L	l
1499	28 Ni	K	β'	1679	70 Yb	L	α_2	1892	66 Dy	L	η
1511	68 Er	L	β_2	1679	65 Tb	L	β_2	1893	25 Mn	K	β_5
1515	66 Dy	L	γ_5	1705	63 Eu	L	γ_5	1895	58 Ce	L	γ_4
1519	73 Ta	L	α_1	1707	66 Dy	L	β_1	1905	66 Dy	L	α_1
1526	64 Gd	L	γ_3	1717	66 Dy	L	β_4	1906	25 Mn	K	β_1
1527	65 Tb	L	γ_1	1720	64 Gd	L	β_7	1911	25 Mn	K	β'
1530	73 Ta	L	α_2	1723	62 Sm	L	γ_1	1916	66 Dy	L	α_2
1531	29 Cu	K	α_3	1725	73 Ta	L	l	1916	63 Eu	L	β_1
1531	64 Gd	L	γ_2	1728	64 Gd	L	β_{10}	1922	63 Eu	L	β_4
1537	29 Cu	K	α_1	1738	65 Tb	L	β_6	1923	26 Fe	K	α_3
1541	29 Cu	K	α_2	1741	26 Fe	K	β_5	1931	60 Nd	L	γ_5
1558	68 Er	L	β_3	1741	60 Nd	L	γ_4	1932	26 Fe	K	α_1
1564	68 Er	L	β_6	1742	64 Gd	L	β_2	1936	26 Fe	K	α_2
1564	67 Ho	L	β_2	1743	65 Tb	L	β_3	1942	62 Sm	L	β_6
1566	72 Hf	L	α_1	1753	26 Fe	K	β_1	1951	58 Ce	L	γ_3
1574	71 Lu	L	η	1755	68 Er	L	η	1956	58 Ce	L	γ_2
1574	65 Tb	L	γ_5	1756	26 Fe	K	β'	1957	59 Pr	L	γ_1
1577	72 Hf	L	α_2	1773	65 Tb	L	β_1	1958	62 Sm	L	β_3
1583	68 Er	L	β_1	1775	62 Sm	L	γ_5	1972	65 Tb	L	α_1
1588	63 Eu	L	γ_3	1777	27 Co	K	α_3	1979	57 La	L	γ_4
1589	64 Gd	L	γ_1	1780	68 Er	L	α_1	1982	65 Tb	L	α_2
1594	63 Eu	L	γ_2	1781	65 Tb	L	β_4	1994	62 Sm	L	β_1
1596	66 Dy	L	β_7	1784	63 Eu	L	β_7	1996	62 Sm	L	β_4
1596	68 Er	L	β_4	1785	27 Co	K	α_1	2004	60 Nd	L	β_7
1603	62 Sm	L	γ_4	1788	63 Eu	L	β_9	2012	60 Nd	L	β_9
1605	27 Co	K	β_5	1789	27 Co	K	α_2	2015	68 Er	L	l
1616	71 Lu	L	α_1	1791	68 Er	L	α_2	2016	59 Pr	L	γ_5
1616	67 Ho	L	β_3	1793	60 Nd	L	γ_3	2019	58 Ce	L	γ_8

Tabelle 229 (Fortsetzung).

λ · X.E.	Element	Reihe	Linie	λ · X.E.	Element	Reihe	Linie	λ · XE.	Element	Reihe	Linie
2019	60 Nd	L	β_{10}	2277	57 La	L	β_9	2613	90 Th	M	$M_{II} O_{IV}$
2031	60 Nd	L	β_2	2280	23 Va	K	β_1	2615	58 Ce	L	η
2037	57 La	L	γ_3	2285	24 Cr	K	α_1	2623	55 Cs	L	β_3
2042	57 La	L	γ_2	2285	57 La	L	β_{10}	2634	51 Sb	L	γ_4
2042	64 Gd	L	α_1	2288	23 Va	K	β_1	2660	57 La	L	α_1
2044	58 Ce	L	γ_1	2289	24 Cr	K	α_2	2661	55 Cs	L	β_4
2053	64 Gd	L	α_2	2298	57 La	L	β_2	2669	57 La	L	α_2
2067	24 Cr	K	β_5	2302	56 Ba	L	γ_5	2670	60 Nd	L	l
2072	56 Ba	L	γ_4	2306	58 Ce	L	β_3	2678	55 Cs	L	β_1
2081	24 Cr	K	β_1	2307	64 Gd	L	l	2695	51 Sb	L	γ_2
2082	67 Ho	L	l	2343	55 Cs	L	γ_1	2707	52 Te	L	γ_1
2086	24 Cr	K	β'	2344	58 Ce	L	β_4	2727	22 Ti	K	α_3
2087	59 Pr	L	β_7	2351	58 Ce	L	β_1	2734	57 La	L	η
2088	25 Mn	K	α_3	2365	60 Nd	L	α_1	2743	22 Ti	K	α_1
2096	59 Pr	L	β_9	2371	56 Ba	L	β_9	2745	92 U	M	$M_I N_{II, III}$
2098	25 Mn	K	α_1	2374	57 La	L	β_6	2746	53 J	L	β_2
2099	60 Nd	L	β_6	2376	56 Ba	L	β_7	2747	22 Ti	K	α_2
2103	59 Pr	L	β_{10}	2376	60 Nd	L	α_2	2758	21 Sc	K	β_5
2106	58 Ce	L	γ_5	2390	63 Eu	L	l	2770	56 Ba	L	α_1
2115	59 Pr	L	β_2	2399	56 Ba	L	β_2	2771	50 Sn	L	γ_4
2116	63 Eu	L	α_1	2404	60 Nd	L	η	2774	21 Sc	K	β_1
2122	60 Nd	L	β_3	2405	57 La	L	β_3	2778	59 Pr	L	l
2127	63 Eu	L	α_2	2411	55 Cs	L	γ_5	2779	56 Ba	L	α_2
2130	56 Ba	L	γ_3	2440	92 U	M	$M_{II} O_{IV}$	2783	52 Te	L	γ_5
2134	56 Ba	L	γ_2	2444	57 La	L	β_4	2799	21 Sc	K	β'
2137	57 La	L	γ_1	2453	57 La	L	β_1	2813	92 U	M	$M_{II} N_{IV}$
2154	66 Dy	L	l	2458	59 Pr	L	α_1	2830	50 Sn	L	γ_2
2162	60 Nd	L	β_1	2468	59 Pr	L	α_2	2845	51 Sb	L	γ_1
2169	55 Cs	L	γ_4	2473	55 Cs	L	β_9	2857	56 Ba	L	η
2176	58 Ce	L	β_7	2477	62 Sm	L	l	2868	53 J	L	β_3
2184	58 Ce	L	β_9	2477	56 Ba	L	β_6	2876	52 Te	L	β_2
2186	59 Pr	L	β_6	2480	55 Cs	L	β_7	2886	55 Cs	L	α_1
2192	58 Ce	L	β_{10}	2485	23 Va	K	α_3	2896	55 Cs	L	α_2
2195	62 Sm	L	α_1	2494	22 Ti	K	β_5	2906	53 J	L	β_4
2201	57 La	L	γ_5	2498	23 Va	K	α_1	2919	49 In	L	γ_4
2204	58 Ce	L	β_2	2502	23 Va	K	α_2	2926	51 Sb	L	γ_5
2206	62 Sm	L	α_2	2506	52 Te	L	γ_4	2931	53 J	L	β_1
2212	59 Pr	L	β_3	2506	55 Cs	L	β_2	2938	90 Th	M	$M_I N_{II, III}$
2214	62 Sm	L	η	2507	59 Pr	L	η	2941	92 U	M	$M_{III} O_{IV, V}$
2227	55 Cs	L	γ_3	2509	22 Ti	K	β_1	2964	52 Te	L	β_6
2229	65 Tb	L	l	2511	56 Ba	L	β_3	2966	51 Sb	L	β_9
2232	55 Cs	L	γ_2	2517	22 Ti	K	β'	2973	51 Sb	L	β_{10}
2237	56 Ba	L	γ_1	2550	56 Ba	L	β_4	2974	49 In	L	γ_2
2250	59 Pr	L	β_4	2556	58 Ce	L	α_1	2983	55 Cs	L	η
2254	59 Pr	L	β_1	2562	56 Ba	L	β_1	2995	50 Sn	L	γ_1
2266	23 Va	K	β_5	2565	52 Te	L	γ_2	3000	57 La	L	l
2270	57 La	L	β_7	2565	58 Ce	L	α_2	3001	52 Te	L	β_3
2273	24 Cr	K	α_3	2578	53 J	L	γ_1	3006	90 Th	M	$M_{II} N_{IV}$
2277	58 Ce	L	β_6	2588	55 Cs	L	β_6	3006	21 Sc	K	α_3

Tabelle 229 (Fortsetzung).

λ · X.E.	Element	Reihe	Linie	λ · X.E.	Element	Reihe	Linie	λ · X.E.	Element	Reihe	Linie
3017	51 Sb	*L*	β_2	3462	49 In	*L*	β_3	3901	46 Pd	*L*	β_2
3025	21 Sc	*K*	α_1	3463	92 U	*M*	γ'	3902	92 U	*M*	$M_V N_{VII}$
3028	21 Sc	*K*	α_2	3473	92 U	*M*	$M_{III} N_V$	3916	92 U	*M*	$M_V N_{VI}$
3040	52 Te	*L*	β_4	3481	46 Pd	*L*	γ_2	3924	90 Th	*M*	β'
3068	20 Ca	*K*	β_5	3499	49 In	*L*	β_4	3926	83 Bi	*M*	$M_{III} O_{IV,V}$
3070	52 Te	*L*	β_1	3506	48 Cd	*L*	β_2	3927	47 Ag	*L*	β_1
3077	50 Sn	*L*	γ_5	3514	92 U	*M*	$M_{I.I} N_{IV}$	3934	90 Th	*M*	$M_{IV} N_{VI}$
3080	20 Ca	*K*	β''	3515	47 Ag	*L*	γ_1	3936	45 Rh	*L*	γ_1
3083	20 Ca	*K*	β_1	3548	49 In	*L*	β_1	3938	48 Cd	*L*	α_3
3091	20 Ca	*K*	β'	3570	92 U	*M*	$M_{IV} O_{II,III}$	3948	48 Cd	*L*	α_1
3108	51 Sb	*L*	β_6	3592	50 Sn	*L*	α_1	3956	48 Cd	*L*	α_2
3108	50 Sn	*L*	β_9	3600	51 Sb	*L*	η	3964	82 Pb	*M*	$M_{II} N_{IV}$
3114	92 U	*M*	$M_{III} O_I$	3601	50 Sn	*L*	α_2	3976	49 In	*L*	η
3114	50 Sn	*L*	β_{10}	3607	48 Cd	*L*	β_6	4005	81 Tl	*M*	$M_I N_{II,III}$
3124	90 Th	*M*	$M_{III} O_{IV,V}$	3607	47 Ag	*L*	γ_5	4007	46 Pd	*L*	β_6
3129	56 Ba	*L*	l	3620	47 Ag	*L*	β_9	4026	46 Pd	*L*	β_3
3132	48 Cd	*L*	γ_2	3630	47 Ag	*L*	β_{10}	4035	45 Rh	*L*	γ_5
3142	53 J	*L*	α_1	3636	48 Cd	*L*	β_3	4062	46 Pd	*L*	β_4
3145	51 Sb	*L*	β_3	3661	90 Th	*M*	γ'	4063	50 Sn	*L*	l
3149	50 Sn	*L*	β_7	3672	90 Th	*M*	$M_{III} N_V$	4063	82 Pb	*M*	$M_{III} O_{IV,V}$
3151	53 J	*L*	α_2	3674	48 Cd	*L*	β_4	4096	83 Bi	*M*	$M_{III} O_I$
3155	49 In	*L*	γ_1	3682	45 Rh	*L*	γ_2	4110	81 Tl	*M*	$M_{II} N_{IV}$
3168	50 Sn	*L*	β_2	3694	47 Ag	*L*	β_2	4112	90 Th	*M*	α'
3184	51 Sb	*L*	β_4	3698	92 U	*M*	β'	4122	45 Rh	*L*	β_2
3218	51 Sb	*L*	β_1	3708	92 U	*M*	$M_{IV} N_{VI}$	4130	90 Th	*M*	$M_V N_{VII}$
3242	49 In	*L*	γ_5	3709	19 K	*K*	α_4	4135	47 Ag	*L*	α_3
3260	49 In	*L*	β_9	3710	90 Th	*M*	$M_{III} N_{IV}$	4137	46 Pd	*L*	β_1
3262	50 Sn	*L*	β_6	3710	52 Te	*L*	l	4143	90 Th	*M*	$M_V N_{VI}$
3266	49 In	*L*	β_{10}	3711	19 K	*K*	α_3	4146	47 Ag	*L*	α_1
3282	52 Te	*L*	α_1	3716	46 Pd	*L*	γ_1	4154	47 Ag	*L*	α_2
3291	52 Te	*L*	α_2	3719	19 K	*K*	α'	4173	44 Ru	*L*	γ_1
3299	50 Sn	*L*	β_3	3730	48 Cd	*L*	β_1	4188	48 Cd	*L*	η
3300	47 Ag	*L*	γ_2	3732	83 Bi	*M*	$M_I N_{II,III}$	4207	81 Tl	*M*	$M_{III} O_{IV,V}$
3322	92 U	*M*	$M_{II} N_I$	3734	19 K	*K*	α_1	4233	45 Rh	*L*	β_6
3328	48 Cd	*L*	γ_1	3737	19 K	*K*	α_2	4235	82 Pb	*M*	$M_{III} O_I$
3330	20 Ca	*K*	α_4	3750	49 In	*L*	α_3	4245	45 Rh	*L*	β_3
3331	49 In	*L*	β_2	3764	49 In	*L*	α_1	4259	49 In	*L*	l
3332	20 Ca	*K*	α_3	3772	49 In	*L*	α_2	4277	44 Ru	*L*	γ_5
3336	50 Sn	*L*	β_4	3782	50 Sn	*L*	η	4280	45 Rh	*L*	β_4
3352	20 Ca	*K*	α_1	3799	47 Ag	*L*	β_6	4291	79 Au	*M*	$M_I N_{II,III}$
3355	20 Ca	*K*	α_2	3804	90 Th	*M*	$M_{IV} O_{II,III}$	4322	92 U	*M*	$M_{III} N_I$
3378	50 Sn	*L*	β_1	3812	46 Pd	*L*	γ_5	4347	46 Pd	*L*	α_3
3418	48 Cd	*L*	γ_5	3825	47 Ag	*L*	β_3	4359	46 Pd	*L*	α_1
3428	49 In	*L*	β_6	3829	83 Bi	*M*	$M_{II} N_{IV}$	4362	44 Ru	*L*	β_2
3432	51 Sb	*L*	α_1	3861	47 Ag	*L*	β_4	4364	45 Rh	*L*	β_1
3435	19 K	*K*	β_5	3864	82 Pb	*M*	$M_I N_{II,III}$	4367	46 Pd	*L*	α_2
3441	51 Sb	*L*	α_2	3880	51 Sb	*L*	l	4370	42 Mo	*L*	γ_2
3443	19 K	*K*	β''	3886	92 U	*M*	α'	4391	17 Cl	*K*	β_x
3447	19 K	*K*	β'	3888	44 Ru	*L*	γ_2	4395	17 Cl	*K*	β_1

Tabelle 229 (Fortsetzung).

X.E.	Element	Reihe	Linie	λ · X.E.	Element	Reihe	Linie	λ · X.E.	Element	Reihe	Linie
4406	17 Cl	K	β'	4940	46 Pd	L	l	5480	41 Nb	L	β_1
4410	47 Ag	L	η	4941	40 Zr	L	γ_2	5482	40 Zr	L	γ_5
4424	79 Au	M	$M_{II}N_{IV}$	5005	42 Mo	L	β_3	5490	77 Ir	M	$M_{III}N_V$
4451	78 Pt	M	$M_IN_{II,III}$	5013	16 S	K	β_x	5526	83 Bi	M	$M_{III}N_I$
4471	48 Cd	L	l	5021	16 S	K	β_1	5529	77 Ir	M	$M_{III}N_{IV}$
4476	44 Ru	L	β_3	5025	41 Nb	L	γ_1	5558	73 Ta	M	$M_{II}N_{IV}$
4506	83 Bi	M	γ'	5040	92 U	M	$M_{IV}N_{II}$	5574	40 Zr	L	β_2
4513	44 Ru	L	β_4	5041	42 Mo	L	β_4	5595	79 Au	M	β'
4514	79 Au	M	$M_{III}O_{IV,V}$	5045	16 S	K	β'	5612	79 Au	M	$M_{IV}N_{VI}$
4522	83 Bi	M	$M_{III}N_V$	5045	82 Pb	M	β'	5619	40 Zr	L	β_3
4554	90 Th	M	$M_{III}N_I$	5065	82 Pb	M	$M_{IV}N_{VI}$	5620	74 W	M	$M_{III}O_I$
4560	83 Bi	M	$M_{III}N_{IV}$	5087	83 Bi	M	α'	5637	38 Sr	L	γ_2
4576	45 Rh	L	α_3	5108	83 Bi	M	M_VN_{VII}	5652	40 Zr	L	β_4
4588	45 Rh	L	α_1	5119	83 Bi	M	M_VN_{VI}	5670	76 Os	M	$M_{III}N_V$
4590	78 Pt	M	$M_{II}N_{IV}$	5135	79 Au	M	$M_{III}N_V$	5693	40 Zr	L	β_6
4596	45 Rh	L	α_2	5156	82 Pb	M	M_VO_{III}	5696	41 Nb	L	α_3
4611	44 Ru	L	β_1	5163	74 W	M	$M_IN_{II,III}$	5712	41 Nb	L	α_1
4615	92 U	M	$M_{IV}N_{III}$	5167	42 Mo	L	β'	5712	76 Os	M	$M_{III}N_{IV}$
4647	41 Nb	L	γ_2	5175	79 Au	M	$M_{III}N_{IV}$	5718	41 Nb	L	α_2
4650	46 Pd	L	η	5207	45 Rh	L	l	5754	79 Au	M	M_VO_{III}
4650	82 Pb	M	γ'	5220	81 Tl	M	β_1	5792	15 P	K	β_1
4665	82 Pb	M	$M_{III}N_V$	5226	41 Nb	L	β_2	5794	79 Au	M	α''
4682	78 Pt	M	$M_{III}O_{IV,V}$	5229	90 Th	M	M_VN_{III}	5796	78 Pt	M	β'
4684	17 Cl	K	α_4	5239	81 Tl	M	$M_{IV}N_{VI}$	5810	79 Au	M	α'
4688	17 Cl	K	α_3	5239	82 Pb	M	α''	5816	78 Pt	M	$M_{IV}N_{VI,VII}$
4693	79 Au	M	$M_{III}O_I$	5256	82 Pb	M	α'	5820	15 P	K	β'
4698	47 Ag	L	l	5274	82 Pb	M	M_VN_{VII}	5824	40 Zr	L	β_1
4703	17 Cl	K	α'	5282	16 S	K	α_5	5828	79 Au	M	M_VN_{VII}
4705	82 Pb	M	$M_{III}N_{IV}$	5288	82 Pb	M	M_VN_{VI}	5836	42 Mo	L	η
4712	42 Mo	L	γ'	5297	41 Nb	L	β_3	5842	79 Au	M	M_VN_{VI}
4718	17 Cl	K	α_1	5309	78 Pt	M	$M_{III}N_V$	5870	81 Tl	M	$M_{III}N_I$
4721	17 Cl	K	α_2	5323	16 S	K	α_4	5875	75 Re	M	$M_{III}N_V$
4770	77 Ir	M	$M_{II}N_{IV}$	5329	16 S	K	α_3	5919	75 Re	M	$M_{III}N_{IV}$
4800	81 Tl	M	γ'	5329	90 Th	M	$M_{IV}N_{II}$	5974	39 Y	L	β_3
4813	83 Bi	M	$M_{IV}O_{II,III}$	5331	41 Nb	L	β_4	5975	78 Pt	M	M_VO_{III}
4815	81 Tl	M	$M_{III}N_V$	5341	16 S	K	α'	5997	78 Pt	M	α''
4823	44 Ru	L	α_3	5342	74 W	M	$M_{II}N_{IV}$	6008	39 Y	L	β_4
4831	42 Mo	L	γ_5	5346	78 Pt	M	$M_{III}N_{IV}$	6009	77 Ir	M	β'
4836	44 Ru	L	α_1	5347	41 Nb	L	β_6	6011	78 Pt	M	α'
4844	44 Ru	L	α_2	5361	16 S	K	α_1	6025	77 Ir	M	$M_{IV}N_{VI,VII}$
4855	81 Tl	M	$M_{III}N_{IV}$	5364	16 S	K	α_2	6034	78 Pt	M	M_VN_{VII}
4859	77 Ir	M	$M_{III}O_{IV,V}$	5374	40 Zr	L	γ_1	6036	37 Rb	L	γ_2
4866	78 Pt	M	$M_{III}O_I$	5380	42 Mo	L	α_3	6040	40 Zr	L	α_3
4881	83 Bi	M	β'	5395	42 Mo	L	α_1	6045	78 Pt	M	M_VN_{VI}
4899	83 Bi	M	$M_{IV}N_{VI}$	5401	42 Mo	L	α_2	6057	40 Zr	L	α_1
4901	90 Th	M	$M_{IV}N_{III}$	5416	81 Tl	M	α''	6076	74 W	M	$M_{III}N_V$
4910	42 Mo	L	β_2	5433	81 Tl	M	α'	6096	15 P	K	α_4
4911	45 Rh	L	η	5450	81 Tl	M	M_VN_{VI}	6103	15 P	K	α_3
4937	92 U	M	M_VN_{III}	5461	81 Tl	M	M_VN_{VI}	6121	74 W	M	$M_{III}N_{IV}$

Tabelle 229 (Fortsetzung).

λ · X.E.	Element	Reihe	Linie
6143	15 P	K	α_1
6149	83 Bi	M	$M_{IV} N_{III}$
6196	41 Nb	L	η
6204	39 Y	L	β_1
6215	77 Ir	M	α''
6231	77 Ir	M	α'
6233	76 Os	M	β'
6241	79 Au	M	$M_{II} N_{IV}$
6249	77 Ir	M	$M_V N_{VII}$
6254	76 Os	M	$M_{IV} N_{VI, VII}$
6262	77 Ir	M	$M_V N_{VII}$
6280	38 Sr	L	γ_5
6299	73 Ta	M	$M_{III} N_V$
6340	73 Ta	M	$M_{III} N_{IV}$
6358	38 Sr	L	β_3
6371	82 Pb	M	$M_{IV} N_{III}$
6392	38 Sr	L	β_4
6416	39 Y	L	α_3
6436	39 Y	L	α_1
6440	76 Os	M	α''
6442	78 Pt	M	$M_{III} N_I$
6459	76 Os	M	α'
6477	76 Os	M	$M_V N_{VII}$
6491	75 Re	M	$M_{IV} N_{VI, VII}$
6508	83 Bi	M	$M_V N_{III}$
6508	38 Sr	L	β_6
6510	41 Nb	L	l
6530	72 Hf	M	$M_{III} N_V$
6571	83 Bi	M	$M_{IV} N_{II}$
6594	40 Zr	L	η
6610	38 Sr	L	β_1
6653	77 Ir	M	$M_{III} N_I$
6715	75 Re	M	$M_V N_{VII}$
6718	74 W	M	β'
6726	82 Pb	M	$M_V N_{III}$
6739	14 Si	K	β_x
6743	74 W	M	$M_{IV} N_{VI, VII}$
6748	71 Lu	M	$M_{III} N_V$
6769	37 Rb	L	β_3
6788	82 Pb	M	$M_{IV} N_{II}$
6794	74 W	M	$M_{IV} O_{II, III}$
6794	14 Si	K	β'
6801	37 Rb	L	β_4
6819	38 Sr	L	α_3
6849	38 Sr	L	α_1
6899	40 Zr	L	l
6932	74 W	M	α''
6948	74 W	M	α'
6960	81 Tl	M	$M_V N_{III}$
6968	37 Rb	L	β_6
6969	74 W	M	$M_V N_{VII}$
7004	14 Si	K	α_6
7008	73 Ta	M	$M_{IV} N_{VI, VII}$
7009	70 Yb	M	$M_{III} N_V$
7015	14 Si	K	α_5
7017	81 Tl	M	$M_{IV} N_{II}$
7055	14 Si	K	α_4
7065	14 Si	K	α_3
7083	73 Ta	M	$M_{IV} O_{II, III}$
7084	14 Si	K	α'
7086	79 Au	M	$M_{IV} N_{III}$
7111	14 Si	K	α_1
7201	73 Ta	M	α''
7237	73 Ta	M	$M_V N_{VII}$
7262	72 Hf	M	β'
7274	37 Rb	L	α_3
7289	72 Hf	M	$M_{IV} N_{VI, VII}$
7304	37 Rb	L	α_1
7346	74 W	M	$M_{III} N_I$
7356	78 Pt	M	$M_{IV} N_{III}$
7451	79 Au	M	$M_V N_{III}$
7486	72 Hf	M	α''
7504	72 Hf	M	α'
7506	38 Sr	L	η
7507	79 Au	M	$M_{IV} N_{II}$
7524	72 Hf	M	$M_V N_{VII}$
7530	68 Er	M	$M_{III} N_V$
7555	71 Lu	M	β'
7586	71 Lu	M	$M_{IV} N_{VI, VII}$
7596	73 Ta	M	$M_{III} N_I$
7629	77 Ir	M	$M_{IV} N_{III}$
7722	78 Pt	M	$M_V N_{III}$
7774	78 Pt	M	$M_{IV} N_{II}$
7790	71 Lu	M	α'
7822	38 Sr	L	l
7849	67 Ho	M	$M_{III} N_V$
7863	70 Yb	M	β'
7871	72 Hf	M	$M_{III} N_I$
7944	13 Al	K	β_x
8002	77 Ir	M	$M_V N_{III}$
8043	13 Al	K	β'
8048	77 Ir	M	$M_{IV} N_{II}$
8094	70 Yb	M	α'
8109	35 Br	L	β_1
8124	70 Yb	M	$M_V N_{VI, VII}$ (α_I)
8127	66 Dy	M	$M_{III} N_V$
8137	70 Yb	M	$M_V N_{VI, VII}$ (α_{II})
8190	13 Al	K	α_6

Tabelle 229 (Fortsetzung).

$\lambda \cdot$ X.E.	Element	Reihe	Linie	$\lambda \cdot$ X.E.	Element	Reihe	Linie
8210	13 Al	*K*	α_5	9706	12 Mg	*K*	α_6
8222	75 Re	*M*	$M_{IV} N_{III}$	9731	12 Mg	*K*	α_5
8251	13 Al	*K*	α_4	9778	65 Tb	*M*	$M_{IV} N_{VI,\,VII}$
8267	13 Al	*K*	α_3	9786	12 Mg	*K*	α_4
8286	13 Al	*K*	α'	9801	12 Mg	*K*	α_3
8293	76 Os	*M*	$M_V N_{III}$	9827	12 Mg	*K*	α'
8321	13 Al	*K*	α_1	9869	12 Mg	*K*	α_1
8327	35 Br	*L*	α'	9948	65 Tb	*M*	$M_V N_{VI,\,VII} (\alpha_I)$
8342	76 Os	*M*	$M_{IV} N_{II}$	9997	65 Tb	*M*	$M_V, N_{VI,\,VII} (\alpha_{II})$
8358	35 Br	*L*	α_1	10160	64 Gd	*M*	β'
8468	65 Tb	*M*	$M_{III} N_V$	10234	64 Gd	*M*	$M_{IV} N_{VI,\,VII}$
8537	68 Er	*M*	β'	10392	64 Gd	*M*	α'
8559	74 W	*M*	$M_{IV} N_{III}$	10415	32 Ge	*L*	α_1
8576	68 Er	*M*	$M_{IV} N_{VI,\,VII}$	10434	64 Gd	*M*	$M_V N_{VI,\,VII} (\alpha_I)$
8611	75 Re	*M*	$M_V N_{III}$	10458	70 Yb	*M*	$M_V N_{III}$
8646	75 Re	*M*	$M_{IV} N_{II}$	10483	60 Nd	*M*	$M_{III} N_V$
8718	34 Se	*L*	β_1	10509	64 Gd	*M*	$M_V N_{VI,\,VII} (\alpha_{II})$
8781	68 Er	*M*	α'	10652	63 Eu	*M*	β'
8813	68 Er	*M*	$M_V N_{VI,\,VII} (\alpha_I)$	10725	63 Eu	*M*	$M_{IV} N_{VI,\,VII} (\beta_I)$
8826	64 Gd	*M*	$M_{III} N_V$	10883	63 Eu	*M*	α'
8832	68 Er	*M*	$M_V N_{VI,\,VII} (\alpha_{II})$	10942	63 Eu	*M*	$M_V N_{VI,\,VII} (\alpha_I)$
8907	67 Ho	*M*	β'	10975	59 Pr	*M*	$M_{III} N_V$
8940	34 Se	*L*	α'	11008	63 Eu	*M*	$M_V N_{VI,\,VII} (\alpha_{II})$
8943	74 W	*M*	$M_V N_{III}$	11147	62 Sm	*M*	β'
8948	67 Ho	*M*	$M_{IV} N_{VI,\,VII}$	11241	62 Sm	*M*	$M_{IV} N_{VI,\,VII} (\beta_I)$
8972	34 Se	*L*	α_1	11265	62 Sm	*M*	$M_{IV} N_{VI,\,VII} (\beta_{II})$
8977	74 W	*M*	$M_{IV} N_{II}$	11348	68 Er	*M*	$M_V N_{III}$
9142	67 Ho	*M*	α'	11405	62 Sm	*M*	α'
9186	67 Ho	*M*	$M_V N_{VI,\,VII} (\alpha_I)$	11469	62 Sm	*M*	$M_V N_{VI,VII} (\alpha_I)$
9192	63 Eu	*M*	$M_{III} N_V$	11511	58 Ce	*M*	$M_{III} N_V$
9211	67 Ho	*M*	$M_V N_{VI,\,VII} (\alpha_{II})$	11533	62 Sm	*M*	$M_V N_{VI,VII} (\alpha_{II})$
9297	73 Ta	*M*	$M_V N_{III}$	11594	11 Na	*K*	β_1
9307	66 Dy	*M*	β'	11787	11 Na	*K*	α_4
9311	73 Ta	*M*	M_{IV}, N_{II}	11805	11 Na	*K*	α_3
9345	66 Dy	*M*	$M_{IV} N_{VI,\,VII}$	11838	11 Na	*K*	α'
9395	33 As	*L*	β_1	11839	67 Ho	*M*	$M_V N_{III}$
9520	66 Dy	*M*	α'	11885	11 Na	*K*	α_1
9539	12 Mg	*K*	β_1	12375	60 Nd	*M*	$M_{IV} N_{VI,VII} (\beta_I)$
9548	66 Dy	*M*	$M_V N_{VI,\,VII} (\alpha_I)$	12401	66 Dy	*M*	$M_V N_{III}$
9580	62 Sm	*M*	$M_V N_{VI,\,VII} (\alpha_{II})$	12441	60 Nd	*M*	$M_{IV} N_{VI,VII} (\beta_{II})$
9580	66 Dy	*M*	$M_{III} N_V$	12650	60 Nd	*M*	$M_V N_{VI,VII} (\alpha_I)$
9611	66 Dy	*M*	$M_V N_{VI,\,VII} (\alpha_{III})$	12949	65 Tb	*M*	$M_V N_{III}$
9617	33 As	*L*	α_3	13541	64 Gd	*M*	$M_V N_{III}$
9648	12 Mg	*K*	β'	14191	63 Eu	*M*	$M_V N_{III}$
9652	33 As	*L*	α_1				

Schlagweiten bei Kugelfunkenstrecken.

Kugeldurchmesser 20 mm.

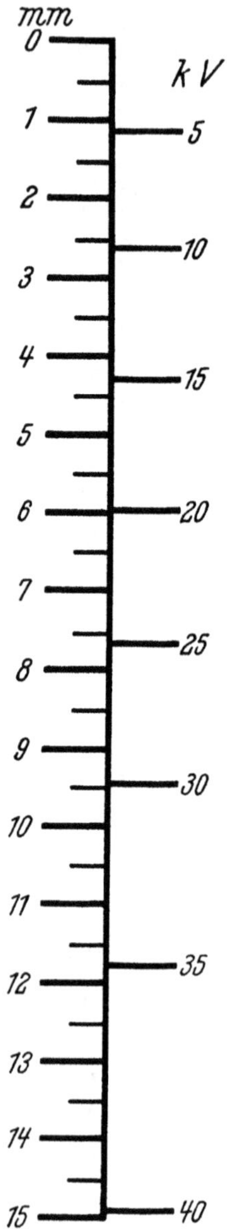

Kugeldurchmesser 62,5 mm.

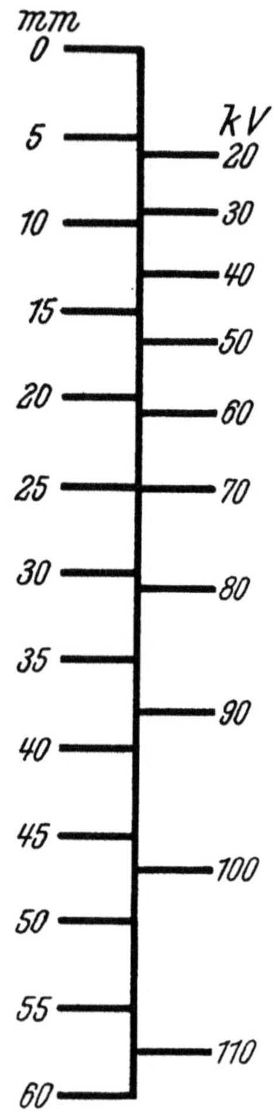

Eine Kugel geerdet.

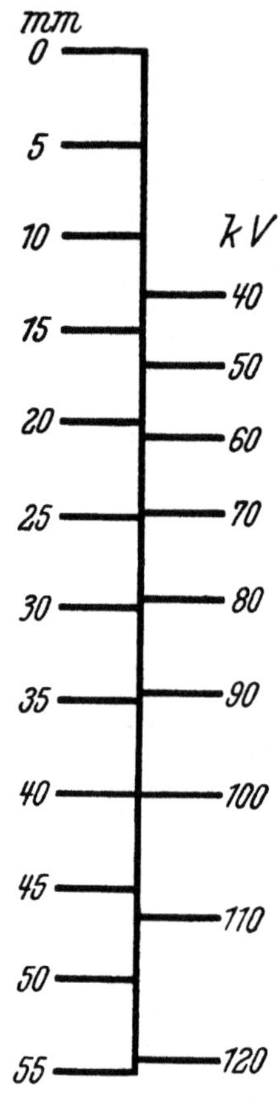

Beide Kugeln isoliert.

Schlagweiten bei Kugelfunkenstrecken.

Kugeldurchmesser 125 mm.

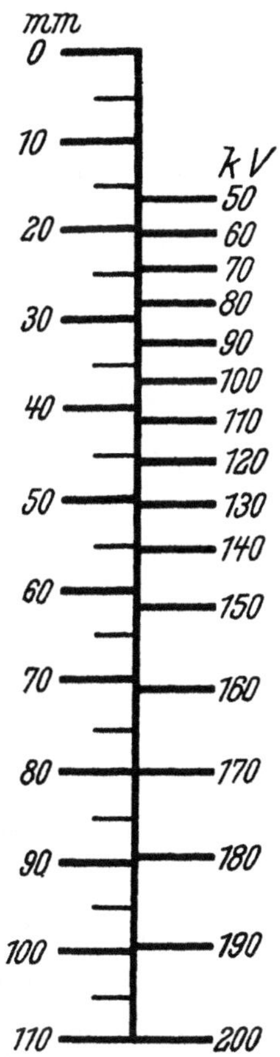

Eine Kugel geerdet.

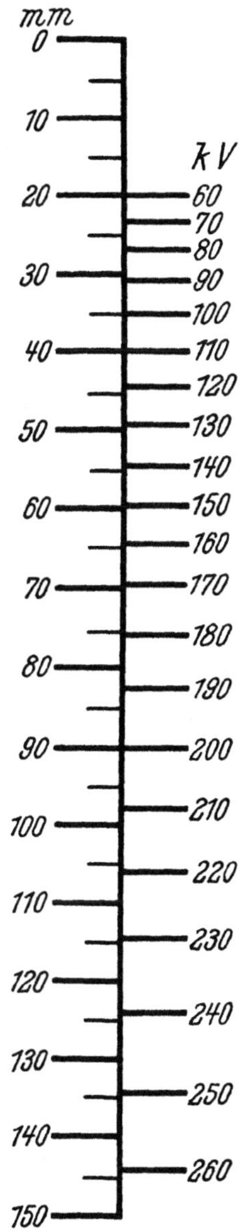

Beide Kugeln isoliert.

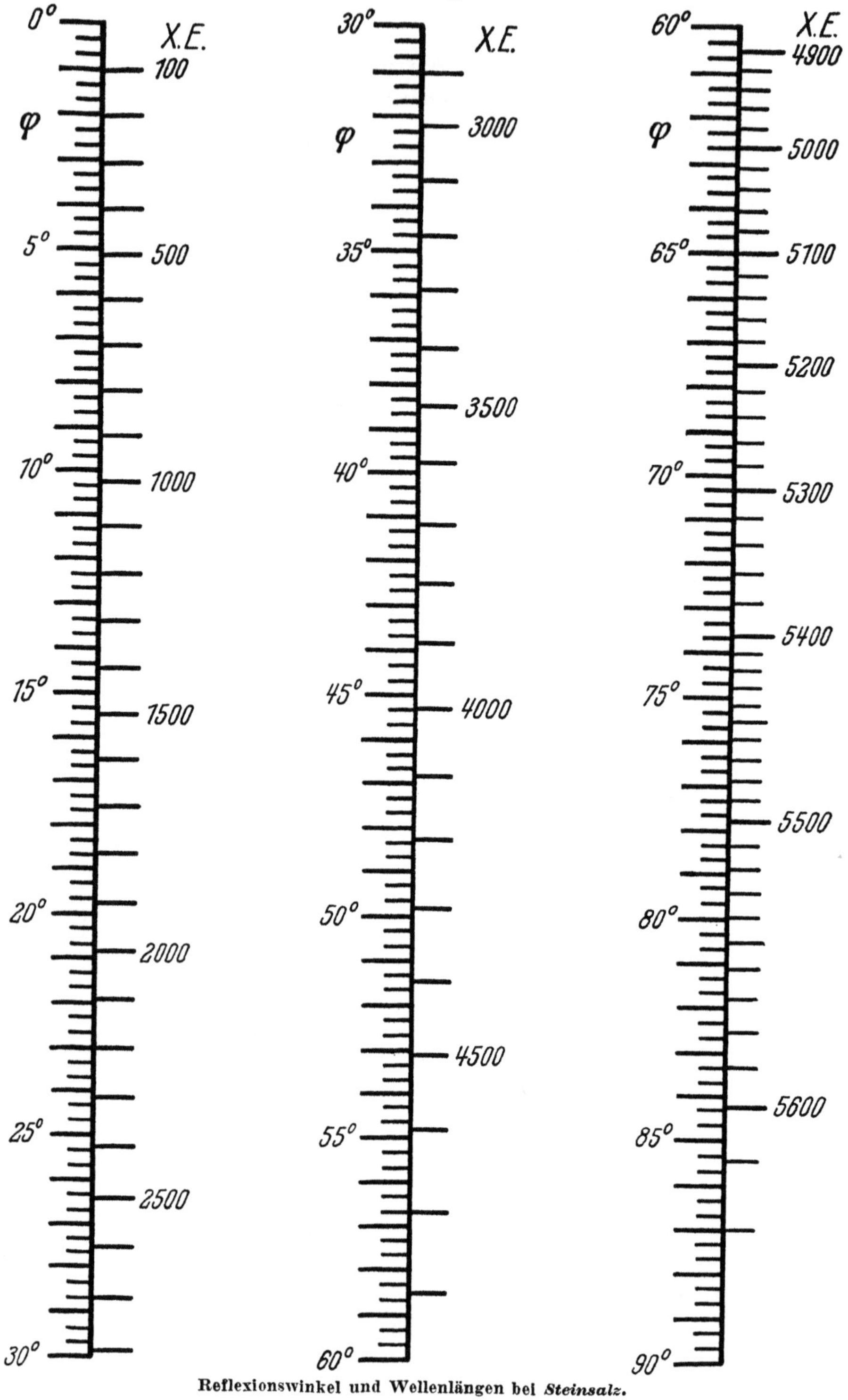

Reflexionswinkel und Wellenlängen bei *Steinsalz*.

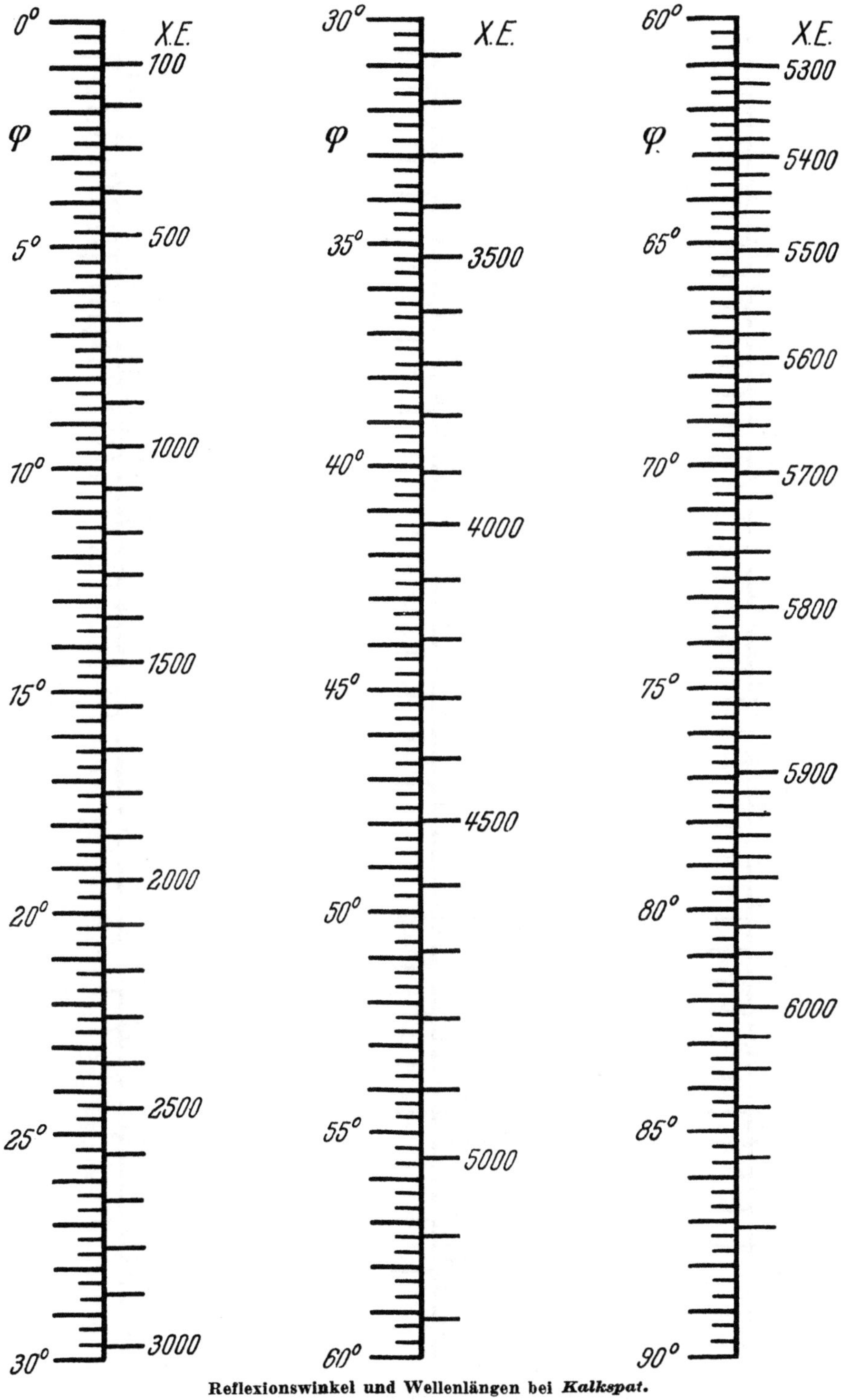

Reflexionswinkel und Wellenlängen bei *Kalkspat.*

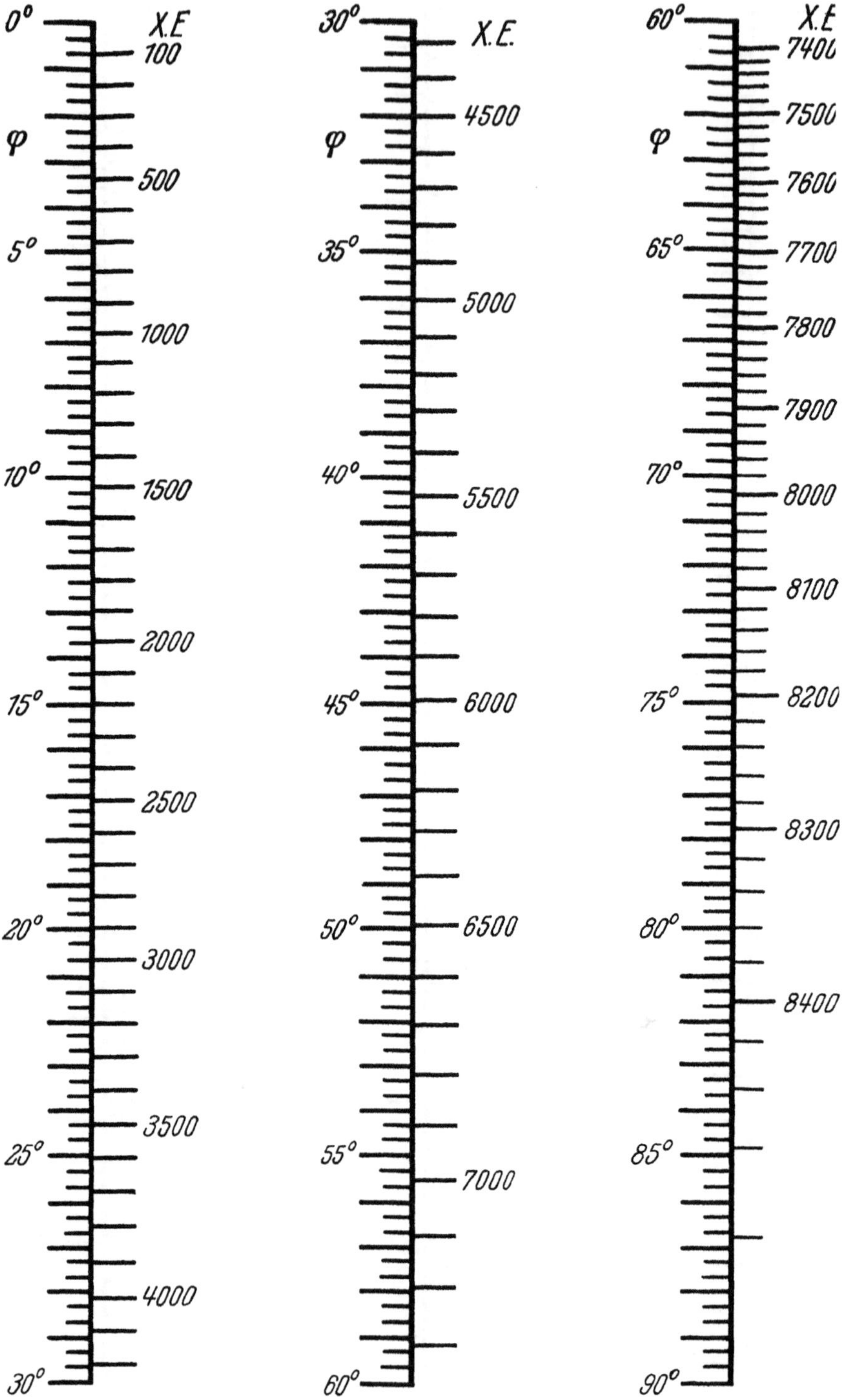

Reflexionswinkel und Wellenlängen bei *Quarz*.

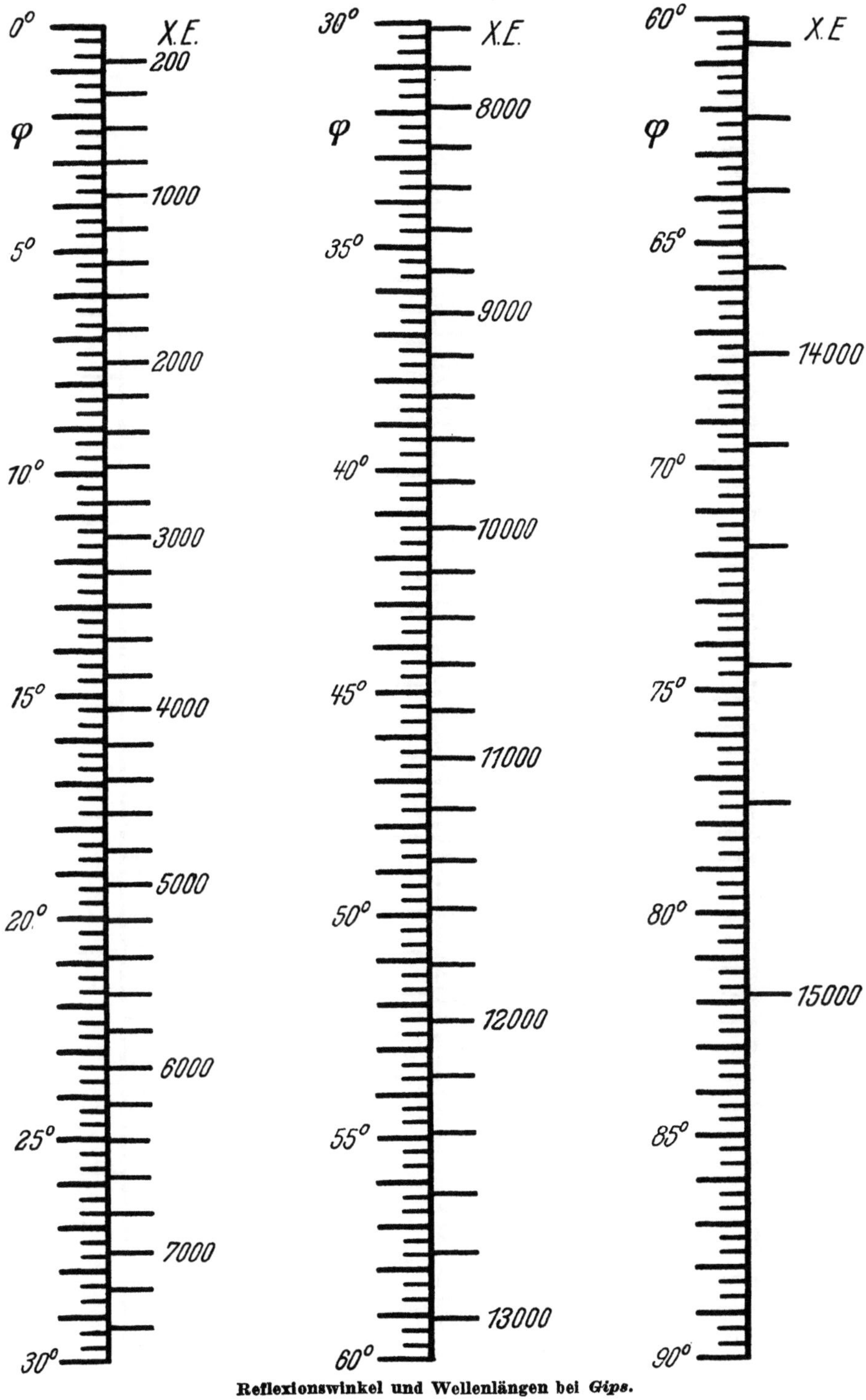

Reflexionswinkel und Wellenlängen bei *Gips*.

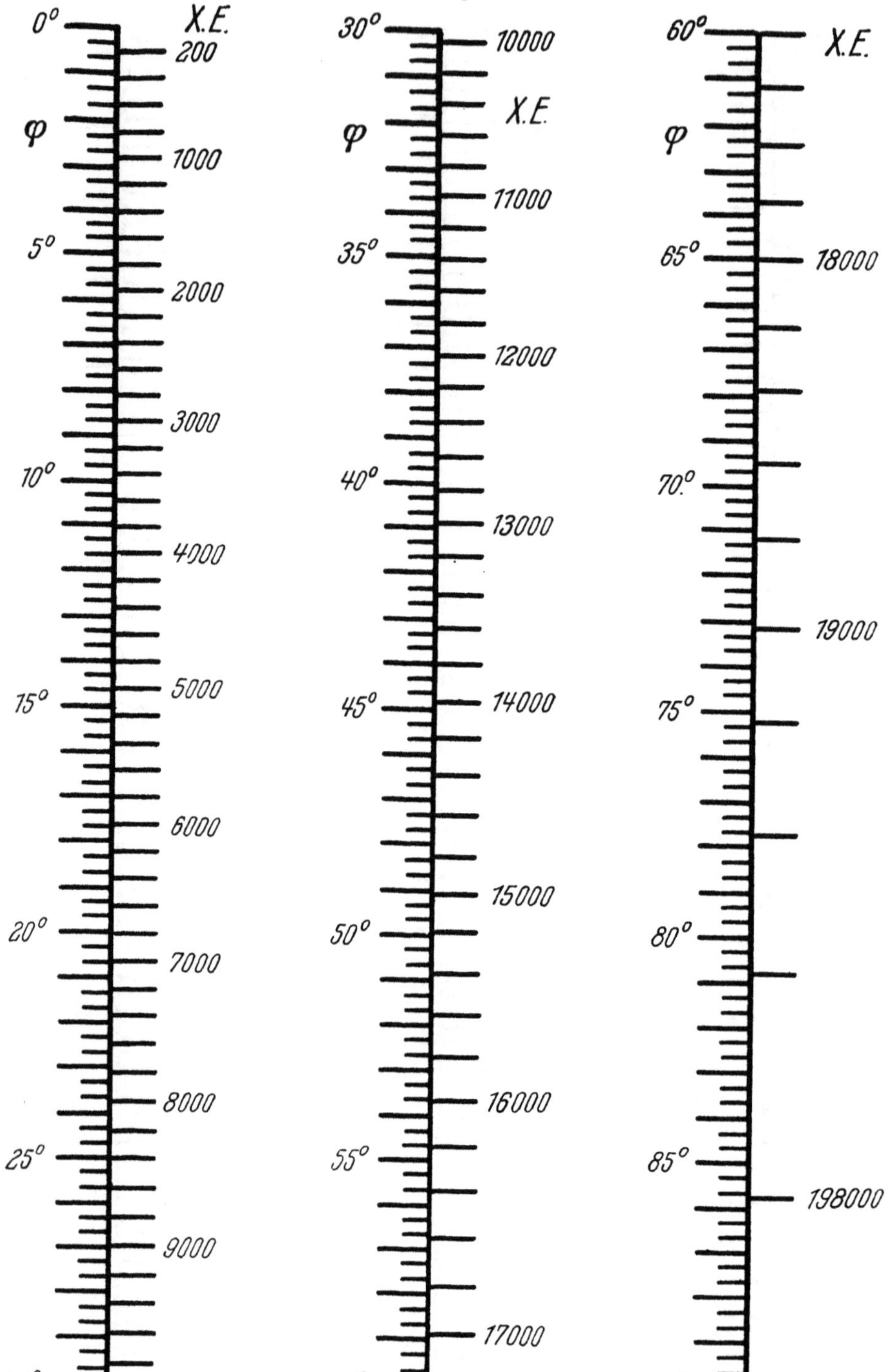

Reflexionswinkel und Wellenlängen bei *Glimmer*.

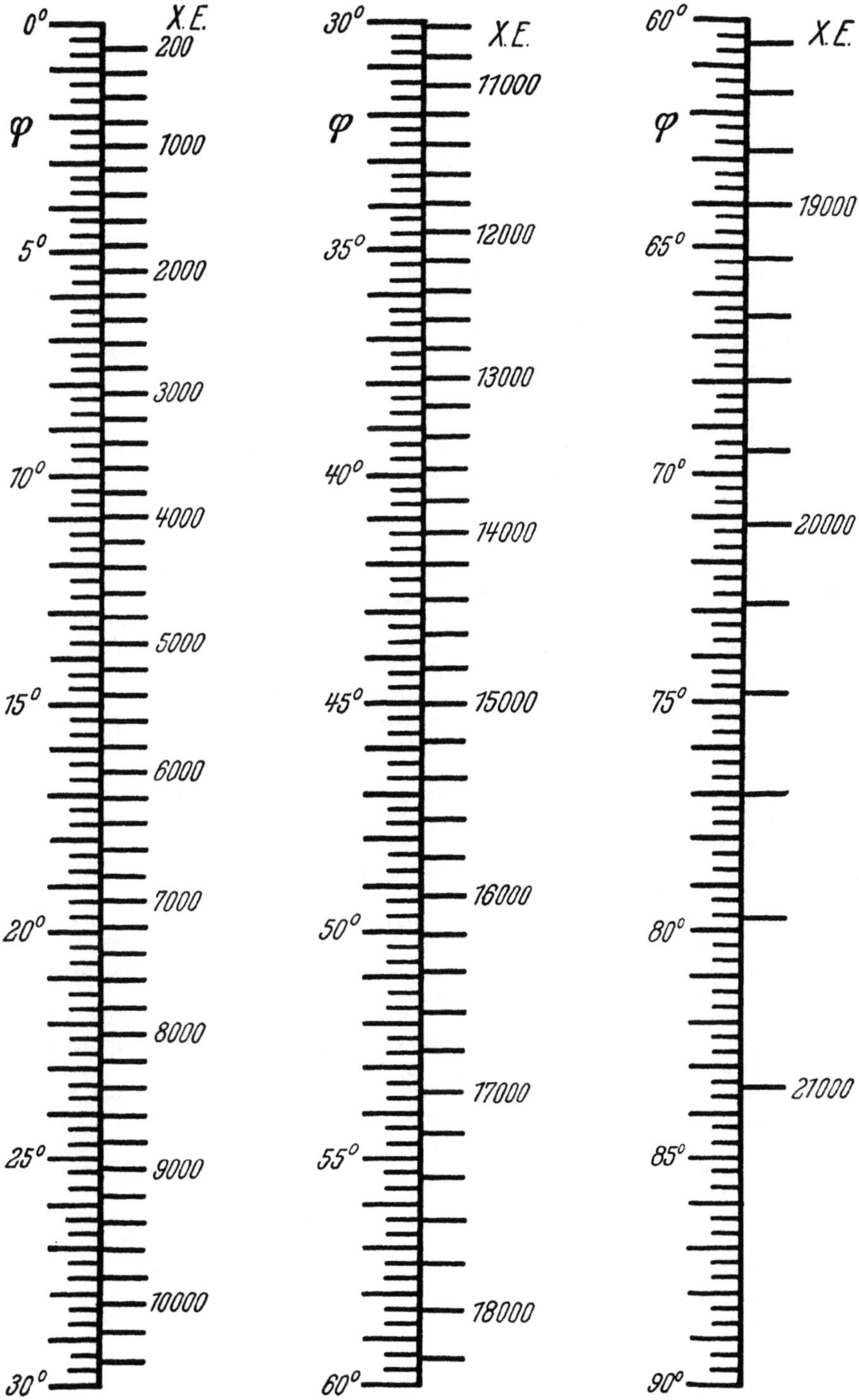

Reflexionswinkel und Wellenlängen bei *Zucker*.

Literatur.

Bis 1915.

1. Barkla, C. G., and G. H. Martyn, The photographic Effect of X-Rays and X-Ray spectra. Philosophic. Mag. (6) **25**, 296 (1913).
2. Barkla, C. G., and G. H. Martyn, Interference of Röntgen Radiation. Proc. phys. Soc. Lond. **25**, 206 (1913).
3. Barnes, J., The High-Frequency Spectrum of Tungsten. Philosophic. Mag. (6) **30**, 368 (1915).
4. Bragg, W. H., The Reflexion of X-Rays (11). Proc. roy. Soc. Lond. (A u. B) **89** A, 246 (1914).
5. Bragg, W. H., The Influence of the Constituents of the Crystal on the form of the spectrum in the X-Ray Spectrometer. Proc. roy. Soc. Lond. (A u. B) **89** A, 430 (1914).
6. Bragg, W. H., The X-Ray spectra given by Crystal of Sulphur and Quartz. Proc. roy. Soc. Lond. (A u. B) **89** A, 575 (1914).
7. Bragg, W. H., and W. L. Bragg, The Reflection of X-Rays by Crystals. Proc. roy. Soc. Lond. (A u. B) **88** A, 428 (1913).
8. De Broglie, Sur un nouveau procédé permettant d'obtenir la photographie des spectres de raies des rayons Röntgen. C. r. Acad. Sci. Paris **157**, 924 (1913).
9. De Broglie, Über eine Methode, die Spektra der Röntgenstrahlen zu photographieren. Verh. dtsch. physik. Ges. **15**, 348 (1913).
10. De Broglie, Sur l'obtention des spectres des rayons de Röntgen par simple passage des rayons incidents au travers de feuilles minces. C. r. Acad. Sci. Paris **158**, 333 (1914).
11. De Broglie, Sur la spectroscopie des rayons secondaires émis hors des tubes à rayons de Röntgen, et les spectres d'absorption. C. r. Acad. Sci. Paris **158**, 1493 (1914).
12. De Broglie, Sur la spectroscopie des rayons de Röntgen. J. Physique (5) **4**, 101 (1914).
13. De Broglie, Sur les spectres des rayons de Röntgen, rayons émis par des anticatodes de cuivre, de fer, d'or. C. r. Acad. Sci. Paris **158**, 623, 907 (1914).
14. De Broglie, Sur l'analyse spectrale directe par les rayons secondaires des rayons de Röntgen. C. r. Acad. Sci. Paris **158**, 1785 (1914).
15. De Broglie, Bemerkung zu (Glagolew). C. r. Acad. Sci. Paris **160**, 798 (1915).
16. De Broglie u. F. A. Lindemann, Einige Bemerkungen über Röntgenstrahlspektren. Verh. dtsch. physik. Ges. **16**, 195 (1914).
17. De Broglie et F. A. Lindemann, Observations fluoroscopiques par vision direct des spectres des rayons de Röntgen. C. r. Acad. Sci. Paris **158**, 180 (1914).
18. De Broglie et F. A. Lindemann, Sur un nouveau procédé permettant d'obtenir très rapidement les spectres des rayons de Röntgen. C. r. Acad. Sci. Paris **158**, 944 (1914).
19. De Broglie et F. A. Lindemann, Sur les spectres des rayons de Röntgen obtenus au moyen de lames de mica. J. Physique (5) **4**, 265 (1914).

20a. Cabrera, The Spectrum of X-Rays. Nature (Lond.) Okt. **1915**.

20b. Duane, W., and F. L. Hunt, On X-ray wave-lengths. Physic. Rev. **6**, 166 (1915).

21. Friedrich, W., Eine neue Interferenzerscheinung bei Röntgenstrahlen. Physik. Z. **14**, 317 (1913).
22. Glagolew, M. M., Sur le spectre des Rayons X secondaires homogénes. C. r. Acad. Sci. Paris **160**, 709 (1915).
23. Glocker, R., Experimenteller Beitrag zur Interferenz der Röntgenstrahlen II. Physik. Z. **15**, 401 (1914).
24. Herweg, J., Über das Spektrum der Röntgenstrahlen. Verh. dtsch. physik. Ges. **15**, 555 (1913).
25. Herweg, J., Über das Spektrum der Röntgenstrahlen. Zweite Mitteilung. Ein Spektrograph für Röntgenstrahlen; die Linien des Platins und Wolframs. Verh. dtsch. physik. Ges. **16**, 73 (1914).
26. Hupka, E., Über den Durchgang von Röntgenstrahlen durch Metalle. Physik. Z. **14**, 623 (1913).
27. Jauncey, G. E. M., X-Ray spectra. Nature (Lond.) **93**, 214 (1914).
28. Keene, H. B., On the Transmission of X-Rays through Metals. Philosophic. Mag. (6) **26**, 712 (1913) — Physik. Z. **14**, 903 (1913).
29. Knipping, P., Durchgang von Röntgenstrahlen durch Metalle. Bemerkung zur Veröffentlichung des Herrn Hupka. Physik. Z. **14**, 996 (1913).
30. Malmer, Ivar, The High-Frequency Spectra of the Elements. Philosophic. Mag. (6) **28**, 787 (1914).
31. Malmer, Ivar, Untersuchungen über die Hochfrequenzspektra der Elemente. Dissert. Lund 1915.
32. Moseley, H. G. J., The High-Frequency Spectra of the Elements. Philosophic. Mag. (6) **26**, 1024 (1913).
33. Moseley, H. G. J., The High-Frequency Spectra of the Elements. Part. II. Philosophic. Mag. (6) **27**, 703 (1914).
34. Moseley, H. G. J., and C. G. Darwin, The Reflexion of the X-Rays. Philosophic. Mag. (6) **26**, 210 (1913).
35. Nishikawa, S., and S. Ono, Transmission of X-Rays through fibrous, lamellar and granular Substances. Proc. Tokyo math.-phys. Soc. (2) **7**, 131 (1913).
36. Nishikawa, On the spectrum of X-Rays obtained by means of lamellar or fibrous Substances. Proc. Tokyo math.-phys. Soc. (2) **7**, 296 (1914).
37a. Rawlinson, F. W., A note on the X-Ray Spectrum of Nickel. Philosophic. Mag. (6) **28**, 274 (1914).
37b. Robinson, H., und W. F. Rawlinson, The Magnetic Spectrum of the β-Rays excited in Metals by Soft X-Rays. Philosophic. Mag. (6) **28**, 277 (1914).
38. Rohmann, H., Ein Röntgenspektroskop. Physik. Z. **15**, 510 (1914).
39. Rohmann, H., Die Röntgenspektren einiger Metalle. Physik. Z. **1**, 715 (1914).
40. Rutherford and E. M. da C. Andrade, On the Wave-lengths of the soft γ-Rays from Radium B. Philosophic. Mag. (6) **27**, 854 (1914).
41. Rutherford and Andrade, The Spectrum of penetrating Rays from RaB and RaC. Philosophic. Mag. **28**, 263 (1914).
42. Rutherford, E., and J. Barnes, Efficiency of Production of X-Rays from a Coolidge Tube. Philosophic. Mag. (6) **30**, 361 (1915).
43. Rutherford, E., J. Barnes and H. Richardson, Maximum Frequency of the X-Rays from a Coolidge Tube for Different Voltages. Philosophic. Mag. (6) **30**, 339 (1915).
44. Rutherford and H. Richardson, Analysis of the Rays of the Thorium and Actinium Products. Philosophic. Mag. **26**, 937 (1913). (Untersucht nach der Absorptionsmethode, enthält eine Zusammenstellung der verschiedenen Strahlungen.)
45. Siegbahn, Manne, Untersuchungen über die Spektren der Röntgenstrahlen (schwedisch). Ark. Mat., Astr. och Fysik **10** (1915).

46. Siegbahn, M., Ein neues Röntgenrohr für spektroskopische Zwecke. Verh. dtsch. physik. Ges. **17**, 469 (1915).
47. Wagner, E., Experimenteller Beitrag zur Interferenz der Röntgenstrahlen, nach Versuchen gemeinsam mit R. Glocker. Physik. Z. **14**, 1232 (1913).
48. Wagner, E., Das Röntgenspektrum des Platins. Physik. Z. **16**, 30 (1915).
49. Wagner, E., Spektraluntersuchungen an Röntgenstrahlen. I. Ann. Physik (4) **46**, 868 (1915).

1916.

1. Barkla, C. G., On the X-rays and the theorie of Radiation. Proc. roy. Soc. Lond. (A) **92**, 501 (1916).
2. Barkla, C. G., Note on Experiments to detect Refraction of X-rays. Philosophic. Mag. (6) **31**, 257 (1916).
3. Barkla, C. G., and J. G. Dunlop, Note on the Scattering of X-rays and atomic Structure. Philosophic. Mag. (6) **31**, 222 (1916).
4. Broglie, M. de, Sur les radiations extrêmement pénétrantes appartenant à la série K du Tungstène et sur les spectres des rayons X des métaux lourds. C. r. Acad. Sci. Paris **162**, 596 (1916).
5. Broglie, M. de, Sur la bande d'absorption K des éléments pour les rayons X suivie du brom au bismuth et l'émission d'un tube Coolidge vers les très courtes longueurs d'onde. C. r. Acad. Sci. Paris **163**, 87 (1916).
6. Broglie, M. de, Sur un système de bandes d'absorption correspondant aux rayons L des spectres de rayons X. C. r. Acad. Sci. Paris **163**, 352 (1916) — J. de Physique **1916**, 161.
7. Cermak, P., Über Röntgenspektra, die an gekrümmten Kristallflächen erzeugt werden. Physik. Z. **17**, 405, 556 (1916).
8. Compton, A. H., A recording X-ray Spectrometer and the high frequency spectrum of tungsten. Physic. Rev. **7**, 646; **8**, 753 (1916).
9. Compton, A. H., The X-ray spectrum of tungsten. Physic. Rev. **7**, 498 (1916).
10. Friman, E., Untersuchungen über die Hochfrequenzspektra (L-Reihe) der Elemente. Dissert. Lund 1916.
11. Friman, E., On the High-frequency spectra (L-series) of the elements Lutetium to Zinc. Philosophic. Mag. (6) **32**, 497 (1916).
12. Glocker, R., Über die Abhängigkeit der Sekundärstrahlungs-Emissionskoeffizienten von der Wellenlänge der erregenden Röntgenstrahlen. Physik. Z. **17**, 488 (1916).
13. Gouy, Sur la catoptrique des rayons X et son application à un spectrographe à foyers réels. Ann. Physique (9) **5**, 241 (1916).
14. Gorton, W. S., The X-Ray-spectrum of Tungsten. Physic. Rev. **7**, 203 (1916).
15a. Hull, A. W., and M. Rice, The law of Absorption of X-rays at high frequences. Physic. Rev. (2) **8**, 326 (1916).
15b. Hull, A. W., and M. Rice, Proc. nat. Acad. Sci. U. S. A. **2**, 265 (1916).
16. Hull, A. W., and M. Rice, The high-frequence spectrum of tungsten. J. Franklin Inst. **182**, 403 (1916).
17. Kossel, W., Bemerkungen zum Seriencharakter der Röntgenspektren. Verh. dtsch. physik. Ges. **18**, 339, 396 (1916).
18. Ledoux-Lebard, R., et A. Dauvillier, La série K du tungstène et l'excitation des rayons X au point de vue de la théorie des quanta. C. r. Acad. Sci. Paris **163**, 754 (1916).
19. Miller, C. Q., The absorption Coefficients of soft X-rays. Physic. Rev. (2) **8**, 329 (1916).
20. Schottky, W., Bemerkungen zu den Gesetzen von Kossel und Glocker über Absorption und Emission von Röntgenstrahlung. Physik. Z. **17**, 581 (1916).

21. SEEMANN, H., Röntgenspektroskopische Methoden ohne Spalt. Ann. Physique (4) **49**, 470 (1916).
22. SEEMANN, H., Zur Optik der Reflexion von Röntgenstrahlen an Krystallflächen. I. Ann. Physique (4) **51**, 391 (1916).
23. SIEGBAHN, M., Über das primäre Hochfrequenzspektrum des Jods und des Tellurs. Verh. dtsch. physik. Ges. **18**, 39 (1916).
24. SIEGBAHN, M., Über eine neue Serie (l-Reihe) in den Hochfrequenzspektren der Elemente. Verh. dtsch. physik. Ges. **18**, 150 (1916).
25. SIEGBAHN, M., Sur l'existence d'un nouveau groupe de lignes (série M) dans les spectres de haute frequence. C. r. Acad. Sci. Paris **161**, 787 (1916).
26. SIEGBAHN, M., Über eine weitere Reihe (M-Reihe) in den Hochfrequenzspektren der Elemente. Verh. dtsch. physik. Ges. **18**, 278 (1916).
27. SIEGBAHN, M., u. E. FRIMAN, Über die Hochfrequenzspektra der Elemente Gold bis Uran. Physik. Z. **17**, 17 (1916).
28. SIEGBAHN, M., u. E. FRIMAN, Über die Hochfrequenzspektra der Elemente As bis Rh. Ann. Physik (4) **49**, 611 (1916).
29. SIEGBAHN, M., u. E. FRIMAN, Über die Hochfrequenzspektra (L-Reihe) der Elemente Tantal bis Wismut. Ann. Physik (4) **49**, 616 (1916).
30. SIEGBAHN, M., u. E. FRIMAN, Über die Hochfrequenzspektra (L-Reihe) der Elemente Polonium, Radium, Thor und Uran. Physik. Z. **17**, 61 (1916).
31. SIEGBAHN, M., u. E. FRIMAN, Über einen Vakuumspektrographen zur Aufnahme von Hochfrequenzspektra und eine mit denselben ausgeführte vorläufige Untersuchung der seltenen Erden. Physik. Z. **17**, 176 (1916).
32. SIEGBAHN, M., u. W. STENSTRÖM, Über die Hochfrequenzspektra (K-Reihe) der Elemente Cr bis Ge. Physik. Z. **17**, 48 (1916).
33. SIEGBAHN, M., and E. FRIMAN, On the High-Frequency Spectra of the Elements Au bis U. Philosophic. Mag. **31**, 403 (1916).
34. SIEGBAHN, M., u. W. STENSTRÖM, Die Röntgenspektren der Elemente Na bis Cr. Physik. Z. **17**, 318 (1916).
35. SWINNE, R., Zum Ursprung der γ-Strahlenspektren und Röntgenstrahlenserien. Physik. Z. **17**, 481 (1916).
36. WAGNER, E., Spektraluntersuchungen an Röntgenstrahlen. II. Sitzgsber. bayer. Akad. Wiss., Math.-physik. Kl. **31** (1916).
37. WAGNER, E., Über vergleichende Raumgittermessungen an Steinsalz und Sylvin mittels homogener Röntgenstrahlen und über deren exakte Wellenlängenbestimmung. Ann. Physik (4) **49**, 625 (1916).
38. WEBSTER, D. L., The Emission Quanta of Characteristic X-rays. Proc. nat. Acad. Sci. U. S. A. **2**, 90 (1916).
39. WEBSTER, D. L., Experiments on the Emission Quanta of Characteristic X-rays. Physic. Rev. (2) **7**, 403, 599 (1916).
40. WEBSTER, D. L., and H. CLARK, A test for X-ray refraction made with monochromatic rays. Physic. Rev. (2) **8**, 528 (1916).
41. ZOBEL, O. J., A note on the spectrum of Röntgen Rays. Physic. Rev. **7**, 580 (1916).

1917.

1. BARKLA, C. G., and M. P. WHITE, Notes on the Absorption and Scattering of X-rays and the caracteristic Radiations of J-series. Philosophic. Mag. (6) **34**, 270 (1917).
2a. BLAKE and W. DUANE, The High-frequency Absorption Bands of some of the Elements. Physic. Rev. **10**, 98, 697 (1917).
2b. BLAKE, F. C., and W. DUANE, The Value of "h" as Determined by Means of X-Rays. Physic. Rev. **10**, 624 (1917).

3. Brainin, C. I., An experimental investigation of the total emission of X-rays from certain metals. Physic. Rev. **10**, 461 (1917).
4. Brentano, J., Recherches spectrales sur les rayons X. Arch. sc. phys. et nat. **44**, 469 (1917).
5. Brentano, J., Monochromateur pour rayons X. Arch. sc. phys. et nat. **44**, 66 (1917).
6. Compton, A. H., The Reflexion Coefficient of monochromatic X-rays from Rock-Salt and Calcite. Physic. Rev. 10, 95 (1917).
7. Compton, A. H., The Intensity of X-ray reflexion and the distribution of the electrons in atoms. Physic. Rev. **9**, 29 (1917).
8. Dadourian, H. M., On the production of soft X-rays by slow moving Electrons. Physic. Rev. **9**, 563 (1917).
9. Glocker, R., Die Meßmethoden der Röntgenstrahlen. Physik. Z. **18**, 302, 330 (1917).
10. Ishiwara, J., Relations between the spectra of X-rays. Nature (Lond.) **99**, 424 (1917).
11. Kaye, G. W. C., The Composition of the X-rays from various Metals. Proc. roy. Soc. Lond. (A) **93**, 427 (1917).
12. Kossel, W., Zum Ursprung der γ-Strahlenspektren und Röntgenstrahlenserien. Physik. Z. **18**, 240 (1917).
13. Lang, M., Untersuchung über die Absorption harter Röntgenstrahlen in Gasen. Ann. Physik (4) **53**, 279, 337 (1917).
14. Ledoux-Lebard, L., et A. Dauvillier, Contribution à l'étude des séries L des Eléments de poits atomique élevé. C. r. Acad. Sci. Paris **164**, 687 (1917).
15. Lilienfeld, J. E., Einige Messungen an Röntgenstrahlen. Fortschr. Röntgenstr. **25**, 77 (1917).
16. Müller, A., Notiz, betr. die Emission sekundärer Röntgenstrahlen. Verh. dtsch. physik. Ges. **19**, 48 (1917).
17. Müller, A., Tube à rayons X pour recherches de laboratoire. Arch. sc. phys. et nat. **44**, 89, 220 (1917).
18. Rausch von Traubenberg, H., Eine Röntgenröhre für physikalische Zwecke. Physik. Z. **18**, 241 (1917).
19. Rutherford, E., On the penetrating Power of the X-radiation from a Coolidge Tube. Philosophic. Mag. **34**, 153 (1917).
20. Seemann, H., Zur Optik der Reflexion der Röntgenstrahlen an Krystallflächen. II. Ann. Physik (4) **53**, 461 (1917).
21. Seemann, H., Die Vermeidung der Verbreiterung der Röntgenspektrallinien infolge der Tiefe der wirksamen Schicht. Physik. Z. **18**, 242 (1917).
22. Siegbahn, M., Sur les spectres de haute fréquence. C. r. Acad. Sci. Paris **165**, 59 (1917).
23. Siegbahn, M., u. W. Stenström, Über die Röntgenspektren der isotopischen Elemente. Physik. Z. **18**, 547 (1917).
24. Uhler, H. S., On the Moseley Law for X-ray Spectra. Physic. Rev. **9**, 562 (1917).
25. Uhler, H. S., Critical examination of the law of X-ray line spektra. Physic. Rev. **9**, 325 (1917).
26. Uhler, H. S., and C. D. Cooksey, The K-series of the X-ray Spectrum of Gallium. Physic. Rev. **10**, 645 (1917).
27. Wagner, E., Über Röntgenspektroskopie. Physik. Z. **18**, 405, 432, 461, 488 (1917).
28. Webster, D. L., X-ray emissivity as a function of Cathode potential. Physic. Rev. **9**, 220 (1917).
29. Webster, D. L., and H. Clark, Intensities of X-rays of the L-series as a function of Voltage. Physic. Rev. **9**, 571 (1917).

30. Vegard, L., Über die Erklärung der Röntgenspektren. Verh. dtsch. physik. Ges. **19**, 328 (1917).
31. Vegard, L., Der Atombau auf Grundlage der Röntgenspektren. Verh. dtsch. physik. Ges. **19**, 344 (1917).
32. Weeks, P. T., A determination of the efficiency of production of X-rays. Physic. Rev. **10**, 564 (1917).

1918.

1. Compton, A. H., Note on the grating Space of Calcite and the X-ray Spectrum of Gallium. Physic. Rev. **11**, 430 (1918).
2. Davis, B., Characteristic X-ray Emission as a Function of the applied Voltage. Physic. Rev. **11**, 433 (1918).
3. Dershem, E., Wavelengths of the Tungsten X-ray Spectrum. Physic. Rev. **11**, 461 (1918).
4. Duane, W., and Kang-Fu-Hu, On the critical Absorption and Characteristic Emission X-ray Frequencies. Physic. Rev. **11**, 489, 516 (1918).
5. Duane, W., and Kang-Fu-Hu, On the relation between the K-Series and the atomic Numbers of the Chemical Elements. Physic. Rev. **11**, 488 (1918).
6. Duane, W., and T. Shimizu, The relation between the general X-Radiation and the Atomic Number of the Target. Physic. Rev. **11**, 491 (1918).
7. Glocker, R., Absorptionsgesetze für Röntgenstrahlen. Physik. Z. **19**, 66 (1918).
8a. Lilienfeld, J. E., u. H. Seemann, Photographische Aufnahme des Pt- und Ir-K-Spektrums. Physik. Z. **19**, 263 (1918).
8b. Müller, A., Untersuchungen am kontinuierlichen Röntgenspektrum. Physik. Z. **19**, 489 (1918).
9. Richardson, O. W., The photoelectric Action of X-rays. Proc. roy. Soc. Lond. (A) **94**, 269 (1918).
10. Stenström, W., Experimentelle Untersuchungen der Röntgenspektra, M-Reihe. Ann. Physik (4) **57**, 347 (1918).
11. Ulrey, C. T., An experimental Investigation of the Energy in the Continuous X-ray Spectrum of certain Elements. Physic. Rev. **11**, 401 (1918).
12a. Vegard, L., The X-ray Spectra and the Constitution of the atom. Philosophic. Mag. **35**, 293 (1918).
12b. Wagner, E., Spektraluntersuchungen an Röntgenstrahlen. Über die Messung der Planckschen Quantenkonstante h aus dem zur Erzeugung homogener Bremsstrahlung notwendigen Minimumpotential. Ann. Physik **57**, 401 (1918).

1919.

1. Broglie, M. de, Sur le spectre de rayons X du Tungstène. C. r. Acad. Sci. Paris **169**, 962 (1919).
2. Broglie, M. de, Sur le spectre d'absorption L du Radium. C. r. Acad. Sci. Paris **168**, 854 (1919).
3. Broglie, M. de, Sur les spectres des rayons X des Eléments. C. r. Acad. Sci. Paris **169**, 134 (1919) — J. Physique **31** (1919).
4. Brunetti, R., La legge di eccitazione dei raggi X caratteristic primari. Nuov. Cim. **18**, 266 (1919).
5. Compton, A. H., The law of Absorption of High Frequency Radiation. Physic. Rev. **13**, 296 (1919).
6. Dadourian, H. M., Soft X-Rays. Physic. Rev. **14**, 234 (1919).
7. Dessauer, F., u. E. Back, Über Röntgenstrahlenerregung mit sehr hohen Spannungen. Verh. dtsch. physik. Ges. **21**, 168 (1919).
8. Davis, B., Note on a Method of Measuring the Decreas of Velocities in thin Films by means of Characteristic X-Rays. Physic. Rev. **14**, 539 (1919).

9. Duane, W., and Kang-Fu-Hu, On the critical absorption and characteristic Emission X-Ray Frequencies. Physic. Rev. **14**, 369 (1919).
10. Duane, W., and Kang-Fu-Hu, On the X-Ray Absorption Frequencies characteristic of the Chemical Elements. Physic. Rev. **14**, 516, 522 (1919).
11. Duane, W., and T. Shimizu, On the X-Ray Absorption Frequencies of the Lead-Isotopes. Proc. nat. Acad. Sci. U. S. A. **5**, 198 (1919).
12. Duane, W., and T. Shimizu, On the Spectrum of X-Rays from an Aluminium Target. Physic. Rev. **14**, 389 (1919).
13. Duane, W., and T. Shimizu, Are the Frequences in the K-series of X-Rays the highest Frequencies Characteristic of Chemical Elements? Physic. Rev. **13**, 289 (1919).
14. Duane, W., and T. Shimizu, On the Relation between the K-series and the L-Series of X-Rays. Physic. Rev. **14**, 67 (1919).
15. Duane, W., and T. Shimizu, The Relation between the Intensity of general X-Radiation and the Atomic Number of the Anticatode. Physic. Rev. **14**, 525 (1919).
16. Fricke, H., Röntgenstraalingens Betydning for den kvantitative kemiske Analyse. (Die Bedeutung der Röntgenstrahlen für die quantitative chemische Analyse.) Fys. Tidskr. **18**, 80 (1919—1920).
17. Friedrich, W., u. H. Seemann, Eine neue röntgenspektroskopische Methode. Physik. Z. **20**, 55 (1919).
18. Glocker, R., Eine neue Meßmethode zur Untersuchung der Zusammensetzung von Röntgenstrahlungen. Fortschr. Röntgenstr. **26**, 363 (1919).
19. Ledoux-Lebard, R., et A. Dauvillier, Sur la structure spectrale des rayons J. C. r. Acad. Sci. Paris **168**, 608 (1919).
20. Lilienfeld, J. E., Die Hochvakuumröntgenröhren. Jb. Radiol. **16**, 105 (1919).
21. Müller, A., Recherches sur les spectres des rayons X. Arch. sc. phys. et nat. **1**, 127 (1919).
22. Overn, O. B., The L-Series in the Tungsten X-Ray Spectrum. Physic. Rev. **14**, 137 (1919).
23. Sanford, T., Formula for the Wave-lengths of M-Radiation. Physic. Rev. **14**, 275 (1919).
24. Sanford, T., Some nuclear Charges calculated for L-Radiation. Physic. Rev. **14**, 177 (1919).
25. Seemann, H., Vollständige Spektraldiagramme von Krystallen. Physik. Z. **20**, 169 (1919).
26. Seemann, H., Über die Ökonomie der röntgenspektroskopischen Methoden. Physik. Z. **20**, 51 (1919).
27. Siegbahn, M., Über das Röntgenspektrum des Wolframs. Physik. Z. **20**, 533 (1919).
28. Siegbahn, M., Precision-measurements in the X-Ray Spectra. Philosophic. Mag. (6) **37**, 601; **38**, 639; **38**, 647 (1919).
29. Siegbahn, M., Röntgenspektroskopische Präzisionsmessungen. 1. Mitteilung. Ann. Physik **59**, 56 (1919).
30. Siegbahn, M., u. E. Jönsson, Über die Absorptionsgrenzfrequenzen der Röntgenstrahlen bei den schweren Elementen, besonders bei den seltenen Erden. Physik. Z. **20**, 251 (1919).
31. Smekal, A., Zur Theorie der Röntgenspektren. Wien. Anz. **126** (1919).
32. Smekal, A., Bohrsche Frequenzbedingung und Röntgenspektra. Verh. dtsch. physik. Ges. **21**, 149 (1919).
33. Stenström, W., Experimentelle Untersuchungen der Röntgenspektra. Dissert. Lund 1919.

34. WAGNER, E., Bericht über das kontinuierliche Röntgenspektrum. Jb. Radioakt. **16**, 190 (1919).
35. WEBSTER, D. L., The Origin of the general Radiation Spectrum of X-Ray. Physic. Rev. **13**, 303 (1919).
36. WOOTEN, B. A., Energy of the Characteristic X-Ray Emission from Molybdenum and Palladium as a Function of applied Voltage. Physic. Rev. **13**, 71 (1919).
37. VEGARD, L., On the X-Ray Spectra and the Constitution of the Atom 2. Philosophic. Mag. **37**, 237 (1919).
38. VEGARD, L., Die Erklärung der Röntgenspektren und die Konstitution der Atome 1, 2. Physik. Z. **20**, 97, 121 (1919).

1920.

1. AURÉN, T. E., The absorption on X-rays. Medd. Nobel-Inst. **4**, Nr 3 (1920).
2. AURÉN, T. E., Scattering and absorption of hard X-rays in the lightest elements. Medd. Nobel-Inst. **4**, Nr 5 (1920).
3. BEHNKEN, H., Ein Beitrag zur Kenntnis des kontinuierlichen Röntgenspektrums. Z. Physik **3**, 247 (1920).
4. BERGENGREN, J., Über die Röntgenabsorption des Phosphors. Z. Physik **3**, 247 (1920).
5. BERGENGREN, J., Sur les spectres d'absorption du Phosphore pour les rayons X. C. r. Acad. Sci. Paris **171**, 624 (1920).
6. BIRGE, The mathematical structure of X-Ray spectra. Physic. Rev. **16**, 371 bis 372 (1920).
7. BRILLOUIN, L., Le spectre continu des rayons X. C. r. Acad. Sci. Paris **170**, 274 (1920).
8. BROGLIE, M. DE, et DAUVILLIER, Sur la structure fine des discontinuités d'absorption dans les spectres des rayons X. C. r. Acad. Sci. Paris **7**, 626—627 (1920).
9. BROGLIE, LOUIS DE, Sur l'absorption des rayons de Röntgen par la matière. C. r. Acad. Sci. Paris **171**, 1137—1139 (1920).
10. BROGLIE, M. DE, Sur la structure fine des spectres de rayons X. C. r. Acad. Sci. Paris **170**, 1245, 1344 (1920).
11. BROGLIE, M. DE, Sur le calcul de fréquences limites d'absorption K et L des éléments lourds. C. r. Acad. Sci. Paris **170**, 585 (1920).
12. BROGLIE, M. DE, Sur les bandes K d'absorption des terres rares pour les rayons X. C. r. Acad. Sci. Paris **170**, 725 (1920).
13. BROGLIE, M. DE, Sur les propiétés des écrans renforcateurs vis-à-vis des spectres de rayons X et sur un dédoublement de la ligne bêta du spectre K du tungstène. C. r. Acad. Sci. **170**, 1053 (1920).
14. BULAVAUD, F., La loi de masse de l'absorption des rayons Roentgen. Ann. Physique (9) **13**, 161 (1920).
15. COOKSEY, C. D., A new Design of Precision X-Ray Spectrometer. Physic. Rev. **16**, 305 (1920).
16. COOKSEY, C. D., and D. COOKSEY, The high freq. spectra of lead isotopes. Physic. Rev. **16**, 327—336 (1920).
17. DADOURIAN, H. M., Soft X-rays. A note of interpretation. Physic. Rev. **16**, 481—485 (1922).
18. DAUVILLIER, A., Recherches spectrométriques sur les rayons X. Ann. de Phys. et Chim. (9) **13**, 49 (1920).
19. DAVIS, B., Intensity of Emission of X-rays and their Reflexion from Crystals. Bull. Nat. Res. Counc. **1**, 409—427 (1920).

20a. DESSAUER, FR., u. FR. VIERHELLER, Versuche über Zerstreuung von Röntgenstrahlen. 86. Naturf.-Vers. Bad Nauheim 1920. Physik. Z. **21**, 571–572 (1920).
20b. DUANE, W., Data relating to X-ray spectra. Bull. Nat. Res. Counc. **1**, 6 (1920).
21. DUANE and PATTERSON, On the Absorption of X-rays by chemical Elements of high atomic numbers. Physic. Rev. **15**, 546–547 (1920).
22. DUANE and R. A. PATTERSON, On the X-ray Spectrum of Tungsten. Physic. Rev. (2) **15**, 328; **16**, 526–539 (1920).
23. DUANE, W., and R. A. PATTERSON, Characteristic Absorption of X-rays: L-Series. Proc. nat. Acad. Sci. U. S. A. **6**, 509 (1920).
24. DUANE, W., and R. A. PATTERSON, On the relative Positions and Intensities of Lines on X-ray spectra. Proc. nat. Acad. Sci. U. S. A. **6**, 518 (1920).
25. DUANE, W., and W. STENSTRÖM, On the K-Series of X-Rays. Physic. Rev. (2) **15**, 328–330 (1920).
26. DUANE, FRICKE and STENSTRÖM, The absorption of X-rays by chemical elements of high atomic numbers. Proc. nat. Acad. Sci. U. S. A. **6**, 607–612 (1920).
27. EWALD, P. P., Abweichungen vom Braggschen Reflexionsgesetz der Röntgenstrahlen. 86. Naturf.-Vers. Bad Nauheim 1920. Physik. Z. **21**, 617–619 (1920).
28. EWALD, P. P., Zum Reflexionsgesetz der Röntgenstrahlen. Z. Physik **2**, 332 (1920).
29. FRANKE, Über die Möglichkeit einer exakten Messung des Verstärkungsfaktors *s* an Röntgenfolien. Fortschr. Röntgenstr. **27**, 524 (1920).
30. FRICKE, The K-Characteristic absorption frequencies for the Chem. Elements Mg to Cr. Physic. Rev. **15**, 202 (1920).
31. HADDING, ASSAR, Eine neue Röntgenröhre für Debyesche Aufnahmen. Z. Physik **3**, 369–371 (1920).
32. HERRMANN, Zerstreuung von Röntgenstrahlen. Physik. Z. **21**, 534–541 (1920).
33. HERTZ, G., Über Absorptionslinien im Röntgenspektrum. Physik. Z. **21**, 630 bis 632 (1920).
34. HERTZ, G., Über die Absorptionsgrenzen in der L-Serie. Z. Physik **3**, 19 (1920).
35. HJALMAR, Präzisionsmessungen in der L-Reihe der Röntgenspektren. Elemente W bis Cu. Z. Physik **3**, 262–286 (1920).
36. HJALMAR, E., Präzisionsbestimmungen in der K-Reihe der Röntgenspektren, Elemente Cu bis Na. Z. Physik **1**, 489 (1920).
37. HOYT, F. C., The Intensities of X-Rays of the L-Series III. Critical Potential of the Platinum and Tungsten Lines. Proc. nat. Acad. Sci. U. S. A. **6**, 639 (1920).
38. HOLWECK, Recherches expérimentales sur les rayons X de grande longeur d'onde. C. r. Acad. Sci. Paris **171**, 849–852 (1922).
39. KARCHER, Wave-Length Measurements in the M-series of Some High-Frequency Spectra. Physic. Rev. **5**, 285 (1920).
40. KNIPPING, P., Zur Frage der Brechung der Röntgenstrahlen. Z. Physik **1**, 40 (1920).
41. KOSSEL, W., Über die Ausbildung der Röntgenserien mit wachsender Ordnungszahl. Z. Physik **2**, 470 (1920).
42. KOSSEL, W., Zum Bau der Röntgenspektren. Z. Physik **1**, 119 (1920).
43. KRÖNCKE, H., Ein rechnerisches Verfahren zur Ermittelung des Spektrums der Röntgenstrahlen. Physik. Z. **21**, 220 (1920).
44. LAIRD, R. ELISABETH, Note on article by H. M. Dadourian on „soft X-rays". Physic. Rev. **15**, 293–296 (1920).
45. LAIRD, R. EL., and V. P. BARTON, Soft X-rays produced by cathode rays of from 200 to 600 volts velocities. Physic. Rev. (2) **15**, 297–308 (1920).
46. LILIENFELD, J. E., u. F. ROTHER, Untersuchungen über die sichtbare blaugraue Brennfleckstrahlung an der Lilienfeldröhre. Physik. Z. **21**, 360 (1920).

47. MILLIKAN, R. A., The extension of the ultraviolet spectrum. Astrophys. J. **52**, 47—64 (1920).
48. RICE, C. W., Energy content of characteristic radiations. Physic. Rev. **15**, 232—237 (1920).
49. RICHTMYER and GRANT, The Mass-Abs. Coeff. of Water, Aluminium, Copper and Molybdenum for X-rays of short Wave-Length. Physic. Rev. **15**, 547 bis 549 (1920).
50. SIEGBAHN, M., u. K. A. WINGÅRDH, Eine Methode für Intensitätsmessungen bei Röntgenstrahlen nebst einigen vorläufigen Absorptionsbestimmungen. Physik. Z. **21**, 83 (1920).
51. SIEGBAHN, M., Methoden und Resultate der Röntgenspektroskopie. Verh. dtsch. physik. Ges. (3) **1**, 74—75 (1920).
52. SMEKAL, Über die Absorptionskante der L-Serie. Z. Physik **3**, 243—246 (1920).
53. SMEKAL, A., Über die Erklärung der Röntgenspektren und die Konstitution der Atome. Physik. Z. **21**, 505—506 (1920).
54. SMEKAL, A., Zur Theorie der Röntgenspektren. (Zur Frage der Elektronenanordnung im Atom.) 2. Mitteilung. S.-A. Wien. Ber. **129** (2a), 635—660 (1920).
55. SMEKAL, A., Die Feinstruktur der Röntgenspektren. Verh. dtsch. physik. Ges. **1**, 58 (1920).
56. SOMMERFELD, A., Bemerkungen zur Feinstruktur der Röntgenspektren. Z. Physik **1**, 135 (1920).
57. STENSSON, N., Über die Dubletten der K-Reihe der Röntgenspektren. Z. Physik **3**, 60 (1920).
58. VEGARD, L., Die Verbreiterung von Spektrallinien im Röntgengebiet. Physik. Z. **21**, 6 (1920).
59. VOLTZ, F., u. F. ZACHER, Die Entwicklungsgeschichte der modernen Röntgenröhren. Fortschr. Röntgenstr. **27**, 83 (1920).
60. WAGNER, E., Über die Grundlage der Röntgenspektroskopie. Naturwiss. **8**, 973 (1920).
61. WAGNER, E., Atombau und Röntgenspektren. Z. Elektrochem. **26**, 260 (1920).
62. WAGNER, E., Über Spektraluntersuchungen an Röntgenstrahlen. Physik. Z. **21**, 621—625 (1920).
63. WEBSTER, Critical Potentials of the L-Series of Platinum. Physic. Rev. **15**, 238 (1920).
64. WEBSTER, D. L., The Intensities of X-Rays of the L-Series 2. The critical Potentials of the Platinum Lines. Proc. nat. Acad. Sci. U. S. A. **6**, 26 (1920).
65. WEBSTER, DAVID L., Problems of X-Ray Emission. Quantum Phenomena in the General Radiation Spectrum. Bull. Nat. Res. Counc. **1**, 427 (1920).
66. WHIDDINGTON, R., Note on the X-ray spectra of the elements. Philosophic. Mag. (6) **39**, 694—696 (1920).
67. WINTZ, H., Messungen an Röntgenstrahlen. Dissert. Erlangen 1920.
68. WOLFF, WALTER, Die Erzeugung von Röntgenstrahlen durch Kathodenstrahlen in Luft von gewöhnlicher Dichte. Physik. Z. **21**, 507—510 (1920).
69. ZECHER, Unters. am kontin. R-Spektrum der Glühkathodenröhre usw. Ann. Physik **63**, 28—56 (1920).

1921.

1. BEHNKEN, H., Das kontinuierliche Röntgenspektrum. Z. Physik **4**, 241 (1921).
2. BRAGG, W. L., R. W. JAMES and C. H. BOSANQUET, The Intensity of Reflexion of X-Rays by Rock-Salt. Philosophic. Mag. **41**, 309; **42**, 1 (1921).
3. BRAGG, JAMES u. BOSANQUET, Über die Streuung der Röntgenstrahlen durch die Atome eines Krystalls. Z: Physik **8**, 77—84 (1921).

4. Bragg, W. H., The intensity of X-ray reflection by diamond. Nature (Lond.) **107**, 477 (1921).
5. Broglie, M. de, Sur les spectres corpusculaires des éléments. C. r. Acad. Sci. Paris **172**, 274—275 (1921).
6. Broglie, M. de, Sur les spectres corpusculaires. C. r. Acad. Sci. Paris **172**, 806—807 (1921).
7. Broglie, Louis de, Sur la théorie de l'absorption des rayons X par la matière et le principe de correspondance. C. r. Acad. Sci. Paris **173**, 1456—1458 (1921).
8. Broglie, Maurice et Louis de, Sur le modèle d'atome de Bohr et les spectres corpusculaire. C. r. Acad. Sci. Paris **172**, 746—748 (1921).
9. Broglie, M. de, Sur les spectres corpusculaires et leur utilisation pour l'étude des spectres de rayons X. C. r. Acad. Sci. Paris **173**, 1157—1160 (1921).
10. Broglie, M. de, Les phénomènes photo-électriques pour les rayons X et les spectres corpusculaires des éléments. J. Physique et Radium (6) **2**, 265—287 (1921).
11. Compton, Secondary High Frequency Radiation. Physic. Rev. **18**, 96—97 (1921).
12. Compton, The width of X-ray spectrum lines. Physic. Rev. **18**, 322 (1921).
13. Compton, A possible origin of the defect of the combination prinziple in X-rays. Physic. Rev. **18**, 336—338 (1921).
14. Compton and Hagenow, The polarisation of secondary X-rays. Physic. Rev. **18**, 97—98 (1921).
15. Coster, Zur Systematik der Röntgenspektren. Z. Physik **6**, 185—203 (1921).
16. Coster, On the emission and absorption wave-lengths of the characteristic radiation in the L-series. Physic. Rev. **18**, 218—220 (1921).
17. Coster, D., Präzisionsmessungen in der L-Serie der schwereren Elemente. Z. Physik **4**, 178 (1921).
18. Coster, D., Über das Kombinationsprinzip in den Röntgenspektren. Z. Physik **5**, 139 (1921).
19. Coster, D., Le principe de combinaison et la loi de Stokes dans les séries de rayons X. C. r. Acad. Sci. Paris **112**, 1176 (1921).
20. Coster, D., Sur la structure fine des séries de rayons X. C. r. Acad. Sci. Paris **173**, 77 (1921).
21. Crowther, „J"-Radiation. Philosophic. Mag. **42**, 719—728 (1921).
22. Dauvillier, A., Sur le fonctionnement du Tube Lilienfeld. C. r. Acad. Sci. Paris **172**, 1033 (1921).
23. Dauvillier, A., Sur le principe de combinaison et les raies d'absorption dans les spectres de rayons X. C. r. Acad. Sci. Paris **173**, 35 (1921).
24. Dauvillier, A., Sur la structure de la série L. C. r. Acad. Sci. Paris **172**, 915 (1921).
25. Dauvillier, A., Sur les séries L de l'uranium et le principe de combinaison dans les spectres de rayons X. C. r. Acad. Sci. Paris **172**, 1350 (1921).
26. Davis, B., and W. M. Stempel, The reflection of X-rays from Calcite. Physic. Rev. (2) **17**, 526—527 (1921).
27. Davis, B., and W. M. Stempel, An experimental Study of the Reflexion of X-Rays from Calcite. Physic. Rev. **17**, 608 (1921).
28. Dershem, E., and C. T. Dozier, The Concentration of monochromatic X-Rays by Crystal Reflexion. Physic. Rev. **17**, 519 (1921).
29. Dershem, E., An X-ray spectrometer for determination of absorption coefficients. Physic. Rev. **18**, 324 (1921).
30. Dozier, C. T., An explanation of X-ray diffraction Patterns from rolled metalls. Physic. Rev. (2) **17**, 519 (1921).

31. Duane, W., On the calculation of the X-ray absorption frequencies of the chemical elements. Proc. nat. Acad. Sci. U. S. A. **7**, 260—267, 267—273 (1921).
32. Duane, W., Approximate computations of X-ray absorption-frequencies. Physic. Rev. (2) **17**, 431—433 (1921).
33. Duane, W., and H. Fricke, On the absorption of X-rays by Chromium, Manganese and Iron. Physic. Rev. **17**, 529—531 (1921).
34. Duane, Palmer and Chi-Sun-Yeh, A remeasurement of the radiation constant by means of X-rays. Proc. nat. Acad. Sci. U. S. A. **7**, 237—242 (1921).
35. Duane, Palmer and Chi-Sun-Yeh, A remeasurement of the radiation constant h by means of X-rays. Physic. Rev. **18**, 98—99 (1921).
36. Duane, W., and R. A. Patterson, On the relative Position of Lines in X-Ray Spectra. Physic. Rev. **17**, 259 (1921).
37. Gilchrist, The Width of X-ray spectrallines. Physic. Rev. **18**, 89—94 (1921).
38. Glocker, R., u. M. Kaupp, Die Berechnung des Absorptionsverlustes der Streustrahlung innerhalb des streuenden Körpers. Physik. Z. **22**, 200—209 (1921).
39. Glocker, R., u. W. Traub, Das photographische Schwärzungsgesetz der Röntgenstrahlen. Physik. Z. **22**, 345 (1921).
40. Gocht, Hermann, Die Röntgenliteratur. IV. Teil. (1914—1917.) S. 6605. Stuttgart: F. Enke 1921.
41. Grotrian, W., Das L-Dublett des Neon. Z. Physik **8**, 116—125 (1921).
42. Halberstädter u. Tugendreich, Über die von der Rückseite der Antikathode ausgehende Röntgenstrahlung. Fortschr. Röntgenstr. **28**, 64 (1921).
43. Hewlett, C. W., The Absorption and Scattering Coefficient for homogenous X-Rays in Several Elements of low atomic Weight. Physic. Rev. **17**, 267 (1921).
44. Hewlett, C. W., The Mass Absorption and Mass Scattering Coefficient for homogenous X-Rays of Wave-Length between 0,13 and 1,05 Angström; Units in Water, Lithium, Carbon, Nitrogen, Aluminium, Oxygen and Iron. Physic. Rev. **17**, 284 (1921).
45. Hjalmar, E., Precision-Measurements in the X-ray Spectra, Part 4, K-Series, the Element Cu—Na. Philosophic. Mag. **41**, 675 (1921).
46. Hjalmar, E., Beiträge zur Kenntnis der Röntgenspektren. Z. Physik **7**, 341 bis 350 (1921).
47. Holweck, Absorption des rayons X de grande longeur d'onde. Liasion entre des rayons X et la lumière. C. r. Acad. Sci. Paris **172**, 439—442 (1921).
48. Holweck, Potentiels critiques relatifs aux disontinuités K et L_1 d'absorption de l'aluminium. Nov. déterm. de la const. h de Planck. C. r. Acad. Sci. Paris **173**, 709—712 (1921).
49. Holweck, M., Recherches expérimentales sur la liaison entre les rayons X et la lumière. J. Chim. physique **19**, 261—263 (1921).
50. Hoyt, Structure of the L-series of Tungsten and Platinum. Physic. Rev. **18**, 333—335 (1921).
51. Hughes, Die charakteristische K-Strahlung vom Bor. Trans. roy. Soc. Canada **15**, 1—6 (1921).
52. Hückel, E., Zerstreuung von Röntgenstrahlen durch anisotrope Flüssigkeiten. Physik. Z. **22**, 561—563 (1921).
53. Jauncey, The effect of Damping on the Width of X-ray spectrum-lines. Physic. Rev. **18**, 322 (1921).
54. Kirkpatrick, Paul, Experiments on polarisation of X-rays. Physic. Rev. **18**, 323 (1921).
55. Korn, A., Eine mechanische Theorie der Serienspektra 3, Schwingungsdauer der Röntgenstrahlen und Atomgewicht. Physik. Z. **22**, 148 (1921).

56. Kurth, E. H., Soft X-rays of characteristic Type. Physic. Rev. **17**, 528 bis 529 (1921).
57. Kurth, E. H., Soft X-rays of characteristic Type. Physic. Rev. **18**, 99—100 (1921).
58. Kurth, The extension of the X-ray spectrum to the ultraviolet. Physic. Rev. **18**, 461—476 (1921).
59. Küstner, Hans, Die wahre Energieverteilung im kontinuierlichen Röntgenspektrum. Verh. dtsch. physik. Ges. (3) **2**, 56—57 (1921).
60. Küstner, Der entstellende Einfluß des Spektrometerkrystalls auf das kontinuierliche R-Spektrum. Z. Physik **7**, 97—110 (1921).
61. Lindh, Axel E., Zur Kenntnis des Röntgenabsorptionsspektrums von Chlor. Z. Physik **6**, 303—310 (1921).
62. Lindh, A. E., Sur les Spectres d'Absorption du Chlore pour les Rayons X. C. r. Acad. Sci. Paris **172**, 1175 (1921).
63. March, A., Die Energieverteilung im kontinuierlichen Röntgenspektrum. Ann. Physik (4) **65**, 449—460 (1921).
64. March, A., Die Röntgen-Bremsstrahlung. Physik. Z. **22**, 209—213 (1921).
65. March, Die Energieverteilung im kontinuierlichen Röntgenspektrum. Physik. Z. **22**, 429—438 (1921).
66. Millikan, Bowen and Sawyer, The vacuum-spark spektra in the extreme ultraviolet of carbon, iron and nickel. Astrophys. J. **53**, 150—160 (1921).
67. Mohler and Foote, Characteristic Low Voltage X radiation from Arcs in Metallic Vapors. Physic. Rev. **18**, 94—95 (1921).
68. Mohler and Foote, Soft X-rays from arcs in vapors. J. amer. opt. Soc. **5**, 328—333 (1921).
69. Müller, Alex, On an X-ray Bulb with a Liquid Mercury Anticathode and a Wave-Length Measurement of the L-spectrum of Mercury. Philosophic. Mag. (6) **42**, 419—427 (1921).
70. Overn, Oswald B., An absolute scale of X-ray wave-length. Physic. Rev. **18**, 350—355 (1921).
71. Pealing, H., The reflection of the X-ray spectrum of palladium from fluorspar. Nature (Lond.) **107**, 477 (1921).
72. Plimpton, S. J., On the Scattering of rays in X-raydiffracting. Philosophic. Mag. **42**, 302—304 (1921).
73. Ratner, Polarisation Phenomene in an X-ray Bulb. Nature (Lond.) **107**, 522—523 (1921).
74. Reboul, Sur un nouveau rayonnement de courte longeur d'onde. C. r. Acad. Sci. Paris **173**, 1162—1165 (1921).
75. Richardson and Bazzoni, The Excitation of soft characteristic X-rays. Philosophic. Mag. **42**, 1015—1019 (1921).
76. Richtmyer, F. K., The laws of absorption of X-rays. Physic. Rev. (2) **18**, 13—30 (1921).
77. Richtmyer, F. K., The evidence regarding the so-called „J"-radiation. Physic. Rev. (2) **17**, 433—434 (1921).
78. Richtmyer, F. K., Mass absorption Coefficient as a Function of Wave-Length above and below the X-Ray Limit of the Absorber. Physic. Rev. **17**, 264 (1921).
79. Ross, Prelim. Measurements of the critical potentials of the M-lines in the X-ray spectrum of Lead. Physic. Rev. **18**, 336 (1921).
80. Sawyer, R. A., The vacuum hot-spark spectrum of zinc in the extreme ultraviolet region. Astrophys. J. **52**, 286—300 (1921).
81. Seeman,n H., Ein Präzisions-Röntgenspektrograph. Physik. Z. **22**, 580—581 (1921).

82. SIEGBAHN, Nouvelles mesures de précision dans le spectre de rayons X. C. r. Acad. Sci. Paris **173**, 1350—1352 (1921).
83. SIEGBAHN, Bericht über die letzte Entwicklung der Röntgenspektroskopie. Jb. Radioakt. **18**, 240—292 (1921).
84. SIEGBAHN, M., A. E. LINDH u. N. STENSSON, Über ein Verfahren der Spektralanalyse mittels Röntgenstrahlen. Z. Phys. **4**, 61 (1921).
85. SIMONS, LEWIS, The Beta Ray Emission from thin Films of the Elements exposed to Röntgen-Rays. Philosophic. Mag. **41**, 120 (1921).
86. SMEKAL, Bemerkungen zu der Arbeit des Herrn D. Costers zur Systematik der Röntgenspektren. Z. Physik **7**, 410—412 (1921).
87. SMEKAL, Über die Erklärung der Röntgenspektren. Antwort an Herrn L. Vegard. Physik. Z. **22**, 400—402 (1921).
88. SMEKAL, Über die Feinstruktur der Röntgenspektren. Physik. Z. **22**, 559 bis 561 (1921).
89. SMEKAL, Zur Feinstruktur der Röntgenserien. (Vorläufige Mitteilung.) Wien. Ber. **130** (2a), 25—30 (1921).
90. SMEKAL, A., Zur Feinstruktur der Röntgenspektren. Z. Physik **4**, 26; **5**, 91, 121 (1921).
91. SOMMERFELD, A., Bemerkungen zur Feinstruktur der Röntgenspektren 2. Z. Physik **5**, 1 (1921).
92. SOMMERFELD u. WENTZEL, Über reguläre und irreguläre Dubletts. Z. Physik **7**, 86—92 (1921).
93. STEMPEL, W. M., Reflexion of X-Rays from Crystals. Physic. Rev. **17**, 521 (1921).
94. VEGARD, L., Über die Erklärung der Röntgenspektren und die Konstitution der Atome. Physik. Z. **22**, 271 (1921).
95. VOGEL, W., Anordnung, den Seemanschen Schneidenspektrographen zu Präzisionswellenlängenmessungen zu benutzen. Z. Physik **4**, 257 (1921).
96. WEBER, A., Neuerungen am Seemanschen Schneidenspektrographen zwecks Präzisionsmessungen. Z. Physik **4**, 360 (1921).
97. WEBSTER, The High-Freq.-Limits of X-ray spektra at different angles from the cathode stream. Physic. Rev. **18**, 155 (1921).
98. WEBSTER, D. L., Some X-ray Isochromats. Physic. Rev. **18**, 321—322 (1921).
99. WENTZEL, Zur Systematik der Röntgenspektren. Z. Physik **6**, 84—99 (1921).
100. WENTZEL, GREGOR, Klassifizierung der O- und P-Niveaus mittels des Auswahlprinzips für die Röntgenspektren. Z. Physik **8**, 85—88 (1921).
101. WENTZEL, Funkenlinien im Röntgenspektrum. Ann. Physik **66**, 437—462 (1921).
102. WHIDDINGTON, R., Note on the Velocity of X-ray Electrons. Proc. Cambridge philos. Soc. **20**, 442—444 (1921).
103. WILLIAMS and WORSNOP, Absorption of X-rays. Nature (Lond.) **108**, 306 bis 307 (1921).
104. YOSHIDA, USABURO, On a Mica X-ray spectrometer. Mem. Coll. Sci. Kyoto Imp. Univ. **4**, 343—347 (1921).
105. YOSHIDA and TANAKA, The Tungsten X-ray spectrum with a Mica spectrometer. Mem. Coll. Sci. Kyoto Imp. Univ. **5**, 173—178 (1921).

1922.

1. AURÉN, T. E., Absorption of X-rays in Crystals. Medd. Vetensk. Nobelinst. **4** Nr 10 (1922).
2. BACKHURST, IVOR, Variation of the intensity of reflected X-radiation with the temperature of the Crystal. Proc. roy. Soc. Lond. (A) **102**, 340—352 (1922).

3. Bohr, N., u. D. Coster, Röntgenspektren und periodisches System der Elemente. Z. Physik **12**, 342—374 (1922).
4. Bragg and James, The intensity of X-ray reflection. Nature (Lond.) **100**, 148 (1922).
5. Broglie, M. de, Sur les spectres corpusculaires des éléments. C. r. Acad. Sci. Paris **174**, 939—941 (1922).
6. Broglie, M. de, et A. Dauvillier, Sur un nouveau phénomène d'absorption observé dans le domaine des rayons X. C. r. Acad. Sci. Paris **174**, 1546—1548 (1922).
7. Broglie, L. de, Rayons X et équilibre thermodynamique. J. Physique et Radium (6) **3**, 33—45 (1922).
8. Broglie, Louis de, et A. Dauvillier, Sur les analogies de structure entre les séries optiques et les séries de Röntgen. C. r. Acad. Sci. Paris **175**, 755 (1922).
9. Burbidge, The Absorption of the X-rays of silver in Gases and Gaseous Mixtmes. Philosophic. Mag. **43**, 381—389 (1922).
10. Burbidge, Note on the Absorption of Narrow X-ray Beams. Philosophic. Mag. **43**, 389—392 (1922).
11. Compton, The width of X-ray spectrum lines. Physic. Rev. **19**, 68—72 (1922).
12. Compton, The spectrum of secondary X-rays. Physic. Rev. **19**, 267—268 (1922).
13. Compton, A. P., Total reflection of X-rays from Glass and Silver. Physic. Rev. (2) **20**, 84 (1922).
14. Compton and Freeman, The intensity of X-ray reflection from powdered crystals. Nature (Lond.) **110**, 38 (1922).
15. Cork, J. M., Characteristic X-ray absorption in the L-series for elements N 62 to N 77. Physic. Rev. **20**, 81 (1922).
16. Coster, D., On the spectra of X-rays and the theory of atomic structure. Philosophic. Mag. **44**, 545—573 (1922).
17. Coster, On the principle of combination and Stokes law in the X-ray series. Physic. Rev. **19**, 20—23 (1922).
18. Coster, On the spectra of X-rays and the Theory of Atomic structure. Philosophic. Mag. **43**, 1070—1107 (1922).
19. Coster, Sur la série L du spectra des rayons X. C. r. Acad. Sci. Paris **174**, 378—379 (1922).
20. Darbord, R., Vers la détermination directe de la longeur d'onde des rayons X. J. Physique et Radium **3**, 212—217 (1922).
21. Darbord, R., Sur la réflexion des rayons X par les cristaux. J. Physique et Radium **3**, 218—220 (1922).
22. Darwin, C. G., The Reflexion of X-rays from Imperfect Crystals. Philosophic. Mag. **43**, 800—829 (1922).
23. Dauvillier, A., et L. de Broglie, Remarques sur le travail de E. Hjalmar concernant la série M des éléments. C. r. Acad. Sci. Paris **174**, 1198—1201 (1922).
24. Dauvillier, Sur la complexité de la série K des éléments légers et son interprétation théorique. C. r. Acad. Sci. Paris **174**, 443—445 (1922).
25a. Dauvillier, Sur les séries L du lutécium et de l'ytterbium et sur l'identification du celtium avec l'element de nombre 72. C. r. Acad. Sci. Paris **174**, 1347—1349 (1922).
25b. Dauvillier, A., Analyse de la structure électronique des éléments. J. Physique et Radium **3**, 230 (1922).
26a. Davis, B., and H. M. Terrill, The grating space of mica and the intensities of the spectral orders. Proc. nat. Acad. Sci. U. S. A. **8**, 59 (1922).
26b. Davis, B., and H. M. Terrill, The Refraction of X-rays in Calcite. Proc. nat. Acad. Sci. U. S. A. **8**, 357—361 (1922).

27. Davis and Stempel, Reflection of X-rays from rock salt. Physic. Rev. **29**, 504—511 (1922).
28. Dolejšek, Sur les lignes K α des éléments légers. C. r. Acad. Sci. Paris **174**, 441—443 (1922).
29. Dolejšek, Über die N-Serie der Röntgenspektren. Z. Physik **10**, 129—236 (1922).
30. Duane, W., The scattering of X-rays at small angles. Physic. Rev. **20**, 86—87 (1922).
31. Duane and Mazumder, Absorption of short X-rays by aluminium and copper. Proc. nat. Acad. Sci. U. S. A. **8**, 45—49 (1922).
32. Duane and Mazumder, On the spectra of X-rays of short wave-length. Physic. Rev. **19**, 536—537 (1922).
33. Duane and Pattersson, Note on X-ray spectra. Physic. Rev. **19**, 542—543 (1922).
34. Duane, Will. and R. A. Patterson, Note on X-ray spectra. Proc. nat. Acad. Sci. U. S. A. **8**, 85—90 (1922).
35. Fritz, O., Zur Wirkung der Verstärkungsschirme bei Röntgenspektrogrammen. Fortschr. Röntgenstr. **19**, 717—720 (1922).
36. Gerlach, W., Das K α-Dublett, nebst einer Neubestimmung der Gitterkonstanten einiger Krystalle. Physik. Z. **13**, 114—120 (1922).
37. Gray, Energy Relations between X- and β-rays. Physic. Rev. **19**, 430—431 (1922).
38. Grotrian, W., Über das L-Dublett des Neon. Verh. dtsch. physik. Ges. (3) **3**, 41 (1922).
39. Hewlett, C. W., An experimental study of the scattering of approx. homog. X-rays etc. Physic. Rev. **20**, 688—708 (1922).
40. Hewlett, Measurements of the Amount of scattered Homogemeous X-rays of Wave-length 0,718 AE pr. gram of Carbon. Physic. Rev. **19**, 265—267 (1922).
41. Hjalmar, E., Recherches sur la série M des rayons X. C. r. Acad. Sci. Paris **175**, 878—880 (1922).
42. Holtsmark, Über die charakteristische Röntgenstrahlung von Kohle und Bor. Physik. Z. **23**, 252—255 (1922).
43a. Holweck, Recherches expérimentales sur la liaison entre les rayons X et la lumière. J. Physique et Radium **3**, 134—135 (1922).
43b. Holweck, Recherches expérimentales sur les rayons X de grande longueur d'onde. Ann. Physik **17**, 5—53 (1922).
44. Hopfield, Spectra of hydrogen, nitrogen and oxygen in the extreme ultraviolet. Physic. Rev. **20**, 573—588 (1922).
45. Hughes, Charact. X-rays from Boron and Carbon. Philosophic. Mag. **43**, 145—161 (1922).
46. Jaeckel, Eine neue Anwendung des Röntgenspektrographen. Z. Physik **9**, 300—301 (1922).
47. Jauncey, The effect of damping on the width of X-ray spectrum lines. Physic. Rev. **19**, 64—67 (1922).
48. Jauncey, Secondary X-rays from crystals. Physic. Rev. **19**, 435—436 (1922).
49. Jauncey, G. E. M., Effect of Temperature on the X-rays scattered by Crystals. Physic. Rev. (2) **20**, 82 (1922).
50. Jauncey, G. E. M., The Scattering of X-rays by Crystals. Physic. Rev. **20**, 405—420 (1922).
51. Jauncey, G. E. M., The Effect of Temperature on the Scattering of X-rays by Crystals. Physic. Rev. **20**, 421—423 (1922).
52. Kirkpatrick, P., Energy distribution in continuous X-ray spectra. Physic. Rev. **20**, 197 (1922).

53. Knipping, Paul, Zehn Jahre Röntgenspektroskopie. Naturwiss. **10**, 366 bis 369 (1922).
55. Küstner, Scharfe Spektrallinien bei kurzer Experimentierzeit der Debye-Scherrer-Methode. Physik. Z. **23**, 257—262 (1922).
56. Kulenkampff, Über das kontinuierliche Röntgenspektrum. Ann. Physik **69**, 548—596 (1922).
57. Lapp, C. J., On the Effect of Short Electromagnetic Waves on a Beam of Electrons. Physic. Rev. (2) **20**, 104—105 (1922).
58. Lilienfeld, Die Röntgenstrahlung der Kathode bei der autoelektrischen Entladung. Physik. Z. **23**, 506—511 (1922).
59. Lindh, A. E., Röntgenabsorptionsspektra och kemisk valens. Fysisk. Tidskr. **20**, 132—133 (1922).
60. Lindh, A. E., Sur le spectre d'absorption de soufre pour les rayons X. C. r. Acad. Sci. Paris **175**, 25—27 (1922).
61. Lindsay, G. A., Sur les limites d'absorption L des éléments Ba—Sb. C. r. Acad. Sci. Paris **175**, 150—151 (1922).
62. March, Die Abhängigkeit der Röntgen-Bremsstrahlung von der Emissionsrichtung. Physik. Z. **23**, 84—86 (1922).
63. Mohler and Foote, X-ray limits beyond the range of spectroscopic measurements. Physic. Rev. **20**, 82—83 (1922).
64. Mohler and Foote, Characteristic soft X-rays from arcs in gases and vapors. Sci. Pap. Bur. of Stand. **17**, 471—496 (1922).
65. Odencrantz, A., Om det kontinuerliga röntgenspektret och dess fotografiska verkningar. Fysisk Tidskr. **20**, 125—126 (1922).
66. Ratner, Polarization Phenomene in X-ray Bulbs. Philosophic. Mag. **43**, 193 bis 204 (1922).
67. Richtmyer, „J"-Radiation: A Summary. Physic. Rev. **19**, 418 (1922).
68. Rogers, J. S., High Frequency Spectra K Series of Platinum. Proc. roy. Soc. Victoria **34**, 196—206 (1922).
69. Rosseland, S., Om Intensiteten av karakteristiske Röntgenstraaler. Fysisk Tidskr. **20**, 124—125 (1922).
70. Seemann, H., Ein Präzisions-Röntgenspektrograph. Z. techn. Physik **3**, 57 bis 59 — Elektrotechn. Z. **43**, 220 (1922).
71. Shearer, G., The Emission of Electrons by X-rays. Philosophic. Mag. **44**, 793—808 (1922).
72. Siegbahn, Erhöhung der Meßgenauigkeit innerhalb der Röntgenspektren. I. Z. Physik **9**, 68—80 (1922).
73. Siegbahn, M., u. V. Dolejšek, Erhöhung der Meßgenauigkeit innerhalb der Röntgenspektren. II. Z. Physik **10**, 159—168 (1922).
74. Statz, W., Eine experimentelle Bestimmung des wahren Absorptionskoeffizienten von harten Röntgenstrahlen. Z. Physik **11**, 304—325 (1922).
75. Staunig, Erfahrungen über die Verwendbarkeit des Röntgenspektrometers von March, Staunig und Fritz. Münch. med. Wschr. **69**, 933—934 (1922).
76. Stintzing, H., Hochvakuumspektrograph für das Gebiet der ultravioletten und Röntgenstrahlen. Physik. Z. **23**, 467—472 (1922).
77. Stuhlman, O., The Extension of the X-ray into the Ultra-violet Spectrum. Science (N. Y.) **56**, 344 (1922).
78. Taylor, E. G., Absorption Coefficients for Homogeneous X-rays. Physic. Rev. **20**, 709—714 (1922).
79. Wagner, E., u. H. Kulenkampff, Die Intensität der Reflexion von Röntgenstrahlen verschiedener Wellenlänge an Kalkspat und Steinsalz. Ann. Physik (4) **68**, 369—413 (1922).

80. WENTZEL, GREGOR, Bericht über neuere Ergebnisse der Röntgenspektroskopie. Naturwiss. **10**, 369—381 (1922).
81. WENTZEL, Röntgenspektren und chemische Valenz. Naturwiss. **10**, 464—468 (1922).
82. WHIDDINGTON, X-ray electrons. Philosophic. Mag. **43**, 1116—1126 (1922).
83. WINGÅRDH, Untersuchungen über die Absorption der Röntgenstrahlen. I. Z. Physik **8**, 363—376 (1922).
84. DE WISNIEWSKI, Essai de théorie de l'influence du champ magnétique sur l'émission des rayons X. Arch. sc. phys. et mat. **4**, 120—128 (1922).

1923.

1. AUGER, P., et A. DAUVILLIER, Sur l'existence de nouvelles lignes, dont un doublet de Sommerfeld, exclues par le principe de selection, dans la série L des éléments lourds. C. r. Acad. Sci. Paris **176**, 1297 (1923).
2. BARKLA, C. G., and RHODA SALE, Notes on X-ray Scattering and on J-radiations. Philosophic. Mag. **45**, 737 (1923).
3. BECKER, J. A., Magnetic β-ray Analysis of Soft X-rays. Physic. Rev. **22**, 524 (1923).
4. BOTHE, W., Über eine neue Sekundärstrahlung der Röntgenstrahlen. Z. Physik **16**, 319 (1923).
5. BOTHE, W., Über eine neue Sekundärstrahlung der Röntgenstrahlen. Z. Physik **20**, 237 (1923).
6. BRENTANO, J., A New Method of Crystal Powder Analysis by X-rays. Nature (Lond.) **112**, 652 (1923).
7. DE BROGLIE, M., et J. CABRERA, Etude des rayons X au moyen de leur effet photoélectrique. J. Physique et Radium **6**, 224 (1923).
8. DE BROGLIE, M., et E. FRIEDEL, La diffraction des rayons X par les corps smectiques. C. r. Acad. Sci. Paris **176**, 738 (1923).
9. CABRERA, J., Über die Grenzen der Absorption der K-Serie bei einigen Elementen. An. soc. española Fis. Quim. **21**, 245 (1923).
10. CABRERA, J., On the absorption limits of the K series for certain elements. C. r. Acad. Sci. Paris **176**, 740 (1923).
11. CERMAK, P., Die Röntgenstrahlen. J. A. Barth 1923.
12. CLARK, G. L., and W. DUANE, The Abnormal Reflexion of X-rays by Crystals. Science (N. Y.) **58**, 400 (1923).
13. CLARK, G. L., and W. DUANE, A New Method of Crystal Analysis and the Reflexion of Characteristic X-rays. J. Opt. Soc. Amer. **7**, 455 (1923).
14. CLARK, G. L., and W. DUANE, On the Abnormal Reflexion of X-rays by Crystals. Proc. nat. Acad. Sci. U. S. A. **9**, 131 (1923).
15. CLARK, G. L., and W. DUANE, The Reflexion by a Crystal of X-rays characteristic of Chemical Elements in it. Proc. nat. Acad. Sci. U. S. A. **9**, 126 (1923).
16. COMPTON, A. H., A Quantum Theory of the Scattering of X-rays by Light Elements. Physic. Rev. **21**, 207 (1923).
17. COMPTON, ARTHUR H., A Quantum Theory of the Scattering of X-Rays by Light Elements. Physic. Rev. (2) **21**, 483 (1923).
18. COMPTON, A. H., Wave-length Measurements of Scattered X-rays. Physic. Rev. **21**, 715 (1923).
19. COMPTON, A. H., Absorption Measurements of the Change of Wave-length accompanying the Scattering of X-rays. Philosophic. Mag. **46**, 897 (1923).
20. COMPTON, A. H., The Spectrum of Scattered X-rays. Physic. Rev. **22**, 409 (1923).
21. CORK, J. M., Characteristic L-absorption of X-rays for Elements of Atomic Numbers 62 to 77. Physic. Rev. (2) **21**, 326 (1923).

22. COSTER, NISHINA u. WERNER, Röntgenspektroskopie. Über die Absorptionsspektren in der L-Serie der Elemente La (57) bis Hf (72). Z. Physik **18**, 207 (1923).
23. COSTER, D., Qualitative und quantitative chemische Analyse mittels Röntgenstrahlen. Z. Elektrochem. **29**, 344 (1923).
24a. COSTER, D., and G. v. HEVESY, On the New Element Hafnium. Nature (Lond.) **111**, 79, 182, 252, 462 (1923).
24b. COSTER, D., On the X-ray Spectra of Hafnium and Thulium. Philosophic. Mag. **46**, 956 (1923).
25a. DAUVILLIER, A., Recherches spectrographiques de haute fréquence dans le groupe des terres rares. C. r. Acad. Sci. Paris **176**, 1381 (1923).
25b. DAUVILLIER, A., Une vérification expérimentale de la théorie des spectres de rayons Röntgen due à une ionisation atomique multiple. C. r. Acad. Sci. Paris **177**, 167 (1923).
26. DAVIS and TERRILL, A Determination of the Coefficient of Reflexion of X-rays for Calcite and Rock-salt. Philosophic. Mag. **45**, 463 (1923).
27. DEBYE, P., Zerstreuung von Röntgenstrahlen und Quantentheorie. Physik. Z. **24**, 161 (1923).
28. DUANE, W., and G. L. CLARK, On the Abnormal Reflexion of X-rays by Crystals. Physic. Rev. **21**, 379 (1923).
29. FOWLER, A., The Series Spectrum of Trebly-Ionised Silicon (Si IV). Proc. roy. Soc. Lond. (A) **103**, 413 (1923).
30. GLOCKER, R., Die Verwendung der Röntgenstrahlen zur qualitativen chemischen Analyse. Fortschr. Röntgenstr. **31**, 90 (1923).
31. GOTTHARDT, P. P., u. A. WERTHEIMER, Über Wellenlängenmessungen an Therapieröntgenröhren. Münch. med. Wschr. **70**, 459 (1923).
32. GREEN, J. B., Note on Relativistic Röntgen α-doublets and the Screening constant; a correction. Physic. Rev. **22**, 546 (1923).
33. GREEN, J. B., Note on Relativistic Röntgen L-doublets and the „Screening Constant". Physic. Rev. **21**, 397 (1923).
34. GÜNTHER, P., u. I. STRANSKI, Ein Röntgenspektrograph für chemisch-analytische Zwecke. Z. physik. Chem. **106**, 433 (1923).
35. HARTREE, D. R., On Atomic Structure and the Reflexion of X-Rays by Crystals. Philosophic. Mag. (6) **46**, 1091 (1923).
36. HENNINGS, A. E., The Appearance of „Ghosts" in the White Spectrum reflected from Calcite. Physic. Rev. **22**, 524 (1923).
37. HJALMAR, E., Röntgenspektroskopische Messungen. Beitrag zur Kenntnis der Röntgenspektren. Z. Physik **15**, 65 (1923) — Dissert. Lund.
38. HOLTSMARK, J., Über die charakteristische Röntgenstrahlung der ersten Elemente. Physik. Z. **24**, 225 (1923).
39. HOLWECK, F., Propriétés optiques des rayons X de grande longueur d'onde. C. r. Acad. Sci. Paris **176**, 570 (1923).
40a. HOLWECK, F., Propriétés optiques des rayons X mous. — Diffraction: Reflexion. J. Physique et Radium **4**, 211 (1923).
40b. HORTON, F., U. ANDREWES and A. C. DAVIES, The Excitation of Characteristic X-rays from Certain Metals. Philosophic. Mag. (6) **46**, 721 (1923).
41. JAUNCEY, G. E. M., and H. L. MAY, The Scattering of X-rays from Crystal at Small Angles. Physic. Rev. **21**, 206 (1923).
42. KAROLUS, A., Untersuchung über das kontinuierliche Röntgenspektrum bei verschiedenen Entladungsfrequenzen. Ann. Physik (4) **72**, 595 (1923).
43. KETTMAN, G., Über die Intensität von Röntgenspektrallinien bei höheren Spannungen. Z. Physik **18**, 359 (1923).
44. KIRKPATRICK, P., Continuous Spectral Energy Distribution within the X-ray Tube. Physic. Rev. **22**, 37 (1923).

45. KIRKPATRICK, P., An Experimental Check of the Optical Theory of X-ray Reflexion. Physic. Rev. **22**, 414 (1923).
46. KIRKPATRICK, P., Polarisation of X-rays as a Function of Wave-length. Physic. Rev. **22**, 226 (1923).
47. KOSSEL, W., Über die Ergiebigkeit der Röntgenfluorescenz und die Frage des Intensitätsvergleichs und Röntgenstrahlen verschiedener Wellenlängen. Z. Physik **19**, 333 (1923).
48. KRAMERS, H. A., On the theory of X-ray Absorption and the Continuous X-ray Spectrum. Philosophic. Mag. **46**, 836 (1923).
49. LANDÉ, A., Zur Theorie der Röntgenspektren. Z. Physik **16**, 391 (1923).
50. LEDRUS, R., Sur l'augmentation de la dispersion dans les spectres photoélectriques des rayons X. C. r. Acad. Sci. Paris **176**, 383 (1923).
51. LEPAPE, A., et A. DAUVILLIER, Sur la structure fine des limites d'absorption de haute fréquence; Limites L du Xénon. C. r. Acad. Sci. Paris **177**, 34 (1923).
52. LINDH, A. E., Experimentelle Untersuchungen über die K-Röntgenabsorptionsspektra der Elemente Chlor, Schwefel und Phosphor. Dissert. Lund 1923.
53. MARCH, A., Zur Arbeit H. Kulenkampffs. — Über das kontinuierliche Röntgenspektrum. Ann. Physik **71**, 603 (1923).
54. MAUGUIN, CH., Réflection des rayons de Röntgen sur certains plans réticulaires remarquables de la calcite. C. r. Acad. Sci. Paris **176**, 1331 (1923).
55. MCLENNAN, J. C., and M. L. CLARK, On the Excitation of Characteristic X-rays from light elements. Proc. roy. Soc. Lond. (A) **102**, 389 (1923).
56. MIE, G., Echte optische Resonanz bei Röntgenstrahlen. Z. Physik **18**, 105 (1923).
57. MILLIKAN, R. A., and I. S. BOWEN, Extreme Ultra-violet Spectra. Physic. Rev. **22**, 523 (1923).
58. MILLIKAN, R. A., and I. S. BOWEN, Extreme Ultra-violet Spectra. Physic. Rev. **23**, 1 (1923).
59. MÜLLER, ALEX, The X-ray Investigation of Fatty Acids. J. chem. Soc. Lond. **123**, 2043 (1923).
60. MÜLLER, A., and G. SHEARER, Further X-ray Measurements of Long-chain Compounds and a Note on their Interpretation. J. chem. Soc. Lond. **123**, 3156 (1923).
61. NAGAOKA, H., and Y. SUGIURA, Vacuum Arc for obtaining Spectra extending from Visible Light to Soft X-rays. Astrophys. J. **57**, 86 (1923).
62. OLSON, DERSHEM and STORCH, X-ray Absorption Coefficients of Carbon Hydrogen and Oxygen. Physic. Rev. **21**, 30 (1923).
63. PASCHEN, F., Die Funkenspektren des Aluminium. I. Ann. Physik **71**, 142 (1923).
64. RAMAN, C. V., The Scattering of X-rays in Liquids. Nature (Lond.) **111**, 185 (1923).
65. RICHTMYER, F. K., and F. W. WARBURTON, The Absorption of X-rays by Iron, Cobald, Nickel and Copper. Physic. Rev. **22**, 539 (1923).
66. RICHTMYER, F. K., Absorption of Short X-rays by Water and Carbon. Physic. Rev. **21**, 478 (1923).
67a. RICHTMYER, F. K., and F. W. WARBURTON, X-ray Absorption Coefficients of Cobalt and Nickel. Physic. Rev. **21**, 721 (1923).
67b. ROBINSON, H., The Secondary Corpuscular Rays produced by Homogeneous X-rays. Proc. roy. Soc. Lond. (A) **104**, 455 (1923).
68. ROGERS, J. S., L Series of Tungsten and Platinum. Proc. Cambridge philos. Soc. **21**, 430 (1923).
69. ROLLEFSON, G. H., Very Soft X-rays — the M Series for Iron. Science (N. S.) **57**, 562 (1923).

70. Ross, P. A., The Wave-length and Intensity of Scattered X-rays. Physic. Rev. **22**, 524 (1923).
71. Ross, P. A., Change in Wave-length by Scattering. Proc. nat. Acad. Sci. U. S. A. **9**, 246 (1923).
72. Ross, P. A., Critical Potentials of the Thorium M Series Lines. Physic. Rev. **22**, 221 (1923).
73. Ross, P. A., Crystal Reflexion and Change of Wave-length. Physic. Rev. **23**, 290 (1923).
74. Rosseland, S., On the Theory of Ionization by Swiftly-moving Electrified Particles and the Production of Characteristic X-rays. Philosophic. Mag. **45**, 65 (1923).
75. Schlechter, E., Einfluß der Entwicklungsweise und Wirkung des Verstärkungsschirmes auf die photographische Platte bei Röntgenstrahlen. Physik. Z. **24**, 29 (1923).
76. Schott, G. A., On the Scattering of X and γ Rays by Rings of Electrons. The Effect of Damping of the Incident Radiation. Proc. roy. Soc. Lond. (A) **104**, 153 (1923).
77. Shearer, G., An X-ray Investigation of Certain Organic Esters and Other Longchain Compounds. J. chem. Soc. Lond. **123**, 3152 (1923).
78. Siegbahn, M., Röntgenstralarnas totalreflexion. Fysisk Tidskr. **21**, 170 (1923).
79a. Siegbahn, M., u. A. Žáček, Über die relative Intensität der K-Linien in Röntgenspektren. Ann. Physik **71**, 187 (1923).
79b. Tanaka and Tsutsumi, Mem. Coll. Sci. Kyoto Univ. **7**, 5 (1923).
80. Unnewehr, E. C., An Experimental Investigation of the Energy of the Characteristic K-radiation from Certain Metals. Physic. Rev. **22**, 529 (1923).
81. Walter, B., Über die Reflexion der charakteristischen Röntgenstrahlen der chemischen Elemente eines Kristalles durch diesen. Z. Physik **20**, 257 (1923).
82. Webster, D. L., and A. E. Hennings, X-ray Isocromats of Molybdenum. Physic. Rev. **21**, 312 (1923).
83. Wentzel, G., Neue numerische Untersuchung der Röntgenspektralterme. Z. Physik **16**, 46 (1923).
84. Wilson, C. T. R., Investigations on X-rays and β-rays by the Cloud Method. Part I. X-rays. Proc. roy. Soc. Lond. (A) **104**, 1 (1923).
85. Wingårdh, K. A., Experimentelle Untersuchungen über die Schwächung der Röntgenstrahlen. Dissert. Lund 1923.
86. Wolfers, F., La déviation des rayons X à la surface des corps et les effets produits par une fente. C. r. Acad. Sci. Paris **177**, 32 (1923).
87. Wyckoff, R. W. G., On the Existence of an Anomalous Reflexion of X-rays in Laue Photograms of Crystals. Sill. J. **6**, 277 (1923).
88. Žáček, A., L-Serie des Hafniums. Z. Physik **15**, 31 (1923).

1924.

1. Ahmad, N., Absorption of Hard γ-Rays by Elements. Proc. roy. Soc. Lond. (A) **105**, 507 (1924).
2. Allen, S. J. M., The Absorption Coefficients of Homogeneous X-Rays between Wave-Lengths 0,1 Å and 0,71 Å. Physic. Rev. **2**, 24, 1 (1924).
3. Allison, Samuel K., and George L. Clark, An Improved Apparatus for Procision Researches with X-Rays. J. Opt. Soc. **8**, 681 (1924).
4. Allison, Samuel K., George L. Clark and William Duane, The Influence on secondary X-Ray Spectra of Placing the Tube and Radiator in a Box. Proc. nat. Acad. Sci. U. S. A. **10**, 379 (1924).

5. ALLISON, SAMUEL K., and WILLIAM DUANE, The Reflection of Characteristic Bromine X-Radiation by a Crystal of Potassium Bromide. Proc. nat. Acad. Sci. U. S. A. **10**, 298 (1924).
6. ALLISON, SAMUEL K., and WILLIAM DUANE, Reflection of Bromine X-Radiation by a Crystal of Potassium Bromide. Physic. Rev. **23**, 761 (A) (1924).
7. ALLISON, SAMUEL K., and WILLIAM DUANE, Absorption Measurements of certain Changes in the Average Wave-Length of Tertiary X-Rays. Proc. nat. Acad. Sci. U. S. A. **10**, 196 (1924).
8. ARMSTRONG, ALICE H., WILLIAM DUANE and W. W. STIFLER, The Influence on Secondary X-Ray Spectra of placing the Tube and Radiator in a Box. Proc. nat. Acad. Sci. U. S. A. **10**, 379 (1924).
9. ASAHARA, GENSHICHI, Application of X-Ray Diffraction to the Determination of the Transformation Temperature of Thallium. Scient. Pap. Inst. Phys. and Chem. Res. Tokyo **2**, 125 (1924).
10. AUGER, PIERRE, Sur les rayons bêta secondaires produits dans un gaz par des rayons X. C. r. Acad. Sci. Paris **178**, 929 (1924).
11. McBAIN, J. W., Liquid Crystals Soap Solutions and X-Rays. Nature (Lond.) **114**, 49 (1924).
12. McBAIN, J. W., Liquid Crystals-Soap Solutions and X-Rays. Nature (Lond.) **113**, 534 (1924).
13. BARKLA, C. G., and A. E. DALLAS, Some Recent Researches on X-Rays: the J-Phenomenon. Nature (Lond.) **114**, 753 (1924).
14. BARKLA, C. G., and A. E. DALLAS, Notes on Corpuscular Radiation Excited by X-Rays. Philosophic. Mag. **47**, 1 (1924).
15. BAZZONI, C. B., and C. T. CHU, Soft X-Rays from Tungsten. J. Frankl. Inst. **197**, 183 (1924).
16. BECKER, J. A., The Compton and the Duane Effects. Proc. nat. Acad. Sci. U. S. A. **10**, 324 (1924).
17. BECKER, J. A., Soft X-Rays and Secondary Electrons. Physic. Rev. **24**, 478 (1924).
18. BECKER, J. A., E. C. WATSON, R. W. SMYTHE, R. B. BRODE, L. M. MOTT-SMITH, Reality of the Compton Effect. Physic. Rev. **23**, 763 (A) (1924).
19. BLAU, M., u. K. ALTENBURGER, Über eine Methode zur Bestimmung des Streukoeffizienten und des reinen Absorptionskoeffizienten von Röntgenstrahlen. Z. Physik **25**, 200 (1924).
20. BRAGG, W. H., X-Ray Examination of Metal-Films. Nature (Lond.) **113**, 639 (1924).
21. BROGLIE, M. DE, Sur le changement de longueur d'onde par diffusion dans le cas de rayons K du tungstène. C. r. Acad. Sci. Paris **178**, 908 (1924).
22. BOSANQUET, C. H., and T. C. KEELEY, Note on a Search for the Missing Element No. 43. Philosophic. Mag. (6) **48**, 145 (1924).
23. BOTHE, W., Die Emissionsrichtung durch Röntgenstrahlen ausgelöster Photoelektronen. Z. Physik **26**, 74 (1924).
24. BOZORT, R. M., An Explanation of Peculiar Reflections Observed on X-Ray Powder Photographs. J. Opt. Soc. **9**, 123 (1924).
25. BOWEN, I. S., and R. A. MILLIKAN, The Universal Applicability of X-Ray Doublet Laws in the Field of Optics. Physic. Rev. (2) **23**, 764 (1924).
26. BOWEN, I. S., and R. A. MILLIKAN, The Extension of the X-Ray-Doublet Laws into the Field of Optics. Physic. Rev. (2) **24**, 209 (1924).
27. BOYCE, JOSEPH C., Soft X-Rays from Heavy Elements, Tantalum to Gold. Physic. Rev. (2) **23**, 575 (1924).
28. BUBB, F. W., Direction of Ejection of Photo-Electrons by Polarized X-Rays. Physic. Rev. **23**, 137, 289 (1924).

29. Bäcklin, Erik, Notiz über die Erregung der sogenannten Funkenlinien in der K-Reihe der Röntgenspektren und die Theorie von Wentzel. Z. Physik **27**, 30 (1924).
30. Carrara, N., Sulla riflessione ottale dei raggi X. Il Nuovo Cimento **107** (1924).
31. Chamberlain, Katherine, Fine structure of X-Ray Absorption Edges. Nature (Lond.) **114**, 500 (1924).
32. Chu, C. T., N and O X-Rays from Tungsten. Physic. Rev. **23**, 551 (A) (1924).
33. Clark, G. L., and W. Duane, On the Theory of the Tertiary Radiation Produced by Impacts of Photoelectrons. Proc. nat. Acad. Sci. U. S. A. **10**, 191 (1924).
34. Clark, G. L., and William Duane, On Secondary and Tertiary X-Rays from Germanium etc. Proc. nat. Acad. Sci. U. S. A. **10**, 92 (1924).
35. Clark, G. L., and William Duane, The Secondary and Tertiary Rays from Chemical Elements of Small Atomic Number Due to Primary X-Rays from a Molybdenum Target. Proc. nat. Acad. Sci. U. S. A. **10**, 148 (1924).
36. Clark, G. L., W. W. Stifler and William Duane, Scattering Experiments with Mo Primary X-Rays and Secondary Radiators of Elements with Number 6 to 17. Physic. Rev. **23**, 551 (A) (1924).
37. Clark, G. L., and William Duane, Further Experiments upon the Reflection by a Crystal of its Characteristic X-Radiation. Proc. nat. Acad. Sci. U. S. A. **10**, 47 (1924).
38. Compton, A. H., A Quantum-Theory of Uniform Rectliniar Motion. Physic. Rev. **23**, 118 (A) (1924).
39. Compton, A. H., Scattering of X-Ray-Quanta and the J-Phenomena. Nature (Lond.) **113**, 160 (1924).
40. Compton, A. H., A General Quantum Theory of the Wave-Length of Scattered X-Rays. Physic. Rev. (2) **23**, 763 (1924).
41. Compton, A. H., and J. C. Hubbard, Recoil of electrons from scattered X-Rays. Physic. Rev. **23**, 439 (1924).
42. Compton, A. H., and Y. H. Woo, The Wave-Length of Molybdenum Kα-Rays when Scattered by Light Elements. Proc. nat. Acad. Sci. U. S. A. **10**, 271 (1924) — Physic. Rev. **23**, 763 (A) (1924).
43. Crofutt, C. B., The K and L Absorption and Emission Spectra of Tungsten. Physic. Rev. (2) **24**, 9 (1924).
44. Coster, D., Optische Dubletts und Röntgendubletts. Naturwiss. **36**, 724 (1924).
45. Coster, D., Optische Doubletten en Röntgen-Doubletten. Physica **4**, 257 (1924).
46. Coster, D., Om Opdagelsen af Grundstoffet Hafnium. Fysisk Tidskr. **22**, 11 (1924).
47. Coster, D., Über die Absorptionsspektren im Röntgengebiet. Z. Physik **25**, 83 (1924).
48. Coster, D., Intensiteitsregels bij de Röntgenspectra. Physica **4**, 337 (1924).
49. Davis, B., and R. v. Nardroff, Refraction of X-Rays in Pyrites. Physic. Rev. **23**, 291 (A) (1924).
50. Davis, B., and R. v. Nardroff, Further Experiments on the Reflection of X-Rays in Pyrites. Proc. nat. Acad. Sci. U. S. A. **10**, 384 (1924).
51. Davis, B., and R. v. Nardroff, Refraction of X-Rays in Pyrites. Proc. nat. Acad. Sci. U. S. A. **10**, 60 (1924).
52. Dauvillier, A., Sur la distribution des electrons entre les niveaux L des éléments. C. r. Acad. Sci. Paris **178**, 476 (1924).
53. Dauvillier, A., Recherches spectrographiques sur l'effet A. H. Compton. C. r. Acad. Sci. Paris **178**, 2076 (1924).
54. Dauvillier, A., Mésures préliminaires d'intensité dans les spectres de haute fréquence des éléments. C. r. Acad. Sci. Paris **178**, 1522 (1924).

55. Dessauer, F., u. R. Herz, Zur Härteverteilung der gestreuten Röntgenstrahlen. Vorläufige Mitteilung. Z. Physik **27**, 56 (1924).
56. Dolejšek, V., Sur l'indentification des lignes de la série N. C. r. Acad. Sci. Paris **178**, 384 (1924).
57. Duane, W., and G. L. Clark, Evidence as to the Mechanism of Characteristic X-Radiation. Physic. Rev. **23**, 761 (A) (1924).
58. Duane, W., and G. L. Clark, Character of Tertiary Rays at Different Angles from the Primary Rays. Physic. Rev. **23**, 551 (A) (1924).
59. Ehrenfest, P., Optische Doubletten en Röntgen-Doubletten. Aanteekening bij bovenstaande opmerkingen. Physica **4**, 259 (1924).
60. Ehrenfest, P., and P. S. Epstein, Duane-Compton Quantum Theory of Diffraction. Physic. Rev. **23**, 663 (A) (1924).
61. Ewald, P. P., Über den Berechnungsindex für Röntgenstrahlen und die Abweichungen vom Braggschen Reflexionsgesetz. Z. Physik **30**, 1 (1924).
62. Fokker, A. D., Nog eene aanteekening. Optische Doubletten en Röntgen-Doubletten. Physica **4**, 260 (1924).
63. Fricke, H., u. O. Glaser, The Secondary Electrons Produced by Hard X-Rays in Light Elements. Proc. nat. Acad. Sci. U. S. A. **10**, 441 (1924).
64. Fricke, H., u. O. Glaser, Über die durch Röntgenstrahlen in Elementen niederen Atomgewichts ausgelösten sekundären Elektronen. Z. Physik **29**, 374 (1924).
65. Friedel, E., et F. Wolfers, Les variations de longueur d'onde des rayons X par diffusion et la loi de Bragg. C. r. Acad. Sci. Paris **178**, 199 (1924).
66. Friedrich, W., u. M. Bender, Über gestreute Röntgenstrahlung. I. Teil: Die azimutale Verteilung der Röntgenstrahlen. Ann. Physik **73**, 505 (1924).
67. Halpen, O., Zur Theorie der Röntgenstrahlstreuung. Z. Physik **30**, 153 (1924).
68. Hatley, C. C., Index of Refraction of Calcite for X-Rays. Physic. Rev. **24**, 486 (1924).
69. Hatley, C. C., and B. Davis, Refraction of X-Rays in Calcite. Physic. Rev. **23**, 290 (A) (1924).
70. Hirata, H., Constitution of the X-Ray Spectra belonging to the L Series of the Elements. Proc. roy. Soc. Lond. (A) **105**, 40 (1924).
71. Hudson, J. C., Precision X-Ray Spectrometers. J. Opt. Soc. Amer. **9**, 259 (1924).
72. Hulbert, E. O., Theory of the Refraction of X-Rays. Physic. Rev. **23**, 106 (A) (1924).
73. Jauncey, G. E. M., Photoelectrons and a Courpuscular Theory of the Scattering of X-Rays. Nature (Lond.) **113**, 196 (1924).
74. Jauncey, G. E. M., Angular Distribution of Recoil Electrons produced by Polarized X-Rays. Physic. Rev. **23**, 289 (A), 580 (1924).
75. Jauncey, G. E. M., Corpuscular Quantum Theory of the Scattering of Polarized X-Rays. Physic. Rev. **23**, 106 (A), 313 (1924).
76. Jauncey, G. E. M., On the Chance of an Electron being Ejected Photoelectrically from an Atom by X-Rays. Philosophic. Mag. **48**, 81 (1924).
77. Jauncey, G. E. M., and H. L. May, The Intensity of X-Rays Scattered from Rocksalt. Physic. Rev. **23**, 128, 290 (A) (1924).
78. Jauncey, G. E. M., and H. E. Stauss, The Scattering of Polarized X-Rays by Paraffin. Physic. Rev. (2) **23**, 762 (1924).
79. Jauncey, G. E. M., and H. E. Stauss, The Scattering of X-Rays and Braggs Law. Proc. nat. Acad. Sci. U. S. A. **10**, 57 (1924).
80. Jauncey, G. E. M., and H. E. Stauss, The Polarizing Angle for X-Rays Scattered by Paraffin. Proc. nat. Acad. Sci. U. S. A. **10**, 405 (1924).

81. JÖNSSON, E., Zur Kenntnis des photographischen Schwärzungsgesetzes der Röntgenstrahlen. Ark. Mat., Astr. o. Fysik **18**, Nr 14 (1924).
82. KEESOM, W. H., and J. DE SMEDT, Diffraction des rayons X par des liquides. J. Physique et Radium (6) **5**, 126 (1924).
83. KOSSEL, W., Valenzkräfte und Röntgenspektren. Zwei Aufsätze über das Elektronengebäude des Atoms. 2. Aufl. Mit 12 Abbildungen. IV u. 89 S. Berlin: Julius Springer 1924.
84. KOSSEL, W., Bemerkung zur scheinbaren selektiven Reflexion von Röntgenstrahlen an Kristallen. Z. Physik **23**, 278 (1924).
85. KUNZ, J., Photo-electric effect of X-Rays. Physic. Rev. **23**, 106 (A) (1924).
86. LANDÉ, A., Das Wesen der relativistischen Röntgendubletts. Z. Physik **24**, 88 (1924) — Naturwiss. **17**, 332 (1924).
87. LANG, KARL, Messung von Röntgennormalen. Ann. Physik (4) **75**, 489 (1924).
88. LARSSON, A., M. SIEGBAHN u. I. WALLER, Der experimentelle Nachweis der Brechung von Röntgenstrahlen. Naturwiss. 12, 1212 (1924).
89. LEVI, M., Über die charakteristischen Röntgenstrahlen der leichten Elemente. Proc. trans. roy. Soc. Canada (3) **18, III**, 159 (1924).
90. LINDH, AXEL E., Über die K-Röntgenabsorptionsspektra der Elemente Kalium und Calcium. Ark. Mat., Astr. o. Fys. **18**, 14 (1924).
91. LINDH, AXEL E., u. OSWALD LUNDQUIST, Über die Struktur der $K\beta_1$-Linie der Elemente Schwefel und Phosphor. Ark. Mat., Astr. o. Fys. **18**, 34, 6 (1924).
92. LINDH, AXEL E., u. OSWALD LUNDQUIST, Untersuchungen über die $K\beta_1$-Linie des Chlors. Ark. Mat., Astr. o. Fys. **18**, 35 (1924).
93. LINDH, AXEL E., u. OSWALD LUNDQUIST, Die Struktur der $K\beta_1$-Linie des Schwefels. Ark. Mat., Astr. o. Fys. **18**, 14, 3 (1924).
94. LORENZ, E., u. B. RAJEWSKY, Über einige Wirkungen von Strahlen. V. Die Bedeutung des Comptoneffektes für die Wirkung von Röntgenstrahlen. Z. Physik **27**, 32 (1924).
95. LUKIRSKY, P., On soft X-Rays from carbon. Philosophic. Mag. **47**, 466 (1924).
96. LUKIRSKY, P., Über weiche Röntgenstrahlen. Z. Physik **22**, 351 (1924).
97. MACINNES, D. A., and T. SHEDLOVSKY, Intensities of Reflection of the Characteristic Rays of Palladiu mfrom Fluorite. Physic. Rev. **23**, 290 (A) (1924).
98. MAIZLISH, I., The Scattering of X-Rays. Physic. Rev. (2) **23**, 762 (1924) — J. Frankl. Inst. **197**, 667 (1924).
99. MARCH, A., Kontinuierliches Röntgenspektrum und Plancksches Strahlungsgesetz. Ann. Physik **75**, 711 (1924).
100. MEITNER, L., Über eine notwendige Folgerung aus dem Comptoneffekt und ihre Bestätigung. Z. Physik **22**, 334 (1924).
101. MOHLER, F. L., Soft X-Ray Levels and the Bohr Scheme of Atomic Structure. Physic. Rev. **23**, 765 (A) (1924).
102. NARDROFF, R. v., The Refraction of X-Rays in Ironpyrits. Physic. Rev. **24**, 143 (1924).
103. RAY, B. B., On the Irregularity of the $L\alpha$-Doublet in the X-Ray Spectra. Philosophic. Mag. **48**, 707 (1924).
104. REBOUL, G., et BODIN, Sur une nouveau mode de production des radiations comprises entre l'ultraviolet et les rayons X. C. r. Acad. Sci. Paris **179**, 37 (1924).
105. RICHTMYER, F. K., The Relative Number of K and L Electrons Expelled by X-Rays. Physic. Rev. **23**, 292 (1924).
106. RICHTMYER, F. K., and R. C. SPENCER, The Width of the K-Absorption Discontinuity in Silver. Physic. Rev. **23**, 760 (1924).
107. RICHTMYER, F. K., and R. C. SPENCER, The Structure of the $K\alpha$-Lines of Molybdenum. Physic. Rev. (2) **23**, 550 (1924).

108. RICHTMYER, F. K., and F. W. WARBURTON, X-Ray Absorption Coefficients in the Neighbourhood of K-Limits. Physic. Rev. **23**, 291 (A) (1924).
109. ROLLEFSEN, K. G., Spectral Series in the Soft X-Ray Region. Physic. Rev. **23**, 35 (1924).
110. ROSS, P. A., An X-Ray Spectrograph for Scattered Radiation. Physic. Rev. **23**, 662 (1924).
111. ROSS, P. A., Scattered X-Rays. Proc. nat. Acad. Sci. U. S. A. **10**, 304 (1924).
112. SCHIEBOLD, E., Über graphische Auswertung von Röntgenphotogrammen. Z. Physik **28**, 355 (1924).
113. SCHOTT, G. A., On the Scattering of X-Rays by Hydrogen. Physic. Rev. **23**, 119 (1924).
114. SEITZ, W., Über die Asymmetrie der Elektronenemission an sehr dünnen Metallschichten unter der Einwirkung von Röntgenstrahlen. Ann. Physik **73**, 182 (1924).
115. SELJAKOW, N., Einfache Methode zur Bestimmung der Wellenlänge von Röntgenstrahlen in Kristallen. J. Russ. Phys. **56**, 69 (1924).
116. SIEGBAHN, MANNE, u. AXEL LARSSON, Das Röntgenspektrum des mehrfach ionisierten Molybdäns. Ark. Mat., Astr. o. Fys. **18**, 18, 5 (1924).
117. SIEGBAHN, MANNE, u. B. B. RAY, 1. On the Irregularity of the $K\alpha$-doublets in the elements of lower atomic number. 2. The spark lines of copper. Ark. Mat., Astr. o. Fys. **18**, 19 (1924).
118. SIEGBAHN, MANNE, u. ROBERT THORAEUS, Eine Erweiterung des röntgenspektroskopischen Gebietes. Ark. Mat., Astr. o. Fys. **18**, 24, 6 (1924).
119a. SOLLER, WALTER, A New Precision X-Ray Spectrometer. Physic. Rev. **24**, 158 (1924).
119b. SPONSLER, O. L., X-Ray Reflection from very thin Crystals. Physic. Rev. **23**, 662 (1924).
120. STAUSS, H. E., Specular Reflection of X-Rays. Nature (Lond.) **114**, 88 (1924).
121. TANDBERG, J. G., Über das L-Röntgenabsorptionsspektrum des Jods. Ark. Mat., Astr. o. Fys. **18**, 14 (1924).
122. TERRILL, H. M., A quick Reading X-Ray Spectrometer. J. Opt. Soc. **9**, 189 (1924).
123. THIBAUD, JEAN, Les rayons γ de très grand quantum et l'origine photoélectrique de spectre β naturel du radium. C. r. Acad. Sci. Paris **179**, 165 (1924).
124. THIBAUD, JEAN, Sur les rayons γ, de très haute fréquence, émis par le radium. C. r. Acad. Sci. Paris **178**, 1706 (1924).
125. THORAEUS, ROBERT, Die M-Reihe vom Wolfram. Z. Physik **26**, 396 (1924).
126. TURNER, LOUIS A., The Relative Sizes of the Kernels of ten Electrons Na, Mg, Al and Si Derived from the Homologous Spectra, and their Relation to the L X-Ray Levels of the Light Atoms. Astrophys. J. **60**, 81 (1924).
127. WALTER, B., Beugungserscheinungen an Spaltaufnahmen mit Röntgenstrahlen. Verh. dtsch. phys. Ges. **5**, 10 (1924).
128. WALTER, B., Beugungsfransen an Spaltaufnahmen mit Röntgenstrahlen. Ann. Physik **74**, 661 (1924); **75**, 189 (1924).
129. WALTER, B., Über die Niveauwerte der Röntgenspektren der chemischen Elemente. Z. Physik **30**, 357 (1924).
130. WALTER, B., Ein neues Verfahren zur Bestimmung der Wellenlänge einer Absorptionsgrenze sowie über die K-Absorptionsgrenzen des Nickels und des Zinks. Z. Physik **30**, 350 (1924).
131. WEBSTER, DAVID L., A possible Explanation of Tertiary Line Spectra in X-Rays. Physic. Rev. (2) **23**, 663 (1924) — Proc. nat. Acad. Sci. U. S. A. **10**, 186 (1924).

132. Wentzel, G., Zur Quantentheorie des Röntgenbremsspektrums. Z. Physik **27**, 257 (1924).
133. Wentzel, G., Funkenlinien im Röntgenspektrum. Ann. Physik (4) **73**, 647 (1924).
134. Wills, A. P., Change of Wave-Length in X-Ray Scattering. Physic. Rev. **53**, 551 (1924).
135. Wisniewski, F. J. v., Über die Absorptionsgrenzen der K-Reihe. Z. Physik **28**, 231 (1924).
136. Woo, Y. H., Note on the Absorption Measurements of the X-Rays Reflected from a Calcite Crystal. Proc. nat. Acad. Sci. U. S. A. **10**, 145 (1924).

1925.

1. Allison, Samuel K., On the Reported $K\beta_4$-Line in the X-Ray Spectra of Molybdenum and Palladium. Nature (Lond.) **115**, 978 (1925).
2. Allison, Samuel K., and Alice H. Armstrong, The Separation and Relative Intensity of the Components of the $K\beta$-Line in the X-Ray Spectrum of Molybdenum. Physic. Rev. (2) **25**, 882 (1925).
3. Allison, Samuel K., and Alice H. Armstrong, A Reinvestigation of the Wavelengths and Relative Intensities in the Molybdenum K Series X-Ray Spectrum. Physic. Rev. (2) **26**, 701 (1925).
4. Allison, Samuel K., and Alice H. Armstrong, Experiments on the Relative Intensities of some X-Ray Lines in the L Spectrum of Tungsten and the K Spectrum of Copper. Physic. Rev. (2) **26**, 714 (1925).
5. Allison, Samuel K., and William Duane, An Experimental Determination of the Critical Excitation Frequency for the Production of Fluorescent X-Radiation. Proc. nat. Acad. Sci. U. S. A. **11**, 485 (1925).
6. Allison, Samuel K., and William Duane, Experiments on the Wave-Lengths of Scattered X-Rays. Physic. Rev. (2) **26**, 300 (1925).
7. Allison, Samuel K., and William Duane, The Compton Effect. Physic. Rev. (2) **25**, 235 (1925).
8. Allison, Samuel K., and William Duane, On Scattered Radiation due to X-Rays from Molybdenum and Tungsten Targets. Proc. nat. Acad. Sci. U. S. A. **11**, 25 (1925).
9. Allison, Samuel K., and William Duane, On the Fluorescent X-Radiation. Physic. Rev. (2) **25**, 581 (1925).
10. Armstrong, Alice, William Duane and R. J. Havighurst, The Reflection of X-Rays by Alkali Halide Crystals. Proc. nat. Acad. Sci. U. S. A. **10**, 218 (1925).
11. Barkla, C. G., The J Phenomenon in X-Rays. Philosophic. Mag. (6) **49**, 1033 (1925).
12. Barkla, C. G., and S. R. Khastgir, The J Transformation of Scattered X-Rays. Philosophic. Mag. (6) **49**, 251 (1925).
13. Barkla, C. G., and S. R. Kastghir, The J-Phenomenon in X-Rays. Part II. Application to Scattered X-Rays. Philosophic. Mag. **50**, 115 (1925).
14. Barkla, C. G., and G. I. Mackenzie, The Coherence of Superposed X-Radiations. Nature (Lond.) **115**, 942 (1925).
15. Berg, O., Röntgenspektroskopie und Nachweis der Ekamangane. Z. techn. Physik **6**, 599 (1925).
16. Berg, O., u. I. Tacke, Die Ekamangane. Röntgenspektroskopischer Teil. Naturwiss. **13**, 571 (1925).
17. Berthold, R., Über die photographische und ionisierende Wirkung von Röntgenstrahlen verschiedener Wellenlänge. Ann. Physik **76**, 409 (1925).

18. Berthold, R., u. R. Glocker, Über photographische und ionometrische Intensitätsmessungen an Röntgenstrahlen verschiedener Wellenlänge. Z. Physik **31**, 259 (1925).
19. Björkeson, Albert, X-Ray Radiation from hot Sparks. Proc. nat. Acad. Sci. U. S. A. **11**, 413 (1925) — Physic. Rev. (2) **25**, 884 (1925).
20. Blake, F. C., Precision X-Ray Measurements by Powder Method. Physic. Rev. **26**, 60 (1925).
21. Blake, F. C., On the Index of Refraction of X-Rays and Deviations from Bragg's Law. Physic. Rev. (2) **25**, 881 (1925).
22. Blake, F. C., Precision X-Ray Measurements by the Powder Method. Physic. Rev. (2) **26**, 60 (1925).
23. Bothe, W., Die Energiebilanz für die Absorption der Röntgenstrahlen. Physik. Z. **26**, 410 (1925).
24. Bothe, W., Der Streukoeffizient für harte Röntgenstrahlen. Z. Physik **34**, 819 (1925).
25. Bothe, W., Die Polarisation der gestreuten Röntgenstrahlen. Z. Physik **31**, 24 (1925).
26. Bothe, W., u. H. Geiger, Über das Wesen des Comptoneffekts; ein experimenteller Beitrag zur Theorie der Strahlung. Z. Physik **32**, 639 (1925).
27. Bouwers, A., Over het meten der intensiteit van röntgenstralen. Physica **5**, 8 (1925).
28. Bragg, W. L., The Interpretation of Intensity. Measurements in X-Ray Analysis of Crystal Structure. Philosophic. Mag. **50**, 306 (1925).
29. Bragg, W., The Investigation of the Properties of Thin Films by Means of X-Rays. Nature (Lond.) **115**, 266 (1925).
30. Broglie, M. de, et A. Dauvillier, Recherches spectrographiques sur l'effet Compton. J. Physique et Radium (6) **6**, 369 (1925).
31a. Broglie, Louis de, et A. Dauvillier, Semi-optical Lines in the X-Ray Spectra. Philosophic. Mag. (6) **49**, 752 (1925).
31b. Broglie, M. de, et J. Thibaud, Réflexion totale et variation de l'indice de réfraction des radiations X au voisinage d'une discontinuité d'absorption du miroir. C. r. Acad. Sci. Paris **181**, 1034 (1925).
32. Broglie, M. de, et Trillat, Sur l'interprétation physique des spectres X d'acides gras. C. r. Acad. Sci. Paris **180**, 1485 (1925).
33. Bronstein, M., Zur Theorie des kontinuierlichen Röntgenspektrums. Z. Physik **32**, 881 (1925).
34. Bubb, F. W., A Quantum Theory of the Impulse Radiation. Physic. Rev. (2) **25**, 243 (1925).
35. Busse, W., Das photographische Schwärzungsgesetz für homogene Röntgenstrahlen. Z. Physik **34**, 11 (1925).
36. Bäcklin, Erik, Das $K\alpha_{1,2}$-Dublett der leichteren Elemente und Abhängigkeit der Röntgenspektren von der chemischen Bindung. Z. Physik **33**, 547 (1925).
37. Bäcklin, E., M. Siegbahn and R. Thoraeus, Semioptical Lines in the X-Ray Spectra. Philosophic. Mag. (6) **49**, 1320 (1925).
38. Chamberlain, Katherine, The Fine Structure of Certain X-Ray Absorption Edges. Physic. Rev. **26**, 525 (1925).
39. Chamberlain, Katherine, and George A. Lindsay, Determination of certain outer X-Ray Energy Levels. Physic. Rev. (2) **25**, 106 (1925).
40. Chu, C. T., Soft X-Rays from Certain Metals. J. Frankl. Inst. **200**, 615 (1925).
41. Clark, George L., and William Duane, The Relative Intensities of Fluorescent and Scattered X-Rays. Proc. nat. Acad. Sci. U. S. A. **11**, 173 (1925).
42. Clark, George L., and William Duane, On the Fluorescent X-Radiation. Physic. Rev. (2) **25**, 581 (1925).

43. Compton, Arthur H., On the Mechanism of X-Ray Scattering. Proc. nat. Acad. Sci. U. S. A. **11**, 303 (1925).
44. Compton, Arthur H., and J. A. Bearden, The Effect of a Surrounding Box on the Spectrum of Scattered X-Rays. Proc. nat. Acad. Sci. U. S. A. **11**, 117 (1925).
45. Compton, A. H., J. A. Bearden and Y. H. Woo, Tests of the Effect of an Enclosing Box on the Spectrum of Scattered X-Rays. Physic. Rev. (2) **25**, 236 (1925).
46. Compton, A. H., H. N. Beets and O. K. de Foe, The Grating Space of Calcite and Rock Salt. Physic. Rev. (2) **25**, 625 (1925).
47. Compton, A. H., and R. L. Doan, X-Ray Spectra from a Ruled Reflection Grating. Proc. nat. Acad. Sci. U. S. A. **11**, 598 (1925).
48. Compton, A. H., and A. W. Simon, Directed Quanta of Scattered X-Rays. Physic. Rev. **26**, 289 (1925).
49. Compton, A. H., and A. W. Simon, Beta Rays Associated with Scattered X-Rays. Physic. Rev. **25**, 306 (1925).
50. Cork, J. M., Dimensional Variation of Duplitized X-Ray Film. J. Opt. Soc. Amer. **11**, 505 (1925).
51. Cork, J. M., Short Wave-Length X-Ray Spectrograph and some K Series Emission Wave-Lengths. Physic. Rev. (2) **25**, 106, 197 (1925).
52. Coster, D., Über die Niveauwerte der Röntgenspektren der chemischen Elemente. Z. Physik **31**, 898 (1925).
53. Coster, D., u. S. Goudsmit, Intensität der Röntgenspektrallinien. Naturwiss. **13**, 11 (1925).
54. Davis, Bergen, A Relation between the Critical Potentials and the Indicesof Refraction of Elements and Compounds. Physic. Rev. (2) **26**, 232 (1925).
55. Davis, Bergen, Note on the Dependence of the Intensity of the Compton effect upon the Atomic Number. Physic. Rev. (2) **25**, 737 (1925).
56. Davis, Bergen, and C. M. Slack, Refraction of X-Rays by a Prism of Copper. Physic. Rev. (2) **25**, 881 (1925).
57. De Foe, O. K., Longitudinal Asymmetry in the Direction of Ejection of Photo-Electrons by X-Rays. Physic. Rev. (2) **25**, 581 (1925).
58. De Foe, O. K., and G. E. M. Jauncey, Modified and Unmodified Scattering Coefficients of X-Rays in Matter. Proc. nat. Acad. Sci. U. S. A. **11**, 517 (1925).
59. Dolejšek, V., u. J. Heyrovský, The Occurrence of Dwi-Manganese Salts. Nature (Lond.) **116**, 782 (1925).
60. Duane, William, Note on the Quantum Theory of the Reflection of X-Rays. Proc. nat. Acad. Sci. U. S. A. **11**, 489 (1925).
61. Duane, William, An Application of certain Quantum Laws to the Analysis of Crystals. Physic. Rev. (2) **25**, 881 (1925).
62. Duane, William, The Calculation of the X-Ray Diffracting Power at Points in a Crystal. Proc. nat. Acad. Sci. U. S. A. **11**, 489 (1925).
63. Duane, William, and S. K. Allison, On Scattered Radiation Due to X-Rays from Molybdenum and Tungsten Targets. Proc. nat. Acad. Sci. U. S. A. **11**, 25 (1925).
64. Dunbar, R. T., The J-Phenomenon and the Quantum-Theory of Scattering of X-Radiation. Philosophic. Mag. **49**, 210 (1925).
65. Eddy, C. E., The L Absorption Limits of Lutecium, Ytterbium, Erbium, and Terbium. Nature (Lond.) **116**, 380 (1925) — Proc. roy. Soc. Melbourne (July) **1925**, 16.
66. Friauf, James B., The Design of a Cam for an X-Ray Spectrograph. J. Opt. Soc. Amer. **11**, 289 (1925).

67. Fricke, Hugo, Otto Glasser and Karl Rothstein, An Experimental Determination of the True Absorption of Hard X-Rays in Water. Physic. Rev. (2) **25**, 581 (1925).
68. Gleditsch, E., et E. Botolfsen, Les Spectres des Rayons X du Praséodyme du Néodyme et du Samarium. C. r. Acad. Sci. Paris **180**, 1653 (1925).
69. Gray, J. A., Scattering and Absorption of Gamma-Rays. Physic. Rev. (2) **25**, 236 (1925).
70. Günther, Paul, u. Iwan N. Stranski, Beiträge zur Röntgenspektralanalyse. Z. physik. Chem. **118**, 257 (1925).
71. Hartree, D. R., The Atomic Structure Factor in the Intensity of Reflexion of X-Rays by Crystals. Philosophic. Mag. **50**, 289 (1925).
72. Hjalmar, G., and M. Siegbahn, Anomalous Dispersion in the Field of X-Rays. Nature (Lond.) **115** (1925).
73. Holweck, F., Déterminations précises de fréquences caractéristiques des atomes dans le domaine spectral compris entre la lumière et les rayons X. J. Chim. physique **22**, 311, 432 (1925).
74. Holweck, F., Mésures précises de fréquences spectrales dans le domaine des radiations comprises entre la lumière et les rayons X (Discontinués L_m de: Cl, S, P, Si, Al). C. r. Acad. Sci. Paris **180**, 658, Nr 9 (1925).
75. Jauncey, G. E. M., Quantum Theory of the Intensity of the Modified Band in the Compton Effect. Physic. Rev. (2) **25**, 723 (1925).
76. Jauncey, G. E. M., Quantum Theory of the Unmodified Spectrum Line in the Compton Effect. Physic. Rev. (2) **25**, 314 (1925).
77. Jauncey, G. E. M., Theory of the Width of the Modified Spectrum Lines in the Compton Effect. Philosophic. Mag. **49**, 427 (1925).
78. Jauncey, G. E. M., The Compton and Duane Effects. Nature (Lond.) **115**, 456 (1925).
79. Jauncey, G. E. M., and O. K. de Foe, Quantum Theory of the Number of Beta Rays associated with Scattered X-Rays. Physic. Rev. **26**, 433 (1925).
80. Jauncey, G. E. M., and O. K. de Foe, Energy Reapparing as Characteristic X-Rays when X-Rays are Absorbed in Copper. Proc. nat. Acad. Sci. U. S. A. **11**, 520 (1925).
81. Jauncey, G. E. M., and O. K. de Foe, Number of Beta-Rays Associated with Scattered X-Rays. Physic. Rev. **26**, 433 (1925).
82. Joffé, A., u. N. Dobronrawov, Beobachtungen über die Ausbreitung von Röntgenimpulsen. Z. Physik **34**, 889 (1925).
83. Jönsson, Axel, Über das L-Röntgenabsorptionsspektrum von Antimon. Z. Physik **35**, 387 (1925).
84. Kallmann, H., u. H. Mark, Zur Größe und Winkelabhängigkeit des Comptoneffektes. Naturwiss. **13**, 297 (1925).
85. Kartschagin, W., u. E. Tschetwerikowa, Über die Abhängigkeit des beobachteten Polarisationsgrades der primären Röntgenstrahlen von der Substanz des Analysators. Z. Physik **35**, 276 (1925).
86. Kastghir, S. R., and W. H. Watson, Spectroscopic Evidence of J-Transformation of X-Rays. Nature (Lond.) **115**, 604 (1925); **116**, 47 (1925).
87. Kirchner, Fritz, Über die Leuchtdauer der Röntgenstrahlen. Ann. Physik (4) **78**, 277 (1925).
88. Kriegesmann, L., Eine experimentelle Bestimmung des Energieverbrauches bei der Ionisation der Luft durch Röntgenstrahlen verschiedener Wellenlänge. Z. Physik **32**, 542 (1925).
89. Kulenkampff, H., Bemerkung über die Reflexion von Röntgenstrahlen an Bromkaliumkristallen. Physik. Z. **26**, 657 (1925).

90. Lapp, C. J., R. A. Rogers and B. S. Hopkins, New X-Ray Lines in certain Rare Earth Samples. Physic. Rev. (2) **25**, 882 (1925).
91. Lapp, C. J., R. A. Rogers and B. S. Hopkins, A Search for Element Number 61. Physic. Rev. (2) **25**, 106 (1925).
92. Larsson, A., M. Siegbahn and T. Waller, The Refraction of X-Rays. Physic. Rev. (2) **25**, 235 (1925).
93. Larsson, A., Untersuchung über die Abweichungen vom Braggschen Gesetz bei Glimmerkristallen. Ark. Mat., Astr. o. Fys. **19** (A), 14 (1925).
94a. Leide, Arvid, Recherches sur la série K des rayons X. C. r. Acad. Sci. Paris **180**, 1203 (1925).
94b. Leide, Arvid, Experimentelle Untersuchungen über Röntgenspektra. K-Serie. Dissert. Lund 1925.
95. Lindh, Axel E., Über die K-Röntgenabsorptionsspektra der Elemente Si, Ti, V, Cr, Mn und Fe. Z. Physik **31**, 210 (1925).
96. Loughridge, D. H., Photo-electrons produced by X-Rays; Direction of Ejection. Physic. Rev. **26**, 697 (1927).
97. Lundquist, O., Über die Kβ-Linien in den Röntgenemissionsspektra der Elemente Phosphor und Kalium. Z. Physik **33**, 901 (1925).
98. Magarian, M. C., Spectrograms of Tungsten K Series Rays Scattered by Graphite. Physic. Rev. (2) **26**, 282 (1925).
99. Mark, H., Der Comptoneffekt. Seine Entdeckung und seine Deutung durch die Quantentheorie. Naturwiss. **13**, 494 (1925).
100. Mark, H., u. L. Szilard, Ein einfacher Versuch zur Auffindung eines selektiven Effektes bei der Zerstreuung von Röntgenstrahlen. Z. Physik **33**, 688 (1925).
101. Mie, G., Bremsstrahlung und Comptonsche Streustrahlung. Z. Physik **33**, 33 (1925).
102. Millikan, R. A., and I. S. Bowen, The Significance of the Discovery of X-Ray Laws in the Field of Optics. Proc. nat. Acad. Sci. U. S. A. **11**, 119 (1925).
103. Müller, A., A Universal X-Ray Spectrograph. J. Sci. Instr. **2**, 312 (1925).
104. Nipper, W. W., Spectroscopic Evidence of J-Transformation of X-Rays. Nature (Lond.) **116**, 47 (1925).
105. Nishina, Y., On the L-Absorption Spectra of the Elements from Sn (50) to W (74) and their Relation to the Atomic Constitution. Philosophic. Mag. (6) **49**, 521 (1925).
106. Noddack, Walter, Ida Tacke u. Otto Berg, Zwei neue Elemente der Mangangruppe. Berl. Ber. **1925**, 400, Nr 19.
107. Pauling, Linus, Unusual X-Ray Reflections on Spectral Photographs. Physic. Rev. (2) **25**, 715 (1925).
108a. Pauling, Linus, and A. Björkeson, A new Crystal for Wave-Length Measurements of Soft X-Rays. Proc. nat. Acad. Sci. U. S. A. **11**, 445 (1925).
108b. Petry, Robert L., Critical Potentials in Secondary Electron Emission from Iron, Nickel and Molybdenum. Physic. Rev. (2) **26**, 346 (1925).
109. Rabinow, Isaac Irwin, Note on diffraction of X-Rays by a Wedge-shaped Slit. Proc. nat. Acad. Sci. U. S. A. **11**, 222 (1925).
110. Ray, B. B., On the Dependence of the Kα Doublet with Different Chemical Compounds. Philosophic. Mag. (6) **49**, 168 (1925).
111. Ray, B. B., On the Effect of Chemical Constitution on the X-Ray Spectrum of Sulphur. Philosophic. Mag. (6) **50**, 505 (1925).
112. Réchou, G., Etude spectrographique de la série K des éléments lourds. C. r. Acad. Sci. Paris **180**, 1107 (1925).
113. Richtmyer, F. K., The Apparent Shape of X-Ray Lines and Absorption Limits. Physic. Rev. (2) **26**, 724 (1925).

114. ROBINSON, H., The K-Absorption Levels of the Light Atoms. Nature (Lond.) **115**, 945 (1925).
115. ROBINSON, H., X-Ray Terms and Intensities. Philosophic. Mag. (6) **50**, 241 (1925).
116. ROLLA, L., and L. FERNANDES, New Element of Atomic Number 61. Atti Accad. naz. Lincei **4**, 498 (1926).
117. ROLLEFSON, GERHARD K., Caracteristic X-Rays from Lithium. Physic. Rev. (2) **25**, 740 (1925).
118. ROSE, E. L., Soft X-Rays and Secondary Electrons. Physic. Rev. (2) **25**, 883 (1925).
119. ROSS, P. A., Photographic Investigation of Scattered X-Radiation. J. Opt. Soc. Amer. **11**, 217 (1925).
120. ROSS, P. A., X-Rays Scattered by Molybdenum. Physic. Rev. (2) **26**, 281 (1925).
121. ROSS, P. A., The Influence of the Scattering Substance on the Intensity of the Compton Line in Scattered X-Rays. Physic. Rev. (2) **25**, 235 (1925).
122. ROSS, P. A., X-Rays scattered by Molybdenum. Proc. nat. Acad. Sci. U. S. A. **11**, 567 (1925).
123. ROSS, P. A., Ratio of Intensities of unmodified and modified Lines in Scattered X-Rays. Proc. nat. Acad. Sci. U. S. A. **11**, 569 (1925).
124. ROSS, P. A., The Ratio of Intensity of the Compton Lines. Physic. Rev. (2) **26**, 282 (1925).
125. ROSS, P. A., and D. L. WEBSTER, Comptoneffect, Evidence on its Relation to Duane's box. Proc. nat. Acad. Sci. U. S. A. **11**, 56 (1925).
126. ROSS, P. A., and D. L. WEBSTER, The Compton and Duane Effects. Physic. Rev. (2) **25**, 235 (1925).
127. RUTHERFORD, ERNST, and W. A. WOOSTER, The Natural X-Ray Spectrum of Radium B. Proc. Cambridge philos. Soc. **22**, 834 (1925).
128. SELJAKOW, N., u. A. KRASNIKOW, Ein neues $K\beta_1$-Dublett der Elemente Mn und Cr. Z. Physik **33**, 601 (1925).
129. SHARP, H. M., A precision measurement of the change of wave-length of Scattered X-Rays. Physic. Rev. (2) **26**, 691 (1925).
130. SIEGBAHN, MANNE, Spectroscopic Evidence of J-Transformation of X-Rays. Nature (Lond.) **116**, 11 (1925).
131. SIEGBAHN, M., La réflexion et la réfraction des rayons X. J. Physik **6**, 228 (1925).
132. SIEGBAHN, M., u. E. HJALMAR, Standardmessungen von Wellenlängen im Röntgengebiet. Ark. Mat., Astr. o. Fys. **19** (A), 24 (1925).
133. SMITH, J. H., Abnormal Reflexion of X-Rays. Philosophic. Mag. **49**, 192 (1925).
134. SOMMERFELD, A., Zur Theorie des periodischen Systems. Physic. Z. **26**, 70 (1925).
135. SOMMERFELD, A., Über die Intensität der Röntgenlinien. Ann. Physik **76**, 284 (1925).
136. STELLING, OTTO, Beitrag zur Kenntnis des Zusammenhangs zwischen chemischer Konstitution und K-Röntgenabsorptionsspektra. II. Untersuchungen einiger Phosphorverbindungen. Z. physik. Chem. **117**, 161 (1925).
137. STELLING, OTTO, III. Eine Röntgenspektroskopische Methode zur Bestimmung chemischer Konstitution. Z. physik. Chem. **117**, 175 (1925).
138. STELLING, OTTO, IV. Über die Konstitution der phosphorigen Säure und einiger Derivate. Z. physik. Chem. **117**, 194 (1925).
139. STONER, E. C., and L. H. MARTIN, The Absorption of X-Rays. Proc. roy. Soc. Lond. (A) **107**, 312 (1925).

140. Stuhlmann jr., Otto, The Excitation of the M Series in Iron by Electronic Impact. Physic. Rev. (2) **25**, 234 (1925).
141. Thibaud, Jean, Les spectres gamma caractéristiques et leur effet photoélectrique. J. Physique et Radium (6) **6**, 82 (1925).
142. Thibaud, Jean, Recherche des spectres gamma caractéristiques par diffraction cristalline. C. r. Acad. Sci. Paris **180**, 138 (1925).
143. Thibaud, Jean, La structure du noyau des atomes radioactifs et l'émission des spectres de rayons γ. C. r. Acad. Sci. Paris **181**, 857 (1925).
144. Thomas, C. H., Soft X-Rays from Iron. Physic. Rev. **25**, 322 (1925).
145. Thomas, C. H., Soft X-Rays from Iron, Cobalt, Nickel and Copper. Physic. Rev. (2) **26**, 739 (1925).
146. Thomas, C. H., Soft X-Rays from Cobalt, Nickel and Copper. Physic. Rev. (2) **25**, 883 (1925).
147. Thoraeus, Robert, and Manne Siegbahn, A High-vacuum Spectrograph for X-Ray Measurements and some Preliminary Results. Ark. Mat., Astr. o. Fys. (A) **19**, Nr 12, Heft 2, 9 S. (1925).
148. Turner, Louis A., The Energies of Multiple X-Ray Ionization of Light Atoms. Physic. Rev. (2) **26**, 143 (1925).
149. Urey, H. C., On the Fields of Force within Atoms. Physic. Rev. (2) **25**, 241 (1925).
150. Walter, B., Über die Wellenlänge und die Breite der K-Absorptionsgrenze des Zinks. Z. Physik **32**, 409 (1925).
151. Wawilou, S. J., Die optischen Interferenzversuche und die Comptonsche Verschiebung. Physik. Z. **26**, 468 (1925).
152. Weber, A. P., Über die Brauchbarkeit der Seemannschen Schneidenmethode zu Messungen von Röntgennormalen. Z. Photogr. **23**, 149 (1925).
153. Weber, H. P., Über die Nichtexistenz der Clark-Duaneschen Sekundärspektren bei Verwendung fehlerloser Kristalle. Z. Physik **33**, 767 (1925).
154. Webster, D. L., and P. A. Ross, The Compton Effect with hard X-Rays. Physic. Rev. (2) **25**, 714 (1925).
155. Wentzel, Gregor, Zum Termproblem der Dublettspektren, insbesondere der Röntgenspektren. Ann. Physik (4) **76**, 803 (1925).
156. Wentzel, Gregor, Über die Komplexstruktur der Röntgenfunkenspektren. Z. Physik **31**, 445 (1925).
157. Wentzel, Gregor, Die Theorien des Comptoneffektes. I. Physik. Z. **26**, 436 (1925).
158. Woo, Y. H., The Intensity of the Scattering of X-Rays by recoiling Electrons. Physic. Rev. (2) **25**, 444 (1925).
159. Woo, Y. H., The Comptoneffekt and Tertiary Radiation. Proc. nat. Acad. Sci. U. S. A. **11**, 123 (1925).
160. Zumstein, R. V., An Investigation of the Tungsten X-Ray Emission and Absorption Spectrum with a Vacuum Spectrometer. Physic. Rev. (2) **25**, 747 (1925).
161. Zumstein, R. V., The M Series of Tungsten. Physic. Rev. (2) **25**, 106 (1925).

1926.

1. Allen, S. M. J., The Absorption of X-Rays from $\lambda = 0{,}08$ to 4,0 Å. Physic. Rev. (2) **28**, 907 (1926).
2. Allen, S. M. J., The Absorption of X-Rays of Wave-Length down to 0,08 Å. Physic. Rev. (2) **27**, 266 (1926).
3. Allison, S. K., Note on the „Selective Reflection" of X-Rays by Crystals of Potassium Bromide. Proc. nat. Acad. Sci. U. S. A. **12**, 143 (1926).

4. ANDREWES, URSULA, ANN. CATH. DAVIES and FRANK HORTON, The soft X-Ray Absorption Limits of Certain Elements. Proc. roy. Soc. Lond. **110**, 64 (1926).
5. ARKEL, A. E. VAN, Über die Entscheidung zwischen Ionengitter und Atomgitter auf röntgenspektroskopischem Wege. Z. Physik **37**, 672 (1926).
6. AUGER, PIERRE, Le rendement de la fluorescence dans le domaine des rayons X. J. Physique et Radium (6) **7**, Nr 6, 94 (1926).
7. AUGER, PIERRE, Sur le rendement de la fluorescence dans le domaine des rayons X. C. r. Acad. Sci. Paris **182**, 773 (1926).
8. AUGER, PIERRE, Compound Photoelectric Effect. Ann. Physik **6**, 183 (1926).
9. AUGER, PIERRE, Sur le rendement de la fluorescence dans le domaine des rayons X. C. r. Acad. Sci. Paris **182**, 1215 (1926).
10. AURÉN, T. E., Om absoluta intensitets-bestämningar av röntgenstrålar. Fys. Tidsskr. **24**, 23 (1926).
11. BALDERSTON, MARK, The Origin of K-Radiation from the Target of an X-Ray Tube. Physic. Rev. (2) **27**, 696 (1926).
12. BARKLA, C. G., and S. R. KHASTGIR, Scattered X-Rays. The J-Phenomenon (IV). Philosophic. Mag. (7) **2**, 642 (1926).
13. BARKLA, C. G., and G. I. MACKENZIE, Notes on the Superposition of X-Rays and on Scattering. The J Phenomenon. Part III. Philosophic. Mag. **1**, 542 (1926).
14. BARKLA, C. G., and G. I. MACKENZIE, Notes on scattered X-Rays. The J-Phenomenon (V.). Philosophic. Mag. (7) **2**, 1116 (1926).
15. BARKLA, C. G., and W. H. WATSON, The Control of the J Phenomenon. Part VI. Philosophic. Mag. (7) **2**, 1122 (1926).
16. BARTH, THOM., Das Streuvermögen des Natriumfluorids für Röntgenstrahlen. Z. Physik **40**, 804 (1926).
17. BEARDEN, J. A., Intensity of X-Ray Reflection from Solid and Powdered Sodium Chloride. Physic. Rev. (2) **27**, 796 (1926).
19. BECKER, K., An X-Ray Method for Determining the Coefficient of Thermal Expansion at High Temperatures. Z. Physik **40**, 1—2, 37 (1926).
20. BELZ, M. H., The Distribution of Energy in the Continuous X-Ray Spectrum. Philosophic. Mag. (7) **1**, 50 (1926).
21. BERG, O., Aufhellungslinien im Röntgenspektrum. Naturwiss. **14**, 886 (1926).
22. BERG, O., Über die Aufhellungslinien im Röntgenspektrum. Verh. dtsch. phys. Ges. (3) **7**, 23 (1926).
23. BISHOP, J. B., The Polarization of Characteristic X-Rays. Physic. Rev. (2) **27** 797 (1926); (2) **28**, 625 (1926).
24. BOSE, D. M., On the Irregularity of the $K\alpha$-doublets in the Elements of lower Atomic Numbers. Physic. Rev. (2) **27**, 521 (1926).
25. BOTHE, W., Absorption und Zerstreuung von Röntgenstrahlen. Handb. d. Phys. **23**, 307 (1926).
26. BRAGG, W. L., C. G. DARWIN and R. W. JAMES, The Intensity of Reflexion of X-Rays by Crystals. Philosophic. Mag. (7) **1**, 897 (1926).
27. BREIT, G., Correspondence Principle in the Compton Effect. Physic. Rev. (2) **27**, 242, 362 (1926).
28. BRUNETTI, RITA, Existence of the Element of Atomic Number 61. Atti Accad. naz. Lincei **4**, 498, 518 (1926).
29. BÄCKLIN, ERIK, $K\alpha_{1,2}$-dubletten vid de lättare elementen. Fys. Tidskrift **24**, 104 (1926).
30. BÄCKLIN, ERIK, Röntgenspektren und chemische Bindung. Z. Physik **38**, 215 (1926).
31. BÖHM, J., Das Weissenbergsche Röntgengoniometer. Z. Physik **39**, 557 (1926).

32. Clark, George L., Elmer W. Brugman and Robert H. Aborn, A new Multiple X-Ray Spectrograph Combining the Powder Diffraction and Monochromatic Pinhole Methods. J. Opt. Soc. **12**, 379 (1926).
33. Claassen, A. A., The Scattering Power of Oxygen and Iron for X-Rays. Phys. Soc. Proc. **38**, 482 (1926).
34. Compton, K. T., and C. H. Thomas, Soft X-Rays: Improvements in Technique and new Results for C, Cu and W. Physic. Rev. (2) **28**, 601 (1926).
35. Cork, J. M., C. James and H. C. Fogg, Concentration and Identification of the Element of Atomic Number 61. Proc. nat. Acad. Sci. U. S. A. **12**, 696 (1926).
36. Cork, J. M., and B. R. Stephenson, The K Series Emission Spectra for Elements from Atomic Number 50 (Sn) to Atomic Number 83 (Bi). Physic. Rev. (2) **27**, 103 (1926).
37. Cork, J. M., and B. R. Stephenson, The K Emission Spectra for Elements Tin (50) to Hafnium (72). Physic. Rev. (2) **27**, 530 (1926).
38. Coster, D., u. M. J. Druyvesteyn, Über die Satelliten der Röntgendiagrammlinien. Z. Physik **40**, 765 (1926).
39. Coster, D., u. F. P. Mulder, Über die Röntgenniveaus der Elemente Cu (29) bis La (57). Z. Physik **38**, 264 (1926).
40. Coster, D., u. J. H. van der Tuuk, Das Röntgenabsorptionsspektrum des Argons. Z. Physik **37**, 367 (1926).
41. Coster, D., and J. H. van der Tuuk, The Fine Structure of the X-Ray Absorption Edge in the K-Series of Argon and its Possible Interpretation. Nature (Lond.) **117**, 586 (1926).
42. Crofutt, C. B., The L Absorption Limits of Tungsten: Photometric Measurements. Physic. Rev. (2) **27**, 538 (1926).
43. Crofutt, C. B., Photometric Measurement of X-Ray Plates Showing the L-Absorption of Tungsten. Physic. Rev. (2) **27**, 243 (1926).
44. Curies, Irène, and J. Saphores, Tables of Constants in Radioactivity and X-Rays. Tabl. Ann. Const. et Donnees Num. **5**, 805 (1926).
45. Curtiss, L. F., The Natural Beta-Ray Spectrum of Ra D. Physic. Rev. (2) **27**, 257 (1926).
46. Davies, A. C., and F. Horton, Critical Potentials and X-Ray Term Values. Philosophic. Mag. (7) **2**, 1253 (1926).
47. Davis, Bergen, and C. M. Slack, Measurement of the Refraction of X-Rays in a Prism by Means of the Double X-Ray Spectrometer. Physic. Rev. (2) **27**, 18 (1926).
48. Davis, Bergen, and C. M. Slack, Refraction of X-Rays in Prisms. Physic. Rev. (2) **27**, 796 (1926).
49. Dauvillier, A., Spectrographie des rayons X de grande longueur d'onde. C. R. Acad. Sci. Paris **183** 193 (1926).
50. Dauvillier, A., Spectrographic Junction between the X-Ray Region and the Extreme Ultraviolet. Nature (Lond.) **118**, 551 (1926).
51. Dauvillier, A., Extension du spectre des rayons Röntgen vers l'ultraviolet. Spectre K de carbone. C. r. Acad. Sci. Paris **182**, 1083 (1926).
52. Dauvillier, A., Sur la nature des rayons X mous. C. r. Acad. Sci. Paris **182**, 927 (1926).
53. Dauvillier, A., Researches on the Electric Discharge in Gases and the Accompanying Radiation. Philosophic. Mag. (7) **2**, 1046 (1926).
55. Dauvillier, A., Découverte des séries caractéristiques O et N de basse fréquence. Jonction spectrographique entre les rayons X et l'ultraviolet extrême. C. r. Acad. Sci. Paris **183**, 656 (1926).
56. Dauvillier, A., Recherches sur la décharge électrique dans les gaz et les rayonnements qui l'accompagnent. C. r. Acad. Sci. Paris **182**, 575 (1926).

57. DEHLINGER, U., R. GLOCKER u. E. KAUPP, Über den röntgenspektrographischen Nachweis der seltenen Erde Z = 61. Naturwiss. **14**, 772 (1926).
58. DOAN, RICHARD, L., Refraction of X-Rays by the Method of Total Reflection. Physic. Rev. (2) **27**, 796 (1926).
59. DOAN, RICHARD L., Refraction of X-Rays by the Method of Total Reflection. Philosophic. Mag. (7) **4**, 100 (1926).
60. DOAN, R. L., and A. H. COMPTON, Diffraction of X-Rays by a ruled Metallic Grating. Physic. Rev. (2) **27**, 104 (1926).
61. DUANE, W., On the Reflection by a Crystal of its own Characteristic Radiation. Proc. nat. Acad. Sci. U. S. A. **12**, 140 (1926).
62. ECKERSLY, T. L., The Compton Scattering and the Structure of Radiation. Philosophic. Mag. (7) **2**, 267 (1926).
63. EDDY, C. E., and A. H. TURNER, The L Emission Series of Mercury. Proc. roy. Soc. Lond. (A) **111**, 117 (1926).
64. EHRENBERG, W., u. H. MARK, Über den Brechungsexponenten von Röntgenstrahlen. Z. Physik **38**, 129 (1926).
65. EHRENBERG, W., u. H. MARK, Über die natürliche Breite der Röntgenlinien. Naturwiss. **14**, 322 (1926).
66. EWALD, P. P., Berichtigung zu meiner Arbeit über die Intensität der Röntgenreflexe. Physik. Z. **27**, 182 (1926).
67. FRIMAN, E., Präzisionsmessungen in der L-Serie der Elemente Wolfram bis Uran. Z. Physik **39**, 813 (1926).
68. DE FOE, O. K., The Ratio of the Modified to the Total Scattering Coefficient of X-Rays. Physic. Rev. (2) **27**, 242, 675 (1926).
69. DE FOE, O. K., and G. E. M. JAUNCEY, Separation of the Modified and Unmodified Scattering Coefficient of X-Rays. Physic. Rev. (2) **27**, 102 (1926).
70. GERTHSEN, C., Über die Möglichkeit der Erregung von Röntgenstrahlen durch den Stoß von α- und Kanalstrahlen. Z. Physik **36**, 540 (1926).
71. GILCHRIST, LACHLAN, Investigation of X-Ray Spectra by the Method of visibility. Physic. Rev. (2) **27**, 508 (1926).
72. GLOCKER, R., Comptoneffekt und Röntgenstrahlenmessung. Z. techn. Physik **7**, 571 (1926).
73. GLOCKER, R., Über den Energieumsatz bei einigen Wirkungen der Röntgenstrahlen. Z. Physik **40**, 479 (1926).
74. GLOCKER, R., u. E. KAUPP, Oscillographic and Spectrographic Investigations of X-Ray Tubes. Z. techn. Physik **7**, 9, 434 (1926).
75. GORDON, W., Der Comptoneffekt nach der Schrödingerschen Theorie. Z. Physik **40**, 117 (1926).
76. GRAY, J. A., Scattering of X-Rays. Physic. Rev. **23**, 289 (A) (1926).
77. GRAY, J. A., The Scattering of X-Rays. Physic. Rev. (2) **27**, 509 (1926).
78. GROTRIAN, W., Bemerkung über das M-Dublett des Argons. Z. Physik **40**, 10 (1926).
79. GÜNTHER, PAUL, Die quantitative Röntgenspektralanalyse. Naturwiss. **14**, 1118 (1926).
80. GÜNTHER, P., u. G. WILCKE, Beiträge zur Röntgenspektralanalyse. II. Über die Verwendung der Methode der Silberkornzählung zur Photometrierung von Röntgenspektrallinien. Z. physik. Chem. **119**, 219 (1926).
81. HALPERN, O., Theory of X-Ray Scattering. Z. Physik **38**, 49 (1926).
82. HARRIS, LOUIS, S. J. BATES and D. A. MACINNES, The Relative Intensities of Reflection of X-Rays from the Principal Atomic Planes of Powdered Sodium Chloride. Physic. Rev. (2) **28**, 235 (1926).
83. HARRIS, LOUIS, L. F. YNTEMA and B. S. HOPKINS, Illinium. Science (N. Y.) **63**, 575 (1926).

84. Harris, J. Allen, with B. Smith Hopkins, Observations on the Rare Earths. XXIII. Element nr. 61, Part 1. Concentration and Isolation in Impure State. J. amer. chem. Soc. **48**, 1585 (1926).
85. Harris, J. Allen, with L. F. Yntema and B. S. Hopkins, Observations on the Rare Earths. XXIII. Element nr. 61, Part 2. X-Ray Analysis. J. amer. chem. Soc. **48**, 1594 (1926).
86. Harms, M. I., Messungen über die Ergiebigkeit der Röntgenfluorescenz. Ann. Physik **82**, 87 (1926).
87. Havighurst, R. J., The Intensity of Reflection of X-Rays by Lithium, Sodium and Calcium Fluorides. Proc. nat. Acad. Sci. U. S. A. **12**, 380 (1926) — Physic. Rev. (2) **28**, 869 (1926).
88. Havighurst, R. J., The Intensity of Reflection of X-Rays by Powdered Crystals. II. The effect of Crystal Size. Physic. Rev. (2) **28**, 882 (1926).
89. Havighurst, R. J., The Intensity of Reflection of X-Rays by Powdered Sodium Chloride. Physic. Rev. (2) **27**, 243 (1926).
90. Havighurst, R. J., The Absorption of X-Rays in Crystalline Compounds. Proc. nat. Acad. Sci. U. S. A. **12**, 477 (1926).
91: Havighurst, R. J., The Effect of Crystal Size upon the Intensity of X-Ray Reflection. Proc. nat. Acad. Sci. U. S. A. **12**, 375 (1926).
92. Hjalmar, E., Die Dispersion der Röntgenstrahlen bei Gips. Ann. Physik **79**, 550 (1926).
93. Holgersson, Sven, Röntgenographische Strukturuntersuchungen von einigen Metallegierungen. (Die Reihen AuAz und NiCu.) Ann. Physik **79**, 35 (1926).
94. Holweck, F., Potentiels Critiques K des atomes légers. C. r. Acad. Sci. Paris **182**, 779 (1926).
95. Holweck, F., Discussions et expériences récentes sur les rayons X mous. C. r. Acad. Sci. Paris **182**, 1337 (1926).
96. Holweck, F., La spectroscopie des radiations intermédiaires entre la lumière et les rayons X. J. Physique et Radium (6) **7**, 37 S. (1926).
97. Holweck, F., Spectrométrie de la série K des éléments légers Discontinuité K du fluor. C. r. Acad. Sci. Paris **183**, 48 (1926).
98. Horowitz, Karl, A focussing X-Rays Spectrograph for Low Temperatures. Science (N. S.) **64**, 303 (1926).
99. Houstoun, R. A., On the Theory of the Absorption of X-Rays. Philosophic. Mag. (7) **2**, 512 (1926).
100. Hyslop, J. F., u. H. P. Rooksby, Mitteilung über die Röntgenspektren von Mullit und Sillimanit. J. Soc. Glass Techn. **10**, 412 (1926).
101. James, R. W., and J. T. Randall, The Scattering Powers of Calcium and Fluorine for X-Rays. Philosophic. Mag. (7) **1**, 1202 (1926).
102. Jauncey, G. E. M., Note on the Quantum Theory of the Unmodified Line in the Compton Effect. Physic. Rev. (2) **27**, 687 (1926).
103. Jauncey, G. E. M., Theory of the Intensity of Scattered X-Rays. Physic. Rev. (2) **27**, 103 (1926).
104. Jauncey, G. E. M., and R. A. Boyd, Conditions for the Disappearence of the Unmodified Line in the Compton Effect. Physic. Rev. (2) **27**, 795 (1926).
105. Jauncey, G. E. M., and R. A. Boyd, The Disappearance of the Unmodified Line in the Compton Effect. Physic. Rev. (2) **28**, 620 (1926).
106. Jauncey, G. E. M., R. A. Boyd and W. W. Nipper, The Disappearance of the Unmodified Line in the Compton Effect. Physic. Rev. (2) **27**, 103 (1926).
107. Jauncey, G. E. M., and A. W. Coven, Spatial Distribution of the Intensity of X-Rays Scattered by Copper. Physic. Rev. (2) **28**, 426 (1926).
108. Jauncey, G. E. M., and O. K. de Foe, The Separation of the Modified and Unmodified Scattering Coefficients of X-Rays. Philosophic. Mag. (7) **1**, 711 (1926).

109. JÖNSSON, AXEL, Intensitätsmessungen von Röntgenstrahlen mit Hilfe der Geigerschen Spitzenkammer. Z. Physik **36**, 426 (1926).
110. KALLMAN, H., u. H. MARK, Über einige Eigenschaften der Comptonstrahlung. Z. Physik **36**, 120 (1926).
111. KARTSCHAGIN, W., u. E. TSCHETWERIKOWA, Zur Frage nach der magnetischen Drehung der Polarisationsebene primärer Röntgenstrahlen. Z. Physik **39**, 886 (1926).
112. KIRCHNER, F., Über die Richtungsverteilung der von polarisierten Röntgenstrahlen ausgelösten Elektronen. (I. Mitteilung.) Ann. Physik **81**, 1113 (1926).
113. KIRCHNER, F., Über den Comptoneffekt und lichtelektrischen Effekt an polarisierten Röntgenstrahlen. Ann. Physik **27**, 385 (1926).
114. KIRCHNER, FRITZ, Über die Richtungsverteilung der von polarisierten Röntgenstrahlen ausgelösten Elektronen. Ann. Physik (4) **81**, 1113 (1926).
115. KIRCHNER, H., u. W. SCHMITZ, Energiemessungen an Röntgenstrahlen. Z. Physik **36**, 484 (1926).
116. KRONIG, R. DE L., On the Theory of Dispersion of X-Rays. J. Opt. Soc. **12**, 547 (1926).
117. KRONIG, R. DE L., The Theory of X-Ray Dispersion. Physic. Rev. (2) **27**, 797 (1926).
118. KULENKAMPFF, H., Über die Ionisierung von Luft durch Röntgen- und Kathodenstrahlen. Ann. Physik **80**, 261 (1926).
119. KULENKAMPFF, H., Vergleichende Untersuchungen über die Energie und die luftionisierende Wirkung von Röntgenstrahlen. Ann. Physik **79**, 97 (1926).
120. KUNBERGER, A. E., and C. E. LANYON, A Choke Coil for Controlling Filament Currents in X-Ray Tubes. Opt. Soc. Amer. J. a. Rev. Sci. **13**, 243 (1926).
121. LAIRD, ELIZABETH R., Reflection of soft X-Rays. Physic. Rev. (2) **27**, 510 (1926).
122. LARSSON, A., Experimentelle Untersuchungen über Brechung und Dispersion der Röntgenstrahlen bei Krystallreflexion in Glimmer. Z. Physik **35**, 401 (1926).
123. LAUE, M. v., Der Einfluß der Temperatur auf die Röntgenstrahlinterferenzen. Ann. Physik **81**, 877 (1926).
124. LAWRENCE, E. O., A Principel of Correspondence. Science (N. Y.) **64**, 142 (1926).
125. LEIDE, ARVID, Messungen in der K-Serie der Röntgenspektra. Z. Physik **39**, 686 (1926).
126. LINDSAY, GEO A., and GEO VAN DYKE, The fine Structure of the K X-Ray Absorption edge of Calcium. Physic. Rev. (2) **27**, 508 (1926).
127. LINDSAY, GEO A., and GEO D. VAN DYKE, The K X-Ray Absorption of Calcium in Calcite, Gypsum and Fluorite. Physic. Rev. (2) **28**, 613 (1926).
128. LINNIK, W., and W. LASHKAREW, The Focusing of Roentgen-Rays. Ukrain. Phys. Abh. **1**, 5 (1926).
129. LINNIK, W., u. W. LASHKAREW, Die Bestimmung des Brechungsindex der Röntgenstrahlen aus der Erscheinung der Totalreflexion. Z. Physik **38**, 659 (1926).
130. LOHR, ERWIN, Ergänzungen zur Kontinuitätstheorie der Röntgenstrahlenausbreitung in Kristallen. Wien. Ber. (2a) **135**, 655 (1926) — Wien. Anz. **206** (1926).
131. LORING, F. H., The Problem of X-Ray Line Intensities. Nature (Lond.) **117**, 622 (1926).
132. LOUGHRIDGE, D. H., The Direction of Ejection of Photo-Electrons Produced by X-Rays. Physic. Rev. (2) **26**, 697 (1926).

133. MacInnes, D. A., and Th. Shedlovsky, The Relative Intensities of Reflection of X-Rays from the Principal Atomic Planes of Fluorite. Physic. Rev. (2) **27**, 130 (1926).
134. MacMahon, A. M., The Dispersion of X-Rays. J. Frankl. Inst. **202**, 637 (1926).
135. Mark, H., u. L. Szilard, Die Polarisierung von Röntgenstrahlen durch Reflexion an Kristallen. Z. Physik **35**, 743 (1926).
136. Mertz, Pierre, Measurement of X-Ray Scattering Coefficient. Physic. Rev. (2) **27**, 795 (1926).
137. Mertz, Pierre, Direct Measurement of X-Ray Mass Scattering Coefficient. Physic. Rev. (2) **28**, 891 (1926).
138. Morehouse, W. B., The Effect of Chemical Combination on the Absorption of X-Rays. Physic. Rev. (2) **27**, 794 (1926).
139. Nardroff, R. von, Refraction of X-Rays by Small Particles. Physic. Rev. (2) **28**, 240 (1926).
140. Nardroff, R. von, The Refraction of X-Rays Applied to the Determination of the Diameters of Small Particles. Physic. Rev. (2) **27**, 797 (1926).
141. Neunhöffer, M., Beiträge zur Theorie des kontinuierlichen Anteils der Röntgenstrahlen. Ann. Physik **81**, 493 (1926).
142. Nicholas, Warren W., An X-Ray Spectrometer, with which Wave Lengths are read Directly on an Ordinary Micrometer Screw. J. Opt. Soc. Amer. **12**, 45 (1926); **14**, 61 (1927).
143. Nicholas, Warren W., X-Ray Ischromats of Copper taken in Different Direction Relative to the Cathode Stream. Physic. Rev. (2) **28**, 425 (1926).
144. Nies, E., Über den Einfluß tiefer Temperatur auf die Reflexion von Röntgenstrahlen an Kalkspat. Ann. Physik **79**, 673 (1926).
145. Nishina, Y., and B. B. Ray, Relative Intensity of X-Ray Lines. Nature (Lond.) **117**, 120 (1926).
146. Norton, John T., An Instrument for the Rapid Production of Laue Photographs. J. Opt. Soc. **12**, 27 (1926).
147. Norton, John T., An X-Ray Spectrograph. J. Opt. Soc. **13**, 231 (1926).
148. Nuttall, J. M., and E. J. Williams, The β-Rays Associated with Scattered X-Rays. Philosophic. Mag. (7) **1**, 1217 (1926).
149. Ortner, G., Die Komponenten der $K\beta_1$-Linie von Eisen und seinen Verbindungen. Wien. Ber. (2a) **135**, 71 (1926).
150. Ortner, G., New Experimental Results Concerning the Doublet $K\beta_1$. Nature (Lond.) **117**, 823 (1926).
151. Ott, H., Eine neue Metallröntgenröhre. Physik. Z. **27**, 598 (1926).
152. Pauling, Linus, Die Abschirmungskonstanten der relativistischen oder magnetischen Röntgenstrahlendubletts. Z. Physik **40**, 344 (1926).
153. Petry, R. L., Secondary Electron Emission from Tungsten, Copper and Gold. Physic. Rev. **28**, 362 (1926).
154. Polland, B., L'imite d'absorption de la série K de l'élément de nombre atomique 75. C. r. Acad. Sci. Paris **183**, 737 (1926).
155. Posejpal, V., Contrôle expérimental quantitatif de l'absorption de résonance des rayons X. C. r. Acad. Sci. Paris **182**, 767 (1926).
156. Posejpal, V., Absorption de résonance dans le domaine des rayons X. C. r. Acad. Sci. Paris **182**, 272 (1926).
157. Posejpal, V., L'absorption de résonance et le rendement de la fluorescence dans le domaine des rayons X. C. r. Acad. Sci. Paris **183**, 1097 (1926).
158. Rajewsky, B., Comptoneffekt bei ausgedehnten Streukörpern. Z. Physik **37**, 699 (1926).
159. Read, H. S., An Effect of Temperature on X-Ray Absorption. Physic. Rev. (2) **27**, 373 (1926).

160. READ, H. S., X-Ray Absorption in Heated Silver. Physic. Rev. (2) **27**, 795 (1926).
161. READ, H. S., Some Effects of Temperature on X-Ray Absorption. Physic. Rev. (2) **28**, 898 (1926).
162. REBOUL, G., Analyse à pression réduite du rayonnement émis par les cellules de grande resistance électrique. J. Physique et Radium **7**, 275 (1926).
163. RICHARDS, R. C., A Method of Studying the Behaviour of X-Ray Tubes. Proc. roy. Soc. Lond. (A) **112**, 280 (1926).
164. RICHARDSON, O. W., and F. C. CHALKLIN, The Excitation of Soft X-Rays. Proc. roy. Soc. Lond. (A) **110**, 247 (1926).
165. RICHTMYER, F. K., The Magnitude of the K-Absorption Discontinuity. Physic. Rev. (2) **27**, 1 (1926).
166. RICHTMYER, F. K., and J. B. BISHOP, A precision Study of the K Absorption Limit. Physic. Rev. (2) **27**, 794 (1926).
167. ROBINSON, H., X-Rays-Internal Absorption and „Spark" Lines. Nature (Lond.) **118**, 224 (1926).
168. ROBINSON, H. R., and A. M. CASSIE, The Secondary and Tertiary Cathode Rays produced by External and Internal Absorption of Homogeneous X-rays. Proc. roy. Soc. Lond. **113**, 282 (1926).
169. ROSBAUD, V., Röntgenographische Untersuchung an Aluminiumsilicaten. Z. Elektrochem. **32**, 317 (1926).
170. ROSS, P. A., Polarization of X-Rays. Physic. Rev. (2) **28**, 425 (1926).
171. ROSS, P. A., The Compton Effect and Virtues Oscillators. Physic. Rev. (2) **27**, 637 (1926).
172. ROSS, P. A., Relative Intensities of the Modified and Unmodified Radiation for hard X-Rays. Physic. Rev. (2) **28**, 849 (1926).
173. SCHLAPP, R., The Reflexion of X-Rays from Crystals. Philosophic. Mag. (7) **1**, 1009 (1926).
174. SCHRÖR, J., Beitrag zur Messung von Röntgennormalen. Ann. Physik (4) **80**, 297 (1926).
175. SEEMANN, H., Ein Röntgenspektrograph mit absoluter Nullpunktsbestimmung ohne Teilkreis. Physik. Z. **27**, 10 (1926).
176. SEEMANN, H., Bemerkung zur Röntgenspektroskopie des Comptoneffektes und der Clark-Duane-Pseudolinien. Z. Physik **35**, 732 (1926).
177. SELJAKOW, N., u. A. KRASNIKOW, New Experimental Results Concerning the Doublet Kβ. Nature (Lond.) **117**, 554 (1926).
178. SHARP, H. M., A Precision Measurement of the Change of Wave-Length of Scattered X-Rays. Physic. Rev. (2) **27**, 102 (1926).
179. SIEGBAHN, M., Bemerkung zur Arbeit: H. Seemann, Ein Röntgenspektrograph mit absoluter Nullpunktsbestimmung. Physik. Z. **27**, 211 (1926).
180. SIEGBAHN, M., Röntgenstrålarnas spegling och brytning. Fys. Tidskrift **24**, 28 (1926).
181. SIEGBAHN, M., and ROBERT THORAEUS, A High-Vacuum X-Ray Spectrometer. J. Opt. Soc. **13**, 235 (1926).
182. SLACK, C. M., Refraction of X-Rays in Prisms of Various Materials. Physic. Rev. (2) **27**, 691 (1926).
183. SMEKAL, A., Notiz zur Abhängigkeit der Intensität der Röntgenspektrallinien von der Erregungsspannung. Z. Physik **36**, 638 (1926).
184. STEPHENSON, B. R., and J. M. CORK, K-Series Emission Spectra for the Elements from Ta (73) to Bi (83). Physic. Rev. (2) **27**, 138 (1926).
185. STEWART, G. W., and R. M. MORROW, X-Ray Diffraction in Liquids: Primary Normal Alcohols. Physic. Rev. (2) **30**, 91 (1927).
186. STEWART, G. W., E. W. SKINNER and R. M. MORROW, Diffraction of X-Rays in Liquids. Physic. Rev. (2) **27**, 104 (1926).

187. Stintzing, Hugo, Die Fehlerquellen der quantitativen chemischen Analyse durch Röntgenemissionsspektra. Physik. Z. **27**, 844 (1926).
188. Stoner, Edmund C., X-Ray Term Values, Absorption Limits and Critical Potentials. Philosophic. Mag. (7) **2**, 97 (1926).
189. Stumpen, H., Über die Intensität von Röntgenspektrallinien in Abhängigkeit von der Erregungsspannung. Z. Physik **36**, 1 (1926).
190. Swinne, Rich., Elektronenisomerie und Ausbildung von Röntgenspektren. Wiss. Veröffentl. a. d. Siemens-Konz. **5**, 80 (1926).
191. Terrill, H. M., Energy of X-Rays. Physic. Rev. **28**, 438 (1926).
192. Thibaud, Jean, Diverses formes cristallines des composés organiques à longue chaîne et difficultés d'interprétation de leurs spectres de rayons X. C. r. Acad. Sci. Paris **184**, 24 (1927).
193. Thibaud, Jean, Une technique nouvelle de l'emploi des réseaux en spectrographie: Obtention de spectres de rayons X avec des réseaux à 200 traits au millimètre. Rev. d'Opt. **5**, 97 (1926).
194. Thibaud, Jean, Détermination en valeur absolue des longueurs d'onde de rayons X au moyen d'un réseau par réflexion tracé sur verre. C. r. Acad. Sci. Paris **182**, 55 (1926).
195. Thibaud, Jean, Spectrographie des rayons X au moyen d'un réseau par usuel. Détermination absolue des longueurs d'onde de ces radiations et des distances réticulaires cristallines. Applications. J. de Phys. (6) **7**, 35 (1926).
196. Thoraeus, Robert, Utsträckning av området för röntgenspektra mot större våglängder. Fysisk Tidskr. **24**, 41 (1926).
197. Thoraeus, Robert, The X-Ray Spectra of the Lower Elements. Philosophic. Mag. (7) **1**, 312 (1926).
198. Thoraeus, R., The X-Ray Spectra of the Lower Elements. Part II. Philosophic. Mag. (7) **2**, 1007 (1926).
199. Trillat, J. J., Sur l'interprétation analytique des spectres X des acides gras et de leurs mélanges. C. r. Acad. Sci. Paris **182**, 843 (1926).
200. Trillat, J. J., Rayons X et composés organique à longue chaîne. Recherches spectrographiques sur leurs structures et leurs orientations. Ann. Physik (10) **6**, 5 (1926).
201. Wall, C. N., Energy Distribution in the Continuous Spectrum. Physic. Rev. (2) **27**, 104 (1926).
202. Vallarta, M. Sandoval, Theory of the continual X-Ray Spectrum. Physic. Rev. (2) **27**, 104 (1926).
203a. Waller, I., Zur Theorie der Röntgenreflexion. Ann. Physik **79**, 261 (1926).
203b. Weber, Otto M., Über die Schwärzung photographischer Emission unter der Einwirkung von Röntgenstrahlen. Dissert. Erlangen 1926. 56 S.
204. Webster, D. L., The Continuity of the X-Ray Spectrum at a Wavelength twice the Short-Wave Limit. Physic. Rev. (2) **27**, 638 (1926).
205. Wentzel, Gregor, Zur Quantentheorie des Röntgenbremsspektrums. Z. Physik **37**, 685 (1926).
206. Wentzel, Gregor, Über die Intensitäten in den Röntgenspektren. Naturwiss. **14**, 621 (1926).
207. Wever, Franz, Über die Röntgen-Emissionsspektren der Eisenmodifikationen. Naturwiss. **14**, 1217 (1926).
208. Wilcke, Gertrud, Über die Verwendung der Methode der Silberkornzählung zur Photometrierung von Röntgenspektrallinien. Z. physik. Chem. **119**, 219 (1926).
209. Williams, E. J., The Compton Effect and the Reflexion of X-Rays by Crystals. Philosophic. Mag. (7) **2**, 657 (1926).

210. Woo, Y. H., Ratio of Intensities of Modified and Unmodified Rays in the Compton Effect. Physic. Rev. (2) **28**, 426 (1926).
211. Woo, Y. H., The Disappearance of the Unmodified Line in the Compton Effect. Physic. Rev. (2) **28**, 426 (1926).
212. Woo, Y. H., Distribution of Energy between Modified and Unmodified Rays in the Compton Effect. Physic. Rev. (2) **27**, 102, 119 (1926).
213. Woo, Y. H., Intensity Distribution in the Kα Doublet of the Fluorescent X-Radiation. Physic. Rev. (2) **28**, 427 (1926).

1927.

1. Alexander, L. M., On the Absorption of X-Rays and Multiple Ionisation of Atoms. Philosophic. Mag. (7) **4**, 670 (1927).
2. Allen, S. J. M., X-Ray Absorption Formulas. Physic. Rev. (2) **29**, 918 (1927).
3. Allison, Samuel K., The Reflection of X-Rays by Crystals as a Problem in the Reflection of Tradiation by Parallel Planes. Physic. Rev. (2) **29**, 375, 748 (1927).
4. Allison, S. K., Experimental Study of the Relative Intensities of X-Ray Lines in the L-Spectrum of Thorium. Physic. Rev. (2) **30**, 245 (1927).
5. Aoyoma, S., K. Kimura u. Y. Nishina, Die Abhängigkeit der Röntgenabsorptionsspektren von der chemischen Bindung. Z. Physik **44**, 810 (1927).
6. Aoyoma, S., K. Kimura u. Y. Nishina, Berichtigung zu unserer Arbeit: Die Abhängigkeit der Röntgenabsorptionsspektren von der chemischen Bindung. Z. Physik **46**, 150 (1927).
7. Astbury, W. T., A simple Radioactive Method for the Photographic Measurement of the Integrated Intensity of X-Ray Spectra. Proc. roy. Soc. Lond. **115**, 640 (1927).
8. Auger, Pierre, Direction of Emission of Photoelectrons. J. de Phys. **8**, 85 (1927).
9a. Auger, Pierre, and F. Perrin, Repartition in Space of the Directions of Emission of Photoelectrons. J. Physique et Radium **8**, 93 (1927).
9b. Aurén, T. E., Measurements of the absolute intensity of X-rays. Medd. Kopenhagen **6**, Nr 13, 24 S. (1927).
10. Barrett, C. S., and J. A. Bearden, The Polarizing Angle for X-Rays. Physic. Rev. (2) **29**, 352 (1927).
11. Barkla, C. G., and S. R. Khastgir, Modified and Unmodified Scattered X-Rays (J-Phenomenon part VIII). Philosophic. Mag. (7) **4**, 735 (1927).
12. Bayley, P. L., X-Ray Coloration of Kunzite and Hiddenite. Physic. Rev. (2) **29**, 353 (1927).
13. Bearden, J. A., Measurements and Interpretation of the Intensity of X-Rays reflected from Sodium Chloride and Aluminium. Physic. Rev. (2) **29**, 20 (1927).
14. Becker, K., Der röntgenographische Nachweis von Kornwachstum und Vergütung in Wolframdrähten mittels des Debye-Scherrer-Verfahrens. Z. Physik **42**, 226 (1927).
15. Berg, O., Das Röntgenspektrum des Elementes 75. Physik. Z. **28**, 23, 864 (1927).
16. Bernal, J. D., A universal X-Ray Photogoniometer (Combining: Apparatus for Single Crystal Rotation Photographs — Laue Photographs — X-Ray Spectrometry — Powder Photographs — Photographs of Crystal Aggregates, Metals, Materials etc. J. Sci. Instr. **4**, 273 (1927).
17. Bernini, Arciero, Ricerche su di una eventuale azione meccanica prodotta dai raggi X. Atti Soc. Lig. di Genova **5**, 14 (1927).
18. Beuthe, H., Untersuchungen über Aufhellungslinien in Röntgenspektrogrammen an verschiedenen Kristallen. Z. techn. Physik **8**, 38 (1927).

19. BLESS, A. A., Recoil Electrons from Aluminium. Physic. Rev. (2) **29**, 918 (1927); (2) **30**, 871 (1927).
20. BODIN, E., Contribution a l'étude de l'émission de radiations de courte longueur d'onde par des corps faiblement conducteurs. Ann. Physik (10) **7**, 35 (1927).
21. BOTHE, W., Ein Versuch zur magnetischen Beeinflussung des Comptoneffekts. Z. Physik **41**, 872 (1927).
22. BOTHE, W., Die Absorption der Röntgenstrahlen vom klassischen Standpunkt. Z. Physik **40**, 653 (1927).
23. BOUWERS, A., New Metal X-Ray Tubes for Radiography and Therapeutics. Brit. J. Radiol. **23**, 139 (1927).
24. BRENTANO, J., Intensity Measurements of X-Ray Reflexions from fine Powders. Philosophic. Mag. (7) **4**, 620 (1927).
26. BROGLIE, DE, Absorption of X- and γ-Radiations and the Secondary Radiations which accompany them. Brit. J. Radiol. **23**, 55 (1927).
27. BRUNETTI, RITA, Über die Entdeckung und die K-Absorptionskante des Elementes mit der Ordnungszahl „61". Z. anorg. u. allg. Chem. **160**, 237 (1927).
28. BÖHM, J., Röntgen-Ray Apparatus for Crystallographic Research in Chemical Laboratories. Kolloid-Z. **42**, 285 (1927).
29. CANALS, MIGUEL, Die Röntgenstereomikrographie. Photogr. Korresp. **63**, 6 (1927).
30. CARRARA, N., New Type of Reflection of X-Rays. Atti Accad. naz. Lincei **5**, 680 (1927).
31. CHAMBERLAIN, KATHERINE, and GEORGE A. LINDSAY, The determination of certain X-ray energy levels for the elements from antimony (51) to samarium (62). Physic. Rev. (2) **30**, 369 (1927).
32. CLARKE, HARRY, The Measurement of X-Rays used for Therapy. Physic. Rev. (2) **29**, 605 (1927).
33. COMPTON, A. H., ALFRED W. SIMON, Measurements of Beta Rays associated with Scattered X-Rays. Physic. Rev. (2) **25**, 107 (1927).
34. CONNOLLY, T. F., Testing and Rating of Transformers for X-Ray Work. Brit. J. Radiol. **23**, 224 (1927).
35. COSTER, D., Über die natürliche Breite der Röntgenspektrallinien. Z. Physik **45**, 797 (1927).
36. DAUVILLIER, A., Sur un tube de rayons X de longueur d'onde effective égale a 8 unités Ångström. C. r. Acad. Sci. Paris **185**, 1460 (1927).
37. DAUVILLIER, A., La spectrographie des rayons X de grande longueur d'onde. Séries N et O et jonction avec l'ultraviolet extrême. J. de Phys. (6) **8**, 1 (1927).
38. DAVIS, B., Refraction of X-Rays. J. Frankl. Inst. **204**, 29 (1927).
39. DAVIS, B., and H. PURKS, Measurement of the Kα Doublet Distances by Means of the Double X-Ray Spectrometer. Proc. nat. Acad. Sci. U. S. A. **13**, 419 (1927).
40. DELAUNY, E., Sur le caractère atomique de quelques propriétés des rayons X. C. r. Acad. Sci. Paris **185**, 193 (1927).
41. DEBYE, P., Über die Zerstreuung von Röntgenstrahlen an amorphen Körpern. Physik. Z. **28**, 453 (1927).
42. DOAN, RICHARD L., Refraction of X-Rays by the Method of Total Reflection. Physic. Rev. (2) **29**, 205 (1927).
43. DOLEJŠEK, V., Sur la systématique de rayons X. C. r. Acad. Sci. Paris **184**, 964 (1927).
44. DOLEJŠEK, V., Über die Abweichungen vom Moseleyschen Gesetz. Z. Physik **46**, 132 (1927).
45. DOLEJŠEK, V., Remarque sur le principe de combinaison. C. r. Acad. Sci. Paris **184**, 1118 (1927).

46. Druyvesteyn, M. J., Das Röntgenspektrum zweiter Art. Z. Physik **43**, 707 (1927).
47. Duane, William, The General Radiation from a very Thin Target. Physic. Rev. (2) **29**, 606 (1927).
48. Duane, William, The Caracter of the General or Continous Spectrum Radiation. Proc. nat. Acad. Sci. U. S. A. **13**, 662 (1927).
49. Dyke, Geo van, and Geo A. Lindsay, The X-Ray L-Absorption Edges of the Elements Sn to Ru Inclusive. Physic. Rev. (2) **29**, 205 (1927); (2) **30**, 562 (1927).
50. Eddy, C. E., and H. Turner, L Emission Spectra of Lead and Bismuth. Proc. roy. Soc. Lond. (A) **114**, 605 (1927).
51. Edwards, H. W., Total Reflection of X-Rays and the Index of Refraction of Certain Metals. Physic. Rev. (2) **30**, 91 (1927).
52. Eggert, J., and W. Noddack, The Amount of Silver Separated from Silver Bromide by a Quantum of X-Radiation. Z. Physik **43**, 222 (1927).
53. Ehrenberg, W., u. G. v. Susich, Über die natürliche Breite der Röntgenemissionslinien. Z. Physik **42**, 823 (1927).
54. Ehrenberg, W., u. H. Mark, Über die natürliche Breite der Röntgenemissionslinien. I. Z. Physik **42**, 807 (1927).
55. Forster, R., Anomale Dispersion im Röntgengebiet. Naturwiss. **15**, 969 (1927).
56. Friedrich, W., u. G. Goldhaber, Zur Frage der azimutalen Intensitätsverteilung der gestreuten Röntgenstrahlung. Z. Physik **44**, 700 (1927).
57. Gaertner, O., Eine Wiederholung einiger Messungen Barklas über Unstetigkeiten bei der Absorption von Röntgenstrahlen in Aluminium (sog. „J-Phänomen"). Physik. Z. **28**, 493 (1927).
58. Germershausen, W., Physik und Technik der Röntgenstrahlen. Helios **33**, 26, 231 (1927).
59. Glocker, R., Über das Grundgesetz der physikalischen Wirkungen von Röntgenstrahlen verschiedener Wellenlänge. Z. Physik **43**, 827 (1927).
60. Gray, J. A., and H. M. Cave, Scattering of X-Rays by Gases. Trans. roy. Soc. Canada III **21**, 157 (1927).
61. Gray, J. A., Laws of X-Ray Absorption. Trans. roy. Soc. Canada III **21**, 179 (1927).
62. Hamer, Richard, and Surain Singh, Critical Potentials of Copper. Physic. Rev. (2) **29**, 901 (1927).
63. Hamer, Richard, and S. Singh, Critical Potentials from Iron. Physic. Rev. (2) **29**, 608 (1927).
64. Harms, Meint Ihmels, Messungen über die Ergiebigkeit der Röntgenfluorescenz. Ann. Physik (4) **82**, 87 (1927).
65. Hendricks, S. B., and R. W. G. Wyckoff, Position of the K Absorption Limits of Vanadium in its Compounds. J. physic. Chem. **31**, 703 (1927).
66. Hopkins, B. S., Illinium — the New Rare Earth. J. Frankl. Inst. **204**, 1 (1927).
67. Hunt, F. L., X-Rays of Long Wave-Length from a Ruled Grating. Physic. Rev. (2) **29**, 919 (1927).
68. James, R. W., Intensity of Reflection of X-Rays by Crystals at Low Temperatures. Manch. Phil. Soc. Mem. **71**, 9 (1926/27).
69. Jauncey, G. E. M., The Intensity of Scattered X-Rays and the Compton Effect. Physic. Rev. (2) **29**, 605 (1927).
70. Jauncey, G. E. M., The Intensity of Reflection of X-Rays by Crystals and the Compton Effect. Physic. Rev. (2) **29**, 206 (1927).
71. Jauncey, G. E. M., Theory of the Intensity of Scattered X-Rays. Physic. Rev. (2) **29**, 757 (1927).

72. Jönsson, Axel, Beitrag zur Kenntnis der Intensitäten in der L-Röntgenreihe. Z. Physik **41**, 221 (1927).
73. Jönsson, Axel, Eine Ausnahme von den Intensitätsregeln im Röntgengebiet. Z. Physik **41**, 801 (1927).
74. Jönsson, Axel, Zur Kenntnis der Intensitäten weicher Röntgenspektrallinien in ihrer Abhängigkeit von der Spannung. Z. Physik **43**, 845 (1927).
75. Kallmann, H., u. H. Mark, Über die Dispersion und Streuung von Röntgenstrahlen. Ann. Physik (4) **82**, 585 (1927).
76. Kegerreis, Roy, The Meat Energy of X-Rays. Physic. Rev. (2) **29**, 775 (1927).
77. Kellström, G., Die L-Absorptionssprünge des Silbers. Z. Physik **44**, 269 (1927).
78. Kellström, G., Präzisionsmessungen in der K-Serie der Elemente Palladium und Silber. Z. Physik **41**, 516 (1927).
79. Kimura, K., Über die röntgenspektroskopische Analyse des Hafniums. Z. Physik **128**, 394 (1927).
80. King, Louis, Vessot, On a Gyromagnetic Electron-Theory of the Compton Effect. Physic. Rev. (2) **29**, 919 (1927).
81. Kirchner, F., Spatial Distribution of the Electrons produced by Polarised X-Rays. Ann. Physik **84**, 7, 899 (1927).
82. Kirchner, F., Über die Richtungsverteilung der von polarisierten Röntgenstrahlen ausgelösten Elektronen. (2. Mitteilung.) Ann. Physik **83**, 521 (1927).
83. Kirchner, F., Über die Schwankungen bei der Absorption und quantenhaften Streuung der Röntgenstrahlen. Ann. Physik **84**, 201 (1927).
84. Kirchner, F., Über den Comptoneffekt an gebundenen Elektronen und einige andere Beobachtungen an Nebelkammeraufnahmen harter Röntgenstrahlen in Argongas. Ann. Physik **83**, 969 (1927).
85. Kirkpatrick, Paul, The Polarization Factor in X-Ray Reflection. Physic. Rev. (2) **29**, 632 (1926).
86. Krafft, Hermann E., O- and N-Energy Levels in the Secondary Emission of Hot Tungsten. Physic. Rev. (2) **29**, 908 (1927).
87. Krafft, H. E., O- and N-Energy Levels in the Secondary Emission from Hot Tungsten. Physic. Rev. (2) **29**, 919 (1927).
88. Kossel, W., u. M. Steenbeck, Absolute Messung des Quantenstroms im Röntgenstrahl. Z. Physik **42**, 832 (1927).
89. Kurdjumow, G., Eine Verfeinerung der Debye-Scherrerschen Methode für die Untersuchung der Krystallstruktur. Z. Physik **43**, 921 (1927).
90. Laird, Elizabeth R., Reflection of soft X-Rays. Physic. Rev. (2) **29**, 605 (1927).
91. Laird, Elizabeth R., Absorption in the Region of Soft X-Rays. Physic. Rev. (2) **29**, 41 (1927).
92a. Larsson, A., Experimentelle Untersuchung über Brechung und Dispersion der Röntgenstrahlen bei Kristallreflexion in Kalkspat. Z. Physik **41**, 507 (1927).
92b. Larsson, A., Precision Measurement of the K-Series of Molybdenum and Iron. Philosophic. Mag. (7) **3**, 1136 (1927).
92c. Laue, M. v., Der Einfluß der Temperatur auf die Röntgenstrahlinterferenzen. Atti Congr. Intern. dei Fisici Como-Pavia-Roma **2**, 545 (Sept. 1927).
93. Lebedeff, A. A., A Method of Adjusting Spectrometers without the Use of a Plane-Parallel Plate. J. Sci. Instr. **4**, 100 (1927).
94. Leiss, Carl, Neue Porzellan-Metall-Röntgenröhre nach Manne Siegbahn. Z. Physik **41**, 395 (1927).
95. Lindh, A. E., Bericht über die Entwicklung der Röntgenspektroskopie während der Jahre 1921—1925. I. Teil. Physik. Z. **28**, 24 (1927) — II. Teil. Ebenda **28**, 93 (1927).

96. Loring, F. H., Eine selektive Verschiebung von 0,0153 Å in Röntgenspektrallinien. Chem. News **134**, 130 (1927).
97. Lukirsky, P., Elektronengeschwindigkeiten beim Comptoneffekt. Z. Physik **42**, 516 (1927).
98. Mack, J. E., and J. M. Cork, X-Ray K Absorption in Elements W (74) to U (92), and K Screening Numbers. Physic. Rev. **30**, 741 (1927).
99. Mark, H., u. K. Schocken, Über die azimutale Verteilung der an einem idealen Gas gestreuten Röntgenstrahlen. Naturwiss. **15**, 139 (1927).
100a. Martin, L. H., The Efficiency of K-Series Emission by K-Ionised Atoms. Proc. roy. Soc. Lond. (A) **115**, 420 (1927).
100b. Martin, L. H., Some measurements on the absorptions of x-rays of long wave-length. Proc. Cambridge philos. Soc. **23**, 783 (1927).
101. Mauguin, Ch., Etude du mica muscovite au moyen de rayons X. C. r. Acad. Sci. Paris **185**, 288 (1927).
102. Molin, K., Experimentelle Untersuchungen über Intensitätsverhältnisse in der M-Reihe von Röntgenstrahlen. Dissert. Uppsala 1927.
103. Molin, K., Untersuchung über die Wirkungsweise des Geigerschen Spitzenzählers bei weichen Röntgenstrahlen. Ark. Mat., Astr. o. Fys. (A) **19**, 4, 1 (1927).
104. Moore, H., The Problem of Measuring X-Rays. Brit. J. Radiol. **23**, 88 (1927).
105. Morehouse, W. B., X-Ray Absorption and Valence. Physic. Rev. (2) **29**, 924 (1927).
106. Müller, A., Input Limit of an X-Ray Tube with Circular Focus. Proc. roy. Soc. Lond. **117**, 30 (1927).
107. Nasledow, D., Quantum Theory of the Normal Photoelectric Effect. Physik. Z. **28**, 149 (1927).
108. Nasledow, D., u. T. Kačura, Einfluß der Entladungsform auf die Energieverteilung im kontinuierlichen Röntgenspektrum. Z. Physik **44**, 216, 3 (1927).
109. Nasledow, D., u. P. Scharawsky, The Dependence of the Total Intensity of X-Radiation on the Current Strength via the X-Ray Tube. Physik. Z. **28**, 549 (1927).
110. Nasledow, D., u. P. Scharawsky, Die Abhängigkeit der Intensität der Röntgenspektrallinien von der Zahl der Kathodenelektronen. Z. Physik **42**, 870 (1927).
111. Nasledow, D., u. P. Scharawsky, Die Abhängigkeit der Intensität der Röntgenspektrallinien von der Zahl der Kathodenelektronen. Z. Physik **41**, 155 (1927).
112. Nasledow, D., u. P. Scharawsky, Zur Frage nach der Abhängigkeit der Intensität der Röntgenspektrallinien von der Spannung. Z. Physik **43**, 431 (1927).
113. Nasledow, D., u. P. Scharawsky, Die Abhängigkeit der Gesamtintensität der Röntgenstrahlung von der Stromstärke in der Röntgenröhre. I. Physik. Z. **28**, 549 (1927) — II. Ebenda **28**, 625 (1927).
114. Nicholas, W. W., X-Ray Isochromats of Copper taken in Different Directions Relative to the Cathode Stream. Physic. Rev. (2) **29**, 619 (1927).
116. Nicholas, W. W., An X-Ray Spectrometer, with which Wave Lengths are Read directly on an Ordinary Micrometer Screw. J. Opt. Soc. Amer. **14**, 61 (1927).
117. Ortner, G., Die Kβ-Linien der Elemente der Eisenreihe. II. Wien. Ber. (2a) **136**, 369 (1927).
118. Osgood, T. H., Soft X-Ray Spectra. Nature (Lond.) **119**, 817 (1927).
119. Osgood, T. H., X-Ray Spectra of Long Wave-Length. Physic. Rev. (2) **30**, 567 (1927).

120. Owen, E. A., and G. D. Preston, X-Ray Tube with Detachable Electrodes. J. Sci. Instr. **4**, 1 (1927).
121. Ponte, M., On the Reflecting Power of the Carbon Atom for High-Frequency Rays. Philosophic. Mag. (7) **3**, 195 (1927).
122. Posejpal, V., Le rendement de la fluorescence du niveau K pour les lignes Kα. C. r. Acad. Sci. Paris **184**, 1541 (1927).
123. Purks, J. H., and C. M. Slack, Possible Dependence of Frequency of Characteristic X-Radiation on the Temperature of the Target. Physic. Rev. (2) **29**, 352 (1927).
124. Reboul, G., Productions de rayons X sans tube focus. C. r. Acad. Sci. Paris **184**, 1436 (1927).
125. Richardson, O. W., and F. S. Robertson, The Emission of Soft X-Rays from Different Elements. Proc. roy. Soc. Lond. (A) **115**, 280 (1927).
126. Richtmyer, F. K., Further Experimental Tests of Theories of the Absorption of X-Rays. Physic. Rev. (2) **30**, 6, 755 (1927).
127. Richtmyer, F. K., Classical Theories of X-Ray Absorption and Refraction. Philosophic. Mag. **4**, 1296 (1927).
128. Richtmyer, F. K., and L. S. Taylor, Further Test of the Theories of Absorption of X-Rays. Physic. Rev. (2) **29**, 606 (1927).
129. Richtmyer, F. K., and L. S. Taylor, The Relative Probabilities of the Photo-Electric Emission of Electrons from Ag and Au. Physic. Rev. (2) **29**, 353 (1927).
130. Robinson, H. R., Multiple Ionization in X-Ray Levels. Philosophic. Mag. (7) **4**, 763 (1927).
131. Rogers, R. A., M Series X-Ray Absorption Spectra of Osmium, Iridium and Platinum. Physic. Rev. (2) **29**, 205 (1927); (2) **30**, 747 (1927).
132. Rump, Walter, Berichtigung zu der Arbeit: Energiemessungen an Röntgenstrahlen. Z. Physik **44**, 396 (1927).
133. Rump, Walter, Energiemessungen an Röntgenstrahlen. Z. Physik **43**, 254 (1927).
134. Schiebold, E., Die Drehkrystallmethode. Fortschr. Min., Krist. **11**, 113 (1927).
135. Schrödinger, E., Über den Comptoneffekt. Ann. Physik (4) **82**, 257 (1927).
136. Seljakow, N., A. Krasnikow u. T. Stellezky, Die Struktur der Linien Kα der Elemente Cu bis Ca. Z. Physik **45**, 548 (1927).
137a. Shearer, J., A Vacuum Spectrograph and its Use in the Long X-Ray Region. Philosophic. Mag. (7) **4**, 745 (1927).
137b. Sogani, C. M., X-ray diffraction in liquids. Indian J. Phys. **1**, 357 (1927).
137c. Sogani, C. M., Further studies in X-ray liquid-diffraction. Indian J. Phys. **2**, 97 (1927).
138. Solomon, I., X-Ray Quality Meter. C. r. Acad. Sci. Paris **184**, 872 (1927).
139. Stelling, Otto, Über den Zusammenhang zwischen chemischer Konstitution und K-Röntgenabsorptionsspektra. (I. Mitt.) Dissert. Z. anorg. u. allg. Chem. **131**, 1023, 48 (1927).
140. Stelling, Otto, Über den Zusammenhang zwischen chemischer Konstitution und K-Röntgenabsorptionsspektra. (V. Mitt.) Dissert. Chem. Ber. **60**, 650 (1927).
141. Stewart, G. W., X-Ray Diffraction in Liquids: Saturated Normal Alcohols Isomers of Primary Normal Alcohols and Normal Paraffins. Proc. nat. Acad. Sci. U. S. A. **13**, 787 (1927).
142a. Stratton, J. A., Dispersion Coefficient for Short Waves. Physik. Z. **28**, 316 (1927).
142b. Susich, Georg v., Über die natürliche Breite der Röntgenemissionslinien. Die Struktur von Borsäure. Auszug a. d. Dissert. d. Techn. Hochschule Berlin 1927.

143a. THIBAUD, J., Spectrographe à réseau dans le vide pour l'ultraviolet de Millikan et les rayons X. J. Physique et Radium **8**, 13 (1927).
143b. THIBAUD, J., Spectrographe à réseau ligné pour rayons X de grande longueur d'onde. J. Physique et Radium **8**, 447 (1927).
144. THIBAUD, J., Jonction spectrographique du domaine des rayons X à l'ultraviolet à l'aide des réseaux lignés. C. r. Acad. Sci. Paris **185**, 62 (1927).
145. THIBAUD, J., et ANDRÉ SOLTAN, Recherches spectrographiques dans le domaine intermédiaire. J. de Phys. **8**, 6, 484 (1927).
146. THIBAUD, J., et A. SOLTAN, Mesures spectrographiques dans le domaine intermédiaire (Series K, L, M, N). C. r. Acad. Sci. Paris **185**, 642 (1927).
147. THOMAS, L. H., Production of Characteristic X-Rays by Electronic Impact. Proc. Cambridge philos. Soc. **23**, 829 (1927).
148. TRILLAT, J. J., Sur l'interprétation analytique des spectres X des acides gras et de leurs mélanges. C. r. Acad. Sci. Paris **184**, 812 (1927).
149. TUUK, J. H. VAN DER, Über die Röntgen-L-Spektren der leichteren Elemente. Z. Physik **41**, 326 (1927).
150. TUUK, J. H. VAN DER, Höhere Multipletts im Röntgenspektrum. Z. Physik **44**, 737 (1927).
151. WALLER, I., Die Einwirkung der Wärmebewegung der Kristallatome auf Intensität, Lage und Schärfe der Röntgenspektrallinien. Ann. Physik **83**, 153 (1927).
152. WALLER, I., On the Scattering of Radiation from Atoms. Philosophic. Mag. (7) **4**, 1228 (1927).
153. WALLER, I., and R. W. JAMES, Temperature Factors of X-Ray Reflection for Sodium and Chlorine in the Rock-Salt Crystal. Proc. roy. Soc. Lond. (A) **117**, 214 (1927).
154. WALTER, B., Über die besten Formeln zur Berechnung der Absorption der Röntgenstrahlen in einem beliebigen Stoff. Fortschr. Röntgenstr. **35**, 1308 (1927).
155. WATSON, E. C., An Explanation of Whiddingtons Rule for X-Ray Electrons. Physic. Rev. (2) **29**, 919 (1927).
156. WATSON, E. C., The Space-distribution of the Photoelectrons, ejected by X-Rays. Proc. nat. Acad. Sci. U. S. A. **13**, 584 (1927).
157. WATSON, E. C., Spacial Distribution of the Photo-Electrons Ejected by X-Rays. Physic. Rev. (2) **29**, 752 (1927).
158. WATSON, E. C., The Velocity and Number of the Photo-Electrons Ejected by X-Rays as a Function of the Angle of Emission. Physic. Rev. (2) **29**, 751 (1927); **30**, 479 (1927).
159. WATSON, E. C., and J. A. VAN DEN AKKER, The Direction of Ejection of X-Ray Electrons. Proc. nat. Acad. Sci. U. S. A. **13**, 659 (1927).
160. WEBSTER, D. L., Direct and Indirect Production of Characteristic X-Rays. Proc. nat. Acad. Sci. U. S. A. **13**, 445 (1927).
161. WENNERLÖF, INA, Präzisionsmessungen in der L-Serie des Elements Tantal. Z. Physik **41**, 524 (1927).
162. WENTZEL, GREGOR, Zur Theorie des Comptoneffekts. Z. Physik **43**, 1 (1927).
163. WENTZEL, GREGOR, Zur Theorie des Comptoneffekts. II. Z. Physik **43**, 779 (1927).
164. WETTERBLAD, T., Die $K\beta_1$-Linien von Natrium, Magnesium und Aluminium und die Abhängigkeit ihrer Wellenlängen von der chemischen Bindung. Z. Physik **42**, 603 (1927).
165. WETTERBLAD, T., Über die Funkenlinien des K-Spektrums von Natrium, Magnesium und Aluminium. Z. Physik **42**, 611 (1927).

167. WICK, FRANCIS G., Effect of X-Rays on Thermoluminescence. J. Opt. Soc. Amer. **14**, 53 (1927).
168. WICK, FRANCIS G., and MABEL K. SLATTERY, Effect of Exposure to X-Rays upon the Thermoluminescence of some Synthetically Prepared Materials. J. Opt. Soc. Amer. **14**, 61 (1927).
169. VIERHELLER, F., Quality and Quantity of Scattered X-Radiation from Water. Physik. Z. **28**, 745 (1927).
170a. VILLARD, P., Sur la loi d'absorption des rayons X par la matière. C. r. Acad. Sci. Paris **185**, 1415 (1927).
170b. VITKA, V. A., On the type of Apparatus for X-ray photographs. J. applied Phys. Moskau **4**, 3 (1927).
171. WORSNOP, B. L., „J"-Phenomenon. Proc. phys. Soc. **39**, 305 (1927).
172. ZERNIKE, F., and J. A. PRINS, The Scattering Power of Sodium Fluoride for X-Rays. Z. Physik **40**, 10, 804 (1927).

1928.

1. AKKER, J. A. VAN DEN, and E. C. WATSON, The direction of ejection of X-ray electrons. Physic. Rev. **32**, 323 (1928).
2. ALLISON, S. K., Experimental study of relative intensities of x-ray lines in the L-spectrum of uranium. Physic. Rev. **31**, 916 (1928); **32**, 1 (1928).
3. BANDOPADHYAYA, G. B., Photoelectric effect of soft X-rays. Proc. roy. Soc. Lond. (A) **120**, 46 (1928).
4. BARKLA, C. G., Note on modified scattered X-radiation and superposition. The J-phenomenon (Part VIII). Philosophic. Mag. **5**, 1164 (1928).
5. BARRETT, CHARLES S., The Scattering of X-Rays from gases. Proc. nat. Acad. Sci. U. S. A. **14**, 20 (1928).
6. BARRETT, C. S., The Scattering of X-Rays from gases. Physic. Rev. **31**, 1119 (1928); **32**, 22 (1928).
7. BARRETT, CHARLES S., The Scattering of X-Rays from H_2, O_2, and CO_2. Physic. Rev. (2) **31**, 159 (1928).
8. BEARDEN, J. A., The polarisation of characteristic radiation. Proc. nat. Acad. Sci. U. S. A. **14**, 539 (1928).
9. BEUTHE, H., Die L-Serie des Rheniums. Z. Physik **46**, 873 (1928).
10. BEUTHE, H., Weitere röntgenspektroskopische Messungen in der L-Serie des Rheniums. Z. Physik **50**, 762 (1928).
11. BJÖRKESON, A., X-radiation from gases. Nature (Lond.) **122**, 14 (1928).
12a. BOTHE, W., u. H. FRÄNZ, Untersuchungen über die durch α-Strahlen erregte Röntgenstrahlen. Z. Physik **52**, 466 (1928).
12b. BOUWERS, A., u. P. DIEPENHORST, Die Intensität der Röntgenstrahlen als Funktion des Winkels ihres Austritts aus der Antikathodenfläche. Fortschr. Röntgenstr. **38**, 894 (1928).
12c. BRAGG, W., The enhancement principle in X-ray photographs. Nature (Lond.) **121**, 327 (1928).
12d. BRAUNS, HELMUTH, Neuere Messungen im Gebiete der L-Serie der Röntgenspektren. Z. Photogr. **25**, 325 (1928).
13a. BRENTANO, J., The determination of the atomic scattering power for X-rays from powders of gold, silver, and aluminium for Cu $K\alpha$-radiation. Philosophic. Mag. **6**, 178 (1928).
13b. BRENTANO, J., Intensitätsmessungen von an Kristallpulvern gestreuten Röntgenstrahlen. Physik. Z. **29**, 893 (1928).
14. BROGLIE, MAURICE DE, Remarque sur la structure fine de l'effet Compton. C. r. Acad. Sci. Paris **187**, 697 (1928).

15. Brunetti, Rita, Sulla teoria della polarizzazione dei raggi X indipendenti. Lincei Rend. (6) **4**, 43 (1928).
16. Bäcklin, E., Absolute Wellenlängenbestimmungen der Röntgenstrahlen. Dissert. Upsala 1928.
17. Cohn, W. M., Über einen Röntgenofen zur Vornahme von röntgenographischen Untersuchungen bei hohen Temperaturen und über einige vorläufige Ergebnisse für Pentaerythrit und Quarz. Z. Physik **50**, 123 (1928).
18. Compton, Arthur H., X-Rays as a Branch of Optics. J. Opt. Soc. Amer. **16**, 2, 71 (1928).
19a. Compton, A. H., The spectrum and state of polarization of fluorescent x-rays. Proc. nat. Acad. Sci. U. S. A. **14**, 549 (1928).
19b. Compton, A. H., K. N. Mathur and H. R. Sarna, An attempt to find a unidirectional effect of x-ray photons. Physic. Rev. **31**, 159 (1928).
20. Coster, D., et J. A. Prins, Examen des liquides aux rayons X par la méthode du „cristal tournant". J. de Phys. **9**, 153 (1928).
21. Crowther, J. A., and W. N. Bond, On the thermal measurement of x-ray energy. Philosophic. Mag. **6**, 401 (1928).
22a. Curtiss, L. F., Improved Form of Gas Type X-Ray Tube. J. Opt. Soc. Amer. **16**, 1 (1928).
22b. Davis, B., and D. P. Mitchell, Fine structure of the scattered radiation from graphite. Physic. Rev. **32**, 331 (1928).
23. Davies, L. P., The photoelectric properties of some metals in the soft x-ray region. Proc. roy. Soc. Lond. (A) **119**, 543 (1928).
24. Davies, Bergen, and H. Purks, Additional Lines in the K-Series of Molybdenum and the Natural Breadth of Spectral Lines. Proc. nat. Acad. Sci. U. S. A. **14**, 172 (1928).
25. Davis, Bergen, and Harry Purks, Note on the effect of chemical combination on the structure of the K-absorption limit. Physic. Rev. **32**, 336 (1928).
26. Davis, B., and H. Purks, Effect of chemical combination on the structure of the K-absorption limit of silver and molybdenum. Physic. Rev. **31**, 1119 (1928).
27. Décombe, L., Les pellicules sphériques électrisées, l'effet photo-électrique et le spectre de fluorescence des rayons X. C. r. Acad. Sci. Paris **186**, 1291 (1928).
28. Décombe, L., Les pellicules spériques électrisées et l'effet Compton. C. r. Acad. Sci. Paris **186**, 1607 (1928).
29. Dershem, E., Refractive indices of silver in the wavelength range of two to seven Ångström units. Physic. Rev. **31**, 1117 (1928).
30. Dershem, E., Dispersion of long wavelength x-rays in platinum and calcite, Proc. nat. Acad. Sci. U. S. A. **14**, 380 (1928).
31. Dershem, Elmer, Indices of refraction of platinum for x-rays of long wavelength. Physic. Rev. **31**, 305 (1928).
32a. Dershem, E., A design of x-ray tube for use with vacuum spectrograph or crystal diffraction apparatus. Physic. Rev. **31**, 314 (1928).
32b. Druyvesteyn, M. J., Het Röntgenspectrum van de tweede Soort. Dissert. Groningen 1928.
33. Duane, W., The general x-radiation from mercury vapor. Proc. nat. Acad. Sci. U. S. A. **14**, 450 (1928).
34. Du Mond, J. W. M., The structure of the Compton shifted line. Proc. nat. Acad. Sci. U. S. A. **14**, 875 (1928).
35. Dunbar, R. T., Apparent Irregularities in Experiments with heterogeneous X-Ray Beams, with special Reference to the J-Phenomenon. Philosophic. Mag. **5** (31), 962 (1928).
36. Edlén, B., Präzisionsmessungen in der K-Serie der Elemente 30 Zn bis 44 Ru. Z. Physik **52**, 364 (1928).

37a. Edwards, Hiram W., Total reflection of x-rays from nickel films of various thicknesses. Physic. Rev. **32**, 712 (1928).

37b. Eggert, J., u. W. Noddack, Über die Quantenausbeute bei der Wirkung von Röntgenstrahlen auf Silberbromid. Z. Physik **51**, 796 (1928).

38. Ehrenberg, W., P. P. Ewald u. H. Mark, Untersuchungen zur Krystalloptik der Röntgenstrahlen. Z. Krist. **66**, 547 (1928).

39. Enger, Filip, Präzisionsmessungen in der K-Serie des Elements Rhodium. Z. Physik **46**, 11—12, 826 (1928).

40. Eriksson, Sigurd, Präzisionsmessungen in der K-Serie der Elemente Chrom bis Nickel. Z. Physik **48**, 360 (1928).

41. Fajans, K., Über die Änderung der Röntgenabsorptionsspektren in Krystallgittern. Z. Physik **50**, 531 (1928).

42a. Forster, R., Anomale Dispersion im Röntgengebiet. Helv. Phys. Acta **1**, 18 (1928).

42b. Fujiwara, Takeo, Laue-Photograph taken with Convergent X-Rays. Mem. Coll. of Science Kyoto (A) **11**, 283 (1928).

43a. Gehman, S. D., and C. D. Bazzoni, Reflection of soft X-rays from aluminium. Physic. Rev. **31**, 1117 (1928).

43b. Gentile, G., e E. Majorana, Sulla sdoppiamento dei termini Roentgen e ottici a causa dell'elettrone rotante e sulla intensità delle righe del cesio. Lincei Rend. (6) **8**, 229 (1928).

44. Glasser, O., and V. B. Seitz, An apparetus for the measurement of radiation intensity over a wide range of wave-lengths (0,02—3 Ångström). J. Opt. Soc. Amer. **17**, 240 (1928).

45. Glocker, R., Über die Gesetzmäßigkeiten der physikalischen und chemischen Wirkung der Röntgenstrahlen. Z. techn. Phys. **9**, 201 (1928).

46. Glocker, R., E. Kaupp u. H. Widmann, Über die Erregung von Fluorescenzlicht durch Röntgenstrahlen verschiedener Wellenlänge. Ann. Physik (4) **85**, 313 (1928).

47. Glocker, R., u. O. Risse, Über die photochemische Wirkung von Röntgenstrahlen verschiedener Wellenlänge. Z. Physik **48**, 845 (1928).

48a. Glocker, R., u. H. Schreiber, Quantitative Röntgenspektralanalyse mit Kalterregung des Spektrums. Ann. Physik **85**, 1089 (1928).

48b. Goldhaber, G., Azimutale Härte- und Intensitätsverteilung der Streustrahlung von sehr harten Röntgenstrahlen in einem niederatomigen Streuer. Strahlenther. **30**, 544 (1928).

48c. Goudsmit, S., Multiplet separations for equivalent electrons and the Röntgen doublet law. Physic. Rev. **31**, 946 (1928).

49a. Haas, Hanns, Über die Polarisation der Eisen-Kα-Strahlung. Ann. Physik **4**, 470 (1928).

49b. Hanawalt, J. D., The influence of the presence of hydrogen on the L x-ray absorption edge of palladium. Proc. nat. Acad. Sci. U. S. A. **14**, 953 (1928).

50. Havighurst, R. J., Scattering of X-Rays and Electron Distribution in the Atoms of Crystals. Physic. Rev. (2) **31**, 1, 16 (1928).

51a. Hendersson, J. E., and E. R. Laird, Reflection of soft x-rays. Proc. nat. Acad. Sci. U. S. A. **14**, 773 (1928).

51b. Herrmann, K., Röntgenographische Auslöschungstabellen. Z. Krist. **68**, 288 (1928).

52. Holweck, F., Production et absorption des rayons K d'aluminium. C. r. Acad. Sci. Paris **186**, 1203 (1928).

53. Iwata, H., Fehlerquellen bei Präzisionswellenlängenmessungen von Röntgenstrahlen und Beitrag zur Bestimmung von Röntgennormalen. Z. Physik **49**, 217 (1928).

54. JAMES, R. W., and G. W. BRINDLEY, A quantitative study of the reflection of x-rays by sylvine. Proc. roy. Soc. Lond. (A) **121**, 155 (1928).
55. JAUNCEY, G. E. M., and W. D. CLAUS, Interpretation of atomic structure factor curves in crystal reflection of x-rays. Physic. Rev. **32**, 12 (1928).
56. JAUNCEY, G. E. M., and W. D. CLAUS, Is crystal reflection of x-rays entirely a classical phenomenon? Nature (Lond.) **121**, 983 (1928).
57. JAUNCEY, G. E. M., and W. D. CLAUS, Intensity of reflected x-rays and the distribution of electrons in crystals. Physic. Rev. **31**, 714 (1928).
58. JAUNCEY, G. E. M., and W. D. CLAUS, Intensity of Reflected X-Rays and the Distribution of Electrons in Crystals. Physic. Rev. (2) **31**, 717 (1928).
59. JAUNCEY, G. E. M., and G. HASSLER, The polarizing angle for x-rays. Physic. Rev. **31**, 1120 (1928).
60. JÖNSSON, AXEL, Weiteres über Intensitätsverhältnisse in der L-Röntgenreihe. Z. Physik **46**, 383 (1928).
61. JÖNSSON, EDVIN, Absorptionsmessungen im langwelligen Röntgengebiet und Gesetze der Absorption. Dissert. Upsala 1928.
62a. KATZ, J. R., and J. SELMAN, Influence of the Form and Polarity of Molecules on the Röntgen Spectra of Liquids. Part II. Appearance of two Intensive Amorphous Rings with Substances whose Molecules contain Several Equal Groups or Parts. Z. Physik **46**, 392 (1928).
62b. KRISHNAMURTI, P., X-ray diffraction and its bearing on the molecular complexity in the liquid state. Indian J. Phys. **2**, 491 (1928).
63a. KRONIG, R. DE L., u. H. A. KRAMERS, Zur Theorie der Absorption und Dispersion in den Röntgenspektren. Z. Physik **48**, 174 (1928).
63b. KRISHNAN, K. S., The Raman Effect in X-ray Scattering. Nature (Lond.) **122**, 961 (1928).
64. KULENKAMPFF, H., Untersuchungen der kontinuierlichen Röntgenstrahlung dünner Aluminiumfolien. Ann. Physik **87**, 597 (1928).
65a. LABY, T. H., J. SHEARER and R. BINGHAM, The reflection x-rays from glass and quartz. Nature (Lond.) **122**, 96 (1928).
65b. KURTZ, HEINRICH, Die Absorption der Kohlenstoff-K-Strahlung in C, N und O. Ann. Physik (4) **85**, 529 (1928).
66. LASCHKAREW, W. E., u. S. D. HERTZRÜCKEN, Eine Verbesserung des Totalreflektometers für Röntgenstrahlen. Z. Physik **52**, 739 (1928).
67. LAURITSEN, C. C., and R. D. BENNET, A new high voltage x-ray tube. Physic. Rev. **32**, 322 (1928).
68. LINDBERG, ERNST, Röntgenspektroskopische Messungen der M-Serie der Elemente Uran bis Gadolinium. Z. Physik **50**, 82 (1928).
69. LINDSAY, GEO A., and H. R. VOORHEES, The K X-Ray Absorption Edge of Iron. Philosophic. Mag. **6**, 910 (1928).
70. LORENZ, EGON, Über die Intensität der Röntgenspektrallinien, insbesondere der K-Serie des Aluminiums, in Abhängigkeit von der Röhrenspannung. Z. Physik **51**, 71 (1928).
71. LORENZ, EGON, The spectrum of x-rays from a back of a tungsten target. Proc. nat. Acad. Sci. U. S. A. **14**, 582 (1928).
72. MARK, H., u. K. WOLF, Über die Polarisation der charakteristischen Röntgenstrahlung. Z. Physik **52**, 1 (1928).
73. MAUGUIN, CH., Etudes des micas (non fluorés) au moyen des rayons X. C. r. Acad. Sci. Paris **186**, 897 (1928).
74. MAYER, GEORG, Über Aufhellungen in Röntgenspektrogrammen. Z. Krist. **66**, 585 (1928).
75. MAZUMDER, K. C., Das K-Serienspektrum des Wolframs. Z. Physik **46**, 449 (1928).

76. MITCHELL, D., and B. DAVIS, Fine structure of scattered x-rays. Physic. Rev. **31**, 1119 (1928).
77. MURDOCK, CHARLETON C., The resolving power of an octahedral crystal for x-rays. Physic. Rev. (2) **31**, 304 (1928).
78a. MÜLLER, A., A further x-ray investigation of long chain compounds (n-hydrocarbon). Proc. roy. Soc. Lond. (A) **120**, 437 (1928).
78b. MÖLLER, H., u. A. REIS, Über die Beschaffenheit der Interferenzlinien bei Röntgenaufnahmen an vielkristallinem Material. Z. physik. Chem. (A) **139**, 425 (1928).
79. NAGY, J., Untersuchungen über die Atomebenenabstände der Gipskristalle. Z. Physik **51**, 410 (1928).
80. NICHOLAS, W. W., X-rays from thin targets. Physic. Rev. **31**, 1119 (1928).
81a. NUTTALL, J. M., K Absorption Edges of Potassium and Chlorine in Various Compounds. Physic. Rev. (5) **31**, 742 (1928).
81b. PALACIOS, J., Deutung von Lauediagrammen, wenn der einfallende Strahl mit keiner kristallographischen Achse zusammenfällt. An. Soc. Española Fisica Quim. **26**, 215 (1928).
82a. Pearson, G. L., and Wm. W. HANSEN, Superposition of x-rays. Physic. Rev. **32**, 325 (1928).
82b. PICCARDI, G., I livelli di Röntgen delle terre rare, e le deviazioni dalla legge di Moseley. Lincei Rend. **8**, 414 (1928).
83a. PIETENPOL, C. J., Direction of ejection of photo-electrons by polarized x-rays. Physic. Rev. **32**, 564 (1928).
83b. PONTE, M., et Y. ROGARD, L'effet Raman dans le domaine des rayons X. C. r. Acad. Sci. Paris **187**, 828 (1928).
84. PORTER, ALFRED W., On the Positions of X-Ray Spectra as formed by a Diffraction Grating. Philosophic. Mag. **5**, 32, 1067 (1928).
85. PRINS, J. A., Über die Dispersion und Absorption von Röntgenstrahlen. Z. Physik **47**, 479 (1928).
86. PRINS, J. A., Anomale Dispersion im Röntgengebiet. Naturwiss. **16**, 555 (1928).
87. PURKS, H., Fine structure in the K-series of copper and nickel and the width of spectral lines. Physic. Rev. **31**, 931, 1118 (1928).
88. RAMAN, C. V., and C. M. SOGANI, A critical-absorption photometer for the study of the Compton effect. Proc. roy. Soc. Lond. (A) **119**, 526 (1928).
89a. Rasetti, F., Eine statistische Berechnung der M-Röntgenterme. Z. Physik **49**, 546 (1928).
89b. RAY, B. B., Secondary absorption edges in x-rays. Nature (Lond.) **122**, 771 (1928).
90a. RICHARDSON, O. W., and F. C. CHALKLIN, The Excitation of Soft X-Rays. II. Proc. roy. Soc. Lond. (A) **119**, 60 (1928).
90b. RICHARDSON, O. W., The emission of secondary electrons and the excitation of soft x-rays. Proc. roy. Soc. Lond. (A) **119**, 531 (1928).
91. RICHARDSON, O. W., and F. C. CHALKLIN, The soft x-ray levels of iron, cobolt, nickel and copper. Proc. roy. Soc. Lond. (A) **121**, 218 (1928).
92. RICHTMYER, F. K., Further Experimental Tests of Theories of the Absorption of X-Rays. Physic. Rev. (2) **30**, 6, 755 (1928).
93. RICHTMYER, F. K., Multiple ionozation and the absorption of X-rays. Philosophic. Mag. **6**, 64 (1928).
94. ROGERS, R. A., M-Series X-Ray Absorption Spectra of Osmium, Iridium and Platinum. Physic. Rev. (2) **30**, 6, 747 (1928).
95. ROSS, P. A., A new method of spectroscopy for faint x-radiations. J. Opt. Soc. Amer. **16**, 433 (1928).

96. Ross, P. A., Polarization of x-rays from a tungsten target. J. Opt. Soc. Amer. **16**, 375 (1928).
97. Rudberg, E., The velocity distribution of photoelectrons, produced by soft x-rays. Proc. roy. Soc. Lond. (A) **120**, 385 (1928).
98a. Rudberg, E., Some remarks concerning the production and absorption of soft x-rays and secondary electrons. Proc. roy. Soc. Lond. (A) **121**, 421 (1928).
98b. Rump, W., Die Streustrahlung der Luft. Fortschr. Röntgenstr. **38**, 58 (1928).
99. Rumpf, E., Über die Gitterkonstanten von Calciumoxyd und Calciumhydroxyd. Ann. Physik **87**, 595 (1928).
100. Sakisaka, Yoshitaro, The effects of the surface conditions on the intensity of reflection of x-rays by quartz. Jap. J. Phys. **4**, 171 (1928).
101. Saralegui, J. A., u. F. Vierheller, Über die Quantität und Qualität der Röntgenstreustrahlung und deren Einfluß auf die quantitative und qualitative Verteilung der Gesamtstrahlung innerhalb des Wassers. Strahlenther. **29**, 556 (1928).
102a. Sauter, F., Intensitätsproblem und Lichtquantentheorie. (Der Comptonsche Streuprozeß.) (Z. Physik **52**, 225 (1928).
102b. Scherrer, P., u. A. Stäger, Zerstreuung von Röntgenstrahlen durch Quecksilberdampfatome. Helv. Phys. Acta **1**, 289, 518 (1928).
103. Schwarzschild, M., Theory of the double X-ray spectrometer. Physic. Rev. **32**, 162 (1928).
104a. Siegbahn, M., Sekundäre Normale von Röntgenwellenlängen. Z. Physik **50**, 443 (1928).
104b. Sogani, C. M., X-ray diffraction in carbon tetrachloride (liquid). Indian J Phys. **2**, 377 (1928).
105. Stauss, H. E., The use of mirrors as „equivalent slits" for x-rays. J. Opt. Soc. Amer. **17**, 365 (1928).
106. Stauss, H. E., Reflection of X-Rays by Plane Surfaces. Physic. Rev. **31**, 491 (1928).
107. Steenbeck, M., Absolute Intensitätsmessung von Röntgenstrahlen. Ann. Physik **87**, 811 (1928).
108. Stelling, Otto, Über das K-Röntgenabsorptionsspektrum von Kalium in verschiedenen Verbindungen. Z. Physik **50**, 626 (1928).
109a. Stelling, Otto, Über den Zusammenhang zwischen chemischer Konstitution und K-Röntgenabsorptionsspektren. VII. Allgemeine Übersicht über die erhaltenen Resultate. (Zugleich Bemerkungen zu einer Arbeit von Aoyama, Kimura und Nishina.) Z. Physik **50**, 506 (1928).
109b. Stelling, Otto, Röntgenabsorptionsspektren und chemische Bindung. Z. Elektrochem. **34**, 520 (1928).
110. Stenman, John, Präzisionsmessungen in der K-Serie des Elementes Zinn. Z. Physik **48**, 349 (1928).
111a. Stewart, G. W., X-ray diffraction in liquids: Comparison of isomers of normal heptane and of certain chains. Physic. Rev. **32**, 153 (1928).
111b. Stewart, G. W., X-ray diffraction in liquid normal paraffins. Physic. Rev. **31**, 174 (1928).
112. Stewart, G. W., Theory of x-ray diffraction in liquids. Physic. Rev. **31**, 174 (1928); **32**, 558 (1928).
113. Stumpen, H., Bestimmungen von Schwächungskoeffizienten verschiedener Metalle und organischer Verbindungen im kurzwelligen Röntgengebiet. Z. Physik **50**, 215 (1928).
114. Thibaud, Jean, Discontinuités d'absorption dans le domaine intermédiaire (bandes K du carbone, de l'azote et de l'oxygéne). C. r. Acad. Sci. Paris **186**, 897 (1928).

115. THIBAUD, J., Beugung der Röntgenstrahlen durch Liniengitter. Spektrographie des Zwischengebietes. Physik. Z. **29**, 9, 241 (1928).
116. THIBAUD, J., Indice de réfraction de verre pour les rayons X de grande longueur d'onde. C. r. Acad. Sci. Paris **187**, 219 (1928).
117. THIBAUD, J., A vacuum grating spectrograph for ultraviolet and soft x-rays. J. Opt. Soc. Amer. **17**, 145 (1928).
118. TRELOAR, L. R. G., The Intensity distribution of the general and characteristic x-radiation from molybdenum. Philosophic. Mag. **6**, 1008 (1928).
119a. TRILLAT, J. J., Sur une nouvelle méthode de spectrographie par les rayons X. Applications à l'étude de l'orientation des acides gras par la mercure. C. r. Acad. Sci. Paris **187**, 168 (1928).
119b. TUUK, J. H. VAN DER, Over een anomaal verschijnsel in het röntgengebied. Physica **8**, 60 (1928).
120. VOORHEES, H. R., and GEO A. LINDSAY, The K x-ray absorption edge of Iron. Physic. Rev. (2) **31**, 306 (1928) — Philosophic. Mag. **6**, 910 (1928).
121. WADLUND, P. R., Absolute x-ray wavelength measurements. Proc. nat. Acad. Sci. U. S. A. **14**, 588 (1928) — Physic. Rev. **32**, 841 (1928).
122. WAGNER, ERNST, u. PAUL OTT, Versuche über die Polarisation spektralzerlegter Röntgenstrahlen. Ann. Physik **4**, 425 (1928).
123. WALLER, I., Über eine verallgemeinerte Streuungsformel. Z. Physik **51**, 213 (1928).
124. WALLER, I., and R. W. JAMES, Is crystal reflection of x-rays entirely a classical phenomenon? Nature (Lond.) **122**, 132 (1928).
125. WATSON, W. H., Fluorescent secondary X-radiation and the J-phenomenon. Philosophic. Mag. **5**, 1145 (1928).
126. WEATHERBY, B. B., Determination of the wavelength of the Kα line of carbon. Physic. Rev. **32**, 707 (1928).
127. WEBSTER, D. L., and R. M. YEATMAN, Recombination of ions in the chamber of an x-ray spectrometer. J. Opt. Soc. Amer. **17**, 254 (1928).
128a. WEBSTER, D. L., K-electron ionization by direct impact of cathode rays. Physic. Rev. **31**, 1118 (1928).
128b. WEBSTER, D. L., H. CLARK, R. M. YEATMAN and W. W. HANSEN, Intensities of K-Series x-rays from thin targets. Proc. nat. Acad. Sci. U. S. A. **14**, 679 (1928).
129a. WETTERBLAD, TORSTEN, Über die Kβ_2-Linie der Elemente K bis Mn. Z. Physic. **49**, 670 (1928).
129b. VIERHELLER, F., Estudio experimental sobre la calidad y cantidad de los rayos Röntgen diffusos y su influencia sobre la calidad y cantidad de la radiación total en el agua. Publ. La Plata **4**, 313 (1928).
130. WOLLAN, E. O., Are characteristic x-rays polarized? Proc. nat. Acad. Sci. U. S. A. **14**, 864 (1928).
131. WORSNOP, B. L., Das J-Phänomenon bei Röntgenstrahlen. Science Progress **23**, 244 (1928).

1929.

1. AGLINZEW, K. K., Zur Energieverteilung in kontinuierlichen Röntgenspektra. J. appl. Phys. **6**, 38 (1929).
2. ALBRECHT, E., Über das Verhältnis der Intensität der modifizierten Strahlung zu der der unmodifizierten bei der Streuung von Röntgenstrahlen. Z. Physik **57**, 326 (1929).
3. ALLEN, MILDRED, The Compton effect produced by standing electromagnetic waves according to wave mechanics. Physic. Rev. **33**, 293 (1929).
4. ALLISON, S. K., Experimental Evidence for the Filling of Electron Levels from the Relative Intensity of X-ray Spectrum Lines. Physic. Rev. **34**, 7 (1929).

5. ALLISON, S. K., Resolution of the Line $L\beta_2$ into its Diagram Components and the Relative Widths of Some X-Ray Spectrum Lines. Physic. Rev. **34**, 176 (1929).
6. ALLISON, S. K., Separation and relative intensity of the diagram-components of the $L\beta_2$-line by means of the double x-ray spectrometer. Physic. Rev. **33**, 1090 (1929).
7. ALLISON, SAMUEL K., Experimental evidence for the filling of electron levels from the relative intensity of x-ray lines. Physic. Rev. **33**, 1087 (1929).
8. ANDERSON, C. D., Momentum of photoelectrons in relation to the momentum of the ejecting x-rays. Physic. Rev. **33**, 265 (1929).
9. ANDERSON, C. D., Spatial distribution of photoelectrons ejected from a gas by x-rays. Physic. Rev. **34**, 547 (1929).
10. ARMSTRONG, ALICE H., X-Ray Diffracting Power of Copper and Iron for Molybdenum and Copper Radiation. Physic. Rev. **34**, 931 (1929).
11. ARMSTRONG, ALICE H., Intensity of Reflection of X-Rays from Diamond. Physic. Rev. **34**, 1115 (1929).
12a. ASTBURY, W. T., A new integrating photometer for x-ray crystal reflections, etc. Proc. roy. Soc. Lond. (A) **123**, 575 (1929).
12b. AUGER, PIERRE, Quelques faits expérimentaux indiquant l'absence de quantité de mouvement chez les électrons du niveau K, et sa présence chez ceux du niveau L. J. Physique et Radium **10**, 44 (1929) — Bull. Soc. Franç. de Phys. Nr 274.
13. BACKHURST, I., The absorption of x-rays from 0,63 to 2 Å. U. Philosophic. Mag. **7**, 353 (1929).
14. BANERJEE, KEDARESWAR, X-Ray Diffraction in Liquid Alloys of Sodium and Potassium. Indian J. Phys. **3**, 399 (1929).
15. BARKLA, C. G., and M. M. SEN GUPTA, Note on Superposed X-Radiations. Philosophic. Mag. **7**, 737 (1929).
16. BAZZONI, C. B., L. Y. FAUST and B. B. WEATHERBY, The fine structure and satellites of the K-alpha lines of the light elements. Physic. Rev. **33**, 1101 (1929).
17. BAZZONI, C. B., L. Y. FAUST and B. B. WEATHERBY, Densitometric Measurements of the K-α Line of Carbon. Nature (Lond.) **123**, 717 (1929).
18. BEARDEN, J. A., Absolute wave-length of the $K\alpha$ and $K\beta$ lines of Cu. Physic. Rev. **33**, 1088 (1929).
19. BEARDEN, J. A., Wave-length of the K lines of copper using ruled gratings. Proc. nat. Acad. Sci. U. S. A. **15**, 528 (1929).
20. BERNAL, J. D., An universal x-ray photogoniometer. Part III. J. scient. instr. **6**, 314 (1929).
21. BERNAL, J. D., An universal x-ray photogoniometer. Part IV. J. scient. instr. **6**, 343 (1929).
22. BIJVOET, J. M., u. W. A. FREDERIKSE, Das Streuungsvermögen für Röntgenstrahlen und die Elektronenverteilung des H-Ions. Rec. Trav. chim. Pays-Bas et Belg. (Amsterd.) **48**, 1041 (1929).
23. BJÖRCK, S., Eine neuentdeckte Beziehung zwischen den Grenzfrequenzen in der charakteristischen Röntgenstrahlung. Z. Physik **53**, 228 (1929).
24. BJÖRKESON, A., Eine Methode, um Röntgenspektren von Gasen zu erhalten. Z. Physik **55**, 327 (1929).
25. BRAGG, W. L., An optical method of representing the result of X-ray analysis. Z. Krist. **70**, 475 (1929).
26. BRENTANO, J., and J. ADAMSON, Precision measurements of x-ray reflexions from crystal powders. The lattice constants of zinc carbonate, manganese carbonate and cadmium oxide. Philosophic. Mag. **43**, 507 (1929).

27a. Bäcklin, Erik, Absolut mätning av röntgenstrålarnas våglängder med. plant reflexionsgitter. Fysisk Tidskr. 27, 143 (1929).
27b. Chandrasekhar, S., The Compton Scattering and the New Statistics. Proc. roy. Soc. Lond. (A) 125, 231 (1929).
28a. Compton, Arthur H., The Efficiency of Production of Fluorescent X-Rays. Philosophic. Mag. 8, 961 (1929).
28b. Compton, Arthur H., A new wave-length standard for x-rays. J. Frankl. Inst. 208, 605 (1929).
29. Coster, D., I. Nitta and W. J. Thijssen, The fine structure of the normal scattered molybdenum Kα-radiation from graphite. Nature (Lond.) 123, 642 (1929).
30. Coster, D., I. Nitta and W. J. Thijssen, The Raman Effect for X-rays. Nature (Lond.) 124, 230 (1929).
31. Coster, D., and M. Wolf, The Fine Structure of X-ray Absorption Edges. Nature (Lond.) 124, 652 (1929).
32. Cottrell, C. L., Effect of chemical combination on the absorption of x-rays at wave-lengths on each side of the K discontinuity. Physic. Rev. 33, 879 (1929).
33. Davis, B., and H. Purks, Fine structure in the Compton effect. Physic. Rev. 33, 1089 (1929).
34. Davis, Bergen, and Harris Purks, Fine Structure in the Compton Effect. Physic. Rev. 34, 1 (1929).
35. Davis, Bergen, and Harris Purks, Unusual Reflecting Power of a Pair of Calcite Crystals. Physic. Rev. 34, 181 (1929).
36. Debye, P., L. Bewilogua u. F. Ehrhardt, Zerstreuung von Röntgenstrahlen an einzelnen Molekeln. Physic. Z. 30, 84 (1929).
37. Debye, P., Interferometrische Messungen am Molekül. Physik. Z. 30, 524 (1929).
38. Debye, P., L. Bewilogua u. F. Ehrhardt, Interferometrische Messungen am Molekül. Leipziger Ber. 81, 29 (1929).
39. Dershem, E., Dispersion of soft x-rays in glass and platinum. Physic. Rev. 33, 291 (1929).
40. Dershem, Elmer, Reflection of the $K\alpha$ Line of Carbon from Glass. Physic. Rev. 34, 1015 (1929).
41. Dershem, E., X-ray anomalous dispersion in the region of the L-series of platinum. Physic. Rev. 33, 120 (1929).
42. Dershem, E., Refractive indices and anomalous dispersion of soft x-rays in platinum, silver, calcite and glass. Physic. Rev. 33, 659 (1929).
43. Dolejšek, V., et D. Engelmannova, Sur les doublets d'étincelle dans la série K. C. r. Acad. Sci. Paris 188, 318 (1929).
44. Dolejšek, V., and H. Filcáková, The complexity of the $K\beta'$ line of x-ray spectra. Nature (Lond.) 123, 412 (1929).
45. Dolejšek, V., et K. Pestrekov, Sur l'allure des valeurs des discontinuités d'absorption K des corps simples. C. r. Acad. Sci. Paris 188, 164 (1929).
46. Dolejšek, V., u. K. Pestrecov, Die Bestimmung des Niveauverlaufes im periodischen System aus den Werten der achten Gruppe. Physik. Z 23, 898 (1929).
47. Duane, W., On the polarization of x-radiation from mercury vapour. Physic. Rev. 33, 1089 (1929) — Proc. nat. Acad. Sci. U. S. A. 15, 805 (1929).
48. Duane, W., and J. C. Hudson, Intensities of general x-radiation proceeding from an atom in different directions. Physic. Rev. 33, 635 (1929).
49. Dufford, R. T., and H. E. Hammond, A promising method for measuring x-ray intensities. Physic. Rev. 33, 124 (1929).
50. Du Mond, J. W. M., Compton modified line structure and its relation to the electron theory of solid bodies. Physic. Rev. 33, 643 (1929).

51. Ebert, F., Ein einfaches Verfahren zur Abkürzung der Belichtungszeiten bei photographischen Aufnahmen, speziell bei Röntgenaufnahmen. Z. Instrumentenkde **49**, 90 (1929).
52a. Eckart, C., Continuous X-Ray Spectrum. Physic. Rev. **34**, 167 (1929).
52b. Eddy, C. E., T. H. Laby and A. H. Turner, Analysis by X-ray Spectroscopy. Proc. roy. Soc. Lond. (A) **124**, 249 (1929).
53. Edwards, H. W., Total reflection of x-rays from nickel films. Part II. Physic. Rev. **33**, 463 (1929).
54. Ehrenberg, W., Über die Streuung von Röntgenstrahlen an Graphit. Z. Physik **53**, 234 (1929).
55. Ehrenberg, W., u. F. Jentzsch, Über die Auslösung von Photoelektronen durch Röntgenstrahlen aus Metallspiegeln an der Grenze der Totalreflexion. Z. Physik **54**, 227 (1929).
56. Espe, Werner, Über die Emission von Elektronen aus Metallen bei Bestrahlung mit Röntgenstrahlen. Ann. Physik **4**, 381 (1929).
57. Feder, H., Beitrag zur h-Bestimmung. Ann. Physik **1**, 497 (1929).
58. Friesen, S. v., Über die Atomebenenabstände der Gipskristalle. Z. Physik **54**, 679 (1929).
59. Friesen, Sten v., Präzisionsmessungen in der K-Serie der Elemente Titan und Vanadium. Z. Physik **58**, 781 (1929).
60. Fuller, M. Luther, Precision Measurements of X-Ray Reflexions from Crystal Powders. Philosophic. Mag. **8**, 585 (1929).
61. Gaertner, O., Absolute Intensitätsmessungen an Röntgenstrahlen. Ann. Physik **2**, 94 (1929).
62. Gaertner, Otto, Die Ionisierung der Halogene (außer Fluor) und ihrer CH_3-Verbindungen durch Röntgenstrahlen. Ann. Physik **3**, 325 (1929).
63. George, W. H., On the interpretation of x-ray crystal photographs. Part I. Use of photographic grids. Philosophic. Mag. **7**, 373 (1929).
64. Grotrian, W., Absolute Wellenlängenbestimmungen der Röntgenstrahlen. Ein neuer Wert für die Elementarladung des Elektrons. Naturwiss. **17**, 201 (1929).
65. Haworth, F. E., A Voltage Regulator for Gas Discharge X-ray Tubes. J. Opt. Soc. Amer. **19**, 79 (1929).
66. Henderson, J. E., and E. R. Laird, Reflection of soft x-rays. Physic. Rev. **33**, 291 (1929).
67. Hendricks, Sterling B., Diffraction of X-Radiation from some Crystalline Aggregates. Z. Krist. **71**, 269 (1929).
68a. Hertlein, H. F., Über die Beugung von Röntgenstrahlen in Flüssigkeiten und Flüssigkeitsgemischen. Z. Physik **54**, 341 (1929).
68b. Herzog, G., Die Zerstreuung von Röntgenstrahlen an Gasen. I. II. Helv. Phys. Acta **2**, 169, 217 (1929).
69. Howe, C. E., Wave-length measurements of L lines (Zn to Ca). Physic. Rev. **33**, 1088 (1929).
70. Howe, C. E., A preliminary report on the measurement of the Kα Line of carbon. Proc. nat. Acad. Sci. U. S. A. **15**, 251 (1929).
71. Idei, S., A violation of the selection principle for the principal number. Nature (Lond.) **123**, 643 (1929).
72. James, R. W., G. W. Brindley and R. G. Wood, A Quantitative Study of the Reflexion of X-Rays from Crystals of Aluminium. Proc. roy. Soc. Lond. (A) **125**, 401 (1929).
73. Jauncey, G. E. M., and H. Bauer, Temperature and the Compton Effect. Physic. Rev. **34**, 387 (1929).
74. Jauncey, G. E. M., and H. Bauer, Temperature and the Compton Effect. Physic. Rev. **33**, 1088 (1929).

75. Jentzsch, F., Optische Versuche mit Röntgenstrahlen. Physik. Z. **30**, 268 (1929).
76. Jentzsch, F., u. E. Nähring, Reflexion von Röntgenstrahlen. Naturwiss. **17**, 980 (1929).
77. Johnson, A. J. M., The M-series absorption spectra of metallic platinum and gold. Physic. Rev. **33**, 120 (1929).
78. Johnson, Arthur J. M., M-Series Absorption Spectra of Metallic Platinum and Gold. Physic. Rev. **34**, 1106 (1929).
79. Kast, W., Zum Ramaneffekt im Röntgengebiet. Z. Physik **58**, 519 (1929).
80. McKeehan, L. W., A Method of Computation for X-Ray Diffraction Patterns on Cylindrical Films. Z. Krist. **70**, 515 (1929).
81. Kellström, Gunnar, Undersökning av L-serien hos elementen 29 Cu — 20 Ca medelst plangitterspektrograf. Fysisk Tidskr. **27**, 145 (1929).
82. Kellström, Gunnar, Wellenlängenbestimmungen in der L-Reihe der Elemente 29 Cu bis 20 Ca mit Plangitterspektrograph. Z. Physik **58**, 511 (1929).
83. Kettmann, G., Beiträge zur Auswertung von Debye-Scherrer-Aufnahmen. Z. Physik **53**, 198 (1929).
84. Kirkpatrick, P., Classical scattering in x-ray reflection. J. Opt. Soc. Amer. **18**, 452 (1929).
85. Kirkpatrick, P., and Margaret Dewar, Classical scattering in x-ray reflection. Physic. Rev. **34**, 549 (1929).
86. Kirkpatrick, P., and I. Miyake, Polarization of the $L\beta_1$ radiation of tungsten. Physic. Rev. **33**, 268 (1929) — Proc. nat. Acad. Sci. U. S. A. **15**, 418 (1929).
87. Klein, O., u. Y. Nishina, Über die Streuung von Strahlung durch freie Elektronen nach der neuen relativistischen Quantendynamik von Dirac. Z. Physik **52**, 853 (1929).
88. Kramers, H. A., Die Dispersion und Absorption von Röntgenstrahlen. Physik. Z. **30**, 522 (1929).
89. Krishnamurti, P., X-Ray Diffraction in Liquids and Solutions and the Molecular Structure Factor. Indian J. Phys. **3**, 507 (1929).
90. Kronig, R. de L., Dispersionstheorie im Röntgengebiet. Physik. Z. **30**, 521 (1929).
91. Kulenkampff, H., Untersuchungen über die kontinuierliche Röntgenstrahlung. Physik. Z. **30**, 513 (1929).
92a. Kulenkampff, H., u. B. Woernle, Ein Ionisationsspektrometer für langwellige Röntgenstrahlen. Physik. Z. **30**, 551 (1929).
92b. Laby, T. H., Recent Investigations in X-Rays. Rep. Austral. Assoc. Advanc. of Sci. (Hobart 1928) **19**, 111 (1929).
93. Langer, R. M., and S. B. Hendricks, Multiple processes in the x-ray region. Physic. Rev. **34**, 544 (1929).
94. Larsson, A., Experimentelle Untersuchungen über die Dispersion der Röntgenstrahlen. Uppsala Univ. Årsskrift **1929**.
95. Larsson, Axel, Röntgenstrålarnas dispersion. Fysisk Tidskr. **27**, 128 (1929).
96. Lindberg, E., Röntgenspektroskopische Messungen in den M-Absorptionsspektren der Elemente Uran bis Wolfram. Z. Physik **54**, 632 (1929).
97a. Lindberg, E., Über die M-Serie des Rheniums. Z. Physik **56**, 402 (1929).
97b. Lindberg, E., Die M-Serie der seltenen Erden. Z. Physik **57**, 797 (1929).
98. Linnik, W., Über die Beugung der Röntgenstrahlen an einem zweidimensionalen Kristallgitter. Z. Physik **55**, 502 (1929).
99. Linnik, W., Über die Beugung der Röntgenstrahlen an einer sehr dünnen Kristallplatte. Z. Physik **57**, 667 (1929).

100. Lukirsky, P., Über die Polarisation beim Comptoneffekt. Z. Physik **53**, 792 (1929).
101. Mark, H., u. G. v. Susich, Neue Messungen über die Linienbreite der Röntgenstrahlen. Physik. Z. **30**, 526 (1929).
102. Mark, H., u. G. v. Susich, Über kurze Belichtungszeiten von Röntgendiagrammen. Naturwiss. **17**, 803 (1929).
103. Meyer, H. T., Über das Auftreten von Strukturlinien an der K-Absorptionsbandkante des Broms. Wiss. Veröffentl. a. d. Siemens-Konz. **7**, 101 (1929).
104. Meyer, H. T., Über die Intensität der K-Linien des Röntgenspektrums in Abhängigkeit von der Ordnungszahl. Wiss. Veröffentl. a. d. Siemens-Konz. **7**, 108 (1929).
105. Mirolubow, N., u. J. Poroikow, Bestimmung und Erhaltung der Isohomogenität der Röntgenstrahlen bei Filtration. Z. Physik **54**, 399 (1929).
106. Mitchell, D. P., Change of frequency of x-rays scattered by bound electrons. Physic. Rev. **33**, 871 (1929).
107. Mitchell, D., and B. Davis, Fine structure of scattered x-rays. Physic. Rev. **33**, 292 (1929).
108a. Molin, Kurt, Beitrag zur Kenntnis der Wirkungsweise der Geigerkammer. Bestimmung des Intensitätsverhältnisses der $M\alpha$- und $M\beta$-Linien von Wolfram. S.-A. Ark. Mat., Astr. o. Fys. (A) **21**, Nr 20, 22 S. (1929).
108b. Moxnes, N. H., Notiz über eine Abänderung des Glockerschen Verfahrens zur quantitativen Analyse mittels Absorption der Röntgenstrahlen. Z. physik. Chem. (A) **144**, 134 (1929).
109. Mukherjee, B. C., u. B. B. Ray, Kritische Bestimmungen des K-, L_I- und M_I-Niveaus für leichtere Elemente. Z. Physik **57**, 345 (1929).
110. Müller, Alex, A „Spinning Target X-Ray Generator“ and its Input Limit. Proc. roy. Soc. Lond. (A) **125**, 507 (1929).
111. Möller, H., u. A. Reis, Über die Beschaffenheit der Interferenzlinien bei Röntgenaufnahmen an vielkristallinem Material. II. Mitteilung. Z. physik. Chem. (B) **2**, 317 (1929).
112. Nasledow, D., u. P. Scharawsky, Ionisation fester Dielektriken durch Röntgenstrahlen (Untersuchungen an Ceresin). Ann. Physik **3**, 63 (1929).
113. Newbold, A. A., The Spectrum emitted by a Carbon Plate under Bombardement. Philosophic. Mag. **7**, 706 (1929).
114. Nicholas, Warren W., Continuous spectrum x-rays from thin targets. Bur. of Stand. J. of Res. **2**, 837 (1929).
115. Nishina, Y., Die Polarisation der Comptonstreuung nach der Diracschen Theorie des Elektrons. Z. Physik **52**, 869 (1929).
116. Osgood, Thomas H., Spectroscopy of Soft X-Rays. Physic. Rev. Suppl. **1**, 228 (1929).
117. Pastorello, S., I metalli Cr, Mn, Fe, Co, Ni, Cu usati come reticoli di diffrazione delle corrispondenti radiazioni X. Cim. (N. S.) **6**, 50 (1929).
118. Pauling, Linus, Photo-ionization in Liquids and Crystals and the Dependence of the Frequency of X-Ray Absorption Edges on Chemical Constitution. Physic. Rev. **34**, 954 (1929).
119. Pearson, G. L., Relative probabilities of the ionization of K and L electrons of equal ionization energy. Proc. nat. Acad. Sci. U. S. A. **15**, 658 (1929).
120. Prins, J. A., Über die Beugung von Röntgenstrahlen in Flüssigkeiten und Lösungen. Z. Physik **56**, 617 (1929).
121. Prins, J. A., The diffraction of x-rays in liquids containing heavy atoms. Nature (Lond.) **123**, 84 (1929).
122. Prins, J. A., X-Ray Diffraction by Plane Gratings. Nature (Lond.) **124**, 370 (1929).

123. Raman, C. V., A Classical Derivation of the Compton Effect. Indian J. Phys. **3**, 357 (1929).
124. Raman, C. V., and P. Krishnamurti, A New X-ray Effect. Nature (Lond.) **124**, 53 (1929).
125. Rao, S. Ramachandra, Soft x-rays from a single nickel crystal. Nature (Lond.) **123**, 344 (1929).
126. Ray, B. B., Mehrfachabsorption und sekundäre K-Absorptionsgrenze im Röntgengebiet. Z. Physik **55**, 119 (1929).
127. Ray, B. B., and P. C. Mahanti, Fine structure absorption edges in metals. Nature (Lond.) **123**, 528 (1929).
128. Ray, B. B., u. P. C. Mahanti, Feinstrukturabsorptionskanten der Metalle und Metalloide im Röntgengebiet. Z. Physik **54**, 534 (1929).
129. Ray, B. B., u. R. C. Mazumdar, Ursprung der weichen Röntgenstrahlen bei den leichteren Elementen. Z. Physik **53**, 646 (1929).
130. Ray, B. B., On the Origin of the Spark Lines in X-Ray Spectra. Philosophic. Mag. **8**, 772 (1929).
131. Reinicke, R., Über eine einfache Möglichkeit der anschaulichen Darstellung der Röntgenniveaus durch ein flächenzentriertkubisches Raumgitterschema. Physik. Z. **30**, 693 (1929).
132. Richardson, O. W., and U. Andrewes, Soft x-rays from crystal faces. Nature (Lond.) **123**, 344 (1929).
133. Richardson, O. W., and F. S. Robertson, The emission of soft x-rays by different elements at higher voltages. Proc. roy. Soc. Lond. (A) **124**, 188 (1929).
134. Richtmyer, F. K., Satellites of certain x-ray lines. Physic. Rev. **33**, 291 (1929).
135. Richtmyer, F. K., On the determination of the wave-length of x-ray satellites. Physic. Rev. **33**, 1088 (1929).
136. Richtmyer, F. K., and R. D. Richtmyer, Satellites of the X-Ray Lines $L\alpha$, $L\beta_1$ and $L\beta_2$. Physic. Rev. **34**, 574 (1929).
137. Richtmyer, F. K., Some secondary phenomena in x-ray spectra. J. Frankl. Inst. **208**, 325 (1929).
138. Robinson, H. R., and C. L. Young, The absorption of x-rays. Nature (Lond.) **123**, 203 (1929).
139. Rudberg, E., Soft X-rays and secondary electrons. Kungl. Sv. Vetensk. Handl., III. S, **7**, Nr 1 (1929).
140. Schanz, Georg, Untersuchung der Wellenlängenabhängigkeit des Streustrahlungskoeffizienten nach einer integrierenden Meßmethode. Z. Physik **57**, 669 (1929).
141. Schocken, Klaus, Über die Schwächungskoeffizienten einiger Gase für kurzwellige Röntgenstrahlen. Z. Physik **58**, 39 (1929).
142. Schreiber, H., Quantitative chemische Analyse mittels des Röntgenemissionsspektrums. Z. Physik **58**, 619 (1929).
143. Schön, M., Über Totalreflexion langwelliger Röntgenstrahlung. Z. Physik **58**, 165 (1929).
144. Seemann, H., Versuch zum Nachweis der Polarisation der Röntgenstrahlen einer Lilienfeld-Röntgenröhre. Z. Physik **55**, 371 (1929).
145. Seemann, H., P. Gallitelli u. O. Kantotowicz, Vermeidung von Verunreinigungen der Antikathode in zerlegbaren Elektronenröntgenröhren während des Betriebes. Z. Physik **58**, 823 (1929).
146. Seemann, H., u. K. F. Schotzky, Über die Brauchbarkeit optischer Strichgitter für Röntgenspektralanalyse im Gebiet von 1 bis 2 Ångström. Z. Physik **55**, 252 (1929).
147. Sevin, E., Sur le phénomène de Compton et son inverse. C. r. Acad. Sci. Paris **188**, 986 (1929).

148. SEVIN, E., Sur l'effet photo-électrique et le spectre X continu. C. r. Acad. Sci. Paris **188**, 911 (1929).
149. SIEGBAHN, MANNE, On the Methods of Precision Measurements of X-Ray Wave-Lengths. Ark. Mat., Astr. o. Fys. (A) **21**, Nr 21 (1929).
150. SMITH, C. J., A hot-cathode x-ray tube for use in spectroscopy. J. scient. instr. **6**, 251 (1929).
151. SOMMERFELD, A., About the production of the continuous x-ray spectrum. Proc. nat. Acad. Sci. U. S. A. **15**, 393 (1929).
152. STAUSS, H. E., Reflection of X-Rays from Platinum Films Sputtered on Glass. Physic. Rev. **34**, 1021 (1929).
153. STAUSS, H. E., Errors in the Use of Gratings with X-Rays Due to the Divergence of the Radiation. Physic. Rev. **34**, 1601 (1929).
154. STAUSS, H. E., The prism with an index of refraction less than unity. J. Opt. Soc. Amer. **19**, 167 (1929).
155. STELLING, OTTO, Über die K-Röntgenabsorptionsspektren einiger Chlorverbindungen in wässeriger Lösung. Naturwiss. **17**, 689 (1929).
156. SUGIURA, YOSHIKATSU, The Angular Intensity Distribution of Continuous X-Ray Spectrum. Scient. Pap. Inst. Phys. Chem. Res. Tokyo **11**, 251 (1929).
157. SWINNE, R., Röntgenspektrum und chemische Bindung. Physik. Z. **30**, 523 (1929).
158. SÖDERMAN, M., Die K-Strahlung der leichtesten Elemente (Al bis Be). Z. Physik **52**, 795 (1929).
159. THIBAUD, J., Indice de réfraction des rayons X de grande longueur d'onde. (Jusqu'à $\lambda = 65$ Ångströms.) J. Physique et Radium **10**, 8 (1929).
160. THIBAUD, J., Existence possible d'importantes exceptions au principe de sélection relatif au nombre quantique total. Spectre N du thorium. C. r. Acad. Sci. Paris **188**, 1394 (1929).
161. THIBAUD, JEAN, Der Brechungsindex für langwellige Röntgenstrahlen (bis $\lambda = 65$ Å.E.). Helvet. Phys. Acta **2**, 271 (1929).
162. THIBAUD, JEAN, Existence, dans les spectres de Rayons X de grande longueur d'onde, de raies nouvelles, correspondant à des déplacements électroniques à l'intérieur d'un même niveau. J. Physique et Radium **10**, 102 (1929) — Bull. Soc. Franç. de Phys. Nr 279.
163. THIBAUD, JEAN, et JEAN-J. TRILLAT, Diffraction des rayons X dans diverses substances, principalement dans les liquides. C. r. Acad. Sci. Paris **189**, 751 (1929).
164. THIBAUD, JEAN, et JEAN-J. TRILLAT, Effets de filtration de la radiation générale sur les diagrammes de rayons X des liquides. Détermination de coefficients d'absorption. C. r. Acad. Sci. Paris **189**, 907 (1929).
165. TRILLAT, J. J., Orientation de composés organiques par des surfaces cylindriques de verre et orientation superficielle du verre. Applications. C. r. Acad. Sci. Paris **188**, 555 (1929).
166. WACHSMUTH, R., Bestimmung des Brechungsindex von Glas und Silber für Röntgenstrahlen. (Nach Messungen von Kellermann.) Verh. dtsch. phys. Ges. (3) **10**, 25 (1929).
167. VALASEK, JOSEPH, Precision Measurements in the K-Series of the Elements 48 Cd and 49 In. Physic. Rev. **34**, 1231 (1929).
168. WALLER, I., Theoretische Untersuchungen über die Streuung von Röntgenstrahlen. Physik. Z. **30**, 518 (1929).
169. WALLER, I., and D. R. HARTREE, On the intensity of total scattering of x-rays. Proc. roy. Soc. Lond. (A) **124**, 119 (1929).
170. VALOUCH, M. A., Sur la réflexion et l'absorption des rayons X de grande longueur d'onde. C. r. Acad. Sci. Paris **189**, 283 (1929).

171. VALOUCH, M. A., Über die Absorption und Reflexion langwelliger Röntgenstrahlen. Physik. Z. **30**, 911 (1929).
172. VALOUCH, M., Recherches sur la réflexion des rayons X de grande longueur d'onde. J. Physique et Radium **10**, 109 (1929).
173. VARIAN, RUSSELL H., A Gas-filled X-ray Tube of Small Diameter and Large Power Capacity. J. Opt. Soc. Amer. **19**, 404 (1929).
174. VARIAN, RUSSELL H., Intensity Measurements on the Compton Effect for Soft X-rays. J. Opt. Soc. Amer. **19**, 351 (1929).
175. WATSON, E. C., and J. A. VAN DEN AKKER, Differences in the directions of ejection of x-ray photoelectrons from various atomic levels. Proc. roy. Soc. Lond. (A) **126**, 138 (1929) — Physic. Rev. **34**, 547 (1929).
176. WEBSTER, D. L., and W. W. HANSEN, The relation between the continuous and line spectra of x-rays from thin targets. Physic. Rev. **33**, 635 (1929).
177. WEBSTER, H. C., The photographic measurement of the relative intensities of the $L\alpha_1\alpha_2\alpha_3$ lines of silver. Proc. Phys. Soc. **41**, 181 (1929).
178. WEBSTER, H. C., Spark satellites of the $L\alpha$ lines of silver. Proc. Phys. Soc. **41**, 192 (1929).
179. WENTZEL, GREGOR, Über den Rückstoß beim Comptoneffekt am Wasserstoffatom. Z. Physik **58**, 348 (1929).
180. WILLIAMS, J. H., and S. K. ALLISON, Design of a double x-ray spectrometer. J. Opt. Soc. Amer. **18**, 473 (1929).
181. WINGER, RALPH, A relation between lattice energy and shift in x-ray absorption edges. Physic. Rev. **34**, 549 (1929).
182. WOOSTER, W. A., A two-circle x-ray spectrometer. Trans. Faraday Soc. **25**, 401 (1929).
183. WYCKOFF, RALPH W. G., and ALICE H. ARMSTRONG, The X-Ray Diffracting Power of Chlorine and Ammonium in Ammonium Chloride. Z. Krist. **72**, 319 (1929).
184. YOST, DON M., The K-Absorption Discontinuities of Manganous and Chromate Ions. Philosophic. Mag. **8**, 845 (1929).

1930.

1. ALEXANDER, N. S., The J-phenomenon in x-rays. Proc. Phys. Soc. **42**, 82 (1930).
2. ALLISON, SAMUEL K., and J. H. WILLIAMS, Experiments on the reported fine structure of the molybdenum $K\beta$ lines. Physic. Rev. **35**, 135 (1930).
3. ALLISON, SAMUEL K., and JOHN H. WILLIAMS, Experiments on the Reported Fine Structure and the Wave-Length Separation of the $K\beta$ Doublet in the Molybdenum X-Ray Spectrum. Physic. Rev. **35**, 149 (1930).
4. ALLISON, SAMUEL K., and JOHN H. WILLIAMS, Resolving Power of Calcite for X-Rays and the Natural Widths of the Mo $K\alpha$ Doublet. Physic. Rev. **35**, 1476 (1930).
5. ANDERSON, CARL D., Space-Distribution of X-Ray Photoelectrons Ejected from the K and L Atomic Energy-Levels. Physic. Rev. **35**, 1139 (1930).
6. BAND, WILLIAM, X-Ray Emission Independent of Temporary Excitation. Physic. Rev. **35**, 1129 (1930).
7. BAND, WILLIAM, Classical quantum theory and x-ray excitation by canal rays and alpha-particles. Proc. Phys. Soc. **42**, 541 (1930).
8. BARNES, S. W., and F. K. RICHTMYER, Excitation potential of the $L\alpha$ satellites of Ag (47). Physic. Rev. **35**, 661 (1930).
9. BEARDEN, J. A., Spectroscopic analysis of scattered x-rays. Physic. Rev. **35**, 1427 (1930).
10. BEARDEN, J. A., Independence of X-Ray Absorption on Temperature. Physic. Rev. **35**, 1463 (1930).

11. BEARDEN, J. A., Double Crystal Study of Scattered X-Rays. Physic. Rev. **36**, 791 (1930).
12a. BERGQVIST, O., Die Gitterkonstante von Quarz. Z. Physik **66**, 494 (1930).
12b. BETHE, H., Zur Theorie des Durchgangs schneller Korpuskularstrahlen durch Materie. Ann. Physik **5**, 325 (1930).
13. BEUTHE, H., Über neue schwache Linien in der K-Serie der Elemente V bis Y. Z. Physik **60**, 603 (1930).
14. BEUTHE, H., u. A. v. GROSSE, Die L-Serie des Elements 91—Protaktinum. Z. Physik **61**, 170 (1930).
15. BEUTHE, H., Über die nichtstationäre Behandlung des Photoeffekts. Ann. Physik **4**, 443 (1930).
16. BHARGAVA, SALIGRAM, Scattering of X-Rays by Bound Electrons. Nature (Lond.) **126**, 398 (1930).
17. BRADFORD, S. C., The Diffraction of X-rays by Vitreous Solids and its Bearing on their Constitution. Nature (Lond.) **125**, 975 (1930).
18. BRAMLEY, ARTHUR, X-Rays Generated by Three Element Tube. Physic. Rev. **35**, 869 (1930).
19a. BRAUNBEK, WERNER, Berechnung der Röntgen-K-Terme der leichtesten Elemente und der Edelgase aus optischen Ionisierungsspannungen. Z. Physik **63**, 154, 718 (1930) — Verh. dtsch. phys. Ges. (3) **11**, 28 (1930).
19b. BRAUNBEK, W., Berichtigungen zu meiner Arbeit: „Berechnung der Röntgen-K-Terme usw." Z. Physik **63**, 718 (1930).
20. BREDIG, M. A., Bemerkung zu der Arbeit von W. Busse: Ausdehnung und Intensität von Debyelinien oder Ringen in Abhängigkeit von Röhrenfokus-, Kamera- und Präparatdimensionen. Z. Physik **65**, 430 (1930).
21. BREIT, G., Possible Effects of Nuclear Spin on X-Ray Terms. Physic. Rev. **35**, 1447 (1930).
22. BRENTANO, J., Precision Measurements of X-Ray Reflexions from Crystal Powders. Philosophic. Mag. **9**, 525 (1930).
23. BRILL, RUDOLF, Intensitätsmessungen der diffusen Röntgenstrahlung bei gestörten KCl-Krystallen. Z. Physik **61**, 454 (1930).
24. BRINDLEY, G. W., A Note on the Scattering Power of the Carbon Atom in Diamond for X-Rays. Philosophic. Mag. **9**, 204 (1930).
25a. BRINDLEY, G. W., The Scattering Powers of the Atoms in Magnesium Oxyde for X-Rays and some Related Properties. Philosophic. Mag. **9**, 1081 (1930).
25b. BROGLIE, MAURICE DE, u. LOUIS DE BROGLIE, Einführung in die Physik der Röntgen- und γ-Strahlen. Leipzig 1930.
26. BUSSE, W., Ausdehnung und Intensität von Debyelinien oder Ringen in Abhängigkeit von Röhrenfokus-, Kamera- und Präparatdimensionen. Z. Physik **63**, 227 (1930).
27. BÄCKLIN, ERIK, X-Ray Measurements with a Plane Diffraction Grating. Nature (Lond.) **125**, 239 (1930).
28. CARRELLI, ANTONIO, Raman Effect in the X-Ray Region. Nature (Lond.) **125**, 201 (1930).
29. CHALKLIN, F. C., The Soft X-Rays of Manganese. Philosophic. Mag. **9**, 847 (1930).
30. CLAASSEN, A., The Calculation of Absorption in X-Ray Powder-Photographs and the Scattering Powder of Tungsten. Philosophic. Mag. **9**, 57 (1930).
31. CLAUS, W. D., Temperature effect in diffuse scattering of x-rays from rocksalt. Physic. Rev. **35**, 1427 (1930).
32. COADE, ERROL N., X-Ray Scattering Coefficient as a Function of Wave-Length and Atomic Number. Physic. Rev. **36**, 778 (1930).
33. COADE, ERROL N., X-Ray Scattering Coefficient as a Function of Wave-Length and Atomic Number. Physic. Rev. **36**, 1109 (1930).

34. Cohn-Peters, H. J., u. Fritz Lange, Statistische Schwankungen der quantenhaften Absorption von Röntgenstrahlen. Ann. Physik **4**, 453 (1930).
35. Colvert, W. W., X-Ray Absorption in Gases. Physic. Rev. **36**, 1619 (1930).
36. Compton, A. H., The efficiency of x-ray fluorescence. Physic. Rev. **35**, 127 (1930).
37. Compton, Arthur H., Determination of Electron Distributions from Measurements of Scattered X-Rays. Physic. Rev. **35**, 925 (1930).
38. Compton, Arthur H., Scattering of x-rays and the distribution of electrons in helium. Physic. Rev. **35**, 1427 (1930).
39. Cooksey, Charlton Dows, and Donald Cooksey, The Glancing Angle of Reflection from Calcite for Silver ($K\alpha_1$) X-rays. Physic. Rev. **35**, 564 (1930).
40a. Cooksey, C. D., and D. Cooksey, Precision Measurements of the Glancing-Angle of Reflection from Calcite for Silver ($K\alpha_1$) X-Rays by the „Method of Displacement". Physic. Rev. **36**, 85 (1930).
40b. Cooksey, D., and C. D. Cooksey, Unreliability of Photographic Emulsions on Glass for Recording Distances and a Method of Minimizing this Defect. Physic. Rev. **36**, 80 (1930).
41. Coolidge, W. D., The Development of Modern X-ray Generating Apparatus. Part I. Gen. Electr. Rev. **33**, 608 (1930).
42. Cork, J. M., Absolute measurement of certain x-ray wave-lengths. Physic. Rev. **35**, 128 (1930).
43. Cork, J. M., Molybdenum L-Series Wave-Lengths by Ruled Gratings. Physic. Rev. **35**, 1456 (1930).
44. Cork, J. M., False Lines in X-Ray Grating Spectra. Physic. Rev. **36**, 665 (1930).
45. Coster, D., K. S. Knol u. J. A. Prins, Unterschiede in der Intensität der Röntgenstrahlenreflexion an den beiden 111-Flächen der Zinkblende. Z. Physik **63**, 345 (1930).
46. Cox, E. G., and W. F. B. Shaw, Correction Factors in the Photographic Measurement of X-Ray Intensities in Crystal Analysis. Proc. roy. Soc. Lond. (A) **127**, 71 (1930).
47. Crowther, J. A., and L. H. H. Orton, On the Absorption of X-Rays in Gases and Vapours. Part I. Gases. Philosophic. Mag. **10**, 329 (1930).
48. Dasannacharya, B., Polarization of x-rays from thin aluminium anti-cathodes. Physic. Rev. **35**, 129 (1930).
49. Dasannacharya, Balebail, Polarization of the Continuous X-Rays from Single Electron Impacts. Physic. Rev. **36**, 1675 (1930).
50. Dauvillier, A., Spectres de rayons X des gaz. Séries K du krupton et du xénon. C. r. Acad. Sci. Paris **191**, 937 (1930).
51. Davies, A. C., F. Horton and E. Blundell, Critical Potentials for the Excitation of Soft X-Rays from Iron. Proc. roy. Soc. Lond. (A) **126**, 661 (1930).
52. Davis, Bergen, Limiting Resolving Power of a Crystal Grating. Physic. Rev. **35**, 209 (1930).
53. Debye, P., Röntgeninterferenzen an isomeren Molekülen. (Nach Versuchen mit L. Bewilogua und F. Ehrhardt.) Physic. Rev. **31**, 142 (1930).
54. Debye, P., Röntgenzerstreuung an Flüssigkeiten und Gasen. Physik. Z. **31**, 348 (1930).
55. Debye, P., Röntgeninterferenzen und Atomgröße. Physik. Z. **31**, 419 (1930).
56. Deodhar, G. B., Fine Structure of K-Absorption Limit of Silicon Oxide. Nature (Lond.) **125**, 777 (1930).
57. Deodhar, G. B., X-Ray Spectra and Chemical Combination. Nature (Lond.) **126**, 205 (1930).
58. Dershem, E., The index of refraction and absorption coefficient of gold for the $K\alpha$ line of carbon. Physic. Rev. **35**, 128 (1930).

59. Dershem, E., and M. Schein, The intensity of reflection of the K line of carbon from a quartz surface. Physic. Rev. **35**, 292 (1930).
60. Dershem, Elmer, and Marcel Schein, Apparatus for measuring absorption coefficients of soft-x-rays in gases and the absorption in air of the Kα line of carbon. Physic. Rev. **36**, 378 (1930).
61. Deubner, W., Versuche über die Reflexion von Röntgenstrahlen an einem künstlich hergestellten Schichtenkörper. Ann. Physik **5**, 261 (1930).
62. Du Mond, J., and H. Kirkpatrick, The multiple crystal x-ray spectrograph. Physic. Rev. **35**, 136 (1930) — Rev. of Scient. Instr. (N. S.) **1**, 88 (1930).
63. Du Mond, J. W. M., Breadth of Compton Modified Line. Physic. Rev. **36**, 146 (1930).
64. Du Mond, Jesse W. M., and Archer Hoyt, Energy of the Kα_3 of Copper as a Function of Applied Voltage with the Double Crystal Spectrometer. Physic. Rev. **36**, 799 (1930).
65. Du Mond, Jesse W. M., Evidence for the Richtmyer Double Jump Hypothesis of X-Ray Satellites. Physic. Rev. **36**, 1015 (1930).
66. Du Mond, Jesse W. M., Multiple Scattering in the Compton Effect. Physic. Rev. **36**, 1685 (1930).
67. Du Mond, Jesse W. M., and Archer Hoyt, Design and Technique of Operation of a Double Crystal Spectrometer. Physic. Rev. **36**, 1702 (1930).
68. Eddy, C. E., and T. H. Laby, Quantitative Analysis by X-Ray Spectroscopy. Proc. roy. Soc. Lond. (A) **127**, 20 (1930).
69. Eggert, John, Die Empfindlichkeit photographischer Emulsionen für Röntgenstrahlen in Abhängigkeit von der Korngröße. Z. Elektrochem. **36**, 750 (1930).
70. Fagerberg, Sven, Fokale Eigenschaften der optischen Beugungsgitter und Einfluß der Gitterfehler auf die Meßgenauigkeit im ultraweichen Röntgengebiet bei Verwendung von ebenen Gittern. Z. Physik **62**, 457 (1930).
71. McFarlan, Ronald L., The effect of an electric field on the X-ray diffraction pattern of a liquid. Physic. Rev. **35**, 1426 (1930).
72. McFarlan, Ronald L., Effect of an electric field on the X-ray diffraction pattern of a liquid. Physic. Rev. **35**, 1469 (1930).
73. Faust, Lawrence Y., Fine Structure of the K-Radiation of the Lighter Elements. Physic. Rev. **36**, 161 (1930).
74. Gingrich, Newell S., Double crystal spectra of scattered x-rays. Physic. Rev. **35**, 1444 (1930).
75. Gingrich, Newell S., Analysis of Scattered X-Rays with the Double Crystal Spectrometer. Physic. Rev. **36**, 1050 (1930).
76. Gingrich, N. S., A Design of Metal X-Ray Tube. Rev. Scient. Instr. (N. S.) **1**, 691 (1930).
77. Good, William, Streuung von Röntgenstrahlen an Wasser und an wässerigen Salzlösungen. Helv. Phys. Acta **3**, 205, 436 (1930).
78. Gray, J. A., and W. H. Zinn, New phenomena in x-ray scattering. Canad. J. Res. **2**, 291 (1930).
79. Grebe, L., Eine Methode zur quantitativen Kristallitanalyse durch Röntgenstrahlen. Z. techn. Physik **11**, 428 (1930).
80. Greenwood, Gilbert, An Automatic Cooling System for the Hadding-Siegbahn X-ray Tube. J. Opt. Soc. Amer. **19**, 150 (1930).
81. Grosse, A., Le Spectre de Röntgen de l'élément 91 — l'ékatantale. I. Série L. C. r. Acad. Sci. Leningrad (A) **402** (1930).
82. Haeger, Ernst, Verkürzung der Belichtungszeit und Verbesserung der Bildwiedergabe von Röntgenaufnahmen durch Anwendung eines besonderen Fortbelichtungsverfahrens. Fortschr. Röntgenstr. **42**, 233 (1930).

83. Henderson, Jos. E., and E. B. Jordan, Reflection of x-rays from thin metallic films. Physic. Rev. **36**, 785 (1930).
84. Hengstenberg, J., u. H. Mark, Röntgenographische Intensitätsmessungen an gestörten Gittern. Z. Physik **61**, 435 (1930).
85. Herrmann, H., u. R. Jaeger, Messungen an extrem harten Röntgenstrahlen. Fortschr. Röntgenstr. **42**, 115 (1930) — Phvsik. Z. **31**, 1061 (1930) — Z. techn. Physik **11**, 461 (1930).
86. Hevesy, G. v., Quantitative Analysis by X-Rays. Nature (Lond.) **125**, 776 (1930).
87. Hevesy, G. v., J. Böhm u. A. Faessler, Quantitative röntgenspektroskopische Analyse mit Sekundärstrahlen. Z. Physik **63**, 74 (1930).
88. Hicks, Victor, Experiments on the relative intensities of x-ray lines in the L-spectrum of tantalum. Physic. Rev. **36**, 785 (1930).
89. Hicks, Victor, An Experimental Study of the Relative Intensities of X-Ray Lines in the Tantalum L-Spectrum. Physic. Rev. **36**, 1273 (1930).
90. Holweck, F., Appareils producteurs de rayons X, intenses et monochromatiques de très grande longueur d'onde. Tube à rayons X à potentiels échelonnés fonctionnant sous haute tension. J. Physique et Radium **1**, 95 (1930).
91. Howe, C. E., L Series Spectra of the Elements from Calcium to Zinc. Physic. Rev. **35**, 717 (1930).
92. Howe, Carl E., A Vacuum Spectrograph for Precise Measurements of X-rays of Long Wave Length. Rev. Scient. Instr. **1**, 749 (1930).
93. Ianitzky, A., Explication possible de quelques phénomènes dans les tubes à rayons X. J. Physique et Radium **1**, 153 (1930).
94. Idei, Sakae, On the Regularities of X-Rays Spark Spectra. Sci. Rep. Tôhoku Imp. Univ. **19**, 551 (1930).
95. Idei, Sakae, The Precise Measurements of the L-Group of the X-Rays in the Heavy Elements. Sci. Rep. Tôhoku Imp. Univ. **19**, 559 (1930).
96. Idei, Sakae, On the Fine Structure of the Moseley Curves of the Energy Levels in the Lower Elements. Sci. Rep. Tôhoku Imp. Univ. **19**, 641 (1930).
97. Idei, Sakae, On the Fine Structure of the Moseley Curve for the M-Absorption Edges in the Heavier Elements. Sci. Rep. Tôhoku Imp. Univ. **19**, 651 (1930).
98. Idei, Sakae, The Fine Structure of the K-Absorption Spectrum of Selenium. Sci. Rep. Tôhoku Imp. Univ. **19**, 653 (1930).
99. Jahr, K. F., F. A. Schneider u. A. Winkel, Die Prüfung der Spektren zweier technischer Röntgenelektronenröhren auf ihre Reinheit. Z. physik. Chem. (B) **6**, 256 (1930).
100. Karlsson, Adolf, Die Gitterkonstante hochmolekularer, gesättigter Fettsäuren nebst den Röntgenspektren innerhalb der K- und L-Reihen bei einigen niedrigeren Elementen. Ark. Mat., Astr. o. Fysik. (A) **22**, Nr 9 (1930).
101a. Katz, J. R., u. J. Selman, Einfluß von Form und Polarität der Moleküle auf das Röntgenspektrum von Flüssigkeiten. 3. Teil. Über das Auftreten von zwei intensiven „amorphen Ringen" bei Substanzen, deren Moleküle wahrscheinlich scheibchenförmig sind. Z. Physik **66**, 834 (1930).
101b. Kawata, Suekichi, Wave-Lengths of Satellites of the K β_1 Line of Elements from Fe to Zn. Mem. Coll. Sci. Kyoto Imp. Univ. (A) **13**, 383 (1930).
102. Kellermann, Karl, Ein Verfahren zur Messung von Brechungsexponenten für Röntgenstrahlen. Ann. Physik **4**, 185 (1930).
103. Kiessig, Heinz, Interferenz von Röntgenstrahlen an dünnen Schichten. Naturwiss. **18**, 847 (1930).
104. Kievit, Ben, Jr. and Geo A. Lindsay, Fine structure in K x-ray absorption spectra. Physic. Rev. **35**, 292 (1930).

105. KIEVIT, BEN, and GEORGE A. LINDSAY, Fine Structure in the X-Ray Absorption Spectra of the Elements Calcium to Gallium. Physic. Rev. **36**, 648 (1930).
106. KIRKPATRICK, H., and J. DU MOND, Adjustments and tests of the multiple crystal x-ray spectrograph. Physic. Rev. **35**, 136 (1930).
107. LABY, T. H., Quantitative Analysis by X-Rays. Nature (Lond.) **125**, 818 (1930).
108. LABY, T. H., Atomic analysis by x-ray spectroscopy. Trans. Faraday Soc. **26**, 497 (1930).
109. LABY, T. H., Hilger x-ray crystallograph. J. Scient. Instr. **7**, 267 (1930).
110. LABY, T. H., and R. BINGHAM, The Wave-length of X-Rays. Nature (Lond.) **126**, 915 (1930).
111. LAURITSEN, C. C., and B. CASSEN, High Potential X-Ray Tube. Physic. Rev. **36**, 988 (1930).
112. LAURITSEN, C. C., Spectrum of the Radiation from a High Potential X-Ray Tube. Physic. Rev. **36**, 1680 (1930).
113. LE GALLEY, DONALD P., W. R. HAM and MARSCH W. WHITE, Some measurements of currents through the walls of x-ray tubes. Physic. Rev. **36**, 379 (1930).
114. LINDH, AXEL E., Zur Kenntnis des K-Röntgenabsorptionsspektrums der Elemente Ni, Cu und Zn. Z. Physik **63**, 106 (1930).
115. LINNIK, W., Über eine Abänderung der Drehkristallmethode zur Untersuchung der Kristallstruktur mit Röntgenstrahlen. Z. Physik **61**, 220 (1930).
116. LINNIK, W., Lloydscher Spiegelversuch mit Röntgenstrahlen. Naturwiss. **18**, 354 (1930).
117. LINNIK, W., Der Interferenzversuch von Lloyd mit Röntgenstrahlen. Z. Physik **65**, 107 (1930).
118a. LUNDQUIST, O., Über den Einfluß der chemischen Bindung auf das K-Röntgenemissionsspektrum des Schwefels. Z. Physik **60**, 642 (1930).
118b. LUNDQUIST, OSVALD, Researches on the X-Ray Spectrum of Sulphur. Nature (Lond.) **125**, 925 (1930).
119. MARK, H., u. G. v. SUSICH, Über die natürliche Breite der Röntgenemissionslinien. III. Z. Physik **65**, 253 (1930).
120. MAZUMDER, K. C., Absorption of X-Rays by Lithium. Physic. Rev. **36**, 457 (1930).
121. MEYER, H. TH., K-Absorptionskanten im Röntgenspektrum. Naturwiss. **18**, 34 (1930).
122. MURDOCK, C. C., Form of the X-Ray Diffraction Bands for Regular Crystals of Colloidal Size. Physic. Rev. **35**, 8 (1930).
123. NICHOLAS, W. W., Efficiency of production of continuous spectrum x-rays. Physic. Rev. **35**, 128 (1930). Bur. of Stand. Journ. of Res. **5**, 843 (1930).
124. NUTTING, F. L., Position and width of the modified line of the spectrum of scattered x-rays. Physic. Rev. **35**, 661 (1930).
125. NUTTING, F. L., The Position and Structure of the Modified Line of the Spectrum of Scattered X-Rays. Physic. Rev. **36**, 1267 (1930).
126. NÄHRING, E., Die Totalreflexion der Röntgenstrahlen. Physik. Z. **31**, 799 (1930).
127. OSGOOD, THOMAS H., Photoelectric Effect and the J Phenomenon. Physic. Rev. **36**, 1407 (1930).
128. PRINS, J. A., Die Reflexion von Röntgenstrahlen an absorbierenden idealen Kristallen. Z. Physik **63**, 477 (1930).
129. RAY, B. B., Scattering of X-rays by bound Electrons. Nature (Lond.) **125**, 746, 856 (1930); **126**, 399 (1930).

130. Ray, B. B., Teilabsorption von Röntgenstrahlen. Z. Physik **66**, 261 (1930).
131. Richardson, O. W., and U. Andrewes, A Comparative Study of the Excitation of Soft X-Rays from Single Crystal Surfaces and from Polycrystalline Surfaces of Graphite and Aluminium. Proc. roy. Soc. Lond. (A) **128**, 1 (1930).
132. Richardson, O. W., and S. Ramachandra Rao, The Excitation of Soft X-Rays from some Polycrystalline Metal Surfaces. Proc. roy. Soc. Lond. (A) **128**, 16 (1930).
133. Richardson, O. W., and S. Ramachandra Rao, The Excitation of Soft X-Rays from a Single Crystal Face of Nickel. Proc. roy. Soc. Lond. (A) **128**, 37 (1930).
134. Richardson, O. W., The Emission of Secondary Electrons and the Excitation of Soft X-Rays. Proc. roy. Soc. Lond. (A) **128**, 63 (1930).
135. Richtmyer, F. K., and E. Ramberg, Satellites of $K\alpha$ for the elements Ni (28) to As (33). Physic. Rev. **35**, 661 (1930).
136. Richtmyer, F. K., S. W. Barnes and K. V. Manning, Hyperfine Structure of X-Ray Lines. Physic. Rev. **36**, 1017 (1930).
137. Richtmyer, F. K., and L. S. Taylor, Intensity of X-Ray Satellites. Physic. Rev. **36**, 1044 (1930).
138. Robinson, H. R., and C. L. Young, New Results of the Magnetic Spectroscopy of X-Ray Electrons. Proc. roy. Soc. Lond. (A) **128**, 92 (1930).
139. Robinson, H. R., and C. L. Young, The Influence of Chemical State on Critical X-Ray Absorption Frequencies. Philosophic. Mag. **10**, 71 (1930).
140. Roberds, W. M., An Experimental X-ray Tube. Rev. Scient. Instr. **1**, 473 (1930).
141. Roché, W., Bemerkungen zu der Arbeit von J. Schechtmann: „Über die Intensitätsmessung der Röntgenstrahlen nach der Ionisationsmethode.“ Ann. Physik **7**, 375 (1930).
142. Ross, P. A., and J. C. Clark, Modified line in scattered x-rays. Physic. Rev. **36**, 378 (1930).
143. Rusterholz, Alexander A., Über die Streuung von Röntgenstrahlen an Kupfer und Silber. Z. Physik **65**, 226 (1930).
144. Sakisaka, Yoshitaro, Reflexion of Monochromatic X-rays from Some Crystals. Proc. Phys. Math. Soc. Japan **12**, 189 (1930).
145. Sandström, Arne, Röntgenspektroskopische Messungen der L-Absorption der Elemente 74 Wolfram bis 92 Uran. Z. Physik **65**, 632 (1930).
146. Sandström, Arne, Über die Entstehung der L-Absorptionskanten der schwereren Elemente. Z. Physik **66**, 784 (1930).
147. Schechtmann, J., Über die Intensitätsmessung der Röntgenstrahlen nach der Ionisationsmethode. Ann. Physik **5**, 153 (1930).
148. Schocken, Klaus, Über die Ionisation von Gasen durch kurzwellige Röntgenstrahlen. Z. Physik **64**, 458 (1930).
149. Schur, G., Zur Richtungsverteilung der Photoelektronen der L-Schale. Ann. Physik **4**, 433 (1930).
150. Seemann, H., Ein neuer Röntgenspektrograph mit absoluter Nullpunktsbestimmung ohne Teilkreis und das Nullpunktsverfahren nach Cornu. Z. Physik **61**, 416 (1930).
151. Seemann, H., Zur Optik der Reflexion von Röntgenstrahlen in Kristallen. III. Ann. Physik **6**, 1 (1930).
152. Seemann, H., Zur Optik der Reflexion von Röntgenstrahlen an Kristallspaltflächen. IV. Vollständige Spektraldiagramme (Zonendiagramme). Ann. Physik **6**, 793 (1930).
153. Seemann, H., Zur Optik der Reflexion von Röntgenstrahlen an Kristallen. V. Ann. Physik **7**, 633 (1930).

154. Sevin, E., Sur les moyens de décider entre la nature corpusculaire et la nature purement ondulatoire de la lumière et des radiations X. C. r. Acad. Sci. Paris **190**, 175 (1930).
155. Siegbahn, Manne, u. T. Magnusson, Zur Spektroskopie der ultraweichen Röntgenstrahlung. I. Z. Physik **62**, 435 (1930).
156. Simons, Lewis, The Space Distribution of X-Ray Photoelectrons from a Solid Film. Philosophic. Mag. **10**, 387 (1930).
157. Skinner, E. W., Diffraction of X-Rays in Liquids. Effect of Temperature. Physic. Rev. **36**, 1625 (1930).
158. Sommerfeld, A., u. G. Schur, Über den Photoeffekt in der K-Schale der Atome, insbesondere über die Voreilung der Photoelektronen. Ann. Physik **4**, 409 (1930).
159. Stark, J., Polarisierte und gerichtete Röntgenstrahlung aus einem Kristall. Nature (Lond.) **125**, 745 (1930).
160. Stauss, H. E., Use of the Refraction of X-Rays for the Determination of the Specific Charge of the Electron. Physic. Rev. **36**, 1101 (1930).
161. Stauss, H. E., A Comparison of the Critical Angle of Reflection and the Index of Refraction of X-rays. J. Opt. Soc. Amer. **20**, 616 (1930).
162a. Stelling, Otto, Zusammenhang zwischen chemischer Konstitution und K-Röntgenabsorptionsspektren. Z. Elektrochem. **36**, 605 (1930).
162b. Stelling, Otto, u. Filip Olsson, Röntgenspektroskopische Untersuchungen einiger fester Chlorosalze. I. Zur Kenntnis der Chlorosalze. Z. physik. Chem. (B) **7**, 210 (1930).
163. Stewart, G. W., X-ray diffraction in water 2° to 98° C: The nature of molecular association. Physic. Rev. **35**, 1426 (1930).
164. Sugiura, Yoshikatsu, The Angular Intensity Distribution of Continuous X-Ray Spectrum. II. Scient. Pap. Inst. Phys. Chem. Res. Tokyo **13**, 23 (1930).
165. Susich, G. v., Über die natürliche Breite der Röntgenspektrallinien. Verh. dtsch. phys. Ges. **11**, 26 (1930).
166. Söderman, M., Some Precision Measurements in the Soft X-ray Region. Philosophic. Mag. **10**, 600 (1930).
167. Söderman, Martin, Die Struktur der K-Strahlung im ultraweichen Röntgengebiet. Z. Physik **65**, 656 (1930).
168a. Söderman, Martin, Structure of K-radiation from C, B and Be. Physic. Rev. **36**, 1414 (1930).
168b. Taylor, Lauriston S., Absorption measurements of the x-ray general radiation. Bur. of Stand. J. of Res. **5**, 517 (1930).
169. Thibaud, J., La réflexion des rayons X de grande longueur d'onde sur un miroir plan. J. Physique et Radium **1**, 37 (1930).
170. Thibaud, J., Note complémentaire à mon mémoire: „Réflexion des rayons X de grande longueur d'onde." J. Physique et Radium **1**, 404 (1930).
171. Thibaud, Jean, On the Reflection of the Kα Line of Carbon from a Glass Mirror. Physic. Rev. **35**, 1452 (1930).
172. Thibaud, Jean, et Jean J. Trillat, Diffraction des Rayons X dans différents liquides (acides, gras, alcools, glycérine, etc.). Effet de filtration de la radiation générale. Coefficients d'absorption. J. Physique et Radium **1**, 17 (1930).
173. Thibaud, J., et J. J. Trillat, Diffraction des rayons X dans les liquides et dans différentes substances. Effets de filtration de la radiation générale. Coefficients d'absorption d'acides liquides. J. Physique et Radium **1**, 249 (1930).
174. Thibaud, Jean, u. Jean J. Trillat, Streuung von Röntgenstrahlen in Flüssigkeiten und verschiedenen Substanzen. Einfluß der Filterung der Bremsstrahlung. Absorptionskoeffizienten von flüssigen Fettsäuren. Z. Physik **61**, 816 (1930).

175. Trivelli, A. P. H., The quantum theory of x-ray exposures on photographic emulsions. Physic. Rev. **35**, 662 (1930).
176. Valasek, J., The structure of certain K series emission lines. Physic. Rev. **35**, 291 (1930).
177. Valasek, Joseph, Fine Structure of Certain X-Ray Emission Lines. Physic. Rev. **36**, 1523 (1930).
178. Valouch, M. A., Sur une méthode de mesure du pouvoir réflecteur pour les rayons X de grande longueur d'onde. J. Physique et Radium **1**, 261 (1930).
179. Wasastjerna, Jarl A., Untersuchungen über die Natur der Röntgenstrahlung. Acta Soc. Scient. Fennicae (N. S.). I. Teil, **1**, 33 (1928/30); II. Teil, **2**, 35 (1930).
180. Wennerlöf, Ina, Präzisionsmessungen in den K- und L-Serien an den Elementen 29 Cu, 50 Sn und 68 Er bis 75 Re. Ark. Mat., Astr. o. Fysik. (A) **22**, Nr 8 (1930).
181. Wisshak, F., Über das K-Ionisierungsvermögen schneller Elektronen. Ann. Physik **5**, 507 (1930).
182. Woernle, B., Die Absorption langwelliger Röntgenstrahlen von 2—10 Å.E. in leichten Elementen. Ann. Physik **5**, 475 (1930).
183. Woo, Y. H., Intensity of Total Scattering of X-Rays by Monatomic Gases. Nature (Lond.) **126**, 501 (1930). Proc. nat. Acad. Sci. U. S. A. **16**, 814 (1930).
184. Wyckoff, Ralph W. G., The Reflecting Powers of Atoms for X-rays of Different Wave-lengths. Physic. Rev. **35**, 215 (1930).
185. Wyckoff, Ralph W. G., X-Ray Scattering Powers of Nickel and Oxygen in Nickel Oxide. Physic. Rev. **35**, 583 (1930).
186. Wyckoff, Ralph W. G., Atomic Scattering Powers of Nickel, Copper and Iron for Various Wave-Lengths. Physic. Rev. **36**, 1116 (1930).
187. Zahradníček, J., Relativistische L-Dubletts im Röntgengebiet. Z. Physik **60**, 712 (1930).

1931.

1. Alexander, E., u. A. Faessler, Eine neue lichtstarke Röntgenröhre für Fluorescenzerregung. Z. Physik **68**, 260 (1931).
2. Allen, S. J. M., X-ray absorption coefficients of the light elements and their relations to the various absorption formulae. Physic. Rev. **37**, 456 (1931).
3. Björck, Sigge, Die Frequenzen der charakteristischen Röntgenstrahlung für die Elemente 11 Na bis 17 Cl mit großer Genauigkeit berechnet auf Grund von Vorstellungen, die an die klassische Theorie anknüpfen. Z. Physik **68**, 133 (1931).
4. Colvert, W. W., Absorption of x-rays in gases. Physic. Rev. **37**, 104 (1931).
5. Compton, Arthur H., The Optics of X-rays. J. Opt. Soc. Amer. **21**, 75 (1931).
6. Cork, J. M., Changement de longueur d'onde des rayons X traversant un milieu absorbant (observé dans la direction de transmission). C. r. Acad. Sci. Paris **192**, 153 (1931).
7. Dershem, Elmer, and Marcel Schein, The absorption of the Kα line of carbon in various gases. Physic. Rev. **37**, 104 (1931).
8. DuMond, Jesse W. M., and Harry A. Kirkpatrick, Experimental Evidence for Electron Velocities as the Cause of Compton Line Breadth with the Multicrystal Spectrograph. Physic. Rev. **37**, 136 (1931).
9. DuMond, Jesse W. M., and Harry A. Kirkpatrick, Dependence of Compton line breadth on scattering angle with the multicrystal spectrograph. Physic. Rev. **37**, 232 (1931).
10. Edwards, Hiram W., Intensity of monochromatic x-rays reflected from platinum in the neighborhood of the critical angle. Physic. Rev. **37**, 232 (1931).

11. Edwards, Hiram W., Intensity of X-Rays Reflected from Platinum, Silver, and Glass. Physic. Rev. **37**, 339 (1931).
12. Faessler, A., Röntgenemmissionsspektrum und chemische Bindung. Versuche mit Sekundärstrahlen. Naturwiss. **19**, 307 (1931).
13. Fischer, Johann, Beiträge zur Theorie der Absorption von Röntgenstrahlen. Ann. Physik **8**, 821 (1931).
14. Fonda, Gorton R., and George B. Collins, The Cathode-Ray Tube in X-Ray Spectroscopy and Quantitative Analysis. Physic. Rev. **37**, 238 (1931).
15. Gajewski, H., Röntgeninterferenzen an zwei- und dreiatomigen Molekülen leichter Gase. Physik. Z. **32**, 219 (1931).
16. Hahn, T. M., A preliminary report on a new method of x-ray powder diffraction. Physic. Rev. **37**, 475 (1931).
17. Hanawalt, J. D., The characteristic x-ray absorption of molecules in the vapor state. Physic. Rev. **37**, 456 (1931).
18. Jauncey, G. E. M., and G. G. Harvey, Scattering of x-rays in the neighborhood of 90 degrees. Physic. Rev. **37**, 103 (1931).
19. Jentzsch, F., u. E. Nähring, Die Fortleitung von Licht- und Röntgenstrahlen durch Röhren. Z. techn. Physik **12**, 185 (1931).
20. Kent, C. V., The Measurement of the Voltage Operating A Self-Rectifying X-Ray Tube. Rev. Scient. Instr. **2**, 44 (1931).
21. Langer, R. M., Interpretation of x-ray satellite lines. Physic. Rev. **37**, 457 (1931).
22. Lindsay, Geo. A., Raman Lines in X-Ray Spectra. Nature (Lond.) **127**, 305 (1931).
23. Majumdar, R. C., Part-Absorption Phenomena of X-Rays. Nature (Lond.) **127**, 92 (1931).
24. Mitchell, D. P., and A. J. O'Leary, Change of frequency of x-rays scattered by bound electrons. Physic. Rev. **37**, 103 (1931).
25. Nähring, E., Nachtrag zu meinem zusammenfassenden Bericht über die Dispersion der Röntgenstrahlen. Physik. Z. **31**, 401 (1930); **32**, 179 (1931).
26. Pardue, L. A., and L. W. McKeehan, An Attempt to Detect Axiality of X-Ray Emission. Physic. Rev. **37**, 329 (1931).
27. Ramberg, E., Upper atomic number limit of the satellites of the x-ray line α_1. Physic. Rev. **37**, 457 (1931).
28. Rashevsky, N.: A simple derivation of the formula for the Half-width of the Debye-Scherrer lines. Physic. Rev. **37**, 105 (1931).
29. Richtmyer, F. K., Are the wave-lengths of x-ray satellites affected by chemical combination? Physic. Rev. **37**, 457 (1931).
30. Richtmyer, F. K., Useful accessories for the Siegbahn x-ray vacuum spectrograph. Physic. Rev. **37**, 472 (1931).
31. Roess, Louis C., Mass Absorption Coefficient of the K Shell According to the Dirac Relativistic Theory of the Electron. Physic. Rev. **37**, 532 (1931).
32. Siegbahn, Manne, Auswahlregeln in den Absorptionsspektren der Röntgenstrahlung. Z. Physik **67**, 567 (1931).
33. Söderman, Martin, Über die Empfindlichkeit photographischer Platten im Gebiete ultraweicher Röntgenstrahlen bis Ultraviolett. Z. Physik **67**, 790 (1931).
34. van der Tuuk, J. H., Röntgenlinien modifizierter Frequenz nach Ray. Naturwiss. **19**, 308 (1931).
35. Tuve, M. A., L. R. Hafstad and O. Dahl, Experiments with high-voltage tubes. Physic. Rev. **37**, 469 (1931).
36. Webster, D. L., H. Clark and W. W. Hansen, Effects of Cathode-Ray Diffusion on Intensities in X-Ray Spectra. Physic. Rev. **37**, 115 (1931).

37. Williams, John H., The natural widths of some x-ray lines in the L-spectrum of uranium. Physic. Rev. **37**, 232 (1931).
38. Wollan, E. O., Scattering of x-rays by gases. Physic. Rev. **37**, 104 (1931).
39. Zeidenfeld, S., A New X-ray Spectrograph for Wave-Length Determinations in Air. Rev. Scient. Instr. **2**, 153 (1931).
40. Bennett, R. D., N. S. Gingrich and W. C. Pierce, An Experimental Oil Immersed X-ray Apparatus. Rev. Scient. Instr. **2**, 226 (1931).
41. Drier, Roy W., Appearance of Extra Lines in X-Ray Diffraction Patterns of Mixtures and Absence of Some Lines Peculiar to the Components of the Mixtures. Physic. Rev. **37**, 712 (1931).
42. Hanawalt, J. D., Dependence of X-Ray Absorption Spectra upon Chemical and Physical State. Physic. Rev. **37**, 715 (1931).
43. Jauncey, G. E. M., and G. G. Harvey, Scattering of Unpolarized X-Rays. Physic. Rev. **37**, 698 (1931).
44. Reboul, G., Production de rayons X sans tube focus. J. de Phys. **2**, 86 (1931).
45. Deodhar, G. B., X-Ray Nondiagram Lines. Proc. roy. Soc. Lond. (A) **131**, 476 (1931).
46. Dolejšek, V., Sur les rayons X ultra-mous. C. r. Acad. Sci. Paris **192**, 1088 (1931).
47. Lindberg, Ernst, The M- and N-Series. A Spectroscopic Study of X-Rays. Nova acta reg. soc. sci. ups. Ser. IV, Vol. 7, No 7 (1931).
48. Takvorian, S., Recherche de l'élément 61 au moyen des raxons X. C. r. Acad. Sci. Paris **192**, 1220 (1931).
49. Thibaud, Jean, Un nouveau mode d'interaction entre photons et électrons liés: l'absorption partielle des rayons X, de B.-B. Ray. Nouvelles expériences de M. J.-M. Cork. J. de Phys. **2**, 19 (1931).
50. Thovert, J.-F., Réfractomètre à rayons X. J. de Phys. **2**, 55 (1931).
51. Wood, W. A., Note on the Elimination of the β Wave-length from the Characteristic Radiation of Iron. Proc. Phys. Soc. **43**, 275 (1931).
52. Wood, W. A., Anomalous X-Ray Diffraction Intensities. Nature (Lond.) **127**, 703 (1931).
53. Cooksey, D., and C. D. Cooksey, Partial Absorption of X-Rays. Physic. Rev. **37**, 1006 (1931).
54. Dolejšek, V., et J. Kubiček, Sur la complexité de la série L du baryum. C. r. Acad. Sci. Paris **192**, 1369 (1931).
55. Duane, William, New K series x-ray lines. Physic. Rev. **37**, 1017 (1931).
56. Moxnes, N. H., Quantitative chemische Analyse mittels der Absorption der Röntgenstrahlen. Z. phys. Chem. (A) **152**, 380 (1931).
57. O'Leary, Austin J., Interaction of X-Rays with Bound Electrons. Physic. Rev. **37**, 873 (1931).
58. Olshevsky, Dimitry E., A new x-ray tube based on the "transparent target" principle. Physic. Rev. **37**, 1017 (1931).
59. Rusterholz, Alexander, Die Streuung von Röntgenstrahlen an Metallen. Helv. Phys. Acta **4**, 68 (1931).
60. Wollan, E. O., Scattering of X-Rays from Gases. Physic. Rev. **37**, 862 (1931).
61. Zeidenfeld, S., A New X-Ray Spectrograph for Wave-length Determinations in Air (Errata). Rev. Scient. Instr. **2**, 308 (1931).

Namenverzeichnis.

(Die schräg gedruckten Zahlen beziehen sich auf die Literatur.)

Sachverzeichnis.

Struktur der Materie in Einzeldarstellungen

I. **Zeemaneffekt und Multiplettstruktur der Spektrallinien.** Von Dr. **E. Back**, Privatdozent für Experimentalphysik in Tübingen, und Dr. **A. Landé**, a. o. Professor für Theoretische Physik in Tübingen. Mit 25 Textabb. und 2 Tafeln. XII, 213 S. 1925. RM 14.40; geb. RM 15.90

II. **Vorlesungen über Atommechanik.** Von Dr. **Max Born**, Professor an der Universität Göttingen. Herausgegeben unter Mitwirkung von Dr. **Friedr. Hund**, Assistent am Physikalischen Institut Göttingen.
Erster Band: Mit 43 Abb. IX, 358 S. 1925. RM 15.—; geb. RM 16.50
Zweiter Band: **Elementare Quantenmechanik.** Von Dr. **Max Born**, Professor an der Universität Göttingen, und Dr. **Pascual Jordan**, Prof. a. d. Univ. Rostock. XI, 434 S. 1930. RM 28.—; geb. RM 29.80

III. **Anregung von Quantensprüngen durch Stöße.** Von Dr. **J. Franck**, Professor an der Universität Göttingen, und Dr. **P. Jordan**, Assistent am Physikalischen Institut Göttingen. Mit 51 Abbildungen. VIII, 312 Seiten. 1926. RM 19.50; gebunden RM 21.—

IV. **Linienspektren und periodisches System der Elemente.** Von Dr. **Friedrich Hund**, Privatdozent an der Univ. Göttingen. Mit 43 Abb. und 2 Zahlentafeln. VI, 221 S. 1927. RM 15.—; geb. RM 16.20

V. **Die seltenen Erden vom Standpunkte des Atombaues.** Von Professor Dr. **Georg v. Hevesy**, Vorstand des Physikal.-Chem. Institutes der Universität Freiburg i. Br. Mit 15 Abbildungen. VIII, 140 Seiten. 1927. RM 9.—

VI. **Fluorescenz und Phosphorescenz im Lichte der neueren Atomtheorie.** Von Professor Dr. **Peter Pringsheim.** Dritte Auflage. Mit 87 Abb. VII, 357 S. 1928. RM 24.—; geb. RM 25.20

VII. **Graphische Darstellung der Spektren von Atomen und Ionen mit ein, zwei und drei Valenzelektronen.** Von Dr. **W. Grotrian**, a. o. Professor der Universität Berlin, Observator am Astrophys. Observatorium in Potsdam. Erster Teil: Textband. Mit 43 Abbildungen. XIII, 245 Seiten. 1928. Zweiter Teil: Figurenband. Mit 163 Abbildungen. X, 168 Seiten. 1928.
Beide Bände zusammen RM 34.—; gebunden RM 36.40

VIII. **Lichtelektrische Erscheinungen.** Von Dr. **Bernhard Gudden**, o. Professor der Experimentalphysik an der Universität Erlangen. Mit 127 Abbildungen. IX, 325 Seiten. 1928. RM 24.—; gebunden RM 25.20

IX. Siehe II., Zweiter Band: Elementare Quantenmechanik.

X. **Das ultrarote Spektrum.** Von Dr. **Clemens Schaefer**, o. ö. Professor der Physik an der Universität Breslau, und Dr. **Frank Matossi**, Assistent am Physikalischen Institut der Universität Breslau. Mit 161 Abbildungen. VI, 400 Seiten. 1930. RM 28.—; gebunden RM 29.80

XI. **Astrophysik auf atomtheoretischer Grundlage.** Von Dr. **Svein Rosseland**, Professor an der Universität Oslo. Mit 25 Abbildungen. VI, 252 Seiten. 1931. RM 19.80; gebunden RM 21.20

XII. **Der Smekal-Raman-Effekt.** Von Dr. **K. W. F. Kohlrausch**, o. ö. Professor der Physik an der Technischen Hochschule Graz. Mit 85 Abbildungen. VIII, 392 Seiten. 1931. RM 32.—; gebunden RM 33.80

XIII. **Die Quantenstatistik** und ihre Anwendung auf die Elektronentheorie der Metalle. Von **Léon Brillouin**, Professor der Theoretischen Physik an der Sorbonne in Paris. Aus dem Französischen übersetzt von Dr. E. Rabinowitsch, Göttingen. Mit 57 Abbildungen. Etwa 540 Seiten. Erscheint Ende September.

Verlag von Julius Springer / Berlin

GPSR Compliance

The European Union's (EU) General Product Safety Regulation (GPSR) is a set of rules that requires consumer products to be safe and our obligations to ensure this.

If you have any concerns about our products, you can contact us on ProductSafety@springernature.com

In case Publisher is established outside the EU, the EU authorized representative is:

Springer Nature Customer Service Center GmbH
Europaplatz 3
69115 Heidelberg, Germany

Batch number: 10682411

Printed by Printforce, the Netherlands